UNITEXT

La Matematica per il 3+2

Volume 133

Editor-in-Chief

Alfio Quarteroni, Politecnico di Milano, Milan, Italy, École Polytechnique Fédérale de Lausanne (EPFL), Lausanne, Switzerland

Series Editors

Luigi Ambrosio, Scuola Normale Superiore, Pisa, Italy

Paolo Biscari, Politecnico di Milano, Milan, Italy

Ciro Ciliberto, Università di Roma "Tor Vergata", Rome, Italy

Camillo De Lellis, Institute for Advanced Study, Princeton, NJ, USA

Massimiliano Gubinelli, Hausdorff Center for Mathematics, Rheinische Friedrich-Wilhelms-Universität, Bonn, Germany

Victor Panaretos, Institute of Mathematics, École Polytechnique Fédérale de Lausanne (EPFL), Lausanne, Switzerland

The **UNITEXT – La Matematica per il 3+2** series is designed for undergraduate and graduate academic courses, and also includes advanced textbooks at a research level. Originally released in Italian, the series now publishes textbooks in English addressed to students in mathematics worldwide. Some of the most successful books in the series have evolved through several editions, adapting to the evolution of teaching curricula. Submissions must include at least 3 sample chapters, a table of contents, and a preface outlining the aims and scope of the book, how the book fits in with the current literature, and which courses the book is suitable for.
For any further information, please contact the Editor at Springer:
francesca.bonadei@springer.com
THE SERIES IS INDEXED IN SCOPUS

More information about this series at http://www.springer.com/series/5418

Guido Gentile

Introduzione ai sistemi dinamici – Volume 2

Meccanica lagrangiana e hamiltoniana

Springer

Guido Gentile
Università Roma Tre
Roma, Italy

ISSN 2038-5714 ISSN 2532-3318 (versione elettronica)
UNITEXT
ISSN 2038-5722 ISSN 2038-5757 (versione elettronica)
La Matematica per il 3+2
ISBN 978-88-470-4013-7 ISBN 978-88-470-4014-4 (eBook)
https://doi.org/10.1007/978-88-470-4014-4

Questa edizione è pubblicata da Springer-Verlag Italia S.r.l., parte di Springer Nature, con sede legale in Via Decembrio 28, 20137 Milano, Italy.

A Sofia

Prefazione

Il presente volume prosegue lo studio dei sistemi dinamici iniziato nel primo, sviluppando teoria e applicazioni del formalismo lagrangiano e del formalismo hamiltoniano, ovvero di quella branca della fisica matematica che è tradizionalmente nota come “meccanica analitica” o “meccanica razionale” – anche se l’ultimo termine è diventato con il tempo sempre più desueto.

Lo spirito di fondo è lo stesso del primo volume: fornire le basi a chi si avvicini per la prima volta alla materia, specificamente agli studenti di un corso di laurea triennale in matematica o in fisica. Di conseguenza si è cercato di ridurre al minimo i prerequisiti indispensabili alla comprensione del testo. In realtà, mantenere l’esposizione a un livello il più elementare possibile, in un testo dedicato alla meccanica analitica, presenta qualche problema in più rispetto agli argomenti affrontati nel primo volume. Infatti, se si vuole discutere in modo esauriente e rigoroso sia il formalismo lagrangiano che, ancora di più, il formalismo hamiltoniano, non è possibile evitare di introdurre nozioni di geometria differenziale, di calcolo differenziale e di analisi complessa; è tutt’altro che improbabile che tali nozioni o non siano mai state incontrate dal lettore all’interno di insegnamenti seguiti precedentemente nel proprio percorso formativo (non solo in corsi di studio che non siano in matematica) o, comunque, si siano viste in una forma meno avanzata, o semplicemente differente, rispetto a quella in cui sono qui dispiegate.

Come nel primo volume, anche in questo si è avuta cura di richiamare i risultati di analisi matematica e di geometria che sono stati utilizzati nel corso della trattazione, quali le nozioni di varietà differenziabile, con e senza bordo; le definizioni e proprietà delle forme differenziali nonché dei teoremi fondamentali sulla loro integrazione; alcuni dei teoremi più importanti sulle funzioni di variabile complessa, in particolare sulle funzioni analitiche. Per non appesantire il testo – e per non annoiare i lettori che fossero già in possesso di tali nozioni – molti di tali risultati sono discussi sotto forma di esercizi, spesso con indicazioni più o meno dettagliate su come risolverli; inoltre, sono sempre forniti precisi riferimenti bibliografici per consentire un eventuale approfondimento. L’impostazione seguìta mira quindi a fornire un testo che sia accessibile a uno studente di un corso di laurea triennale e, nel contempo, fruibile anche da chi abbia una preparazione più avanzata e desideri conoscere argomenti che, andando sicuramente oltre i limiti inevitabili – se non altro per ragioni di tempo – di un insegnamento di un corso di laurea triennale, possono invece costituire materia di studio per un insegnamento avanzato di un corso di laurea magistrale. A uno studente di laurea triennale, che comunque intendesse affrontare i paragrafi più impegnativi, potrebbe essere richiesto di colmare eventuali lacune attraverso gli esercizi guidati; in ogni caso, a una prima lettura, si possono omettere le parti più tecniche senza pregiudicare la comprensione dei risultati principali discussi nel testo.

Passando al contenuto del volume, questo è diviso in due parti: la prima sulla meccanica lagrangiana, la seconda sulla meccanica hamiltoniana. I primi cinque capitoli vertono sul formalismo lagrangiano. Nel capitolo 1 sono introdotte le nozioni fondamentali della meccanica lagrangiana, quali il primo principio variazionale di Hamilton e le equazioni di Eulero-Lagrange, per sistemi meccanici conservativi, eventualmente soggetti a vincoli, definiti in generale su varietà differenziabili. Il capitolo 2 è rivolto sostanzialmente alle applicazioni, con un'analisi dettagliata di due casi paradigmatici e un'ampia raccolta di esercizi alla fine. Nel capitolo 3 si studia come caratterizzare a livello analitico la presenza di simmetrie in un sistema dinamico; in particolare viene discusso uno dei risultati fondamentali della meccanica lagrangiana: il teorema di Noether. Il capitolo 4 è dedicato alla teoria delle piccole oscillazioni, mentre nel capitolo 5 si continua, nell'ambito del formalismo lagrangiano, lo studio della dinamica dei corpi rigidi iniziato nel capitolo 10 del primo volume.

Negli ultimi cinque capitoli si illustra il formalismo hamiltoniano. Dopo aver introdotto, nel capitolo 6, le basi della meccanica hamiltoniana, nel capitolo 7 si discutono diffusamente le trasformazioni canoniche, le loro proprietà fondamentali, le loro relazioni con le parentesi di Poisson, l'invariante integrale di Poincaré-Cartan, la condizione di Lie, e infine i procedimenti utilizzati per costruire trasformazioni canoniche. Nel capitolo 8 si descrive il metodo di Hamilton-Jacobi, si studiano i sistemi integrabili, si introducono le variabili azione-angolo, e si presenta uno dei risultati più importanti sui sistemi integrabili: il teorema di Liouville-Arnol'd. Infine, gli ultimi due capitoli sono rivolti allo studio dei sistemi quasi-integrabili: il capitolo 9 è dedicato alla teoria delle perturbazioni a tutti gli ordini, che spesso nelle applicazioni pratiche è sufficiente per descrivere le soluzioni delle equazioni del moto entro l'approssimazione desiderata, mentre nel capitolo 10 si affronta il problema della convergenza dell'approccio perturbativo, in vista di risultati che valgano esattamente e non solo a livello perturbativo. Questo culmina nel risultato chiave sui sistemi quasi-integrabili: il teorema KAM sulla persistenza dei moti quasiperiodici quando si perturba un sistema integrabile. Infine, sempre nei capitoli 9 e 10, si esamina in modo sistematico il problema della costruzione e dello studio della convergenza delle serie perturbative (le cosiddette serie di Lindstedt) per le soluzioni quasiperiodiche delle equazioni del moto. È questo un aspetto che raramente viene discusso a fondo nei testi dedicati ai sistemi quasi-integrabili, e che quindi costituisce una novità rispetto alla – per altro vastissima – letteratura sull'argomento.

Come già osservato nel primo volume, si segnala che esistono molti libri che hanno come tema lo studio della meccanica analitica. Nella bibliografia sono elencati tutti quelli a cui è fatto riferimento esplicito nel corso dell'opera, più altri che possono essere utili per approfondire alcuni argomenti e per vederne di nuovi. Alcuni dei testi citati in bibliografia sono stati seguìti da vicino per la presentazione, ma si è sempre cercato di mantenere la notazione e lo stile uniformi, indipendentemente dalla fonte. Rispetto ai temi discussi nel primo volume, quello che si nota in generale nell'ambito della meccanica analitica, proprio a causa della complessità della materia, è che spesso i testi sull'argomento o richiedono conoscenze preliminari molto avanzate, e sono quindi di difficile accesso a chi ne affronti lo studio per la prima volta, o rimangono a un livello più qualitativo, evitando di entrare troppo nei dettagli matematici e rinunciando quindi a parte del rigore che sarebbe invece necessario. In entrambi i casi, il lettore rischia di trovarsi disorientato di fronte a risultati che sono discussi in modo non rigoroso oppure, al contrario, con metodi troppo astratti e sofisticati: alcuni degli argomenti di maggiore rilievo, quali il teorema di Noether nel caso di coesistenza di più simmetrie, il teorema di Liouville-Arnol'd, il teorema KAM o lo studio delle serie perturbative, rischiano o di essere discussi solo di sfuggita (se non addirittura di essere tralasciati) o di essere trattati in modo troppo tecnico, sicuramente più tecnico degli altri argomenti per i quali tipicamente sono sufficienti le nozioni apprese negli insegnamenti di base.

Rinnovo infine i ringraziamenti, già espressi nel primo volume, a M. Bartuccelli, A. Berretti, L. Corsi, G. Gallavotti e V. Mastropietro.

Roma
Ottobre 2021

Guido Gentile

Alcune parole sulle notazioni

Per le notazioni di base utilizzate nel testo rimandiamo ai brevi commenti introduttivi del primo volume. Aggiungiamo qui che il termine *funzionale* è usato per indicare una funzione definita su un insieme di funzioni, i.e. una funzione il cui argomento è esso stesso una funzione.

Concludiamo con qualche parola sulla regola di scrittura dei nomi russi: abbiamo seguito la translitterazione comunemente utilizzata in italiano (la cosiddetta translitterazione scientifica), che porta a scrivere, per esempio, Arnol′d, Brjuno, Četaev e Nechorošev in corrispondenza degli equivalenti Arnold, Bryuno, Chetaev e Nekhoroshev che si trovano invece nei testi in lingua inglese (dove si adotta la translitterazione anglosassone). Lo stesso criterio è del resto già stato utilizzato nel primo volume: si pensi ai teoremi di Ljapunov (e non Lyapunov) e di Barbašin-Krasovskij (e non Barbashin-Krasovsky). Il fenomeno è ben noto, del resto, sia in campo musicale – in cui abbondano compositori russi e si alternano le forme Dargomižskij/Dargomyzhsky, Musorgskij/Mussorgsky, Čajkovskij/Tchaikovsky, e così via – sia in campo letterario – dove convivono le forme Puškin/Pushkin, Gogol′/Gogol e Dostoevskij/Dostoevsky, per fare qualche esempio. In realtà, per qualche strano motivo, il nome di Brjuno costituisce un'eccezione, in quanto anche nella letteratura in lingua inglese risulta dominante la translitterazione scientifica; probabilmente la ragione va individuata nel fatto che i suoi primi lavori sono apparsi su riviste russe (segnaliamo che molto diffusa in letteratura è anche la grafia 'alla francese' Bruno, forse dovuta al fatto che lo stesso autore ha iniziato a scrivere così il proprio nome negli articoli in lingua inglese).

Indice

1 Meccanica lagrangiana . . . 1
1.1 Primo prinicipio variazionale di Hamilton . . . 1
1.2 Principio variazionale per moti su varietà . . . 12
1.3 Formalismo lagrangiano per sistemi vincolati . . . 16
1.4 Formalismo lagrangiano per sistemi non conservativi . . . 23
1.5 Vincoli approssimati . . . 25
1.6 Un criterio di perfezione per vincoli approssimati . . . 30
1.7 Applicazione ai corpi rigidi . . . 35
1.8 Esercizi . . . 39

2 Studio di sistemi lagrangiani . . . 71
2.1 Stabilità delle configurazioni di equilibrio . . . 71
2.2 Variabili cicliche e metodo di Routh . . . 81
2.3 Studio di un sistema lagrangiano: primo esempio . . . 84
2.3.1 Lagrangiana ed equazioni di Eulero-Lagrange . . . 86
2.3.2 Configurazioni di equilibrio . . . 88
2.3.3 Determinazione delle forze vincolari . . . 91
2.3.4 Piano rotante . . . 92
2.4 Studio di un sistema lagrangiano: secondo esempio . . . 94
2.4.1 Quadrato libero . . . 96
2.4.2 Quadrato con un punto fisso: configurazioni di equilibrio . 97
2.4.3 Quadrato con un punto fisso: analisi qualitativa . . . 101
2.4.4 Sistema in presenza delle molle . . . 104
2.5 Esercizi . . . 107

3 Simmetrie e costanti del moto . . . 187
3.1 Teorema di Noether . . . 187
3.2 Simmetrie che dipendono da più parametri . . . 196
3.3 Esercizi . . . 210

4 **Teoria delle piccole oscillazioni** 225
4.1 Linearizzazione 225
4.2 Piccole oscillazioni 227
4.3 Piccole oscillazioni per pendoli accoppiati 233
4.3.1 Pendoli uguali 233
4.3.2 Pendoli diversi 238
4.4 Piccole oscillazioni per sistemi vincolati 240
4.5 Esercizi 247

5 **Moto dei corpi rigidi pesanti** 277
5.1 Trottola di Lagrange 277
5.2 Studio del sistema ridotto della trottola pesante 282
5.2.1 Caso 1: $b \neq 0, a \neq \pm b$ 283
5.2.2 Caso 2: $b \neq 0, a = -b$ 285
5.2.3 Caso 3: $b \neq 0, a = b$ 287
5.2.4 Caso 4: $b = 0$ 289
5.2.5 Trottola di Lagrange in assenza di forze 290
5.3 Trottola addormentata e trottola veloce 291
5.4 Esercizi 296

6 **Meccanica hamiltoniana** 303
6.1 Sistemi hamiltoniani 303
6.2 Metodo di Routh nel formalismo hamiltoniano 314
6.3 Secondo principio variazionale di Hamilton 316
6.4 Esercizi 318

7 **Trasformazioni canoniche** 327
7.1 Trasformazioni canoniche e simplettiche 327
7.2 Parentesi di Poisson 336
7.3 Invariante integrale di Poincaré-Cartan 341
7.4 Funzioni generatrici 353
7.4.1 Condizione di Lie 353
7.4.2 Procedimento di prima specie 359
7.4.3 Procedimento di seconda specie 360
7.4.4 Altri procedimenti 361
7.5 Esercizi 365

8 **Metodo di Hamilton-Jacobi** 429
8.1 Equazione di Hamilton-Jacobi 429
8.2 Separazione di variabili 437
8.3 Variabili azione-angolo 440
8.4 Un esempio 446
8.4.1 Hamiltoniana ed equazione di Hamilton-Jacobi 447
8.4.2 Variabili d'azione e frequenze 449

8.5 Dimostrazione del teorema di Liouville-Arnol'd 451
8.5.1 Dimostrazione del punto 1 del teorema di Liouville-Arnol'd 452
8.5.2 Interludio 455
8.5.3 Dimostrazione del punto 2 del teorema di Liouville-Arnol'd 456
8.6 Variabili azione-angolo di alcuni sistemi integrabili 462
8.6.1 Oscillatore armonico 463
8.6.2 Oscillatore cubico 463
8.6.3 Pendolo semplice 466
8.6.4 Problema dei due corpi 469
8.7 Esercizi 470

9 Teoria delle perturbazioni 507
9.1 Teoria delle perturbazioni al primo ordine 507
9.2 Teoria delle perturbazioni a tutti gli ordini 520
9.2.1 Perturbazioni di sistemi isocroni 521
9.2.2 Perturbazioni di sistemi anisocroni 527
9.3 Un esempio semplice di teoria delle perturbazioni 530
9.3.1 Primo ordine 530
9.3.2 Secondo ordine 533
9.4 Serie di Lindstedt 537
9.4.1 Primo ordine 544
9.4.2 Secondo ordine 545
9.4.3 Ordini superiori 549
9.5 Rappresentazione grafica della serie di Lindstedt 551
9.5.1 Grafi e alberi 552
9.5.2 Regole grafiche e costruzione degli alberi 558
9.5.3 Rappresentazione dei coefficienti in termini di alberi 564
9.5.4 Condizione di compatibilità per la solubilità formale 571
9.5.5 Problema dei piccoli divisori 581
9.6 Esercizi 586

10 Il teorema KAM 631
10.1 Esistenza di moti quasiperiodici 631
10.1.1 Notazioni ed enunciato del teorema KAM 633
10.1.2 Primo passo: trasformazione canonica 635
10.1.3 Primo passo: stime della nuova hamiltoniana 641
10.1.4 Primo passo: blocco della frequenza 643
10.1.5 Primo passo: dominio della nuova hamiltoniana 645
10.1.6 Passo generale 647
10.2 Stabilità dei moti quasiperiodici 651
10.2.1 Notazioni ed enunciato del teorema di Nechoroševs 652
10.2.2 Aspetti analitici 656
10.2.3 Aspetti geometrici 669
10.2.4 Conclusioni e relazione con il teorema KAM 674

10.3 Convergenza delle serie di Lindstedt . . . 677
10.3.1 Analisi multiscala . . . 677
10.3.2 Cancellazioni . . . 689
10.3.3 Rinormalizzazione . . . 697
10.3.4 Stime . . . 709
10.4 Conclusioni . . . 720
10.4.1 Sul modello Fermi-Pasta-Ulam . . . 720
10.4.2 Sul sistema solare . . . 721
10.4.3 Sulla condizione di non degenerazione . . . 722
10.4.4 Sulla condizione di non risonanza delle frequenze . . . 723
10.4.5 Sulla regolarità dell'hamiltoniana . . . 723
10.4.6 Sul fato dei tori risonanti . . . 724
10.5 Esercizi . . . 725

Riferimenti bibliografici . . . 747

Indice analitico . . . 751

Capitolo 1
Meccanica lagrangiana

Method is the *thing, after all.*

Edgar Allan Poe, The business man (1840)

1.1 Primo prinicipio variazionale di Hamilton

Il formalismo lagrangiano, che inizieremo a discutere a partire da questo capitolo, fornisce un metodo efficiente ed elegante per studiare il moto di sistemi composti da punti materiali che interagiscono attraverso forze conservative e sono soggetti a vincoli olonomi, inclusi quelli di rigidità. Introdotto da Lagrange alla fine del '700, esso costituisce un approccio alternativo (ed equivalente) a quello newtoniano, in cui le equazioni del moto si ottengono imponendo il secondo principio della dinamica, i.e. richiedendo che il prodotto della massa per l'accelerazione di un punto sia uguale alla forza che agisce sul punto stesso. Come vedremo, le stesse equazioni del moto possono essere ottenute partendo da un principio variazionale.

Consideriamo un sistema dinamico che sia descritto in termini delle coordinate $q = (q_1, \dots, q_n)$. Supponiamo per il momento che lo *spazio delle configurazioni*, i.e. il dominio di variabilità delle coordinate q (cfr. il §6.1 del volume 1), sia $\mathbb{R}^n$ o un suo sottoinsieme; vedremo al §1.2 come modificare la discussione nel caso in cui il moto si svolga su una varietà su cui non sia possibile utilizzare un sistema di coordinate definito globalmente. In generale la configurazione del sistema varia nel tempo, quindi le coordinate q dipendono dal tempo t attraverso una legge $t \mapsto q(t)$ da determinare, in funzione delle forze che agiscono sul sistema e dei vincoli a cui esso è sottoposto. Trovare come $q(t)$ dipende da t è per l'appunto il problema che si deve risolvere, una volta che siano noti i vincoli e le forze esterne. Chiamiamo *coordinate generalizzate* le variabili $q_1(t), \dots, q_n(t)$ e *velocità generalizzate* le loro derivate rispetto al tempo $\dot{q}_1(t), \dots, \dot{q}_n(t)$.

Siano P_1 e P_2 due punti nello spazio delle configurazioni individuati dalle coordinate $q^{(1)} = (q_1^{(1)}, \dots, q_n^{(1)})$ e $q^{(2)} = (q_1^{(2)}, \dots, q_n^{(2)})$, e sia $[t_1, t_2]$ un intervallo di tempo. Indichiamo con

$$\mathcal{M} = \mathcal{M}(q^{(1)}, t_1; q^{(2)}, t_2) \tag{1.1}$$

G. Gentile, *Introduzione ai sistemi dinamici – Volume 2*, UNITEXT 133,
https://doi.org/10.1007/978-88-470-4014-4_1

Figura 1.1 Traiettorie dello spazio $\mathcal{M}$ che collegano due punti fissati $q^{(1)}$ e $q^{(2)}$

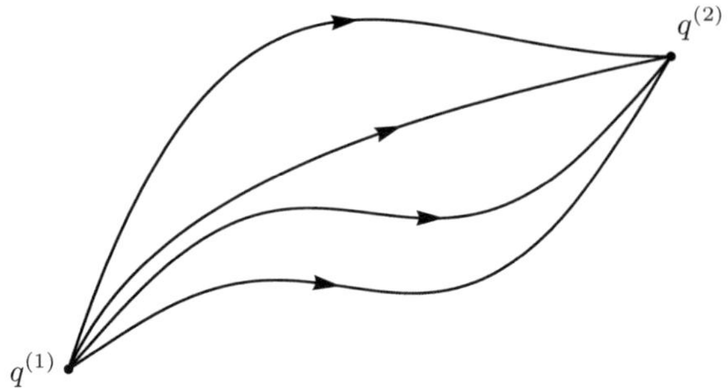

l'insieme delle curve $t \mapsto q(t)$ che verificano le seguenti proprietà:

- sono di classe C^1 in $[t_1, t_2]$;
- verificano le condizioni al contorno $q(t_1) = q^{(1)}$ e $q(t_2) = q^{(2)}$.

Chiamiamo *spazio delle traiettorie* l'insieme (1.1) e *traiettorie* i suoi elementi.

Osservazione 1.1 Il nome di traiettorie dato agli elementi di $\mathcal{M}$ non deve trarre in inganno: non si tratta di traiettorie di un sistema dinamico, ma semplicemente di curve (al momento non è ancora stata introdotta alcuna dinamica). Una situazione analoga si è incontrata quando sono state introdotte le traiettorie virtuali (cfr. l'osservazione 9.14 del volume 1).

Indichiamo anche con $\mathcal{M}_0 = \mathcal{M}_0(t_1; t_2)$ lo spazio delle curve $t \mapsto h(t)$ che hanno la stessa regolarità degli elementi di $\mathcal{M}$ e verificano le condizioni al contorno $h(t_1) = h(t_2) = 0$. Chiamiamo *deformazioni* gli elementi di $\mathcal{M}_0$ e *spazio delle deformazioni* lo spazio $\mathcal{M}_0$ (cfr. la figura 1.1).

Lemma 1.2 *$\mathcal{M}_0$ è uno spazio vettoriale, mentre $\mathcal{M}$ è uno spazio affine.*

Dimostrazione Segue dalla definizione di spazio vettoriale (cfr. la definizione 1.1 del volume 1) e di spazio affine (cfr. l'esercizio 1.1), notando che se $t \mapsto q(t)$ e $t \mapsto q'(t)$ sono due traiettorie in $\mathcal{M}$ allora $t \mapsto h(t) := q(t) - q'(t)$ è un elemento di $\mathcal{M}_0$. □

Definizione 1.3 (Lagrangiana) *Dato un sistema dinamico descritto dalla coordinate generalizzate $q = q(t)$, la* lagrangiana *è una funzione $\mathcal{L}(q, \dot{q}, t)$ che dipende dalle coordinate q, dalle velocità generalizzate $\dot{q}$ e dal tempo t. Le coordinate generalizzate q sono chiamate anche* coordinate lagrangiane.

Osservazione 1.4 In base alla definizione data, la funzione $\mathcal{L}$ può essere una qualsiasi funzione definita in $\mathbb{R}^n \times \mathbb{R}^n \times \mathbb{R}$ (o, più in generale, come vedremo al §1.2, una qualsiasi funzione definita sul fibrato tangente dello spazio delle configurazioni). In principio, l'espressione $\mathcal{L}(q, y, t)$ ha senso anche quando la variabile y non coincide con $\dot{q}$. Tuttavia, nel seguito, si considererà sempre il caso in cui la lagrangiana è calcolata lungo le traiettorie dello spazio $\mathcal{M}$, quindi il caso in cui si ha $y = \dot{q}$.

Osservazione 1.5 Data una traiettoria $t \mapsto q(t)$, il valore di $\dot{q}(t)$ è determinato in ogni istante. La Lagrangiana $\mathcal{L} = \mathcal{L}(q, \dot{q}, t)$ è tuttavia vista come una funzione di $2n + 1$ variabili (cfr. l'osservazione precedente): si considerano $q(t)$ e $\dot{q}(t)$ come variabili indipendenti. Così per esempio, $\partial \mathcal{L}/\partial q_i$ è la derivata parziale di $\mathcal{L}$ rispetto alla variabile q_i e viene calcolata mantenendo tutte le altre variabili (inclusa $\dot{q}_i$) fissate; analogamente la derivata parziale $\partial \mathcal{L}/\partial \dot{q}_i$ va calcolata mantenendo costanti tutte le variabili che non siano $\dot{q}_i$, quindi q_i compresa. In altre parole, si ha $[\partial \mathcal{L}/\partial q_i](q, \dot{q}, t) = [\partial \mathcal{L}/\partial y_i](y, \dot{q}, t)|_{y=q}$ e $[\partial \mathcal{L}/\partial \dot{q}_i](q, \dot{q}, t) = [\partial \mathcal{L}/\partial y_i](q, y, t)|_{y=\dot{q}}$.

Dato un sistema meccanico conservativo descritto dalle coordinate q, risultano definite un'energia cinetica $T(q, \dot{q}, t)$ e un'energia potenziale $V(q, t)$. La funzione

$$\mathcal{L}(q, \dot{q}, t) = T(q, \dot{q}, t) - V(q, t) \tag{1.2}$$

costituisce la *lagrangiana associata al sistema meccanico conservativo*. Fra le infinite lagrangiane che si possono considerare in relazione a un sistema meccanico conservativo la funzione (1.2) è, per così dire, la lagrangiana "naturale". Infatti, come vedremo, a partire da tale lagrangiana si possono ricavare le equazioni del moto. Per questo, quando si vuole descrivere un sistema meccanico conservativo nell'ambito del formalismo lagrangiano, si assume tacitamente che la corrispondente lagrangiana sia la funzione (1.2).

Definizione 1.6 (Funzionale d'azione) *Dato un sistema con lagrangiana $\mathcal{L}(q, \dot{q}, t)$, definiamo* funzionale d'azione *(o semplicemente* azione*) l'integrale $I : \mathcal{M} \to \mathbb{R}$ dato da*

$$I(\gamma) := \int_{t_1}^{t_2} \mathrm{d}t \, \mathcal{L}(q(t), \dot{q}(t), t), \tag{1.3}$$

dove $\gamma \in \mathcal{M}$ è la traiettoria $t \mapsto q(t)$.

Per $h \in \mathcal{M}_0$ indichiamo con la stessa lettera h (i.e. $t \mapsto h(t)$) la sua rappresentazione nel sistema di coordinate scelto, e definiamo

$$\|h\| := \max_{t_1 \le t \le t_2} |h(t)| + \max_{t_1 \le t \le t_2} |\dot{h}(t)|, \tag{1.4}$$

dove $|\cdot|$ denota la norma euclidea in $\mathbb{R}^n$ (cfr. il §1.1.1 del volume 1).

Lemma 1.7 *Lo spazio vettoriale $\mathcal{M}_0$ è uno spazio normato, dotato della norma* (1.4).

Dimostrazione È immediato verificare che (1.4) soddisfa le proprietà di una norma (cfr. la definizione 1.31 del volume 1), i.e. (1) $\|h\| \ge 0$ $\forall h \in \mathcal{M}_0$ e $\|h\| = 0$ se e solo se $h = 0$; (2) $\|\lambda h\| = |\lambda| \, \|h\|$ $\forall h \in \mathcal{M}_0$ e $\forall \lambda \in \mathbb{R}$; (3) $\|h_1 + h_2\| \le \|h_1\| + \|h_2\|$ $\forall h_1, h_2 \in \mathcal{M}_0$. □

Lemma 1.8 *Data una lagrangiana $\mathcal{L}(q,\dot{q},t)$ di classe C^1, il funzionale d'azione (1.3) è di classe C^1 e il suo differenziale in γ è dato da*

$$DI(\gamma;h) = \int_{t_1}^{t_2} \mathrm{d}t \sum_{k=1}^{n} \left(\frac{\partial \mathcal{L}}{\partial q_k}(q(t),\dot{q}(t),t)\, h_k(t) + \frac{\partial \mathcal{L}}{\partial \dot{q}_k}(q(t),\dot{q}(t),t)\, \dot{h}_k(t) \right)$$
$$= \int_{t_1}^{t_2} \mathrm{d}t \left(\left\langle \frac{\partial \mathcal{L}}{\partial q}(q(t),\dot{q}(t),t), h(t) \right\rangle + \left\langle \frac{\partial \mathcal{L}}{\partial \dot{q}}(q(t),\dot{q}(t),t), \dot{h}(t) \right\rangle \right),$$

dove $\gamma \in \mathcal{M}$ è la traiettoria $t \mapsto q(t)$, $h \in \mathcal{M}_0$ e $\langle \cdot,\cdot \rangle$ indica il prodotto scalare standard in $\mathbb{R}^n$.

Dimostrazione Sotto le ipotesi fatte sulla funzione $\mathcal{L}$, possiamo scrivere, per $\xi, \eta \in \mathbb{R}^n$,

$$\left| \mathcal{L}(q+\xi,\dot{q}+\eta,t) - \mathcal{L}(q,\dot{q},t) - \left\langle \frac{\partial \mathcal{L}}{\partial q}, \xi \right\rangle - \left\langle \frac{\partial \mathcal{L}}{\partial \dot{q}}, \eta \right\rangle \right| \le (|\xi| + |\eta|) R(\xi,\eta,t),$$

dove R è, uniformemente in $t \in [t_1,t_2]$, una funzione positiva infinitesima nei suoi argomenti, i.e. per ogni $\varepsilon > 0$ esiste $\delta > 0$ tale che se $|\xi| + |\eta| < \delta$ allora $R(\xi,\eta,t) < \varepsilon$. Per $\gamma \in \mathcal{M}$ e $h \in \mathcal{M}_0$ tale che $\|h\| < \delta$, si ha

$$\left| I(\gamma+h) - I(\gamma) - \int_{t_1}^{t_2} \mathrm{d}t \left(\left\langle \frac{\partial \mathcal{L}}{\partial q}(q(t),\dot{q}(t),t), h(t) \right\rangle + \left\langle \frac{\partial \mathcal{L}}{\partial \dot{q}}(q(t),\dot{q}(t),t), \dot{h}(t) \right\rangle \right) \right|$$
$$\le \int_{t_1}^{t_2} \mathrm{d}t \left(|h(t)| + |\dot{h}(t)| \right) R(h(t),\dot{h}(t),t)$$
$$\le |t_2 - t_1|\, \|h\| \sup_{t_1 \le t \le t_2} R(h(t),\dot{h}(t),t) \le \varepsilon\, |t_2 - t_1|,$$

così che esiste il limite, per $\|h\| \to 0$, del membro di sinistra ed è uguale a zero. Quindi $I(\gamma)$ è differenziabile e il suo differenziale $DI(\gamma;h)$ è il funzionale lineare

$$\int_{t_1}^{t_2} \mathrm{d}t \left(\left\langle \frac{\partial \mathcal{L}}{\partial q}(q(t),\dot{q}(t),t), h(t) \right\rangle + \left\langle \frac{\partial \mathcal{L}}{\partial \dot{q}}(q(t),\dot{q}(t),t), \dot{h}(t) \right\rangle \right).$$

Si verifica immediatamente che il differenziale $DI(\gamma;h)$ è continuo in γ, dal momento che la regolarità del funzionale $I(\gamma)$ in γ è data dalla regolarità della lagrangiana nelle sue variabili. Ne segue che, se $\mathcal{L}$ è di classe C^1, anche $\gamma \mapsto I(\gamma)$ è di classe C^1. □

Lemma 1.9 *Sia* $p \geq 0$*. Sia* $\zeta(t)$ *una funzione continua in* $[t_1, t_2]$*. Se per ogni funzione* $g(t)$ *di classe* C^p *in* $[t_1, t_2]$ *tale che* $g(t_1) = g(t_2) = 0$ *vale l'identità*

$$\int_{t_1}^{t_2} \mathrm{d}t\, \zeta(t)\, g(t) = 0,$$

allora la funzione $\zeta(t)$ *è identicamente nulla in* $[t_1, t_2]$*.*

Dimostrazione Supponiamo per assurdo che esista $t_0 \in (t_1, t_2)$ tale che $\zeta(t_0) \neq 0$; supponiamo per definitezza che risulti $\zeta(t_0) = c > 0$ (se $\zeta(t_0) < 0$ si ragiona in modo analogo). Per continuità esiste un intervallo $[t_0 - \delta, t_0 + \delta]$, con $\delta > 0$, tale che $[t_0 - \delta, t_0 + \delta] \subset [t_1, t_2]$ e $\zeta(t) > c/2$ per ogni $t \in [t_0 - \delta, t_0 + \delta]$. Sia g una funzione continua, positiva, non nulla e con supporto strettamente contenuto in $[t_0 - \delta, t_0 + \delta]$. Si ha allora

$$\int_{t_1}^{t_2} \mathrm{d}t\, \zeta(t)\, g(t) > \frac{c}{2} \int_{t_0-\delta}^{t_0+\delta} \mathrm{d}t\, g(t) > 0,$$

in contraddizione con l'ipotesi che l'integrale valga zero per ogni funzione g che si annulli agli estremi t_1 e t_2. Quindi $\zeta(t)$ deve essere nulla nell'aperto (t_1, t_2) e, per continuità, è nulla nell'intervallo chiuso $[t_1, t_2]$. □

Osservazione 1.10 Nel lemma 1.9, per quanto riguarda la regolarità delle funzioni g, è sufficiente la condizione che esse siano continue in $[t_1, t_2]$; tuttavia, nella dimostrazione del teorema 1.12 più avanti, servirà la formulazione data nel lemma 1.9 con $p = 1$.

Definizione 1.11 (Equazioni di Eulero-Lagrange) *Sia* $\mathcal{L}(q, \dot{q}, t)$ *una lagrangiana di classe* C^2*. Si chiamano* equazioni di Eulero-Lagrange *le equazioni*

$$\frac{\mathrm{d}}{\mathrm{d}t} \frac{\partial \mathcal{L}}{\partial \dot{q}_k} = \frac{\partial \mathcal{L}}{\partial q_k}, \qquad k = 1, \ldots, n, \tag{1.5}$$

dove $\mathcal{L} = \mathcal{L}(q(t), \dot{q}(t), t)$*.*

Teorema 1.12 *Sia* $\mathcal{L}(q, \dot{q}, t)$ *una lagrangiana di classe* C^2*. Una traiettoria* $t \mapsto q(t)$ *di classe* C^2 *rende stazionario il funzionale d'azione* (1.3) *se e solo se* $q(t)$ *soddisfa le equazioni di Eulero-Lagrange* (1.5)*.*

Dimostrazione Una traiettoria γ rende stazionario $I(\gamma)$ se $DI(\gamma; h) = 0$ per ogni $h \in \mathcal{M}_0$. Quindi $t \mapsto q(t)$ rende stazionario il funzionale d'azione (1.3) se

$$\int_{t_1}^{t_2} \mathrm{d}t \sum_{k=1}^{n} \left(\frac{\partial \mathcal{L}}{\partial q_k}\big(q(t), \dot{q}(t), t\big)\, h_k(t) + \frac{\partial \mathcal{L}}{\partial \dot{q}_k}\big(q(t), \dot{q}(t), t\big)\, \dot{h}_k(t) \right) = 0 \tag{1.6}$$

per ogni $h \in \mathcal{M}_0$. Per ipotesi $[\partial \mathcal{L}/\partial \dot{q}_k](q, \dot{q}, t)$ è di classe C^1 in $\dot{q}$. Se $t \mapsto q(t)$ è di classe C^2 e rende stazionario $I(\gamma)$, allora $\dot{q}$ è di classe C^1 in t e

$$\frac{\partial \mathcal{L}}{\partial \dot{q}_k}(q(t), \dot{q}(t), t) \tag{1.7}$$

è differenziabile in t. Integrando per parti il termine lineare in $\dot{h}(t)$ in (1.6) e ricordando che risulta $h(t_1) = h(t_2) = 0$ (così che i termini di bordo si annullano), si ottiene

$$\int_{t_1}^{t_2} \mathrm{d}t \sum_{k=1}^{n} \left(\frac{\partial \mathcal{L}}{\partial q_k} - \frac{\mathrm{d}}{\mathrm{d}t} \frac{\partial \mathcal{L}}{\partial \dot{q}_k} \right) h_k = 0, \tag{1.8}$$

dove $\mathcal{L} = \mathcal{L}(q(t), \dot{q}(t), t)$. In particolare se si fissa $i \in \{1, \dots, n\}$ e si prende $h \in \mathcal{M}_0$ tale che $h_k(t) = 0 \; \forall t \in [t_1, t_2]$ per ogni $k \neq i$, per il lemma 1.9 e per l'osservazione 1.10, si ottiene

$$\frac{\partial \mathcal{L}}{\partial q_i} - \frac{\mathrm{d}}{\mathrm{d}t} \frac{\partial \mathcal{L}}{\partial \dot{q}_i} = 0. \tag{1.9}$$

Poiché l'argomento vale per ogni $i = 1, \dots, n$, si vede che le equazioni (1.5) sono soddisfatte per $t \in [t_1, t_2]$.

Viceversa, se $q(t)$ è una soluzione di classe C^2 delle equazioni di Eulero-Lagrange (1.9), per $i = 1, \dots, n$, allora la (1.8) è soddisfatta per ogni deformazione $h \in \mathcal{M}_0(t_1; t_2)$. Ne concludiamo che la traiettoria $t \mapsto q(t)$ è un punto stazionario del funzionale d'azione. □

Osservazione 1.13 Le condizioni di regolarità di $\mathcal{L}$ nella definizione 1.11 e nel teorema 1.12 possono essere indebolite, richiedendo che la funzione $\mathcal{L}(q, \eta, t)$ sia di classe C^2 nelle variabili η e che le sue derivate rispetto alle variabli η siano di classe C^1 in tutte le variabili. Infatti quello che realmente occorre è che la funzione (1.7) sia di classe C^1 nelle sue variabili. Tuttavia, perché il teorema di esistenza e unicità delle soluzioni sia applicabile, occorre che $\mathcal{L}(q, \eta, t)$ sia di classe C^2 anche nelle variabili q; inoltre nei problemi che si incontrano comunemente si ha di solito una regolarità della lagrangiana molto superiore (spesso C^∞) a quella minima richiesta per applicare i risultati enunciati nel presente capitolo, quindi non è essenziale ai fini pratici insistere troppo sulle condizioni di regolarità ottimali.

Teorema 1.14 *Sia la* (1.2) *la lagrangiana associata a un sistema meccanico di N punti materiali nello spazio euclideo tridimensionale che interagiscano attraverso forze conservative. Le corrispondenti equazioni di Eulero-Lagrange sono equivalenti alle equazioni di Newton.*

Dimostrazione Lo spazio delle configurazioni del sistema è $\mathbb{R}^{3N}$, quindi è rappresentabile mediante un unico sistema di coordinate (globale), per esempio utilizzando le coordinate cartesiane $q = x$ dei punti materiali rispetto a una terna di assi cartesiani prefissata. Notando che, in tale sistema di coordinate, l'energia cinetica e l'energia potenziale sono, rispettivamente,

$$T(x,\dot{x},t) = T(\dot{x}) = \frac{1}{2}\sum_{i=1}^{N}\sum_{k=1}^{3} m_i \left(\dot{x}_k^{(i)}\right)^2, \qquad V(x,t) = V(x), \tag{1.10}$$

abbiamo

$$\frac{\partial \mathcal{L}}{\partial \dot{x}_k^{(i)}} = \frac{\partial T}{\partial \dot{x}_k^{(i)}} = m_i \dot{x}_k^{(i)}, \qquad \frac{\partial \mathcal{L}}{\partial x_k^{(i)}} = -\frac{\partial V}{\partial x_k^{(i)}} =: f_k^{(i)},$$

e possiamo quindi scrivere le equazioni di Eulero-Lagrange nella forma

$$m_i \ddot{x}_k^{(i)} = \frac{\mathrm{d}}{\mathrm{d}t}\frac{\partial \mathcal{L}}{\partial \dot{x}_k^{(i)}} = \frac{\partial \mathcal{L}}{\partial x_k^{(n)}} = f_k^{(i)},$$

che sono appunto le equazioni di Newton per un sistema di N punti materiali sottosposti alle forze conservative f. □

Principio 1.15 (Primo principio variazionale di Hamilton) *In un sistema meccanico conservativo, le traiettorie sono i punti stazionari del funzionale d'azione.*

Osservazione 1.16 Le traiettorie che si ottengono dal primo principio variazionale di Hamilton sono soluzioni di un *problema con condizioni al contorno* per un sistema di equazioni differenziali: le soluzioni vengono cercate in uno spazio di funzioni che hanno valori assegnati agli estremi di un dato intervallo di tempo. Si tratta quindi di un problema diverso dal problema di Cauchy (per lo stesso sistema di equazioni) in cui sono prescritti i valori di $q(t)$ e $\dot{q}(t)$ all'istante iniziale. Non valgono quindi in generale i risultati di esistenza e unicità noti per il problema di Cauchy. In particolare esistono problemi al contorno che non hanno soluzioni (corrispondentemente il funzionale d'azione non ha punti stazionari) e altri che hanno più (anche infinite) soluzioni.

Esempio 1.17 Si considerino le equazioni dell'oscillatore armonico

$$\ddot{x} = -x, \qquad x \in \mathbb{R}, \tag{1.11}$$

e sia $(x(0), \dot{x}(0)) = (\bar{x}, \bar{y})$ un dato iniziale. Ogni soluzione di (1.11) è della forma $x(t) = \bar{x}\cos t + \bar{y}\sin t$, e quindi, purché non sia $(\bar{x}, \bar{y}) = (0,0)$, è periodica con periodo 2π. Il problema con condizioni al contorno

$$x(0) = x(\tau) = a, \qquad \tau \notin 2\pi\mathbb{Z}, \qquad 0 \neq a \in \mathbb{R}, \tag{1.12}$$

per le equazioni (1.11) può non ammettere soluzione (cfr. l'esercizio 1.6), mentre il problema

$$x(0) = a, \qquad x(2\pi) = b, \qquad a, b \in \mathbb{R}, \tag{1.13}$$

se $a = b \neq 0$ ha infinite soluzioni – che corrispondono agli infiniti problemi di Cauchy che si ottengono fissando la velocità $\bar{y}$ all'istante iniziale – e non ammette invece soluzioni se $a \neq b$.

Il primo principio variazionale di Hamilton afferma non che il funzionale d'azione ha punti stazionari, ma, piuttosto, che se esistono punti stazionari allora essi corrispondono alle traiettorie del sistema. In generale dimostrare l'esistenza di punti stazionari per il funzionale d'azione non è banale. Quello che si riesce a dimostrare, sempre assumendo che la lagrangiana $\mathcal{L}(q, \eta, t)$ sia di classe C^2 nei suoi argomenti, è che, sotto le ulteriori ipotesi che

- $\mathcal{L}(q, \eta, t)$ soddisfi un'opportuna condizione di positività nelle variabili η,
- l'ampiezza dell'intervallo di tempo $[t_1, t_2]$ sia abbastanza piccolo,

se il funzionale d'azione ammette un punto stazionario γ nello spazio (1.1), allora γ deve essere un punto di minimo (cfr. il teorema 1.19 più avanti). Per questo motivo il primo prinicipio variazionale di Hamilton è talora chiamato, impropriamente, *principio di minima azione*. Sotto analoghe ipotesi si può dimostrare che il problema con condizioni al contorno ha almeno una soluzione (cfr. la nota bibliografica); si noti che nell'esempio 1.17, quando il problema (1.12) non ammette soluzioni, l'ipotesi che $|t_2 - t_1|$ sia piccolo non è soddisfatta.

Osservazione 1.18 Il teorema 1.12 mostra che per un sistema meccanico conservativo di N punti materiali in $\mathbb{R}^3$ il primo principio variazionale di Hamilton equivale ad assumere le equazioni di Newton, in accordo con il secondo principio della dinamica (cfr. l'osservazione 4.30 del volume 1). L'assunzione del principio variazionale di Hamilton significa che un sistema può essere individuato attraverso l'assegnazione della lagrangiana, da cui si ottengono le equazioni del moto, ovvero le equazioni di Eulero-Lagrange. Dal punto di vista fisico, come per il secondo principio della dinamica, la validità del principio risiede nell'accordo con i dati sperimentali.

Teorema 1.19 *Dato un sistema con lagrangiana* (1.2)*, sia $I(\gamma)$ il funzionale d'azione* (1.3) *definito sulle traiettorie nello spazio* (1.1)*. Supponiamo che la funzione $\mathcal{L}(q, \dot{q}, t)$ sia di classe C^2 nei suoi argomenti e che sia definita positiva la matrice di elementi*

$$\frac{\partial^2 \mathcal{L}}{\partial \dot{q}_i \partial \dot{q}_j}(q, \dot{q}, t). \tag{1.14}$$

Se $|t_2 - t_1|$ è sufficientemente piccolo e la traiettoria $t \in [t_1, t_2] \mapsto q(t)$ è di classe C^2 e rende stazionario $I(\gamma)$, allora tale traiettoria costituisce un punto di minimo relativo per $I(\gamma)$.

Dimostrazione Consideriamo una traiettoria $t \mapsto q(t)$ che renda stazionario $I(\gamma)$, e sia h una sua deformazione; al solito indichiamo con h sia l'elemento di $\mathcal{M}_0$ sia la sua rappresentazione nel sistema di coordinate scelto. Vogliamo dimostrare che $I(\gamma+h) > I(\gamma)\ \forall h \in \mathcal{M}_0$ tale che $\|h\|$ sia sufficientemente piccolo, purché le ipotesi di regolarità della lagrangiana e di positività della matrice (1.14) siano soddisfatte, nonché t_2 sia sufficientemente vicino a t_1.

La formula di Lagrange per il resto di Taylor (cfr. l'esercizio 1.8) dà

$$\begin{aligned}\mathcal{L}(q+h,\dot{q}+\dot{h},t) = \mathcal{L}(q,\dot{q},t) &+ \left\langle h, \frac{\partial \mathcal{L}}{\partial q}(q,\dot{q},t)\right\rangle + \left\langle \dot{h}, \frac{\partial \mathcal{L}}{\partial \dot{q}}(q,\dot{q},t)\right\rangle \\ &+ \frac{1}{2}\left\langle h, \frac{\partial^2 \mathcal{L}}{\partial q^2}(\xi,\eta,t)\, h\right\rangle + \frac{1}{2}\left\langle \dot{h}, \frac{\partial^2 \mathcal{L}}{\partial \dot{q}^2}(\xi,\eta,t)\, \dot{h}\right\rangle \\ &+ \left\langle h, \frac{\partial^2 \mathcal{L}}{\partial q \partial \dot{q}}(\xi,\eta,t)\, \dot{h}\right\rangle,\end{aligned}$$

dove (ξ,η) è un opportuno punto (che dipende da q, $\dot{q}$, h e $\dot{h}$) e il prodotto scalare $\langle\cdot,\cdot\rangle$ è in $\mathbb{R}^n$, così che otteniamo

$$\begin{aligned}I(\gamma+h) - I(\gamma) &= \int_{t_1}^{t_2} \mathrm{d}t \Bigg(\left\langle h, \frac{\partial \mathcal{L}}{\partial q}(q,\dot{q},t)\right\rangle + \left\langle \dot{h}, \frac{\partial \mathcal{L}}{\partial \dot{q}}(q,\dot{q},t)\right\rangle \\ &\qquad + \frac{1}{2}\left\langle h, \frac{\partial^2 \mathcal{L}}{\partial q^2}(\xi,\eta,t)\, h\right\rangle + \frac{1}{2}\left\langle \dot{h}, \frac{\partial^2 \mathcal{L}}{\partial \dot{q}^2}(\xi,\eta,t)\, \dot{h}\right\rangle \\ &\qquad + \left\langle h, \frac{\partial^2 \mathcal{L}}{\partial q \partial \dot{q}}(\xi,\eta,t)\, \dot{h}\right\rangle \Bigg) \\ &\geq c \int_{t_1}^{t_2} \mathrm{d}t\, \langle \dot{h},\dot{h}\rangle - M \int_{t_1}^{t_2} \mathrm{d}t \Big(\langle h,h\rangle + \big|\langle h,\dot{h}\rangle\big| \Big), \end{aligned} \tag{1.15}$$

dove si è usato che, in virtù delle ipotesi del teorema, si ha $DI(\gamma;h) = 0$, poiché γ rende stazionario il funzionale d'azione, e che, per $\|h\|$ sufficientemente piccolo, esistono due costanti strettamente positive c, M tali che

$$\begin{aligned}\frac{1}{2}\left\langle \dot{h}, \frac{\partial^2 \mathcal{L}}{\partial \dot{q}^2}(\xi,\eta,t)\, \dot{h}\right\rangle &\geq c\,\langle \dot{h},\dot{h}\rangle, \\ \frac{1}{2}\left|\left\langle h, \frac{\partial^2 \mathcal{L}}{\partial q^2}(\xi,\eta,t)\, h\right\rangle\right| &\leq M\,\langle h,h\rangle, \\ \left|\left\langle h, \frac{\partial^2 \mathcal{L}}{\partial q \partial \dot{q}}(\xi,\eta,t)\, \dot{h}\right\rangle\right| &\leq M\,|\langle h,\dot{h}\rangle|.\end{aligned}$$

Per stimare il secondo integrale nell'ultima linea di (1.15) in termini del primo e dell'ampiezza dell'intervallo $[t_1,t_2]$, applichiamo la diseguaglianza di Cauchy-Schwarz: nel caso dello spazio vettoriale delle *funzioni a quadrato sommabile* (i.e. integrabile) in $[t_1,t]$, per ogni coppia di funzioni f, g e per ogni $t \in [t_1,t_2]$, essa assume la forma (cfr. l'esercizio 1.13)

$$\left| \int_{t_1}^{t} \mathrm{d}\tau \, f(\tau) \, g(\tau) \right| \leq \left(\int_{t_1}^{t} \mathrm{d}\tau \, f^2(\tau) \right)^{1/2} \left(\int_{t_1}^{t} \mathrm{d}\tau \, g^2(\tau) \right)^{1/2} . \tag{1.16}$$

Pertanto, tenendo conto che

$$h(t) = \int_{t_1}^{t} \mathrm{d}t' \, \dot{h}(t'),$$

poiché $h \in \mathcal{M}_0$, e quindi $h(t_1) = 0$, in (1.15) stimiamo

$$\begin{aligned} \int_{t_1}^{t_2} \mathrm{d}t \, \langle h, h \rangle &\leq \sum_{k=1}^{n} \int_{t_1}^{t_2} \mathrm{d}t \left(\int_{t_1}^{t} \mathrm{d}t' \, \dot{h}_k(t') \cdot 1 \right)^2 \\ &\leq \sum_{k=1}^{n} \int_{t_1}^{t_2} \mathrm{d}t \, (t - t_1) \int_{t_1}^{t} \mathrm{d}t' \, \dot{h}_k^2(t') \\ &\leq \sum_{k=1}^{n} \int_{t_1}^{t_2} \mathrm{d}t' \dot{h}_k^2(t') \int_{t_1}^{t_2} \mathrm{d}t \, (t - t_1) \\ &\leq \frac{(t_2 - t_1)^2}{2} \int_{t_1}^{t_2} \mathrm{d}t \, \langle \dot{h}, \dot{h} \rangle, \end{aligned} \tag{1.17}$$

utilizzando la (1.16) con $f = \dot{h}_k$ e $g = 1$, e, analogamente,

$$\begin{aligned} \int_{t_1}^{t_2} \mathrm{d}t \, \left| \langle h, \dot{h} \rangle \right| &\leq \sum_{k=1}^{n} \int_{t_1}^{t_2} \mathrm{d}t \, |h_k| \, |\dot{h}_k| \\ &\leq \sum_{k=1}^{n} \left(\int_{t_1}^{t_2} \mathrm{d}t \, h_k^2(t) \right)^{1/2} \left(\int_{t_1}^{t_2} \mathrm{d}t \, \dot{h}_k^2(t) \right)^{1/2} \\ &\leq \sum_{k=1}^{n} \left(\int_{t_1}^{t_2} \mathrm{d}t \, \dot{h}_k^2(t) \right)^{1/2} \left(\frac{(t_2 - t_1)^2}{2} \int_{t_1}^{t_2} \mathrm{d}t \, \dot{h}_k^2(t) \right)^{1/2} \\ &\leq \sqrt{\frac{(t_2 - t_1)^2}{2}} \int_{t_1}^{t_2} \mathrm{d}t \, \langle \dot{h}, \dot{h} \rangle, \end{aligned}$$

utilizzando la (1.16), prima con $f = h_k$ e $g = \dot{h}_k$, poi di nuovo con $f = \dot{h}_k$ e $g = 1$. Le (1.17), introdotte nella (1.15), dànno, per $t_2 - t_1 < \sqrt{2}$,

$$I(\gamma + h) - I(\gamma) \geq \left(c - \sqrt{2}M(t_2 - t_1)\right) \int_{t_1}^{t_2} \mathrm{d}t \, \langle \dot{h}, \dot{h} \rangle,$$

da cui concludiamo che $I(\gamma + h) > I(\gamma)$ purché $\|h\|$ sia sufficientemente piccolo e t_2 sia scelto così vicino a t_1 da soddisfare la diseguaglianza $t_2 - t_1 < \min\{\sqrt{2}, c/\sqrt{2}M\}$. La traiettoria corrispondente è quindi un punto di minimo per il funzionale d'azione per $t \in [t_1, t_2]$. □

Osservazione 1.20 L'ipotesi sulla matrice (1.14) del teorema 1.19 è soddisfatta nel caso di un sistema meccanico conservativo di N punti materiali, descritto dalla lagrangiana $\mathcal{L} = T - V$, con T e U date dalle (1.10).

Osservazione 1.21 Data una lagrangiana $\mathcal{L}(q, \dot{q}, t)$, a cui siano associate le equazioni di Eulero-Lagrange (1.5), se consideriamo la lagrangiana

$$\mathcal{L}'(q, \dot{q}, t) = \mathcal{L}(q, \dot{q}, t) + \frac{\mathrm{d}}{\mathrm{d}t} A(q, t),$$

dove $A(q, t)$ è una funzione arbitraria, allora $\mathcal{L}'(q, \dot{q}, t)$ ammette le stesse equazioni di Eulero-Lagrange. Infatti i funzionali d'azione I e I', corrispondenti alle due lagrangiane $\mathcal{L}$ e $\mathcal{L}'$, differiscono per il termine $A(q(t_2), t_2) - A(q(t_1), t_1)$, che non dipende dalla traiettoria γ, così che $DI(\gamma; h) = DI'(\gamma; h)$ per ogni h, e quindi le due lagrangiane, per il teorema 1.12, ammettono le stesse equazioni di Eulero-Lagrange. Si dice allora che lagrangiana di un sistema è definita a meno di una "derivata totale", con ciò intendendo la *derivata totale* di una funzione arbitraria A delle coordinate e del tempo, i.e.

$$\frac{\mathrm{d}A}{\mathrm{d}t} := \sum_{k=1}^{n} \frac{\partial A}{\partial q_k}(q(t), t) \, \dot{q}_k(t) + \frac{\partial A}{\partial t}(q(t), t).$$

Esempio 1.22 Si scrivano le equazioni di Eulero-Lagrange corrispondenti alla lagrangiana

$$\mathcal{L}(q, \dot{q}) = q_2 \dot{q}_1 - q_1 \dot{q}_2 - 2 q_1 q_2, \tag{1.18}$$

e se ne trovi la soluzione; si trovi inoltre una costante del moto. Si mostri altresì che, data una funzione $G: \mathbb{R}^n \to \mathbb{R}$ di classe C^3, una lagrangiana lineare nelle velocità della forma

$$\mathcal{L} = \langle F(q), \dot{q} \rangle - V(q), \qquad F(q) = \nabla G(q), \tag{1.19}$$

è priva di interesse.

Discussione dell'esempio Le equazioni di Eulero-Lagrange corrispondenti alla lagrangiana (1.18) sono $\dot{q}_1 = q_1$ e $\dot{q}_2 = -q_2$, che si integrano immediatamente e dànno $q_1(t) = \mathrm{e}^t q_1(0)$ e $q_2(t) = \mathrm{e}^{-t} q_2(0)$. Si verifica facilmente che la funzione $H(q_1, q_2) := q_1 q_2$ è una costate del moto.

La lagrangiana (1.19), poiché $\langle F(q), \dot{q} \rangle = \langle \nabla G(q), \dot{q} \rangle = \mathrm{d}G/\mathrm{d}t$, ha le stesse equazioni di Eulero-Lagrange della lagrangiana $\mathcal{L}' = -V(q)$, così che esse sono soddisfatte solo se $V(q)$ è costante e diventano banali.

Si noti che entrambe le lagrangiane (1.18) e (1.19) violano la condizione che la matrice di elementi (1.14) sia non singolare.

1.2 Principio variazionale per moti su varietà

Vogliamo vedere ora come si estendono i risultati del §1.1 al caso in cui non sia possibile descrivere il sistema attraverso un unico sistema di coordinate globali. Un esempio tipico, di immediato interesse fisico, è rappresentato dalla superficie della Terra (abbiamo discusso moti sulla superficie della Terra nel capitolo 8 del volume 1). Infatti non è possibile rappresentare l'intera superficie della Terra su un'unica carta geografica: ne occorrono almeno due distinte e ben più di due se si desiderano rappresentazioni non troppo distorte di qualche zona (cfr. l'esercizio 1.18).

Una *varietà* M è uno spazio topologico – più precisamente uno spazio topologico di Hausdorff che soddisfi il secondo assioma di numerabilità (cfr. l'esercizio 1.15) – tale che per ogni punto $x \in M$ esiste un intorno $\mathcal{U}$ di x e un'applicazione Φ continua e invertibile con inversa continua (omeomorfismo) da $\mathcal{U}$ in un sottoinsieme $\mathcal{V}$ di $\mathbb{R}^n$, per qualche $n \in \mathbb{N}$. La coppia $(\mathcal{U}, \Phi)$ costituisce una *carta*. Si dice allora che il punto x è rappresentabile mediante la carta $(\mathcal{U}, \Phi)$ e che $q = (q_1, \ldots, q_n) = \Phi(x)$ sono le *coordinate locali* (o semplicemente *coordinate*) di x determinate dalla carta $(\mathcal{U}, \Phi)$. Se Φ è differenziabile, la carta $(\mathcal{U}, \Phi)$ si dice differenziabile.

Se un punto x di M è rappresentabile mediante due carte $(\mathcal{U}, \Phi)$ e $(\mathcal{U}', \Phi')$, i.e. se sono definite le coordinate $q = \Phi(x)$ e $q' = \Phi'(x)$ per $x \in \mathcal{U} \cap \mathcal{U}'$, allora esistono due insiemi aperti $\mathcal{V}$ e $\mathcal{V}'$ di $\mathbb{R}^n$ tali che $(\Phi') \circ \Phi^{-1} \colon \mathcal{V} \to \mathcal{V}'$ e le carte si dicono *compatibili*. Si definisce *atlante* per M una collezione finita o numerabile di carte di M compatibili tra loro tali che ogni punto di M sia rappresentabile almeno mediante una carta. L'atlante si dice differenziabile se le sue carte sono differenziabili. Due atlanti sono equivalenti se la loro unione è ancora un atlante. Una *varietà differenziabile* (o *regolare*) è una classe di equivalenza di atlanti differenziabili. Se la varietà è connessa, per ogni carta $(\mathcal{U}, \Phi)$, l'insieme $\Phi(\mathcal{U})$ è un aperto di $\mathbb{R}^n$, con lo stesso indice n: si dice allora che n è la dimensione della varietà e si scrive $n = \dim(M)$.

Data una varietà M e un punto $x \in M$, si consideri una carta $(\mathcal{U}, \Phi)$ tale che $\mathcal{U}$ sia un intorno di x. Siano $\gamma_1, \gamma_2 : [-1, 1] \to M$ due curve differenziabili tali che $\gamma_1(0) = \gamma_2(0) = x$. Diciamo che le curve γ_1 e γ_2 sono *equivalenti* se

$$\frac{\mathrm{d}}{\mathrm{d}t} (\Phi \circ \gamma_1)(t) \bigg|_{t=0} = \frac{\mathrm{d}}{\mathrm{d}t} (\Phi \circ \gamma_2)(t) \bigg|_{t=0} .$$

Questo introduce una relazione di equivalenza: si definiscono *vettori tangenti* a M in x le corrispondenti classi di equivalenza. Lo *spazio tangente* a M in x, che si indica con $T_x M$, è l'insieme dei vettori tangenti a M in x. Si definisce *fibrato tangente* di una varietà M lo spazio

$$TM := \bigsqcup_{x \in M} T_x M = \bigcup_{x \in M} \{x\} \times T_x M = \{(x, y) : x \in M,\ y \in T_x M\}, \tag{1.20}$$

dove $\sqcup$ indica l'*unione disgiunta* (implicitamente definita dalla (1.20) stessa). Si vede immediatamente che il fibrato tangente di una varietà ha a sua volta struttura di varietà. Un *campo vettoriale su una varietà* M è una funzione $f: M \to TM$ che a ogni $x \in M$ associa un vettore $f(x) \in T_x M$ (cfr. il §3.1.1 del volume 1, nel caso in cui M sia uno spazio vettoriale).

Si verifica facilmente che ogni *superficie regolare* in $\mathbb{R}^n$ di dimensione m (cfr. la definizione 4.6 del volume 1) è una varietà differenziabile di dimensione m (cfr. l'esercizio 1.19). La nozione di varietà è più generale – e può essere più funzionale dal punto di vista pratico – in quanto non fa riferimento a un eventuale spazio in cui sia contenuta. A volte si usa il termine *ipersuperficie* per indicare una varietà S di dimensione n *immersa* in $\mathbb{R}^{n+1}$ (o, più in generale, in uno spazio vettoriale di dimensione $n + 1$), i.e. tale che esiste un'applicazione differenziabile con differenziale iniettivo (*immersione*) tra S e $\mathbb{R}^{n+1}$. Notiamo per inciso che non necessariamente una varietà n-dimensionale può essere immersa in $\mathbb{R}^{n+1}$: un noto controesempio è la *bottiglia di Klein* (cfr. la nota bibliografica), una varietà bidimensionale che può essere immersa globalmente in $\mathbb{R}^4$ ma non in $\mathbb{R}^3$ (se ne può costruire un'immersione in $\mathbb{R}^3$ solo localmente). È bene anche tener presente, per evitare di confondersi, che in topologia si definisce superficie una varietà bidimensionale; noi non useremo mai il termine "superficie" con tale significato.

Definizione 1.23 (Lagrangiana e funzionale d'azione su varietà) *Data una varietà differenziabile Σ e una funzione $\mathcal{L}: T\Sigma \times \mathbb{R} \to \mathbb{R}$ di classe C^2, definiamo*

$$I(\gamma) := \int_{t_1}^{t_2} \mathrm{d}t\, \mathcal{L}. \tag{1.21}$$

La funzione $\mathcal{L}$ e il funzionale (1.21) *prendono il nome, rispettivamente, di* lagrangiana *e di* funzionale d'azione. *Per ogni $x \in \Sigma$, scelta una carta mediante la quale x sia rappresentabile, la lagrangiana assume la forma $\mathcal{L} = \mathcal{L}(q, \dot{q}, t)$, se q sono le coordinate determinate dalla carta fissata; diciamo allora che la funzione $\mathcal{L}(q, \dot{q}, t)$ costituisce un* rappresentante locale *di $\mathcal{L}$ nella carta fissata. Il sistema dinamico descritto dalla lagrangiana $\mathcal{L}$ è un sistema meccanico conservativo se esistono due funzioni $V: \Sigma \times \mathbb{R} \to \mathbb{R}$ (energia potenziale) e $T: T\Sigma \times \mathbb{R} \to \mathbb{R}$ (energia cinetica), tali che $\mathcal{L} = T - V$, i.e. $\mathcal{L}(q, \dot{q}, t) = T(q, \dot{q}, t) - V(q, t)$ per ogni rappresentante locale di $\mathcal{L}$.*

Teorema 1.24 *Dato un sistema meccanico conservativo, il cui spazio delle configurazioni sia una varietà differenziabile e la cui lagrangiana sia di classe* C^2, *una traiettoria di classe* C^2 *è un punto stazionario per il corrispondente funzionale d'azione se e solo se in ogni carta il suo rappresentante locale soddisfa le equazioni di Eulero-Lagrange* (1.5).

Dimostrazione Sia Σ una varietà differenziabile di dimensione n, e sia γ una traiettoria di classe C^2 su Σ. Il funzionale d'azione (1.21) è ben definito, poiché, per l'additività dell'integrazione, si può scrivere come somma di più integrali, ciascuno dei quali è esteso a un intervallo di tempo in cui è possibile utilizzare un unico sistema di coordinate. In altre parole si può scomporre $[t_1, t_2]$ in K intervalli $[\tau_{i-1}, \tau_i]$, con $\tau_0 = t_1 < \tau_1 < \ldots < \tau_K = t_2$ e con la proprietà che per ogni $i = 1, \ldots, K$ esiste una carta $(\mathcal{U}_i, \Phi_i)$ tale che la traiettoria γ, per $t \in [\tau_{i-1}, \tau_i]$, sia rappresentabile interamente mediante quella carta. Inoltre, fissata la traiettoria γ, il valore numerico di ogni singolo integrale non dipende dal sistema di coordinate scelto, né il valore del funzionale d'azione dipende dalla particolare scomposizione scelta di $[t_1, t_2]$ (cfr. l'esercizio 1.20).

Vogliamo innanzitutto dimostrare che i punti stazionari del funzionale d'azione corrispondono alle traiettorie che, in ogni carta, soddisfano le equazioni di Eulero-Lagrange. Sia γ una traiettoria tale che $DI(\gamma; h) = 0$ per ogni $h \in \mathcal{M}_0$. Scriviamo il funzionale d'azione

$$I(\gamma) = \sum_{i=1}^{K} \int_{\tau_{i-1}}^{\tau_i} \mathrm{d}t \; \mathcal{L}(q^{(i)}(t), \dot{q}^{(i)}(t), t), \tag{1.22}$$

dove $q^{(i)} = (q_1^{(i)}, \ldots, q_n^{(i)})$ sono le coordinate determinate dalla carta $(\mathcal{U}_i, \Phi_i)$. Il suo differenziale è

$$DI(\gamma; h) = \sum_{i=1}^{K} \int_{\tau_{i-1}}^{\tau_i} \mathrm{d}t \left(\left\langle \frac{\partial \mathcal{L}}{\partial q^{(i)}}, h^{(i)} \right\rangle + \left\langle \frac{\partial \mathcal{L}}{\partial \dot{q}^{(i)}}, \dot{h}^{(i)} \right\rangle \right),$$

dove $h^{(i)} = (h_1^{(i)}, \ldots, h_n^{(i)})$ sono le coordinate della deformazione h determinate dalla carta $(\mathcal{U}_i, \Phi_i)$; infatti, poiché $DI(\gamma; h)$ è lineare in h, non è restrittivo assumere che la deformazione h sia così piccola che ogni $h^{(i)}$ sia rappresentabile mediante la carta $(\mathcal{U}_i, \Phi_i)$. Sotto le ipotesi di regolarità della lagrangiana, integriamo per parti i termini lineari in $\dot{h}^{(i)}$, i.e.

$$\begin{aligned} &\int_{\tau_{i-1}}^{\tau_i} \mathrm{d}t \left\langle \frac{\partial \mathcal{L}}{\partial \dot{q}^{(i)}}, \dot{h}^{(i)} \right\rangle \\ &= \left\langle \frac{\partial \mathcal{L}}{\partial \dot{q}^{(i)}}(q^{(i)}(t), \dot{q}^{(i)}(t), t), h^{(i)}(t) \right\rangle \Bigg|_{\tau_{i-1}}^{\tau_i} - \int_{\tau_{i-1}}^{\tau_i} \mathrm{d}t \left\langle \frac{\mathrm{d}}{\mathrm{d}t} \frac{\partial \mathcal{L}}{\partial \dot{q}^{(i)}}, h^{(i)} \right\rangle \end{aligned} \tag{1.23}$$

per ogni $i = 1, \dots, K$. Ora, i termini di bordo non si annullano singolarmente (poiché in generale $h^{(i)}(\tau_{i-1})$ e $h^{(i)}(\tau_i)$ sono diversi da zero). Tuttavia per ogni $i = 2, \dots, K$ si ha

$$\begin{aligned}&\left\langle \frac{\partial \mathcal{L}}{\partial \dot{q}^{(i)}}(q^{(i)}(\tau_{i-1}), \dot{q}^{(i)}(\tau_{i-1}), \tau_{i-1}), h^{(i)}(\tau_{i-1}) \right\rangle \\ &= \left\langle \frac{\partial \mathcal{L}}{\partial \dot{q}^{(i-1)}}(q^{(i-1)}(\tau_{i-1}), \dot{q}^{(i-1)}(\tau_{i-1}), \tau_{i-1}), h^{(i-1)}(\tau_{i-1}) \right\rangle,\end{aligned}$$

poiché la carte sono compatibili, e, inoltre, i termini che corrispondono a τ_0 e a τ_K si annullano poiché $h \in \mathcal{M}_0$. In conclusione, se sommiamo (1.23) su $i = 1, \dots, K$, otteniamo

$$DI(\gamma; h) = \sum_{i=1}^{K} \int_{\tau_{i-1}}^{\tau_i} \mathrm{d}t \left\langle \frac{\partial \mathcal{L}}{\partial q^{(i)}} - \frac{\mathrm{d}}{\mathrm{d}t} \frac{\partial \mathcal{L}}{\partial \dot{q}^{(i)}}, h^{(i)} \right\rangle,$$

per ogni $h \in \mathcal{M}_0$. In particolare possiamo scegliere $h \in \mathcal{M}_0$ tale che $h(t) \neq 0$ solo per $t \in [\tau_{i-1}, \tau_i]$, così che ragionando come nel §1.1 concludiamo che, nelle coordinate determinate dalla carta $(\mathcal{U}_i, \Phi_i)$, si ha

$$\frac{\partial \mathcal{L}}{\partial q^{(i)}} - \frac{\mathrm{d}}{\mathrm{d}t} \frac{\partial \mathcal{L}}{\partial \dot{q}^{(i)}} = 0.$$

L'argomento si applica a ogni carta $(\mathcal{U}_i, \Phi_i)$. Abbiamo quindi dimostrato che se γ è una traiettoria di classe C^2 che rende stazionario il funzionale d'azione (1.21) allora in ogni carta il suo rappresentante locale soddisfa le equazioni di Eulero-Lagrange.

Come nella dimostrazione del teorema 1.12 gli stessi passaggi possono essere eseguiti nel verso opposto, e quindi otteniamo che se in ogni carta il rappresentante di una traiettoria γ di classe C^2 soddisfa le equazioni di Eulero-Lagrange allora γ rende stazionario il funzionale d'azione (1.21).

Il teorema è quindi dimostrato. □

Definizione 1.25 (Sistema lagrangiano) *Si consideri un sistema dinamico, il cui spazio delle configurazioni sia una varietà differenziabile Σ e che sia descritto da una lagrangiana $\mathcal{L}: T\Sigma \times \mathbb{R} \to \mathbb{R}$. Si definisce* sistema lagrangiano *la coppia $(\Sigma, \mathcal{L})$. Il sistema dinamico considerato è allora la coppia (Σ, φ), dove φ è il flusso costituito dalle soluzioni delle equazioni di Eulero-Lagrange corrispondenti alla Lagrangiana $\mathcal{L}$.*

Osservazione 1.26 I sistemi considerati nel §1.1 sono un esempio particolare di sistemi lagrangiani, in cui Σ è $\mathbb{R}^n$ o un sottoinsieme di $\mathbb{R}^n$.

Il principio variazionale 1.15 si estende al caso di sistemi meccanici conservativi definiti su varietà. Nulla vieta, inoltre, di considerare sistemi più generali, senza necessariamente supporre che la lagrangiana $\mathcal{L}$ descriva un sistema meccanico conservativo. Possiamo formulare, più in generale, il *primo principio variazionale di Hamilton per un sistema lagrangiano* nel modo seguente: dato un sistema lagrangiano $(\Sigma, \mathcal{L})$, le traiettorie che risolvono le corrispondenti equazioni del moto sono i punti stazionari del funzionale d'azione (1.21) associato alla lagrangiana $\mathcal{L}$.

1.3 Formalismo lagrangiano per sistemi vincolati

Si consideri un sistema meccanico conservativo, nello spazio euclideo tridimensionale, costituito da N punti materiali sottoposti a M vincoli olonomi bilateri (regolari e indipendenti); i vincoli determinano una superficie regolare Σ (superficie di vincolo), in generale dipendente dal tempo, di codimensione M (cfr. il §9.1 del volume 1). Definiamo la lagrangiana $\mathcal{L}_v$ del sistema come la restrizione della lagrangiana $\mathcal{L}$ dello stesso sistema in assenza dei vincoli al fibrato tangente $T\Sigma$; scriviamo perciò $\mathcal{L}_v = \mathcal{L}|T\Sigma$ e chiamiamo $\mathcal{L}_v$ *lagrangiana vincolata*. Introdotto in (un intorno di) Σ un sistema di coordinate locali $q = (q_1, \ldots, q_{3N-M})$, per tempi sufficientemente piccoli perché il moto sia confinato nell'intorno considerato possiamo esprimere le coordinate cartesiane naturali $x \in \mathbb{R}^{3N}$ in termini delle $3N - M$ coordinate locali q e del tempo t, scrivendo $x = x(q,t)$, ovvero, per componenti,

$$x_k^{(i)} = x_k^{(i)}(q,t), \quad i = 1, \ldots, N, \quad k = 1, 2, 3, \tag{1.24}$$

dove si ha dipendenza esplicita dal tempo solo se il vincolo dipende dal tempo; altrimenti si ha semplicemente $x = x(q)$. Consistentemente con le notazioni del §1.1, chiamiamo *sistema di coordinate generalizzate* (o *sistema di coordinate lagrangiane*) il sistema di coordinate locali q.

Come fatto nel volume 1, a partire dal capitolo 7, indichiamo in neretto i vettori in $\mathbb{R}^3$; per esempio scriviamo

$$x = (\boldsymbol{x}^{(1)}, \ldots, \boldsymbol{x}^{(N)}), \qquad \boldsymbol{x}^{(i)} = (x_1^{(i)}, x_2^{(i)}, x_3^{(i)}), \quad i = 1, \ldots, N,$$

per indicare le coordinate di N punti in $\mathbb{R}^3$ (cfr. il §7.1 del volume 1).

Se per $t = 0$ si ha $\bar{x} = x(\bar{q}, 0) \in \mathcal{U}$, dove $\mathcal{U}$ è l'intorno sulla superficie Σ in cui si usano le coordinate q, allora, per tempi t tali che la traiettoria di dato iniziale $\bar{x}$ rimanga in $\mathcal{U}$, si ha

$$\dot{x}_k^{(i)} = \frac{\mathrm{d}x_k^{(i)}}{\mathrm{d}t} = \sum_{m=1}^{3N-M} \frac{\partial x_k^{(i)}}{\partial q_m} \dot{q}_m + \frac{\partial x_k^{(i)}}{\partial t} = \left\langle \frac{\partial x_k^{(i)}}{\partial q}, \dot{q} \right\rangle + \frac{\partial x_k^{(i)}}{\partial t}, \tag{1.25}$$

che permette di esprimere anche le velocità $\dot{x}$ in termini delle coordinate locali $q, \dot{q}$ (e di t). Quindi, in $\mathcal{U}$, la lagrangiana vincolata $\mathcal{L}_v$ è

$$\begin{aligned} \mathcal{L}_v(q, \dot{q}, t) &= \mathcal{L}(x(q,t), \dot{x}(q,t), t) \\ &= T(x(q,t), \dot{x}(q,t), t) - V(x(q,t), t), \end{aligned} \tag{1.26}$$

se $\mathcal{L}(x, \dot{x}, t) = T(x, \dot{x}, t) - V(x, t)$ è la lagrangiana del sistema in assenza di vincoli.

Infine il *funzionale d'azione del sistema vincolato*, definito sulle traiettorie γ in Σ che connettono $x(q^{(1)}, t_1)$ a $x(q^{(2)}, t_2)$, si scrive come

$$I_v(\gamma) := \int_{t_1}^{t_2} \mathrm{d}t \, \mathcal{L}_v(q(t), \dot{q}(t), t), \tag{1.27}$$

dove $q(t_1) = q^{(1)}$ e $q(t_2) = q^{(2)}$, con $q^{(1)}, q^{(2)} \in \mathbb{R}^{3N-M}$. Utilizzando il fatto che la superficie Σ è regolare e la proprietà additiva dell'integrazione, è possibile estendere la definizione (1.27) anche al caso in cui le traiettorie non siano ristrette a un intorno prefissato di Σ.

Osservazione 1.27 In accordo con la definizione 9.12 del volume 1, possiamo supporre che i punti della superficie di vincolo Σ siano descritti da un sistema di coordinate locali regolari (U_0, Ξ) di base Ω adattato a Σ. Questo vuol dire che possiamo scegliere come coordinate q le ultime coordinate $\beta_{M+1}, \ldots, \beta_{3N}$ di $\beta \in \Omega$. Quindi la notazione $x = x(q)$ equivale alla notazione $x = \Xi(0, \ldots, 0, \beta_{M+1}, \ldots, \beta_{3N})$ del §9.1 del volume 1.

Principio 1.28 (Primo principio variazionale di Hamilton per sistemi soggetti a vincoli olonomi bilateri) *Le traiettorie di sistemi meccanici conservativi soggetti a vincoli olonomi bilateri sono i punti critici del funzionale d'azione* (1.27).

Osservazione 1.29 Il principio 1.28 afferma che le equazioni del moto del sistema vincolato sono le equazioni di Eulero-Lagrange corrispondenti alla lagrangiana $\mathcal{L}_v$. Poiché, come vedremo immediatamente (cfr. il teorema 1.30), si dimostra che le equazioni di Eulero-Lagrange coincidono con le equazioni di Newton, purché le forze vincolari siano determinate in accordo con il principio di d'Alemebert, assumere il principio 1.28 equivale ad assumere che valga la legge di Newton e che i vincoli soddisfino il principio di d'Alembert. Si veda anche l'osservazione 1.18 nel caso senza vincoli.

Teorema 1.30 *Dato un sistema di N punti materiali soggetti a forze conservative e a vincoli olonomi bilateri, le equazioni di Eulero-Lagrange corrispondenti alla Lagrangiana $\mathcal{L}_v$ sono equivalenti alle equazioni di Newton integrate dal principio di d'Alembert.*

Dimostrazione Sia γ un punto stazionario del funzionale d'azione (1.27). Supponiamo per semplicità che per $t \in [t_1, t_2]$ si possa utilizzare un unico sistema di coordinate (in caso contrario si ragiona come nel §1.2). Se γ è descritta da $t \mapsto q(t)$, con $t \in [t_1, t_2]$, si consideri una traiettoria γ' descritta da $t \mapsto q(t) + h(t)$, con $h(t_1) = h(t_2) = 0$. Introduciamo il vettore (cfr. la figura 1.2)

$$\delta := x(q + h) - x(q). \tag{1.28}$$

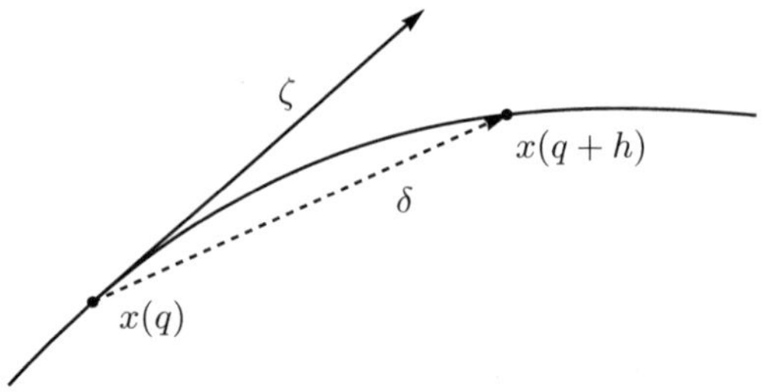

Figura 1.2 Il vettore δ e il vettore tangente ζ

Poiché q e $q+h$ sono funzioni di t, anche $\delta = \delta(t)$ dipende da t, i.e. si ha $\delta(t) := x(q(t)+h(t)) - x(q(t))$. Se $x = x(q,t)$, i.e. se x dipende esplicitamente dal tempo, si ha $\delta(t) = x(q(t)+h(t),t) - x(q(t),t)$; usiamo la notazione (1.28) anche in tal caso, sottointendendo del tutto la dipendenza da t. Per costruzione, δ è infinitesimo in h; inoltre esiste un vettore $\zeta \in T_{x(q)}\Sigma$ tale che

$$\delta = \|h\|\zeta + o(\|h\|), \tag{1.29}$$

dove $o(\|h\|)$ indica una quantità che tende a zero più velocemente di $\|h\|$ per $\|h\| \to 0$ (cfr. l'esercizio 1.22). Viceversa, per ogni vettore $\zeta \in T_{x(q)}\Sigma$, si può scegliere una funzione h per la quale $x(q) + \delta$, con δ dato dalla (1.29), individua un punto $x(q+h)$ lungo γ.

Indichiamo con $I_v(\gamma)$ e $I_v(\gamma')$ i funzionali d'azione in corrispondenza, rispettivamente, delle traiettorie γ e γ', e scriviamo

$$\begin{aligned}
&\mathcal{L}_v(q+h,\dot{q}+\dot{h},t) - \mathcal{L}_v(q,\dot{q},t)\\
&= \mathcal{L}(x(q+h),\dot{x}(q+h,\dot{q}+\dot{h}),t) - \mathcal{L}(x(q),\dot{x}(q,\dot{q}),t)\\
&= \left\langle \frac{\partial \mathcal{L}}{\partial x}, x(q+h) - x(q) \right\rangle + \left\langle \frac{\partial \mathcal{L}}{\partial \dot{x}}, \dot{x}(q+h,\dot{q}+\dot{h}) - \dot{x}(q,\dot{q}) \right\rangle + o(\|h\|).
\end{aligned}$$

Integrando per parti il secondo prodotto scalare nella terza riga, otteniamo

$$I_v(\gamma') - I_v(\gamma) = \int_{t_1}^{t_2} \mathrm{d}t \sum_{i=1}^{N}\sum_{k=1}^{3} \left\langle \frac{\partial \mathcal{L}}{\partial x_k^{(i)}} - \frac{\mathrm{d}}{\mathrm{d}t}\frac{\partial \mathcal{L}}{\partial \dot{x}_k^{(i)}}, x_k^{(i)}(q+h) - x_k^{(i)}(q) \right\rangle + o(\|h\|),$$

da cui ricaviamo, per la (1.29),

$$I_v(\gamma') - I_v(\gamma) - \int_{t_1}^{t_2} \mathrm{d}t \sum_{i=1}^{N}\sum_{k=1}^{3} \left(\frac{\partial \mathcal{L}}{\partial x_k^{(i)}} - \frac{\mathrm{d}}{\mathrm{d}t}\frac{\partial \mathcal{L}}{\partial \dot{x}_k^{(i)}} \right) \zeta_k^{(i)} \|h\| = o(\|h\|). \tag{1.30}$$

Poiché per ipotesi γ è un punto stazionario, il differenziale del funzionale d'azione in corrispondenza di γ è nullo, i.e. $DI_v(\gamma;h) = 0$ per ogni deformazione h. E poiché il vettore ζ in (1.29) è un vettore arbitario dello spazio tangente (essendo arbitaria la funzione h, all'interno del suo spazio d'appartenenza), il vettore f_v di componenti

$$f_{vk}^{(i)} := \left(\frac{\mathrm{d}}{\mathrm{d}t} \frac{\partial \mathcal{L}}{\partial \dot{x}_k^{(i)}} - \frac{\partial \mathcal{L}}{\partial x_k^{(i)}} \right) \tag{1.31}$$

è in ogni istante $t \in [t_1, t_2]$ ortogonale alla superficie Σ nel punto di coordinate $x(q(t))$. Tenuto conto che per un sistema di N punti materiali soggetti a forze conservative, la lagrangiana assume la forma $\mathcal{L}(x, \dot{x}) = T(\dot{x}) - V(x)$, con

$$T(\dot{x}) = \frac{1}{2}\langle \dot{x}, m\dot{x} \rangle = \frac{1}{2} \sum_{i=1}^{N} \sum_{k=1}^{3} m_i \left(\dot{x}_k^{(i)} \right)^2, \tag{1.32}$$

dove m è la matrice di massa (cfr. l'osservazione 9.8 del volume 1), la (1.31) si riscrive

$$m_i \ddot{\boldsymbol{x}}^{(i)} = \boldsymbol{f}^{(i)} + \boldsymbol{f}_v^{(i)}, \qquad \boldsymbol{f}^{(i)} = -\frac{\partial V}{\partial \boldsymbol{x}^{(i)}}, \qquad i = 1, \ldots, N, \tag{1.33}$$

dove, per quanto detto, il vettore f_v è ortogonale alla superficie di vincolo Σ. Quindi la traiettoria γ risolve le equazioni di Newton integrate dal principio di d'Alembert e il vettore f_v di componenti (1.31) rappresenta la *forza vincolare*.

Sotto opportune ipotesi di regolarità (cfr. il capitolo 9 del volume 1), le equazioni di Newton integrate dal principio di d'Alembert ammettono una soluzione unica per ogni scelta di dati iniziali compatibili con il vincolo, quindi la soluzione trovata è la soluzione del sistema di equazioni (1.33) con i dati iniziali che corrispondono al problema variazionale.

Supponiamo ora che x, f_v siano una soluzione delle equazioni di Newton (1.33), con i vettori f_v legati ai vincoli attraverso le relazioni (9.38) del volume 1, in virtù del principio di d'Alembert, così che risultino ortogonali alla superficie di vincolo. Per ogni $t \in [t_1, t_2]$, il vettore $m\ddot{x}(t) - f(x(t))$ è ortogonale alla superficie di vincolo Σ nel punto $x(t) := x(q(t))$. Quindi per ogni traiettoria $t \in [t_1, t_2] \mapsto h(t)$ che verifichi le condizioni $h(t_1) = h(t_2) = 0$ esiste una funzione a valori vettoriali ζ tale che il vettore definito in (1.28) è della forma (1.29), i.e. è tangente alla superficie di vincolo a meno di termini $o(\|h\|)$, così che l'integrando in (1.30) è il prodotto scalare di due vettori ortogonali ed è quindi nullo. Ne segue che deve essere $I_v(\gamma') - I_v(\gamma) = o(\|h\|)$ e quindi $DI_v(\gamma; h) = 0$ per ogni deformazione h. □

Osservazione 1.31 Il teorema 1.30 legittima il principio variazionale 1.28. Infatti la validità del principio è garantita dall'accordo con i dati sperimentali e il teorema 1.30, mostrando appunto che le traiettorie che si trovano mediante l'applicazione del principio 1.28 sono le stesse che si ottengono dal principio variazionale di Hamilton per sistemi non soggetti a vincoli attraverso l'applicazione del principio di d'Alembert, riconduce la ragionevolezza del principio 1.28 alla ragionevolezza del principio di d'Alembert.

Osservazione 1.32 Il principio variazionale 1.28 permette di risolvere le equazioni del moto per sistemi meccanici conservativi vincolati, e quindi di risolvere il problema discusso nel §9.6 del volume 1 (seguendo il secondo procedimento ivi descritto). Infatti le equazioni del moto (i.e. le equazioni di Newton integrate dal principio di d'Alembert) sono date dalle (9.39) del volume 1. Tali equazioni si ottengono dal primo principio variazionale di Hamilton (cfr. il teorema 1.30). D'altra parte, se lavoriamo nelle coordinate lagrangiane q e scriviamo il funzionale d'azione in termini della lagrangiana vincolata $\mathcal{L}_v(q, \dot{q}, t)$ data dalla (1.26), troviamo che la traiettoria deve risolvere le equazioni di Eulero-Lagrange

$$\frac{\partial \mathcal{L}_v}{\partial q_i} - \frac{\mathrm{d}}{\mathrm{d}t}\frac{\partial \mathcal{L}_v}{\partial \dot{q}_i} = 0, \qquad i = 1, \dots, 3N - M. \tag{1.34}$$

Nelle equazioni (1.34) le forze vincolari sono scomparse: se conosciamo le forze attive che agiscono sul sistema possiamo determinare, in linea di principio (ovvero a meno dell'eventuale difficoltà che si incontri a livello pratico nel risolvere le equazioni), la traiettoria $t \mapsto q(t)$ in termini delle coordinate lagrangiane q. Determiniamo infine la traiettoria in termini delle variabili x scrivendo $x(t) = x(q(t))$. Risulta inoltre, per definizione di forze vincolari,

$$\boldsymbol{f}_v^{(i)} = m_i \ddot{\boldsymbol{x}}^{(i)}(t) - \boldsymbol{f}^{(i)}(x(t)), \qquad i = 1, \dots, N.$$

Il procedimento appena descritto consente di calcolare esplicitamente, oltre alla soluzione delle equazioni del moto, anche le forze vincolari.

Osservazione 1.33 La trattazione precedente si estende immediatamente al caso di sistemi con vincoli anolonomi integrabili. Infatti, per l'osservazione 9.75 del volume 1, un vincolo anolonomo integrabile si può sempre esprimere come vincolo olonomo.

Esempio 1.34 Si trovi l'energia cinetica di un cilindro circolare retto omogeneo di massa m e raggio r che rotoli senza strisciare

1. su un piano orizzontale π;
2. all'interno di una superficie cilindrica di raggio $R > r$.

Nel secondo caso si discutano i limiti $R = r$ e $R \to +\infty$.

Discussione dell'esempio Consideriamo prima il caso 1. Scegliamo un sistema di riferimento in cui il piano (x, y) coincida con il piano π e l'asse y sia parallelo all'asse del cilindro (poiché il moto è di rotolamento senza strisciamento se i due assi sono paralleli all'istante iniziale $t = 0$ restano tali per ogni tempo t). Sia θ l'angolo tra la direzione ortogonale al piano e un diametro prefissato della base del cilindro, tale che $\theta = 0$ per $t = 0$ (cfr. l'esempio 9.80 del volume 1). Il centro di massa del cilindro ha velocità parallela al piano, data da $\dot{x} = r\dot{\theta}$, quindi, se I_3 denota il momento di inerzia del cilindro rispetto al suo asse di simmetria (cfr. il §10.2.5

del volume 1), l'energia cinetica è

$$T = \frac{1}{2}mr^2\dot{\theta}^2 + \frac{1}{2}I_3\dot{\theta}^2 = \frac{3}{4}mr^2\dot{\theta}^2. \tag{1.35}$$

Nel caso 2, sia φ l'angolo tra la verticale e la linea che unisce i centri dei due cilindri. Il centro di massa O del cilindro che rotola si muove con velocità di modulo $v_O = (R-r)\dot{\varphi}$. La velocità angolare di una rotazione pura intorno all'asse istantaneo che coincide con la retta di contatto dei due cilindri è

$$\dot{\theta} = \frac{v_O}{r} = \frac{R-r}{r}\dot{\varphi},$$

così che l'energhia cinetica è

$$\begin{aligned} T &= \frac{1}{2}m(R-r)^2\dot{\varphi}^2 + \frac{1}{2}I_3\left(\frac{R-r}{r}\right)^2\dot{\varphi}^2 \\ &= \frac{3}{4}m(R-r)^2\dot{\varphi}^2 = \frac{3}{4}mr^2\dot{\theta}^2. \end{aligned} \tag{1.36}$$

Per $R = r$ l'energia cinetica in (1.36) è nulla. Questo è consistente con il fatto che per $R = r$ il cilindro interno non può rotolare senza strisciare su quello esterno, e quindi l'unico modo in cui il vincolo di rotolamento senza strisciamento possa essere soddisfatto è che il cilindro interno sia fermo. Se $R \to +\infty$ ritroviamo il caso 1, come si vede dal fatto che φ è identicamente nullo e l'espressione in (1.36) di T in termini di $\dot{\theta}$ è uguale alla (1.35).

Esempio 1.35 Si trovi l'energia cinetica di un cono circolare retto omogeneo nei casi in cui

1. esso rotoli senza strisciare su un piano π;
2. la sua base rotoli senza strisciare su un piano π mentre il suo vertice è fissato a un'altezza uguale al raggio della base (così che l'asse del cono risulti parallelo al piano π).

Discussione dell'esempio Sia h l'altezza del cono e r il raggio della sua base; indichiamo con 2α l'angolo di apertura del cono ($h\tan\alpha = r$) e con $a = 3h/4$ la distanza del centro di massa O dal vertice C del cono.

Consideriamo prima il caso 1. Si fissi un sistema di coordinate la cui origine sia in C ($\boldsymbol{q}_C = \boldsymbol{0}$) e i cui assi $\boldsymbol{e}_x$ ed $\boldsymbol{e}_y$ generino il piano π su cui il cono rotola. Sia θ l'angolo che l'asse di contatto s del cono con il piano forma con una direzione prefissata, per esempio con $\boldsymbol{e}_x$. La velocità del centro di massa è diretta lungo la retta ortogonale al piano individuato dall'asse verticale $\boldsymbol{e}_z$ e dall'asse s, e la sua componente in quella direzione è $v_O = a\dot{\theta}\cos\alpha$. Il vettore velocità angolare $\boldsymbol{\Omega}$ descrive una rotazione pura intorno all'asse s: risulta quindi parallelo all'asse s e la sua componente in quella direzione è $\Omega = v_O(a\sin\alpha)^{-1} = \dot{\theta}\cot\alpha$. Come assi di inerzia del cono, ortogonali all'asse $\boldsymbol{e}_3$ (cfr. il §10.2.8 del volume 1), si possono prendere due assi $\boldsymbol{e}_1$ ed $\boldsymbol{e}_2$, ortogonali tra loro e tali che $\boldsymbol{e}_1$ appartenga al piano contenente l'asse del cono e la retta s. Quindi le componenti di $\boldsymbol{\Omega}$ sono

$$\Omega_1 = \Omega \sin\alpha = \dot{\theta}\cos\alpha, \qquad \Omega_2 = 0, \qquad \Omega_3 = \Omega\cos\alpha = \dot{\theta}\frac{\cos^2\alpha}{\sin\alpha}, \tag{1.37}$$

così che l'energia cinetica (cfr. i §§9.4 e 10.2 del volume 1) si scrive nella forma $T = T' + T''$, dove

$$T' = \frac{1}{2}m\boldsymbol{v}_O^2 = \frac{1}{2}ma^2\dot{\theta}^2\cos^2\alpha,$$
$$T'' = \frac{1}{2}\langle\boldsymbol{\Omega}, I\boldsymbol{\Omega}\rangle = \frac{1}{2}I_1\dot{\theta}^2\cos^2\alpha + \frac{1}{2}I_3\dot{\theta}^2\frac{\cos^4\alpha}{\sin^2\alpha},$$

e quindi, tenendo conto che (cfr. il §10.2.8 del volume 1)

$$I_1 = I_2 = \frac{3}{80}m\left(4r^2 + h^2\right), \qquad I_3 = \frac{3}{10}mr^2, \tag{1.38}$$

si trova che l'energia cinetica è data da

$$T = \frac{3}{40}mh^2\dot{\theta}^2\left(1 + 5\cos^2\alpha\right). \tag{1.39}$$

Nel caso 2, se θ è l'angolo tra l'asse $\boldsymbol{e}_x$ e la proiezione dell'asse del cono sul piano π (generato dagli assi $\boldsymbol{e}_x$ ed $\boldsymbol{e}_y$), allora la velocità del centro di massa è $v_O = a\dot{\theta}$. L'asse di moto (cfr. la definizione 9.27 del volume 1) è la generatrice s del cono che passa per il punto di contatto della base del cono con il piano π, e il centro di massa è a distanza $a\sin\alpha$ da tale asse, così che la velocità angolare risulta data da $\Omega = v_0(a\sin\alpha)^{-1} = \dot{\theta}/\sin\alpha$. Se gli assi di inerzia sono scelti in modo tale che $\boldsymbol{e}_1$ sia nel piano contenente l'asse del cono e la retta s, si ha

$$\Omega_1 = \Omega\sin\alpha = \dot{\theta}, \qquad \Omega_2 = 0, \qquad \Omega_3 = \Omega\cos\alpha = \dot{\theta}\cot\alpha,$$

e quindi

$$T = \frac{1}{2}ma^2\dot{\theta}^2 + \frac{1}{2}I_1\dot{\theta}^2 + \frac{1}{2}I_3\dot{\theta}^2\cot^2\alpha = \frac{3}{40}mh^2\dot{\theta}^2\left(5 + \frac{1}{\cos^2\alpha}\right),$$

con le stesse notazioni in (1.38) per i momenti principali di inerzia.

Osservazione 1.36 Si noti anche che dal confronto tra la (1.39) e la (10.17) del volume 1, se esprimiamo $\dot{\theta}$ in termini di Ω attraverso la (1.37), possiamo concludere che

$$I_e = \frac{3}{20}mh^2\left(\tan^2\alpha + 5\sin^2\alpha\right)$$

rappresenta il momento di inerzia di un cono circolare retto rispetto a un asse $\boldsymbol{e}$ coincidente con una sua generatrice.

1.4 Formalismo lagrangiano per sistemi non conservativi

Se si vuole descrivere il moto di un sistema meccanico non conservativo, non è possibile associare ad esso una lagrangiana, non essendo definita un'energia potenziale. Ci si può tuttavia chiedere se il formalismo introdotto nei paragrafi precedenti sia ancora utilizzabile in qualche forma e, più in particolare, se fornisca un metodo utile per scrivere e studiare le equazioni del moto.

Teorema 1.37 *Consideriamo un sistema meccanico soggetto a vincoli olonomi bilateri (o anolonomi integrabili bilateri), definito dalle equazioni di Newton integrate dal principio di d'Alembert, i.e. dalle* (8.31) *del volume 1. Introdotto un sistema di coordinate generalizzate q, tale che valga la* (1.24)*, scriviamo allora le equazioni di Newton nella forma*

$$\frac{\mathrm{d}}{\mathrm{d}t}\frac{\partial T}{\partial \dot{q}_m} - \frac{\partial T}{\partial q_m} = Q_m, \qquad m = 1, \ldots, 3N - M, \tag{1.40}$$

dove $T = T(q, \dot{q}, t)$ è l'energia cinetica e le funzioni Q_m sono date da

$$Q_m = Q_m(q, \dot{q}, t) := \sum_{i=1}^{N} \sum_{k=1}^{3} f_k^{(i)} \frac{\partial x_k^{(i)}}{\partial q_m} \qquad m = 1, \ldots, 3N - M, \tag{1.41}$$

se f rappresenta la forza attiva che agisce sul sistema.

Dimostrazione Introduciamo un sistema di coordinate η per lo spazio tangente a Σ, così che, dato $\xi \in T_x\Sigma$, possiamo scrivere

$$\xi_k^{(i)} = \sum_{m=1}^{3N-M} \frac{\partial x_k^{(i)}}{\partial q_m} \eta_m, \tag{1.42}$$

dal momento che i $3N - M$ vettori $\partial x/\partial q_1, \ldots, \partial x/\partial q_{3N-M}$ in $\mathbb{R}^{3N}$ (che hanno componenti $\partial x_k^{(n)}/\partial q_1, \ldots, \partial x_k^{(n)}/\partial q_{3N-M}$, con $n = 1, \ldots, N$ e $k = 1, 2, 3$) formano una base per lo spazio tangente a Σ in $x = x(q)$ (cfr. l'esercizio 1.21).

Per il principio di d'Alembert abbiamo, per ogni $\xi \in T_x\Sigma$,

$$\langle f_v, \xi \rangle = \langle f - m\dot{x}, \xi \rangle := \sum_{i=1}^{N} \sum_{k=1}^{3} \left(f_k^{(i)} - m_n \dot{x}_k^{(i)} \right) \xi_k^{(i)} = 0,$$

dove, come conseguenza delle definizioni (1.41) e (1.42), possiamo riscrivere

$$\sum_{i=1}^{N} \sum_{k=1}^{3} f_k^{(i)} \xi_k^{(i)} = \sum_{m=1}^{3N-M} Q_m \eta_m,$$

Verifichiamo adesso che risulta

$$\sum_{i=1}^{N}\sum_{k=1}^{3} m_n \dot{x}_k^{(i)} \xi_k^{(i)} = \sum_{m=1}^{3N-M} \left(\frac{\mathrm{d}}{\mathrm{d}t}\frac{\partial T}{\partial \dot{q}_m} - \frac{\partial T}{\partial q_m} \right) \eta_m, \tag{1.43}$$

utilizzando la definizione di energia cinetica e il fatto che, per la (1.25), si ha

$$\frac{\partial \dot{x}_k^{(i)}}{\partial \dot{q}_m} = \frac{\partial x_k^{(i)}}{\partial q_m}. \tag{1.44}$$

Riscrivendo infatti l'energia cinetica in (1.32) come $T = \langle \dot{x}, m\dot{x} \rangle / 2$, così che

$$\frac{\partial T}{\partial \dot{q}_m} = \left\langle m\dot{x}, \frac{\partial \dot{x}}{\partial \dot{q}_m} \right\rangle = \left\langle m\dot{x}, \frac{\partial x}{\partial q_m} \right\rangle, \qquad \frac{\partial T}{\partial q_m} = \left\langle m\dot{x}, \frac{\partial \dot{x}}{\partial q_m} \right\rangle, \tag{1.45}$$

dove si è utilizzando la (1.44) per ricavare la prima equazione, si ottiene

$$\begin{aligned} \frac{\mathrm{d}}{\mathrm{d}t}\frac{\partial T}{\partial \dot{q}_m} &= \left\langle m\ddot{x}, \frac{\partial x}{\partial q_m} \right\rangle + \left\langle m\dot{x}, \frac{\mathrm{d}}{\mathrm{d}t}\frac{\partial x}{\partial q_m} \right\rangle \\ &= \left\langle m\ddot{x}, \frac{\partial x}{\partial q_m} \right\rangle + \left\langle m\dot{x}, \frac{\partial \dot{x}}{\partial q_m} \right\rangle. \end{aligned} \tag{1.46}$$

Si vede, dalla (1.46) e dalla seconda equazione delle (1.45), che

$$\frac{\mathrm{d}}{\mathrm{d}t}\frac{\partial T}{\partial \dot{q}_m} - \frac{\partial T}{\partial q_m} = \left\langle m\ddot{x}, \frac{\partial x}{q_m} \right\rangle,$$

da cui segue la (1.43). □

Definizione 1.38 (Forza generalizzata) *Le grandezze* (1.41) *che compaiono nelle equazioni* (1.40) *prendono il nome di* forze generalizzate. *Se f non dipende da $\dot{q}$, allora anche $Q = (Q_1, \ldots, Q_{3N-M})$ è indipendente da $\dot{q}$; se né $f(x)$ né $x = x(q)$ dipendono esplicitamente dal tempo, allora anche Q dipende solo da q.*

Corollario 1.39 *Sotto le stesse ipotesi del teorema 1.37, se le forze sono conservative, i.e. se esiste un potenziale $V(x,t)$ tale che $f = -\partial V/\partial x$, allora le equazioni* (1.40) *sono equivalenti alle equazioni di Eulero-Lagrange associate alla lagrangiana $\mathcal{L} = T - V$.*

Dimostrazione Nel caso di forze conservative, usando la definizione (1.41), si trova

$$Q_m = -\sum_{i=1}^{N}\sum_{k=1}^{3} \frac{\partial V(x,t)}{\partial x_k^{(i)}} \frac{\partial x_k^{(i)}}{\partial q_m} = -\frac{\partial V(x(q,t),t)}{\partial q_m},$$

e quindi, definendo

$$\begin{aligned}\mathcal{L}(q,\dot{q},t) &= T(q,\dot{q},t) - V(x(q,t),t) \\ &= T(x(q,t),\dot{x}(q,t),t) - V(x(q,t),t),\end{aligned} \tag{1.47}$$

le equazioni (1.40) si possono riscrivere nella forma

$$\frac{\mathrm{d}}{\mathrm{d}t}\frac{\partial \mathcal{L}}{\partial \dot{q}_m} - \frac{\partial \mathcal{L}}{\partial q_m} = 0, \qquad m = 1,\dots,3N-M,$$

che sono le equazioni di Eulero-Lagrange associate alla lagrangiana (1.47). □

Osservazione 1.40 Nel caso del corollario 1.39 la lagrangiana $\mathcal{L}(q,\dot{q},t)$ si ottiene da $\mathcal{L}(x,\dot{x},t)$ scrivendo x e $\dot{x}$ in termini di q e $\dot{q}$. Sarebbe in realtà preferibile (non lo abbiamo fatto per non appesantire la notazione) riscrivere $\mathcal{L}(q,\dot{q},t)$ come $\mathcal{L}_v(q,\dot{q},t)$, sia per evitare confusione tra le due funzioni che per sottolineare che tale lagrangiana descrive il sistema vincolato. Questo mostra che la funzione (1.26) è la lagrangiana da considerare se si vuole applicare il formalismo lagrangiano a un sistema vincolato.

1.5 Vincoli approssimati

La definizione di vincolo data nel capitolo 8 del volume 1 è di natura puramente matematica, e la correttezza della descrizione che essa fornisce dei vincoli reali non è chiara *a priori*, ma può essere desunta solo a *posteriori* sulla base dell'accordo con i risultati sperimentali. Da un punto di vista fisico si può pensare che i vincoli siano determinati da un sistema di forze molto intense che agiscono sui punti materiali, limitandone il movimento e impedendone l'allontanamento da una supeficie dello spazio delle configurazioni. I punti materiali tendono a opporsi a tali forze, e producono così deformazioni, impercettibili macroscopicamente, degli oggetti che determinano i vincoli.

In altre parole, nella realtà, i punti sono "vincolati" solo in modo imperfetto. Ci si può chiedere se i vincoli perfetti siano una descrizione approssimata ragionevole dei vincoli reali.

Definizione 1.41 (Modello di vincolo approssimato) *Dato un sistema di N punti materiali nello spazio euclideo tridimensionale e data una superficie Σ in $\mathbb{R}^{3N}$ di codimensione M, sia λ una costante reale positiva e sia $W\colon \mathbb{R}^{3N} \to \mathbb{R}$ una funzione di classe C^2 che si annulli su Σ e sia strettamente positiva al di fuori di Σ, i.e. tale che*

$$W(x) = 0 \; per \; x \in \Sigma, \qquad W(x) > 0 \; per \; x \notin \Sigma.$$

Si dice che (Σ, W, λ) è un modello di vincolo (olonomo bilatero) approssimato *relativo alla superficie Σ con* struttura W *e* rigidità λ.

Come vedremo, un vincolo perfetto si può immaginare ottenuto da un vincolo approssimato, attraverso un procedimento di limite. Si considera una forza conservativa molta intensa che "spinge" il punto verso la superficie di vincolo. La forza, essendo conservativa, si può esprimere, a meno del segno, come gradiente di un'opportuna energia potenziale $\lambda W(x)$; la rigidità λ misura l'intensità della forza. Nel limite in cui λ divenga infinito, la forza "costringe" il sistema a muoversi sulla superficie di vincolo.

Definizione 1.42 (Matrice cinetica) *Consideriamo un sistema di N punti materiali $P_1, \ldots, P_N$, di masse $m_1, \ldots, m_N$, rispettivamente, nello spazio euclideo tridimensionale. Dato un intorno $\mathcal{U} \subset \mathbb{R}^{3N}$ e un sistema di coordinate regolari $(\mathcal{U}, \Xi)$ con base Ω, tale che per $x \in \mathcal{U}$ si abbia $x = \Xi(\beta)$, $\beta \in \Omega$ (cfr. l'osservazione 9.11 del volume 1), sia $g(\beta)$ la matrice $3N \times 3N$ di elementi*

$$g_{ij}(\beta) = \sum_{h=1}^{N} m_h \sum_{k=1}^{3} \frac{\partial \Xi_k^{(h)}(\beta)}{\partial \beta_i} \frac{\partial \Xi_k^{(h)}(\beta)}{\partial \beta_j} := \left\langle m \frac{\partial \Xi(\beta)}{\partial \beta_i}, \frac{\partial \Xi(\beta)}{\partial \beta_j} \right\rangle, \tag{1.48}$$

dove m è la matrice di massa e $\langle \cdot, \cdot \rangle$ è il prodotto scalare standard in $\mathbb{R}^{3N}$. La matrice $g(\beta)$ è chiamata matrice cinetica *associata al sistema.*

Lemma 1.43 *Dato un sistema di N punti materiali, l'energia cinetica può essere espressa nelle coordinate β nella forma*

$$T = \frac{1}{2} \sum_{i=1}^{N} \sum_{k=1}^{3} m_i \left(\dot{x}_k^{(i)} \right)^2 = \frac{1}{2} \sum_{i,j=1}^{3N} g_{ij}(\beta) \dot{\beta}_i \dot{\beta}_j := \frac{1}{2} \left\langle \dot{\beta}, g(\beta) \dot{\beta} \right\rangle, \tag{1.49}$$

dove $g(\beta)$ è la matrice cinetica (1.48) *e il prodotto scalare è in $\mathbb{R}^{3N}$.*

Dimostrazione Basta notare che, poichè $x = \Xi(\beta)$, si ha

$$\dot{x} = \sum_{j=1}^{3N} \frac{\partial \Xi(\beta)}{\partial \beta_j} \dot{\beta}_j,$$

e utilizzare la definizione 1.42 di matrice cinetica. □

Definizione 1.44 (Sottomatrice principale) *Sia M è una matrice quadrata $n \times n$. Si chiama* sottomatrice principale *di M una qualsiasi sottomatrice quadrata di M in cui gli elementi diagonali siano elementi diagonali di M.*

Lemma 1.45 *La matrice cinetica $g(\beta)$ gode delle seguenti proprietà:*

1. *$g(\beta)$ è simmetrica e definita positiva;*
2. *gli elementi della matrice $g(\beta)$, della sua inversa $g^{-1}(\beta)$ e dell'inversa di ogni sua sottomatrice principale sono di classe C^1 in β;*

3. *comunque presa $\mu(\beta)$, sottomatrice principale $q \times q$ di $g(\beta)$, esiste una funzione continua strettamente positiva $C(\beta)$ tale che per ogni $\sigma \in \mathbb{R}^q$*

$$\frac{1}{C(\beta)}\langle\sigma,\sigma\rangle \le \langle\sigma,\mu(\beta)\sigma\rangle \le C(\beta)\langle\sigma,\sigma\rangle, \tag{1.50}$$

dove $\langle\cdot,\cdot\rangle$ è il prodotto scalare standard in $\mathbb{R}^q$.

Dimostrazione La proprietà 1 è conseguenza della definizione (1.48), ella relazione (1.49) e del fatto che l'energia cinetica è una quantità positiva e si annulla solo per $\dot{x} = 0$. Inoltre $\dot{\beta} = 0$ se e solo se $\dot{x} = 0$ poiché $\beta \mapsto \Xi(\beta)$ è un diffeomorfismo – e quindi la matrice jacobiana $\partial\Xi/\partial\beta$ è non singolare.

La proprietà 2 segue dal fatto che le sottomatrici principali di una matrice definita positiva sono anch'esse definite positive (cfr. l'esercizio 1.23) e quindi invertibili con inversa definita positiva. L'appartenenza a C^1 segue dal fatto che ogni elemento di matrice di g è in C^1, per la regolarità di Ξ, e le operazioni di inversione per quanto visto sono ben definite.

Poiché ogni matrice $q \times q$ simmetrica definita positiva ha q autovalori reali positivi, se $\mu(\beta)$ è una sottomatrice principale di $g(\beta)$ e $\lambda_1(\beta) \le \ldots \le \lambda_q(\beta)$ sono i suoi autovalori, si ha $\lambda_1(\beta)\langle\sigma,\sigma\rangle \le \langle\sigma,\mu(\beta)\,\sigma\rangle \le \lambda_q(\beta)\langle\sigma,\sigma\rangle$ $\forall\sigma \in \mathbb{R}^q$, da cui segue la (1.50), con $C(\beta) = \max\{\lambda_q(\beta), \lambda_1^{-1}(\beta)\}$. Poichè gli autovalori $\lambda_1(\beta), \ldots, \lambda_q(\beta)$ sono positivi e continui in β (cfr. l'esercizio 1.39), la funzione $C(\beta)$ è continua in β. Questo dimostra la proprietà 3. □

Ricordiamo che, data una superficie di vincolo Σ di dimensione N, un sistema di coordinate locali $(\mathcal{U}, \Xi)$ si dice adattato a Σ se i punti $x \in \mathcal{U} \cap \Sigma$ sono descritti da $x = \Xi(\beta)$, con $\beta_1 = \ldots = \beta_M = 0$ (cfr. la definizione 9.12 del volume 1). In tal caso scriviamo $x = \Xi(0, \beta^{(M)})$, dove $\beta^{(M)} := (\beta_{M+1}, \ldots, \beta_{3N})$ e $(0, \beta^{(M)}) := (0, \ldots, 0, \beta_{M+1}, \ldots, \beta_{3N})$.

Definizione 1.46 (Sistema di coordinate bene adattato e ortogonale) *Sia Σ una superficie di vincolo di codimensione M. Dato un intorno $\mathcal{U}$ di $x_0 \in \Sigma$, sia $(\mathcal{U}, \Xi)$ un sistema di coordinate locali regolari adattato a Σ. Il sistema di coordinate si dice* bene adattato *se*

$$g_{ij}(0, \beta^{(M)}) = \gamma_{ij}\,, \qquad i, j = 1, \ldots, M, \tag{1.51}$$

dove γ è una matrice $M \times M$ indipendente da $\beta^{(M)}$, e si dice ortogonale *se*

$$g_{ij}(0, \beta^{(M)}) = 0, \qquad i = 1, \ldots, M, \qquad j = M + 1, \ldots, 3N. \tag{1.52}$$

Osservazione 1.47 Come conseguenza del fatto che la matrice g è simmetrica (cfr. la proprietà 1 del lemma 1.45), se il sistema di coordinate è ben adattato e ortogonale, si ha

$$g(0, \beta^{(M)}) = \begin{pmatrix} \gamma & 0 \\ 0 & g^{(M)}(\beta^{(M)}) \end{pmatrix}, \tag{1.53}$$

dove γ è una matrice $M \times M$ indipendente da $\beta^{(M)}$, $g^{(M)}(\beta^{(M)})$ è una matrice $(3N - M) \times (3N - M)$ e, delle due matrici indicate con 0, quella a destra di γ è una matrice $M \times (3N - M)$ e l'altra è una matrice $(3N - M) \times M$.

Lemma 1.48 *Consideriamo un sistema di N punti materiali nello spazio euclideo tridimensionale, soggetti a una forza di energia potenziale U, con U di classe C^2, e vincolati su una superficie Σ. Espresse nel sistema di coordinate locali $(\mathcal{U}, \Xi)$ con base Ω, adattato alla superficie Σ, fin tanto che il moto si svolge in $\mathcal{U}$, le equazioni di Eulero-Lagrange sono date da*

$$\frac{\mathrm{d}}{\mathrm{d}t}\Big(g(\beta)\dot{\beta}\Big)_i = -\frac{\partial U(\Xi(\beta))}{\partial \beta_i} + \frac{1}{2}\Big\langle \dot{\beta}, \frac{\partial g(\beta)}{\partial \beta_i}\dot{\beta}\Big\rangle, \quad i = 1, \dots, 3N, \tag{1.54}$$

dove $\langle \cdot, \cdot \rangle$ è il prodotto scalare standard in $\mathbb{R}^{3N}$.

Dimostrazione Segue dal primo principio variazionale di Hamilton e dalla definizione della trasformazione $\beta \mapsto \Xi(\beta)$. □

Corollario 1.49 *Consideriamo un sistema di N punti materiali nello spazio euclideo tridimensionale, soggetti a una forza di energia potenziale U, con U di classe C^2, e vincolati su una superficie Σ di codimensione M. Espresse nel sistema di coordinate locali $(\mathcal{U}, \Xi)$ con base Ω, adattato a Σ, le equazioni di Eulero-Lagrange sono, per $i = M + 1, \dots, 3N$,*

$$\begin{aligned} &\frac{\mathrm{d}}{\mathrm{d}t}\left(\sum_{j=M+1}^{3N} g_{ij}^{(M)}(\beta^{(M)})\dot{\beta}_j\right) \\ &\quad = -\frac{\partial U(\Xi(0, \beta^{(M)}))}{\partial \beta_i} + \frac{1}{2}\sum_{j,j'=M+1}^{3N} \dot{\beta}_j \frac{\partial g_{jj'}^{(M)}(\beta)}{\partial \beta_i}\dot{\beta}_{j'}, \end{aligned} \tag{1.55}$$

fin tanto che il moto si svolge in $\mathcal{U}$.

Dimostrazione Segue dal lemma 1.48 e dall'osservazione 1.47, dal momento che i punti della superficie di vincolo Σ, su cui si svolge il moto, nell'intorno $\mathcal{U} \cap \Sigma$, sono descritti in termini di β dalla condizione $\beta_1 = \ldots = \beta_M = 0$. □

Definizione 1.50 (Vincolo approssimato perfetto) *Sia (Σ, W, λ) un modello di vincolo approssimato per un sistema di N punti materiali. Sia V una funzione di classe C^2 limitata inferiormente e sia $t \mapsto x_\lambda(t)$ la soluzione delle equazioni del moto corrispondente all'energia potenziale*

$$U = V + \lambda W,$$

con dato iniziale $(\bar{x}, \bar{y})$, dove $\bar{x} \in \Sigma$ e $\bar{y}$ è arbitrario; sia infine $\bar{y}_\Sigma$ la proiezione di $\bar{y}$ sullo spazio tangente a Σ in $\bar{x}$. Diciamo che (Σ, W, λ) è un modello di vincolo approssimato perfetto *se*

1. *esiste il limite*

$$\lim_{\lambda\to+\infty} x_\lambda(t) = x(t)$$

e si ha $x(t) \in \Sigma$ *per ogni* t *per cui* $x(t)$ *è definita;*
2. *il moto* $t \mapsto x(t)$ *è il moto che si svolge su* Σ *soggetto alla forza di energia potenziale* V *e al vincolo di rimanere su* Σ*;*
3. *il dato iniziale per* $x(t)$ *è dato da* $(\bar{x}, \bar{y}_\Sigma)$.

Osservazione 1.51 In termini delle coordinate β le condizioni $1\div3$ della definizione 1.50 equivalgono alle seguenti:

1. esiste il limite

$$\lim_{\lambda\to\infty} \beta_\lambda(t) = (0, \beta^{(M)}(t)), \qquad \beta^{(M)}(t) = (\beta_{M+1}(t), \dots, \beta_{3N}(t));$$

2. il moto $t \mapsto \beta^{(M)}(t)$ risolve le equazioni di Eulero-Lagrange (1.55);
3. il corrispondente dato iniziale è tale che $\dot{\beta}_i = 0$ per $i = 1, \dots, M$.

Lemma 1.52 *Data una superficie regolare* Σ *di codimensione* M *e un punto* $x_0 \in \Sigma$*, è sempre possibile trovare un intorno* $\mathcal{U}$ *di* x_0 *in cui si può definire un sistema locale di coordinate che sia bene adattato e ortogonale. Inoltre si può costruire tale sistema di coordinate in modo che, in* $\mathcal{U} \cap \Sigma$*, la matrice* γ *in* (1.53) *abbia elementi* $\gamma_{ij} = \delta_{ij}$*, dove* δ_{ij} *è la delta di Kronecker.*

Dimostrazione Siano x_0 un punto di Σ, $\mathcal{U}$ un intorno di x_0 e $(\mathcal{U}, \Xi)$ un sistema di coordinate regolari adattato a Σ. Per ogni punto $x' \in \Sigma \cap \mathcal{U}$ si consideri l'insieme $\pi(x')$ in $\mathbb{R}^{3N}$ tale che

$$\langle m\,\eta_1, \eta_2\rangle = 0, \qquad \forall \eta_1 \in T_{x'}\Sigma\,,\ \forall \eta_2 \in \pi(x'),$$

dove m è la matrice di massa (cfr. l'osservazione 9.8 del volume 1) e $(v, w) \mapsto \langle mv, w\rangle$ è il *prodotto scalare indotto dall'energia cinetica* (cfr. anche l'osservazione 4.20 più avanti). L'insieme $\pi(x')$ ha dimensione M e costituisce, per costruzione, il *complemento ortogonale* dello spazio tangente $T_{x'}\Sigma$ rispetto al prodotto scalare indotto dall'energia cinetica. Si fissi in $\pi(x')$ un sistema di assi cartesiani ortonormali $e_1(x'), \dots, e_M(x')$. Esiste un intorno $\mathcal{U}' \subset \mathcal{U}$ di x_0 tale che per ogni punto $x \in \mathcal{U}'$ esiste un unico $x' \in \Sigma$ tale che x sia contenuto in $\pi(x')$ (cfr. la figura 1.3).

Il punto x è individuato da $3N$ coordinate $\hat{\beta}$, di cui le prime M sono le sue coordinate nel sistema cartesiano scelto su $\pi(x')$ e le restanti $3N - M$ sono le coordinate $\beta_{M+1}, \dots, \beta_{3N}$ che individuano x' in $(\mathcal{U}, \Xi)$. Per $x \in \mathcal{U}'$, scriviamo $x = \hat{\Xi}(\hat{\beta})$, con $\hat{\beta} \in \Omega' \subset \Omega$, dove $\hat{\Xi}$ è una funzione di classe C^2 invertibile.

Sia B un intorno in $\mathbb{R}^{3N}$ contenuto in Ω': definiamo $\hat{\mathcal{U}} = \hat{\Xi}(B)$. Per costruzione, $(\hat{\mathcal{U}}, \hat{\Xi})$ è un sistema di coordinate regolari su Σ, di base $\hat{\Omega} := B$, tale che le relazioni (1.51) e (1.52) sono soddisfatte. Inoltre risulta $\gamma_{ij} = \delta_{ij}$. Quindi l'asserto è dimostrato. □

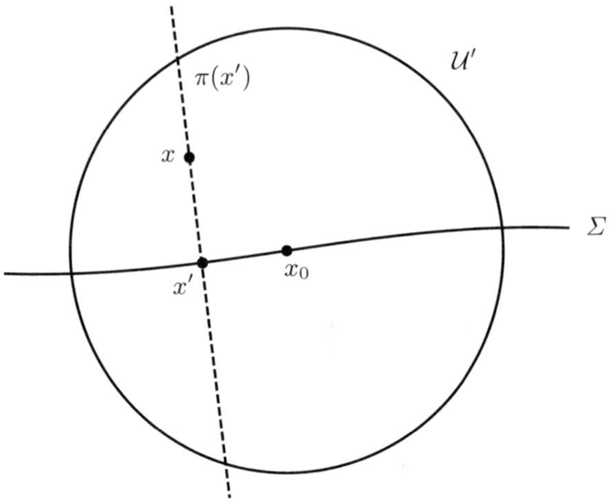

Figura 1.3 Intorno $\mathcal{U}'$ nella discussione del lemma 1.52

1.6 Un criterio di perfezione per vincoli approssimati

Riprendiamo il problema sollevato all'inizio del §1.5, se sia ragionevole l'uso del principio di d'Alembert per la descrizione di vincoli reali, i.e. se i vincoli reali possano essere effettivamente descritti, in modo approssimato, come vincoli perfetti – quali sono stati definiti matematicamente nel §9.6 del volume 1.

Teorema 1.53 (Teorema di Arnol'd–Gallavotti) *Consideriamo un sistema di N punti materiali nello spazio euclideo tridimensionale, soggetti a una forza conservativa di energia potenziale V di classe* C^2 *limitata inferiormente. Sia* (Σ, W, λ) *un modello di vincolo olonomo bilatero approssimato, e sia M la dimensione di* Σ. *Sia inoltre* $(\mathcal{U}, \Xi)$ *un sistema di coordinate bene adattato e ortogonale per* Σ, *di base* Ω. *Se esiste una funzione* $\overline{W} : \mathbb{R}^M \to \mathbb{R}$ *di classe* C^2, *nulla all'origine e strettamente positiva in un intorno dell'origine, tale che*

$$W(\Xi(\beta)) = \overline{W}(\beta_1, \ldots, \beta_M), \qquad \beta \in \Omega, \tag{1.56}$$

allora (Σ, W, λ) *è un modello di vincolo approssimato perfetto.*

Dimostrazione Dobbiamo dimostrare che se (Σ, W, λ) è un modello di vincolo approssimato, secondo la definizione 1.41, e la (1.56) è soddisfatta, allora (Σ, W, λ) è un vincolo approssimato perfetto, secondo la definizione 1.50. Dobbiamo cioè dimostrare che, sotto l'ipotesi (1.56), le condizioni 1÷3 della definizione 1.50 sono soddisfatte.

Assumiamo, per semplificare i conti, che la funzione $\overline{W}$ abbia una forma particolare (cfr. l'osservazione 1.54 più avanti):

$$\overline{W}(\beta_1, \ldots, \beta_M) = \frac{1}{2}\sum_{j=1}^{M} \beta_j^2. \tag{1.57}$$

Sia $t \mapsto x_\lambda(t)$ un moto con dati iniziali $(x_\lambda(0), \dot{x}_\lambda(0)) = (\bar{x}, \bar{y})$, dove $\bar{x} \in \Sigma$ e $\bar{y}$ è arbitrario, corrispondente all'energia potenziale $U(x) = V(x) + \lambda W(x)$. La conservazione dell'energia dà

$$\frac{1}{2}\sum_{i=1}^{N} m_i \left|\dot{\boldsymbol{x}}_\lambda^{(i)}\right|^2 + V(x_\lambda(t)) + \lambda W(x_\lambda(t)) = E, \tag{1.58}$$

dove la costante E è indipendente da λ poiché, per $t = 0$, $\bar{x} \in \Sigma$ e W è nulla su Σ. Inoltre

$$\frac{1}{2}\sum_{i=1}^{N} m_i \left|\dot{\boldsymbol{x}}_\lambda^{(i)}\right|^2 \le C_0 := E - \inf_{x \in \mathbb{R}^{3N}} V(x), \tag{1.59}$$

dove $C_0 < +\infty$ per le ipotesi di limitatezza su V e di positività su W. Dalla (1.59) segue che la velocità $\dot{x}_\lambda(t)$ si mantiene limitata e quindi per ogni $\rho > 0$ esiste un tempo

$$T \le \rho \sqrt{\frac{\min_i m_i}{2C_0}},$$

tale che per $t \in [-T, T]$ il moto $t \mapsto x_\lambda(t)$ rimane confinato nell'intorno $B_\rho(\bar{x})$ di centro $\bar{x}$ e raggio ρ. Sia $t \mapsto \beta_\lambda(t)$ l'immagine del moto $t \mapsto x_\lambda(t)$ nella base Ω, per $t \in [-T, T]$. Scegliendo opportunamente ρ, si trova che $\beta_\lambda(t)$ si mantiene sempre all'interno di un compatto $\Omega_1 \subset \Omega$ per $t \in [-T, T]$.

La conservazione dell'energia (1.58), nelle coordinate β, diventa (cfr. anche il lemma 1.43)

$$\frac{1}{2}\Big\langle \dot{\beta}_\lambda(t), g(\beta_\lambda(t))\dot{\beta}_\lambda(t)\Big\rangle + V(\Xi(\beta_\lambda(t))) + \frac{\lambda}{2}\sum_{j=1}^{M} \beta_{\lambda j}^2(t) = E,$$

dove $\beta_{\lambda j} = (\beta_\lambda)_j$ denota la componente j del vettore β_λ. Dal momento che l'energia cinetica e la funzione W sono sempre positive, otteniamo

$$\left|\beta_{\lambda j}(t)\right| \le \sqrt{2C_0\lambda^{-1}}, \qquad j = 1, \dots, M, \tag{1.60a}$$

$$\left|\dot{\beta}_{\lambda j}(t)\right| \le \sqrt{2C_0 C_1}, \qquad j = 1, \dots, 3N, \tag{1.60b}$$

dove C_0 è definito in (1.59) e $C_1 = \max_{\beta \in \Omega_1} C(\beta)$, se $C(\beta)$ è la funzione introdotta nel lemma 1.45 (il massimo esiste per il teorema di Weierstrass). Utilizzando il fatto che il sistema di coordinate $(\mathcal{U}, \Xi)$ è per ipotesi bene adattato e ortogonale e che, inoltre, la matrice cinetica $g(\beta)$ è simmetrica e di classe C^1 (cfr. il lemma 1.45), scriviamo

$$g_{ij}(\beta) = g_{ji}(\beta) = \gamma_{ij} + \sum_{h=1}^{M} g_{ijh}(\beta)\beta_h, \qquad i = 1, \dots, M, \quad j = 1, \dots, M,$$

e, analogamente,

$$g_{ij}(\beta) = g_{ji}(\beta) = \sum_{h=1}^{M} g_{ijh}(\beta)\beta_h, \qquad i = 1, \ldots, M, \quad j = M+1, \ldots, 3N,$$

poiché , per $\beta = (0, \beta^{(M)})$, valgono (1.51) e (1.52), rispettivamente.

Consideriamo le equazioni del moto (1.54) limitatamente alle variabili $\beta_{M+1}, \ldots, \beta_{3N}$, dal momento che per $\lambda \to +\infty$ ci si aspetta che le altre siano identicamente nulle (nel sistema di coordinate adattato il vincolo è descritto dalle equazioni $\beta_1 = \ldots = \beta_M = 0$).

Riscriviamo allora le (1.54), per $i = M+1, \ldots, 3N$,

$$\begin{aligned}
&\frac{\mathrm{d}}{\mathrm{d}t}\left(\sum_{j,h=1}^{M} g_{ijh}(\beta_\lambda)\dot{\beta}_{\lambda j}\beta_{\lambda h} + \sum_{j=M+1}^{3N} g_{ij}(\beta_\lambda)\dot{\beta}_{\lambda j}\right) \\
&= -\left\langle \frac{\partial V(\Xi(\beta_\lambda))}{\partial x}, \frac{\partial \Xi(\beta_\lambda)}{\partial \beta_i}\right\rangle + \frac{1}{2}\sum_{j,j'=M+1}^{3N} \dot{\beta}_{\lambda j}\frac{\partial g_{jj'}(\beta_\lambda)}{\partial \beta_i}\dot{\beta}_{\lambda j'} \\
&\quad + \sum_{j,h=1}^{M}\sum_{j'=M+1}^{3N} \dot{\beta}_{\lambda j}\frac{\partial g_{jj'h}(\beta_\lambda)}{\partial \beta_i}\dot{\beta}_{\lambda j'}\beta_{\lambda h} \\
&\quad + \frac{1}{2}\sum_{j,j',h=1}^{M} \dot{\beta}_{\lambda j}\frac{\partial g_{jj'h}(\beta_\lambda)}{\partial \beta_i}\dot{\beta}_{\lambda j'}\beta_{\lambda h}.
\end{aligned} \tag{1.61}$$

Integrando la (1.61) rispetto a t e tenendo conto che $\bar{x} \in \Sigma$, così che risulta $\beta_{\lambda j}(0) = 0$ per $j = 1, \ldots, M$, troviamo

$$\begin{aligned}
&\sum_{j=M+1}^{3N}\Big(g_{ij}(\beta_\lambda(t))\dot{\beta}_{\lambda j}(t) - g_{ij}(\beta_\lambda(0))\dot{\beta}_{\lambda j}(0)\Big) + \sum_{j,h=1}^{M} g_{ijh}(\beta_\lambda(t))\dot{\beta}_{\lambda j}(t)\beta_{\lambda h}(t) \\
&= \int_0^t \mathrm{d}t'\left\{-\left\langle\frac{\partial V(\Xi)}{\partial x}, \frac{\partial \Xi}{\partial \beta_i}\right\rangle + \frac{1}{2}\sum_{j,j',h=1}^{M}\dot{\beta}_{\lambda j}(t')\frac{\partial g_{jj'h}}{\partial \beta_i}\dot{\beta}_{\lambda j'}(t')\beta_{\lambda h}(t')\right. \\
&\quad + \sum_{j,h=1}^{M}\sum_{j'=M+1}^{3N}\dot{\beta}_{\lambda j}(t')\frac{\partial g_{jj'h}}{\partial \beta_i}\dot{\beta}_{\lambda j'}(t')\beta_{\lambda h}(t') \\
&\quad \left. + \frac{1}{2}\sum_{j,j'=M+1}^{3N}\dot{\beta}_{\lambda j}(t')\frac{\partial g_{jj'}}{\partial \beta_i}\dot{\beta}_{\lambda j'}(t')\right\},
\end{aligned}$$

dove, a secondo membro, non abbiamo esplicitato la dipendenza da $\beta_\lambda(t')$ delle funzioni Ξ, $g_{jj'}$ e $g_{jj'h}$ per non appesantire le notazioni. Indichiamo con $\mu(\beta)$ la sottomatrice principale di $g(\beta)$ costituita dalle ultime $3N - M$ righe e $3N - M$

colonne; per il lemma 1.45, $\mu(\beta)$ è invertibile. Quindi si ha

$$
\begin{aligned}
\dot\beta_{\lambda s}(t) = \sum_{i=M+1}^{3N} & (\mu(\beta_\lambda(t)))^{-1}_{si} \\
& \times \Bigg(\sum_{j=M+1}^{3N} g_{ij}(\beta_\lambda(0))\dot\beta_{\lambda j}(0) - \Bigg[\sum_{j,h=1}^{M} g_{ijh}(\beta_\lambda(t))\dot\beta_{\lambda j}(t)\beta_{\lambda h}(t) \Bigg] \\
& + \int_0^t \mathrm{d}t' \Bigg\{ - \Bigg\langle \frac{\partial V(\Xi)}{\partial x}, \frac{\partial \Xi}{\partial \beta_i} \Bigg\rangle + \frac{1}{2} \sum_{j,j'=M+1}^{3N} \dot\beta_{\lambda j}(t') \frac{\partial g_{jj'}}{\partial \beta_i} \dot\beta_{\lambda j'}(t') \Bigg\} \\
& + \int_0^t \mathrm{d}t' \Bigg[\sum_{j,h=1}^{M} \sum_{j'=M+1}^{3N} \dot\beta_{\lambda j}(t') \frac{\partial g_{jj'h}}{\partial \beta_i} \dot\beta_{\lambda j'}(t') \beta_{\lambda h}(t') \Bigg] \\
& + \int_0^t \mathrm{d}t' \Bigg[\frac{1}{2} \sum_{j,j',h=1}^{M} \dot\beta_{\lambda j}(t') \frac{\partial g_{jj'h}}{\partial \beta_i} \dot\beta_{\lambda j'}(t') \beta_{\lambda h}(t') \Bigg] \Bigg),
\end{aligned}
$$

per $s = M+1, \ldots, 3N$. In virtù delle stime (1.60), i termini in parentesi quadre tendono uniformemente a zero per $\lambda \to +\infty$.

Denotiamo con $\delta_{\lambda s}(t)$ gli integrali dei termini all'interno delle parentesi graffe. Considerate come funzioni di λ, le funzioni $\delta_{\lambda s}(t)$ sono equilimitate ed equicontinue (cfr. le definizioni date nell'esercizio 3.14 del volume 1). Questo segue dalle diseguaglianze (1.60), tenendo conto che gli integrali di funzioni continue equilimitate sono equicontinui (cfr. l'esercizio 1.40) e la composizione con una funzione continua di funzioni equilimitate ed equicontinue dà funzioni ancora equilimitate ed equicontinue (cfr. l'esercizio 1.41). Allora, per il teorema di Ascoli-Arzelà (cfr. l'esercizio 3.14 del volume 1), è possibile estrarre da ogni successione divergente di numeri positivi λ una sottosuccessione λ_n tale che esiste, uniformemente per $t \in [-T, T]$, il limite

$$
\lim_{n\to\infty} \delta_{\lambda_n j}(t) := \delta_j(t), \qquad j = M+1, \ldots, 3N.
$$

Usando la forma esplicita di $\delta(t) = (\delta_{M+1}(t), \ldots, \delta_{3N}(t))$, ricordando che $\beta(t) = (0, \beta^{(M)}(t))$ e prendendo il limite $n \to \infty$, si trova

$$
\begin{aligned}
\mu(\beta(t))\, \dot\beta^{(M)}(t) = \mu(\beta(0))\, & \dot\beta^{(M)}(0) \\
& + \int_0^t \mathrm{d}t' \Bigg\{ - \Bigg\langle \frac{\partial V(\Xi(\beta(t')))}{dx}, \frac{\partial \Xi(\beta(t'))}{\partial \beta^{(M)}} \Bigg\rangle \\
& \qquad + \frac{1}{2} \Bigg\langle \dot\beta^{(M)}(t'), \frac{\partial \mu(\beta(t'))}{\partial \beta^{(M)}} \dot\beta^{(M)}(t') \Bigg\rangle \Bigg\}, \qquad (1.62)
\end{aligned}
$$

dove, dei due prodotti scalari, il primo è in R^{3N} e il secondo è in $\mathbb{R}^{3N-M}$.

La (1.62) vale, a questo livello, solo se il limite $\lambda \to +\infty$ è calcolato sulla sottosuccessione λ_n. Tuttavia se mostriamo che il limite è lo stesso comunque venga scelta la sottosuccessione, ne segue che il limite per $\lambda \to +\infty$ di $\beta_\lambda(t)$ esiste ed è dato quindi dalla soluzione di (1.62). A tal fine è sufficiente mostrare che la soluzione di (1.62) è unica e in C^2, poiché ogni limite di $\beta_{\lambda_n}(t)$, indipendentemente da come viene scelta la sottosuccessione λ_n, deve soddisfare le equazioni (1.62). Se definiamo

$$p^{(M)} := \mu(\beta)\,\dot{\beta}^{(M)},$$

riscriviamo la (1.62) nella forma

$$\begin{cases} \dot{\beta}^{(M)} = \mu^{-1}(\beta)\, p^{(M)}, \\ \dot{p}^{(M)} = -\left\langle \dfrac{\partial V(\Xi(\beta))}{dx}, \dfrac{\partial \Xi(\beta)}{\partial \beta^{(M)}} \right\rangle + \dfrac{1}{2}\left\langle \dot{\beta}^{(M)}, \dfrac{\partial \mu(\beta)}{\partial \beta^{(M)}} \dot{\beta}^{(M)} \right\rangle. \end{cases} \tag{1.63}$$

Per $t \in [-T, T]$, le funzioni $\beta^{(M)}(t)$ sono tali che $(0, \beta^{(M)}(t))$ rimane nel sottoinsieme di Ω dato dalla controimmagine (secondo l'applicazione Ξ) dell'intorno $B_\rho(\bar{x})$, i.e. in un insieme in cui il membro di destra di (1.63) è ben definito. Il sistema (1.63) è quindi un sistema di equazioni differenziali del primo ordine in $\mathbb{R}^{3N-M}$; scelto il dato iniziale $(\beta^{(M)}(0), p^{(M)}(0))$, tale che

$$\bar{x} = \Xi(0, \beta^{(M)}(0)), \qquad \bar{y}_\Sigma = \frac{\partial \Xi}{\partial \beta}(0, \beta^{(M)}(0))\,(0, (\mu(\beta))^{-1} p^{(M)}(0)),$$

il teorema di esistenza e unicità (cfr. il teorema 3.29 del volume 1) e il corollario del teorema del prolungamento (cfr. il corollario 3.59 del volume 1) garantiscono che la soluzione esiste ed è unica in un intervallo che contiene $[-T, T]$.

In conclusione, per $\lambda \to +\infty$, la soluzione $\beta_\lambda(t)$ delle equazioni (1.61) tende alla soluzione delle equazioni (1.62), che non sono altro che le equazioni (1.55) che descrivono il moto in presenza di un vincolo perfetto. L'asserto è dimostrato. □

Osservazione 1.54 L'assunzione (1.57) sulla forma del potenziale $\overline{W}$ può essere elimitata senza troppe difficoltà, comportando solo complicazioni formali ma non inficiando in alcun modo il risultato (cfr. l'esercizio 1.42).

Esempio 1.55 Consideriamo un punto materiale di massa m in $\mathbb{R}^2$, soggetto a una forza elastica, di energia potenziale

$$V(x, y) = \frac{1}{2} m\omega^2 \big(x^2 + y^2\big), \tag{1.64}$$

e a una forza che tende a portarlo verso l'asse $y = 0$, di energia potenziale

$$\lambda W(x, y) = \frac{1}{2} m\lambda y^2. \tag{1.65}$$

Possiamo applicare il teorema 1.53 e concludere che per $\lambda \to +\infty$ il sistema tende a un sistema vincolato a rimanere sull'asse y. Le equazioni di Eulero-Lagrange sono

$$\begin{cases} m\dot{x} = -m\omega^2 x, \\ m\dot{y} = -m\omega^2 y - m\lambda y, \end{cases}$$

e si integrano facilmente. Si vede, in accordo con il teorema 1.53, che per $\lambda < +\infty$, il punto materiale si muove anche nella direzione y, con ampiezza sempre più piccola e frequenza sempre più grande al crescere di λ. Questo si interpreta fisicamente come una tendenza da parte del punto, di deformare il vincolo. Nel limite $\lambda \to +\infty$, la componente del moto nella direzione y diviene nulla e il sistema si muove solo in direzione x, con legge del moto corrispondente a un sistema unidimensionale soggetto a una forza di energia potenziale

$$V(x) = \frac{1}{2} m\omega^2 x^2. \tag{1.66}$$

Esempio 1.56 Se invece della (1.65) avessimo scelto nell'esempio precedente un'energia potenziale W della forma

$$W(x, y) = \frac{1}{2} m y^2 \big(1 + x^2\big), \tag{1.67}$$

le condizioni del teorema 1.57 non sarebbero state soddisfatte. In effetti si può dimostrare (cfr. l'esercizio 1.43) che la soluzione $(x_\lambda(t), y_\lambda(t))$ che si trova per $\lambda < +\infty$, quando $\lambda \to +\infty$ non tende più alla soluzione $(x(t), 0)$ delle equazioni del moto di un sistema unidimensionale soggetto alla forza di energia potenziale (1.66). Quindi, (Σ, W, λ), con $\Sigma = \{(x, y)^2 : y = 0\}$ e W dato dalla (1.67), non costituisce un modello di vincolo approssimato perfetto.

1.7 Applicazione ai corpi rigidi

Utilizziamo i risultati del paragrafo precedente, in particolare il teorema 1.53, per mostrare, come applicazione pratica, in che modo si possa costruire un modello "naturale" (i.e. fisicamente ragionevole) del vincolo di rigidità che costituisca un modello di vincolo approssimato perfetto.

Teorema 1.57 *Consideriamo un sistema di N punti materiali $P_1, \ldots, P_N$ soggetti al vincolo*

$$|\mathbf{x}^{(i)}(t) - \mathbf{x}^{(j)}(t)| = r_{ij}, \qquad i, j = 1, \ldots, N, \tag{1.68}$$

dove r è una matrice $N \times N$ di elementi costanti. Sia Σ è la superficie individuata dal vincolo (1.68) *e sia $W : \mathbb{R}^{3N} \to \mathbb{R}$ è la funzione data da*

$$W(x) = \sum_{i=1}^{N-1} \sum_{j=i+1}^{N} \psi_{ij} \Big(|\mathbf{x}^{(i)}(t) - \mathbf{x}^{(j)}(t)|^2 - r_{ij}^2 \Big), \tag{1.69}$$

dove le funzioni $\psi_{ij} : \mathbb{R} \to \mathbb{R}$, *con* $1 \le i < j \le N$, *sono di classe* C^2 *e hanno in 0 un minimo stretto. Allora il modello di vincolo approssimato* (Σ, W, λ) *per il sistema considerato è un modello di vincolo approssimato perfetto.*

Dimostrazione Per dimostrare il teorema è sufficiente mostrare che è possibile introdurre un sistema $(\mathcal{U}, \Xi)$ di coordinate regolari bene adattato e ortogonale per Σ, tale che la condizione (1.56) sia soddisfatta, con $M = 3N - \dim(\Sigma)$.

Supponiamo che sia $N \ge 3$ e che i punti non siano tutti collineari, così che $\dim(\Sigma) = 6$; se i punti sono non collineari nelle configurazioni che soddisfano i vincoli (1.68), per continuità lo sono anche per piccole deviazioni da esse. I casi in cui $N = 2$ o i punti siano collineari possono essere trattati analogamente e sono più semplici.

Ordiniamo i punti in modo che i primi tre, P_1, P_2 e P_3, siano non collineari. Ogni configurazione $x = (\boldsymbol{x}^{(1)}, \dots, \boldsymbol{x}^{(N)})$ del sistema può essere individuata come segue. Innanzitutto si assegnano le coordinate $\boldsymbol{x}_0$ del centro di massa,

$$\boldsymbol{x}_0 = \frac{1}{m} \sum_{i=1}^{N} m_i \boldsymbol{x}^{(i)}, \qquad m := \sum_{i=1}^{N} m_i, \tag{1.70}$$

in un sistema di coordinate prefissato. Introduciamo un sistema di coordinate solidale con il corpo rigido, i.e. con il sistema di punti quando i vincoli (1.68) sono soddisfatti, che abbia l'origine nel centro di massa $\boldsymbol{x}_0$ e i tre assi ortogonali $\boldsymbol{e}_1, \boldsymbol{e}_2, \boldsymbol{e}_3$ tali che $\boldsymbol{e}_3$ sia parallelo al segmento che unisce il punto P_1 al punto P_2 ed $\boldsymbol{e}_1$ sia perpendicolare al piano contenente i tre punti P_1, P_2 e P_3; rispetto al sistema fisso, il corpo rigido è individuato da $\boldsymbol{x}_0$ e (per esempio) dagli angoli di Eulero (φ, θ, ψ). Per ogni punto P_i, scriviamo la sua posizione nella forma $\boldsymbol{x}^{(i)} = \boldsymbol{x}_0 + (\boldsymbol{\xi}^{(i)} - \boldsymbol{x}_0) + \boldsymbol{\kappa}^{(i)}$, dove $\xi = (\boldsymbol{\xi}^{(1)}, \dots, \boldsymbol{\xi}^{(N)})$ indica una configurazione compatibile con i vincoli e $\kappa = (\boldsymbol{\kappa}^{(1)}, \dots, \boldsymbol{\kappa}^{(N)})$ denota uno spostamento dei punti dalla superficie di vincolo. Il sistema è descritto dalle $3N + 6$ coordinate $\boldsymbol{x}_0$, (φ, θ, ψ) e $\{\boldsymbol{\kappa}^{(i)}\}_{i=1}^{N}$. Esse sono sovrabbondanti per individuare le configurazioni del sistema, che, se non imponiamo i vincoli, ha $3N$ gradi di libertà. Possiamo eliminare 6 coordinate imponendo, per esempio, le condizioni

$$\sum_{i=1}^{N} m_i \boldsymbol{\kappa}^{(i)} = \boldsymbol{0}, \qquad \sum_{i=1}^{N} m_i (\boldsymbol{\xi}^{(i)} - \boldsymbol{x}_0) \wedge \boldsymbol{\kappa}^{(i)} = \boldsymbol{0}, \tag{1.71}$$

ovvero richiedendo che $\boldsymbol{x}_0$ sia il centro di massa non solo di x ma anche di ξ e che i vettori $m_i \boldsymbol{\kappa}^{(i)}$ abbiano momento risultante nullo; i noti che le (1.71) comportano restrizioni sulle possibili configurazioni $\xi \in \Sigma$. In questo modo si eliminano 6 coordinate, e.g. le componenti

$$\kappa_1^{(1)}, \kappa_2^{(1)}, \kappa_1^{(2)}, \kappa_2^{(2)}, \kappa_3^{(2)}, \kappa_1^{(3)}, \tag{1.72}$$

che si ricaveranno alle fine in termini delle altre, una volta che queste ultime siano state determinate (cfr. l'esercizio 1.44).

Definiamo le $3N$ coordinate β come $\beta = (\beta_V, \boldsymbol{\beta}_{\rm rot}, \boldsymbol{\beta}_0)$, dove $\boldsymbol{\beta}_0 := \boldsymbol{x}_0$, $\boldsymbol{\beta}_{\rm rot} := (\varphi, \theta, \psi)$ e β_V sono le $3N-6$ coordinate κ che non compaiono in (1.72), ordinate secondo il loro ordine naturale. Dato un punto di Σ e un suo intorno $\mathcal{U}$, se per $x \in \mathcal{U}$ poniamo $x = \Xi(\beta)$, la trasformazione $\beta \mapsto \Xi(\beta)$ è differenziabile e invertibile, come è facile verificare.

Vogliamo ora dimostrare che il sistema di coordinate $(\mathcal{U}, \Xi)$ è bene adattato e ortogonale (ovviamente esso è adattato a Σ poiché Σ si ottiene ponendo $\beta_V = 0$). Per questo dobbiamo calcolare la matrice cinetica ed esprimere l'energia cinetica in termini delle coordinate β.

Per ogni punto P_i, scriviamo $\boldsymbol{\kappa}^{(i)} = K_1^{(i)}\boldsymbol{e}_1 + K_2^{(i)}\boldsymbol{e}_2 + K_3^{(i)}\boldsymbol{e}_3$. Sia $\boldsymbol{\omega}$ il vettore velocità angolare; si ha $\dot{\boldsymbol{e}}_k = \boldsymbol{\omega} \wedge \boldsymbol{e}_k$ per $k = 1, 2, 3$ (cfr. l'osservazione 9.30 del volume 1) e, se $\boldsymbol{w}^{(i)} := \boldsymbol{\xi}^{(i)} - \boldsymbol{x}_0$, si ha $\dot{\boldsymbol{w}}^{(i)} = \boldsymbol{\omega} \wedge \boldsymbol{w}^{(i)}$ (cfr. il lemma 9.29 del volume 1). Si ottiene

$$\dot{\boldsymbol{x}}^{(i)} = \dot{\boldsymbol{x}}_0 + \dot{\boldsymbol{K}}^{(i)} + \boldsymbol{\omega} \wedge \big(\boldsymbol{\kappa}^{(i)} + (\boldsymbol{\xi}^{(i)} - \boldsymbol{x}_0)\big), \tag{1.73a}$$

$$\dot{\boldsymbol{K}}^{(i)} := \sum_{k=1}^{3} \dot{K}_k^{(i)} \boldsymbol{e}_k. \tag{1.73b}$$

Si noti che $\boldsymbol{K}^{(i)}$ è definito in modo tale che $\dot{\boldsymbol{K}}^{(i)}$ rappresenta la velocità del punto P_i nel sistema di riferimento solidale al corpo rigido (mentre $\dot{\boldsymbol{\kappa}}^{(i)}$ è la componente della velocità del punto P_i nel sistema fisso dovuta alla sua deviazione rispetto a $\boldsymbol{\xi}^{(i)}$). L'energia cinetica del sistema è

$$\begin{aligned} T = \frac{1}{2}\sum_{i=1}^{N} m_i\, |\dot{\boldsymbol{x}}^{(i)}|^2 &= \frac{1}{2}\sum_{i=1}^{N} m_i\, |\dot{\boldsymbol{x}}_0|^2 + \frac{1}{2}\sum_{i=1}^{N} m_i \big|\dot{\boldsymbol{K}}^{(i)}\big|^2 \\ &+ \frac{1}{2}\sum_{i=1}^{N} m_i \big|\boldsymbol{\omega} \wedge \big(\boldsymbol{\kappa}^{(i)} + (\boldsymbol{\xi}^{(i)} - \boldsymbol{x}_0)\big)\big|^2 + \sum_{i=1}^{N} m_i\, \dot{\boldsymbol{x}}_0 \cdot \dot{\boldsymbol{K}}^{(i)} \\ &+ \sum_{i=1}^{N} m_i\, \dot{\boldsymbol{x}}_0 \cdot \big(\boldsymbol{\omega} \wedge \big(\boldsymbol{\kappa}^{(i)} + (\boldsymbol{\xi}^{(i)} - \boldsymbol{x}_0)\big)\big) \\ &+ \sum_{i=1}^{N} m_i\, \dot{\boldsymbol{K}}^{(i)} \cdot \big(\boldsymbol{\omega} \wedge \big(\boldsymbol{\kappa}^{(i)} + (\boldsymbol{\xi}^{(i)} - \boldsymbol{x}_0)\big)\big), \end{aligned} \tag{1.74}$$

dove, per definizione di centro di massa e per la prima delle (1.71), la seconda somma nella seconda riga e la somma nella terza riga sono identicamente nulle (cfr. l'esercizio 1.45). Poniamo

$$\mathcal{I}(\boldsymbol{\omega}) := \sum_{i=1}^{N} m_i \big(\boldsymbol{\kappa}^{(i)} + (\boldsymbol{\xi}^{(i)} - \boldsymbol{x}_0)\big) \wedge \big(\boldsymbol{\omega} \wedge \big(\boldsymbol{\kappa}^{(i)} + (\boldsymbol{\xi}^{(i)} - \boldsymbol{x}_0)\big)\big),$$

e definiamo il *momento angolare interno*

$$\boldsymbol{L}_0 := \sum_{i=1}^{N} m_i \big(\boldsymbol{\kappa}^{(i)} + (\boldsymbol{\xi}^{(i)} - \boldsymbol{x}_0)\big) \wedge \dot{\boldsymbol{K}}^{(i)}.$$

Tenendo conto che (cfr. l'esercizio 1.47)

$$\sum_{i=1}^{N} m_i \big(\boldsymbol{\xi}^{(i)} - \boldsymbol{x}_0\big) \wedge \dot{\boldsymbol{K}}^{(i)} = \boldsymbol{0} \implies \boldsymbol{L}_0 = \sum_{i=1}^{N} m_i \, \boldsymbol{\kappa}^{(i)} \wedge \dot{\boldsymbol{K}}^{(i)}, \tag{1.75}$$

e, usando la proprietà del prodotto misto (cfr. la (9.21) del volume 1), riscriviamo l'energia cinetica (1.74) come $T = T_0 + T_{\text{int}} + T_{\text{rot}} + T_C$, con

$$\begin{aligned} T_0 &:= \frac{1}{2} \sum_{i=1}^{N} m_i \, |\dot{\boldsymbol{x}}_0|^2, \\ T_{\text{int}} &:= \sum_{n=1}^{N} m_i \big| \dot{\boldsymbol{K}}^{(i)} \big|^2, \\ T_{\text{rot}} &:= \frac{1}{2} \boldsymbol{\omega} \cdot \mathcal{I}(\boldsymbol{\omega}), \\ T_C &:= \boldsymbol{L}_0 \cdot \boldsymbol{\omega}, \end{aligned}$$

dove T_0 è l'*energia cinetica del centro di massa*, T_{int} è l'*energia cinetica interna*, T_{rot} è l'*energia cinetica rotazionale* e T_C è l'*energia cinetica di Coriolis*. Nella base dei vettori $\boldsymbol{e}_1, \boldsymbol{e}_2, \boldsymbol{e}_3$ si ha (cfr. la (10.40) del volume 1)

$$\boldsymbol{\omega} = \Big(\dot{\theta} \cos\psi + \dot{\varphi} \sin\theta \sin\psi, -\dot{\theta} \sin\psi + \dot{\varphi} \sin\theta \cos\psi, \dot{\varphi} \cos\theta + \dot{\psi} \Big).$$

Per $x \in \Sigma$, dove $\beta_V = 0$,

- T_C è nulla;
- T_{int} è una forma quadratica in $\dot{\beta}_V$ con coefficienti costanti, dato che dipendono solo dalle componenti dei vettori $\boldsymbol{\xi}^{(i)}$ (che sono costanti);
- T_0 è una forma quadratica in $\dot{\boldsymbol{x}}_0 = \dot{\boldsymbol{\beta}}_0$ con coefficienti costanti;
- T_{rot} è una forma quadratica in $\boldsymbol{\omega}$, con coefficienti che dipendono di nuovo solo dalle componenti dei vettori $\boldsymbol{\xi}^{(i)}$, e quindi è una forma quadratica in $\dot{\boldsymbol{\beta}}_{\text{rot}} = (\dot{\varphi}, \dot{\theta}, \dot{\psi})$ con coefficienti che dipendono solo da $\boldsymbol{\beta}_{\text{rot}} = (\varphi, \theta, \psi)$.

Ne concludiamo dunque che il sistema di coordinate $(\mathcal{U}, \Xi)$ è bene adattato e ortogonale. Resta da verificare che la funzione (1.69) soddisfa la condizione (1.56) del teorema 1.53. Questo segue dal fatto che W dipende solo dalle deviazioni $\boldsymbol{\kappa}^{(i)}$ e, a loro volta, come mostra la discussione precedente, tali deviazioni sono espresse in termini dei soli vettori β_V e risultano essere quindi indipendenti da $\boldsymbol{\beta}_{\text{rot}}$ e $\boldsymbol{\beta}_0$. In conclusione tutte le $\boldsymbol{\kappa}^{(i)}$ si ottengono in termini delle coordinate β_V. Quindi il teorema è dimostrato. □

Osservazione 1.58 Si può considerare un vincolo più generale di quello descritto dalla (1.68), in cui oltre alle condizioni in (1.68) sia soddisfatta anche la condizione $\boldsymbol{x}^{(i_0)} \in \sigma_{i_0}$, per un indice $i_0 \in \{1, \ldots, N\}$, dove σ_{i_0} è una superficie regolare in $\mathbb{R}^3$. Si ha in tal caso un ulteriore vincolo della forma $G(x_{i_0}) = 0$. In particolare si può supporre che il corpo rigido abbia un punto fisso. Si può dimostrare un risultato analogo al teorema 1.57, sostituendo la (1.69) con

$$W(x) = \psi_{i_0}\big(G(x_{i_0})\big) + \sum_{i,j=1}^{N} \psi_{ij}\Big(|\boldsymbol{x}^{(i)}(t) - \boldsymbol{x}^{(j)}(t)|^2 - r_{ij}^2\Big),$$

dove la funzione $\psi_{i_0}\colon \mathbb{R} \to \mathbb{R}$ è di classe C^2 e ha in 0 un minimo stretto.

Nota bibliografica Nel presente capitolo abbiamo seguito essenzialmente [DA96, Cap. VII], per i §§1.1, 1.2 e 1.3, [LCA26, Cap. V] per il §1.4, e [G80, Cap. 5], per i §§1.5, 1.6 e 1.7.

Per un'introduzione agli spazi metrici e agli spazi topologici (cfr. gli esercizi 1.14÷1.16) si veda [S94, Cap. 1]. Definizioni e proprietà delle varietà si possono trovare in [S94, Cap. 5]; la relazione tra varietà e superfici è discussa, per esempio, in [K99], a cui rimandiamo anche per la bottiglia di Klein, di cui si è fatto riferimento nel §1.2 (cfr. anche [dC76]).

Per i criteri di convergenza delle serie numeriche, incluso il criterio della radice (cfr. l'esercizio 1.25), si veda [G85, Cap. 2] nel caso di funzioni di variabile reale e [R66, Cap. 10] nel caso di funzioni di variabile complessa. Per le proprietà di regolarità degli autovalori di una matrice simmetrica (a cui si fa cenno nell'esercizio 1.39) si veda [K66]. Per un'introduzione alle funzioni analitiche (cfr. gli esercizi 1.24÷1.33) rimandiamo a [T32, Cap. 2] o [R66, Cap. 10].

Per una discussione dell'esistenza di soluzioni del problema con condizioni al contorno e quindi di punti stazionari per il funzionale d'azione, a cui si è accennato dopo la discussione dell'esempio 1.17, si veda [C35, Capp. 12 e 16]. Per l'equazione di Mathieu menzionata nella soluzione dell'esercizio 1.53 si veda [A64] o [AS64].

Tutti i rimandi a capitoli, paragrafi, risultati ed equazioni che si specificano del volume 1 si intendono riferiti a [G21].

1.8 Esercizi

Esercizio 1.1 Si dimostri che lo spazio delle traiettorie $\mathcal{M}$ definito nel §1.1 è uno spazio affine e che lo spazio delle deformazioni $\mathcal{M}_0$ è uno spazio vettoriale. [*Soluzione.* Basta applicare le definizioni di spazio vettoriale (cfr. la definizione 1.1 del volume 1) e di spazio affine (cfr. la definizione 1.33 del volume 1).]

Esercizio 1.2 Si discuta la relazione tra gli elementi degli spazi affini (cfr. la definizione 1.33 del volume 1) e i vettori applicati introdotti nell'osservazione 4.2 del volume 1. [*Suggerimento.* Sia $V = \mathbb{R}^3$ e sia A uno spazio affine su V. Fissato un elemento $a \in A$ e un vettore $v \in V$, per definizione di spazio affine $b = a + v$ è un elemento di A. Il segmento orientato che unisce i due elementi a e b di A è un vettore applicato e a è il suo punto d'applicazione.]

Esercizio 1.3 Si dimostri che ogni spazio vettoriale V è uno spazio affine su V. [*Suggerimento.* Segue dalla definizione di spazio affine: fissato $w \in V$ si ha $v + w \in V$ per ogni $v \in V$. Si noti che il contrario non è vero: uno spazio affine non è in generale uno spazio vettoriale. Per esempio lo spazio delle traiettorie $\mathcal{M}$ non è uno spazio vettoriale.]

Esercizio 1.4 Dato uno spazio vettoriale V di dimensione n, sia A uno spazio affine su V e sia W un sottospazio vettoriale di V di dimensione k. Dato un elemento $a \in A$, l'insieme $B := \{b \in A : b = a + w, w \in W\}$ costituisce un *sottospazio affine* di dimensione k. Si determinino i sottospazi affini dello spazio euclideo tridimensionale. [*Suggerimento.* I sottospazi di dimensione 1 sone le rette e i sottospazi di dimensione 2 sono i piani.]

Esercizio 1.5 Ricordiamo che, dato uno spazio vettoriale V di dimensione n e dato un vettore $x \in V$, si definisce *iperpiano* passante per x un insieme di vettori applicati della forma (x, v), al variare di v in un sottospazio W di V di dimensione $n - 1$ (cfr. l'osservazione 4.29 e la definizione di iperpiano all'inizio del §4.4 del volume 1). Si dimostri che un iperpiano è un sottospazio affine di dimensione $n - 1$. [*Soluzione.* Sia π un iperpiano passante per $x \in V$. Se $y \in \pi$, allora $y = x + v$, per qualche $v \in W$ (cfr. l'esercizio 1.3).]

Esercizio 1.6 Si dimostri che il problema con condizioni al contorno (1.12) può non ammettere soluzione. [*Suggerimento.* Si prenda $\tau = \pi$.]

Esercizio 1.7 Sia $P_k(x)$ il polinomio di Taylor di ordine k e di centro x_0 di una funzione $f\colon \mathbb{R} \to \mathbb{R}$ di classe C^k, e sia $R_k := f(x) - P_k(x)$ il resto di Taylor ordine k di f (cfr. l'esercizio 3.2 del volume 1, con $n = 1$). Si dimostri che se f è C^{k+1}, allora, nell'intervallo aperto compreso tra x_0 e x, esiste ξ tale che

$$R_k(x) = \frac{f^{(k+1)}(\xi)}{(k+1)!}(x - x_0)^{k+1},$$

dove $f^{(p)}(t)$ è la derivata di ordine p di f calcolata in t e, per x_0 fissato, ξ dipende da x. Tale espressione prende il nome di *forma di Lagrange* per il resto della formula di Taylor, per una funzione di una variabile reale. [*Soluzione.* Definiamo

$$F(t) := f(t) + f'(t)(x - t) + \frac{f''(t)}{2!}(x - t)^2 + \dots \\ + \frac{f^{(k-1)}(t)}{(k-1)!}(x - t)^{k-1} + \frac{f^{(k)}(t)}{k!}(x - t)^k,$$

così che $F(x) = f(x)$ e $F(x_0) = P_k(x)$; inoltre si verifica facilmente che

$$\begin{aligned}F'(t) &= f'(t) + f''(t)(x-t) - f'(t) + \frac{f'''(t)}{2!}(x-t)^2 - f''(t)(x-t) + \dots \\ &+ \frac{f^{(k)}(t)}{(k-1)!}(x-t)^{k-1} - \frac{f^{(k-1)}(t)}{(k-2)!}(x-t)^{k-2} \\ &+ \frac{f^{(k+1)}(t)}{k!}(x-t)^k - \frac{f^{(k)}(t)}{(k-1)!}(x-t)^{k-1} = \frac{f^{(k+1)}(t)}{k!}(x-t)^k,\end{aligned}$$

poiché tutti gli addendi si cancellano a due a due tranne l'ultimo. Sia $G : \mathbb{R} \to \mathbb{R}$ una funzione tale che $G'(t) \neq 0$ per t nell'intervallo aperto di estremi x_0 e x; per il teorema di Cauchy (cfr. l'esercizio 6.1 del volume 1) esiste un punto ξ compreso tra x_0 e x tale che

$$\frac{F(x) - F(x_0)}{G(x) - G(x_0)} = \frac{F'(\xi)}{G'(\xi)},$$

da cui segue che

$$R_k(x) = f(x) - P_k(x) = F(x) - F(x_0) = \frac{f^{(k+1)}(\xi)}{k!}(x-\xi)^k \frac{G(x) - G(x_0)}{G'(\xi)}.$$

Se si sceglie $G(t) = (t-x)^{k+1}$, si ottiene l'asserto.]

Esercizio 1.8 Sia $P_k(x)$ il polinomio di Taylor di ordine k e di centro x_0 di una funzione $f : \mathbb{R}^n \to \mathbb{R}$ di classe C^k, e sia $R_k := f(x) - P_k(x)$ il resto di Taylor ordine k di f (cfr. l'esercizio 3.2 del volume 1). Si dimostri che se f è C^{k+1}, allora esiste un punto ξ lungo il segmento che unisce x_0 a x tale che

$$R_k(x) = \sum_{\substack{a_1,\dots,a_n \geq 0 \\ a_1+\dots+a_n = k+1}} \cdot \frac{1}{a_1! \dots a_n!} \frac{\partial^{k+1} f}{\partial x_1^{a_1} \dots \partial x_n^{a_n}}(\xi) \prod_{j=1}^{n} (x_j - x_{0j})^{a_j}.$$

Tale espressione prende il nome di *forma di Lagrange* per il resto di Taylor, per una funzione di più variabili reali. [*Soluzione.* Si consideri la funzione $\Psi : [0,1] \to \mathbb{R}$, definita come $\Psi(t) := f(x_0 + t(x - x_0))$, tale che $\Psi(0) = f(x_0)$ e $\Psi(1) = f(x)$; inoltre si ha

$$\begin{aligned}\Psi^{(p)} &:= \frac{\mathrm{d}^p}{\mathrm{d}t^p}\Psi(t) = \sum_{i_1,\dots,i_p=1}^{n} \frac{\partial^p f}{\partial x_{i_1} \dots \partial x_{i_p}}(x_0 + t\,(x - x_0)) \prod_{j=1}^{p} (x_{i_j} - x_{0i_j}) \\ &= \sum_{\substack{a_1,\dots,a_n \geq 0 \\ a_1+\dots+a_n = p}} \frac{p!}{a_1! \dots a_n!} \frac{\partial^p f}{\partial x_1^{a_1} \dots \partial x_n^{a_n}}(x_0 + t(x - x_0)) \prod_{j=1}^{n} (x_j - x_{0j})^{a_j}.\end{aligned}$$

Per l'esercizio 1.7 si ha $\Psi(t) = Q_k(t) + S_k(t)$, dove

$$Q_k(t) = \sum_{p=0}^{k} \frac{\Psi^{(p)}(0)}{p!} t^k, \qquad S_k(t) = \frac{\Psi^{(k+1)}(\tau)}{(k+1)!} t^{k+1},$$

per un opportuno $\tau \in (0, t)$. In particolare, per $t = 1$, si ha $Q_k(1) = P_k(x)$, così che

$$R_k(x) = f(x) - P_k(x) = \Psi(1) - Q_k(1) = S_k(1) = \frac{\Psi^{(k+1)}(\tau)}{(k+1)!}$$
$$= \sum_{\substack{a_1,\dots,a_n \geq 0 \\ a_1+\dots+a_n=k+1}} \frac{1}{a_1!\dots a_n!} \frac{\partial^{k+1} f}{\partial x_1^{a_1} \dots \partial x_n^{a_n}} (x_0 + \tau(x - x_0)) \prod_{j=1}^{n} \left(x_j - x_{0j}\right)^{a_j}.$$

Da qui segue l'asserto con $\xi = x_0 + \tau(x - x_0)$ per qualche $\tau \in (0, 1)$.]

Esercizio 1.9 Siano p e q due numeri reali positivi tali che

$$\frac{1}{p} + \frac{1}{q} = 1,$$

e siano u e v due numeri reali. Si dimostri la *diseguaglianza di Young*

$$|uv| \leq \frac{1}{p}|u|^p + \frac{1}{q}|v|^q.$$

[*Soluzione.* Se $u = 0$ o $v = 0$ la diseguaglianza è banale. Si può pertanto supporre che u e v siano entrambi positivi. Si definisca $m = 1/p$, così che $m \in (0, 1)$, e $\varphi(t) = t^m - mt$, per $t \geq 0$. La funzione $\varphi(t)$ ha un massimo in $t = 1$, quindi $\varphi(t) \leq \varphi(1)$, da cui si trova $t^m - 1 \leq m(t - 1)$ per $t \geq 0$. Scegliendo $t = u^p/v^q$ si ottiene

$$\frac{u}{v^{q/p}} - 1 \leq \frac{1}{p}\left(\frac{u^p}{v^q} - 1\right),$$

da cui, moltiplicando per v^q e utilizzando la relazione che lega p e q, si deduce la diseguaglianza.]

Esercizio 1.10 Siano p e q due numeri reali positivi come nell'esercizio 1.9 e siano f e g due funzioni integrabili nell'intervallo $[a, b]$. Si dimostri la *diseguaglianza di Hölder*:

$$\int_a^b \mathrm{d}t \, |f(t)\, g(t)| \leq \left(\int_a^b \mathrm{d}t \, |f(t)|^p\right)^{1/p} \left(\int_a^b \mathrm{d}t \, |g(t)|^q\right)^{1/q}.$$

[*Soluzione.* Definiamo

$$A := \left(\int_a^b \mathrm{d}t \, |f(t)|^p \right)^{1/p} \qquad B := \left(\int_a^b \mathrm{d}t \, |g(t)|^q \right)^{1/q}.$$

Se uno dei due integrali è nullo o infinito la stima è banalmente soddisfatta. Se invece $0 < A, B < +\infty$, definiamo $u(t) := f(t)/A$ e $v(t) := g(t)/B$, così che

$$\int_a^b \mathrm{d}t \, |u(t)|^p = \int_a^b \mathrm{d}t \, |v(t)|^q = 1.$$

In virtù della diseguaglianza di Young (cfr. l'esercizio 1.9) si ha

$$|u(t)\, v(t)| \leq \frac{1}{p}|u(t)|^p + \frac{1}{q}|v(t)|^q,$$

che, integrata sull'intervallo $[a, b]$, dà

$$\int_a^b \mathrm{d}t |u(t)\, v(t)| \leq 1 \quad \Longrightarrow \quad \int_a^b \mathrm{d}t |f(t)\, g(t)| \leq A\, B,$$

che implica l'asserto.]

Esercizio 1.11 Una funzione $f\colon \mathbb{R} \to \mathbb{R}$ si dice *convessa* se

$$f((1-t)x_1 + tx_2) \leq (1-t)f(x_1) + tf(x_2)$$

per ogni $x_1, x_2 \in \mathbb{R}$ e ogni $t \in [0, 1]$. Si dimostri che la funzione $f(x) = |x|^p$ è convessa per $p \geq 1$ e si usi il risultato per dimostrare che, se $p \geq 1$, per ogni $a, b \in \mathbb{R}$ si ha $|a + b|^p \leq 2^{p-1}(|a|^p + |b|^p)$. [*Suggerimento.* La diseguaglianza

$$|(1-t)x_1 + tx_2|^p \leq (1-t)|x_1|^p + t|x_2|^p$$

è banalmente soddisfatta se $x_1 = 0$; se invece $x_1 \neq 0$, dividendo per x_1^p e definendo $x_0 := x_2/x_1$, essa si riduce a

$$|(1-t) + tx_0|^p \leq (1-t) + t|x_0|^p,$$

che segue se si dimostra che $F(x_0, t) \leq 0$, dove

$$F_0(x_0, t) := (1 - t + t|x_0|)^p - (1-t) - t|x_0|^p.$$

Poniamo $x := |x_0|$ e consideriamo, per $t \in [0, 1]$ fissato, la funzione

$$f_t(x) := ((1-t) + tx)^p - (1-t) - tx^p$$

in $\mathbb{R}_+$. Si verifica facilmente che $f_t(x)$ ha un massimo in $x = 1$, indipendentemente da t (purché si abbia $0 \le t \le 1$), così che si trova $f_t(x) \le f_t(1) = 0$, ovvero $F(x_0, t) \le 0$ $\forall t \in [0, 1]$. Infine, usando la convessità della funzione $|x|^p$ appena dimostrata, si ottiene

$$|a+b|^p = \left|\frac{1}{2}(2a+2b)\right|^p \le \frac{1}{2}|2a|^p + \frac{1}{2}|2b|^p,$$

così che $|a+b|^p \le 2^{p-1}(|a| + |b|)$.]

Esercizio 1.12 Sia $p \ge 1$ un numero reale e siano f e g due funzioni integrabili nell'intervallo $[a, b]$. Si dimostri la *diseguaglianza di Minkowski*:

$$\left(\int_a^b \mathrm{d}t |f(t) + g(t)|^p\right)^{1/p} \le \left(\int_a^b \mathrm{d}t\, |f(t)|^p\right)^{1/p} + \left(\int_a^b \mathrm{d}t\, |g(t)|^p\right)^{1/p}.$$

[*Soluzione.* Se l'integrale di almeno una delle funzioni $|f|^p$ e $|g|^p$ è infinito la diseguaglianza è ovvia. Se entrambi gli integrali sono finiti, anche l'integrale di $|f+g|^p$ è finito (cfr. l'esercizio 1.11). Si ha inoltre

$$\begin{aligned} |f(t) + g(t)|^p &\le |f(t) + g(t)|^{p-1}|f(t) + g(t)| \\ &\le |f(t) + g(t)|^{p-1}(|f(t)| + |g(t)|) \\ &\le |f(t)||f(t) + g(t)|^{p-1} + |g(t)||f(t) + g(t)|^{p-1}, \end{aligned}$$

così che

$$\int_a^b \mathrm{d}t |f(t) + g(t)|^p \le \int_a^b \mathrm{d}t\, |f(t)||f(t) + g(t)|^{p-1} + \int_a^b \mathrm{d}t\, |g(t)||f(t) + g(t)|^{p-1}$$

$$\le \left(\left(\int_a^b \mathrm{d}t\, |f(t)|^p\right)^{1/p} + \left(\int_a^b \mathrm{d}t\, |g(t)|^p\right)^{1/p}\right)\left(\int_a^b \mathrm{d}t\, |f(t) + g(t)|^p\right)^{(p-1)/p},$$

dove si è usata la diseguaglianza di Hölder (cfr. l'esercizio 1.10) con $q = p/(p-1)$. Moltiplicando a destra e a sinistra per

$$\left(\int_a^b \mathrm{d}t\, |f(t) + g(t)|^p\right)^{-(p-1)/p}$$

e usando il fatto che $1 - ((p-1)/p) = 1/p$, si ottiene l'asserto.]

Esercizio 1.13 Siano p, q due numeri e f, g due funzioni come nell'esercizio 1.10. Si dimostri la *diseguaglianza di Cauchy-Schwarz*:

$$\int_a^b \mathrm{d}t |f(t)\, g(t)| \leq \left(\int_a^b \mathrm{d}t\ |f(t)|^2 \right)^{1/2} \left(\int_a^b \mathrm{d}t\ |g(t)|^2 \right)^{1/2} .$$

[*Soluzione.* Si applichi la diseguaglianza di Hölder (cfr. l'esercizio 1.10) con $p = q = 2$.]

Esercizio 1.14 Sia X un insieme non vuoto. Un'applicazione $d: X \times X \to \mathbb{R}$ si dice *distanza* (o *metrica*) in X se gode delle seguenti proprietà:

1. $\forall x, y \in X$ si ha $d(x, y) \geq 0$, e vale il segno uguale se e solo se $x = y$;
2. $\forall x, y \in X$ si ha $d(x, y) = d(y, x)$;
3. $\forall x, y, z \in X$ si ha $d(x, y) \leq d(y, z) + d(z, y)$.

Si chiama *spazio metrico* la coppia (X, d). Dati $x, y \in \mathbb{R}^n$, se $|\cdot|$ denota la norma euclidea in $\mathbb{R}^n$, l'applicazione $d(x, y) := |x - y|$ prende il nome di *distanza euclidea* (cfr. il §1.1.1 del volume 1). Si dimostri che $\mathbb{R}^n$ munito della della distanza euclidea è uno spazio metrico. [*Suggerimento.* Si verifica che $d(x, y) = |x - y|$ soddisfa le proprietà 1÷3.]

Esercizio 1.15 Un insieme X si chiama *spazio topologico* se esiste una collezione di sottoinsiemi di X, detti *insieme aperti*, tali che valgano le seguenti proprietà:

1. l'insieme vuoto $\emptyset$ e X sono insiemi aperti;
2. l'unione di una qualsiasi famiglia di insieme aperti è un insieme aperto;
3. l'intersezione di una qualsiasi famiglia finita di insieme aperti è un insieme aperto.

Gli elementi di X si chiamano *punti*, mentre la collezione degli insiemi aperti di X prende il nome di *topologia*. Si definisce *base* di X una famiglia $\mathcal{B}$ di sottoinsiemi di X tale che ogni insieme aperto di X sia unione di elementi di $\mathcal{B}$. Si dice che X soddisfa il *secondo assioma di numerabilità* se possiede una base numerabile. Uno *spazio di Hausdorff* è uno spazio topologico che soddisfa l'*assioma di separazione di Hausdorff*: comunque siano dati due punti distinti $x, y \in X$ esistono due insiemi aperti U e V tali che $x \in U$, $v \in V$ e $U \cap V = \emptyset$. Se (X, d) è uno spazio metrico (cfr. l'esercizio 1.14), l'insieme $B_r(x) = \{y \in X : d(x, y) < r\}$ si chiama *intorno* di centro x e raggio r. Si possono introdurre le nozioni di insieme aperto, insieme chiuso e punto di accumulazione come fatto nel caso di uno spazio normato (cfr. l'esercizio 1.11 del volume 1), che corrisponde al caso speciale in cui lo spazio topologico X è uno spazio vettoriale munito di norma: un sottoinsieme $A \subset X$ è un *insieme aperto* se per ogni $x \in A$ esiste un intorno di x contenuto in A; un sottoinsieme $C \subset X$ è un *insieme chiuso* se il suo complementare $C^c := X \setminus C$ è aperto; un punto $x \in X$ si dice *punto d'accumulazione* se ogni intorno di x contiene almeno un punto di X diverso da x. L'insieme degli aperti di X costituisce la *topologia indotta*

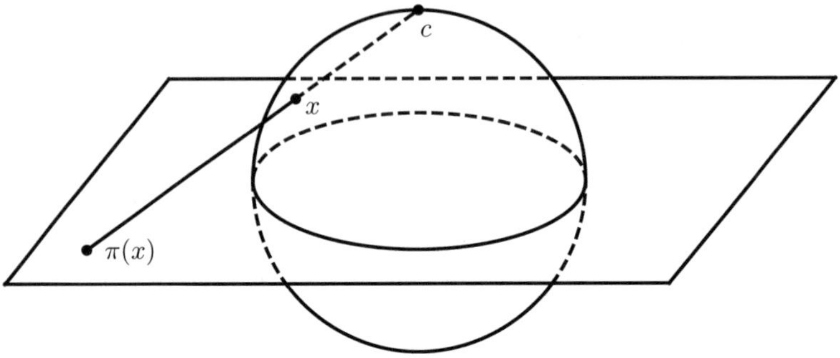

Figura 1.4 Proiezione stereografia del punto x di S_2 su H_2 di centro $c = (0, 0, 1)$

da d. Se $X = \mathbb{R}^n$ e la distanza d è quella euclidea, la topologia indotta si chiama *topologia euclidea*. Si dimostri che $\mathbb{R}^n$ munito della topologia euclidea è uno spazio di Hausdorff che soddisfa il secondo assioma di numerabilità. [*Suggerimento.* Si può prendere come base numerabile $\mathcal{B}$ la famiglia $\{B_{1/p}(x) : p \in \mathbb{N}, x \in \mathbb{Q}\}$.]

Esercizio 1.16 Sia $S_n = \{(x_1, \ldots, x_n, x_{n+1}) \in \mathbb{R}^{n+1} : x_1^2 + \ldots + x_n^2 + x_{n+1}^2 = 1\}$ la *sfera n-dimensionale* (talvolta chiamata anche *ipersfera* o *sfera unitaria* di dimensione n). Si dimostri che S_n, con la topologia indotta da $\mathbb{R}^{n+1}$ munito della distanza euclidea, è uno spazio di Hausdorff.

Esercizio 1.17 Sia S_n la sfera n-dimensionale (cfr. l'esercizio 1.16); si considerino il punto $c = (0, \ldots, 0, 1)$ e l'iperpiano $H_n = \{(x_1, \ldots, x_n, x_{n+1}) \in \mathbb{R}^{n+1} : x_{n+1} = 0\}$. L'applicazione $\pi : S_n \setminus \{c\} \to H_n$ data da

$$\pi(x_1, \ldots, x_n, x_{n+1}) = \left(\frac{x_1}{1 - x_{n+1}}, \ldots, \frac{x_n}{1 - x_{n+1}} \right)$$

prende il nome di *proiezione stereografica* di S_n su H_n di centro c, e c prende il nome di *centro di proiezione* (cfr. la figura 1.4 per $n = 2$). Si discuta come definire la proiezione stereografia di S_n qualora si prenda al posto di c un altro punto di S_n e al posto di H_n un qualsiasi iperpiano non passante per c.

Esercizio 1.18 Si dimostri che la sfera n-dimensionale S_n è una varietà. [*Suggerimento.* Si può costruire un atlante costituito da due sole carte prendendo due proiezioni stereografiche che abbiano il centro in due punti distinti, per esempio (ma non necessariamente) due punti antipodali.]

Esercizio 1.19 Si dimostri che una superficie regolare in $\mathbb{R}^n$ di dimensione m è una varietà differenziabile di dimensione m.

Esercizio 1.20 Si dimostri che il funzionale d'azione (1.22) non dipende dal sistema di coordinate e dalla particolare scomposizione scelta per l'intervallo $[t_1, t_2]$.

Esercizio 1.21 Sia Σ una superficie determinata dalle condizioni $x = x(q)$, con $q \in \mathbb{R}^m$ e $x \in \mathbb{R}^n$, dove $m < n$. Si dimostri che i vettori $\partial x/\partial q_1, \ldots, \partial x/\partial q_m$ formano una base per $T_{x(q)}\Sigma$, lo spazio tangente a Σ nel punto $x(q)$. [*Suggerimento.* Siano $G_1(x) = \ldots = G_M(x) = 0$ le equazioni che individuano la superficie Σ, con $M = n - m$. Si ha

$$0 = \frac{\partial G_k}{\partial q_i}(x(q)) = \left\langle \frac{\partial G_k}{\partial x}(x(q)), \frac{\partial x}{\partial q_i}(q) \right\rangle, \qquad k = 1, \ldots, M, \quad i = 1, \ldots, m,$$

quindi i vettori $[\partial x/\partial q_i](q), i = 1, \ldots, m$, sono ortogonali ai vettori $[\partial G_k/\partial x](x(q))$, $k = 1, \ldots, M$, che a loro volta sono ortogonali alla superficie di vincolo. Di conseguenza i vettori $[\partial x/\partial q_1](q), \ldots, [\partial x/\partial q_m](q)$ sono contenuti in $T_{x(q)}\Sigma$. Inoltre essi sono linearmente indipendenti perché altrimenti Σ non potrebbe essere descritta in termini delle coordinate q.]

Esercizio 1.22 Si dimostri la (1.29). [*Suggerimento.* Possiamo scrivere

$$x(q + h) = x(q) + \left\langle \frac{\partial x}{\partial q}(q), h \right\rangle + o(\|h\|),$$

dove $\partial x/\partial q_1(q), \ldots, \partial x/\partial q_{3N-M}(q)$ formano una base dello spazio tangente $T_{x(q)}\Sigma$ (cfr. l'esercizio 1.21). Se poniamo $\alpha := h/\|h\|$, così che $\|\alpha\| = 1$, possiamo scrivere

$$\delta = x(q + h) - x(q) = \zeta\|h\| + o(\|h\|), \qquad \zeta := \sum_{i=1}^{3N-M} \alpha_i \frac{\partial x}{\partial q_i}(q),$$

dove ζ è un vettore tangente a M in $x(q)$ in quanto combinazione lineare dei vettori di una base dello spazio tangente con coefficienti $\alpha_1, \ldots, \alpha_{3N-M}$. Per costruzione la norma di ζ è di ordine 1 in h.]

Esercizio 1.23 Si dimostri che ogni sottomatrice principale di una matrice definita positiva è anch'essa definita positiva. [*Suggerimento.* Sia M una matrice $n \times n$ definita positiva e sia μ una sua sottomatrice principale $q \times q$. Siano $i_1, \ldots, i_q$ tali che $\mu_{kk'} = M_{i_k i_{k'}}$ per $k, k' = 1, \ldots, q$. Se $\sigma \in \mathbb{R}^n$ è tale che $\sigma_i = 0$ per $i \notin \{i_1, \ldots, i_q\}$, si definisca $\bar{\sigma} = (\sigma_{i_1}, \ldots, \sigma_{i_q})$. Si ha allora $\langle \sigma, M\sigma \rangle = \langle \bar{\sigma}, \mu\bar{\sigma} \rangle$. Poiché M è definita positiva si ha $\langle \sigma, M\sigma \rangle > 0$ $\forall \sigma \neq 0$ e quindi, per l'arbrarietà di $\bar{\sigma}$, anche μ è definita positiva.]

Esercizio 1.24 Siano z, w due numeri complessi. Si dimostri che, per $n \geq 2$, si ha

$$z^n - w^n - nw^{n-1}(z - w) = \sum_{k=1}^{n-1} k\, w^{k-1} z^{n-k-1} (z - w)^2.$$

[*Soluzione.* La dimostrazione è per induzione. Per $n = 2$ è una verifica esplicita. Assumendo la formula valida per $n - 1$ si ottiene

$$\begin{aligned}
&z^n - w^n - nw^{n-1}(z-w)\\
&= z^{n-1}(z-w) + w\big(z^{n-1} - w^{n-1}\big) - (n-1)w^{n-1}(z-w) - w^{n-1}(z-w)\\
&= \big(z^{n-1} - w^{n-1}\big)(z - w + w) - (n-1)w^{n-2}(z-w)w\\
&= \sum_{k=1}^{n-2} k\, w^{k-1} z^{n-k-2}(z-w)^2 z + (n-1)\, w^{n-2}(z-w)z - (n-1)\, w^{n-2}(z-w)w\\
&= \sum_{k=1}^{n-2} k\, w^{k-1} z^{n-k-1}(z-w)^2 + (n-1)w^{n-2}(z-w)^2\\
&= \sum_{k=1}^{n-1} k\, w^{k-1} z^{n-k-1}(z-w)^2,
\end{aligned}$$

da cui segue l'asserto.]

Esercizio 1.25 Sia f una funzione complessa definita in un insieme aperto $\Omega \subset \mathbb{C}$. Ricordiamo che la funzione f si dice *derivabile* (o *differenziabile*) in $z_0 \in \Omega$ se esiste

$$f'(z_0) := \lim_{z \to z_0} \frac{f(z) - f(z_0)}{z - z_0},$$

e il limite prende il nome di *derivata* di f in z_0 (cfr. l'esercizio 1.27 del volume 1). Una funzione $f : \Omega \to \mathbb{C}$ si dice *olomorfa* in Ω se è derivabile in ogni $z_0 \in \Omega$, mentre si dice *analitica* in Ω se per ogni $z_0 \in \Omega$ esiste un intorno di z_0 tale che f è rappresentabile come una serie di potenze assolutamente convergente per ogni z nell'intorno. L'insieme delle funzioni olomorfe in Ω è indicato con $H(\Omega)$, mentre l'insieme delle funzioni analitiche in Ω è indicato con $C^\omega(\Omega)$. Si dimostri che se $f \in C^\omega(\Omega)$ allora $f \in H(\Omega)$. [*Soluzione.* Consideriamo le due serie

$$f(z) = \sum_{n=0}^{\infty} a_n (z - z_0)^n, \qquad g(z) = \sum_{n=1}^{\infty} n\, a_n (z - z_0)^{n-1},$$

di cui la prima rappresenta la funzione f. Per ipotesi esiste $\rho > 0$ tale che la prima serie converge assolutamente per $|z - z_0| < \rho$. Per tali z converge anche la seconda serie, come si verifica immediatamente tramite il criterio della radice (cfr. la nota bibliografica). Possiamo assumere $z_0 = 0$ (altrimenti operiamo il cambiamento di coordinate $z \mapsto z - z_0$). Siano z, w tali che $|z|, |w| \le r < \rho$ e $z \ne w$. Si ha allora, per l'esercizio 1.24,

$$\begin{aligned}\left|\frac{f(z)-f(w)}{z-w}-g(w)\right| &= \left|\sum_{n=1}^{\infty} a_n\left(\frac{z^n-w^n}{z-w}-nw^{n-1}\right)\right| \\ &= \left|\sum_{n=2}^{\infty} a_n(z-w)\sum_{k=1}^{n-1} kw^{k-1}z^{n-k-1}\right| \\ &\le \sum_{n=2}^{\infty}|a_n||z-w|\frac{n(n-1)}{2}r^{n-2} \\ &\le |z-w|\sum_{n=2}^{\infty} n^2|a_n|r^{n-2},\end{aligned}$$

dove l'ultima serie converge (di nuovo per il criterio della radice). Ne segue che la funzione f è derivabile in w e la sua derivata è $f'(w) = g(w)$. Data l'arbitrarietà di w in Ω, la funzione è derivabile in ogni $w \in \Omega$ e quindi è olomorfa.]

Esercizio 1.26 Sia f una funzione complessa continua in un insieme aperto $\Omega \subset \mathbb{C}$. Chiamiamo *contorno* in Ω una curva in Ω che sia *differenziabile a tratti* (i.e. una curva continua in Ω che sia differenziabile ovunque tranne che in un numero finito di punti). Un contorno $\gamma\colon [\alpha, \beta] \to \Omega$ si dice chiuso se $\gamma(\alpha) = \gamma(\beta)$. Si definisce *integrale di f lungo il contorno γ* il numero complesso

$$\int_\gamma f(z)\,\mathrm{d}z := \int_\alpha^\beta f(\gamma(t))\,\gamma'(t)\,\mathrm{d}t,$$

dove $\gamma'(t)$ è la derivata di $\gamma(t)$ (cfr. l'esercizio 1.25). Si dimostrino le seguenti proprietà:

1. $$\int_{-\gamma} f(z)\,\mathrm{d}z = -\int_\gamma f(z)\,\mathrm{d}z,$$

2. $$\left|\int_\gamma f(z)\,\mathrm{d}z\right| \le M\,\ell,$$

dove $-\gamma : [\alpha, \beta] \to \Omega$ denota il contorno con lo stesso supporto di γ ma descritto nel verso opposto, M è il massimo di f lungo la curva γ ed ℓ è la lunghezza della curva γ quando si identifichi il piano complesso con $\mathbb{R}^2$ (i.e. quando si descriva la curva come $t \mapsto (x(t), y(t))$, se $\gamma(t) = x(t) + iy(t)$). [*Soluzione.* La proprietà 1 si verifica direttamente a partire dalla definizione parametrizzando il contorno $-\gamma$ come $t \mapsto \gamma(\beta - t + \alpha)$. Per ottenere la proprietà 2, basta notare che

$$\left|\int_\gamma f(z)\,\mathrm{d}z\right| \le \int_\alpha^\beta |f(\gamma(t))||\gamma'(t)|\mathrm{d}t \le M\int_\alpha^\beta |\gamma'(t)|\mathrm{d}t \le M\,\ell,$$

per definizione di lunghezza di una curva (cfr. l'esercizio 3.36 del volume 1).]

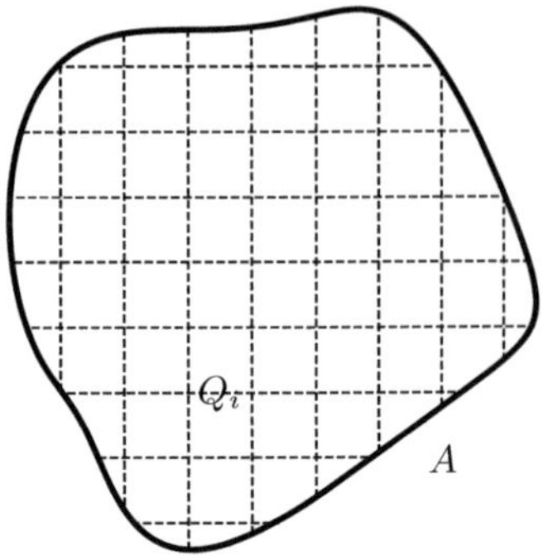

Figura 1.5 Divisione dell'insieme A tramite una rete di rette parallele agli assi

Esercizio 1.27 Si dimostri il *teorema di Cauchy* (noto anche come *teorema integrale di Cauchy*): se $f:\Omega \to \mathbb{C}$ è olomorfa in un insieme convesso $\Omega \subset \mathbb{C}$ e γ è un contorno chiuso in Ω, allora si ha

$$\int_\gamma f(z)\,\mathrm{d}z = 0.$$

[*Suggerimento.* Sia $A \subset \mathbb{C}$ l'insieme limitato che ha γ come frontiera (cfr. il teorema della curva di Jordan citato nell'osservazione 5.4 del volume 1). Si ha $A \subset \Omega$, poiché Ω è convesso (cfr. l'esercizio 3.5 del volume 1). Si divide A tramite una serie di rette equispaziate parallele all'asse reale e all'asse immaginario in N piccoli insiemi Q_i. Tali insiemi sono dei quadrati, tranne che in corrispondenza della frontiera di A, dove parte delle frontiere degli insiemi Q_i sono parte della frontiera γ di A (cfr. la figura 1.5). Si ha

$$I := \int_\gamma f(z)\,\mathrm{d}z = \sum_{i=1}^{N} \int_{\partial Q_i} f(z)\,\mathrm{d}z,$$

dove ∂Q_i è la frontiera di Q_i e ogni contorno ∂Q_i è percorso in senso antiorario; infatti i contributi dei tratti di frontiera in comune a due insiemi si cancellano e rimane solo il contributo dei tratti di frontiera appartenenti a γ. Poiché f è olomorfa, fissato $\varepsilon > 0$ esiste $\delta > 0$ tale che per ogni $z_0 \in A$ si ha

$$\left| \frac{f(z) - f(z_0)}{z - z_0} - f'(z_0) \right| < \varepsilon,$$

purché si abbia $|z - z_0| < \delta$. Scegliendo gli insiemi Q_i sufficientemente piccoli si ha $|z - z_0| < \delta$ se z e z_0 appartengono allo stesso Q_i. In principio δ dipende non solo da ε ma anche da z_0; tuttavia si può fissare la suddivisione tramite la rete di rette parallele in modo che in ogni Q_i esiste z_0 tale che

$$f(z) = f(z_0) + f'(z_0)\,(z - z_0) + \Phi(z; z_0), \qquad |\Phi(z; z_0)| < \varepsilon |z - z_0|$$

per ogni z nello stesso Q_i. Infatti, fissata una prima suddivisione, se la diseguaglianza non vale in alcuni degli insiemi Q_i, questi possono essere ulteriormente suddivisi e così via, finché alla fine la diseguaglianza deve necessariamente valere in ognuno degli insiemi che si ottengono; se così non fosse, per qualche $z_0 \in A$ e per ogni $\delta > 0$ si avrebbe $|(f(z) - f(z_0))/(z - z_0) - f'(z_0)| > \varepsilon$, per $|z - z_0| < \delta$, e quindi la funzione f non sarebbe differenziabile in z_0. Ora, per ogni contorno γ che unisca due punti a e b, si ha, per calcolo diretto (cfr. la definizione di integrale lungo un contorno nell'esercizio 1.26),

$$\int_\gamma \mathrm{d}z = \int_\alpha^\beta \gamma'(t)\,\mathrm{d}t = \gamma(\beta) - \gamma(\alpha) = b - a,$$

$$\int_\gamma z\,\mathrm{d}z = \int_\alpha^\beta \gamma(t)\,\gamma'(t)\,\mathrm{d}t = \frac{\gamma^2(\beta)}{2} - \frac{\gamma^2(\alpha)}{2} = \frac{b^2 - a^2}{2}.$$

In particolare, i due integrali sono nulli se il contorno γ è chiuso (poiché $a = b$ in tal caso). Se L indica il lato dei quadrati (con $L < \delta$), per ogni insieme Q_i che sia un quadrato si ha

$$\left|\int_{\partial Q_i} f(z)\,\mathrm{d}z\right| = \left|f(z_0)\int_{\partial Q_i} \mathrm{d}z + f'(z_0)\int_{\partial Q_i} (z - z_0)\,\mathrm{d}z + \int_{\partial Q_i} \Phi(z; z_0)\,\mathrm{d}z\right| \le K\varepsilon L^2,$$

per un'opportuna costante K indipendente da Q_i; infatti i primi due integrali sono nulli, mentre l'ultimo si stima usando l'esercizio 1.26 e il fatto che $|\Phi(z; z_0)| \le \varepsilon\sqrt{2}L$ e la lunghezza della frontiera di Q_i è $4L$. Se invece Q_i è un insieme che tocca la frontiera di A, la lunghezza di ∂Q_i si stima con $4L + s_i$, dove s_i è la lunghezza della parte di ∂Q_i che appartiene a γ, così che, ragionando analogamente, si ottiene

$$\left|\int_{\partial Q_i} f(z)\,\mathrm{d}z\right| \le K\varepsilon\big(L^2 + Ls_i\big).$$

In conclusione, ponendo $s_i = 0$ se Q_i è un quadrato che non tocca γ,

$$\left|\int_\gamma f(z)\,\mathrm{d}z\right| \le K\varepsilon\left(NL^2 + L\sum_{i=1}^N s_i\right) = K\varepsilon\big(NL^2 + L\ell\big),$$

dove ℓ è la lunghezza del contorno γ. Ma NL^2 è l'area di un insieme che include A e la cui frontiera dista da A meno di δ, quindi NL^2 è limitato. Poiché ε può essere arbitrariamente piccolo, ne segue che l'integrale I deve essere nullo.]

Figura 1.6 Contorno γ_1 costituito dalle curve γ, C' γ_2 e $-\gamma_2$

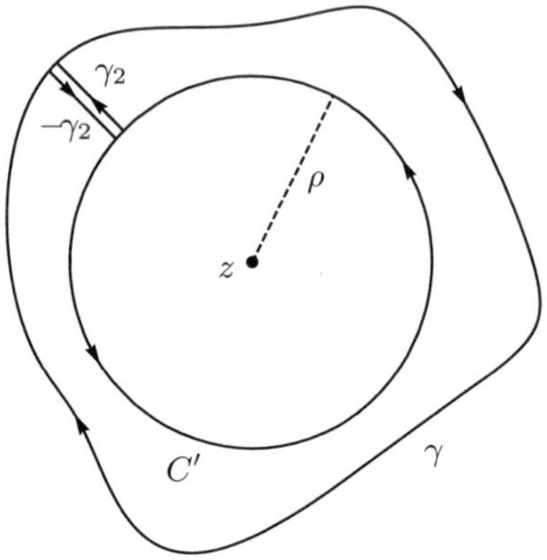

Esercizio 1.28 Sia f una funzione olomorfa in un insieme aperto $\Omega \subset \mathbb{C}$. Sia A un insieme aperto convesso di Ω e sia γ la frontiera di A. Si dimostri che se z è un punto di A, si ha

$$f(z) = \frac{1}{2\pi i} \int_{\gamma} \frac{f(w)}{w - z} \, \mathrm{d}w,$$

che è nota come *formula integrale di Cauchy*. [*Soluzione.* Sia C il contorno costituito dalla circonferenza di centro z e raggio ρ, con ρ tale che $B_\rho(z) \subset A$, percorsa nello stesso verso di γ. Si consideri il contorno chiuso γ_1 costituito da γ, dal contorno C' che differisce da C per il verso di percorrenza e dalla curva γ_2 che unisce i due contorni, percorsa una volta in un verso e una volta nel verso opposto, nel qual caso è indicata con $-\gamma_2$ (cfr. la figura 1.6). La funzione $f(w)/(w - z)$ è analitica in un insieme aperto che contiene l'insieme limitato racchiuso da γ_1. Per il teorema di Cauchy (cfr. l'esercizio 1.27) si ha

$$0 = \int_{\gamma_1} \frac{f(w)}{w - z} \, \mathrm{d}w = \int_{\gamma} \frac{f(w)}{w - z} \, \mathrm{d}w + \int_{\gamma_2} \frac{f(w)}{w - z} \, \mathrm{d}w - \int_{\gamma_2} \frac{f(w)}{w - z} \, \mathrm{d}w - \int_{C} \frac{f(w)}{w - z} \, \mathrm{d}w,$$

dove si è tenuto conto della proprietà 1 dell'esercizio 1.26 per scrivere i contributi corrispondenti alla curve $-\gamma_2$ (che quindi si cancella con quello di γ_2) e il contributo della curva C'. Si ha quindi

$$I := \int_{\gamma} \frac{f(w)}{w - z} \, \mathrm{d}w = \int_{C} \frac{f(w)}{w - z} \, \mathrm{d}w = f(z) \int_{C} \frac{\mathrm{d}w}{w - z} + \int_{C} \frac{f(w) - f(z)}{w - z} \, \mathrm{d}w,$$

dove

$$\int_{C} \frac{\mathrm{d}w}{w - z} = \int_{0}^{2\pi} \frac{i\rho e^{i\theta}}{\rho e^{i\theta}} \mathrm{d}\theta = 2\pi i,$$

mentre, nell'ultimo integrale, scegliendo ρ sufficientemente piccolo, possiamo stimare $|f(w) - f(z)| < \varepsilon$, così da ottenere

$$\left| \int_C \frac{f(w) - f(z)}{w - z} \, dw \right| \le \frac{\varepsilon}{\rho} 2\pi\rho = 2\pi\varepsilon.$$

Per l'arbitrarietà di ε l'integrale I deve essere quindi uguale a $2\pi i f(z)$.]

Esercizio 1.29 Sia f un funzione olomorfa in un insieme convesso $\Omega \subset \mathbb{C}$. Si dimostri che f è differenziabile infinite volte e che per ogni $z \in \Omega$ la derivata n-esima di f è

$$f^{(n)}(z) = \frac{n!}{2\pi i} \int_\gamma \frac{f(w)}{(w - z)^{n+1}} \, dw,$$

dove γ è un contorno in Ω che costituisce la frontiera di un insieme convesso contenente z al suo interno. Questo in particolare mostra che la derivata di una funzione olomorfa è olomorfa. [*Suggerimento.* Sia h tale che $z + h$ sia interno al contorno γ. Si ha allora (per l'esercizio 1.28)

$$f(z) = \frac{1}{2\pi i} \int_\gamma \frac{f(w)}{w - z} \, dw, \qquad f(z + h) = \frac{1}{2\pi i} \int_\gamma \frac{f(w)}{w - z - h} \, dw,$$

e quindi

$$\frac{f(z + h) - f(z)}{h} = \frac{1}{2\pi i} \int_\gamma \frac{f(w)}{(w - z)(w - z - h)} \, dw.$$

Ora, risulta

$$\left| \int_\gamma \frac{f(w)}{(w - z)(w - z - h)} \, dw - \int_\gamma \frac{f(w)}{(w - z)^2} \, dw \right|$$
$$\le \left| h \int_\gamma \frac{f(w)}{(w - z)^2 (w - z - h)} \, dw \right| \le \frac{hML}{\delta^2(\delta - |h|)},$$

dove δ è la distanza di z da γ e M è il massimo della funzione f su γ. Si trova quindi

$$f'(z) = \lim_{h \to 0} \frac{f(z + h) - f(z)}{h} = \frac{1}{2\pi i} \int_\gamma \frac{f(w)}{(w - z)^2} \, dw,$$

che dimostra la formula per $n = 1$. La formula per $n > 1$ si dimostra per induzione.]

Esercizio 1.30 Si dimostri il *teorema di Morera*: se la funzione complessa f è continua in un insieme $\Omega \subset \mathbb{C}$ e si ha

$$\int_\gamma f(z)\,\mathrm{d}z = 0$$

per ogni contorno chiuso il cui interno sia un insieme convesso, allora la funzione f è olomorfa. [*Soluzione.* La funzione

$$F(z) := \int_{z_0}^{z} f(w)\,\mathrm{d}w$$

non dipende dal particolare contorno che unisce i due punti z_0 e z. Infatti se γ_1 e γ_2 sono due tali contorni e γ è il contorno chiuso costituito da γ_1 e dal contorno che differisce da γ_2 per il verso di percorrenza, si ha, per ipotesi,

$$0 = \int_\gamma f(z)\,\mathrm{d}z = \int_{\gamma_1} f(z)\,\mathrm{d}z - \int_{\gamma_2} f(z)\,\mathrm{d}z \quad \Longrightarrow \quad \int_{\gamma_1} f(z)\,\mathrm{d}z = \int_{\gamma_2} f(z)\,\mathrm{d}z.$$

Si ha

$$\frac{F(z+h) - F(z)}{h} - f(z) = \frac{1}{h} \int_z^{z+h} (f(w) - f(z))\mathrm{d}w,$$

che tende a 0 per $h \to 0$, poiché f è continua. Quindi F è olomorfa. Ma f è la derivata di F, quindi è anch'essa olomorfa (per l'esercizio 1.29).]

Esercizio 1.31 Sia f una funzione complessa definita in un insieme aperto $\Omega \subset \mathbb{C}$. Si dimostri che se $f \in H(\Omega)$ allora $f \in C^\omega(\Omega)$ e per ogni $z_0 \in \Omega$ la funzione f è rappresentabile dalla sua serie di Taylor

$$f(z) = \sum_{n=0}^{\infty} \frac{1}{n!} f^{(n)}(z_0)\,(z - z_0)^n,$$

se $|z - z_0| < \delta$, dove δ è la distanza di z dalla frontiera di Ω (*teorema di Cauchy-Taylor*). Questo in particolare, insieme al risultato dell'esercizio 1.25, mostra che una funzione è olomorfa se e solo se è analitica. [*Soluzione.* Se $|z - z_0| < \rho < \delta$, si ha, per l'esercizio 1.28,

$$f(z) = \frac{1}{2\pi i} \int_C \frac{f(w)}{w - z}\,\mathrm{d}w,$$

dove C è la circonferenza di centro z_0 e raggio ρ. Possiamo scrivere

$$\frac{1}{w-z} = \frac{1}{w-z_0}\frac{1}{1-\dfrac{z-z_0}{w-z_0}} = \sum_{n=0}^{\infty}\frac{(z-z_0)^n}{(w-z_0)^{n+1}},$$

dove la serie converge uniformemente in $z \in \gamma$ (poiché $|w-z_0| = \rho > |z-z_0|$). Si ha quindi

$$f(z) = \sum_{n=0}^{\infty}\frac{1}{2\pi i}\int_C \frac{f(w)}{(w-z_0)^{n+1}}\,\mathrm{d}w\,(z-z_0)^n = \sum_{n=0}^{\infty}\frac{1}{n!}f^{(n)}(z_0)(z-z_0)^n,$$

dove l'ultima eguaglianza segue dall'esercizio 1.29.]

Esercizio 1.32 Sia $z_0 \in \mathbb{C}$ e siano $R, R' \in \mathbb{R}$ tali che $0 < R' < R$. Se f è una funzione olomorfa in Ω, dove $\Omega = \{z \in \mathbb{C} : R' < |z-z_0| < R\}$ è l'anello di centro z_0, di raggio interno R' e di raggio esterno R, allora f è rappresentabile come *serie di Laurent*

$$f(z) = \sum_{n=-\infty}^{\infty} a_n(z-z_0)^n, \qquad a_n := \frac{1}{2\pi i}\int_\gamma \frac{f(w)}{(w-z)^{n+1}}\,\mathrm{d}w,$$

dove γ è un contorno in Ω che racchiude un insieme convesso di $\mathbb{C}$ contenente z_0 al suo interno. Se il numero di termini negativi della serie è finito, i.e. se esiste $m > 0$ tale che

$$f(z) = \sum_{n=-m}^{\infty} a_n(z-z_0)^n,$$

si dice che la funzione f ha in z_0 un *polo* di ordine m. Se invece il numero di termini negativi è infinito si dice che f ha in z_0 una *singolarità essenziale*. [*Soluzione.* Fissato $z \in \Omega$, sia ε minore della distanza di z dalla frontiera di Ω. Sia γ il contorno costituito dalla circonferenza C di centro z_0 e raggio $R-\varepsilon$, percorsa in senso antiorario, dalla circonferenza C' di centro z_0 e raggio $R'+\varepsilon$, percorsa in senso orario, e da un segmento che unisca i due cerchi, percorso ora in un verso ora nel verso opposto. Per la formula integrale di Cauchy (cfr. l'esercizio 1.28) si ha

$$f(z) = \frac{1}{2\pi i}\int_\gamma \frac{f(w)}{w-z}\,\mathrm{d}w = \frac{1}{2\pi i}\int_C \frac{f(w)}{w-z}\,\mathrm{d}w - \frac{1}{2\pi i}\int_{C'} \frac{f(w)}{w-z}\,\mathrm{d}w,$$

dove il primo integrale si riscrive

$$\frac{1}{2\pi i}\int_C \frac{f(w)}{w-z}\,\mathrm{d}w = \sum_{n=0}^{\infty} a_n(z-z_0)^n, \qquad a_n = \frac{1}{2\pi i}\int_C \frac{f(w)}{(w-z)^{n+1}}\,\mathrm{d}w,$$

per gli esercizi 1.29 e 1.31, mentre, scrivendo nel secondo integrale

$$\frac{1}{z-w} = \frac{1}{z-z_0} \frac{1}{1-\dfrac{w-z_0}{z-z_0}} = \sum_{n=1}^{\infty} \frac{(w-z_0)^{n-1}}{(z-z_0)^n},$$

si trova

$$-\frac{1}{2\pi i} \int_{C'} \frac{f(w)}{w-z} \, \mathrm{d}w = \sum_{n=1}^{\infty} b_n (z-z_0)^{-n}, \qquad b_n := \frac{1}{2\pi i} \int_{C'} f(w)\,(w-z)^{n-1} \, \mathrm{d}w.$$

Notando che entrambi i contorni C e C' possono essere sostituiti da un contorno γ come descritto nell'enunciato dell'esercizio, l'asserto segue immediatamente.]

Esercizio 1.33 Se f è una funzione analitica in un insieme convesso Ω tranne che in un numero finito di punti $z_1, \ldots, z_p$, si ha

$$\int_C f(z)\,\mathrm{d}z = 2\pi i \sum_{k=1}^{p} \mathrm{Res}(f, z_k), \qquad \mathrm{Res}(f, z_k) := \frac{1}{2\pi i} \int_{\gamma_k} f(z)\,\mathrm{d}z,$$

dove $C = \partial\Omega$ e γ_k è la circonferenza di centro z_k e raggio ρ_k sufficientemente piccolo perché le circonferenze $\gamma_1, \ldots \gamma_p$ non si intersechino. Il numero $\mathrm{Res}(f, z_k)$ prende il nome di *residuo* di f nel punto z_k e il risultato è noto come *teorema dei residui*. Si dimostri il teorema. [*Soluzione.* Sia γ il contorno ottenuto unendo C (percorso in senso antiorario) con le circonferenze $\gamma_1, \ldots, \gamma_p$ (percorse in senso orario) tramite curve percorse ora in un senso, ora nell'altro (come illustrato nella figura 1.6), e sia A l'insieme racchiuso all'interno di γ. Poiché la funzione f è olomorfa in A, si ha

$$\int_C f(z)\,\mathrm{d}z = \sum_{k=1}^{p} \int_{\gamma_k} f(z)\,\mathrm{d}z = 2\pi i \sum_{k=1}^{p} \mathrm{Res}(f, z_k),$$

per il teorema di Cauchy (cfr. l'esercizio 1.27).]

Esercizio 1.34 Sia f una funzione analitica in un insieme convesso $U \subset \mathbb{C}$ e sia C un contorno chiuso in U tale che $f(z) \neq 0$ $\forall z \in C$. Indichiamo con $N(f, C)$ il numero di zeri di f nell'insieme aperto limitato racchiuso da C. Si dimostri che

$$N(f, C) = \frac{1}{2\pi i} \int_C \frac{f'(z)}{f(z)} \mathrm{d}z.$$

[*Soluzione.* Sia z_0 uno zero di $f(z)$ con molteplicità α; possiamo allora scrivere $f(z) = (z-z_0)^{\alpha} g(z)$, con $g(z_0) \neq 0$. Si ha $f'(z) = \alpha(z-z_0)^{\alpha-1} g(z) +$

$(z-z_0)^\alpha g'(z)$, da cui si ottiene

$$\frac{f'(z)}{f(z)} = \frac{\alpha}{(z-z_0)} + \frac{g'(z)}{g(z)},$$

dove $g'(z)/g(z)$ è analitica in un intorno di z_0. Ne segue che $f'(z)/f(z)$ ha un polo semplice di residuo α (cfr. gli esercizi 1.32 e 1.33). Data una curva chiusa C siano $z_1, \ldots, z_p$ gli zeri di $f(z)$ contenuti all'interno di C e siano $\alpha_1, \ldots, \alpha_k$ le rispettive molteplicità: tali punti sono poli semplici per $h(z) := f'(z)/f(z)$ e $\text{Res}(h, z_k) = \alpha_k$ per $k = 1, \ldots, p$, se $\text{Res}(h, z)$ è il residuo della funzione h nel punto z. Per il teorema dei residui (cfr. l'esercizio 1.33), si ha

$$N(f, C) = \sum_{k=1}^{p} \alpha_k = \sum_{k=1}^{p} \text{Res}(h, z_k) = \frac{1}{2\pi i} \int_C h(z)\, \mathrm{d}z,$$

da cui segue l'asserto.]

Esercizio 1.35 Siano f, g due funzioni analitiche in un insieme convesso $U \subset \mathbb{C}$ e sia C un contorno chiuso in U. Il *teorema di Rouché* afferma che se $|f(z)| > |g(z)|$ $\forall z \in C$ allora $N(f, C) = N(f+g, C)$, i.e. f e $f+g$ hanno lo stesso numero di zeri all'interno di C. Si dimostri il teorema. [*Soluzione.* Definiamo

$$\Psi(t) = \frac{1}{2\pi i} \int_C \frac{f'(z) + tg'(z)}{f(z) + tg(z)} \mathrm{d}z, \qquad t \in [0, 1],$$

così che, per l'esercizio 1.34, $\Psi(t) = N(f + tg, C)$ rappresenta il numero di zeri della funzione $f(z) + tg(z)$ all'interno di C e, in particolare, $\Psi(0) = N(f, C)$ e $\Psi(1) = N(f+g, C)$. Per ogni $z \in C$ si ha $|f(z) + tg(z)| \geq |f(z)| - t|g(z)| \geq |f(z)| - |g(z)| > 0$, quindi la funzione $\Psi(t)$ è continua in t. Inoltre essa può assumere solo valori interi, quindi deve essere costante. Segue che $\Psi(t) = \Psi(0)$ $\forall t \in [0, 1]$.]

Esercizio 1.36 Il *teorema fondamentale dell'algebra* (cfr. gli esercizi 1.33 e 1.34 del volume 1) implica che, dato un polinomio di grado n,

$$p(z) = z^n + \sum_{i=0}^{n-1} a_i z^i,$$

esso ammette esattamente n radici complesse, contando la molteplicità. Si utilizzi il teorema di Rouché (cfr. l'esercizio 1.35) per dimostrare tale risultato. [*Soluzione.* La funzione $f(z) = z^n$ ha banalmente n radici: infatti $z = 0$ è una radice con molteplicità n. Se i coefficienti a_i non sono tutti nulli, definiamo

$$g(z) := p(z) - z^n = \sum_{i=0}^{n-1} a_i z^i, \qquad R_0 := 1 + \sum_{i=0}^{n-1} |a_i|,$$

e fissiamo $R > R_0$; per costruzione $R > 1$. Sia $C_R = \{z \in \mathbb{C} : |z| = R\}$ la circonferenza di raggio R e centro nell'origine. Per ogni $z \in C_R$ si ha

$$|g(z)| \leq \sum_{i=0}^{n-1} |a_i| R^i < R^n = |z^n| = |f(z)| \qquad \Longrightarrow \qquad |g(z)| < |f(z)|,$$

quindi possiamo applicare il teorema di Rouché e concludere che le funzioni $f(z)$ e $f(z) + g(z)$ hanno lo stesso numero di zeri. Poiché $f(z) + g(z) = p(z)$ ne deduciamo che $p(z)$ ha n radici.]

Esercizio 1.37 Si considerino i polinomi

$$p(z) = z^n + \sum_{i=0}^{n-1} a_i z^i = \prod_{k=1}^{p} (z - z_k)^{\alpha_k}, \qquad q(z) = z^n + \sum_{i=0}^{n-1} b_i z^i.$$

Per costruzione, $p(z)$ ha p radici distinte $z_1, \ldots, z_p$ di molteplicità $\alpha_1, \ldots, \alpha_p$, rispettivamente. Si indichi con $B_r(z) \subset \mathbb{C}$ l'intorno di centro z e raggio r. Si dimostri che per ogni $\varepsilon > 0$, tale che gli insieme chiusi $\overline{B_\varepsilon(z_k)}$, $k = 1, \ldots, p$, siano disgiunti, esiste $\delta > 0$ tale che se $|b_i - a_i| < \delta \ \forall i = 1, \ldots, n-1$ allora $q(z)$ ha esattamente α_k radici nell'insieme aperto $B_\varepsilon(z_k)$. [*Soluzione.* Per $k = 1, \ldots, p$ definiamo $C_k := \{z \in \mathbb{C} : |z - z_k| = \varepsilon\}$, così che $C_k = \partial B_\varepsilon(z_k)$, e

$$m_k := \min_{z \in C_k} |p(z)|, \qquad \rho_k := \max_{z \in C_k} \Big\{ 1 + \sum_{i=1}^{n-1} |z^i| \Big\}.$$

Per le ipotesi fatte su ε i cerchi C_k sono disgiunti; inoltre per ogni $k = 1, \ldots, p$, il minimo m_k esiste ed è strettamente positivo, poiché $f(z) \neq 0$ per $z \in C_k$. Sia δ tale che $\rho_k \delta < m_k \ \forall k = 1, \ldots, p$. Se $|b_i - a_i| < \delta \ \forall i = 1, \ldots, n-1$, si ha, per ogni $z \in C_k$,

$$|q(z) - p(z)| \leq \sum_{i=0}^{n-1} |b_i - a_i| \, |z^i| < \delta \sum_{i=1}^{n-1} |z^i| \leq \delta \rho_k < m_k \leq |p(z)|.$$

Per il teorema di Rouché (cfr. l'esercizio 1.35) i polinomi $p(z)$ e $p(z) + q(z) - p(z) = q(z)$ hanno lo stesso numero di zeri all'interno di C_k, cioè in $B_\varepsilon(z_k)$.]

Esercizio 1.38 Sia A una matrice $n \times n$ che dipenda con continuità da un parametro x. Si dimostri che gli autovalori di A sono continui in x. [*Suggerimento.* Gli autovalori λ di A sono le radici del polinomio caratteristico $p_n(\lambda) = \det(A - \lambda \mathbb{1})$, che è un polinomio di grado n, con coefficienti che dipendono con continuità dagli elementi della matrice A, che a loro volta sono continui in x. Possiamo quindi applicare il risultato dell'esercizio 1.37 e concludere che gli autovalori di A sono continui in x.]

Esercizio 1.39 Si dimostri che, data una matrice simmetrica $A(\beta)$, di classe C^1 in β, i suoi autovalori sono reali e continui in β. [*Soluzione.* Per ogni β gli autovalori sono reali poiché la matrice è simmetrica. Poiché la matrice è C^1, e quindi continua, in β, per l'esercizio 1.38 i suoi autovalori sono continui in β. In realtà si può dimostrare che, se la matrice $A(\beta)$ è simmetrica, allora i suoi autovalori hanno la stessa regolarità in β della matrice stessa, quindi, in particolare, se $A(\beta)$ è C^1 i suoi autovalori sono C^1 (cfr. la nota bibliografica).]

Esercizio 1.40 Sia $\{f_n\}$ una successione di funzioni continue in un intervallo $[a, b]$ ed equilimitate; si dimostri che le funzioni

$$I_n(x) = \int_a^x \mathrm{d}x\, f_n(x)$$

sono equicontinue ed equilimitate. [*Soluzione.* Per ipotesi esiste $M > 0$ tale che $|f_n(x)| \leq M$ per ogni $x \in [a, b]$ e per ogni $n \in \mathbb{N}$. Si ha quindi

$$|I_n(x) - I_n(y)| \leq \int_y^x \mathrm{d}t\, |f_n(t)| \leq M\,|x - y|,$$

da cui segue l'equicontinuità. Inoltre si ha $|I_n(x)| \leq M\,(b - a)$, da cui segue che le funzioni I_n sono equilimitate.]

Esercizio 1.41 Si dimostri che, componendo una funzione continua con una successione di funzioni equicontinue ed equilimitate, si ottiene una successione di funzioni continue ed equilimitate.

Esercizio 1.42 Si discuta come si modifica la dimostrazione del teorema 1.53 nel caso in cui la funzione $\bar{W}$ in (1.57) sia sostituita da una funzione qualsiasi che abbia un minimo stretto in $\beta_1 = \ldots = \beta_M = 0$.

Esercizio 1.43 Si dimostri, con le notazioni dell'esempio 1.55, che la soluzione che si trova scegliendo W della forma (1.67) non tende alla soluzione del sistema vincolato.

Esercizio 1.44 Si dimostri che le componenti (1.72) possono essere ricavate dalle altre $\kappa_k^{(i)}$. [*Suggerimento.* Dalla prima delle (1.71) abbiamo

$$\boldsymbol{\kappa}^{(2)} = -\frac{m_1}{m_2}\boldsymbol{\kappa}^{(1)} - \sum_{i=3}^{N} \frac{m_i}{m_2}\boldsymbol{\kappa}^{(i)},$$

che, introdotta nella seconda delle (1.71), dà

$$\boldsymbol{v} := m_1\big(\boldsymbol{\xi}^{(1)} - \boldsymbol{\xi}^{(2)}\big) \wedge \boldsymbol{\kappa}^{(1)} + \sum_{i=3}^{N} m_i\big(\boldsymbol{\xi}^{(i)} - \boldsymbol{\xi}^{(2)}\big) \wedge \boldsymbol{\kappa}^{(i)} = \mathbf{0}.$$

Il prodotto scalare di $\boldsymbol{v}$ con il vettore $\boldsymbol{\xi}^{(2)} - \boldsymbol{\xi}^{(1)}$ implica

$$\sum_{i=3}^{N} m_i \big((\boldsymbol{\xi}^{(i)} - \boldsymbol{\xi}^{(2)}) \wedge \boldsymbol{\kappa}^{(i)} \big) \cdot \big(\boldsymbol{\xi}^{(2)} - \boldsymbol{\xi}^{(1)} \big) = 0,$$

che permette di determinare $\kappa_1^{(3)}$; infatti

$$\big((\boldsymbol{\xi}^{(3)} - \boldsymbol{\xi}^{(2)}) \wedge \boldsymbol{e}_1 \big) \cdot \big(\boldsymbol{\xi}^{(2)} - \boldsymbol{\xi}^{(1)} \big) \neq 0,$$

data la scelta degli assi cartesiani $\boldsymbol{e}_1, \boldsymbol{e}_2, \boldsymbol{e}_3$ a partire dai punti P_1, P_2, P_3. Determinato $\boldsymbol{\kappa}^{(3)}$, l'espressione di $\boldsymbol{v}$ permette di trovare le prime due componenti di $\boldsymbol{\kappa}^{(1)}$ (la componente $\kappa_3^{(1)}$, lasciata indeterminata in $\boldsymbol{v}$, è già nota). A questo punto possiamo determinare anche $\boldsymbol{\kappa}^{(2)}$.]

Esercizio 1.45 Si mostri che la seconda somma nella seconda riga e la prima somma nella terza riga della (1.74) sono nulle. [*Soluzione.* Per definizione di centro di massa (cfr. la (1.70)) si ha

$$m\,\boldsymbol{x}_0 = \sum_{i=1}^{N} m_i \boldsymbol{x}^{(i)} = \sum_{i=1}^{N} m_i \big(\boldsymbol{x}_0 + (\boldsymbol{\xi}^{(i)} - \boldsymbol{x}_0) + \boldsymbol{\kappa}^{(i)} \big)$$

da cui segue che

$$\sum_{i=1}^{N} m_i \big((\boldsymbol{\xi}^{(i)} - \boldsymbol{x}_0) + \boldsymbol{\kappa}^{(i)} \big) = \boldsymbol{0},$$

i.e. la prima somma nella terza riga è nulla. Derivando la prima delle (1.71), si ha

$$\begin{aligned} \boldsymbol{0} &= \sum_{i=1}^{N} m_i \dot{\boldsymbol{\kappa}}^{(i)} = \sum_{i=1}^{N} m_i \sum_{k=1}^{3} \big(\dot{K}^{(i)} \boldsymbol{e}_k + K^{(i)} \boldsymbol{\omega} \wedge \boldsymbol{e}_k \big) \\ &= \sum_{i=1}^{N} m_i \dot{\boldsymbol{K}}^{(i)} + \boldsymbol{\omega} \wedge \sum_{i=1}^{N} m_i \boldsymbol{\kappa}^{(i)} = \sum_{i=1}^{N} m_i \dot{\boldsymbol{K}}^{(i)}, \end{aligned}$$

dove si è utilizzata nuovamente la (1.71); quindi anche la seconda somma nella seconda riga è nulla.]

Esercizio 1.46 Si dimostri che il prodotto vettoriale soddisfa l'*identità di Jacobi*:

$$\boldsymbol{x} \wedge \big(\boldsymbol{y} \wedge \boldsymbol{z} \big) + \boldsymbol{y} \wedge \big(\boldsymbol{z} \wedge \boldsymbol{x} \big) + \boldsymbol{z} \wedge \big(\boldsymbol{x} \wedge \boldsymbol{y} \big) = \boldsymbol{0}$$

per ogni $\boldsymbol{x}, \boldsymbol{y}, \boldsymbol{z} \in \mathbb{R}^3$. [*Soluzione.* Si ha

$$\begin{aligned} \boldsymbol{x} \wedge (\boldsymbol{y} \wedge \boldsymbol{z}) + \boldsymbol{y} \wedge (\boldsymbol{z} \wedge \boldsymbol{x}) &= (\boldsymbol{x} \cdot \boldsymbol{z})\, \boldsymbol{y} - (\boldsymbol{x} \cdot \boldsymbol{y})\, \boldsymbol{z} + (\boldsymbol{y} \cdot \boldsymbol{x})\, \boldsymbol{z} - (\boldsymbol{y} \cdot \boldsymbol{z})\, \boldsymbol{x} \\ &= (\boldsymbol{x} \cdot \boldsymbol{z})\, \boldsymbol{y} - (\boldsymbol{y} \cdot \boldsymbol{z})\, \boldsymbol{x} = (\boldsymbol{z} \cdot \boldsymbol{x})\, \boldsymbol{y} - (\boldsymbol{z} \cdot \boldsymbol{y})\, \boldsymbol{x} \\ &= \boldsymbol{z} \wedge (\boldsymbol{y} \wedge \boldsymbol{x}) = -\boldsymbol{z} \wedge (\boldsymbol{x} \wedge \boldsymbol{y}), \end{aligned}$$

per la proprietà del prodotto triplo vettoriale (cfr. l'esercizio 7.17 del volume 1).]

Esercizio 1.47 Si dimostri la (1.75). [*Soluzione.* Derivando la seconda delle (1.71) e utilizzando l'identità di Jacobi per il prodotto vettoriale (cfr. l'esercizio 1.46), si ottiene

$$\begin{aligned}
&\frac{\mathrm{d}}{\mathrm{d}t}\sum_{i=1}^{N} m_i \big(\boldsymbol{\xi}^{(i)} - \boldsymbol{x}_0\big) \wedge \boldsymbol{\kappa}^{(i)} \\
&= \sum_{i=1}^{N} m_i \big(\boldsymbol{\omega} \wedge \big(\boldsymbol{\xi}^{(i)} - \boldsymbol{x}_0\big)\big) \wedge \boldsymbol{\kappa}^{(i)} \\
&\quad + \sum_{i=1}^{N} m_i \big(\boldsymbol{\xi}^{(i)} - \boldsymbol{x}_0\big) \wedge \big(\boldsymbol{\omega} \wedge \boldsymbol{\kappa}^{(i)}\big) + \sum_{i=1}^{N} m_i \big(\boldsymbol{\xi}^{(i)} - \boldsymbol{x}_0\big) \wedge \dot{\boldsymbol{K}}^{(i)} \\
&= \sum_{i=1}^{N} m_i \big(\boldsymbol{\omega} \wedge \big(\boldsymbol{\xi}^{(i)} - \boldsymbol{x}_0\big)\big) \wedge \boldsymbol{\kappa}^{(i)} + \sum_{i=1}^{N} m_i \big(\boldsymbol{\xi}^{(i)} - \boldsymbol{x}_0\big) \wedge \dot{\boldsymbol{K}}^{(i)},
\end{aligned}$$

che, in virtù della stessa (1.71), implica la (1.75).]

Esercizio 1.48 Si consideri il sistema meccanico costituito da un disco omogeneo di massa m e raggio r, che rotoli senza strisciare su un piano orizzontale, mantenendosi ortogonale al piano e muovendosi lungo una direzione prefissata, che possiamo identificare con l'asse x. Si risolvano esplicitamente le equazioni del moto e si determinino le forze vincolari utilizzando il metodo dei moltiplicatori di Lagrange. [*Suggerimento.* Si tenga conto dell'esempio 9.80 del volume 1. In particolare la forza vincolare che agisce sul centro di massa è $(0, mg, 0)$, mentre la forza vincolare che agisce sul punto di contatto con il piano è nulla.]

Esercizio 1.49 Si determini la lagrangiana che descrive un *pendolo semplice* di massa m e lunghezza ℓ (cfr. il §5.4 del volume 1) e si scrivano le corrispondenti equazioni di Eulero-Lagrange. [*Soluzione.* Se (x, y) sono le coordinate del punto di massa m e φ è l'angolo che la retta passante per tale punto e il punto di sospensione forma con la verticale (cfr. la figura 5.12 del volume 1, con $\theta = \varphi$), si ha $(x, y) = (\ell \sin\varphi, -\ell\cos\varphi)$. La lagrangiana è

$$\mathcal{L}(\varphi, \dot{\varphi}) = \frac{1}{2} m\ell^2\dot{\varphi}^2 + mg\ell\cos\varphi,$$

dove g è l'accelerazione di gravità. Quindi

$$\ddot{\varphi} = -\frac{g}{\ell}\sin\varphi$$

sono le corrispondenti equazioni di Eulero Lagrange.]

Esercizio 1.50 Si calcolino le reazioni vincolari del pendolo semplice dell'esercizio 1.49. In particolare si determi in corrispondenza di quale configurazione assumono il valoro massimo e il valore minimo. [*Soluzione.* Poiché le coordinate del punto di massa m del pendolo sono $(x, y) = (\ell \sin\varphi, -\ell\cos\varphi)$, si ha

$$\begin{cases} \ddot{x} = \ell\cos\varphi\,\ddot{\varphi} - \ell\sin\varphi\,\dot{\varphi}^2, \\ \ddot{y} = \ell\sin\varphi\,\ddot{\varphi} + \ell\cos\varphi\,\dot{\varphi}^2, \end{cases}$$

dove $\ell\ddot{\varphi} = -g\sin\varphi$ e $\ell\dot{\varphi}^2 + 2g(1-\cos\varphi) = gA$, se $A := 2E/mg\ell$ (per la conservazione dell'energia E). Scrivendo $f_{V,x} = m\ddot{x}$ e $f_{V,y} = m\ddot{y} + mg$ si trova

$$f_{V,x} = -mg(A + 3\cos\varphi - 2)\sin\varphi, \qquad f_{V,y} = mg(A + 3\cos\varphi - 2)\cos\varphi,$$

consistentemente con l'esercizio 9.22 del volume 1 (dove l'angolo φ era denotato θ). Il massimo di $|f_{V,x}|^2 + |f_{V,y}|^2$ è raggiunto quando $\varphi = 0$, il minimo quando $\varphi = \pi$.]

Esercizio 1.51 Il *pendolo doppio* è costituito da due pendoli semplici coplanari, di masse, rispettivamente, m_1 e m_2 e di lunghezze, rispettivamente, ℓ_1 e ℓ_2, dei quali il primo ha il punto di sospensione fisso e il secondo è sospeso al punto di massa m_1 (cfr. la figura 1.7). Si scrivano la lagrangiana e le equazioni di Eulero-Lagrange del pendolo doppio. [*Soluzione.* Indicando con φ_1 e φ_2 gli angoli che i due pendoli formano con la verticale discendente, si ha $\mathcal{L} = T - V$, con

$$\begin{aligned} T &= \frac{1}{2}m_1\ell_1^2\dot{\varphi}_1^2 + \frac{1}{2}m_2\big(\ell_1^2\dot{\varphi}_1^2 + \ell_2^2\dot{\varphi}_2^2 + 2\ell_1\ell_2\cos(\varphi_1-\varphi_2)\,\dot{\varphi}_1\dot{\varphi}_2\big), \\ V &= -m_1 g\ell_1\cos\varphi_1 - m_2 g\ell_1\cos\varphi_1 - m_2 g\ell_2\cos\varphi_2, \end{aligned}$$

dove g è l'accelerazione di gravità, così che

$$\begin{cases} (m_1+m_2)\ell_1^2\ddot{\varphi}_1 + m_2\ell_1\ell_2\cos(\varphi_1-\varphi_2)\ddot{\varphi}_2 + m_2\ell_1\ell_2\sin(\varphi_1-\varphi_2)\dot{\varphi}_2^2 \\ \qquad = -(m_1+m_2)\ell_1\sin\varphi_1, \\ m_2\ell_2^2\ddot{\varphi}_2 + m_2\ell_1\ell_2\cos(\varphi_1-\varphi_2)\ddot{\varphi}_1 - m_2\ell_1\ell_2\sin(\varphi_1-\varphi_2)\dot{\varphi}_1^2 \\ \qquad = -m_2\ell_2\sin\varphi_2 \end{cases}$$

sono le corrispondenti equazioni di Eulero-Lagrange.]

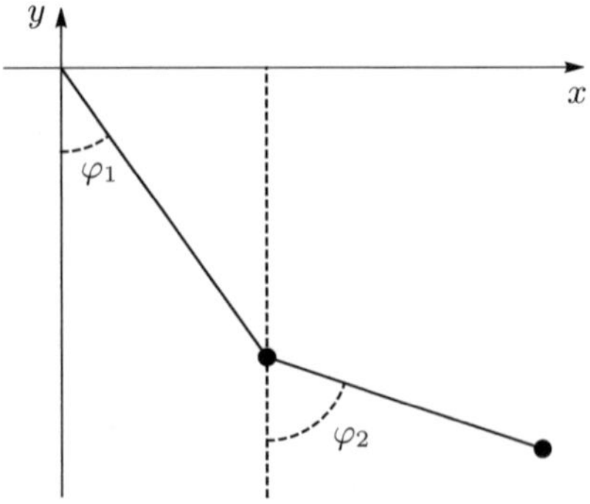

Figura 1.7 Pendolo doppio dell'esercizio 1.51

Esercizio 1.52 Si scrivano la lagrangiana e le equazioni di Eulero-Lagrange per il *pendolo di lunghezza variabile*, i.e. per un pendolo semplice di massa m e lunghezza che vari nel tempo secondo la legge $\ell(t) = \ell_0 + \ell_1 \cos t$, con $0 < \ell_1 < \ell_0$. [*Soluzione.* La lagrangiana è

$$\mathcal{L} = \frac{1}{2} m\ell^2\dot{\varphi}^2 + m\ell g \cos\varphi, \qquad \ell = \ell(t) = \ell_0(1 + \varepsilon \cos t),$$

dove $\varepsilon := \ell_1/\ell_0$ e g è la accelerazione di gravità. Le corrispondenti equazioni di Eulero-Lagrange sono

$$\ddot{\varphi} + \frac{2\dot{\ell}}{\ell}\dot{\varphi} + \frac{g}{\ell}\sin\varphi = 0 \quad \Longrightarrow \quad \ddot{\varphi} + \left(-\frac{2\varepsilon \sin t}{1 + \varepsilon \cos t}\right)\dot{\varphi} + \frac{\beta}{1 + \varepsilon \cos t}\sin\varphi,$$

dove $\beta := g/\ell_0$. Le equazioni sono ben definite per $\varepsilon < 1$ (i.e. per $\ell_1 < \ell_0$).]

Esercizio 1.53 Si scrivano la lagrangiana e le equazioni di Eulero-Lagrange di un pendolo semplice di massa m e lunghezza ℓ, che sia sottoposto all'azione della forza di gravità (si indichi al solito con g l'accelerazione di gravità) e il cui punto di sospensione

1. si muova lungo una circonferenza verticale con velocità angolare costante ω (cfr. la figura 1.8 a sinistra);
2. oscilli verticalmente secondo la legge $y(t) = a \cos \omega t$ (cfr. la figura 1.8 a destra).

[*Soluzione.* Sia O il punto di sospensione del pendolo, e siano (x_0, y_0) le sue coordinate. Nel caso 1 si ha $x_0 = a\cos\omega t$, $y_0 = a \sin\omega t$, e quindi

$$\mathcal{L} = \frac{1}{2} m\ell^2\dot{\varphi}^2 - m\ell a\omega^2 \sin(\varphi - \omega t) + mg\ell \cos\varphi,$$

se φ è l'angolo che il pendolo forma con la verticale discendente. Le corrispondenti equazioni di Eulero-Lagrange sono

$$m\ell^2\ddot{\varphi} = -mg\ell \sin\varphi + m\ell a\omega^2 \cos(\varphi - \omega t).$$

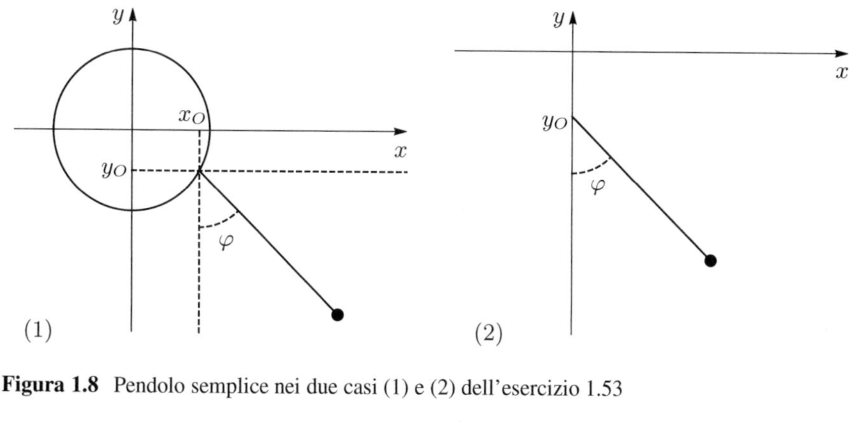

Figura 1.8 Pendolo semplice nei due casi (1) e (2) dell'esercizio 1.53

Nel caso 2 si ha $x_0 = 0$, $y_0 = a\cos\omega t$, e quindi

$$\mathcal{L} = \frac{1}{2}m\ell^2\dot{\varphi}^2 - m\ell a\omega^2\cos\omega t\cos\varphi + mg\ell\cos\varphi,$$

se φ è l'angolo che il pendolo forma con la verticale discendente. Le corrispondenti equazioni di Eulero-Lagrange sono

$$m\ell^2\ddot{\varphi} = m\ell(-g + a\omega^2\cos\omega t)\sin\varphi.$$

Tale equazione descrive il moto di un *pendolo con punto di sospensione che oscilla verticalmente*; nell'approssimazione lineare, essa diventa

$$\ddot{\varphi} + (\alpha + \beta\cos\omega t)\varphi = 0, \qquad \alpha = \frac{g}{\ell}, \quad \beta = -\frac{a\omega^2}{\ell},$$

che è nota come *equazione di Mathieu* (cfr. la nota bibliografica).]

Esercizio 1.54 Con le stesse notazioni dell'esercizio 1.53, si scrivano la lagrangiana e le equazioni di Eulero-Lagrange nel caso in cui il punto di sospensione del pendolo oscilli orizzontalmente secondo la legge $x(t) = a\cos\omega t$. [*Soluzione.* Con le notazioni dell'esercizio 1.53, si ha $x_0 = a\cos\omega t$, $y_0 = 0$, e quindi

$$\mathcal{L} = \frac{1}{2}m\ell^2\dot{\varphi}^2 + m\ell a\omega^2\cos\omega t\sin\varphi + mg\ell\cos\varphi$$

è la lagrangiana e le equazioni di Eulero-Lagrange sono

$$m\ell^2\ddot{\varphi} = -mg\ell\sin\varphi + m\ell a\omega^2\cos\omega t\cos\varphi,$$

se φ è l'angolo che il pendolo forma con la verticale discendente.]

Esercizio 1.55 Si consideri un ellissoide omogeneo con semiassi di lunghezza a, b, c che ruoti intorno all'asse di lunghezza $2c$, che a sua volta ruota intorno a un asse a esso perpendicolare passante per il centro di massa dell'ellissoide. Si calcoli la lagrangiana del sistema nell'ipotesi che sull'ellissoide non agiscano forze. [*Soluzione.* Gli assi di inerzia dell'ellissoide sono i tre assi principali $\boldsymbol{e}_1, \boldsymbol{e}_2, \boldsymbol{e}_3$ e i corrispondenti momenti principali di inerzia sono (cfr. l'esercizio 10.34 del volume 1)

$$I_1 = \frac{m}{5}(b^2 + c^2), \qquad I_2 = \frac{m}{5}(a^2 + c^2), \qquad I_3 = \frac{m}{5}(a^2 + b^2),$$

se a, b, c sono le lunghezze dei semiassi diretti lungo $\boldsymbol{e}_1, \boldsymbol{e}_2, \boldsymbol{e}_3$, rispettivamente. Se θ indica l'angolo di rotazione dell'ellissoide intorno all'asse di lunghezza $2c$ (ovvero l'asse $\boldsymbol{e}_3$) e φ l'angolo con cui tale asse ruota intorno a un asse $\boldsymbol{e}$ ad esso perpendicolare, il vettore velocità angolare è

$$\boldsymbol{\omega} = \dot{\theta}\boldsymbol{e}_3 + \dot{\varphi}\boldsymbol{e}, \qquad \boldsymbol{e} = \cos\theta\boldsymbol{e}_1 + \sin\theta\boldsymbol{e}_2,$$

così che, nel sistema solidale con l'ellissoide, esso assume la forma $\boldsymbol{\Omega} = (\dot{\varphi}\cos\theta, \dot{\varphi}\sin\theta, \dot{\theta})$. In conclusione, la lagrangiana del sistema è data da

$$\mathcal{L} = T = \frac{1}{2}\Big(I_1 \cos^2\theta\,\dot{\varphi}^2 + I_2 \sin^2\theta\,\dot{\varphi}^2 + I_3\dot{\theta}^2\Big),$$

poiché sul sistema non agiscono forze – e quindi l'energia potenziale è $V = 0$.]

Esercizio 1.56 Sia P un punto materiale di massa m che si muove nello spazio euclideo tridimensionale. Si scriva l'energia cinetica del punto P in coordinate sferiche. [*Soluzione.* Siano (x, y, z) le coordinate cartesiane di P; in termini delle coordinate sferiche (ρ, θ, φ) si ha $x = \rho\cos\theta\sin\varphi$, $y = \rho\sin\theta\sin\varphi$, $z = \rho\cos\varphi$, con $\rho \in \mathbb{R}_+$, $\theta \in [0, 2\pi)$ e $\varphi \in [0, \pi)$ (cfr. l'esercizio 7.3 del volume 1). Quindi

$$T = \frac{1}{2}m\Big(\dot{\rho}^2 + \rho^2\sin^2\varphi\,\dot{\theta}^2 + \rho^2\dot{\varphi}^2\Big)$$

rappresenta l'energia cinetica di P espressa in coordinate sferiche.]

Esercizio 1.57 Si scriva l'energia cinetica di un punto P che si muova nello spazio euclideo tridimensionale in coordinate cilindriche. [*Soluzione.* Siano (x, y, z) le coordinate cartesiane di P; in termini delle coordinate cilindriche (ρ, θ, z) si ha $x = \rho\cos\theta$, $y = \rho\sin\theta$, $z = z$, con $\rho \in \mathbb{R}_+$, $\theta \in [0, 2\pi)$ e $z \in \mathbb{R}$ (cfr. l'esercizio 7.4 del volume 1). Quindi

$$T = \frac{1}{2}m\Big(\dot{\rho}^2 + \rho^2\dot{\theta}^2 + \dot{z}^2\Big)$$

rappresenta l'energia cinetica di P espressa in coordinate cilindriche.]

Esercizio 1.58 Il *pendolo sferico* è costituito da un punto P di massa m collegato da un'asta inestensibile di lunghezza ℓ e massa nulla a un punto fisso (punto di sospensione), come nel caso del pendolo semplice, ma in modo da muoversi nello spazio tridimensionale invece che nel piano (cfr. la figura 1.9). Come coordinate lagrangiane si possono usare le variabili angolari (θ, φ) delle coordinate sferiche, dal momento che il raggio ρ è fissato al valore $\rho = \ell$, misurando l'angolo φ dalla verticale discendente (così che $z = -\ell\cos\varphi$). Si dimostri che la lagrangiana del sistema è

$$\mathcal{L}(\theta, \varphi, \dot{\theta}, \varphi) = \frac{1}{2}m\Big(\ell^2\dot{\varphi}^2 + \ell^2\dot{\theta}^2\sin^2\varphi\Big) + mg\ell\cos\varphi,$$

dove g è l'accelerazione di gravità, e che le corrispondenti equazioni di Eulero-Lagrange sono

$$\begin{cases} \ell\ddot{\varphi} = \ell\dot{\theta}^2\sin\varphi\cos\varphi - g\sin\varphi, \\ \sin^2\varphi\,\ddot{\theta} = -2\dot{\varphi}\,\dot{\theta}\,\sin\varphi\cos\varphi. \end{cases}$$

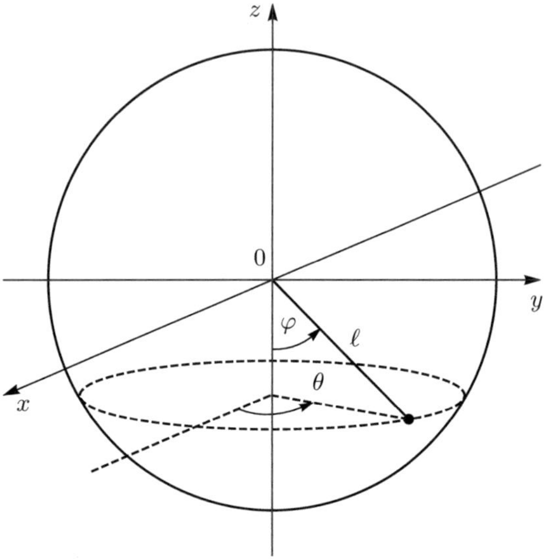

Figura 1.9 Pendolo sferico dell'esercizio 1.58

Si dimostri infine che, imponendo il vincolo che il moto rimanga confinato in un piano, si ottengono le equazioni del moto del pendolo semplice (cfr. l'esercizio 1.49). [*Soluzione.* Si ha $P = (\ell \cos\theta \sin\varphi, \ell \sin\theta \sin\varphi, -\ell\cos\varphi)$, in termini delle coordinate lagrangiane suggerite nel testo. L'energia cinetica T si ottiene dalla soluzione dell'esercizio 1.56 – il fatto che φ sia misurato rispetto alla verticale discendente non ne altera l'espressione analitica – notando che $\rho = \ell$ a causa del vincolo $x^2 + y^2 + z^2 = \ell^2$. L'energia potenziale è invece data da $V = mgz = -mg\ell\cos\varphi$. Si noti che se $\varphi(0) = \varphi_0 \in (0,\pi)$ e $\dot\varphi(0) = 0$, scegliendo $\dot\theta(0) = \omega_0 := \sqrt{g/\ell\cos\varphi_0}$, si trova la soluzione $\varphi(t) = \varphi_0$ e $\theta(t) = \theta(0) + \omega_0 t$ (come si verifica immediatamente introducendo tali espressioni nelle equazioni del moto), i.e. il pendolo ruota con velocità angolare costante intorno all'asse z mantenendo con esso un'inclinazione costante. Infine, imponendo l'ulteriore vincolo $\theta =$ cost., l'equazione per θ diventa banalmente $0 = 0$, mentre l'equazione per φ si riduce a $\ell\ddot\varphi = -g\sin\varphi$.]

Esercizio 1.59 Un sistema meccanico è costituito da due punti materiali P_1 e P_2, entrambi di massa $m_1 = m_2 = 1$, che si muovono su un piano orizzontale, sotto l'azione della forza di energia potenziale

$$V = \frac{1}{2}k\left[r_{12}^2 - \left(r_1^2 - r_2^2\right)^2\right],$$

dove r_{12} è la distanza tra i punti P_1 e P_2, r_1 è la distanza di P_1 da un punto fisso O e r_2 è la distanza di P_2 da O. I due punti P_1 e P_2 sono inoltre vincolati a muoversi, rispettivamente, su una circonferenza di raggio a_1 e centro O e su una circonferenza di raggio $a_2 > a_1$ e centro O (cfr. la figura 1.10).

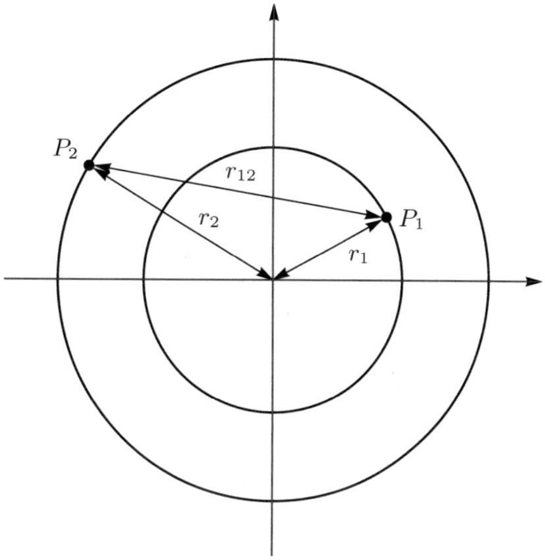

Figura 1.10 Sistema discusso nell'esercizio 1.59

(1) Si scrivano la lagrangiana del sistema e le equazioni di Eulero-Lagrange, utilizzando come coordinate lagrangiane gli angoli θ_1 e θ_2 che i raggi vettori OP_1 e OP_2 formano con un asse prefissato – che identifichiamo con l'asse x.

(2) Si consideri la soluzione che parte dalla configurazione iniziale

$$\theta_1(0) = 0, \qquad \theta_2(0) = \frac{\pi}{2},$$

con velocità iniziale nulla, i.e. tale che $\dot{\theta}_1(0) = \dot{\theta}_2(0) = 0$, e si determini il primo istante t_0 in cui si abbia $\theta_1(t_0) = \theta_2(t_0)$, in termini di un integrale definito.

(3) Nella configurazione del punto (2) si calcoli la forza vincolare che agisce sul punto P_1.

[*Soluzione.* I punti hanno coordinate cartesiane

$$P_1 = (x_1, y_1) = (a_1 \cos\theta_1, a_1 \sin\theta_1), \qquad P_2 = (x_2, y_2) = (a_2 \cos\theta_2, a_2 \sin\theta_2).$$

L'energia cinetica e l'energia potenziale del sistema senza vincoli sono, rispettivamente,

$$T_0 = \frac{1}{2}\big(\dot{x}_1^2 + \dot{y}_1^2 + \dot{x}_2^2 + \dot{y}_2^2\big),$$
$$V_0 = \frac{k}{2}\Big((x_1 - x_2)^2 + (y_1 - y_2)^2 - \big(x_1^2 + y_1^2 - x_2^2 - y_2^2\big)^2\Big),$$

così che la lagrangiana vincolata è $\mathcal{L}_v = T - V$, dove

$$T = \frac{1}{2}\Big(a_1\dot{\theta}_1^2 + a_2\dot{\theta}_2^2\Big)$$

è l'energhia cinetica, e

$$\begin{aligned} V &= \frac{k}{2}\Big((a_1\cos\theta_1 - a_2\cos\theta_2)^2 + (a_1\sin\theta_1 - a_2\sin\theta_2)^2 - \big(a_1^2 - a_2^2\big)^2\Big) \\ &= -ka_1a_2\cos(\theta_1-\theta_2) + V_0 \end{aligned}$$

è l'energia potenziale, con $V_0 := k\big(a_1^2 + a_2^2 - a_1^4 - a_2^4 - 2a_1^2a_2^2\big)$. La costante V_0 può essere trascurata perché non dà contributo alle equazioni di Eulero-Lagrange:

$$\begin{cases} a_1^2\ddot{\theta}_1 = -ka_1a_2\sin(\theta_1-\theta_2), \\ a_2^2\ddot{\theta}_2 = ka_1a_2\sin(\theta_2-\theta_1). \end{cases}$$

Se si definisce $\varphi := \theta_1 - \theta_2$, dividendo la prima equazione per a_1^2 e la seconda per a_2^2, e prendendone poi la differenza, si trova

$$\ddot{\varphi} = -a\sin\varphi,$$

dove

$$a := k\frac{a_1^2 + a_2^2}{a_1a_2}.$$

In corrispondenza della configurazione indicata al punto (2), si ha $\varphi(0) = -\pi/2$ e $\dot{\varphi}(0) = 0$. In termini della variabile φ si ha quindi un moto unidimensionale con energia costante

$$H(\varphi,\dot{\varphi}) := \frac{1}{2}\dot{\varphi}^2 - a\cos\varphi = \frac{1}{2}\dot{\varphi}^2(0) - a\cos\varphi(0) = 0.$$

Il moto si svolge sulla curva di livello

$$\Gamma_0 = \{(\varphi,\dot{\varphi}) \in \mathbb{T}\times\mathbb{R} : H(\varphi,\dot{\varphi}) = 0\}.$$

Tenendo conto delle condizioni iniziali e utilizzando la conservazione dell'energia, si ha $\dot{\varphi} = \sqrt{a\cos\varphi}$, fin tanto che $\varphi(t)$ rimanga nel semipiano superiore. L'istante t_0 si trova imponendo che si abbia $\varphi(t_0) = 0$ (i.e. $\theta_1(t_0) = \theta_2(t_0)$), ed è perciò determinato dalla confdizione

$$t_0 = \int_0^{t_0} \mathrm{d}t = \int_{-\pi/2}^{0} \frac{\mathrm{d}\varphi}{\sqrt{a\cos\varphi}} = \sqrt{\frac{a_1a_2}{k(a_1^2+a_2^2)}}\int_0^{\pi/2}\frac{\mathrm{d}\varphi}{\sqrt{\cos\varphi}}.$$

Partendo dall'espressione non vincolate per l'energia potenziale, si trova che le forze attive che agiscono sul punto P_1 hanno componenti

$$\begin{aligned} f_x^{(1)} &= -\frac{\partial V}{\partial x_1} = -k\big(x_1 - x_2 - 2x_1^3 - 2x_1y_1^2 + 2x_1x_2^2 + 2x_1y_2^2\big), \\ f_y^{(1)} &= -\frac{\partial V}{\partial x_1} = -k\big(y_1 - y_2 - 2y_1x_1^2 - 2y_1^3 + 2y_1x_2^2 + 2y_1y_2^2\big). \end{aligned}$$

In corrispondenza della configurazione al punto (2), si ha $P_1 = (a_1, 0)$ e $P_2 = (0, a_2)$, così che risulta

$$f_x^{(1)} = -k\big(a_1 - 2a_1^3 + 2a_1 a_2^2\big),$$
$$f_y^{(1)} = k a_2.$$

Inoltre si ha $x_1 = a_1 \cos\theta_1$, da cui si ottiene

$$\ddot{x}_1 = -a_1\Big(\cos\theta_1\dot{\theta}_1^2 + \sin\theta_1\ddot{\theta}_1\Big) = -a_1\cos\theta_1\dot{\theta}_1^2 + k a_2 \sin\theta_1 \sin(\theta_1 - \theta_2),$$

dove si sono utilizzate le equazioni del moto, e, analogamente, $y_1 = a_1 \sin\theta_1$, da cui si ottiene

$$\ddot{y}_1 = -a_1 \sin\theta_1\dot{\theta}_1^2 - k a_2 \cos\theta_1 \sin(\theta_1 - \theta_2).$$

In corrispondenza della configurazione al punto (2) si ha $\ddot{x}_1 = 0$ e $\ddot{y}_1 = -k a_2$. In conclusione, le componenti delle forze vincolari che agiscono sul punto P_1 nella configurazione considerata sono

$$f_{v,x}^{(1)} = \ddot{x}_1 - f_x^{(1)} = k\big(a_1 - 2a_1^3 + 2a_1 a_2^2\big),$$
$$f_{v,y}^{(1)} = \ddot{y}_1 - f_y^{(1)} = 0.$$

Si noti che $f_{v,y}^{(1)} = 0$, come era lecito aspettarsi *a priori*, in considerazione del fatto che le forze vincolari sono ortogonali alla superficie di vincolo.]

Esercizio 1.60 Sia π un inclinato di un angolo λ rispetto al piano orizzontale, i.e. al piano ortogonale alla direzione della forza di gravità. Si consideri un cono circolare retto omogeneo che rotoli senza strisciare sul piano π, in modo tale che il vertice del cono sia fissato in un punto C del piano, e il cono sia soggetto all'azione della forza peso (cfr. la figura 1.11). Si indichi con g l'accelerazione di gravità.

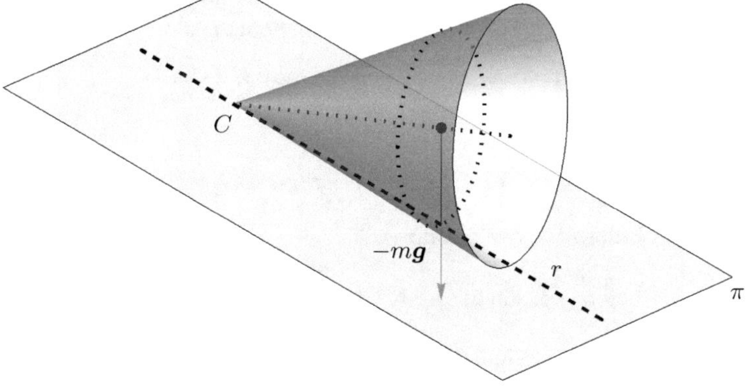

Figura 1.11 Sistema discusso nell'esercizio 1.60

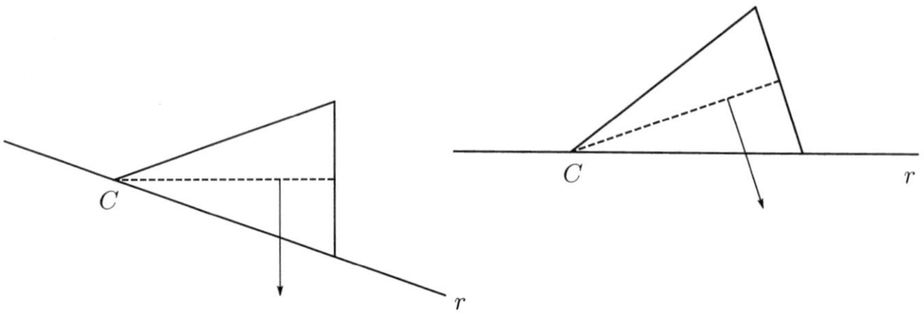

Figura 1.12 Sezioni ortogonali del sistema dell'esercizio 1.60

(1) Si scrivano la lagrangiana e le equazioni di Eulero-Lagrange del sistema.
(2) Si studi qualitativamente il moto del sistema; in particolare si mostri che il cono segue la stessa legge del moto di un pendolo semplice.

[*Suggerimento*. Si scelga un sistema di riferimento $Oxyz$, con l'origine O in C e il piano xy coincidente con il piano π, e si fissi l'asse $\boldsymbol{e}_y$ lungo la retta di intersezione di π con il piano orizzontale passante per C. Siano r la retta d'azione dell'asse $\boldsymbol{e}_x$ e θ l'angolo che la generatrice del cono appartenente al piano π forma con r (cfr. la figura 1.11 per $\theta = 0$). Visto in sezione ortogonale all'asse $\boldsymbol{e}_y$, per $\theta = 0$, il cono appare come nella figura 1.12: a destra è rappresentato il cono come si vede nel sistema di riferimento di laboratorio (cfr. il §8.1 del volume 1), in cui la forza di gravità sia diretta lungo la verticale discendente, e a sinistra come si vede nel sistema di riferimento $Oxyz$. Nel sistema di riferimento $Oxyz$, se si denota con $C_0 = (x_0, y_0, z_0)$ il centro di massa del cono, si ha $C_0 = (a\cos\alpha\cos\theta, a\cos\alpha\sin\theta, a\sin\alpha)$, dove si sono utilizzate le notazioni dell'esempio 1.35; in particolare a è la distanza di C_0 dal vertice O e α è il semiangolo di apertura del cono. L'energia cinetica del cono assume la forma (1.39), come discusso nel caso 1 dell'esempio 1.35. La forza peso agisce sul centro di massa del cono ed è data da $(mg\sin\lambda, 0, -mg\cos\lambda)$, se λ indica l'angolo d'inclinazione del piano. La componente lungo l'asse z della forza peso è bilanciata dalla forza vincolare, mentre la componente lungo l'asse x, tenendo conto del verso dell'asse, corrisponde a un'energia potenziale

$$V(\theta) = -mgx_0 = -mga\sin\lambda\cos\alpha\cos\theta.$$

In conclusione la lagrangiana è

$$\mathcal{L} = \frac{3}{40}mh^2\dot{\theta}^2\big(1 + 5\cos^2\alpha\big) + mga\sin\lambda\cos\alpha\cos\theta.$$

Le equazioni di Eulero-Lagrange sono

$$\ddot{\theta} = -C\sin\theta, \qquad C := \frac{20\,ga\sin\lambda\cos\alpha}{3h^2(1 + 5\cos^2\alpha)}.$$

Il loro studio si riconduce quindi allo studio dell'equazione del pendolo semplice di massa m e lunghezza $\ell := 3h^2(1 + 5\cos^2\alpha)/(20\,a\sin\lambda\cos\alpha)$.]

Capitolo 2
Studio di sistemi lagrangiani

Res exemplis patebit

Isaac Newton, Philosophiae naturalis principia mathematica (1687)

2.1 Stabilità delle configurazioni di equilibrio

Ci occuperemo in questo capitolo dello studio di sistemi meccanici conservativi sottoposti a vincoli, attraverso l'utilizzo del formalismo lagrangiano introdotto nel capitolo precedente. Vedremo come individuare le configurazioni di equilibrio di un sistema e studiarne la stabilità partendo dalla lagrangiana del sistema. Ovviamente, minore è il numero di gradi di libertà, più facile risulta lo studio del sistema: il metodo di Routh fornisce un modo per ricondursi a un sistema con un un numero minore di gradi di libertà nel caso in cui la lagrangiana non dipenda esplicitamente da alcune variabili lagrangiane.

Lemma 2.1 *Se $\mathcal{L} = \mathcal{L}(q, \dot{q})$ non dipende esplicitamente dal tempo, allora la funzione*

$$E = E(q, \dot{q}) := \left\langle \dot{q}, \frac{\partial \mathcal{L}}{\partial \dot{q}} \right\rangle - \mathcal{L}(q, \dot{q}) \tag{2.1}$$

è una costante del moto.

Dimostrazione La derivata totale rispetto al tempo di E è data da

$$\begin{aligned} \frac{\mathrm{d}E}{\mathrm{d}t} &= \left\langle \ddot{q}, \frac{\partial \mathcal{L}}{\partial \dot{q}} \right\rangle + \left\langle \dot{q}, \frac{\mathrm{d}}{\mathrm{d}t} \frac{\partial \mathcal{L}}{\partial \dot{q}} \right\rangle - \frac{\mathrm{d}\mathcal{L}}{\mathrm{d}t} \\ &= \left\langle \ddot{q}, \frac{\partial \mathcal{L}}{\partial \dot{q}} \right\rangle + \left\langle \dot{q}, \frac{\partial \mathcal{L}}{\partial q} \right\rangle - \frac{\mathrm{d}\mathcal{L}}{\mathrm{d}t}, \end{aligned} \tag{2.2}$$

dove si sono utilizzate le equazioni di Eulero-Lagrange (1.5). D'altra parte, per definizione di derivata totale, si ha

$$\frac{\mathrm{d}\mathcal{L}}{\mathrm{d}t} = \left\langle \ddot{q}, \frac{\partial \mathcal{L}}{\partial \dot{q}} \right\rangle + \left\langle \dot{q}, \frac{\partial \mathcal{L}}{\partial q} \right\rangle + \frac{\partial \mathcal{L}}{\partial t} = \left\langle \ddot{q}, \frac{\partial \mathcal{L}}{\partial \dot{q}} \right\rangle + \left\langle \dot{q}, \frac{\partial \mathcal{L}}{\partial q} \right\rangle, \tag{2.3}$$

G. Gentile, *Introduzione ai sistemi dinamici – Volume 2*, UNITEXT 133,
https://doi.org/10.1007/978-88-470-4014-4_2

dove l'ultimo passaggio tiene conto che $\mathcal{L}$ non dipende esplicitamente dal tempo (così che la sua derivata parziale rispetto a t è nulla). Inserendo la (2.3) nella (2.2), si ottiene

$$\frac{\mathrm{d}E}{\mathrm{d}t} = 0,$$

da cui segue l'asserto. □

Lemma 2.2 *Dato un sistema meccanico conservativo costituito da N punti materiali in $\mathbb{R}^3$, sottoposto a M vincoli olonomi bilateri autonomi, regolari e indipendenti, e descritto dalle coordinate lagrangiane $q = (q_1, \ldots, q_{3N-M})$, la corrispondente lagrangiana (vincolata) ha la forma*

$$\mathcal{L}(q, \dot{q}) = T(q, \dot{q}) - V(q), \qquad T(q, \dot{q}) = \frac{1}{2}\langle \dot{q}, A(q)\dot{q}\rangle, \tag{2.4}$$

dove $V(q)$ è l'energia potenziale espressa in termini delle coordinate q, e $A(q)$ è una matrice simmetrica definita positiva, i cui elementi hanno la forma

$$A_{jj'}(q) = \sum_{i=1}^{N}\sum_{k=1}^{3} m_i \frac{\partial x_k^{(i)}}{\partial q_j}\frac{\partial x_k^{(i)}}{\partial q_{j'}}, \qquad 1 \le j, j' \le 3N - M. \tag{2.5}$$

Ne segue che l'energia cinetica è una forma quadratica definita positiva nelle variabili $\dot{q}$.

Dimostrazione Scriviamo le coordinate cartesiane x in termini delle coordinate lagrangiane q, secondo la (1.24), e teniamo conto che i vincoli non dipendono esplicitamente dal tempo, così che risulta $x = x(q)$. L'energia potenziale diventa allora $V(x(q))$, che, con abuso di notazione, continuiamo a indicare come $V(q)$. Otteniamo per l'energia cinetica l'espressione

$$\begin{aligned} T = T(q, \dot{q}) &= \frac{1}{2}\sum_{i=1}^{N}\sum_{k=1}^{3} m_i \dot{x}_k^{(i)}\dot{x}_k^{(i)} \\ &= \frac{1}{2}\sum_{i=1}^{N}\sum_{k=1}^{3} m_i \sum_{j=1}^{3N-M}\sum_{j'=1}^{3N-M} \frac{\partial x_k^{(i)}}{\partial q_j}\frac{\partial x_k^{(i)}}{\partial q_{j'}}\dot{q}_j\dot{q}_{j'} \\ &= \frac{1}{2}\sum_{j=1}^{3N-M}\sum_{j'=1}^{3N-M}\left(\sum_{i=1}^{N} m_i \sum_{k=1}^{3}\frac{\partial x_k^{(i)}}{\partial q_j}\frac{\partial x_k^{(i)}}{\partial q_{j'}}\right)\dot{q}_j\dot{q}_{j'}, \end{aligned} \tag{2.6}$$

dove si sono utilizzate le (1.25), tenendo conto che le derivate parziali rispetto al tempo sono nulle. Segue allora che T ha la forma in (2.4) se definiamo la matrice $A(q)$ come in (2.5).

Si vede immediatamente che la matrice $A(q)$ è simmetrica. Per vedere che è definita positiva notiamo innazitutto che si ha $\dot{q} = 0$ se e solo se $\dot{x} = 0$. Infatti, in accordo con la (1.25), $\dot{x}_k^{(i)}$ è una combinazione lineare dei vettori $\partial x_k^{(i)} / \partial q_j$. Tali vettori costituiscono una base per lo spazio tangente (cfr. l'esercizio 1.21), quindi la combinazione lineare (1.25) è nulla se e solo se i coefficienti della combinazione lineare $\dot{q}_j$ sono tutti simultaneamente nulli. In altre parole si ha $\dot{x}_k^{(i)} = 0$ per ogni $i = 1, \ldots, N$ e $k = 1, 2, 3$ se e solo se $\dot{q}_j = 0$ per ogni $j = 1, \ldots, 3N - M$. Poiché la forma quadratica in $\dot{x}$ data da

$$\langle \dot{x}, m\dot{x} \rangle = \langle \dot{q}, A(q)\dot{q} \rangle = 2T(q, \dot{q})$$

è nulla se e solo se $\dot{x} = 0$ ed è positiva altrimenti (si noti che i due prodotti scalari sono il primo in $\mathbb{R}^{3N}$ e il secondo in $\mathbb{R}^{3N-M}$), concludiamo che $T(q, \dot{q})$ è nulla se e solo se $\dot{q} = 0$ ed è positiva per ogni $\dot{q} \neq 0$. □

Lemma 2.3 *Se la lagrangiana $\mathcal{L}$ descrive un sistema meccanico conservativo, allora E rappresenta l'energia totale del sistema.*

Dimostrazione Se $\mathcal{L} = T - V$, con $T = T(q, \dot{q})$ data dalla (2.4) e $V = V(q)$, si ha

$$\begin{aligned} E &= \left\langle \dot{q}, \frac{\partial \mathcal{L}}{\partial \dot{q}} \right\rangle - \mathcal{L} = \langle \dot{q}, A(q)\dot{q} \rangle - \mathcal{L} = 2T(q, \dot{q}) - (T(q, \dot{q}) - V(q)) \\ &= T(q, \dot{q}) + V(q) = \frac{1}{2} \langle \dot{q}, A(q)\dot{q} \rangle + V(q), \end{aligned}$$

per la (2.1). Quindi E è la somma dell'energia cinetica e di quella potenziale, i.e. è l'energia totale. □

Le equazioni di Eulero-Lagrange corrispondenti alla lagrangiana (2.4) si possono scrivere come un sistema di equazioni differenziali del primo ordine. Si ha infatti

$$\frac{\mathrm{d}}{\mathrm{d}t} \frac{\partial \mathcal{L}}{\partial \dot{q}_j} = \frac{\mathrm{d}}{\mathrm{d}t} \left(\sum_{j'=1}^{3N-M} A_{jj'} \dot{q}_{j'} \right) = \sum_{j',j''=1}^{3N-M} \frac{\partial A_{jj'}}{\partial q_{j''}} \dot{q}_{j'} \dot{q}_{j''} + \sum_{j'=1}^{3N-M} A_{jj'} \ddot{q}_{j'}, \tag{2.7a}$$

$$\frac{\partial \mathcal{L}}{\partial q_j} = \frac{1}{2} \sum_{j',j''=1}^{3N-M} \frac{\partial A_{j'j''}}{\partial q_j} \dot{q}_{j'} \dot{q}_{j''} - \frac{\partial V}{\partial q_j}, \tag{2.7b}$$

così che le equazioni di Eulero-Lagrange diventano

$$\sum_{j'=1}^{3N-M} A_{jj'} \ddot{q}_{j'} = - \sum_{j',j''=1}^{3N-M} \frac{\partial A_{jj'}}{\partial q_{j''}} \dot{q}_{j'} \dot{q}_{j''} + \frac{1}{2} \sum_{j',j''=1}^{3N-M} \frac{\partial A_{j'j''}}{\partial q_j} \dot{q}_{j'} \dot{q}_{j''} - \frac{\partial V}{\partial q_j}. \tag{2.8}$$

Se introduciamo il vettore di componenti

$$\mathcal{Q}_j(q, \dot{q}) := \frac{1}{2} \sum_{j',j''=1}^{3N-M} \frac{\partial A_{j'j''}}{\partial q_j} \dot{q}_{j'} \dot{q}_{j''} - \frac{\partial V}{\partial q_j}, \tag{2.9}$$

e definiamo $p := A(q)\,\dot{q}$, le equazioni del secondo ordine (2.8) si trasformano in un sistema di $2(3N - M)$ equazioni del primo ordine, che scriviamo, in maniera compatta,

$$\begin{cases} \dot{q} = A^{-1}(q)\,p, \\ \dot{p} = \mathcal{Q}(q,p), \end{cases} \tag{2.10}$$

dove si è usato che la matrice $A(q)$ si può invertire in quanto definita positiva (cfr. il lemma 2.2). In termini di (q, p) l'energia del sistema si scrive

$$H(q,p) := \frac{1}{2}\langle p, A^{-1}(q)\,p\rangle + V(q), \tag{2.11}$$

dove il primo termine è l'energia cinetica e $V(q)$ è l'energia potenziale.

Osservazione 2.4 I punti di equilibrio per il sistema (2.10) si ottengono imponendo che, in corrispondenza di essi, il campo vettoriale sia nullo. Le prime $3N - M$ equazioni in (2.10) dànno $p = 0$, così che le ultime $3N - M$ equazioni si annullano se si ha $\mathcal{Q}(q, 0) = 0$. Questo giustifica la seguente definizione.

Definizione 2.5 (Configurazione di equilibrio) *Dato il sistema meccanico conservativo descritto dalla lagrangiana* (2.4)*, diciamo che q_0 è una* configurazione di equilibrio *per il sistema se $(q_0, 0)$ è un punto di equilibrio del sistema dinamico descritto dalla* (2.10)*. Diciamo che la configurazione di equilibrio q_0 è* stabile *se $(q_0, 0)$ è un punto d'equilibrio stabile, e che è* instabile *se $(q_0, 0)$ è instabile.*

Teorema 2.6 *Dato il sistema meccanico conservativo descritto dalla lagrangiana* (2.4)*, le configurazioni di equilibrio corrispondono ai punti stazionari dell'energia potenziale $V(q)$. Se q_0 è un punto di minimo isolato di V, allora q_0 rappresenta una configurazione di equilibrio stabile per il sistema.*

Dimostrazione Perché (q_0, p_0) sia un punto di equilibrio per il sistema (2.10) si deve avere $p_0 = 0$, che, inserita nelle ultime $3N - M$ equazioni, comporta $\mathcal{Q}(q_0, 0) = 0$ e quindi, in base alla definizione (2.9), $[\partial V/\partial q](q_0) = 0$. In conclusione q_0 è una configurazione di equilibrio se e solo se q_0 è un punto stazionario dell'energia potenziale V.

Poiché la (2.11) rappresenta l'energia totale del sistema descritto dalla lagrangiana $\mathcal{L}(q, \dot{q})$, possiamo applicare il teorema di Lagrange-Dirichlet (cfr. il teorema 4.68 del volume 1) per concludere che i punti di minimo isolati sono punti di equilibrio stabili per il sistema. □

Osservazione 2.7 Nel caso di un sistema meccanico conservativo costituito da N punti materiali sottoposti a vincoli olonomi bilateri, per determinare le forze vincolari possiamo procedere come segue. Tenendo conto che le forze attive sono conservative, le equazioni del moto (9.39b) del volume 1 diventano

$$m_i \ddot{\boldsymbol{x}}^{(i)} = -\boldsymbol{f}^{(i)} + \boldsymbol{f}_V^{(i)}, \qquad \boldsymbol{f}^{(i)} = -\frac{\partial}{\partial \boldsymbol{x}^{(i)}} V(x), \qquad i = 1, \dots, N.$$

dove $V(x)$ è l'energia potenziale del sistema in assenza di vincoli. Utilizzando le (1.25), e derivando una seconda volta rispetto al tempo, si ottiene

$$\ddot{x}_k^{(i)} = \sum_{m=1}^{3N-M} \frac{\partial x_k^{(i)}}{\partial q_m} \ddot{q}_m + 2 \sum_{m=1}^{3N-M} \frac{\partial^2 x_k^{(i)}}{\partial t \partial q_m} \dot{q}_m + \sum_{m,m'=1}^{3N-M} \frac{\partial^2 x_k^{(i)}}{\partial q_m \partial q_{m'}} \dot{q}_m \dot{q}_{m'} + \frac{\partial^2 x_k^{(i)}}{\partial^2 t},$$

dove $q(t)$ – e le sue derivate – si trovano risolvendo le equazioni di Eulero-Lagrange corrispondenti alla lagrangiana vincolata (cfr. la (2.8)). Scrivendo anche le forze attive in termini di q, i.e. derivando l'energia potenziale $V(x)$ rispetto a x e calcolando quindi la derivata in $x = x(q,t)$, si riesce a calcolare esplicitamente le forze vincolari nella forma

$$f_V = m\ddot{x} + \frac{\partial}{\partial x} V(x),$$

dove x e $\ddot{x}$ sono espresse, rispettivamente, in termini di q e in termini di q, $\dot{q}$ e $\ddot{q}$. In particolare, in corrispondenza delle configurazioni di equilibrio si ha $\dot{q} = \ddot{q} = 0$, e quindi $\ddot{x} = 0$ se la superficie di vincolo non dipende dal tempo (così anche che il termini con la doppia derivata parziale rispetto a t si annulla nell'espressione di $\ddot{x}_k^{(i)}$).

Osservazione 2.8 Se un sistema meccanico conservativo è sottoposto a vincoli olonomi bilateri non autonomi, allora si ha $x = x(q,t)$, invece di $x = x(q)$ come abbiamo scritto nella dimostrazione del lemma 2.2. L'espressione dell'energia cinetica (2.6) è modificata dall'aggiunta di altri due termini dovuti alla derivata parziale di x rispetto a t, ed è data da

$$T = T(q,\dot{q},t) = \frac{1}{2}\langle \dot{q}, A(q,t)\dot{q} \rangle + \langle B(q,t), \dot{q} \rangle + C(q,t), \tag{2.12}$$

dove $A(q,t)$ è ancora la matrice simmetrica definita positiva di elementi (2.5) e, inoltre, per $j = 1, \dots, 3N - M$,

$$B_j(q,t) := \sum_{i=1}^{N} \sum_{k=1}^{3} \frac{\partial x_k^{(i)}}{\partial q_j} \frac{\partial x_k^{(i)}}{\partial t}, \qquad C(q,t) := \sum_{i=1}^{N} \sum_{k=1}^{3} \left(\frac{\partial x_k^{(i)}}{\partial t} \right)^2.$$

Quindi T è ancora quadratica in $\dot{q}$, però ora compaiono anche termini lineari e costanti in $\dot{q}$. Si noti che anche nel caso di vincoli non autonomi si ha

$$\frac{\partial^2 \mathcal{L}}{\partial \dot{q}_i \partial \dot{q}_j} = \frac{\partial^2 T}{\partial \dot{q}_i \partial \dot{q}_j} = A_{ij}(q,t).$$

Il teorema 2.6 non considera il caso di punti stazionari che non siano punti di minimo isolati. Se la matrice hessiana di V calcolata in un punto stazionario q_0 ha almeno un autovalore negativo, l'instabilità del punto di equilibrio corrispondente $(q_0, 0)$ per il sistema dinamico descritto dalla (2.10) discende dal teorema 4.43 del volume 1, poiché in tal caso la matrice del sistema linearizzato intorno al punto di equilibrio ha almeno un autovalore positivo, come mostra la seguente discussione.

Teorema 2.9 *Si consideri il sistema meccanico conservativo descritto dalla lagrangiana* (2.4)*. Sia q_0 un punto stazionario dell'energia potenziale V e si assuma che, in un intorno di q_0, si abbia $V(q) = V_2(q) + R(q)$, dove $V_2(q)$ è una forma quadratica tale che $V_2(q) < 0$ per qualche q e $R(q) = o(|q - q_0|^2)$. Allora q_0 è una configurazione di equilibrio instabile.*

Dimostrazione La forma quadratica $V_2(q)$ è della frma

$$V_2(q) = \frac{1}{2}\langle q - q_0, B(q - q_0)\rangle$$

dove B è la matrice hessiana di V calcolata in $q = q_0$, i.e. la matrice di elementi $B_{ij} = [\partial^2 V/\partial q_i \partial q_j](q_0)$. Assumiamo, senza perdita di generalità, che si abbia $q_0 = 0$. Si consideri il sistema linearizzato del sistema (2.10) nell'intorno del punto di equilibrio $(0, 0)$, che scriviamo nella forma

$$\dot{x} = Mx, \qquad M = \begin{pmatrix} 0 & A^{-1} \\ -B & 0 \end{pmatrix},$$

dove $x = (q, p)$, $A := A(0)$ e 0 è la matrice nulla $n \times n$, con $n := 3N - M$. Per il teorema 4.43 del volume 1, se troviamo che M ha almeno un autovalore positivo, ne concludiamo che il punto di equilibrio $x = 0$ è un punto di equilibrio instabile. L'equazione per gli autovalori di M è $\det(M - \lambda \mathbb{1}) = 0$, dove $\mathbb{1}$ è la matrice identità $2n \times 2n$. Per $\lambda \neq 0$ introduciamo la matrice

$$\Lambda := \begin{pmatrix} \lambda^{-1}\mathbb{1} & A^{-1} \\ 0 & \lambda \mathbb{1} \end{pmatrix},$$

dove $\mathbb{1}$ è la matrice identità $n \times n$. Utilizzando il fatto che $\det \Lambda = 1$ e il teorema di Binet (cfr. il §1.1.2 del volume 1), otteniamo per $\lambda \neq 0$

$$\begin{aligned} \det(M - \lambda\mathbb{1}) &= \det(M - \lambda\mathbb{1}) \det \Lambda = \det((M - \lambda\mathbb{1})\Lambda) \\ &= \det\left(\begin{pmatrix} -\lambda\mathbb{1} & A^{-1} \\ -B & -\lambda\mathbb{1} \end{pmatrix}\begin{pmatrix} \lambda^{-1}\mathbb{1} & A^{-1} \\ 0 & \lambda\mathbb{1} \end{pmatrix}\right) \\ &= \det\begin{pmatrix} -\mathbb{1} & 0 \\ -\lambda^{-1}B & -BA^{-1} - \lambda^2\mathbb{1} \end{pmatrix} = \det\big(BA^{-1} + \lambda^2\mathbb{1}\big). \end{aligned} \tag{2.13}$$

Poiché la matrice simmetrica A è definita positiva esiste una matrice simmetrica definita positiva α tale che $A = \alpha^2$ (cfr. l'esercizio 2.1) e quindi $A^{-1} = \alpha^{-1}\alpha^{-1}$. Inoltre si ha $\det\alpha^{-1}\det\alpha = \det\alpha^{-1}\alpha = \det\mathbb{1} = 1$ e

$$\det\bigl(BA^{-1} + \lambda^2\mathbb{1}\bigr) = \det\bigl(\alpha^{-1}\bigl(BA^{-1} + \lambda^2\mathbb{1}\bigr)\alpha\bigr) = \det\bigl(\alpha^{-1}B\alpha^{-1} + \lambda^2\mathbb{1}\bigr),$$

sempre per il teorema di Binet. La matrice $\beta := \alpha^{-1}B\alpha^{-1}$ è simmetrica (poiché B e α^{-1} sono simmetriche); inoltre per ogni $q \in \mathbb{R}^n$ si ha

$$\langle q, \beta q\rangle = \bigl\langle q, \alpha^{-1}B\alpha^{-1}q\bigr\rangle = \bigl\langle \alpha^{-1}q, B\alpha^{-1}q\bigr\rangle.$$

Per ipotesi esiste $\bar{q} \in \mathbb{R}^n$ tale che $\langle \bar{q}, B\bar{q}\rangle < 0$, così che, se definiamo $v := \alpha^{-1}\bar{q}$, si ha $\langle v, \beta v\rangle < 0$. Questo implica che la matrice β ha almeno un autovalore negativo (cfr. l'esercizio 2.2), i.e. esiste $\mu < 0$ tale che $\det(\beta - \mu\mathbb{1}) = 0$. Se definiamo $\lambda := \sqrt{-\mu}$, allora λ risolve l'equazione $\det(BA^{-1} + \lambda^2\mathbb{1}) = 0$ e, inoltre, ha $\det(M - \lambda\mathbb{1}) = 0$, ovvero λ è un autovalore di M. Ne concludiamo che M ha un autovalore positivo $\lambda = \sqrt{-\mu}$, con $\mu < 0$, da cui segue l'instabilità del punto di equilibrio $x = 0$, per il teorema 4.43 del volume 1. □

Corollario 2.10 *Si consideri il sistema meccanico conservativo descritto dalla lagrangiana* (2.4)*, e sia q_0 un punto stazionario dell'energia potenziale V. Se q_0 è un punto di massimo o di sella* non degenere *(i.e. tale che la matrice hessiana di V calcolata in q_0 sia non singolare), allora q_0 è una configurazione di equilibrio instabile per il sistema.*

Dimostrazione Sia B la matrice hessiana di V calcolata nel punto stazionario q_0. Se B ha un autovalore negativo allora esistono $\lambda < 0$ e $v \in \mathbb{R}^n$ tali che $Bv = \lambda v$, così che $\langle v, Bv\rangle = \lambda|v|^2 < 0$. In tal caso sono quindi soddisfatte le ipotesi del teorema 2.9. □

Nel caso in cui q_0 sia un punto di massimo isolato, si riesce a trattare anche il caso degenere (i.e. il caso in cui la matrice hessiana sia singolare), per lo meno in alcuni casi, utilizzando la seguente variante del teorema di Četaev (cfr. il teorema 4.71 del volume 1).

Teorema 2.11 *Si consideri il sistema meccanico conservativo descritto con lagrangiana* (2.4)*. Supponiamo che esista un intorno $B(q_0)$ di q_0 tale che*

1. *l'insieme $D := \{q \in B(q_0) : V(q) < V(q_0)\}$ sia non vuoto;*
2. *$q_0 \in \partial D$;*
3. *$\left\langle \frac{\partial V}{\partial q}(q), q - q_0\right\rangle < 0 \;\forall q \in D \setminus \{q_0\}$.*

Allora q_0 è una configurazione di equilibrio instabile per il sistema.

Dimostrazione Sia $\varepsilon > 0$ tale che $B_\varepsilon(q_0) \subset B(q_0)$. Poniamo $n := 3N - M$, definiamo l'insieme

$$U := \{(q, p) \in \mathbb{R}^{2n} : q \in D \cap B_\varepsilon(q_0),\ \langle q - q_0, p\rangle > 0,\ E(q, p) < 0\},$$

dove $E(q, p) := H(q, p) - V(q_0)$, e consideriamo la funzione

$$W(q, p) := -E(q, p)\,\langle q - q_0, p\rangle.$$

Per ogni $q \in D$ si ha $E(q, p) < 0$ per $|p|$ sufficientemente piccolo, i.e. per $p < p_0(q)$ per qualche $p_0(q)$ dipendente da q, così che l'insieme U è non vuoto. Inoltre $(q_0, 0) \in \partial U$. Risulta $W(q, p) > 0$ in U (per definizione). Poiché (cfr. la definizione di $\mathcal{Q}(q, \dot{q})$ in (2.9))

$$\begin{aligned}\big\langle A^{-1}(q)\, p, p\big\rangle &\geq c_1 |p|^2,\\ \left|\left\langle q - q_0, \mathcal{Q}(q, A^{-1}(q)p) + \frac{\partial V}{\partial q}(q)\right\rangle\right| &\leq c_2 |q - q_0|\,|p^2|,\end{aligned}$$

per opportune costanti positive c_1 e c_2, si ha

$$\begin{aligned}\dot{W}(q, p) &= -E(q, p)(\langle \dot{q}, p\rangle + \langle q - q_0, \dot{p}\rangle)\\ &= -E(q, p)\big(\big\langle \dot{A}^{-1}(q)\, p, p\big\rangle + \big\langle q - q_0, \mathcal{Q}(q, A^{-1}(q)p)\big\rangle\big)\\ &\geq -E(q, p)\left(c_0|p|^2 - \left\langle q - q_0, \frac{\partial V}{\partial q}(q)\right\rangle\right),\end{aligned}$$

dove $c_0 = c_1/2$ (se ε è sufficientemente piccolo), così che $\dot{W}(q, p) > 0$ in U. Possiamo quindi applicare il teorema 4.71 del volume 1, con funzione di Četaev $W(q, p)$. □

Il teorema 2.11 permette di concludere che un punto di massimo isolato dell'energia potenziale V costituisce una configurazione di equilibrio instabile, purché si assumano ulteriori condizioni sulla funzione V.

Definizione 2.12 (Funzione omogenea) *Una funzione* $f : \mathbb{R}^n \to \mathbb{R}$ *si dice* omogenea *di grado* m*, con* $m \in \mathbb{N}$*, se* $f(\lambda x) = \lambda^m f(x)$ *per ogni* $\lambda > 0$ *e per ogni* $x \in \mathbb{R}^n$*. Un* polinomio omogeneo *di grado* m*, con* $m \in \mathbb{N}$*, è un polinomio della forma*

$$P(x) = \sum_{\substack{m_1,\ldots,m_n \geq 0\\ m_1+\ldots+m_n=m}} b_{m_1,\ldots,m_n} x_1^{m_1} \ldots x_n^{m_n}, \qquad b_{m_1,\ldots,m_n} \in \mathbb{R}.$$

Si noti che un polinomio omogeneo di grado m è, in base alla definizione, una funzione omogenea di grado m.

Teorema 2.13 *Si consideri il sistema meccanico conservativo descritto dalla lagrangiana (2.4). Sia q_0 un punto stazionario dell'energia potenziale V e si assuma che, in un intorno di q_0, la funzione V abbia la forma $V(q) = V(q_0) + V_m(q - q_0) + R(q)$, dove $V_m(q)$ è un polinomio omogeneo di grado m definito negativo, i.e. tale che $V_m(q) < 0\ \forall q \in \mathbb{R}^{3N-m} \setminus \{0\}$, e*

$$\lim_{q \to q_0} \frac{1}{|q - q_0|^{m-1}} \frac{\partial R}{\partial q}(q) = 0, \qquad R(q_0) = 0.$$

Allora q_0 è una configurazione di equilibrio instabile per il sistema.

Dimostrazione In virtù delle ipotesi assunte sulle funzioni V_m e R, risulta $\langle \nabla V_m(q), q\rangle = m V_m(q)$ (cfr. l'esercizio 2.4), $V_m(q - q_0) < -c|q - q_0|^m$ per ogni $q \neq q_0$ e per qualche costante positiva c (cfr. l'esercizio 2.5), e $R(q) = o(|q - q_0|^m)$ (cfr. l'esercizio 2.6). Ne segue che si ha

$$\begin{aligned} V(q) - V(q_0) &= V_m(q - q_0) + R(q) \\ &< -c|q - q_0|^m + o(|q - q_0|^m) < -\frac{c}{2}|q - q_0|^m, \end{aligned}$$

da cui si evince che l'insieme D, definito come nel teorema 2.11, è non vuoto, e, inoltre,

$$\begin{aligned} \left\langle q - q_0, \frac{\partial V}{\partial q}(q) \right\rangle &= m V_m(q) + \left\langle q - q_0, \frac{\partial R}{\partial q}(q) \right\rangle \\ &< -m\,c|q - q_0|^m + o(|q - q_0|^m) < -\frac{m\,c}{2}|q - q_0|^m, \end{aligned}$$

purché $|q - q_0|$ sia sufficientemente piccolo. Applicando il teorema 2.11, concludiamo che q_0 è una configurazione di equilibrio instabile. □

Osservazione 2.14 In realtà si può dimostrare che un punto di massimo isolato dell'energia potenziale corrisponde sempre a una configurazione di equilibrio instabile. Questo è stato esplicitamente verificato per $n = 1$ (cfr. il §4.3 – in particolare il teorema 4.77 – del volume 1). Per $n > 1$, al contrario, la dimostrazione è ben più complicata (cfr. la nota bibliografica). Nel caso di punti stazionari isolati che non siano né punti di minimo né punti di massimo, si può dimostrare ancora l'instabilità del corrispondente punto di equilibrio, sotto l'assunzione che l'energia potenziale sia una funzione analitica (cfr. di nuovo la nota bibliografia). Tuttavia, nel caso di funzioni di classe C^2, il problema è aperto.

In un sistema meccanico conservativo può succedere che, pur non essendoci configurazioni di equilibrio, esista un opportuno sistema di riferimento mobile in cui il sistema ammetta configurazioni di equilibrio. Si consideri per esempio un sistema di punti materiali che si muovano in un piano rotante: ovviamente le equazioni del moto (2.9) non possono avere configurazioni di equilibrio al di fuori dell'asse di rotazione (perché la corrispondente velocità non può essere nulla). Tuttavia, nel sistema di riferimento solidale con il piano rotante possono esistere configurazioni di equilibrio.

Definizione 2.15 (Equilibrio relativo) *Dato un sistema lagrangiano, si considerino le corrispondenti equazioni di Eulero-Lagrange in un sistema di riferimento mobile. Una configurazione di equilibrio q_0 in tale sistema di riferimento rappresenta una configurazione di* equilibrio relativo *per il sistema lagrangiano.*

Esempio 2.16 Si consideri un pendolo semplice che si muova in un piano che a sua volta ruoti intorno a un asse verticale passante per il punto di sospensione con velocità angolare costante ω. Nel sistema di riferimento solidale con il piano rotante la lagrangiana del pendolo è (cfr. l'esercizio 2.7)

$$\mathcal{L}(\varphi, \dot{\varphi}) = \frac{1}{2} m\ell^2 \dot{\varphi}^2 + mg\ell \cos\varphi + \frac{1}{2} m\omega^2 \ell^2 \sin^2\varphi,$$

dove, rispetto alla lagrangiana dell'esercizio 1.49, compare un termine aggiuntivo dovuto alla forza centrifuga. Oltre alle configurazioni di equilibrio corrispondenti a $\varphi = 0$ e $\varphi = \pi$, se $\alpha := g/\omega^2\ell < 1$ compaiono due nuove configurazioni di equilibrio, $\varphi = \varphi_0$ e $\varphi = -\varphi_0$, dove $\varphi_0 = \arccos\alpha$: si verifica facilmente che, quando le ultime esistono, esse sono stabili, mentre $(\varphi, \dot{\varphi}) = (0, 0)$, che è una configurazione di equilibrio stabile per $\alpha \geq 1$, diventa instabile per $\alpha < 1$. Il cambiamento di stabilità delle configurazioni di equilibrio (e quindi dei punti di equilibrio corrispondenti) al variare del parametro $\alpha \in (0, +\infty)$ può essere rappresentato graficamente per mezzo di un *diagramma di biforcazione* (cfr. la nota bibliografica), come nella figura 2.1, dove solo la variabile φ è riportata in ordinata, poiché $\dot{\varphi} = 0$ in corrispondenza di un un punto di equilibrio: le linee solide corrispondono a punti di equilibrio stabili, mentre le linee tratteggiate corrispondono a punti di equilibrio instabili. In particolare si vede che $\varphi = \pi$ è una configurazione di equilibrio instabile per ogni

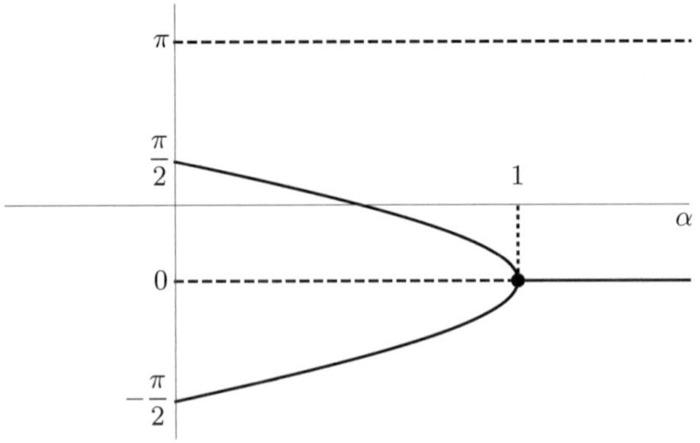

Figura 2.1 Diagramma di biforcazione dei punti di equilibrio per l'esempio 2.16

valore di α; la configurazione di equilibrio $\varphi = 0$ esiste per ogni valore di α, ma è stabile solo per $\alpha \geq 1$; infine le due configurazioni di equilibrio $\varphi = \pm\varphi_0$ esistono solo per $\alpha \in [0, 1)$ e quando esistono sono stabili. Al diminuire di α, l'equilibrio di $\varphi = 0$ passa da stabile a instabile quando α raggiunge il valore critico $\alpha_c = 1$ e nel contempo si creano due nuovi punti di equilibrio stabili. Si parla in questo caso di *biforcazione a forcone supercritica*. Si parla invece di *biforcazione a forcone subcritica* quando un punto di equilibrio passa da instabile a stabile e si creano due nuovi punti di equilibrio instabili (cfr. anche la discussione del §2.4.3 e gli esercizi 2.8 e 2.9).

2.2 Variabili cicliche e metodo di Routh

Lo studio di un sistema di lagrangiano può risultare più o meno complicato a seconda del sistema di coordinate che si è scelto. La fondatezza di questa semplice osservazione è già evidente nel caso di sistemi lineari $\dot{x} = Ax$: se per esempio la matrice A è diagonalizzabile, è conveniente studiare il sistema nella base in cui A è diagonale. In questo paragrafo vedremo che è particolarmente vantaggioso lavorare in un sistema di coordinate in cui la lagrangiana non dipenda esplicitamente da (almeno) una di esse. Questo infatti consente di passare a un sistema lagrangiano con un grado di libertà in meno, e quindi, in principio, più facile da studiare. La riduzione al sistema con meno gradi di libertà si ottiene attraverso quello che è chiamato *metodo di Routh*, che ora passiamo a descrivere.

Sia $\mathcal{L} = T - V$ una lagrangiana descritta in un sistema di coordinate $q_1, \ldots, q_n$. Per un sistema meccanico soggetto a forze conservative si ha $\mathcal{L}(q, \dot{q}, t) = T(q, \dot{q}, t) - V(q, t)$, dove $T(q, \dot{q}, t)$ è l'energia cinetica (2.12) e $V(q, t)$ è l'energia potenziale. Supponiamo (anche nel seguito) che la matrice di elementi

$$\frac{\partial^2 \mathcal{L}}{\partial \dot{q}_i \partial \dot{q}_j}$$

sia definita positiva (cfr. l'osservazione 1.20 e il lemma 2.2); questo implica la condizione $\partial^2 \mathcal{L}/\partial \dot{q}_n^2 \neq 0$ (cfr. l'esercizio 2.10) che rientra nelle ipotesi del teorema 2.20 più avanti.

Definizione 2.17 (Variabile ciclica) *Se la lagrangiana $\mathcal{L}(q, \dot{q}, t)$ non dipende da una coordinata, diciamo che tale coordinata è una* variabile ciclica.

Osservazione 2.18 Che la lagrangiana di un sistema a n gradi di libertà possa dipendere da un numero di coordinate inferiore a n dipende dal particolare sistema di coordinate scelte. Per esempio nel caso di campi centrali, se, nel piano in cui si svolge il moto, si scelgono coordinate polari (ρ, θ) allora la variabile angolare θ è ciclica (cfr. l'esempio 2.23 più avanti); tuttavia in coordinate cartesiane non ci sono variabili cicliche. Vedremo nel §3.1 che l'esistenza di coordinate cicliche è legata all'esistenza di costanti del moto e che, più precisamente, se un sistema meccanico ammette una costante del moto, allora esiste un sistema di coordinate in cui una di esse è ciclica (cfr. comunque l'osservazione 3.22).

Lemma 2.19 *Se q_n è una variabile ciclica per il sistema descritto dalla lagrangiana $\mathcal{L}$, i.e.*

$$\mathcal{L} = \mathcal{L}(q_1, \dots, q_{n-1}, \dot{q}_1, \dots, \dot{q}_n, t), \tag{2.14}$$

allora la quantità

$$p_n := \frac{\partial \mathcal{L}}{\partial \dot{q}_n} \tag{2.15}$$

è una costante del moto.

Dimostrazione Segue dalle equazioni di Eulero-Lagrange (1.5) e dal fatto che la lagrangiana (2.14) non dipende da q_n. □

Teorema 2.20 (Teorema di Routh) *Se un sistema lagrangiano con lagrangiana $\mathcal{L}$ è tale che, nel sistema di coordinate $q = (q_1, \dots, q_n)$, q_n è una variabile ciclica e si ha $\partial^2 \mathcal{L}/\partial \dot{q}_n^2 \neq 0$, allora l'evoluzione delle altre coordinate è determinata dalla lagrangiana*

$$\begin{aligned} &\mathcal{L}_R(q_1, \dots, q_{n-1}, \dot{q}_1, \dots, \dot{q}_{n-1}, t, p_n) \\ &\quad = \mathcal{L}(q_1, \dots, q_{n-1}, \dot{q}_1, \dots, \dot{q}_n, t) - p_n \dot{q}_n \Big|_{\dot{q}_n = f(q_1, \dots, \dot{q}_{n-1}, t, p_n)}, \end{aligned} \tag{2.16}$$

dove p_n è la costante del moto (2.15) *ed f è la funzione che si ottiene invertendo la* (2.15)*, i.e. esprimendo $\dot{q}_n$ in funzione di p_n e delle altre variabili.*

Dimostrazione Poiché $\partial^2 \mathcal{L}/\partial \dot{q}_n^2 \neq 0$, la (2.15) può essere invertita, per il teorema della funzione implicita (cfr. l'esercizio 4.4 del volume 1), e quindi esiste una funzione f tale che

$$\dot{q}_n = f(q_1, \dots, q_{n-1}, \dot{q}_1, \dots, \dot{q}_{n-1}, t, p_n), \tag{2.17}$$

dove p_n è una costante del moto (per il lemma 2.19). Quindi $\dot{q}_n$ è funzione delle sole coordinate $q_1, \dots, q_{n-1}$ (e delle loro derivate, oltre che di t e di p_n) e non dipende invece da q_n. Una volta che le funzioni $q_1(t)$, ..., $q_{n-1}(t)$ siano note, la funzione $q_n(t)$ si ottiene per integrazione diretta dalla (2.17).

Dobbiamo quindi determinare la variazione nel tempo delle prime $n - 1$ coordinate. Definiamo la funzione $\mathcal{L}_R$ come in (2.16); per costruzione $\mathcal{L}_R$ dipende solo da

$$q_1, \dots, q_{n-1}, \dot{q}_1, \dots, \dot{q}_{n-1}, t, p_n,$$

quindi con il simbolo $\partial \mathcal{L}_R/\partial q_k$ indichiamo la derivata parziale di $\mathcal{L}_R$ rispetto a q_k, che si ottiene come limite del rapporto incrementale che si ha mantenendo fisse le altre variabili da cui essa dipende (inclusa p_n, che deve essere considerata semplicemente un parametro per $\mathcal{L}_R$). Quindi, per $k = 1, \dots, n-1$,

$$\frac{\partial \mathcal{L}_R}{\partial q_k} = \frac{\partial \mathcal{L}}{\partial q_k} + \frac{\partial \mathcal{L}}{\partial \dot{q}_n}\frac{\partial f}{\partial q_k} - p_n \frac{\partial f}{\partial q_k} = \frac{\partial \mathcal{L}}{\partial q_k},$$

in virtù della definizione (2.15). Analogamente, per $k = 1, \dots, n-1$,

$$\frac{\partial \mathcal{L}_R}{\partial \dot{q}_k} = \frac{\partial \mathcal{L}}{\partial \dot{q}_k} + \frac{\partial \mathcal{L}}{\partial \dot{q}_n}\frac{\partial f}{\partial \dot{q}_k} - p_n \frac{\partial f}{\partial \dot{q}_k} = \frac{\partial \mathcal{L}}{\partial \dot{q}_k},$$

e quindi le equazioni di Eulero-Lagrange (1.5) per la lagrangiana $\mathcal{L}$ implicano

$$\frac{\mathrm{d}}{\mathrm{d}t}\frac{\partial \mathcal{L}_R}{\partial \dot{q}_k} = \frac{\partial \mathcal{L}_R}{\partial q_k}, \qquad k = 1, \dots, n-1,$$

che sono le equazioni di Eulero-Lagrange per la lagrangiana (2.16). □

Definizione 2.21 (Lagrangiana ridotta) *Dato un sistema lagrangiano e un sistema di coordinate in cui la coordinata q_n sia ciclica, si definisce* lagrangiana ridotta *la funzione* (2.16).

Osservazione 2.22 La dimostrazione del teorema 2.20 fa vedere che la sostituzione diretta della (2.17) nella lagrangiana $\mathcal{L}$, i.e.

$$\begin{aligned} &\mathcal{L}'(q_1, \dots, q_{n-1}, \dot{q}_1, \dots, \dot{q}_{n-1}, t, p_n) \\ &= \mathcal{L}(q_1, \dots, q_{n-1}, \dot{q}_1, \dots, \dot{q}_n, t)\Big|_{\dot{q}_n = f(q_1, \dots, q_{n-1}, \dot{q}_1, \dots, \dot{q}_{n-1}, t, p_n)}, \end{aligned}$$

produce una funzione $\mathcal{L}'$ che non rappresenta la lagrangiana del sistema a $n-1$ gradi di libertà descritto dalle coordinate $q_1, \dots, q_{n-1}$. Questo è dovuto al fatto che le derivate parziali rispetto alle q_k e rispetto alle $\dot{q}_k$ entrano in modo diverso nelle equazioni di Eulero-Lagrange, a seconda di quali siano le altre coordinate che si mantengono costanti nel calcolare le derivate parziali.

Esempio 2.23 Sia $\mathcal{L}$ la lagrangiana che descrive un punto di massa μ che si muove in un piano per effetto di una forza centrale di energia potenziale V (cfr. la discussione del problema dei due corpi al capitolo 7 del volume 1). In coordinate polari, si ha (cfr. l'esercizio 2.11)

$$\mathcal{L}(\rho, \dot{\rho}, \dot{\theta}) = \frac{1}{2}\mu\Big(\dot{\rho}^2 + \rho^2\dot{\theta}^2\Big) - V(\rho) \tag{2.18}$$

e la coordinata θ è ciclica. La quantità

$$L := \frac{\partial \mathcal{L}}{\partial \dot{\theta}} = \mu\rho^2\dot{\theta}, \tag{2.19}$$

che definisce la componente del momento angolare ortogonale al piano, è una costante del moto (cfr. anche il §7.1 del volume 1). Per il teorema 2.20 il moto della coordinata ρ è determinato dalla lagrangiana ridotta

$$\mathcal{L}_R(\rho, \dot{\rho}) = \mathcal{L}(\rho, \dot{\rho}, \dot{\theta}) - L\dot{\theta}\Big|_{\dot{\theta}=L/\mu\rho^2} = \frac{1}{2}\mu\dot{\rho}^2 - \left(V(\rho) + \frac{L^2}{2\mu\rho^2}\right),$$

consistentemente con la definizione di energia potenziale efficace (cfr. la (7.16) del volume 1).

Osservazione 2.24 La sostituzione della (2.19) nella (2.18) avrebbe portato alla funzione

$$\mathcal{L}'(\rho, \dot{\rho}) = \frac{1}{2}\mu\dot{\rho}^2 - \left(V(\rho) - \frac{L^2}{2\mu\rho^2}\right),$$

che non rappresenta la lagrangiana che descrive il moto.

2.3 Studio di un sistema lagrangiano: primo esempio

Trattiamo in dettaglio, a titolo esemplicativo della teoria sviluppata finora, il sistema meccanico conservativo seguente. Due punti materiali P_1 e P_2, entrambi di massa m, sono vincolati a muoversi su una guida circolare di raggio $r = 1$ posta in un piano verticale π. Si scelga in π un sistema di coordinate (x, y) nel quale la circonferenza abbia equazione $x^2 + (y-1)^2 = 1$. Due punti materiali P_3 e P_4, anch'essi di massa m, possono scorrere lungo una guida orizzontale contenuta nel piano π, di equazione $y = 0$. I punti P_1 e P_2 sono collegati tramite una molla, rispettivamente, ai punti P_3 e P_4, i quali, a loro volta, sono collegati entrambi tramite una molla al punto materiale P_5, di massa m, libero di scorrere lungo l'asse y; le molle hanno tutte lunghezza a riposo nulla e costante elastica $k > 0$ (cfr. la figura 2.2 e l'esercizio 2.13). Indichiamo con g l'accelerazione di gravità.

(1) Si scrivano la lagrangiana del sistema e le equazioni di Eulero-Lagrange, utilizzando come coordinate lagrangiane le coordinate cartesiane non banali dei punti P_3, P_4 e P_5 (i.e. le ascisse x_3 e x_4 di P_3 e di P_4, rispettivamente, e l'ordinata di P_5) e gli angoli che i raggi vettori OP_1 e OP_2 formano con la verticale discendente, se O è il centro della guida circolare.
(2) Si determinino le configurazioni di equilibrio e se ne discuta la stabilità.
(3) Si consideri la configurazione (cfr. la figura 2.3)

$$\begin{aligned} &P_1 = (1,1), \quad P_2 = (-1,1), \quad P_3 = (1,0), \\ &P_4 = (-1,0), \quad P_5 = (0, -mg/2k), \end{aligned} \tag{2.20}$$

e si fissino nulle le velocità , i.e. $v_1 = v_2 = v_3 = v_4 = v_5 = (0,0)$, dove $v_i \in \mathbb{R}^2$ è la velocità del punto P_i. Si determinino le forze vincolari che agiscono sul punto P_3 in corrispondenza della configurazione considerata.

Figura 2.2 Sistema discusso nell'esempio del §2.3

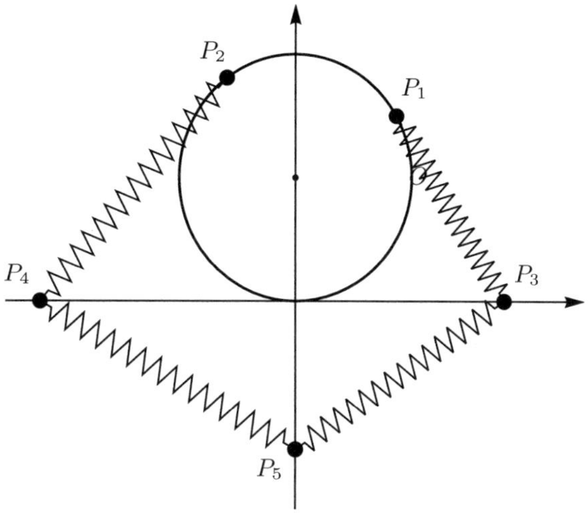

Figura 2.3 Configurazione considerata al punto (3)

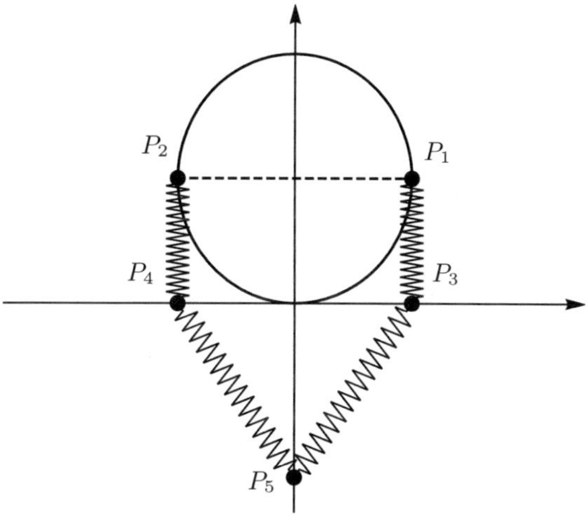

(4) Siano i punti P_1 e P_2 fissati rigidamente nelle posizioni, rispettivamente,

$$P_1 = (1, 1), \qquad P_2 = (-1, 1).$$

Se il piano π ruota intorno all'asse y con velocità angolare costante ω (cfr. la figura 2.4), si determinino le configurazioni di equilibrio relativo, i.e. le configurazioni di equilibrio nel sistema di riferimento solidale con il piano π (cfr. la definizione 2.15) e se ne studi la stabilità. Si determinino infine le forze vincolari che agiscono sul punto P_3, in corrispondenza di una generica configurazione compatibile con il moto.

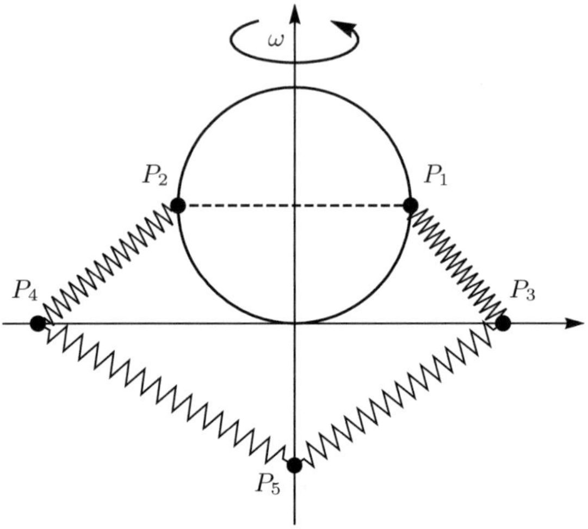

Figura 2.4 Sistema considerato al punto (4)

2.3.1 Lagrangiana ed equazioni di Eulero-Lagrange

Si indichino con (x_i, y_i) e con $v_i = (\dot{x}_i, \dot{y}_i)$ le coordinate e le velocità, rispettivamente dei punti P_i, $i = 1, \ldots, 5$. L'energia cinetica del sistema è

$$T = \frac{1}{2}\sum_{i=1}^{5} m|v_i|^2 = \frac{1}{2}\sum_{i=1}^{5} m\big(\dot{x}_i^2 + y_i^2\big), \tag{2.21}$$

mentre l'energia potenziale è $V = V_{\text{gr}} + V_{\text{el}}$, con

$$\begin{aligned} V_{\text{gr}} &= \sum_{i=1}^{5} mgy_i, \\ V_{\text{el}} &= \frac{1}{2}k\Big(\big((x_1 - x_3)^2 + (y_1 - y_3)^2\big) + \big((x_2 - x_4)^2 + (y_2 - y_4)^2\big) \\ &\quad + \big((x_3 - x_5)^2 + (y_3 - y_5)^2\big) + \big((x_4 - x_5)^2 + (y_4 - y_5)^2\big)\Big), \end{aligned} \tag{2.22}$$

dove V_{gr} rappresenta l'energia gravitazionale (cfr. l'esercizio 2.12) e V_{el} è il contributo dovuto all'energia elastica delle molle (cfr. l'esercizio 2.13)

Si noti che il sistema può essere visto come un sistema di punti materiali in $\mathbb{R}^3$ con l'ulteriore vincolo che la coordinata z_i di ogni punto P_i è identicamente nulla. In linea di principio, possiamo introdurre anche le coordinate z_i e $\dot{z}_i$ nelle (2.21) e (2.22), ma i termini aggiuntivi scompaiono quando imponiamo il vincolo $z_i = \dot{z}_i = 0$ per $i = 1, \ldots, 5$.

In termini delle coordinate lagrangiane suggerite nel testo, le coordinate cartesiane dei punti P_1, P_2, P_3, P_4 e P_5 sono date da $P_1 = (\sin\theta_1, 1 - \cos\theta_1)$, $P_2 =$

$(\sin\theta_2, 1-\cos\theta_2)$, $P_3 = (x_3, 0)$, $P_4 = (x_4, 0)$ e $P_5 = (0, y)$ così che le corrispondenti velocità sono $v_1 = (\cos\theta_1\,\dot\theta_1, \sin\theta_1\,\dot\theta_1)$, $v_2 = (\cos\theta_2\,\dot\theta_2, \sin\theta_2\,\dot\theta_2)$, $v_3 = (\dot x_3, 0)$, $v_4 = (\dot x_4, 0)$ e $v_5 = (0, \dot y)$. Per il sistema vincolato, quindi, l'energia cinetica (2.21) diventa

$$T = \frac{m}{2}\left(\dot\theta_1^2 + \dot\theta_2^2 + \dot x_3^2 + \dot x_4^2 + \dot y^2\right)$$

e l'energia potenziale è

$$\begin{aligned} V &= mg(1-\cos\theta_1) + mg(1-\cos\theta_2) + mgy \\ &+ \frac{k}{2}\Big\{\left[x_3^2 + y^2\right] + \left[x_4^2 + y^2\right] + \left[(\sin\theta_1 - x_3)^2 + (1-\cos\theta_1)^2\right] \\ &+ \left[(\sin\theta_2 - x_4)^2 + (1-\cos\theta_2)^2\right]\Big\}, \end{aligned}$$

che si può riscrivere, trascurando i termini costanti (cfr. l'osservazione 1.21),

$$\begin{aligned} V &= mg(y - \cos\theta_1 - \cos\theta_2) \\ &+ k\left(x_3^2 + x_4^2 + y^2 - x_3\sin\theta_1 - \cos\theta_1 - x_4\sin\theta_2 - \cos\theta_2\right). \end{aligned}$$

Quindi la lagrangiana del sistema è data da

$$\begin{aligned} \mathcal{L} = T - V = &\frac{m}{2}\left(\dot\theta_1^2 + \dot\theta_2^2 + \dot x_3^2 + \dot x_4^2 + \dot y^2\right) - mg(y - \cos\theta_1 - \cos\theta_2) \\ &- k\left(x_3^2 + x_4^2 + y^2 - x_3\sin\theta_1 - \cos\theta_1 - x_4\sin\theta_2 - \cos\theta_2\right). \end{aligned}$$

Per ottenere le equazioni di Eulero-Lagrange, si calcolano le derivate parziali $\partial\mathcal{L}/\partial\dot q$ e $\partial\mathcal{L}/\partial q$ e si pone $d/dt[\partial\mathcal{L}/\partial\dot q] = \partial\mathcal{L}/\partial q$, se q denota la generica coordinata lagrangiana. Si ha

$$\begin{aligned} \frac{\partial\mathcal{L}}{\partial\dot\theta_1} &= m\dot\theta_1, & \frac{\partial\mathcal{L}}{\partial\theta_1} &= -mg\sin\theta_1 + kx_3\cos\theta_1 - k\sin\theta_1, \\ \frac{\partial\mathcal{L}}{\partial\dot\theta_2} &= m\dot\theta_2, & \frac{\partial\mathcal{L}}{\partial\theta_2} &= -mg\sin\theta_2 + kx_4\cos\theta_2 - k\sin\theta_2, \\ \frac{\partial\mathcal{L}}{\partial\dot x_3} &= m\dot x_3, & \frac{\partial\mathcal{L}}{\partial x_3} &= -2kx_3 + k\sin\theta_1, \\ \frac{\partial\mathcal{L}}{\partial\dot x_4} &= m\dot x_4, & \frac{\partial\mathcal{L}}{\partial x_4} &= -2kx_4 + k\sin\theta_2, \\ \frac{\partial\mathcal{L}}{\partial\dot y} &= m\dot y, & \frac{\partial\mathcal{L}}{\partial y} &= -2ky - mg, \end{aligned}$$

da cui si ricavano le equazioni

$$\begin{cases} m\ddot{\theta}_1 = -mg\sin\theta_1 + kx_3\cos\theta_1 - k\sin\theta_1, \\ m\ddot{\theta}_2 = -mg\sin\theta_2 + kx_4\cos\theta_2 - k\sin\theta_2, \\ m\ddot{x}_3 = -2kx_3 + k\sin\theta_1, \\ m\ddot{x}_4 = -2kx_4 + k\sin\theta_2, \\ m\ddot{y} = -2ky - mg. \end{cases} \tag{2.23}$$

2.3.2 *Configurazioni di equilibrio*

Per quanto visto nel §2.1 (cfr. il teorema 2.6), le configurazioni di equilibrio del sistema sono i punti stazionari dell'energia potenziale. Si devono quindi individuare i valori $(\theta_1, \theta_2, x_1, x_2, y)$ tali che siano nulle le derivate dell'energia potenziale V trovata nel §2.3.1.

Imponiamo perciò

$$\frac{\partial V}{\partial \theta_1} = -\frac{\partial \mathcal{L}}{\partial \theta_1} = mg\sin\theta_1 - kx_3\cos\theta_1 + k\sin\theta_1 = 0, \tag{2.24a}$$

$$\frac{\partial V}{\partial \theta_2} = -\frac{\partial \mathcal{L}}{\partial \theta_2} = mg\sin\theta_2 - kx_4\cos\theta_2 + k\sin\theta_2 = 0, \tag{2.24b}$$

$$\frac{\partial V}{\partial x_3} = -\frac{\partial \mathcal{L}}{\partial x_3} = 2kx_3 - k\sin\theta_1 = 0, \tag{2.24c}$$

$$\frac{\partial V}{\partial x_4} = -\frac{\partial \mathcal{L}}{\partial x_4} = 2kx_4 - k\sin\theta_2 = 0, \tag{2.24d}$$

$$\frac{\partial V}{\partial y} = -\frac{\partial \mathcal{L}}{\partial y} = 2ky + mg = 0. \tag{2.24e}$$

La (2.24e) dà

$$y = -\frac{mg}{2k} := -y_0,$$

mentre dalla (2.24c) e dalla (2.24d) si ricavano le relazioni

$$2x_3 = \sin\theta_1, \qquad 2x_4 = \sin\theta_2,$$

che, introdotte nelle prime due equazioni, dànno due equazioni chiuse, rispettivamente per θ_1 e per θ_2. Le due equazioni sono uguali, a meno dello scambio di θ_1 con θ_2: è quindi sufficiente studiarne una. Consideriamo, per esempio, l'equazione per θ_1:

$$\frac{\partial V}{\partial \theta_1} = \frac{\sin\theta_1}{2}[2(mg + k) - k\cos\theta_1] = 0$$

che, per essere soddisfatta, richiede $\sin\theta_1 = 0$, dal momento che l'equazione

$$\cos\theta_1 = \frac{2(mg+k)}{k}$$

non ammette soluzione poiché $2(mg+k) > k$. Quindi sono ammissibili sono le soluzioni dell'equazione $\sin\theta_1 = 0$, che implica $\theta_1 = 0$ oppure $\theta_1 = \pi$. Analogamente la condizione di annullamento per la derivata di V rispetto a θ_2 porta a $\theta_2 = 0$ oppure $\theta_2 = \pi$.

In conclusione abbiamo quattro configurazioni di equilibrio:

$$\begin{aligned}
&(Q_1) && \theta_1 = 0, && \theta_2 = 0, && x_3 = x_4 = 0, && y = -y_0, && (2.25a)\\
&(Q_2) && \theta_1 = 0, && \theta_2 = \pi, && x_3 = x_4 = 0, && y = -y_0, && (2.25b)\\
&(Q_3) && \theta_1 = \pi, && \theta_2 = 0, && x_3 = x_4 = 0, && y = -y_0, && (2.25c)\\
&(Q_4) && \theta_1 = \pi, && \theta_2 = \pi, && x_3 = x_4 = 0, && y = -y_0, && (2.25d)
\end{aligned}$$

che corrispondono ad avere il punto P_5 alla quota $-y_0$, i punti P_3 e P_4 nell'origine, mentre ciascuno dei i punti P_1 e P_2 può trovarsi o nell'origine o nel punto antipodale all'origine lungo la circonferenza.

Al fine di discutere la stabilità delle configurazioni di equilibrio, occorre esaminare la matrice hessiana di V. Il sistema sotto studio è un sistema a 5 gradi di libertà. È tuttavia immediato notare che la lagrangiana si separa nella somma di tre lagrangiane indipendenti

$$\mathcal{L} := \mathcal{L}_1(\theta_1, x_3, \dot\theta_1, \dot x_3) + \mathcal{L}_2(\theta_2, x_4, \dot\theta_2, \dot x_4) + \mathcal{L}_3(y, \dot y),$$

dove

$$\begin{aligned}
\mathcal{L}_1 &= T_1 - V_1 = \frac{m}{2}\big(\dot\theta_1^2 + \dot x_3^2\big) + mg\cos\theta_1 - k\big(x_3^2 - x_3\sin\theta_1 - \cos\theta_1\big),\\
\mathcal{L}_2 &= T_2 - V_2 = \frac{m}{2}\big(\dot\theta_2^2 + \dot x_4^2\big) + mg\cos\theta_2 - k\big(x_4^2 - x_4\sin\theta_2 - \cos\theta_2\big),\\
\mathcal{L}_3 &= T_3 - V_3 = \frac{m}{2}\dot y^2 - mgy - ky^2,
\end{aligned}$$

con ovvio significato dei simboli. Quindi è sufficiente considerare i tre sistemi disaccoppiati e studiare le corrispondenti configurazioni di equilibrio. Inoltre, visto che la lagrangiana $\mathcal{L}_2$ si ottiene semplicemente da $\mathcal{L}_1$ per scambio di (θ_1, x_3) con (θ_2, x_4), di fatto basta studiare le lagrangiane $\mathcal{L}_1$ e $\mathcal{L}_3$.

Per $\mathcal{L}_3$ si ottiene

$$\frac{\partial^2 V_3}{\partial y^2} = 2k > 0,$$

da cui possiamo concludere che $y = y_0$ è un punto di minimo per l'energia potenziale V_3 e quindi y_0 è una configurazione di equilibrio stabile per $\mathcal{L}_3$.

Per $\mathcal{L}_1$ si ottiene

$$\mathcal{H}_{11}(\theta_1, x_3) := \frac{\partial^2 V_1}{\partial \theta_1^2} = mg\cos\theta_1 + k\cos\theta_1 + kx_3\sin\theta_1,$$

$$\mathcal{H}_{12}(\theta_1, x_3) := \mathcal{H}_{21}(\theta_1, x_3) = \frac{\partial^2 V_1}{\partial \theta_1 \partial x_3} = -k\cos\theta_1,$$

$$\mathcal{H}_{22}(\theta_1, x_3) := \frac{\partial^2 V_1}{\partial x_3^2} = 2k,$$

e la matrice hessiana corrispondente è

$$\mathcal{H}(\theta_1, x_3) = \begin{pmatrix} mg\cos\theta_1 + k\cos\theta_1 + kx_3\sin\theta_1 & -k\cos\theta_1 \\ -k\cos\theta_1 & 2k \end{pmatrix}.$$

Ne segue che

$$\mathcal{H}(0,0) = \begin{pmatrix} mg + k & -k \\ -k & 2k \end{pmatrix}, \qquad \mathcal{H}(\pi,0) = \begin{pmatrix} -mg - k & -k \\ -k & 2k \end{pmatrix},$$

così che

$$\det\mathcal{H}(0,0) = 2mgk + k^2 > 0, \qquad \mathcal{H}_{11}(0,0) = mg + k > 0,$$

da cui concludiamo (cfr. l'esercizio 5.4 del volume 1) che $(\theta_1, x_3) = (0,0)$ è un punto di minimo per l'energia potenziale potenziale V_1; allo stesso modo si trova

$$\det\mathcal{H}(\pi,0) = -2mgk - 3k^2 < 0,$$

quindi $(\theta_1, x_3) = (\pi, 0)$ è un punto di sella per l'energia potenziale V_1.

Ragionando analogamente per $\mathcal{L}_2$ si trova che l'unica configurazione di equilibrio stabile per $\mathcal{L}$ è quella in cui ognuno dei tre sistemi lagrangiani $\mathcal{L}_1$, $\mathcal{L}_2$ e $\mathcal{L}_3$ ammette configurazioni di equilibrio stabili, i.e.

$$(Q_1) \qquad (\theta_1, x_3, \theta_2, x_4, y) = (0,0,0,0,y_0), \qquad y_0 = -\frac{mg}{2k}, \tag{2.26}$$

mentre le altre tre configurazioni di equilibrio, date da

$$(Q_2) \qquad (\theta_1, x_3, \theta_2, x_4, y) = (\pi,0,0,0,y_0), \qquad y_0 = -\frac{mg}{2k}, \tag{2.27a}$$

$$(Q_3) \qquad (\theta_1, x_3, \theta_2, x_4, y) = (0,0,\pi,0,y_0), \qquad y_0 = -\frac{mg}{2k}, \tag{2.27b}$$

$$(Q_4) \qquad (\theta_1, x_3, \theta_2, x_4, y) = (\pi,0,\pi,0,y_0), \qquad y_0 = -\frac{mg}{2k}, \tag{2.27c}$$

sono instabili.

2.3.3 Determinazione delle forze vincolari

Occupiamoci ora del problema di calcolare le forze vincolari che agiscono sul punto $P_3 = (x_3, y_3)$ in corrispondenza della configurazione data dalla (2.20). A tal fine si considerano le equazioni

$$\begin{cases} m\ddot{x}_3 = f_x^{(3)} + R_x^{(3)}, \\ m\ddot{y}_3 = f_y^{(3)} + R_y^{(3)}, \end{cases}$$

dove $f^{(3)} = (f_x^{(3)}, f_y^{(3)})$ e $R^{(3)} = (R_x^{(3)}, R_y^{(3)})$ sono la forza attiva e la forza vincolare, rispettivamente, che agiscono sul punto P_3. Per il principio di d'Alembert si ha $R_x^{(3)} = 0$, dal momento che la forza vincolare è ortogonale alla superficie di vincolo.

Tenendo conto del vincolo e della terza delle equazioni del moto (2.23), si ottiene

$$\begin{cases} m\ddot{x}_3 = -2kx_3 + k\sin\theta_1, \\ m\ddot{y}_3 = 0. \end{cases} \tag{2.28}$$

In termini delle coordinate lagrangiane, la configurazione (2.20) è individuata da

$$\theta_1 = \frac{\pi}{2}, \qquad \theta_2 = -\frac{\pi}{2}, \qquad x_3 = 1, \qquad x_4 = -1, \qquad y = y_0.$$

Per calcolare la forza attiva $f^{(3)}$ che agisce sul punto P_3 in tale configurazione, occorre isolare il contributo all'energia potenziale in (2.22) che dipende esplicitamente dalle coordinate cartesiane x_3 e y_3, i.e.

$$V = \frac{1}{2}k\big[(x_1 - x_3)^2 + (y_1 - y_3)^2 + (x_5 - x_3)^2 + (y_3 - y_5)^2\big] + mgy_3 + \dots,$$

dove i termini indicati da "..." sono indipendenti da x_3, y_3, e considerarne il gradiente, cambiato di segno, così che si trova

$$f_x^{(3)} = -\frac{\partial V}{\partial x_3} = -k[(x_3 - x_1) + (x_3 - x_5)],$$
$$f_y^{(3)} = -\frac{\partial V}{\partial y_3} = -k[(y_3 - y_1) + (y_3 - y_5)] - mg,$$

che, calcolate in $(x_3, y_3) = (1, 0)$ e imponendo $x_3 = 1$, $x_5 = 0$ e $y_5 = y_0$, dànno

$$f_x^{(3)} = -kx_3 = -k,$$
$$f_y^{(3)} = ky_0 + k - mg = -\frac{mg}{2} + k - mg = k - \frac{3mg}{2}.$$

Sempre nella configurazione considerata si ha (cfr. la (2.28))

$$m\ddot{x}_3 = -2kx_3 + k\sin\theta_1 = -2k + k = -k,$$

così che risulta

$$R_x^{(3)} = -f_x^{(3)} + m\ddot{x}_3 = k - k = 0,$$

che era ovvio *a priori*, come già anticipato, e

$$R_y^{(3)} = -f_y^{(3)} + m\ddot{y}_3 = \frac{3mg}{2} - k,$$

che esprime la componente non nulla della forza vincolare che agisce su P_3.

2.3.4 Piano rotante

Bloccando i due punti P_1 e P_2 come indicato al punto (4), la forza centrifuga agisce solo sui punti P_3 e P_4, dal momento che P_1 e P_2 sono fissi e il punto P_5 si muove solo in direzione verticale. Si tiene allora conto della forza centrifuga aggiungendo all'energia potenziale un contributo, che prende il nome di *energia potenziale centrifuga* (cfr. l'esercizio 2.15), della forma

$$V_{\text{cf}} = -\frac{1}{2}m\omega^2\big(x_3^2 + x_4^2\big). \tag{2.29}$$

La lagrangiana che descrive il sistema diventa allora $\mathcal{L} = T - V$, dove

$$T = \frac{m}{2}\big(\dot{x}_3^2 + \dot{x}_4^2 + \dot{y}^2\big), \tag{2.30a}$$
$$V = mgy + k\big(x_3^2 + x_4^2 + y^2 - x_3 + x_4\big) + V_{\text{cf}}, \tag{2.30b}$$

che si può riscrivere

$$\mathcal{L} = \mathcal{L}(x_3, x_4, y, \dot{x}_3, \dot{x}_4, \dot{y}) = \mathcal{L}_1(x_3, \dot{x}_3) + \mathcal{L}_2(x_4, \dot{x}_4) + \mathcal{L}_3(y, \dot{y}),$$

dove

$$\begin{aligned}
\mathcal{L}_1(x_3, \dot{x}_3) &= \frac{m}{2}\dot{x}_3^2 - V_1(x_3), \quad V_1(x_3) = kx_3^2 - kx_3 - \frac{1}{2}m\omega^2 x_3^2, \\
\mathcal{L}_2(x_4, \dot{x}_4) &= \frac{m}{2}\dot{x}_4^2 - V_2(x_4), \quad V_2(x_4) = kx_4^2 + kx_4 - \frac{1}{2}m\omega^2 x_4^2, \\
\mathcal{L}_3(y, \dot{y}) &= \frac{m}{2}\dot{y}^2 - V_3(y), \qquad V_3(y) = mgy + ky^2.
\end{aligned}$$

Le configurazioni di equilibrio (relativo) sono le soluzioni del sistema di equazioni

$$\frac{\partial V_1}{\partial x_3} = 2kx_3 - k - m\omega^2 x_3 = 0, \qquad \frac{\partial V_2}{\partial x_4} = 2kx_4 + k - m\omega^2 x_4 = 0,$$
$$\frac{\partial V_3}{\partial y} = 2ky + mg = 0.$$

Si ha quindi una sola configurazione di equilibrio, data da

$$(Q) \qquad x_3 = \frac{k}{\alpha}, \qquad x_4 = -\frac{k}{\alpha}, \qquad y = y_0 = -\frac{mg}{2k},$$

purché

$$\alpha = 2k - m\omega^2 \neq 0.$$

Per discutere la stabilità occorre considerare le derivate seconde dell'energia potenziale dei tre sistemi lagrangiani indipendenti ottenuti. Si ha, rispettivamente,

$$\frac{\partial^2 V_1}{\partial x_3^2} = 2k - m\omega^2, \qquad \frac{\partial^2 V_2}{\partial x_4^2} = 2k - m\omega^2, \qquad \frac{\partial^2 V_3}{\partial y^2} = 2k,$$

dove $2k > 0$. Si vede che la configurazione di equilibrio trovata è stabile se $\alpha > 0$, i.e. se $2k > m\omega^2$, e instabile se $\alpha < 0$, i.e. se $2k < m\omega^2$.

Il caso $\alpha = 0$ va discusso a parte. Se $\alpha = 0$, l'energia potenziale diventa

$$V = -kx_3 + kx_4 + mgy + ky^2,$$

e quindi $\partial V/\partial x_3 = -k$ e $\partial V/\partial x_4 = k$, così che il sistema non ammette alcuna configurazione di equilibrio. Poiché $m\ddot{x}_3 = k$ e $m\ddot{x}_4 = -k$, i due punti P_3 e P_4 si allontanano all'infinito, il primo verso destra e il secondo verso sinistra, descrivendo un moto uniformemente accelerato.

In conclusione, per $\alpha \neq 0$ esiste la configurazione di equilibrio (Q), instabile per $\alpha < 0$ e stabile per $\alpha > 0$, mentre per $\alpha = 0$ non esistono configurazioni di equilibrio.

Per determinare le forze vincolari che agiscono sul punto P_3, si considerano le due equazioni del moto del §2.3.3, i.e. $m\ddot{x}_3 = f_x^{(3)} + R_x^{(3)}$ e $m\ddot{y}_3 = f_y^{(3)} + R_y^{(3)}$, tenendo conto che, in virtù del vincolo, si ha $P_3 = (x_3, y_3) = (x_3, 0)$. Quello che cambia rispetto al caso precedente è che la forza che agisce su P_3 ha ora anche un contributo $m\omega^2 x_3$ nella direzione orizzontale (i.e. lungo l'asse x) dovuto alla forza centrifuga e le posizioni dei punti non sono fissate nella configurazione di equilibrio.

In realtà non è necessario effettuare nuovi calcoli, sulla base di considerazioni astratte. Per il principio di d'Alembert la forza vincolare è ortogonale alla superficie di vincolo e quindi diretta lungo l'asse y, e la componente della forza nella direzione verticale non è modificata dalla forza centrifuga. Se inoltre notiamo che la componente $f_y^{(3)}$ della forza non dipende dalla posizione x_3, ne concludiamo che, nelle configurazioni che stiamo considerando, la forza vincolare si calcola procedendo esattamente come nel §2.3.3 e pertanto, per ogni valore di x_3, è data da

$$R^{(3)} = (R_x^{(3)}, R_y^{(3)}) = (0, k - ky - mg).$$

Tutto questo in ogni caso si può verificare esplicitamente, utilizzando l'espressione (2.30b) per V e notando di conseguenza che

$$\begin{cases} m\ddot{x}_3 = \dfrac{\mathrm{d}}{\mathrm{d}t}\dfrac{\partial \mathcal{L}}{\partial \dot{x}_3} = \dfrac{\partial \mathcal{L}}{\partial x_3} = -\dfrac{\partial V}{\partial x_3} = -2kx_3 + k + m\omega^2 x_3, \\ m\ddot{y}_3 = 0, \end{cases}$$

poiché y_3 è identicamente nullo, mentre, per le forze attive, derivando l'energia potenziale non vincolata, che, a meno di termini che non dipendono da x_3, y_3, è data da

$$V = \frac{1}{2}k\big[(x_1 - x_3)^2 + (y_1 - y_3)^2 + (x_5 - x_3)^2 + (y_3 - y_5)^2\big] + mgy_3 - \frac{1}{2}m\omega^2 x_3^2,$$

rispetto a x_3 e y_3 e quindi ponendo $x_1 = 1$, $y_1 = 1$, $y_3 = 0$, $x_5 = 0$ e $y_5 = y$, otteniamo

$$\begin{aligned} f_x^{(3)} &= -kx_3 + m\omega^2 x_3 - k(x_3 - 1) = -2kx_3 + m\omega^2 x_3 + k, \\ f_y^{(3)} &= ky + k - mg, \end{aligned}$$

così che il valore di $f_x^{(3)}$ dipende da x_3 ma, come anticipato, non contribuisce alla forza vincolare, poiché $f_x^{(3)} = m\ddot{x}_3$, mentre

$$R_y^{(3)} = -f_y^{(3)} + m\ddot{y}_3 = f_y^{(3)} = mg - k - ky,$$

che dipende solo dalla quota y a cui si trova il punto P_5.

2.4 Studio di un sistema lagrangiano: secondo esempio

Un sistema meccanico conservativo è costituito da quattro punti materiali P_1, P_2, P_3 e P_4, tutti di massa m, disposti in corrispondenza dei quattro vertici di un quadrato di lato $\ell = 1$ e di massa trascurabile. Il quadrato è vincolato a muoversi in un piano verticale π. Sia g l'accelerazione di gravità.

(1) Nel caso in cui il quadrato sia libero di muoversi nel piano sottoposto alla sola forza peso, si scrivano la lagrangiana del sistema e le corrispondenti equazioni di Eulero-Lagrange. Si discuta l'esistenza di eventuali configurazioni di equilibrio.
(2) Nel caso in cui il punto P_1 sia fissato a un punto O e il piano π ruoti intorno alla verticale condotta per O con velocità angolare costante ω, si scrivano la lagrangiana del sistema e le corrispondenti equazioni di Eulero-Lagrange. Si

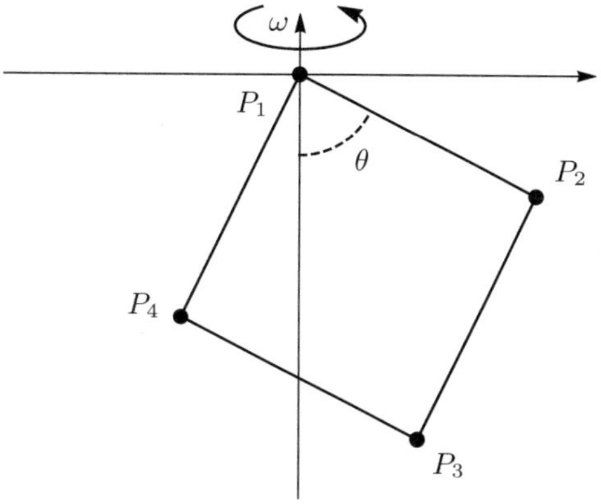

Figura 2.5 Sistema considerato al punto (2) dell'esempio del §2.4

determinino inoltre le configurazioni di equilibrio relativo (i.e. le configurazioni di equilibrio nel piano solidale con il piano rotante) e se ne discuta la stabilità, al variare dei parametri m, g e ω. [Si consideri come coordinata lagrangiana l'angolo θ che il lato che connette P_1 con il punto P_2 consecutivo sul quadrato forma con la verticale discendente (cfr. la figura 2.5).]

(3) Nel caso del punto (2), si discuta qualitativamente il moto e si determinino i dati iniziali che dànno luogo a traiettorie periodiche. [Si studi il sistema dinamico nel piano $(\theta, \dot{\theta})$.]

(4) Sempre nel caso in cui il punto P_1 sia fisso in O e il piano ruoti intorno alla verticale passante per O con velocità angolare costante ω, si immagini ora che i punti P_2 e P_4, connessi a P_1 da due lati del quadrato, siano collegati entrambi, tramite una molla di lunghezza a riposo trascurabile e costante elastica k, a un punto P_0, anch'esso di massa m, vincolato a muoversi lungo la verticale passante per O (cfr. la figura 2.6). Si scrivano la lagrangiana e le corrispondenti equazioni di Eulero-Lagrange per il sistema così modificato. Si consideri inoltre la configurazione (Q_1), in cui i lati che connettono il punto P_1 con i punti

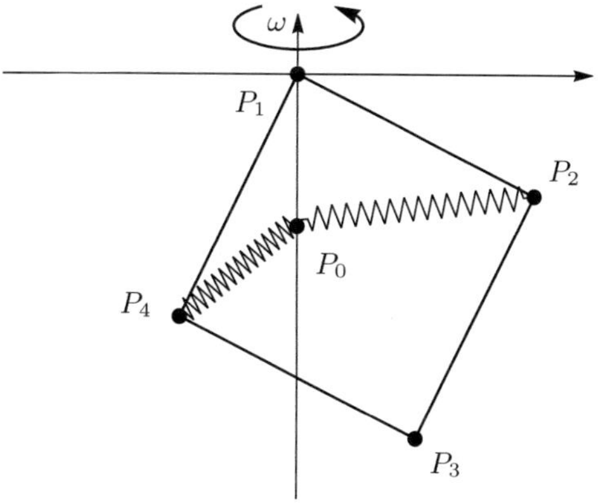

Figura 2.6 Sistema considerato al punto (4)

P_2 e P_4 formino entrambi un angolo $\theta = \pi/4$ con la verticale e il punto P_0 sia collocato sotto il punto P_1, a distanza $d = (mg/2k) + (1/\sqrt{2})$ da esso, e si verifichi che (Q_1), per i valori dei parametri $m = k = g = \omega = 1$, è una configurazione di equilibrio stabile. Si determinino infine le forze vincolari che agiscono sul punto P_0, in corrispondenza di tale configurazione d'equilibrio. [Si considerino come coordinate lagrangiane l'angolo θ che il lato che connette P_1 con il punto P_2 consecutivo sul quadrato forma con la verticale discendente e l'ordinata y del punto P_0.]

2.4.1 *Quadrato libero*

Se il sistema è libero, indicando con (x, y) sono le coordinate del centro di mssa C, che si trova al centro del quadrato (i.e. all'intersezione delle due diagonali principali), con I il momento di inerzia dei 4 punti rispetto a un asse ortogonale al piano π passante per il centro di massa e con θ l'angolo di rotazione intorno a tale asse, scriviamo l'energia cinetica, nella forma

$$T = \frac{1}{2}(4m)\big(\dot{x}^2 + \dot{y}^2\big) + \frac{1}{2}I\dot{\theta}^2,$$

dove si è utilizzato il teorema di König (cfr. il teorema 9.40 del volume 1). Si verifica immediatamente (cfr. la (10.16) del volume 1) che

$$I = 4m\left(\frac{\ell}{\sqrt{2}}\right)^2 = 2m\ell^2 = 2m,$$

così che

$$T = 2m\big(\dot{x}^2 + \dot{y}^2\big) + m\dot{\theta}^2.$$

L'energia potenziale, dovuta alla forza di gravità, è

$$V = \sum_{i=1}^{4} mgy_i = 4mgy, \tag{2.31}$$

così che la lagrangiana che descrive il sistema è data da

$$\mathcal{L} = T - V = 2m\big(\dot{x}^2 + \dot{y}^2\big) + m\dot{\theta}^2 - 4mgy \tag{2.32}$$

e le equazioni di Eulero-Lagrange sono

$$\begin{cases} 4m\ddot{x} = 0, \\ 4m\ddot{y} = -4mg, \\ 2m\ddot{\theta} = 0. \end{cases}$$

Non esistono configurazioni di equilibrio poiché l'energia potenziale non ha punti stazionari.

Corretto, ancorché inutilmente complicato, è anche il seguente procedimento. Se con (x_i, y_i) indichiamo le coordinate del punto P_i, per $i = 1, \ldots, 4$, si ha

$$\begin{aligned}
&P_1 = (x_1, y_1), \quad P_2 = (x_1 + \sin\theta, y_1 - \cos\theta),\\
&P_3 = (x_1 + \sin\theta - \cos\theta, y_1 - \cos\theta - \sin\theta), \quad P_4 = (x_1 - \cos\theta, y_1 - \sin\theta),
\end{aligned}$$

dove θ si immagina misurato a partire dalla verticale discendente. Si trova allora

$$\begin{aligned}
T &= \frac{1}{2} m \sum_{i=1}^{4} |v_i|^2\\
&= 2m\Big(\dot{x}_1^2 + \dot{y}_1^2 + \dot{\theta}^2 + \dot{\theta}\dot{x}_1(\sin\theta + \cos\theta) + \dot{\theta}\dot{y}_1(\sin\theta - \cos\theta)\Big),
\end{aligned}$$

dove $v_i = (\dot{x}_i, \dot{y}_i) \in \mathbb{R}^2$ è la velocità del punto P_i. L'energia potenziale (2.31) si può riscrivere in termini di θ:

$$mg(4y_1 - 2\sin\theta - 2\cos\theta),$$

così che la lagrangiana risulta essere

$$\begin{aligned}
\mathcal{L} = T - V = 2m&\Big((\dot{x}_1^2 + \dot{y}_1^2 + \dot{\theta}^2 + \dot{\theta}\dot{x}_1(\sin\theta + \cos\theta) + \dot{\theta}\dot{y}_1(\sin\theta - \cos\theta)\Big)\\
&- mg(4y_1 - 2\sin\theta - 2\cos\theta), \qquad (2.33)
\end{aligned}$$

e le equazioni di Eulero-Lagrange sono

$$\begin{cases}
4m\ddot{x}_1 + 2m\ddot{\theta}(\sin\theta + \cos\theta) + 2m\dot{\theta}^2(\cos\theta - \sin\theta) = 0,\\
4m\ddot{y}_1 + 2m\ddot{\theta}(\sin\theta - \cos\theta) + 2m\dot{\theta}^2(\cos\theta + \sin\theta) = -4mg,\\
4m\ddot{\theta} + 2m\ddot{x}_1(\cos\theta + \sin\theta) + 2m\ddot{y}_1(\sin\theta - \cos\theta) = 2m(\cos\theta - \sin\theta).
\end{cases}$$

È immediato verificare che le due lagrangiane (2.33) e (2.32) coincidono, ricordando che $C = (x, y)$ è il centro di massa e notando che

$$\begin{aligned}
x &= x_1 + \frac{1}{\sqrt{2}} \sin\Big(\theta - \frac{\pi}{4}\Big) = x_1 + \frac{1}{2}(\sin\theta - \cos\theta),\\
y &= y_1 - \frac{1}{\sqrt{2}} \cos\Big(\theta - \frac{\pi}{4}\Big) = x_1 - \frac{1}{2}(\sin\theta + \cos\theta).
\end{aligned}$$

2.4.2 *Quadrato con un punto fisso: configurazioni di equilibrio*

Esaminiamo ora il caso in cui P_1 sia fisso in O e il piano in cui si muove il quadrato ruoti intorno all'asse verticale passante per O con veocità angolare costante ω. Si scelga un sistema di coordinate (x, y) sul piano π tale che $O = (0,0)$ e l'asse y coincida con l'asse verticale passante per O (cfr. la figura 2.6). Le coordinate cartesiane dei quattro punti P_1, P_2, P_3 e P_4, espresse in termini della coordinata lagrangiana θ, sono $P_1 = (0,0)$, $P_2 = (\sin\theta, -\cos\theta)$, $P_3 = (\sin\theta - \cos\theta, -\cos\theta - \sin\theta)$ e $P_4 = (-\cos\theta, -\sin\theta)$, mentre le velocità sono $v_1 = (0,0)$, $v_2 = (\cos\theta\,\dot\theta, \sin\theta\,\dot\theta)$, $v_3 = (\cos\theta\,\dot\theta + \sin\theta\,\dot\theta, \sin\theta\,\dot\theta - \cos\theta\,\dot\theta)$ e $v_4 = (\sin\theta\,\dot\theta, -\cos\theta\,\dot\theta)$, rispettivamente. L'energia cinetica del sistema è

$$T = \frac{1}{2}\sum_{i=1}^{4} |v_i|^2 = \frac{1}{2}m\dot\theta^2 + m\dot\theta^2 + \frac{1}{2}m\dot\theta^2 = 2m\dot\theta^2,$$

mentre l'energia potenziale è (cfr. l'esercizio 2.16)

$$\begin{aligned} V &= \sum_{i=1}^{4} mgy_i - \frac{1}{2}\sum_{i=1}^{4} m\omega^2 x_i^4 \\ &= -2mg(\cos\theta + \sin\theta) + m\omega^2 \sin\theta\cos\theta \qquad (2.34) \\ &= -2mg(\cos\theta + \sin\theta) + \frac{1}{2}m\omega^2 \sin 2\theta. \end{aligned}$$

avendo trascurato i termini costanti. Quindi la lagrangiana del sistema è

$$\mathcal{L} = T - V = 2m\dot\theta^2 + 2mg(\cos\theta + \sin\theta) - m\omega^2 \sin\theta\cos\theta$$

e le corrispondenti equazioni di Eulero-Lagrange sono

$$\begin{aligned} 4m\ddot\theta &= 2mg(\cos\theta - \sin\theta) - m\omega^2\cos 2\theta \\ &= 2mg(\cos\theta - \sin\theta) - m\omega^2\big(\cos^2\theta - \sin^2\theta\big). \end{aligned}$$

Dalla discussione del §2.1 segue che le configurazioni di equilibrio sono i punti stazionari dell'energia potenziale, e che i punti di minimo isolati individuano le configurazioni stabili, mentre i punti di massimo o di sella corrispondono a configurazioni instabili. Occorre quindi calcolare la derivata della funzione (2.34); si trova

$$\begin{aligned} \frac{\mathrm{d}V}{\mathrm{d}\theta} &= -2mg(\cos\theta - \sin\theta) + m\omega^2\cos 2\theta \\ &= m\big[-2g + \omega^2(\cos\theta + \sin\theta)\big](\cos\theta - \sin\theta). \end{aligned}$$

Si ha $dV/d\theta = 0$ se e solo se $\sin\theta = \cos\theta$, che è verificata per

$$\theta = \frac{\pi}{4}, \qquad \theta = \pi + \frac{\pi}{4},$$

oppure per

$$\cos\theta + \sin\theta = \frac{2g}{\omega^2} =: \alpha.$$

Per risolvere l'ultima equazione, poiché $\cos(\pi/4) = \cos(\pi/4) = 1/\sqrt{2}$ e, usando le formule di addizione $\cos(\alpha - \beta) = \cos\alpha\cos\beta + \sin\alpha\sin\beta$, si ha

$$\begin{aligned}\cos\theta + \sin\theta &= \sqrt{2}\left(\cos\theta\frac{1}{\sqrt{2}} + \sin\theta\frac{1}{\sqrt{2}}\right)\\ &= \sqrt{2}\left(\cos\theta\cos\frac{\pi}{4} + \sin\theta\sin\frac{\pi}{4}\right) = \sqrt{2}\cos\left(\theta - \frac{\pi}{4}\right),\end{aligned}$$

si ottiene

$$\theta = \frac{\pi}{4} \pm \arccos\frac{\alpha}{\sqrt{2}},$$

purché sia $\alpha \le \sqrt{2}$, i.e. $\omega^2 \ge \sqrt{2}g$. Se tale diseguaglianza è soddisfatta con il segno stretto, l'equazione $\cos(\theta - \pi/4) = \alpha$ ha due soluzioni, che indichiamo con θ_0 e $\pi/2 - \theta_0$, dove θ_0 è quella compresa in $[-\pi/4, \pi/4)$, i.e.

$$\theta_0 = \frac{\pi}{4} - \arccos\frac{\alpha}{\sqrt{2}},$$

con $\theta_0 = -\pi/4$ che corrisponde al caso $\alpha = 0$ (i.e. $g = 0$), ovvero al caso di assenza di gravità. In conclusione, per $\omega^2 > \sqrt{2}g$, abbiamo quattro configurazioni di equilibrio:

$$(Q_1) \qquad \theta = \frac{\pi}{4}, \tag{2.35a}$$

$$(Q_2) \qquad \theta = \pi + \frac{\pi}{4}, \tag{2.35b}$$

$$(Q_3) \qquad \theta = \theta_0 \in \left[-\frac{\pi}{4}, \frac{\pi}{4}\right), \tag{2.35c}$$

$$(Q_4) \qquad \theta = \frac{\pi}{2} - \theta_0, \tag{2.35d}$$

mentre, per $\omega^2 \le \sqrt{2}g$, abbiamo solo due configurazioni di equilibrio:

$$(Q_1) \qquad \theta = \frac{\pi}{4}, \tag{2.36a}$$

$$(Q_2) \qquad \theta = \pi + \frac{\pi}{4} \tag{2.36b}$$

Si noti che per $\alpha = \sqrt{2}$, i.e. per $\omega^2 = \sqrt{2}g$, le configurazioni (Q_3) e (Q_4) coincidono con (Q_1).

Per discutere la stabilità delle configurazioni di equilibrio trovate occorre studiare la derivata seconda di V. Risulta

$$\frac{d^2V}{d\theta^2}(\theta) = 2mg(\sin\theta + \cos\theta) - 2m\omega^2\sin 2\theta.$$

Quindi, utilizzando le identità trigonometriche

$$\sin\frac{\pi}{4} = \cos\frac{\pi}{4} = \frac{1}{\sqrt{2}}, \qquad \sin\Big(\pi+\frac{\pi}{4}\Big) = \cos\Big(\pi+\frac{\pi}{4}\Big) = -\frac{1}{\sqrt{2}},$$
$$\sin\frac{\pi}{2} = 1, \qquad \cos\frac{\pi}{2} = 0, \qquad \sin 2\theta = (\cos\theta+\sin\theta)^2 - 1,$$

si trova

$$\begin{aligned} \frac{\mathrm{d}^2 V}{\mathrm{d}\theta^2}\Big(\frac{\pi}{4}\Big) &= 2m\sqrt{2}g - 2m\omega^2 = 2m\omega^2\big(\alpha\sqrt{2}-1\big), \\ \frac{\mathrm{d}^2 V}{\mathrm{d}\theta^2}\Big(\pi+\frac{\pi}{4}\Big) &= -2m\sqrt{2}g - 2m\omega^2 = 2m\omega^2\big(-\alpha\sqrt{2}-1\big), \\ \frac{\mathrm{d}^2 V}{\mathrm{d}\theta^2}(\theta_0) = \frac{\mathrm{d}^2 V}{\mathrm{d}\theta^2}\Big(\frac{\pi}{2}-\theta_0\Big) &= 2mg\alpha - 2m\omega^2\big(\alpha^2-1\big) = 2m\omega^2\Big(\frac{2-\alpha^2}{2}\Big), \end{aligned}$$

da cui si vede che (Q_2) è sempre instabile, (Q_1) è stabile per $\alpha > \sqrt{2}$ (i.e. per $\omega^2 < \sqrt{2}g$), mentre (Q_3) e (Q_4) sono stabili per $\alpha < \sqrt{2}$ (i.e. per $\omega^2 > \sqrt{2}g$).

Resta da discutere il caso $\omega^2 = \sqrt{2}g$. In tal caso, scrivendo $\theta = \pi/4 + \varphi$, utilizzando le identità trigonometriche

$$\sin\Big(\frac{\pi}{4}+\varphi\Big) = \sin\frac{\pi}{4}\cos\varphi + \sin\varphi\cos\frac{\pi}{4} = \frac{1}{\sqrt{2}}(\cos\varphi+\sin\varphi), \tag{2.37a}$$

$$\cos\Big(\frac{\pi}{4}+\varphi\Big) = \cos\frac{\pi}{4}\cos\varphi - \sin\varphi\sin\frac{\pi}{4} = \frac{1}{\sqrt{2}}(\cos\varphi-\sin\varphi), \tag{2.37b}$$

$$\sin\Big(\frac{\pi}{2}+2\varphi\Big) = \sin\frac{\pi}{2}\cos 2\varphi + \cos\frac{\pi}{2}\sin 2\varphi = \cos 2\varphi, \tag{2.37c}$$

e sviluppando in φ, per φ in un intorno di 0, l'energia potenziale diventa

$$\begin{aligned} V &= -2mg\Big(\cos\Big(\frac{\pi}{4}+\varphi\Big) + \sin\Big(\frac{\pi}{4}+\varphi\Big)\Big) + \frac{m\omega^2}{2}\sin\Big(\frac{\pi}{2}+2\varphi\Big) \\ &= -2mg\frac{1}{\sqrt{2}}(\cos\varphi - \sin\varphi + \cos\varphi + \sin\varphi) + \sqrt{2}mg\,\frac{1}{2}\cos 2\varphi \\ &= \sqrt{2}mg\Big(-2\cos\varphi + \frac{1}{2}\cos 2\varphi\Big) \\ &= \sqrt{2}mg\Big(-\frac{3}{2} + (1-1)\varphi^2 + \Big(-\frac{1}{12}+\frac{1}{3}\Big)\varphi^4 + O(\varphi^6)\Big) \\ &= \text{costante} + C\varphi^4 + O(\varphi^6), \end{aligned}$$

con $C > 0$, e quindi la configurazione di equilibrio risulta essere stabile. Più semplicemente si poteva ragionare come segue. Per il teorema di Weierstrass la funzione $V(\theta)$ ha massimi e minimi in $[-\pi, \pi]$. Inoltre, per il teorema 2.6 i punti di minimo isolati corrispondono a configurazioni di equilibrio stabili. Poiché $\theta = \pi + \pi/4$ è

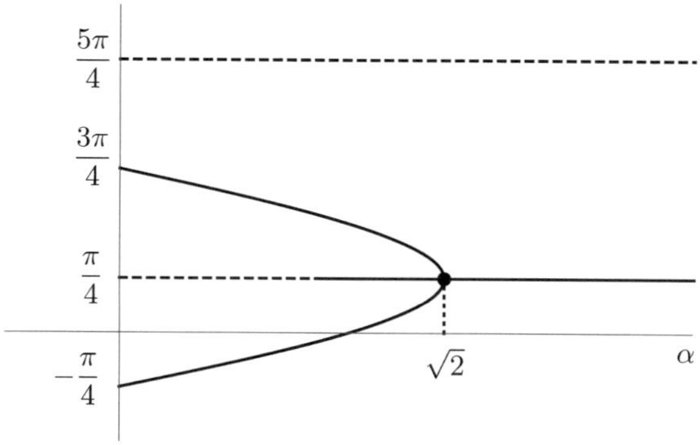

Figura 2.7 Diagramma di biforcazione dei punti di equilibrio per il punto (4)

una configurazione di equilibrio instabile e quindi non può essere un punto di minimo, ne segue che l'unico altro punto stazionario esistente, i.e. $\pi/4$, deve essere un minimo (isolato) per $V(\theta)$: quindi $\theta = \pi/4$ è una configurazione di equilibrio stabile.

Possiamo rappresentare graficamente il cambiamento di stabilità dei punti di equilibrio al variare di α per mezzo di un diagramma di biforcazione, come già fatto nella discussione dell'esempio 2.16. Nella figura 2.7 le linee solide corrispondono a punti di equilibrio stabili e le linee tratteggiate a punti instabili: la configurazione di equilibrio $\theta = 5\pi/4$ esiste per ogni valore di α ed è sempre instabile; la configurazione di equilibrio $\theta = \pi/4$ esiste per ogni valore di α, ma è stabile solo per $\alpha \geq \sqrt{2}$; infine le ultime due configurazioni di equilibrio $\theta = \pi/4 \pm \arccos(\alpha/\sqrt{2})$ esistono solo per $\alpha \in [0, \sqrt{2})$, quando esistono sono stabili e variano al variare di α come rappresentato nella figura. Quando α diminuisce e attraversa il valore critico $\alpha_c = \sqrt{2}$, la configurazione di equilibrio di $\theta = \pi/4$ passa da stabile a instabile si creano due nuovi punti di equilibrio stabili; si ha quindi una biforcazione a forcone supercritica (cfr. l'esempio 2.16 per la terminologia).

2.4.3 *Quadrato con un punto fisso: analisi qualitativa*

Dal momento che, nelle ipotesi del punto (2), il sistema considerato è un sistema a un grado di libertà, possiamo ricavare informazioni sulle orbite nello spazio delle fasi $(\theta, y) = (\theta, \dot{\theta})$ dallo studio dell'energia potenziale

$$V(\theta) = -2mg(\cos\theta + \sin\theta) + m\omega^2 \sin\theta\cos\theta. \tag{2.38}$$

In accordo con l'analisi del §2.4.2, distinguiamo due casi: $\alpha < \sqrt{2}$ e $\alpha \geq \sqrt{2}$.

Nel caso in cui si abbia $\alpha < \sqrt{2}$, ci sono le quattro configurazioni di equilibrio (Q_1), (Q_2), (Q_3) e (Q_4), di cui (Q_3) e (Q_4), individuate da $\theta = \theta_0$ e $\theta = \pi/2 - \theta_0$, rappresentano punti di minimo per $V(\theta)$, mentre le configurazioni (Q_1) e (Q_4), individuate da $\theta = \pi/4$ e $\theta = \pi + \pi/4$, rappresentano punti di massimo relativo.

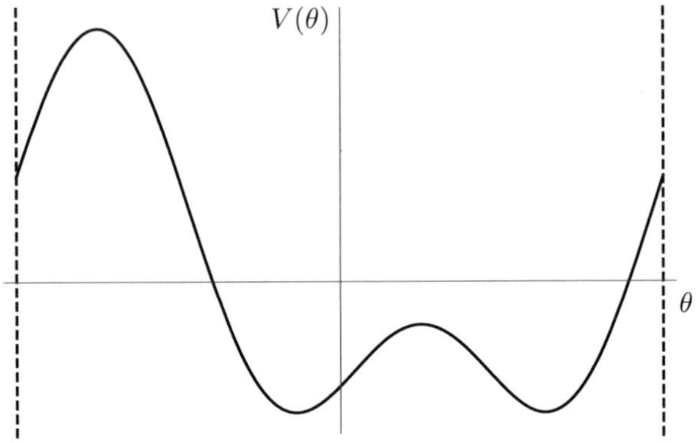

Figura 2.8 Grafico dell'energia potenziale (2.38) per $\alpha < \sqrt{2}$

Si vede facilmente che

$$V\left(\frac{\pi}{4}\right) = -2\sqrt{2}mg + \frac{1}{2}m\omega^2 = \frac{1}{2}m\omega^2\left(-2\sqrt{2}\alpha + 1\right) =: E_1,$$
$$V\left(\pi + \frac{\pi}{4}\right) = 2\sqrt{2}mg + \frac{1}{2}m\omega^2 = \frac{1}{2}m\omega^2\left(2\sqrt{2}\alpha + 1\right) =: E_2,$$
$$V(\theta_0) = V\left(\frac{\pi}{2} - \theta_0\right) = -2mg\alpha + \frac{1}{2}m\omega^2(\alpha^2 - 1)$$
$$= -\frac{1}{2}m\omega^2(\alpha^2 + 1) =: E_3,$$

dove $E_3 < E_1 < E_2$ (cfr. la figura 2.8 per il grafico di $V(\theta)$).

Si noti che il grafico di $V(\theta)$ è simmetrico rispetto al punto $\theta = \pi/4$. Infatti se scriviamo

$$V(\theta) = V\left(\frac{\pi}{4} + \varphi\right) =: \tilde{V}(\varphi),$$

risulta, utilizzando le relazioni trigonometriche (2.37),

$$\tilde{V}(\varphi) = -2\sqrt{2}mg\cos\varphi + \frac{1}{2}m\omega^2\left(\cos^2\varphi - \sin^2\varphi\right) = \tilde{V}(-\varphi),$$

i.e. $\tilde{V}(\varphi)$ è pari in φ. Nel piano (θ, y) le curve di livello sono della forma nella figura 2.9; si hanno due separatrici, in corrispondenza dei valori E_1 ed E_2 dell'energia totale.

Si hanno due configurazioni di equilibrio stabili in θ_0 e $\pi/2 - \theta_0$, corrispondenti all'energia $E = E(\theta_0, 0) := H(\pi/2 - \theta_0, 0) = E_3$, dove $H = T + V$ è l'energia vista come funzione di $(\theta, \dot{\theta})$ (cfr. il lemma 2.3). Si hanno inoltre: una configurazione di equilibrio instabile in $\pi/4$, con $(\pi/4, 0)$ che giace su una curva di livello che comprende, oltre al punto $(\pi/4, 0)$, anche la separatrice di energia $E = H(\pi/4, 0) = E_1$; una configurazione di equilibrio instabile in $\pi + \pi/4$, con $(\pi + \pi/4, 0)$ che giace su una curva di livello che comprende, oltre al punto $(\pi + \pi/4, 0)$, anche la separatrice di energia $E = H(\pi + \pi/4, 0) = E_2$. Il verso di percorrenza delle traiettorie è da sinistra a destra nel semipiano superiore e da destra a sinistra nel semipiano inferiore.

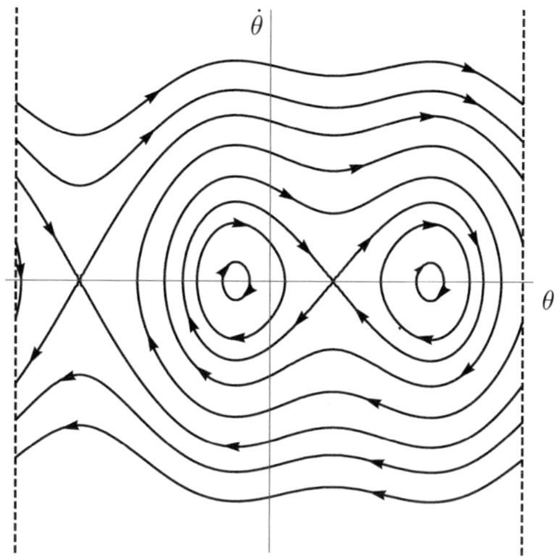

Figura 2.9 Curve di livello per il sistema di energia potenziale (2.38) per $\alpha < \sqrt{2}$

Tutte le traiettorie che non appartengono alle curve di livello individuate dalle separatrici e dai punti di equilibrio sono periodiche. Possiamo individuarle tramite le condizioni iniziali

$$(\bar\theta, \bar y) \text{ tali che } H(\bar\theta, \bar y) = E \text{ con } E > E_3, \quad E \neq E_1, E_2.$$

Nel caso in cui sia $\alpha \geq \sqrt{2}$ si hanno solo due punti stazionari per l'energia potenziale, che corrispondono al punto di minimo $\theta = \pi/4$ e al punto di massimo $\theta = \pi + \pi/4$. Di nuovo il grafico di $V(\theta)$ è simmetrico rispetto al punto $\theta = \pi/4$: esso è rappresentato nella figura 2.10, ed è compreso tra i due valori

$$V(\pi/4) = -2\sqrt{2}mg + \frac{1}{2}m\omega^2 = \frac{1}{2}m\omega^2\Big(-2\sqrt{2}\alpha + 1\Big) := E_1,$$
$$V(\pi + \pi/4) = 2\sqrt{2}mg + \frac{1}{2}m\omega^2 = \frac{1}{2}m\omega^2\Big(2\sqrt{2}\alpha + 1\Big) := E_2.$$

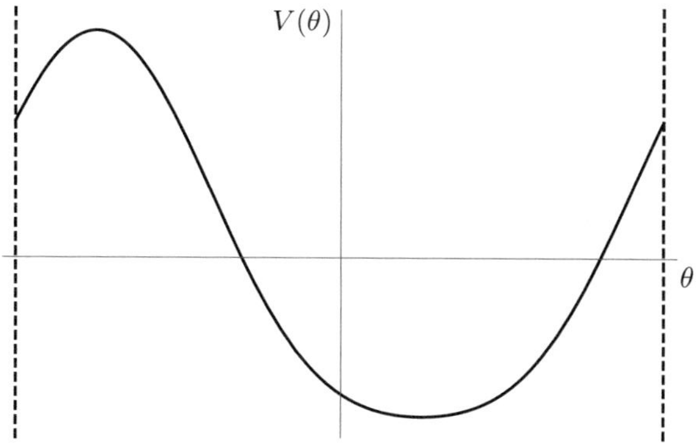

Figura 2.10 Grafico dell'energia potenziale (2.38) per $\alpha \geq \sqrt{2}$

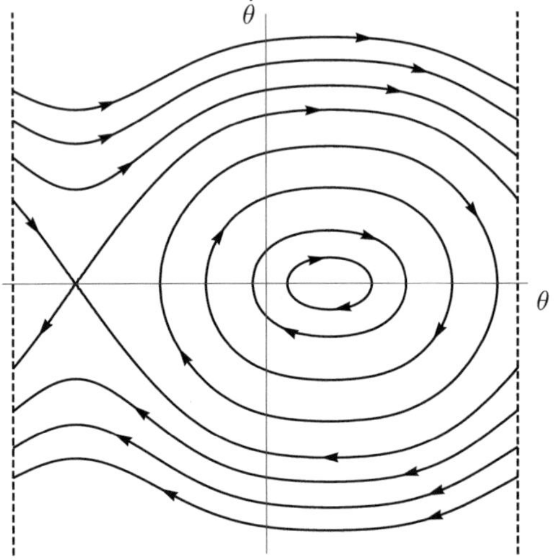

Figura 2.11 Curve di livello per il sistema di energia potenziale (2.38) per $\alpha \geq \sqrt{2}$

Corrispondentemente le orbite nello spazio (θ, y) sono rappresentate nella figura 2.11 e possono essere discusse come nel caso precedente con le ovvie modifiche; in particolare esiste una separatrice, contenuta nella curva di livello di energia $E = E_2$. Le traiettorie periodiche sono individuate dalle condizioni iniziali

$$(\bar\theta, \bar y) \text{ tali che } H(\bar\theta, \bar y) = E \text{ con } E > E_1, \quad E \neq E_2.$$

2.4.4 Sistema in presenza delle molle

Aggiungendo al sistema il punto P_0, sempre di massa m, connesso, tramite due molle di costante elastica k e lunghezza a riposo trascurabile, ai punti P_2 e P_4, l'energia cinetica acquista il contributo del punto P_0 e, se si indicano con (x_0, y_0) le coordinate di P_0, diventa

$$T = 2m\dot\theta^2 + \frac{1}{2}m\big(\dot x_0^2 + \dot y_0^2\big),$$

mentre l'energia potenziale si ottiene sommando alla (2.34) l'energia elastica delle molle

$$V_{\text{el}} = \frac{1}{2}\Big((x_2 - x_0)^2 + (y_2 - y_0)^2 + (x_4 - x_0)^2 + (y_4 - y_0)^2\Big). \tag{2.39}$$

Poiché si ha $(x_0, y_0) = (0, y)$, una volta che sia stato imposto il vincolo su P_0, si ottiene

$$\begin{aligned} T &= 2m\dot\theta^2 + \frac{1}{2}m\dot y^2, \\ V &= mgy - 2mg(\cos\theta + \sin\theta) + m\omega^2 \sin\theta\cos\theta + ky^2 + ky(\cos\theta + \sin\theta), \end{aligned}$$

avendo, al solito, trascurato i termini costanti. La lagrangiana $\mathcal{L} = T - V$ è

$$\begin{aligned}\mathcal{L} = {} & 2m\dot{\theta}^2 + \frac{1}{2}m\dot{y}^2 - mgy \\ & + 2mg(\cos\theta + \sin\theta) - m\omega^2 \sin\theta\cos\theta - ky^2 - ky(\cos\theta + \sin\theta).\end{aligned}$$

Le equazioni di Eulero-Lagrange corrispondenti alla lagrangiana $\mathcal{L}$ sono

$$\begin{cases} 4m\ddot{\theta} = (2mg - ky)(\cos\theta - \sin\theta) - m\omega^2\cos 2\theta, \\ m\ddot{y} = -mg - 2ky - k(\cos\theta + \sin\theta). \end{cases}$$

Verifichiamo innanzitutto che, in corrispondenza dei valori dei parametri $m = k = g = \omega = 1$, la configurazione (Q_1) indicata nel testo, che, in termini delle coordinate lagrangiane (θ, y), assume la forma

$$(\theta, y) = \left(\frac{\pi}{4}, -\frac{mg}{2k} - \frac{1}{\sqrt{2}}\right) = \left(\frac{\pi}{4}, -\frac{1}{2} - \frac{1}{\sqrt{2}}\right),$$

sia una configurazione di equilibrio stabile. L'energia potenziale V ora dipende dalle due variabili (θ, y). Si ha

$$\begin{aligned}\frac{\partial V}{\partial \theta} &= (\cos\theta - \sin\theta)(ky - 2mg) + m\omega^2\cos 2\theta \\ &= (\cos\theta - \sin\theta)\big[ky - 2mg + m\omega^2(\cos\theta + \sin\theta)\big], \\ \frac{\partial V}{\partial y} &= mg + k[2y + (\cos\theta + \sin\theta)],\end{aligned}$$

così che $\partial V/\partial y = 0$ per

$$y = -\frac{mg}{2k} - \frac{1}{2}(\cos\theta + \sin\theta).$$

Si vede inoltre che $\partial V/\partial\theta = 0$ è senz'altro verificata se θ è tale che

$$\sin\theta = \cos\theta,$$

che vale per

$$\theta = \frac{\pi}{4}, \qquad \theta = \pi + \frac{\pi}{4}.$$

Se $\theta = \pi/4$, l'equazione $\partial V/\partial y = 0$ implica $y = -mg/2k - 1/\sqrt{2}$. Da questo segue che (Q_1) è effettivamente una configurazione di equilibrio. Per discutere la stabilità della configurazione di equilibrio (Q_1), occorre considerare la matrice hessiana

$\mathcal{H}(\theta, y)$ di V (cfr. l'esercizio 5.4 del volume 1). Gli elementi di $\mathcal{H}(\theta, y)$ sono

$$\mathcal{H}_{11}(\theta, y) = \frac{\partial^2 V}{\partial \theta^2} = (2mg - ky)(\sin\theta + \cos\theta) - 2m\omega^2 \sin 2\theta,$$

$$\mathcal{H}_{12}(\theta, y) = \mathcal{H}_{21}(\theta, y) = \frac{\partial^2 V}{\partial \theta \partial y} = k(\cos\theta - \sin\theta),$$

$$\mathcal{H}_{22}(\theta, y) = \frac{\partial^2 V}{\partial y^2} = 2k.$$

Si trova, per la configurazione di equilibrio (Q_1),

$$\mathcal{H}(\pi/4, -mg/2k - 1/\sqrt{2}) = \begin{pmatrix} 5\sqrt{2}mg/2 + k - 2m\omega^2 & 0 \\ 0 & 2k \end{pmatrix},$$

così che $\det \mathcal{H}(\pi/4, -mg/2k - 1/\sqrt{2}) > 0$ e $\mathcal{H}_{11}(\pi/4, -mg/2k - 1/\sqrt{2}) > 0$ se i parametri m, ω e k soddisfano la relazione

$$2m\omega^2 < k + \frac{5}{2}\sqrt{2}mg,$$

mentre $\det \mathcal{H}(\pi/4, -mg/2k - 1/\sqrt{2}) < 0$ se $2m\omega^2 > k + 5\sqrt{2}mg/2$. Quindi per i valori dei parametri dati, la configurazione di equilibrio (Q_1) è stabile.

Le forze che agiscono sul punto P_0 sono la forza peso

$$f_1^{(0)} = (0, -mg)$$

e le forze elastiche dovute alle due molle, che, calcolate a partire dall'energia potenziale non vincolata (2.39) come indicato nell'osservazione 2.7, nella configurazione considerata sono (cfr. l'esercizio 2.17)

$$f_2^{(0)} = \left(\frac{k}{\sqrt{2}}, k\left(\frac{mg}{2k} - \frac{1}{\sqrt{2}} + \frac{1}{\sqrt{2}}\right)\right), \tag{2.40a}$$

$$f_3^{(0)} = \left(-\frac{k}{\sqrt{2}}, k\left(\frac{mg}{2k} - \frac{1}{\sqrt{2}} + \frac{1}{\sqrt{2}}\right)\right), \tag{2.40b}$$

così che la somma delle forze attive che agiscono sul punto P_0 è data da

$$f^{(0)} := f_1^{(0)} + f_2^{(0)} + f_3^{(0)} = \left(0, -mg + k\left(\frac{mg}{2k} + \frac{mg}{2k}\right)\right) = (0, 0).$$

Le forze apparenti, invece, non agiscono sul punto P_0 (cfr. l'esercizio 2.18). Poiché siamo in una configurazione di equilibrio, se indichiamo con (x_0, y_0) le coordinate del punto P_0 e teniamo conto del vincolo $(x_0, y_0) = (0, y)$, abbiamo

$$\ddot{x}_0 = 0, \qquad \ddot{y}_0 = \ddot{y} = 0,$$

così che la forza vincolare che agisce su P_0 è data da $R^{(0)} = -f^{(0)} = 0$, ovvero il punto P_0 non risente di alcuna forza vincolare.

Nota bibliografica Per il §2.2, abbiamo seguito essenzialmente [DA96, Cap. VII]. Per un approfondimento sulla stabilità delle configurazioni di equilibrio rimandiamo a [RHL77, Cap. III]. L'instabilità di configurazioni di equilibrio che sono punti di massimo relativo isolati dell'energia potenziale è stata dimostrata in letteratura solo recentemente, con tecniche variazionali; si veda [H71]. L'instabilità di punti di equilibrio che sono punti di sella dell'energia potenziale è stata invece dimostrata, prima nel caso di funzioni con parte "dominante" omogenea nel senso del teorema 2.13 (cfr. [K87]), quindi nel caso generale (cfr. [P95]), sotto l'assunzione di analiticità.

La *teoria delle biforcazioni* studia i cambiamenti qualitativi (o *biforcazioni*) di un sistema dinamico – o più in generale di un sistema di equazioni differenziali – al variare dei valori di uno o più parametri da cui il sistema dipende; per un'introduzione alla teoria delle biforcazioni si vedano, per esempio, [GH83], [CH82] o [K95]. Per il criterio di Sylvester (cfr. l'esercizio 2.38) si veda [G17]. Per un'introduzione agli urti elastici, a cui si accenna fugacemente nell'esercizio 2.68, si veda [LL58, Cap. IV] o [LCA26, Cap. XII].

Tutti i rimandi a capitoli, paragrafi, risultati ed equazioni che si specificano del volume 1 si intendono riferiti a [G21].

2.5 Esercizi

Esercizio 2.1 Sia A una matrice simmetrica definita positiva. Si dimostri che esiste una matrice simmetrica definita positiva α tale che $A = \alpha^2$. Si definisce α la *radice quadrata* della matrice A. [*Soluzione.* Poiché A è simmetrica, esiste una matrice diagonale D tale che $A = UDU^{-1}$, con U ortogonale (cfr. l'esercizio 1.42 del volume 1). Si definisca $\alpha := U\sqrt{D}U^{-1}$, dove $\sqrt{D}$ è la matrice diagonale i cui elementi diagonali sono le radici quadrate degli elementi D_{ii} di D; poiché A è definita positiva, si ha $D_{ii} > 0$ e quindi $\sqrt{D_{ii}}$ è ben definito. Risulta allora

$$\begin{aligned} \alpha^2 &= U\sqrt{D}U^{-1}U\sqrt{D}U^{-1} = U\sqrt{D}\sqrt{D}U^{-1} = UDU^{-1} = A, \\ \alpha^T &= \big(U\sqrt{D}U^{-1}\big)^T = U\sqrt{D}U^{-1} = \alpha, \end{aligned}$$

dove si è usato che $U^{-1} = U^T$, essendo U una matrice ortogonale.]

Esercizio 2.2 Sia A una matrice simmetrica $n \times n$. Si dimostri che se esiste $\bar{x} \in \mathbb{R}^n$ tale che $\langle \bar{x}, A\bar{x} \rangle < 0$ allora A ha almeno un autovalore negativo. [*Soluzione.* Poiché A è simmetrica i suoi autovalori $\lambda_1, \ldots, \lambda_n$ sono reali e i suoi autovettori $v_1, \ldots, v_n$ ortogonali (cfr. gli esercizi 1.38÷1.41 del volume 1). In particolare gli autovettori costituiscono una base, quindi per ogni $x \in \mathbb{R}^n$ esistono n numeri $x_1, \ldots, x_n$ tali che $x = x_1v_1 + \ldots + x_nv_n$, così che

$$\langle x, Ax \rangle = \sum_{i,j=1}^{n} x_i x_j \big\langle v_i, Av_j \big\rangle = \sum_{i,j=1}^{n} \lambda_j x_i x_j \big\langle v_i, v_j \big\rangle = \sum_{i=1}^{n} \lambda_i x_i^2 |v_i|^2.$$

Se gli autovalori di A sono tutti non negativi si ha $\langle x, Ax\rangle \geq 0 \ \forall x \in \mathbb{R}^n$, in contraddizione con l'ipotesi.]

Esercizio 2.3 La definizione 2.12 di funzione omogenea si estende a funzioni non definite nell'origine. La funzione $f : \mathbb{R}^n \setminus \{0\} \to \mathbb{R}$ si dice *omogenea* di grado $m \in \mathbb{N}$ se $f(\lambda x) = \lambda^m f(x)$ per ogni $\lambda > 0$ e per ogni $x \in \mathbb{R}^n \setminus \{0\}$. Sia $f : \mathbb{R}^n \setminus \{0\}$ è una funzione continua omogenea di grado m. Si dimostri che

- se f è definita in $x = 0$, si ha $f(0) = 0$,
- se f non è definita in $x = 0$, la si può estendere con continuità in $x = 0$ ponendo $f(0) = 0$.

[*Suggerimento.* Per $\lambda > 0$ si ha $f(\lambda x) = \lambda^m f(x) \ \forall x \neq 0$. Se f è definita in $x = 0$, si ha, per ogni $y \neq 0$,

$$f(0) = \lim_{\lambda \to 0^+} f(\lambda y) = \lim_{\lambda \to 0^+} \lambda^m f(y) = 0.$$

Se $f(x)$ non è definita in $x = 0$, ragionando allo stesso modo si trova che, fissato $y \neq 0$, il limite per $\lambda \to 0^+$ di $f(\lambda y) = \lambda^m f(y)$ è 0; d'altra parte $\lambda y \to 0$ per $\lambda \to 0^+$, quindi, data l'arbitrarietà di y, $f(x) \to 0$ per $x \to 0$ e quindi si può estendere per continuità f in $x = 0$ definendo $f(0) := 0$. Un esempio di funzione omogenea ma non definita in $x = 0$ è, per $n = 2$, $f(x) = f(x_1, x_2) = (x_1^3 + x_1^2 x_2)/(x_1^2 + x_2^2)$.]

Esercizio 2.4 Si dimostri che se $f : \mathbb{R}^n \setminus \{0\} \to \mathbb{R}$ è una funzione differenziabile omogenea di grado $m \in \mathbb{N}$ allora $\langle \nabla f(x), x\rangle = m f(x)$, dove $\langle \cdot, \cdot \rangle$ è il prodotto scalare in $\mathbb{R}^n$. Tale risultato è noto come *teorema di Eulero sulle funzioni omogenee*. [*Soluzione.* Derivando rispetto a λ l'identità $f(\lambda x) = \lambda^m f(x)$, con $\lambda > 0$, si trova $\langle \nabla f(\lambda x), x\rangle = m\lambda^{m-1} f(x)$, che, per $\lambda = 1$, comporta l'asserto.]

Esercizio 2.5 Si dimostri che se f è una funzione continua omogenea di grado m definita negativa, i.e tale che $f(x) < 0 \ \forall x \neq 0$, allora esiste una costante $c > 0$ tale che $f(x) < -c|x|^m$ per ogni $x \in \mathbb{R}^n \setminus \{0\}$. [*Soluzione.* Dato $x \in \mathbb{R}^n$ si definisca $r := |x|$. Se si scrive $x = ry$, dove $|y| = 1$, si ha $y \in \partial B_1(0) = \{v \in \mathbb{R}^n : |v| = 1\}$ per costruzione. Si ha inoltre $f(x) = r^m f(y)$, poiché f è una funzione omogenea di grado m. Sia

$$M := \max_{y \in \partial B_1(0)} f(y).$$

Il massimo esiste per il teorema di Weiestrass e, poiché per ipotesi si ha $f(x) < 0$ $\forall x \in \mathbb{R}^n \setminus \{0\}$, si trova $M < 0$ e quindi $f(x) = r^m f(y) \leq r^m M = -c r^m = -c|x|^m$, dove $c := -M > 0$.]

Esercizio 2.6 Sia $R : \mathbb{R}^n \to \mathbb{R}$ una funzione differenziabile tale che $R(q_0) = 0$. Si dimostri l'implicazione

$$\lim_{q \to q_0} \frac{1}{|q - q_0|^{m-1}} \frac{\partial R}{\partial q}(q) = 0 \quad \Longrightarrow \quad \lim_{q \to q_0} \frac{R(q)}{|q - q_0|^m} = 0.$$

[*Soluzione.* Per definizione di limite, per ogni $\varepsilon > 0$ esiste $\delta > 0$ tale che $|[\partial R/\partial q](q)| < \varepsilon |q - q_0|^{m-1}$ per ogni q tale che $|q - q_0| < \delta$. Per $|q - q_0| < \delta$, si ha quindi (cfr. l'esercizio 5.1 del volume 1)

$$|R(q)| = |R(q) - R(q_0)| = \left| \int_0^1 \mathrm{d}t \left\langle \frac{\partial R}{\partial q}(q_0 + t(q - q_0)), q - q_0 \right\rangle \right|$$

$$\leq \int_0^1 \mathrm{d}t \left| \frac{\partial R}{\partial q}(q_0 + t(q - q_0)) \right| |q - q_0| \leq \varepsilon |q - q_0|^{m-1} |q - q_0| = \varepsilon |q - q_0|^m,$$

poiché $|q + t(q - q_0)| \leq |q - q_0|$ $\forall t \in [0, 1]$. Da qui segue l'asserto.]

Esercizio 2.7 Si dimostri che, se un punto materiale P di massa m è vincolato a muoversi in un piano π che ruoti con velocità $\omega(t)$ intorno a un asse fisso $\boldsymbol{e}$, l'effetto delle forze apparenti si può descrivere in termini di un'*energia potenziale centrifuga*

$$V_{\mathrm{cf}}(x, y) = -\frac{1}{2} m \omega^2(t)\, x^2,$$

dove (x, y) sono le coordinate del punto P nel piano π, scelte in modo che l'asse y coincida con l'asse $\boldsymbol{e}$. Si discuta in particolare il caso in cui $\omega(t) = \omega$ sia costante. [*Soluzione.* Il sistema solidale con il piano rotante è un sistema non inerziale, quindi bisogna tener conto delle forze apparenti (cfr. il teorema 8.29 del volume 1). La forza che agisce su un punto P del piano, di massa m e coordinate $\boldsymbol{Q} = (x, y, 0)$ (scegliendo l'asse z ortogonale al piano π), è data da

$$\boldsymbol{F} - 2m\, [\boldsymbol{\Omega}, \dot{\boldsymbol{Q}}] - m\, [\dot{\boldsymbol{\Omega}}, \boldsymbol{Q}] - m [\boldsymbol{\Omega}, [\boldsymbol{\Omega}, \boldsymbol{Q}]],$$

dove $\boldsymbol{F}$ è la forza attiva espressa nel sistema solidale e $\boldsymbol{\Omega}$ è il vettore velocità angolare. Sia la forza $-m[\dot{\boldsymbol{\Omega}}, \boldsymbol{Q}]$ che la forza di Coriolis $-2m[\boldsymbol{\Omega}, \dot{\boldsymbol{Q}}]$ sono ortogonali al piano rotante (i.e. dirette lungo l'asse z), quindi non agiscono sul moto; esse tendono ad allontanare il punto P dal piano π e sono pertanto controbilanciate dalla forza vincolare. La forza centrifuga $-m[\boldsymbol{\Omega}, [\boldsymbol{\Omega}, \boldsymbol{Q}]]$, espressa nelle coordinate del sistema rotante, ha componente $m\omega^2 x$ lungo l'asse x e componente nulla lungo l'asse y. Quindi se si definisce V_{cf} come nel testo dell'esercizio, si può interpretare la forza centrifuga come la forza corrispondente all'*energia potenziale centrifuga* V_{cf}. In particolare, se ω è costante, anche $\boldsymbol{\Omega}$ è costante (è un vettore diretto lungo l'asse verticale e di modulo costante ω), quindi $\dot{\boldsymbol{\Omega}} = \boldsymbol{0}$, e solo la forza di Coriolis deve essere compensata dalla forza vincolare.]

Esercizio 2.8 Si consideri il sistema dinamico $\dot{x} = \alpha x - x^3$ in $\mathbb{R}$. Si dimostri che per $\alpha = 0$ si ha una biforcazione a forcone supercritica (cfr. la definizione data nella discussione dell'esempio 2.16). [*Soluzione.* I punti di equilibrio sono $x = 0$, per ogni valore di α, e $x = \pm\sqrt{\alpha}$, se $\alpha > 0$: $x = 0$ è un punto di equilibrio stabile per $\alpha \leq 0$ e instabile per $\alpha > 0$, mentre $x = \pm\sqrt{\alpha}$ sono punti di equilibrio stabili quando esistono.]

Esercizio 2.9 Si consideri il sistema dinamico $\dot{x} = \alpha x + x^3$ in $\mathbb{R}$. Si dimostri che per $\alpha = 0$ si ha una biforcazione a forcone subcritica (cfr. la definizione data nella discussione dell'esempio 2.16). [*Soluzione.* I punti di equilibrio sono $x = 0$, per ogni valore di α, e $x = \pm\sqrt{-\alpha}$, se $\alpha < 0$: $x = 0$ è un punto di equilibrio stabile per $\alpha < 0$ e instabile per $\alpha > 0$, mentre $x = \pm\sqrt{-\alpha}$ sono punti di equilibrio instabili quando esistono.]

Esercizio 2.10 Si dimostri che se A è una matrice definita positiva tutti i suoi elementi diagonali A_{ii} sono strettamente positivi. [*Soluzione.* Se A è una matrice $n \times n$ definita positiva, si deve avere $\langle x, Ax\rangle > 0$ per ogni $x \neq 0$. Prendendo $x \in \mathbb{R}^n$ tale che $x_j = \delta_{ij}$ si trova $\langle x, Ax\rangle = A_{ii}$, quindi $A_{ii} > 0$.]

Esercizio 2.11 Si deduca la (2.18) dall'analisi del §7.1 del volume 1.

Esercizio 2.12 Si dimostri che l'*energia potenziale gravitazionale sulla superficie della Terra* di un punto materiale di massa m è della forma $V_{\mathrm{gr}} = mgy$, se y è la coordinata del punto lungo l'asse verticale e g è l'accelerazione di gravità. [*Soluzione.* Si scelga un sistema di riferimento $Oxyz$ in cui l'asse y sia l'asse verticale. La forza che agisce sul punto P di coordinate (x, y, z) è allora $\boldsymbol{f}_{\mathrm{gr}} = (0, -mg, 0)$ (cfr. l'osservazione 7.31 del volume 1). Definendo V_{gr} tale che

$$\boldsymbol{f}_{\mathrm{gr}} = -\left(\frac{\partial V_{\mathrm{gr}}}{\partial x}, \frac{\partial V_{\mathrm{gr}}}{\partial y}, \frac{\partial V_{\mathrm{gr}}}{\partial z}\right),$$

si trova $V_{\mathrm{gr}} = mgy$. La forza $\boldsymbol{f}_{\mathrm{gr}}$ è comunemente chiamata *forza di gravità* o *forza peso*.]

Esercizio 2.13 Siano P_1 e P_2 due punti materiali collegati tramite una *molla* (o *molla elastica*) con costante elastica k e lunghezza a riposo nulla (o trascurabile). Con questo si intende che la forza d'interazione tra i punti è una *forza elastica*, cioè proporzionale alla distanza tra i due punti, con costante di proporzionalità k (*costante elastica*), attrattiva e diretta lungo la retta che congiunge i due punti (*legge di Hooke*). Si dimostri che l'*energia potenziale elastica* corrispondente è data da

$$V_{\mathrm{el}} = \frac{1}{2}k|\boldsymbol{q}_1 - \boldsymbol{q}_2|^2 = \frac{1}{2}k\Big((x_1 - x_2)^2 + (y_1 - y_2)^2 + (z_1 - z_2)^2\Big),$$

se $\boldsymbol{q}_1 = (x_1, y_1, z_1)$ e $\boldsymbol{q}_2 = (x_2, y_2, z_2)$ sono le coordinate dei punti P_1 e P_2, rispettivamente. [*Soluzione.* La forza $\boldsymbol{f}_1$ che agisce sul punto P_1 è diretta lungo la retta congiungente i due punti, nel verso che va dal punto P_1 al punto P_2, essendo una forza attrattiva. È una forza lineare: il suo modulo è proporzionale alla distanza

$|\boldsymbol{q}_1 - \boldsymbol{q}_2|$ tra i due punti, con costante di proporzionalità k. La forza che agisce sul punto P_2 è data da $\boldsymbol{f}_2 = -\boldsymbol{f}_1$, per il principio di azione e reazione. Quindi si ha

$$\boldsymbol{f}_1 = -k(\boldsymbol{q}_1 - \boldsymbol{q}_2) = -k(x_1 - x_2, y_1 - y_2, z_1 - z_2), \qquad \boldsymbol{f}_2 = k(\boldsymbol{q}_1 - \boldsymbol{q}_2).$$

Richiedendo che si abbia

$$\boldsymbol{f}_1 = -\frac{\partial V_{\rm el}}{\partial \boldsymbol{q}_1} := -\left(\frac{\partial V_{\rm el}}{\partial x_1}, \frac{\partial V_{\rm el}}{\partial y_1}, \frac{\partial V_{\rm el}}{\partial z_1}\right),$$

si ottiene il risultato.]

Esercizio 2.14 Si discuta come cambia la discussione dell'esercizio 2.13 nel caso in cui la molla abbia lunghezza a riposo $d_0 > 0$. [*Soluzione.* Le forze $\boldsymbol{f}_1$ e $\boldsymbol{f}_2$ che agiscono sui punti P_1 e P_2 sono dirette ancora lungo la retta congiungente i due punti, i.e. lungo il versore $(\boldsymbol{q}_1 - \boldsymbol{q}_2)/|\boldsymbol{q}_1 - \boldsymbol{q}_2|$; inoltre sono attrattive quando la distanza tra i punti è maggiore di d_0 e repulsive altrimenti. D'altra parte, poiché le forze sono lineari, si ha $|\boldsymbol{f}_1| = |\boldsymbol{f}_2| = k||\boldsymbol{q}_1 - \boldsymbol{q}_2| - d_0|$, quindi, imponendo di nuovo,

$$\boldsymbol{f}_1 = -k(|\boldsymbol{q}_1 - \boldsymbol{q}_2| - d_0)\frac{\boldsymbol{q}_1 - \boldsymbol{q}_2}{|\boldsymbol{q}_1 - \boldsymbol{q}_2|} = -\frac{\partial V_{\rm el}}{\partial \boldsymbol{q}_1}, \qquad \boldsymbol{f}_2 = -\boldsymbol{f}_1 = -\frac{\partial V_{\rm el}}{\partial \boldsymbol{q}_2},$$

si trova

$$V_{\rm el} = V_0(\boldsymbol{q}_1 - \boldsymbol{q}_2) := \frac{1}{2}k(|\boldsymbol{q}_1 - \boldsymbol{q}_2| - d_0)^2.$$

Ovviamente per $d_0 = 0$ ritroviamo l'espressione dell'esercizio 2.13. Si noti che la funzione $V_{\rm el}(\boldsymbol{q})$ non è di classe C^2 in $\boldsymbol{q} = \boldsymbol{0}$; per ovviare a questo – e tener conto che una molla reale non si può contrarre completamente – si può immaginare che l'energia potenziale elastica assuma la forma $V_{\rm el} = V_0(\boldsymbol{q}_1 - \boldsymbol{q}_2) + W(\boldsymbol{q}_1 - \boldsymbol{q}_2)$, dove $W(\boldsymbol{q})$ è una funzione positiva di classe C^2 per $\boldsymbol{q} \neq \boldsymbol{0}$, tale $W(\boldsymbol{q}) = 0$ per $|\boldsymbol{q}| \geq \delta_0$, con δ_0 molto più piccolo di d_0, e $W(\boldsymbol{q}) \to +\infty$ per $\boldsymbol{q} \to \boldsymbol{0}$, in modo da non modificare la forza per $\boldsymbol{q}$ vicino a d_0 e impedire nel contempo che i punti P_1 e P_2 vengano a contatto.]

Esercizio 2.15 Si dimostri che nel caso (4) dell'esempio del §2.3 l'energia potenziale è data dalla (2.30), con $V_{\rm cf}$ data dalla (2.29). [*Suggerimento.* Si ragiona come nell'esercizio 2.7 per il contributo $V_{\rm cf}$.]

Esercizio 2.16 Si dimostri che nel caso (2) dell'esempio del §2.4 l'energia potenziale è data dalla (2.34). [*Soluzione.* Si ragiona come nell'esercizio 2.12 per l'energia potenziale gravitazionale e come nell'esercizio 2.7 per l'energia potenziale centrifuga.]

Esercizio 2.17 Si deduca la (2.40) a partire dall'energia potenziale (2.39).

Esercizio 2.18 Si mostri che, nella discussione del §2.4.4, le forze apparenti che agiscono sul punto P_0 sono nulle. [*Soluzione.* Segue dalla discussione dell'esercizio 2.7 e dal fatto che il prodotto vettoriale di vettori paralleli è nullo, notando che, se $\boldsymbol{Q}$ individua il punto P_0, i vettori $\boldsymbol{\Omega}$, $\boldsymbol{Q}$, $\dot{\boldsymbol{Q}}$ sono paralleli.]

Esercizio 2.19 Si determinino le configurazioni di equilibrio del sistema lagrangiano dell'esercizio 1.59 e se ne studi la stabilità. [*Suggerimento.* Il gradiente dell'energia potenziale si annulla per i valori (θ_1, θ_2) tali che $\theta_1 = \theta_2$ (cfr. la discussione dell'esercizio 1.59): tutti i punti lungo tale retta sono quindi configurazioni di equilibrio. Se definiamo $\varphi := \theta_1 - \theta_2$ e $\psi := a_1^2\theta_1 + a_2^2\theta_2$, in termini delle coordinate (φ, ψ), le equazioni di Eulero-Lagrange si scrivono $\ddot{\varphi} = -a \sin\varphi$ e $\ddot{\psi} = 0$. In particolare si ha $\psi(t) = \psi(0) + \dot{\psi}(0)\, t$, quindi le configurazioni di equilibrio sono instabili.]

Esercizio 2.20 Due punti materiali P_1 e P_2 interagiscono attraverso una forza centrale (cfr. il §7.1.1 del volume 1) la cui intensità è proporzionale a $(d(P_1, P_2))^b$, $b \neq -1$, dove $d(P_1, P_2)$ è la distanza tra i due punti. Si calcoli l'energia potenziale del sistema. [*Soluzione.* Siano $\boldsymbol{q}_1 = (x_1, y_1, z_1)$ e $\boldsymbol{q}_2 = (x_2, y_2, z_2)$ le coordinate dei punti P_1 e P_2. La forza che agisce sul punto P_1 è data da

$$\begin{aligned} \boldsymbol{f}_1 &= a\, |\boldsymbol{q}_1 - \boldsymbol{q}_2|^b \frac{\boldsymbol{q}_1 - \boldsymbol{q}_2}{|\boldsymbol{q}_1 - \boldsymbol{q}_2|} \\ &= a\big((x_1 - x_2)^2 + (y_1 - y_2)^2 + (z_1 - z_2)^2\big)^{(b-1)/2}(x_1 - x_2, y_1 - y_2, z_1 - z_2), \end{aligned}$$

dove la costante di proporzionalità a è positiva se la forza è repulsiva e negativa se la forza è attrattiva, mentre la forza che agisce sul punto P_2 è data da $\boldsymbol{f}_2 = -\boldsymbol{f}_1$. Definendo $V = V(\boldsymbol{q}_1, \boldsymbol{q}_2)$ in modo che $\boldsymbol{f}_1 = -\partial V/\partial \boldsymbol{q}_1$ e $\boldsymbol{f}_2 = -\partial V/\partial \boldsymbol{q}_2$, si trova

$$\begin{aligned} V(\boldsymbol{q}_1, \boldsymbol{q}_2) &= -\frac{a}{b+1}|\boldsymbol{q}_1 - \boldsymbol{q}_2|^{b+1} \\ &= -\frac{a}{b+1}\big((x_1 - x_2)^2 + (y_1 - y_2)^2 + (z_1 - z_2)^2\big)^{(b+1)/2}. \end{aligned}$$

In particolare, se $a = -k$, con $k > 0$, e $b = -2$, abbiamo

$$V(\boldsymbol{q}_1, \boldsymbol{q}_2) = -\frac{k}{|\boldsymbol{q}_1 - \boldsymbol{q}_2|} = -\frac{k}{\sqrt{(x_1 - x_2)^2 + (y_1 - y_2)^2 + (z_1 - z_2)^2}},$$

che è l'*energia potenziale gravitazionale* studiata nel §7.2.2 del volume 1.]

Esercizio 2.21 Con le notazioni dell'esercizio 2.20 si discuta il caso $b = -1$.

Esercizio 2.22 Un sistema meccanico è costituito da tre punti P_1, P_2 e P_3, di massa $m_1 = m_2 = m_3 = 1$. I punti P_1 e P_2 sono vincolati a muoversi lungo una retta orizzontale (che identifichiamo con l'asse x), mentre il punto P_3 si muove

Figura 2.12 Sistema discusso nell'esercizio 2.22

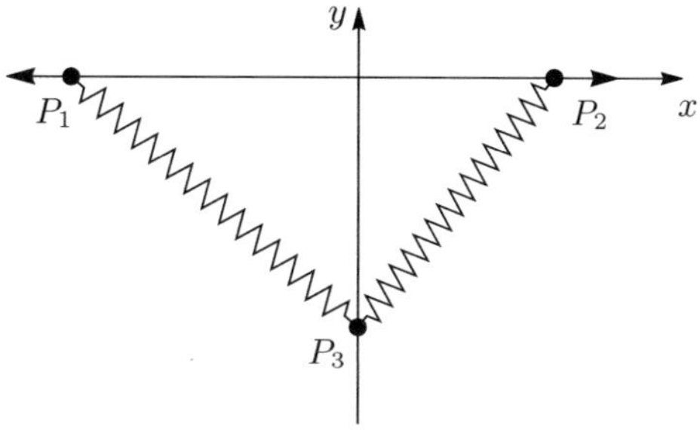

lungo una retta verticale (che identifichiamo con l'asse y); tra i punti P_1 e P_2 agiscono due forze conservative repulsive, di modulo, rispettivamente, $\alpha\, d^{-2}(P_1, P_2)$ e $\beta\, d^4(P_1, P_2)$, se $d(P_1, P_2)$ è la distanza tra i punti P_1 e P_2 e α, β sono costanti positive; il punto P_3 è collegato ai punti P_1 e P_2 tramite due molle, entrambe di costante elastica $k > 0$ e lunghezza a riposo nulla (cfr. la figura 2.12). Sia g l'accelerazione di gravità.

(1) Si scrivano la lagrangiana del sistema e le corrispondenti equazioni di Eulero-Lagrange, utilizzando come coordinate lagrangiane le coordinate x_1, x_2, y tali che $P_1 = (x_1, 0)$, $P_2 = (x_2, 0)$ e $P_3 = (0, y)$.
(2) Si determinino le configurazioni di equilibrio e se ne discuta la stabilità al variare di α, β, k, g.
(3) Si discuta in particolare il caso in cui sia $\alpha = \beta = 1$ e $k = 5$, e si determini la forza vincolare che agisce sul punto P_1 in corrispondenza della configurazione di equilibrio stabile risultante.

[*Suggerimento.* L'energia potenziale relativa alle due forze repulsive si può determinare utilizzando l'esercizio 2.20 oppure imponendo fin dall'inizio il vincolo che i punti P_1 e P_2 si muovono lungo l'asse x e ragionando come segue. Siano x_1 e x_2 le coordinate dei punti P_1 e P_2, rispettivamente. Se $x_1 > x_2$ le forze repulsive che agiscono sul punto P_1 sono date da

$$f_1 = \frac{\alpha}{(x_1 - x_2)^2} + \beta(x_1 - x_2)^4,$$

dove si è tenuto conto che la forza è positiva perché è diretta dal punto P_2 al punto P_1, così che, se scriviamo $f_1 = -\partial V_{\text{rep}}/\partial x_1$, troviamo

$$V_{\text{rep}} = \frac{\alpha}{x_1 - x_2} - \frac{1}{5}\beta(x_1 - x_2)^5.$$

Analogamente, se $x_1 < x_2$, si trova

$$f_1 = -\frac{\alpha}{(x_1 - x_2)^2} - \beta(x_1 - x_2)^4 \quad \Longrightarrow \quad V_{\text{rep}} = -\frac{\alpha}{x_1 - x_2} + \frac{1}{5}\beta(x_1 - x_2)^5.$$

Possiamo scrivere l'energia potenziale come un'unica espressione nella forma

$$V_{\text{rep}} = \frac{\alpha}{|x_1 - x_2|} - \frac{1}{5}\beta |x_1 - x_2|^5,$$

valida sia per $x_1 > x_2$ sia per $x_1 < x_2$; si noti che la funzione V_{rep} è C^∞ per ogni $x_1 \neq x_2$. La lagrangiana è quindi $\mathcal{L} = T - V$, dove

$$T = \frac{1}{2}\big(\dot{x}_1^2 + \dot{x}_2^2 + \dot{y}^2\big), \qquad V = V_{\text{rep}} + \frac{1}{2}k\big(x_1^2 + x_2^2 + 2y^2\big).$$

Per studiare le configurazioni di equilibrio, può essere conveniente usare le coordinate (s, d, y), dove $s = (x_1 + x_2)/2$ (centro di massa) e $d = x_1 - x_2$ (coordinata relativa), in termini delle quali $\mathcal{L}$ si riscrive

$$T = \dot{s}^2 + \frac{1}{4}\dot{d}^2 + \frac{1}{2}\dot{y}^2, \qquad V = \frac{\alpha}{|d|} - \frac{1}{5}\beta |d|^5 + k\Big(s^2 + \frac{1}{4}d^2 + y^2\Big).$$

Il sistema si disaccoppia quindi in tre sistemi unidimensionali indipendenti; infatti la lagrangiana si scrive $\mathcal{L} = \mathcal{L}_1 + \mathcal{L}_2 + \mathcal{L}_3$, dove

$$\mathcal{L}_1 = \dot{s}^2 - V_1, \quad V_1 = ks^2, \qquad \mathcal{L}_2 = \frac{1}{2}\dot{y}^2 - V_2, \quad V_2 = ky^2,$$
$$\mathcal{L}_3 = \frac{1}{4}\dot{d}^2 - V_3, \quad V_3 = \frac{\alpha}{|d|} - \frac{1}{5}\beta |d|^5 + \frac{1}{4}kd^2.$$

Il grafico dell'energia potenziale V_3 dipende dal valore di $\Delta := k^2 - 16\alpha\beta$. Se $\Delta > 0$ si hanno due punti di minimo relativo in $d = \pm d_1$, dove $d_1 = ((k - \sqrt{\Delta})/4\beta)^{1/3}$, e due punti di massimo relativo in $d = \pm d_2$, dove $d_2 = ((k + \sqrt{\Delta})/4\beta)^{1/3}$; se $\Delta = 0$ si hanno due punti di flesso orizzontale in in $d = \pm d_0$, dove $d_0 = (k/4\beta)^{1/3}$; se $\Delta < 0$ non si hanno punti stazionari (cfr. la figura 2.13). Poiché V_1 e V_2 hanno un punto di minimo in $s = 0$ e $y = 0$, rispettivamente, ne concludiamo che se $\Delta > 0$ si hanno due punti di equilibrio stabili $(0, 0, \pm d_1)$ e due instabili $(0, 0, \pm d_2)$, se $\Delta = 0$ si hanno due punti di equilibrio instabili $(0, 0, \pm d_0)$ e se $\Delta > 0$ non si hanno punti di equilibrio. In particolare se $\alpha = \beta = 1$ e $k = 5$ si ha $\Delta = 9$ e le due configurazioni stabili sono $(0, 0, \pm(1/2)^{1/3})$, da cui si ottengono le due configurazioni simmetriche $x_1 = \pm(1/2)^{4/3}$, $x_2 = \mp(1/2)^{4/3}$ e $y = 0$. Per calcolare le forze vincolari si ragiona come discusso nell'osservazione 2.7.]

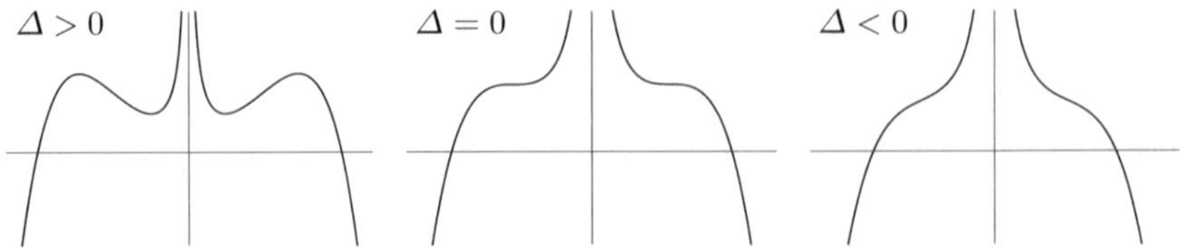

Figura 2.13 Grafico dell'energia potenziale V_3 dell'esercizio 2.22 al variare di Δ

Esercizio 2.23 Si consideri un corpo rigido continuo (C, ρ), dove $C \subset \mathbb{R}^3$ e $\rho\colon C \to \mathbb{R}_+$ è la densità di massa. Su ogni elemento infinitesimo del sistema, di coordinate $\boldsymbol{x}$ e di massa $\mathrm{d}m(\boldsymbol{x}) := \rho(\boldsymbol{x})\,\mathrm{d}\boldsymbol{x}$, agisce una forza conservativa $\boldsymbol{f}(\boldsymbol{x}) = \mathrm{d}m(\boldsymbol{x})\,\boldsymbol{\varphi}(\boldsymbol{x})$, per qualche funzione $\boldsymbol{\varphi}\colon \mathbb{R}^3 \to \mathbb{R}^3$ di classe C^1. Si determini l'energia potenziale del sistema. In particolare si discuta il caso in cui il corpo rigido sia omogeneo. [*Soluzione.* Si definisce una *densità di energia potenziale* $u(\boldsymbol{x})$ scrivendo

$$\boldsymbol{\varphi}(\boldsymbol{x}) = -\frac{\partial}{\partial \boldsymbol{x}} u(\boldsymbol{x}).$$

L'energia potenziale del corpo rigido è allora data da

$$V = \int_C \mathrm{d}\boldsymbol{x}\, \rho(\boldsymbol{x})\, u(\boldsymbol{x}).$$

Se il corpo rigido (C, ρ) è omogeneo allora $\rho(\boldsymbol{x})$ è costante e quindi $\rho(\boldsymbol{x}) = m/|C|$, se m e $|C|$ sono, rispettivamente, la massa e il volume del corpo rigido.

Esercizio 2.24 Un sistema meccanico è costituito da tre punti P_1, P_2 e Q, di masse, rispettivamente, $m_1 = m_2 = m$ e $m_3 = 2m$, vincolati a rimanere in un piano verticale π. I due punti P_1 e P_2 si muovono lungo un asse orizzontale (che si può identificare con l'asse x) e sono entambi collegati a Q tramite due sbarre rettilinee di lunghezza L e massa trascurabile; il punto P_1 è collegato a un punto fisso O dell'asse lungo cui scorre tramite una molla di costante elastica k e lunghezza a riposo nulla (cfr. la figura 2.14). Sia g l'accelerazione di gravità.

(1) Si scrivano la lagrangiana del sistema e le corrispondenti equazioni di Eulero-Lagrange, usando come coordinate lagrangiane l'ascissa x del punto Q lungo l'asse orizzontale e l'angolo θ che la retta passante per i punti P_1 e Q forma con tale asse.
(2) Si determinino le configurazioni di equilibrio e se ne discuta la stabilità.
(3) Per $k = 0$ si studi qualitativamente il moto.
(4) Sempre per $k = 0$, partendo dalla configurazione iniziale

$$x(0) = 0, \qquad \dot{x}(0) = 0, \qquad \theta(0) = 0, \qquad \dot{\theta}(0) = 0,$$

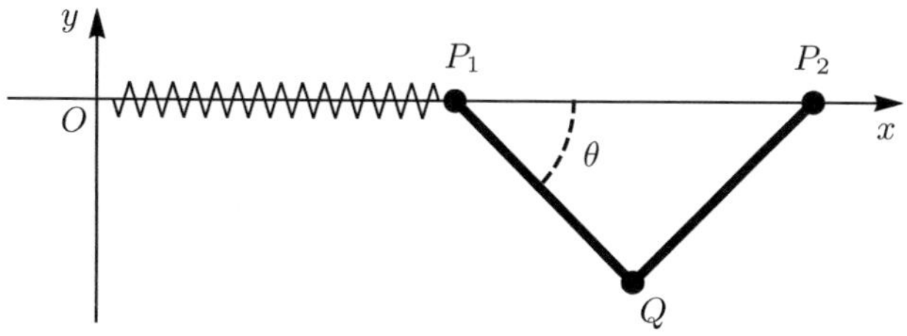

Figura 2.14 Sistema discusso nell'esercizio 2.24

si determini la forza vincolare nel punto Q in funzione del tempo, in particolare quando Q si trova a quota $L/\sqrt{2}$ al di sotto dell'asse x.

(5) Si discuta come si modifica la trattazione se entrambe le sbarre hanno massa M e sono omogenee.

[*Suggerimento.* Se x_1 e x_2 indicano le coordinate lungo l'asse x dei punti P_1 e P_2, rispettivamente, risulta $x_1 = x - L\cos\theta$ e $x_2 = x \pm L\cos\theta$, se θ è calcolato come indicato nella figura 2.14; inoltre l'ordinata del punto Q vale $y = -L\sin\theta$. I due casi per x_2 vanno discussi separatamente: una volta fissati i dati iniziali, le scelta del segno $\pm$ è determinata in modo univoco. Consideriamo esplicitamente il caso $x_2 = x + L\cos\theta$ (nel caso $x_2 = x - L\cos\theta$ si ragiona in modo analogo). Nel caso in cui le sbarre abbiano massa trascurabile, la lagrangiana è $\mathcal{L} = T - V$, dove

$$T = m\big(2\dot{x}^2 + L^2\dot{\theta}^2\big), \qquad V = k\left(\frac{x^2}{2} + \frac{L^2\cos^2\theta}{2} - Lx\cos\theta\right) - 2mgL\sin\theta,$$

così che le equazioni di Eulero-Lagrange sono

$$\begin{cases} 4m\ddot{x} = -kx + kL\cos\theta, \\ 2mL^2\ddot{\theta} = 2mgL\cos\theta - kLx\sin\theta + kL^2\sin\theta\cos\theta. \end{cases}$$

Si hanno configurazioni di equilibrio per $\cos\theta = 0$ e $x = L\cos\theta = 0$, quindi per $\theta = \pm\pi/2$ e $x = 0$. Studiando la matrice hessiana, si trova che $(x,\theta) = (0,\pi/2)$ è stabile, mentre $(x,\theta) = (0,-\pi/2)$ è instabile. Per $k = 0$ (i.e. in assenza di molla), si trova $\ddot{x} = 0$ e $L\ddot{\theta} = g\cos\theta$, quindi il centro di massa del sistema si muove di moto rettilineo uniforme, mentre l'equazione per la variabile θ descrive il moto di un sistema unidimensionale costituito da un punto di massa $m = 1$ ed energia potenziale $V = \alpha\sin\theta$, con $\alpha := g/L$; nel sistema del centro di massa, il sistema si comporta come un pendolo semplice (in termini di $\varphi := \theta + \pi/2$, l'equazione per θ diventa $L\ddot{\varphi} = -g\sin\varphi$). Sempre per $k = 0$, partendo dalla configurazione al punto (4), la forza vincolare che agisce sul punto Q è $R^{(Q)} = (2m\ddot{x} - f_x^{(Q)}, 2m\ddot{y} - f_y^{(Q)})$, dove $\ddot{x} = 0$, $\ddot{y} = L\dot{\theta}^2\sin\theta - L\cos\theta\ddot{\theta}$, $f_x^{(Q)} = 0$ e $f_y^{(Q)} = -2mg$, così che $R^{(Q)} = \big(0, 2m(L\dot{\theta}^2\sin\theta + g\cos^2\theta + g)\big) = \big(0, 2mg(\cos^2\theta - 2\sin^2\theta + 1)\big)$, dove si è usato che l'energia totale per il moto della variabile θ è $E(\theta,\dot{\theta}) = 0$ in corrispondenza dei dati iniziali scelti. In particolare, quando Q si trova a quota $L/\sqrt{2}$, si ha $\theta = \pi/4$ e quindi la forza vincolare è $R^{(Q)} = (0,0)$. Se le due sbarre hanno massa M, si calcola l'energia cinetica delle sbarre utilizzando il teorema di König (cfr. il teorema 9.40 del volume 1); il centro di massa C_1 della sbarra che connette i punti P_1 e Q ha coordinate $C_1 = (x - (L/2)\cos\theta, -(L/2)\sin\theta)$, quindi l'energia cinetica della sbarra è

$$T_1 = \frac{1}{2}M\left(\dot{x}^2 + \frac{L^2}{4}\dot{\theta}^2 + L\sin\theta\,\dot{x}\dot{\theta}\right) + \frac{1}{2}I_3\dot{\theta}^2,$$

dove $I_3 = ML^2/12$ (cfr. il §10.2.1 del volume 1). L'energia potenziale gravitazionale si può calcolare procedendo come indicato nell'esercizio 2.23: si ha

$$V_1 = -\int_0^L \mathrm{d}u \, \frac{M}{L} g u \, \sin\theta = -Mg\frac{L}{2} \sin\theta,$$

dove si è tenuto conto che la densità di massa M/L è costante, essendo la sbarra omogenea. Allo stesso modo si tratta la sbarra che connette i punti P_2 e Q. In conclusione la lagrangiana è

$$\mathcal{L} = (2m + M)\dot{x}^2 + \left(m + \frac{M}{3}\right)L^2\dot{\theta}^2 - \frac{1}{2}k(x - L\cos\theta)^2 + (2m + M)gL\sin\theta$$

e può essere discussa analogamente al caso $M = 0$.]

Esercizio 2.25 Un sistema meccanico è costituito da due punti P_1 e P_2, di massa $m_1 = m_2 = 1$ e vincolati a muoversi lungo una guida posta in un piano verticale π. Introducendo in π un sistema di coordinate (x, y), la guida risulta definita dall'equazione $y = x^2$ e i due punti P_1 e P_2 sono individuati dalle coordinate (x_1, x_1^2) e (x_2, x_2^2) rispettivamente. Sul sistema agisce la forza peso; sia g l'accelerazione di gravità. Inoltre il piano π ruota intorno all'asse verticale $x = 0$ con velocità angolare uniforme ω. Si studino i tre seguenti scenari

- Il punto P_2 è fisso nell'origine e il punto P_1 è mobile e collegato all'asse verticale $x = 0$ da una molla di costante elastica k.
- Il punto P_2 è fisso nell'origine e il punto P_1 è mobile e collegato all'asse orizzontale $y = 0$ da una molla di costante elastica k.
- I punti P_1 e P_2 sono mobili e collegati tra loro da una molla di costante elastica k (cfr. la figura 2.15).

(1) Si scrivano la lagrangiana e le equazioni di Eulero-Lagrange, nei tre casi sopra considerati.

(2) Si determinino le configurazioni di equilibrio e se ne discuta la stabilità al variare della velocità angolare ω, nei tre casi sopra considerati.

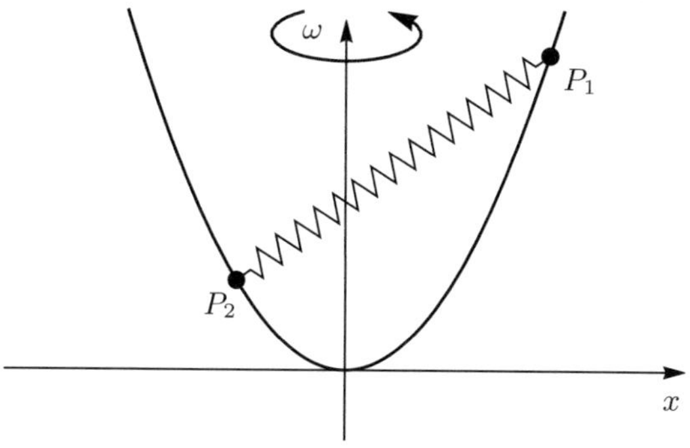

Figura 2.15 Terza configurazione del sistema discusso nell'esercizio 2.25

[*Suggerimento.* Nel primo caso la molla unisce il punto P_1 a un punto Q di massa nulla che si muove lungo l'asse y in modo tale che, posto $P = (x_1, y_1)$, con $y_1 = x_1^2$, si abbia $Q = (0, y_1)$: in altre parole il punto Q è sempre alla stessa quota del punto P_1. Si noti che tale situazione si può immaginare ottenuta a partire da un punto di massa $m_0 > 0$ che si muova lungo l'asse y, nel limite $m_0 \to 0$. Infatti, se $Q = (0, y_0)$, la corrispondente lagrangiana è della forma

$$\mathcal{L} = \frac{1}{2} m_0 \dot{y}_0^2 + \frac{1}{2} k \Big(x_1^2 + (y_0 - y_1)^2 \Big) + \mathcal{L}'$$

dove il primo termine descrive l'energia cinetica del punto Q, il secondo tiene descrive l'energia potenziale elastica dovuta alla molla che unisce i punti P_1 e Q, mentre il termine $\mathcal{L}'$ tiene conto degli altri contributi che non dipendono da y_0 né da $\dot{y}_0$. Scrivendo le equazioni di Eulero-Lagrange per la variabile y_0, si ottiene

$$m_0 \ddot{y}_0 = -k(y_0 - y_1),$$

così che, nel limite $m_0 \to 0$, si trova $y_0 = y_1$ identicamente. Analogamente, nel secondo caso, si ha $Q = (x_1, 0)$, se x_1 è l'ascissa del punto P_1. Se definiamo

$$\begin{aligned} \mathcal{L}_1 &:= \frac{1}{2} \dot{x}_1^2 (1 + 4x_1^2) - g x_1^2 + \frac{1}{2} \omega^2 x_1^2 - \frac{1}{2} k x_1^2, \\ \mathcal{L}_2 &= \frac{1}{2} \dot{x}_1^2 (1 + 4x_1^2) - g x_1^2 + \frac{1}{2} \omega^2 x_1^2 - \frac{1}{2} k x_1^4, \end{aligned}$$

la lagrangiana è $\mathcal{L}_1$ nel primo ed è $\mathcal{L}_2$ nel secondo caso. Per quanto riguarda le configurazioni di equilibrio, si ragiona come segue. Nel primo caso, se $k - \omega^2 + 2g = 0$ non si hanno configurazioni di equilibrio, altrimenti si ha la sola configurazione di equilibrio $x_1 = 0$, che è stabile se $k - \omega^2 + 2g > 0$ e instabile se $k - \omega^2 + 2g < 0$. Nel secondo caso, l'energia potenziale è

$$V(x_1) = \alpha x_1^4 - \beta x_1^2, \qquad \alpha := \frac{k}{2}, \qquad \beta := \frac{\omega^2}{2} - g,$$

così che se $\beta \le 0$ si ha la sola configurazione di equilibrio $x_1 = 0$, che è stabile, mentre se $\beta > 0$, oltre a $x_1 = 0$ (che diventa instabile), si hanno le due configurazioni di equilibrio $x_1 = \pm\sqrt{\beta/2\alpha}$, che sono stabili. Si noti che in $\beta = 0$ si ha una biforcazione a forcone supercritica (cfr. l'esempio 2.16 per la terminologia). Infine nel terzo caso, la lagrangiana è

$$\mathcal{L}_3 = \frac{1}{2} \sum_{i=1}^{2} \dot{x}_i^2 (1 + 4x_i^2) + \Big(\frac{\omega^2}{2} - g \Big) (x_1^2 + x_2^2) - \frac{k}{2} \Big((x_1 - x_2)^2 + (x_1^2 - x_2^2)^2 \Big),$$

che è più conveniente studiare effettuando il cambiamento di variabili $s := x_1 + x_2$ e $d := x_1 - x_2$. In termini delle nuove variabili, definendo α e β come sopra, la lagrangiana diventa $\mathcal{L}_3 = T - V$, dove

$$T = \Big(\frac{1}{4} + s^2 + d^2\Big)\dot{s}^2 + \Big(\frac{1}{4} + 4s^2 + 4d^2\Big)\dot{d}^2 + 4sd\dot{s}\dot{d},$$
$$V = \alpha s^2 d^2 + (\alpha - 2\beta)d^2 - 2\beta s^2.$$

Le configurazioni di equilibrio corrispondono ai valori (s, d) tali che

$$\frac{\partial V}{\partial s} = 2\big(\alpha d^2 - 2\beta\big)s = 0, \qquad \frac{\partial V}{\partial s} = 2\big(\alpha s^2 + \alpha - 2\beta\big)d = 0.$$

Se $\alpha > 2\beta$, l'unica configurazione di equilibrio è $(s, d) = (0, 0)$; se invece $\alpha = 2\beta$, oltre a $(0, 0)$ ci sono le due configurazioni $(0, \pm 1)$; infine se $\alpha < 2\beta$, oltre a $(0, 0)$, ci sono anche quattro ulteriori configurazioni $(s, d) = (\pm s_0, \pm d_0)$, dove $s_0 := \sqrt{(2\beta - \alpha)/\alpha}$ e $d_0 := \sqrt{2\beta/\alpha}$. La stabilità delle configurazioni di equilibrio si determina studiando la matrice hessiana

$$\mathcal{H}(s, d) = \begin{pmatrix} 2(\alpha d^2 - 2\beta) & 4\alpha ds \\ 4\alpha sd & 2(\alpha s^2 + \alpha - 2\beta) \end{pmatrix}.$$

La configurazione $(0, 0)$ è stabile se e solo se $\beta < 0$, i.e. $\omega^2 < 2g$; il caso $\beta = 0$ va discusso a parte: l'energia potenziale è $V = \alpha s^2 d^2 + \alpha d^2$, così che l'intera retta $d = 0$ risulta costituita da punti di equilibrio instabili. Le due configurazioni $(0, \pm 1)$, che esistono per $\alpha = 2\beta$, sono instabili; infatti in tal caso l'energia potenziale diventa $V = \alpha s^2(d^2 - 1)$, così che $(s, d) = (0, \pm 1)$ sono punti di sella. Le altre quattro configurazioni, che esistono solo per $\alpha < 2\beta$, sono anch'esse instabili, come si verifica notando che, in tal caso, si ha $\det \mathcal{H}(\pm s_0, \pm d_0) = -32\beta(2\beta - \alpha) < 0$.]

Esercizio 2.26 Si consideri il sistema lagrangiano costituito da due punti materiali P_1 e P_2, entrambi di massa $m = 1$, vincolati a muoversi in un piano verticale, che identificheremo con il piano (x, y), su profili di equazione, rispettivamente, $y = 1$ e $y = x^2$; i due punti sono inoltre collegati da una molla di costante elastica $k > 0$ e lunghezza a riposo nulla (cfr. la figura 2.16). Sia g l'accelerazione di gravità.

(1) Si scrivano la lagrangiana del sistema e equazioni di Eulero-Lagrange.
(2) Si determinino le configurazioni di equilibrio e se ne discuta la stabilità.
(3) Si calcoli la forza vincolare che agisce su P_1 in corrispondenza di una configurazione di equilibrio stabile (se esiste), per i valori dei parametri $2k = g = 1$.

[*Suggerimento.* Si usino come coordinate lagrangiane le ascisse x_1 e x_2 dei due punti P_1 e P_2, rispettivamente, così che $P_1 = (x_1, y_1) = (x_1, 1)$ e $P_2 = (x_2, y_2) = (x_2, x_2^2)$. A meno di termini costanti, la lagrangiana è $\mathcal{L} = T - V$, dove

$$T = \frac{1}{2}\Big(\dot{x}_1^2 + (1 + 4x_2^2)\dot{x}_2^2\Big), \qquad V = gx_2^2 + \frac{1}{2}k\Big(x_1^2 + x_2^4 - x_2^2 - 2x_1x_2\Big).$$

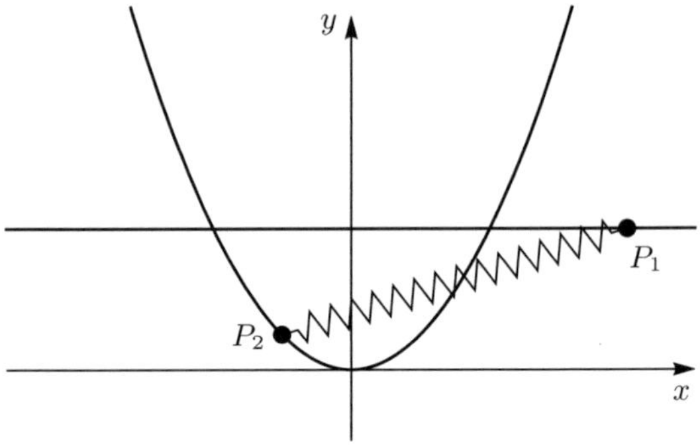

Figura 2.16 Sistema discusso nell'esercizio 2.26

Sia $\alpha := g/k$. Se $\alpha \geq 1$, si ha una sola configurazione di equilibrio $(x_1, x_2) = (0, 0)$, che è stabile (il caso $\alpha = 1$ va discusso a parte notando che $V \geq 0$ in tal caso e $V = 0$ se e solo se $x_1 = x_2 = 0$), mentre se $\alpha < 1$, oltre alla configurazione di equilibrio $(x_1, x_2) = (0, 0)$, che diventa instabile, si hanno anche le due configurazioni $(x_1, x_2) = \pm(\sqrt{1-\alpha}, \sqrt{1-\alpha})$, che sono stabili; si ha quindi in $\alpha = 1$ una biforcazione a forcone supercritica (cfr. l'esempio 2.16). Se $f^{(1)} = (f_x^{(1)}, f_y^{(1)})$ è la forza che agisce sul punto P_1 e $R^{(1)} = (R_x^{(1)}, R_y^{(1)})$ è la forza vincolare sul punto P_1, si ha

$$\ddot{x}_1 = f_x^{(1)} + R_x^{(1)}, \qquad \ddot{x}_2 = f_x^{(2)} + R_x^{(2)}.$$

La forza $f^{(1)}$ è data da

$$f_x^{(1)} = -\frac{\partial \bar{V}}{\partial x_1}, \quad f_y^{(1)} = -\frac{\partial \bar{V}}{\partial y_1},$$
$$\bar{V} := g y_1 + g y_2 + \frac{1}{2} k\Big((x_1 - x_2)^2 + (y_1 - y_2)^2\Big),$$

dove $\bar{V}$ è l'energia potenziale del sistema quando si ignorano i vincoli. In corrispondenza di una configurazione di equilibrio si ha $\ddot{x}_1 = \ddot{y}_1 = 0$, quindi per il punto (3), tenendo conto che la configurazione di equilibrio stabile è $(0, 0)$ poiché $\alpha = 2$ per $2k = g = 1$, si trova

$$R_x^{(1)} = k(x_1 - x_2) = 0, \qquad R_y^{(1)} = k(y_1 - y_2) + g y_1 = k + g = \frac{3}{2},$$

dal momento che $y_1 = 1$ e $x_1 = x_2 = y_2 = 0$.]

Esercizio 2.27 Si consideri il sistema lagrangiano costituito da due punti materiali P_1 e P_2, di massa rispettivamente m_1 e m_2, vincolati a muoversi in un piano verticale nel modo seguente: P_1 si muove lungo una circonferenza C di raggio $R = 1$, mentre P_2 si muove lungo una guida rettilinea infinita di massa nulla tangente alla circonfenza C in P_1; inoltre P_2 è collegato a P_1 e al centro C della circonferenza

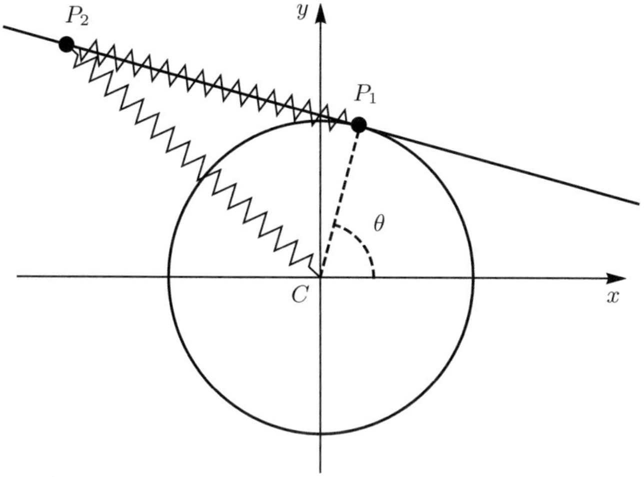

Figura 2.17 Sistema discusso nell'esercizio 2.27

da due molle, entrambe di costante elastica $k > 0$ e lunghezza a riposo nulla (cfr. la figura 2.17). Il sistema è sottoposto all'azione della gravità; sia g l'accelerazione di gravità.

(1) Quanti gradi di libertà ha il sistema?
(2) Si scrivano la lagrangiana del sistema e le equazioni di Eulero-Lagrange.
(3) Si determinino le configurazioni di equilibrio nel sistema nel caso in cui sia $m_1 = 0$ e $m_2 = 1$, e se ne studi la stabilità; si discuta il comportamento asintotico nei limiti $k \to 0$ e $k \to +\infty$
(4) Si determinino le configurazioni di equilibrio nel sistema nel caso in cui si abbia $m_1 = m_2 = 1$, e se ne discuta la stabilità.

[*Suggerimento.* Il sistema ha due gradi di libertà: si possono identificare le configurazioni del sistema tramite l'angolo θ che il raggio vettore OP_1 forma con l'asse x e la posizione s che il punto P_2 occupa lungo la retta individuata dalla guida. Si ha

$$P_1 = (\cos\theta, \sin\theta), \qquad P_2 = (\cos\theta - s\sin\theta, \sin\theta + s\cos\theta),$$

dove si è tenuto conto che la guida è tangente alla circonferenza nel punto di contatto P_1. L'energia cinetica e l'energia potenziale sono, rispettivamente,

$$\begin{aligned} T &= \frac{1}{2}m_1\dot\theta^2 + \frac{1}{2}m_2\big(\dot\theta^2 + \dot s^2 + s^2\dot\theta^2 + 2\dot s\,\dot\theta\big), \\ V &= ks^2 + m_1 g\sin\theta + m_2 g\big(\sin\theta + s\cos\theta\big), \end{aligned}$$

così che la lagrangiana è $\mathcal{L} = T - V$ e le equazioni di Eulero-Lagrange sono

$$\begin{cases} m_1\ddot\theta + m_2\ddot\theta + m_2 s^2\ddot\theta + m_2\ddot s + 2m_2 s\dot s\dot\theta = -\big(m_1 + m_2\big)g\cos\theta + m_2 g s\sin\theta, \\ m_2\ddot\theta + m_2\ddot\theta = -ks - m_2 g\cos\theta. \end{cases}$$

Se $m_1 = 0$ e $m_2 = 1$, si ha $V = ks^2 + g\big(\sin\theta + s\cos\theta\big)$, così che (s, θ) è una configurazione di equilibrio se verifica

$$\frac{\partial V}{\partial s} = 2ks + g\cos\theta = 0, \qquad \frac{\partial V}{\partial \theta} = g\big(\cos\theta - s\sin\theta\big) = 0.$$

La prima equazione richiede $s = -g\cos\theta/2k$, che, introdotta nella seconda, implica $\cos\theta = 0$ oppure $\sin\theta = -\alpha$, dove $\alpha := 2k/g$. L'equazione $\cos\theta = 0$ è soddisfatta se $\theta = \pm\pi/2$ e in tal caso si ha $s = 0$. Tenendo conto che $k, g \geq 0$, l'equazione $\sin\theta = -\alpha$ è soddisfatta per $\theta = \theta_0 := -\arcsin\alpha$ oppure per $\theta = \theta_1 := -\pi + \arcsin\alpha$, purché si abbia $\alpha \in (0, 1)$. Definiamo

$$s_0 := -\frac{g}{2k}\cos\theta_0 = -\frac{\sqrt{1-\alpha^2}}{\alpha}, \qquad s_1 := -\frac{g}{2k}\cos\theta_1 = \frac{\sqrt{1-\alpha^2}}{\alpha}.$$

Si noti che per $\alpha \to 0^+$, si ha $\theta_0 \to 0$ e $\theta_1 \to \pi$, mentre $s_0 \to -\infty$ e $s_1 \to +\infty$; se invece $\alpha = 1$ si ritrova $\theta = -\pi/2$ e $s = 0$. La matrice hessiana di V è

$$\mathcal{H}(s, \theta) = \begin{pmatrix} 2k & -g\sin\theta \\ -g\sin\theta & -g\sin\theta - gs\cos\theta \end{pmatrix},$$

da cui si deduce (cfr. l'esercizio 5.4 del volume 1) che $(s, \theta) = (0, \pi/2)$ è sempre instabile, $(s, \theta) = (0, -\pi/2)$ è stabile se $\alpha > 1$ (i.e. se $2k > g$) e instabile se $\alpha < 1$ (i.e. se $2k < g$), e le configurazioni (s_0, θ_0) e (s_1, θ_1) sono stabili quando esistono $(2k < g)$. Il caso $\alpha = 1$ (i.e. $2k = g$) va discusso a parte. Per tali valori dei parametri, le configurazioni di equilibrio sono $(0, \pi/2)$ e $(0, -\pi/2)$, di cui la prima è instabile. Per studiare la stabilità della seconda, si definisca $\theta := -\pi/2 + \varphi$; si ha

$$\begin{aligned} V\Big(s, -\frac{\pi}{2} + \varphi\Big) &= \text{costante} + k(s^2 + \varphi^2 + 2s\varphi) - \frac{k}{3}s\varphi^3 + \ldots \\ &= \text{costante} + k(s + \varphi)^2 - \frac{k}{3}s\varphi^3 + \ldots, \end{aligned}$$

dove "..." indica termini che sono almeno del quinto ordine in s e φ. Da qui si vede che $(0, -\pi/2)$ è un punto di minimo. Infatti, se $|s + \varphi| \geq s^2 + \varphi^2$, si ha

$$(s+\varphi)^2 - \frac{1}{3}s\varphi^3 \geq (s^2+\varphi^2)^2 - \frac{1}{3}s\varphi^3 \geq s^4 + \varphi^4 - \frac{1}{6}\big(s^4 + \varphi^4\big) > \frac{1}{2}\big(s^4 + \varphi^4\big),$$

mentre, se $|s + \varphi| < s^2 + \varphi^2$, allora s e φ sono di segno opposto, così che di fatto si ha $|s + \varphi| = ||s| - |\varphi||$, e, per s e φ sufficientemente piccoli, si trova, se $|s| \geq |\varphi|$,

$$|\varphi| > |s| - (s^2 + \varphi^2) > \frac{|s|}{2} \implies -\frac{1}{3}s\varphi^3 = \left|-\frac{1}{3}s\varphi^3\right| \geq \frac{1}{24}s^4 \geq \frac{1}{48}\big(s^4 + \varphi^4\big),$$

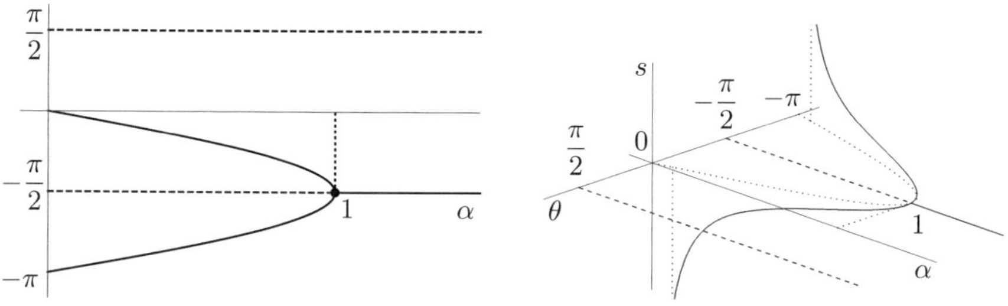

Figura 2.18 Diagramma di biforcazione per il sistema dell'esercizio 2.27

e, se $|s| < |\varphi|$,

$$|s| > |\varphi| - (s^2 + \varphi^2) > \frac{|\varphi|}{2} \implies -\frac{1}{3}s\varphi^3 = \left|-\frac{1}{3}s\varphi^3\right| \geq \frac{1}{6}\varphi^4 \geq \frac{1}{12}\big(s^4 + \varphi^4\big).$$

In conclusione, i termini del quarto ordine sono stimati dal basso da $c(s^4 + \varphi^4)$, con $c = 1/48$, da cui segue che $(0, -\pi/2)$ è un punto di minimo di V. (In realtà, più semplicemente, basta notare che V è periodica in θ e tende a $+\infty$ per $s \to \pm\infty$, quindi ha necessariamente un punto di minimo che deve essere un punto stazionario: poiché $(0, \pi/2)$ è un punto di massimo relativo, $(0, -\pi/2)$ non può che essere un punto di minimo.) Sia nel limite $k \to 0$ (che comporta $\alpha \to 0$) che nel limite $k \to +\infty$ (che comporta $\alpha \to +\infty$) le uniche configurazioni di equilibrio sono $(0, -\pi/2)$ e $(0, \pi/2)$; infatti, per $\alpha \to 0$, si ha $|s_0|, |s_1| \to +\infty$, quindi le due configurazioni di equilibrio (s_0, θ_0) e (s_1, θ_1) scompaiono. Al diminuire del valore del parametro α, si ha una biforcazione a forcone supercritica per $\alpha = 1$: la configurazione di equilibrio $(0, -\pi/2)$ diventa instabile e si creano due nuove configurazioni stabili (s_0, θ_0) e (s_1, θ_1). La situazione è rappresentata nella figura 2.18: a sinistra è riportato il diagramma di biforcazione per la variabile θ, mentre a destra è raffigurato il diagramma per entrambe le coordinate θ e s; la curva solida che descrive le configurazioni di equilibrio stabili (s_0, θ_0) e (s_1, θ_1) nella figura di sinistra corrisponde alla curva punteggiata della figura di destra ed è la proiezione sul piano (θ, α) della curva solida che descrive le due configurazioni nello spazio (s, θ, α). Infine, il caso in cui si abbia $m_1 = m_2 = 1$ si discute in modo simile notando che l'energia potenziale è $V = ks^2 + g\big(2\sin\theta + s\cos\theta\big)$ per i valori considerati delle masse.]

Esercizio 2.28 Un sistema meccanico da un disco omogeneo di raggio r e massa m, vincolato a rotolare senza strisciare all'interno di una circonferenza di raggio R, tale che $\ell := R - r > 0$, posta in un piano verticale π. Il centro C del disco è connesso tramite una molla elastica con costante di richiamo k e di lunghezza a riposo nulla a un punto fisso P, posto sulla verticale passante per il centro O della circonferenza, a distanza d da esso. Sia g l'accelerazione di gravità. Si consideri

Figura 2.19 Sistema discusso nell'esercizio 2.28

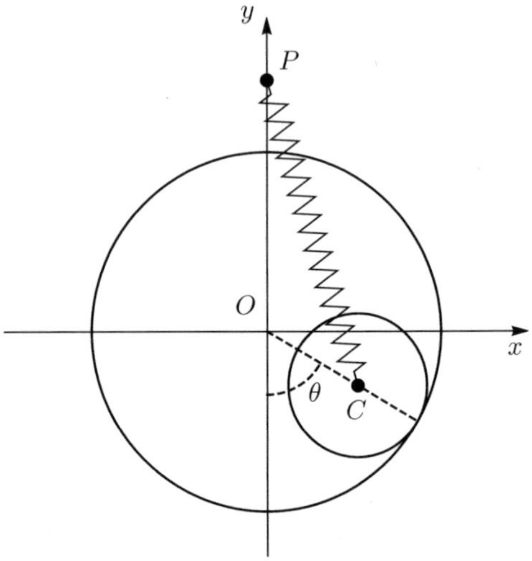

come variabile lagrangiana l'angolo θ che OC forma con la verticale per O (cfr. la figura 2.19).

(1) Si scrivano la lagrangiana e le equazioni di Eulero-Lagrange.
(2) Si determini quale valore d_0 deve assumere d, in funzione dei parametri del sistema, perché il disco rotoli senza strisciare come se fosse libero (cioè come se su di esso non agisse nessuna forza attiva).
Si supponga ora che sia $d = d_0/2$.
(3) Si studi il moto nel piano $(\theta, \dot{\theta})$; in particolare, si determinino le configurazioni di equilibrio e se ne discuta la stabilità.
(4) Se il piano verticale π ruota con velocità angolare costante ω intorno all'asse verticale passante per O, mettendosi nel sistema di riferimento solidale con il piano π si determinino le configurazioni di equilibrio relativo, e se ne discuta la stabilità.
(5) Si determinino le forze vincolari che agiscono sul centro C del disco in corrispondenza di una configurazione di equilibrio stabile per $\omega^2 = g/\ell$.

[*Suggerimento.* Si tenga conto della discussione dell'esempio 1.34 per imporre il vincolo di rotolamento senza strisciamento. L'energia potenziale gravitazionale e centrifuga del disco si calcolano procedendo come indicato nell'esercizio 2.23. Nel caso in cui il piano ruoti si trova quindi $\mathcal{L} = T - V$, dove

$$T = \frac{3}{4} m\ell^2\dot{\theta}^2, \qquad V = kd\ell\cos\theta - mg\ell\cos\theta - \frac{1}{2}m\omega^2\ell^2\sin^2\theta,$$

mentre l'ultimo termine in V è assente nel caso in cui il piano sia fermo ($\omega = 0$). In particolare per $\omega = 0$ l'energia potenziale è nulla se $d = d_0 := mg/k$. Per $\omega = 0$ e $d = d_0/2$ il sistema si comporta come il pendolo semplice descritto al §5.4 del volume 1. Se $\omega \neq 0$ e $d = d_0/2$, l'energia potenziale è

$$V = -\frac{1}{2}mg\ell\cos\theta - \frac{1}{2}m\omega^2\ell^2\sin^2\theta.$$

Se $\alpha := g/2\omega^2\ell$, le configurazioni di equilibrio si ottengono richiedendo che θ sia tale che $\sin\theta = 0$ oppure, se $\alpha < 1$, $\cos\theta = \alpha$: la configurazione d'equilibrio $\theta = 0$ è stabile se $\alpha \leq 1$ e instabile altrimenti, la configurazione d'equilibrio $\theta = \pi$ è sempre instabile e, se $\alpha < 1$, esistono anche le configurazioni di equilibrio stabili $\theta = \pm\theta_0$, con $\theta_0 := \arccos\alpha$; in $\alpha = 1$ si ha pertanto una biforcazione a forcone supercritica. Se $\omega^2 = g/\ell$, come al punto (6), si ha $\alpha = 1/2$, quindi le configurazioni di equilibrio stabili sono $\pm\theta_0$. Si consideri una delle due configurazioni, per esempio $\theta = \theta_0$, così che $\theta_0 = \arccos 1/2 = \pi/3$ e $\sin\theta_0 = \sqrt{3}/2$. Le coordinate cartesiane del centro del disco sono $C = (\ell\sin\theta_0, -\ell\cos\theta_0) = (\sqrt{3}\ell/2, -\ell/2)$. Per determinare le forze vincolari $R = (R_x, R_y)$ che agiscono su C si calcolano innanzitutto le forze attive $f = (f_x, f_y)$, partendo dall'espressione per l'energia potenziale in assenza di vincoli

$$V = \frac{1}{2}k\big(x^2 + (y-d)^2\big) + mgy - \frac{1}{2}m\omega^2x^2.$$

Si trova $f_x = -kx + m\omega^2 x$ e $f_y = -k(y-d) - mg$. Poiché si ha $\ddot{x} = \ddot{y} = 0$ in corrispondenza di una configurazione di equilibrio, le forze vincolari sono date da $R_x = m\ddot{x} - f_x = \big(k - m\omega^2\big)x$ e $R_y = m\ddot{y} - f_y = k(y-d) + mg$. Sostituendo i valori $d = mg/2k$ e $\omega^2 = g/\ell$, si ottiene $R_x = 3(k\ell - mg)/2$ e $R_y = (mg - k\ell)/2$.]

Esercizio 2.29 Un sistema meccanico è costituito da una sbarra omogenea di massa m, di lunghezza ℓ e di sezione trascurabile. Un estremo della sbarra è incernierato in un punto Q di un'asta verticale, anch'essa di sezione trascurabile, che ruota su se stessa con velocità angolare $\omega(t)$; in pratica la sbarra è vincolata a muoversi in un piano che ruota con velocità angolare $\omega(t)$ intorno all'asse verticale (cfr. la figura 2.20). Sia g l'accelerazione di gravità.

(1) Si scrivano la lagrangiana del sistema e le equazioni di Eulero-Lagrange.
(2) Se $\omega(t) = \omega$ è costante, si verifichi che, nel sistema di riferimento solidale con il piano π che ruota intorno all'asta verticale con velocità angolare ω, il sistema ammette configurazioni di equilibrio relativo e se ne discuta la stabilità al variare dei parametri ω, g, ℓ, m.

[*Soluzione.* Fissiamo un sistema di coordinate $Oxyz$, in cui l'asse $\boldsymbol{e}_y$ sia diretto lungo la verticale e gli assi $\boldsymbol{e}_x$ ed $\boldsymbol{e}_z$ siano ad esso ortogonali; siano θ l'angolo che la sbarra forma con l'asse $\boldsymbol{e}_y$ e φ l'angolo che la sua proiezione sul piano xz forma con l'asse $\boldsymbol{e}_x$. Per calcolare l'energia cinetica della sbarra possiamo procedere in due modi:

1. Dividiamo la sbarra in elementi lineari infinitesimi di massa $\mathrm{d}m(\boldsymbol{x}) = \rho\,\mathrm{d}u$, con densità di massa $\rho = m/\ell$ e $u \in [0, \ell]$. Ogni elemento ha coordinate $\boldsymbol{x} =$

Figura 2.20 Sistema discusso nell'esercizio 2.29

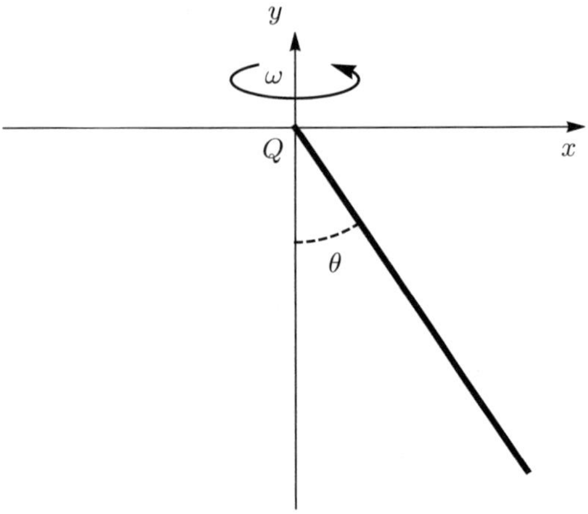

$(u \sin\theta \cos\varphi, -u\cos\theta, u\sin\theta\sin\varphi)$. L'energia cinetica della sbarra si ottiene integrando sugli elementi infinitesimi, i.e.

$$T = \int_0^\ell \mathrm{d}m(\boldsymbol{x})\,|\dot{\boldsymbol{x}}|^2 = \frac{m}{\ell}\int_0^\ell \mathrm{d}u\, u^2\Big(\dot\varphi^2\sin^2\theta + \dot\theta^2\Big) = \frac{1}{6}m\ell^2\Big(\dot\varphi^2\sin^2\theta + \dot\theta^2\Big).$$

2. In alternativa, possiamo applicare il teorema di König. Sia

$$\boldsymbol{x}_0 = \Big(\frac{\ell}{2}\sin\theta\cos\varphi, -\frac{\ell}{2}\cos\theta, \frac{\ell}{2}\sin\theta\sin\varphi\Big)$$

la coordinata del centro di massa della sbarra. L'energia cinetica del centro di massa è

$$T' = \frac{1}{2}m|\dot{\boldsymbol{x}}_0|^2 = \frac{1}{8}m\ell^2\Big(\dot\theta^2 + \dot\varphi^2\sin^2\theta\Big).$$

La sbarra sta ruotando di un angolo φ intorno all'asse $\boldsymbol{e}_y$ e di un angolo θ intorno a un asse ortogonale all'asse della sbarra, per esempio $\boldsymbol{e}_2$. La velocità angolare è la somma delle velocità angolari che descrivono le due rotazioni (cfr. il lemma 8.25 del volume 1), i.e. $\boldsymbol{\omega} = \dot\theta\boldsymbol{e}_2 + \dot\varphi\boldsymbol{e}_y = \dot\theta\boldsymbol{e}_2 + \dot\varphi\sin\theta\boldsymbol{e}_1 + \dot\varphi\cos\theta\boldsymbol{e}_3$, dove si è usato che $\boldsymbol{e}_y = \sin\theta\boldsymbol{e}_1 + \cos\theta\boldsymbol{e}_3$ (cfr. la figura 8.13 del volume 1, con l'asse $\boldsymbol{e}_2$ sostituito dall'asse $\boldsymbol{e}_3$). Se scriviamo $\boldsymbol{\omega} = \Omega_1\boldsymbol{e}_1 + \Omega_2\boldsymbol{e}_2 + \Omega_3\boldsymbol{e}_3$, otteniamo

$$T'' = \frac{1}{2}\big(I_1\Omega_1^2 + I_2\Omega_2^2 + I_3\Omega_3^2\big) = \frac{1}{2}I_1\big(\Omega_1^2 + \Omega_2^2\big) = \frac{m}{24}\ell^2\Big(\dot\theta^2 + \dot\varphi^2\sin^2\theta\Big),$$

poiché $I_1 = I_2 = m\ell^2/12$ e $I_3 = 0$ (cfr. il §10.2.1 del volume 1). L'energia cinetica totale è la somma di $T' + T''$: si verifica immediatamente che $T' + T'' = T$, dove T è la funzione trovata con il procedimento 1.

L'energia potenziale gravitazionale è data da

$$V_{\mathrm{gr}} = -\int_0^\ell \mathrm{d}u \, \frac{m}{\ell} g u \, \cos\theta = -mg\frac{\ell}{2}\cos\theta.$$

In conclusione, la lagrangiana è

$$\mathcal{L} = \frac{1}{6}m\ell^2\Big(\dot\varphi^2 \sin^2\theta + \dot\theta^2\Big) + mg\frac{\ell}{2}\cos\theta,$$

dove $\dot\varphi = \omega(t)$; se $\omega(t) = \omega$, con ω costante, si ha $\varphi = \omega t$. Per individuare le configurazioni di equilibrio relativo ci dobbiamo mettere in un sistema di riferimento in cui il piano rotante è fisso; in tale sistema l'energia cinetica, calcolata sempre tramite il teorema di König, è

$$T_0 = \frac{1}{2}m\left(\frac{\ell}{2}\right)^2\dot\theta^2 + \frac{1}{2}I_1\dot\theta^2 = \frac{1}{6}m\ell^2\dot\theta^2,$$

mentre l'energia potenziale è data da $V_0 = V_{\mathrm{gr}} + V_{\mathrm{cf}}$, dove V_{gr} è l'energia potenziale gravitazionale calcolata precedentemente e V_{cf}, l'energia potenziale centrifuga dovuta alla rotazione del piano, è

$$V_{\mathrm{cf}} = -\frac{1}{2}\int_0^\ell \mathrm{d}u \, \frac{m}{\ell}\omega^2 u^2 \sin^2\theta = -\frac{1}{6}m\ell^2\omega^2 \sin\theta^2.$$

Si noti che $\mathcal{L}_0 = T_0 + V_{\mathrm{gr}} + V_{\mathrm{cf}} = \mathcal{L}$, dove $\mathcal{L}$ è la lagrangiana calcolata precedentemente nel sistema fisso. Questo comporta che le equazioni del moto per la variabile θ sono le stesse, in entrambi i sistemi di riferimento (come era lecito attendersi *a priori*): quello che cambia è che il contributo dovuto alla rotazione del piano appare come un termine cinetico nel sistema fisso e come un contributo centrifugo (quindi dovuto a una forza apparente) nel sistema di riferimento mobile. Nel sistema di riferimento mobile l'energia potenziale è

$$V_0 = -mg\frac{\ell}{2}\cos\theta - \frac{1}{6}m\ell^2\omega^2\sin\theta^2.$$

Le configurazioni di equilibrio si ottengono richiedendo

$$V'(\theta) := \frac{\mathrm{d}V_0}{\mathrm{d}\theta}(\theta) = \Big(\frac{1}{2}mg\ell - \frac{1}{3}m\ell^2\omega^2\cos\theta\Big)\sin\theta = 0,$$

che è soddisfatta per $\sin\theta = 0$ o per θ tale che $\cos\theta = \alpha := 3g/2\ell\omega^2$. Si hanno due configurazioni di equilibrio, $\theta = 0$ e $\theta = \pi$, che esistono per ogni valore dei parametri, e due configurazioni, $\theta = \pm\theta_0$, dove $\theta_0 = \arccos\alpha$, che esistono solo se $\alpha < 1$. Poiché $V_0''(\pi) < 0$ e $V_0''(0) = m\ell^2\omega^2(\alpha - 1)/3$, la configurazione π è sempre instabile, mentre 0 è stabile se $\alpha > 1$ e instabile se $\alpha < 1$. Le configurazioni $\pm\theta_0$, quando esistono ($\alpha < 1$) sono stabili, poiché $V_0''(\pm\theta_0) = m\ell^2\omega^2(1 - \alpha^2)/3$. Per $\alpha = 1$, la configurazione $\theta = 0$ è stabile, poiché è un punto di minimo della funzione $V_0(\theta)$.]

Esercizio 2.30 Si consideri il sistema meccanico costituito da due punti P_1 e P_2, entrambi di massa $m = 1$, vincolati a muoversi lungo una retta orizzontale. Siano x_1 e x_2 le posizioni, rispettivamente, dei punti P_1 e P_2 lungo la retta, calcolate a partire da un punto fisso O. I punti sono soggetti alle seguenti forze: P_1 e P_2 sono attratti da O e da P_2, rispettivamente, entrambi tramite una forza elastica con costante k_1; P_1 e P_2 si attraggono tramite una forza elastica con costante k_2 e si respingono con una forza $\alpha|x_2 - x_1|^3$, con $\alpha > 0$.

(1) Si scrivano la lagrangiana e le equazioni di Eulero-Lagrange.
(2) Si determinino le configurazioni di equilibrio, e se ne studi la stabilità.
(3) Se si eliminano le interazioni elastiche di P_1 e P_2 con O, si trovi la lagrangiana ridotta con il metodo di Routh e si scrivano le nuove equazioni di Eulero-Lagrange.
(4) Se si fissa uguale a $\ell > 0$ la distanza tra P_1 e P_2, si discuta come si modifica la lagrangiana del sistema e si determinino le nuove configurazioni di equilibrio.

[*Suggerimento*. La lagrangiana è $\mathcal{L} = T - V$, dove

$$T = \frac{1}{2}\left(\dot{x}_1^2 + \dot{x}_2^2\right),$$
$$V = \frac{1}{2}k_1\left(x_1^2 + x_2^2\right) + V_0(x_1 - x_2), \qquad V_0(x) := \frac{1}{2}k_2\,x^2 - \frac{1}{4}\alpha\,x^4,$$

che conviene studiare utilizzando le coordinate (s, d), dove $s := (x_1 + x_2)/2$ è la coordinata del centro di massa e $d := x_1 - x_2$ è la coordinata relativa Se $k_1 = 0$ (assenza di interazione elastica con il punto O), la coordinata s è ciclica, quindi $p := \dot{s}$ è una costante del moto (è la quantità di moto totale del sistema) e il moto della variable d è determinato dalla lagrangiana ridotta $\mathcal{L}_R = (1/4)\dot{d}^2 - V_0(d) - (1/2)p^2$, dove l'ultimo termine si può trascurare, essendo costante. Se si impone infine il vincolo $x_1 - x_2 = \ell$, ci si riduce a un sistema unidimensionale, la cui lagrangiana, a meno di una costante additiva, è $\mathcal{L} = \dot{x}_1^2 + k_1(x_1^2 - \ell x_1)$.]

Esercizio 2.31 Un punto materiale P di massa $m = 1$ si muove nel piano (x, y), che ruota intorno all'asse verticale y con velocità angolare costante ω, lungo la guida di equazione $y = x^2$, sotto l'azione della forza di gravità e di una molla di costante elastica $k > 0$ e lunghezza a riposo nulla che lo collega all'origine (cfr. la figura 2.21). Sia g l'accelerazione di gravità.

(1) Si scrivano la lagrangiana del sistema e le equazioni di Eulero-Lagrange.
(2) Si trovino le configurazioni di equilibrio in un sistema di riferimento solidale con il piano rotante.

Figura 2.21 Sistema discusso nell'esercizio 2.31

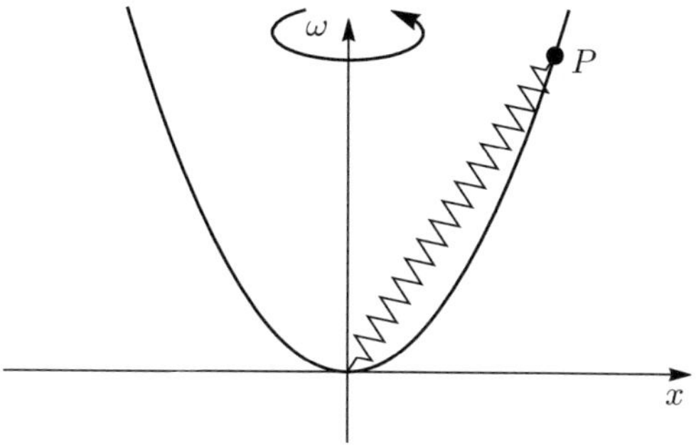

(3) Si discuta la stabilità delle configurazioni di equilibrio.
(4) Si determini la forza vincolare che agisce sul punto P in corrispondenza di una configurazione di equilibrio stabile (se esiste) per i valori dei parametri $\omega = \sqrt{11}$, $g = 1$ e $k = 1$.

Esercizio 2.32 Si consideri il pendolo doppio dell'esercizio 1.51 e si studi come si modificano la lagrangiana e le equazioni di Eulero-Lagrange nel caso in cui il piano in cui si svolge il moto ruoti con velocità angolare costante intorno all'asse verticale passante per il punto di sospensione fisso.

Esercizio 2.33 Si consideri il sistema lagrangiano ottenuto da un pendolo doppio (cfr. l'esercizio 1.51) attraverso la seguente modifica: il punto di massa m_2 del secondo pendolo è collegato al punto di sospensione fisso O del primo pendolo tramite una molla di costante elastica $k > 0$ e di lunghezza a riposo trascurabile (cfr. la figura 2.22).

(1) Si scrivano la lagrangiana del sistema e le equazioni di Eulero-Lagrange.
(2) Si determinino le configurazioni di equilibrio nel sistema e ne discuta la stabilità.

Figura 2.22 Sistema discusso nell'esercizio 2.33

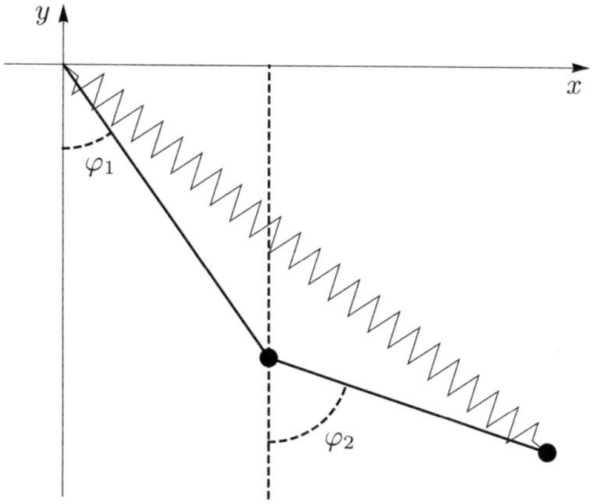

[*Suggerimento.* Rispetto all'esercizio 1.51, l'energia cinetica ha la stessa espressione, mentre l'energia potenziale ha un termine aggiuntivo dovuto alla molla, dato da (cfr. l'esercizio 2.13)

$$V_{\rm el} = \frac{1}{2}k\big((\ell_1 \cos\varphi_1 + \ell_2 \cos\varphi_2)^2 + (\ell_1 \sin\varphi_1 + \ell_2 \sin\varphi_2)^2\big),$$

così che la lagrangiana è $\mathcal{L} = T - V$, con

$$\begin{aligned} T &= \frac{1}{2}m_1\ell_1^2\dot\varphi_1^2 + \frac{1}{2}m_2\big(\ell_1^2\dot\varphi_1^2 + \ell_2^2\dot\varphi_2^2 + 2\ell_1\ell_2\cos(\varphi_1-\varphi_2)\,\dot\varphi_1\dot\varphi_2\big), \\ V &= -A\cos\varphi_1 - B\cos\varphi_2 + C\cos(\varphi_1-\varphi_2), \end{aligned}$$

dove le costanti $A := (m_1 + m_2)\,g\ell_1$, $B := m_2 g\ell_2$ e $C := k\ell_1\ell_2$ sono tutte positive. Supponiamo che si abbia $A \geq B$ (il caso $A < B$ si discute in modo analogo). Imponendo che le derivate di V siano nulle, si trova

$$\frac{\partial V}{\partial\varphi_1} = A\sin\varphi_1 - C\sin(\varphi_1-\varphi_2) = 0, \qquad \frac{\partial V}{\partial\varphi_2} = B\sin\varphi_2 + C\sin(\varphi_1-\varphi_2) = 0.$$

Sommando le due equazioni si trova $B\sin\varphi_2 + A\sin\varphi_1 = 0$, che, inserita nella prima equazione, dà $\sin\varphi_1(AB - AC\cos\varphi_1 - BC\cos\varphi_2) = 0$; in conclusione si ha $\sin\varphi_1 = \sin\varphi_2 = 0$ oppure

$$\sin\varphi_2 = -\frac{A}{B}\sin\varphi_1, \qquad \cos\varphi_2 = \frac{A}{C} - \frac{A}{B}\cos\varphi_1.$$

Sommando i quadrati delle due espressioni, si ottiene

$$\begin{aligned} \cos\varphi_1 &= F_1(A,B,C) := \frac{BC}{2}\Big(\frac{1}{C^2} + \frac{1}{B^2} - \frac{1}{A^2}\Big), \\ \cos\varphi_2 &= F_2(A,B,C) := \frac{A}{C} - \frac{AC}{2}\Big(\frac{1}{C^2} + \frac{1}{B^2} - \frac{1}{A^2}\Big) = \frac{AC}{2}\Big(\frac{1}{C^2} + \frac{1}{A^2} - \frac{1}{B^2}\Big). \end{aligned}$$

Le relazioni $\sin\varphi_1 = \sin\varphi_2 = 0$ comportano quattro configurazioni d equilibrio, in corrispondenza dei valori $(\varphi_1,\varphi_2) = (0,0)$, $(\varphi_1,\varphi_2) = (0,\pi)$, $(\varphi_1,\varphi_2) = (\pi,0)$ e $(\varphi_1,\varphi_2) = (\pi,\pi)$. Se $\sin\varphi_1 \neq 0$, si hanno altri punti stazionari se e solo se

$$\left|\frac{1}{C^2} + \frac{1}{B^2} - \frac{1}{A^2}\right| \leq \frac{2}{BC}, \quad \left|\frac{1}{C^2} + \frac{1}{A^2} - \frac{1}{B^2}\right| \leq \frac{2}{AC} \quad \Longrightarrow \quad \left|\frac{1}{C} - \frac{1}{B}\right| < \frac{1}{A},$$

dove si è usato che $A \geq B$. In conclusione, se $1/C \in (1/B - 1/A, 1/B + 1/A)$ si hanno altre due configurazioni di equilibrio: $(\varphi_1,\varphi_2) = (\bar\varphi_1,\bar\varphi_2)$ e $(\varphi_1,\varphi_2) = (-\bar\varphi_1,-\bar\varphi_2)$, dove $\bar\varphi_1$ è l'unica soluzione di $\cos\varphi_1 = F_1(A,B,C)$ in $(0,\pi)$ e $\bar\varphi_2$ è l'unica soluzione di $\cos\varphi_2 = F_2(A,B,C)$ in $(-\pi,0)$; che $\bar\varphi_2$ appartenga a $(-\pi,0)$ per $\bar\varphi_1 \in (0,\pi)$ segue direttamente dal fatto che la relazione $B\sin\bar\varphi_2 = -A\sin\bar\varphi_1$

implica che $\sin\bar{\varphi}_1$ e $\sin\bar{\varphi}_2$ hanno segno opposto. Per studiare la stabilità delle configurazioni di equilibrio, si considera la matrice hessiana (cfr. l'esercizio 5.4 del volume 1).

$$\mathcal{H}(\varphi_1,\varphi_2) = \begin{pmatrix} A\cos\varphi_1 - C\cos(\varphi_1-\varphi_2) & C\cos(\varphi_1-\varphi_2) \\ C\cos(\varphi_1-\varphi_2) & B\cos\varphi_2 - C\cos(\varphi_1-\varphi_2)\end{pmatrix}.$$

In corrispondenza delle configurazioni di equilibrio, si ha

$$\mathcal{H}(0,0) = \begin{pmatrix} A-C & C \\ C & B-C\end{pmatrix}, \quad \mathcal{H}(0,\pi) = \begin{pmatrix} A+C & -C \\ -C & -B+C\end{pmatrix},$$
$$\mathcal{H}(\pi,0) = \begin{pmatrix} -A+C & -C \\ -C & B+C\end{pmatrix}, \quad \mathcal{H}(\pi,\pi) = \begin{pmatrix} -A-C & C \\ C & -B-C\end{pmatrix}.$$

Indichiamo con $\mathcal{H}_{ij}(\varphi_1,\varphi_2)$ gli elementi di $\mathcal{H}(\varphi_1,\varphi_2)$, con $i,j=1,2$, e definiamo gli intervalli $I_1 := (0,a]$, $I_2 := (a,b)$ e $I_3 = [b,+\infty)$, dove $a := 1/B - 1/A$ e $b := 1/B + 1/A$, con la convenzione che $I_1 = \emptyset$ se $a = 0$ (i.e. se $A = B$), e poniamo $\gamma = 1/C$. Si verifica facilmente che:

1. $\det\mathcal{H}(0,0) = AB - (A+B)C > 0$ se e solo se $\gamma\in I_3\setminus\{b\}$, nel qual caso si ha anche $A \ge B > C$, così che $\mathcal{H}_{11}(0,0), \mathcal{H}_{22}(0,0) > 0$, da cui segue che $(0,0)$ è stabile se $\gamma\in I_3\setminus\{b\}$ e instabile se $\gamma \in I_1\cup I_2$;
2. $\det\mathcal{H}(0,\pi) = AC - (A+C)B > 0$ se e solo se $\gamma\in I_1\setminus\{a\}$, nel qual caso si ha anche $C > B$, quindi $\mathcal{H}_{11}(0,\pi), \mathcal{H}_{11}(0,\pi) > 0$, da cui segue che $(0,\pi)$ è stabile se $\gamma\in I_1\setminus\{a\}$ e instabile se $\gamma\in I_2\cup I_3$;
3. $\det\mathcal{H}(\pi,0) = CB - (B+C)A$, che è sempre negativo per $A\ge B$, quindi $(\pi,0)$ è sempre instabile;
4. $\det\mathcal{H}(\pi,\pi) = AB + AC + BC > 0$ e $\mathcal{H}_{11}(\pi,\pi) = -A-C < 0$, quindi (π,π) è sempre instabile.

Per quanto riguarda le altre due configurazioni di equilibrio, quando esistono, abbreviando $c_k = \cos\bar{\varphi}_k$ $s_k = \sin\bar{\varphi}_k$, per $k = 1,2$, $\bar{\mathcal{H}} = \mathcal{H}(\bar{\varphi}_1,\bar{\varphi}_2)$ e $\bar{\mathcal{H}}_{ij} = \mathcal{H}_{ij}(\bar{\varphi}_1,\bar{\varphi}_2)$, per $i,j = 1,2$, e usando le formule di addizione $\cos(\bar{\varphi}_1-\bar{\varphi}_2) = c_1c_2 + s_1s_2$, si trova

$$\begin{aligned}
\det\bar{\mathcal{H}} &= ABc_1c_2 - (Ac_1 + Bc_2)C(c_1c_2 + s_1s_2) \\
&= ABc_1\Big(\frac{A}{C} - \frac{A}{B}c_1\Big) - \Big(Ac_1 + B\Big(\frac{A}{C} - \frac{A}{B}c_1\Big)\Big)C\Big(c_1\Big(\frac{A}{C} - \frac{A}{B}c_1\Big) - \frac{A}{B}s_1^2\Big) \\
&= \frac{A^2B}{C}c_1 - A^2c_1^2 - \Big(Ac_1 + \frac{AB}{C} - Ac_1\Big)C\Big(\frac{A}{C}c_1 - \frac{A}{B}\Big) = A^2(1-c_1^2) = A^2s_1^2, \\
\bar{\mathcal{H}}_{11} &= Ac_1 - C(c_1c_2 + s_1s_2) = Ac_1 - Cc_1\Big(\frac{A}{C} - \frac{A}{B}c_1\Big) + \frac{AC}{B}s_1^2 \\
&= Ac_1 - Ac_1 + \frac{AC}{B}c_1^2 + \frac{AC}{B}s_1^2 = \frac{AC}{B}, \\
\bar{\mathcal{H}}_{22} &= Bc_2 - C(c_1c_2 + s_1s_2) = B\Big(\frac{A}{C} - \frac{A}{B}c_1\Big) - Cc_1\Big(\frac{A}{C} - \frac{A}{B}c_1\Big) + \frac{AC}{B}s_1^2 \\
&= \frac{AB}{C} - 2Ac_1 + \frac{AC}{B} = ABC\Big(\frac{1}{C^2} - \frac{1}{C^2} - \frac{1}{B^2} + \frac{1}{A^2} + \frac{1}{B^2}\Big) = \frac{BC}{A},
\end{aligned}$$

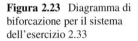

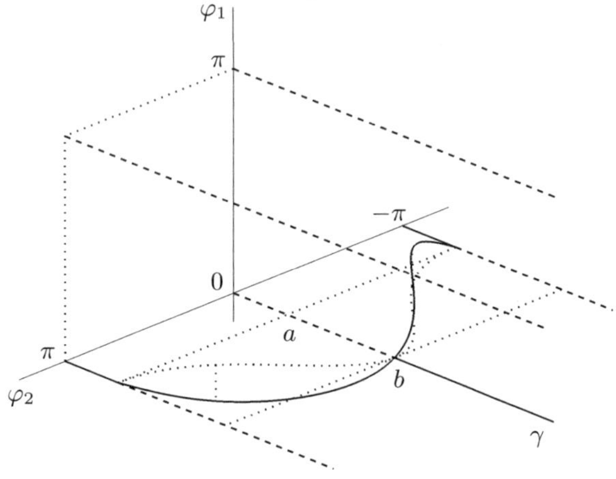

Figura 2.23 Diagramma di biforcazione per il sistema dell'esercizio 2.33

da cui si deduce che le configurazioni $(\bar{\varphi}_1, \bar{\varphi}_2)$ e $(-\bar{\varphi}_1, -\bar{\varphi}_2)$ sono sempre stabili quando esistono. I casi $\gamma = a$ (se $a > 0$) e $\gamma = b$ vanno trattati a parte. La funzione V, essendo periodica nei suoi argomenti e quindi definita in un insieme compatto, per il teorema di Weierstrass ha un minimo. I punti stazionari $(0, 0)$ per $\gamma = b$ e $(0, \pi)$ per $\gamma = a$, poiché sono gli unici che non sono punti di massimo o di sella, sono necessariamente punti di minimo e quindi configurazioni di equilibrio stabili per il teorema di Lagrange-Dirichlet. Si noti che in corrispondenza dei valori a (se $a > 0$) e b del parametro $\gamma = 1/C$, si ha una biforcazione a forcone supercritica: al diminuire di γ, quando esso raggiunge il valore b, la configurazione $(0, 0)$ da stabile diventa instabile e da essa si diramano due nuove configurazioni stabili $(\pm\bar{\varphi}_1, \pm\bar{\varphi}_2)$, mentre quando raggiunge il valore a le due configurazioni si congiungono con il punto $(0, \pi)$ che da instabile diventa stabile (cfr. la figura 2.23).]

Esercizio 2.34 Sia $f : \mathbb{R}^n \to \mathbb{R}$ una funzione di classe C^2. Sia x_0 un punto stazionario di f e sia $\mathcal{H}(x_0)$ la matrice hessiana di f in x_0. Si dimostri che

- se $\mathcal{H}(x_0)$ è definita positiva allora x_0 è un punto di minimo isolato per f,
- se $\mathcal{H}(x_0)$ è definita negativa allora x_0 un punto di massimo isolato per f.

[*Soluzione.* La matrice hessiana $\mathcal{H}(x_0)$ di f è, per definizione, la matrice di elementi $[\partial^2 f/\partial x_i \partial x_j](x_0)$. Se la funzione f è di classe C^2 la matrice $\mathcal{H}(x_0)$ è simmetrica, per il teorema di Schwarz (cfr. l'esercizio 3.17 del volume 1), e ha di conseguenza n autovalori reali $\lambda_1, \ldots, \lambda_n$ e n autovettori ortogonali $v_1, \ldots, v_n$ (cfr. gli esercizi 1.39 e 1.40 del volume 1). Nella base degli autovettori, per ogni $x \in \mathbb{R}^n$ si scrive $x = x_1 v_1 + \ldots + x_n v_n$ e quindi, in tale base, $\langle x, \mathcal{H}(x_0)x\rangle = \lambda_1 x_1^2 + \ldots + \lambda_n x_n^2$. Se $\mathcal{H}(x_0)$ è definita positiva, si ha $\lambda_i > 0$ $\forall i = 1, \ldots, n$ (cfr. l'esercizio 4.10 del volume 1). Sia $c := \min\{\lambda_1, \ldots, \lambda_n\}$. Si ha $c > 0$ e $\langle x, \mathcal{H}(x_0)x\rangle \geq c(x_1^2 + \ldots + x_n^2) = c|x|^2$. Poiché f è di classe C^2 e $\nabla f(x_0) = 0$ (poiché x_0 è un punto stazionario), scrivendo $\Delta x := x - x_0$, si ha $f(x) = f(x_0) + \langle \Delta x, \mathcal{H}(x_0)\Delta x\rangle +$

$o(|\Delta x|^2)$, da cui si ottiene

$$f(x) - f(x_0) \geq c|\Delta x|^2 + o(|\Delta x|^2) \geq \frac{c}{2}|\Delta x|^2$$

per x sufficientemente vicino a x_0. Ne segue che esiste un intorno $B(x_0)$ di x_0 tale che $f(x) > f(x_0)$ per ogni $x \in B(x_0) \setminus \{x_0\}$: quindi x_0 è un punto di minimo isolato. Il caso in cui $\mathcal{H}(x_0)$ sia definita negativa si tratta in modo analogo notando che in tal caso si ha $\langle x, \mathcal{H}(x_0)x \rangle \leq c'|x|^2 \ \forall x \in \mathbb{R}^n$, dove $c' = \max\{\lambda_1, \ldots, \lambda_n\} < 0$.]

Esercizio 2.35 Sia V l'energia potenziale di un sistema meccanico. Sia q_0 una configurazione di equilibrio. Si dimostri che se gli autovalori della matrice hessiana di V calcolata in q_0 sono tutti strettamente positivi, allora q_0 è una configurazione di equilibrio stabile. [*Soluzione.* Sia $\mathcal{H}(q_0)$ la matrice hessiana di V in q_0. Se gli autovalori di $\mathcal{H}(q_0)$ sono strettamente positivi allora $\mathcal{H}(q_0)$ è definita positiva (cfr. l'esercizio 4.10 del volume 1). Ne concludiamo che q_0 è un punto di minimo isolato (cfr. l'esercizio 2.34) e quindi, per il teorema 2.6, q_0 è una configurazione di equilibrio stabile.]

Esercizio 2.36 Sia A una matrice simmetrica $n \times n$. Sia A_k la sottomatrice principale (cfr. la definizione 1.44) di A costituita dalle prime k righe e dalle prime k colonne, i.e. la sottomatrice

$$A_k = \begin{pmatrix} A_{11} & A_{12} & \ldots & A_{1k} \\ A_{21} & A_{22} & \ldots & A_{2k} \\ \ldots & \ldots & \ldots & \ldots \\ A_{k1} & A_{k2} & \ldots & A_{kk} \end{pmatrix}.$$

Si dimostri che se A_{n-1} è definita positiva, allora A non può avere due autovalori negativi. [*Soluzione.* Si supponga per assurdo che A abbia due autovalori negativi λ e μ. Gli autovettori u e v ad essi associati costituiscono due vettori linearmente indipendenti tali che $\langle u, Au \rangle = \lambda|u|^2 < 0$, $\langle v, Av \rangle = \mu|v|^2 < 0$ e $\langle u, v \rangle = 0$ (cfr. l'esercizio 1.41 del volume 1). Sia $w := v_n u - u_n v$. Si ha $w_n = v_n u_n - u_n v_n = 0$, così che, scrivendo $w = (w', w_n)$, con $w' = (w_1, \ldots, w_{n-1})$, si trova

$$\langle w, Aw \rangle = \sum_{i,j=1}^{n} A_{ij} w_i w_j = \sum_{i,j=1}^{n-1} A_{ij} w_i w_j = \langle w', A_{n-1} w' \rangle,$$

dove il primo prodotto scalare è in $\mathbb{R}^n$ e l'ultimo è in $\mathbb{R}^{n-1}$. Ne segue che si deve avere $\langle w, Aw \rangle > 0$ dal momento che A_{n-1} è definita positiva per ipotesi. D'altra parte, tenendo conto che $\langle u, Av \rangle = \mu\langle u, v \rangle = 0$ e $\langle v, Au \rangle = \lambda\langle v, u \rangle = 0$, si ha $\langle w, Aw \rangle = v_n^2 \langle u, Au \rangle + u_n^2 \langle v, Av \rangle < 0$. Si è quindi ottenuta una contraddizione.]

Esercizio 2.37 Sia A una matrice simmetrica $n \times n$. Siano $A_1, \ldots, A_n$ le sottomatrici definite nell'esercizio 2.36, e sia $\Delta_k = \det A_k$. In particolare, si ha $\Delta_n = \det A$.

Si dimostri che, se A_{n-1} è definita positiva, allora la matrice A non ha autovalori negativi se $\Delta_n > 0$ e ha un solo autovalore negativo se $\Delta_n < 0$. [*Soluzione.* Siano $\lambda_1, \ldots, \lambda_n$ gli autovalori di A; si ha $\det A = \lambda_1 \lambda_2 \ldots \lambda_n$ (cfr. l'esercizio 1.52 del volume 1). Per l'esercizio 2.36, la matrice A non può avere due autovalori negativi; quindi ne ha ho uno solo o nessuno. Se A ha un autovalore negativo si ha $\det A < 0$ poiché $n-1$ autovalori sono positivi e uno è negativo. Questo è possibile se e solo se $\Delta_n < 0$.]

Esercizio 2.38 Sia A una matrice simmetrica $n \times n$. Siano $A_1, \ldots, A_n$ le sottomatrici definite nell'esercizio 2.36, e siano $\Delta_1, \ldots, \Delta_n$ definiti come nell'esercizio 2.37. Il *criterio di Sylvester* afferma che la matrice A

1. è definita positiva se e solo se $\Delta_k > 0$ $\forall k = 1, \ldots, n$;
2. è definita negativa se e solo se $(-1)^k \Delta_k < 0$ $\forall k = 1, \ldots, n$;
3. è indefinita se esiste $k > 1$ tale $\Delta_{k'} > 0$ per $k' = 1, \ldots, k-1$ e $\Delta_k < 0$ oppure $(-1)^{k'} \Delta_{k'} > 0$ per $k' = 1, \ldots, k-1$ e $(-1)^k \Delta_k < 0$.

Si dimostri il criterio di Sylvester. [*Soluzione.* La dimostrazione della proprietà 1 è per induzione su n. Se $n = 1$, l'affermazione è ovviamente soddisfatta. Si assuma che il criterio valga per matrici $(n-1) \times (n-1)$: quindi A_{n-1} è definita positiva se e solo se $\Delta_k > 0$ per $k = 1, \ldots, n-1$. Se $\Delta_k > 0$ per $k = 1, \ldots, n$, per l'ipotesi induttiva A_{n-1} è definita positiva e, poiché $\Delta_n > 0$, per l'esercizio 2.37 A ha solo autovalori positivi. Ne segue che A è definita positiva (cfr. l'esercizio 4.10 del volume 1). Viceversa, se A è definita positiva, i suoi autovalori sono positivi e quindi $\Delta_n = \det A > 0$. D'altra parte, per ogni vettore $w \in \mathbb{R}^n$ con $w_n = 0$ si ha $\langle w, Aw \rangle = \langle w', A_{n-1} w' \rangle$ (cfr. la soluzione dell'esercizio 2.36) e quindi A_{n-1} è definita positiva e, per l'ipotesi induttiva, si ha $\Delta_k > 0$ anche per $k = 1, \ldots, n-1$. Per dimostrare la proprietà 2, basta notare che A è definita negativa se e solo se $A' := -A$ è definita positiva; dal fatto che risulta $A'_k = (-1)^k A_k$ segue che $\Delta'_k := \det A'_k = (-1)^k \Delta_k$, quindi la proprietà 1 implica che $-A$ è definita positiva se e solo se $(-1)^k \Delta_k > 0$ per ogni $k = 1, \ldots, n$. Infine, la proprietà 3 segue immediatamente osservando che se $\Delta_{k'} > 0$ per $k' = 1, \ldots, k-1$ e $\Delta_k < 0$ allora A_{k-1} è definita positiva e $\Delta_k < 0$: per l'esercizio 2.37, A_k ha $k-1$ autovalori positivi e un autovalore negativo e quindi è indefinita. Per ogni vettore della forma $w = (w_1, \ldots, w_k, 0, \ldots, 0)$, i.e. con le ultime $n-k$ componenti nulle, si ha $\langle w, Aw \rangle = \langle w', A_k w' \rangle < 0$, dove $w' = (w_1, \ldots, w_k) \in \mathbb{R}^k$, e di conseguenza anche A è indefinita.]

Esercizio 2.39 Sia A una matrice simmetrica $n \times n$. Sia A'_k la sottomatrice principale di A costituita dalle ultime k righe e dalle ultime k colonne, e sia $\Delta'_k = \det A'_k$ per $k = 1, \ldots, n$. Si dimostri che il criterio di Sylvester si può formulare in termini dei minori $\Delta'_1, \ldots, \Delta'_n$: la matrice A è definita positiva se e solo se $\Delta'_k > 0$ $\forall k = 1, \ldots, n$; è definita negativa se e solo se $(-1)^k \Delta'_k < 0$ $\forall k = 1, \ldots, n$; è indefinita se esiste $k > 1$ tale $\Delta'_{k'} > 0$ per $k' = 1, \ldots, k-1$ e $\Delta'_k < 0$ oppure $(-1)^{k'} \Delta'_{k'} > 0$ per $k' = 1, \ldots, k-1$ e $(-1)^k \Delta'_k < 0$. [*Suggerimento.* Sia A una matrice simmetrica $n \times n$, e sia A'' la matrice di elementi $A''_{i,j} = A_{n+1-i,n+1-j}$; si vede immediatamente che A'' è definita positiva se e solo se A è definita positiva. Inoltre, si ha $\det A'' = \det A$, poiché A'' si ottiene da A scambiando complessivamente $(n-1)!$

righe e $(n-1)!$ colonne e ogni scambio produce un cambio di segno (cfr. l'esercizio 1.21 del volume 1). Per costruzione si ha $A'_k = ((A'')^T)_k$, così che $\Delta'_k = \det(A'')_k$. Per il criterio di Sylvester, la matrice A'' è definita positiva se e solo se $\det(A'')_k > 0$ per $k = 1, \dots, n$.]

Esercizio 2.40 Si considerino i tre sistemi lagrangiani che si differenziano dal pendolo doppio dell'esercizio 1.51 in quanto:

1. il punto di massa m_2 è collegato al punto di massa m_1 tramite una molla di costante elastica $k > 0$ e di lunghezza a riposo trascurabile (cfr. la figura 2.24 a sinistra);
2. il punto di massa m_1 e il punto di massa m_2 sono collegati a un punto fisso e al punto di massa m_1, rispettivamente, tramite due molle di costante elastica $k > 0$ e di lunghezza a riposo trascurabile (cfr. la figura 2.24 a destra);
3. il punto di massa m_1 e il punto di massa m_2 sono collegati a un punto fisso e al punto di massa m_1, rispettivamente, tramite due sbarre omogenee, entrambe di spessore trascurabile, di massa M_1 e lunghezza ℓ_1 la prima e di massa M_2 e lunghezza ℓ_2 la seconda.

(1) Si scrivano le lagrangiane e le equazioni di Eulero-Lagrange dei tre sistemi.
(2) Per ciascun sistema, si discuta la stabilità delle configurazioni di equilibrio.

[*Suggerimento.* Nel caso 1 conviene usare come coordinate lagrangiane l'angolo φ_1 che il pendolo di massa m_1 forma con la verticale discendente e le coordinate cartesiane (x_2, y_2) del punto di massa m_2. La lagrangiana è $\mathcal{L} = T - V$, dove

$$T = \frac{m_1}{2}\ell_1^2\dot\varphi_1^2 + \frac{m_2}{2}\left(\dot x_2^2 + \dot y_2^2\right),$$

$$V = -m_1 g\ell_1\cos\varphi_1 + m_2 g y_2 + \frac{k}{2}\left(x_2^2 + y_2^2\right) - k\ell_1 x_2\sin\varphi_1 + k\ell_1 y_2\cos\varphi_1.$$

Le configurazioni di equilibrio sono individuate dalle condizioni $kx_2 - k\ell_1\sin\varphi_1 = 0$, $m_1 g\ell_1\sin\varphi_1 + k\ell_1 x_2\cos\varphi_1 - k\ell_1 y_2\sin\varphi_1 = 0$ e $m_2 g + k y_2 + k\ell_1\cos\varphi_1 = 0$,

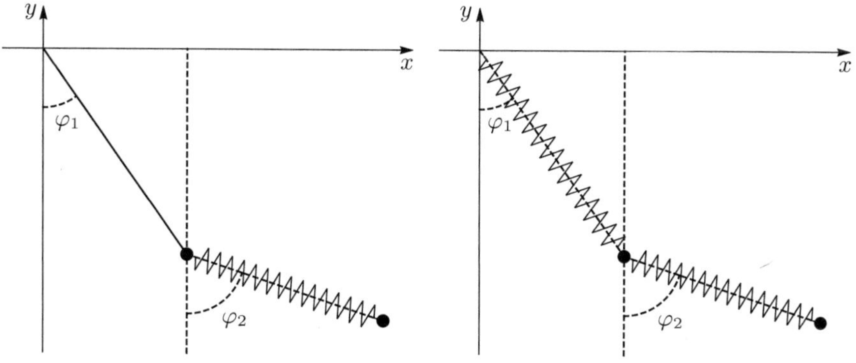

Figura 2.24 Sistemi 1 e 2 discussi nell'esercizio 2.40

che si riducono a $\sin\varphi_1 = 0$, $x_2 = 0$ e $k(y_2 + \ell\cos\varphi_1) + m_2 g = 0$; si hanno quindi due configurazioni di equilibrio:

$$(Q_1) \quad \varphi_1 = 0, \quad x_2 = 0, \quad y_2 = -\ell_1 - \frac{m_2 g}{k},$$
$$(Q_2) \quad \varphi_1 = \pi, \quad x_2 = 0, \quad y_2 = \ell_1 - \frac{m_2 g}{k}.$$

La matrice hessiana dell'energia potenziale V è data da

$$\mathcal{H}(\varphi_1, x_2, y_2) = \begin{pmatrix} m_1 g\ell_1\cos\varphi_1 - k\ell_1 y_2\cos\varphi_1 + k\ell_1 x_2\sin\varphi_1 & -k\ell_1\cos\varphi_1 & -k\ell_1\sin\varphi_1 \\ -k\ell_1\cos\varphi_1 & k & 0 \\ -k\ell_1\sin\varphi_1 & 0 & k \end{pmatrix},$$

così che

$$\mathcal{H}(0, 0, \mp\ell_1 - m_2 g/k) = \begin{pmatrix} \pm(m_1 + m_2)g\ell_1 + k\ell_1^2 & \mp k\ell_1 & 0 \\ \mp k\ell_1 & k & 0 \\ 0 & 0 & k \end{pmatrix},$$

da cui si vede che (Q_1) e (Q_2) rappresentano rispettivamente un punto di minimo e un punto di sella per V (cfr. l'esercizio 2.39): la configurazione di equilibrio (Q_1) è stabile, mentre (Q_2) è instabile. Nel caso 2 conviene usare coordinate cartesiane (x_1, y_1) e (x_2, y_2) per entrambi i punti. La lagrangiana è $\mathcal{L} = T - V$, dove

$$T = \frac{m_1}{2}(\dot{x}_1^2 + \dot{y}_1^2) + \frac{m_2}{2}(\dot{x}_2^2 + \dot{y}_2^2),$$
$$V = m_1 g y_1 + m_2 g y_2 + \frac{k}{2}\left(x_1^2 + y_1^2 + (x_1 - x_2)^2 + (y_1 - y_2)^2\right),$$

è la somma di due lagrangiane indipendenti $\mathcal{L} = \mathcal{L}_1 + \mathcal{L}_2$, dove $\mathcal{L}_1 = T_1 - V_1$ e $\mathcal{L}_2 = T_2 - V_2$, con

$$T_1 = \frac{1}{2}(m_1\dot{x}_1^2 + m_2\dot{x}_2^2), \qquad V_1 = \frac{k}{2}(2x_1^2 + x_2^2 - 2x_1x_2),$$
$$T_2 = \frac{1}{2}(m_1\dot{y}_1^2 + m_2\dot{y}_2^2), \qquad V_2 = g(m_1 y_1 + m_2 y_2) + \frac{k}{2}(2y_1^2 + y_2^2 - 2y_1y_2).$$

Sia V_1 che V_2 ammettono un unico punto stazionario. Infatti, si ha

$$\frac{\partial V_1}{\partial x_1} = k(2x_1 - x_2), \qquad \frac{\partial V_1}{\partial x_2} = -k(x_1 - x_2),$$
$$\frac{\partial V_2}{\partial y_1} = m_1 g + k(2y_1 - y_2), \qquad \frac{\partial V_2}{\partial y_2} = m_2 g - k(y_1 - y_2),$$

da cui si ricava $(x_1, x_2) = (0, 0)$ per V_1 e $(y_1, y_2) = (-(m_1 + m_2)g/k, -(m_1 + 2m_2)g/k)$ per V_2. Poiché le matrici hessiane di V_1 e V_2 sono

$$\mathcal{H}_1(x_1, x_2) = \mathcal{H}_2(y_1, y_2) = \begin{pmatrix} 2k & -k \\ -k & k \end{pmatrix},$$

entrambi sono punti di minimo. Ne segue che $(0, 0, -(m_1 + m_2)g/k, -(m_1 + 2m_2)g/k)$ è un punto di minimo per $V = V_1 + V_2$ e quindi una configurazione di equilibrio stabile per il sistema. Infine il caso 3 si discute come il pendolo doppio dell'esercizio 1.51, con l'unica differenza che l'energia cinetica ha, in più, il termine

$$T_0 = \frac{1}{2}\left(\frac{M_1\ell_1^2}{12}\dot{\varphi}_1^2 + \frac{M_2\ell_2^2}{12}\dot{\varphi}_2^2\right),$$

dovuto all'energia cinetica delle due sbarre (cfr. il §10.2.1 del volume 1), e all'energia potenziale va aggiunto il termine

$$V_0 = -\frac{1}{2}(M_1\ell_1 \cos\varphi_1 + M_2(\ell_1 \cos\varphi_1 + \ell_2 \cos\varphi_2)),$$

dovuto all'energia potenziale gravitazionale delle molle (cfr. l'esercizio 2.23). Si hanno quattro configurazioni di equilibrio per il sistema: $(\varphi_1, \varphi_2) = (0, 0)$, $(\varphi_1, \varphi_2) = (\pi, 0)$, $(\varphi_1, \varphi_2) = (0, \pi)$ e $(\varphi_1, \varphi_2) = (\pi, \pi)$. La prima è stabile e le altre tre sono instabili.]

Esercizio 2.41 Due dischi omogenei, entrambi di massa M e raggio r, rotolano senza strisciare lungo una guida posta su un piano orizzontale, mantenendosi sempre ortogonali al piano. I centri di massa dei due dischi sono collegati tra loro tramite una molla di costante elastica $k > 0$ e lunghezza a riposo nulla, e sono inoltre collegati entrambi a un punto materiale P di massa m tramite due aste omogenee identiche di lunghezza L e massa trascurabile. Sul sistema agisce la forza di gravità: sia g l'accelerazione di gravità. Si scelga un sistema di riferimento in cui il piano abbia equazione $z = 0$ e la guida abbia equazione $y = z = 0$ (cfr. la figura 2.25).

(1) Si scrivano la lagrangiana del sistema e le corrispondenti equazioni di Eulero-Lagrange.
(2) Si determinino le eventuali configurazioni di equilibrio nel sistema e se ne discuta la stabilità.
(3) Si calcoli la forza vincolare che agisce sul punto P.
(4) Si discuta come cambia la lagrangiana nel caso in cui le aste abbiano entrambe massa non nulla μ.
(5) Si determinino le configurazioni di equilibrio nel caso in cui si abbia $\mu \neq 0$.
(6) Si supponga ora che si abbia $\mu = 0$ e il piano ruoti intorno all'asse y con velocità angolare costante: si discuta l'esistenza e la stabilità di eventuali configurazioni di equilibrio relativo.

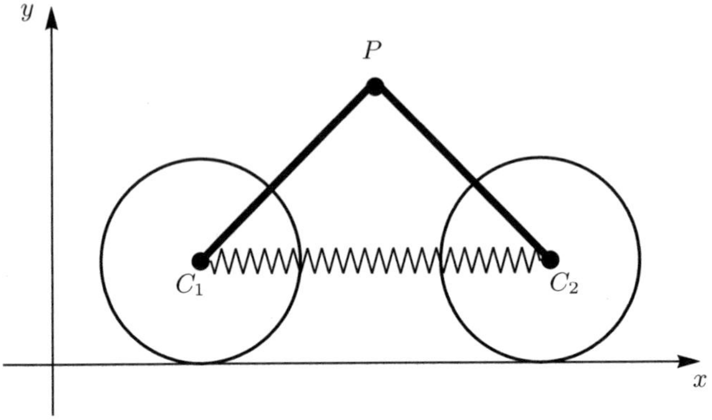

Figura 2.25 Sistema discusso nell'esercizio 2.41

[*Suggerimento.* Siano C_1 e C_2 i centri dei due dischi. Come coordinate lagrangiane si possono usare l'ascissa x del punto P e l'angolo θ che l'asta che collega i punti C_1 e P forma con un asse prefissato, per esempio l'asse x. I punti P, C_1 e C_2 hanno allora coordinate cartesiane

$$P = (x, r + L\sin\theta), \qquad C_1 = (x - L\cos\theta, r), \qquad C_2 = (x + L\cos\theta, r).$$

L'energia cinetica e l'energia potenziale, dovuta alla molle e alla forza di gravità che agisce sul punto P, sono, rispettivamente,

$$\begin{aligned} T &= \frac{3}{2}M\big(\dot{x}^2 + L^2\sin^2\theta\,\dot{\theta}^2\big) + \frac{1}{2}m\big(\dot{x}^2 + L^2\cos^2\theta\,\dot{\theta}^2\big), \\ V &= mgL\sin\theta + 2kL^2\cos^2\theta, \end{aligned}$$

dove si è tenuto conto che $I_3 = Mr^2/2$ è il momento di inerzia di ciascun disco rispetto al proprio asse (cfr. il §10.2.3 del volume 1) e che, dal momento che i dischi rotolano senza strisciare, se φ_1 e φ_2 indicano gli angoli di rotazione, rispettivamente, del disco di centro C_1 e di quello di centro C_2 rispetto a una direzione prefissata, si ha $r\dot{\varphi}_1 = \dot{x} + L\sin\theta\,\dot{\theta}$ e $r\dot{\varphi}_2 = \dot{x} - L\sin\theta\,\dot{\theta}$; i termini costanti di V sono stati scartati. La lagrangiana è $\mathcal{L} = T - V$, e le equazioni di Eulero Lagrange sono

$$\begin{cases} 3M\ddot{x} + m\ddot{x} = 0, \\ 3ML^2(\sin^2\theta\,\ddot{\theta} + \sin\theta\cos\theta\,\dot{\theta}^2) \\ \qquad + mL^2(\cos^2\theta\,\ddot{\theta} - \sin\theta\cos\theta\,\dot{\theta}^2) + mgL\cos\theta - 4kL^2\sin\theta\cos\theta = 0. \end{cases}$$

La prima equazione si risolve immediatamente e dà $x(t) = x(0) + \dot{x}(0)t$: l'ascissa del centro di messa del sistema si muove di moto rettilineo uniforme – ed è in quiete se e solo se $\dot{x}(0) = 0$. Nel sistema di riferimento K che abbia origine nel punto $(x, 0)$ e gli assi paralleli agli assi x e y del sistema fisso, il moto è descritto dalla seconda equazione. Le configurazioni di equilibrio relativo nel sistema K si determinano studiando l'energia potenziale $V = mgL\sin\theta + 2kL^2\cos^2\theta$. I punti stazionari di V si ottengono richiedendo

$$\frac{\partial V}{\partial\theta} = mgL\cos\theta - 4kL^2\cos\theta\sin\theta = \cos\theta\big(mgL - 4kL^2\sin\theta\big) = 0,$$

che comporta $\cos\theta = 0$ oppure, se $\alpha < 1$, $\sin\theta = \alpha := mg/4kL$. Quindi le configurazioni di equilibrio relativo sono: $\theta = \pi/2$, che è stabile se $\alpha < 1$ e instabile se $\alpha > 1$; $\theta = -\pi/2$, che è stabile per ogni valore di $\alpha > 0$; $\theta = \theta_0$ e $\theta = \pi - \theta_0$, dove $\theta_0 := \arcsin\alpha$, che sono instabili quando esistono. Il caso $\alpha = 1$ va trattato a parte: scrivendo $\theta = \pi/2 + \varphi$, si ha

$$\begin{aligned} V &= 4kL^2\Big(\sin(\pi/2+\varphi) + \frac{1}{2}\cos(\pi/2+\varphi)\Big) = 4kL^2\Big(\cos\varphi + \frac{1}{2}\sin^2\varphi\Big) \\ &= 4kL^2\Big(1 - \frac{1}{2}\varphi^2 + \frac{1}{24}\varphi^4 + \frac{1}{2}\varphi^2 - \frac{1}{6}\varphi^4 + o(\varphi^4)\Big) \\ &= 4kL^2\Big(1 - \frac{1}{8}\varphi^4 + o(\varphi^4)\Big), \end{aligned}$$

da cui concludiamo che $\theta = \pi/2$ è un punto di massimo e quindi costituisce una configurazione di equilibrio relativo instabile. Si noti che in $\alpha = 1$ si ha una biforcazione a forcone subcritica (cfr. la terminologia introdotta nell'esempio 2.16). Per calcolare la forza vincolare R che agisce sul punto P, consideriamo l'energia potenziale in assenza di vincoli. Se $P = (x_0, y_0)$, $C_1 = (x_1, y_1)$ e $C_2 = (x_2, y_2)$ indicano le coordinate cartesiane dei punti P, C_1 e C_2 in generale, si ha $V = mgy_0 + \ldots$, dove i termini che non sono stati scritti esplicitamente non dipendono dalle coordinate (x_0, y_0). La forza attiva che agisce su P è quindi $f = (0, -mg)$. In termini delle coordinate lagrangiane si ha $x_0 = x$ e $y_0 = r + L\sin\theta$, così che $\ddot{x}_0 = \ddot{x} = 0$ e $\ddot{y}_0 = -L\sin\theta\,\dot{\theta}^2 + L\cos\theta\,\ddot{\theta}$, dove $\ddot{\theta}$ può essere scritta in termini di θ e $\dot{\theta}$ utilizzando le equazioni di Eulero-Lagrange:

$$\ddot{\theta} = \frac{\big((3M - m)L^2\sin\theta\cos\theta\dot{\theta}^2 - mgL\cos\theta + 4kL^2\sin\theta\cos\theta\big)}{3ML^2\sin^2\theta + mL^2\cos^2\theta}.$$

La forza vincolare è quindi $R = (m\ddot{x}_0 - f_x, m\ddot{y}_0 - f_y) = (0, -L\sin\theta\,\dot{\theta}^2 + L\cos\theta\,\ddot{\theta} + mg)$. Se le aste hanno entrambe massa μ, indichiamo con

$$Q_1 = \Big(x - \frac{L}{2}\cos\theta, r + \frac{L}{2}\sin\theta\Big), \qquad Q_1 = \Big(x + \frac{L}{2}\cos\theta, r + \frac{L}{2}\sin\theta\Big)$$

le coordinate cartesiane dei rispettivi centri di massa. L'energia cinetica delle due aste si calcola con il teorema di König; si trova

$$T' = \mu\Big(\dot{x}^2 + \frac{L^2}{4}\dot{\theta}^2\Big) + I_3\dot{\theta}^2,$$

dove $I_3' = \mu L^2/12$ è il momento di inerzia di ciascuna delle due aste rispetto a un asse ortogonale passante per il suo centro di massa (cfr. il §10.2.1 del volume 1). L'energia cinetica totale è

$$T = \frac{3}{2}M\big(\dot{x}^2 + L^2 \sin^\theta \dot{\theta}^2\big) + \frac{1}{2}m\big(\dot{x}^2 + L^2 \cos^2\theta\, \dot{\theta}^2\big) + \frac{1}{3}\mu\big(3\dot{x}^2 + L^2\dot{\theta}^2\big).$$

L'energia potenziale, tenendo conto anche dell'energia potenziale gravitazionale delle due aste, diventa

$$V = mgL\sin\theta + 2kL^2\cos^2\theta + \mu g L \sin\theta,$$

al solito trascurando i contributi costanti. Lo studio delle configurazioni di equilibrio relativo e della loro stabilità, nel sistema di riferimento K, si conduce come nel caso precedente, con la semplice sostituzione $m \mapsto m + \mu$. Se invece si ha $\mu = 0$ ma il piano verticale ruota intorno all'asse y con velocità angolare costante ω, l'energia cinetica è la stessa trovata inizialmente nel caso $\mu = 0$, mentre l'energia potenziale ha un contributo addizionale dovuto alla forza centrifuga che agisce sia sui dischi che sul punto P. I due dischi, essendo omogenei, hanno densità di massa costante $\rho = M/\pi r^2$. Per il primo disco, tenendo conto che l'elemento infinitesimo di massa $\mathrm{d}m(x) = \rho\, r'\mathrm{d}\varphi \mathrm{d}r'$ ha coordinate $(x - L\cos\theta + r'\cos\varphi, r + r'\sin\varphi)$, dove $r' \in [0, r]$ e $\varphi \in [0, 2\pi)$, si ha (cfr. l'esercizio 2.23)

$$\begin{aligned} V_{\mathrm{cf}}^1 &= -\frac{1}{2}\frac{M}{\pi r^2}\int_0^r \mathrm{d}r' \int_0^{2\pi} \mathrm{d}\varphi\, r'\omega^2\big(x - L\cos\theta + r'\cos\varphi\big)^2 \\ &= \text{costante} - \frac{1}{2}M\omega^2\big(x - L\cos\theta\big)^2. \end{aligned}$$

Analogamente per il secondo disco si trova

$$V_{\mathrm{cf}}^2 = \text{costante} - \frac{1}{2}M\omega^2\big(x + L\cos\theta\big)^2.$$

Tenendo conto anche dell'energia centrifuga di P, l'energia potenziale totale è

$$V = mgL\sin\theta + 2kL^2\cos^2\theta - M\omega^2x^2 - M\omega^2L^2\cos^2\theta - \frac{1}{2}m\omega^2x^2,$$

avendo di nuovo ignorato i termini costanti. Le configurazioni di equilibrio (θ, x) si trovano richiedendo

$$\begin{aligned} \frac{\partial V}{\partial \theta} &= mgL\cos\theta - 2L^2\big(2k - M\omega^2\big)\sin\theta\cos\theta = 0, \\ \frac{\partial V}{\partial x} &= -(2M + m)\omega^2 x = 0. \end{aligned}$$

Figura 2.26 Sistema discusso nell'esercizio 2.42

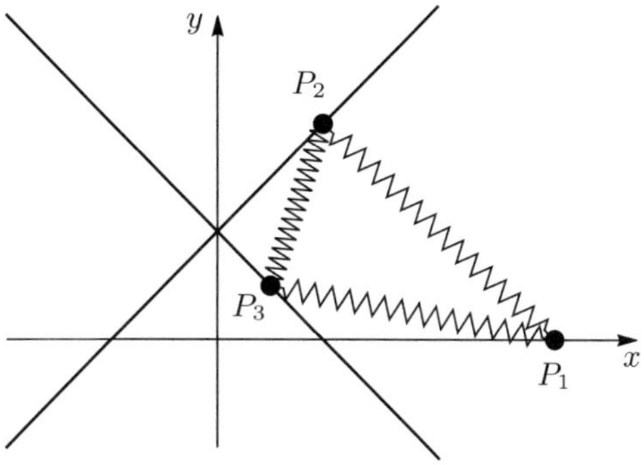

Si ha $x = 0$, mentre θ deve soddisfare o l'equazione $\cos\theta = 0$ o l'equazione $\sin\theta = \beta$, dove $\beta := mg/2L(2k - M\omega^2)$, purché $2k \neq M\omega^2$ e $|\beta| < 1$. Le configurazioni di equilibrio per (x, θ) sono quindi $(0, \pi/2)$, $(0, -\pi/2)$, $(0, \theta_0)$ e $(0, \pi - \theta_0)$, dove $\theta_0 := \arcsin\beta$. L'energia potenziale V è somma di due funzioni, di cui una dipende solo da θ e una solo da x, e la funzione che dipende solo da x ha in $x = 0$ un massimo: questo basta per dedurre che la configurazione di equilibrio è instabile (cfr. l'osservazione 2.14).]

Esercizio 2.42 Si consideri il sistema lagrangiano costituito da tre punti materiali P_1, P_2 e P_3, tutti di massa $m = 1$, vincolati a muoversi in un piano orizzontale (x, y); il punto P_1 si muove lungo la retta di equazione $y = 0$, il punto P_2 lungo la retta di equazione $y = 1 + x$ e il punto P_3 lungo la retta di equazione $y = 1 - x$; i tre punti sono inoltre collegati tra loro da tre molle di costante elastica $k > 0$ e lunghezza a riposo nulla (cfr. la figura 2.26).

(1) Si scrivano la lagrangiana del sistema e le equazioni di Eulero-Lagrange.
(2) Si determinino le configurazioni di equilibrio e se ne discuta la stabilità.
(3) Si determini la forza vincolare che agisce sul punto P_1 in corrispondenza di una configurazione di equilibrio stabile (se esiste).
(4) Si supponga ora che il piano (x, y) sia verticale: si discuta come cambia lo scenario tenendo conto della forza di gravità (sia g l'accelerazione di gravità).

[*Suggerimento.* I punti P_1, P_2 e P_3 hanno coordinate $P_1 = (x_1, 0)$, $P_2 = (x_2, 1 + x_2)$ e $P_3 = (x_3, 1 - x_3)$. La lagrangiana è $\mathcal{L} = T - V$, dove l'energia cinetica T e l'energia potenziale V sono, rispettivamente,

$$T = \frac{1}{2}\big(\dot{x}_1^2 + 2\dot{x}_2^2 + 2\dot{x}_3^2\big), \quad V = k\big(x_1^2 + 2x_2^2 + 2x_3^2 - x_1x_2 - x_1x_3 + x_2 - x_3\big).$$

Le equazioni di Eulero-Lagrange sono

$$\begin{cases} \ddot{x}_1 = -k(2x_1 - x_2 - x_3), \\ 2\ddot{x}_2 = -k(4x_2 - x_1 + 1), \\ 2\ddot{x}_3 = -k(4x_3 - x_1 - 1). \end{cases}$$

Le configurazioni di equilibrio corrispondono ai valori (x_1, x_2, x_3) tali che

$$\frac{\partial V}{\partial x_1} = k\big(2x_1 - x_2 - x_3\big) = 0,$$
$$\frac{\partial V}{\partial x_2} = k\big(4x_2 - x_1 + 1\big) = 0,$$
$$\frac{\partial V}{\partial x_3} = k\big(4x_3 - x_1 - 1\big) = 0.$$

Dalle ultime due equazioni si ricava $x_2 = (x_1 - 1)/4$ e $x_3 = (x_1 + 1)/4$, che, inserite nella prima, implicano $x_1 = 0$: si ha una sola configurazione di equilibrio, data da $(x_1, x_2, x_3) = (0, -1/4, 1/4)$. La matrice hessiana di V è

$$\mathcal{H}(x_1, x_2, x_3) = \begin{pmatrix} 2k & -k & -k \\ -k & 4k & 0 \\ -k & 0 & 4k \end{pmatrix},$$

che è indipendente da x_1, x_2, x_3. Si verifica facilmente che i suoi autovalori sono 4 e $3 \pm \sqrt{3}$, ovvero sono tutti e tre strettamente positivi, quindi la matrice hessiana è definita positiva; alternativamente si usa il criterio di Sylvester (cfr. l'esercizio 2.38) per arrivare alle stesse conclusioni. Ne segue (cfr. l'esercizio 2.35) che la configurazione di equilibrio è un punto di minimo di V ed è pertanto stabile. Per calcolare le forze vincolari, si devono innanzitutto calcolare le forze attive. Per far questo, si deve considerare l'energia potenziale in assenza di vincoli,

$$V_0 = \frac{k}{2}\big((x_1 - x_2)^2 + (y_1 - y_2)^2 + (x_1 - x_3)^2 + (y_1 - y_3)^2 + (x_2 - x_3)^2 + (y_2 - y_3)^2\big),$$

dove (x_i, y_i) sono le coordinate cartesiane del punto P_i, $i = 1, 2, 3$, così che

$$f_x^{(1)} = -\frac{\partial V_0}{\partial x_1} = -k\big(2x_1 - x_2 - x_3\big), \qquad f_y^{(1)} = -\frac{\partial V_0}{\partial y_1} = -k\big(2y_1 - y_2 - y_3\big),$$

sono le componenti della forza attiva $f^{(1)}$ che agisce su P_1. Imponendo i vincoli $y_1 = 0$, $y_2 = 1 + x_2$ e $y_3 = 1 - x_3$, si trova $f_x^{(1)} = 0$ e $f_y^{(1)} = 2k$. Nella configurazione di equilibrio, poichè $\ddot{x}_1 = \ddot{y}_1 = 0$, la forza vincolare che agisce su P_1 è data da

$$R^{(1)} = (R_x^{(1)}, R_y^{(1)}) = (-f_x^{(1)}, -f_y^{(1)}) = (0, -2k).$$

Infine, se il piano (x, y) è verticale, il sistema risente anche della forza di gravità. L'energia cinetica non cambia, mentre l'energia potenziale diventa

$$V = k\big(x_1^2 + 2x_2^2 + 2x_3^2 - x_1x_2 - x_1x_3 + x_2 - x_3\big) + g\big(x_2 - x_3\big).$$

Le equazioni per individuare le configurazioni di equilibrio diventano

$$\frac{\partial V}{\partial x_1} = k\big(2x_1 - x_2 - x_3\big) = 0,$$
$$\frac{\partial V}{\partial x_2} = k\big(4x_2 - x_1 + 1\big) + g = 0,$$
$$\frac{\partial V}{\partial x_3} = k\big(4x_3 - x_1 - 1\big) - g = 0.$$

Si trova di nuovo una sola configurazione di equilibrio, data da

$$x_1 = 0, \qquad x_2 = -\frac{k+g}{4k}, \qquad x_3 = \frac{k+g}{4k}.$$

La matrice hessiana è la stessa di prima: la nuova configurazione è ancora stabile.]

Esercizio 2.43 Si consideri il sistema lagrangiano costituito da un disco omogeneo D, di massa $M = 1$ e raggio $r = 1$, e da un punto materiale P, di massa $m = 1$. Il punto e il disco sono entrambi vincolati a muoversi in un piano verticale, che identificheremo con il piano (x, y), in modo tale che il disco rotoli senza strisciare lungo l'asse x e il punto scorra lungo l'asse y; il centro O del disco è collegato con il punto P tramite una molla di costante elastica $k > 0$ e lunghezza a riposo nulla (cfr. la figura 2.27). Sia g l'accelerazione di gravità.

(1) Si scrivano la lagrangiana del sistema e le equazioni di Eulero-Lagrange.
(2) Si determinino le configurazioni di equilibrio e se ne discuta la stabilità.
(3) Si supponga ora che il piano (x, y) ruoti intorno all'asse y con velocità angolare costante ω; si discuta come cambiano la lagrangiana e le equazioni di Eulero-Lagrange.
(4) Sotto le ipotesi del punto (3) si determinino le eventuali nuove configurazioni di equilibrio.

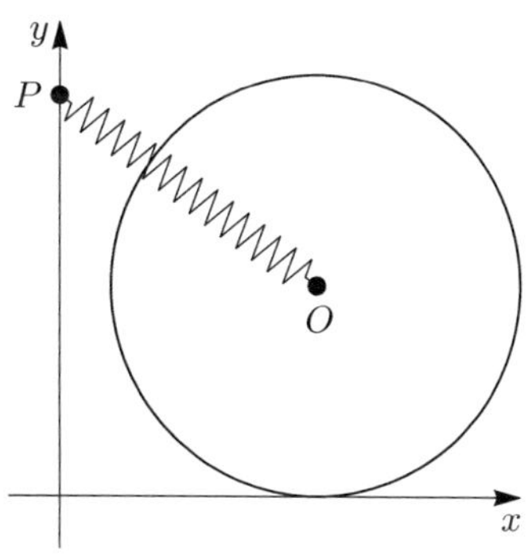

Figura 2.27 Sistema discusso nell'esercizio 2.43

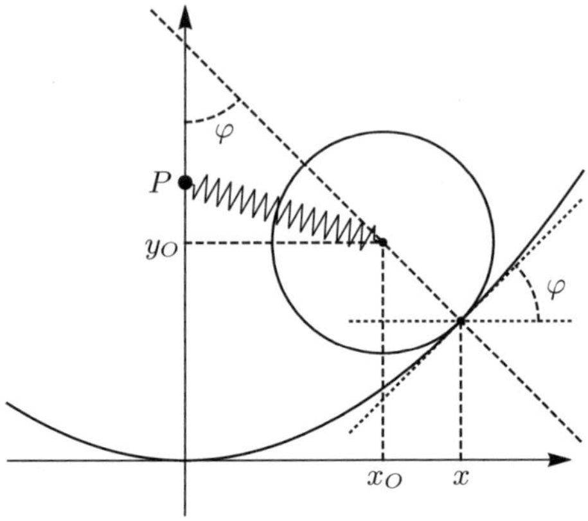

Figura 2.28 Sistema discusso nel caso (2) dell'esercizio 2.44

Esercizio 2.44 Si consideri il sistema lagrangiano che differisce da quello dell'esercizio 2.43 in quanto il disco rotola senza strisciare

1. lungo una circonferenza di raggio $R > 1$ e centro $C = (0, R)$;
2. lungo una guida parabolica di equazione $y = \alpha x^2$, per qualche $\alpha \in (0, 1/2)$.

In entrambi i casi si risponda alle domande (1) e (2) dell'esercizio 2.43. [*Suggerimento.* Nel caso 1 si ragiona come nel caso 2 dell'esempio 1.34: se θ denota l'angolo di cui ruota il disco e φ è l'angolo che la linea che unisce il centro O del disco al centro C della circonferenza forma con la verticale discendente, la velocità v_O del centro di massa è legata alle variazioni di θ e di φ dalla relazione $v_O = r\dot{\theta} = (R-r)\dot{\varphi}$, con $r = 1$. Nel caso 2, se x è l'ascissa del punto di contatto del disco con la guida e φ è l'angolo tale che $\tan\varphi = 2\alpha x$ (cfr. la figura 2.28), il centro di massa O del disco ha coordinate $q_O = (x_O, y_O) = (x - r\sin\varphi, \alpha x^2 + r\cos\varphi)$, dove $r = 1$. Utilizzando le identità trigonometriche

$$\sin\varphi = \frac{\tan\varphi}{\sqrt{1+\tan^2\varphi}}, \qquad \cos\varphi = \frac{1}{\sqrt{1+\tan^2\varphi}}, \qquad |\varphi| \le \frac{\pi}{2},$$

si trova

$$q_O = \left(x - \frac{2\alpha x}{\sqrt{1+4\alpha^2x^2}}, \alpha x^2 + \frac{1}{\sqrt{1+4\alpha^2x^2}} \right),$$

da cui, derivando, si ottiene

$$\dot{q}_O = \left(1 - \frac{2\alpha}{(1+4\alpha^2x^2)^{3/2}} \right)(1, 2\alpha x)\dot{x}.$$

Si impone il vincolo di rotolamento senza strisciamento richiedendo che la velocità $v_0 := |\dot{q}_0|$ del centro di massa sia uguale a $r\dot{\theta}$, dove $r = 1$ e $\dot{\theta}$ è la velocità con cui il disco ruota intorno al proprio asse, i.e. $v_0 = a(x)\,\dot{x} = \dot{\theta}$, dove

$$a(x) := \left(1 - \frac{2\alpha}{(1+4\alpha^2x^2)^{3/2}}\right)\sqrt{1+4\alpha^2x^2} = \sqrt{1+4\alpha^2x^2} - \frac{2\alpha}{1+4\alpha^2x^2}.$$

Usando come coordinate lagrangiane la variabile x e l'ordinata y del punto P, si trova che

$$T = \frac{1}{2}a^2(x)\,\dot{x}^2 + \frac{1}{2}I_3\dot{\theta}^2 + \frac{1}{2}\dot{y}^2 = \frac{3}{4}a^2(x)\,\dot{x}^2 + \frac{1}{2}\dot{y}^2$$

è l'energia cinetica, mentre l'energia potenziale è data da

$$\begin{aligned} V &= gy + g\left(\alpha x^2 + \frac{1}{\sqrt{1+4\alpha^2x^2}}\right) \\ &\quad + \frac{1}{2}k\left(\left(x - \frac{2\alpha x}{\sqrt{1+4\alpha^2x^2}}\right)^2 + \left(\alpha x^2 + \frac{1}{\sqrt{1+4\alpha^2x^2}} - y\right)^2\right). \end{aligned}$$

Per studiare le configurazioni di equilibrio, conviene introdurre la variabile ausiliaria $u := y - \alpha x^2 - 1/(1+4\alpha^2x^2)^{1/2}$ ed esprimere V in termini di x e u; si trova $V = V_1 + V_2$, dove

$$\begin{aligned} V_1 &:= gu + \frac{1}{2}ku^2, \\ V_2 &:= 2g\left(\alpha x^2 + \frac{1}{\sqrt{1+4\alpha^2x^2}}\right) + \frac{1}{2}k\left(x - \frac{2\alpha x}{\sqrt{1+4\alpha^2x^2}}\right)^2. \end{aligned}$$

Si vede subito che $u = u_0 := -g/k$ è un punto di minimo isolato per V_1. Si verifica poi che

$$V_2'(x) = \frac{\mathrm{d}V_2}{\mathrm{d}x}(x) = x\left(k + 4\alpha g + \frac{4\alpha^2 k}{(1+4\alpha^2x^2)^2} - \frac{8\alpha^2 g + 4\alpha k + 8\alpha^3 k x^2}{(1+4\alpha^2x^2)^{3/2}}\right)$$

si annulla se e solo se $x = 0$ se $\alpha < 1/2$. Infatti, per $\alpha \in (0, 1/2)$, si ha

$$\begin{aligned} (1+4\alpha^2x^2)^{3/2}4\alpha g &\geq 4\alpha g \geq 8\alpha^2 g, \\ (1+4\alpha^2x^2)^2 k + 4\alpha^2 k &\geq \left(4\alpha k + 8\alpha^3 k x^2\right)(1+2\alpha^2x^2) \\ &\geq \left(4\alpha k + 8\alpha^3 k x^2\right)(1+4\alpha^2x^2)^{1/2}, \end{aligned}$$

dove si è usato che $1 + x/2 \geq (1+x)^{1/2}$ $\forall x \geq -1$; inoltre la derivata seconda in $x = 0$ vale $V_2''(0) = k(2\alpha-1)^2 + 4\alpha(1-2\alpha)g > 0$, da cui si evince che $x = 0$ è un punto di minimo isolato per V_2. In conclusione $(x, u) = (0, -g/k)$, ovvero $(x, y) = (0, 1 - g/k)$ in termini delle coordinate originali, è l'unica configurazione di equilibrio del sistema, ed è stabile per il teorema 2.6. Si noti che la condizione $\alpha < 1/2$ garantisce che il disco possa rotolare senza strisciare lungo la guida parabolica.]

Figura 2.29 Sistema discusso nell'esercizio 2.45

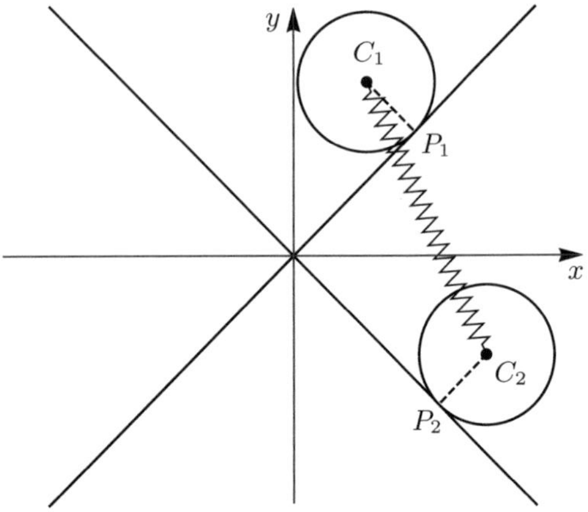

Esercizio 2.45 Un sistema meccanico è costituito da due dischi omogenei di massa m e raggio $r = \sqrt{2}$, vincolati a rotolare senza strisciare in un piano verticale, il primo lungo la retta $y = x$ e il secondo lungo la retta $y = -x$ (cfr. la figura 2.29). I centri C_1 e C_2 dei due dischi sono collegati tra loro da una molla di costante elastica k e lunghezza a riposo nulla. Inoltre i due dischi sono sottoposti alla forza di gravità; sia g l'accelerazione di gravità.

(1) Si scriva la lagrangiana del sistema, usando come coordinate lagrangiane le ascisse x_1 e x_2 dei punti di contatto P_1 e P_2 dei dischi con le rispettive guide.
(2) Si scrivano le corrispondenti equazioni di Eulero-Lagrange.
(3) Si determinino le configurazioni di equilibrio in funzione dei parametri positivi m, g e k.
(4) Se ne discuta la stabilità al variare dei parametri.
(5) Si determinino le configurazioni di equilibrio relativo se il piano ruota intorno all'asse y con velocità angolare costante ω e se ne discuta la stabilità al variare dei parametri m, g, k e ω.
(6) Si supponga ora che il primo disco sia fissato lungo la guida in modo tale che il suo centro C_1 si trovi sull'asse y; in tal caso si può utilizzare come coordinata lagrangiana la sola variabile x_2. Si calcolino le nuove configurazioni di equilibrio relativo e se ne discuta la stabilità, sempre nel caso in cui il piano ruoti intorno all'asse verticale con velocità angolare costante ω. In particolare si studi qualitativamente il moto del sistema unidimensionale corrispondente.

[*Soluzione.* Le coordinate dei punti P_1 e P_2 sono $P_1 = (x_1, x_1)$ e $P_2 = (x_2, -x_2)$. Il centro C_1 del disco che scorre sulla guida $y = x$ si trova sulla retta passante per P_1 ortogonale alla guida: tale retta forma un angolo $\pi + \pi/4$ con l'asse x, quindi le coordinate di C_1 sono

$$C_1 = \left(x_1 + \sqrt{2}\cos\left(\frac{3\pi}{4}\right), x_1 + \sqrt{2}\sin\left(\frac{3\pi}{4}\right)\right) = (x_1 - 1, x_1 + 1).$$

Analogamente il centro C_2 del disco che scorre sulla guida $y = -x$ si trova sulla retta passante per P_2 ortogonale alla guida, che forma un angolo $\pi/4$ con l'asse x, così che le coordinate di C_2 sono

$$C_2 = \left(x_2 + \sqrt{2}\cos\left(\frac{\pi}{4}\right), -x_2 + \sqrt{2}\sin\left(\frac{\pi}{4}\right)\right) = (x_2 + 1, -x_2 + 1).$$

Poiché i dischi rotolano senza strisciare, si ha $|v_1| = r|\dot{\theta}_1|$, dove $v_1 = (\dot{x}_1, \dot{x}_1)$ è la velocità di C_1 e $\dot{\theta}_1$ è la velocità con cui il disco di centro C_1 ruota intorno al proprio asse; ne segue che $\sqrt{2}|\dot{x}_1| = \sqrt{2}|\dot{\theta}_1|$, da cui si ricava, tenendo condo che $\dot{x}_1$ e $\dot{\theta}_1$ hanno segno concorde, $\dot{x}_1 = \dot{\theta}_1$. Ragionando in modo analogo per l'altro disco, si trova $\dot{x}_2 = \dot{\theta}_2$, dove $\dot{\theta}_2$ indica la velocità con cui il disco di centro C_2 ruota intorno al proprio asse. Per il teorma di König l'energia cinetica dei due dischi è data da

$$\begin{aligned} T = T_1 + T_2, \quad T_1 &= \frac{1}{2}mv_1^2 + \frac{1}{2}I_3\theta_1^2 = \frac{3}{2}m\dot{x}_1^2, \\ T_2 &= \frac{1}{2}mv_2^2 + \frac{1}{2}I_3\theta_2^2 = \frac{3}{2}m\dot{x}_2^2, \end{aligned}$$

dove $v_2 = (\dot{x}_2, \dot{x}_2)$ è la velocità di C_2. L'energia potenziale è $V = V_{gr} + V_{el}$, dove V_{gr} e V_{el}, rispettivamente l'energia potenziale gravitazionale e l'energia potenziale elastica dovuta alla molla, sono date da

$$V_{gr} = mgx_1 - mgx_2, \quad V_{el} = \frac{1}{2}k\big((x_1 - 1 - x_2 - 1)^2 + (x_1 + 1 + x_2 - 1)^2\big).$$

Semplificando l'espressione per V_{el} e trascurando i termini costanti, si trova che l'energia potenziale è data da $V = V_1 + V_2$, dove

$$V_1 = V_1(x_1) = k\,x_1^2 - 2kx_1 + mgx_1, \quad V_2 = V_2(x_2) = k\,x_2^2 + 2kx_2 - mgx_2.$$

In conclusione la lagrangiana è $\mathcal{L} = T - V$, dove

$$T = \frac{3}{2}m\big(\dot{x}_1^2 + \dot{x}_2^2\big), \quad V = k\,x_1^2 - 2kx_1 + mgx_1 + k\,x_2^2 + 2kx_2 - mgx_2,$$

e le equazioni di Eulero-Lagrange sono

$$\begin{cases} 3m\ddot{x}_1 = -2kx_1 + 2k - mg, \\ 3m\ddot{x}_2 = -2kx_2 - 2k + mg. \end{cases}$$

Le configurazioni di equilibrio corrispondono ai valori (x_1, x_2) tali che

$$\frac{\partial V}{\partial x_1} = 2kx_1 - 2k + mg = 0, \qquad \frac{\partial V}{\partial x_2} = 2kx_2 + 2k - mg = 0.$$

Si ha pertanto un'unica configurazione di equilibrio:

$$(Q) \qquad x_1 = -\frac{mg}{2k} + 1, \qquad x_2 = \frac{mg}{2k} - 1.$$

Per studiarne la stabilità si calcola la matrice hessiana:

$$\mathcal{H}(x_1, x_2) = \begin{pmatrix} 2k & 0 \\ 0 & 2k \end{pmatrix},$$

che ha determinante $4k^2 > 0$; poiché il primo elemento $2k$ è positivo, (Q) costituisce un punto di minimo per l'energia potenziale e quindi una configurazione di equilibrio stabile per il sistema lagrangiano. Se il piano ruota intorno all'asse y, nel sistema di riferimento solidale con il piano rotante all'energia potenziale occorre aggiungere due ulteriori termini, dovuti alle forze centrifughe che agiscono sui due dischi. Per il primo disco si ha (cfr. gli esercizi 2.7 e 2.23)

$$V_{\text{cf},1} = -\frac{1}{2}\omega^2 \int_{D_1} \mathrm{d}x\,\mathrm{d}y\,\rho(x,y)\,x^2 = -\frac{1}{2}\frac{m}{\pi r^2}\omega^2 \int_0^r r'\mathrm{d}r' \int_0^{2\pi} \mathrm{d}\theta \big(x_1 - 1 + r'\cos\theta\big)^2,$$

dove $\rho(x,y) = m/\pi r^2$ è la densità superficiale di massa del disco D_1 (il cui raggio vale $r = \sqrt{2}$), mentre $x_1 - 1 + r'\cos\theta$ è la coordinata x del generico punto del disco. Svolgendo l'integrale, si trova

$$\begin{aligned} &\int_0^r r'\mathrm{d}r' \int_0^{2\pi} \mathrm{d}\theta \big((x_1-1)^2 + 2r'\cos\theta(x_1-1) + (r')^2\cos\theta^2\big) \\ &= \pi r^2\,(x_1-1)^2 + \text{costante}, \end{aligned}$$

dove si è utilizzato che il secondo termine dà zero quando viene integrato su θ e l'ultimo dà una costante, che quindi si può ignorare. In conclusione, effettuando un conto analogo anche per il secondo disco, si trova

$$V_{\text{cf},1} = -\frac{1}{2}m\omega^2(x_1-1)^2, \qquad V_{\text{cf},2} = -\frac{1}{2}m\omega^2(x_2+1)^2,$$

così che la lagrangiana è la somma di due lagrangiane disaccoppiate, i.e. $\mathcal{L} = \mathcal{L}_1 + \mathcal{L}_2$, dove

$$\begin{aligned} \mathcal{L}_1 &= T_1 - V_1, \quad T_1 = \frac{3}{2}m\dot{x}_1^2, \quad V_1 = k\,x_1^2 - 2kx_1 + mgx_1 - \frac{1}{2}m\omega^2 x_1^2 + m\omega^2 x_1, \\ \mathcal{L}_2 &= T_2 - V_2, \quad T_2 = \frac{3}{2}m\dot{x}_2^2, \quad V_2 = k\,x_2^2 + 2kx_2 - mgx_2 - \frac{1}{2}m\omega^2 x_2^2 - m\omega^2 x_2, \end{aligned}$$

e le corrispondenti equazioni di Eulero-Lagrange sono

$$\begin{cases} 3m\ddot{x}_1 = -(2k - m\omega^2)x_1 + 2k - m\omega^2 - mg, \\ 3m\ddot{x}_2 = -(2k - m\omega^2)x_2 - 2k + m\omega^2 + mg. \end{cases}$$

Si ha un'unica configurazione di equilibrio, data da

$$(Q) \qquad x_1 = -\frac{mg}{2k - m\omega^2} + 1, \qquad x_2 = \frac{mg}{2k - m\omega^2} - 1,$$

se $2k \neq m\omega^2$, mentre se $2k = m\omega^2$ non si hanno configurazioni di equilibrio. La matrice hessiana dell'energia potenziale è

$$\mathcal{H}(x_1, x_2) = \begin{pmatrix} 2k - m\omega^2 & 0 \\ 0 & 2k - m\omega^2 \end{pmatrix},$$

che ha determinante positivo e primo elemento positivo se e solo se $2k > m\omega^2$. In conclusione la configurazione di equilibrio (Q), quando esiste, è stabile se $2k > m\omega^2$ e instabile se $2k < m\omega^2$. Se infine si fissa il primo disco in modo che il suo centro $C_1 = (x_1 - 1, x_1 + 1)$ si trovi sull'asse y, si deve avere $x_1 - 1 = 0$, così che $C_1 = (0, 2)$. Imponendo tale vincolo, la lagrangiana diventa

$$\mathcal{L} = T - V, \quad T = \frac{3}{2}m\dot{x}_2^2, \quad V = k\,x_2^2 + 2kx_2 - mgx_2 - \frac{1}{2}m\omega^2 x_2^2 - m\omega^2 x_2,$$

e le equazioni di Eulero-Lagrange si riducono all'unica equazione

$$3m\ddot{x}_2 = -(2k - m\omega^2)x_2 - 2k + m\omega^2 + mg.$$

Se $2k = m\omega^2$, l'equazione diventa $3m\ddot{x}_2 = mg$, che descrive un moto uniformemente accelerato: le soluzioni sono della forma

$$x_2(0) = x(0) + \dot{x}(0)\,t + \frac{g}{6}t^2.$$

Se invece $2k \neq m\omega^2$, definendo

$$x := x_2 - 1 + \frac{mg}{2k - m\omega^2}, \qquad \kappa := \frac{2k - m\omega^2}{3m},$$

si ottiene l'equazione $\ddot{x} = -\kappa x$, che descrive, se $\kappa > 0$ (i.e. $2k > m\omega^2$), un oscillatore armonico di frequenza $\omega = \sqrt{\kappa}$, che può essere discusso come nel §2.2.2 del volume 1, e, se $\kappa < 0$ (i.e. $2k < m\omega^2$), un sistema planare che ha nell'origine un punto di sella (cfr. il §2.2.1 del volume 1), essendo gli autovalori del sistema $\pm\sqrt{-\kappa}$.]

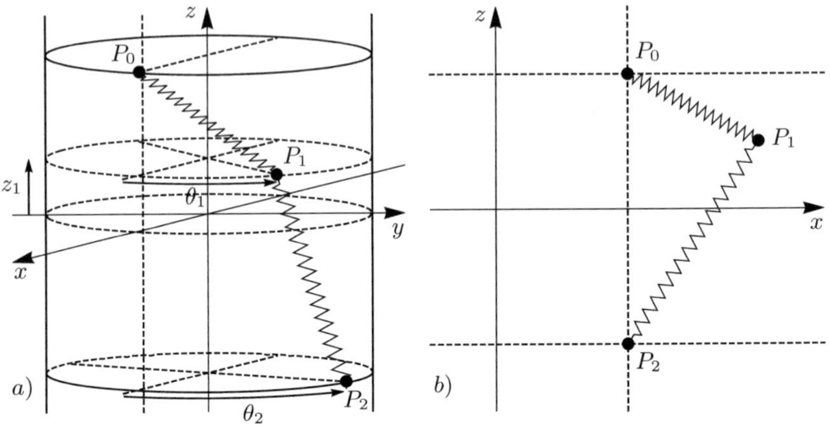

Figura 2.30 Sistema discusso nell'esercizio 2.46

Esercizio 2.46 Un sistema meccanico è costituito da tre punti materiali P_0, P_1 e P_2 di massa m vincolati a muoversi sulla superficie di un cilindro circolare retto di raggio $r = 1$. Si scelga un sistema di riferimento $Oxyz$, in cui l'asse z sia diretto lungo l'asse del cilindro: il punto P_0 è fisso e si trova a quota $z = 1$, il punto P_2 si muove lungo la circonferenza posta a quota $z = -1$, mentre il punto P_1 non ha ulteriori vincoli (cfr. la figura 2.30a). Due molle di costante elastica k e lunghezza a riposo nulla collegano il punto P_1 ai due punti P_0 e P_2. I punti sono inoltre sottoposti alla forza di gravità, diretta verso il basso lungo l'asse z; sia g l'accelerazione di gravità.

(1) Si scriva la lagrangiana del sistema, usando come coordinate lagrangiane la coordinata z_1 di P_1 lungo l'asse z e gli angoli θ_1 e θ_2 che i punti P_1 e P_2 formano rispetto al punto P_0 (cfr. la figura 2.30a).
(2) Si scrivano le corrispondenti equazioni di Eulero-Lagrange.
(3) Si determinino le configurazioni di equilibrio in funzione dei parametri positivi m, g e k.
(4) Se ne discuta la stabilià al variare dei parametri.
(5) Si verifichi che, se il punto P_2 viene fissato nella configurazione $\theta_2 = 0$, il sistema si disaccoppia in due sistemi unidimensionali e si discutano qualitativamente il moto dei due sistemi.
(6) Si supponga infine, sempre fissando il punto P_2 nella configurazione $\theta_2 = 0$, che il punto P_1 sia libero di muoversi nel piano che contiene l'asse z e i due punti P_0 e P_2 (cfr. la figura 2.30b), e che il cilindro ruoti intorno al proprio asse con velocità angolare costante ω: si determinino le configurazioni di equilibrio relativo del sistema nel piano rotante e se ne discuta la stabilità.

[*Suggerimento.* In termini delle coordinate suggerite, i tre punti hanno coordinate $P_0 = (1, 0, 1)$, $P_1 = (\cos\theta_1, \sin\theta_1, z_1)$ e $P_2 = (\cos\theta_2, \sin\theta_2, -1)$. La lagrangiana è

$\mathcal{L} = T - V$, dove l'energia cinetica T e l'energia potenziale V sono, rispettivamente,

$$T = \frac{1}{2}m\big(\dot{\theta}_1^2 + \dot{\theta}_2^2 + \dot{z}_1^2\big), \qquad V = mgz_1 + k\big(z_1^2 - \cos\theta_1 - \cos(\theta_1 - \cos\theta_2)\big),$$

dove si è tenuto conto che l'energia elastica delle due molle è data da

$$U_{\rm el} = \frac{1}{2}k\Big((1 - \cos\theta_1)^2 + \sin^2\theta_1 + (z_1 - 1)^2 + (\cos\theta_2 - \cos\theta_1)^2 + (\sin\theta_2 - \sin\theta_1)^2 + (z_1 + 1)^2\Big)$$

e si è utilizzata l'identità trigonometrica $\cos\theta_1\cos\theta_2 + \sin\theta_1\sin\theta_2 = \cos(\theta_1 - \theta_2)$. Le equazioni di Eulero-Lagrange sono

$$\begin{cases} m\ddot{\theta}_1 = -k\sin\theta_1 - k\sin(\theta_1 - \theta_2), \\ m\ddot{\theta}_2 = k\sin(\theta_1 - \theta_2), \\ m\ddot{z}_1 = -mg - 2kz_1. \end{cases}$$

Le configurazioni di equilibrio corrispondono ai valori $(\theta_1, \theta_2, z_1)$ tali che

$$\frac{\partial V}{\partial \theta_1} = k\big(\sin\theta_1 + \sin(\theta_1 - \theta_2)\big) = 0,$$
$$\frac{\partial V}{\partial \theta_2} = k\ \sin(\theta_1 - \theta_2) = 0,$$
$$\frac{\partial V}{\partial z_1} = mg + 2kz_1 = 0.$$

Dalla differenza delle prime due equazioni si ricava $\sin\theta_1 = 0$, che implica $\theta_1 = 0$ oppure $\theta_1 = \pi$. Inserendo tali valori nella seconda equazione si trova

$$\theta_1 = 0 \implies \sin\theta_2 = 0 \implies \theta_2 = 0 \text{ oppure } \theta_2 = \pi,$$
$$\theta_1 = \pi \implies \sin(\pi - \theta_2) = \sin\theta_2 = 0 \implies \theta_2 = 0 \text{ oppure } \theta_2 = \pi,$$

mentre dalla terza equazione si ottiene direttamente $z = z_0$, dove $z_0 := -mg/2k$. In conclusione, si hanno le quattro configurazioni di equilibrio

$$(Q_1) \quad \theta_1 = 0, \quad \theta_2 = 0, \quad z_1 = z_0,$$
$$(Q_2) \quad \theta_1 = 0, \quad \theta_2 = \pi, \quad z_1 = z_0,$$
$$(Q_3) \quad \theta_1 = \pi, \quad \theta_2 = 0, \quad z_1 = z_0,$$
$$(Q_4) \quad \theta_1 = \pi, \quad \theta_2 = \pi, \quad z_1 = z_0.$$

Notando che l'energia potenziale si scrive nella forma $V = V_1 + V_2$, dove

$$V_1 = V_1(\theta_1, \theta_2) = -k\cos\theta_1 - k\cos(\theta_1 - \cos\theta_2), \qquad V_2 = V_2(z_1) = mgz_1 + k\,z_1^2,$$

si studiano le due funzioni V_1 e V_2 separatamente. La matrice hessiana di V_1 è

$$\mathcal{H}(\theta_1,\theta_2) = \begin{pmatrix} k\cos\theta_1 + k\cos(\theta_1-\theta_2) & -k\cos(\theta_1-\theta_2) \\ -k\cos(\theta_1-\theta_2) & k\cos(\theta_1-\theta_2) \end{pmatrix}$$

così che si trova

$$\mathcal{H}(0,0) = \begin{pmatrix} 2k & -k \\ -k & k \end{pmatrix}, \qquad \mathcal{H}(0,\pi) = \begin{pmatrix} 0 & k \\ k & -k \end{pmatrix},$$
$$\mathcal{H}(\pi,0) = \begin{pmatrix} -2k & k \\ k & -k \end{pmatrix}, \quad \mathcal{H}(\pi,\pi) = \begin{pmatrix} 0 & -k \\ -k & k \end{pmatrix}.$$

Poiché $\det\mathcal{H}(0,\pi) = \det\mathcal{H}(\pi,\pi) = -k^2 < 0$, i due punti $(0,\pi)$ e (π,π) sono punti di sella per V_1; poiché $\det\mathcal{H}(\pi,0) = k^2 > 0$ e il primo elemento $-2k$ è negativo, il punto $(\pi,0)$ è un punto di massimo per V_1; infine, poiché $\det\mathcal{H}(0,0) = k^2 > 0$ e il primo elemento $2k$ è positivo, il punto $(0,0)$ è un punto di minimo per V_1. Poiché la derivata seconda di V_2 è $2k > 0$, z_0 è un punto di minimo per V_2. In conclusione la configurazione di equilibrio (Q_1) è stabile, per il teorema di Lagrange-Dirichlet. Al contrario, le altre configurazioni di equilibrio, dal momento che corrispondono a punti di sella per l'energia potenziale totale V, sono instabili. Se il punto P_2 viene fissato nella configurazione $\theta_2 = 0$, la lagrangiana si semplifica in

$$\mathcal{L} = \frac{1}{2}m\big(\dot\theta_1^2 + \dot z_1^2\big) - \big(mgz_1 + k\big(z_1^2 - 2\cos\theta_1\big)\big),$$

da cui si ottengono le equazioni di Eulero-Lagrange

$$\begin{cases} m\ddot\theta_1 = -2k\sin\theta_1, \\ m\ddot z_1 = -mg - 2kz_1. \end{cases}$$

Quindi le due equazioni si disaccoppiano e ciascuna di esse descrive un sistema unidimensionale. In termini della variabile $z := z_1 + mg/2k$, la seconda equazione diventa $m\ddot z = -2kz$, che descrive un oscillatore armonico di frequenza $\tilde\omega := \sqrt{2k/m}$, e può essere discussa come nel §2.2.2 del volume 1. La prima equazione, che descrive un pendolo di lunghezza $\ell := gm/2k$ (cfr. la (5.23) del volume 1), può essere invece discussa come nel §5.4 del volume 1. Infine, nel caso del punto (6), il moto avviene nel piano xz, che ruota intorno all'asse z con velocità angolare costante ω. I punti P_0 e P_2 sono fissi nelle configurazioni $P_1 = (1,1)$ e $P_2 = (1,-1)$, mentre il punto $P_1 = (x_1, z_1)$ è libero di muoversi nel piano. La lagrangiana è data da $\mathcal{L} = T - V$, con

$$T = \frac{1}{2}m\big(\dot x_1^2 + \dot z_1^2\big),$$
$$V = mgz_1 + \frac{1}{2}k\big((x_1-1)^2 + (z_1-1)^2 + (x_1-1)^2 + (z_1+1)^2\big) - \frac{1}{2}m\omega^2 x_1^2,$$

dove l'ultimo termine rappresenta il contributo dovuto alla forza centrifuga (cfr. l'esercizio 2.7). Il sistema si disaccoppia nuovamente in due sistemi unidimensionali, i quali sono ora descritti, rispettivamente, dalla lagrangiane $\mathcal{L}_1 = T_1 - V_1$ e $\mathcal{L}_2 = T_2 - V_2$, dove

$$T_1 = \frac{1}{2} m \dot{x}_1^2, \qquad T_2 = \frac{1}{2} m \dot{z}_1^2,$$
$$V_1 = k\big(x_1^2 - 2x_1\big) - \frac{1}{2} m\omega^2 x_1^2, \quad V_2 = k z_1^2 + m g z_1,$$

da cui si ricavano le equazioni di Eulero-Lagrange

$$\begin{cases} m\ddot{x}_1 = -\big(2k - m\omega^2\big)x_1 + 2k, \\ m\ddot{z}_1 = -mg - 2kz_1. \end{cases}$$

Se $2k \neq m\omega^2$, si ha l'unica configurazione di equilibrio $(x_1, z_1) = (x_0, z_0)$, con $x_0 := 2k/(2k - m\omega^2)$ e z_0 definito come nel caso precedente; poiché la derivata seconda di V_1 vale $2k - m\omega^2$, tale configurazione di equilibrio è stabile se $2k > m\omega^2$ e instabile se $2k < m\omega^2$. Se $2k = m\omega^2$, non si hanno configurazioni di equilibrio, dal momento che, tenuto conto che $k > 0$, il campo vettoriale è sempre diverso da zero.]

Esercizio 2.47 Un sistema meccanico è costituito da 3 punti materiali P_0, P_1 e P_2 di massa m vincolati a muoversi in un piano, che identificheremo con il piano xy, in modo da soddisfare i seguenti vincoli: il punto P_0 è fisso nell'origine, il punto P_1 si muove lungo la retta $y = 1$ e il punto P_2 è collegato al punto P_1 tramite un'asta di lunghezza ℓ e massa trascurabile (cfr. la figura 2.31). Due molle, entrambe di costante elastica k e lunghezza a riposo nulla, collegano i punti P_1 e P_2 al punto P_0. I punti sono inoltre sottoposti alla forza di gravità, diretta verso il basso lungo l'asse y; sia g l'accelerazione di gravità.

(1) Si scriva la lagrangiana del sistema, usando come coordinate lagrangiane l'ascissa x di P_1 e l'angolo θ che l'asta forma rispetto all'asse x.
(2) Si scrivano le corrispondenti equazioni di Eulero-Lagrange.
(3) Si determinino le configurazioni di equilibrio in funzione dei parametri positivi m, g e k.
(4) Se ne discuta la stabilità al variare dei parametri.
(5) Si verifichi che, se il punto P_1 viene fissato nella configurazione $x = 0$, il sistema si riduce a un sistema unidimensionale e se ne discuta qualitativamente il moto studiando le orbite nel piano $(\theta, \dot{\theta})$.
(6) Si supponga infine, nel caso in cui il punto P_1 sia libero di muoversi lungo l'asse $y = 1$, che l'asta sia omogenea e abbia massa M: si scriva la lagrangiana del sistema, si determinino le configurazioni di equilibrio e se ne discuta la stabilità al variare dei parametri positivi m, g, k e M.

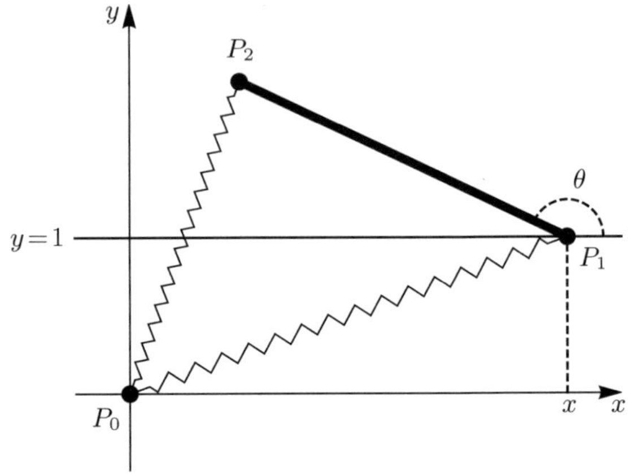

Figura 2.31 Sistema discusso nell'esercizio 2.47

[*Soluzione.* Le coordinate dei punti P_0, P_1 e P_2 in termini delle coordinate suggerite sono $P_0 = (0, 0)$, $P_1 = (x, 1)$ e $P_2 = (x + \ell\cos\theta, 1 + \ell\sin\theta)$. L'energia cinetica è

$$T = \frac{1}{2}m\dot{x}^2 + \frac{1}{2}m\Big(\dot{x}^2 + \ell^2\dot{\theta}^2 - 2\ell\sin\theta\,\dot{x}\dot{\theta}\Big),$$

mentre l'energia potenziale V è data da $V_{\rm gr} + V_{\rm el}$, dove $V_{\rm gr} = mg + mg\ell\sin\theta$ è l'energia potenziale gravitazionale e

$$V_{\rm el} = \frac{1}{2}k\big(x^2 + 1\big) + \frac{1}{2}k\big((x + \ell\cos\theta)^2 + (1 + \ell\sin\theta)^2\big)$$

è l'energia potenziale elastica dovuta alle due molle. A meno di termini costanti che possono essere trascurati, la lagrangiana è quindi $\mathcal{L} = T - V$, dove

$$\begin{aligned} T &= \frac{1}{2}m\Big(2\dot{x}^2 + \ell^2\dot{\theta}^2 - 2\ell\sin\theta\,\dot{x}\dot{\theta}\Big), \\ V &= mg\ell\sin\theta + k\big(x^2 + \ell x\cos\theta + \ell\sin\theta\big). \end{aligned}$$

Le equazioni di Eulero-Lagrange sono, dopo aver semplificato opportunamente,

$$\begin{cases} 2m\ddot{x} - m\ell\sin\theta\,\ddot{\theta} - m\ell\cos\theta\,\dot{\theta}^2 = -2kx - k\ell\cos\theta, \\ m\ell^2\ddot{\theta} - m\ell\sin\theta\,\ddot{x} = -mg\ell\cos\theta + k\ell x\sin\theta - k\ell\cos\theta. \end{cases}$$

Per determinare le configurazioni di equilibrio, si calcolano le derivate parziali dell'energia potenziale:

$$\frac{\partial V}{\partial x} = 2kx + k\ell\cos\theta, \qquad \frac{\partial V}{\partial \theta} = mg\ell\cos\theta - k\ell x\sin\theta + k\ell\cos\theta.$$

Imponendo che le due derivate siano nulle, dalla prima si ottiene $x = -(\ell/2)\cos\theta$, che inserita nella seconda, dà

$$\left(mg\ell + k\ell + \frac{1}{2}k\ell^2 \sin\theta\right)\cos\theta = 0,$$

che è soddisfatta se $\cos\theta = 0$ (ovvero $\theta = \pm\pi/2$) oppure se

$$\sin\theta = -\alpha, \qquad \alpha := \frac{2}{\ell}\left(1 + \frac{mg}{k}\right).$$

Tenendo conto che, per costruzione, $\alpha > 0$, l'ultima equazione ammette soluzioni solo se $\alpha \in (0,1)$: in tal caso si hanno le due soluzioni $\theta = -\theta_0$ e $\theta = -\pi + \theta_0$, dove $\theta_0 := \arcsin\alpha$. In conclusione si hanno le seguenti configurazioni di equilibrio:

$$\begin{array}{lll} (Q_1) & \theta = \pi/2, & x = 0, \\ (Q_2) & \theta = -\pi/2, & x = 0, \\ (Q_3) & \theta = -\theta_0, & x = -x_0, \\ (Q_4) & \theta = -\pi + \theta_0, & x = x_0, \end{array}$$

con $x_0 := (\ell/2)\cos\theta_0$, dove le ultime due esistono se e solo $0 < \alpha < 1$. Per studiarne la stabilità si calcola la matrice hessiana:

$$\mathcal{H}(x,\theta) = \begin{pmatrix} 2k & -k\ell\sin\theta \\ -k\ell\sin\theta & -(k\ell + mg\ell)\sin\theta - k\ell x\cos\theta \end{pmatrix}.$$

Si ha

$$\mathcal{H}(0,\pi/2) = \begin{pmatrix} 2k & -k\ell \\ -k\ell & -k\ell - mg\ell \end{pmatrix}, \qquad \mathcal{H}(0,-\pi/2) = \begin{pmatrix} 2k & k\ell \\ k\ell & k\ell + mg\ell \end{pmatrix},$$

da cui si ottiene

$$\det\mathcal{H}(0,\pi/2) = -2k(k\ell + mg\ell) - k^2\ell^2,$$

che è sempre negativo, da cui segue che (Q_1) è sempre una configurazione di equilibrio instabile, mentre

$$\begin{aligned} \det\mathcal{H}(0,-\pi/2) &= 2k(k\ell + mg\ell) - k^2\ell^2 \\ &= k^2\ell^2\left(\frac{2}{\ell}\left(1 + \frac{mg}{k}\right) - 1\right) = k^2\ell^2(\alpha - 1), \end{aligned}$$

che è positivo se e solo se $\alpha > 1$, così che, tenendo conto che $2k > 0$, si deduce che la configurazione (Q_2) è stabile se $\alpha < 1$. Il caso $\alpha = 1$ va discusso a parte: ponendo

$\theta = -(\pi/2) + \varphi$, e utilizzando il fatto che $\sin\theta = -\cos\varphi$ e $\cos\theta = \sin\varphi$, si trova

$$\begin{aligned} V &= \frac{1}{2}k\ell^2 \sin\theta + kx^2 + k\ell x\cos\theta \\ &= \text{costante} + \frac{1}{4}k\ell^2\varphi^2 + kx^2 + k\ell x\varphi - \frac{1}{2}k\ell^2\varphi^4 - \frac{1}{2}k\ell x\varphi^2 + \dots \\ &= \text{costante} + k\left(x + \frac{1}{2}\ell\,\varphi\right)^2 - \frac{1}{2}k\ell^2\varphi^4 - \frac{1}{2}k\ell x\varphi^2 + \dots, \end{aligned}$$

che mostra che (Q_2) è instabile per $\alpha = 1$: infatti, lungo la retta $x = -(\ell/2)\varphi$ la funzione V assume la forma $V = (k\ell^2/4)\varphi^3 + \dots$ e ha quindi un punto di sella in $\varphi = 0$. Si ha infine

$$\mathcal{H}(-x_0, -\theta_0) = \begin{pmatrix} 2k & k\ell\sin\theta_0 \\ k\ell\sin\theta_0 & (k\ell + mg\ell)\sin\theta_0 + (k\ell^2/2)\cos\theta_0 \end{pmatrix},$$

e, poiché $2k > 0$ e il determinante vale

$$\begin{aligned} \det\mathcal{H}(-x_0, -\theta_0) &= 2k(k\ell + mg\ell)\sin\theta_0 + k^2\ell^2\cos^2\theta_0 - k^2\ell^2\sin^2\theta_0 \\ &= k^2\ell^2\left(\frac{2}{\ell}\left(1 + \frac{mg}{k}\right)\alpha + 1 - 2\alpha^2\right) = k^2\ell^2\left(1 - \alpha^2\right), \end{aligned}$$

si deduce che (Q_3) è stabile per i valori di α per cui esiste (ovvero per $\alpha < 1$). Ragionando in modo analogo si trova che anche (Q_4) è stabile quando esiste. Imponendo il vincolo $x = 0$, la lagrangiana si riduce a $\mathcal{L}_0 = T_0 - V_0$, dove

$$T_0 = \frac{1}{2}m\ell^2\dot{\theta}^2, \qquad V_0 = (mg\ell + k\ell)\sin\theta,$$

così che le corrispondenti equazioni di Eulero-Lagrange, che sono

$$m\ell^2\ddot{\theta} = -(mg\ell + k\ell)\cos\theta,$$

descrivono un sistema unidimensionale che può essere studiato come il pendolo semplice del §5.4 del volume 1 (in termini della variabile traslata $\varphi := \theta - \pi/2$, di fatto il sistema è un pendolo). Infine, nel caso in cui l'asta sia omogenea e abbia massa $M > 0$, tenendo conto che il suo centro di massa ha coordinate $C = (x + (\ell/2)\cos\theta, 1 + (\ell/2)\sin\theta)$, l'energia cinetica ha un termine aggiuntivo dato da

$$T' = \frac{1}{2}M\left(\dot{x}^2 + \frac{1}{4}\ell^2\dot{\theta}^2 - \ell\sin\theta\,\dot{x}\dot{\theta}\right) + \frac{1}{2}I_3\dot{\theta}^2, \qquad I_3 = \frac{1}{12}M\ell^2,$$

mentre all'energia potenziale V del caso precedente si deve sommare il contributo

$$V' = \frac{M}{\ell}\int_0^{\ell} \mathrm{d}s\, g(1 + s\sin\theta) = Mg\frac{\ell}{2}\sin\theta + \text{costante},$$

dovuto all'energia potenziale gravitazionale dell'asta. Le equazioni di Eulero-Lagrange diventano

$$\begin{cases} 2m\ddot{x} - m\ell \sin\theta\,\ddot{\theta} - m\ell\cos\theta\,\dot{\theta}^2 + M\ddot{x} - \dfrac{M\ell}{2}\sin\theta\,\ddot{\theta} - \dfrac{M\ell}{2}\cos\theta\,\dot{\theta}^2 \\ \qquad = -2kx - k\ell\cos\theta, \\ m\ell^2\ddot{\theta} - m\ell\sin\theta\ddot{x} + \dfrac{M\ell^2}{4}\ddot{\theta} - \dfrac{M\ell}{2}\sin\theta\ddot{x} + I_3\ddot{\theta} \\ \qquad = -mg\ell\cos\theta + k\ell x\sin\theta - k\ell\cos\theta - \dfrac{M\ell}{2}\cos\theta. \end{cases}$$

L'esistenza delle configurazioni di equilibrio e la loro stabilità può essere discussa come nel caso precedente; basta ridefinire il parametro α, ponendo

$$\alpha := \frac{2}{\ell}\left(1 + \left(m + \frac{M}{2}\right)\frac{g}{k}\right).$$

Si trovano nuovamente le quattro configurazioni di equilibrio del caso precedente, con (Q_3) e (Q_4) espresse in termini del nuovo valore di α: in particolare, (Q_1) è sempre instabile, mentre (Q_2) è stabile per $\alpha > 1$ e instabile per $\alpha \leq 1$, laddove (Q_3) e (Q_4) esistono e sono stabili se e solo se $\alpha < 1$.]

Esercizio 2.48 Un sistema meccanico è costituito da tre punti materiali P_1, P_2 e P_3 di massa m vincolati a muoversi in un piano, che identificheremo con il piano xy, in modo da soddisfare i seguenti vincoli: il punto P_1 si muove lungo l'asse x, il punto P_2 si muove lungo l'asse y e il punto P_3 si muove lungo una guida circolare di raggio 1 e centro nell'origine. I tre punti sono collegati tra loro da tre molle di costante elastica k e lunghezza a riposo nulla e sono sottoposti alla forza di gravità, diretta verso il basso lungo l'asse y (cfr. la figura 2.32); si indichi con g l'accelerazione di gravità.

(1) Si scriva la lagrangiana del sistema, utilizzando come coordinate lagrangiane l'ascissa x di P_1, l'ordinata y di P_2 e l'angolo θ che il segmento che unisce l'origine con il punto P_3 forma con l'asse y discendente.
(2) Si scrivano le corrispondenti equazioni di Eulero-Lagrange.
(3) Si determinino le configurazioni di equilibrio in funzione dei parametri positivi m, g e k.
(4) Se ne discuta la stabilità al variare dei parametri.
(5) Si assuma ora che sul punto P_1 agisca un'ulteriore forza che tende ad allontanarlo dall'origine con un'intensità proporzionale alla sua distanza dall'origine: sia α la costante di proporzionalità. Si determinino le nuove configurazioni di equilibrio e, in particolare, si dimostri che continuano ad esistere quelle trovate per $\alpha = 0$ e, in più, ne compaiono altre due.
(6) Si discuta come cambia per $\alpha > 0$ la stabilità delle configurazioni di equilibrio trovate per $\alpha = 0$.

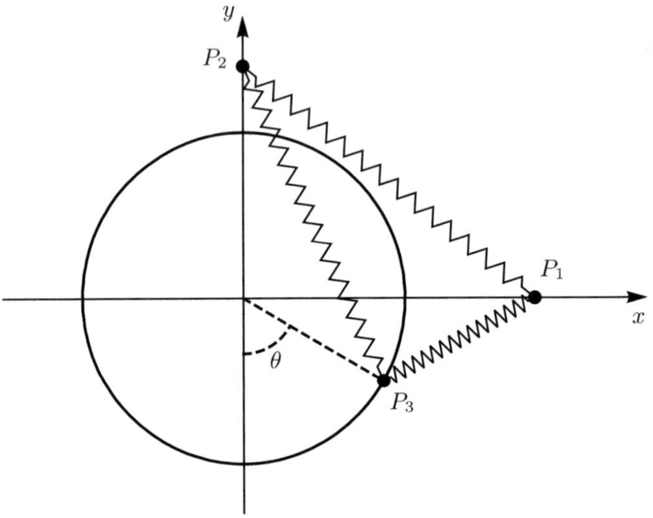

Figura 2.32 Sistema discusso nell'esercizio 2.48

[*Suggerimento.* Le coordinate dei tre punti P_1, P_2 e P_3 sono $P_1 = (x.0)$, $P_2 = (0, y)$ e $P_3 = (\sin\theta, -\cos\theta)$. La lagrangiana è $\mathcal{L} = T - V$, dove

$$T = \frac{m}{2}\left(\dot{x}^2 + \dot{y}^2 + \dot{\theta}^2\right),$$
$$V = k\left(x^2 + y^2 - x\sin\theta + y\cos\theta\right) + mg(y - \cos\theta).$$

Imponendo che sia annullino le derivate prime

$$\frac{\partial V}{\partial x} = k(2x - \sin\theta),$$
$$\frac{\partial V}{\partial \theta} k(-x\cos\theta - y\sin\theta) + mg\sin\theta,$$
$$\frac{\partial V}{\partial y} k(2y + \cos\theta) + mg,$$

si trovano le due configurazioni di equilibrio

$$(Q_1) \quad x = 0, \quad \theta = 0, \quad y = -\frac{mg}{k} - 1,$$
$$(Q_2) \quad x = 0, \quad \theta = \pi, \quad y = -\frac{mg}{k} + 1.$$

La matrice hessiana è data da

$$\mathcal{H}(x, \theta, y) = \begin{pmatrix} 2k & -k\cos\theta & 0 \\ -k\cos\theta & kx\sin\theta + (mg - ky)\cos\theta & -k\sin\theta \\ 0 & -k\sin\theta & 2k \end{pmatrix},$$

così che, definendo $\beta := mg/k$ e $\beta_\pm := -\beta \pm 1$, si trova

$$\mathcal{H}(0,0,\beta_-) = \begin{pmatrix} 2k & -k & 0 \\ -k & 2mg + k\cos\theta & 0 \\ 0 & 0 & 2k \end{pmatrix},$$

$$\mathcal{H}(0,\pi,\beta_+) = \begin{pmatrix} 2k & k & 0 \\ k & -2mg - k\cos\theta & 0 \\ 0 & 0 & 2k \end{pmatrix},$$

da cui, usando il criterio di Sylvester (cfr. l'esercizio 2.38), si vede che (Q_1) è una configurazione stabile, mentre (Q_2) è instabile. Se $\alpha > 0$, l'energia potenziale, a cui si aggiunge il termine dovuto alla forza $(\alpha x, 0)$ che agisce sul punto P_2, diventa

$$V_\alpha := V - \frac{1}{2}\alpha x^2 \quad \Longrightarrow \quad \frac{\partial V_\alpha}{\partial x} = k(2x - \sin\theta) - \alpha x,$$

con V come nel caso precedente, mentre le altre derivate parziali non cambiano. Per discutere le configurazioni di equilibrio occorre distinguere i casi $2k \neq \alpha$ e $2k = \alpha$. Se $2k = \alpha$ si hanno le stesse configurazioni del caso precedente: ora però risultano entrambe instabili. Se $2k \neq \alpha$ si trovano di nuovo le due configurazioni di equilibrio precedenti, a cui si aggiungono, se $\gamma := 3mg(\alpha - 2k)/\alpha k \in (-1, 1)$, le due nuove configurazioni

$$(Q_3) \quad x = x_0, \quad \theta = \theta_0, \quad y = -\frac{mg}{k} - \cos\theta_0,$$
$$(Q_4) \quad x = -x_0, \quad \theta = -\theta_0, \quad y = -\frac{mg}{k} + \cos\theta,$$

dove $\theta_0 \in [0, \pi/2)$ risolve l'equazione $\cos\theta_0 = \gamma$ e $x_0 := k\sin\theta_0/(2k - \alpha)$. La matrice hessiana, calcolata in corrispondenza delle configurazioni (Q_1) e (Q_2), è

$$\mathcal{H}(0,0,\beta_-) = \begin{pmatrix} 2k-\alpha & -k & 0 \\ -k & 2mg + k & 0 \\ 0 & 0 & 2k \end{pmatrix},$$

$$\mathcal{H}(0,\pi,\beta_+) = \begin{pmatrix} 2k-\alpha & k & 0 \\ k & -2mg - k & 0 \\ 0 & 0 & 2k \end{pmatrix}.$$

Di nuovo tramite il criterio di Sylvester, si verifica che a configurazione (Q_2) è sempre instabile: infatti la sottomatrice che si ottiene da $\mathcal{H}(0,\pi,\beta_+)$ cancellando la terza riga e la terza colonna o ha determinante negativo o ha determinante positivo ma primo elemento negativo). La configurazione (Q_1) è stabile se $k(4mg + k) \geq (2mg + k)\alpha$. Il caso in cui vale il segno uguale va discusso a parte: in tal caso il determinante della matrice hessiana si annulla, ma poiché la funzione V tende a $+\infty$ se $x \to \pm\infty$ o $y \to \pm\infty$ (dal momento che $2k - \alpha > 0$ se $k(4mg + k) = (2mg + k)\alpha$) ed è periodica in θ, essa deve avere necessariamente un punto di minimo (isolato), che, per il teorema di Lagrange-Dirichlet, corrisponde a una configurazione stabile.]

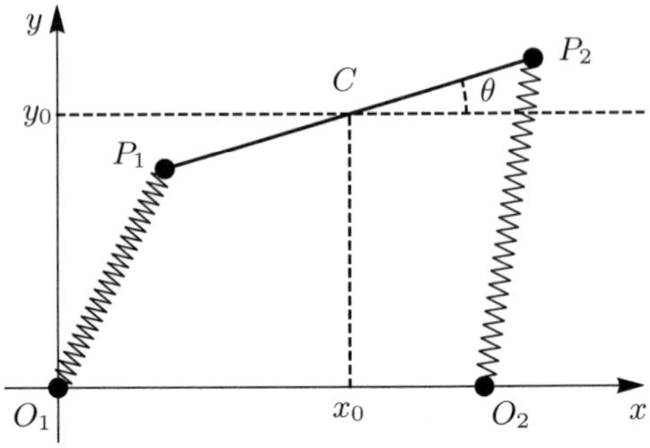

Figura 2.33 Sistema discusso nell'esercizio 2.49

Esercizio 2.49 Un sistema meccanico è costituito da due punti materiali P_1 e P_2, entrambi di massa $m = 1$, disposti agli estremi di un'asta di lunghezza $\ell = 2$ e massa trascurabile. I due punti sono vincolati a muoversi in un piano verticale. Inoltre due molle, di costante elastica k e lunghezza a riposo trascurabile, collegano P_1 a O_1 e P_2 a O_2, dove O_1 e O_2 sono due punti fissi posti alla stessa quota e distanti $d = 2$ l'uno dall'altro. Si indichi con g l'accelerazione di gravità.

(1) Si scriva la lagrangiana del sistema – può essere conveniente scegliere un sistema di coordinate (x, y) in cui O_1 e O_2 sono posti lungo l'asse x e utilizzare come coordinate lagrangiane le coordinate cartesiane (x_0, y_0) del centro di massa C del sistema e l'angolo θ che l'asta forma rispetto all'asse x (cfr. la figura 2.33).
(2) Si scrivano le corrispondenti equazioni di Eulero-Lagrange.
(3) Si determinino le configurazioni di equilibrio e se discuta la stabilità.
(4) Si discuta cosa succede se l'asta è omogenea e ha massa M non nulla.

[*Suggerimento.* La lagrangiana è $T - V$, dove

$$T = m\left(\dot{x}_0^2 + \dot{y}_0^2 + \dot{\theta}^2\right), \qquad V = k\left(x_0^2 + y_0^2 - 2x_0 - 2\cos\theta\right) + 2mgy_0.$$

Si trovano le due configurazioni di equilibrio

$$(Q_1) \quad x_0 = 1, \quad y_0 = -\frac{mg}{k}, \quad \theta = 0,$$
$$(Q_2) \quad x_0 = 1, \quad y_0 = -\frac{mg}{k}, \quad \theta = \pi,$$

e si verifica facilmente che la prima è un punto di minimo e le seconda un punto di sella; quindi (Q_1) è stabile, mentre (Q_2) è instabile. Se $M \neq 0$, l'energia cinetica e l'energia potenziale diventano, rispettivamente,

$$T' = T + \frac{M}{2}\left(\dot{x}_0^2 + \dot{y}_0^2 + \frac{1}{3}\dot{\theta}^2\right), \qquad V = V + Mgy_0,$$

dove T e V sono l'energia cinetica e l'energia potenziale del caso precedente (a cui ci si riconduce se $M = 0$). Le nuove configurazioni di equilibrio sono date da

$$(Q_1') \quad x_0 = 1, \quad y_0 = -\frac{2mg + Mg}{2k}, \quad \theta = 0,$$
$$(Q_2') \quad x_0 = 1, \quad y_0 = -\frac{2mg + M}{2k}, \quad \theta = \pi,$$

e ragionando come prima si trova di nuovo che (Q_1') è stabile e (Q_2') è instabile.]

Esercizio 2.50 Un punto materiale P di massa m si muove, sotto l'azione della gravità, lungo una guida elicoidale, descritta dalle equazioni parametriche (cfr. la figura 2.34)

$$x = \cos\alpha, \qquad y = \sin\alpha, \qquad z = \alpha, \qquad \alpha \in [0, 10\pi].$$

All'istante iniziale il punto P si trova nel punto più alto della guida Q e viene lasciato cadere con velocità iniziale nulla. Sia g l'accelerazione di gravità.

(1) Si scrivano la lagrangiana del sistema e le equazioni di Eulero-Lagrange.
(2) Si calcoli il tempo necessario perché il punto P raggiunga il punto più basso della guida.
(3) Si determini la reazione vincolare che agisce sul punto P in funzione della sua posizione sulla guida.
(4) Si discuta come cambia il moto se una molla di costante elastica k e lunghezza a riposo trascurabile collega il punto P al punto Q; in particolare si studi se esistano configurazioni di equilibrio.

[*Suggerimento.* Le coordinate del punto P si esprimono in modo naturale in termini del parametro α, che costituisce dunque la coordinata lagrangiana; si ha infatti $P =$

Figura 2.34 Sistema discusso nell'esercizio 2.50

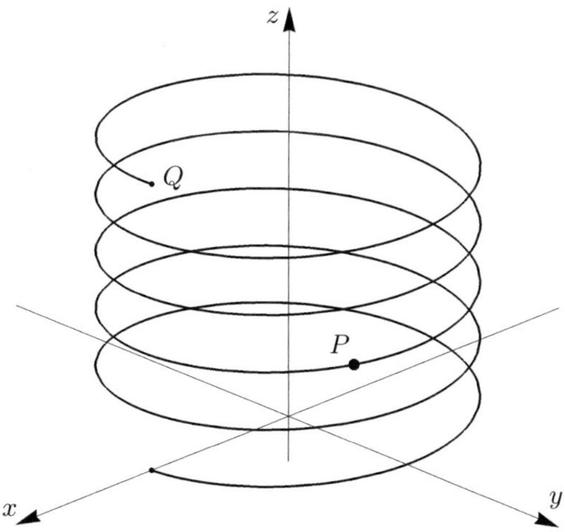

$(x, y, z) = (\cos\alpha, \sin\alpha, \alpha)$. La lagrangiana è $\mathcal{L} = m\dot{\alpha}^2 - mg\alpha$, da cui si ricavano le equazioni di Eulero-Lagrage $2\ddot{\alpha} = -g$. Le equazioni si integrano immediatamente e dànno $\alpha(t) = \alpha(0) + \dot{\alpha}(0)t - gt^2/4$, fin tanto che $\alpha(t) \geq 0$. All'istante $t = 0$, il punto P si trova in corrispondenza di Q ($\alpha = 10\pi$) e ha velocità nulla, così che $\alpha(0) = 10\pi$ e $\dot{\alpha}(0) = 0$. Il punto P raggiunge il punto più basso della guida ($\alpha = 0$) al tempo $t = t_0 := \sqrt{40\pi/g}$. La reazione vincolare $\boldsymbol{f}_V = (f_{V,x}, f_{V,y}, f_{V,z})$ è tale che $m\ddot{x} = f_{V,x}$, $m\ddot{y} = f_{V,y}$ e $m\ddot{z} = -mg + f_{V,z}$, dal momento che l'unica forza attiva $\boldsymbol{f}$ che agisce sul punto P è la forza peso $(0, 0, -mg)$. Si ha inoltre

$$\ddot{x} = -\dot{\alpha}^2 \cos\alpha - \ddot{\alpha} \sin\alpha, \qquad \ddot{y} = -\dot{\alpha}^2 \sin\alpha + \ddot{\alpha} \cos\alpha, \qquad \ddot{z} = \ddot{\alpha},$$

dove $\ddot{\alpha} = -g/2$ per le equazioni di Eulero-Lagrange e $\dot{\alpha}^2 = g(10\pi - \alpha)$ per la conservazione dell'energia $T + V$. In conclusione, si ottiene

$$\begin{aligned} f_{V,x} &= \frac{mg}{2} \sin\alpha - mg\cos\alpha(10\pi - \alpha) = \frac{mg}{2} y - mgx(10\pi - z), \\ f_{V,y} &= -\frac{mg}{2} \cos\alpha - mg\sin\alpha(10\pi - \alpha) = -\frac{mg}{2} x - mgy(10\pi - z), \\ f_{V,z} &= \frac{mg}{2}, \end{aligned}$$

che esprime la reazione vincolare in funzione della coordinata lagrangiana α e della posizione (x, y, z) del punto P. Si noti che la componente radiale di $\boldsymbol{f}_V$, data da

$$\sqrt{f_{V,x}^2 + f_{V,y}^2} = mg\sqrt{(10\pi - \alpha)^2 + \frac{1}{2}},$$

aumenta man mano che il punto scende lungo la guida e raggiunge il valore massimo per $\alpha = 0$. Collegando il punto P al punto Q tramite una molla, l'energia potenziale diventa, a meno di una costante additiva,

$$V = mg\alpha - k\cos\alpha + \frac{1}{2}k(\alpha - 10\pi)^2,$$

così che si ha

$$V'(\alpha) := \frac{\mathrm{d}V}{\mathrm{d}\alpha} = mg + k\sin\alpha + k(\alpha - 10\pi) = 0$$

se e solo se $\alpha + \sin\alpha = 10\pi - mg/k$. L'ultima equazione si può studiare graficamente. Sia $F(\alpha) := \alpha + \sin\alpha$: si ha $F'(\alpha) = 1 + \cos\alpha$, quindi $F(\alpha)$ è una funzione monotona crescente. Poiché $F(0) = 0$ e $F(10\pi) = 10\pi$, l'equazione ammette un'unica soluzione α_0 se $mg/k \leq 10\pi$ e non ammette soluzione se $mg/k > 10\pi$ (cfr. la figura 2.35). Ne segue che se $mg/k > 10\pi$ non esistono configurazioni di equilibrio e se $mg/k \leq 10\pi$ esiste un'unica configurazione di equilibrio α_0, che è stabile dal momento che α_0 è un punto di minimo; infatti si ha $V''(\alpha) = k(1 + \cos\alpha)$, così che $V''(\alpha) > 0$ a meno che non sia $\alpha = (2n + 1)\pi$, con $n \in \mathbb{N}$, nel qual caso però la derivata seconda e terza di V si annullano, mentre la derivata quarta vale $-k\cos\alpha = k > 0$.]

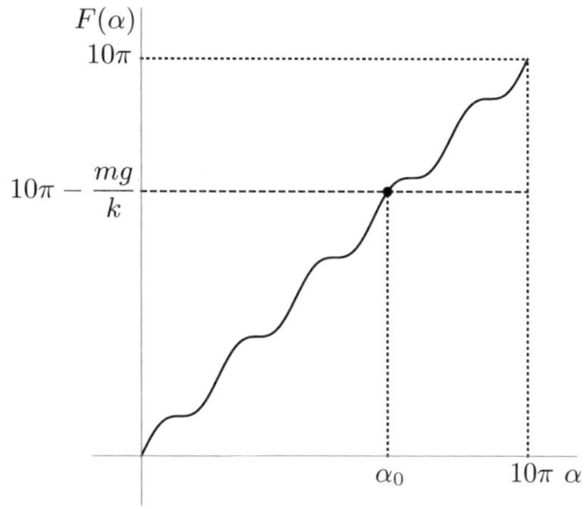

Figura 2.35 Studio grafico dei punti stazionari di V nell'esercizio 2.50

Esercizio 2.51 Un punto materiale P di massa m si muove in un piano verticale soggetto alla forza di gravità (sia g l'accelerazione di gravità). Il punto P è collegato tramite un'asta di lunghezza $\ell = 1$ e massa trascurabile a un punto fisso O. Si scelga un sistema di riferimento in cui il piano verticale sia il piano xy, con la forza di gravità rivolta in verso opposto all'asse y, e il punto O coincida con l'origine. Il punto P è inoltre collegato tramite due molle di costante elastica k e lunghezza a riposo trascurabile ai centri di massa di due dischi omogenei D_1 e D_2, entrambi di massa M e raggio $r = 1$, che rotolano senza strisciare nel piano xy lungo due guide orizzontali poste alle quote $y = 0$ e $y = 2$ rispettivamente (cfr. la figura 2.36).

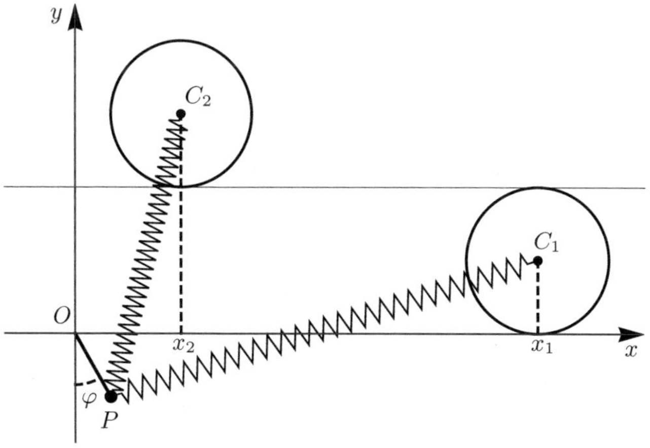

Figura 2.36 Sistema discusso nell'esercizio 2.51

(1) Si scriva la lagrangiana del sistema – come coordinate lagrangiane si possono utilizzare l'angolo φ che P forma con l'asse y discendente e le ascisse x_1 e x_2 dei centri di massa dei due dischi.
(2) Si scrivano le equazioni di Eulero-Lagrange.
(3) Si determinino le configurazioni di equilibrio e se ne discuta la stabilità.

[*Suggerimento.* Se $\dot{\theta}_1$ e $\dot{\theta}_2$ sono gli angoli con cui i dischi ruotano intorno ai rispettivi assi, si ha $\dot{\theta}_1 = \dot{x}_1$ e $\dot{\theta}_2 = \dot{x}_2$ (cfr. l'esempio 9.79 del volume 1). La lagrangiana del sistema è $\mathcal{L} = T - V$, dove

$$
\begin{aligned}
T &= \frac{1}{2} m \dot{\varphi}^2 + \frac{3}{4}\left(\dot{x}_1^2 + \dot{x}_2^2\right), \\
V &= k\left(\frac{1}{2}\left(x_1^2 + x_2^2\right) - x_1 \sin\varphi - x_2 \sin\varphi + 4\cos\varphi\right).
\end{aligned}
$$

Per studiare le configurazioni di equilibrio (x_1, x_2, φ), dobbiamo innanzitutto trovare i punti stazionari di V richiedendo che siano nulle le derivate parziali

$$
\begin{aligned}
\frac{\partial V}{\partial x_1} &= k(x_1 - \sin\varphi), \\
\frac{\partial V}{\partial x_2} &= k(x_2 - \sin\varphi), \\
\frac{\partial V}{\partial \varphi} &= -k(x_1 + x_2)\cos\varphi + (mg - 4k)\sin\varphi.
\end{aligned}
$$

Le prime due si annullano per $x_1 = x_2 = \sin\varphi$, che, introdotte nella terza, implicano $\sin\varphi(\alpha - \cos\varphi) = 0$, dove $\alpha := (mg - 4k)/2k$. Si hanno quindi le due configurazioni di equilibrio $(0,0,0)$ e $(0,0,\pi)$ per ogni valore di α, e se $|\alpha| < 1$ si hanno altre due configurazioni, date da (x_0, x_0, φ_0) e $(-x_0, -x_0, -\varphi_0)$, dove $\varphi_0 := \arccos\alpha$ e $x_0 := \sin\varphi_0$. la matrice hessiana di V è

$$
\mathcal{H}(x_1, x_2, \varphi) = \begin{pmatrix} k & 0 & -k\cos\varphi \\ 0 & k & -k\cos\varphi \\ -k\cos\varphi & -k\cos\varphi & k(x_1 + x_2)\sin\varphi + 2k\alpha\cos\varphi \end{pmatrix},
$$

così che si trova

$$
\mathcal{H}_1 := \mathcal{H}(0,0,0) = \begin{pmatrix} k & 0 & -k \\ 0 & k & -k \\ -k & -k & 2k\alpha \end{pmatrix},
$$

$$
\mathcal{H}_2 := \mathcal{H}(0,0,\pi) = \begin{pmatrix} k & 0 & k \\ 0 & k & k \\ k & k & -2k\alpha \end{pmatrix},
$$

$$
\mathcal{H}_3 := \mathcal{H}(x_0, x_0, \varphi_0) = \mathcal{H}(-x_0, -x_0, -\varphi_0) = \begin{pmatrix} k & 0 & -k\alpha \\ 0 & k & -k\alpha \\ -k\alpha & -k\alpha & 2k \end{pmatrix}.
$$

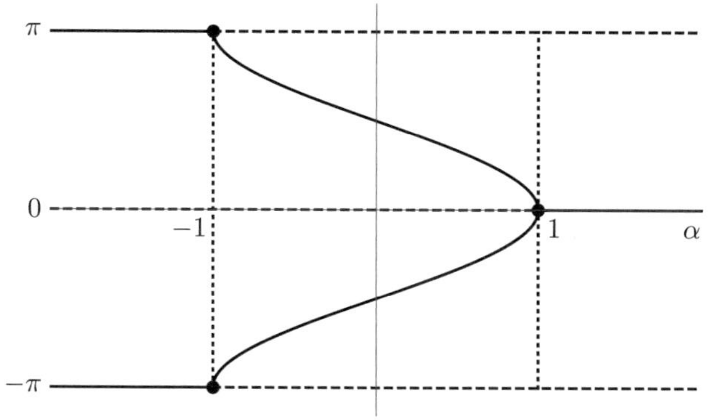

Figura 2.37 Diagramma di biforcazione per il sistema dell'esercizio 2.51

Si verifica immediatamente che

$$\det \mathcal{H}_1 = 2k^3(\alpha - 1), \quad \det \mathcal{H}_2 = -2k^3(\alpha + 1), \quad \det \mathcal{H}_3 = 2k^3(1 - \alpha^2),$$

così che, per il criterio di Sylvester (cfr. l'esercizio 2.38), la configurazione di equilibrio $(0, 0, 0)$ è stabile se $\alpha > 1$ (i.e. se $mg > 6k$) e instabile se $\alpha < 1$; $(0, 0, \pi)$ è stabile se $\alpha < -1$ (i.e. se $mg < 2k$) e instabile se $\alpha > -1$; $(\pm x_0, \pm x_0, \pm\varphi_0)$ sono stabili se $|\alpha| < 1$ (i.e. se $2k < mg < 6k$), ovvero quando esistono. I casi $\alpha = \pm 1$ vanno studiati a parte. La funzione V, poiché è periodica in φ, è limitata inferiormente e diverge per $x_1, x_2 \to \pm\infty$, ha necessariamente un punto di minimo finito: se $\alpha = 1$, il punto $(0, 0, \pi)$ è un punto di sella, quindi $(0, 0, 0)$ deve essere un punto di minimo e quindi una configurazione di equilibrio stabile; se $\alpha = -1$, analogamente, $(0, 0, \pi)$ è un punto di minimo e quindi una configurazione di equilibrio stabile. Al variare del parametro α si ha una doppia biforcazione a forcone supercritica, una quando α diminuendo attraversa il valore critico $\alpha = 1$ e una quando α aumentando attraversa il valore critico $\alpha = -1$ (cfr. la figura 2.37): i due rami $\pm\varphi_0$ biforcano da $\varphi = 0$ per $\alpha = 1$ e da $\varphi = \pi$ (che coincide con $-\pi$) per $\alpha = -1$.]

Esercizio 2.52 Un sistema meccanico è costituito da due punti materiali P_1 e P_2, entrambi di massa $m = 1$, vincolati a muoversi in un piano verticale, il primo lungo una circonferenza C_1 di raggio $r_1 = 1$ e il secondo lungo una circonferenza C_2 di raggio $r_2 = \sqrt{2}$, che ha lo stesso centro di C_1. Sui punti agisce la forza di gravità (sia g l'accelerazione di gravità); il punto P_2 è inoltre collegato al punto P_1 tramite un'asta di lunghezza $\ell = 1$ e massa trascurabile e al punto più in alto della circonferenza C_2 tramite una molla di costante elastica k e lunghezza a riposo nulla.

(1) Si scriva la lagrangiana del sistema.
(2) Si scrivano le corrispondenti equazioni di Eulero-Lagrange.
(3) Si determinino le configurazioni di equilibrio e se discuta la stabilità.
(4) Si discuta come cambia la discussione se l'asta ha massa $M > 0$ ed è omogenea.

[*Suggerimento.* Si scelga un sistema di riferimento Oxy in cui O sia il centro delle due circonferenze e la forza di gravità sia diretta lungo il semiasse y negativo. Il triangolo che unisce i punti P_1, P_2 e O è un triangolo isoscele e l'angolo compreso tra i suoi lati OP_1 e OP_2 è uguale a $\pi/4$. Quindi, se θ è l'angolo che il segmento OP_1 forma con l'asse x, il segmento OP_2 forma con lo stesso asse un angolo $\theta + \pi/4$ oppure un angolo $\theta - \pi/4$. I due casi vanno discussi separatamente; una volta fissate la condizioni iniziali, la scelta del segno $\pm$ risulta comunque determinata in modo univoco. Consideriamo esplicitamente il segno $+$. Si ha allora $P_1 = (\cos\theta, \sin\theta)$ e $P_2 = (\sqrt{2}\cos(\theta+\pi/4), \sin(\theta+\pi/4)) = (\cos\theta - \sin\theta, \cos\theta + \sin\theta)$, dove si sono utilizzate le formule di addizione e le relazioni $\sin\pi/4 = \cos\pi/4 = 1/\sqrt{2}$. Il punto più in alto della circonferenza C_2 ha coordinate $(0, \sqrt{2})$. La lagrangiana è $\mathcal{L} = T - V$, dove

$$T = \frac{3}{2}\dot{\theta}^2, \qquad V = (2g - \sqrt{2}k)\sin\theta + (g - \sqrt{2}k)\cos\theta.$$

Se $g \neq \sqrt{2}k$, se si definisce $\alpha := (2g - \sqrt{2}k)/(g - \sqrt{2}k)$, la derivata prima

$$V'(\theta) = (2g - \sqrt{2}k)\cos\theta - (g - \sqrt{2}k)\sin\theta = (g - \sqrt{2}k)(\alpha\cos\theta - \sin\theta)$$

si annulla se e solo se $\tan\theta = \alpha$. Si hanno quindi due configurazioni di equilibrio $\theta_1 = \arctan\alpha$ e $\theta_2 = \theta_1 + \pi$, dove $\theta_1 \in (-\pi/2, \pi/2)$. Si ha inoltre

$$V''(\theta) = (g - \sqrt{2}k)(-\alpha\sin\theta - \cos\theta) = -(g - \sqrt{2}k)\cos\theta(\alpha\tan\theta + 1),$$

così che $V''(\theta_i) = (\sqrt{2}k - g)\cos\theta_i(1+\alpha^2)$, per $i = 1, 2$, dove $\cos\theta_1 > 0$ e $\cos\theta_2 < 0$. Ne segue che se $g < \sqrt{2}k$, allora θ_1 è stabile e θ_2 è instabile, mentre se $g > \sqrt{2}k$, allora θ_1 è instabile e θ_2 è stabile. Se invece $g = \sqrt{2}k$, l'energia potenziale si riduce a $V = (2g - \sqrt{2}k)\sin\theta = g\sin\theta$: si hanno allora le due configurazioni di equilibrio $\theta_1 = \pi/2$ e $\theta_2 = -\pi/2$, di cui la prima è instabile e la seconda stabile. Se l'asta ha massa $M > 0$, all'energia cinetica va aggiunto il contributo dovuto all'asta, che va calcolato applicando il teorema di König, e all'energia potenziale va aggiunta l'energia potenziale gravitazionale dell'asta. La discussione procede allo stesso modo perché l'energia potenziale è sempre della forma $V = A\sin\theta + B\cos\theta$, per opportune costanti A e B; un conto esplicito dà $A = (2g + Mg - \sqrt{2}k)$ e $B = (g + Mg/2 - \sqrt{2}k)$.]

Esercizio 2.53 Un sistema meccanico è costituito da due punti materiali P_1 e P_2, entrambi di massa $m = 1$, sono vincolati a muoversi in un piano verticale lungo una guida circolare di raggio $r = 1$ in modo tale che la mutua distanza resti fissata al valore $d = 1$. I due punti sono inoltre collegati, entrambi tramite una molla di costante elastica k e lunghezza a riposo trascurabile, al punto più alto della guida. Si indichi con g l'accelerazione di gravità.

(1) Si scriva la lagrangiana del sistema.
(2) Si scrivano le corrispondenti equazioni di Eulero-Lagrange.

(3) Si determinino le configurazioni di equilibrio e se discuta la stabilità.
(4) Si mostri che in opportune variabile il sistema si comporta o come un pendolo o come un sistema libero, a seconda dei valori dei parametri.

[*Suggerimento.* Sia Oxy il sistema di coordinate con l'origine O coincidente con il centro della guida circolare e l'asse y diretto nel verso opposto alla forza di gravità, e sia θ l'angolo che il punto P_1 forma con l'asse x. Il triangolo OP_1P_2 è equilatero, così che i suoi angoli interni sono tutti uguali a $\pi/3$: si ha quindi $P_1 = (\cos\theta, \sin\theta)$ e $P_2 = (\cos(\theta+\pi/3), \sin(\theta+\pi/3) = (1/2)(\cos\theta - \sqrt{3}\sin\theta, \sin\theta + \sqrt{3}\cos\theta)$, dove si sono utilizzate le formule di addizione e le relazioni trigonometriche $\sin(\pi/3) = \sqrt{3}/2$ e $\cos(\pi/3) = 1/2$. La lagrangiana è $\mathcal{L} = T - V$, dove l'energia cinetica è $T = \dot{\theta}^2$ e $V = \sqrt{3}(g-k)\big((\sqrt{3}/2)\sin\theta + (1/2)\cos\theta\big) = \sqrt{3}(g-k)\cos(\theta - \pi/3)$, è l'energia potenziale. In termini della variabile $\varphi := \theta - \pi/3$, se $k \neq g$ le equazioni di Eulero-Lagrange sono quelle di un pendolo di lunghezza $\ell := 2g/\sqrt{3}(k-g)$, mentre se $k = g$ si ottiene l'equazione $\ddot{\varphi} = 0$, che descrive il moto di un punto non soggetto a forze.]

Esercizio 2.54 Un sistema meccanico è costituito da quattro punti materiali P_1, P_2, P_3 e P_4, tutti di massa m, vincolati a muoversi in un piano verticale, che identificheremo con il piano xy, il primo lungo la retta $y = 1$, il secondo lungo la retta $y = -1$, il terzo lungo la retta $x = 1$ e il quarto lungo la retta $x = -1$. I quattro punti sono collegati l'uno con l'altro da molle di costante elastica k e lunghezza a riposo nulla (cfr. la figura 2.38). Inoltre essi sono sottoposti alla forza di gravità; sia g l'accelerazione di gravità.

(1) Si scriva la lagrangiana del sistema, usando come coordinate lagrangiane le ascisse x_1 e x_2 dei punti P_1 e P_2 e le ordinate y_3 e y_4 dei punti P_3 e P_4.
(2) Si scrivano le corrispondenti equazioni di Eulero-Lagrange.
(3) Si determinino le configurazioni di equilibrio e se ne discuta la stabilità.
(4) Si calcoli la forza vincolare che agisce sul punto P_1.
(5) Si discuta come cambiano le configurazioni di equilibrio se il piano ruota intorno all'asse y con velocità angolare costante ω e se ne discuta la stabilità.

Figura 2.38 Sistema discusso nell'esercizio 2.54

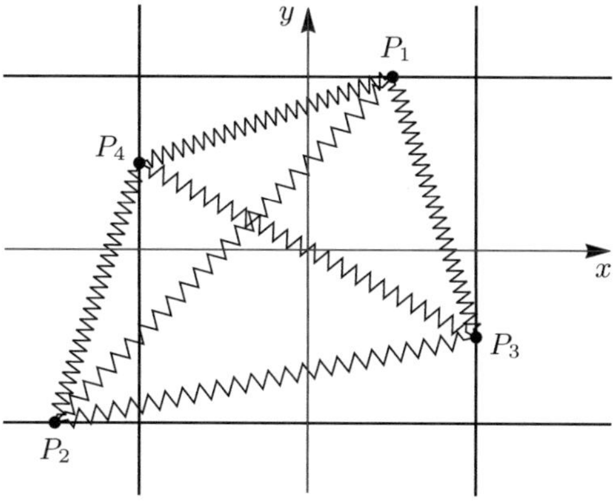

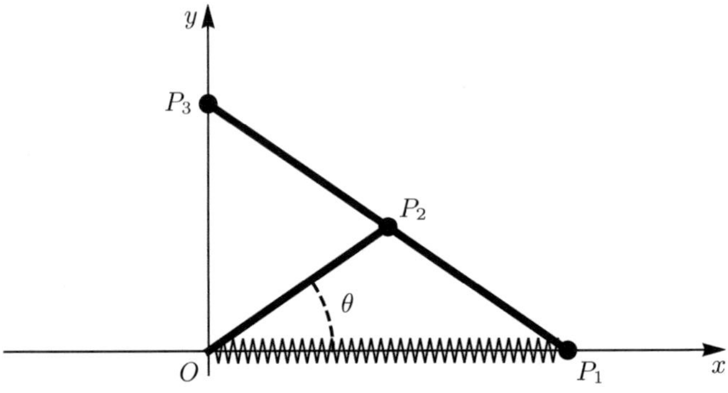

Figura 2.39 Sistema discusso nell'esercizio 2.55

Esercizio 2.55 Un sistema meccanico è costituito da tre punti materiali P_1, P_2 e P_2, tutti di massa m, vincolati a muoversi nel piano verticale Oxy, sotto l'azione della forza di gravità (sia g l'accelerazione di gravità), nel modo seguente (cfr. la figura 2.39):

- il punto P_1 scorre lungo l'asse x e il punto P_3 scorre lungo l'asse y,
- il punto P_2 è collegato ai punti P_1, P_3 e O tramite tre aste identiche omogenee, di massa M e lunghezza ℓ,
- una molla di costante elastica k e lunghezza a riposo trascurabile collega il punto P_3 al punto O.

(1) Si scriva la lagrangiana del sistema.
(2) Si scrivano le corrispondenti equazioni di Eulero-Lagrange.
(3) Si determinino le configurazioni di equilibrio e se discuta la stabilità.
(4) Si calcoli la forza vincolare che agisce sul punto P_2.

[*Suggerimento.* Si può utilizzare come coordinata lagrangiana l'angolo θ che l'asta che collega il punto P_2 all'origine O forma con l'asse x (cfr. la figura 2.39). Si ha allora $P_2 = (\cos\theta, \sin\theta)$, mentre per gli altri punti esistono più configurazioni compatibili con i vincoli: si può avere $P_1 = (2\cos\theta, 0)$ oppure $P_1 = (0, 0)$ e, similmente, $P_3 = (0, 2\sin\theta)$ oppure $P_3 = (0, 0)$. La scelta dei dati iniziali fissa in maniera univoca una delle quattro possibili configurazioni. Il caso più interessante è quello rappresentato nella figura, mentre il caso i cui si abbia $P_1 = P_3 = (0, 0)$ è equivalente a un sistema costituito da un'unica sbarra di lunghezza ℓ e massa $3M$ incernierata all'origine e soggetta alla sola forza di gravità.]

Esercizio 2.56 Un sistema meccanico è costituito da quattro punti materiali P_1, P_2, P_3 e P_4, tutti di massa $m = 1$, che si muovono in un piano verticale, che identifichiamo con il piano xy, in modo tale che

- P_1 e P_3 scorrono lungo l'asse x, mentre P_2 e P_4 scorrono lungo l'asse y,
- un'asta inestensibile di massa trascurabile e lunghezza $\ell_1 = 1$ collega P_1 a P_2,
- un'asta inestensibile di massa trascurabile e lunghezza $\ell_1 = 2$ collega P_3 a P_4.

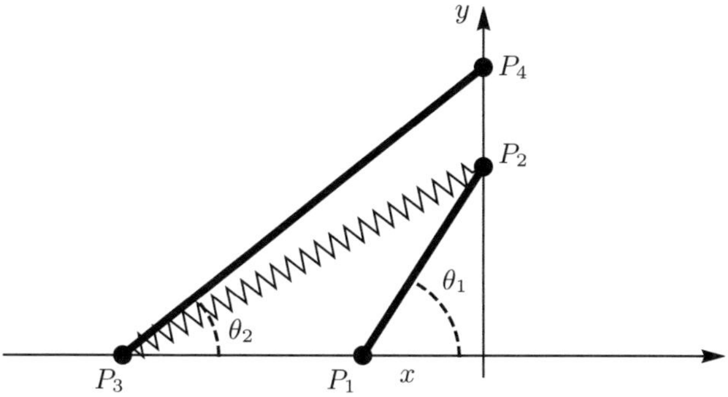

Figura 2.40 Sistema discusso nell'esercizio 2.56

I punti sono soggetti alla forza di gravità, diretta nel verso dell'asse y discendente (sia g l'accelerazione di gravità), e una molla di costante elastica k e lunghezza a riposo trascurabile collega P_2 a P_3 (cfr. la figura 2.40).

(1) Si scriva la lagrangiana del sistema.
(2) Si scrivano le equazioni di Eulero-Lagrange.
(3) Si determinino le configurazioni di equilibrio e se ne discuta la stabilità.
(4) Si discuta come cambia la discussione se due aste hanno entrambe massa $M > 0$ e sono omogenee.

[*Suggerimento.* Come coordinate lagrangiane si utilizzino gli angoli θ_1 e θ_2 che le due aste formano con l'asse x (cfr. la figura 2.40). La lagrangiana è data allora dalla somma di due lagrangiane disaccoppiate che si studiano separatamente.]

Esercizio 2.57 Un sistema meccanico è costituito da un disco omogeneo di raggio $R = 1$ e massa $M = 1$, vincolato a muoversi in un piano verticale; una molla di lunghezza a riposo trascurabile e di costante elastica k collega il centro C del disco a un punto fisso O. Si scelga un sistema di riferimento la cui origine coincida con il punto O e il cui asse y sia diretto lungo la direzione verticale. Una seconda molla, sempre di lunghezza a riposo trascurabile e di costante elastica k, collega un punto P del bordo del disco a un punto mobile dell'asse x che ha la stessa ascissa di P. Il disco è infine sottoposto alla forza di gravità, diretta verso il basso lungo l'asse y; sia g l'accelerazione di gravità (cfr. la figura 2.41).

(1) Si scriva la lagrangiana del sistema.
(2) Si scrivano le corrispondenti equazioni di Eulero-Lagrange.
(3) Si determinino le configurazioni di equilibrio al variare dei parametri k e g.
(4) Se ne discuta la stabilità al variare dei parametri.
(5) Si supponga ora che il piano verticale ruoti intorno all'asse y con velocità angolare costante ω: si scriva la lagrangiana del sistema, si determinino le configurazioni di equilibrio e se ne discuta la stabilità al variare dei parametri ω, k e g.

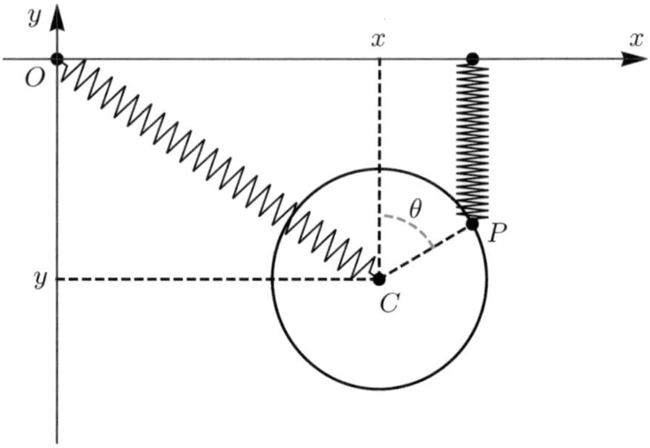

Figura 2.41 Sistema discusso nell'esercizio 2.57

[*Suggerimento.* Si usino come coordinate lagrangiane le coordinate (x, y) di C e l'angolo θ che il segmento CP forma rispetto all'asse y (cfr. la figura 2.41).]

Esercizio 2.58 Un punto materiale P di massa m si muove nel piano xy, lungo il profilo descritto dall'equazione $y = x^2(x-1)$. Il piano ruota intorno all'asse y con velocità angolare costante ω. Sul punto P agisce inoltre la forza di gravità, rivolta nel verso dell'asse y discendente (sia g l'accelerazione di gravità).

(1) Si scrivano la lagrangiana del sistema e le equazioni di Eulero-Lagrange.
(2) Si determinino le configurazioni di equilibrio e se discuta la stabilità.
(3) Si determini la forza vincolare che agisce su P in corrispondenza delle configurazioni di equilibrio.
(4) All'istante iniziale il punto P si trova nella configurazione $(x(0), y(0)) = (1, 0)$ e ha velocità nulla: si determini la forza vincolare che agisce su P in funzione della sua posizione.

Esercizio 2.59 Un sistema meccanico è costituito da quattro punti materiali P_1, P_2, P_3 e P_4, tutti di massa m, che si muovono in un piano orizzontale, che identifichiamo con il piano xy, in modo tale che

- P_1 scorre lungo la guida $y = 1$, P_2 scorre lungo la guida $x = 1$, P_3 scorre lungo la guida $y = -1$, P_4 scorre lungo la guida $x = -1$,
- quattro molle di lunghezza a riposo trascurabile collegano e costante elastica k, $2k$, $3k$ e $4k$ collegano, rispettivamente, P_1 a P_2, P_2 a P_3, P_3 a P_4 e P_4 a P_1.

(1) Si scrivano la lagrangiana del sistema e le equazioni di Eulero-Lagrange.
(2) Si determinino le configurazioni di equilibrio e se discuta la stabilità.
(3) Si calcolino il perimetro e l'area del poligono delimitato dalle quattro molle in corrispondenza delle eventuali configurazioni di equilibrio.
(4) Si determini la forza vincolare che agisce su ciascuno dei quattro punti in corrispondenza delle configurazioni di equilibrio.
(5) Si determini la forza vincolare che agisce in generale sul punto P_1 in funzione della posizione dei quattro punti.

Esercizio 2.60 Un sistema meccanico è costituito da un disco omogeneo di raggio $r = 1$ e massa M che rotola senza strisciare nel piano verticale Oxy lungo una guida di equazione $y = -x$. Una molla di costante elastica k e lunghezza trascurabile connette il centro C del disco al punto O. Sul disco agisce inoltre la forza di gravità (sia g l'accelerazione di gravità).

(1) Si scriva la lagrangiana del sistema, utilizzando come coordinata lagrangiana l'ascissa x del punto di contatto P del disco con la guida su cui rotola.
(2) Si scrivano le corrispondenti equazioni di Eulero-Lagrange.
(3) Si determinino le configurazioni di equilibrio e se discuta la stabilità.
(4) Si supponga che all'istante iniziale il punto P coincida con O e abbia velocità nulla: si determini quanti giri il disco compie intorno al proprio asse, in funzione dei parametri M, g e k, per raggiungere la configurazione che corrisponde a una configurazione di equilibrio.
(5) Sotto le ipotesi del punto precedente si mostri che il moto è periodico e si determinino il valore minimo e il valore massimo che assume la quota y di P.

Esercizio 2.61 Un sistema meccanico è costituito da due punti materiali P_1 e P_2, entrambi di massa m, vincolati a muoversi nel piano verticale Oxy, lungo il profilo parabolico descritto dall'equazione $y = x^2$, sotto l'azione della forza di gravità (sia g l'accelerazione di gravità). Inoltre tre molle identiche, di costante elastica k e lunghezza a riposo trascurabile, connettono il punto P_1 al punto P_2, il punto P_1 al punto fisso $(-1, 0)$ e il punto P_2 al punto fisso $(1, 0)$ (cfr. la figura 2.42).

(1) Si scriva la lagrangiana del sistema.
(2) Si scrivano le corrispondenti equazioni di Eulero-Lagrange.
(3) Si determinino le configurazioni di equilibrio e se discuta la stabilità.

[*Suggerimento.* Per scrivere la lagrangiana, si utilizzino come coordinate lagrangiane le ascisse x_1 e x_2 dei due punti P_1 e P_2, rispettivamente. Per studiare le configurazioni di equilibrio del sistema conviene passare alle coordinate (s, d), dove $s := (x_1 + x_2)/2$ è l'ascissa del centro di massa e $d := x_2 - x_1$ è l'ascissa della coordinata relativa. L'energia potenziale, in termini della coordinate (s, d), è data

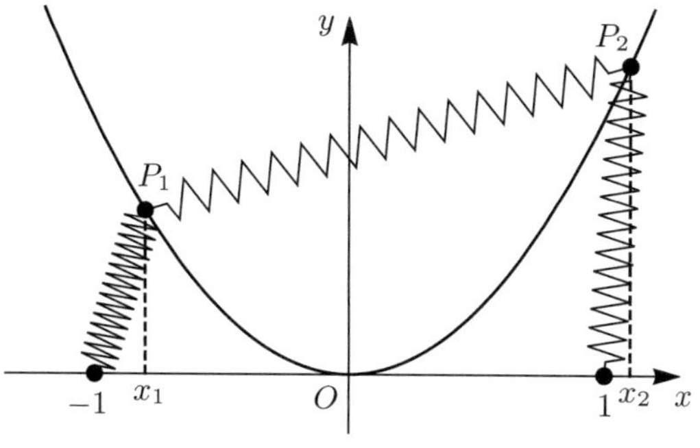

Figura 2.42 Sistema discusso nell'esercizio 2.61

da

$$V = mg\left(2s^2 + \frac{d^2}{2}\right) + k\left(s^4 + \frac{d^4}{16} + s^2 + \frac{3}{4}d^2 + \frac{7}{2}s^2d^2 - d\right),$$

così che le configurazioni di equilibrio si determinando richiedendo che si abbia

$$\frac{\partial V}{\partial s} = \big(4mg + k(2 + 4s^2 + 7d^2)\big)s = 0,$$
$$\frac{\partial V}{\partial d} = \left(mg + k\left(\frac{3}{2} + \frac{d^2}{8} + 7s^2\right)\right)d - k = 0.$$

La prima equazione comporta $s = 0$, i.e. $x_1 + x_2 = 0$, che, introdotta nella seconda, per la regola dei segni di Cartesio (cfr. l'esercizio 6.45 del volume 1), implica che esiste un'unica radice positiva d_0. Si verifica immediatamente che la matrice hessiana è definita positiva, da cui segue che $(x_1, x_2) = (-d_0/2, d_0/2)$ è l'unica configurazione di equilibrio ed è stabile.]

Esercizio 2.62 Un sistema meccanico è costituito da 4 punti materiali P_0, P_1, P_2 e P_3, tutti di massa m, vincolati a muoversi nel piano verticale Oxy nel modo seguente (cfr. la figura 2.43):

- P_0 si muove lungo l'asse x;
- P_1 è collegato al punto O tramite un'asta A_1 di massa trascurabile e lunghezza $\ell = 1$;
- P_1 è il punto di mezzo di un'asta A_2 di massa trascurabile e lunghezza $\ell = 2$ che si mantiene ortogonale all'asta A_1 e ai cui estremi sono collocati i punti P_2 e P_3;
- due molle, entrambe di costante elastica k e lunghezza a riposo trascurabile, collegano i punti P_2 e P_3 al punto P_0;
- infine sul sistema agisce la forza peso (sia g l'accelerazione di gravità).

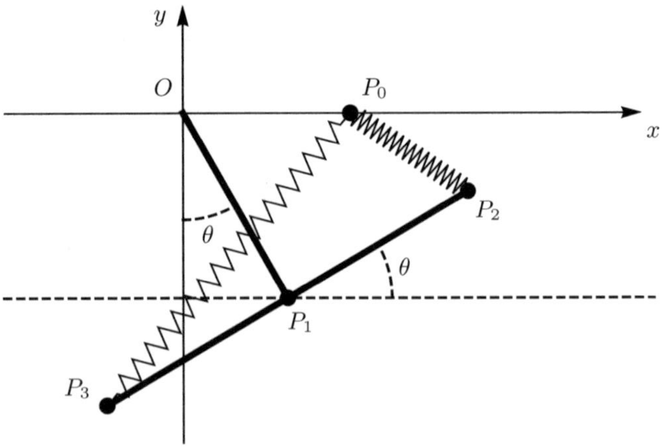

Figura 2.43 Sistema discusso nell'esercizio 2.62

(1) Si scriva la lagrangiana del sistema.
(2) Si scrivano le corrispondenti equazioni di Eulero-Lagrange.
(3) Si determinino le configurazioni di equilibrio e se discuta la stabilità.
(4) Si discuta come cambia il comportamento del sistema nel caso in cui si rimuova il vincolo che le due aste siano tra loro ortogonali, e si discuta la stabilità delle configurazioni di equilibrio.

[*Suggerimento.* (Come coordinate lagrangiane si possono utilizzare l'ascissa x del punto P_0 e l'angolo θ che l'asta A_1 forma con l'asse y negativo, come illustrato nella figura 2.43).]

Esercizio 2.63 Un sistema meccanico è costituito da 2 dischi omogenei D_1 e D_2, entrambi di raggio R e massa M, vincolati a rotolare senza strisciare nel piano verticale (x, y), lungo due guide orizzontali di equazioni, rispettivamente, $y = 0$ e $y = 3R$. Siano C_1 e C_2 i centri, rispettivamente, del disco D_1 e del disco D_2: tre molle di lunghezza trascurabile e costante elastica k collegano il punto $(0, 0)$ a C_1, C_1 a C_2 e C_2 al punto $(3R, 0)$. Sia g l'accelerazione di gravità.

(1) Si scriva la lagrangiana del sistema.
(2) Si scrivano le corrispondenti equazioni di Eulero-Lagrange.
(3) Si determinino le configurazioni di equilibrio e se discuta la stabilità.
(4) Si discuta come cambiano le configurazioni di equilibrio nel caso in cui la guida su cui rotola il disco D_1 sia libera di scorrere verticalmente, sempre mantenendosi orizzontale, e se ne discuta la stabilità.

[*Suggerimento.* Come coordinate lagrangiane si possono utilizzare le ascisse x_1 e x_2 dei centri C_1 e C_2. A queste, nel caso in cui la guida su cui rotola il disco D_1 si muova verticalmente, si aggiunge l'ordinata y_1 di C_1.]

Esercizio 2.64 Un sistema meccanico è costituito da 2 punti materiali P_1 e P_2, entrambi di massa m, collegati da una molla di lunghezza a riposo trascurabile e costante elastica k, e vincolati a muoversi il primo sulla base superiore di un cilindro fisso, di raggio $R = 1$ e altezza $h = 2$, sotto l'azione della forza di energia potenziale $V_0(r_1)$, il secondo sulla base inferiore dello stesso cilindro, sotto l'azione della forza di energia potenziale $V_0(r_2)$, dove

- r_1 è la distanza di P_1 dall'asse del cilindro,
- r_2 è la distanza di P_2 dall'asse del cilindro,
- $V_0(r)$ è la funzione

$$V_0(r) = \frac{1}{1 - r^2}, \qquad r \in [0, 1).$$

Il cilindro è disposto con l'asse diretto nella direzione in cui agisce la forza di gravità, in modo tale che quest'ultima, essendo bilanciata dalla forza vincolare, non influenza il moto dei due punti (cfr. la figura 2.44).

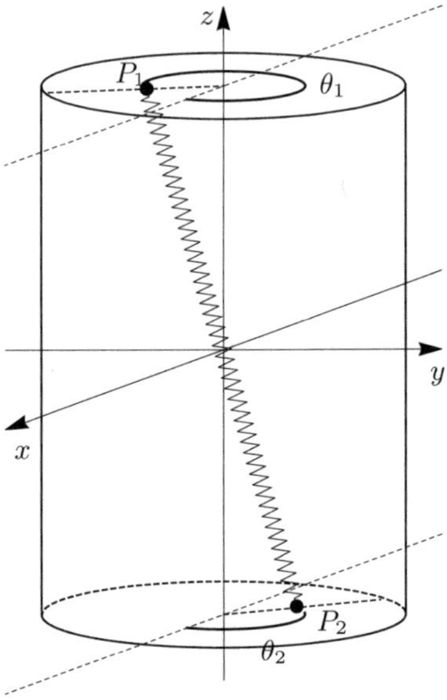

Figura 2.44 Sistema discusso nell'esercizio 2.64

(1) Si scriva la lagrangiana $\mathcal{L}$ del sistema.
(2) Si dimostri che esiste un sistema di coordinate in cui una variabile è ciclica e si determini il momento conservato.
(3) Si scriva la lagrangiana ridotta $\mathcal{L}_R$ usando il metodo di Routh.
(4) Si scrivano le equazioni di Eulero-Lagrange corrispondenti alla lagrangiana $\mathcal{L}$, si determinino le configurazioni di equilibrio e se ne discuta la stabilità.
(5) Si mostri che eventuali configurazioni di equilibrio del sistema ridotto, i.e. del sistema descritto dalla lagrangiana ridotta $\mathcal{L}_R$, rappresentano configurazioni di equilibrio relativo per il sistema descritto dalla lagrangiana $\mathcal{L}$.
(6) Si mostri infine che effettivamente il sistema ridotto ammette configurazioni di equilibrio e se ne discuta la stabilità.

[*Suggerimento.* (1) Per definire le coordinate lagrangiane, conviene partire da un sistema di coordinate cartesiane (x, y, z), in cui il centro del cilindro occupa l'origine O e il suo asse è diretto lungo l'asse z (cfr. la figura 2.44), e passare poi a coordinate cilindriche, così che i due punti sono individuati dalle coordinate $P_1 = (\rho_1 \cos\theta_1, \rho_1 \sin\theta_1, z_1)$ e $P_2 = (\rho_2 \cos\theta_2, \rho_2 \sin\theta_2, z_2)$, dove z_1 e z_2 sono fissati ai valori $z_1 = 1$ e $z_2 = -1$. L'energia cinetica è

$$T = \frac{1}{2}m\Big(\dot\rho_1^2 + \rho_1^2\dot\theta_1^2 + \dot\rho_2^2 + \rho_2^2\dot\theta_2^2\Big),$$

mentre l'energia potenziale è, a meno di termini costanti,

$$\begin{aligned} V &= V(\rho_1) + V(\rho_2) + \frac{1}{2}k\Big((\rho_1\cos\theta_1 - \rho_2\cos\theta_2)^2 + (\rho_1\sin\theta_1 - \rho_2\sin\theta_2)^2\Big) \\ &= \frac{1}{1-\rho_1^2} + \frac{1}{1-\rho_2^2} + \frac{1}{2}k\Big(\rho_1^2 + \rho_2^2 - 2\rho_1\rho_2\cos(\theta_1-\theta_2)\Big). \end{aligned}$$

(2) Definendo $\varphi := \theta_1 - \theta_2$ e $\psi := (\theta_1 + \theta_2)/2$, si vede che la variable ψ è ciclica. In termini delle coordinate $(\rho_1, \rho_2, \varphi, \psi)$, la lagrangiana diventa

$$\mathcal{L} = \frac{1}{2} m \left(\dot{\rho}_1^2 + \dot{\rho}_2^2 + (\rho_1^2 + \rho_2^2) \left(\dot{\psi}^2 + \frac{1}{4} \dot{\varphi}^2 \right) + (\rho_1^2 - \rho_2^2) \dot{\psi} \dot{\varphi} \right) - W(\rho_1, \rho_2, \varphi),$$

dove

$$W(\rho_1, \rho_2, \varphi) := \frac{1}{1 - \rho_1^2} + \frac{1}{1 - \rho_2^2} + \frac{1}{2} k \left(\rho_1^2 + \rho_2^2 - 2\rho_1 \rho_2 \cos \varphi \right)$$

è indipendente da ψ; il corrispondente momento conservato è

$$p := \frac{m}{2} \left(2(\rho_1^2 + \rho_2^2) \dot{\psi} + (\rho_1^2 - \rho_2^2) \dot{\varphi} \right).$$

(3) La lagrangiana ridotta $\mathcal{L}_R = \mathcal{L} - p\dot{\psi}$ è

$$\mathcal{L}_R = \frac{1}{2} m \left(\dot{\rho}_1^2 + \dot{\rho}_2^2 + \frac{\rho_1^2 \rho_2^2}{\rho_1^2 + \rho_2^2} \dot{\varphi}^2 \right) + \frac{\rho_1^2 - \rho_2^2}{\rho_1^2 + \rho_2^2} p \, \dot{\varphi} - W_p(\rho_1, \rho_2, \varphi),$$

dove

$$W_p(\rho_1, \rho_2, \varphi) := W(\rho_1, \rho_2, \varphi) + \frac{p^2}{2m(\rho_1^2 + \rho_2^2)}.$$

(4) Tenendo conto che

$$\frac{\partial W}{\partial \rho_1} = \frac{2\rho_1}{(1 - \rho_1^2)^2} + k(\rho_1 - \rho_2 \cos \varphi) = \frac{2\rho_1 + k(\rho_1 - \rho_2 \cos \varphi)(1 - \rho_1^2)^2}{(1 - \rho_1^2)^2},$$
$$\frac{\partial W}{\partial \rho_2} = \frac{2\rho_2}{(1 - \rho_2^2)^2} + k(\rho_2 - \rho_1 \cos \varphi) = \frac{2\rho_2 + k(\rho_2 - \rho_1 \cos \varphi)(1 - \rho_2^2)^2}{(1 - \rho_2^2)^2},$$
$$\frac{\partial W}{\partial \varphi} = k \rho_1 \rho_2 \sin \varphi, \qquad \frac{\partial W}{\partial \psi} = 0,$$

si deduce immediatamente che i punti stazionari di W non dipendono da ψ e richiedono, perché si annulli la terza derivata, $\rho_1 = 0$ oppure $\rho_2 = 0$ oppure $\sin \varphi = 0$. Se si annulla una delle due variabili ρ_1 e ρ_2, si verifica facilmente che deve annullarsi anche l'altra. D'altra parte, se $\varphi = 0$, imponendo che i numeratori delle prime due equazioni siano uguali a zero e prendendone la differenza, si trova

$$(\rho_1 - \rho_2) \big(2 + k(1 - \rho_1^2)^2 + k(1 - \rho_2^2)^2 \big) = 0,$$

da cui si ricava $\rho_1 = \rho_2$, che, inserita nelle due equazioni, implica $\rho_1 = \rho_2 = 0$. Similmente, se $\varphi = \pi$, prendendo la somma dei numeratori delle prime due equazioni e imponendo di nuovo che siano uguali zero, di ottiene

$$(\rho_1 + \rho_2) \big(2 + k(1 - \rho_1^2)^2 + k(1 - \rho_1^2)^2 \big) = 0,$$

ovvero $\rho_1 = -\rho_2$, che è soddisfatta se e solo se $\rho_1 = \rho_2 = 0$ (per costruzione ρ_1 e ρ_2 sono non negativi). In conclusione si ha una sola configurazione di equilibrio, data da $\rho_1 = \rho_2 = 0$ (in corrispondenza di tale configurazione, i valori di φ e ψ sono irrilevanti). Si vede immediatamente che $\rho_1 = \rho_2 = 0$ costituisce un punto di minimo isolato per la funzione W: si ha infatti $W(0,0,\varphi) = 2$ e $W(\rho_1, \rho_2, \varphi) > 2$ se $(\rho_1, \rho_2) \neq (0,0)$. Quindi la configurazione di equilibrio è stabile. Si noti che in corrispondenza di tale configurazione si ha $p = 0$.

(5) In generale, se $(\rho_{10}, \rho_{20}, \varphi_0)$ è una configurazione di equilibrio del sistema descritto dalla lagrangiana ridotta $\mathcal{L}_R$, il moto della variabile ψ si ottiene integrando l'equazione $p = m(\rho_{10}^2 + \rho_{20}^2)\dot{\psi}$; si trova $\psi(t) = \psi(0) + \omega t$, con $\omega := p/m(\rho_1^2 + \rho_2^2)$. Nel sistema di riferimento che ruota intorno all'asse del cilindro con velocità angolare costante $\dot{\psi}(t) = \omega$ si ha una configurazione di equilibrio, che corrisponde a una configurazione di equilibrio relativo per il sistema lagrangiano descritto da $\mathcal{L}$ (cfr. la definizione 2.15).

(6) Per studiare le configurazioni di equilibrio del sistema ridotto, si impone che si annullino le derivate prime

$$\frac{\partial W_p}{\partial \rho_1} = \frac{2\rho_1}{(1-\rho_1^2)^2} + k(\rho_1 - \rho_2 \cos\varphi) - \frac{p^2 \rho_1}{m(\rho_1^2 + \rho_2^2)^2},$$
$$\frac{\partial W_p}{\partial \rho_2} = \frac{2\rho_2}{(1-\rho_2^2)^2} + k(\rho_2 - \rho_1 \cos\varphi) - \frac{p^2 \rho_2}{m(\rho_1^2 + \rho_2^2)^2},$$
$$\frac{\partial W_p}{\partial \varphi} = k\rho_1\rho_2 \sin\varphi.$$

Dall'equazione ottenuta annullando la terza derivata si deduce di nuovo che si ha $\rho_1 = 0$ oppure $\rho_2 = 0$ oppure $\sin\varphi = 0$. Per $p = 0$ l'energia potenziale si studia come nel caso precedente, dal momento che $W_0 = W$. Se $p \neq 0$, non si può avere $\rho_1 = \rho_2 = 0$, quindi, se si pone $\rho_1 = 0$, richiedendo che sia uguale a zero la prima derivata si ricava $\cos\varphi = 0$, i.e. $\varphi = \pm\pi/2$, e richiedendo successivamante che sia uguale a zero anche la seconda, si ottiene $\rho_2 = a$, dove a è la soluzione unica in $(0,1)$ dell'equazione

$$\frac{2}{(1-x^2)^2} + k = \frac{p^2}{mx^4}.$$

(Che tale equazione ammetta un'unica soluzione in $[0,1]$ segue immediatamente dal fatto che, per $x \in (0,1)$, la funzione a sinistra cresce da $2 + k$ a $+\infty$, mentre la funzione a destra decresce da $+\infty$ a p^2/m.) Analogamente, se $\rho_2 = 0$, si ha di nuovo $\varphi = \pm\pi/2$ e $\rho_1 = a$. Se ρ_1 e ρ_2 sono entrambi non nulli, l'annullarsi della terza derivata implica $\varphi = 0$ oppure $\varphi = \pi$. Se $\varphi = 0$, dividendo la prima derivata per ρ_1 e la seconda per ρ_2, quindi considerandone la differenza e imponendo che si annulli, si ottiene

$$\frac{2}{(1-\rho_1^2)^2} - k\frac{\rho_2}{\rho_1} - \frac{2}{(1-\rho_2^2)^2} - k\frac{\rho_1}{\rho_2} = 0$$
$$\Longrightarrow \quad \frac{2}{(1-\rho_1^2)^2} + k\frac{\rho_1}{\rho_2} = \frac{2}{(1-\rho_2^2)^2} + k\frac{\rho_2}{\rho_1},$$

che non ammette soluzione se $\rho_1 \neq \rho_2$. Infatti, se $\rho_1 > \rho_2$ (il caso $\rho_1 < \rho_2$ si discute allo stesso modo), si ha

$$\frac{2}{(1-\rho_1^2)^2} + k\frac{\rho_1}{\rho_2} > \frac{2}{(1-\rho_2^2)^2} + k\frac{\rho_1}{\rho_2} > \frac{2}{(1-\rho_2^2)^2} + k\frac{\rho_2}{\rho_1}.$$

Se $\rho_1 = \rho_2$, si trova invece

$$\frac{2}{(1-\rho_1^2)^2} = \frac{p^2}{4m\rho_1^4} \implies \rho_1^2 = \frac{p}{\sqrt{8m}}(1-\rho_1^2) \implies \rho_1 = b := \frac{1}{\sqrt{\left(1+\frac{\sqrt{8m}}{p}\right)}}.$$

Infine, se $\varphi = \pi$, uguagliando zero le prime due derivate, si trova

$$\frac{2\rho_1}{(1-\rho_1^2)^2} - \frac{p^2\rho_1}{m(\rho_1^2+\rho_2^2)^2} = \frac{2\rho_2}{(1-\rho_2^2)^2} - \frac{p^2\rho_2}{m(\rho_1^2+\rho_2^2)^2} = -k(\rho_1+\rho_2),$$

che ammette soluzione se $\rho_2 = \rho_1 = c$, dove c è la soluzione unica dell'equazione

$$\frac{2}{(1-x^2)^2} + 2k = \frac{p^2}{4mx^4}.$$

Soluzioni con $\rho_1 \neq \rho_2$ esistono solo per alcuni valori dei parametri. Verificarlo è un po' laborioso: ci limitiamo a mostrare che sono possibili ulteriori configurazioni di equilibrio, rinunciando tuttavia a una discussione esaustiva che consideri tutti i possibili sottocasi. Per $\rho_1 \neq \rho_2$, se si uguagliano a zero le prime due derivate e se ne divide la somma per $\rho_1 + \rho_2$ e la differenza per $\rho_1 - \rho_2$, si ottengono le equazioni

$$\frac{1+\rho_1\rho_2(\rho_1^2-\rho_1\rho_2+\rho_2^2)-2\rho_1\rho_2}{(1-\rho_1^2)^2(1-\rho_2^2)^2} + k - \frac{p^2}{2m(\rho_1^2+\rho_2^2)^2} = 0,$$
$$\frac{1-\rho_1\rho_2(\rho_1^2+\rho_1\rho_2+\rho_2^2)+2\rho_1\rho_2}{(1-\rho_1^2)^2(1-\rho_2^2)^2} - \frac{p^2}{2m(\rho_1^2+\rho_2^2)^2} = 0,$$

che, di nuovo sommate, dànno

$$2\big(1-\rho_1^2\rho_2^2\big) + \left(k - \frac{p^2}{m(\rho_1^2+\rho_2^2)^2}\right)(1-\rho_1^2)^2(1-\rho_2^2)^2 = 0,$$

mentre la differenza delle due porta all'equazione

$$2-(\rho_1^2+\rho_2^2) = \frac{k}{2}\frac{(1-\rho_1^2)^2(1-\rho_2^2)^2}{\rho_1\rho_2}.$$

Abbreviando per semplicità $A := \rho_1^2 + \rho_2^2$, $B := \rho_1\rho_2$ e $C := (1-\rho_1^2)^2(1-\rho_2^2)^2 = (1 - A + B^2)^2$, e definendo $\alpha := \sqrt{p^2/mk}$, si è pertanto trovato il sistema di equazioni

$$\begin{cases} 2 - A = \dfrac{kC}{2B}, \\ 1 - B^2 = \dfrac{kC}{2}\left(\dfrac{\alpha^2}{A^2} - 1\right). \end{cases}$$

Si noti che, per valori fissati di k e p, eventuali soluzioni devono appartenere al dominio $\mathcal{D} := \{(A, B \in (0,2) \times (0,1) : 2B < A < \alpha,\ 0 < 1 - A + B^2 < 1\}$. Dalle due equazioni segue che, per A fissato, B soddisfa l'equazione di secondo grado

$$B^2 + 2KB - 1 = 0, \qquad K = K(A) := \frac{2-A}{2}\left(\frac{\alpha^2}{A^2} - 1\right),$$

e, poiché $K > 0$, coincide con la radice positiva

$$B = -K + \sqrt{K^2 + 1} = \frac{1}{K + \sqrt{K^2+1}}.$$

La condizione $2B < A$ comporta che il sistema non ammette soluzioni per α al di sotto di una soglia α_0: infatti, se $\alpha_0 = \min\{1/2, k/8\}$ e $\alpha \le \alpha_0$, risulta $kC/2B > k(1-A)^2/2B > k(1-A)^2/A > k/4\alpha > 2 > 2 - A$, così che la prima equazione del sistema non può essere soddisfatta. D'altra parte, per α sufficientemente grande, esiste almeno una soluzione del sistema, come mostra il seguente argomento. Utilizzando il fatto che $1 - B^2 = 2KB$ e riscrivendo la seconda equazione nella forma

$$F(A) := \frac{(2-A)}{B^3} = \frac{k}{2}\left(\frac{1-A}{B^2} + 1\right)^2 =: G(A),$$

se $\alpha > 2$ e quindi A assume valori arbitrariamente vicini a 2, si ha:

- $G(A) > F(A)$ per A sufficientemente vicino a 0, poiché $B(A) \to 0$ per $A \to 0$ e quindi $G(A)$ diverge più velocemente di $F(A)$ per $A \to 0$,
- $G(A) < F(A)$ per A sufficientemente vicino a 2, poiché $B(A) \to 1$ per $A \to 2$ e quindi $F(A) = 2 - A + O(2-A)$, mentre $G(A) = O((2-A)^2)$.

Ne segue che il sistema ammette almeno una soluzione $(A, B) = (A_0, B_0)$, e quindi esistono almeno altre due configurazioni di equilibrio $(\bar\rho_1, \bar\rho_2)$ e $(\bar\rho_2, \bar\rho_1)$ tali che $\bar\rho_1^2 + \bar\rho_2^2 = A_0$ e $\bar\rho_1\bar\rho_2 = B_0$. Per determinare il numero esatto di soluzioni del sistema, quando esistono, occorrerebbe uno studio più dettagliato (e complicato). In conclusione, si hanno sempre almeno sei configurazioni di equilibrio

$$\begin{array}{llllll} (Q_1) & (0, a, \pi/2), & (Q_2) & (0, a, -\pi/2), & (Q_3) & (a, 0, \pi/2), \\ (Q_4) & (a, 0, -\pi/2), & (Q_5) & (b, b, 0), & (Q_6) & (c, c, \pi). \end{array}$$

La matrice hessiana della funzione W_p è data da

$$\begin{pmatrix} \dfrac{2(1+3\rho_1^2)}{(1-\rho_1^2)^2}+k+\dfrac{(3\rho_1^2-\rho_2^2)p^2}{m(\rho_1^2+\rho_2)^3} & -k\cos\varphi+\dfrac{4\rho_1\rho_2 p^2}{m(\rho_1^2+\rho_2)^3} & k\rho_2\sin\varphi \\ -k\cos\varphi+\dfrac{4\rho_1\rho_2 p^2}{m(\rho_1^2+\rho_2)^3} & \dfrac{2(1+3\rho_2^2)}{(1-\rho_2^2)^2}+k+\dfrac{p^2(3\rho_2^2-\rho_1^2)}{m(\rho_1^2+\rho_2)^3} & k\rho_1\sin\varphi \\ k\rho_2\sin\varphi & k\rho_1\sin\varphi & k\rho_1\rho_2\cos\varphi \end{pmatrix}.$$

Si verifica immediatamente che, per ogni valore di k e p, le prime quattro configurazioni di equilibrio sono instabili, dal momento che sono punti di sella: infatti, il determinante della matrice hessiana è negativo. In corrispondenza di (Q_5), utilizzando il fatto che $2/(1-a^2)^2 = p^2/4ma^2$, la matrice hessiana assume la forma

$$\begin{pmatrix} \dfrac{1+a^2}{1-a^2}\dfrac{p^2}{2ma^4}+k & \dfrac{p^2}{2ma^2}-k & 0 \\ \dfrac{p^2}{2ma^2}-k & \dfrac{1+a^2}{1-a^2}\dfrac{p^2}{2ma^4}+k & 0 \\ 0 & 0 & ka^2 \end{pmatrix},$$

da cui si deduce che (Q_5) è stabile. Infine, in corrispondenza delle configurazioni di equilibrio $(\rho_{10}, \rho_{20}, \varphi_0)$ con $\varphi_0 = \pi$, la matrice hessiana è data da

$$\begin{pmatrix} \dfrac{2(1+3\rho_{10}^2)}{(1-\rho_{10}^2)^2}+k+\dfrac{(3\rho_{10}^2-\rho_{02}^2)p^2}{m(\rho_{10}^2+\rho_{20})^3} & k+\dfrac{4\rho_{10}\rho_{20}p^2}{m(\rho_{10}^2+\rho_{20})^3} & 0 \\ k+\dfrac{4\rho_{10}\rho_2 p^2}{m(\rho_{10}^2+\rho_{20})^3} & \dfrac{2(1+3\rho_{20}^2)}{(1-\rho_{20}^2)^2}+k+\dfrac{p^2(3\rho_{20}^2-\rho_{10}^2)}{m(\rho_{10}^2+\rho_{20})^3} & 0 \\ 0 & 0 & -k\rho_{10}\rho_{20} \end{pmatrix}$$

e ha quindi almeno un autovalore negativo: si tratta quindi di configurazioni di equilibrio instabili. Si noti che tutte le configurazioni di equilibrio trovate per il sistema ridotto corrispondono a traiettorie periodiche per il sistema descritto dalla lagrangiana $\mathcal{L}$; il metodo di Routh permette di trovare soluzioni che sarebbe stato molto più difficile individuare studiando il sistema lagrangiano di partenza.]

Esercizio 2.65 La curva γ descritta dalle equazioni parametriche (cfr. la figura 2.45)

$$x(\theta) = a(\theta - \sin\theta), \qquad y(\theta) = a(1+\cos\theta), \qquad \theta \in \mathbb{R},$$

con $a > 0$, prende il nome di *cicloide rovesciata*, in quanto ottenuta da una cicloide (cfr. l'esercizio 5.2) per riflessione rispetto alla retta $y = a$. Un punto materiale P di massa m si muove lungo la guida cicloidale γ sotto l'azione della forza di gravità,

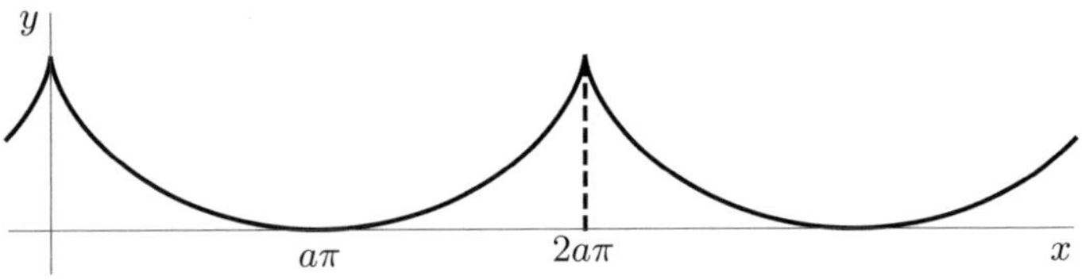

Figura 2.45 Cicloide rovesciata

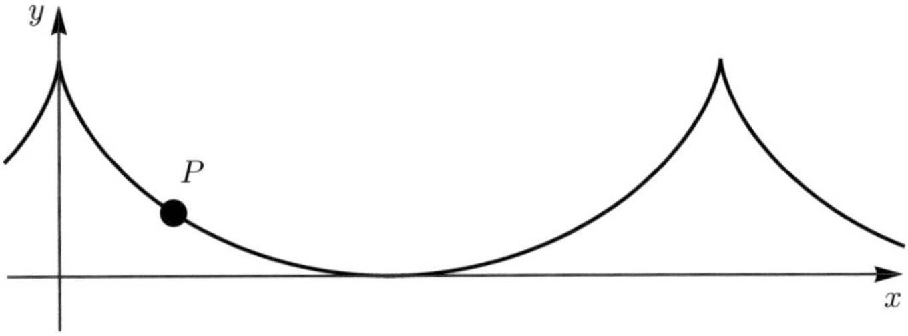

Figura 2.46 Sistema discusso nell'esercizio 2.65

diretta nel verso dell'asse y discendente (cfr. la figura 2.46). Si dimostri che le traiettorie descritte da P, fin tanto che esso si mantenga al di sotto delle cuspidi, sono periodiche e il loro periodo non dipende dalle condizioni iniziali. [*Soluzione.* Si scelga θ come coordinata lagrangiana. La lagrangiana del sistama è $\mathcal{L} = T - V$, dove

$$T = \frac{1}{2}m\big(\dot{x}^2 + \dot{y}^2\big) = ma^2\dot{\theta}^2\big(1 - \cos\theta\big), \qquad V = mgy = mga(1 + \cos\theta).$$

Poiché l'energia $E = T + V$ è una costante del moto, se le condizioni iniziali $(\theta(0), \dot{\theta}(0)) = (\bar{\theta}, \bar{v})$ sono tali che

$$E = ma^2\bar{v}^2(1 - \cos\bar{\theta}) + mga(1 + \cos\bar{\theta}) < 2mga,$$

la traiettoria si mantiene sempre al di sotto delle cuspidi; se $\bar{\theta} \in (0, 2\pi)$, si ha $\theta(t) \in (0, 2\pi)$ $\forall t \in \mathbb{R}$. Utilizzando le identità trigonometriche (formule di bisezione)

$$\cos\frac{\theta}{2} = \pm\sqrt{\frac{1 + \cos\theta}{2}}, \qquad \sin\frac{\theta}{2} = \pm\sqrt{\frac{1 - \cos\theta}{2}}$$

e introducendo il cambiamento di coordinate $q := \cos(\theta/2)$ – ben definito fin tanto che $\theta \in (0, 2\pi)$ – la lagrangiana assume la forma

$$\mathcal{L} = 8ma^2\dot{q}^2 - 2mga\, q^2,$$

che è la lagrangiana di un oscillatore armonico di massa $16ma^2$ e frequenza propria $\omega = \sqrt{g/4a}$. Le soluzioni delle equazioni di Eulero-Lagrange hanno quindi la stessa frequenza ω, indipendentemente dalle condizioni iniziali $(\bar{\theta}, \bar{v})$.]

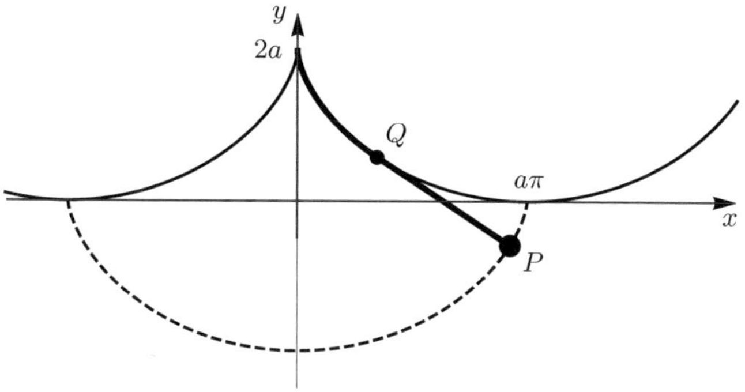

Figura 2.47 Sistema discusso nell'esercizio 2.66 (pendolo cicloidale)

Esercizio 2.66 Si consideri il profilo a forma di cicloide rovesciata descritto dalle equazioni parametriche (cfr. l'esercizio 2.65)

$$x(\theta) = a(\theta - \sin\theta), \quad y(\theta) = a(1 + \cos\theta).$$

Si sospenda un punto materiale P di massa m a una cuspide del profilo tramite un filo sottile di lunghezza $\ell = 4a$ e massa trascurabile e lo si faccia oscillare in modo che il filo segua il profilo fino a un punto che varia nel tempo, da cui poi si stacca tangenzialmente al profilo stesso (cfr. la figura 2.47). Si dimostri che la traiettoria descritta dal punto materiale P è anch'essa una cicloide rovesciata, e che la posizione di P in termini di θ è data da $P = (a(\theta + \sin\theta), -a(1 + \cos\theta))$. [*Soluzione.* Sia Q il punto della cicloide rovesciata a partire dal quale il filo si discosta in direzione tangenziale; si ha $Q = a(\theta - \sin\theta, 1 + \cos\theta)$, per qualche $\theta \in \mathbb{R}$. La lunghezza del tratto del filo che si avvolge sul profilo cicloidale dall'origine fino al punto Q è data da (cfr. l'esercizio 3.36 del volume 1)

$$\begin{aligned}\ell(\theta) &= \int_0^\theta d\theta' \sqrt{a^2(1-\cos\theta')^2 + a^2\sin^2\theta'} \\ &= a\int_0^\theta d\theta' \sqrt{2(1-\cos\theta')} = 2a\int_0^\theta d\theta' \sin\frac{\theta'}{2} = 4a\Big(1 - \cos\frac{\theta}{2}\Big).\end{aligned}$$

La lunghezza del tratto di filo tra Q e P è data da $\ell'(\theta) := \ell - \ell(\theta) = 4a\cos(\theta/2)$. In particolare si ha $\ell(\pi) = 4a$, da cui si evince che $\theta \in [-\pi, \pi]$. La direzione del vettore tangente al profilo in Q è data $(\cos\alpha(\theta), \sin\alpha(\theta))$, dove

$$\tan\alpha(\theta) = \frac{dy}{dx} = \frac{dy}{d\theta}\frac{d\theta}{dx} = -\frac{\sin\theta}{1-\cos\theta}.$$

Il vettore applicato $v(Q, P)$ che collega Q a P ha lunghezza $\ell'(\theta)$ ed è diretto nel verso del vettore tangente se $\theta > 0$, nel verso opposto se $\theta < 0$; le sue componenti sono quindi $\ell'(\theta)\,\sigma(\theta)\big(\cos\alpha(\theta), \sin\alpha(\theta)\big)$, dove $\sigma(\theta) = \theta/|\theta|$. Utilizzando prima le identità trigonometriche dell'esercizio 2.44 e poi le formule di bisezione (cfr. l'esercizio 2.65), si trova

$$\begin{aligned}\sin\alpha(\theta) &= -\frac{\sin\theta}{\sqrt{2(1-\cos\theta)}} = -\sigma(\theta)\,\cos\frac{\theta}{2},\\ \cos\alpha(\theta) &= \frac{1-\cos\theta}{\sqrt{2(1-\cos\theta)}} = \sigma(\theta)\,\sin\frac{\theta}{2},\end{aligned}$$

così che si ottiene $v(Q,P) = \ell'(\theta)\,\sigma(\theta)\,\big(\cos\alpha(\theta), \sin\alpha(\theta)\big)$, i.e.

$$v(Q,P) = 4a\cos\frac{\theta}{2}\Big(\sin\frac{\theta}{2}, -\cos\frac{\theta}{2}\Big) = 2a\Big(\sin\theta, -(1+\cos\theta)\Big)$$

e quindi il punto P ha coordinate

$$\begin{aligned}P &= (a(\theta-\sin\theta), a(1+\cos\theta)) + 2a(\sin\theta, -(1+\cos\theta))\\ &= (a(\theta+\sin\theta), -a(1+\cos\theta)).\end{aligned}$$

Le componenti di P costituiscono le equazioni parametriche di una cicloide rovesciata traslata di $-2a$ lungo l'asse y e di $a\pi$ lungo l'asse x (cfr. la figura 2.46).]

Esercizio 2.67 Il sistema dinamico descritto nell'esercizio 2.66 prende il nome di *pendolo cicloidale* o *pendolo di Huygens*. A differenza del pendolo semplice, in cui le traiettorie sono isocrone solo approssimativamente, fin tanto che le oscillazioni siano di ampiezza piccola (cfr. il §5.4 del volume 1), il pendolo cicloidale costituisce invece un sistema in cui si realizza rigorosamente il fenomeno dell'isocronismo; sul meccanismo del pendolo cicloidale si basano i primi orologi a pendolo costruiti da Huygens nel '600. Si calcoli esplicitamente la legge oraria del punto P e se ne calcoli il periodo. [*Suggerimento.* Usando la variabile θ come coordinata lagrangiana (cfr. l'esercizio 2.66), le coordinate del punto P sono $P = (a(\theta+\sin\theta), -a(1+\cos\theta))$. La lagrangiana è data da $\mathcal{L} = T - V$, dove

$$T = ma^2\dot\theta^2\big(1+\cos\theta\big), \qquad V = -mga(1+\cos\theta), \qquad \theta\in(-\pi,\pi).$$

In termini della variabile $q := \sin(\theta/2)$ si trova, a meno di una costante additiva,

$$T = 8ma^2\dot q^2, \quad V = 2mgaq^2 \quad\Longrightarrow\quad \ddot q = -\omega^2 q, \quad \omega := \sqrt{\frac{g}{4a}},$$

da cui si ricava $q(t) = A\cos\omega t + B\sin\omega t$, dove le costanti A e B sono fissate dai dati iniziali. Si ha $\theta(t) = 2\arcsin q(t)$ e, di conseguenza, usando che $\cos(\theta/2)\geq 0$ poiché $\theta\in[-\pi,\pi]$,

$$x(t) = 2a\arcsin q(t) + 2aq(t)\sqrt{1-q^2(t)}, \qquad y(t) = 2aq^2(t) - 2a,$$

che costituisce una parametrizzazione dell'arco della cicloide rovesciata in termini del tempo t. Il periodo del moto è dato da $T = 2\pi/\omega = 2\pi\sqrt{4a/g}$.]

Esercizio 2.68 Si studi qualitativamente il moto del pendolo cicloidale descritto negli esercizi 2.66 e 2.67 in termini della variabile θ e delle coordinate cartesiane (x, y). [*Soluzione.* La lagrangiana che descrive il pendolo cicloidale è (cfr. l'esercizio 2.67)

$$\mathcal{L} = T - V, \qquad T = ma^2\dot{\theta}^2\big(1 + \cos\theta\big), \qquad V = -mga(1 + \cos\theta),$$

fin tanto che $|\theta| < \pi$. Le equazioni di Eulero-Lagrange corrispondenti a $\mathcal{L}$ sono

$$2ma^2\ddot{\theta}\,(1 + \cos\theta) = \big(ma^2\dot{\theta}^2 - mga\big)\sin\theta.$$

La conservazione dell'energia totale implica $ma^2\dot{\theta}^2\big(1+\cos\theta\big) - mga(1 + \cos\theta) = E$, da cui si ricava

$$\dot{\theta} = \pm\frac{1}{a\sqrt{m}}\sqrt{\frac{E}{1+\cos\theta} + mga}, \qquad \theta \in (-\pi, \pi).$$

Si ha $E \geq -2mg$. Il valore dell'energia $E = -2mg$ corrisponde al punto di equilibrio $(\theta, \dot{\theta}) = (0, 0)$. Le traiettorie che corrispondono a valori di energia $E \in (-2mga, 0)$ hanno dati iniziali $(\theta(0), \dot{\theta}(0)) \in R := (-\pi, \pi) \times (-\sqrt{g/a}, \sqrt{g/a}) \setminus \{(0, 0)\}$ e sono periodiche; il periodo corrispondente è

$$T_E = 4\sqrt{\frac{a}{g}}\int_0^{\theta_E} \mathrm{d}\theta \sqrt{\frac{1+\cos\theta}{A+\cos\theta}}, \qquad A := \frac{E}{mga} + 1, \quad \theta_E := \arccos\big(-A\big).$$

Si verifica immediatamente che

$$\int_0^{\theta} \mathrm{d}\theta' \sqrt{\frac{1+\cos\theta'}{A+\cos\theta'}} = 2\arctan\sqrt{\frac{1-\cos\theta}{A+\cos\theta}},$$

da cui si deduce che

$$\begin{aligned} T_E &= 8\sqrt{\frac{a}{g}}\arctan\sqrt{\frac{1-\cos\theta}{A+\cos\theta}}\Bigg|_0^{\theta_E} \\ &= 8\sqrt{\frac{a}{g}}(\arctan(+\infty) - \arctan 0) = 4\pi\sqrt{\frac{a}{g}}, \end{aligned}$$

i.e. $T_E = T := 4\pi\sqrt{a/g}$, indipendentemente da E, in accordo con l'esercizio 2.67. Se i dati iniziali hanno energia $E = 0$, la legge di conservazione dell'energia implica $\dot{\theta} = \pm\sqrt{g/a}$ (dove il segno è $+$ o $-$ a seconda che $\dot{\theta}(0)$ sia positiva o negativa). I dati iniziali che corrispondono a valori di energia $E > 0$ si trovano o al di sopra

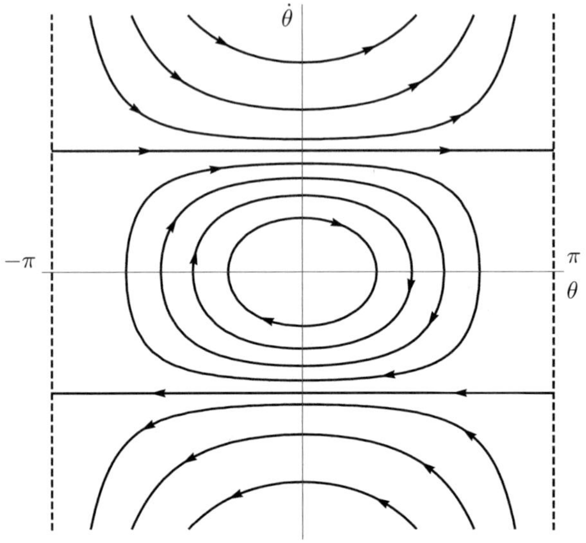

Figura 2.48 Piano delle fasi del pendolo cicloidale

del segmento $\dot\theta = \sqrt{g/a}$, se $\dot\theta(0) > 0$, o al di sotto del segmento $\dot\theta = -\sqrt{g/a}$, se $\dot\theta(0) < 0$; se $\theta(0) = 0$, si ha $\theta(t) \to \pm\pi^{\mp}$ e $\dot\theta(t) \to +\infty$ per $t \to \pm t_E$, dove

$$t_E = \sqrt{\frac{a}{g}} \int_0^{\pi} \mathrm{d}\theta \sqrt{\frac{1+\cos\theta}{E+mga+\cos\theta}} = 2\sqrt{\frac{a}{g}} \arctan \sqrt{\frac{1-\cos\theta}{A+\cos\theta}}\Bigg|_0^{\pi}$$

$$= 2\sqrt{\frac{a}{g}} \arctan \sqrt{\frac{2mga}{E}}.$$

In conclusione, il piano delle fasi è rappresentato nella figura 2.48. Se si prende un dato iniziale con $\theta(0) = 0$ e $\dot\theta(0) > 0$, facendo variare la sua velocità iniziale $\dot\theta(0)$, e quindi la sua energia E, si ha il seguente scenario: fin tanto che $E < 0$, la variabile $\theta(t)$ raggiunge un valore massimo θ_E in un tempo finito $\tau := T/4$, dopo di che diminuisce fino a raggiungere il valore $-\theta_E$, e così via, descrivendo quindi un moto oscillatorio; se $E = 0$, $\theta(t)$ raggiunge il valore π nello stesso tempo τ, con velocità costante $\sqrt{g/a}$; se $E > 0$, $\theta(t)$ raggiunge il valore π in un tempo t_E minore di τ (maggiore è il valore di E, minore è il tempo che occorre) e quando lo raggiunge la velocità $\dot\theta$ diventa infinita. La lagrangiana $\mathcal{L}$ descrive il moto del pendolo cicloidale fin tanto che il punto P non tocca il profilo cicloidale. Se $E < 0$, questo non avviene mai, dato che il punto P raggiunge una quota massima $y = Y(\theta_E) = -a(1+\cos\theta_E)$, corrispondente a un valore $\theta_E < \pi$, prima di tornare indietro: si ha quindi un moto oscillatorio in cui il filo non si avvolge mai completamente sul profilo. Se $E = 0$, al contrario, il punto P si muove con velocità $\dot\theta$ costante, fino a toccare il profilo in corrispondenza di $\theta = \pi$, se $\theta(0) > 0$, o $\theta = -\pi$, se $\theta(0) < 0$. In termini delle coordinate cartesiane (x, y), la posizione e la velocità di P sono date da

$$q = (x, y) = (a(\theta + \sin\theta), a(1 + \cos\theta)),$$
$$v = (\dot{x}, \dot{y}) = (a(1 + \cos\theta)\,\dot{\theta}, a\sin\theta\,\dot{\theta}).$$

Al tempo t in cui si ha $\theta(t) = \pi$ e quindi $(x(t), y(t)) = (a\pi, 0)$ (cfr. la figura 2.47), la velocità si calcola tenendo conto che $|\dot{\theta}(t)| = \sqrt{g/a}$ lungo la traiettoria: si ha quindi $v(t) = (0, 0)$. Se $E > 0$, il punto P raggiunge il profilo cicloidale in un tempo finito, con velocità finale non nulla. Infatti, tenendo conto che

$$|\dot{\theta}| = \sqrt{\frac{mga(1 + \cos\theta) + E}{ma^2(1 + \cos\theta)}},$$

e quindi

$$|\dot{x}| = |a(1 + \cos\theta)\,\dot{\theta}| = a\sqrt{1 + \cos\theta}\sqrt{\frac{mga(1 + \cos\theta) + E}{ma^2}},$$
$$|\dot{y}| = |a\sin\theta\,\dot{\theta}| = 2a\left|\sin\frac{\theta}{2}\right|\cos\frac{\theta}{2}\sqrt{\frac{mga(1 + \cos\theta) + E}{2ma^2}}\sqrt{\frac{2}{1 + \cos\theta}}$$
$$= 2a\left|\sin\frac{\theta}{2}\right|\sqrt{\frac{mga(1 + \cos\theta) + E}{2ma^2}},$$

per $\theta = \pi$ si ha $|\dot{\theta}| = +\infty$, mentre, in termini delle coordinate cartesiane, si ha $\dot{x} = 0$ e $|\dot{y}| = \sqrt{2E/m}$. Per poter descrivere il moto dopo che il punto P ha raggiunto il profilo, per $E \geq 0$, occorre dare qualche prescrizione: infatti le equazioni di Eulero-Lagrange in termini della coordinata θ non sono utilizzabili dopo che la traiettoria ha urtato il profilo. Una possibile prescrizione, dettata da motivazioni fisiche, consiste nello stabilire, per valori di energia $E > 0$, che l'urto è *elastico* (cfr. la nota bibliografica): la traiettoria inverte istantaneamente il verso della velocità ($\dot{x} = 0$, mentre $\dot{y}$ passa dal valore $+\sqrt{2E/m}$ al valore $-\sqrt{2E/m}$ o viceversa), così che il punto P torna indietro con la stessa energia e compie delle oscillazioni. Se $E = 0$, più semplicemente, il punto si ferma quando tocca il profilo e ricade verso il basso, di nuovo descrivendo oscillazioni di ampiezza massima.]

Capitolo 3
Simmetrie e costanti del moto

Tyger, tyger, burning bright
In the forests of the night,
What immortal hand or eye
Could frame thy fearful symmetry?

William Blake, The tyger (1794)

3.1 Teorema di Noether

Si è visto nel §2.2 che l'esistenza di una variabile ciclica permette di ricondurre lo studio di un sistema lagrangiano allo studio di un sistema ridotto, i.e. di un sistema che ha un grado di libertà in meno.

È quindi di indubbia utilità investigare sotto quali condizioni sia possibile trovare un sistema di coordinate in cui una di esse sia ciclica. Vedremo che la riduzione a un sistema con un numero di gradi di libertà inferiore è possibile quando il sistema ammette un gruppo di simmetrie, i.e. un gruppo di trasformazioni – differenziabili e invertibili – a un parametro che lasciano invariante la lagrangiana (tali nozioni verranno definite rigorosamente nel corso della trattazione).

Individuare le simmetrie che caratterizzano il sistema fornisce anche indicazioni sul sistema di coordinate da usare perché una di esse sia ciclica (cfr. l'osservazione 3.21 più avanti).

Definizione 3.1 (Gruppo a un parametro di diffeomorfismi) *Un* gruppo a un parametro di diffeomorfismi *definiti sullo spazio delle configurazioni è un insieme di trasformazioni differenziabili invertibili dello spazio delle configurazioni in sé che dipendono in maniera differenziabile da un parametro $\alpha \in \mathbb{R}$. Indichiamo con $\mathcal{G}$ il gruppo e con $g(\alpha)$ i suoi elementi. L'elemento neutro (identità) è $g(0)$ e la legge di composizione è data da $g(\beta) \circ g(\alpha) = g(\alpha + \beta)$.*

Consideriamo un sistema lagrangiano $(\Sigma, \mathcal{L})$. Lo spazio delle configurazioni, localmente, è sempre identificabile con $\mathbb{R}^n$, mediante un'opportuna scelta di coordinate: in tale sistema di coordinate, ogni elemento $g(\alpha) \in \mathcal{G}$ risulta essere una trasformazione di coordinate di $\mathbb{R}^n$ in sé, differenziabile e invertibile, con inversa

G. Gentile, *Introduzione ai sistemi dinamici – Volume 2*, UNITEXT 133,

differenziabile, che indichiamo con

$$q \mapsto Q(q, \alpha), \qquad \alpha \in \mathbb{R}. \tag{3.1}$$

La (3.1) definisce un *gruppo a un parametro di trasformazioni differenziabili* che rappresenta il gruppo $\mathcal{G}$. Nel seguito si lavorerà sempre in $\mathbb{R}^n$: questo non sarà restrittivo perché l'analisi che verrà fatta sarà locale.

Lemma 3.2 *Il gruppo di diffeomorfismi $\mathcal{G}$ rappresentato dalle* (3.1), *con $Q(q, \alpha)$ di classe C^1 in q e di classe C^2 in α, è associato in modo biunivoco a un campo vettoriale autonomo ξ di classe C^1.*

Dimostrazione Sia $\mathcal{G}$ un gruppo a un parametro di diffeomorfismi e sia la (3.1) il gruppo di trasformazioni che lo rappresenta in un sistema di coordinate q. Per le proprietà di gruppo risulta

$$Q(q, \alpha + \beta) = Q(Q(q, \alpha), \beta), \tag{3.2}$$

così che la derivata

$$\frac{\mathrm{d}Q}{\mathrm{d}\alpha} = \lim_{\varepsilon \to 0} \frac{Q(Q(q, \alpha), \varepsilon) - Q(q, \alpha)}{\varepsilon}$$

dipende da q solo attraverso la funzione Q. Quindi $(q, \alpha) \mapsto Q(q, \alpha)$ descrive il flusso di un sistema dinamico autonomo

$$\frac{\mathrm{d}Q}{\mathrm{d}\alpha} = f(Q), \qquad Q(q, 0) = q, \tag{3.3}$$

dove $f : \mathbb{R}^n \to \mathbb{R}^n$ è un campo vettoriale di classe C^1 sotto le ipotesi di regolarità su $Q(q, \alpha)$ (cfr. l'esercizio 3.1).

Viceversa, sia ξ un campo vettoriale in $\mathbb{R}^n$, rappresentato dalle funzioni $\{f_k(q)\}_{k=1}^n$ nelle coordinate q. Sia $Q(q, \alpha)$ la soluzione delle equazioni (3.3). Se f è di classe C^1, tale soluzione esiste ed è unica per ogni $q \in \mathbb{R}^n$, per il teorema di esistenza e unicità (teorema 4.82 del volume 1), e dipende in modo differenziabile da q, per il teorema di dipendenza differenziabile dai dati iniziali (teorema 3.44 del volume 1), ed è di classe C^2 in α (cfr. l'osservazione 3.25 del volume 1). Poiché inoltre il campo vettoriale dipende da Q ma non esplicitamente da α, il sistema dinamico (3.3) è autonomo e quindi vale la proprietà di composizione (3.2). Ne concludiamo che le trasformazioni $g(\alpha)$ formano un gruppo, con legge di composizione $g(\beta) \circ g(\alpha) = g(\alpha + \beta)$. □

Osservazione 3.3 Se consideriamo un sistema definito su una varietà differenziabile Σ, il campo vettoriale in un punto $x \in \Sigma$ costituisce un elemento dello spazio tangente in x a Σ, i.e. di $T_x\Sigma$. La definizione di f non dipende dalle coordinate scelte (cfr. l'esercizio 3.2). Fissato il sistema di coordinate q, $f(q)$ è la funzione che rappresenta il campo vettoriale ξ.

Osservazione 3.4 Per le proprietà di gruppo di $g(\alpha)$, possiamo definire il campo vettoriale ξ attraverso la (3.3), calcolando la derivata ad $\alpha = 0$, i.e.

$$\left.\frac{\mathrm{d}Q(q,\alpha)}{\mathrm{d}\alpha}\right|_{\alpha=0} = f(Q)|_{\alpha=0} = f(q), \tag{3.4}$$

invece che ad $\alpha = \bar{\alpha}$ generico. Infatti, se scriviamo

$$\left.\frac{\mathrm{d}Q(q,\alpha)}{\mathrm{d}\alpha}\right|_{\alpha=\bar{\alpha}} = f(Q(q,\bar{\alpha})), \tag{3.5}$$

abbiamo

$$f(Q(q,\bar{\alpha})) = f(Q(Q(q,\bar{\alpha}),\alpha-\bar{\alpha}))|_{\alpha=\bar{\alpha}} = f(Q(Q(q,\bar{\alpha}),\alpha')|_{\alpha'=0},$$

e, allo stesso modo,

$$\left.\frac{\mathrm{d}Q(q,\alpha)}{\mathrm{d}\alpha}\right|_{\alpha=\bar{\alpha}} = \left.\frac{\mathrm{d}Q(Q(q,\bar{\alpha}),\alpha-\bar{\alpha})}{\mathrm{d}\alpha}\right|_{\alpha=\bar{\alpha}} = \left.\frac{\mathrm{d}Q(Q(q,\bar{\alpha}),\alpha')}{\mathrm{d}\alpha'}\right|_{\alpha'=0},$$

e quindi otteniamo

$$\left.\frac{\mathrm{d}Q(q',\alpha')}{\mathrm{d}\alpha'}\right|_{\alpha'=0} = f(q'), \qquad q' = Q(q,\bar{\alpha}).$$

In conclusione, imporre la (3.5) per ogni q e per ogni $\bar{\alpha}$ equivale a imporre la (3.4) per ogni q.

Definizione 3.5 (Sollevamento di un gruppo di diffeomorfismi) *Data un gruppo di diffeomorfismi $\mathcal{G}$ su una varietà differenziabile Σ, sia $q \mapsto Q(q,\alpha)$ la trasformazione di coordinate che lo rappresenta. Consideriamo la trasformazione definita sul fibrato tangente*

$$q \mapsto Q(q,\alpha), \tag{3.6a}$$

$$\frac{\mathrm{d}q}{\mathrm{d}\tau} \mapsto \frac{\mathrm{d}Q(q,\alpha)}{\mathrm{d}\tau} = J(Q(q,\alpha),q)\frac{\mathrm{d}q}{\mathrm{d}\tau}, \tag{3.6b}$$

se $\tau \mapsto q(\tau)$ è la parametrizzazione di una curva su Σ e $J(Q(q,\alpha),q)$ è la matrice jacobiana della trasformazione $q \mapsto Q(q,\alpha)$ calcolata in $q = q(\tau)$. Chiamiamo la (3.6) sollevamento *della trasformazione* (3.1)*. Si definisce* sollevamento del gruppo di diffeomorfismi $\mathcal{G}$ *il gruppo che è rappresentato dalla* (3.6) *nel sistema di coordinate q.*

Osservazione 3.6 La seconda trasformazione in (3.6) è la legge di trasformazione dei vettori tangenti alla varietà. Se $\tau \mapsto q(\tau)$ è una traiettoria (quindi con $\tau = t$ interpretato come tempo), essa rappresenta la legge di trasformazione delle velocità.

Un campo vettoriale ξ su una varietà Σ è identificabile con una *derivazione* ∂_ξ, cioè un'applicazione lineare, definita sullo spazio delle funzioni differenziabili su Σ, che soddisfa la regola di Leibniz (cfr. l'esercizio 3.3). Se $\mathcal{U}$ è un intorno di un punto $x \in \Sigma$ in cui sia definito il sistema di coordinate q, allora il campo vettoriale è individuato da n funzioni $\{f_k(q)\}_{k=1}^n$, tale che $f(q) = (f_1(q), \ldots, f_n(q))$ è la rappresentazione di ξ nel sistema di coordinate fissato. La *derivazione associata al campo vettoriale* ξ è definita dalla sua azione

$$\partial_\xi A(q) = \sum_{k=1}^{n} f_k(q) \frac{\partial A}{\partial q_k} \tag{3.7}$$

sulle funzioni differenziabili $A \colon \Sigma \to \mathbb{R}$ (cfr. l'esercizio 3.3). La (3.3) implica, per la (3.7), che

$$\partial_\xi A(q) = \left. \frac{\mathrm{d}A(Q(q,\alpha))}{\mathrm{d}\alpha} \right|_{\alpha=0},$$

dove $q \mapsto Q(q,\alpha)$ è il gruppo a un parametro di trasformazioni associato al campo vettoriale ξ. Se il campo vettoriale ξ è rappresentato dalle funzioni $\{f_k(q)\}_{k=1}^n$, con $f_k(q) = \delta_{ik}$ per qualche i, scriviamo $\partial_\xi = \partial_{q_i}$ e identifichiamo il campo vettoriale con la derivazione ∂_{q_i}.

Definizione 3.7 *La derivazione definita dalla* (3.7) *prende il nome di* derivata di Lie *associata al campo vettoriale* ξ.

Osservazione 3.8 Dato un campo vettoriale ξ su una varietà Σ, per definizione di base duale (richiameremo più estesamente le nozioni di base duale e di differenziale all'inizio del capitolo 7), nel sistema di coordinate q si ha $dq_k(\xi) = f_k(q)$. Se A è una funzione differenziabile definita su Σ, il suo differenziale, sempre nel sistema di coordinate q, è dato da

$$dA(\xi) = \sum_{k=1}^{n} \frac{\partial A}{\partial q_k} dq_k(\xi) = \partial_\xi A,$$

se ∂_ξ è la derivazione definita da (3.7)

Data una varietà Σ, sia $T_x\Sigma$ lo spazio tangente in x a Σ. Se q è un sistema di coordinate locali per Σ (in un intorno di x in Σ) e η è un sistema di coordinate per $T_x\Sigma$, possiamo allora utilizzare (q,η) come sistema di coordinate locali per il fibrato tangente $T\Sigma$.

Definizione 3.9 (Momento associato a un campo vettoriale) *Sia* Σ *una varietà e sia* $\mathcal{L}$ *una lagrangiana definita su* $T\Sigma$. *In un sistema di coordinate locali* (q,η)

per $T\Sigma$*, definiamo* momento associato al campo vettoriale ξ dalla lagrangiana $\mathcal{L}$ *la funzione da* $T\Sigma$ *in* $\mathbb{R}$ *data da*

$$\pi_\xi^{\mathcal{L}}(q,\eta) := \sum_{k=1}^{n} f_k(q)\,\frac{\partial \mathcal{L}}{\partial \eta_k}(q,\eta). \tag{3.8}$$

Diciamo che $\pi_\xi^{\mathcal{L}}(q,\dot{q})$ *è un* momento conservato *se è una costante del moto del sistema lagrangiano* $(\Sigma,\mathcal{L})$.

Lemma 3.10 *Data una varietà* Σ*, fissata una lagrangiana* $\mathcal{L}$ *di classe* C^2 *su* $T\Sigma$ *tale che*

$$\det\left(\frac{\partial^2 \mathcal{L}}{\partial \eta_i \partial \eta_j}\right) \neq 0, \tag{3.9}$$

a ogni campo vettoriale ξ *di classe* C^1 *su* Σ *è associato in modo biunivoco un momento* π *di classe* C^1.

Dimostrazione Dato un campo vettoriale ξ, il suo momento associato $\pi = \pi_\xi^{\mathcal{L}}$ si ottiene dalla (3.8); inoltre $\pi_\xi^{\mathcal{L}}$ è di classe C^1 se ξ è di classe C^1. Viceversa, dato un momento $\pi = \pi^{\mathcal{L}}$ della forma

$$\pi^{\mathcal{L}}(q,\eta) := \sum_{k=1}^{n} f_k(q)\,\frac{\partial \mathcal{L}}{\partial \eta_k}(q,\eta),$$

la condizione (3.9) permette di associare a esso in maniera univoca un campo vettoriale $\xi = \xi_\pi^{\mathcal{L}}$. Infatti se la (3.9) è soddisfatta allora $\pi^{\mathcal{L}}$ dipende esplicitamente da η e la relazione

$$\frac{\partial \pi^{\mathcal{L}}}{\partial \eta_h}(q,\eta) = \sum_{k=1}^{n} f_k(q)\,\frac{\partial^2 \mathcal{L}}{\partial \eta_k \partial \eta_h}(q,\eta) := \sum_{k=1}^{n} D_{hk}(q,\eta)\, f_k(q)$$

può essere invertita in

$$f_k(q) = \sum_{h=1}^{n} \big(D^{-1}(q,\eta)\big)_{kh}\,\frac{\partial \pi^{\mathcal{L}}}{\partial \eta_h}(q,\eta),$$

che dunque permette di determinare le componenti $\{f_k(q)\}_{k=1}^n$ del campo vettoriale $\xi = \xi_\pi^{\mathcal{L}}$. Infine, se $\pi^{\mathcal{L}}$ è di classe C^1, allora $\xi_\pi^{\mathcal{L}}$ è di classe C^1. □

Osservazione 3.11 Il campo vettoriale ξ associa a ogni $x \in \Sigma$ un elemento di $T_x\Sigma$ (cfr. l'osservazione 3.3) Il momento (3.8) non dipende dal sistema di coordinate (cfr. l'esercizio 3.4). Fissato un sistema di coordinate locali q in Σ, il campo vettoriale ξ è rappresentato dal vettore di componenti $(f_1(q),\ldots,f_n(q))$. La (3.8) definisce quindi un funzionale lineare sullo spazio tangente $T_x\Sigma$, dunque un elemento di $T_x^*\Sigma$, spazio duale dello spazio tangente, che prende il nome di *spazio cotangente* (cfr. il §7.1 per maggiori dettagli sullo spazio duale).

Esempio 3.12 Sia $\mathcal{L}$ la lagrangiana di un sistema meccanico conservativo. Se ξ è il campo vettoriale associato alle traslazioni rigide in una direzione prefissata nello spazio euclideo tridimensionale, il momento associato a ξ da $\mathcal{L}$ è la componente della quantità di moto del sistema in quella direzione (cfr. l'esercizio 3.6).

Esempio 3.13 Sia $\mathcal{L}$ la lagrangiana di un sistema meccanico conservativo. Se ξ è il campo vettoriale associato alle rotazioni rigide intorno a un asse prefissato nello spazio euclideo tridimensionale, il momento associato a ξ da $\mathcal{L}$ è la componente del momento angolare del sistema nella direzione dell'asse (cfr. l'esercizio 3.8).

Definizione 3.14 (Momento coniugato) *Dato il sistema descritto dalla lagrangiana $\mathcal{L}$, chiamiamo* momento coniugato *alla coordinata q_k il momento $p_k := \pi^{\mathcal{L}}_{\xi_k}$ associato da $\mathcal{L}$ al campo vettoriale ξ_k, dove ξ_k è il campo vettoriale di componenti δ_{ki}, i.e.*

$$\pi^{\mathcal{L}}_{\xi_k} = \frac{\partial \mathcal{L}}{\partial \dot{q}_k}. \tag{3.10}$$

Lemma 3.15 *Dato il sistema descritto dalla lagrangiana $\mathcal{L}$, che soddisfi la* (3.9), *per ogni momento si può scegliere un sistema di coordinate tale che esso possa essere scritto nella forma*

$$p_n = \frac{\partial \mathcal{L}}{\partial \dot{q}_n}, \tag{3.11}$$

i.e. ogni momento associato a un campo vettoriale ξ dalla lagrangiana $\mathcal{L}$ può essere scritto come momento coniugato di una delle variabili, pur di scegliere un opportuno sistema di coordinate.

Dimostrazione Dato un campo vettoriale ξ, rappresentato dalle funzioni $\{f_k(q)\}_{k=1}^n$ nel sistema di coordinate q, per il teorema della scatola di flusso (teorema 4.82 del volume 1) possiamo costruire un sistema di coordinate y in cui il campo vettoriale prende la forma $\{\delta_{kn}\}_{k=1}^n$. L'asserto segue dunque dalla definizione 3.9 e dalla definizione 3.14. □

Definizione 3.16 (Invarianza della lagrangiana) *Dato un sistema lagrangiano $(\Sigma, \mathcal{L})$ e dato un gruppo a un parametro di diffeomorfismi, si dice che $\mathcal{L}$ è* invariante *sotto l'azione del gruppo, ovvero che il gruppo lascia invariante la lagrangiana $\mathcal{L}$, se, nel sistema di coordinate in cui gli elementi del gruppo sono rappresentati dalle trasformazioni* (3.1), *si ha*

$$\mathcal{L}(q, \dot{q}, t) = \mathcal{L}(Q(q,\alpha), \dot{Q}(q,\alpha), t) \qquad \forall \alpha \in \mathbb{R},$$

dove $\dot{Q}(q,\alpha)$ è data dalla (3.6) *con $\tau = t$.*

Osservazione 3.17 Dire che la lagrangiana $\mathcal{L}$ è invariante sotto l'azione del gruppo $\mathcal{G}$ significa che la funzione $(q, \dot{q}) \mapsto \mathcal{L}(q, \dot{q}, t)$ è invariante sotto l'azione del sollevamento di $\mathcal{G}$ (cfr. la definizione 3.5).

Definizione 3.18 (Gruppo di simmetrie) *Se $\mathcal{L}$ è invariante sotto l'azione di un gruppo a un parametro di diffeomorfismi $\mathcal{G}$, diciamo che $\mathcal{G}$ è un gruppo di simmetrie per $\mathcal{L}$.*

Teorema 3.19 (Teorema di Noether) *Dato un sistema lagrangiano di classe C^2, le tre seguenti affermazioni sono equivalenti.*

(1) È possibile scegliere un sistema di coordinate in modo tale che una di esse sia ciclica.
(2) Esiste un momento conservato (di classe C^1).
(3) La lagrangiana è invariante sotto l'azione di un gruppo a un parametro di diffeomorfismi (di classe C^2 nel parametro).

Dimostrazione Dimostriamo le implicazioni (1) $\Longrightarrow$ (2) $\Longrightarrow$ (3) $\Longrightarrow$ (1).

Supponiamo che valga l'affermazione (1). Sia q un sistema di coordinate in cui una di esse è ciclica; possiamo supporre, eventualmente rinumerando le variabili, che sia ciclica q_n. Per le equazioni di Eulero-Lagrange si ha

$$\frac{\mathrm{d}}{\mathrm{d}t}\frac{\partial \mathcal{L}}{\partial \dot{q}_n} = 0,$$

e quindi è conservato il momento coniugato alla variabile q_n, i.e. il momento $p_n = \pi_{\xi_n}^{\mathcal{L}}$ (cfr. la definizione 3.14).

Supponiamo che valga l'affermazione (2). Dal lemma 3.15 segue che nel sistema di coordinate in cui il momento conservato è il momento coniugato alla coordinata q_n, tale coordinata è una variabile ciclica. Quindi la lagrangiana è invariante per il gruppo di trasformazioni

$$q_k \mapsto q_k, \qquad k = 1, \dots, n-1, \qquad q_n \mapsto q_n + \alpha,$$

che dunque implica l'affermazione (3).

Supponiamo che valga l'affermazione (3). Siano $\{f_k(q)\}_{k=1}^n$ le funzioni che rappresentano, nel sistema di coordinate q, il campo vettoriale associato al gruppo a un parametro di trasformazioni che lasciano invariante la lagrangiana; per costruzione la trasformazione $q \mapsto Q(q, \alpha)$ è soluzione del sistema di equazioni

$$\frac{\mathrm{d}Q_k}{\mathrm{d}\alpha} = f_k(Q), \qquad Q(q, 0) = q. \tag{3.12}$$

Per il teorema della scatola di flusso (teorema 4.82 del volume 1), esiste un sistema di coordinate y in cui il sistema (3.12) prende la forma

$$\frac{\partial y_k}{\partial \alpha} = 0, \qquad k = 1, \dots, n-1, \tag{3.13a}$$

$$\frac{\partial y_n}{\partial \alpha} = 1. \tag{3.13b}$$

Le soluzioni delle equazioni (3.13) sono

$$y_k(\alpha) = y_k(0), \qquad k = 1, \dots, n-1, \tag{3.14a}$$

$$y_n(\alpha) = y_n(0) + \alpha, \tag{3.14b}$$

Indichiamo con $\tilde{\mathcal{L}}$ la lagrangiana espressa nelle nuove coordinate, i.e. definiamo $\tilde{\mathcal{L}}(y, \dot{y}, t)$ in modo che si abbia $\tilde{\mathcal{L}}(y, \dot{y}, t) = \mathcal{L}(q, \dot{q}, t)$. Poiché

$$\frac{\mathrm{d}\tilde{\mathcal{L}}}{\mathrm{d}\alpha} = \left\langle \frac{\partial \tilde{\mathcal{L}}}{\partial y}, \frac{\mathrm{d}y}{\mathrm{d}\alpha} \right\rangle + \left\langle \frac{\partial \tilde{\mathcal{L}}}{\partial \dot{y}}, \frac{\mathrm{d}\dot{y}}{\mathrm{d}\alpha} \right\rangle = \frac{\partial \tilde{\mathcal{L}}}{\partial y_n} \frac{\mathrm{d}y_n}{\mathrm{d}\alpha} = \frac{\partial \tilde{\mathcal{L}}}{\partial y_n}$$

e per ipotesi $\mathrm{d}\tilde{\mathcal{L}}/\mathrm{d}\alpha = 0$, segue dalla (3.14) che deve essere

$$\frac{\partial \tilde{\mathcal{L}}}{\partial y_n} = 0$$

e quindi, nel sistema di coordinate y, y_n è una variabile ciclica. □

Osservazione 3.20 Dalla dimostrazione del teorema, si evince che il sistema di coordinate in cui una variabile è ciclica è tale che, in quel sistema, il gruppo agisce come una traslazione di quella variabile. In altre parole il parametro α può essere utilizzato come una delle coordinate.

Osservazione 3.21 Sia l'implicazione (2) $\Longrightarrow$ (3) del teorema 3.19 che l'implicazione inversa (3) $\Longrightarrow$ (2) si possono dimostrare anche senza invocare il teorema della scatola di flusso, nel modo seguente. Dato un momento $\pi^{\mathcal{L}}$, sia $\xi_\pi^{\mathcal{L}}$ il campo vettoriale associato a $\pi^{\mathcal{L}}$ dalla lagrangiana $\mathcal{L}$ e sia $\{f_k(q)\}_{k=1}^n$ la rappresentazione del campo vettoriale nel sistema di coordinate q. In tale sistema di coordinate si ha (cfr. la (3.8))

$$\pi^{\mathcal{L}} = \sum_{k=1}^{n} f_k(q(t)) \frac{\partial \mathcal{L}}{\partial \dot{q}_k}\big(q(t), \dot{q}(t)\big). \tag{3.15}$$

Consideriamo il sistema di equazioni

$$\frac{\mathrm{d}Q_k}{\mathrm{d}\alpha} = f_k(Q), \qquad k = 1, \dots, n,$$

e indichiamo con $Q(q, \alpha)$ la soluzione con dato iniziale $Q(q, 0) = q$. Poiché il campo vettoriale è differenziabile, tale soluzione è unica (per il teorema 3.27 del volume 1). Sia $t \mapsto q(t)$ una soluzione delle equazioni di Eulero-Lagrange (per opportuni dati iniziali). Se $\pi^{\mathcal{L}}$ è un momento conservato, si ha $\mathrm{d}\pi^{\mathcal{L}}/\mathrm{d}t = 0$. Utilizzando le equazioni di Eulero-Lagrange, la regolarità della funzione $\mathcal{L}$, la proprietà che $Q(q(t), 0) = q(t)$ e il fatto che α e t sono parametri indipendenti, otteniamo

$$
\begin{aligned}
\frac{\mathrm{d}\pi^{\mathcal{L}}}{\mathrm{d}t} &= \frac{\mathrm{d}}{\mathrm{d}t}\left(\sum_{k=1}^{n} f_k(q(t))\,\frac{\partial \mathcal{L}}{\partial \dot{q}_k}(q(t), \dot{q}(t), t)\right) \\
&= \frac{\mathrm{d}}{\mathrm{d}t}\left(\sum_{k=1}^{n} f_k(Q(q(t),\alpha))\,\frac{\partial \mathcal{L}}{\partial \dot{Q}_k}(Q(q(t),\alpha), \dot{Q}(q(t),\alpha), t)\right)\Bigg|_{\alpha=0} \\
&= \frac{\mathrm{d}}{\mathrm{d}t}\left\langle f, \frac{\partial \mathcal{L}}{\partial \dot{Q}}\right\rangle\Bigg|_{\alpha=0} = \left\langle \frac{\mathrm{d}f}{\mathrm{d}t}, \frac{\partial \mathcal{L}}{\partial \dot{Q}}\right\rangle\Bigg|_{\alpha=0} + \left\langle f, \frac{\mathrm{d}}{\mathrm{d}t}\frac{\partial \mathcal{L}}{\partial \dot{Q}}\right\rangle\Bigg|_{\alpha=0} \\
&= \left\langle f, \frac{\partial \mathcal{L}}{\partial Q}\right\rangle\Bigg|_{\alpha=0} + \left\langle \frac{\mathrm{d}f}{\mathrm{d}t}, \frac{\partial \mathcal{L}}{\partial \dot{Q}}\right\rangle\Bigg|_{\alpha=0} \\
&= \left\langle \frac{\mathrm{d}Q}{\mathrm{d}\alpha}, \frac{\partial \mathcal{L}}{\partial Q}\right\rangle\Bigg|_{\alpha=0} + \left\langle \frac{\mathrm{d}}{\mathrm{d}t}\left(\frac{\mathrm{d}Q}{\mathrm{d}\alpha}\right), \frac{\partial \mathcal{L}}{\partial \dot{Q}}\right\rangle\Bigg|_{\alpha=0} \\
&= \left\langle \frac{\partial \mathcal{L}}{\partial Q}, \frac{\mathrm{d}Q}{\mathrm{d}\alpha}\right\rangle\Bigg|_{\alpha=0} + \left\langle \frac{\partial \mathcal{L}}{\partial \dot{Q}}, \frac{\mathrm{d}}{\mathrm{d}\alpha}\left(\frac{\mathrm{d}Q}{\mathrm{d}t}\right)\right\rangle\Bigg|_{\alpha=0} \\
&= \frac{\mathrm{d}\mathcal{L}}{\mathrm{d}\alpha}(Q(q(t),\alpha), \dot{Q}(q(t),\alpha), t)\Bigg|_{\alpha=0},
\end{aligned}
\tag{3.16}
$$

dove abbiamo usato che $Q(q, \alpha)$ è di classe C^1 in q e di classe C^2 in α, per scambiare l'ordine delle derivazioni rispetto alle due variabili (cfr. l'esercizio 3.9). L'identità (3.16), dimostrata per $\alpha = 0$, vale in realtà per ogni valore di α, per le proprietà di gruppo della trasformazione $q \mapsto Q(q, \alpha)$: basta ragionare come fatto nell'osservazione 3.4 (cfr. l'esercizio 3.10). Concludiamo quindi che si ha $\mathrm{d}\mathcal{L}/\mathrm{d}\alpha = 0$ per ogni α se e solo se $\pi^{\mathcal{L}}$ è un momento conservato, ovvero che $\mathcal{L}$ è invariante sotto l'azione del gruppo a un parametro $q \mapsto Q(q, \alpha)$ se e solo se il momento (3.15) è un momento conservato.

Osservazione 3.22 Non tutte le costanti del moto di un sistema lagrangiano sono funzioni dei momenti conservati, i.e. esistono costanti del moto non riconducibili a simmetrie delle lagrangiana. Per esempio, se $\mathcal{L}: T\Sigma \to \mathbb{R}$ descrive un sistema meccanico conservativo autonomo, è costante l'energia totale $E = T + V$ del sistema, che non è tuttavia una funzione dei momenti se $V \neq 0$. La conservazione dell'energia è in realtà una conseguenza dell'invarianza della lagrangiana sotto l'azione della trasformazione $t \mapsto t + \alpha$, che non è però una trasformazione definita sullo spazio delle configurazioni. Per poter considerare la conservazione dell'energia come un caso particolare del teorema 3.19, occorre considerare lo *spazio delle configurazioni esteso*, dato da $\Sigma \times \mathbb{R}$, dove Σ è lo spazio delle configurazioni e $\mathbb{R}$ è l'asse dei tempi. Si noti però che, se si vuole estendere $\mathcal{L}$ a una funzione che dipenda anche da t e $\dot{t}$, si ottiene una lagrangiana "singolare", i.e. che non soddisfa la condizione (3.9) (cfr. l'esercizio 3.11).

3.2 Simmetrie che dipendono da più parametri

Finora abbiamo discusso le implicazioni dell'esistenza di un gruppo di simmetrie per un sistema lagrangiano. Ci si può chiedere se, nel caso in cui un sistema a n gradi di libertà ammetta M gruppi di simmetrie, sia possibile ridursi a un sistema lagrangiano che abbia $n - M$ gradi di libertà. In generale la risposta è negativa. Vedremo che perché la riduzione sia possibile occorre che i gruppi "commutino tra loro", i.e. che, se $\mathcal{G}_1, \ldots, \mathcal{G}_M$ sono i gruppi a un parametro, si abbia

$$g_i(\alpha) \circ g_j(\beta) = g_j(\beta) \circ g_i(\alpha) \quad \forall g_i \in \mathcal{G}_i, \ \forall g_j \in \mathcal{G}_j, \ \forall \alpha, \beta \in \mathbb{R}. \tag{3.17}$$

Se la proprietà (3.17) non è soddisfatta, quello che si può dire in generale è che esistono M costanti del moto tra loro funzionalmente indipendenti tali che il moto si svolge su una superficie di codimensione M del fibrato tangente e se il sistema è autonomo (così che si conserva anche l'energia) su una superficie di codimensione $M + 1$. In tale caso tuttavia il sistema ridotto non è in generale un sistema lagrangiano – i.e. le equazioni del moto non sono le equazioni di Eulero-Lagrange corrispondenti a una qualche lagrangiana – con un numero di gradi di libertà inferiore. Infatti per passare da un sistema lagrangiano dato a un sistema lagrangiano con un grado in libertà in meno, applicando il teorema 2.20, bisogna utilizzare il fatto che una variabile è ciclica. Se le (3.17) non sono soddisfatte, è allora senz'altro possibile fissare un sistema di coordinate in cui una di esse sia ciclica (per il teorema 3.19); ma, a questo punto, se le trasformazioni corrispondenti ai gruppi a un parametro non verificano la (3.17), nel sistema di coordinate fissato, non ci possono essere altre variabili cicliche e non è possibile riapplicare il teorema 2.20 una seconda volta.

Lemma 3.23 *Data una varietà differenziabile Σ, se ∂_ξ e ∂_ζ indicano le derivazioni associate, rispettivamente, ai due campi vettoriali ξ e ζ di classe C^1 definiti su Σ, allora l'operazione*

$$\partial_\xi \partial_\zeta - \partial_\zeta \partial_\xi \tag{3.18}$$

è una derivazione definita sulle funzioni due volte differenziabili.

Dimostrazione Poiché la (3.18) è ovviamente lineare, è sufficiente dimostrare che soddisfa la regola di Leibniz. Siano A e B due funzioni due volte differenziabili su Σ. Si ha allora

$$\begin{aligned}\partial_\xi \partial_\zeta (AB) &= \partial_\xi \big(B \partial_\zeta A + A \partial_\zeta B\big) \\ &= \big(\partial_\xi B\big)\big(\partial_\zeta A\big) + B\big(\partial_\xi \partial_\zeta A\big) + \big(\partial_\xi A\big)\big(\partial_\zeta B\big) + A\big(\partial_\xi \partial_\zeta B\big),\end{aligned}$$

e analogamente si calcola $\partial_\zeta \partial_\xi (AB)$. Sottraendo l'una dall'altra le due espressioni trovate, i termini $\big(\partial_\xi B\big)\big(\partial_\zeta A\big)$ e $\big(\partial_\xi A\big)\big(\partial_\zeta B\big)$ si cancellano e si trova

$$\big(\partial_\xi \partial_\zeta - \partial_\zeta \partial_\xi\big)(AB) = A\big(\partial_\xi \partial_\zeta - \partial_\zeta \partial_\xi\big)B + B\big(\partial_\xi \partial_\zeta - \partial_\zeta \partial_\xi\big)A,$$

che conclude la dimostrazione. □

Definizione 3.24 (Prodotto di Lie) *Sia Σ una varietà differenziabile e siano ξ e ζ due campi vettoriali di classe C^1 definiti su Σ. Siano ∂_ξ e ∂_ζ le derivazioni associate, rispettivamente, a ξ e ζ. Si definisce* prodotto di Lie *(o* commutatore*) dei due campi vettoriali ξ e ζ il campo vettoriale associato alla derivazione* (3.18)*. Scriviamo allora*

$$\partial_{[\xi,\zeta]} = \partial_\xi \partial_\zeta - \partial_\zeta \partial_\xi, \tag{3.19}$$

i.e. il prodotto di Lie dei due campi ξ, ζ è indicato con il simbolo $[\xi, \zeta]$.

Lemma 3.25 *Il prodotto di Lie gode delle seguenti proprietà:*

(1) è antisimmetrico: $[\xi_1, \xi_2] = -[\xi_2, \xi_1]$;
(2) è lineare: $[(\xi_1 + \xi_2), \xi_3] = [\xi_1, \xi_3] + [\xi_2, \xi_3]$;
(3) soddisfa l'identità di Jacobi: $[\xi_1, [\xi_2, \xi_3]] + [\xi_2, [\xi_3, \xi_1]] + [\xi_3, [\xi_1, \xi_2]] = 0$.

Dimostrazione Segue dalla definizione (3.19) (cfr. l'esercizio 3.12 per maggiori dettagli). □

Lemma 3.26 *Fissato un sistema di coordinate locali su una varietà differenziabile Σ tale che i due campi ξ e ζ di classe C^1 definiti su Σ siano rappresentati dalle funzioni, rispettivamente, $\{f_k(q)\}_{k=1}^n$ e $\{g_k(q)\}_{k=1}^n$, allora le funzioni*

$$\left\{ \sum_{h=1}^n \left(f_h \frac{\partial g_k}{\partial q_h} - g_h \frac{\partial f_k}{\partial q_h} \right) \right\}_{k=1}^n \tag{3.20}$$

rappresenteranno il campo vettoriale $[\xi, \zeta]$.

Dimostrazione Sia A una funzione due volte differenziabile; si ha allora

$$\partial_\xi \partial_\zeta A = \sum_{k=1}^n f_k(q) \frac{\partial}{\partial q_k} (\partial_\zeta A) = \sum_{k=1}^n f_k(q) \frac{\partial}{\partial q_k} \left(\sum_{h=1}^n g_h(q) \frac{\partial A}{\partial q_h} \right), \tag{3.21}$$

e, analogamente,

$$\partial_\zeta \partial_\xi A = \sum_{k=1}^n g_k(q) \frac{\partial}{\partial q_k} (\partial_\xi A) = \sum_{k=1}^n g_k(q) \frac{\partial}{\partial q_k} \left(\sum_{h=1}^n f_h(q) \frac{\partial A}{\partial q_h} \right), \tag{3.22}$$

da cui, utilizzando la definizione 3.24 di $[\xi, \zeta]$, segue la (3.20). □

Osservazione 3.27 Sebbene il campo vettoriale $[\xi, \zeta]$ sia stato definito utilizzando funzioni differenziabili due volte, di fatto la derivazione ad esso associato è ben definita su funzioni che siano solo differenziabili, i.e.

$$\partial_{[\xi,\zeta]} A = \sum_{k=1}^n \sum_{h=1}^n \left(f_h \frac{\partial g_k}{\partial q_h} - g_h \frac{\partial f_k}{\partial q_h} \right) \frac{\partial A}{\partial q_k}. \tag{3.23}$$

Definizione 3.28 (Commutazione di campi vettoriali) *Dati due campi vettoriali ξ e ζ di classe C^1 definiti su una varietà regolare Σ, diciamo che essi* commutano *se il loro prodotto di Lie è nullo, i.e. se $[\xi, \zeta] = 0$.*

Teorema 3.29 *Data un varietà differenziabile Σ di dimensione n e dati M campi vettoriali $\xi_1, \ldots, \xi_M$, con $M \le n$, definiti su Σ e di classe C^1, la condizione*

$$[\xi_i, \xi_j] = 0 \qquad \forall i, j = 1, \ldots, M, \tag{3.24}$$

è soddisfatta se e solo se i gruppi a un parametro di diffeomorfismi associati soddisfano le relazioni

$$g_i(\alpha_i) \circ g_j(\alpha_j) = g_j(\alpha_j) \circ g_i(\alpha_i) \quad \forall \alpha_i, \alpha_j \in \mathbb{R}, \quad \forall i, j = 1, \ldots, M. \tag{3.25}$$

Dimostrazione Siano $q \mapsto Q_i(q, \alpha_i)$ le trasformazioni di coordinate che rappresentano localmente i diffeomorfismi $g_i(\alpha_i)$ e siano $\{f_{ik}(q)\}_{k=1}^n$ le funzioni che rappresentano localmente i campi vettoriali ξ_i ad essi associati. Nel sistema di coordinate q, le relazioni (3.25) diventano (cfr. la figura 3.1)

$$Q_i(Q_j(q, \alpha_j), \alpha_i) = Q_j(Q_i(q, \alpha_i), \alpha_j) \qquad \forall \alpha_i, \alpha_j \in \mathbb{R}. \tag{3.26}$$

Vogliamo dimostrare che le (3.26) sono soddisfatte se e solo se valgono le relazioni (3.24).

Le (3.24) equivalgono, per il lemma 3.26, alle relazioni

$$\sum_{h=1}^{n} \left(f_{ih} \frac{\partial f_{jk}}{\partial q_h} - f_{jh} \frac{\partial f_{ik}}{\partial q_h} \right) = 0 \qquad i, j = 1, \ldots, M, \quad k = 1, \ldots, n,$$

che possiamo riscrivere, in modo più compatto,

$$\left\langle f_i, \frac{\partial f_j}{\partial q} \right\rangle - \left\langle f_j, \frac{\partial f_i}{\partial q} \right\rangle = 0 \qquad \forall i, j = 1, \ldots, M. \tag{3.27}$$

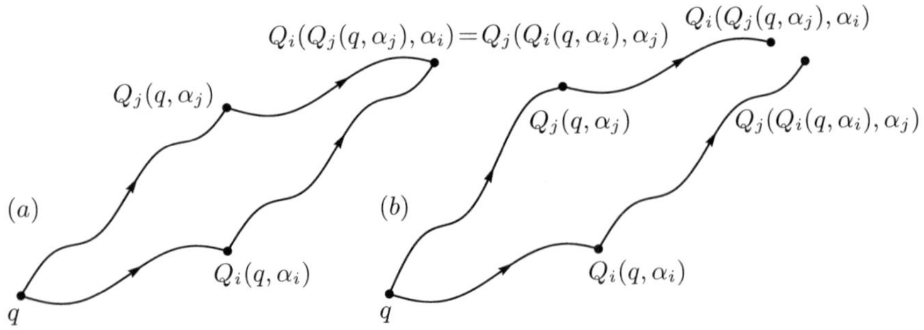

Figura 3.1 Composizione dei gruppi g_i e g_j: il caso (a) corrisponde alla (3.26)

Per il lemma 3.2, possiamo assumere che i diffeomorfismi siano di classe C^2. Allora, per ogni $i, j = 1, \ldots, M$, si ha, per $\alpha_i, \alpha_j \to 0$ (cfr. l'esercizio 3.13),

$$
\begin{aligned}
Q_i(Q_j(q,\alpha_j),\alpha_i) = q &+ f_i(q)\,\alpha_i \\
&+ f_j(q)\,\alpha_j + \left\langle f_j(q), \frac{\partial f_i}{\partial q}(q)\right\rangle \alpha_i\alpha_j \\
&+ \frac{1}{2}\frac{\partial f_i}{\partial \alpha_i}(q)\,\alpha_i^2 + \frac{1}{2}\frac{\partial f_j}{\partial \alpha_j}(q)\,\alpha_j^2 + N_i(\alpha_i,\alpha_j),
\end{aligned}
\tag{3.28}
$$

dove $N_i(\alpha_i, \alpha_j)$ è tale che

$$
\lim_{\alpha_i,\alpha_j \to 0} \frac{N_i(\alpha_i,\alpha_j)}{\alpha_i^2 + \alpha_j^2} = 0,
\tag{3.29}
$$

e un'analoga espressione vale per $Q_j(Q_i(q,\alpha_i),\alpha_j)$, con i ruoli di i e j scambiati tra loro. In conclusione risulta

$$
\begin{aligned}
&Q_i(Q_j(q,\alpha_j),\alpha_i) - Q_j(Q_i(q,\alpha_i),\alpha_j) \\
&= \left(\left\langle f_j(q), \frac{\partial f_i}{\partial q}(q)\right\rangle - \left\langle f_i(q), \frac{\partial f_j}{\partial q}(q)\right\rangle\right)\alpha_i\alpha_j + N_i(\alpha_i,\alpha_j) - N_j(\alpha_i,\alpha_j),
\end{aligned}
\tag{3.30}
$$

dove $N_j(\alpha_i, \alpha_j)$ soddisfa la stessa proprietà (3.29) di $N_i(\alpha_i, \alpha_j)$. Dobbiamo allora far vedere che, in virtù della (3.30), si ha

$$
Q_i(Q_j(q,\alpha_j),\alpha_i) - Q_j(Q_i(q,\alpha_i),\alpha_j) = 0
\tag{3.31}
$$

se e solo vale la (3.27).

Se la (3.31) è soddisfatta allora, in particolare, il coefficiente di $\alpha_i\alpha_j$ in (3.30) deve essere identicamente nullo e quindi ne segue la (3.27).

Viceversa, supponiamo che valga la (3.27) e mostriamo che allora deve valere la (3.31). Se prendiamo $k \in \mathbb{N}$ e definiamo le trasformazioni

$$
F := Q_i(\cdot, \alpha_i/k), \qquad G := Q_j(\cdot, \alpha_j/k),
$$

per le proprietà di gruppo si ha

$$
Q_i(q,\alpha_i) = \underbrace{F \circ F \circ \ldots \circ F}_{k \text{ volte}}(q), \qquad Q_j(q,\alpha_j) = \underbrace{G \circ G \circ \ldots \circ G}_{k \text{ volte}}(q),
$$

e quindi

$$
Q_i(Q_j(q,\alpha_j),\alpha_i) = \underbrace{F \circ F \circ \ldots \circ F}_{k \text{ volte}} \circ \underbrace{G \circ G \circ \ldots \circ G}_{k \text{ volte}}(q).
\tag{3.32}
$$

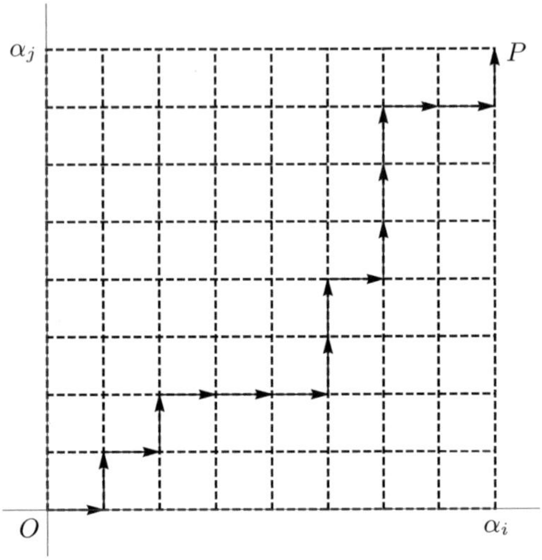

Figura 3.2 Rappresentazione della composizione delle trasformazioni F e G

Si può rappresentare schematicamente la composizione di k trasformazioni F e k trasformazioni G in ordine qualsiasi come indicato nella figura 3.2. Si riporti, a partire dall'origine, sull'asse delle ascisse un segmento di lunghezza α_i e sull'asse delle ordinate un segmento di lunghezza α_j, e dividiamo entrambi i segmenti in k parti uguali. Ogni volta che si applica la trasformazione F ci si muove in direzione orizzontale di un tratto α_i/k, e ogni volta che si applica la trasformazione G ci si muove in direzione verticale di un tratto α_j/k. In questo modo si determina un cammino che collega l'origine $O = (0,0)$ con il punto $P = (\alpha_i, \alpha_j)$; per esempio il cammino mostrato nella figura 3.2 corrisponde alla composizione $F \circ G \circ F \circ G \circ F \circ F \circ F \circ G \circ G \circ F \circ G \circ G \circ G \circ F \circ F \circ G$ per $k = 8$. In generale il risultato delle $2k$ composizioni dipende dall'ordine in cui sono applicate. In termini di cammini, la (3.26) equivale all'affermazione che i due cammini in cui ci si muove prima k volte in direzione orizzontale e poi k volte in direzione verticale o viceversa corrispondono a trasformazioni che portano allo stesso punto finale.

Se vale la (3.27), la (3.30) dà

$$F \circ G = G \circ F + o(1/k^2),$$

così che possiamo portare la prima G in (3.32) a sinistra di tutte le F in k passi commettendo un ordine $o(1/k^2)$ a ogni passo. Tenendo conto anche della dipendenza differenziabile dai dati iniziali, si trova

$$Q_i(Q_j(q,\alpha_j),\alpha_i) = G \circ \underbrace{F \circ F \circ \ldots \circ F}_{k \text{ volte}} \circ \underbrace{G \circ G \circ \ldots \circ G}_{k-1 \text{ volte}}(q) + k\, o(1/k^2).$$

Possiamo poi spostare la seconda G a sinistra di tutte le F in altri k passi, di nuovo compiendo un errore $o(1/k^2)$ a ogni passo, in modo da ottenere

$$Q_i(Q_j(q,\alpha_j),\alpha_i) = G \circ G \circ \underbrace{F \circ F \circ \ldots \circ F}_{k \text{ volte}} \circ \underbrace{G \circ G \circ \ldots \circ G}_{k-2 \text{ volte}}(q) + 2k\, o(1/k^2).$$

E così via fino all'ultima G, per un totale di k^2 passi: alla fine arriviamo a

$$Q_i(Q_j(q,\alpha_j),\alpha_i) = \underbrace{G \circ G \circ \ldots \circ G}_{k \text{ volte}} \circ \underbrace{F \circ F \circ \ldots \circ F}_{k \text{ volte}}(q) + k^2\, o(1/k^2).$$

i.e. $Q_i(Q_j(q,\alpha_j),\alpha_i) = Q_j(Q_i(q,\alpha_i),\alpha_j) + k^2\, o(1/k^2)$. Per l'arbitrarietà di k, possiamo passare al limite $k \to \infty$ e troviamo la (3.31). □

Teorema 3.30 (Teorema di Frobenius) *Data un varietà differenziabile Σ di dimensione n e dati M campi vettoriali di classe C^1 linearmente indipendenti $\xi_1, \ldots, \xi_M$, con $M \le n$, definiti su Σ, la condizione* (3.24) *è condizione necessaria e sufficiente perché si possa scegliere, in un intorno $\mathcal{U}$ di Σ, un sistema di coordinate locali $q = (q_1, \ldots, q_n)$ in cui la derivata di Lie di ogni campo vettoriale ξ_i abbia la forma*

$$\partial_{\xi_i} = \frac{\partial}{\partial q_i} \qquad \forall i = 1, \ldots, M. \tag{3.33}$$

Dimostrazione Dimostriamo prima che la condizione (3.24) è necessaria. Se esiste un sistema di coordinate in cui ogni campo vettoriale ξ_i sia nella forma (3.33) allora le funzioni che rappresentano i campi ξ_i sono date da $\{\delta_{ik}\}_{k=1}^n$ e quindi le (3.20), che rappresentano il campo $[\xi_i, \xi_j]$, sono identicamente nulle, i.e. $[\xi_i, \xi_j] = 0$, per ogni $i, j = 1, \ldots, M$.

Dimostriamo ora che la condizione (3.24) è anche sufficiente perché valga la rappresentazione (3.33). Basta, a questo scopo, dimostrare che la condizione (3.24) implica che esiste un sistema di coordinate in cui il gruppo di trasformazioni associato a ogni campo vettoriale ξ_i è dato da

$$q_i \mapsto q_i + \alpha, \qquad q_k \mapsto q_k, \qquad \forall k \ne i. \tag{3.34}$$

Infatti se la trasformazione $q \mapsto Q(q,\alpha)$ è data dalla (3.34) allora il campo vettoriale associatole attraverso la (3.3) è appunto della forma (3.33).

Ricordiamo che M campi vettoriali $\xi_1, \ldots, \xi_M$ sono linearmente indipendenti se la relazione $c_1\xi_1 + \ldots + c_M\xi_M = 0$ è soddisfatta se e solo se $c_m = 0\ \forall m = 1, \ldots, M$.

Sia $x_0 \in \Sigma$ un punto in cui le funzioni $\{f_{ik}(q)\}_{k=1}^n$ che rappresentano i campi vettoriali, in un opportuno sistema di coordinate q, abbiano la forma

$$f_{ik}(q_0) = f_i(q_0)\delta_{ik}, \qquad k = 1, \ldots, n, \qquad i = 1, \ldots, M, \tag{3.35}$$

dove q_0 sono le coordinate di x_0 e $f_i(q_0) \ne 0$ per $i = 1, \ldots, M$; l'esistenza di un sistema di coordinate in cui questo è possibile segue dall'indipendenza dei campi vettoriali (cfr. l'esercizio 3.14). Possiamo fissare l'origine di tale sistema di coordinate in modo che si abbia $q_0 = 0$.

Sia $\mathcal{U} \subset \Sigma$ un intorno di x_0 (che dovrà essere scelto così piccolo che le diseguaglianze scritte sotto in x_0 valgano per continuità anche in $\mathcal{U}$) e sia $x \in \mathcal{U}$.

Consideriamo, per $i = 1, \dots, M$, le M funzioni

$$
\begin{aligned}
F_i(q, \alpha_1, \dots, \alpha_M) = q_i &+ \int_0^{\alpha_1} \mathrm{d}\alpha'_1 \, f_{1i}\big(Q_1(q, \alpha'_1)\big) \\
&+ \int_0^{\alpha_2} \mathrm{d}\alpha'_2 \, f_{2i}\big(Q_2(Q_1(q, \alpha_1), \alpha'_2)\big) + \dots \\
&+ \int_0^{\alpha_M} \mathrm{d}\alpha'_M \, f_{Mi}\big(Q_M(Q_{M-1}(\dots Q_1(q, \alpha_1), \dots, \alpha_{M-1}), \alpha'_M)\big),
\end{aligned}
\tag{3.36}
$$

dove q sono le coordinate di x. Tenendo conto che

1. $F_i(q_0, 0, \dots, 0) = 0$ per $i = 1, \dots, M$ (ricordiamo che $q_0 = 0$),
2. $[\partial F_i / \partial \alpha_j](q_0, 0, \dots, 0) = f_i(q_0)\delta_{ij}$, dove $f_i(q_0) \neq 0$, per $i = 1, \dots, M$, così che

$$
\det \begin{pmatrix} \dfrac{\partial F_1}{\partial \alpha_1}(q_0, 0, \dots, 0) & \dots & \dfrac{\partial F_1}{\partial \alpha_M}(q_0, 0, \dots, 0) \\ \dots & \dots & \dots \\ \dfrac{\partial F_M}{\partial \alpha_1}(q_0, 0, \dots, 0) & \dots & \dfrac{\partial F_M}{\partial \alpha_M}(q_0, 0, \dots, 0) \end{pmatrix} = \prod_{k=1}^{M} f_i(q_0) \tag{3.37}
$$

è diverso da 0,

possiamo applicare il teorema della funzione implicita (cfr. l'esercizio 4.4 del volume 1) e concludere che esistono M funzioni

$$\tilde{\alpha}_1(q), \dots, \tilde{\alpha}_M(q) \tag{3.38}$$

tali che

$$F_i(q, \tilde{\alpha}_1(q), \dots, \tilde{\alpha}_M(q)) = 0. \tag{3.39}$$

Le funzioni $F_i(q, \alpha_1, \dots, \alpha_M)$ in (3.36) rappresentano i valori delle prime M coordinate del punto che si ottiene da q applicando successivamente le M trasformazioni $q \mapsto Q_i(q, \alpha_i)$ che rappresentano i diffeomorfismi $g_i(\alpha_i)$ nelle coordinate q. In altre parole si ha

$$F_i(q, \alpha_1, \dots, \alpha_M) = Q_{Mi}(Q_{M-1}(\dots Q_1(q, \alpha_1), \dots, \alpha_{M-1}), \alpha_M).$$

L'esistenza delle funzioni (3.38) che rendono valide le identità (3.39) significa che si possono fissare i valori dei parametri $\alpha_1, \dots, \alpha_M$ in modo tale che il punto q finisca in un punto che ha componenti nulle lungo le direzioni dei primi M assi coordinati (cfr. la dimostrazione analoga nel caso del teorema della scatola di flusso nel §4.4 del volume 1).

Dal teorema 3.29 segue che, sotto l'ipotesi (3.24) sui campi vettoriali $\xi_1, \ldots, \xi_M$, i gruppi a un parametro corrispondenti verificano le relazioni (3.25): l'ordine in cui le trasformazioni sono applicate non è importante e quindi, senza perdita di generalità, possiamo supporre (come stiamo facendo) che sia prima applicata la trasformazione $q \mapsto Q_1(q, \alpha_1)$, poi la trasformazione $Q_1(q, \alpha_1) \mapsto Q_2(Q_1(q, \alpha_1), \alpha_2)$ e così via. In particolare le funzioni (3.38) dipendono solo da q e non dall'ordine in cui le trasformazioni sono applicate: quindi i valori $\tilde{\alpha}_1(q), \ldots, \tilde{\alpha}_M(q)$ sono fissati univocamente da q e la trasformazione $q \mapsto (\tilde{\alpha}_1(q), \ldots, \tilde{\alpha}_M(q))$ definisce un diffeomorfismo.

Consideriamo ora la trasformazione di coordinate

$$\psi : (q_1, \ldots, q_n) \to (y_1, \ldots, y_n)$$

definita da

$$y_i = \psi_i(q) := \tilde{\alpha}_i(q), \tag{3.40}$$

per $i = 1, \ldots, M$, e

$$\begin{aligned} y_i = \psi_i(q) := q_i &+ \int_0^{\tilde{\alpha}_1(q)} \mathrm{d}\alpha_1' \, f_{1i}\big(Q_1(q, \alpha_1')\big) \\ &+ \int_0^{\tilde{\alpha}_2(q)} \mathrm{d}\alpha_2' \, f_{2i}\big(Q_2(Q_1(q, \tilde{\alpha}_1(q)), \alpha_2')\big) + \ldots \\ &+ \int_0^{\tilde{\alpha}_M(q)} \mathrm{d}\alpha_M' \, f_{Mi}\big(Q_M(Q_{M-1}(\ldots Q_1(q, \tilde{\alpha}_1(q)), \ldots, \tilde{\alpha}_{M-1}(q)), \alpha_M')\big), \end{aligned} \tag{3.41}$$

per $i = M+1, \ldots, n$. Per costruzione le $\psi_i(q)$ in (3.41) definiscono le ultime $n-M$ coordinate del punto che si ottiene da q applicando successivamente le M trasformazioni $q \mapsto Q_i(q, \alpha_i)$, che rappresentano i diffeomorfismi $g_i(\alpha_i)$ nelle coordinate q, per $\alpha_i = \tilde{\alpha}_i(q)$ (per costruzione le prime M coordinate sono nulle). Quindi si ha

$$\psi_i(q) = Q_{Mi}(Q_{M-1}(\ldots Q_1(q, \tilde{\alpha}_1(q)), \ldots, \tilde{\alpha}_{M-1}(q)), \tilde{\alpha}_M(q)),$$

per $i = M + 1, \ldots, n$.

Si verifica innazitutto (cfr. l'esercizio 3.15) che

$$\frac{\partial \psi_i}{\partial q_j}(q_0) = \delta_{ij}, \qquad i = M+1, \ldots, n, \quad j = 1, \ldots, n, \tag{3.42}$$

mentre, per $i, j = 1, \ldots, M$, si ha (cfr. l'esercizio 3.16)

$$0 = \frac{\partial F_i}{\partial q_j}(q_0) = \delta_{ij} + \sum_{k=1}^{M} f_{ki}(q_0) \frac{\partial \tilde{\alpha}_k}{\partial q_j}(q_0) = \delta_{ij} + f_i(q_0) \frac{\partial \tilde{\alpha}_i}{\partial q_j}(q_0), \tag{3.43}$$

così che, utilizzando le (3.35) e (3.37), otteniamo

$$\det\begin{pmatrix} \frac{\partial\psi_1}{\partial q_1}(q_0) & \dots & \frac{\partial\psi_1}{\partial q_M}(q_0) \\ \dots & \dots & \dots \\ \frac{\partial\psi_M}{\partial q_1}(q_0) & \dots & \frac{\partial\psi_M}{\partial q_M}(q_0) \end{pmatrix} := \det\begin{pmatrix} \frac{\partial\tilde{\alpha}_1}{\partial q_1}(q_0) & \dots & \frac{\partial\tilde{\alpha}_1}{\partial q_M}(q_0) \\ \dots & \dots & \dots \\ \frac{\partial\tilde{\alpha}_M}{\partial q_1}(q_0) & \dots & \frac{\partial\tilde{\alpha}_M}{\partial q_M}(q_0) \end{pmatrix} \tag{3.44}$$

$$= (-1)^M \det\begin{pmatrix} \frac{1}{f_1(q_0)} & \dots & 0 \\ \dots & \dots & \dots \\ 0 & \dots & \frac{1}{f_M(q_0)} \end{pmatrix} \neq 0.$$

Se consideriamo la matrice jacobiana

$$\frac{\partial\psi_i}{\partial q_j}(q_0) = \begin{pmatrix} \frac{\partial\psi_1}{\partial q_1}(q_0) & \dots & \frac{\partial\psi_1}{\partial q_M}(q_0) & \frac{\partial\psi_1}{\partial q_{M+1}}(q_0) & \dots & \frac{\partial\psi_1}{\partial q_{n-1}}(q_0) & \frac{\partial\psi_1}{\partial q_n}(q_0) \\ \dots & \dots & \dots & \dots & \dots & \dots & \\ \frac{\partial\psi_M}{\partial q_1}(q_0) & \dots & \frac{\partial\psi_M}{\partial q_M}(q_0) & \frac{\partial\psi_M}{\partial q_{M+1}}(q_0) & \dots & \frac{\partial\psi_M}{\partial q_{n-1}}(q_0) & \frac{\partial\psi_M}{\partial q_n}(q_0) \\ 0 & \dots & 0 & 1 & \dots & 0 & 0 \\ \dots & \dots & \dots & \dots & \dots & \dots & \dots \\ 0 & \dots & 0 & 0 & \dots & 1 & 0 \\ 0 & \dots & 0 & 0 & \dots & 0 & 1 \end{pmatrix}$$

della trasformazione data dalle (3.40) e (3.41), il suo determinante è dato dalla (3.44) e quindi è non nullo. Inoltre, poiché le funzioni (3.38) hanno la stessa regolarità dei campi vettoriali, la trasformazione (3.40) non solo è non singolare ma ha anche la stessa regolarità dei campi vettoriali.

Si verifica facilmente (cfr. l'esercizio 3.17), a partire, dalle definizioni di $\tilde{\alpha}_i$ e di y_i, che, per ogni $i = 1, \dots, M$ e per ogni $k = 1, \dots, n$, risulta

$$\frac{\mathrm{d}y_i}{\mathrm{d}\alpha_i} = \frac{\mathrm{d}\tilde{\alpha}_i}{\mathrm{d}\alpha_i} = -1, \qquad \frac{\mathrm{d}y_k}{\mathrm{d}\alpha_i} = 0, \quad k \neq i, \tag{3.45}$$

così che, nelle coordinate $y' = -y$, il gruppo di trasformazioni associate al campo vettoriale ξ_i assume le forma

$$y_i' \mapsto y_i' + \alpha_i, \qquad y_k' \mapsto y_k', \quad k \neq i. \tag{3.46}$$

Questo dimostra l'asserto. □

Osservazione 3.31 Il teorema 3.30 implica che, se i campi $\xi_1, \dots, \xi_M$ commutano, allora è possibile utilizzare i parametri dei gruppi di trasformazioni associati ai campi vettoriali come coordinate indipendenti, almeno in un intorno abbastanza piccolo $\mathcal{U}$.

Osservazione 3.32 Il teorema di Frobenius può essere visto come una generalizzazione del teorema della scatola di flusso (teorema 4.82 del volume 1) al caso in cui si abbiano più campi vettoriali.

Definizione 3.33 (Sollevamento di un campo vettoriale) *Dato un campo vettoriale ξ di classe C^1 definito su una varietà differenziabile Σ, sia $\{f_k(q)\}_{k=1}^n$ la sua rappresentazione in un sistema di coordinate locali q. Siano (q,η) le coordinate utilizzate per descrivere localmente il fibrato tangente $T\Sigma$. Si chiama* sollevamento del campo vettoriale ξ *il campo vettoriale $T\xi$, definito su $T\Sigma$, rappresentato dalle funzioni*

$$\left\{ f_k(q), \sum_{h=1}^n \frac{\partial f_k(q)}{\partial q_h} \eta_h \right\}_{k=1}^n$$

nel sistema di coordinate (q,η).

Osservazione 3.34 La definizione 3.33 ha la seguente motivazione. Sia $(q,\eta) \mapsto A(q,\eta)$ una funzione differenziabile definita su $T\Sigma$. Se $Q(q,\alpha)$ è la soluzione del sistema di equazioni

$$\frac{\mathrm{d}Q_k}{\mathrm{d}\alpha} = f_k(Q), \qquad k = 1,\dots,n,$$

individuato dal campo vettoriale ξ, i vettori tangenti η si trasformano secondo la (3.6), i.e.

$$\eta_k \mapsto \widetilde{\eta}_k := \sum_{h=1}^n \frac{\partial Q_k}{\partial q_h}\eta_h,$$

e quindi si ha

$$\frac{\mathrm{d}\widetilde{\eta}_k}{\mathrm{d}\alpha} = \sum_{j=1}^n \eta_j \frac{\partial}{\partial q_j}\frac{\mathrm{d}Q_k}{\mathrm{d}\alpha} = \sum_{h=1}^n\sum_{j=1}^n \frac{\partial f_k(Q)}{\partial Q_h}\frac{\partial Q_h}{\partial q_j}\eta_j = \sum_{h=1}^n \frac{\partial f_k(Q)}{\partial Q_h}\widetilde{\eta}_h. \tag{3.47}$$

La derivata totale rispetto ad α della funzione A è allora

$$\begin{aligned}\left.\frac{\mathrm{d}A}{\mathrm{d}\alpha}\right|_{\alpha=0} &= \left.\sum_{k=1}^n\left(\frac{\mathrm{d}Q_k(q)}{\mathrm{d}\alpha}\frac{\partial A}{\partial q_k} + \frac{\mathrm{d}\widetilde{\eta}_k}{\mathrm{d}\alpha}\frac{\partial A}{\partial \eta_k}\right)\right|_{\alpha=0} \\ &= \sum_{k=1}^n f_k(q)\frac{\partial A}{\partial q_k} + \left.\sum_{k=1}^n \frac{\mathrm{d}\widetilde{\eta}_k}{\mathrm{d}\alpha}\frac{\partial A}{\partial \eta_k}\right|_{\alpha=0} \\ &= \sum_{k=1}^n f_k(q)\frac{\partial A}{\partial q_k} + \sum_{k=1}^n\left(\sum_{h=1}^n \frac{\partial f_k(q)}{\partial q_h}\eta_h\right)\frac{\partial A}{\partial \eta_k} = \partial_{T\xi}A.\end{aligned} \tag{3.48}$$

Lemma 3.35 *Dati due campi vettoriali ξ e ζ di classe C^1 su una varietà differenziabile Σ, siano $T\xi$ e $T\zeta$ i loro sollevamenti. Allora risulta*

$$[T\xi, T\zeta] = T[\xi, \zeta], \tag{3.49}$$

dove $[\xi, \zeta]$ è il prodotto di Lie dei due campi e $[T\xi, T\zeta]$ è il prodotto di Lie dei loro sollevamenti.

Dimostrazione Fissato un sistema di coordinate $z = (q, \eta)$ in $T\Sigma$, in virtù della definizione 3.33, i campi vettoriali $T\xi$ e $T\zeta$ hanno componenti, rispettivamente,

$$\{F_k(q,\eta)\}_{k=1}^{2n} = \left\{ f_k(q), \sum_{h=1}^{n} \frac{\partial f_k(q)}{\partial q_h} \eta_h \right\}_{k=1}^{n},$$
$$\{G_k(q,\eta)\}_{k=1}^{2n} = \left\{ g_k(q), \sum_{h=1}^{n} \frac{\partial g_k(q)}{\partial q_h} \eta_h \right\}_{k=1}^{n},$$

se $\{f_k(q)\}_{k=1}^n$ e $\{g_k(q)\}_{k=1}^n$ sono le componenti dei campi vettoriali ξ e ζ, rispettivamente. Le componenti del campo vettoriale $[T\xi, T\zeta]$ sono

$$\left\{ \sum_{h=1}^{2n} \left(F_h \frac{\partial G_k}{\partial z_h} - G_h \frac{\partial F_k}{\partial z_h} \right) \right\}_{k=1}^{2n}, \tag{3.50}$$

per il lemma 3.26. D'altra parte, di nuovo in base alla definizione 3.33, il sollevamento di $[\xi, \zeta]$ ha componenti

$$\left\{ \sum_{h=1}^{n} \left(f_h \frac{\partial g_k}{\partial q_h} - g_h \frac{\partial f_k}{\partial q_h} \right), \sum_{j=1}^{n} \frac{\partial}{\partial q_j} \sum_{h=1}^{n} \left(f_h \frac{\partial g_k}{\partial q_h} - g_h \frac{\partial f_k}{\partial q_h} \right) \eta_k \right\}_{k=1}^{n}. \tag{3.51}$$

È allora facile vedere che i due campi vettoriali $[T\xi, T\zeta]$, di componenti (3.50), e $T[\xi, \zeta]$, di componenti (3.51) coincidono. Questo è ovvio per le prime n componenti, e si verifica con un rapido conto per le restanti n componenti inserendo l'espressione esplicita delle componenti $\{F_k(q,\eta)\}_{k=1}^{2n}$ e $\{G_k(q,\eta)\}_{k=1}^{2n}$ si $T\xi$ e $T\eta$, rispettivamente, in (3.50). □

Corollario 3.36 *Siano ξ e ζ due campi vettoriali di classe C^1 definiti su una varietà differenziabile Σ, e siano $T\xi$ e $T\zeta$ i loro sollevamenti. Si ha allora $[T\xi, T\zeta] = 0$ se e solo se $[\xi, \zeta] = 0$.*

Dimostrazione Segue immediatamente dall'identità (3.49). □

Il seguente risultato generalizza il teorema 3.19 al caso in cui un sistema lagrangiano ammetta più simmetrie. Come anticipato all'inizio del paragrafo, perché esista un sistema di coordinate in cui più variabili siano cicliche occorrono ipotesi aggiuntive sui gruppi di diffeomorfismi che lasciano invariante la lagrangiana.

Teorema 3.37 (Teorema di Noether) *Dato un sistema lagrangiano di classe C^2, è possibile trovare un sistema di coordinate tale che M di esse siano cicliche se e solo se esistono M gruppi a un parametro di diffeomorfismi dello spazio delle configurazioni in sé, $\mathcal{G}_1, \ldots, \mathcal{G}_M$, indipendenti tra loro, di classe C^2 nei rispettivi parametri e tali da lasciare invariante la lagrangiana, che soddisfino le relazioni* (3.25) *per ogni $i, j = 1, \ldots, M$. In tal caso i parametri $\alpha_1, \ldots, \alpha_M$ dei gruppi $\mathcal{G}_1, \ldots, \mathcal{G}_M$ possono essere utilizzati come coordinate.*

Dimostrazione Per il teorema 3.29, le relazioni (3.25) sono equivalenti alle (3.24), e per il teorema 3.30 sono quindi soddisfatte se e solo se esiste un opportuno sistema di coordinate locali in cui le derivazioni associate ai campi vettoriali siano della forma (3.33). Questo vuol dire che le trasformazioni associate, in tale sistema di coordinate, sono date da

$$q_i \mapsto q_i + \alpha_i, \qquad q_k \mapsto q_k, \qquad \forall k \neq i, \tag{3.52}$$

per $= 1, \ldots, M$, e soddisfano banalmente le regole di commutazione (3.25).

In conclusione valgono le (3.25) se e solo se esiste un sistema di coordinate locali q in cui le trasformazioni che rappresentano i gruppi a un parametro sono date dalle (3.52). In tale sistema di coordinate si ha

$$\left.\frac{\mathrm{d}\mathcal{L}}{\mathrm{d}\alpha_i}\right|_{\alpha_i=0} = \frac{\partial \mathcal{L}}{\partial q_i}. \tag{3.53}$$

Supponiamo ora che i gruppi di diffeomorfismi $\mathcal{G}_1, \ldots, \mathcal{G}_M$, lascino invariante la lagrangiana e soddisfino le (3.25), i.e. $\mathrm{d}\mathcal{L}/\mathrm{d}\alpha_i = 0$. Per la (3.53), nel sistema di coordinate q, le coordinate $q_1, \ldots, q_M$ sono quindi variabili cicliche. In particolare si può scegliere il sistema di coordinate in modo che M di esse siano i parametri $\alpha_1, \ldots, \alpha_M$.

Viceversa, supponiamo che, nel sistema di coordinate q, le variabili $q_1, \ldots, q_M$ siano cicliche. Allora, per la (3.53), le trasformazioni (3.52) lasciano invariante la lagrangiana, e quindi, se denotiamo con $g_i(\alpha_i)$ i gruppi da esse rappresentati nel sistema di coordinate q, si ottengono le relazioni (3.25). □

Teorema 3.38 *Sia Σ una varietà differenziabile e sia $\mathcal{L}\colon T\Sigma \to \mathbb{R}$ una lagrangiana definita su $T\Sigma$. Se i campi vettoriali ξ_1 e ξ_2 di classe C^1 corrispondono a gruppi di simmetrie di $\mathcal{L}$, allora anche il loro prodotto di Lie $[\xi_1, \xi_2]$, se non è nullo, corrisponde a un gruppo di simmetrie di $\mathcal{L}$.*

Dimostrazione Se la lagrangiana $\mathcal{L}$ è invariante sotto l'azione dei gruppi di simmetrie associati ai campi vettoriali ξ_1 e ξ_2 si ha

$$\partial_{T\xi_1}\mathcal{L} = \partial_{T\xi_2}\mathcal{L} = 0.$$

Quindi, per la definizione 3.24 di prodotto di Lie, si ha

$$\partial_{[T\xi_1, T\xi_2]}\mathcal{L} = \partial_{T\xi_1}\partial_{T\xi_2}\mathcal{L} - \partial_{T\xi_2}\partial_{T\xi_1}\mathcal{L} = 0$$

che, per il corollario 3.36, implica che

$$\partial_{T[\xi_1,\xi_2]}\mathcal{L} = 0.$$

Questo mostra l'invarianza di $\mathcal{L}$ sotto l'azione del gruppo a un parametro associato al campo vettoriale $[\xi_1, \xi_2]$. Quindi tale gruppo è ancora un gruppo di simmetrie per $\mathcal{L}$. □

Esempio 3.39 Siano ξ_1 e ξ_2 due campi vettoriali in $\mathbb{R}^n$, tali che le funzioni $\{f_{1k}(q)\}_{k=1}^n$ e $\{f_{2k}(q)\}_{k=1}^n$ che li rappresentano nel sistema di coordinate q siano lineari:

$$f_{ik}(q) = \sum_{h=1}^{n} A_{ikh} q_h, \qquad i = 1, 2, \tag{3.54}$$

dove A_{ikh} sono gli elementi della matrice A_i, $i = 1, 2$. Allora anche il campo vettoriale $[\xi_1, \xi_2]$ è rappresentato da una funzione lineare f, i.e.

$$f_k(q) = \sum_{h=1}^{n} A_{kh} q_h,$$

e la matrice corrispondente A è data da (cfr. l'esercizio 3.18)

$$A := A_2 A_1 - A_1 A_2 := [A_2, A_1], \tag{3.55}$$

i.e. è il commutatore delle due matrici A_2 e A_1 (cfr. il §1.1.2 del volume 1).

Esempio 3.40 Siano ξ_1 e ξ_2 i campi vettoriali associati alle rotazioni intorno a due assi cartesiani tra loro ortogonali, per esempio intorno agli assi $\boldsymbol{e}_1$ ed $\boldsymbol{e}_2$ di una terna levogira. I due campi vettoriali sono rappresentati da funzioni della forma (3.54) (cfr. l'esercizio 3.19). Si vede immediatamente che il campo vettoriale $\xi_3 = [\xi_1, \xi_2]$ è associato alle rotazioni intorno all'asse $\boldsymbol{e}_3 = \boldsymbol{e}_1 \wedge \boldsymbol{e}_2$ (cfr. l'esercizio 3.21), i.e. intorno al terzo asse della terna. Per il teorema 3.38, la conservazione di due componenti del momento angolare, corrispondente per il teorema 3.19 all'invarianza della lagrangiana per rotazioni intorno ai due assi ortogonali $\boldsymbol{e}_1$ ed $\boldsymbol{e}_2$ (cfr. l'esempio 3.13), comporta la conservazione anche della terza componente, corrispondente, di nuovo per il teorema 3.19, all'invarianza della lagrangiana per rotazioni intorno all'asse $\boldsymbol{e}_3$, i.e. all'asse definito dal prodotto vettoriale dei due assi $\boldsymbol{e}_1$ ed $\boldsymbol{e}_2$. Pertanto, in un sistema meccanico conservativo si possono conservare o una o tre componenti del momento angolare, ma non due sole di esse.

Osservazione 3.41 Siano $\mathcal{G}_1, \mathcal{G}_2, \mathcal{G}_3$ i gruppi a un parametro associati ai campi vettoriali ξ_1, ξ_2, ξ_3 dell'esempio 3.40. In altre parole, $\mathcal{G}_i$ è il gruppo delle rotazioni intorno all'asse $\boldsymbol{e}_i$, per $i = 1, 2, 3$. La discussione dell'esempio 3.40 implica che un sistema, se è invariante per rotazioni intorno a due assi, allora è necessariamente invariante anche per rotazioni intorno al terzo asse. Questo mostra che non esistono simmetrie "intermedie" tra quella cilindrica (invarianza per rotazioni intorno a un solo asse) e quella sferica (invarianza per rotazioni intorno a qualsiasi asse).

Esempio 3.42 Consideriamo la quantità di moto

$$p = \sum_{i=1}^{n} p^{(i)} = \sum_{i=1}^{n} m_i \dot{x}^{(i)}$$

di un sistema di N punti materiali. I campi vettoriali ξ_k, $k = 1, 2, 3$, associati alle componenti della quantità di moto sono rappresentati, nelle coordinate x, da funzioni costanti (cfr. l'esercizio 3.6), quindi si ha

$$[\xi_i, \xi_j] = 0, \qquad \forall i, j = 1, 2, 3. \tag{3.56}$$

Dal teorema 3.37 segue che, per ogni lagrangiana $\mathcal{L}$ lasciata invariante dai gruppi di trasformazioni associati ai campi ξ_k, $k = 1, 2, 3$, è possibile trovare un sistema di coordinate in cui tre di esse sono cicliche. Fisicamente tali coordinate rappresentano le coordinate del centro di massa del sistema. Dal momento che vale la (3.56) non possiamo applicare il teorema 3.38, i.e. la conservazione di due componenti della quantità di moto non implica che anche la terza debba essere conservata.

Esempio 3.43 Se, dato un punto materiale nello spazio euclideo tridimensionale, sono conservate due componenti del momento angolare (per esempio le componenti lungo gli assi x e y) e la componente restante della quantità di moto (per esempio la componente lungo l'asse z), allora sono conservati sia il momento angolare totale sia la quantità di moto totale (cfr. l'esercizio 3.25).

Osservazione 3.44 Nel caso di un corpo rigido con un punto fisso, in assenza di forze esterne, si hanno quattro costanti del moto: l'energia e il momento angolare. Perciò, sebbene *a priori* lo spazio delle fasi del sistema sia $SO(3) \times \mathbb{R}^3 \subset \mathbb{R}^6$, si possono in realtà parametrizzare le traiettorie in termini di due variabili: il moto si svolge su una superficie Σ di dimensione 2. La descrizione così ottenuta corrisponde a quella geometrica secondo Poinsot che utilizza la poloide e l'erpoloide (cfr. la discussione del §10.5 del volume 1). Il sistema dinamico corrispondente, definito sulla superficie Σ, non è un sistema lagrangiano a un grado di libertà che si possa ottenere da quello di partenza mediante l'applicazione ripetuta del teorema 2.20. Infatti il gruppo delle rotazioni non contiene sottogruppi che soddisfino le condizioni (3.56), quindi, nonostante si conservino le tre componenti del momento angolare, non è possibile applicare il teorema 3.37; in particolare non è possibile trovare un sistema di coordinate in cui tre siano cicliche. D'altra parte, se questo fosse possibile, la lagrangiana non dovrebbe dipendere da alcuna delle tre variabili che determinano la configurazioni del sistema, i corrispondenti momenti dovrebbero essere costanti e il moto diverrebbe banale. Questo manifestamente non succede.

Nota bibliografica Nel presente capitolo, per quanto riguarda il §3.1, abbiamo seguito prevalentemente [DA96, Cap. VIII].

Tutti i rimandi a capitoli, paragrafi, risultati ed equazioni che si specificano del volume 1 si intendono riferiti a [G21].

3.3 Esercizi

Esercizio 3.1 Si dimostri che, sotto le ipotesi del lemma 3.2, la funzione f in (3.3) è di classe C^1. [*Suggerimento.* Utilizzando la proprietà di gruppo (3.2), si verifica che

$$
\begin{aligned}
\frac{\mathrm{d}^2}{\mathrm{d}\alpha^2} Q(q,\alpha) &= \frac{\mathrm{d}}{\mathrm{d}\alpha} \lim_{\varepsilon \to 0} \frac{Q(Q(q,\alpha),\varepsilon) - Q(q,\alpha)}{\varepsilon} \\
&= \frac{\mathrm{d}}{\mathrm{d}\alpha} \frac{\mathrm{d}}{\mathrm{d}\alpha'} Q(Q(q,\alpha),\alpha') \bigg|_{\alpha'=0} \\
&= \frac{\partial}{\partial q'} \frac{\mathrm{d}}{\mathrm{d}\alpha'} Q(q',\alpha') \bigg|_{\substack{q'=Q(q,\alpha) \\ \alpha'=0}} \frac{\mathrm{d}}{\mathrm{d}\alpha} Q(q,\alpha),
\end{aligned}
$$

da cui, poiché le derivate (prima e seconda) rispetto ad α di $Q(q,\alpha)$ sono continue in q e $q' = Q(q,\alpha)$ è C^1 in q, si deduce che anche la derivata rispetto a q' di $[\mathrm{d}/\mathrm{d}\alpha']Q(q',\alpha')$ in $\alpha' = 0$ è continua in q'. Ne segue, di nuovo per la proprietà di gruppo, che la derivata rispetto a q' di $[\mathrm{d}/\mathrm{d}\alpha']Q(q',\alpha')$ è continua in q' per ogni α' (si ragiona come nella parte finale dell'osservazione 3.4, a cui si rimanda per maggiori dettagli), ovvero che la derivata $[\mathrm{d}/\mathrm{d}\alpha']Q(q,\alpha')$ è C^1 in q. In conclusione la funzione $f(Q(q,\alpha))$ in (3.3) è C^1 in q e quindi in Q, dato che $Q = Q(q,\alpha)$ è C^1 in q.]

Esercizio 3.2 Si dimostri che il campo vettoriale ξ definito dalla trasformazione di coordinate $q \mapsto Q(q,\alpha)$ attraverso la (3.3) non dipende dal sistema di coordinate scelto. [*Soluzione.* Si deve dimostrare che, se operiamo un cambiamento di coordinate $q \mapsto q'$, allora le componenti di ξ si trasformano con la legge di trasformazione dei vettori. Sia $\alpha \mapsto Q'(q',\alpha)$ la legge di trasformazione delle coordinate q' sotto l'azione del diffeomorfismo $g(\alpha)$; il campo vettoriale corrispondente è tale che

$$
\frac{\mathrm{d}Q'}{\mathrm{d}\alpha} = f'(Q'), \qquad Q'(q',0) = q',
$$

con $f'(Q') = J(Q',Q)\, f(Q)$, dove $J(Q',Q)$ è la matrice jacobiana della trasformazione di coordinate $Q \mapsto Q'(Q)$, i.e.

$$
f_k'(Q') = \sum_{h=1}^{n} \frac{\partial Q_k'(Q)}{\partial Q_h} f_h(Q) = \left\langle \frac{\partial Q_k'(Q)}{\partial Q}, f(Q) \right\rangle,
$$

dove si è indicato con $\langle \cdot, \cdot \rangle$ il prodotto scalare in $\mathbb{R}^n$.]

Esercizio 3.3 Un'*algebra* è uno spazio vettoriale $\mathcal{A}$ su un campo K (cfr. l'osservazione 1.2 del volume 1) munito di un'operazione binaria $*$ tale che per ogni $x, y, z \in \mathcal{A}$ e per ogni $\lambda, \mu \in K$ valgano le seguenti proprietà:

1. $(x + y) * z = x * z + y * z$;
2. $x * (y + z) = x * y + x * z$;
3. $(\lambda x) * (\mu y) = \lambda\mu(x * y)$.

Un'applicazione lineare $D\colon K \to K$, definita su un'algebra $\mathcal{A}$ si dice *derivazione* se soddisfa la *regola di Leibniz*, cioè se $D(ab) = D(a)\,b + a\,D(b)$ per ogni $a, b \in \mathcal{A}$. Si dimostri che l'applicazione ∂_ξ definita in (3.7) è una derivazione.

Esercizio 3.4 Si dimostri che il momento (3.8) non dipende dal sistema di coordinate scelto. [*Soluzione.* Sia (q', η') un differente sistema di coordinate locali per $T\Sigma$. Se $\{f_k'(q')\}_{k=1}^n$ rappresenta il campo vettoriale nelle coordinate q', risulta allora in tale sistema

$$\sum_{k=1}^{n} f_k'(q') \frac{\partial \mathcal{L}}{\partial \eta_k'}(q', \eta') = \sum_{k,h,j=1}^{n} f_h(q) \frac{\partial q_k'}{\partial q_h} \frac{\partial \eta_j}{\partial \eta_k'} \frac{\partial \mathcal{L}}{\partial \eta_j}(q, \eta),$$

per la (3.5), e, poiché le coordinate η si trasformano come le $\dot{q}$, si ha

$$\eta_k' = \sum_{h=1}^{n} \frac{\partial q_k'}{\partial q_h} \eta_h,$$

essendo stata utilizzata la seconda delle (3.6) con $\tau = t$. Quindi

$$\sum_{k=1}^{n} \frac{\partial q_k'}{\partial q_h} \frac{\partial \eta_j}{\partial \eta_k'} = \sum_{k=1}^{n} \frac{\partial q_k'}{\partial q_h} \frac{\partial q_j}{\partial q_k'} = \delta_{hj},$$

e da qui si deduce

$$\sum_{k=1}^{n} f_k'(q') \frac{\partial \mathcal{L}}{\partial \eta_k'} = \sum_{k=1}^{n} f_k(q) \frac{\partial \mathcal{L}}{\partial \eta_k},$$

da cui segue l'indipendenza di $\pi_\xi^{\mathcal{L}}$ dal sistema di coordinate.]

Esercizio 3.5 Dato un sistema di N punti nello spazio euclideo tridimensionale e dato un sistema di coordinate cartesiane x, siano ξ_1, ξ_2, ξ_3 i campo vettoriali associati alle traslazioni rigide lungo gli assi $\boldsymbol{e}_1, \boldsymbol{e}_2, \boldsymbol{e}_3$, rispettivamente. Si dimostri che le componenti dei campi vettoriali sono, rispettivamente,

$$\begin{gathered}(1, 0, 0, 1, 0, 0, \ldots, 1, 0, 0),\\ (0, 1, 0, 0, 1, 0, \ldots, 0, 1, 0),\\ (0, 0, 1, 0, 0, 1, \ldots, 0, 0, 1).\end{gathered}$$

[*Soluzione.* Siano $\boldsymbol{x}^{(i)} = (x_1^{(i)}, x_2^{(i)}, x_3^{(i)})$, $i = 1, \ldots, N$, le coordinate dei punti $P_1, \ldots, P_N$. Le traslazioni degli N punti lungo l'asse $\boldsymbol{e}_1$ hanno la forma

$$x_1^{(i)} \mapsto x_1^{(i)} + \alpha, \quad x_2^{(i)} \mapsto x_2^{(i)}, \quad x_2^{(3)} \mapsto x_3^{(i)}, \qquad i = 1, \ldots, N.$$

Se poniamo $q = x = (x_1^{(1)}, x_2^{(1)}, x_3^{(1)}, x_1^{(2)}, x_2^{(2)}, x_3^{(2)}, \ldots, x_1^{(N)}, x_2^{(N)}, x_3^{(N)})$, il risultato segue dalla (3.4). Analogamente si discutono le traslazioni lungo gli assi $\boldsymbol{e}_2$ ed $\boldsymbol{e}_3$.]

Esercizio 3.6 Si discuta l'esempio 3.12. [*Suggerimento.* Si consideri prima il caso di un solo punto materiale di massa m in $\mathbb{R}^3$. Siano $q = \boldsymbol{x} = (x_1, x_2, x_3)$ le coordinate del punto, e sia $q \mapsto Q(q, \alpha)$ la trasformazione definita da $Q_i(q, \alpha) = q_i + \alpha$ per un indice $i \in \{1, 2, 3\}$ e $Q_j(q, \alpha) = q_j$ per $j \neq i$. Il campo vettoriale associato ξ ha componenti $\{f_k(q)\}_{k=1}^3$, con $f_k(q) = \delta_{ik}$ (cfr. l'esercizio 3.5), e quindi il momento $\pi_\xi^{\mathcal{L}}$ associato a ξ, dato da

$$\pi_\xi^{\mathcal{L}} = \frac{\partial \mathcal{L}}{\partial \dot{x}_i} = m\dot{x}_i,$$

è la componente i-esima della quantità di moto. Si generalizza facilmente al caso di più punti materiali.]

Esercizio 3.7 Dato un sistema di N punti nello spazio euclideo tridimensionale e dato un sistema di coordinate cartesiane $x = (x_1^{(1)}, x_2^{(1)}, x_3^{(1)}, \ldots, x_1^{(N)}, x_2^{(N)}, x_3^{(N)})$, e siano ξ_1, ξ_2, ξ_3 i campi vettoriali associati alle rotazioni rigide intorno agli assi $\boldsymbol{e}_1, \boldsymbol{e}_2, \boldsymbol{e}_3$, rispettivamente. Si dimostri che le componenti dei campi vettoriali sono, rispettivamente,

$$\begin{aligned}
&(0, -x_3^{(1)}, x_2^{(1)}, 0, -x_3^{(2)}, x_2^{(2)}, \ldots, 0, -x_3^{(N)}, x_2^{(N)}) \\
&(-x_3^{(1)}, 0, x_1^{(1)}, -x_1^{(2)}, 0, x_3^{(2)}, \ldots, -x_3^{(N)}, 0, x_1^{(N)}) \\
&(-x_2^{(1)}, x_1^{(1)}, 0, -x_2^{(2)}, x_1^{(2)}, 0, \ldots, -x_2^{(N)}, x_1^{(N)}, 0).
\end{aligned}$$

[*Suggerimento.* Si consideri prima il caso $N = 1$ e si ponga $q = \boldsymbol{x} = (x_1, x_2, x_3)$. Si consideri per esempio una rotazione $S^{(1)}(\alpha)$ di una angolo α intorno all'asse $\boldsymbol{e}_1$. Allora $Q(q, \alpha) = S^{(1)}(\alpha)q$, dove

$$S^{(1)}(\alpha) = \begin{pmatrix} 1 & 0 & 0 \\ 0 & \cos\alpha & -\sin\alpha \\ 0 & \sin\alpha & \cos\alpha \end{pmatrix},$$

così che si ha

$$\frac{\mathrm{d}Q(q,\alpha)}{\mathrm{d}\alpha} = \frac{\mathrm{d}S^{(1)}(\alpha)}{\mathrm{d}\alpha} q = \frac{\mathrm{d}S^{(1)}(\alpha)}{\mathrm{d}\alpha} (S^{(1)}(\alpha))^{-1} Q(q,\alpha) =: A^{(1)}(\alpha) Q(q,\alpha),$$

e quindi il campo vettoriale ξ_1 associato alla rotazione è $A^{(1)}\boldsymbol{x}$, con

$$A^{(1)}(\alpha) = \begin{pmatrix} 0 & 0 & 0 \\ 0 & -\sin\alpha & -\cos\alpha \\ 0 & \cos\alpha & -\sin\alpha \end{pmatrix} \begin{pmatrix} 1 & 0 & 0 \\ 0 & \cos\alpha & -\sin\alpha \\ 0 & \sin\alpha & \cos\alpha \end{pmatrix} = \begin{pmatrix} 0 & 0 & 0 \\ 0 & 0 & -1 \\ 0 & 1 & 0 \end{pmatrix}.$$

Analogamente si ragiona per le rotazioni rigide intorno agli assi $\boldsymbol{e}_2$ ed $\boldsymbol{e}_3$, che sono delle forma $Q(q,\alpha) = S^{(2)}(\alpha)q$ e $Q(q,\alpha) = S^{(3)}(\alpha)q$, rispettivamente, con

$$S^{(2)}(\alpha) = \begin{pmatrix} \cos\alpha & 0 & -\sin\alpha \\ 0 & 1 & 0 \\ \sin\alpha & 0 & \cos\alpha \end{pmatrix}, \qquad S^{(3)}(\alpha) = \begin{pmatrix} \cos\alpha & -\sin\alpha & 0 \\ \sin\alpha & \cos\alpha & 0 \\ 0 & 0 & 1 \end{pmatrix},$$

e per le quali si trova che i campi vettoriali hanno la forma $A^{(2)}x$ e $A^{(3)}x$, rispettivamente, con

$$A^{(2)}(\alpha) = \begin{pmatrix} 0 & 0 & -1 \\ 0 & 0 & 0 \\ 1 & 0 & 0 \end{pmatrix}, \qquad A^{(3)}(\alpha) = \begin{pmatrix} 0 & -1 & 0 \\ 1 & 0 & 0 \\ 0 & 0 & 0 \end{pmatrix}.$$

La discussione si estende facilmente al caso $N > 1$.]

Esercizio 3.8 Si discuta l'esempio 3.13. [*Suggerimento.* Si consideri prima il caso di un solo punto materiale di massa m in $\mathbb{R}^3$ e si consideri la trasformazione $q \mapsto Q(q,\alpha)$ definita da $Q(q,\alpha) = S^{(i)}(\alpha)q$, dove $S^{(i)}(\alpha)$ descrive una rotazione di un angolo α intorno all'asse $\boldsymbol{e}_i$ e $q = \boldsymbol{x} = (x_1, x_2, x_3)$. Supponiamo per concretezza che sia $i = 3$ (gli altri casi si trattano in modo analogo). Il campo vettoriale associato ξ ha componenti $\{f_k(q)\}_{k=1}^3$, con $f_1(q) = -x_2$, $f_2(q) = x_1$ e $f_3(q) = 0$ (cfr. l'esercizio 3.7), e quindi il momento $\pi_\xi^{\mathcal{L}}$ associato a ξ è dato da

$$\pi_\xi^{\mathcal{L}} = f_1(q)\,\frac{\partial\mathcal{L}}{\partial\dot{x}_1} + f_2(q)\,\frac{\partial\mathcal{L}}{\partial\dot{x}_2} = m x_1 \dot{x}_2 - m x_2 \dot{x}_1 = (m\boldsymbol{x} \wedge \dot{\boldsymbol{x}})_3,$$

i.e. la terza componente del momento angolare. Si generalizza facilmente al caso di più punti materiali.]

Esercizio 3.9 Si dimostri che il teorema di Schwarz (cfr. l'esercizio 3.18 del volume 1) si può rafforzare nel modo seguente. Sia $A \subset \mathbb{R}^2$ un insieme aperto e sia $f\colon A \to \mathbb{R}$ tale che le derivate

$$\frac{\partial f}{\partial x_1}, \quad \frac{\partial f}{\partial x_2}, \quad \frac{\partial^2 f}{\partial x_2 \partial x_1}$$

esistano in A e l'ultima sia continua in $x_0 = (x_{01}, x_{02}) \in A$. Allora esiste anche la derivata

$$\frac{\partial^2 f}{\partial x_1 \partial x_2}$$

in x_0 e si ha

$$\frac{\partial^2}{\partial x_1 \partial x_2} f(x_0) = \frac{\partial^2}{\partial x_2 \partial x_1} f(x_0).$$

Si utilizzi il risultato per dimostrare che nella quinta riga della (3.16) si possono scambiare le derivate rispetto ad α e rispetto a t, in modo da ottenere la sesta riga. [*Suggerimento.* Per dimostrare la prima parte, si ragiona come nell'esercizio 3.18 del volume 1. Sia R tale che $(x_{01}+s, x_{02}+t) \in A$ per $|t|, |s| \le R$, e si definisca $u(x_2) := f(x_{01}+s, x_2) - f(x_{01}, x_2)$. Si ottiene, applicando due volte il teorema di Lagrange (cfr. l'esercizio 2.4 del volume 1)

$$\begin{aligned} A(s,t) &:= \frac{f(x_{01}+s, x_{02}+t) - f(x_{01}+s, x_{02}) - f(x_{01}, x_{02}+t) + f(x_{01}, x_{02})}{st} \\ &= \frac{u(x_{02}+t) - u(x_{02})}{st} = \frac{1}{s}\frac{\partial u}{\partial x_2}(\xi_2) \\ &= \frac{\partial}{\partial x_2}\left(\frac{f(x_{01}+s, \xi_2) - f(x_{01}, \xi_2)}{s}\right) = \frac{\partial^2 f}{\partial x_2 \partial x_1}(\xi_1, \xi_2), \end{aligned}$$

per ξ_1e ξ_2 opportuni compresi tra x_{01} e $x_{01}+s$ e tra x_{02} e $x_{02}+t$, rispettivamente. Per definizione di continuità, per ogni $\varepsilon > 0$ esistono s e t sufficientemente piccoli tali che

$$\left|\frac{\partial^2 f}{\partial x_2 \partial x_1}(\xi_1, \xi_2) - \frac{\partial^2 f}{\partial x_2 \partial x_1}(x_{01}, x_{02})\right| < \varepsilon.$$

D'altra parte, nel limite $t \to 0$ (e, di conseguenza, $\xi_2 \to x_{02}$), si trova

$$\frac{\partial^2 f}{\partial x_2 \partial x_1}(\xi_1, x_{02}) = \lim_{t \to 0} A(s,t) = \frac{1}{s}\left(\frac{\partial f}{\partial x_2}(x_{01}+s, x_{02}) - \frac{\partial f}{\partial x_2}(x_{01}, x_{02})\right).$$

Ne concludiamo che la funzione $[\partial f/\partial x_2(x_1, x_{02})$ è derivabile rispetto a x_1 in $x_1 = x_{01}$ e la sua derivata $[\partial^2 f/\partial x_1 \partial x_2](x_{01}, x_{02})$ è uguale a $[\partial^2 f/\partial x_2 \partial x_1](x_{01}, x_{02})$. Per dimostrare che in (3.16) si può invertire l'ordine delle derivate, si noti innanzitutto che

$$\frac{\mathrm{d}}{\mathrm{d}\alpha}\frac{\mathrm{d}Q}{\mathrm{d}t} = \frac{\mathrm{d}}{\mathrm{d}\alpha}\frac{\partial Q}{\partial q}\dot{q}, \qquad \frac{\mathrm{d}}{\mathrm{d}t}\frac{\mathrm{d}Q}{\mathrm{d}\alpha} = \frac{\mathrm{d}}{\mathrm{d}q}\frac{\partial Q}{\partial \alpha}\dot{q},$$

dal momento che $Q = Q(q,t)$ dipende dal tempo t solo attraverso $q = q(t)$. Pertanto è sufficiente dimostrare che

$$\frac{\mathrm{d}}{\mathrm{d}\alpha}\frac{\partial Q}{\partial q} = \frac{\partial}{\partial q}\frac{\partial Q}{\partial \alpha}.$$

Questo segue dal fatto che, dato che $\mathrm{d}Q/\mathrm{d}\alpha$ è C^1 in q (cfr. l'esercizio 3.1), allora le derivate seconde nel membro di destra dell'ultima equazione sono continue.]

Esercizio 3.10 Si dimostri che

$$\begin{aligned} &\frac{\mathrm{d}\mathcal{L}}{\mathrm{d}\alpha}\big(Q(q,\alpha), \dot{Q}(q,\alpha), t\big)\bigg|_{\alpha=0} = 0 \quad \forall q \\ \Longleftrightarrow \quad &\frac{\mathrm{d}\mathcal{L}}{\mathrm{d}\alpha}\big(Q(q,\alpha), \dot{Q}(q,\alpha), t\big) = 0 \quad \forall q,\ \forall \alpha. \end{aligned}$$

[*Suggerimento.* Si ha, per $\bar\alpha$ arbitrario,

$$
\begin{aligned}
&\frac{\mathrm{d}\mathcal{L}}{\mathrm{d}\alpha}\big(Q(q,\alpha),\dot Q(q,\alpha),t\big)\Big|_{\alpha=\bar\alpha}\\
&=\frac{\mathrm{d}\mathcal{L}}{\mathrm{d}\alpha}\big(Q(q,\bar\alpha+\alpha-\bar\alpha),\dot Q(q,\bar\alpha+\alpha-\bar\alpha),t\big)\Big|_{\alpha=\bar\alpha}\\
&=\frac{\mathrm{d}\mathcal{L}}{\mathrm{d}\alpha}\big(Q(Q(q,\bar\alpha),\alpha-\bar\alpha),\dot Q(Q(q,\bar\alpha),\alpha-\bar\alpha),t\big)\Big|_{\alpha=\bar\alpha}\\
&=\frac{\mathrm{d}\mathcal{L}}{\mathrm{d}\alpha'}\big(Q(Q(q,\bar\alpha),\alpha'),\dot Q(Q(q,\bar\alpha),\alpha'),t\big)\Big|_{\alpha'=0}\\
&=\frac{\mathrm{d}\mathcal{L}}{\mathrm{d}\alpha'}\big(Q(q',\alpha'),\dot Q(q',\alpha'),t\big)\Big|_{\alpha'=0}
\end{aligned}
$$

dove $q'=Q(q,\bar\alpha)$. Se q è arbitrario anche q' è arbitrario.]

Esercizio 3.11 Data una lagrangiana $\mathcal{L}(q,\dot q)$, si definisca sullo spazio delle configurazioni esteso una lagrangiana $\mathcal{L}'(q,\dot q,t,\dot t)$ tale che $\mathcal{L}(q,\dot q)$ sia la lagrangiana ridotta ottenuta da $\mathcal{L}'(q,\dot q,t,\dot t)$ attraverso il metodo di Routh. [*Suggerimento.* Nello spazio delle configurazioni esteso le equazioni del moto sono

$$\frac{\mathrm{d}}{\mathrm{d}t}\frac{\partial\mathcal{L}}{\partial\dot q}=\frac{\partial\mathcal{L}}{\partial q},\qquad \dot t=1.$$

Se definiamo $\mathcal{L}'(q,\dot q,t,\dot t)=\mathcal{L}(q,\dot q)+\dot t$, si ha $p:=[\partial\mathcal{L}/\partial\dot t]=1$, quindi, formalmente, la lagrangiana ridotta è $\mathcal{L}_R(q,\dot q)=\mathcal{L}(q,\dot q)+\dot t-\dot t\cdot 1=\mathcal{L}(q,\dot q)$.]

Esercizio 3.12 Si dimostri il lemma 3.25. [*Soluzione.* La derivazione associata a $-[\xi_1,\xi_2]$ è $-\partial_\xi$, se ∂_ξ è la derivazione associata a $[\xi_1,\xi_2]$; da qui segue la proprietà (1). La proprietà (2) segue dalla linearità della derivazione. Per dimostrare la proprietà (3), si considerano le derivazioni associate ai tre campi vettoriali ξ_1,ξ_2,ξ_3 e si verifica, utilizzando la definizione 3.24 che la derivazione associata al campo vettoriale $\zeta:=[\xi_1,[\xi_2,\xi_3]]+[\xi_2,[\xi_3,\xi_1]]+[\xi_3,[\xi_1,\xi_2]]$ è data da

$$
\begin{aligned}
\partial_\zeta &= (\partial_1\partial_2\partial_3-\partial_1\partial_3\partial_2-\partial_2\partial_3\partial_1+\partial_3\partial_2\partial_1)\\
&\quad+(\partial_2\partial_3\partial_1-\partial_2\partial_1\partial_3-\partial_3\partial_1\partial_2+\partial_1\partial_3\partial_2)\\
&\quad+(\partial_3\partial_1\partial_2-\partial_3\partial_2\partial_1-\partial_1\partial_2\partial_3+\partial_2\partial_1\partial_3),
\end{aligned}
$$

dove ∂_k è una notazione abbreviata per ∂_{ξ_k}; quindi $\partial_\zeta=0$, da cui segue che $\zeta=0$.]

Esercizio 3.13 Si derivi la (3.28). [*Suggerimento.* Se $\alpha\mapsto Q(q,\alpha)$ è di classe C^2, lo sviluppo di Taylor di $Q(q,\alpha)$ dà

$$Q(q,\alpha)=q+f(q)\,\alpha+\frac{1}{2}\frac{\partial f}{\partial\alpha}(q)\,\alpha^2+o(\alpha^2),$$

dove

$$\frac{\partial f}{\partial \alpha}(q) = \frac{\partial}{\partial \alpha} f(Q(q,\alpha))\bigg|_{\alpha=0}, \qquad f(q) = \frac{\mathrm{d}}{\mathrm{d}\alpha} f(Q(q,\alpha))\bigg|_{\alpha=0}.$$

Da qui si ottiene la (3.28).]

Esercizio 3.14 Si dimostri che se $\xi_1, \ldots, \xi_M$ sono M vettori linearmente indipendenti allora è possibile scegliere un sistema di coordinate in cui le loro componenti siano rappresentate dalle (3.35). [*Suggerimento.* Sia E_i lo spazio generato da ξ_i. Allora

$$E = \mathbb{R}^n = E_1 \oplus \ldots \oplus E_M \oplus E',$$

dove $E' = \{v \in E : \langle v, \xi_i \rangle = 0 \ \forall i = 1, \ldots, M\}$. Ogni $v \in E$ si può scrivere come $v = c_1\xi_1 + \ldots + c_M\xi_M + \xi'$, con $\xi' \in E'$. Sia $\{v_{M+1}, \ldots, v_n\}$ una base per E': allora $\{\xi_1, \ldots, \xi_M, v_{M+1}, \ldots, v_n\}$ è una base per E. In tale base i campi ξ_i sono rappresentati dalle funzioni $f_{ik}(x) = \delta_{ik}$.]

Esercizio 3.15 Si dimostri la (3.42). [*Soluzione.* Derivando la (3.41) rispetto a q_j, per $j = 1, \ldots, n$, e calcolando la derivata a $q = q_0$, dove $\tilde{\alpha}_1(q_0) = \ldots = \tilde{\alpha}_M(q_0) = 0$, si trova

$$\frac{\partial \psi_i}{\partial q_j}(q_0) = \frac{\partial q_i}{\partial q_j} + \sum_{k=1}^{M} f_{ki}(q_0) \frac{\partial \tilde{\alpha}_k}{\partial q_j}(q_0) = \delta_{ij},$$

dal momento che $i \geq M + 1$ e $f_{ki}(q_0) = \delta_{ik} =$ per $k \leq M$ (cfr. la (3.35)).]

Esercizio 3.16 Si dimostri la (3.43). [*Soluzione.* La (3.39) è identicamente soddisfatta per q in un intorno di q_0. Quindi, derivando rispetto a q e ponendo $\tilde{\alpha}(q) = (\tilde{\alpha}_1(q), \ldots, \tilde{\alpha}_M(q))$, si trova

$$0 = \frac{\partial}{\partial q_j} F_i(q, \tilde{\alpha}(q)) = \frac{\partial F_i}{\partial q_j}(q,\alpha)\bigg|_{\alpha=\tilde{\alpha}(q)} + \sum_{k=1}^{M} \frac{\partial F_i}{\partial \alpha_k}(q,\alpha)\bigg|_{\alpha=\tilde{\alpha}(q)} \frac{\partial \tilde{\alpha}_k}{\partial q_j}(q),$$

che, calcolata in $q = q_0$, dà

$$0 = \frac{\partial}{\partial q_j} F_i(q, \tilde{\alpha}(q))\bigg|_{q=q_0} = \frac{\partial F_i}{\partial q_j}(q_0,\alpha)\bigg|_{\alpha=\tilde{\alpha}(q_0)} + \sum_{k=1}^{M} \frac{\partial F_i}{\partial \alpha_k}(q_0,\alpha)\bigg|_{\alpha=\tilde{\alpha}(q_0)} \frac{\partial \tilde{\alpha}_k}{\partial q_j}(q_0),$$

dove $\tilde{\alpha}(q_0) = 0$. Ricordando la definizione (3.36) di $F_i(q, \alpha_1, \ldots, \alpha_M)$ e usando la (3.35) e il fatto che $\tilde{\alpha}(q_0) = 0$, si ottiene

$$\frac{\partial F_i}{\partial q_j}(q_0,\alpha)\bigg|_{\alpha=\tilde{\alpha}(q_0)} = \frac{\partial q_i}{\partial q_j} = \delta_{ij}, \qquad \frac{\partial F_i}{\partial \alpha_k}(q_0,\alpha)\bigg|_{\alpha=\tilde{\alpha}(q_0)} = f_{ik}(q_0) = f_i(q_0)\delta_{ik}.$$

Ne segue la (3.43).]

Esercizio 3.17 Si dimostrino le (3.45). [*Suggerimento.* Per definizione $\tilde{\alpha}_1(q), \ldots, \tilde{\alpha}_M(q)$ sono i valori di $\alpha_1, \ldots, \alpha_M$ tali che il punto

$$\mathcal{Q}(q, \alpha_1, \ldots, \alpha_M) := Q_M(Q_{M-1}(\ldots Q_1(q, \alpha_1), \ldots, \alpha_{M_1}), \alpha_M)$$

ha le prime M componenti nulle, i.e. tali che, definendo

$$\tilde{\mathcal{Q}}(q) := \mathcal{Q}(q, \tilde{\alpha}_1(q), \ldots, \tilde{\alpha}_M(q)),$$

si ha $\tilde{\mathcal{Q}}_1(q) = \ldots = \tilde{\mathcal{Q}}_M(q) = 0$. Se sostituiamo q con $q' = \mathcal{Q}(q, \ldots, 0, \alpha_j, 0, \ldots, 0)$ si ha per costruzione $\tilde{\alpha}_j(q') = \tilde{\alpha}_j(q) - \alpha_j$ e $\tilde{\alpha}_i(q') = \tilde{\alpha}_i(q)$ per $i \neq j$. Da qui seguono le equazioni $\mathrm{d}y_i/\mathrm{d}\alpha_i = -1$ e $\mathrm{d}y_i/\mathrm{d}\alpha_j = 0$ per $1 \le i \neq j \le M$. Se invece $i = M+1, \ldots, n$ le $y_i(q)$ rappresentano le ultime $n - M$ coordinate del punto $\mathcal{Q}(q, \alpha_1, \ldots, \alpha_M)$ quando le prime M si annullano; quindi $y_i(q) = \mathcal{Q}_i(q, \alpha_1, \ldots, \alpha_M)$ per $i = M+1, \ldots, n$. Si ha pertanto $\psi_i(q') = \mathcal{Q}_i(q, \ldots, 0, \alpha_j, 0, \ldots, 0) = (q, \ldots, 0, 0, 0, \ldots, 0)$, e quindi $\mathrm{d}y_i/\mathrm{d}\alpha_j = 0$ per $i \ge M+1$ e $j \le M$.]

Esercizio 3.18 Si dimostri che dati due campi vettoriali ξ_1 e ξ_2 rappresentati dalle (3.54), allora il campo vettoriale $\xi_3 = [\xi_1, \xi_2]$ è rappresentato dalle funzioni

$$f_{3k}(q) = \sum_{h=1}^{n} A_{3kh} q_h,$$

con $A_3 = [A_2, A_1] = A_2 A_1 - A_1 A_2$. [*Suggerimento.* Basta applicare la formula (3.20), con $f_k = f_{1k}$ e $g_k = f_{2k}$, per determinare le funzioni $f_{3k}(q)$ che rappresentano il campo vettoriale ξ_3.]

Esercizio 3.19 Si dimostri che il campo vettoriale associato a una rotazione intorno a un asse cartesiano è rappresentato da funzioni della forma (3.54). [*Soluzione.* Segue dalla discussione dell'esercizio 3.7.]

Esercizio 3.20 Siano ξ_1 e ξ_2 due campi vettoriali in $\mathbb{R}^n$, tali che le funzioni $\{f_{1k}(q)\}_{k=1}^n$ e $\{f_{2k}(q)\}_{k=1}^n$ che li rappresentano nel sistema di coordinate q siano, rispettivamente, costanti e lineari; quindi esistono un vettore A_1 e una matrice A_2 tali che

$$f_{1k}(q) = A_{1k}, \qquad f_{2k}(q) = \sum_{h=1}^{n} A_{2kh} q_h,$$

dove A_{1k} sono le componenti di A_1 e A_{2kh} sono gli elementi di matrice di A_2. Si dimostri che il campo vettoriale $[\xi_1, \xi_2]$ è costante e se ne trovi l'espressione esplicita. [*Soluzione.* Si ha

$$f_k(q) = (A_2 A_1)_k = \sum_{h=1}^{n} A_{2kh} A_{1h},$$

se $f_k(q)$ sono le funzioni che rappresentano il campo vettoriale $[\xi_1, \xi_2]$.]

Esercizio 3.21 Si dimostri che se ξ_i e ξ_j sono i campi vettoriali associati alle rotazioni intorno agli assi cartesiani $\boldsymbol{e}_i$ ed $\boldsymbol{e}_j$, con $1 \le i \ne j \le 3$, allora il campo vettoriale $\xi_k = [\xi_i, \xi_j]$ è associato a rotazioni intorno all'asse $\boldsymbol{e}_k = \boldsymbol{e}_i \wedge \boldsymbol{e}_j$. [*Suggerimento.* Si usi la forma esplicita dei campi vettoriali associati alle rotazioni (cfr. l'esercizio 3.7) e si applichi l'esercizio 3.18 in considerazione del fatto che i campi vettoriali sono lineari.]

Esercizio 3.22 Dai due campi vettoriali ξ_1 e ξ_2 tali che $\xi_3 := [\xi_1, \xi_2] \ne 0$, è possibile che risulti $[\xi_1, \xi_3] = 0$? [*Suggerimento.* Si considerino i campi vettoriali dell'esercizio 3.20.]

Esercizio 3.23 Dai due campi vettoriali ξ_1 e ξ_2 tali che $\xi_3 := [\xi_1, \xi_2] \ne 0$, è possibile che risulti simultaneamente $[\xi_1, \xi_3] = 0$ e $[\xi_2, \xi_3] = 0$? [*Suggerimento.* Si considerino i campi vettoriali dell'esercizio 3.20, scegliendo come matrice A_2 una matrice nilpotente di ordine 2.]

Esercizio 3.24 Indicando con P_x, P_y, P_z i campi vettoriali associati alle componenti p_x, p_y, p_z della quantità di moto e con L_x, L_y, L_z i campi vettoriali associati alle componenti l_x, l_y, l_z del momento angolare, si dimostrino le seguenti identità:

$$\begin{aligned}
&[P_x, P_y] = 0, &&[P_y, P_z] = 0, &&[P_z, P_x] = 0,\\
&[L_x, L_y] = L_z, &&[L_y, L_z] = L_x, &&[L_z, L_x] = L_y,\\
&[L_x, P_y] = -P_z, &&[L_x, P_z] = P_y, &&[L_x, P_x] = 0,\\
&[L_y, P_z] = P_x, &&[L_y, P_x] = -P_z, &&[L_y, P_y] = 0,\\
&[L_z, P_x] = -P_y, &&[L_z, P_y] = P_x, &&[L_z, P_z] = 0.
\end{aligned}$$

[*Suggerimento.* Si utilizzino i risultati degli esercizi 3.5, 3.7 e 3.21 per le identità delle prime due righe. Le altre si ricavano facilmente per conto esplicito a partire dalla definizione (3.20).]

Esercizio 3.25 Si discuta l'esempio 3.43. [*Suggerimento.* Segue dall'esercizio 3.24.]

Esercizio 3.26 Si discuta il moto di un punto materiale in un campo centrale alla luce dei risultati del §3.2. Se ne deduca in particolare che, nonostante si conservi il momento angolare, non è possibile trovare tre coordinate cicliche ma solo due (cfr. l'esempio 2.23). [*Suggerimento.* I campi vettoriali associati alle tre componenti del momento angolare non commutano, quindi dal teorema di Noether segue solo l'esistenza di una variabile ciclica.]

Esercizio 3.27 Nel caso dell'esercizio 3.26 si discuta perché la conservazione dell'energia non introduca un'ulteriore variabile ciclica. Si spieghi perché il moto avviene in $\mathbb{R}^2$ anziché in $\mathbb{R}^6$. [*Suggerimento.* Si veda l'osservazione 3.22 per quanto riguarda il fatto che la conservazione dell'energia non implica che esista un'ulteriore variabile ciclica. L'esistenza di quattro integrali primi (energia e momento angolare) comporta tuttavia che il moto avviene su una superficie di codimensione 4 in $\mathbb{R}^6$.]

Esercizio 3.28 Si dimostri che, dati due campi vettoriali ξ_1 e ξ_2 associati a due gruppi di simmetrie per un sistema lagrangiano $(\Sigma, \mathcal{L})$, allora o esiste un altro gruppo di simmetrie o si può trovare un sistema di coordinate in cui due coordinate sono cicliche. [*Soluzione.* Se $[\xi_1, \xi_2] \neq 0$ esiste un terzo gruppo di simmetrie di $\mathcal{L}$, per il teorema 3.38, mentre se $[\xi_1, \xi_2] = 0$ possiamo applicare il teorema 3.37.]

Esercizio 3.29 Si consideri il sistema descritto dalla lagrangiana

$$\mathcal{L} = \frac{1}{2}(\dot{q}_1^2 + \dot{q}_2^2) - \frac{1}{|q_1 - q_2|}.$$

Si dimostri che il gruppo $\mathcal{G}$ corrispondente alla trasformazione di coordinate

$$q_1 \mapsto q_1 + \alpha, \qquad q_2 \mapsto q_2 + \alpha,$$

è un gruppo di simmetrie di $\mathcal{L}$ e si determinino il campo vettoriale ξ e il momento π associati a $\mathcal{G}$. Si dia un'interpretazione del momento π.

Esercizio 3.30 Si consideri il pendolo sferico dell'esercizio 1.58. Si interpreti l'esistenza della variabile ciclica θ alla luce del teorema di Noether e si usi il metodo di Routh per integrare il sistema. [*Soluzione.* Poiché la forza peso agisce nella direzione dell'asse verticale, il sistema è invariante per rotazioni intorno a tale asse. D'altra parte, in coordinate sferiche, l'angolo θ descrive rotazioni intorno all'asse verticale, quindi θ è una variabile ciclica. Per il teorema di Noether, il momento

$$l_z = \frac{\partial \mathcal{L}}{\partial \dot{\theta}} = m\ell^2 \sin^2 \varphi \, \dot{\theta}$$

è una costante del moto (l_z è la componente lungo l'asse verticale del momento angolare l). La lagrangiana ridotta, ottenuta applicando il metodo di Routh, è allora data da

$$\mathcal{L}_R(\varphi, \dot{\varphi}) = \frac{1}{2} m\ell^2 \dot{\varphi}^2 - V_{\text{eff}}(\varphi),$$

dove

$$V_{\text{eff}}(\varphi) := -mg\ell \cos\varphi + \frac{l_z^2}{2m\ell^2 \sin^2 \varphi}$$

è l'*energia potenziale efficace*. Fissati i dati iniziali $(\varphi(0), \dot{\varphi}(0), \theta(0), \dot{\theta}(0))$, se

$$E = \frac{1}{2} m\ell^2 \dot{\varphi}^2(0) + V_{\text{eff}}(\varphi(0))$$

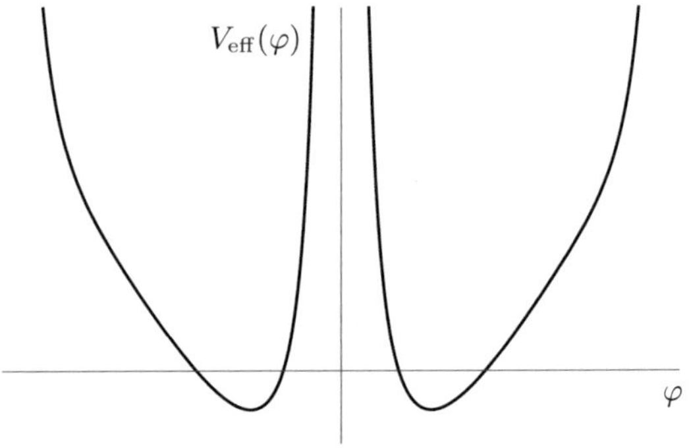

Figura 3.3 Grafico della funzione $V_{\text{eff}}(\rho)$ ell'esercizio 3.30 con $a = 1$ e $b = 4$

è l'energia del sistema descritto dalla lagrangiana $\mathcal{L}_R(\varphi, \dot{\varphi})$, si ha, se $\dot{\varphi}(0) \geq 0$ e fin tanto che $\varphi(t)$ si mantenga positivo,

$$t = \sqrt{\frac{m\ell^2}{2}} \int_{\varphi(0)}^{\varphi(t)} \frac{\mathrm{d}\varphi}{\sqrt{E - V_{\text{eff}}(\varphi)}}, \qquad \theta(t) = \theta(0) + \frac{l_z}{m\ell^2} \int_0^t \frac{\mathrm{d}\varphi}{\sin^2 \varphi(t)}.$$

La prima equazione definisce implicitamente $\varphi(t)$ e la seconda consente di calcolare $\theta(t)$ una volta che $\varphi(t)$ sia nota. Se poniamo $a := l_z^2/2m\ell^2$ e $b := mg\ell$, si ha

$$V_{\text{eff}}(\varphi) = \frac{a}{\sin^2 \varphi} - b \cos \varphi,$$

e quindi

$$\begin{aligned} V'_{\text{eff}}(\varphi) &= -\frac{2a}{\sin^3 \varphi} \cos \varphi + b \sin \varphi, \\ V''_{\text{eff}}(\varphi) &= \frac{6a}{\sin^4 \varphi} \cos^2 \varphi + \frac{2a}{\sin^2 \varphi} + b \cos \varphi. \end{aligned} \tag{3.57}$$

Il grafico dell'energia potenziale efficace è rappresentato nella figura 3.3 per $a = 1$ e $b = 4$ (per valori diversi dei parametri, fin tanto che si abbia $a > 0$, l'andamento qualitativo del grafico non cambia). Si hanno configurazioni d'equilibrio per valori di φ tali che

$$\frac{2a}{\sin^3 \varphi} \cos \varphi = b \sin \varphi \quad \Longrightarrow \quad \cos \varphi = \frac{b}{2a} \sin^4 \varphi.$$

Se $a \neq 0$, si vede graficamente (cfr. la figura 3.4) che l'ultima equazione ammette due soluzioni $\pm\varphi_0$, dove $\varphi_0 \in (0, \pi/2)$, in corrispondenza delle quali si ha

$$\begin{aligned} V''_{\text{eff}}(\pm\varphi_0) &= \frac{6a}{\sin^4 \varphi_0} \cos^2 \varphi_0 + \frac{2a}{\sin^2 \varphi_0} + b \cos \varphi_0 \\ &= \frac{24a^2}{b^2} \sin^4 \varphi_0 + \frac{2a}{\sin^2 \varphi_0} + 2a \sin^4 \varphi_0 > 0. \end{aligned}$$

Figura 3.4 Grafico delle funzioni $(2a/b)\sin^4\varphi$ e $\cos\varphi$ con $a = 1$ e $b = 4$

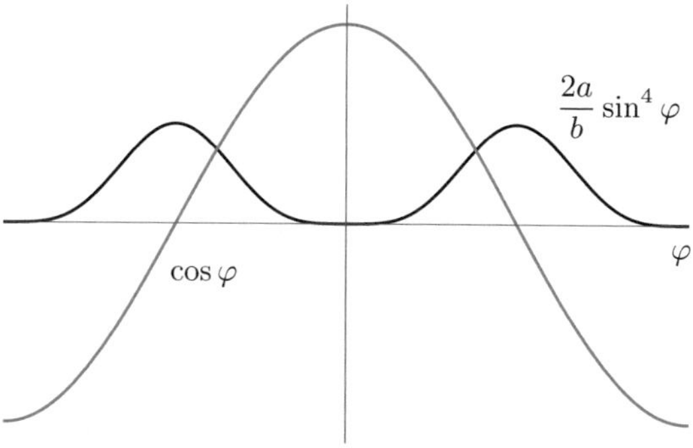

Quindi $\pm\varphi_0$ sono configurazioni di equilibrio stabili. In corrispondenza della soluzione $\varphi(t) = \varphi_0$ si ha $\theta(t) = \theta(0) + \omega t$, dove $\omega := l_z/m\ell^2\sin^2\varphi_0 = \sqrt{g/\ell\cos\varphi_0}$: il pendolo ruota intorno all'asse verticale mantenendo un'inclinazione costante (cfr. la soluzione dell'esercizio 1.58). Per qualsiasi altro dato iniziale il pendolo ruota intorno alla verticale, mentre l'angolo d'inclinazione φ compie delle oscillazioni intorno a uno dei due valori di equilibrio $\pm\varphi_0$. Se invece $a = 0$ (i.e. $\ell_z = 0$, che corrisponde a dati iniziali tali che $\dot\theta(0) = 0$), il pendolo si muove in un piano $\theta =$cost. e le equazioni del moto si riducono a quelle del pendolo semplice: $\ell\ddot\varphi = -g\sin\varphi$.]

Esercizio 3.31 Si consideri la lagrangiana

$$\begin{aligned}\mathcal{L} &= \mathcal{L}(\boldsymbol{x}^{(1)}, \boldsymbol{x}^{(2)}, \dot{\boldsymbol{x}}^{(1)}, \dot{\boldsymbol{x}}^{(2)}) \\ &= \frac{1}{2}m_1|\dot{\boldsymbol{x}}^{(1)}|^2 + \frac{1}{2}m_1|\dot{\boldsymbol{x}}^{(2)}|^2 - V(|\boldsymbol{x}^{(1)} - \boldsymbol{x}^{(2)}|) - \lambda(m_1 g z_1 + m_2 g z_2),\end{aligned}$$

dove $\boldsymbol{x}^{(1)} = (x_1, y_1, z_1)$, $\boldsymbol{x}^{(2)} = (x_2, y_2, z_2)$ e $\lambda \in \{0, 1\}$, che descrive due punti materiali in $\mathbb{R}^3$ che interagiscono attraverso una forza che verifica le condizioni del §7.1.1 del volume 1 (problema dei due corpi) e, se $\lambda = 1$, sono inoltre sottoposti all'azione della forza peso. Si dimostri che è possibile trovare un sistema di coordinate tali che due di esse, se $\lambda = 1$, e tre di esse, se $\lambda = 0$, sono cicliche, e si interpreti il risultato alla luce del teorema di Noether (teorema 3.37). [*Suggerimento.* Il sistema è invariante per traslazioni lungo gli assi x e y e, se $\lambda = 0$, anche per traslazioni lungo l'asse z. Poiché i gruppi delle traslazioni commutano tra loro, per il teorema di Noether è possibile trovare un sistema di coordinate in cui due (se $\lambda = 1$) o tre (se $\lambda = 0$) sono cicliche. Il nuovo sistema di coordinate si ottiene definendo

$$\boldsymbol{x}_0 = (x_0, y_0, z_0) := \frac{m_1\boldsymbol{x}^{(1)} + m_2\boldsymbol{x}^{(2)}}{m_1 + m_2}, \qquad \boldsymbol{x} = (x, y, z) := \boldsymbol{x}^{(1)} - \boldsymbol{x}^{(2)},$$

che rappresentano, rispettivamente, le coordinate del centro di massa e le coordinate relative. In termini delle nuove coordinate la lagrangiana diventa

$$\mathcal{L} = \mathcal{L}(\boldsymbol{x}_0, \boldsymbol{x}, \dot{\boldsymbol{x}}_0, \boldsymbol{x}) = \frac{1}{2}M|\dot{\boldsymbol{x}}_0|^2 + \frac{1}{2}\mu|\dot{\boldsymbol{x}}|^2 - V(|\boldsymbol{x}|) - \lambda\Big(Mgz_0 + 2\frac{m_1m_2}{M}gz\Big),$$

dove $M := m_1 + m_2$ è la massa totale del sistema e $\mu = m_1 m_2 / M$ è la massa ridotta (cfr. il §7.1.1 del volume 1). Se $\lambda = 0$ abbiamo tre variabili cicliche (le coordinate del centro di massa (x_0, y_0, z_0)), mentre se $\lambda = 1$ sono coordinate cicliche solo le componenti x_0 e y_0 del centro di massa.]

Esercizio 3.32 In riferimento all'esercizio 3.31, si mostri che il sistema è invariante per qualsiasi rotazione se $\lambda = 0$, mentre se $\lambda = 1$ è invariante solo per rotazioni intorno all'asse z. Si discuta in entrambi i casi se sia possibile trovare un sistema di coordinate in cui ci siano altre variabili cicliche e, in caso affermativo, si specifichi quante se ne possono trovare. [*Suggerimento.* Consideriamo il caso $\lambda = 1$. Con le notazioni dell'esercizio 3.31, usiamo coordinate cilindriche per le coordinate relative $\boldsymbol{x}$: $x = \rho\cos\theta$, $y = \rho\sin\theta$, $z = z$. In termini di tali coordinate la lagrangiana diventa

$$\begin{aligned}\mathcal{L} &= \mathcal{L}(\boldsymbol{x}_0, \rho, \theta, z, \dot{\boldsymbol{x}}_0, \dot{\rho}, \dot{\theta}, \dot{z}) \\ &= \frac{1}{2} M |\dot{\boldsymbol{x}}_0|^2 + \frac{1}{2}\mu(\dot{\rho}^2 + \rho^2\dot{\theta}^2 + \dot{z}^2) \\ &\quad - V(\sqrt{\rho^2 + z^2}) - \lambda\Big(M g z_0 + 2\frac{m_1 m_2}{M} g z\Big),\end{aligned}$$

da cui si vede che la coordinata θ è ciclica. Sono gruppi di simmetrie i gruppi delle traslazioni lungo gli assi x e y, i.e. $\boldsymbol{x}^{(i)} \to \boldsymbol{x}^{(i)} + \alpha\boldsymbol{e}_1$ e $\boldsymbol{x}^{(i)} \to \boldsymbol{x}^{(i)} + \alpha\boldsymbol{e}_2$, per $i = 1, 2$, e il gruppo delle rotazioni intorno alla verticale condotta per il centro di massa, i.e. il gruppo definito dalle trasformazioni:

$$\boldsymbol{x}^{(1)} \mapsto \boldsymbol{x}_0 + S^{(3)}(\alpha)(\boldsymbol{x}^{(1)} - \boldsymbol{x}_0), \qquad \boldsymbol{x}^{(2)} \mapsto \boldsymbol{x}_0 + S^{(3)}(\alpha)(\boldsymbol{x}^{(2)} - \boldsymbol{x}_0).$$

Il campo vettoriale corrispondente, che indichiamo con L_z^{rel}, ha componenti

$$(-(y_1 - y_0), x_1 - x_0, 0, -(y_2 - y_0), x_2 - x_0, 0).$$

Denotiamo con P_x e P_y i campi vettoriali associati alle traslazioni lungo l'asse x e l'asse y, rispettivamente, così che (cfr. l'esercizio 3.5) si ha $P_x = (1, 0, 0, 1, 0, 0)$ e $P_y = (0, 1, 0, 0, 1, 0)$. Si verifica facilmente che $[P_x, P_y] = [P_x, L_z^{\mathrm{rel}}] = [P_x, L_z^{\mathrm{rel}}] = 0$. Si noti che, se consideriamo il gruppo delle rotazioni intorno all'asse z (che è anch'esso un gruppo di simmetria), il corrispondente campo vettoriale L_z non ha prodotto di Lie nullo con P_x e P_y (cfr. l'esercizio 3.24): questo mostra che il terzo campo vettoriale da considerare, se vogliamo trovare tre variabili cicliche, è L_z^{rel} – o anche il campo vettoriale associato alle rotazioni intorno al punto di coordinate $\boldsymbol{x}^{(1)}$ – ma non L_z. Se $\lambda = 0$ il sistema è invariante per qualsiasi rotazione intorno al centro di massa; d'altre parte i gruppi delle rotazioni non commutano tra loro, quindi possiamo trovare al più quattro variabili cicliche: tre relative alle traslazioni lungo i tre assi coordinati e una relativa alla rotazione intorno a un asse passante per il centro di massa; per esempio, usando coordinate sferiche, si può scrivere la lagrangiana (per $\lambda = 0$)

$$\begin{aligned}\mathcal{L} &:= \mathcal{L}(\boldsymbol{x}_0, \rho, \varphi, \theta, \dot{\boldsymbol{x}}_0, \dot{\rho}, \dot{\varphi}, \dot{\theta}) \\ &= \frac{1}{2} M |\dot{\boldsymbol{x}}_0|^2 + \frac{1}{2}\mu\Big(\dot{\rho}^2 + \rho^2\dot{\varphi}^2 + \rho^2 \sin^2\varphi\,\dot{\theta}^2\Big) - V(\rho),\end{aligned}$$

da cui si vede che $\boldsymbol{x}_0$ e φ sono cicliche. D'altra parte la conservazione del momento angolare consente di ricondurre l'analisi del sistema a quella di un sistema unidimensionale (cfr. il capitolo 7 del volume 1); tale sistema non si ottiene però dal sistema di partenza mediante l'applicazione del metodo di Routh.]

Capitolo 4
Teoria delle piccole oscillazioni

Essentially, all models are wrong, but some are useful. However, the approximate nature of the model must always be borne in mind.

George Box, Empirical model-building and response surfaces (1987)

4.1 Linearizzazione

Fin tanto che le soluzioni di un sistema dinamico rimangano vicino a un punto di equilibrio stabile, l'approssimazione lineare fornisce una descrizione soddisfacente del moto. Le traiettorie consistono in oscillazioni intorno al punto di equilibrio: da qui il nome di *teoria delle piccole oscillazioni* per indicare il ramo della meccanica classica che studia tale problema (cfr. la definizione 4.10 più avanti).

Si tratta di una teoria largamente sviluppata, che trova vaste applicazioni in fisica (dalle vibrazioni meccaniche ai circuiti elettrici, dall'acustica agli spettri molecolari) – anche perché i sistemi lineari sono relativamente facili da studiare e, a meno di eventuali problemi pratici nel caso in cui il numero di gradi di libertà del sistema sia elevato, se ne può calcolare esattamente la soluzione (cfr. il capitolo 2 del volume 1).

Consideriamo un sistema meccanico conservativo, descritto dalla lagrangiana di classe C^2

$$\mathcal{L}(q,\dot{q}) = T(q,\dot{q}) - V(q), \qquad T(q,\dot{q}) = \frac{1}{2}\langle \dot{q}, A(q)\dot{q}\rangle, \tag{4.1}$$

dove $T(q,\dot{q})$ è l'energia cinetica e $V(q)$ è l'energia potenziale. La matrice $A(q)$ è una matrice simmetrica definita positiva che dipende solo dalle coordinate q, e $T(q,\dot{q})$ è quindi una forma quadratica definita positiva nelle variabili $\dot{q}$ (cfr. il lemma 2.2). Le corrispondenti *equazioni di Eulero-Lagrange*

$$\frac{\mathrm{d}}{\mathrm{d}t}\left(\frac{\partial \mathcal{L}}{\partial \dot{q}}\right) = \frac{\partial \mathcal{L}}{\partial q}, \tag{4.2}$$

definiscono un sistema dinamico (cfr. il §2.1). Ricordiamo che, per il teorema 2.6, il punto $(q,\dot{q}) = (q_0, v_0)$ è un punto di equilibrio per il sistema (4.2) se e solo se

G. Gentile, *Introduzione ai sistemi dinamici – Volume 2*, UNITEXT 133,

$v_0 = 0$ e q_0 è un punto critico dell'energia potenziale $V(q)$; inoltre, se q_0 è un punto di minimo isolato dell'energia potenziale $V(q)$, allora $(q_0, 0)$ è un punto di equilibrio stabile.

Nel seguito del capitolo assumeremo $q_0 = 0$. Questo non è restrittivo; infatti, se così non è, possiamo sempre effettuare il cambiamento di coordinate $q \mapsto q' = q - q_0$.

Teorema 4.1 *Sia $\mathcal{L}$ la lagrangiana* (4.1). *Il sistema linearizzato del sistema* (4.2) *in un intorno del punto di equilibrio $(q, \dot{q}) = (0, 0)$ è dato da*

$$A\ddot{q} = -Bq, \tag{4.3}$$

dove $A = A(0)$ e B è la matrice di elementi

$$B_{ij} = \frac{\partial^2 V}{\partial q_i \partial q_j}(q)\bigg|_{q=0}.$$

Le (4.3) *sono le equazioni di Eulero-Lagrange corrispondenti alla lagrangiana*

$$\mathcal{L}_2(q, \dot{q}) = \frac{1}{2}\langle \dot{q}, A\dot{q}\rangle - \frac{1}{2}\langle q, Bq\rangle, \tag{4.4}$$

data dalla parte quadratica di $\mathcal{L}(q, \dot{q})$ in un intorno del punto d'equilibrio.

Dimostrazione Basta notare che la parte lineare delle derivate $\partial\mathcal{L}/\partial q$ e $\partial\mathcal{L}/\partial\dot{q}$ si ottiene dalla parte quadratica di $\mathcal{L}$. □

Esempio 4.2 Consideriamo il sistema unidimensionale descritto dalla lagrangiana

$$\mathcal{L} = \frac{1}{2}a(q)\,\dot{q}^2 - V(q).$$

Sia $q_0 = 0$ un minimo isolato per $V(q)$. La parte quadratica di $\mathcal{L}$ in un intorno del punto di equilibrio stabile $(q, \dot{q}) = (0, 0)$ è

$$\mathcal{L}_2 = \frac{1}{2}a_0\,\dot{q}^2 - \frac{1}{2}kq^2, \qquad a_0 := a(0), \qquad k := \frac{\mathrm{d}^2 V}{\mathrm{d}q^2}(0).$$

Il moto è determinato dall'equazione $\ddot{q} = -\omega^2 q$, dove $\omega^2 = k/a_0$. Le traiettorie sono quindi

$$q(t) = c_1 \cos\omega t + s_1 \sin\omega t,$$

dove le costanti c_1 e s_1 dipendono dai dati iniziali. Il moto del sistema linearizzato è dunque un moto periodico di *frequenza* ω e *periodo* $2\pi/\omega$, che descrive un'oscillazione intorno al punto di equilibrio $(0, 0)$: esso prende il nome di *piccola oscillazione*, in quanto costituisce una buona approssimazione del moto reale fin tanto che l'ampiezza delle oscillazioni si mantiene contenuta. La frequenza ω si chiama *frequenza propria*.

4.2 Piccole oscillazioni

Abbiamo visto nel paragrafo precedente (cfr. l'esempio 4.2) che, nell'approssimazione lineare, nell'intorno di un punto di equilibrio stabile, il moto di un sistema meccanico conservativo a un grado di libertà è di tipo oscillatorio. Vogliamo mostrare nel presente paragrafo che, nel caso di sistemi a più gradi di libertà, il moto si può ancora vedere come combinazione lineare di moti oscillatori. Se le matrici A e B in (4.4) sono diagonali questo è ovvio, nel caso generale occorre effettuare un cambiamento di variabili.

Osservazione 4.3 Ricordiamo che, se A è una matrice simmetrica, allora valgono le seguenti proprietà (cfr. gli esercizi 1.38÷1.42 del volume 1):

- A è diagonalizzabile;
- i suoi autovalori sono reali;
- i suoi autovettori sono ortogonali;
- la matrice U che diagonalizza A è ortogonale, i.e. $U^T = U^{-1}$.

Lemma 4.4 *Siano A e B due matrici simmetriche $n \times n$ e sia A definita positiva. Allora l'equazione*

$$\det(B - \lambda A) = 0 \tag{4.5}$$

ammette n soluzioni reali. Se B è definita positiva, tali soluzioni sono positive.

Dimostrazione Poiché la matrice A è definita positiva, il suo determinante è positivo e quindi la matrice è invertibile. Inoltre esiste una matrice α, simmetrica e invertibile anch'essa, tale che $A = \alpha^2$ (cfr. l'esercizio 2.1). Definiamo $\beta := \alpha^{-1} B \alpha^{-1}$. È immediato verificare che β è una matrice simmetrica; inoltre β è definita positiva se B è definita positiva (cfr. l'esercizio 4.3). Quindi i suoi autovalori $\lambda_1, \ldots, \lambda_n$ sono reali e sono tutti positivi se B è definita positiva. D'altra parte, se λ è un autovalore di β si ha

$$\det(\alpha^{-1}) \det(B - \lambda A) \det(\alpha^{-1}) = \det\left(\beta - \lambda \mathbb{1}\right) = 0$$

e poiché α è non singolare allora λ risolve anche l'equazione (4.5). □

Definizione 4.5 (Equazione caratteristica) *La* (4.5) *prende il nome di* equazione caratteristica *per la determinazione degli autovalori della matrice B rispetto alla matrice A.*

Lemma 4.6 *Siano A e B due matrici simmetriche $n \times n$, di cui A definita positiva. Siano $\lambda_1, \ldots \lambda_n$ le soluzioni dell'equazione caratteristica* (4.5)*. Allora esistono n vettori linearmente indipendenti $\xi_1, \ldots, \xi_n$ tali che $B\xi_i = \lambda_i A \xi_i$ per $i = 1, \ldots, n$.*

Dimostrazione Siano $v_1, \dots, v_n$ gli autovettori della matrice $\beta = \alpha^{-1} B \alpha^{-1}$. Poiché β è una matrice simmetrica (cfr. la dimostrazione del lemma 4.4), i vettori $v_1, \dots, v_n$ sono ortogonali e quindi linearmente indipendenti. Definiamo $\xi_i := \alpha^{-1} v_i$, $i = 1, \dots, n$. Poiché $\det \alpha \neq 0$, anche i vettori $\xi_1, \dots, \xi_n$ sono linearmente indipendenti. Si ha allora

$$\beta v_i = \lambda v_i \quad \Longrightarrow \quad \beta \alpha \xi_i = \lambda_i \alpha \xi_i \quad \Longrightarrow \quad \alpha \beta \alpha \xi_i = \lambda_i \alpha^2 \xi_i$$

e quindi $B\xi_i = \lambda_i A \xi_i$ per $i = 1, \dots, n$. □

Teorema 4.7 *Siano A e B due matrici simmetriche $n \times n$ e sia A definita positiva. Indichiamo con $\lambda_1, \dots, \lambda_n$ le soluzioni dell'equazione caratteristica* (4.5) *e con $\xi_1, \dots, \xi_n$ i vettori che soddisfano le equazioni*

$$\big(B - \lambda_i A\big)\xi_i = 0, \qquad i = 1, \dots, n. \tag{4.6}$$

Si consideri la trasformazione lineare $q \mapsto Q$, tale che $q = CQ$, con C data da

$$C := \begin{pmatrix} \xi_{11} & \xi_{21} & \dots & \xi_{n1} \\ \xi_{12} & \xi_{22} & \dots & \xi_{n2} \\ \dots & \dots & \dots & \dots \\ \xi_{1n} & \xi_{2n} & \dots & \xi_{nn} \end{pmatrix}, \tag{4.7}$$

dove ξ_{ij} è la componente j-esima del vettore ξ_i. Allora, nelle coordinate Q, le equazioni di Eulero-Lagrange (4.3) *diventano*

$$\ddot{Q}_i = -\omega_i^2 Q_i, \qquad i = 1, \dots, n. \tag{4.8}$$

dove $\omega_i^2 := \lambda_i$ per $i = 1, \dots, n$. Si ha $\omega_i^2 > 0$ $\forall i = 1, \dots, n$, se B è anch'essa definita positiva.

Dimostrazione Introducendo la matrice C data dalla (4.7), le equazioni (4.6) si possono scrivere come un'unica equazione matriciale (cfr. l'esercizio 4.4)

$$BC - AC\mathcal{D} = 0, \tag{4.9}$$

dove $\mathcal{D}$ è la matrice diagonale di elementi $\mathcal{D}_{ij} = \lambda_i \delta_{ij}$. Si ha

$$\begin{aligned} \mathcal{L} &= \frac{1}{2}\langle \dot{q}, A\dot{q} \rangle - \frac{1}{2}\langle q, Bq \rangle = \frac{1}{2}\langle C\dot{Q}, AC\dot{Q} \rangle - \frac{1}{2}\langle CQ, BCQ \rangle \\ &= \frac{1}{2}\langle \dot{Q}, C^T AC\dot{Q} \rangle - \frac{1}{2}\langle Q, C^T BCQ \rangle, \end{aligned}$$

da cui, tenendo conto che le matrici $C^T AC$ e $C^T BC$ sono simmetriche, si ottengono le equazioni di Eulero-Lagrange

$$C^T AC\ddot{Q} = -C^T BCQ. \tag{4.10}$$

La (4.9), introdotta nella (4.10), dà

$$C^T AC\big(\ddot{Q} + \mathcal{D}Q\big) = 0.$$

Poiché entrambe le matrici A e C sono non singolari (cfr. l'esercizio 4.6) ne segue che Q deve soddisfare le equazioni del moto $\ddot{Q} = -\mathcal{D}Q$, i.e. $\ddot{Q}_i = -\lambda_i Q_i$, per $i = 1, \dots, n$. Infine, se B è definita positiva, si ha $\lambda_i > 0$ $\forall i = 1, \dots, n$, per il lemma 4.6. □

Osservazione 4.8 Nelle coordinate Q, le equazioni di Eulero-Lagrange (4.8) si risolvono immediatamente. Per ogni $i = 1, \dots, n$, se $\omega_i^2 > 0$, si ha un moto oscillatorio

$$Q_i(t) = c_i \cos\omega_i t + s_i \sin\omega_i t, \tag{4.11}$$

dove c_i e s_i sono coefficienti costanti che dipendono dalle condizioni iniziali. Il teorema 4.7 implica quindi che, nell'approssimazione lineare, ogni $q_k(t)$ è una combinazione lineare di oscillazioni (4.11) con coefficienti C_{ki}.

Osservazione 4.9 In principio si può studiare il sistema linearizzato in corrispondenza di ogni punto di equilibrio, non necessariamente stabile. Operando il cambiamento di variabili $q = CQ$, con C data dalla (4.7), il moto risulta ancora essere una combinazioni lineare delle soluzioni delle equazioni (4.8). Tuttavia, dato che B non è più definita positiva, alcune soluzioni dell'equazione caratteristica possono non essere positive. In particolare, se $\omega_i^2 = 0$ si ha un moto rettilineo uniforme $Q_i(t) = c_i + s_i t$, mentre se $\omega_i^2 < 0$ si ha un moto esponenziale $Q_i(t) = c_i \cosh\omega_i t + s_i \sinh\omega_i t$, dove $\sinh x$ e $\cosh x$ sono le funzioni iperboliche definite nella soluzione dell'esercizio 1.54 del volume 1 e, di nuovo, c_i e s_i sono costanti che dipendono dalle condizioni iniziali. Ovviamente solo la condizione $\omega_i^2 > 0$ corrisponde a una effettiva oscillazione, di periodo $2\pi/\omega_i$. Se al contrario $\omega_i^2 \leq 0$ per qualche i allora le traiettorie si possono allontanare dal punto di equilibrio e l'approssimazione lineare perde di significato.

Definizione 4.10 (Piccola oscillazione) *Sia q_0 una configurazione di equilibrio stabile per la lagrangiana $\mathcal{L}(q, \dot{q})$ in* (4.1)*, e sia $\mathcal{L}_2(q, \dot{q})$ la lagrangiana del sistema linearizzato nell'intorno del punto di equilibrio* $(q_0, 0)$*. Una* piccola oscillazione *è una qualsiasi soluzione del sistema descritto dalla lagrangiana* $\mathcal{L}_2(q, \dot{q})$.

Definizione 4.11 (Oscillazione propria) *Una soluzione delle equazioni di Eulero-Lagrange corrispondenti alla lagrangiana $\mathcal{L}_2(q, \dot{q})$ che abbia la forma $q(t) = C\bar{Q}_i(t)$, dove il vettore $\bar{Q}_i(t)$ ha tutte le componenti nulle tranne la i-esima, i.e. $\bar{Q}_{ik}(t) = Q_i(t)\delta_{ik}$, con $Q_i(t)$ data dalla* (4.11)*, si chiama* oscillazione propria *(o* modo normale*) e la frequenza ω_i prende il nome di* frequenza propria *(o* frequenza principale *o* frequenza caratteristica *o* frequenza normale*).*

Corollario 4.12 *Dato il sistema descritto da una lagrangiana $\mathcal{L}(q, \dot{q})$, il sistema linearizzato in un intorno di un punto di equilibrio stabile ammette n oscillazioni proprie in direzioni a due a due ortogonali rispetto al prodotto scalare indotto dall'energia cinetica. Ogni piccola oscillazione è la composizione di oscillazioni proprie.*

Dimostrazione Dal teorema 4.7 segue che

$$q_k(t) = \sum_{i=1}^{n} C_{ki}\, Q_i(t) = \sum_{i=1}^{n} \xi_{ik}\, Q_i(t),$$

dove C è la matrice definita in (4.7). Quindi si ha

$$q(t) = \sum_{i=1}^{n} Q_i(t)\, \xi_i,$$

i.e. $q(t)$ è combinazione lineare dei vettori $\xi_1, \ldots, \xi_n$ con coefficienti dipendenti dal tempo $Q_i(t)$. Si verifica facilmente che i vettori $\xi_1, \ldots, \xi_n$, che individuano le direzioni delle oscillazioni proprie, sono ortogonali tra loro, rispetto al *prodotto scalare indotto dall'energia cinetica*, i.e.

$$\langle \xi_i, A\, \xi_j \rangle = \delta_{ij}, \qquad i, j = 1, \ldots, n, \tag{4.12}$$

dove δ_{ij} è la delta di Kronecker (cfr. l'esercizio 4.5). □

Osservazione 4.13 La scomposizione delle piccole oscillazioni nei modi normali è corretta anche nel caso in cui si abbiano autovalori degeneri.

Esempio 4.14 Nel caso del sistema lagrangiano del §2.3, per valori dei parametri $m = g = k = 1$, si studino le piccole oscillazioni del sistema intorno a un punto di equilibrio stabile, risolvendo esplicitamente le equazioni del moto in funzione dei dati iniziali. Si trovi in particolare la soluzione che corrisponde ai dati iniziali (espressi in coordinate cartesiane)

$$\begin{aligned}
&P_1 = (0,0), \quad P_2 = (0,0), \quad P_3 = (0,0), \quad P_4 = (0,0), \quad P_5 = (0, -mg/2k),\\
&v_1 = (0,0), \quad v_2 = (0,0), \quad v_3 = (u,0), \quad v_4 = (w,0), \quad v_5 = (0,0),
\end{aligned}$$

dove v_i è la velocità del punto P_i e $u, w \in \mathbb{R}$.

Discussione dell'esempio Usiamo le notazioni del §2.3. Si è visto che nel §2.3.2 che il sistema ammette le quattro configurazioni di equilibrio (2.25). In accordo con quanto richiesto, dobbiamo sceglierne una stabile: d'altra parte, dall'analisi del §2.3.2, segue che l'unica configurazione di equilibrio stabile è la prima, i.e. quella data dalla (2.26), quindi la scelta è obbligata.

Poiché $\mathcal{L} = \mathcal{L}_1 + \mathcal{L}_2 + \mathcal{L}_3$ (cfr. §2.3.2 per le notazioni), per studiare le piccole oscillazioni possiamo considerare separatemente i tre sistemi lagrangiani; si noti che, qui, la notazione $\mathcal{L}_2$ non ha nulla a che fare con quella usata per indicare la lagrangiana quadratica (4.4). Sviluppiamo fino al secondo ordine $\mathcal{L}_1$ in un intorno di $(\theta_1, x_3, \dot{\theta}_1, \dot{x}_3) = (0,0,0,0)$, $\mathcal{L}_2$ in un intorno di $(\theta_2, x_4, \dot{\theta}_2, \dot{x}_4) = (0,0,0,0)$ e $\mathcal{L}_3$ in un intorno di $(y, \dot{y}) = (y_0, 0)$.

Per $\mathcal{L}_1$ otteniamo, se $z = (\theta_1, x_3)$, a meno di ordini superiori al secondo,

$$\mathcal{L}_1 = \frac{1}{2}\langle \dot{z}, A\dot{z}\rangle - \frac{1}{2}\langle z, Bz\rangle,$$

dove A e B sono due le matrici 2×2 date da

$$A = \begin{pmatrix} m & 0 \\ 0 & m \end{pmatrix}, \qquad B = \mathcal{H}(0,0) = \begin{pmatrix} mg + k & -k \\ -k & 2k \end{pmatrix}.$$

L'equazione caratteristica per la determinazione delle frequenze proprie è

$$\det(B - \lambda A) = m^2\lambda^2 - m(3k + mg)\lambda + 2k(mg + k) - k^2 = 0,$$

che, per $m = g = k = 1$, dà

$$\lambda^2 - 4\lambda + 3 = (\lambda - 3)(\lambda - 1) = 0,$$

le cui radici sono $\lambda = 1$ e $\lambda = 3$. Le frequenze proprie sono $\omega_1 = \sqrt{\lambda_1} = 1$ e $\omega_2 = \sqrt{\lambda_2} = \sqrt{3}$. Le direzioni dei modi normali ξ_1 e ξ_2 sono tali che

$$(B - \lambda_j)\xi_j = 0, \qquad j = 1, 2,$$

ovvero (tenendo conto che $m = g = k = 1$)

$$(2 - \lambda_1)\,\xi_{11} - \xi_{12} = \xi_{11} - \xi_{12} = 0, \quad (2 - \lambda_2)\,\xi_{21} - \xi_{22} = -\xi_{21} - \xi_{22} = 0;$$

quindi si trova $\xi_1 = (1, 1)$ e $\xi_2 = (-1, 1)$. Nella base (ξ_1, ξ_2) le equazioni del moto sono

$$\begin{cases} \ddot{Q}_1 = -\omega_1^2 Q_1, \\ \ddot{Q}_2 = -\omega_2^2 Q_2, \end{cases}$$

che ammettono soluzioni

$$Q_1(t) = a_1 \cos\omega_1 t + b_1 \sin\omega_1 t, \qquad Q_2(t) = a_2 \cos\omega_2 t + b_2 \sin\omega_2 t,$$

dove le costanti a_1, a_2, b_1, b_2 dipendono dai dati iniziali nel modo seguente:

$$a_1 = Q_1(0), \qquad b_1 = \frac{\dot{Q}_1(0)}{\omega_1}, \qquad a_2 = Q_2(0), \qquad b_2 = \frac{\dot{Q}_2(0)}{\omega_2}.$$

Introducendo la matrice

$$C = \begin{pmatrix} \xi_{11} & \xi_{21} \\ \xi_{12} & \xi_{22} \end{pmatrix} = \begin{pmatrix} 1 & -1 \\ 1 & 1 \end{pmatrix},$$

risulta

$$\begin{pmatrix} \theta_1 \\ x_3 \end{pmatrix} = C \begin{pmatrix} Q_1 \\ Q_2 \end{pmatrix}, \qquad \begin{pmatrix} Q_1 \\ Q_2 \end{pmatrix} = C^{-1} \begin{pmatrix} \theta_1 \\ x_3 \end{pmatrix} = \frac{1}{2} \begin{pmatrix} 1 & 1 \\ -1 & 1 \end{pmatrix} \begin{pmatrix} \theta_1 \\ x_3 \end{pmatrix},$$

così che

$$Q_1(0) = \frac{\theta_1(0) + x_3(0)}{2}, \qquad \dot{Q}_1(0) = \frac{\dot{\theta}_1(0) + \dot{x}_3(0)}{2},$$
$$Q_2(0) = \frac{-\theta_1(0) + x_3(0)}{2}, \quad \dot{Q}_2(0) = \frac{-\dot{\theta}_1(0) + \dot{x}_3(0)}{2},$$

che permette di esprimere i dati iniziali nelle variabili (Q_1, Q_2) in termini dei dati iniziali nelle variabili (θ_1, x_1). In conclusione si trova

$$\begin{aligned} \theta_1(t) = {} & \frac{\theta_1(0) + x_3(0)}{2} \cos t + \frac{\dot{\theta}_1(0) + \dot{x}_3(0)}{2} \sin t \\ & + \frac{\theta_1(0) - x_3(0)}{2} \cos \sqrt{3}t + \frac{\dot{\theta}_1(0) - \dot{x}_3(0)}{2\sqrt{3}} \sin \sqrt{3}t, \\ x_3(t) = {} & \frac{\theta_1(0) + x_3(0)}{2} \cos t + \frac{\dot{\theta}_1(0) + \dot{x}_3(0)}{2} \sin t \\ & - \frac{\theta_1(0) - x_3(0)}{2} \cos \sqrt{3}t - \frac{\dot{\theta}_1(0) - \dot{x}_3(0)}{2\sqrt{3}} \sin \sqrt{3}t. \end{aligned}$$

Analogamente, si trova per $\mathcal{L}_2$

$$\begin{aligned} \theta_2(t) = {} & \frac{\theta_2(0) + x_4(0)}{2} \cos t + \frac{\dot{\theta}_2(0) + \dot{x}_4(0)}{2} \sin t \\ & + \frac{\theta_2(0) - x_4(0)}{2} \cos \sqrt{3}t + \frac{\dot{\theta}_2(0) - \dot{x}_4(0)}{2\sqrt{3}} \sin \sqrt{3}t, \\ x_4(t) = {} & \frac{\theta_2(0) + x_4(0)}{2} \cos t + \frac{\dot{\theta}_2(0) + \dot{x}_4(0)}{2} \sin t \\ & - \frac{\theta_2(0) - x_4(0)}{2} \cos \sqrt{3}t - \frac{\dot{\theta}_2(0) - \dot{x}_4(0)}{2\sqrt{3}} \sin \sqrt{3}t, \end{aligned}$$

vista la completa simmetria tra $\mathcal{L}_1$ e $\mathcal{L}_2$.

Per $\mathcal{L}_3$ abbiamo, a meno di costanti additive e di termini di ordine superiore al secondo,

$$\mathcal{L}_3 = \frac{1}{2}\dot{y}^2 - (y - y_0)^2,$$

e quindi la frequenza propria del sistema risulta essere $\omega_3 = \sqrt{\lambda_3} = \sqrt{2}$, così che si ottiene

$$y(t) = y_0 + y(0)\cos\sqrt{2}t + \frac{\dot{y}(0)}{\sqrt{2}}\sin\sqrt{2}t.$$

La scelta dei dati iniziali data nel testo implica, in termini delle variabili lagrangiane,

$$\begin{aligned}
&\theta_1(0) = \theta_2(0) = x_3(0) = x_4(0) = y(0) - y_0 = 0,\\
&\dot{\theta}_1(0) = \dot{\theta}_2(0) = \dot{y}(0) = 0, \qquad \dot{x}_3(0) = u, \qquad \dot{x}_4(0) = w,
\end{aligned}$$

da cui segue che le funzioni

$$\begin{aligned}
\theta_1(t) &= \frac{u}{2}\sin t - \frac{u}{2\sqrt{3}}\sin\sqrt{3}t, \quad x_3(t) = \frac{u}{2}\sin t + \frac{u}{2\sqrt{3}}\sin\sqrt{3}t,\\
\theta_2(t) &= \frac{w}{2}\sin t - \frac{w}{2\sqrt{3}}\sin\sqrt{3}t, \quad x_4(t) = \frac{w}{2}\sin t + \frac{w}{2\sqrt{3}}\sin\sqrt{3}t,\\
y(t) &= y_0 = -\frac{mg}{2k} = -\frac{1}{2}
\end{aligned}$$

esprimono le piccole oscillazioni del sistema nell'intorno del punto d'equilibrio considerato.

4.3 Piccole oscillazioni per pendoli accoppiati

Consideriamo il sistema costituito da due pendoli, uno di massa m_1 e lunghezza ℓ_1 e l'altro di massa m_2 e lunghezza ℓ_2, sospesi alla stessa quota, sottoposti all'azione della gravità (poniamo $g = 1$) e collegati tra loro da una molla di costante elastica α e lunghezza a riposo d_0; diciamo allora che i due pendoli sono *accoppiati*. Sia d la distanza tra i punti di sospensione dei pendoli.

4.3.1 Pendoli uguali

Se i due pendoli sono uguali, scegliendo opportunamente le unità di misura, poniamo $m_1 = m_2 = 1$ ed $\ell_1 = \ell_2 = 1$. Fissiamo $d = d_0$, in modo che l'energia elastica

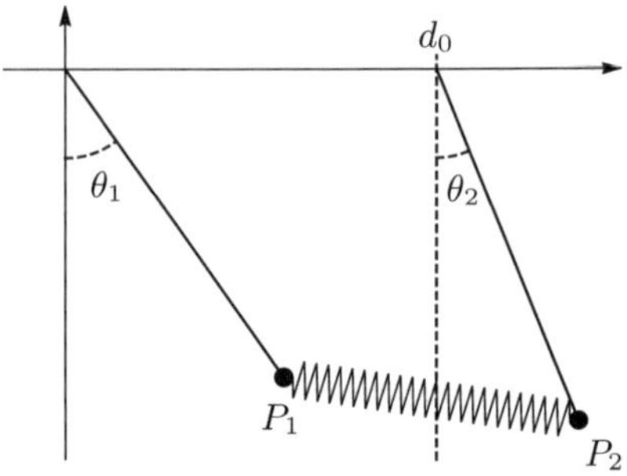

Figura 4.1 Pendoli accoppiati tramite una molla

della molla sia nulla quando i due pendoli sono fermi in posizione verticale. Scegliamo un sistema di riferimento in cui i punti di sospensione dei pendoli abbiano coordinate $(0,0)$ e $(d_0,0)$, rispettivamente (cfr. la figura 4.1), così che i pendoli sono individuati dai punti $P_1 = (\sin\theta_1, -\cos\theta_1)$ e $P_2 = (d_0 + \sin\theta_2, -\cos\theta_2)$. Assumiamo per semplicità anche $d_0 = 1$.

L'energia elastica della molla è data da (cfr. l'esercizio 2.14)

$$\begin{aligned} V_{el}(\theta_1,\theta_2) &= \frac{1}{2}\alpha\left(\sqrt{(d+\sin\theta_2-\sin\theta_1)^2+(-\cos\theta_2+\cos\theta_1)^2}-d\right)^2 \\ &= \frac{1}{2}\alpha\left(\sqrt{d^2+2+2d(\sin\theta_2-\sin\theta_1)-2\cos(\theta_1-\theta_2)}-d\right)^2 \\ &= \frac{1}{2}\alpha\, d^2\left(\sqrt{1+2\frac{\theta_2-\theta_1}{d}+\frac{\theta_1^2+\theta_2^2-2\theta_1\theta_2}{d^2}+\ldots}-1\right)^2+\ldots \\ &= \frac{1}{2}\,\alpha\, d^2\left(1+\frac{\theta_2-\theta_1}{d}+\ldots-1\right)^2+\ldots, \end{aligned}$$

con $d = d_0 = 1$, e l'energia dovuta alla forza gravitazionale è

$$\begin{aligned} V_{gr}(\theta_1,\theta_2) &= -\cos\theta_1-\cos\theta_2 = -1+\frac{1}{2}\theta_1^2-1+\frac{1}{2}\theta_2^2+\ldots \\ &= \text{cost.}+\frac{1}{2}\theta_1^2+\frac{1}{2}\theta_2^2+\ldots, \end{aligned}$$

dove con "..." si indicano gli infinitesimi di ordine superiore al secondo. Nell'approssimazione delle piccole oscillazioni il sistema è descritto quindi dalla lagrangiana

$$\mathcal{L} = \frac{1}{2}\big(\dot\theta_1^2+\dot\theta_2^2\big)-\frac{1}{2}\big(\theta_1^2+\theta_2^2+\alpha(\theta_1-\theta_2)^2\big). \tag{4.13}$$

Il sistema ammette due modi normali, uno di frequenza $\omega_1 = 1$ e l'altro di frequenza $\omega_2 = \sqrt{1+2\alpha}$. Questo si vede facilmente ragionando nel modo seguente.

Definiamo la trasformazione di coordinate

$$Q_1 = \frac{\theta_1 + \theta_2}{\sqrt{2}}, \qquad Q_2 = \frac{\theta_1 - \theta_2}{\sqrt{2}}, \tag{4.14}$$

la cui inversa è data da

$$\theta_1 = \frac{Q_1 + Q_2}{\sqrt{2}}, \qquad \theta_2 = \frac{Q_1 - Q_2}{\sqrt{2}}. \tag{4.15}$$

Nelle variabili (4.14), la (4.13) diventa

$$\mathcal{L} = \frac{1}{2}\big(\dot{Q}_1^2 + \dot{Q}_2^2\big) - \frac{1}{2}\big(\omega_1^2 Q_1^2 + \omega_2^2 Q_2^2\big).$$

Se $Q_2 = 0$ ($\theta_1 = \theta_2$), si ha un'*oscillazione in fase* con frequenza ω_1 (la molla non compie lavoro poiché sua lunghezza è costantemente uguale a d_0); se $Q_1 = 0$ ($\theta_1 = -\theta_2$), si ha un'*oscillazione in opposizione di fase* con frequenza ω_2 (cfr. la figura 4.2).

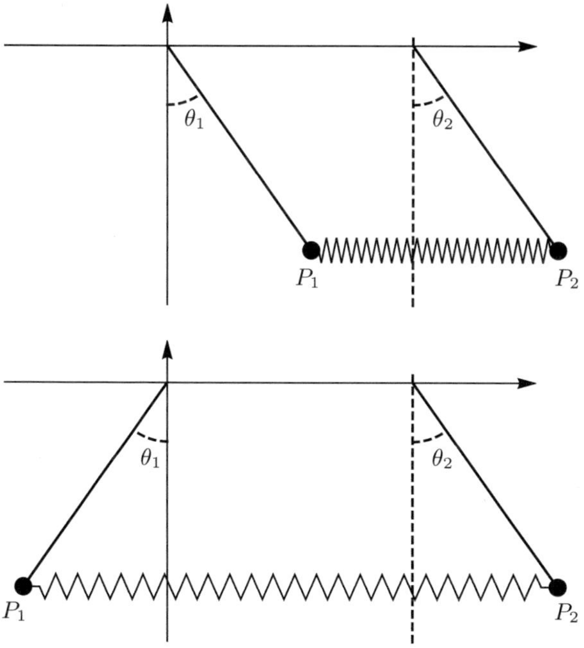

Figura 4.2 Oscillazioni in fase (in alto) e in opposizione di fase (in basso)

Osservazione 4.15 Con le notazioni del §4.2, nel caso della lagrangiana (4.13), per risolvere l'equazione caratteristica è sufficiente diagonalizzare

$$B = \begin{pmatrix} 1+\alpha & -\alpha \\ -\alpha & 1+\alpha \end{pmatrix},$$

dato che A è l'identità, Gli autovalori di B sono 1 e $1 + 2\alpha$, a cui sono associati gli autovettori $(1, 1)$ e $(1, -1)$, che, normalizzati, concidono con la (4.15).

Se $\alpha \ll 1$, si ha un trasferimento periodico di energia dal primo al secondo pendolo – fenomeno a cui si dà il nome di *battimenti*. Supponiamo di partire dalle condizioni iniziali $\theta_1(0) = \theta_2(0) = 0$, $\dot{\theta}_1(0) = v > 0$ e $\dot{\theta}_2(0) = 0$, così che all'inizio tutta l'energia è immagazzinata nel primo pendolo (sotto forma di energia cinetica). Dalle (4.14) si ricavano, in termini delle nuove coordinate, i dati iniziali $Q_1(0) = Q_2(0) = 0$ e $\dot{Q}_1(0) = \dot{Q}_2(0) = v/\sqrt{2}$, e quindi si trova

$$Q_1(t) = \frac{v}{\sqrt{2}} \sin t, \qquad Q_2(t) = \frac{v}{\omega_2\sqrt{2}} \sin \omega_2 t,$$

così che, utilizzando le (4.15), si ottiene (cfr. l'esercizio 4.9)

$$\theta_1(t) = \frac{v}{2}\Big(\sin t + \frac{1}{\omega_2} \sin \omega_2 t\Big) = v \cos \varepsilon t \sin \omega t + O(\alpha), \tag{4.16a}$$

$$\theta_2(t) = \frac{v}{2}\Big(\sin t - \frac{1}{\omega_2} \sin \omega_2 t\Big) = -v \sin \varepsilon t \cos \omega t + O(\alpha), \tag{4.16b}$$

dove

$$\varepsilon := \frac{\omega_2 - \omega_1}{2} = \frac{\alpha}{2} + O(\alpha^2), \qquad \omega := \frac{\omega_2 + \omega_1}{2} = 1 + \frac{\alpha}{2} + O(\alpha^2).$$

Trascurando i termini $O(\alpha)$, si trova quindi un moto oscillatorio di tipo sinusoidale, con periodo $T = 2\pi/\omega$, modulato da una curva sempre di tipo sinusoidale, ma con periodo molto più lungo, poiché $2\pi/\varepsilon \gg 1$ per $\alpha \ll 1$ (cfr. la figura 4.3).

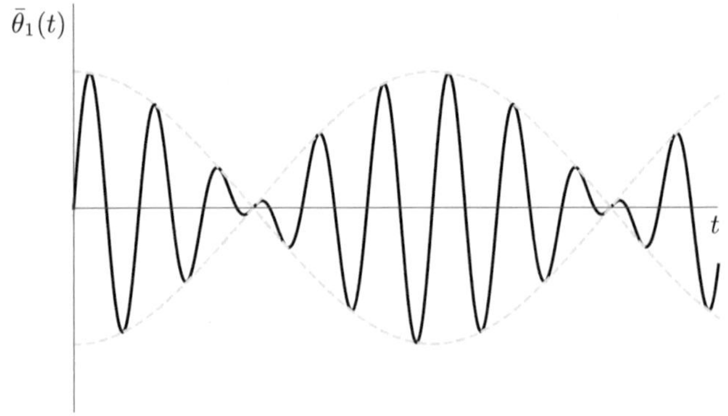

Figura 4.3 Battimenti: grafico di $\bar{\theta}_1(t) := v \cos \varepsilon t \sin \omega t$, per $\varepsilon = 0.1$ and $\omega = 1.1$

Figura 4.4 Confronto tra $\theta_1(t)$ (in nero) e $\bar{\theta}_1(t)$ (in grigio), per $\varepsilon = 0.1$ e $\omega = 1.1$

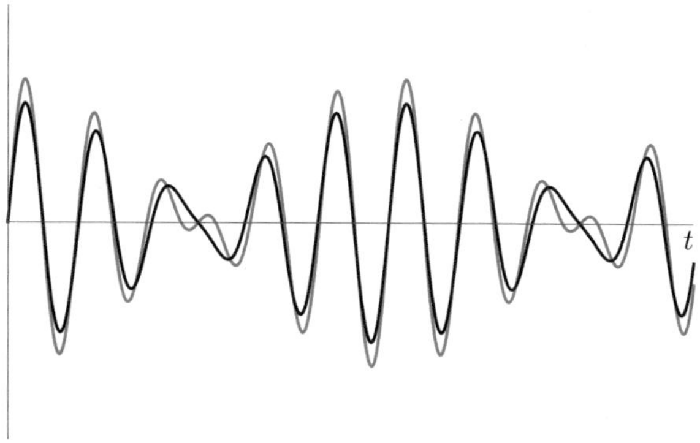

I termini $O(\alpha)$ in (4.16) si calcolano esplicitamente (cfr. l'esercizio 4.9): si trova che, senza approssimazioni, la soluzione è data da

$$\theta_1(t) = v \cos \varepsilon t \sin \omega t + \left(\frac{1}{\sqrt{1+2\alpha}} - 1 \right) \sin(\omega t + \varepsilon t),$$

$$\theta_2(t) = -v \sin \varepsilon t \cos \omega t - \left(\frac{1}{\sqrt{1+2\alpha}} - 1 \right) \sin(\omega t + \varepsilon t),$$

I termini $O(\alpha)$ costituiscono una correzione trigonometrica trascurabile (se α è piccolo), come mostrato nella figura 4.4, dove la soluzione esatta è graficata insieme alla soluzione approssimata ottenuta trascurando i termini $O(\alpha)$.

Quando $t = \pi/2\varepsilon$, il moto di θ_1 si è quasi completamente smorzato, mentre l'ampiezza di θ_2 diventa confrontabile con quella che aveva inizialmente θ_1 (cfr. la figura 4.5), e così via periodicamente: si hanno continui trasferimenti d'energia da un pendolo all'altro.

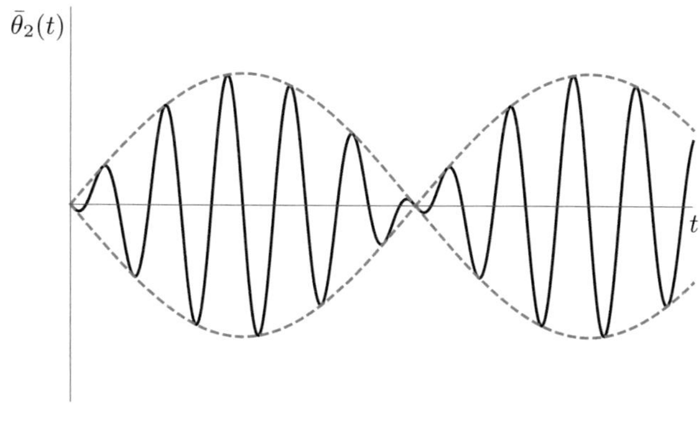

Figura 4.5 Battimenti: grafico di $\bar{\theta}_2 := -v \sin \varepsilon t \cos \omega t$, per $\varepsilon = 0.1$ and $\omega = 1.1$

4.3.2 Pendoli diversi

Esaminiamo ora come si modifica la discussione del §4.3.1 nel caso di due pendoli diversi, i.e. con masse e lunghezze differenti ($m_1 \neq m_2$ e $\ell_1 \neq \ell_2$). Supponiamo, senza perdita di generalità che sia $\ell_1 > \ell_2$. Supponiamo anche, per semplicità, che, se d_0 è la lunghezza a riposo della molla che collega i due pendoli, i rispettivi punti di sospensione siano a una distanza d tale che $d_0^2 = d^2 + (\ell_1 - \ell_2)^2$, in modo tale che, nella configurazione di equilibrio, entrambi i pendoli siano in posizione verticale e quindi risulti $\theta_1 = 0$ e $\theta_2 = 0$. Assumiamo infine che si abbia $g = 1$ e $d = 1$, il che equivale a un scelta opportuna delle unità di misura di lunghezza e di tempo.

La lagrangiana, ridefinendo in modo opportuno α, in funzione di d_0, ℓ_1 e ℓ_2 (cfr. l'esercizio 4.10), diventa

$$\begin{aligned}\mathcal{L} = &\frac{1}{2}\big(m_1\ell_1^2\dot\theta_1^2 + m_2\ell_2^2\dot\theta_2^2\big)\\ &- \frac{1}{2}\big(m_1\ell_1\theta_1^2 + m_2\ell_2\theta_2^2 + \alpha(\ell_1\theta_1 - \ell_2\theta_2)^2\big),\end{aligned} \tag{4.17}$$

che, nel caso in cui i pendoli siamo uguali e si fissi $\ell_1 = \ell_2 = d = d_0 = 1$ ed $m_1 = m_2$, si riduce alla (4.13).

La lagrangiana (4.17) è una lagrangiana quadratica della forma (4.4), con $q = (\theta_1, \theta_2)$, e con le due matrici A e B date da

$$A = \begin{pmatrix} m_1\ell_1^2 & 0 \\ 0 & m_2\ell_2^2 \end{pmatrix}, \qquad B = \begin{pmatrix} m_1\ell_1 + \alpha\ell_1^2 & -\alpha\ell_1\ell_2 \\ -\alpha\ell_1\ell_2 & m_2\ell_2 + \alpha\ell_2^2 \end{pmatrix}.$$

così che l'equazione caratteristica per la determinazione delle frequenze proprie (4.5) assume la forma

$$a\lambda^2 - (b_0 + b_1\alpha)\lambda + (c_0 + c_1\alpha) = 0, \tag{4.18}$$

dove

$$a := m_1\ell_1^2 m_2\ell_2^2, \tag{4.19a}$$

$$b_0 := m_1\ell_1 m_2\ell_2(\ell_1 + \ell_2), \qquad b_1 := (m_1 + m_2)\ell_1^2\ell_2^2, \tag{4.19b}$$

$$c_0 := m_1\ell_1 m_2\ell_2, \qquad c_1 := \ell_1\ell_2(m_1\ell_2 + m_2\ell_1). \tag{4.19c}$$

La (4.18) è l'equazione di un'iperbole nel piano (λ, α) (cfr. l'esercizio 4.11), con un asintoto verticale che interseca l'asse λ in $\omega_\infty^2 := c_1/b_1$ e uno obliquo, con pendenza a/b_1, che interseca l'asse λ nel punto $(ab_1)^{-1}(b_0b_1 - ac_1)$; i due rami dell'iperbole sono uno a destra e uno sinistra dell'asintoto verticale. Del piano (λ, α), l'unica regione significativa fisicamente è quella con $\lambda, \alpha \geq 0$ (cfr. la figura 4.6).

Per $\alpha = 0$, abbiamo due valori di λ, dati da $\lambda_1 = \ell_1^{-1}$ e $\lambda_2 = \ell_2^{-1}$, tali che $\omega_1 = \sqrt{\lambda_1}$ e $\omega_2 = \sqrt{\lambda_2}$ costituiscono le frequenze proprie dei pendoli disaccoppiati. Al

Figura 4.6 Piano (λ, α) per il sistema di due pendoli accoppiati

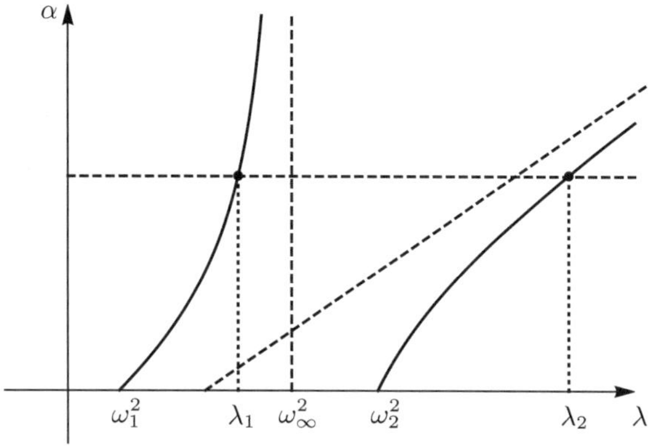

crescere di α, abbiamo due valori $\lambda_1 < \lambda_2$ che risolvono la (4.18), tali che $\lambda_1 \to \omega_\infty^2 := c_1/b_1$ e $\lambda_2 \to +\infty$ per $\alpha \to +\infty$. Dalle (4.19), si vede che

$$\omega_\infty^2 = \frac{m_1\ell_2 + m_2\ell_1}{(m_1+m_2)\ell_1\ell_2}, \tag{4.20}$$

che corrisponde alla frequenza propria del sistema descritto dalla lagrangiana (4.17), sottoposto al vincolo $\ell_1\theta_1 = \ell_2\theta_2$. Infatti, se definiamo

$$\ell := \frac{\ell_1+\ell_2}{2}, \qquad \theta := \frac{\ell_1\theta_1 + \ell_2\theta_2}{\ell_1+\ell_2},$$

vediamo che il vincolo $\ell_1\theta_1 = \ell_2\theta_2$ implica $\ell\theta = \ell_1\theta_1 = \ell_2\theta_2$, così che, in termini della variabile θ, la lagrangiana vincolata diventa

$$\mathcal{L} = \frac{1}{2}(m_1+m_2)\ell^2\dot{\theta}^2 - \frac{1}{2}\Big(\frac{m_1}{\ell_1} + \frac{m_2}{\ell_2}\Big)\ell^2\theta^2,$$

la cui frequenza propria è data dalla (4.20). In particolare, se $\ell_1 = \ell_2$, si ha $\ell = \ell_1 = \ell_2$ e $\theta = \theta_1 = \theta_2$: i due pendoli si muovono in sincronia con frequenza propria $1/\ell$. In tali condizioni il sistema si comporta come un pendolo di massa $m := m_1 + m_2$ e lunghezza ℓ.

Osservazione 4.16 Si noti che $\omega_1 \le \omega_\infty \le \omega_2$ (e l'uguaglianza vale solo nel caso $\ell_1 = \ell_2$), i.e. la frequenza del sistema vincolato è compresa tra le due frequenze del sistema senza il vincolo. Questo è un caso particolare di un risultato più generale (cfr. il teorema 4.33 e l'osservazione 4.34 più avanti).

Osservazione 4.17 Se $\ell_1 = \ell_2 = \ell$ e $m_1 = m_2 = m$, si ha $\omega_\infty^2 = \ell^{-1}$ e per $\alpha = 0$ risulta $\lambda_1 = \lambda_2 = \ell^{-1}$. Le relazioni (4.19) diventano

$$a = m^2\ell^4, \tag{4.21a}$$

$$b_0 = 2m^2\ell^3, \qquad b_1 = 2m\ell^4, \tag{4.21b}$$

$$c_0 = m^2\ell^2, \qquad c_1 = 2m\ell^3, \tag{4.21c}$$

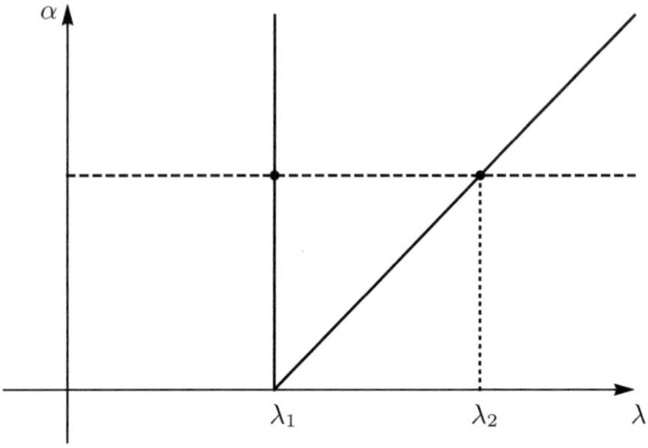

Figura 4.7 Piano (λ, α) nel caso di pendoli accoppiati identici

così che la (4.18) dà

$$0 = m\ell^3\lambda^2 - 2(m\ell + \alpha)\lambda + (m\ell + 2\alpha) = \big(m\ell^2\lambda - m\ell - 2\alpha\big)(\ell\lambda - 1), \quad (4.22)$$

che individua due rette, una verticale e una obliqua di pendenza $m\ell^2/2$, che si intersecano nel punto $(\lambda, \alpha) = (\omega_\infty^2, 0)$ (cfr. la figura 4.7). Una frequenza propria è quindi indipendente da α, mentre l'altra è lineare in α, in accordo con quanto trovato nel §4.3.1.

Osservazione 4.18 Sia Σ la superficie di vincolo determinata dall'equazione $\ell_1\theta_1 = \ell_2\theta_2$ e sia W la funzione $W = (\ell_1\theta_1^2 - \ell_2\theta_2)^2/2$. Allora (Σ, W, α) costituisce un modello di vincolo approssimato perfetto, in accordo con la definizione 1.50 (cfr. l'esercizio 4.12).

4.4 Piccole oscillazioni per sistemi vincolati

Studiamo infine come variano le frequenze delle piccole oscillazioni di un sistema meccanico conservativo quando o introduciamo dei vincoli o variamo i parametri dell'energia potenziale. In particolare siamo interessati al caso in cui il sistema divenga "più rigido", nel senso della definizione seguente.

Definizione 4.19 (Rigidità) *Si considerino, nell'approssimazione delle piccole oscillazioni, due sistemi lagrangiani a n gradi di libertà* $(\mathbb{R}^n, \mathcal{L})$ *e* $(\mathbb{R}^n, \mathcal{L}')$ *che abbiano la stessa energia cinetica*

$$T = \frac{1}{2}\langle \dot{q}, A\dot{q} \rangle \quad (4.23)$$

ed energia potenziale, rispettivamente,

$$V = \frac{1}{2}\langle q, Bq\rangle, \qquad V' = \frac{1}{2}\langle q, B'q\rangle. \tag{4.24}$$

Si dice che il sistema $(\mathbb{R}^n, \mathcal{L}')$ *è* più rigido *del sistema* $(\mathbb{R}^n, \mathcal{L})$ *se*

$$V(q) = \frac{1}{2}\langle q, Bq\rangle \le \frac{1}{2}\langle q, B'q\rangle = V'(q) \qquad \forall q \in \mathbb{R}^n. \tag{4.25}$$

Osservazione 4.20 Può essere conveniente scegliere un sistema di coordinate tali che la (4.23) assuma la forma

$$T = \frac{1}{2}\langle \dot{q}, \dot{q}\rangle, \tag{4.26}$$

così che, ridefinendo le matrici B e B', le lagrangiane dei due sistemi diventano

$$\mathcal{L} = \frac{1}{2}\langle \dot{q}, \dot{q}\rangle - \frac{1}{2}\langle q, Bq\rangle, \qquad \mathcal{L}' = \frac{1}{2}\langle \dot{q}, \dot{q}\rangle - \frac{1}{2}\langle q, B'q\rangle, \tag{4.27}$$

rispettivamente (cfr. l'esercizio 4.13). Si dice allora che il prodotto scalare è *indotto* dall'energia cinetica (cfr. la dimostrazione del corollario 4.12).

Data una forma quadratica $\langle x, Mx\rangle$ in $\mathbb{R}^n$ (cfr. l'esercizio 4.9 del volume 1), l'equazione $\langle x, Mx\rangle = 1$ definisce un *ellissoide* di dimensione n. Fissato il sistema di coordinate in cui l'energia cinetica assume la forma (4.26), associamo al sistema lagrangiano $(\mathbb{R}^n, \mathcal{L})$ un ellissoide $\mathcal{E}$, definito come

$$\mathcal{E} = \{q \in \mathbb{R}^n \; : \; \langle q, Bq\rangle = 1\}, \tag{4.28}$$

Analogamente, associamo l'ellissoide $\mathcal{E}' = \{q \in \mathbb{R}^n \; : \; \langle q, B'q\rangle = 1\}$ al sistema lagrangiano $(\mathbb{R}^n, \mathcal{L}')$.

Lemma 4.21 *Nell'approssimazione delle piccole oscillazioni, se il sistema* $(\mathbb{R}^n, \mathcal{L}')$ *è più rigido del sistema* $(\mathbb{R}^n, \mathcal{L})$*, i.e. se vale la* (4.25)*, l'ellissoide* $\mathcal{E}'$ *associato a* $(\mathbb{R}^n, \mathcal{L}')$ *giace dentro l'ellissoide* $\mathcal{E}$ *associato a* $(\mathbb{R}^n, \mathcal{L})$*.*

Dimostrazione Fissata una direzione ξ, se $q = |q|\xi$ e $q' = |q'|\xi$ denotano i punti degli ellissoidi $\mathcal{E}$ e $\mathcal{E}'$, rispettivamente, nella direzione ξ, la condizione

$$|q|^2\langle \xi, B\xi\rangle = \langle q, Bq\rangle = 1 = \langle q', B'q'\rangle = |q'|^2\langle \xi, B'\xi\rangle$$

implica $|q'| \le |q|$, come conseguenza della (4.25). □

Lemma 4.22 *Sia* $\mathcal{E}$ *l'ellissoide* (4.28) *associato a un sistema lagrangiano* $(\mathbb{R}^n, \mathcal{L})$*, con* $\mathcal{L}$ *come in* (4.27)*, e siano* $a_1, \ldots, a_n$ *le lunghezze dei semiassi principali di* $\mathcal{E}$*. Si ha* $a_i = \omega_i^{-1}$*,* $i = 1, \ldots, n$*, dove* $\omega_1, \ldots, \omega_n$ *sono le frequenze proprie del sistema lagrangiano.*

Dimostrazione Nella base in cui l'energia cinetica è data dalla (4.26), gli assi principali dell'ellissoide sono diretti lungo gli autovettori di B, e, se $\lambda_1, \ldots, \lambda_n$ sono gli autovalori della matrice B, la forma quadratica associata all'energia potenziale assume la forma

$$\langle q, Bq \rangle = \lambda_1 q_1^2 + \ldots + \lambda_n q_n^2 = 1.$$

Quindi i semiassi principali hanno lunghezza $a_i = 1/\sqrt{\lambda_i} = 1/\omega_i$. □

Teorema 4.23 *Sia Σ la superficie regolare in $\mathbb{R}^n$ individuata dalla condizione $G(q) = 0$. Dato un sistema lagrangiano $(\mathbb{R}^n, \mathcal{L})$, sia $(\Sigma, \mathcal{L}_v)$ il sistema descritto dalla lagrangiana vincolata $\mathcal{L}_v$ che si ottiene da $\mathcal{L}(q, \dot{q})$ attraverso l'imposizione del vincolo olonomo regolare $G(q) = 0$. Sia $(q, \dot{q}) = (0, 0)$ un punto di equilibrio stabile per il sistema $(\mathbb{R}^n, \mathcal{L})$ compatibile con il vincolo, i.e. tale che $G(0) = 0$, così che $(0, 0)$ è un punto di equilibrio stabile anche per il sistema $(\Sigma, \mathcal{L}_v)$. Allora la lagrangiana del sistema linearizzato associato a $(\Sigma, \mathcal{L}_v)$ si ottiene dalla parte quadratica $\mathcal{L}_2(q, \dot{q})$ della lagrangiana $\mathcal{L}(q, \dot{q})$ imponendo il vincolo che si ottiene linearizzando l'equazione $G(q) = 0$.*

Dimostrazione Poiché $G(0) = 0$ e il vincolo è regolare, la funzione G è di classe C^2 e si ha $\nabla G(0) \neq 0$ (cfr. la definizione 9.6 del volume 1); senza perdita di generalità, si può assumere – rinumerando eventualmente le coordinate – che si abbia $[\partial G/\partial q_n](0) \neq 0$. Per il teorema della funzione implicita, si può esprimere q_n in funzione delle altre coordinate $q_1, \ldots, q_{n-1}$; se poniamo $q' = (q_1, \ldots, q_{n-1})$, così che $q = (q', q_n)$, esiste allora una funzione $Q_n : \mathbb{R}^{n-1} \to \mathbb{R}$ di classe C^2 tale che $q_n = Q_n(q')$ e, di conseguenza,

$$\dot{q}_n = \dot{Q}_n(q') = \sum_{i=1}^{n-1} \frac{\partial Q_n}{\partial q_i}(q')\, \dot{q}_i = \left\langle \frac{\partial Q_n}{\partial q'}(q'), q' \right\rangle,$$

dove il prodotto scalare è in $\mathbb{R}^{n-1}$. La lagrangiana, una volta introdotto il vincolo, diventa

$$\mathcal{L}_v(q, \dot{q}) = \mathcal{L}(q', Q_n(q'), \dot{q}', \dot{Q}_n(q')).$$

La linearizzazione di $G(q) = 0$ dà $\langle \nabla G(0), q \rangle = 0$, da cui si ottiene

$$q_n = Q_n^L(q') := -\sum_{i=1}^{n-1} \frac{c_i}{c_n} q_i,$$

dove $c_i = [\partial G/\partial q_i](0)$ per $i = 1, \ldots, n$, così che $c_n \neq 0$, e, di conseguenza,

$$\dot{q}_n = \dot{Q}_n^L(q') = \sum_{i=1}^{n-1} \frac{\partial Q_n^L}{\partial q_i}(q')\, \dot{q}_i = -\sum_{i=1}^{n-1} \frac{c_i}{c_n} \dot{q}_i,$$

La parte quadratica di $\mathcal{L}_v$ è data da

$$\mathcal{L}_{v2}(q,\dot{q}) = \mathcal{L}_2(q', Q_n^L(q'), \dot{q}', \dot{Q}_n^L(q')),$$

dove $\mathcal{L}_2(q', q_n, \dot{q}', \dot{q}_n)$ è la parte quadratica della lagrangiana $\mathcal{L}$. La verifica è immediata. □

Osservazione 4.24 Ogni sottospazio $\mathcal{V}^k$ di $\mathbb{R}^n$ di dimensione $k < n$ è un sottoinsieme di $\mathbb{R}^n$ costituito dai vettori generati da k vettori linearmente indipendenti di $\mathbb{R}^n$; in particolare, un sottospazio $\mathcal{V}^{n-1}$ si può immaginare come un iperpiano passante per l'origine. Si noti che $\mathcal{V}^k$ è sempre isomorfo a $\mathbb{R}^k$ (cfr. l'osservazione 1.41 del volume 1).

Osservazione 4.25 Sia $(\mathbb{R}^n, \mathcal{L})$ un sistema lagrangiano a n gradi di libertà, con $\mathcal{L}$ della forma (4.27). Dato un sottospazio $\mathcal{V}^{n-1}$ di $\mathbb{R}^n$, di dimensione $n-1$, consideriamo il sistema $(\mathcal{V}^{n-1}, \mathcal{L}')$, con $n-1$ gradi di libertà, che abbia lagrangiana data dalla restrizione di $\mathcal{L}$ a $T\mathcal{V}^{n-1}$, i.e. al fibrato tangente di $\mathcal{V}^{n-1}$. Il sistema linearizzato corrispondente a $(\mathcal{V}^{n-1}, \mathcal{L}')$, ottenuto come prescritto dal teorema 4.23, ha $n-1$ frequenze proprie, che indichiamo con $\omega_1', \ldots, \omega_{n-1}'$. Se $\mathcal{E}$ è l'ellissoide associato a $(\mathbb{R}^n, \mathcal{L})$, al sistema $(\mathcal{V}^{n-1}, \mathcal{L}')$ è associato un ellissoide $\mathcal{E}' = \mathcal{E} \cap \mathcal{V}^{n-1}$ (cfr. l'esercizio 4.15).

Osservazione 4.26 Dato un ellissoide $\mathcal{E}$ di dimensione n e un sottospazio vettoriale $\mathcal{V}^k$, con $k \leq n$, sia $\mathcal{E}_k$ l'ellissoide ottenuto dall'intersezione di $\mathcal{E}$ con $\mathcal{V}^k$. Allora

$$b_k := \min_{x \in \mathcal{E}_k} |x|$$

rappresenta la lunghezza del più piccolo semiasse di $\mathcal{E}_k$.

Lemma 4.27 (Principio del minimax) *Sia $\mathcal{E}$ un ellissoide i cui semiassi abbiano lunghezze $a_1 \geq a_2 \geq \ldots \geq a_n$. Ogni intersezione di $\mathcal{E}$ con un sottospazio k-dimensionale $\mathcal{V}^k$ individua un ellissoide $\mathcal{E}_k = \mathcal{E} \cap \mathcal{V}^k$. Si ha*

$$a_k = \max_{\mathcal{V}^k \subset \mathbb{R}^n} \min_{x \in \mathcal{E}_k} |x|, \tag{4.29}$$

i.e. comunque sia scelto $\mathcal{V}^k$, la lunghezza del semiasse più piccolo di $\mathcal{E}_k$ è minore o uguale ad a_k. In (4.29) il massimo è raggiunto quando si sceglie come $\mathcal{V}^k$ il sottospazio generato dai k vettori diretti lungo gli assi principali di lunghezza $a_1 \geq a_2 \geq \ldots \geq a_k$.

Dimostrazione Consideriamo il sottospazio $\mathcal{V}^{n-k+1}$ individuato dai semiassi di $\mathcal{E}$ di lunghezza $a_k \geq a_{k+1} \geq \ldots \geq a_n$. Poiché la sua dimensione è $n-k+1$, comunque si fissi il sottospazio $\mathcal{V}^k$ di $\mathbb{R}^n$ si ha $\mathcal{V}^{n-k+1} \cap \mathcal{V}^k \neq \emptyset$.

Sia $x \in \mathcal{E} \cap \mathcal{V}^{n-k+1} \cap \mathcal{V}^k$: poiché $x \in \mathcal{E} \cap \mathcal{V}^{n-k+1}$, si deve avere $|x| \leq a_k$, e, poiché $x \in \mathcal{E} \cap \mathcal{V}^k$, allora $|x|$ deve essere più grande della lunghezza b_k del più piccolo semiasse di $\mathcal{E}_k$, i.e. $|x| \geq b_k$. Quindi $a_k \geq b_k$.

Se in particolare scegliamo $\mathcal{V}^k$ come il sottospazio individuato dai semiassi di lunghezze $a_1 \geq a_2 \geq \ldots \geq a_k$, allora, per $x \in \mathcal{E}_k = \mathcal{E} \cap \mathcal{V}^k$, si ha $b_k = a_k$. Da qui segue la (4.29). □

Lemma 4.28 *Se l'ellissoide $\mathcal{E}$ con semiassi di lunghezze $a_1 \geq a_2 \geq \ldots \geq a_n$ contiene al suo interno l'ellissoide $\mathcal{E}'$ con semiassi di lunghezze $a'_1 \geq a'_2 \geq \ldots \geq a'_n$, allora*

$$a_1 \geq a'_1, \qquad a_2 \geq a'_2, \qquad \ldots \qquad a_n \geq a'_n,$$

i.e. le lunghezze di tutti i semiassi dell'ellissoide interno sono minori di quelle dei semiassi corrispondenti dell'ellissoide esterno.

Dimostrazione Dato un qualsiasi sottospazio $\mathcal{V}^k$ di $\mathbb{R}^n$ di dimensione k, la lunghezza b'_k del più piccolo semiasse dell'ellissoide $\mathcal{E}'_k = \mathcal{E}' \cap \mathcal{V}^k$ è minore della lunghezza b_k del più piccolo semiasse di $\mathcal{E}_k = \mathcal{E} \cap \mathcal{V}^k$, i.e. $b'_k \leq b_k$ (cfr. l'esercizio 4.16). Sia $\overline{\mathcal{V}}^k$ il sottospazio in corripondenza del quale b'_k raggiunge il suo valore massimo. Se indichiamo tale valore con B'_k e se B_k denota la lunghezza del più piccolo semiasse di $\mathcal{E} \cap \overline{\mathcal{V}}^k$, otteniamo $B'_k \leq B_k$. Si ha quindi

$$a'_k = \max_{\mathcal{V}^k \subset \mathbb{R}^n} \min_{x \in \mathcal{E}'_k} |x| = \max_{\mathcal{V}^k \subset \mathbb{R}^n} b'_k = B'_k \leq B_k \leq \max_{\mathcal{V}^k \subset \mathbb{R}^n} \min_{x \in \mathcal{E}_k} |x| = a_k,$$

dove è stata usata la (4.29) sia per $\mathcal{E}$ che per $\mathcal{E}'$. □

Teorema 4.29 *Indichiamo con $\mathcal{E}'$ l'intersezione dell'ellissoide $\mathcal{E}$ con semiassi di lunghezze $a_1 \geq a_2 \geq \ldots \geq a_n$ con un sottospazio $\mathcal{V}^{n-1}$ di $\mathbb{R}^n$ di dimensione $n-1$. Allora, se $a'_1 \geq a'_2 \geq \ldots \geq a'_{n-1}$ sono le lunghezze dei semiassi di $\mathcal{E}'$, si ha*

$$a_1 \geq a'_1 \geq a_2 \geq a'_2 \geq \ldots \geq a'_{n-1} \geq a_n,$$

i.e. le lunghezze dei semiassi di $\mathcal{E}'$ separano quelle dei semiassi di $\mathcal{E}$.

Dimostrazione La diseguaglianza $a'_k \leq a_k$ segue dal lemma 4.27, poiché

$$a'_k = \max_{\mathcal{V}^k \subset \mathcal{V}^{n-1}} \min_{x \in \mathcal{E}'_k} |x| \leq \max_{\mathcal{V}^k \subset \mathbb{R}^n} \min_{x \in \mathcal{E}_k} |x| = a_k,$$

dove $\mathcal{E}'_k = \mathcal{E}' \cap \mathcal{V}^k$ e $\mathcal{E}_k = \mathcal{E} \cap \mathcal{V}^k$. Infatti, per $\mathcal{V}^k \subset \mathcal{V}^{n-1}$ si ha $\mathcal{E}_k = \mathcal{E}'_k$, e quindi per a_k il massimo è calcolato su un insieme più grande che per a'_k.

Per dimostrare che $a'_k \geq a_{k+1}$, consideriamo l'intersezione di $\mathcal{V}^{n-1}$ con un sottospazio $\mathcal{V}^{k+1}$ di $\mathbb{R}^n$ di dimensione $k+1$. La dimensione d di $\mathcal{V}^{n-1} \cap \mathcal{V}^{k+1}$ è non più piccola di k:

- se $\mathcal{V}^{k+1} \subset \mathcal{V}^{n-1}$ si ha $d = k+1$,
- se $\mathcal{V}^{k+1} = \mathcal{V}^k \times (\mathbb{R}^n \setminus \mathcal{V}^{n-1})$ si ha $d = k$.

Inoltre la lunghezza $\tilde{b}'_k$ del semiasse più piccolo di $\tilde{\mathcal{E}}'_k = \mathcal{E}' \cap \mathcal{V}^{k+1}$ è maggiore della lunghezza b_{k+1} del semiasse più piccolo di $\mathcal{E}_{k+1} = \mathcal{E} \cap \mathcal{V}^{k+1}$, poiché

$$b_{k+1} = \min_{x \in \mathcal{E}_{k+1}} |x| \le \min_{x \in \mathcal{E}_{k+1} \cap \mathcal{V}^{n-1}} |x| = \min_{x \in \tilde{\mathcal{E}}'_k} |x| = \tilde{b}'_k, \tag{4.30}$$

dove si è usato che si ha

$$\mathcal{E}_{k+1} \cap \mathcal{V}^{n-1} = \mathcal{E} \cap \mathcal{V}^{k+1} \cap \mathcal{V}^{n-1} = \mathcal{E} \cap \mathcal{V}^{n-1} \cap \mathcal{V}^{k+1} = \mathcal{E}' \cap \mathcal{V}^{k+1} = \tilde{\mathcal{E}}'_k$$

e che, nella definizione di $\tilde{b}'_k$, il minimo è preso su un insieme più piccolo rispetto alla definizione di b_{k+1}. Per il lemma 4.27 si ha

$$\max_{\mathcal{V}^{k+1} \subset \mathbb{R}^n} \min_{x \in \tilde{\mathcal{E}}'_k} |x| \ge \max_{\mathcal{V}^{k+1} \subset \mathbb{R}^n} \min_{x \in \mathcal{E}_{k+1}} |x| = a_{k+1}. \tag{4.31}$$

Inoltre se $\mathcal{V}^{k+1} = \mathcal{V}^k \times (\mathbb{R}^n \setminus \mathcal{V}^{n-1})$ si ha $\mathcal{E}'_k = \tilde{\mathcal{E}}'_k$, poiché

$$\tilde{\mathcal{E}}'_k = \mathcal{E}' \cap \mathcal{V}^{k+1} = \mathcal{E} \cap \mathcal{V}^{n-1} \cap \mathcal{V}^{k+1} = \mathcal{E} \cap \mathcal{V}^{n-1} \cap \mathcal{V}^k = \mathcal{E}' \cap \mathcal{V}^k = \mathcal{E}'_k,$$

mentre se $\mathcal{V}^{k+1} \subset \mathcal{V}^{n-1}$ si ha $\mathcal{E}'_k \subset \tilde{\mathcal{E}}'_k$ e l'inclusione vale con il segno stretto (i.e. $\tilde{\mathcal{E}}'_k \neq \mathcal{E}'_k$), poiché $\tilde{\mathcal{E}}'_k = \mathcal{E}' \cap \mathcal{V}^{k+1}$ e $\mathcal{V}^k \subset \mathcal{V}^{k+1} \subset \mathcal{V}^{n-1}$. Quindi si ha

$$\max_{\mathcal{V}^{k+1} \subset \mathbb{R}^n} \min_{x \in \tilde{\mathcal{E}}'_k} |x| = \max \left\{ \max_{\mathcal{V}^{k+1} \subset \mathcal{V}^{n-1}} \min_{x \in \tilde{\mathcal{E}}'_k} |x|, \max_{\mathcal{V}^k \times (\mathbb{R}^n \setminus \mathcal{V}^{n-1})} \min_{x \in \tilde{\mathcal{E}}'_k} |x| \right\}$$

e risulta

$$\max_{\mathcal{V}^{k+1} \subset \mathcal{V}^{n-1}} \min_{x \in \tilde{\mathcal{E}}'_k} |x| \le \max_{\mathcal{V}^{k+1} \subset \mathcal{V}^{n-1}} \min_{x \in \mathcal{E}'_k} |x| = \max_{\mathcal{V}^k \subset \mathcal{V}^{n-1}} \min_{x \in \mathcal{E}'_k} |x|,$$
$$\max_{\mathcal{V}^k \times (\mathbb{R}^n \setminus \mathcal{V}^{n-1})} \min_{x \in \tilde{\mathcal{E}}'_k} |x| \le \max_{\mathcal{V}^k \times (\mathbb{R}^n \setminus \mathcal{V}^{n-1})} \min_{x \in \mathcal{E}'_k} |x| \le \max_{\mathcal{V}^k \subset \mathcal{V}^{n-1}} \min_{x \in \mathcal{E}'_k} |x|,$$

dove, nella prima riga, la diseguaglianza segue dal fatto che il minimo è calcolato su un insieme $\mathcal{E}'_k$ più piccolo di $\tilde{\mathcal{E}}'_k$ e la successiva uguaglianza dal fatto che si può cambiare $\mathcal{V}^{k+1} \setminus \mathcal{V}^k$ senza alterare $\mathcal{E}'_k$. In conclusione si ha

$$\max_{\mathcal{V}^{k+1} \subset \mathbb{R}^n} \min_{x \in \tilde{\mathcal{E}}'_k} |x| \le \max_{\mathcal{V}^k \subset \mathcal{V}^{n-1}} \min_{x \in \mathcal{E}'_k} |x| = a'_k, \tag{4.32}$$

il lemma 4.27. Dalle (4.31) e (4.32) segue $a'_k \ge a_{k+1}$. □

Osservazione 4.30 La dimostrazione del teorema 4.29 diventa banale se $n = 2$. In tal caso l'intersezione dell'ellissoide $\mathcal{E}$ di semiassi $a_1 \ge a_2$ con un sottospazio di dimensione 1 (i.e. con una retta) dà due punti antipodali sull'ellisse, la cui distanza dall'origine è compresa tra la lunghezza del semiasse maggiore e quella del semiasse minore (cfr. la figura 4.8). Già per $n = 2$, la situazione è meno semplice da raffigurare (cfr. l'esercizio 4.17).

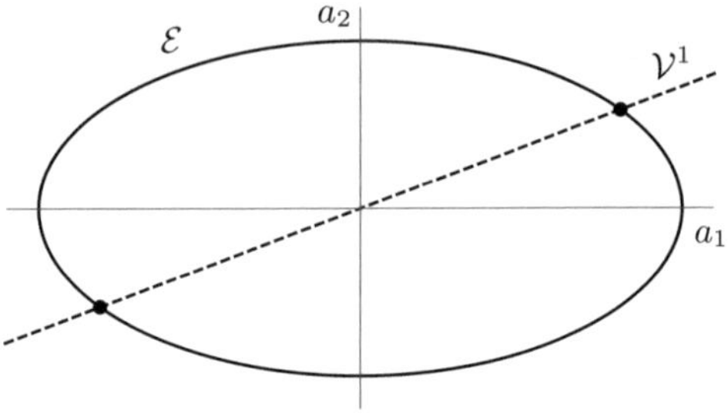

Figura 4.8 Ellissoidi $\mathcal{E}$ ed $\mathcal{E}' = \mathcal{E} \cap \mathcal{V}^1$ nel caso $n = 2$

Teorema 4.31 *Nell'approssimazione delle piccole oscillazioni, se consideriamo due sistemi lagrangiani $(\mathbb{R}^n, \mathcal{L})$ e $(\mathbb{R}^n, \mathcal{L}')$, con $(\mathbb{R}^n, \mathcal{L}')$ più rigido di $(\mathbb{R}^n, \mathcal{L})$, si ha*

$$\omega_1 \leq \omega_1', \qquad \omega_2 \leq \omega_2', \qquad \ldots \qquad \omega_n \leq \omega_n',$$

se $\omega_1 \leq \omega_2 \leq \ldots \leq \omega_n$ sono le frequenze proprie di $(\mathbb{R}^n, \mathcal{L})$ e $\omega_1' \leq \omega_2' \leq \ldots \leq \omega_n'$ sono le frequenze proprie di $(\mathbb{R}^n, \mathcal{L}')$.

Dimostrazione Segue dal lemma 4.28, tenendo conto del lemma 4.21 e del lemma 4.22. □

Osservazione 4.32 Il teorema 4.31 si può interpretare dicendo che se aumentiamo la rigidità di un sistema meccanico, le frequenze proprie aumentano. Analogamente, attraverso considerazioni di similitudine, possiamo concludere che, se aumentiamo l'energia cinetica, senza cambiare l'energia potenziale del sistema, le frequenze proprie diminuiscono.

Teorema 4.33 (Teorema di Rayleigh-Courant-Fischer) *Sia $(\Sigma, \mathcal{L}_v)$ il sistema ottenuto dal sistema lagrangiano $(\mathbb{R}^n, \mathcal{L})$ imponendo il vincolo olonomo regolare $G(q) = 0$. Le frequenze proprie $\omega_1' \leq \omega_2' \leq \ldots \leq \omega_{n-1}'$ del sistema vincolato $(\Sigma, \mathcal{L}_v)$ sono tali che*

$$\omega_1 \leq \omega_1' \leq \omega_2 \leq \omega_2' \leq \ldots \leq \omega_{n-1}' \leq \omega_n,$$

dove $\omega_1 \leq \omega_2 \leq \ldots \leq \omega_n$ sono le frequenze proprie di $(\mathbb{R}^n, \mathcal{L})$.

Dimostrazione Segue dal teorema 4.29, tenendo conto del lemma 4.22. □

Osservazione 4.34 Nell'esempio dei due pendoli accoppiati discusso nel §4.3.2, nel limite $\alpha \to +\infty$ (rigidità che tende all'infinito), otteniamo un sistema vincolato con un solo grado di libertà: la frequenza propria ω_∞ del sistema risultante, data dalla (4.20), soddisfa la relazione $\omega_1 \leq \omega_\infty \leq \omega_2$ consistentemente con il teorema 4.33 (cfr. l'osservazione 4.16).

Nota bibliografica Per i §4.3 e 4.4, abbiamo seguito essenzialmente [A74, Cap. V].

Tutti i rimandi a capitoli, paragrafi, risultati ed equazioni che si specificano del volume 1 si intendono riferiti a [G21].

4.5 Esercizi

Esercizio 4.1 Sia A una matrice simmetrica invertibile. Si dimostri che A^{-1} è simmetrica. [*Soluzione.* Sia $\langle\cdot,\cdot\rangle$ il prodotto scalare standard in $\mathbb{R}^n$. Si verifica immediatamente che una matrice A è simmetrica se e solo se $\langle x, Ay\rangle = \langle Ax, y\rangle$ $\forall x, y \in \mathbb{R}^n$. Siano $x', y' \in \mathbb{R}^n$ arbitrari; poiché A è invertibile, se $x = A^{-1}x'$ e $y = A^{-1}y'$, si ha $\langle x', A^{-1}y'\rangle = \langle Ax, y\rangle = \langle x, Ay\rangle = \langle A^{-1}x', y'\rangle$, quindi A^{-1} è simmetrica.]

Esercizio 4.2 Siano A e B due matrici simmetriche. Si dimostri che ABA è simmetrica e che se A e B sono definite positive allora anche ABA è definita positiva. [*Soluzione* Siano A e B due matrici $n \times n$ simmetriche. Si ha $(ABA)^T = A^T B^T A^T = ABA$. Sia A definita positiva. Se B è definita positiva si ha $\langle x, Bx\rangle \geq 0$ $\forall x \in \mathbb{R}^n$ e vale l'uguaglianza se e solo se $x = 0$. Si consideri il prodotto scalare $\langle v, ABAv\rangle$ per $v \in \mathbb{R}^n$. Si ha $\langle v, ABAv\rangle = \langle Av, BAv\rangle = \langle x, Bx\rangle$, dove $x := Av$. Quindi $\langle v, ABAv\rangle \geq 0$ $\forall v \in \mathbb{R}^n$. Inoltre $\langle v, ABAv\rangle = 0$ se e solo se $x = Av = 0$ e quindi se e solo se $v = 0$, poiché, essendo A definita positiva, si ha $\det A \neq 0$ e quindi $Av = 0$ se e solo se $v = 0$ (cfr. il lemma 1.42 del volume 1).]

Esercizio 4.3 Siano α e B due matrici simmetriche definite positive. Si dimostri che $\beta = \alpha^{-1}B\alpha^{-1}$ è anch'essa una matrice simmetrica definita positiva. [*Soluzione.* Siano α e B due matrici $n \times n$ simmetriche definite positive. Poiché α è simmetrica, anche α^{-1} è simmetrica (cfr. l'esercizio 4.1). Quindi β è anch'essa simmetrica (cfr. l'esercizio 4.2). Inoltre, dato un qualsiasi vettore $x \in \mathbb{R}^n$, si ha $\langle x, \beta x\rangle = \langle \alpha^{-1}x, B\alpha^{-1}x\rangle = \langle w, Bw\rangle$, dove $w := \alpha^{-1}x$. Poiché $\det\alpha \neq 0$ e $\langle w, Bw\rangle > 0$ $\forall w \in \mathbb{R}^n \setminus \{0\}$, segue che $\langle x, \beta x\rangle > 0$ $\forall x \in \mathbb{R}^n \setminus \{0\}$.]

Esercizio 4.4 Si dimostri che l'equazione matriciale (4.9) corrisponde alle n equazioni vettoriali (4.6). [*Soluzione.* Scrivendo per componenti le (4.6) si ha

$$\sum_{j=1}^{n} B_{kj}\xi_{ij} = \sum_{j=1}^{n} \lambda_i A_{kj}\xi_{ij},$$

che, utilizzando la definizione (4.7) di C e introducendo la matrice diagonale D di elementi $D_{ij} = \lambda_i\delta_{ij}$ (con δ_{ij} la delta di Kronecker), si può riscrivere

$$\sum_{j=1}^{n} B_{kj}C_{ji} = \sum_{j=1}^{n} \lambda_i A_{kj}C_{ji} = \sum_{j,h=1}^{n} A_{kj}C_{ji}D_{ih} = \sum_{j,h=1}^{n} A_{kj}C_{ji}D_{hi},$$

che, in forma matriciale, diventa $BC = ACD$.]

Esercizio 4.5 Si dimostri la (4.12). [*Soluzione.* Definiamo il vettore $w_i := \alpha\xi_i$ e la matrice $\beta := \alpha^{-1}B\alpha^{-1}$. Dal momento che ξ_i risolve l'equazione (4.7), si ha

$B\xi_i = \lambda_i A\xi_i$ e quindi $\beta w_i = \lambda_i w_i$, i.e. w_i è l'autovettore di β associato all'autovalore λ_i. Poiché β è simmetrica (cfr. l'esercizio 4.3) i suoi autovettori sono ortogonali e quindi si ha $\langle w_i, w_j \rangle = \delta_{ij}$.]

Esercizio 4.6 Si dimostri che la matrice C definita da (4.7) è non singolare. [*Soluzione.* Tenendo conto dell'esercizio 4.5, si ha

$$\delta_{ij} = \langle \xi_i, A\,\xi_j \rangle = \sum_{k,h=1}^{n} \xi_{ik} A_{kh} \xi_{jh} = \sum_{k,h=1}^{n} C_{ki} A_{kh} C_{jh}$$
$$= \sum_{k,h=1}^{n} C_{jh} A_{hk} C_{ki} = (CAC)_{ji},$$

i.e. $CAC = \mathbb{1}$. Quindi $1 = \det \mathbb{1} = (\det C)^2 \det A$ e, poiché $\det A \neq 0$, si ha $\det C \neq 0$.]

Esercizio 4.7 Siano $\langle q, Aq \rangle$ e $\langle q, Bq \rangle$ due forme quadratiche in $\mathbb{R}^n$, di cui la prima sia definita positiva. Si dimostri che è possibile diagonalizzarle entrambe con un'unica trasformazione di coordinate, i.e. esiste una base $\{w_1, \ldots, w_n\}$ in cui le due forme quadratiche sono rappresentate entrambe da matrici diagonali. [*Suggerimento.* Poiché $\langle q, Aq \rangle$ è definita positiva, la matrice simmetrica A è definita positiva e quindi esiste una matrice simmetrica definita positiva α tale che $A = \alpha^2$ (cfr. la dimostrazione del lemma 4.4). Se definiamo $v = \alpha q$, possiamo riscrivere $\langle q, Aq \rangle = \langle v, v \rangle$ e $\langle q, Bq \rangle = \langle v, \beta v \rangle$, dove $\beta = \alpha^{-1} B \alpha^{-1}$ è una matrice simmetrica (si ragiona come nell'esercizio 4.3): quindi esiste una matrice ortogonale U tale che la matrice $D := U\beta U^{-1}$ è diagonale. Se $D_{ii} = \lambda_i$, si ha $\beta w_i = \lambda_i w_i$ per $i = 1, \ldots, n$, dove $\lambda_1, \ldots, \lambda_n$ sono gli autovalori di β e $w_1, \ldots, w_n$ gli autovettori associati. Se definiamo $w = Uv$, si ha $\langle v, v \rangle = \langle w, w \rangle$ e $\langle v, \beta v \rangle = \langle w, Dw \rangle$. Quindi nella base degli autovettori di β le forme quadratiche sono entrambe rappresentate da matrici diagonali: la prima è l'identità e la seconda è la matrice diagonale i cui elementi diagonali sono gli autovalori di β.]

Esercizio 4.8 Si discuta la relazione tra i vettori ξ_i che risolvono l'equazione (4.6) e i vettori w_i introdotti nell'esercizio 4.7. [*Suggerimento.* Si ha $w_i = \alpha \xi_i$ per $i = 1, \ldots, n$ (cfr. l'esercizio 4.5).]

Esercizio 4.9 Si dimostrino le equazioni (4.16) e si calcolino esplicitamente le correzioni $O(\alpha)$. [*Suggerimento.* Definendo $\varepsilon := (\omega_2 - \omega_1)/2$ e $\omega := (\omega_2 + \omega_1)/2$ si può scrivere $1 = \omega_1 = \omega + \varepsilon$ e $\omega_2 = \omega + \varepsilon$. Quindi, sviluppando $1/\omega_2 = 1/\sqrt{1 + 2\alpha} = 1 + O(\alpha)$, si possono utilizzare le identità trigonometriche (formule di addizione)

$$\sin(\alpha \pm \beta) = \sin\alpha \cos\beta \pm \sin\beta \cos\alpha,$$

per riscrivere $\sin t \pm \sin \omega_2 t = \sin(\omega t - \varepsilon t) \pm \sin(\omega t + \varepsilon t)$.]

Figura 4.9 Iperbole dell'esercizio 4.11

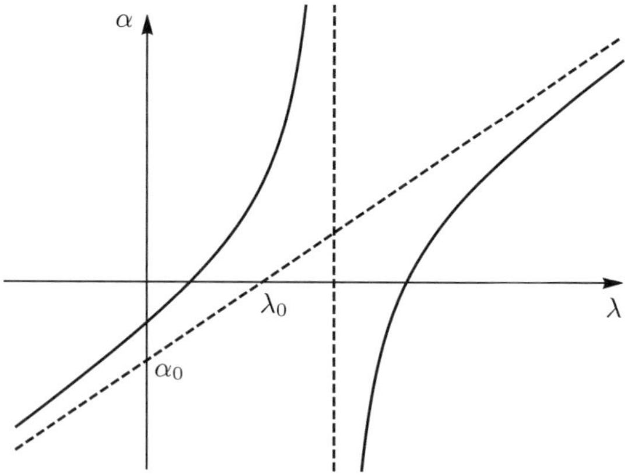

Esercizio 4.10 Si derivi l'energia potenziale della lagrangiana (4.17). [*Soluzione.* L'energia potenziale elastica è data da (cfr. l'esercizio 2.14)

$$V_{\text{el}}(\theta_1,\theta_2) = \frac{1}{2}\alpha\left(\sqrt{(d+\ell_2\sin\theta_2-\ell_1\sin\theta_1)^2+(\ell_2\cos\theta_2-\ell_1\cos\theta_1)^2}-d_0\right)^2,$$

quindi, sviluppando intorno a $\theta_1=\theta_2=0$, si trova

$$V_{\text{el}}(\theta_1,\theta_2) = \frac{1}{2}\alpha'(\ell_1\theta_1-\ell_2\theta_2)^2+\ldots, \qquad \alpha' := \alpha\,\frac{d}{d_0} = \alpha\sqrt{1-\frac{(\ell_1-\ell_2)^2}{d_0^2}}.$$

Allora, purché si ridenomini $\alpha' \mapsto \alpha$, si ottiene la (4.17).]

Esercizio 4.11 Si dimostri che l'equazione (4.18) descrive un'iperbole e si verifichino le proprietà descritte dopo la (4.19). [*Suggerimento.* La (4.18) è un'equazione di una conica (cfr. l'esercizio 7.7 del volume 1): il discriminante è $\Delta = b_1^2$ ed è quindi strettamente positivo. Possiamo inoltre rendere esplicita in (4.18) la dipendenza di α da λ, ottenendo (cfr. la figura 4.9)

$$\alpha = \alpha(\lambda) = \frac{a\lambda^2-b_0\lambda+c_0}{b_1\lambda-c_1}.$$

La funzione $\lambda \mapsto \alpha(\lambda)$ ha un asintoto verticale per $\lambda=\lambda_\infty := c_1/b_1$ e un asintoto obliquo con pendenza a/b_1 che interseca l'asse α in $\alpha=\alpha_0 := b_1^{-2}(ac_1-b_0b_1)$ e l'asse λ in $\lambda=\lambda_0 := (ab_1)^{-1}(b_0b_1-ac_1)$.]

Esercizio 4.12 Con le notazioni dell'osservazione 4.18, si verifichi che (Σ, W, α) è un modello di vincolo approssimato perfetto. [*Suggerimento.* Si dimostra che sono soddisfatte le ipotesi del teorema di Arnol'd-Gallavotti (cfr. il teorema 1.53). Se definiamo

$$\theta := \frac{\ell_1\theta_1 - \ell_2\theta_2}{\ell_1 + \ell_2}, \qquad \Theta := \frac{m_1\ell_1\theta_1 + m_2\ell_2\theta_2}{m_1\ell_1 + m_2\ell_2},$$

allora (θ, Θ) costituisce un sistema di coordinate regolare bene adattato (cfr. la definizione 1.46). Infatti, in termini di tali coordinate, la lagrangiana (4.17) diventa

$$\begin{aligned}\mathcal{L} = &\frac{1}{2}\frac{(m_1\ell_1 + m_2\ell_2)^2}{m_1 + m_2}\dot{\Theta}^2 + \frac{1}{2}\frac{m_1m_2(\ell_1 + \ell_2)^2}{m_1 + m_2}\dot{\theta}^2 \\ &- \overline{V}(\theta, \Theta) - \frac{\alpha}{2}\frac{m_1\ell_2 + m_1\ell_2}{\ell_1\ell_2}\overline{W}(\theta),\end{aligned}$$

dove

$$\begin{aligned}\overline{W}(\theta) &= \frac{1}{2}\alpha(\ell_1 + \ell_2)^2\theta^2, \\ \overline{V}(\theta, \Theta) &= \left(\frac{(m_1\ell_1 + m_2\ell_2)^2}{(m_1 + m_2)^2}\Theta^2 + m_1m_2(\ell_1 + \ell_2)^2\theta^2 + 2m_1m_2(\ell_2^2 - \ell_1^2)\theta\Theta\right),\end{aligned}$$

così che la matrice cinetica (cfr. la definizione 1.42) è diagonale, i suoi elementi diagonali sono costanti, e $\overline{W}(\theta)$ dipende solo da θ e soddisfa le ipotesi del teorema.]

Esercizio 4.13 Si dimostri che, dati due sistemi meccanici conservativi le cui energie cinetiche e potenziali siano date dalle (4.23) e (4.24), rispettivamente, esiste un sistema di coordinate in cui le lagrangiane assumono la forma (4.27). [*Soluzione.* Si operi il cambiamento di coordinate $q \mapsto w = \alpha q$, con $\alpha = \sqrt{A}$ (cfr. l'esercizio 2.1). La matrice α è simmetrica e invertibile, e la sua inversa è simmetrica (cfr. l'esercizio 1). Si ottiene $\langle q, Aq\rangle = \langle\alpha^{-1}w, A\alpha^{-1}w\rangle = \langle w, \alpha^{-1}A\alpha^{-1}w\rangle = \langle w, w\rangle$. Inoltre si ha $\langle q, Bq\rangle = \langle\alpha^{-1}w, B\alpha^{-1}w\rangle = \langle w, \beta w\rangle$ e, similmente, $\langle q, B'q\rangle = \langle w, \beta' w\rangle$, dove $\beta := \alpha^{-1}B\alpha^{-1}$ e $\beta' := \alpha^{-1}B'\alpha^{-1}$ sono matrici simmetriche definite positive, se tali sono B e B'.]

Esercizio 4.14 Sia π l'iperpiano in $\mathbb{R}^n$ passante per l'origine descritto dall'equazione $\langle c, q\rangle = c_1q_1 + \ldots + c_nq_n = 0$. Si dimostri che esiste una matrice ortogonale S tale che, se $q = Sy$, nelle variabili y l'equazione dell'iperpiano diventa $y_n = 0$. [*Soluzione.* Il vettore c è ortogonale all'iperpiano. Poniamo $v_n = c/|c|$ e siano $v_1, \ldots, v_{n-1}$ tali che $\{v_1, \ldots, v_n\}$ costituisca una base ortonormale in $\mathbb{R}^n$. Definiamo la matrice S richiedendo $S_{ij} = v_{ji}$, dove v_{ji} è la componente i del vettore v_j. La matrice S è ortogonale poiché

$$(S^TS)_{ij} = \sum_{k=1}^n S_{ki}S_{kj} = \sum_{k=1}^n v_{ik}v_{jk} = \langle v_i, v_j\rangle = \delta_{ij},$$

dove δ_{ij} è la delta di Kronecker, così che $S^T S = \mathbb{1}$. Si ha allora $y = S^{-1}q = S^T q$, così che

$$y_n = \sum_{k=1}^{n} (S^T)_{nk} q_k = \sum_{k=1}^{n} S_{kn} q_k = \sum_{k=1}^{n} v_{nk} q_k = \frac{1}{|c|} \sum_{k=1}^{n} c_k q_k = \frac{1}{|c|} \langle c, q \rangle,$$

che implica $y_n = 0$ se $q \in \pi$.]

Esercizio 4.15 Sia $(\mathbb{R}^n, \mathcal{L})$ un sistema lagrangiano a n gradi di libertà e sia $(\Sigma, \mathcal{L}')$ il sistema ottenuto imponendo un vincolo olonomo bilatero. Sia $\mathcal{V}^{n-1}$ l'iperpiano passante per l'origine individuato dalla linearizzazione del vincolo. Siano $\mathcal{L}_2$ e $\mathcal{L}_2'$ le parti quadratiche delle due lagrangiane $\mathcal{L}$ e $\mathcal{L}'$, rispettivamente. Si dimostri che se $\mathcal{E}$ è l'ellissoide associato a $(\mathbb{R}^n, \mathcal{L}_2)$, allora l'ellissoide $\mathcal{E}'$ associato al sistema $(\mathcal{V}^{n-1}, \mathcal{L}_2')$ è dato da $\mathcal{E}' = \mathcal{E} \cap \mathcal{V}^{n-1}$ (cfr. l'osservazione 4.25). [*Soluzione.* Nell'approssimazione delle piccole oscillazioni,

$$\mathcal{L}_2 = \mathcal{L}_2(q, \dot{q}) := \frac{1}{2}\langle \dot{q}, \dot{q} \rangle - \frac{1}{2}\langle q, Bq \rangle$$

è la lagrangiana del sistema $(\mathbb{R}^n, \mathcal{L})$ nel sistema di coordinate in cui l'energia cinetica ha la forma (4.26). Si consideri la trasformazione di coordinate $y = S^T q$, con S ortogonale, tale che nelle variabili y l'iperpiano $\mathcal{V}^{n-1}$ abbia equazione $y_n = 0$ (cfr. l'esercizio 4.14). Si ha allora, tenendo conto che $S^S S = \mathbb{1}$,

$$\mathcal{L}_2 = \frac{1}{2}\langle S\dot{y}, S\dot{y} \rangle - \frac{1}{2}\langle Sy, BSy \rangle = \frac{1}{2}\langle \dot{y}, \dot{y} \rangle - \frac{1}{2}\big\langle y, S^T BSy \big\rangle$$

e, se scriviamo $y = (y', y_n)$, con $y' = (y_1, \ldots, y_{n-1})$, la lagrangiana vincolata diventa

$$\mathcal{L}_{2,v} = \frac{1}{2}\langle \dot{y}', \dot{y}' \rangle - \frac{1}{2}\big\langle (y', 0), S^T BS(y', 0) \big\rangle,$$

dove il primo prodotto scalare è in $\mathbb{R}^{n-1}$ e il secondo è in $\mathbb{R}^n$. Quindi $\mathcal{L}' := \mathcal{L}_{2,v}$ è ancora una lagrangiana quadratica e

$$\begin{aligned} \mathcal{E}' &= \{y' \in \mathbb{R}^{n-1} : \langle (y', 0), S^T BS(y', 0) \rangle = 1\} \\ &= \{y \in \mathbb{R}^n : \langle (y', 0), S^T BS(y', 0) \rangle = 1,\ y_n = 0\} \\ &= \{q \in \mathbb{R}^n : \langle q, Bq \rangle = 1,\ q \in \mathcal{V}^{n-1}\} = \mathcal{E} \cap \mathcal{V}^{n-1} \end{aligned}$$

è l'ellissoide associato al sistema vincolato.]

Esercizio 4.16 Siano $\mathcal{E}$ ed $\mathcal{E}'$ due ellissoidi, con $\mathcal{E}'$ contenuto all'interno di $\mathcal{E}$, e sia $\mathcal{V}^k$ un qualsiasi sottospazio di $\mathbb{R}^n$. Definiamo $\mathcal{E}_k' = \mathcal{E}' \cap \mathcal{V}^k$ ed $\mathcal{E}_k = \mathcal{E} \cap \mathcal{V}^k$, e indichiamo con b_k e $b_{k'}$ i più piccoli semiassi di $\mathcal{E}_k$ e $\mathcal{E}_k'$, rispettivamente. Si dimostri che $b_k' \le b_k$. [*Soluzione.* Se b_k è la lunghezza del semiasse più piccolo di $\mathcal{E}_k$ e ξ la sua direzione, si ha $b_k \xi \in \mathcal{E}$. Se b_k' è la lunghezza del più piccolo semiasse di $\mathcal{E}_k'$, per ogni $q' \in \mathcal{E}_k'$ si ha $b_{k'} \le |q'|$. Se si sceglie $q' = |q'|\xi$, si ha $|q'| \le b_k$ poiché $\mathcal{E}'$ è interno a $\mathcal{E}$.]

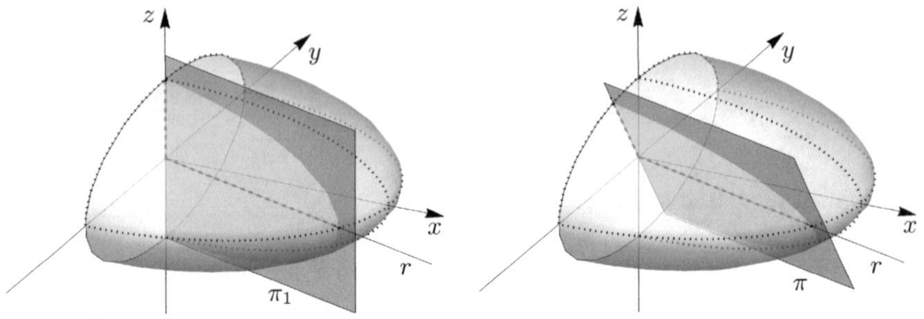

Figura 4.10 Intersezione di un ellissoide con un piano passante per l'origine

Esercizio 4.17 Alla luce dell'osservazione 4.30, si interpreti geometricamente il teorema 4.29 per $n = 3$. [*Suggerimento.* Siano a_1, a_2 e a_3, con $a_1 \geq a_2 \geq a_3$, le lunghezze dei semiassi dell'ellissoide $\mathcal{E}$, diretti lungo gli assi x, y e z, in un dato sistema di riferimento. Si studia allora l'ellisse ottenuta dall'intersezione in $\mathbb{R}^3$ di un ellissoide $\mathcal{E}$ con un piano π passante per il suo centro. Il piano π si può pensare ottenuto dal piano yz attraverso due rotazioni successive: una prima rotazione intorno all'asse z porta il piano yz in un piano π_1 che interseca il piano xy lungo una retta r (cfr. la figura 4.10 a sinistra), e una seconda rotazione intorno a r porta il piano π_1 nel piano π (cfr. la figura 4.10 a destra). Come effetto della prima rotazione, l'intersezione dell'ellissoide $\mathcal{E}$ con π_1 individua un'ellisse, di cui un semiasse ha lunghezza a_3 e l'altro, diretto lungo r, ha lunghezza a', con $a_1 \geq a' \geq a_2$ per costruzione. Come effetto della seconda rotazione, il piano π interseca l'ellissoide $\mathcal{E}$ in corrispondenza di un'ellisse i cui semiassi hanno lunghezze a_1' e a_2', con $a_1 \geq a_1' \geq a'$ e $a_2 \geq a_2' \geq a_3$.]

Esercizio 4.18 Un punto materiale P di massa $m = 1$ è vincolato a muoversi su un piano orizzontale lungo una guida di equazione $x = y^2 + 2$. Un disco omogeneo di raggio $R = 1$ e massa $M = 1$ può ruotare intorno al suo centro O, coincidente con l'origine del sistema di riferimento (x, y). Il punto P è collegato a un punto Q del bordo del disco tramite una molla di costante elastica k e lunghezza a riposo nulla (cfr. la figura 4.11).

(1) Utilizzando come coordinate lagrangiane l'ordinata y del punto P e l'angolo θ che il raggio vettore OQ forma con l'asse x, si scrivano la lagrangiana del sistema e le equazioni di Eulero-Lagrange.
(2) Si determinino le configurazioni di equilibrio e se ne discuta la stabilità.
(3) i discutano le piccole oscillazioni del sistema intorno a una configurazione di equilibrio stabile e si risolvano esplicitamente le equazioni del moto nell'approssimazione delle piccole oscillazioni.
(4) Si determinino le reazioni vincolari che agiscono sul punto P nella configurazione $(\theta, y) = (0, 0)$.

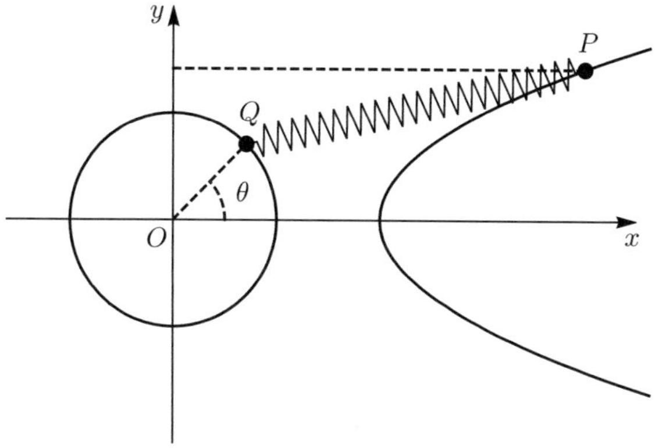

Figura 4.11 Sistema considerato nell'esercizio 4.18

(5) Se, partendo dalla configurazione $(\theta, y) = (0, 0)$, il disco è lasciato libero di muoversi nel piano, si determini il tempo t_0 che esso impiega per toccare con il bordo il punto P.

[*Soluzione.* I punti P e Q hanno coordinate $P = (y^2 + 2, y)$ e $Q = (\cos\theta, \sin\theta)$. La lagrangiana è $\mathcal{L} = T - V$, dove

$$T = \frac{1}{2}\big(1 + 4y^2\big)\dot{y}^2 + \frac{1}{4}\dot{\theta}^2, \quad V = \frac{k}{2}\Big(y^4 + 5y^2 - 2\big(y^2 + 2\big)\cos\theta - 2y\sin\theta\Big),$$

e le corrispondenti equazioni di Eulero-Lagrange sono

$$\begin{cases} \big(4y^2 + 1\big)\ddot{y} + 8y\dot{y} = 4y\dot{y}^2 - k\big(2y^3 + 5y - 2y\cos\theta - \sin\theta\big), \\ \ddot{\theta} = -2k\big(\big(y^2 + 2\big)\sin\theta - y\cos\theta\big). \end{cases}$$

Si cercano le configurazioni di equilibrio richiedendo

$$\frac{\partial V}{\partial \theta} = k\big(\big(y^2 + 2\big)\sin\theta - y\cos\theta\big) = 0,$$
$$\frac{\partial V}{\partial y} = k\big(2y^3 + 5y - 2y\cos\theta - \sin\theta\big) = 0.$$

Moltiplicando la prima equazione per 2 e sottraendo da essa la seconda, si ottiene $2y^3 + 5y = (2y^2 + 5)\sin\theta$, da cui si ricava $\sin\theta = y$. Introdotta nella prima equazione, l'ultima relazione implica $(y^2 + 2 - \cos\theta)y = 0$, che è soddisfatta solo se $y = 0$ e, poiché $\sin\theta = y$, si trova $\theta = 0$ oppure $\theta = \pi$. In conclusione si hanno due configurazioni di equilibrio: $(0, 0)$ e $(\pi, 0)$. La matrice hessiana di V è

$$\mathcal{H}(\theta, y) = \begin{pmatrix} k((y + 2)\cos\theta - y\sin\theta) & k(2y\sin\theta - \cos\theta) \\ k(2y\sin\theta - \cos\theta) & k\big(6y^2 + 5 - 2\cos\theta\big) \end{pmatrix},$$

così che

$$\mathcal{H}(0,0) = \begin{pmatrix} 2k & -k \\ -k & 3k \end{pmatrix}, \qquad \mathcal{H}(\pi,0) = \begin{pmatrix} -2k & k \\ k & 7k \end{pmatrix},$$

da cui segue che $(0,0)$ è stabile e $(\pi,0)$ è instabile (cfr. l'esercizio 5.4 del volume 1). In un intorno di $(0,0)$, la lagrangiana, nell'approssimazione delle piccole oscillazioni, assume la forma

$$\mathcal{L}_2 = \frac{1}{2}\langle \dot{q}, A\dot{q}\rangle - \frac{1}{2}\langle q, Bq\rangle, \quad A = \begin{pmatrix} 1/2 & 0 \\ 0 & 1 \end{pmatrix}, \quad B = \mathcal{H}(0,0) = \begin{pmatrix} 2k & -k \\ -k & 3k \end{pmatrix}.$$

Le frequenze proprie sono $\omega_1 = \sqrt{\lambda_1} = \sqrt{5k}$ e $\omega_2 = \sqrt{\lambda_2} = \sqrt{2k}$, dove λ_1 e λ_2 sono le soluzioni dell'equazione caratteristica $\det(B - \lambda A) = 0$. Siano ξ_1 e ξ_2 tali che $(A - \lambda_i A)\xi_i = 0$, $i = 1, 2$; introducendo la matrice C di elementi $C_{i,j} = \xi_{j,i}$, $i, j = 1, 2$, si trova

$$(\theta(t), y(t)) = C(Q_1(t), Q_2(t)),$$

dove $Q_1(t)$ e $Q_2(t)$ sono le soluzioni di $\ddot{Q}_1 = -5kQ_1$ e $\ddot{Q}_2 = -2kQ_2$. In conclusione, si ottiene

$$\begin{aligned}
\theta(t) &= \frac{2\theta(0) - y(0)}{3}\cos\omega_1 t + \frac{2\dot{\theta}(0) - \dot{y}(0)}{3\sqrt{5k}}\sin\omega_1 t \\
&\quad + \frac{y(0) + \theta(0)}{3}\cos\omega_2 t + \frac{\dot{y}(0) + \dot{\theta}(0)}{3\sqrt{2k}}\sin\omega_2 t, \\
y(t) &= \frac{y(0) - 2\theta(0)}{3}\cos\omega_1 t + \frac{\dot{y}(0) - 2\dot{\theta}(0)}{3\sqrt{5k}}\sin\omega_1 t \\
&\quad + \frac{2y(0) + 2\theta(0)}{3}\cos\omega_2 t + \frac{2\dot{y}(0) + 2\dot{\theta}(0)}{3\sqrt{2k}}\sin\omega_2 t.
\end{aligned}$$

Per calcolare le forze attive $f^{(P)} = (f_x^{(P)}, f_y^{(P)})$, si considera l'energia potenziale in assenza di vincoli:

$$\begin{aligned}
V &= \frac{1}{2}k\Big(\big(x_P - x_Q\big)^2 + \big(y_P - y_Q\big)^2\Big) \\
&\Longrightarrow \quad f^{(P)} = \big(-k(x_Q - x_Q), -k(y_P - y_Q)\big),
\end{aligned}$$

dove (x_P, y_P) e (x_Q, y_Q) sono le coordinate cartesiane dei due punti P e Q. Si trova allora $f^{(P)} = (-2(k-1), 0) = (-k, 0)$, in corrispondenza della configurazione $(\theta, y) = (0, 0)$. Poiché $(0,0)$ è una configurazione di equilibrio, si ha $\ddot{x}_P = \ddot{y}_P = 0$, così che la reazione vincolare che agisce su P è $R^{(P)} = (\ddot{x}_P - f_x^{(P)}, \ddot{y}_P - f_y^{(P)}) =$

$(k, 0)$. Infine, nel caso in cui il disco sia lasciato libero di muoversi, se (x_C, y_C) sono le coordinate del centro di massa del disco, si ha $Q = (x_C + \cos\theta, y_C + \sin\theta)$, e la lagrangiana diventa $\mathcal{L} = T - V$, dove

$$\begin{aligned} T &= \frac{1}{2}(\dot{x}_C^2 + \dot{y}_C^2) + \frac{1}{2}(1 + 4y^2)\dot{y}^2 + \frac{1}{4}\dot{\theta}^2, \\ V &= \frac{k}{2}\Big(y^4 + 5y^2 + x_C^2 - 2(y^2 + 2 - x_C)\cos\theta \\ &\qquad - 2x_C y^2 - 4x_C + y_C^2 + (2y_C - 2y)\sin\theta - 2y_C y\Big). \end{aligned}$$

Le equazioni di Eulero-Lagrange sono

$$\begin{cases} \ddot{x}_C = -k\big(x_C + \cos\theta - y^2 - 2x_C\big), \\ \ddot{y}_C = -k(y_C - y + \sin\theta), \\ \big(4y^2 + 1\big)\ddot{y} + 8y\dot{y} = 4y\dot{y}^2 - k\big(2y^3 + 5y - 2y\cos\theta - 2x_C y - y_C - \sin\theta\big), \\ \ddot{\theta} = -2k\big((y^2 + 2 - x_C)\sin\theta + (y_C - y)\cos\theta\big). \end{cases}$$

Se il sistema si trova nella configurazione iniziale $(x_C, y_C, \theta, y) = (0, 0, 0, 0)$ con velocità nulla, si ha identicamente $\theta(t) = y(t) = y_C(t) = 0$ $\forall t \in \mathbb{R}$ e l'unica equazione non banale resta $\ddot{x}_C = k(1 - x_C)$, che può essere integrata immediatamente e dà $x_C(t) = 1 + (x_C(0) - 1)\cos\sqrt{k}t + (\dot{x}_C(0)/\sqrt{k})\sin\sqrt{k}t$. Poiché $x_C(0) = \dot{x}_C(0) = 0$ si ottiene $x_C(t) = 1 - \cos\sqrt{k}t$. Il bordo del disco tocca il punto $P = (2, 0)$ al tempo t_0 tale che $x_C(t_0) = 1$, i.e. tale che $\cos\sqrt{k}t_0 = 0$. Ne segue che si ha $t_0 = \pi/2\sqrt{k}$.]

Esercizio 4.19 Due punti P_1 e P_2, di massa $m_1 = m_2 = 1$, sono vincolati a muoversi sul piano verticale $\pi = (x, y)$. Il punto P_1 può solo muoversi lungo l'asse x ed è collegato all'origine O tramite una molla di lunghezza a riposo nulla e di costante elastica $k > 0$; il punto P_2 è collegato al punto P_1 tramite una sbarra lineare indeformabile omogenea di massa $m = 1$ e di lunghezza ℓ e al punto O tramite una molla, anch'essa di lunghezza a riposo nulla e di costante elastica k (cfr. la figura 4.12). Sul sistema agisce la forza peso; sia g l'accelerazione di gravità. Si usino come variabili lagrangiane le coordinate (s, φ), dove s indica la distanza di P_1 da O, e φ è l'angolo (misurato in senso antiorario) che la sbarra forma con la verticale discendente.

(1) Si scrivano la lagrangiana del sistema e le equazioni di Eulero-Lagrange.
(2) Si individuino le configurazioni di equilibrio del sistema e se ne discuta la stabilità al variare dei valori dei parametri $\ell, k > 0$ e $g \geq 0$.
(3) Si discutano le piccole oscillazioni nell'intorno di un punto di equilibrio stabile (se esiste) in corrispondenza dei valori dei parametri $k = \ell = 1$ e $g = 0$.
(4) Come al punto (3), nel caso in cui i valori dei parametri siano $k = \ell = 1$ e $g = 2$.
(5) Nell'ipotesi che il piano π ruoti con velocità angolare costante ω intorno all'asse y, si individuino le configurazioni di equilibrio relativo e se ne discuta la stabilità.

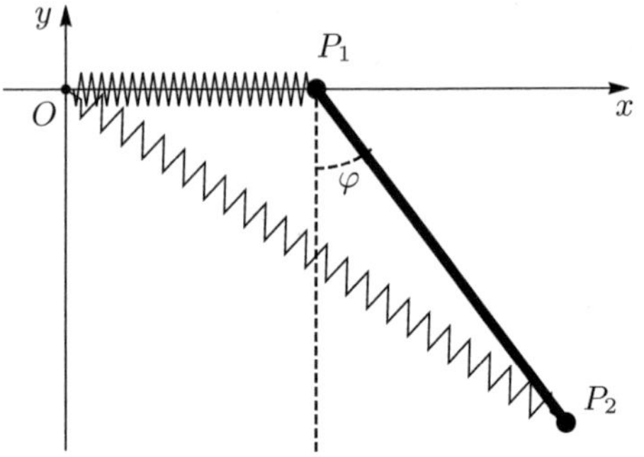

Figura 4.12 Sistema considerato nell'esercizio 4.19

[*Suggerimento.* I due punti P_1 e P_2 hanno coordinate cartesiane, rispettivamente, $P_1 = (s, 0)$ e $P_2 = (s + \ell \sin\varphi, -\ell\cos\varphi)$. Le coordinate del centro di massa della sbarra sono $C = (s + \ell\sin\varphi/2, -\ell\cos\varphi/2)$. L'energia cinetica e l'energia potenziale del sistema sono, rispettivamente,

$$T = \frac{3}{2}\dot{s}^2 + \frac{2}{3}\ell^2\dot{\varphi}^2 + \frac{3}{2}\ell\cos\varphi\,\dot{s}\dot{\varphi}, \qquad V = ks^2 + k\ell s\,\sin\varphi - \frac{3}{2}g\ell\cos\varphi,$$

dove si è tenuto conto che il momento di inerzia della sbarra per rotazioni intorno a un asse ortogonale passante per il suo centro di massa è $I_3 = \ell^2/12$ (se $m = 1$). Le configurazioni di equilibrio (φ, s) si ottengono richiedendo che si abbia $s = -\ell\sin\varphi/2$ e φ risola l'equazione $(\alpha - \cos\varphi)\sin\varphi = 0$, dove $\alpha := 3g/k\ell$, Per ogni valore di $\alpha > 0$ si hanno le configurazioni di equilibrio $(0, 0)$ e $(\pi, 0)$; quando $\alpha < 1$ si hanno anche le configurazioni $(\pm\varphi_0, \mp s_0)$, dove $\varphi_0 = \arccos\alpha$ e $s_0 := -\ell\sin\varphi_0/2$. La matrice hessiana è

$$\mathcal{H}(\varphi, s) = \begin{pmatrix} -k\ell s\sin\varphi + 3g\ell\cos\varphi/2 & k\ell\cos\varphi \\ k\ell\cos\varphi & 2k \end{pmatrix},$$

così che

$$\mathcal{H}(0,0) = \begin{pmatrix} 3g\ell/2 & k\ell \\ k\ell & 2k \end{pmatrix}, \qquad \mathcal{H}(\pi, 0) = \begin{pmatrix} -3g\ell/2 & -k\ell \\ -k\ell & 2k \end{pmatrix},$$

$$\mathcal{H}(\pm\varphi_0, \mp s_0)) = \begin{pmatrix} k^2\ell^2/2 & k\ell\alpha \\ k\ell\alpha & 2k \end{pmatrix},$$

da cui si deduce, utilizzando l'esercizio 5.4 del volume 1, che $(\pi, 0)$ è sempre instabile; $(0, 0)$ è stabile per $\alpha > 1$ e instabile per $\alpha < 1$, $(\pm\varphi_0, \mp s_0)$ sono stabili quando esistono (i.e. per $\alpha < 1$). Se $\alpha = 1$, sviluppando V in un intorno di $(0, 0)$ si trova, trascurando i termini costanti,

$$\begin{aligned}V &= ks^2 + k\ell s\Big(\varphi - \frac{\varphi^3}{3!} + O(\varphi^5)\Big) + \frac{k\ell^2}{2}\Big(\frac{\varphi^2}{2} - \frac{\varphi^4}{4!} + O(\varphi^6)\Big)\\ &= k\Big(s + \frac{\ell\varphi}{2}\Big)^2 - k\frac{\ell s\varphi^3}{6} - k\frac{\ell^2\varphi^4}{48} + O(s\varphi^5) + O(\varphi^6).\end{aligned}$$

In un intorno sufficientemente piccolo dell'origine, se $|s+\ell\varphi/2| > |\ell\varphi|/4$, si ottiene

$$V > \frac{k\ell^2\varphi^2}{16}\bigg(1 - \frac{8s\varphi}{3\ell} - \frac{\varphi^2}{3} + O(s\varphi^3) + O(\varphi^4)\bigg) > \frac{k\ell^2\varphi^2}{32},$$

mentre, se $|s + \ell\varphi/2| < |\ell\varphi|/4$, allora s e φ hanno segno opposto e $\ell\varphi/4 \le |s| \le 3\ell\varphi/2$, così che si trova

$$V > k\ell^2\varphi^2\bigg(\frac{|s\varphi|}{3\ell} - \frac{\varphi^2}{48} + O(\varphi^6)\bigg) > k\ell^2\varphi^2\bigg(\frac{\varphi^2}{12} - \frac{\varphi^2}{48} + O(\varphi^6)\bigg) > \frac{k\ell^2\varphi^4}{24}.$$

Ne segue che $(0,0)$ è un punto di minimo isolato per V, ed è quindi una configurazione stabile per il sistema. Se il piano ruota con velocità angolare costante ω intorno all'asse verticale, l'energia potenziale diventa

$$V = \Big(k - \frac{3}{2}\omega^2\Big)s^2 + \Big(k - \frac{3}{2}\omega^2\Big)\ell s\,\sin\varphi - \frac{3}{2}g\ell\cos\varphi - \frac{2}{3}\omega^2\ell^2\sin^2\varphi,$$

dove si è tenuto conto che il contributo della sbarra all'energia potenziale centrifuga è (cfr. l'esercizio 2.23)

$$-\frac{1}{2}\omega^2\frac{1}{\ell}\int_0^\ell du(s + u\sin\varphi)^2 = -\frac{1}{2}\omega^2\Big(s^2 + s\ell\sin\varphi + \frac{1}{3}\ell^2\sin^2\varphi\Big).$$

Si verifica facilmente che, se $2k \neq 3\omega^2$, si hanno configurazioni di equilibrio in corrispondenza dei valori (s,φ) tali che $s = -\ell\sin\varphi/2$ e φ risolve l'equazione $\sin\varphi(\alpha - \cos\varphi) = 0$, dove $\alpha := 18g/(6k\ell + 7\omega^2\ell)$. La stabilità può essere dunque discussa come nel caso $\omega = 0$, con la nuova definizione del parametro α (cfr. anche l'esercizio 4.21). Se invece $2k = 3\omega^2$ non si hanno configurazioni di equilibrio stabili.]

Esercizio 4.20 Si consideri il sistema dell'esercizio 4.19 nel caso $\omega = 0$ e si descriva il diagramma di biforcazione dei punti di equilibrio al variare dei parametri g,k,ℓ. [*Suggerimento*. Sia $\alpha := 3g/k\ell$. Le configurazioni di equilibrio (cfr. l'esercizio 4.19) sono $(0,0)$, $(\pi,0)$, a cui vanno aggiunte, se $\alpha < 1$, anche $(\varphi_0,-s_0)$ e $(-\varphi_0,s_0)$, dove $\varphi_0 = \arccos\alpha$ e $s_0 = -\ell\sin\varphi_0/2$. La configurazione $(\pi,0)$ è sempre instabile; la configurazione $(0,0)$ è stabile se $\alpha \ge 1$ e instabile se $\alpha < 1$; quando esistono, le configurazioni $(\pm\varphi_0, \mp s_0)$ sono stabili. Possiamo studiare il diagramma di biforcazione in termini della sola variabile φ, dal momento che per ogni configurazione di equilibrio il valore della variabile s è determinato in modo univoco da quello della variabile φ). La situazione è rappresentata nella figura 4.13 in alto. Al passare di α per il valore critico $\alpha_c = 1$ si ha una biforcazione a forcone supercritica.]

Esercizio 4.21 Si consideri il sistema al punto (5) dell'esercizio 4.19 e si descriva il diagramma di biforcazione dei punti di equilibrio al variare dei parametri g, k, ℓ, ω. [*Suggerimento.* Si definisca $\beta := 2k - 3\omega^2$ e $\alpha := 18g/(6k\ell + 7\ell\omega^2)$. Si distinguano i casi $\beta \neq 0$ e $\beta = 0$. Se $\beta \neq 0$ si hanno (cfr. l'esercizio 4.19) le configurazioni di equilibrio $(0,0)$, $(\pi, 0)$ e, se $\alpha < 1$, anche $(\varphi_0, -s_0)$ e $(-\varphi_0, s_0)$, dove $\varphi_0 = \arccos\alpha$ e $s_0 = -\ell \sin\varphi_0/2$. Se $\beta > 0$ la situazione è la seguente: $(\pi, 0)$ è sempre instabile; $(0,0)$ è stabile se $\alpha \geq 1$ e instabile se $\alpha < 1$; entrambi $(\pm\varphi_0, \mp s_0)$ sono stabili quando esistono. Il diagramma di biforcazione è di nuovo rappresentato dalla figura 4.13 in alto, a meno della diversa definizione del parametro α; in particolare si ha una biforcazione a forcone supercritica per $\alpha = 1$. Se $\beta < 0$ la situazione è la seguente: $(\pi, 0)$ è sempre instabile, $(0,0)$ è stabile se $\alpha \geq 1$ e instabile se $\alpha < 1$ (di nuovo il caso $\alpha = 1$ va studiato a parte), entrambi $(\pm\varphi_0, \mp s_0)$ sono instabili quando esistono. Il diagramma di biforcazione è ora rappresentato dalla figura 4.13 in basso; si ha una biforcazione a forcone subcritica per $\alpha = 1$. Infine, se $\beta = 0$, l'energia potenziale diventa una funzione della sola variabile φ, così che il moto della variabile s è un moto rettilineo uniforme; quindi non esistono configurazioni di equilibrio stabili.]

Esercizio 4.22 Si consideri un pendolo doppio costituito da due punti materiali P_1 e P_2 di massa $m_1 = m_2 = 1$ vincolati a muoversi in un piano verticale, il primo a distanza $\ell_1 = 1$ da un punto fisso O e il secondo a distanza $\ell_2 = 1$ dal punto P_1; sia g l'accelerazione di gravità. Inoltre il punto P_2 è collegato al punto O da una molla di costante elastica $k = 1$ e lunghezza a riposo trascurabile (cfr. l'esercizio 2.33 e la figura 2.22). Si utilizzino come coordinate lagrangiane gli angoli φ_1 e φ_2 che le due rette condotte per i punti O e P_1 e, rispettivamente, P_1 e P_2 formano con la verticale discendente.

(1) Per $g = 0$ si individuino la simmetria e il momento conservato, e si indichi il procedimento da seguire per integrare il sistema utilizzando le quantità conservate.
(2) Per $g > 3/2$ si dimostri che la configurazione $\varphi_1 = \varphi_2 = 0$ è una configurazione di equilibrio stabile.
(3) Nelle condizioni del punto (2) si discuta il moto del sistema nell'approssimazione di piccole oscillazioni.
(4) Per $g = 2$, nell'approssimazione di piccole oscillazioni, si determinino le forze vincolari che agiscono su P_1 all'istante $t = 1$ se il dato iniziale è

$$(\varphi_1(0), \varphi_2(0), \dot\varphi_1(0), \dot\varphi_2(0)) = (0, a, 0, 0), \qquad a \in [0, 2\pi).$$

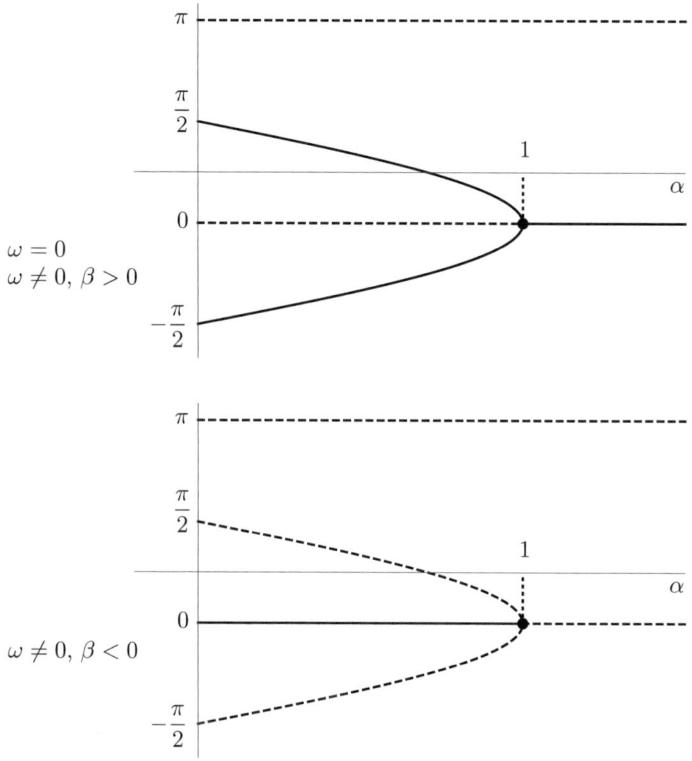

Figura 4.13 Diagramma di biforcazione per il sistema dell'esercizio 4.19

[*Suggerimento.* Se $g = 0$ il sistema è invariante per rotazioni intono all'origine e, riscritta nelle coordinate $(\alpha, \beta) = (\varphi_1 + \varphi_2, \varphi_1 - \varphi_2)$, la lagrangiana dell'esercizio 2.33 diventa

$$\mathcal{L} = \frac{1}{4}(3 + \cos\beta)\dot{\alpha}^2 + \frac{1}{4}(3 - \cos\beta)\dot{\beta}^2 - \frac{1}{2}\dot{\alpha}\,\dot{\beta} - C\,\cos\beta,$$

da cui si vede che α è una variabile ciclica e si conserva il momento

$$p := \frac{1}{2}\Big((3 + \cos\beta)\dot{\alpha} - \dot{\beta}\Big).$$

Applicando il metodo di Routh ci si riconduce a un sistema unidimensionale che si risolve per quadratura.]

Esercizio 4.23 Si consideri il sistema descritto nell'esercizio 4.22, con la costante elastica k della molla arbitraria, nell'approssimazione di piccole oscillazioni intorno alla configurazione di equilibrio $(\varphi_1, \varphi_2) = (0, 0)$, e si studino le frequenze proprie al variare di k. [*Suggerimento.* Le matrici A e B che compaiono nella lagrangiana quadratica sono

$$A = \begin{pmatrix} 3 & 1 \\ 1 & 1 \end{pmatrix}, \qquad B = \begin{pmatrix} 2g-k & k \\ k & g-k \end{pmatrix}.$$

Si può allora ragionare come nel §4.3.2 nel caso di pendoli diversi accoppiati.]

Esercizio 4.24 Si discuta come si modifica l'analisi dell'esercizio 4.23 per valori arbitrari dei parametri ℓ_1, ℓ_2, m_1, m_2. In particolare si discuta come ricondurre l'analisi a quella del §4.3 per pendoli diversi. Quale condizione si deve imporre su k perché l'approssimazione delle piccole oscillazioni abbia senso?

Esercizio 4.25 Un sistema meccanico è costituito da 3 punti materiali P_1, P_2 e P_3, tutti di massa $m = 1$, vincolati a muoversi nel piano verticale Oxy (sia g l'accelerazione di gravità), nel modo seguente:

- P_1 è collegato all'origine O tramite un'asta omogenea inestensibile di massa M e lunghezza $\ell = 2$,
- P_2 scorre lungo l'asse x, mentre P_3 scorre lungo l'asse verticale $x = 2$,
- due molle di costante elastica $k > 0$ e lunghezza a riposo trascurabile collegano P_2 a P_1 e a P_3,
- una molla di costante elastica $h \geq 0$ e lunghezza a riposo trascurabile collega P_1 a P_3.

(1) Si scriva la lagrangiana del sistema, utilizzando Come coordinate lagrangiane l'angolo θ che l'asta forma con l'asse y discendente, l'ascissa x di P_2 e l'ordinata y di P_3 (cfr. la figura 4.14).
(2) Si scrivano le corrispondenti equazioni di Eulero-Lagrange.
(3) Si determinino le configurazioni di equilibrio e se discuta la stabilità nel caso in cui si abbia $h = 0$.
(4) Si determinino le configurazioni di equilibrio e se discuta la stabilità nel caso in cui si abbia $h = k$.

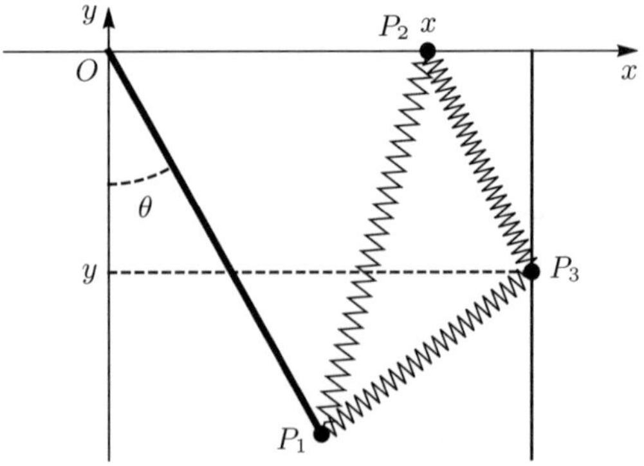

Figura 4.14 Sistema considerato nell'esercizio 4.25

(5) Si calcolino le frequenze proprie delle piccole oscillazioni nell'intorno di un punto di equilibrio stabile (se esiste) per i valori dei parametri $k = h = g = m = 1$ e $M = 3$.
(6) Come al punto (5), nel caso in cui i valori dei parametri siano $k = g = 1, h = 0$ e $m = M = \sqrt{3}$, tenendo presente che $\cos(\pi/6) = \sqrt{3}/2$ e $\sin(\pi/6) = 1/2$.

[*Suggerimento.* Siano $P_1 = (2\sin\theta, -2\cos\theta)$, $P_2 = (x, 0)$ e $P_3 = (2, y)$ le coordinate dei tre punti e $C = (\sin\theta, -\cos\theta)$ le coordinate del centro di massa dell'asta. L'energia cinetica del sistema è

$$T = \frac{1}{2}4m\dot{\theta}^2 + \frac{1}{2}M\dot{\theta}^2 + \frac{1}{6}M\dot{\theta}^2 + \frac{1}{2}m\dot{x}^2 + \frac{1}{2}m\dot{y}^2,$$

dove si è usato il teorema di König e il fatto che il momento di inerzia dell'asta rispetto a un asse ad essa ortogonale è $I_3 = M\ell^2/12 = M/3$. L'energia potenziale è

$$\begin{aligned} V &= g(my - (2m + M)\cos\theta) \\ &\quad + \frac{k}{2}\big(2x^2 + y^2 - 4x(1 + \sin\theta)\big) + \frac{h}{2}\big(y^2 + 4y\cos\theta - 8\sin\theta\big). \end{aligned}$$

Si ha quindi

$$\begin{aligned} &\frac{\partial V}{\partial \theta} = (2m + M)g\sin\theta - 2kx\cos\theta - 2h(y\sin\theta + 2\cos\theta), \\ &\frac{\partial V}{\partial x} = 2k(x - 1 - \sin\theta), \qquad \frac{\partial V}{\partial y} = mg + ky + hy + 2h\cos\theta. \end{aligned}$$

Le configurazioni di equilibrio risolvono le equazioni ottenute richiedendo che le derivate prime di V siano nulle. Se $k = 0$, la seconda equazione dà $y = -mg/k$, mentre dalla prima si ricava $x = 1 + \sin\theta$, che, introdotta nella terza, implica

$$\begin{aligned} (2m + M)g\sin\theta - 2kf(\theta) = (2m + M)g\Big(\sin\theta - \alpha f(\theta)\Big) = 0, \\ f(\theta) := \cos\theta(1 + \sin\theta), \end{aligned}$$

dove si è definito $\alpha := 2k/(2m + M)g$. L'equazione $\sin\theta = \alpha f(\theta)$ si risolve graficamente. Poiché $f'(\theta) = 1 - \sin\theta - 2\sin^2\theta$ e $f''(\theta) = -\cos\theta(1 + 4\sin\theta)$, la funzione $f(\theta)$ ha un punto di minimo in $\pi/6$, un punto di massimo in $5\pi/6$ e un punto di flesso in $-\pi/2$. Infatti, ponendo $s := \sin\theta$, l'equazione $1 - s - 2s^2 = 0$ ammette le due soluzioni $s = -1$ e $s = 1/2$: la prima comporta $\sin\theta = -1$ e quindi $\theta = -\pi/2$, mentre dalla seconda si ottiene $\sin\theta = 1/2$, ovvero $\theta = \pi/6$ oppure $\theta = \pi - \pi/6$. Inoltre si ha $f''(\pi/6) > 0$ e $f''(5\pi/6) < 0$, dato che $\cos(\pi/6) = \sqrt{3}/2 > 0$ e $\cos(5\pi/6) = -\sqrt{3}/2 < 0$, da cui segue che $\pi/6$ è un punto di massimo, $5\pi/6$ è un punto di minimo e, per consistenza, $-\pi/2$ è un punto di flesso orizzontale (cfr. la figura 4.15 a sinistra per il grafico di $f(\theta)$). Di conseguenza,

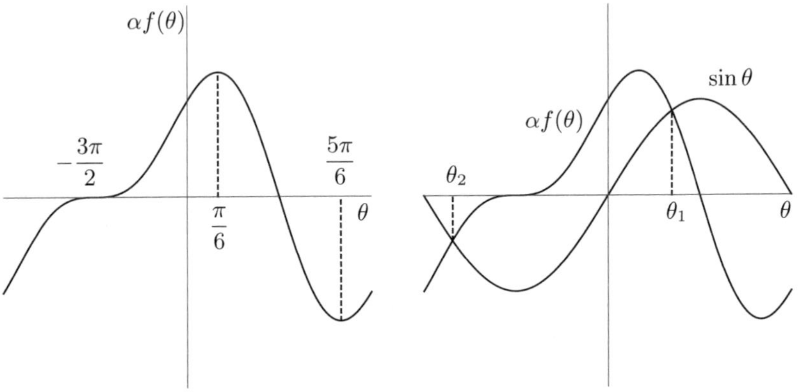

Figura 4.15 Grafico di $\alpha f(\theta)$ e soluzione grafica dell'equazione $\sin\theta = \alpha f(\theta)$

per ogni $\alpha > 0$, l'equazione $\sin\theta = \alpha f(\theta)$ ammette due soluzioni $\theta_1 \in (0, \pi/2)$ e $\theta_2 \in (-\pi, -\pi/2)$, in corrispondenza dei valori in cui i grafici di $\sin\theta$ e $\alpha f(\theta)$ si intersecano (cfr. la figura 4.15 a destra). Si hanno quindi le due configurazioni di equilibrio

$$\begin{aligned}(Q_1) \quad & \theta = \theta_1, \quad x = 1 + \sin\theta_1, \quad y = -\frac{mg}{k}, \\ (Q_2) \quad & \theta = \theta_2, \quad x = 1 + \sin\theta_2, \quad y = -\frac{mg}{k}.\end{aligned}$$

Per studiarne la stabilità, si considera la matrice hessiana

$$\mathcal{H} = \begin{pmatrix} (2m+M)g\cos\theta + 2kx\sin\theta & -2k\cos\theta & 0 \\ -2k\cos\theta & 2k & 0 \\ 0 & 0 & k \end{pmatrix}.$$

Dal momento che

$$\det\mathcal{H} = 4k^3\left(\frac{\cos\theta}{\alpha} + \frac{\sin^2\theta}{\alpha\cos\theta} - \cos^2\theta\right) = \frac{4k^3}{\alpha\cos\theta}\left(1 - \alpha\cos^3\theta\right),$$

dove $\alpha\cos^3\theta_1 \le \alpha\cos\theta_1 \le \alpha\cos\theta_1(1+\sin\theta_1) = \alpha f(\theta_1) = \sin\theta_1 < 1$ e $\alpha\cos^3\theta_2 < 0$, tenendo conto che $\cos\theta_1 > 0$ e $\cos\theta_2 < 0$, si trova $\det\mathcal{H} > 0$ in corrispondenza della configurazione di equilibrio (Q_1) e $\det\mathcal{H} < 0$ in corrispondenza della configurazione di equilibrio (Q_2). Applicando il criterio di Sylvester (cfr. l'esercizio 2.38), si conclude che (Q_1) è stabile e (Q_2) è instabile. Se invece $h = k$, l'energia potenziale diventa

$$\begin{aligned}V &= g(my - (2m+M)\cos\theta) \\ &\quad + k\big(x^2 + y^2 - 2x(1+\sin\theta) + 2y\cos\theta - 4\sin\theta\big),\end{aligned}$$

da cui si ottiene

$$\frac{\partial V}{\partial \theta} = (2m + M)g \sin\theta - 2k(x\cos\theta + y\sin\theta + 2\cos\theta),$$
$$\frac{\partial V}{\partial x} = 2k(x - 1 - \sin\theta), \qquad \frac{\partial V}{\partial y} = mg + 2k(y + \cos\theta).$$

Le ultime due derivate sono nulle per $x = 1 + \sin\theta$ e $y = -mg/2k - \cos\theta$, che, introdotte nella prima equazione, dànno

$$(2m + M)g \sin\theta - 2k(1 + \sin\theta)\cos\theta$$
$$+ mg\sin\theta + 2k\cos\theta\sin\theta - 4k\cos\theta = 0,$$

che si semplifica in $(3m+M)g(\sin\theta - \beta\cos\theta) = 0$, dove si è posto $\beta := 6k/(3m+M)g$. Si hanno quindi le due configurazioni di equilibrio

$$(Q_1') \quad \theta = \theta_1, \quad x = 1 + \sin\theta_1, \quad y = y_1,$$
$$(Q_2') \quad \theta = \theta_2, \quad x = 1 + \sin\theta_2, \quad y = y_2,$$

dove $\theta_1 = \arctan\beta \in (0, \pi/2)$ e $\theta_2 = \theta_1 - \pi$, e si sono definiti $y_1 := -mg/2k - \cos\theta_1$ e $y_2 := -mg/2k - \cos\theta_2$. Ragionando in maniera analoga al caso precedente si trova che la prima delle due configurazioni è stabile, mentre la seconda è instabile. Per i valori dei parametri indicati al punto (5), la configurazione di equilibrio stabile si ottiene fissando $\theta_1 = \arctan 1 = \pi/4$; le matrici A e B del sistema linearizzato (cfr. il teorema 4.1) sono

$$A = \begin{pmatrix} 8 & 0 & 0 \\ 0 & 1 & 0 \\ 0 & 0 & 1 \end{pmatrix}, \qquad B = \begin{pmatrix} 6\sqrt{2} & -\sqrt{2} & -\sqrt{2} \\ -\sqrt{2} & 2 & 0 \\ -\sqrt{2} & 0 & 2 \end{pmatrix},$$

così che le soluzioni dell'equazione caratteristica sono

$$\lambda_1 = 2, \qquad \lambda_2 = \frac{1}{8}\left(8 + 3\sqrt{2} - \sqrt{3(38 - 16\sqrt{2})}\right),$$
$$\lambda_3 = \frac{1}{8}\left(8 + 3\sqrt{2} + \sqrt{3(38 - 16\sqrt{2})}\right),$$

e le frequenze proprie delle piccole oscillazioni sono $\omega_k = \sqrt{\lambda_k}$, $k = 1, 2, 3$. Infine, per i valori dei parametri al punto (6), si ha $h = 0$ e quindi $\alpha = 2/3\sqrt{3}$: la configurazione di equilibrio stabile (Q_1) si ottiene per θ_1 tale che $3\sqrt{3}\sin\theta_1 = 2\cos\theta(1 + \sin\theta_1)$, i.e. per $\theta_1 = \pi/6$, a cui corrispondono i valori $x = 3/2$ e $y = -\sqrt{3}$ per le altre coordinate lagrangiane. Le matrici del sistema linearizzato sono

$$A = \begin{pmatrix} 16/\sqrt{3} & 0 & 0 \\ 0 & \sqrt{3} & 0 \\ 0 & 0 & \sqrt{3} \end{pmatrix}, \qquad B = \begin{pmatrix} 6 & -\sqrt{3} & 0 \\ -\sqrt{3} & 2 & 0 \\ 0 & 0 & 1 \end{pmatrix},$$

così che le soluzioni dell'equazione caratteristica sono

$$\lambda_1 = \frac{1}{\sqrt{3}}, \quad \lambda_2 = \frac{1}{48}\Big(25\sqrt{3} - \sqrt{579}\Big), \quad \lambda_3 = \frac{1}{48}\Big(25\sqrt{3} + \sqrt{579}\Big),$$

e le frequenze proprie delle piccole oscillazioni sono $\omega_k = \sqrt{\lambda_k}$, $k = 1, 2, 3$.]

Esercizio 4.26 Un'asta di lunghezza infinita e massa nulla è vincolata a ruotare in un piano verticale intorno a un punto fisso O. Sull'asta, a distanza ℓ da O, è posto un punto P_1 di massa m_1; un punto P_2 di massa m_2 può scorrere lungo l'asta ed è collegato al punto O da una molla di costante elastica $k > 0$ e lunghezza a riposo nulla (cfr. la figura 4.16). Sia g è l'accelerazione di gravità.

(1) Si scrivano la lagrangiana e le corrispondenti equazioni di Eulero-Lagrange, utilizzando come coordinate lagrangiane l'angolo θ che l'asta forma con la verticale discendente passante per O e la coordinata s che individua la posizione del punto P_2 lungo l'asta.
(2) Si determinino le configurazioni di equilibrio e se ne discuta la stabilità.
(3) Assumendo che tra i parametri sussista la relazione $m_2^2 g = 2m_1 k\ell$, si discutano le piccole oscillazioni intorno a una configurazione di equilibrio stabile, se esistente.

[*Suggerimento.* La lagrangiana del sistema è $\mathcal{L} = T - V$, dove

$$T = \frac{1}{2}m_1\ell^2\dot{\theta}^2 + \frac{1}{2}m_2\Big(\dot{s}^2 + s^2\dot{\theta}^2\Big), \qquad V = \frac{1}{2}ks^2 + m_1 g\ell \sin\theta + m_2 g s \sin\theta.$$

Le configurazioni di equilibrio si ottengono richiedendo $ks = -m_2 g \sin\theta$, con θ tale che $\cos\theta = 0$ oppure $\sin\theta = \alpha := m_1 k\ell/m_2^2 g$. L'ultima condizione può essere soddisfatta solo se $\alpha < 1$; in particolare si ha $\alpha = 1/2$ se $m_2^2 g = 2m_1 k\ell$. Quindi esistono sempre le due configurazioni di equilibrio $(\pi/2, -m_2 g/k)$ e $(-\pi/2, m_2 g/k)$, a cui si aggiungono, se $\alpha < 1$, $(\theta_1, -m_1\ell/m_2)$ e $(\theta_2, -m_1\ell/m_2)$, con $\theta_1 := \arcsin\alpha$ e $\theta_2 := \pi - \theta_1$. Per studiarne la stabilità si calcola la matrice

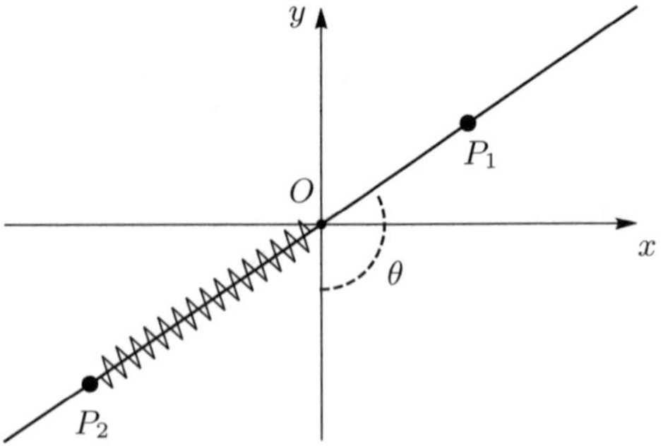

Figura 4.16 Sistema considerato nell'esercizio 4.26

hessiana

$$\mathcal{H}(\theta, s) = \begin{pmatrix} -(m_1\ell + m_2 s)g\sin\theta & m_2 g\cos\theta \\ m_2 g\cos\theta & k \end{pmatrix},$$

così che, ponendo $\beta := m_2^2 g^2/k$, si ottiene

$$\mathcal{H}\Big(\pm\frac{\pi}{2}, \mp\frac{m_2 g}{k}\Big) = \begin{pmatrix} (\pm 1 - \alpha) & 0 \\ 0 & k \end{pmatrix},$$

$$\mathcal{H}\Big(\theta_i, -\frac{m_1\ell}{m_2}\Big) = \begin{pmatrix} 0 & m_2 g\cos\theta_i \\ m_2 g\cos\theta_i & k \end{pmatrix},$$

dove $i = 1, 2$. Si vede facilmente che $(-\pi/2, m_2 g/k)$ e, quando esistono (i.e. per $\alpha < 1$), θ_1 e θ_2 sono instabili, mentre $(\pi/2, -m_2 g/k)$ è stabile per $\alpha < 1$ e instabile per $\alpha > 1$; per $\alpha = 1$, definendo $x := s + m_2 g/k$ e $\varphi := \theta - \pi/2$, si ha

$$\begin{aligned} V &= \frac{1}{2}k\Big(-\frac{m_2 g}{k} + x\Big)^2 + \Big(m_1 g\ell - \frac{m_2^2 g^2}{k} + m_2 g x\Big)\sin\Big(\frac{\pi}{2} + \varphi\Big) \\ &= V_0 + \frac{1}{2}kx^2 - m_2 g x + m_2 g k\, x\cos\varphi \\ &= V_0 + \frac{1}{2}kx^2 + m_2 g k\, x\Big(\frac{1}{2}\varphi^2 + 0(\varphi^4)\Big), \end{aligned}$$

dove V_0 è una costante opportuna (è il valore che assume V in $x = \varphi = 0$). Ne segue che $(\pi/2, -m_2 g/k)$, essendo un punto di sella, costituisce una configurazione di equilibrio instabile.]

Esercizio 4.27 Si consideri il sistema dell'esercizio 4.26 e si descriva il diagramma di biforcazione dei punti di equilibrio al variare dei parametri m_1, m_2, g, k, ℓ. [*Soluzione*. Si definisca $\alpha := m_1 k\ell/m_2^2 g$ come nell'esercizio 4.26. Le configurazioni di equilibrio corrispondono ai valori $\theta = \pm\pi/2$, a cui vanno aggiunti, se $\alpha < 1$, anche θ_1 e $\pi - \theta_1$, con $\theta_1 := \arcsin\alpha$. Si hanno quindi due o quattro configurazioni di equilibrio: $(-\pi/2, m_2 g/k)$ è instabile; $(\pi/2, -m_2 g/k)$ è instabile per $\alpha \geq 1$ e stabile per $\alpha < 1$; infine $(\theta_1, -m_1\ell/m_2)$ e $(\pi - \theta_1, -m_1\ell/m_2)$ sono instabili quando esistono, i.e. per $\alpha < 1$. Il diagramma di biforcazione (in termini di θ) è dato allora dalla figura 4.17. Ricordando la terminologia introdotta nella discussione dell'esempio 2.16, si vede che in corrispondenza del valore critico $\alpha_c = 1$ si ha una biforcazione a forcone subcritica. In particolare, se $\alpha = 1/2$, come al punto (3) dell'esercizio 4.26, si ha una sola configurazione stabile, data da $(\pi/2, -m_2 g/k)$.]

Esercizio 4.28 Un sistema meccanico è costituito da un disco omogeneo, di massa M e raggio r, e da un punto materiale di massa m, che si muovono in un piano verticale nel modo seguente (cfr. la figura 4.18):

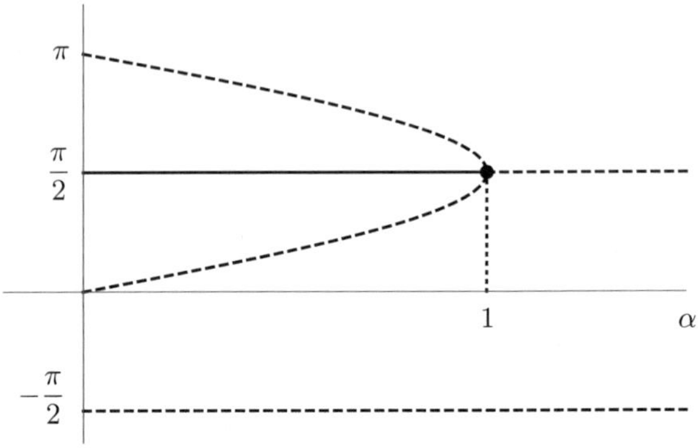

Figura 4.17 Diagramma di biforcazione dei punti di equilibrio per l'esercizio 4.26

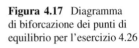

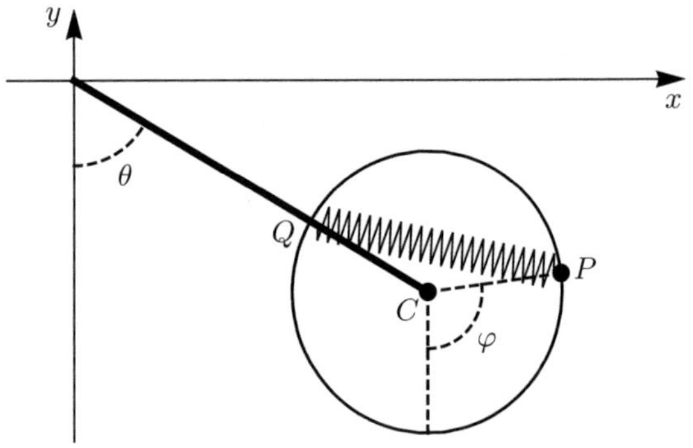

Figura 4.18 Sistema considerato nell'esercizio 4.28

- il centro di massa C del disco è connesso a un punto fisso O tramite un'asta inestensibile di massa trascurabile e lunghezza $\ell = 3r$;
- il punto P scorre lungo il bordo del disco;
- una molla di costante elastica k e lunghezza a riposo trascurabile collega il punto P al punto Q in cui l'asta attraversa il bordo del disco;
- sul disco e sul punto P agisce la forza di gravità (si indichi con g l'accelerazione di gravità).

(1) Si scriva la lagrangiana del sistema, utilizzando come coordinate lagrangiane l'angolo θ che l'asta forma con il semiasse y negativo e l'angolo φ che il segmento CP forma rispetto alla verticale discendente condotta per C.
(2) Si scrivano le equazioni di Eulero-Lagrange.
(3) Si determinino le configurazioni di equilibrio e se discuta la stabilità al variare dei parametri m, M, r, k e g.
(4) Si discutano le piccole oscillazioni del sistema nell'intorno di un punto di equilibrio stabile (se esiste) e si calcolino le frequenze proprie, per i valori dei parametri $m = M = r = k = g = 1$.

Esercizio 4.29 Un sistema meccanico è costituito da 2 punti materiali P_1 e P_2, entrambi di massa m, vincolati a muoversi nel piano verticale Oxy, lungo il profilo

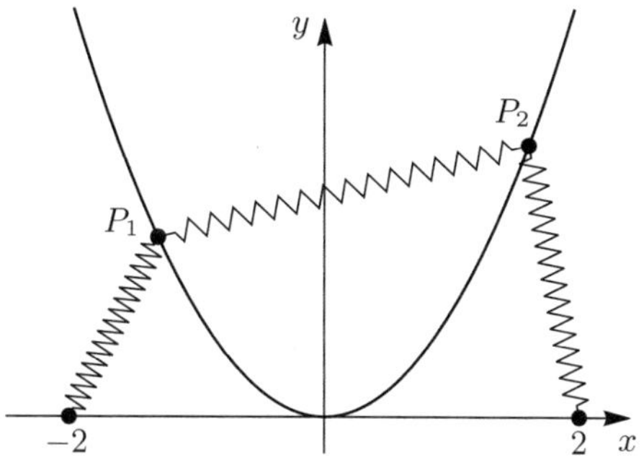

Figura 4.19 Sistema considerato nell'esercizio 4.29

parabolico descritto dall'equazione $y = x^2$, sotto l'azione della forza di gravità (sia g l'accelerazione di gravità). Inoltre tre molle identiche, di costante elastica k e lunghezza trascurabile, connettono il punto P_1 al punto P_2, il punto P_1 al punto fisso $(-2, 0)$ e il punto P_2 al punto fisso $(2, 0)$.

(1) Si scriva la lagrangiana del sistema, utilizzando come coordinate lagrangiana le ascisse x_1 e x_2 dei due punti P_1 e P_2, rispettivamente.
(2) Si scrivano le corrispondenti equazioni di Eulero-Lagrange.
(3) Si determinino le configurazioni di equilibrio e se discuta la stabilità.
(4) Si descriva qualitativamente il sistema unidimensionale che si ottiene fissando P_1 nell'origine.
(5) Si discutano le piccole oscillazioni del sistema nell'intorno di un punto di equilibrio stabile (se esiste) per i valori dei parametri $m = k = g = 1$.

[*Suggerimento*. Per studiare la stabilità delle configurazioni di equilibrio può essere conveniente passare alle nuove coordinate (s, d), dove $s := (x_1 + x_2)/2$ è l'ascissa del centro di massa e $d := x_2 - x_1$ è l'ascissa della coordinata relativa.]

Esercizio 4.30 Due punti materiali P_1 e P_2, di massa $m_1 = m_2 = 1$, sono vincolati a muoversi su una circonferenza di raggio $r = 1$, posta su un piano orizzontale π. I due punti sono collegati da una molla di costante elastica $k > 0$ e lunghezza a riposo trascurabile. Un terzo punto materiale P_3, sempre di massa $m_3 = m$, si muove lungo una retta passante per un diametro d fissato della circonferenza: il punto P_3 è collegato, tramite due molle, entrambe di costante elastica k e lunghezza a riposo nulla, a un punto Q posto in corrispondenza di uno degli estremi del diametro d e al punto R che è il punto di mezzo dell'arco di circonferenza che unisce P_1 e P_2 tale da coincidere con i due punti quando essi vengono a contatto (cfr. la figura 4.20).

(1) Si scrivano la lagrangiana del sistema e le corrispondenti equazioni di Eulero-Lagrange.
(2) Si trovino le configurazioni di equilibrio e se ne discuta la stabilità.
(3) Si verifichi che la configurazione in cui $P_1 = P_2 = P_3 = Q$ è una configurazione di equilibrio stabile e si discutano le piccole oscillazioni intorno a tale posizione.

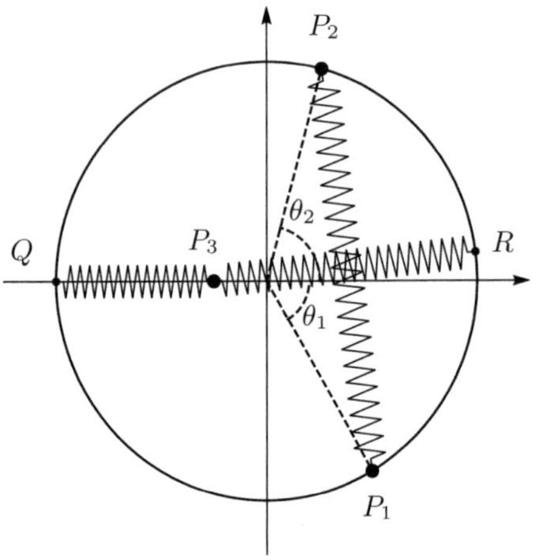

Figura 4.20 Sistema considerato nell'esercizio 4.30

[*Suggerimento.* Si considerino come coordinate lagrangiane di partenza la posizione di P_3 lungo d e gli angoli θ_1 e θ_2 che i due raggi vettori OP_1 e OP_2, rispettivamente, formano con la retta r passante per d (se O è il centro della circonferenza): il raggio vettore che individua il punto R forma allora un angolo $(\theta_1 + \theta_2)/2$ con la retta r. Si trovino quindi delle coordinate lagrangiane più convenienti.]

Esercizio 4.31 Il *pendolo di Wilberforce* è costituito da una molla elicoidale tenuta sospesa a un estremo e da un cilindro di circolare retto omogeneo agganciato rigidamente, in corrispondenza del suo centro di massa, all'altro estremo della molla (cfr. la figura 4.21). Mentre il suo centro di massa si muove in direzione verticale, facendo allungare o accorciare la molla, il cilindro può anche ruotare intorno all'asse verticale, mantenendosi ad esso perpendicolare e provocando in questo modo una rotazione della molla (torsione). Oltre alla forza di gravità e alla forza elastica della molla, sul sistema agisce anche una *forza elastica torsionale*, i.e. una forza lineare nell'angolo di torsione, con costante di proporzionalità che prende il nome di *costante elastica torsionale* o *coefficiente di torsione*. Se θ indica l'angolo di cui l'asse del cilindro ruota rispetto alla configurazione di riposo, l'*energia potenziale elastica torsionale* corrispondente è data da

$$V_{\text{tor}} = \frac{1}{2}\kappa\,\theta^2,$$

dove κ è la *costante elastica torsionale*. Siano m, r e h la massa, il raggio di base e l'altezza del cilindro, e siano k ed ℓ la costante elastica e la lunghezza a riposo della molla. Gli spostamenti verticali e rotazionali della molla sono accoppiati: se gli spostamenti sono piccoli si può immaginare che l'accoppiamento si manifesti anch'esso attraverso una forza di tipo lineare. Si studi il moto del pendolo di Wilberforce nell'approssimazione delle piccole oscillazioni e se ne trovino i modi normali. [*Soluzione.* Si scelga un sistema di riferimento $Oxyz$ in cui O sia il punto di sospensione della molla e l'asse z l'asse lungo cui si muove il centro di massa

Figura 4.21 Pendolo di Wilberforce dell'esercizio 4.31

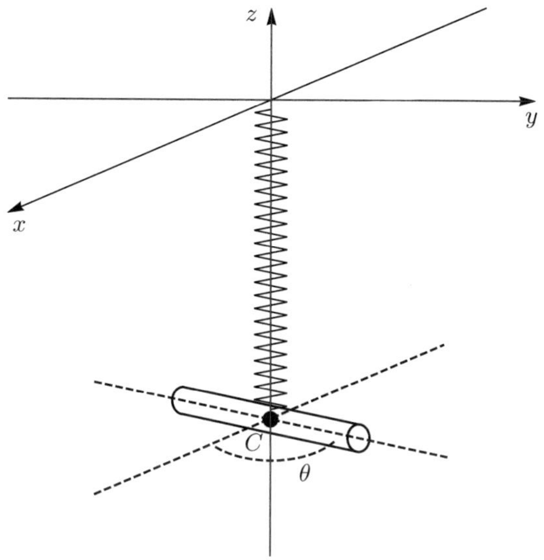

C del cilindro, in modo che si abbia $C = (0, 0, z)$. Sia θ l'angolo di cui l'asse del cilindro ruota rispetto all'asse x. L'energia cinetica dl sistema, per il teorema di König, è data da

$$T = \frac{1}{2}m\dot{z}^2 + \frac{1}{2}I_1\dot{\theta}^2, \qquad I_1 = \frac{1}{12}m\big(3r^2 + h^2\big),$$

dove I_1 è il momento principale d'inerzia del cilindro rispetto a un asse d'inerzia ortogonale all'asse del cilindro (cfr. la (10.27) del volume 1). L'energia potenziale è data da

$$\begin{aligned} V = {} & \frac{1}{2}k(z-\ell)^2 + mgz + \frac{1}{2}\kappa\,\theta^2 \\ & + \varepsilon(z-\ell)\theta + \frac{1}{2}\varepsilon\, a_1(z-\ell)^2 + \frac{1}{2}\varepsilon\, a_2\theta^2 + \varepsilon\, a_3(z-\ell) + \varepsilon\, a_4\theta, \end{aligned}$$

dove gli ultimi cinque termini sono i contributi dovuti all'accoppiamento che determinano un contributo lineare alle forze (dal punto di vista fisico si può assumere $a_1 = a_2 = a_3 = a_4 = 0$, in quanto i termini corrispondenti di fatto non accoppiano le variabili z e θ), mentre le correzioni di ordine più alto si trascurano nell'approssimazione delle piccole oscillazioni; il parametro ε descrive l'intensità dell'accoppiamento e si assume che sia piccolo. La lagrangiana è allora $\mathcal{L} = T - V$, e le equazioni di Euleo-Lagrange sono

$$\begin{cases} m\ddot{z} = -k(z-\ell) - \varepsilon\, a_1(z-\ell) - \varepsilon\theta - mg - \varepsilon\, a_3, \\ I_1\ddot{\theta} = -\kappa\theta - \varepsilon\, a_2\theta - \varepsilon(z-\ell) - \varepsilon\theta - \varepsilon\, a_4. \end{cases}$$

Conviene ridefinire i parametri ponendo $k' := k + \varepsilon a_1$, $\kappa' := \kappa + \varepsilon a_2$, $mg' := mg + \varepsilon a_3$ e introdurre le coordinate $(z', \theta') = (z - \ell, \theta - \varepsilon a_4/\kappa')$, così da riscrivere le equazioni

$$\begin{cases} m\ddot{z}' = -k' z' - \varepsilon\theta' - mg', \\ I_1\ddot{\theta}' = -\kappa'\theta' - \varepsilon z'. \end{cases}$$

Si verifica facilmente ch

$$(z_0, \theta_0) = (-mg(k - \varepsilon^2/\kappa)^{-1}, \varepsilon mg(k\kappa - \varepsilon^2)^{-1})$$

è una configurazione di equilibrio. Operando un nuovo cambiamento di coordinate, definendo $\zeta := z' - z_0$ e $\vartheta := \theta' - \theta_0$, si arriva alle equazioni

$$\begin{cases} m\ddot{\zeta} = -k' \zeta - \varepsilon\vartheta, \\ I_1\ddot{\vartheta} = -\kappa' \vartheta - \varepsilon \zeta, \end{cases}$$

che costituiscono le equazioni di Eulero-Lagrange della lagrangiana quadratica

$$\mathcal{L}_2 = \frac{1}{2}\langle \dot{q}, A\dot{q}\rangle - \frac{1}{2}\langle q, Bq\rangle, \quad A = \begin{pmatrix} m & 0 \\ 0 & I_1 \end{pmatrix}, \quad B = \begin{pmatrix} k' & \varepsilon \\ \varepsilon & \kappa' \end{pmatrix}, \quad q = (\zeta, \vartheta),$$

Le frequenze proprie sono le due soluzioni λ_1 e λ_2 dell'equazione $\det(B - \lambda A) = 0$; si trova

$$\lambda_1 = \frac{1}{2}\left(\omega_{\rm el}^2 + \omega_{\rm tor}^2 + \sqrt{(\omega_{\rm el}^2 - \omega_{\rm tor}^2)^2 + \frac{\varepsilon^2}{mI_1}}\right),$$

$$\lambda_2 = \frac{1}{2}\left(\omega_{\rm el}^2 + \omega_{\rm tor}^2 - \sqrt{(\omega_{\rm el}^2 - \omega_{\rm tor}^2)^2 + \frac{\varepsilon^2}{mI_1}}\right),$$

dove $\omega_{\rm el} := \sqrt{k'/m}$ e $\omega_{\rm tor} := \sqrt{\kappa'/I_1}$ sono le frequenze proprie del sistema disaccoppiato – a meno di correzioni $O(\varepsilon)$ se i coefficienti a_1, a_2, a_3 e a_4 non sono tutti nulli. Nel piano (λ, ε) le curve che individuano le frequenze proprie in termini di ε sono rappresentate nella figura 4.22; la regione significativa è quella in cui $\lambda, \varepsilon > 0$ e, inoltre, ε è sufficientemente piccolo da giustificare l'approccio perturbativo in cui le forze sono calcolate all'ordine ε. Le frequenze dei modi normali sono $\omega_1 = \sqrt{\lambda_1}$ e $\omega_2 = \sqrt{\lambda_2}$. Per $\varepsilon = 0$ si ritrovano le due frequenze imperturbate $\omega_{\rm el}$ e $\omega_{\rm tor}$ (ω_1 è la più piccola delle due, mentre ω_2 è quella più grande). All'aumentare di ε, la frequenza ω_1 diminuisce, mentre la frequenza ω_2 aumenta. A un certo punto la frequenza ω_1 diventa nulla, ma questo succede per valori di ε per i quali siamo già oltre la validità dell'approssimazione lineare in ε delle forze.]

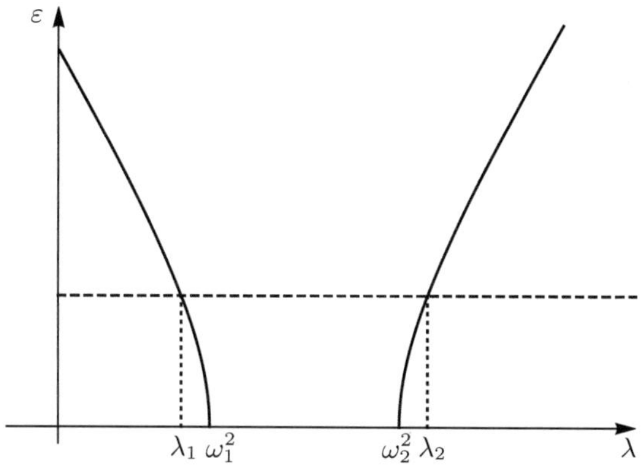

Figura 4.22 Piano (λ, ε) per le frequenze proprie del pendolo di Wilberforce

Esercizio 4.32 Si studi il pendolo di Wilberforce (cfr. l'esercizio 4.31) nel caso in cui le frequenze proprie del sistema imperturbato, i.e. in assenza di accoppiamento, siano uguali (ovvero $k/m = \kappa/I_1$, dove I_1 è il momento principale del cilindro rispetto a un asse d'inerzia ortogonale al suo asse). Si dimostri in particolare che si verifica un fenomeno simile ai battimenti (cfr. il §4.3.1): si ha una transizione periodica da un regime in cui la molla oscilla verticalmente senza torsione a un regime in cui si ha un moto puramente rotatorio della molla (e del cilindro ad essa agganciato) senza che essa si sposti nella direzione verticale. [*Suggerimento.* Sia $\omega_0^2 := k/m = \kappa/I_1$. Le frequenze proprie ω_1 e ω_2 sono tali che risulta (cfr. la soluzione dell'esercizio 4.31)

$$\omega_1^2 = \omega_0^2 + \frac{1}{2mI_1}\Big(\varepsilon(a_1 I_1 + a_2 m) + \sqrt{\varepsilon^2(a_1 I_1 - a_2 m)^2 + \varepsilon^2 m I_1}\Big),$$
$$\omega_1^2 = \omega_0^2 + \frac{1}{2mI_1}\Big(\varepsilon(a_1 I_1 + a_2 m) - \sqrt{\varepsilon^2(a_1 I_1 - a_2 m)^2 + \varepsilon^2 m I_1}\Big).$$

Se si pone $\omega_1 = \omega_0 + \delta$ e $\omega_2 = \omega_0 - \delta$, si ha $\delta = O(\varepsilon)$ (si ha $\delta^2 := \varepsilon^2/4mI_1$ se $a_1 = a_2 = 0$). Si può allora ragionare come nel §4.3.1: si ha un moto oscillatorio con periodo di ordine 1, modulato da una curva periodica di periodo di ordine $1/\varepsilon$, con conseguente trasferimento periodico di energia da moti puramente oscillatori nella direzione verticale (z oscilla e $\theta \approx 0$) a moti puramente rotatori intorno all'asse verticale (θ oscilla e $z \approx 0$).]

Esercizio 4.33 Si consideri il sistema lagrangiano lineare $(\mathbb{R}^2, \mathcal{L})$, dove

$$\mathcal{L} = \frac{1}{2}(\dot{x}^2 + \dot{y}^2) - \frac{1}{2}(x^2 + \omega^2 y^2),$$

quale è per esempio il sistema costituito da due pendoli uguali studiato nel §4.3.1, una volta che si ponga $(Q_1, Q_2) = (x, y)$ e $\omega_2 = \omega$, nell'approssimazione delle piccole oscillazioni. Nel piano (x, y) in cui si svolge il moto, le traiettorie descritte dal sistema formano delle curve che sono note come *figure di Lissajous*. Si determini la forma delle figure di Lissajous e si dimostri che esse si chiudono se e solo se ω è razionale. [*Soluzione*. Ogni soluzione delle equazionj di Eulero-Lagrange è della forma $x(t) = A\sin(t + \varphi_1)$ e $y(t) = B\sin(\omega t + \varphi_2)$, per opportuni valori delle ampiezze A, B, e delle fasi φ_1, φ_2, determinati dai dati iniziali. Scegliendo opportunamente l'origine dei tempi, possiamo supporre che la soluzione sia della forma

$$x(t) = A\sin t, \qquad y(y) = B\sin(\omega t + \delta),$$

dove $\delta := \varphi_2 - \omega\varphi_1$ (basta ridefinire l'origine dei tempi come $t_0 = -\varphi_1$). Il moto si svolge pertanto nel quadrato $[-A, A] \times [-B, B]$. Per disegnare le curve, possiamo procedere come segue. Per $t \in [-\pi/2, \pi/2]$, si ha $t = t_0(x) := \arcsin(x/A)$ e quindi $y = Y_0(x)$, dove

$$Y_0(x) := B\sin\Big(\omega \arcsin\frac{x}{A} + \delta\Big), \qquad x \in [-A, A].$$

Per $t \in [\pi/2, 3\pi/2]$, si ha $t = t_1(x) := \pi - \arcsin(x/A)$, dove $x = x(t)$ varia sempre in $[-A, A]$, ma muovendosi verso sinistra da $x = A$ a $x = -A$; il grafico descritto dalla curva è quindi dato da $(x, Y_2(x))$, dove

$$Y_1(x) := B\sin\Big(\omega\pi - \omega \arcsin\frac{x}{A} + \delta\Big), \qquad x \in [-A, A].$$

Iterando il ragionamento, per $t \in [-\pi/2 + k\pi, \pi/2 + k\pi]$, il supporto della curva è dato dal grafico della funzione

$$Y_k(x) := B\sin\Big(k\omega\pi + (-1)^k \arcsin\frac{x}{A} + \delta\Big), \qquad x \in [-A, A].$$

Tale supporto è percorso da sinistra a destra per k pari e da destra a sinistra per k dispari. Alcune figure di Lissajous, nel caso $A = B = 1$, sono rappresentate nella figura 4.23 per $\omega = 1/7$ e nella figura 4.24 per $\omega = 5/3$, in corrispondenza di tre valori di δ. Nel caso delle figure a destra, una volta che la traiettoria ha raggiunto

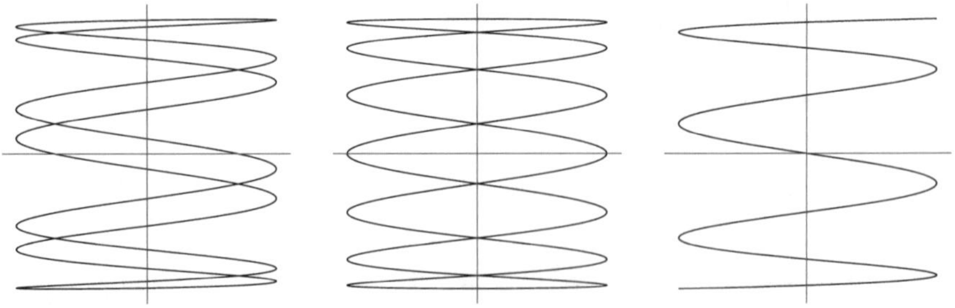

Figura 4.23 Figure di Lissajous per $\omega = 1/7$ e $\delta = 5\pi/4, \pi/2, \pi$, rispettivamente

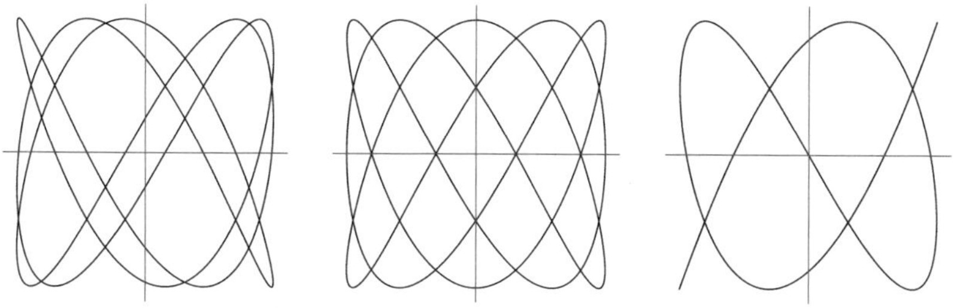

Figura 4.24 Figure di Lissajous per $\omega = 5/3$ e $\delta = 5\pi/4, \pi/2, \pi$, rispettivamente

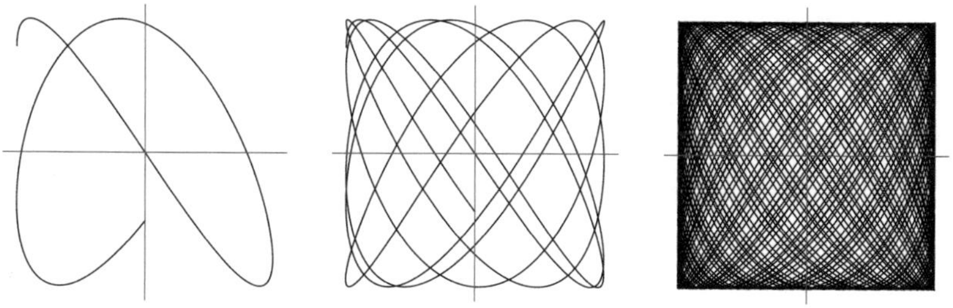

Figura 4.25 Figure di Lissajous per $\omega = \sqrt{2}$ e $\delta = \pi$, descritte al variare di t nell'intervallo $[-\pi/2, N\pi]$, con $N = 1, 10, 100$, rispettivamente

il punto $(1, 1)$, essa torna indietro percorrendo lo stesso arco in verso opposto fino a raggiungere il punto $(-1, -1)$, dopo di che si inverte di nuovo il verso di percorrenza, e così via. In generale, perché la traiettoria sia chiusa, deve succedere che, quando sono percorsi gli archi delle traiettorie in cui x si muove nello stesso verso, prima o poi essi si sovrappongano a quello iniziale. Per esempio, in corrispondenza dei valori k pari, deve esistere $n \in \mathbb{N}$ tale che il grafico di Y_{2n} coincide con il grafico di Y_0, i.e. tale che

$$B \sin\Big(2n\omega\pi + \arcsin\frac{x}{A} + \delta\Big) = B \sin\Big(\arcsin\frac{x}{A} + \delta\Big) \qquad \forall x \in [-A, A],$$

che comporta la relazione $2n\omega\pi = 2m\pi$ per qualche $n, m \in \mathbb{N}$. Questo è possibile se e solo se $\omega = p/q \in \mathbb{Q}$, così che la relazione è soddisfatta per $n = q$ e $m = p$. Una figura di Lissajous, sempre nel caso $A = B = 1$, per $\omega = \sqrt{2}$ è riportata nella figura 4.25: a sinistra è disegnato il tratto che viene descritto per $t \in [-\pi/2, \pi]$, al centro il tratto descritto nell'intervallo $[-\pi/2, 10\pi]$ e a destra è riportato un tratto ancora più lungo, corrispondente all'intervallo $[-\pi/2, 100\pi]$; se si continua a disegnare l'intera traiettoria, essa finisce per riempire densamente (cfr. l'esercizio 3.18 del volume 1) l'intero quadrato $[-1, 1] \times [-1, 1]$.]

Esercizio 4.34 Si studino le figure di Lissajous (cfr. l'esercizio 4.33, nel caso $A = B = 1$, per $\omega = 1$. [*Soluzione.* Se $A = B = 1$, per $\omega = 1$, le figure di Lissajous sono descritte dalle equazioni parametriche

$$x(t) = \sin t, \qquad y(y) = \sin(t + \delta).$$

Per δ fissato, le equazioni descrivono un'ellisse il cui semiasse maggiore è orientato lungo la diagonale del quadrato $[-1, 1] \times [-1, 1]$.] Questo si verifica effettuando una rotazione del piano e passando a nuove coordinate (ξ, η), date da

$$\begin{pmatrix} \xi \\ \eta \end{pmatrix} = \begin{pmatrix} \cos(\pi/4) & \sin(\pi/4) \\ -\sin(\pi/4) & \cos(\pi/4) \end{pmatrix} \begin{pmatrix} x \\ y \end{pmatrix} = \frac{1}{\sqrt{2}} \begin{pmatrix} 1 & 1 \\ -1 & 1 \end{pmatrix} \begin{pmatrix} x \\ y \end{pmatrix} = \frac{1}{\sqrt{2}} \begin{pmatrix} x + y \\ -x + y \end{pmatrix},$$

così che, nelle coordinate (ξ, η) le curve assumono la rappresentazione parametrica

$$\xi = \xi(t) = \frac{1}{\sqrt{2}}\Big(\sin t + \sin(t + \delta)\Big), \qquad \eta = \eta(t) = \frac{1}{\sqrt{2}}\Big(-\sin t + \sin(t + \delta)\Big).$$

Usando le formule di addizione (cfr. l'esercizio 4.9), si trova

$$\begin{aligned} \xi^2 &= \frac{1}{2}\big(\sin^2 t(1 + \cos\delta)^2 + \cos^2 t \sin^2\delta + 2\sin t \cos t(1 + \cos\delta)\sin\delta\big), \\ \eta^2 &= \frac{1}{2}\big(\sin^2 t(1 - \cos\delta)^2 + \cos^2 t \sin^2\delta - 2\sin t \cos t(1 - \cos\delta)\sin\delta\big), \end{aligned}$$

così che

$$\begin{aligned} \frac{\xi^2}{1 + \cos\delta} + \frac{\eta^2}{1 - \cos\delta} &= \sin^2 t + \frac{1}{2}\left(\frac{\sin^2\delta}{1 + \cos\delta} + \frac{\sin^2\delta}{1 - \cos\delta}\right)\cos^2 t \\ &= \sin^2 t + \frac{\sin^2\delta}{1 - \cos^2\delta}\cos^2 t = 1. \end{aligned}$$

Si otitene quindi un'ellisse, di cui l'asse maggiore è orientato nella direzione della diagonale del quadrato, mentre l'asse minore è orientato in direzione ad essa perpendicolare. Le lunghezze del semiasse maggiore e del semiasse minore sono, rispettivamente, $\sqrt{1 + \cos\delta}$ e $\sqrt{1 - \cos\delta}$. In particolare, per $\delta = 0$ la figura di Lissajous ricopre un segmento di lunghezza $2\sqrt{2}$ (lungo la diagonale del quadrato) e per $\delta = \pi/2$ diventa la circonferenza di raggio 1 (cfr. la figura 4.26).]

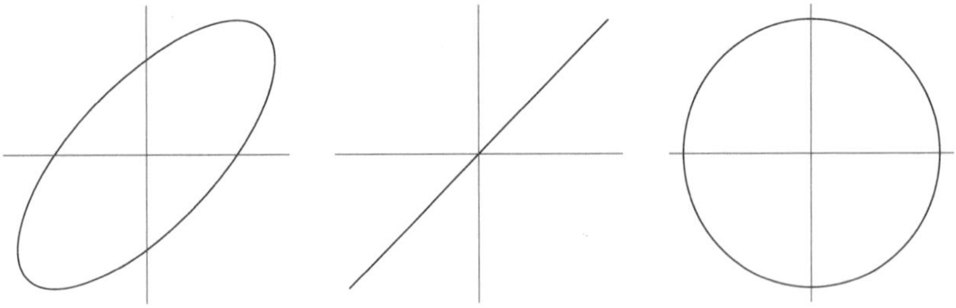

Figura 4.26 Figure di Lissajous per $\omega = 1$ e $\delta = \pi/4, 0, \pi/2$, rispettivamente

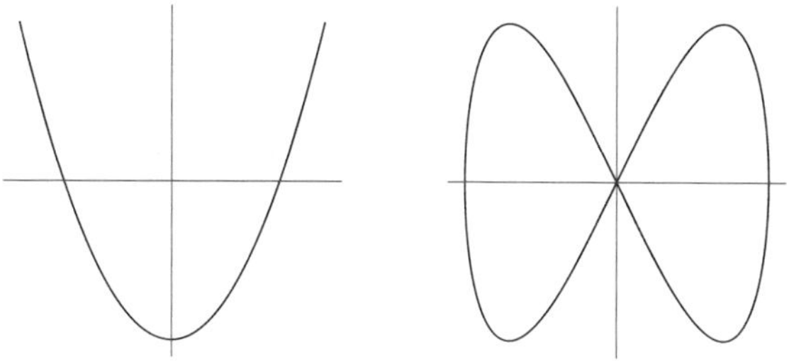

Figura 4.27 Figure di Lissajous per $\omega = 2$ e $\delta = -\pi/2, 0$, rispettivamente

Esercizio 4.35 Si studino le figure di Lissajous (cfr. l'esercizio 4.33, nel caso $A = B = 1$, per $\omega = 2$. [*Soluzione.* Studiamo preliminarmente i casi i cui si abbia $\delta = -\pi/2$ o $\delta = 0$:

1. Se $\delta = -\pi/2$, si ha $y = \sin(2t - \pi/2) = -\cos(2t) = 2\sin^2 t - 1 = 2x^2 - 1$: si ottiene quindi un arco di parabola con vertice nel punto $(0, -1)$ e passante per i punti $(\pm 1, 1)$ (cfr. la figura 4.27)
2. Se $\delta = 0$, si ha $y = \sin(2t) = 2\sin t \cos t$, così che per $t \in [-\pi/2, \pi/2]$, dove $\cos t \geq 0$, si trova $x \in [-1, 1]$ e $y = 2x\sqrt{1 - x^2}$, mentre per $t \in [\pi/2, 3\pi/2]$, dove $\cos t \leq 0$, si ha sempre $x \in [-1, 1]$ ma risulta $y = -2x\sqrt{1 - x^2}$; in conclusione si trova $y = \pm 2x\sqrt{1 - x^2}$, ovvero $y^2 - 4x^2 + 4x^4 = 0$, che è l'equazione di una *leminscata* (cfr. la figura 4.27).

In generale, per δ fissato, la figura di Lissajous si ottiene raccordando i due archi (cfr. l'esercizio 4.33)

$$Y_0(x) := \sin(2\arcsin x + \delta), \quad Y_1(x) := \sin(-2\arcsin x + \delta), \quad x \in [-1, 1].$$

Al variare di δ si ottengono curve quali quelle rappresentate nella figura 4.28: la curva continua costituisce il grafico di Y_0, mentre la curva tratteggiata è il grafico di Y_1. Nel disegnare il grafico di Y_0, si è tenuto conto che, all'aumentare di δ all'interno dell'intervallo $[-\pi/2, \pi/2]$, la funzione ha un punto di minimo (in cui assume valore -1) che si sposta da $x = 0$ a $x = -1$, mentre il punto di massimo (in cui assume valore 1) si sposta da $x = 1$ a $x = 0$. Infatti si ha $[\mathrm{d}Y_0/\mathrm{d}x](x) = 0$ se e solo se $\cos(2\arcsin x + \delta) = 0$, i.e. $2\arcsin x + \delta = \pm\pi/2$, da cui si ottengono i punti stazionari $x_1 = \sin(\pi/4 - \delta/2)$ e $x_2 = \sin(-\pi/4 - \delta/2)$; dal momento che $[\mathrm{d}^2Y_0/\mathrm{d}x^2](x_1) < 0$ e $[\mathrm{d}^2Y_0/\mathrm{d}x^2](x_2) > 0$, x_1 è un punto di massimo, mentre x_2 è un punto di minimo; al variare di δ in $[-\pi/2, \pi/2]$, il punto x_1 diminuisce da 1 a 0, mentre il punto x_2 diminuisce da 0 a -1. Per $\delta \in (\pi/2, \pi]$ e per $\delta \in (-\pi, -\pi/2)]$, i grafici di Y_0 e Y_1 si ottengono, rispettivamente, dai grafici di Y_1 e Y_0 corrispondenti al valore $\delta = \pi - \delta$ nel primo caso e al valore $\delta = -\pi - \delta$ secondo.]

Esercizio 4.36 Si discuta come cambiano le figure di Lissajous studiate negli esercizi 4.34÷4.35 nel caso in cui le ampiezze A e B siano arbitrarie. [*Suggerimento.* Il moto avviene all'intero del rettangolo $[-A, A] \times [-B, B]$. Dal punto di vista qualitativo la discussione procede come nei casi precedentemente discussi. In particolare,

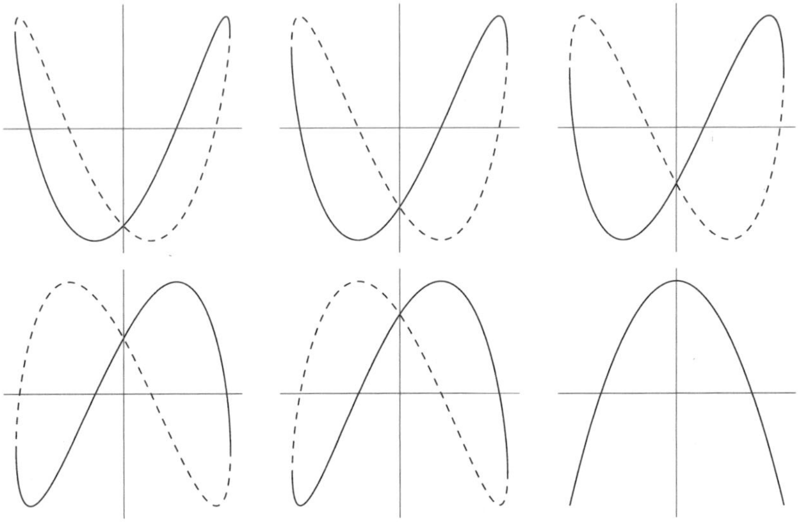

Figura 4.28 Figure di Lissajous per $\omega = 2$ e per i seguenti valori della fase: $\delta = -\pi/3$, $-\pi/4$, $-\pi/6$, $\pi/6$, $\pi/4$ e $\pi/2$, rispettivamente

per $\omega = 1$, la figura di Lissajous consiste nella diagonale del rettangolo se $\delta = 0$ e nell'ellisse i cui semiassi sono diretti lungo gli assi coordinati e hanno lunghezza A e B, rispettivamente, se $\delta = \pi/2$; per $\omega = 2$, se $A = 1$ e $B = 1/2$, l'equazione cartesiana della figura di Lissajous diventa $y^2 - x^2 + x^4 = 0$, che è l'equazione della *lemniscata di Gerono*.]

Capitolo 5
Moto dei corpi rigidi pesanti

Only the spinning top and the moving bicycle do not fall over. Rest is not found in irregular and purposeless motion, nor is it stagnation; all real and firm rest is to be sought in harmonious action.

Anna Brackett, The technique of rest (1892)

5.1 Trottola di Lagrange

Consideriamo un corpo rigido vincolato a un punto fisso e soggetto all'azione della forza peso o di un'altra forza che risulti invariante per rotazioni intorno a un asse $\boldsymbol{e}$. Scegliamo un sistema di riferimento $Oxyz$ in cui l'origine O coincida con il punto fisso e l'asse $\boldsymbol{e}_z$ con l'asse $\boldsymbol{e}$ (cfr. la figura 5.1); nel caso della forza peso, la forza assume la forma $-m\boldsymbol{g}$, dove $\boldsymbol{g} = (0, 0, g)$ e g è l'accelerazione di gravità.

Il sistema ha tre gradi di libertà e ammette due integrali primi; oltre all'energia, data dalla somma dell'energia cinetica e dell'energia potenziale, si conserva anche

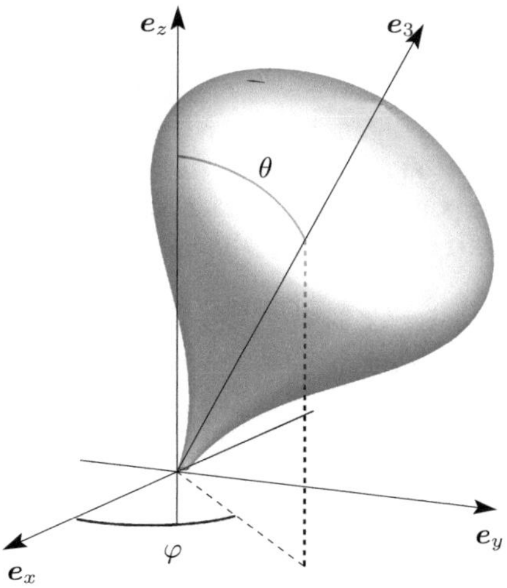

Figura 5.1 Trottola di Lagrange

G. Gentile, *Introduzione ai sistemi dinamici – Volume 2*, UNITEXT 133,

la componente l_z del momento angolare lungo l'asse $\boldsymbol{e}_z$, per il teorema di Noether (teorema 3.19), come conseguenza dell'invarianza per rotazioni intorno all'asse $\boldsymbol{e}_z$.

Definizione 5.1 (Trottola simmetrica o di Lagrange) *La* trottola simmetrica *(o* trottola di Lagrange*) è un sistema rigido con un punto fisso,*

- *che è sottoposto a una forza di energia potenziale simmetrica rispetto all'asse verticale,*
- *il cui ellissoide di inerzia è un ellissoide di rotazione,*
- *il cui centro di massa si trova sull'asse di simmetria rotazionale.*

L'asse di simmetria del corpo rigido si chiama asse della trottola. *Se l'energia potenziale è quella gravitazionale, la trottola simmetrica viene chiamata* trottola pesante.

Osservazione 5.2 Nel caso della trottola di Lagrange, una rotazione intorno all'asse di simmetria $\boldsymbol{e}_3$ non cambia la lagrangiana, e quindi deve esistere, per il teorema di Noether, un ulteriore integrale primo (oltre a l_z ed E).

Teorema 5.3 *Gli angoli di Eulero* (φ, θ, ψ) *costituiscono un sistema di coordinate per la trottola di Lagrange, in cui le coordinate* φ *e* ψ *sono cicliche.*

Dimostrazione La lagrangiana della trottola di Lagrange è invariante per rotazioni intorno all'asse $\boldsymbol{e}_z$ e per rotazioni intorno all'asse $\boldsymbol{e}_3$. Gli angoli φ e ψ rappresentano, rispettivamente, una rotazione intorno all'asse $\boldsymbol{e}_z$ e una rotazione intorno all'asse $\boldsymbol{e}_3$. Inoltre i gruppi corrispondenti commutano tra loro (cfr. l'esercizio 5.1), quindi, per il teorema di Noether (teorema 3.37), φ e ψ sono entrambe coordinate cicliche. □

Definizione 5.4 (Angolo azimutale) *Nel moto della trottola di Lagrange, l'angolo* φ *prende il nome di* angolo azimutale *o* azimut.

Osservazione 5.5 Come conseguenza del teorema 5.3 il problema del moto della trottola di Lagrange, che *a priori* ha tre gradi di libertà, si riduce a un problema con un solo grado di libertà (per la coordinata θ). Lo stesso risultato vale purché l'energia potenziale sia invariante per rotazioni intorno a un qualsiasi asse prefissato, che può quindi essere scelto come asse $\boldsymbol{e}_z$.

Lemma 5.6 *Se la forza a cui è sottoposta la trottola di Lagrange è la forza peso l'energia potenziale, espressa in termini degli angoli di Eulero, è*

$$V = V(\theta) = mg\ell \cos\theta, \tag{5.1}$$

dove ℓ *è la distanza del centro di massa della trottola dal punto fisso,* m *è la massa della trottola e* g *è l'accelerazione di gravità.*

Dimostrazione Usando la definizione di energia potenziale gravitazionale, e integrando sul corpo rigido C, si ottiene (cfr. l'esercizio 2.23)

$$\int_C \mathrm{d}\boldsymbol{Q}\, g z(\boldsymbol{Q})\rho(\boldsymbol{Q}) = mg\left(\frac{1}{m}\int_C \mathrm{d}\boldsymbol{Q}\, z(\boldsymbol{Q})\rho(\boldsymbol{Q})\right),$$

dove $\rho(\boldsymbol{Q})$ è la densità di massa e $z(\boldsymbol{Q})$ è la coordinata lungo l'asse $\boldsymbol{e}_z$ del punto $\boldsymbol{Q}$. La (5.1) segue dalla definizione di centro di massa. □

Lemma 5.7 *L'energia cinetica della trottola di Lagrange, espressa in termini degli angoli di Eulero, è*

$$T = \frac{I_1}{2}\left(\dot\theta^2 + \dot\varphi^2 \sin^2\theta\right) + \frac{I_3}{2}\left(\dot\psi + \dot\varphi\cos\theta\right)^2,$$

dove $I_1 = I_2$ *e* I_3 *sono gli assi di inerzia principali della trottola.*

Dimostrazione Segue dal corollario 10.27 del volume 1. □

Teorema 5.8 *La lagrangiana della trottola pesante, espressa in termini degli angoli di Eulero, è*

$$\mathcal{L} = \frac{I_1}{2}\left(\dot\theta^2 + \dot\varphi^2 \sin^2\theta\right) + \frac{I_3}{2}\left(\dot\psi + \dot\varphi\cos\theta\right)^2 - mg\ell\cos\theta, \tag{5.2}$$

con le notazioni del lemma 5.6 e del lemma 5.7.

Dimostrazione Segue dal fatto che la lagrangiana associata a un sistema meccanico conservativo è $\mathcal{L} = T - V$, dove T è l'energia cinetica e V è l'energia potenziale, e dai lemmi 5.6 e 5.7. □

Osservazione 5.9 La lagrangiana (5.2) non dipende né da φ né da ψ, consistentemente con il fatto che φ e ψ sono variabili cicliche.

Corollario 5.10 *Alle coordinate cicliche* φ *e* ψ *corrispondono gli integrali primi*

$$l_z = \dot\varphi\left(I_1\sin^2\theta + I_3\cos^2\theta\right) + \dot\psi I_3\cos\theta, \tag{5.3a}$$

$$L_3 = \dot\varphi I_3\cos\theta + \dot\psi I_3, \tag{5.3b}$$

i.e. le componenti del momento angolare lungo l'asse $\boldsymbol{e}_z$ *e lungo l'asse* $\boldsymbol{e}_3$.

Dimostrazione Poiché le coordinate φ e ψ sono cicliche, per il teorema di Noether, i momenti $\partial\mathcal{L}/\partial\dot\varphi$ e $\partial\mathcal{L}/\partial\dot\psi$ si conservano. Per calcolo esplicito, a partire dalla (5.2), si trova

$$\frac{\partial\mathcal{L}}{\partial\dot\varphi} = l_z, \qquad \frac{\partial\mathcal{L}}{\partial\dot\psi} = L_3,$$

se l_z e L_3 sono definiti come in (5.3). □

Teorema 5.11 *L'inclinazione θ dell'asse della trottola pesante rispetto alla verticale varia nel tempo come nel sistema unidimensionale di energia*

$$E = \frac{1}{2} I_1 \dot{\theta}^2 + V_{\text{eff}}(\theta), \tag{5.4}$$

dove la funzione

$$V_{\text{eff}}(\theta) = \frac{(l_z - L_3 \cos\theta)^2}{2 I_1 \sin^2\theta} + mg\ell \cos\theta, \tag{5.5}$$

prende il nome di energia potenziale efficace *della trottola pesante.*

Dimostrazione Esprimendo, in $\mathcal{L}$, $\dot{\varphi}$ e $\dot{\psi}$ in termini degli integrali primi l_z e L_3, troviamo che l'energia del sistema descritto dalla lagrangiana (5.2) è data da

$$E_{\text{TOT}} = T + V = \frac{I_1}{2} \dot{\theta}^2 + \frac{L_3^2}{2 I_3} + \frac{(l_z - L_3 \cos\theta)^2}{2 I_1 \sin^2\theta} + mg\ell \cos\theta,$$

così che, definendo

$$E := E_{\text{TOT}} - \frac{L_3^2}{2 I_3},$$

si ottiene la (5.4). □

Osservazione 5.12 Il sistema unidimensionale con energia (5.4) soddisfa le equazioni di Eulero-Lagrange corrispondenti alla *lagrangiana ridotta*

$$\mathcal{L}_0 = \frac{1}{2} I_1 \dot{\theta}^2 - V_{\text{eff}}(\theta), \tag{5.6}$$

che si ottiene a partire dalla (5.2), utilizzando il fatto che le due variabili φ e ψ sono cicliche e applicando, due volte di seguito, il metodo di Routh (cfr. il §2.2).

Definizione 5.13 (Sistema ridotto) *Il sistema lagrangiano unidimensionale descritto dalla lagrangiana* (5.6) *prende il nome il* sistema ridotto *della trottola pesante.*

Lemma 5.14 *La legge di variazione dell'angolo azimutale φ della trottola pesante è data da*

$$\dot{\varphi} = \frac{l_z - L_3 \cos\theta}{I_1 \sin^2\theta}, \tag{5.7}$$

dove l_z e L_3 sono gli integrali primi in (5.3).

Dimostrazione Segue dalle definizioni di l_z e L_3 in (5.3), moltiplicando la (5.3b) per $\cos\theta$ e quindi sottraendola alla (5.3a), in modo da eliminare la dipendenza dall'angolo ψ. □

Osservazione 5.15 La funzione $\mathcal{L}_0$ in (5.6) è singolare in $\theta = 0$ e $\theta = \pi$. Tuttavia la funzione $\theta(t)$, tale che $(\varphi(t), \theta(t), \psi(t))$ individua la configurazione della trottola all'istante t, non presenta singolarità in corrispondenza degli istanti in cui l'asse di simmetria della trottola $\boldsymbol{e}_3$ viene a trovarsi in posizione verticale, i.e. parallelo a $\boldsymbol{e}_z$. Questa apparente contraddizione si risolve tenendo conto che

- l_z e L_3 in (5.3) sono integrali primi;
- $\mathcal{L}_0$ descrive il moto in corrispondenza di valori fissati per l_z e L_3.

Se i dati iniziali sono tali che $|l_z| \neq |L_3|$, si deve avere $\theta(t) \neq 0$ e $\theta(t) \neq \pi$ per ogni $t \in \mathbb{R}$, e pertanto la singolarità di $\mathcal{L}_0$ è fuori dell'insieme in cui si svolge il moto. Se al contrario $l_z = L_3$, $\mathcal{L}_0$ assume la forma

$$\mathcal{L}_0 = \frac{1}{2} I_1 \dot{\theta}^2 - \frac{L_3^2 (1 - \cos\theta)^2}{2 I_1 \sin^2\theta} - mg\ell \cos\theta, \tag{5.8}$$

dove la funzione

$$\frac{L_3^2 (1 - \cos\theta)^2}{2 I_1 \sin^2\theta}$$

è di classe C^1 anche in $\theta = 0$. Inoltre in questo caso si ha $\theta(t) \neq \pi$ $\forall t \in \mathbb{R}$. Si noti che, se $\theta(t)$ varia nel tempo, in corrispondenza degli istanti t_0 tali che $\theta(t_0) = 0$, gli angoli $\varphi(t_0)$ e $\psi(t_0)$ in principio non sono definiti (cfr. l'osservazione 10.24 del volume 1). Tuttavia, poiché $\theta(t)$ è differenziabile anche in $t = t_0$, introducendo la soluzione $\theta(t)$ nelle (5.3), si determinano $\varphi(t)$ e $\psi(t)$ che, in $t = t_0$, sono definiti per continuità come

$$\varphi(t_0) = \lim_{\varepsilon \to 0} \varphi(t_0 + \varepsilon), \qquad \psi(t_0) = \lim_{\varepsilon \to 0} \psi(t_0 + \varepsilon),$$

con i limiti presi lungo la traiettoria (per $t \neq t_0$ entrambi $\varphi(t)$ e $\psi(t)$ sono definiti in modo univoco). Analogamente può essere discusso il caso $l_z = -L_3$: $\mathcal{L}_0$ assume allora la forma

$$\mathcal{L}_0 = \frac{1}{2} I_1 \dot{\theta}^2 - \frac{L_3^2 (1 + \cos\theta)^2}{2 I_1 \sin^2\theta} - mg\ell \cos\theta,$$

e, ragionando come per la (5.8), si vede che $\mathcal{L}_0$ non è singolare in $\theta = \pi$. Di nuovo, se $\theta(t)$ varia nel tempo e se t_0 è l'istante in cui $\theta(t_0) = \pi$, gli angoli $\varphi(t_0)$ e $\psi(t_0)$ sono definiti come limiti lungo le traiettorie.

Osservazione 5.16 Riscrivendo le (5.3) nella forma

$$\dot{\varphi} = \frac{l_z - L_3 \cos\theta}{I_1 \sin^2\theta}, \qquad \dot{\psi} = \frac{L_3}{I_3} - \frac{L_3}{I_1} + \frac{L_3 - l_z \cos\theta}{I_1 \sin^2\theta}, \tag{5.9}$$

si vede che, se i dati iniziali sono tali che $l_z = L_3$, allora

$$\dot{\varphi} = \frac{L_3}{I_1(1+\cos\theta)}, \qquad \dot{\psi} = L_3\left(\frac{1}{I_3} - \frac{1}{I_1} + \frac{1}{I_1(1+\cos\theta)}\right),$$

così che, per $\theta = 0$,

$$\dot{\varphi} + \dot{\psi} = \frac{\mathrm{d}}{\mathrm{d}t}(\varphi + \psi) = \frac{L_3}{I_3} = \Omega_3, \tag{5.10}$$

coerentemente con il fatto che, se $\theta = 0$, l'angolo di rotazione è $\varphi + \psi$ e la componente del momento angolare lungo l'asse di rotazione è L_3. Analogamente si discute il caso $l_z = -L_3$.

5.2 Studio del sistema ridotto della trottola pesante

Per studiare il moto del sistema unidimensionale di energia (5.4), può essere conveniente introdurre la variabile $u := \cos\theta$, con $u \in [-1, 1]$. Definiamo anche i seguenti parametri:

$$a := \frac{l_z}{I_1}, \qquad b := \frac{L_3}{I_1}, \qquad \alpha := \frac{2E}{I_1}, \qquad \beta := \frac{2mg\ell}{I_1}, \tag{5.11}$$

così che la legge di conservazione dell'energia (5.4) si esprime come

$$\dot{u}^2 = f(u), \qquad f(u) := (\alpha - \beta u)(1 - u^2) - (a - bu)^2, \tag{5.12}$$

purché sia $\sin\theta \neq 0$ (cfr. l'osservazione 5.18), e la legge di variazione della coordinata φ, espressa dalla (5.7), diventa

$$\dot{\varphi} = \frac{a - bu}{1 - u^2}. \tag{5.13}$$

Osservazione 5.17 La funzione $f(u)$ è un polinomio di terzo grado e si ha $f(\pm\infty) = \pm\infty$. A un moto effettivo corrispondono solo costanti a, b, α, β tali che $f(u) \geq 0$ per qualche $u \in [-1, 1]$. Nella trattazione che segue consideriamo quindi il caso in cui esista almeno un valore $u \in [-1, 1]$ in corrispondenza del quale la funzione $f(u)$ sia positiva.

Osservazione 5.18 Per ottenere la (5.12) si è utilizzato il fatto che $\dot{u}^2 = \dot{\theta}^2 \sin^2\theta$, così che l'uso della (5.12) per descrivere il moto dell'angolo d'inclinazione dell'asse della trottola è giustificato fintanto che si abbia $\sin\theta \neq 0$. Il caso $\sin\theta = 0$ corrisponde a $l_z = \pm L_3$ (i.e. $a = \pm b$, in termini dei parametri in (5.11)) e va quindi discusso a parte, utilizzando il fatto che, essendo l_z, L_3 costanti del moto, per lo studio del moto vicino ai poli, si deve tener conto della forma che assume la lagrangiana in tal caso (cfr. l'osservazione 5.15). La legge di conservazione dell'energia dà

$$\dot{\theta}^2 = (\alpha - \beta\cos\theta) - a^2 \frac{1 - \cos\theta}{1 + \cos\theta}, \tag{5.14}$$

per $l_z = L_3$, e

$$\dot{\theta}^2 = (\alpha - \beta\cos\theta) - a^2 \frac{1 + \cos\theta}{1 - \cos\theta}, \tag{5.15}$$

per $l_z = -L_3$, avendo tenuto conto delle notazioni (5.11). Le (5.14) e (5.15) sono le equazioni da studiare per determinare il moto dell'asse della trottola nelle vicinanze dei poli. Si noti che il campo vettoriale è di classe C^1 in tutta l'insieme in cui si svolge il moto: infatti se $l_z = \pm L_3$ non può aversi, rispettivamente, $\cos\theta = \mp 1$.

5.2.1 *Caso 1: $b \neq 0$, $a \neq \pm b$*

Analizziamo prima il caso $b \neq 0$ (i.e. $L_3 \neq 0$); se $b = 0$ la trattazione in realtà si semplifica (cfr. il caso 4 più avanti). Supponiamo inizialmente che sia $a \neq \pm b$, nel qual caso si ha $f(\pm 1) = -(a \mp b)^2 < 0$ e, quindi, $f(u)$ ha una radice reale $u_3 > 1$ e, in corrispondenza di moti per il sistema (cfr. l'osservazione 5.17), due radici reali nell'intervallo $(-1, 1)$: due radici semplici u_1 e u_2, se distinte, e a una radice doppia u_1, se coincidenti.

Nel secondo caso la radice doppia $u_1 = \cos\theta_1$ costituisce l'unico valore u per cui è possibile il moto: corrispondentemente si ha $u(t) = u_1$ $\forall t \in \mathbb{R}$ (e $\dot{u}(t) = f(u(t)) = 0$). L'asse della trottola si muove lungo il cono di rotazione intorno alla verticale che ha semiangolo di apertura costante θ_1 (il moto si dice allora *moto merostatico*). La (5.13) implica che $\dot{\varphi}$ è costante (poiché θ è costante) e dalla (5.3b) segue che anche $\dot{\psi}$ deve essere costante. Poiché la velocità angolare, tenendo conto che $\dot{\theta} = 0$, è data da $\boldsymbol{\omega} = \dot{\varphi}\boldsymbol{e}_z + \dot{\psi}\boldsymbol{e}_3$ (cfr. la (10.41) del volume 1, nella discussione della cinematica dei corpi rigidi), con $\dot{\varphi}$ e $\dot{\psi}$ costanti, concludiamo che la trottola descrive un moto di *precessione regolare*.

Nel caso in cui si abbiano due radici distinte $u_1 = \cos\theta_1$ e $u_2 = \cos\theta_2$ all'interno dell'intervallo $[-1, 1]$ (cfr. la figura 5.2), l'asse della trottola varia periodicamente tra i due paralleli individuati dai valori θ_1 e θ_2; poiché in $[0, \pi)$ la funzione $\cos\theta$ è monotona decrescente, se $u_1 < u_2$ si ha $\theta_1 > \theta_2$. La variazione periodica dell'in-

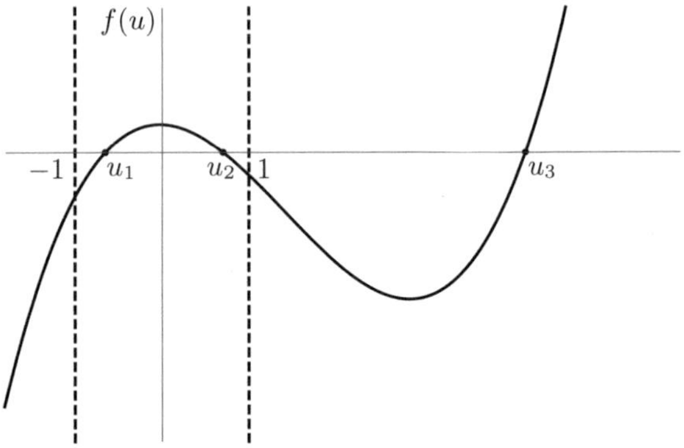

Figura 5.2 Grafico di $f(u)$ nel caso di due radici distinte nell'intervallo $[-1, 1]$

clinazione θ dell'asse della trottola si chiama *nutazione* – e θ prende il nome di *angolo di nutazione*.

Consideriamo ora il moto azimutale dell'asse della trottola. Il *vertice della trottola*, i.e. il punto d'intersezione dell'asse con la sfera unitaria S_2, si muove nella porzione della superficie della sfera (o *zona sferica*) compresa tra i paralleli θ_2 e θ_1, e la variazione dell'azimut è determinata dalla (5.13):

- se la radice u_0 dell'equazione $a - bu = 0$ si trova all'esterno dell'intervallo (u_1, u_2), allora l'angolo φ varia monotonamente e l'asse traccia sulla sfera unitaria una curva qualitativamente di tipo *cicloide accorciata* (cfr. la figura 5.3 e l'esercizio 5.2) – in realtà la sua espressione analitica è ben più complicata;
- se la radice u_0 dell'equazione $a - bu = 0$ si trova all'interno dell'intervallo (u_1, u_2) (e quindi in particolare $a/b < 1$), allora le velocità di variazione di φ sui paralleli θ_1 e θ_2 sono opposte, e l'asse traccia sulla sfera unitaria una curva con nodi, qualitativamente di tipo *cicloide allungata* (cfr. la figura 5.3 e l'esercizio 5.2);
- se la radice u_0 dell'equazione $a - bu = 0$ coincide con un estremo dell'intervallo $[u_1, u_2]$, allora l'angolo φ varia monotonamente e l'asse della trottola traccia sulla sfera unitaria una curva con cuspidi a tangenza meridiana, qualitativamente di tipo *cicloide* (cfr. la figura 5.3 e l'esercizio 5.2).

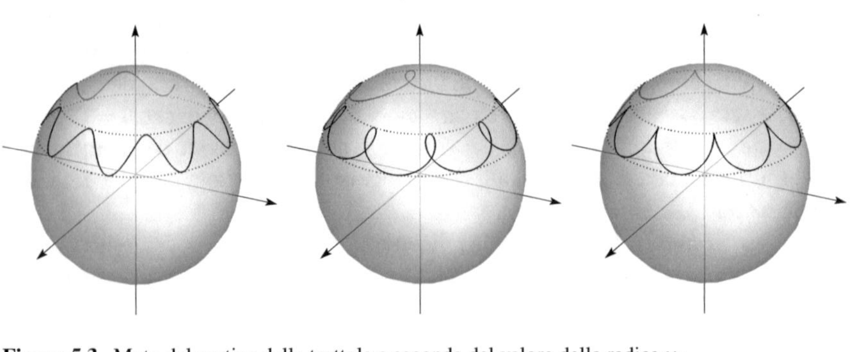

Figura 5.3 Moto del vertice della trottola a seconda del valore della radice u_0

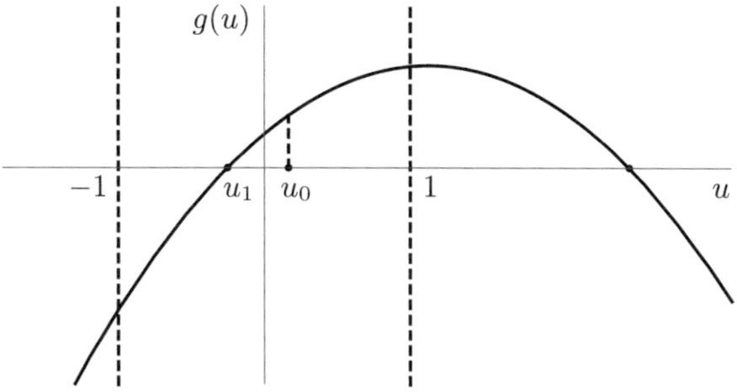

Figura 5.4 Grafico della funzione $g(u)$

Osservazione 5.19 L'eventualità che u_0 coincida con un estremo può presentarsi solo per la radice maggiore u_2 (corrispondente al parallelo superiore θ_2). Infatti $\dot{\varphi}$ e $f(u)$ devono annullarsi contemporaneamente, quindi dal confronto delle (5.12) e (5.13) deve risultare simultaneamente $\alpha - \beta u = 0$ e $a - bu = 0$, i.e. $u_0 = \alpha/\beta = a/b$, così che

$$f(u) = \frac{\beta}{b}(a - bu)g(u), \qquad g(u) := (1 - u^2) - \frac{b}{\beta}(a - bu).$$

Le radici di $g(u)$ sono u_3 e la radice di $f(u)$ distinta da a/b interna all'intervallo $(-1, 1)$. Poiché

$$\lim_{u \to \pm\infty} g(u) = -\infty, \qquad g(a/b) > 0,$$

la radice interna a $(-1, 1)$ si trova a sinistra di a/b, i.e. si ha $u_1 < u_2 = a/b$ (cfr. la figura 5.4). Il caso $u_0 = u_2$, sebbene inusuale, si osserva ogni qual volta si lasci andare la trottola imprimendole una rotazione solo intorno al proprio asse ($\dot{\psi}(0) \neq 0$, $\dot{\varphi}(0) = \dot{\theta}(0) = 0$), a un'inclinazione $\theta(0) \neq 0$, che corrisponde quindi al valore θ_2: la trottola dapprima cade, poi si rialza, e descrive il moto illustrato sopra.

Il moto azimutale dell'asse della trottola, cioè la variazione periodica dell'angolo φ, prende il nome di *precessione*. In conclusione possiamo dire che il moto risultante della trottola (nel caso in considerazione) consiste della rotazione intorno al proprio asse (o *rotazione propria*), della nutazione e della precessione. Ciascuna delle tre rotazioni ha un suo proprio periodo; se i periodi sono incommensurabili, la trottola non torna mai allo stato iniziale; se sono commensurabili il moto risultante è periodico.

5.2.2 *Caso 2: $b \neq 0$, $a = -b$*

Sempre nel caso in cui si abbia $b \neq 0$, studiamo ora cosa succede quando si ha $a = -b$. In tal caso, per determinare il moto della variabile θ, occorre studiare

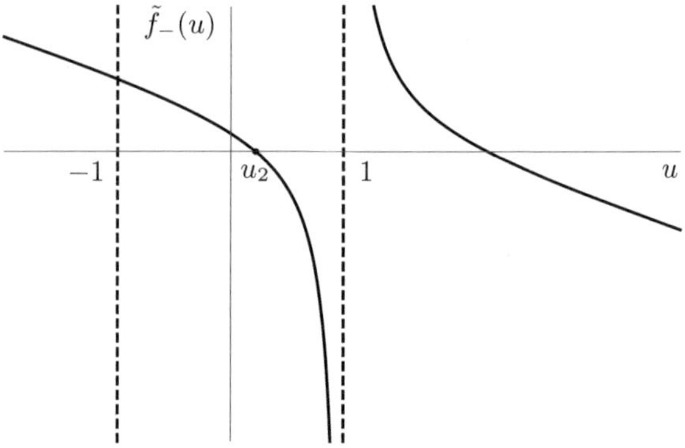

Figura 5.5 Grafico di $\tilde{f}_-(u)$ nel caso di una sola radice nell'intervallo $(-1, 1)$

l'equazione (cfr. la (5.15))

$$\dot{\theta}^2 = \frac{2}{I_1}(E - V_{\text{eff}}(\theta)) = \tilde{f}_-(u), \qquad \tilde{f}_-(u) := (\alpha - \beta u) - a^2 \frac{1+u}{1-u},$$

con $u = \cos\theta$. Si ha

$$\frac{d\tilde{f}_-}{du}(u) = -\beta - \frac{2a^2}{(1-u)^2},$$

quindi $\tilde{f}_-$ è decrescente; inoltre $\tilde{f}_-$ ha un asintoto verticale in $u = 1$, mentre, in $u = -1$, vale $\tilde{f}_-(-1) = \alpha + \beta$ (cfr. la figura 5.5).

Pertanto, se $\alpha + \beta < 0$, non si hanno moti possibili. Se $\alpha + \beta = 0$, l'unica soluzione ammissibile è $u = -1$ (i.e. $\theta = \pi$), che corrisponde all'avere l'asse dell trottola indefinitamente orientato lungo la verticale, verso il basso. Infine, se $\alpha + \beta > 0$, la funzione $\tilde{f}_-$ ha una sola radice $u_2 \in (-1, 1)$ e quindi l'asse della trottola arriva periodicamente al polo $\theta = \pi$ con velocità $\dot{\theta} \neq 0$ e, raggiuntolo, prosegue al di là verso il parallelo θ_2 corrispondente alla radice u_2, e così via. Inoltre si ha $\dot{\varphi} = a(1 + \cos\theta)/\sin^2\theta$, così che $\dot{\varphi} > 0$: quindi mentre l'angolo θ oscilla tra i due valori $\pm\theta_2$ intorno a π, l'angolo azimutale varia monotonamente.

Osservazione 5.20 Si raggiungono le stesse conclusioni attraverso lo studio dell'energia potenziale efficace

$$V_{\text{eff}}(\theta) = \frac{I_1}{2}\left(\beta\cos\theta + a^2 \frac{1+\cos\theta}{1-\cos\theta}\right), \tag{5.16}$$

il cui grafico è rappresentato nella figura 5.6. La funzione $V_{\text{eff}}(\theta)$ ha un minimo in $\theta = \pi$; la condizione $\alpha + \beta > 0$ corrisponde a dati iniziali di energia $E > V_{\text{eff}}(\pi)$, che generano traiettorie periodiche (si ricordi, guardando il grafico della figura 5.6, che la funzione è periodica).

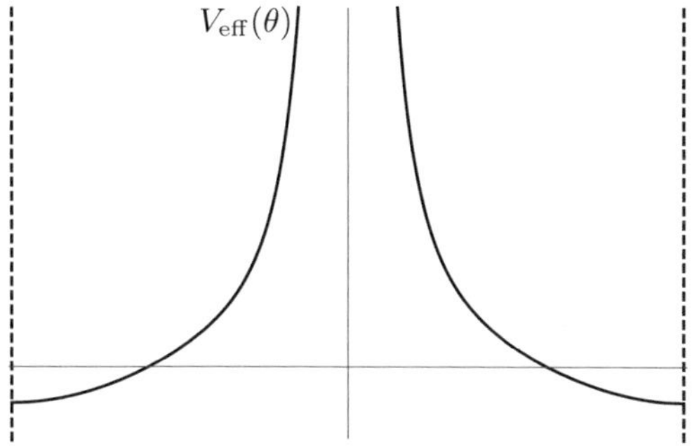

Figura 5.6 Grafico della funzione $V_{\text{eff}}(\theta)$ per $a = -b$

5.2.3 *Caso 3: $b \neq 0$, $a = b$*

Per concludere la trattazione del caso $b \neq 0$, immaginiamo ora che sia $a = b$. In tal caso, al fine di studiare il moto della variabile θ, occorre considerare l'equazione (cfr. la (5.14))

$$\dot{\theta}^2 = 2I_1(E - V_{\text{eff}}(\theta)) = \tilde{f}_+(u), \quad \tilde{f}_+(u) := (\alpha - \beta u) - a^2 \frac{1-u}{1+u}, \tag{5.17}$$

con $u = \cos\theta$. Si ha

$$\frac{\mathrm{d}\tilde{f}_+}{\mathrm{d}u}(u) = -\beta + \frac{2a^2}{(1+u)^2},$$

così che $[\mathrm{d}\tilde{f}_+/\mathrm{d}u](u) = 0$ per $u = u_0 := -1 + \sqrt{2a^2/\beta}$: quindi $\tilde{f}_+$ ha un massimo per $u = u_0$, è crescente per $u \in (-1, u_0)$ ed è decrescente per $u > u_0$. Inoltre $\tilde{f}_+(-1) = -\infty$, $\tilde{f}_+(1) = \alpha - \beta$, $\tilde{f}_+(\infty) = -\infty$. Si hanno perciò moti effettivi per il sistema solo se $u_0 \leq 1$ e $\tilde{f}_+(u_0) \geq 0$. L'equazione $\tilde{f}_+(u) = 0$ ha due radici semplici u_1 e u_2, tali che $u_1 < u_0 < u_2$, se $\tilde{f}_+(u_0) > 0$, e ha una radice doppia u_0 (ovvero due radici coincidenti $u_1 = u_2 = u_0$) se $\tilde{f}_+(u_0) = 0$.

Nel caso in cui u_0 sia l'unica radice si ha un unico valore $u_0 = \cos\theta_0$ per cui il moto è possibile (moto merostatico). Nel caso in cui si abbiano invece due radici distinte u_1 e u_2 occorre distinguere diversi casi.

Se $u_1 < u_2 < 1$ (cfr. la figura 5.7), si può ragionare come nel caso 1. Poiché in tale evenienza risulta $|u| \neq 1$, si può utilizzare l'equazione (5.12) per descrivere il moto di θ e dalla (5.13) segue che $\dot{\varphi} > 0$ in ogni istante.

Se invece $u = 1$ (i.e. $\theta = 0$) è una delle due radici, si ha $\tilde{f}_+(1) = \alpha - \beta = 0$, che corrisponde a $E = V_{\text{eff}}(0)$ in (5.17). Tenuto conto che l'energia potenziale efficace (5.5), per $a = b$, è

$$V_{\text{eff}}(\theta) = \frac{I_1}{2}\Big(\beta\cos\theta + a^2 \frac{1-\cos\theta}{1+\cos\theta}\Big) \tag{5.18}$$

Figura 5.7 Grafico di $\tilde{f}_+(u)$ nel caso di due radici distinte nell'intervallo $[-1, 1]$

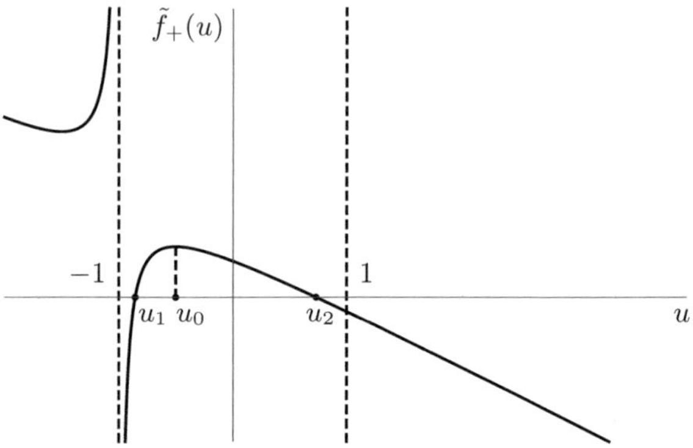

e quindi le sue derivate prime e seconde sono

$$\frac{\mathrm{d}V_{\mathrm{eff}}}{\mathrm{d}\theta}(\theta) = \frac{I_1}{2}\left(-\beta + \frac{2a^2}{(1+\cos\theta)^2}\right)\sin\theta,$$
$$\frac{\mathrm{d}^2V_{\mathrm{eff}}}{\mathrm{d}\theta^2}(\theta) = \frac{I_1}{2}\left[\left(-\beta + \frac{2a^2}{(1+\cos\theta)^2}\right)\cos\theta + \frac{4a^2\sin^2\theta}{(1+\cos\theta)^3}\right],$$

si vede che, per $\theta = 0$ risulta

$$V_{\mathrm{eff}}(0) = E, \quad \frac{\mathrm{d}V_{\mathrm{eff}}}{\mathrm{d}\theta}(0) = 0, \quad \frac{\mathrm{d}^2V_{\mathrm{eff}}}{\mathrm{d}\theta^2}(0) = \frac{I_1}{2}\frac{\mathrm{d}\tilde{f}_+}{\mathrm{d}u}(1) = \frac{I_1}{2}\left(-\beta + \frac{a^2}{2}\right).$$

Sono allora possibili tre sottocasi (cfr. la figura 5.8):

- se $a^2 < 2\beta$ si ha $[\mathrm{d}\tilde{f}_+/\mathrm{d}u](1) < 0$ (in tal caso $u_2 = 1$) e l'energia potenziale ha un punto di massimo in $\theta = 0$ e quindi, poiché $E = V_{\mathrm{eff}}(0)$, l'asse della trottola descrive un moto asintotico a $\theta = 0$;
- se $a^2 > 2\beta$ si ha $[\mathrm{d}\tilde{f}_+/\mathrm{d}u](1) > 0$ (in tal caso $u_1 = 1$) e l'energia potenziale ha un punto di minimo in $\theta = 0$, che quindi costituisce l'unico valore per cui si possa

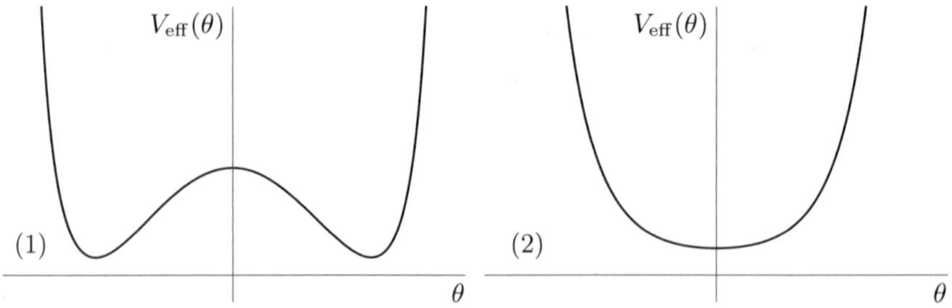

Figura 5.8 Grafico della funzione $V_{\mathrm{eff}}(\theta)$ per $a = b$: (1) $a^2 < 2\beta$ e (2) $a^2 \geq 2\beta$

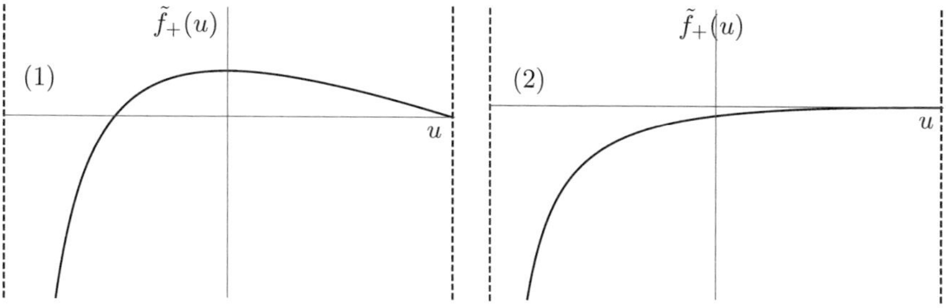

Figura 5.9 Grafico di $\tilde{f}_+(u)$ in $(-1, 1]$ per $a = b$: (1) $a^2 < 2\beta$ e (2) $a^2 \geq 2\beta$

avere un moto effettivo per il sistema (si noti che $\tilde{f}_+(u) < 0$ per $u \in (-1, 1)$ in tal caso): $\theta = 0$ costituisce un'inclinazione fissa per l'asse della trottola (moto merostatico);

- se $a^2 = 2\beta$, si vede facilmente, usando il fatto che $(1 + \cos\theta)^2 \leq 4$, che la derivata prima di $V_{\text{eff}}(\theta)$ è positiva per $\theta \in (0, \pi)$ e negativa per $\theta \in (-\pi, 0)$, da cui si evince che $\theta = 0$ è ancora un punto di minimo e si ha la medesima situazione del sottocaso precedente.

Osservazione 5.21 In termini della funzione $\tilde{f}_+(u)$ i tre sottocasi corrispondono ai grafici rappresentati nella figura 5.9.

Il caso $u_1 < 1 < u_2$ si discute in modo simile (cfr. l'esercizio 5.3). Il caso $1 < u_1 < u_2$ va scartato perché corrisponde a moti inammissibili per il sistema.

5.2.4 *Caso 4: b = 0*

Resta da discutere infine il caso $b = 0$ (i.e. $L_3 = 0$), che corrisponde alla situazione in cui l'asse della trottola ruota intorno all'asse verticale senza che la trottola stessa ruoti intorno al proprio asse. In generale, poiché L_3 è una costante del moto (cfr. il corollario 5.10) e I_3 è una costante, si conserva anche la componente

$$\Omega_3 = \frac{L_3}{I_3} = \dot{\varphi}\cos\theta + \dot{\psi}$$

della velocità angolare. In particolare se $\Omega_3 = 0$ (assenza di rotazione intorno all'asse della trottola) l'analisi precedente si semplifica notevolmente. Infatti in tal caso la lagrangiana (5.2) si riduce a

$$\mathcal{L} = \frac{I_1}{2}\big(\dot{\theta}^2 + \dot{\varphi}^2 \sin^2\theta\big) - mg\ell\cos\theta,$$

che è la lagrangiana di un pendolo sferico di lunghezza ℓ e massa $m = I_1\ell^{-2}$ (cfr. gli esercizi 1.58 e 3.30, rispetto ai quali φ e θ sono però scambiati, e φ è misurato a partire dalla verticale discendente).

Osservazione 5.22 Dalla discussione precedente si evince che la situazione più usuale è quella descritta come caso 1 (cfr. il §5.2.1), dal momento che le altre corrispondono a dati iniziali che hanno misura nulla (richiedendo relazioni specifiche tra di essi).

5.2.5 Trottola di Lagrange in assenza di forze

In assenza di forza peso ($g = 0$), il momento angolare $\boldsymbol{l}$ è un integrale primo (cfr. la (9.53) del volume 1, con $\boldsymbol{n} = \boldsymbol{0}$). La direzione verticale non è fissata e, a meno che il momento angolare non sia diretto lungo l'asse $\boldsymbol{e}_3$ (cfr. l'osservazione 5.24 più avanti), si può scegliere in modo che sia $\boldsymbol{l} = l_z\boldsymbol{e}_z$, con $l_z = |\boldsymbol{l}| = |\boldsymbol{L}|$. L'energia potenziale efficace (5.5), per $g = 0$, si riduce a

$$V_{\text{eff}}(\theta) = \frac{(l_z - L_3\cos\theta)^2}{2I_1\sin^2\theta}. \tag{5.19}$$

Senza perdita di generalità possiamo assumere $L_3 \geq 0$ (questo corrisponde a una scelta dell'orientazione dell'asse di simmetria rotazionale $\boldsymbol{e}_3$). Con la scelta $\ell_z = |\boldsymbol{L}|$, si ha $l_z > L_3$; definiamo θ_0 tale che $L_3 = l_z\cos\theta_0 = |\boldsymbol{L}|\cos\theta_0$. La (5.19) ha un minimo per θ_0. Infatti risulta

$$\frac{\mathrm{d}V_{\text{eff}}}{\mathrm{d}\theta}(\theta_0) = \frac{(|\boldsymbol{L}| - L_3\cos\theta_0)(L_3 - |\boldsymbol{L}|\cos\theta_0)}{I_1\sin^3\theta_0} = 0 \implies \frac{\mathrm{d}^2V_{\text{eff}}}{\mathrm{d}\theta^2}(\theta_0) = \frac{|\boldsymbol{L}|^2}{I_1} > 0.$$

D'altra parte, in assenza di forze (cfr. le notazioni nella dimostrazione del teorema 5.11),

$$\begin{aligned} E &= E_{\text{TOT}} - \frac{L_3^2}{2I_3} = T - \frac{L_3^2}{2I_3} = \frac{1}{2}\langle \boldsymbol{L}, I^{-1}\boldsymbol{L}\rangle - \frac{L_3^2}{2I_3} = \frac{L_1^2 + L_2^2}{2I_1} \\ &= \frac{|\boldsymbol{L}|^2}{2I_1}\left(1 - \cos^2\theta_0\right) = V_{\text{eff}}(\theta_0), \end{aligned}$$

così che l'angolo di nutazione θ coincide con il punto di minimo della (5.19). Le (5.9) dànno

$$\dot{\varphi} = \frac{|\boldsymbol{L}|\,(1 - \cos^2\theta_0)}{I_1\sin^2\theta_0} = \frac{|\boldsymbol{L}|}{I_1}, \qquad \dot{\psi} = L_3\Big(\frac{1}{I_3} - \frac{1}{I_1}\Big), \tag{5.20}$$

che esprimono, rispettivamente, la velocità angolare di precessione (intorno all'asse verticale) e di rotazione propria (intorno all'asse di simmetria), consistentemente con la dimostrazione del teorema 10.55 del volume 1.

Osservazione 5.23 Le (5.20) vanno confrontate con le velocità angolari μ e ν dell'osservazione 10.50 del volume 1: risulta $\dot{\varphi} = \nu$ e $\dot{\psi} = \mu$ (cfr. la (10.61) del volume 1). Ne concludiamo che la descrizione del moto di un corpo rigido in assenza di forza peso in termini degli angoli di Eulero corrisponde alla descrizione secondo Poinsot (con la scelta fatta degli assi coordinati).

Osservazione 5.24 Se invece $\boldsymbol{l}$ è parallelo all'asse $\boldsymbol{e}_3$ (cioè all'asse della trottola), allora il moto della trottola consiste in una rotazione propria intorno al proprio asse (cfr. l'esercizio 5.4).

5.3 Trottola addormentata e trottola veloce

Nel presente paragrafo completiamo l'analisi del moto della trottola pesante. In particolare consideriamo condizioni iniziali in cui l'asse della trottola sia parallelo o comunque vicino all'asse verticale. Vedremo che il moto della trottola dipende fortemente da quanto velocemente la trottola ruoti intorno al proprio asse all'istante iniziale.

Lemma 5.25 *La rotazione stazionaria intorno alla verticale è instabile per il moto della trottola pesante.*

Dimostrazione Segue dalla discussione del §5.2, tenendo conto che il moto complessivo ha più periodi, in generale incommensurabili tra loro (cfr. anche l'osservazione 10.37 e il teorema 10.56 del volume 1, in assenza di forza peso). □

Il lemma 5.25 costituisce un risultato di instabilità per la trottola. Se tuttavia siamo interessati al moto dell'asse della trottola, piuttosto che al moto della trottola stessa, possiamo chiederci se l'asse rimanga vicino alla verticale quando lo sia inizialmente. In altre parole possiamo studiare la stabilità di $\theta = 0$ per il moto dell'asse.

Lemma 5.26 *Per il moto dell'asse della trottola pesante, $\theta = 0$ è una configurazione di equilibrio stabile se la velocità di rotazione $\boldsymbol{\Omega} = (\Omega_1, \Omega_2, \Omega_3)$ verifica la condizione*

$$\Omega_3^2 \geq \frac{4mg\ell I_1}{I_3^2}, \tag{5.21}$$

ed è una configurazione di equilibrio instabile altrimenti.

Dimostrazione Consideriamo prima il caso in cui sia $l_z = L_3$. Sviluppando l'energia potenziale efficace (5.5) in potenze di θ, si trova

$$V_{\text{eff}}(\theta) = A_0 + A_2\theta^2 + A_4\theta^4 + O(\theta^6),$$

dove

$$A_0 = mg\ell, \qquad A_2 = \frac{L_3^2}{8I_1} - \frac{mg\ell}{2}, \qquad A_4 = \frac{L_3^2}{48I_1} + \frac{mg\ell}{24}.$$

Quindi $\theta = 0$ è un punto di minimo relativo se $A_2 \geq 0$ (se $A_2 = 0$ si usa il fatto che A_4 è positivo). Notando che $L_3 = I_3 \Omega_3$, segue la stabilità della configurazione $\theta = 0$ sotto la condizione (5.21).

Se $l_z \neq L_3$, poniamo $l_z = L_3(1 + \mu)$, dove μ dipende dai dati iniziali $(\theta_0, \dot{\theta}_0)$ ed è tale che (cfr. l'esercizio 5.5)

$$\lim_{(\theta_0, \dot{\theta}_0) \to (0,0)} \mu = 0. \tag{5.22}$$

Riscriviamo allora l'energia potenziale efficace come

$$V_{\text{eff}}(\theta) = \frac{L_3^2 (1 + \mu - \cos\theta)^2}{2I_1 \sin^2\theta} + mg\ell \cos\theta. \tag{5.23}$$

Per θ grande, il grafico di $V_{\text{eff}}(\theta)$ è simile a quello del caso precedente ($l_z = L_3$); in particolare $\lim_{\theta \to \pm\pi} V_{\text{eff}}(\theta) = +\infty$. Al fine di studiare il grafico di $V_{\text{eff}}(\theta)$ per θ vicino a 0, può essere conveniente introdurre la variabile $y := \theta / \sqrt{|\mu|}$, in termini della quale la (5.23) dà

$$V_{\text{eff}}(\sqrt{|\mu|}y) = A\frac{|\mu|}{y^2} + B_0 + B_2|\mu|y^2 + B_4|\mu|^2 y^4 + O(|\mu|^3 y^6), \tag{5.24}$$

dove

$$A = \frac{L_3^2}{2I_1}, \quad B_0 = mg\ell + \frac{L_3^2}{2I_1}\mu\left(1 + \frac{\mu}{3}\right), \quad B_2 = \frac{L_3^2}{8I_1}\left(1 + \mu + \frac{4}{15}\mu^2\right) - \frac{mg\ell}{2},$$
$$B_4 = \frac{L_3^2}{48I_1}\left(1 + \mu\right) + \frac{L_3^2}{189I_1}\mu^2 + \frac{1}{24}mg\ell.$$

Se $L_3^2 > 4I_1 mg\ell$, si ha $B_2 > 0$ purché μ sia sufficientemente piccolo, ovvero, per la (5.22), purché i dati iniziali $\theta_0, \dot{\theta}_0$ siano sufficientemente vicini a 0.

I punti stazionari della (5.24) si trovano imponendo che la derivata prima sia nulla. Se $B_2 > 0$ si trovano (cfr. l'esercizio 5.6) due punti di minimo relativo simmetrici in corrispondenza dei valori $y = \pm y_0$, con

$$y_0 = \left(\frac{4L_3^2}{L_3^2 - 4I_1 mg\ell}\right)^{1/4} + O(\mu), \tag{5.25}$$

che corrispondono a due punti di minimo relativo $\pm\theta_\mu = O(\sqrt{|\mu|})$ per la funzione (5.23).

Non si hanno invece punti stazionari se $L_3^2 < 4I_1 mg\ell$: in tal caso, per μ piccolo, si ha $B_2 < 0$, e quindi, per $y \neq 0$ vicino all'origine, la funzione (5.24) è decrescente per $y > 0$ e crescente per $y < 0$. Ne deduciamo che $\theta = 0$ corrisponde a un punto di equilibrio instabile.

Il caso $L_3^2 = 4I_1 mg\ell$ va discusso a parte; si trova (cfr. l'esercizio 5.7) che esistono ancora due punti di minimo simmetrici $\pm\theta_\mu = O(|\mu|^{1/3})$ per l'energia potenziale efficace (5.23).

In conclusione, sotto la condizione (5.21), la (5.23) ha due minimi per $\theta = \pm\theta_\mu$, con $\theta_\mu = O(\sqrt{|\mu|})$ se $L_3^2 > 4I_1 mg\ell$ e $\theta_\mu = O(|\mu|^{1/3})$ se $L_3^2 = 4I_1 mg\ell$. Nonostante $V_{\text{eff}}(\theta) \to +\infty$ per $\theta \to 0$, come segue dalla (5.23), $\theta = 0$ è ugualmente una configurazione di equilibrio stabile per l'asse della trottola. Infatti, se $|\theta_0|, |\dot{\theta}_0| < \delta$, con δ sufficientemente piccolo, il moto si svolge in un sottoinsieme del piano $(\theta, \dot{\theta})$ tale che, per qualche costante C e per ogni $t \geq 0$, si ha $|\theta(t)|, |\dot{\theta}(t)| < \varepsilon := C\delta^\gamma$, con $\gamma = 1$ se $L_3^2 > 4I_1 mg\ell$ e $\gamma = 2/3$ se $L_3^2 = 4I_1 mg\ell$ (cfr. l'esercizio 5.8). In altre parole, per ogni $\varepsilon > 0$, se scegliamo $\delta = O(\varepsilon^{1/\gamma})$, tutti i dati iniziali in un intorno di $(\theta, \dot{\theta}) = (0, 0)$ di raggio δ generano traiettorie che rimangono vicine a $(0, 0)$ entro ε per ogni tempo: quindi $(0, 0)$ è un punto di equilibrio stabile. □

Definizione 5.27 (Trottola addormentata) *Se la condizione* (5.21) *è soddisfatta, si dice che la trottola è* addormentata.

Una trottola "addormentata" rimane vicino all'asse verticale. Quando l'attrito porta la velocità di rotazione della trottola addormentata al di sotto del valore (5.21), la trottola "si sveglia" e si allontana dall'asse verticale.

Definizione 5.28 (Trottola veloce) *Una trottola si dice* veloce *se l'energia cinetica di rotazione è molto più grande di quella potenziale, i.e. se $I_3 \Omega_3^2 \gg mg\ell$.*

Osservazione 5.29 Aumentare di un fattore λ la velocità angolare è equivalente a diminuire di un fattore λ^2 volte il peso. Più precisamente, partendo dalla stessa posizione iniziale della trottola, se si moltiplica per λ volte la velocità angolare, la trottola percorre la stessa traiettoria che se l'accelerazione di gravità fosse diminuita di un fattore λ^2 lasciando inalterata la velocità angolare (cfr. l'esercizio 5.10). Quindi possiamo analizzare il caso $g \to 0^+$ e utilizzare i risultati che troveremo per lo studio del caso $|\boldsymbol{\Omega}| \to +\infty$.

Lemma 5.30 *In assenza di forza peso, l'angolo θ_0 tale che $l_z = L_3 \cos\theta_0$ è una configurazione di equilibrio stabile dell'asse della trottola. La frequenza delle piccole oscillazioni della variabile θ intorno a θ_0 è uguale a*

$$\omega_{\text{nut}} := \frac{L_3}{I_1} = \frac{I_3 \Omega_3}{I_1}. \tag{5.26}$$

Dimostrazione In assenza della forza peso, l'energia potenziale efficace (5.5) si riduce alla alla (5.19), che è una funzione non negativa con un minimo nullo per

$\theta = \theta_0$, dove θ_0 è lo zero dell'equazione $l_z = L_3 \cos\theta$ (cfr. l'esercizio 5.4). Quindi θ_0 è una configurazione di equilibrio stabile per l'asse della trottola. Per piccole deviazioni da θ_0 dell'inclinazione dell'asse della trottola, si hanno piccole oscillazioni intorno a θ_0 (nutazione), di frequenza ω_{nut} data dalla (5.26), come è facile calcolare esplicitamente tenendo conto che

$$\mathcal{L} = \frac{I_1}{2}\dot{\theta}^2 - \frac{L_3^2}{2I_1}(\theta - \theta_0)^2 + O((\theta - \theta_0)^3).$$

come segue dallo sviluppo in serie di Taylor di $V_{\text{eff}}(\theta)$ per θ vicino a θ_0. □

Osservazione 5.31 Dalla formula (5.9) si vede che, per $\theta = \theta_0$, l'azimut dell'asse è costante nel tempo, e quindi l'asse è fisso.

Osservazione 5.32 Il moto della trottola in assenza di forza peso si può esaminare attraverso la descrizione secondo Poinsot del §10.5 del volume 1 (cfr. anche l'osservazione 5.23). Per $\theta = \theta_0$, tale che $l_z = L_3 \cos\theta_0$, l'asse di simmetria $\boldsymbol{e}_3$ ha la direzione del momento angolare $\boldsymbol{l}$, l'ellissoide di inerzia ruota intorno al suo asse $\boldsymbol{e}_3$ e l'asse $\boldsymbol{e}_z$ forma un angolo θ_0 con $\boldsymbol{e}_3$; in tali condizioni non c'è moto di precessione secondo Poinsot, e l'asse è fisso (cfr. l'osservazione 5.31). Per piccole deviazioni dall'equilibrio, si ha un'oscillazione di θ con frequenza data approssimativamente da ω_{nut} in (5.26) – la frequenza tende a ω_{nut} quando l'ampiezza della nutazione tende a zero (cfr. il teorema 6.48 del volume 1). Equivalentemente, nella descrizione secondo Poinsot, l'asse della trottola ruota uniformemente intorno all'asse individuato dal momento angolare, che conserva la sua posizione nello spazio: quindi l'asse della trottola descrive sulla sfera unitaria S_2 una circonferenza (di raggio piccolo) il cui centro corrisponde al momento angolare. Questo vuol dire che il moto dell'asse della trottola che si chiama *nutazione* nella descrizione secondo Lagrange corrisponde al moto di *precessione* nella descrizione secondo Poinsot. La formula (5.26) valida per la frequenza di una nutazione di ampiezza piccola è in accordo con la formula $\omega_{\text{pr}} = |\boldsymbol{L}|/I_1$, dell'osservazione 10.50 del volume 1, per la frequenza di precessione nella descrizione secondo Poinsot: quando l'ampiezza della nutazione tende a zero, si ha $I_3\Omega_3 = L_3 \to |\boldsymbol{L}|$. Mentre l'asse della trottola ruota intorno a $\boldsymbol{l}$, cambia l'angolo θ che esso forma con l'asse verticale $\boldsymbol{e}_z$, oscillando intorno al valore θ_0, e l'oscillazione è tale da mantenere costante la componente L_3 di $\boldsymbol{l}$ lungo l'asse della trottola (l_z rimane costante perché $\boldsymbol{l}$ è costante, e l'asse $\boldsymbol{e}_z$ è fisso).

Lemma 5.33 *Siano f, h funzioni di classe C^2 in un intorno di $x = 0$. Se la funzione f ha un minimo per $x = 0$ e ammette sviluppo in serie di Taylor $f(x) = Ax^2/2 + O(x^3)$, con $A > 0$, e la funzione h ammette sviluppo in serie di Taylor $h(x) = B + Cx + O(x^2)$, allora, per ε sufficientemente piccolo, la funzione $f_\varepsilon = f(x) + \varepsilon h(x)$ ha un minimo nel punto x_ε tale che*

$$x_\varepsilon = -\frac{C\varepsilon}{A} + O(\varepsilon^2), \qquad \frac{\mathrm{d}^2 f_\varepsilon}{\mathrm{d}x^2}(x_\varepsilon) = A + O(\varepsilon).$$

Dimostrazione Si definisca per semplicità $F(x,\varepsilon) := \mathrm{d}f_\varepsilon/\mathrm{d}x$. Si ha $F(0,0) = 0$ e $[\partial F/\partial x](0,0) = A > 0$. Per il teorema della funzione implicita (cfr. l'esercizio 4.4 del volume 1), per ogni ε in un intorno di 0 esiste $x = x(\varepsilon)$ tale che $F(x(\varepsilon),\varepsilon) = 0$. Inoltre si ha $\partial x/\partial\varepsilon = -[\partial F/\partial x]/[\partial F/\partial\varepsilon]$, da cui si ottiene $x(\varepsilon) = -\varepsilon A/C + O(\varepsilon^2)$. □

Corollario 5.34 *L'energia potenziale efficace* (5.5)*, per g sufficientemente piccolo, ha un minimo θ_g vicino a θ_0, e il moto descritto dalle piccole oscillazioni intorno alla posizione θ_g (nutazione) ha frequenza ω_g tale che*

$$\lim_{g\to 0^+} \omega_g = \omega_{\text{nut}}.$$

Dimostrazione Segue applicando il lemma 5.33 all'energia potenziale efficace (5.5). □

Teorema 5.35 *Se all'istante iniziale l'asse della trottola è in quiete (i.e. $\dot\varphi(0) = \dot\theta(0) = 0$) e la trottola ruota velocemente intorno al proprio asse inclinato rispetto alla verticale di un angolo θ_0, allora, asintoticamente, nel limite in cui la velocità angolare Ω_3 tende a $+\infty$,*

1. *la frequenza $\omega_{\text{nut}}(\Omega_3)$ della nutazione è proporzionale a Ω_3;*
2. *l'ampiezza $a_{\text{nut}}(\Omega_3)$ della nutazione è inversamente proporzionale al quadrato di Ω_3;*
3. *la frequenza $\omega_{\text{pr}}(\Omega_3)$ della precessione è inversamente proporzionale a Ω_3;*
4. *valgono le formule asintotiche*

$$\omega_{\text{nut}}(\Omega_3) \approx \frac{I_3\Omega_3}{I_1}, \qquad a_{\text{nut}}(\Omega_3) \approx \frac{I_1 mg\ell}{I_3^2\Omega_3^2}\sin\theta_0, \qquad \omega_{\text{pr}}(\Omega_3) \approx \frac{mg\ell}{I_3\Omega_3}, \tag{5.27}$$

dove $f_1(\Omega_3) \approx f_2(\Omega_3)$ significa che $f_1(\Omega_3)/f_2(\Omega_3) \to 1$ per $\Omega_3 \to +\infty$.

Dimostrazione In virtù dell'osservazione 5.29 possiamo studiare il caso in cui la velocità angolare iniziale è fissata e $g \to 0$. Con le condizioni iniziali scelte, l'asse della trottola traccia sulla sfera unitaria una curva con cuspidi (cfr. la discussione nel §5.2).

Poniamo $\theta = \theta_0 + x$, con θ_0 come nel lemma 5.30, e consideriamo lo sviluppo in serie di Taylor $\cos\theta = \cos\theta_0 - x\sin\theta_0 + O(x^2)$, così che si ha

$$\begin{aligned} V_{\text{eff}}(\theta)\Big|_{g=0} &= \frac{L_3^2(\cos\theta_0 - \cos\theta)^2}{2I_1\sin^2\theta} = \frac{I_3^2\Omega_3^2}{2I_1}x^2 + O(x^3), \\ mg\ell\cos\theta &= mg\ell\cos\theta_0 - xmg\ell\sin\theta_0 + O(x^2). \end{aligned}$$

Applicando il lemma 5.33, con $f(x) = V_{\text{eff}}(\theta_0 + x)\big|_{g=0}$, $h(x) = m\ell\cos(\theta_0 + x)$ ed $\varepsilon = g$, troviamo che il minimo dell'energia potenziale efficace è raggiunto per un angolo d'inclinazione

$$\theta_g = \theta_0 + x_g, \qquad x_g := \frac{I_1 m\ell \sin\theta_0}{I_3^2 \Omega_3^2}\, g + O(g^2). \tag{5.28}$$

L'asse della trottola oscilla intorno a θ_g. Poiché all'istante iniziale si ha $\theta = \theta_0$ e $\dot\theta = 0$, il valore θ_0 corrisponde alla posizione più alta dell'asse della trottola.

La prima relazione in (5.27) segue dal corollario 5.34.

Per g sufficientemente piccolo, l'ampiezza della nutazione è data dalla (5.28), i.e.

$$a_{\rm nut}(\Omega_3) = \frac{I_1 m\ell \sin\theta_0}{I_3^2 \Omega_3^2}\, g + O(g^2),$$

che dà la seconda relazione in (5.27).

Per determinare il moto di precessione dell'asse, si ricordi la (5.7), con $\theta = \theta_0 + x$. Quindi

$$\dot\varphi = \frac{L_3}{I_1 \sin\theta_0}\, x + O(x^2).$$

Inoltre x oscilla armonicamente intorno a x_g (a meno di correzioni $O(g^2)$), così che il valore medio, per periodo di nutazione $T_{\rm nut}(\Omega_3) = 2\pi/\omega_{\rm nut}(\Omega_3)$, della velocità di precessione è dato da

$$\frac{1}{T_{\rm nut}(\Omega_3)} \int_0^{T_{\rm nut}(\Omega_3)} {\rm d}t\, \dot\varphi(t) = \frac{L_3}{I_1 \sin\theta_0}\, x_g + O(g^2) = \frac{mg\ell}{I_3 \Omega_3} + O(g^2),$$

che corrisponde alla terza relazione in (5.27). □

Definizione 5.36 (Trottola lanciata velocemente) *Se sono soddisfatte le condizioni del teorema 5.35, diciamo che la trottola è* lanciata velocemente.

Nota bibliografica Per i due paragrafi §5.1 e 5.2 abbiamo seguito [LCA26, Cap. VIII], nonché [A74, Cap. VI]. Per il §5.3 abbiamo seguito [A74, Cap. VI].

Tutti i rimandi a capitoli, paragrafi, risultati ed equazioni che si specificano del volume 1 si intendono riferiti a [G21].

5.4 Esercizi

Esercizio 5.1 Si dimostri che il gruppo corrispondente a una rotazione intorno all'asse $\boldsymbol{e}_z$ e il gruppo corrispondente a una rotazione intorno all'asse $\boldsymbol{e}_3$ commutano tra loro. [*Suggerimento.* Utilizzando come sistema di coordinate gli angoli di

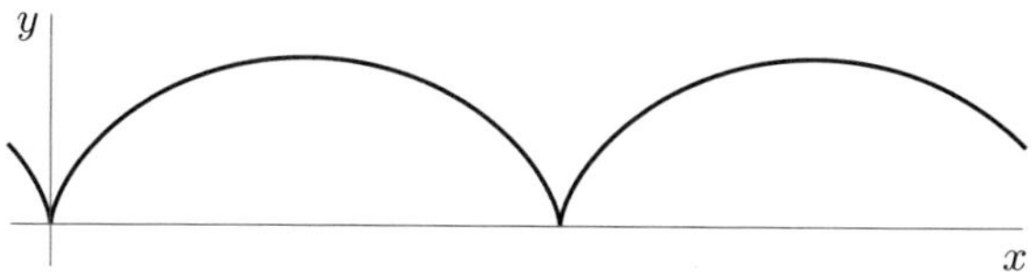

Figura 5.10 Cicloide

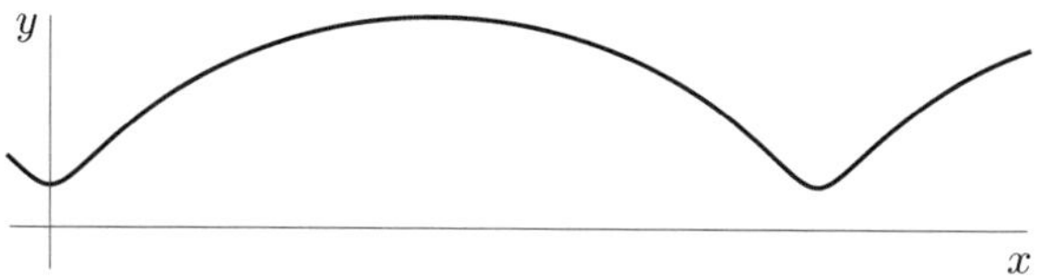

Figura 5.11 Cicloide accorciata

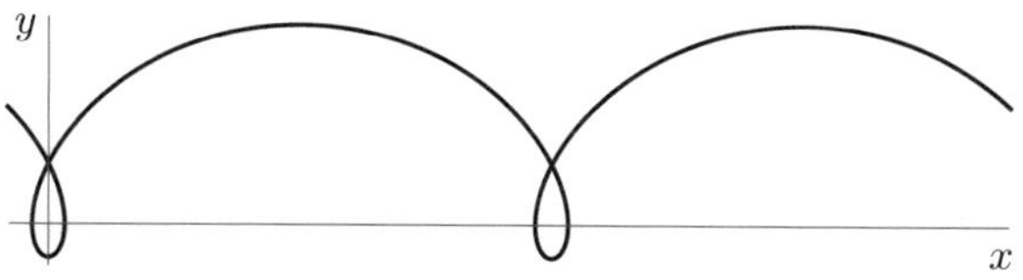

Figura 5.12 Cicloide allungata

Eulero, le due rotazioni corrispondono a traslazioni $\varphi \mapsto \varphi + \alpha$ e $\psi \mapsto \psi + \alpha$. Si noti che, visualizzando la composizione delle due rotazioni, si vede facilmente che la configurazione finale non dipende dall'ordine in cui le rotazioni siano state effettuate.]

Esercizio 5.2 Si spieghi perché, nella discussione del caso 1 nel §5.2, la curva descritta dal vertice della trottola è di tipo cicloide, cicloide accorciata e cicloide allungata, a seconda della posizione della radice u_0 rispetto all'intervallo $[u_1, u_2]$. [*Suggerimento.* La *trocoide* è la curva descritta da un punto che dista b dal centro di una circonferenza di raggio a la quale rotola lungo l'asse x, e ha quindi equazioni parametriche

$$x = at - b\sin t, \qquad y = a - b\cos t.$$

Se $b = a$ è detta *cicloide* (cfr. la figura 5.10); se $b < a$ è detta *cicloide accorciata* (cfr. la figura 5.11); se $b > a$ è detta *cicloide allungata* (cfr. la figura 5.12).]

Esercizio 5.3 Si discuta il caso $u_1 < 1 < u_2$ alla fine del §5.2.3. [*Suggerimento.* Può essere utile ragionare direttamente in termini della variabile θ, studiando l'energia potenziale efficace (5.18). Rispetto alla discussione del caso $u_2 = 1$, ora si ha $\tilde{f}_+(1) > 0$: questo implica $E > V_{\text{eff}}(0)$ in (5.17), con il grafico di $V_{\text{eff}}(\theta)$ come nella figura 5.8. Quindi, nel piano $(\theta, \dot{\theta})$, il moto avviene lungo una curva chiusa. In particolare θ varia tra due paralleli θ_1 e θ_2, con $\theta_1 = -\theta_2$: l'asse della trottola passa periodicamente dal parallelo θ_1 al parallelo θ_2, attraversando il polo $\theta = 0$.]

Esercizio 5.4 Si dimostri che in assenza di forza peso, oltre alla soluzione descritta nel §5.2.5, esiste anche la soluzione con angolo di nutazione costante e velocità di precessione nulla, in cui la trottola ruota semplicemente intorno al proprio asse. [*Soluzione.* L'energia potenziale efficace (5.19) ha due minimi, uno per $\theta = \theta_0$, tale che $L_3 = l_z \cos\theta_0$ e $\mathrm{d}^2 V_{\mathrm{eff}}(\theta_1)/\mathrm{d}\theta^2 = \ell_z^2/I_1$, e uno per $\theta = \theta_1$, tale che $l_z = L_3 \cos\theta_1$ e $\mathrm{d}^2 V_{\mathrm{eff}}(\theta_1)/\mathrm{d}\theta^2 = L_3^2/I_1$ (con le notazioni del §5.2.5 si ha $E = V_{\mathrm{eff}}(\theta_1) = 0$ poiché $L_1 = L_2 = 0$ se $\boldsymbol{l}$ è parallelo all'asse $\boldsymbol{e}_3$). Nel primo caso (cfr. di nuovo il §5.2.5) si ha $\boldsymbol{l} = l_z \boldsymbol{e}_z$ e $\dot\varphi = l_z/I_1$. Nel secondo caso si ha $\boldsymbol{l} = L_3 \boldsymbol{e}_3$ e $\dot\varphi = 0$, i.e. non c'è precessione e il moto si riduce a una rotazione propria della trottola intorno al proprio asse con velocità angolare $\dot\psi = L_3/I_3$.]

Esercizio 5.5 Si dimostri la (5.22), facendo vedere che $\mu = O(\theta_0^2)$. [*Soluzione.* Per definizione si ha $l_z = L_3 + \mu L_3$ e quindi $\mu L_3 = l_z - L_3 = \dot\varphi I_1 \sin^2\theta + L_3(\cos\theta - 1)$, come segue dalla (5.3). Poiché ℓ_z ed L_3 sono entrambi costanti del moto si ha $\mu L_3 = \dot\varphi_0 I_1 \sin^2\theta_0 + L_3(\cos\theta_0 - 1)$, dove $\theta_0 = \theta(0)$ e $\dot\varphi_0 = \dot\varphi(0)$. Usando che per $0 \le \theta \le \pi$ si ha $\sin^2\theta \le \theta^2$ e $1 - \cos\theta \le \theta^2/2$, si trova

$$|\mu| \le \left(\frac{\dot\varphi_0 I_1}{L_3} + \frac{1}{2}\right)\theta_0^2$$

e quindi si ottiene $\mu = O(\theta_0^2)$.]

Esercizio 5.6 Si dimostri che per $L_3^2 > 4 I_1 m g \ell$, i punti di minimo della funzione $f(y) := V_{\mathrm{eff}}(\sqrt{|\mu|}y)$, in (5.24) sono $\pm y_0$, con y_0 dato dalla (5.25). [*Soluzione.* Derivando la (5.24) rispetto a y si trova

$$f'(y) = \frac{\mathrm{d}f}{\mathrm{d}y}(y) = |\mu|\Big(-\frac{2A}{y^3} + 2B_2 y + 4B_4|\mu|y^3 + O(|\mu|^2 y^5)\Big),$$

così che y è un punto stazionario se e solo se y risolve l'equazione

$$y = \left(\frac{A}{B_2 + 2B_4|\mu|y^2 + g(y)}\right)^{1/4},$$

per un'opportuna funzione $g(y) = O(\mu^2 y^4)$. Applicando il teorema della funzione implicita (cfr. l'esercizio 4.4 del volume 1), troviamo che i punti stazionari sono $\pm y_0$, con $y_0 = (A/B_2)^{1/4} + O(\mu)$. Infatti, se poniamo $\varepsilon := |\mu|$ e $\bar y_0 = \pm(A/B_2)^{1/4}$, e definiamo $F(\varepsilon, y) := y^4(B_2 + 2B_4\varepsilon y^2 + g(y)) - A$, abbiamo $F(0, \bar y_0) = 0$ e $[\partial F/\partial y](0, \bar y_0) = 4\bar y_0^3 B_2 \neq 0$, da cui segue che per ε sufficientemente piccolo esiste $y = y(\varepsilon)$ tale che $F(\varepsilon, y(\varepsilon)) = 0$; inoltre si ha $[\partial y/\partial\varepsilon](0) = -B_4\bar y_0^3/2B_2$, così che $y_0 = y(\varepsilon) = \bar y_0 + O(\varepsilon)$. Calcolando la derivata seconda, si trova

$$f''(y) = |\mu|\Big(\frac{6A}{y^4} + 2B_2 + 12B_4|\mu|y^2 + O(|\mu|^2 y^4)\Big),$$

che comporta

$$f''(\pm y_0) = \frac{2|\mu|}{y_0^4}\Big(3A + y_0^4 B_2 + O(|\mu))\Big),$$

da cui si deduce che $f''(\pm y_0) > 0$ e quindi $\pm y_0$ sono punti di minimo isolati.]

Esercizio 5.7 Si dimostri che per $L_3^2 = 4I_1 mg\ell$, la funzione $V_{\text{eff}}(\theta)$ in (5.23) ha due punti di minimo in $\pm\theta_\mu$, con $\theta_\mu = O(|\mu|^{1/3})$. [*Suggerimento.* Si ragiona in modo simile all'esercizio 5.6. Poiché ora $B_2 = \mu A_2(\mu)$, con $A_2(\mu) = (L_3^2/8I_1)(1 + 2\mu/15)$, conviene introdurre la variabile $z := \theta/|\mu|^{1/3}$ e porre

$$\begin{aligned} f(z) &:= V_{\text{eff}}(|\mu|^{2/3} z) \\ &= A\frac{|\mu|^{4/3}}{z^2} + B_0 + \mu\, A_2(\mu)\, |\mu|^{2/3} z^2 + B_4 |\mu|^{4/3} z^4 + O(|\mu|^2 z^6), \end{aligned}$$

così che

$$f'(z) = |\mu|^{4/3}\left(-\frac{2A}{z^3} + 2A_2(\mu)\,\sigma |\mu|^{1/3} z + 4B_4 z^3 + O(|\mu|^{2/3} z^5) \right),$$

dove $\sigma := \mu/|\mu|$. Si trova $f'(z) = 0$ se e solo se

$$z^4 = \frac{A}{\sigma|\mu|^{1/3} A_2(\mu) + 2B_4 z^2 + g(z)},$$

per un'opportuna funzione $g(z) = O(|\mu|^{2/3} z^4)$. Introduciamo i parametri $\varepsilon := |\mu|^{1/3}$ e $\bar{z}_0 := \pm(A/2B_4)^{1/6}$, che è ben definito poiché $B_4 > 0$. Definiamo allora la funzione $F(\varepsilon, z) := z^4(\sigma\varepsilon A_2(\sigma\varepsilon^3) + 2B_4 z^2 + g(z)) - A$; troviamo $F(0, \bar{z}_0) = 0$ e $[\partial F/\partial z](0, \bar{z}_0) = 12 B_4 \bar{z}_0^5 \neq 0$, così che possiamo applicare il teorema della funzione implicita (come nella discussione dell'esercizio 5.6) e concludere che esistono per $f(z)$ due punti di minimo $z_0 = \bar{z}_0 + O(\varepsilon)$. In termini della variabile θ, si hanno per $V_{\text{eff}}(\theta)$ due punti di minimo $\theta_\mu = O(|\mu|^{1/3})$.]

Esercizio 5.8 Si dimostri che, sotto la condizione (5.21), per δ sufficientemente piccolo il moto con dati iniziali $\theta_0, \dot{\theta}_0$ di ordine δ evolve in modo tale che $\theta(t), \dot{\theta}(t)$ rimangono di ordine δ^γ per ogni $t \in \mathbb{R}$ e per qualche $\gamma \leq 1$. Si determini anche il valore di γ. [*Suggerimento.* Definiamo $\alpha := 4mg\ell I_1/L_3^2$. Riscriviamo la (5.23) come

$$V_{\text{eff}}(\theta) = \frac{L_3^2}{2I_1}\left(\bar{V}(\theta) + \frac{\alpha}{2}\right), \qquad \bar{V}(\theta) := \frac{(1 + \mu - \cos\theta)^2}{\sin^2\theta} + \frac{\alpha}{2}(\cos\theta - 1).$$

Consideriamo prima il caso $\alpha < 1$. Si ha

$$\begin{aligned} \bar{V}(\theta) &= \frac{\mu^2}{\theta^2} + \frac{1}{4}\theta^2 + \mu + \frac{\mu^2}{3} + \frac{\mu}{4}\theta^2 + \frac{\mu^2}{15}\theta^2 - \frac{\alpha}{4}\theta^2 + \bar{R}(\theta), \\ &= \mu + \frac{\mu^2}{3} + \frac{\mu^2}{\theta^2} + A\theta^2 + \bar{R}(\theta), \end{aligned}$$

dove

$$A = \frac{1}{4} - \frac{\alpha}{4} + \frac{\mu}{4} + \frac{\mu^2}{15}, \qquad \bar{R}(\theta) = O(\theta^4),$$

così che $A > 0$ se $\alpha < 1$ e μ è sufficientemente piccolo (tanto più piccolo quanto più α è vicino a 1). La funzione $\bar{V}(\theta)$ ha un minimo in $\theta = \theta_\mu = O(\sqrt{|\mu|})$ (cfr l'esercizio 5.6); inoltre, fissato un dato iniziale $(\theta_0, \dot{\theta}_0)$ con $\theta_0 = \delta$ e $|\dot{\theta}_0| \leq \delta$, si ha $\mu = O(\theta_0^2) = O(\delta^2)$ (cfr. l'esercizio 5.5), quindi $\theta_\mu = O(\delta)$. Ne segue che esistono D_0, D_1, D_2 tali che $D_1\sqrt{|\mu|} \leq \theta_\mu \leq D_2\sqrt{|\mu|}$ e $|\mu| \leq D_0\delta^2$). Assumiamo anche che δ sia tale che per $|\theta| \leq \delta$ si ha $\bar{R}(\theta) \leq R\theta^4$ per qualche costante positiva R. In corrispondenza dei dati iniziali si ha

$$
\begin{aligned}
0 \leq E - V_{\text{eff}}(\theta_\mu) &\leq \frac{1}{2} I_1 \dot{\theta}_0^2 + V_{\text{eff}}(\theta_0) - V_{\text{eff}}(\theta_\mu) \\
&\leq \frac{1}{2} I_1 \delta^2 + \frac{L_3}{2I_1}\big(\bar{V}(\theta_0) - \bar{V}(\theta_\mu)\big) \\
&\leq \frac{1}{2} I_1 \delta^2 + \frac{L_3}{2I_1}\left(\frac{D_0^2\delta^4}{\delta^2} + A\delta^2 + R\delta^4\right) \leq C_0\delta^2,
\end{aligned}
$$

per qualche costante C_0, così che, per la conservazione dell'energia, si ottiene

$$
0 \leq \frac{1}{2} I_1 \dot{\theta}^2(t) + V_{\text{eff}}(\theta(t)) - V_{\text{eff}}(\theta_\mu) = E - V_{\text{eff}}(\theta_\mu) \leq C_0\delta^2 \qquad \forall t \in \mathbb{R},
$$

che implica $|\dot{\theta}(t)| \leq C_1\delta$, con $C_1 = \sqrt{2C_0/I_1}$, e

$$
\bar{V}(\theta(t)) - \bar{V}(\theta_\mu) = \frac{2I_1}{L_3^2}\big(V_{\text{eff}}(\theta(t)) - V_{\text{eff}}(\theta_\mu)\big) \leq \frac{2I_1}{L_3^2}\big(E - V_{\text{eff}}(\theta_\mu)\big) \leq \frac{2I_1}{L_3^2} C_0\delta^2,
$$

da cui segue $|\theta(t)| \leq C_2\delta$ per un'opportuna costante C_2. Infatti, supponiamo per assurdo che esista $t \geq 0$ tale $\theta_* := \theta(t) = C\delta$ con C arbitrariamente grande. Si avrebbe allora

$$
\begin{aligned}
&\frac{\mu^2}{\theta_*^2} + A\theta_*^2 + O(\theta_*^4) - \frac{\mu^2}{\theta_\mu^2} - A\theta_\mu^2 - O(\theta_\mu^4) \\
&\qquad \geq AC^2\delta^2 - RC^4\delta^4 - \frac{D_0}{D_1^2}\delta^2 - AD_2^2D_0\delta^2 - RD_2^4D_0^2\delta^4,
\end{aligned}
$$

che, nel caso in cui C verificasse la diseguaglianza $C \geq \max\{\Gamma_1, \Gamma_2, \Gamma_3, \Gamma_4\}$, dove

$$
\Gamma_1 := \sqrt{2\left(\frac{D_0}{AD_1^2} + D_2^2 D_0\right)}, \; \Gamma_2 := D_2\sqrt{D_0}, \; \Gamma_3 := \sqrt{\frac{A}{4R}}, \; \Gamma_4 := \sqrt{\frac{8I_1C_0}{AL_3^2}},
$$

implicherebbe la stima dal basso $\bar{V}(\theta(t)) - \bar{V}(\theta_\mu) > \sqrt{2I_1/L_3^2}C_0\delta^2$, che non è compatibile con la stima dall'alto: ne segue l'asserto con $C_2 = \max\{\Gamma_1, \Gamma_2, \Gamma_3, \Gamma_4\}$. Consideriamo infine il caso $\alpha = 1$. In tal caso, nello sviluppo in serie di Taylor di $\bar{V}(\theta)$ bisogna arrivare al quarto ordine, i.e.

$$
\bar{V}(\theta) = \mu + \frac{\mu^2}{3} + \frac{\mu^2}{\theta^2} + A\theta^2 + B\theta^4 + \bar{S}(\theta),
$$

dove

$$A = \frac{\mu}{4} + \frac{\mu^2}{15}, \quad B = \frac{1}{26} + \frac{\mu}{24} + \frac{2\mu^2}{189}, \quad \bar{S}(\theta) = O(\theta^6),$$

così che $B > 0$ e $\bar{V}(\theta)$ ha un minimo in $\theta = \theta_\mu = O(|\mu|^{1/3})$ (cfr l'esercizio 5.6). Si procede come nel caso precedente e, ragionando per assurdo, si trova $|\theta(t)| \le C_2\delta^{2/3}$ per qualche costante C_2.]

Esercizio 5.9 Si dimostri che le soluzioni delle equazioni di Eulero-Lagrange corrispondenti alla lagrangiana $\alpha\mathcal{L}(q,\dot{q})$, con $\alpha \neq 0$, coincidono con le soluzioni delle equazioni di Eulero-Lagrange della lagrangiana $\mathcal{L}(q,\dot{q})$. [*Soluzione.* Le equazioni di Eulero-Lagrange corrispondenti ad $\alpha\mathcal{L}$ sono

$$\alpha\,\frac{\mathrm{d}}{\mathrm{d}t}\frac{\partial\mathcal{L}}{\partial\dot{q}} = \frac{\mathrm{d}}{\mathrm{d}t}\frac{\partial(\alpha\mathcal{L})}{\partial\dot{q}} = \frac{\partial(\alpha\mathcal{L})}{\partial q} = \alpha\,\frac{\partial\mathcal{L}}{\partial q},$$

che, dividendo per α entrambi i membri, si riducono a quelle corrispondenti a $\mathcal{L}$.]

Esercizio 5.10 Si consideri la lagrangiana (5.5) della trottola pesante. Siano $\mathcal{L}_1$ ed $\mathcal{L}_2$ le lagrangiane ottenute, rispettivamente, moltiplicando la velocità angolare per λ e dividendo l'accelerazione di gravità per λ^2. Si dimostri che, in corrispondenza degli stessi dati iniziali, i due sistemi ammettono le stesse traiettorie. [*Soluzione.* Riscrivendo la lagrangiana (5.5) nella forma

$$\mathcal{L} = \frac{1}{2}\langle\boldsymbol{\Omega}, I^{-1}\boldsymbol{\Omega}\rangle - mg\ell\cos\theta,$$

si vede che

$$\mathcal{L}_1 = \frac{1}{2}\langle\lambda\boldsymbol{\Omega}, I^{-1}\lambda\boldsymbol{\Omega}\rangle - mg\ell\cos\theta = \frac{1}{2}\lambda^2\langle\boldsymbol{\Omega}, I^{-1}\boldsymbol{\Omega}\rangle - mg\ell\cos\theta,$$
$$\mathcal{L}_2 = \frac{1}{2}\langle\boldsymbol{\Omega}, I^{-1}\boldsymbol{\Omega}\rangle - \frac{mg\ell}{\lambda^2}\cos\theta,$$

così che $\mathcal{L}_1 = \lambda^2\mathcal{L}_2$. L'asserto segue allora dall'esercizio 5.9.]

Capitolo 6
Meccanica hamiltoniana

Quare non ut intellegere possit sed ne omnino possit non intellegere curandum.

Marco Fabio Quintilliano, Institutio oratoria (ca. 95)

6.1 Sistemi hamiltoniani

Nel formalismo lagrangiano, le equazioni del moto di un sistema dinamico a n gradi di libertà costituiscono un sistema di n equazioni differenziali del secondo ordine nelle n variabili di posizione. Nel presente capitolo introdurremo una nuova formulazione – il formalismo hamiltoniano – in cui il sistema dinamico è descritto da una funzione (hamiltoniana) che dipende dalle posizioni e dai momenti coniugati: le equazioni del moto si ottengono allora in termini delle derivate parziali dell'hamiltoniana e assumono in modo naturale la forma di un sistema di equazioni differenziali del primo ordine in $2n$ variabili. Il formalismo hamiltoniano, introdotto da Hamilton nella prima metà dell'800, costituisce un metodo alternativo a quello lagrangiano per lo studio dei sistemi meccanici conservativi, così come il formalismo lagrangiano lo costituiva rispetto a quello newtoniano. Un ulteriore motivo di interesse del formalismo hamiltoniano risiede negli sviluppi teorici che ha reso possibile, quali per esempio la meccanica statistica e la meccanica quantistica, in cui il linguaggio di base si richiama alla meccanica hamiltoniana. Restando nell'ambito della meccanica classica, una delle applicazioni principali, che vedremo più avanti, è costituita dalla teoria delle perturbazioni.

Ricordiamo (cfr. l'esercizio 1.11) che una funzione $f\colon \mathbb{R} \to \mathbb{R}$ è convessa se $f((1-t)x_1 + tx_2) \le (1-t)f(x_1) + tf(x_2)$ per ogni $x_1, x_2 \in \mathbb{R}$ e per ogni $t \in [0, 1]$, ed è *strettamente convessa* se la diseguaglianza vale con il segno stretto se $x_1 \neq x_2$. Una funzione convessa è continua (cfr. l'esercizio 6.1), ma non necessariamente è anche differenziabile. Una funzione $f\colon \mathbb{R} \to \mathbb{R}$ di classe C^2 è convessa se e solo se $f''(x) \ge 0\ \forall x \in \mathbb{R}$ ed è strettamente convessa se $f''(x) > 0\ \forall x \in \mathbb{R}$ (cfr. l'esercizio 6.3).

G. Gentile, *Introduzione ai sistemi dinamici – Volume 2*, UNITEXT 133,
https://doi.org/10.1007/978-88-470-4014-4_6

Figura 6.1 Interpretazione grafica della trasformata di Legendre

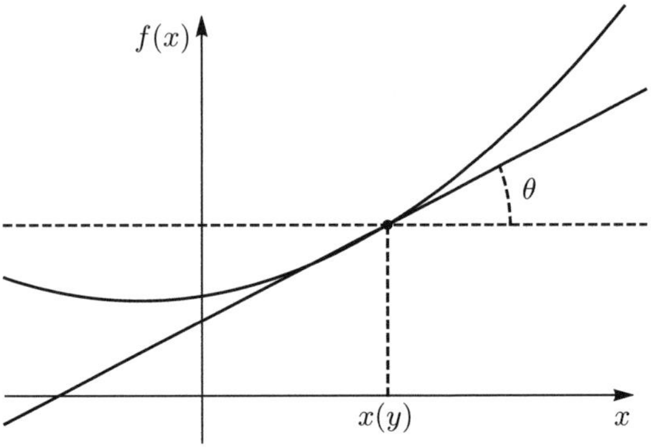

Definizione 6.1 (Trasformata di Legendre) *Sia $f : \mathbb{R} \to \mathbb{R}$ una funzione convessa. La funzione*

$$g(y) := \sup_{x \in \mathbb{R}} (xy - f(x)) \tag{6.1}$$

è chiamata la trasformata di Legendre *della funzione f.*

Osservazione 6.2 Se f è di classe C^2, in (6.1) l'estremo superiore, se finito, è anche un massimo e viene raggiunto in corrispondenza del punto $x = x(y)$ tale che $f'(x(y)) = y$. Possiamo allora scrivere, in alternativa alla (6.1),

$$g(y) = y\,x(y) - f(x(y)), \qquad f'(x(y)) = y, \tag{6.2}$$

La trasformata di Legendre ha una chiara interpretazione grafica: se f è una funzione convessa di classe C^2, allora $x(y)$ rappresenta il punto in cui la tangente a f ha pendenza y, ovvero la retta di pendenza y è tangente al grafico di f nel punto $x(y)$, così che si ha $\tan\theta = f'(x(y)) = y$ (cfr. la figura 6.1).

Più in generale possiamo definire la trasformata di Legendre di una funzione convessa $f : I \to \mathbb{R}$, dove $I \subset \mathbb{R}$ è un intervallo (finito o infinito), ponendo

$$g(y) := \sup_{x \in I} (xy - f(x)). \tag{6.3}$$

La trasformata di Legendre di una funzione convessa, quale definita in (6.3), può assumere valore $+\infty$ in qualche punto (cfr. l'esempio 6.3 e l'esercizio 6.6 più avanti). Tuttavia, se definiamo

$$J := \{y \in \mathbb{R} : g(y) < +\infty\}, \tag{6.4}$$

la funzione $g : J \to \mathbb{R}$ risulta essere ben definita.

Esempio 6.3 Se $f(x) = ax$, $a > 0$ (così che f non è strettamente convessa), si ha (cfr. l'esercizio 6.4)

$$g(y) = \begin{cases} 0, & y = a, \\ +\infty, & y \neq a. \end{cases}$$

Esempio 6.4 Se $f(x) = ax^2/2$, $a > 0$ (così che f è strettamente convessa), allora la sua trasformata di Legendre è definita in $\mathbb{R}$ ed è data da $g(y) = y^2/2a$ (cfr. l'esercizio 6.5).

Se f è una funzione strettamente convessa di classe C^2, allora il valore x tale che $f'(x) = y$ è unico (poiché $f''(x) > 0$ quindi $f'(x)$ è strettamente crescente). Inoltre la sua trasformata di Legendre g è a sua volta una funzione strettamente convessa di classe C^2. Infatti risulta $g'(y) = (f')^{-1}(y)$ (cfr. l'esercizio 6.9), così che, per la regola di derivazione della funzione inversa, $g''(y) = 1/f''(x(y))$ (cfr. l'esercizio 6.10). Se $f''(x) > 0$ per ogni $x \in \mathbb{R}$ si ha quindi $g''(y) > 0$ per ogni $y \in \mathbb{R}$ per cui g è definita.

La trasformata di Legendre è una *trasformazione involutiva* (o *involuzione*), cioè la trasformata di Legendre della funzione (6.1) è la funzione f stessa: questo vuol dire che se $g(y)$ è definita come in (6.1) allora si ha

$$f(x) = \sup_{y \in J}(yx - g(y)), \tag{6.5}$$

dove l'insieme J è definito come in (6.4). La (6.5) si verifica facilmente se f è di classe C^2 (cfr. l'esercizio 6.11); la dimostrazione richiede un po' più di lavoro qualora si assuma solo la convessità di f (cfr. l'esercizio 6.15).

Inoltre, poiché, come abbiamo visto, se f è di classe C^2 anche g è di classe C^2, ne concludiamo che se f è di classe C^2, allora l'estremo superiore in (6.5), se finito, è un massimo ed è raggiunto in corrispondenza di un valore $y = y(x)$ tale che $g'(y(x)) = x$.

Osservazione 6.5 La trasformata di Legendre si può definire in un contesto più generale. Sia $f\colon \mathbb{R} \to \mathbb{R} \cup \{+\infty\}$. Chiamiamo *dominio effettivo* di f l'insieme $\text{dom}(f) := \{x \in \mathbb{R} : f(x) < +\infty\}$ ed *epigrafico* di f l'insieme $\text{epi}(f) := \{(x, \alpha) \in \mathbb{R} \times \mathbb{R} : x \in \text{dom}(f), \alpha \geq f(x)\}$. Diciamo che f è *funzione propria* se non è identicamente $+\infty$, che f è una *funzione convessa* se $\text{epi}(f)$ è un insieme convesso e, infine, che f è una *funzione chiusa* se $\text{epi}(f)$ è un insieme chiuso. Si può verificare (cfr. l'esercizio 6.13) che una funzione propria è convessa se e solo $f((1-t)x_1 + tx_2) \leq (1-t)f(x_1) + tf(x_2)$ per ogni $x_1, x_2 \in \mathbb{R}$ e ogni $t \in [0, 1]$, in accordo con la definizione usuale di funzione convessa data nell'esercizio 1.11. Inoltre, data una famiglia di funzioni convesse $\{f_j\}_{j \in J}$, allora $f = \sup_{j \in J} f_j$ è una funzione convessa e il suo epigrafico è l'intersezione degli epigrafici delle funzioni f_j, i.e. $\text{epi}(f) = \cap_{j \in J}\text{epi}(f_j)$. Data una funzione $f\colon \mathbb{R} \to \mathbb{R} \cup \{+\infty\}$ si definisce *coniugata* o *trasformata di Legendre* o *trasformata di Fenchel-Legendre* la funzione

$$f^*(y) := \sup_{x \in \mathbb{R}} (xy - f(x)).$$

Poiché f^* è l'estremo superiore di funzioni convesse e chiuse $y \mapsto yx - f(x)$, il suo epigrafico è un insieme convesso e chiuso, quindi la funzione $f^*(y)$ è convessa e chiusa (indipendentemente dal fatto che f lo sia o meno). Inoltre se f è propria allora f^* non assume mai valore $-\infty$ e quindi è anch'essa un funzione propria. Si definisce *seconda coniugata* di f la funzione

$$f^{**}(x) := \sup_{y \in \mathbb{R}} (yx - f^*(y)).$$

Si ha $f^*(y) \geq xy - f(x)$ e quindi $xy - f^*(y) \leq f(x)$ per ogni $x \in \mathbb{R}$: da qui segue immediatamente che $f^{**}(x) \leq f(x)$. In realtà vale il segno di uguaglianza. Infatti il *teorema di Fenchel-Moreau* afferma che, se $f : \mathbb{R} \to \mathbb{R}$ è una funzione propria, le tre affermazioni seguenti sono equivalenti:

1. f è una funzione convessa e chiusa;
2. f è l'estremo superiore puntuale di funzioni affini non più grandi di f;
3. $f^{**} = f$.

Si veda l'esercizio 6.12 per la definizione di funzione affine e l'esercizio 6.15 per la dimostrazione del teorema di Fenchel-Moreau.

In più dimensioni, dato un insieme aperto $A \subset \mathbb{R}^n$, una funzione $f : A \to \mathbb{R}$ si dice *convessa* se

- l'insieme A è convesso (cfr. l'esercizio 3.5 del volume 1);
- $f((1-t)x_1 + tx_2) \leq (1-t)f(x_1) + tf(x_2)$ per ogni $x_1, x_2 \in A$ e per ogni $t \in [0, 1]$.

Si dice che f è *strettamente convessa* se nella diseguaglianza vale il segno stretto per $x_1 \neq x_2$.

Data una funzione convessa $f : \mathbb{R}^n \to \mathbb{R}$, si definisce

$$g(y) := \sup_{x \in \mathbb{R}^n} (\langle x, y \rangle - f(x))$$

la sua trasformata di Legendre. Di nuovo, sotto ulteriori assunzioni sulla funzione f, più precisamente che f sia di classe C^2 e la matrice di elementi

$$\frac{\partial^2 f}{\partial x_i \partial x_j} \tag{6.6}$$

sia definita positiva, così che la funzione risulti strettamente convessa (cfr. l'esercizio 6.16), l'estremo superiore, se finito, è in realtà un massimo. Inoltre la funzione

$g(y)$ è anch'essa convessa e la sua trasformata di Legendre è la funzione $f(x)$ (cfr. l'esercizio 6.17). La matrice di elementi

$$\frac{\partial^2 g}{\partial y_i \partial y_j}$$

è l'inversa della matrice di elementi (6.6) calcolata in $x = x(y)$, dove $x(y)$ è il punto in cui è raggiunto l'estremo superiore della funzione $\langle x, y\rangle - f(x)$ nella definizione di g (cfr. l'esercizio 6.18).

Osservazione 6.6 I risultati discussi nell'osservazione 6.5 in $\mathbb{R}$ si possono estendere a funzioni $f\colon \mathbb{R}^n \to \mathbb{R}^n$ (cfr. l'esercizio 6.17).

Definizione 6.7 (Hamiltoniana) *Data una lagrangiana $\mathcal{L}(q, \dot{q}, t)$, convessa in $\dot{q}$ e di classe C^2, si definisce* hamiltoniana *la funzione*

$$\mathcal{H}(q, p, t) = \sup_{\eta \in \mathbb{R}^n} (\langle p, \eta\rangle - \mathcal{L}(q, \eta, t)), \tag{6.7}$$

i.e. la trasformata di Legendre della lagrangiana rispetto alla variabile $\dot{q}$. La funzione $\mathcal{H}(q, p, t)$ è convessa in p e di classe C^2.

Esempio 6.8 Data la lagrangiana

$$\mathcal{L}(q, \dot{q}) = \frac{1}{2}\langle \dot{q}, A(q)\dot{q}\rangle - V(q),$$

la sua trasformata di Legendre rispetto $\dot{q}$ è data da

$$\mathcal{H}(q, p) = \frac{1}{2}\langle \dot{q}, A(q)\dot{q}\rangle + V(q) = \frac{1}{2}\big\langle p, A^{-1}(q)p\big\rangle + V(q). \tag{6.8}$$

dove $p = \partial\mathcal{L}/\partial\dot{q}$.

Definizione 6.9 (Coordinate canoniche) *Data un sistema lagrangiano descritto dalle coordinate generalizzate q, chiamiamo* momenti coniugati *(alle coordinate q) le variabili p definite implicitamente, a partire dalla lagrangiana, tramite la* (6.7)*. Se la lagrangiana è una funzione di classe C^2 si ha*

$$p = \frac{\partial\mathcal{L}(q, \dot{q}, t)}{\partial\dot{q}}. \tag{6.9}$$

Chiamiamo coordinate canoniche *le variabili (q, p).*

Osservazione 6.10 Data una varietà Σ, identificando (notazionalmente) i punti con le loro coordinate locali, se $q \in \Sigma$, si ha $(q, \dot{q}) \in T\Sigma$, dove $T\Sigma$ indica il fibrato tangente di Σ. Quindi p, definito in accordo con la (6.9), è un elemento dello spazio cotangente $T_q^* \Sigma$ (cfr. l'osservazione 3.11). Si ha allora $z = (q, p) \in T^* \Sigma$, dove (se $\sqcup$ indica l'unione disgiunta)

$$T^* \Sigma := \bigsqcup_{x \in \Sigma} T_x^* \Sigma = \bigcup_{x \in \Sigma} \{x\} \times T_x^* \Sigma = \{(x, p) : x \in M, \ p \in T_x^* \Sigma\}$$

prende il nome di *fibrato cotangente* di Σ. Si chiama *spazio delle fasi* l'insieme di definizione delle variabili (q, p), che è dunque un sottoinsieme di $T^* \Sigma$.

Osservazione 6.11 La lagrangiana è a sua volta la trasformata di Legendre dell'hamiltoniana. In particolare si ha

$$\dot{q} = \frac{\partial \mathcal{H}}{\partial p}, \tag{6.10}$$

dal momento che $\mathcal{H}$ è la trasformata di Legendre di $\mathcal{L}$ rispetto alla variabile $\dot{q}$. Inoltre si vede facilmente che si ha

$$\begin{aligned} \dot{p} &= \frac{\mathrm{d}}{\mathrm{d}t} \frac{\partial \mathcal{L}}{\partial \dot{q}} = \frac{\partial \mathcal{L}}{\partial q} = \frac{\partial}{\partial q}(\langle p, \dot{q} \rangle - \mathcal{H}(p, q)) \\ &= \left\langle \frac{\partial p}{\partial q}, \dot{q} \right\rangle - \frac{\partial \mathcal{H}}{\partial q} - \left\langle \frac{\partial \mathcal{H}}{\partial p}, \frac{\partial p}{\partial q} \right\rangle = -\frac{\partial \mathcal{H}}{\partial q}, \end{aligned} \tag{6.11}$$

dove si è usata la (6.10). Le (6.10) e (6.11) rappresentano quindi le equazioni del moto (i.e. le equazioni di Eulero-Lagrange) espresse in termini delle variabili (q, p).

Definizione 6.12 (Equazioni hamiltoniane) *Sia $\mathcal{H} = \mathcal{H}(q, p, t)$ un'hamiltoniana di classe C^2. Si definiscono* equazioni di Hamilton *le equazioni*

$$\begin{cases} \dot{q} = \dfrac{\partial \mathcal{H}}{\partial p}, \\ \dot{p} = -\dfrac{\partial \mathcal{H}}{\partial q}. \end{cases} \tag{6.12}$$

Le (6.12) *costituiscono un sistema di* $2n$ *equazioni differenziali del primo ordine.*

Osservazione 6.13 L'hamiltoniana è definita a meno di una costante additiva, eventualmente dipendente dal tempo. La situazione è quindi diversa dal caso della lagrangiana, che è invece definita a meno di una derivata totale (cfr. l'osservazione 1.21).

Definizione 6.14 (Matrice simplettica standard) *Chiamiamo* matrice simplettica standard *la matrice* $2n \times 2n$

$$E = \begin{pmatrix} 0 & \mathbb{1} \\ -\mathbb{1} & 0 \end{pmatrix}, \tag{6.13}$$

dove 0 *e* $\mathbb{1}$ *sono matrici* $n \times n$.

Data la matrice simplettica standard E si verifica immediatamente (cfr. l'esercizio 6.21) che

$$E^T = -E, \qquad E^{-1} = -E, \qquad E^2 = -\mathbb{1}, \tag{6.14}$$

dove $\mathbb{1}$ è l'identità $2n \times 2n$. Possiamo riscrivere le equazioni di Hamilton (6.12) in forma più compatta come

$$\dot{z} = E\frac{\partial \mathcal{H}}{\partial z},$$

dove $z = (q, p) \in \mathbb{R}^{2n}$. Si definisce *flusso hamiltoniano* (cfr. la definizione 3.10 del volume 1) l'insieme di tutte le traiettorie del sistema (6.12).

Definizione 6.15 (Equazioni canoniche) *Si consideri un sistema dinamico in* $\mathbb{R}^{2n}$ *descritto dalle equazioni* $\dot{z} = f(z)$. *Le equazioni si dicono* canoniche *se esiste una funzione* $\mathcal{H}$ *di classe* C^2 *in* $\mathbb{R}^{2n}$ *tale che* $f = E\partial\mathcal{H}/\partial z$.

Definizione 6.16 (Campo vettoriale hamiltoniano) *Si definisce* campo vettoriale hamiltoniano *associato all'hamiltoniana* $\mathcal{H}$ *il campo vettoriale*

$$f_{\mathcal{H}} := E\frac{\partial \mathcal{H}}{\partial z} = \left(\frac{\partial \mathcal{H}}{\partial p}, -\frac{\partial \mathcal{H}}{\partial q}\right), \tag{6.15}$$

dove $z = (q, p) \in \mathbb{R}^{2n}$ *e* $\partial/\partial z = (\partial/\partial q, \partial/\partial p) = (\partial/\partial z_1, \ldots, \partial/\partial z_{2n})$.

La definizione di hamiltoniana si estende al caso di un sistema lagrangiano definito su una varietà. In generale si parla di sistema hamiltoniano, in accordo con la seguente definizione.

Definizione 6.17 (Sistema hamiltoniano) *Data una varietà* Σ *e data una funzione* $\mathcal{H}\colon\ T^*\Sigma \times \mathbb{R} \to \mathbb{R}$ *di classe* C^2, *si definisce* sistema hamiltoniano *la coppia* $(\Sigma, \mathcal{H})$. *Un sistema hamiltoniano* $(\Sigma, \mathcal{H})$ *identifica il sistema dinamico* $(T^*\Sigma, \varphi_{\mathcal{H}})$, *dove* $\varphi_{\mathcal{H}}$ *è il flusso costituito dalle soluzioni delle equazioni di Hamilton corrispondenti all'hamiltoniana* $\mathcal{H}$.

Osservazione 6.18 Dato un campo vettoriale $f\colon \mathbb{R}^N \to \mathbb{R}^N$, si definisce *divergenza* di f la funzione

$$\operatorname{div} f(x) := \sum_{i=1}^{N} \frac{\partial f_i}{\partial x_i}(x) = \frac{\partial f_1}{\partial x_1}(x) + \ldots + \frac{\partial f_N}{\partial x_N}(x).$$

È facile vedere che il campo vettoriale (6.15) è un campo vettoriale a divergenza nulla, i.e.

$$\operatorname{div} f_{\mathcal{H}} = \sum_{k=1}^{2n}\sum_{j=1}^{2n} E_{kj}\frac{\partial^2 \mathcal{H}}{\partial z_k \partial z_j} = 0,$$

dove si è utilizzato il fatto che E è antisimmetrica (i.e. $E_{ik} = -E_{ki}$).

Definizione 6.19 (Trasformazione che conserva il volume) *Dato un insieme* $D \subset \mathbb{R}^N$ *chiamiamo*

$$\mathrm{Vol}(D) = \int_D \mathrm{d}x$$

il volume *dell'insieme* D. *Sia* Ω *un insieme aperto in* $\mathbb{R}^N$. *Una trasformazione differenziabile* $\varphi\colon \Omega \to \Omega$ *che dipenda dal parametro continuo* t *(tempo) è una* trasformazione che conserva il volume *se per ogni sottoinsieme* $D \subset \Omega$, *indicando con*

$$D(t) = \varphi(t, D) = \bigcup_{x\in D} \varphi(t, x) \tag{6.16}$$

l'insieme ottenuto facendo evolvere i punti di $D = D(0)$ *al tempo* t, *si ha*

$$\mathrm{Vol}(D(t)) = \mathrm{Vol}(D) \tag{6.17}$$

per ogni t *per cui la trasformazione è definita. Se* (Ω, φ) *è un sistema dinamico, diciamo che esso conserva il volume.*

Teorema 6.20 (Teorema di Liouville) *Il flusso hamiltoniano conserva il volume.*

Dimostrazione Dimostriamo più in generale che, dato un campo vettoriale $\dot{x} = f(x)$ in $\Omega \subset \mathbb{R}^N$, se f è a divergenza nulla (i.e. tale che div $f = 0$), allora il flusso corrispondente conserva il volume.

Sia $D \subset \Omega$ un insieme dello spazio delle fasi e sia $D(t)$ l'insieme ottenuto facendo evolvere D al tempo t (cfr. la (6.16)). Vogliamo dimostrare che vale la (6.17). Utilizzando la *formula del cambiamento di coordinate per integrali multipli* (cfr. l'esercizio 10.7 e la nota bibliografica del capitolo 10 del volume 1), scriviamo

$$\begin{aligned}\mathrm{Vol}(D(t)) &= \int_{D(t)} \mathrm{d}x \\ &= \int_{\varphi(-t,D(t))} \mathrm{d}x \left|\det \frac{\partial \varphi(t,x)}{\partial x}\right| = \int_D \mathrm{d}x \left|\det \frac{\partial \varphi(t,x)}{\partial x}\right|,\end{aligned} \tag{6.18}$$

dove $\partial\varphi(t,x)/\partial x$ è la matrice jacobiana della trasformazione $x \mapsto \varphi(t,x)$. Si ha

$$\frac{\mathrm{d}}{\mathrm{d}t}\mathrm{Vol}(D(t))\bigg|_{t=\bar{t}} = \int_D \mathrm{d}x \, \frac{\mathrm{d}}{\mathrm{d}t} \det \frac{\partial \varphi(t,x)}{\partial x}\bigg|_{t=\bar{t}}.$$

Per la regola di derivazione della funzione composta e per la proprietà dei determinanti det AB = det A det B (cfr. il §1.1.2 del volume 1), si ha

$$\frac{\mathrm{d}}{\mathrm{d}t} \det \frac{\partial \varphi(t,x)}{\partial x}\bigg|_{t=\bar{t}} = \frac{\mathrm{d}}{\mathrm{d}t} \det \frac{\partial \varphi(t,x)}{\partial \varphi(\bar{t},x)}\bigg|_{t=\bar{t}} \det \frac{\partial \varphi(\bar{t},x)}{\partial x}.$$

Utilizzando la proprietà di gruppo $\varphi(t+\bar{t},x)=\varphi(t,\varphi(\bar{t},x))$, scriviamo

$$\begin{aligned}\frac{\mathrm{d}}{\mathrm{d}t}\det\frac{\partial\varphi(t,x)}{\partial\varphi(\bar{t},x)}\bigg|_{t=\bar{t}} &= \frac{\mathrm{d}}{\mathrm{d}t}\det\frac{\partial\varphi(t-\bar{t},\varphi(\bar{t},x))}{\partial\varphi(\bar{t},x)}\bigg|_{t=\bar{t}}\\ &= \frac{\mathrm{d}}{\mathrm{d}t}\det\frac{\partial\varphi(t-\bar{t},y)}{\partial y}\bigg|_{t=\bar{t}} = \frac{\mathrm{d}}{\mathrm{d}t}\det\frac{\partial\varphi(t,y)}{\partial y}\bigg|_{t=0},\end{aligned}$$

dove $y=\varphi(\bar{t},x)$, così che è sufficiente dimostrare che

$$\frac{\mathrm{d}}{\mathrm{d}t}\det\frac{\partial\varphi(t,x)}{\partial x}\bigg|_{t=0}=0,\qquad \forall x\in\Omega, \tag{6.19}$$

per dedurre la legge di conservazione del volume. In (6.19) sviluppiamo

$$\varphi(t,x)=x+f(x)\,t+O(t^2),$$

avendo tenuto conto che $\mathrm{d}\varphi(t,x)/\mathrm{d}t|_{t=0}=f(\varphi(0,x))=f(x)$, in modo da ottenere

$$\frac{\partial\varphi(t,x)}{\partial x}=\mathbb{1}+A\,t+O(t^2),\qquad A_{ij}=\frac{\partial f_i(x)}{\partial x_j}.$$

Si vede facilmente (cfr. l'esercizio 6.22) che

$$\det(\mathbb{1}+tA)=1+\operatorname{tr}A\,t+O(t^2) \tag{6.20}$$

dove $\operatorname{tr}A=A_{11}+\ldots+A_{NN}$ è la traccia di A, così che

$$\det\frac{\partial\varphi(t,x)}{\partial x}=1+\sum_{i=1}^{N}\frac{\partial f_i(x)}{\partial x_i}t+O(t^2),$$

da cui segue che

$$\frac{\mathrm{d}}{\mathrm{d}t}\det\frac{\partial\varphi(t,x)}{\partial x}\bigg|_{t=0}=\sum_{i=1}^{N}\frac{\partial f_i(x)}{\partial x_i}=\operatorname{div}f,$$

che implica la (6.19) sotto l'ipotesi che il campo f sia a divergenza nulla. □

Osservazione 6.21 Il teorema di Liouville implica, in particolare, l'assenza di cicli limite e di punti di equilibrio asintoticamente stabili per sistemi hamiltoniani.

Teorema 6.22 (Teorema del ritorno di Poincaré) *Sia $\Omega\subset\mathbb{R}^N$ un insieme limitato e sia (Ω,φ) un sistema dinamico che conserva il volume. Per ogni aperto $U\subset\Omega$ e ogni tempo $\tau>0$ esiste $x\in U$ e $t\geq\tau$ tali che $\varphi(t,x)\in U$.*

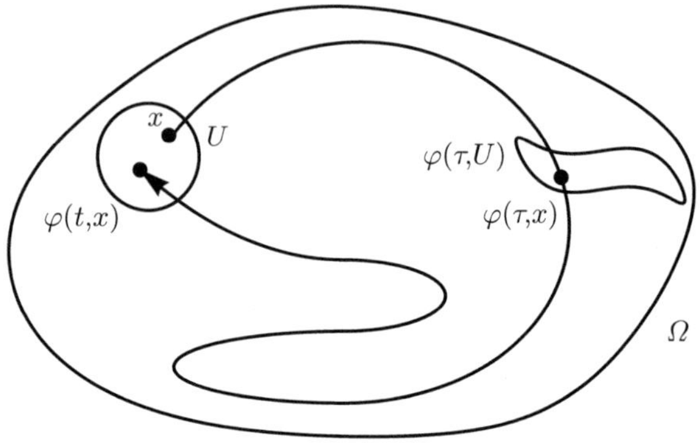

Figura 6.2 Teorema del ritorno di Poincaré

Dimostrazione Fissato $\tau > 0$, consideriamo l'insieme $\varphi(\tau, U)$ (cfr. la (6.16)). Se risulta $\varphi(\tau, U) \cap U \neq \emptyset$ l'asserto è dimostrato, con $t = \tau$. Se invece ha $\varphi(\tau, U) \cap U = \emptyset$ (cfr. la figura 6.2), si ragiona come segue.

Introduciamo gli insiemi $U_n = \varphi(n\tau, U)$ per $n \in \mathbb{Z}_+$; ovviamente $U_0 = U$. Supponiamo per assurdo che si abbia

$$U_n \cap U = \emptyset \qquad \forall n \geq 1. \tag{6.21}$$

Questo implica, ragionando di nuovo per assurdo,

$$U_n \cap U_m = \emptyset \qquad \forall n > m \geq 0. \tag{6.22}$$

Se $m = 0$ la (6.22) è ovvia perché coincide con la (6.21). Altrimenti, se $m > 0$, supponiamo che la (6.22) non sia soddisfatta per qualche n, m. Si avrebbe allora $U_n \cap U_m \neq \emptyset$. Questo però implicherebbe $U_{n-1} \cap U_{m-1} \neq \emptyset$ (cfr. la figura 6.3): infatti se si avesse $z \in U_n \cap U_m$ e $U_{n-1} \cap U_{m-1} = \emptyset$, allora dovrebbe risultare $z = \varphi(\tau, z_n)$ e $z = \varphi(t, z_m)$, con $z_n \in U_{n-1}$ e $z_m \in U_{m-1}$, così che $z_n \neq z_m$, che violerebbe il teorema di unicità delle soluzioni. Iterando l'argomento m volte si troverebbe quindi $U_{n-m} \cap U \neq \emptyset$, contro l'ipotesi che stano facendo che gli insiemi U_n abbiano tutti intersezione nulla con U.

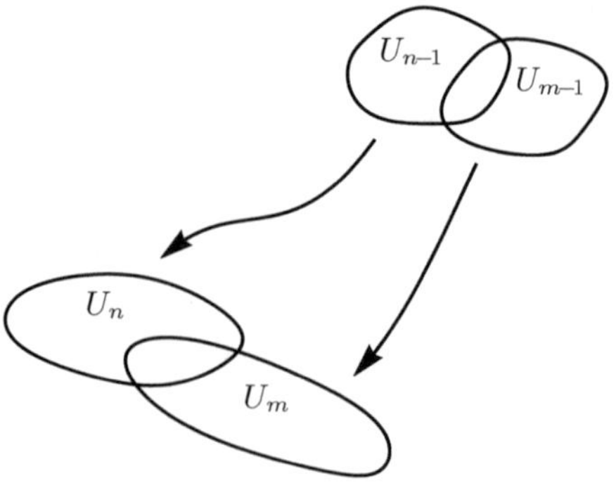

Figura 6.3 Insiemi U_n e U_m e le loro preimmagini U_{n-1} e U_{m-1}

Dalla (6.22) segue che, per ogni $p \in \mathbb{N}$,

$$\sum_{n=0}^{p} \mathrm{Vol}(U_n) = \mathrm{Vol}\Big(\bigcup_{n=0}^{p} U_n \Big),$$

poiché gli insiemi U_n sono tutti disgiunti. D'altra parte si ha

$$\mathrm{Vol}(U_n) = \mathrm{Vol}(U) \qquad \forall n \geq 1,$$

poiché la trasformazione φ conserva il volume, così che

$$p\,\mathrm{Vol}(U) = \sum_{n=0}^{p} \mathrm{Vol}(U) = \mathrm{Vol}\Big(\bigcup_{n=0}^{p} U_n \Big) \leq \mathrm{Vol}(\Omega) < +\infty,$$

dove l'ultima disuguaglianza segue dall'ipotesi di limitatezza su Ω. Se prendiamo il limite $p \to +\infty$, arriviamo a una contraddizione.

Per concludere la dimostrazione, sia n_0 tale che $U_{n_0} \cap U \neq \emptyset$ e si scelga $y \in U_{n_0} \cap U$. L'asserto segue per $t = n_0 \tau$ e $x = \varphi(-t, y)$. □

Osservazione 6.23 Il teorema 6.22 mostra che, facendo evolvere un qualsiasi intorno (piccolo quanto si voglia) di un insieme limitato Ω in cui si svolge il moto, nel caso in cui il sistema dinamico conservi il volume, allora prima o poi l'insieme evoluto interseca l'intorno di partenza (cfr. la figura 6.4). Possiamo interpretare tale risultato dicendo che, fissato un qualsiasi dato iniziale x e un valore ε arbitrariamente piccolo, esiste un dato iniziale x' distante meno di ε da x, tale che la traiettoria che parte da x' ritorna vicino entro ε a x. Infatti, facendo evolvere l'intorno $B_\varepsilon(x)$, esiste un tempo t tale che $\varphi(t, B_\varepsilon(x))$ interseca $B_\varepsilon(x)$, come conseguenza del teorema 6.22. Se quindi $x'' \in \varphi(t, B_\varepsilon(x)) \cap B_\varepsilon(x)$ basta prendere $x' = \varphi(-t, x'')$: per costruzione $x' \in B_\varepsilon(x)$ e $\varphi(t, x') \in B_\varepsilon(x)$.

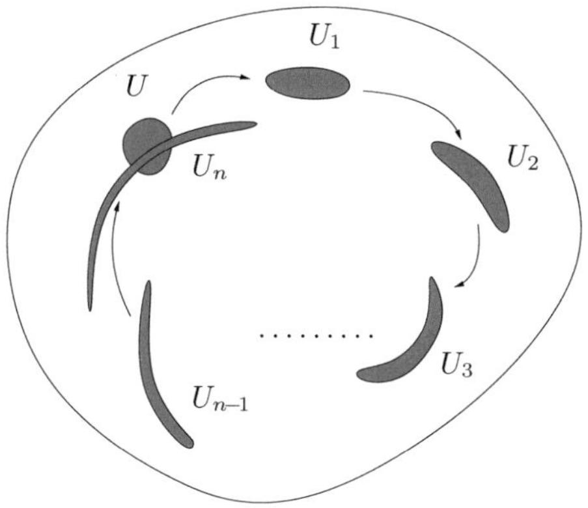

Figura 6.4 Situazione descritta dal teorema del ritorno di Poincaré

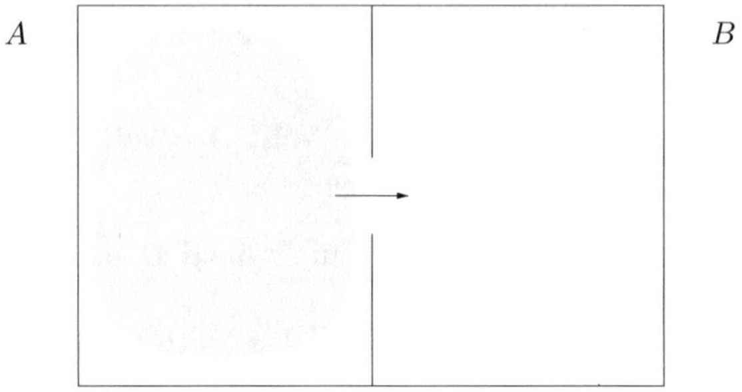

Figura 6.5 Esperimento di Maxwell: creando un'apertura nella parete che separa le camere A e B, le molecole di gas, inizialmente confinate in A, passano anche in B

Osservazione 6.24 Il teorema 6.22 ha delle conseguenze tutt'altro che intuitive. Si immagini il seguente Gedankenexperiment, noto come *esperimento di Maxwell* o *diavoletto di Maxwell*. Un parallelelipedo è diviso in due parti (camera A e camera B) da una parete: un gas di molecole è collocato inizialmente nella camera A. In un certo istante si apre un foro nella parete, permettendo così alle molecole del gas di passare nella camera B (cfr. la figura 6.5). Ovviamente ci si aspetta che dopo un po' di tempo le molecole si equidistribuiscano tra le due camere: in media circa la metà di esse viene a trovarsi nella camera A, mentre l'altra metà occupa la camera B. Che a un certo punto le molecole vengano a trovarsi nuovamente tutte nella camera A pare molto poco probabile. Tuttavia, il teorema 6.22 – si verifica facilmente che siamo nelle condizioni sotto cui il teorema si applica (cfr. l'esercizio 6.23) – afferma che tale probabilità non è nulla. Anzi, prima o poi questo deve necessariamente succedere. La spiegazione di questo apparente paradosso è la seguente. Il teorema 6.22 afferma che esiste un tempo in cui il sistema ritorna arbitrariamente vicino alla configurazione iniziale, ma non specifica quanto sia grande tale tempo. In particolare, il tempo richiesto perché questo succeda nell'esperimento di Maxwell è enorme – maggiore dell'età dell'universo, tradizionalmente stimata intorno a 13.8 miliardi di anni. Si aggiunga anche il fatto che per applicare il teorema il sistema deve essere isolato. In altre parole stiamo considerando solo il gas di molecole nel parallelepipedo, ed è difficile, se non impossibile, immaginare una situazione in cui un sistema di questo tipo rimanga isolato, senza subire perturbazioni dall'esterno, soprattutto su tempi così lunghi. Questo spiega perché, qualora si cercasse di realizzare un esperimento del tipo descritto, non si vedrebbe mai il gas tornare interamente nella camera A.

6.2 Metodo di Routh nel formalismo hamiltoniano

Abbiamo visto (cfr. il §2.2) che nel formalismo lagrangiano, in presenza di una variabile ciclica, per esempio q_n, è possibile ricondursi a un sistema lagrangiano con un grado di libertà in meno, con conseguente semplificazione del problema. L'esistenza della variabile ciclica q_n consente di esperimere la variabile $\dot{q}_n$ in termini delle altre variabili lagrangiane e del momento conservato $p_n = \partial \mathcal{L}/\partial \dot{q}_n$ (cfr. la (2.17)). Tuttavia la lagrangiana $\mathcal{L}_R$ del nuovo sistema (lagrangiana ridotta) non si ottiene dalla lagrangiana originale semplicemente con la sostituzione (2.17). Infatti bisogna porre $\mathcal{L}_R := \mathcal{L} - p_n \dot{q}_n$ (cfr. la (2.16)).

Al contrario, nel formalismo hamiltoniano, se esiste una variabile ciclica q_n, i.e. $\mathcal{H}(q, p)$ non dipende esplicitamente da q_n, e quindi p_n è una costante del moto, possiamo studiare il moto delle altre variabili attraverso le equazioni di Hamilton di un sistema con un grado di libertà in meno, la cui hamiltoniana $\mathcal{H}_R$ si ottiene da $\mathcal{H}$ semplicemente considerando p_n come parametro fissato. Vale infatti il seguente risultato.

Teorema 6.25 (Teorema di Routh) *Se un sistema hamiltoniano con hamiltoniana $\mathcal{H}$ è tale che q_n è una variabile ciclica nel sistema di coordinate (q, p), i.e. $\partial\mathcal{H}/\partial q_n = 0$, e la matrice di elementi $\partial^2\mathcal{H}/\partial p_i \partial p_j$ è definita positiva, allora l'evoluzione delle altre coordinate è determinata dall'hamiltoniana*

$$\mathcal{H}_R(q_1, \ldots, q_{n-1}, p_1, \ldots, p_n, t) := \mathcal{H}(q_1, \ldots, q_{n-1}, p_1, \ldots, p_n, t),$$

dove p_n è costante.

Dimostrazione Sotto le ipotesi fatte si applica il teorema 2.20. Infatti la condizione sulla matrice di elementi $\partial^2\mathcal{H}/\partial p_i \partial p_j$ assicura che valga la condizione $\partial^2\mathcal{L}/\partial\dot{q}_n^2 \neq 0$ (cfr. l'esercizio 6.24). Quindi il moto delle variabili $q_1, \ldots, q_{n-1}$ è determinato dalla lagrangiana ridotta (2.16). La corrispondente hamiltoniana è allora data da

$$\begin{aligned}\mathcal{H}_R(q_1, &\ldots, q_{n-1}, p_1, \ldots, p_{n-1}, p_n, t) \\ &= \sum_{k=1}^{n-1} \dot{q}_k p_k - \mathcal{L}_R(q_1, \ldots, q_{n-1}, \dot{q}_1, \ldots, \dot{q}_{n-1}, t; p_n),\end{aligned}$$

dove $\dot{q}_k$ è definito implicitamente richiedendo che si abbia $p_k = \partial\mathcal{L}/\partial\dot{q}_k$ per $k = 1, \ldots, n-1$ (cfr. il §6.1), così che, utilizzando la definizione (2.16) di $\mathcal{L}_R$, si trova

$$\begin{aligned}\mathcal{H}_R(q_1, &\ldots, q_{N-1}, p_1, \ldots, p_{N_1}, p_n, t) \\ &= \sum_{k=1}^{n-1} \dot{q}_k p_k - \mathcal{L}(q_1, \ldots, q_{n-1}, \dot{q}_1, \ldots, \dot{q}_{n-1}, \dot{q}_n, t) + \dot{q}_n p_n,\end{aligned}$$

dove $\dot{q}_n$ è tale che $\dot{q}_n = \partial\mathcal{L}/\partial\dot{q}_n$, in accordo con la (2.17). Quindi si ha

$$\begin{aligned}\mathcal{H}_R(q_1, &\ldots, q_{n-1}, p_1, \ldots, p_{n-1}, p_n, t) \\ &= \langle\dot{q}, p\rangle - \mathcal{L}(q_1, \ldots, q_{n-1}, \dot{q}_1, \ldots, \dot{q}_{n-1}, \dot{q}_n, t) \\ &= \mathcal{H}(q_1, \ldots, q_{n-1}, p_1, \ldots, p_{n-1}, p_n, t),\end{aligned}$$

con $\dot{q}_k$ tale che si abbia $p_k = \partial\mathcal{L}/\partial\dot{q}_k$ per $k = 1, \ldots, n$, ovvero $\mathcal{H}_R$ si ottiene da $\mathcal{H}$ semplicemente fissando la variabile p_n al valore costante che essa assume lungo il moto. □

Definizione 6.26 (Hamiltoniana ridotta) *L'hamiltoniana $\mathcal{H}_R(q_1, \ldots, q_{n-1}, p_1, \ldots, p_n, t)$ prende il nome di* hamiltoniana ridotta.

6.3 Secondo principio variazionale di Hamilton

Anche le equazioni di Hamilton possono essere ottenute a partire da un principio variazionale, similmente a quanto si è visto per le equazioni di Eulero-Lagrange nel §1.1.

Indichiamo con $\mathcal{N} := \mathcal{N}(q^{(1)}, p^{(1)}, t_1; q^{(2)}, p^{(2)}, t_2)$ lo *spazio delle traiettorie* $t \in [t_1, t_2] \mapsto (q(t), p(t))$ di classe C^1 tali che $(q(t_1), p(t_1)) = (q^{(1)}, p^{(1)})$ e $(q(t_2), p(t_2)) = (q^{(2)}, p^{(2)})$, e con $\mathcal{N}_0$ lo *spazio delle deformazioni*, cioè delle traiettorie $t \in [t_1, t_2] \mapsto (u(t), v(t))$ di classe C^1 tali che $u(t_1) = u(t_2) = 0$ e $v(t_1) = v(t_2) = 0$ (cfr. la figura 6.6).

Definizione 6.27 (Funzionale d'azione) *Definiamo* funzionale d'azione *il funzionale*

$$J(\gamma) := \int_{t_1}^{t_2} \mathrm{d}t \Big(\langle p(t), \dot{q}(t) \rangle - \mathcal{H}(q(t), p(t), t) \Big), \tag{6.23}$$

definito sullo spazio delle traiettorie $\mathcal{N}$.

Osservazione 6.28 La funzione integranda in (6.23) non è la lagrangiana, semplicemente riscritta nelle variabili (q, p), dal momento che i momenti coniugati sono visti come variabili indipendenti, mentre nella lagrangiana essi sono legati alle variabili $(q, \dot{q})$ dalla (6.9).

Se l'hamiltoniana $\mathcal{H}(q, p, t)$ è una funzione di classe C^1, allora il funzionale d'azione $J(\gamma)$ è di classe C^1 e il suo differenziale è dato da

$$\begin{aligned} DJ(\gamma; h) = \int_{t_1}^{t_2} \mathrm{d}t \Bigg(& \langle v(t), \dot{q}(t) \rangle + \langle p(t), \dot{u}(t) \rangle \\ & - \left\langle \frac{\partial \mathcal{H}}{\partial q}(q(t), p(t), t), u(t) \right\rangle - \left\langle \frac{\partial \mathcal{H}}{\partial p}(q(t), p(t), t), v(t) \right\rangle \Bigg), \end{aligned} \tag{6.24}$$

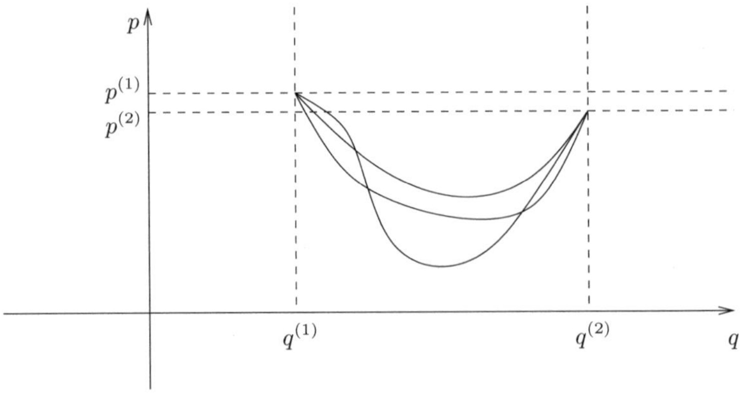

Figura 6.6 Rappresentazione schematica delle traiettorie dello spazio $\mathcal{N}$

per ogni deformazione $h = (u, v)$. La (6.24) si ottiene ragionando come nella dimostrazione del lemma 1.8 nell'ambito del formalismo lagrangiano.

Teorema 6.29 *Il differenziale del funzionale d'azione $J(\gamma)$ è uguale a zero se e solo se valgono le equazioni di Hamilton* (6.8).

Dimostrazione Integrando per parti, in (6.24) si può riscrivere

$$\int_{t_1}^{t_2} \mathrm{d}t \, \langle p(t), \dot{u}(t) \rangle = \langle p(t), u(t) \rangle \Big|_{t_1}^{t_2} - \int_{t_1}^{t_2} \mathrm{d}t \, \langle \dot{p}(t), u(t) \rangle = - \int_{t_1}^{t_2} \mathrm{d}t \, \langle \dot{p}(t), u(t) \rangle,$$

dove si è utilizzato che $u(t_1) = u(t_2) = 0$. Quindi si ha $DJ(\gamma; h) = 0$ per ogni deformazione $h = (u, v)$ se e solo se

$$\int_{t_1}^{t_2} \mathrm{d}t \left(\left\langle v(t), \dot{q}(t) - \frac{\partial \mathcal{H}}{\partial p}(q(t), p(t), t) \right\rangle - \left\langle u(t), \dot{p}(t) + \frac{\partial \mathcal{H}}{\partial q}(q(t), p(t), t) \right\rangle \right) \tag{6.25}$$

è uguale a zero. Data l'arbitrarietà della deformazione h, ragionando come nella dimostrazione del teorema 1.12, si ottengono le (6.12). □

Principio 6.30 (Secondo principio variazionale di Hamilton) *Dato un sistema meccanico conservativo, eventualmente soggetto a vincoli olonomi bilateri, le traiettorie che descrivono il moto sono i punti stazionari del funzionale d'azione.*

Osservazione 6.31 In luogo dello spazio $\mathcal{N}(q^{(1)}, p^{(1)}, t_1; q^{(2)}, p^{(2)}, t_2)$, si può considerare lo spazio $\mathcal{N}(q^{(1)}, t_1; q^{(2)}, t_2)$ delle traiettorie $t \mapsto q(t)$ tali che $q(t_1) = q^{(1)}$ e $q(t_2) = q^{(2)}$, con $p^{(1)}$ e $p^{(2)}$ arbitrari, e quindi definire lo spazio delle deformazioni $\mathcal{N}_0$ come l'insieme delle traiettorie $t \mapsto (u(t), v(t))$ che verifichino la sola condizione $u(t_1) = u(t_2) = 0$. Il funzionale $J(\gamma)$ dato dalla (6.23) risulta stazionario anche se ristretto a tale spazio. Infatti, guardando la dimostrazione del teorema 6.29, si vede che il termine di bordo quando si integra per parti si annulla purché si abbia $u(t_1) = u(t_2) = 0$. Inoltre, se la (6.25) si annulla per qualsiasi deformazione h, allora, in particolare, questo deve succedere per le deformazioni che soddisfino l'ulteriore condizione $v(t_1) = v(t_2) = 0$. Si può ragionare allora come nella dimostrazione del teorema 6.29 e arrivare alle stesse conclusioni.

Osservazione 6.32 Spesso il primo principio variazionale di Hamilton è chiamato semplicemente *principio variazionale di Hamilton* (o anche principio di Hamilton *tout court*), e si riserva il nome di *principio variazionale di Hamilton ampliato* (o principio di Hamilton ampliato) per il secondo. Il secondo principio non è riconducibile al primo ma è intrinsecamente differente, in quanto considera uno spazio delle traiettorie più ampio, in cui momenti e coordinate variano indipendentemente.

Quello che emerge *a posteriori* è che due funzionali $I(\gamma)$ e $J(\gamma)$, nonostante l'insieme di definizione del secondo sia più vasto, di fatto ammettono gli stessi punti stazionari: in entrambi i casi essi corrispondono alle soluzioni delle equazioni del moto – che si chiamino equazioni di Eulero-Lagrange o equazioni di Hamilton.

Nota bibliografica Nel presente capitolo abbiamo seguito [DA96, Cap. X], [A74, Cap. III] e [G80, Cap. 2]. Per definizioni e proprietà delle funzioni convesse e della trasformata di Legendre si veda per esempio [MIT03].

Tutti i rimandi a capitoli, paragrafi, risultati ed equazioni che si specificano del volume 1 si intendono riferiti a [G21].

6.4 Esercizi

Esercizio 6.1 Si dimostri che se una funzione $f : [a, b] \to \mathbb{R}$ è convessa, allora f è continua in (a, b). [*Soluzione.* Per ogni $x, y \in [a, b]$ e per ogni $t \in [0, 1]$, scriviamo $z = (1-t)x + ty$, da cui si ricava $t = (z-x)/(y-x)$ e $1-t = (y-z)/(y-x)$. Se f è convessa in $[a, b]$, si ha $f(z) \le (1-t)f(x) + tf(y)$, da cui si ottengono, per $x \neq y$ e $t \in (0, 1)$, le due diseguaglianze

$$\text{(1)} \quad \frac{f(z)-f(x)}{z-x} \le \frac{f(y)-f(x)}{y-x}, \qquad \text{(2)} \quad \frac{f(z)-f(x)}{z-x} \le \frac{f(y)-f(z)}{y-z},$$

la prima sottraendo $f(x)$ da ambo i membri e la seconda sottraendo $(1-t)f(x) + tf(z)$ da ambo i membri. Data l'arbitarietà di t le due diseguaglianze valgono per ogni terna $x, y, z \in [a, b]$ tali che $x < z < y$. Si fissi $x_0 \in (a, b)$ e si considerino $\alpha, \beta \in (a, b)$ tali che $\alpha < x_0 < x < \beta$. La diseguaglianza (1), applicata alla terna x_0, x, β, e la diseguaglianza (2), applicata alla terna α, x_0, x, dànno, rispettivamente,

$$\frac{f(x)-f(x_0)}{x-x_0} \le \frac{f(\beta)-f(x_0)}{\beta-x_0}, \qquad \frac{f(x_0)-f(\alpha)}{x_0-\alpha} \le \frac{f(x)-f(x_0)}{x-x_0},$$

da cui, definendo $C_1 := (f(x_0)-f(\alpha))/(x_0-\alpha)$ e $C_2 := (f(\beta)-f(x_0))/(\beta-x_0)$, si ottiene

$$C_1 \le \frac{f(x)-f(x_0)}{x-x_0} \le C_2 \implies \left|\frac{f(x)-f(x_0)}{x-x_0}\right| \le C := \max\{C_2, -C_1\},$$

dove si è tenuto conto che, data la diseguaglianza $A \le B \le C$, se $B \ge 0$ si ha $C \ge B \ge 0$ e quindi $|B| = B \le C$, mentre se $B < 0$ si ha $A \le B < 0$ e quindi $|B| = -B \le -A$. La relazione trovata $|f(x)-f(x_0)| < C|x-x_0|$ implica la continuità del limite destro di f in x_0 (poiché abbiamo supposto $x > x_0$). Il caso $\alpha < x < x_0 < \beta$ si discute in modo analogo e implica la continuità del limite sinistro. Si noti che di fatto si è dimostrato che una funzione convessa è lipschitziana.]

Esercizio 6.2 Si dimostri che una funzione $f: [a, b] \to \mathbb{R}$ di classe C^1 è convessa in $[a, b]$ se è solo se f' è crescente in (a, b) ed è strettamente convessa se e solo se f' è strettamente crescente in (a, b). [*Soluzione.* Se f è convessa in $[a, b]$, per $x, y \in [a, b]$ e $t \in [0, 1]$, se si pone $z = (1-t)x + ty$ e si scrive $f(z) = ((1-t)+t)f(z)$, si ha

$$\begin{aligned} &((1-t)+t)f(z) \le (1-t)\, f(x) + t\, f(y) \\ &\implies \quad (1-t)(f(z) - f(x)) \le t(f(y) - f(z)). \end{aligned}$$

Siano $x, y \in [a, b]$, con $x < y$; esprimendo t in termini di z, così che

$$t = \frac{z-x}{y-x}, \qquad 1-t = \frac{y-z}{y-x},$$

si ha

$$\begin{aligned} &\frac{y-z}{y-x}(f(z) - f(x)) \le \frac{z-x}{y-x}(f(y) - f(z)) \\ &\implies \quad \frac{f(z) - f(x)}{z-x} \le \frac{f(z) - f(y)}{z-y}. \end{aligned}$$

Calcolando il limite per $z \to x^+$ e per $z \to y^-$ dell'ultima diseguaglianza, si ottiene, rispettivamente

$$f'(x) \le \frac{f(y) - f(x)}{y-x}, \qquad \frac{f(y) - f(x)}{y-x} \le f'(y),$$

da cui segue $f'(x) \le f'(y)$: la funzione f' è crescente. Viceversa, se f' è crescente, si scelgano $x, y \in [a, b]$ tali che $x < y$ e si ponga $z = (1-t)x + ty$, con $t \in [0, 1]$, così che $x \le z \le y$. Per il teorema di Lagrange (cfr. l'esercizio 2.4 del volume 1) esistono $\xi \in [x, z]$ e $\eta \in [z, y]$ tali che

$$f(z) - f(x) = f'(\xi)(z-x), \qquad f(y) - f(z) = f'(\eta)(y-z).$$

Usando il fatto che $f'(\xi) \le f'(\eta)$ (poiché $\xi \le z \le \eta$ e f' è crescente) e che

$$((1-t)+t)z = z = (1-t)x + ty \implies (1-t)(z-x) = t(y-z),$$

si ottiene allora

$$\begin{aligned} (1-t)(f(z) - f(x)) &= (1-t)\, f'(\xi)(z-x) \\ &\le (1-t)\, f'(\eta)(z-x) \\ &\le t\, f'(\eta)(y-z) = t(f(y) - f(z)), \end{aligned}$$

che implica $f(z) \le (1-t)\, f(x) + t\, f(y)$. Ricordando che $z = (1-t)x + ty$, ne segue la convessità della funzione f. Se f' è strettamente crescente, lo stesso argomento mostra che f è strettamente convessa. D'altra parte, se f è strettamente convessa, ragionando come sopra, dalla diseguaglianza

$$\frac{f(z)-f(x)}{z-x} < \frac{f(z)-f(y)}{z-y}$$

possiamo solo concludere che $f'(x) \leq f'(y)$. Tuttavia non è possibile che si abbia $f'(x) = f'(y)$. Mostriamo che questo porterebbe a un assurdo. Innanzitutto notiamo che se fosse $f'(y) = f'(x)$ si dovrebbe avere $f'(\xi) = f'(x)\ \forall \xi \in [x, y]$. Infatti, se f è strettamente convessa, in particolare è convessa e quindi, come si è già dimostrato, si deve avere $f'(\xi) \geq f'(x)$: se fosse $f'(\xi) > f'(x)$ si avrebbe $f'(\xi) > f'(y)$, che non è possibile, essendo f' crescente. Ora, per il teorema di Lagrange, per ogni $\xi \in [x, y]$, si ha $f(\xi) - f(x) = f'(\xi_1)(\xi - x)$ per qualche $\xi_1 \in [x, \xi] \subset [x, y]$. Quindi, nel nostro caso, si avrebbe $f(\xi) = f(x) + f'(x)(\xi - x)$; per $\xi = y$ si troverebbe $f(y) = f(x) + f'(x)(y - x)$. Definendo $z = (1-t)x + ty$, poiché f è strettamente convessa, si avrebbe

$$f(z) < \frac{z-x}{y-x} f(x) + \frac{y-z}{y-x} f(y) \implies f(z) < f(x) + \frac{f(y)-f(x)}{y-x}(z-x),$$

che per $z = y$ darebbe $f(y) < f(x) + f'(x)(y-x)$, portando a una contraddizione.]

Esercizio 6.3 Si dimostri che una funzione $f\colon [a, b] \to \mathbb{R}$ di classe C^2 è convessa in $[a, b]$ se è solo se $f''(x) \geq 0\ \forall x \in (a, b)$ ed è strettamente convessa se $f''(x) > 0\ \forall x \in (a, b)$. [*Soluzione.* La funzione $f'\colon (a, b) \to \mathbb{R}$ è crescente in (a, b) se e solo se $f''(x) \geq 0\ \forall x \in (a, b)$ ed è strettamente crescente se $f''(x) > 0\ \forall x \in (a, b)$. L'asserto segue allora dall'esercizio 6.2. Si noti che una funzione strettamente convessa di classe C^2 può avere la derivata seconda che si annulla in qualche punto; per esempio, la funzione $f(x) = x^4$ è strettamente convessa in $\mathbb{R}$, ma $f''(0) = 0$.]

Esercizio 6.4 Si dimostri che la trasformata di Legendre della funzione $f(x) = ax$, con $a \in \mathbb{R}$, è data dalla (6.4).

Esercizio 6.5 Si dimostri che la trasformata di Legendre della funzione $f(x) = ax^2/2$, con $a > 0$, è $g(y) = y^2/2a$.

Esercizio 6.6 Si calcoli la trasformata di Legendre della funzione $f(x) = \mathrm{e}^x$. [*Soluzione.* La trasformata di Legendre $g(y)$ di $f(x) = \mathrm{e}^x$ è tale che $g(y) = y(\log y - 1)$ per $y > 0$, $g(0) = 0$ e $g(y) = +\infty$ per $y < 0$.]

Esercizio 6.7 Si calcoli la trasformata di Legendre della funzione $f(x) = -\log x$, definita in $(0, +\infty)$. [*Soluzione.* Si estende $f(x)$ a una funzione propria ponendo $f(x) = +\infty$ per $x \leq 0$. La sua trasformata di Legendre $g(y)$ è allora tale che $g(y) = -1 - \log(-y)$ per $y < 0$ e $g(y) = +\infty$ per $y \geq 0$.]

Esercizio 6.8 Si calcoli la trasformata di Legendre della funzione $f(x) = |x|$. [*Soluzione*. La trasformata di Legendre $g(y)$ di $f(x)$ è tale che $g(y) = 0$ per $|y| \leq 1$ e $g(y) = +\infty$ per $|y| > 1$.]

Esercizio 6.9 Sia f una funzione convessa di classe C^2. Si dimostri che se $g(y)$ è la trasformata di Legendre (6.2) di f, allora si ha $g'(y) = (f')^{-1}(y)$. [*Soluzione*. Dalla (6.2) si ha

$$g'(y) = x(y) + yx'(y) - f'(x(y))x'(y),$$

dove $'$ denota derivazione rispetto al proprio argomento. Di conseguenza si ottiene $g'(y) = x(y) + x'(y)(y - f'(x)) = x(y)$, poiché $y = f'(x)$.]

Esercizio 6.10 Sia f una funzione convessa di classe C^2. Si dimostri che se $g(y)$ è la trasformata di Legendre (6.2) di f, allora si ha $g''(y) = 1/f''(x(y))$. [*Soluzione*. Poiché $G(y) = g'(y) = F^{-1}(y)$, dove $F(x) = f'(x)$, si ha $(F \circ G)(y) = F(G(y)) = y$, che, derivata rispetto a y, implica l'identità $F'(G(y))\, G'(y) = 1$. Da qui segue che $G'(y) = 1/F'(G(y)) = 1/F'(g'(y)) = 1/F'(x(y))$.]

Esercizio 6.11 Si dimostri che la trasformata di Legendre della trasformata di Legendre di una funzione convessa di classe C^2 è la funzione stessa. [*Soluzione*. Siano $g(y)$ la trasformata di Legendre di $f(x)$ e $\tilde{f}(z)$ la trasformata di Legendre di $g(y)$: allora $g(y) = y\, x(y) - f(x(y))$, dove $f'(x(y)) = y$, e

$$\tilde{f}(z) = z\, y(z) - g(y(z)) = z\, y(z) - y(z)\, x(y(z)) + f(x(y(z))),$$

dove $g'(y(z)) = z$. Quindi l'asserto si ottiene se dimostriamo che $x(y(z)) = z$. Questo segue dal fatto che

$$x(y(z)) = x((g')^{-1}(z)) = (f')^{-1}((g')^{-1}(z)) = ((f')^{-1} \circ (g')^{-1})(z) = z,$$

poiché $f' \circ g' = \mathbb{1}$.]

Esercizio 6.12 Una funzione $f : \mathbb{R}^n \to \mathbb{R}$ è *affine* se è della forma $f(x) = \langle a, x \rangle + b$, dove $a \in \mathbb{R}^n$ e $b \in \mathbb{R}$ sono costanti fissate. Si mostri che la trasformata di Legendre di una funzione affine non è limitata. [*Suggerimento*. Come nel caso in una dimensione (cfr. l'esercizio 6.4), si ha $g(y) = +\infty$ per ogni $y \neq a$, mentre $g(a) = -b$.]

Esercizio 6.13 Si dimostri che una funzione propria $f : \mathbb{R} \to \mathbb{R}$ è convessa se e solo $f((1-t)x_1 + tx_2) \leq (1-t) f(x_1) + t f(x_2)$ per ogni $x_1, x_2 \in \mathbb{R}$ e ogni $t \in [0, 1]$.

Esercizio 6.14 Sia A un sottoinsieme non vuoto chiuso convesso di $\mathbb{R}^2$ e sia $P \in \mathbb{R}^2$ un punto non contenuto in A. Si dimostri che A e P sono *strettamente separabili*, i.e. che esiste una retta r tale che A e P giacciono nei semipiani opposti determinati da r. [*Suggerimento.* Sia (x, y) un sistema di coordinate in $\mathbb{R}^2$; una retta di equazione $ax + by = c$ divide $\mathbb{R}^2$ in due semipiani π_1 e π_2, che hanno equazione $ax + by > c$ e $ax + by < c$, rispettivamente. Si deve allora dimostrare che, se A è un insieme convesso e $P = (x_0, y_0)$ non appartiene ad A, allora esiste una retta r di equazione $ax + by = c$ tale che $ax + by > ax_0 + by_0$ per ogni $(x, y) \in A$.]

Esercizio 6.15 Si dimostri il teorema di Fenchel-Moreau enunciato nell'osservazione 6.5. [*Soluzione*. Dimostriamo le implicazioni (1) $\Longrightarrow$ (2) $\Longrightarrow$ (3). Iniziamo dall'implicazione (1) $\Longrightarrow$ (2). Sia la funzione propria f chiusa e convessa. Quindi epi(f) è un insieme chiuso e convesso. Sia $x_0 \in \mathbb{R}$ e $\alpha_0 < f(x_0)$: allora $P = (x_0, \alpha_0)$ non appartiene a epi(f) ed esiste una retta r di equazione $ax + b\alpha = c$ che separa il punto P da epi(f) (cfr. l'esercizio 6.14). Si ha

$$ax_0 + b\alpha_0 < c \le \inf_{(x,\alpha)\in \mathrm{epi}(f)} (ax + b\alpha) =: \mu.$$

Per ogni $(x, \alpha) \in$ epi(f) si ha quindi $ax_0 + b\alpha_0 < ax + b\alpha$. Se $f(x_0) < +\infty$, prendendo $(x, \alpha) = (x_0, f(x_0))$ si trova $ax_0 + b\alpha_0 < ax_0 + bf(x_0)$, i.e. $b(f(x_0) - \alpha_0) > 0$. Poiché $f(x_0) > \alpha_0$ si ha $b > 0$: quindi, ridefinendo $A = a/b$ e $\mu_0 = \mu/b$ otteniamo

$$-Ax_0 + \mu_0 > \alpha_0, \qquad -Ax + \mu_0 \le \alpha \quad \forall (x, \alpha) \in \mathrm{epi}(f).$$

Poniamo $p(x) := -Ax + \mu_0$; la funzione $p(x)$ è affine (cfr. l'esercizio 6.12). Se $f(x) < +\infty$ e scegliamo $\alpha = f(x)$ nell'ultima diseguaglianza otteniamo $p(x) \le f(x)$; se $f(x) = +\infty$ abbiamo banalmente $p(x) \le +\infty$. Perciò la funzione affine $p(x)$ verifica $p(x) \le f(x)$ per ogni $x \in \mathbb{R}$. Inoltre per $x = x_0$ troviamo $p(x_0) = -Ax_0 + \mu_0 > \alpha_0$, così che si ha $\alpha_0 < p(x_0) \le f(x_0)$. Dal momento che si può scegliere α_0 arbitrariamente vicino a $f(x_0)$ troviamo che su dom(f) la funzione f è l'estremo superiore puntuale di funzioni affini non più grandi di f. Se $f(x_0) = +\infty$ e $b > 0$ si ragiona in modo simile. Se invece $f(x_0) = +\infty$ e $b = 0$ abbiamo

$$ax_0 < c \le \inf_{(x,\alpha)\in \mathrm{epi}(f)} ax,$$

da cui otteniamo

$$-ax_0 + c > 0, \quad -ax + c \le 0 \ \forall (x, \alpha) \in \mathrm{epi}(f).$$

Di nuovo esiste una funzione affine p non più grande di f. Per $\nu \in \mathbb{R}$ si consideri $p_\nu := p(x) + \nu(-ax + c)$. La funzione affine p_ν è non più grande di f su dom(f) per ogni $\nu > 0$; inoltre $p_\nu(x_0) = p(x_0) + \nu(-ax_0 + c) > \alpha_0$ se ν è sufficientemente grande. Quindi di nuovo $f(x_0)$ è l'estremo superiore dei valori che funzioni affini non più grandi di f assumono in x_0. Passiamo all'implicazione (2) $\Longrightarrow$ (3). Siano y e α tali che $f(x) \ge xy - \alpha$ per ogni $x \in \mathbb{R}$. Quindi $\alpha \ge xy - f(x)$ per ogni $x \in \mathbb{R}$, i.e.

$$\alpha \ge \sup_{x\in\mathbb{R}} (xy - f(x)) = f^*(y).$$

Poiché f è l'estremo superiore puntuale di funzioni affini non più grandi di f, possiamo scrivere

$$f(x) = \sup_{\substack{(y,\alpha)\in\mathbb{R}\times\mathbb{R} \\ \alpha \geq f^*(y)}} (xy - \alpha).$$

Dal momento che la funzione f è propria, allora anche la funzione f^* è propria (in particolare non assume mai valore $-\infty$), quindi l'estremo superiore è raggiunto per $\alpha = f^*(x)$. Da qui segue che

$$f(x) = \sup_{y\in\mathbb{R}} (xy - f^*(y)) = f^{**}(x).$$

Infine l'implicazione (3) $\Longrightarrow$ (1) segue dal fatto che la funzione coniugata è sempre convessa e chiusa.]

Esercizio 6.16 Sia $f \colon \mathbb{R}^n \to \mathbb{R}$ una funzione di classe C^2. Si dimostri che se la matrice di elementi (6.6) è definita positiva, allora f è strettamente convessa. [*Suggerimento.* Si definisca $\Psi(t) = f(x + tv)$, dove $v := y - x$, così che $\Psi(0) = f(x)$ e $\Psi(1) = f(y)$. Si ha

$$\Psi'(t) = \sum_{i=1}^{n} \frac{\partial f}{\partial x_i}(x + tv)\, v_i, \qquad \Psi''(t) = \sum_{i,j=1}^{n} \frac{\partial^2 f}{\partial x_i \partial x_j}(x + tv)\, v_i v_j,$$

così che $\Psi''(t) > 0$, dal momento che per ipotesi la matrice di elementi (6.6) è definita positiva. Ne segue che la funzione $\Psi'(t)$ è strettamente crescente. Inoltre, per ogni $t \in [0, 1]$, esistono $t_1 \in [0, t]$ e $t_2 \in [t, 1]$ tali che $\Psi(t) - \Psi(0) = t\,\Psi'(t_1)$ e $\Psi(1) - \Psi(t) = \Psi'(t_2)(1 - t)$, per il teorema di Lagrange (cfr. l'esercizio 2.4 del volume 1). Si ha pertanto

$$(1-t)\big(\Psi(t) - \Psi(0)\big) = (1-t)\,t\,\Psi'(t_1) < (1-t)\,t\,\Psi'(t_2) = t\big(\Psi(1) - \Psi(t)\big),$$

da cui segue che $\Psi(t) = ((1-t)+t)\Psi(t) < (1-t)\Psi(t) + t\Psi(1)$, che comporta l'asserto.]

Esercizio 6.17 Sia $f \colon \mathbb{R}^n \to \mathbb{R}$ una funzione convessa di classe C^2. Si dimostri che la sua trasformata di Legendre g è una funzione convessa di classe C^2 e che la trasformata di Legendre di g è la funzione f. Si estendano le definizioni e i risultati dati nell'osservazione 6.5 a funzioni $f \colon \mathbb{R}^n \to \mathbb{R}^n$.

Esercizio 6.18 Si dimostri che se g è la trasformata di Legendre di una funzione $f \colon \mathbb{R}^n \to \mathbb{R}$ di classe C^2 allora la matrice di elementi $[\partial^2 g/\partial y_i \partial y_j](y)$ è la matrice inversa della matrice di elementi $[\partial^2 f/\partial x_i \partial x_j](x(y))$. [*Suggerimento.* Si ragiona analogamente al caso in una dimensione. Se si denota $x(y)$ la soluzione dell'equazione $y = [\partial f/\partial x](x)$, si ha $[\partial g/\partial y](y) = x(y) = (\partial f/\partial x)^{-1}(y)$. Poniamo $G(y) := [\partial g/\partial y](y)$ e $F(x) := [\partial f/\partial x](x)$. Si ha $(F \circ G)(y) = y$, così che, derivandone la componente i-esima rispetto a y_j si trova

$$\sum_{k=1}^{n} \frac{\partial F_i}{\partial x_k}(x(y)) \frac{\partial G_k}{\partial y_j}(y) = \delta_{ij},$$

da cui segue l'asserto.]

Esercizio 6.19 Sia A un sottoinsieme non vuoto convesso di $\mathbb{R}^n$ e sia $P \notin A$. Si dimostri che A e P sono strettamente separabili, i.e. che esiste un iperpiano $\langle a, x \rangle = c$, con $(a, c) \in \mathbb{R}^{n-1} \times \mathbb{R}$ che divide $\mathbb{R}^n$ in due semispazi disgiunti S_1 e S_2 tali che $A \subset S_1$ e $P \in S_2$. Si estenda quindi la dimostrazione del teorema di Fenchel-Moreau data nell'esercizio 6.15 al caso di funzioni proprie $f\colon \mathbb{R}^n \to \mathbb{R}$.

Esercizio 6.20 Si dimostri che la trasformata di Legendre della funzione

$$f(x) = \frac{1}{p} \sum_{i=1}^{n} |x_i|^p$$

è data da

$$g(y) = \frac{1}{q} \sum_{i=1}^{n} |y_i|^q,$$

dove q è tale che $(1/p) + (1/q) = 1$. [*Suggerimento*. Se $n = 1$, si definisca

$$\gamma(x, y) := xy - \frac{|x|^p}{p}.$$

Si ha $\gamma(0, y) = 0$, mentre, per $x \neq 0$, la funzione $x \mapsto \gamma(x, y)$ è differenziabile in x e

$$\frac{\partial}{\partial x} \gamma(x, y) = y - x|x|^{p-2},$$

da cui si deduce che $\gamma(x, y) \leq \gamma(x(y), y)$, con $x(y) = \sigma(y)|y|^{1/(p-1)}$, se $\sigma(y) := y/|y|$ è il segno di y. Di conseguenza si ha $\sup_{x \in \mathbb{R}} \gamma(x, y) = |y|^q/q$. Per $n \geq 2$ basta osservare che la trasformata di $f(x)$ è

$$\sup_{x \in \mathbb{R}^2} \big(\gamma(x_1, y_1) + \ldots + \gamma(x_n, y_n)\big) = \sup_{x_1 \in \mathbb{R}} \gamma(x_1, y_1) + \ldots + \sup_{x_n \in \mathbb{R}} \gamma(x_n, y_n)$$

e ragionare come nel caso $n = 1$.]

Esercizio 6.21 Si dimostrino le relazioni (6.14).

Esercizio 6.22 Si dimostri la (6.20). [*Soluzione*. Si ha

$$\mathbb{1} + At = \begin{pmatrix} 1 + A_{11}t & A_{12}t & \dots & A_{1N}t \\ A_{21}t & 1 + A_{22}t & \dots A_{2N} & \\ \dots & \dots & \dots & \dots \\ A_{N1}t & A_{N2}t & \dots & 1 + A_{NN}t \end{pmatrix},$$

quindi il determinante è un polinomio di ordine N in t. Il termine di ordine 0 si ottiene per $t = 0$, ed è il determinante dell'identità, i.e. 1. Il termine lineare in t si ottiene prendendo il termine lineare in t dal prodotto degli elementi diagonali

$$\prod_{i=1}^{N}(1 + A_{ii}t) = 1 + \sum_{i=1}^{N} A_{ii}t + O(t^2)$$

ed è $(A_{11} + \ldots + A_{NN})t$. Tutti gli altri termini coinvolgono il prodotto di almeno due elementi $A_{ij}t$ e $A_{i'j'}t$ e sono quindi almeno quadratici in t. In conclusione $\det(\mathbb{1} + At) = 1 + (A_{11} + \ldots + A_{NN})t + O(t^2)$.]

Esercizio 6.23 Si dimostri che il teorema 6.22 si applica al sistema descritto nell'osservazione 6.24 (esperimento di Maxwell). [*Suggerimento*. Sia N il numero di molecole. Il volume dell'insieme $\mathcal{A}$ in cui si muovono le molecole è finito, quindi lo spazio delle configurazioni $\mathcal{A}^N$ è un insieme limitato. Se le interazioni tra le molecole e gli urti con le pareti sono sufficientemente regolari, l'hamiltoniana $\mathcal{H}$ che descrive il sistema è anch'essa sufficientemente regolare. In generale si può scrivere $\mathcal{H}$ nella forma

$$\mathcal{H} = \sum_{N=1}^{\infty} \frac{|\boldsymbol{p}_i|^2}{2m_i} + \sum_{1 \le i < j \le N} V(|\boldsymbol{q}_i - \boldsymbol{q}_j|) + \sum_{1=1}^{N} W(|\boldsymbol{q}_i),$$

dove il termine $V(|\boldsymbol{q}_i - \boldsymbol{q}_j|)$ rappresenta l'interazione tra le molecole P_i e P_j, mentre il termine $W(\boldsymbol{q}_i)$ descrive il comportamento della molecola P_i quando arriva in prossimità di una parete. Tipicamente l'interazione tre le molecole è descritta dall'energia potenziale di Lennard-Jones (cfr. l'esercizio 6.38 del volume 1) o comunque da un'energia potenziale con caratteristiche analoghe; la funzione W è una qualche funzione che regolarizza un urto elastico con la parete (in cui il punto viene riflesso in modo tale la velocità cambia direzione e verso ma non modulo). Quindi entrambe le funzioni V e W sono limitate inferiormente, i.e. esistono due costanti W_0 e V_0 tali che $W(\boldsymbol{q}) \ge W_0$ e $V(|\boldsymbol{q}|) \ge V_0$ per ogni $\boldsymbol{q} \in \mathcal{A}$. La conservazione dell'energia comporta la stima dal basso

$$E \ge \sum_{N=1}^{\infty} \frac{|\boldsymbol{p}_i|^2}{2m_i} - \frac{N(N-1)}{2} V_0 - N W_0$$

e garantisce quindi che anche le velocità non possono crescere indefinitamente. In conclusione lo spazio delle fasi è limitato.]

Esercizio 6.24 Si dimostri che se la funzione hamiltoniana $\mathcal{H}(q, p)$ verifica le proprietà che la matrice di elementi $\partial^2 \mathcal{H}/\partial p_i \partial p_j$ è definita positiva, allora la lagrangiana $\mathcal{L}$, definita come trasformata di Legedre di $\mathcal{H}$, verifica la proprietà che $\partial^2 \mathcal{L}/\partial \dot{q}_n^2 \neq 0$. [*Soluzione.* Siano A e B le matrici di elementi $A_{ij} = \partial^2 \mathcal{H}/\partial p_i \partial p_j$ e $B_{ij} = \partial^2 \mathcal{L}/\partial \dot{q}_i \partial \dot{q}_j$, rispettivamente. Poiché $\mathcal{L}$ è la trasformata di Legendre di $\mathcal{H}$, si ha $B = A^{-1}$ (cfr. l'esercizio 6.18). Se A è definita positiva, per ogni $x \in \mathbb{R}^n$, si ha

$$\langle x, Bx \rangle = \langle x, A^{-1}x \rangle = \langle AA^{-1}x, A^{-1}x \rangle = \langle y, Ay \rangle,$$

dove $y := A^{-1}x$, e quindi anche B è definita positiva. Ne segue che tutti i suoi elementi diagonali sono strettamente positivi (cfr. l'esercizio 2.10).]

Capitolo 7
Trasformazioni canoniche

Il modello è per definizione quello in cui non c'è niente da cambiare, quello che funziona alla perfezione; mentre la realtà vediamo bene che non funziona e che si spappola da tutte le parti; quindi non resta che costringerla a prendere la forma del modello, con le buone o con le cattive.

Italo Calvino, Palomar (1983)

7.1 Trasformazioni canoniche e simplettiche

Quando si studia un sistema dinamico, la scelta del sistema di coordinate è una questione di primaria importanza, dal momento che la maggiore o minore difficoltà che si incontra nel risolvere le equazioni del moto è fortemente collegata alle coordinate in cui si lavora. Il formalismo hamiltoniano, in cui coordinate e momenti sono trattati come variabili indipendenti, consente di ampliare la classe di trasformazioni ammissibili e di cercare un sistema di coordinate in cui le equazioni del moto acquistino una forma particolarmente facile da trattare. Poiché uno dei vantaggi del formalismo hamiltoniano rispetto a quello lagrangiano consiste nella visione più profonda della struttura formale della meccanica, appare ragionevole considerare trasformazioni che conservino tale struttura. Questo porta naturalmente, come vedremo, alla nozione di trasformazione canonica.

Iniziamo con alcuni richiami di analisi matematica. Dato uno spazio vettoriale reale E indichiamo con E^* lo *spazio duale* di E, i.e. lo spazio vettoriale delle applicazioni lineari da E in $\mathbb{R}$. Gli elementi di E^* si chiamano *funzionali lineari* o *forme lineari*.

Dato un aperto $\mathcal{A} \subset \mathbb{R}^n$ si definisce *forma differenziale* in $\mathcal{A}$ un'applicazione continua ω da $\mathcal{A}$ in $(\mathbb{R}^n)^*$. Fissata una base $\{e_1, \dots, e_n\}$ in $\mathbb{R}^n$, ogni vettore x in $\mathbb{R}^n$ si decompone in modo unico nella forma $x = x_1 e_1 + \dots + x_n e_n$; si chiama *base canonica dello spazio duale* – o semplicemente *base duale* – la base in $(\mathbb{R}^n)^*$, indicata con $\{\mathrm{d}x_1, \dots, \mathrm{d}x_n\}$, tale che l'azione di $\mathrm{d}x_i$ su un vettore $v = v_1 e_1 + \dots + v_n e_n$ è definita da $\mathrm{d}x_i(v) = v_i$; in particolare si ha $\mathrm{d}x_i(e_j) = \delta_{ij}$, dove δ_{ij} è il simbolo

G. Gentile, *Introduzione ai sistemi dinamici – Volume 2*, UNITEXT 133,
https://doi.org/10.1007/978-88-470-4014-4_7

di Kronecker. Una forma differenziale ω si scrive come

$$\omega = \sum_{k=1}^{n} f_k(x)\,\mathrm{d}x_k = \langle f(x), \mathrm{d}x \rangle, \tag{7.1}$$

dove $\mathrm{d}x = (\mathrm{d}x_1, \ldots, \mathrm{d}x_n)$ e $f(x) = (f_1(x), \ldots, f_n(x))$ è una funzione definita in $\mathcal{A}$. In accordo con la definizione, la funzione f è almeno continua in $\mathcal{A}$; la forma differenziale ω si dice di classe C^p se le funzioni f_k sono di classe C^p. Per ogni $v \in \mathbb{R}^n$, la forma differenziale ω definisce quindi un'applicazione $(x, v) \mapsto \omega(x; v) = f_1(x)\,v_1 + \ldots + f_n(x)\,v_n$; in particolare $f_i(x) = \omega(x; e_i)$.

Osservazione 7.1 Come vedremo al §7.3, una forma differenziale è più in generale un'applicazione definita su una varietà M, che a ogni punto $x \in M$ associa un'applicazione lineare che agisce sullo spazio tangente $T_x M$. Tuttavia, se M è uno spazio vettoriale E (che si può sempre identificare con $\mathbb{R}^n$), lo spazio tangente $T_x M$ è E stesso, così che, fin tanto che si considerino forme differenziali definite su uno spazio vettoriale E, non è necessario introdurre lo spazio tangente, ma è sufficiente considerare lo spazio duale di E.

Ricordiamo (cfr. l'osservazione 3.35 del volume 1) che una curva regolare in $\mathbb{R}^n$ è un'applicazione differenziabile $\gamma\colon [a, b] \to \mathbb{R}^n$ tale che $\mathrm{d}\gamma(t)/\mathrm{d}t \neq 0$ $\forall t \in (a, b)$. Definiamo *integrale della forma differenziale ω lungo la curva regolare γ* il numero

$$\int_\gamma \omega = \int_a^b \mathrm{d}t \sum_{k=1}^{n} f_k(\gamma(t))\,\frac{\mathrm{d}\gamma_k(t)}{\mathrm{d}t} = \int_a^b \mathrm{d}t \left\langle f(\gamma(t)), \frac{\mathrm{d}\gamma(t)}{\mathrm{d}t} \right\rangle,$$

dove γ_k sono le componenti dell'applicazione γ nella base fissata. Più in generale si può considerare l'integrale di una forma differenziale lungo una *curva regolare a tratti*, i.e. una curva $\gamma : [a, b] \to \mathbb{R}^n$ tale che $[a, b]$ è l'unione di un numero finito di intervalli $[t_i, t_{i-1}]$, dove $i = 1, \ldots, p$ per qualche $p \in \mathbb{N}$, in ciascuno dei quali γ è regolare; in questo caso si definisce

$$\int_\gamma \omega = \sum_{i=1}^{p} \int_{t_{i-1}}^{t_i} \mathrm{d}t \sum_{k=1}^{n} f_k(\gamma(t))\,\frac{\mathrm{d}\gamma_k(t)}{\mathrm{d}t}, \tag{7.2}$$

dove $t_0 = a$ e $t_p = b$. Questo consente di calcolare l'integrale di una forma differenziale lungo *curve poligonali*, i.e. curve regolari a tratti il cui sostegno sia costituito da segmenti che connettono una serie di punti consecutivi. Infine, se γ è una curva chiusa si scrive usualmente l'integrale come

$$\oint_\gamma \omega.$$

Osservazione 7.2 Data una curva γ in un aperto $\mathcal{A} \subset \mathbb{R}^n$, sia $\tilde{\gamma}$ una riparametrizzazione di γ (cfr. l'esercizio 3.36 del volume 1), così che $\tilde{\gamma}\colon [c,d] \to \mathcal{A}$ è tale che $\tilde{\gamma}(s(t)) = \gamma(t)$ per qualche funzione suriettiva $s\colon [a,b] \to [c,d]$ tale che $\mathrm{d}s(t)/\mathrm{d}t \neq 0$ $\forall t \in [a,b]$. Si vede facilmente che

$$\int_\gamma \omega = \int_a^b \mathrm{d}t \left\langle f(\tilde{\gamma}(s(t))), \frac{\mathrm{d}\tilde{\gamma}(s(t))}{\mathrm{d}t} \right\rangle = \int_a^b \mathrm{d}t \left\langle f(\tilde{\gamma}(s(t))), \frac{\mathrm{d}\tilde{\gamma}(s(t))}{\mathrm{d}s} \right\rangle \frac{\mathrm{d}s}{\mathrm{d}t}$$
$$= \int_{s(a)}^{s(b)} \mathrm{d}s \left\langle f(\tilde{\gamma}(s)), \frac{\mathrm{d}\tilde{\gamma}(s)}{\mathrm{d}s} \right\rangle = \frac{s(b)-s(a)}{d-c} \int_{\tilde{\gamma}} \omega,$$

dove $s(a) = c$ e $s(b) = d$ se $t \mapsto s(t)$ è crescente, mentre $s(a) = d$ e $s(b) = c$ se $t \mapsto s(t)$ è decrescente, così che $(s(b) - s(a))/(d - c)$ è uguale a 1 e -1, rispettivamente. In conclusione si ha:

1. $\displaystyle\int_{\tilde{\gamma}} \omega = \int_\gamma \omega$ se γ e $\tilde{\gamma}$ hanno lo stesso verso,
2. $\displaystyle\int_{\tilde{\gamma}} \omega = -\int_\gamma \omega$ se γ e $\tilde{\gamma}$ hanno versi opposti.

Per esempio se $s(t) = (b-a)^{-1}(bd - ac - (d-c)t)$, $\tilde{\gamma}$ e γ hanno verso opposto.

La forma differenziale (7.1) si dice *esatta* in $\mathcal{A}$ se esiste una funzione $\psi\colon \mathcal{A} \to \mathbb{R}$ di classe C^1 tale $\omega = \mathrm{d}\psi$, i.e. se

$$f_k(x) = \frac{\partial \psi}{\partial x_k}(x), \qquad k = 1, \dots, n. \tag{7.3}$$

Se questo succede, ω costituisce il *differenziale* della funzione ψ. Una forma differenziale ω è esatta in $\mathcal{A}$ se e solo se l'integrale lungo qualsiasi curva chiusa in $\mathcal{A}$ è nullo (cfr. l'esercizio 7.2).

La forma differenziale (7.1) si dice *chiusa* se f è di classe C^1 e si ha

$$\frac{\partial f_i}{\partial x_j} = \frac{\partial f_j}{\partial x_i}, \qquad i, j = 1, \dots, n. \tag{7.4}$$

Una forma differenziale esatta (di classe C^2) è necessariamente chiusa. Il contrario non è vero (cfr. l'esercizio 7.7). Tuttavia, in un insieme che sia stellato, o più in generale semplicemente connesso (cfr. gli esercizi 7.3 e 7.4 per le definizioni), una forma differenziale è esatta se e solo se è chiusa (cfr. l'esercizio 7.3 nel caso di insiemi stellati e l'esercizio 7.6 nel caso di insiemi semplicemente connessi); tale risultato è un caso particolare del lemma di Poincaré che sarà discusso più avanti (cfr. il lemma 7.48). In conclusione, localmente le nozioni di forma chiusa e di forma esatta coincidono.

Nel seguito considereremo sistemi hamiltoniani descritti da coordinate canoniche (q, p), dove $(q, p) \in \mathcal{A} \subset \mathbb{R}^n \times \mathbb{R}^n$, e scriveremo $z = (q, p)$. Indichiamo con $M(N, \mathbb{R})$ l'insieme delle matrici $N \times N$ a elementi reali (cfr. il §1.1.2 del volume 1 per le notazioni).

Definizione 7.3 (Matrice simplettica) *Una matrice $A \in \mathrm{M}(2n, \mathbb{R})$ si dice* simplettica *se*

$$A^T E A = E, \tag{7.5}$$

dove A^T è la trasposta di A ed E è la matrice simplettica standard (6.13).

Osservazione 7.4 Sia A una matrice simplettica. Scriviamo A nella forma

$$A = \begin{pmatrix} \alpha & \beta \\ \gamma & \delta \end{pmatrix}, \tag{7.6}$$

con $\alpha, \beta, \gamma, \delta$ matrici reali $n \times n$. In termini di tali matrici la (7.5) si legge

$$\gamma^T \alpha = \alpha^T \gamma, \tag{7.7a}$$

$$\delta^T \beta = \beta^T \delta, \tag{7.7b}$$

$$\delta^T \alpha - \beta^T \gamma = \mathbb{1}. \tag{7.7c}$$

Lemma 7.5 *Il prodotto di due matrici simplettiche è una matrice simplettica.*

Dimostrazione Se A e B sono due matrici simplettiche si ha $A^T E A = E$ e $B^T E B = E$, e quindi, se $C = AB$ è il prodotto delle due matrici A e B, si ottiene $C^T E C = (AB)^T E A B = B^T A^T E A B = B^T E B = E$. □

Lemma 7.6 *L'identità $\mathbb{1}$ e la matrice simplettica standard* (6.13) *sono matrici simplettiche.*

Dimostrazione Si ha $\mathbb{1}^T E \mathbb{1} = \mathbb{1} E \mathbb{1} = E$ e, utilizzando la (6.14), si ottiene $E^T E E = -E^2 E = \mathbb{1} E = E$. □

Lemma 7.7 *L'inversa di una matrice simplettica è simplettica.*

Dimostrazione Sia A una matrice simplettica. Dimostriamo innanzitutto che A è invertibile. Dal momento che $\det E = \det A^T \det E \det A = \det E (\det A)^2$ e $\det E = 1$ – come si verifica immediatamente (cfr. l'esercizio 7.8) – si ha $\det A = \pm 1$, quindi esiste A^{-1}. Moltiplicando la (7.5) a destra per A^{-1} e a sinistra per E, utilizzando il fatto che $E^2 = -\mathbb{1}$, otteniamo

$$A^{-1} = -E A^T E. \tag{7.8}$$

Per verificare se A^{-1} è simplettica consideriamo $(A^{-1})^T E A^{-1}$; si ha

$$
\begin{aligned}
(A^{-1})^T E A^{-1} &= (E A^T E)^T E E A^T E = E^T A E^T E E A^T E \\
&= E A\,(-E A^T E) = E A A^{-1} = E,
\end{aligned}
$$

per la (7.8) e per il fatto che $E^T = -E$. □

Lemma 7.8 *La trasposta di una matrice simplettica è simplettica.*

Dimostrazione Moltiplicando la (7.8) a destra per E e utilizzando il fatto che $E^2 = -\mathbb{1}$ si ottiene $A^{-1}E = EA^T$, così che

$$
(A^T)^T E A^T = A E A^T = A A^{-1} E = E,
$$

che dimostra l'asserto. □

Osservazione 7.9 Le matrici simplettiche formano un gruppo (cfr. l'esercizio 7.9). Il gruppo delle matrici simplettiche $2n \times 2n$ si indica con $\mathrm{Sp}(2n)$.

Nel corso della dimostrazione del lemma 7.7 abbiamo trovato che il determinante di una qualsiasi matrice simplettica A vale ± 1. In realtà si ha $\det A = 1$, anche se la dimostrazione di tale proprietà non è assolutamente così banale come dimostrare che $|\det A| = 1$. Prima di procedere con la dimostrazione diamo un risultato preliminare.

Lemma 7.10 *Data la matrice* $2n \times 2n$

$$
\Lambda = \begin{pmatrix} \lambda & -\mu \\ \mu & \lambda \end{pmatrix}, \tag{7.9}
$$

con λ, μ *matrici reali* $n \times n$, *si ha* $\det \Lambda = |\det(\lambda + i\mu)|^2 \geq 0$.

Dimostrazione Consideriamo la matrice

$$
Q = \begin{pmatrix} \mathbb{1} & i\mathbb{1} \\ \mathbb{1} & -i\mathbb{1} \end{pmatrix},
$$

dove $\mathbb{1}$ è l'identità $n \times n$. La matrice Q è non singolare, e la sua inversa è

$$
Q^{-1} = \frac{1}{2}\begin{pmatrix} \mathbb{1} & \mathbb{1} \\ -i\mathbb{1} & i\mathbb{1} \end{pmatrix}.
$$

Allora si ha

$$
\begin{aligned}
\det \Lambda &= \det Q \, \det \Lambda \, \det Q^{-1} = \det(Q \Lambda Q^{-1}) = \det \begin{pmatrix} \lambda + i\mu & 0 \\ 0 & \lambda - i\mu \end{pmatrix} \\
&= \det(\lambda + i\mu)\, \det(\lambda - i\mu) = \det(\lambda + i\mu)\, \overline{\det(\lambda + i\mu)} = |\det(\lambda + i\mu)|^2,
\end{aligned}
$$

da cui segue l'asserto. □

Teorema 7.11 *Sia A una matrice simplettica. Allora* $\det A = 1$.

Dimostrazione Sia A una matrice simplettica. Scriviamo A nella forma (7.6). Consideriamo la matrice ΛA, con Λ data dalla (7.9); si ottiene immediatamente

$$\Lambda A = \begin{pmatrix} \lambda\alpha - \mu\gamma & \lambda\beta - \mu\delta \\ \mu\alpha + \lambda\gamma & \mu\beta + \lambda\delta \end{pmatrix}.$$

Scegliamo in (7.9)

$$\lambda = \delta^T, \qquad \mu = \beta^T \Longrightarrow \Lambda = \begin{pmatrix} \delta^T & -\beta^T \\ \beta^T & \delta^T \end{pmatrix}, \tag{7.10}$$

Risulta allora, tenendo conto delle (7.7),

$$\Lambda A = \begin{pmatrix} \mathbb{1} & 0 \\ \beta^T\alpha + \delta^T\gamma & \beta^T\beta + \delta^T\delta \end{pmatrix},$$

così che $\det(\Lambda A) = \det(\beta^T\beta + \delta^T\delta)$. D'altra parte la matrice $\beta^T\beta + \delta^T\delta$ è definita positiva. Questo si dimostra come segue. Per ogni $x \in \mathbb{R}^n$ si ha

$$\left\langle x, (\beta^T\beta + \delta^T\delta)x \right\rangle = \langle \beta x, \beta x\rangle + \langle \delta x, \delta x\rangle = |\beta x|^2 + |\delta x|^2 \geq 0.$$

Si può avere il segno uguale solo se $x = \bar{x} \in \mathbb{R}^n$, con $\bar{x}$ nel nucleo sia di β che di δ, i.e. $\beta\bar{x} = \delta\bar{x} = 0$. Tuttavia, se succedesse questo, si avrebbe

$$\begin{pmatrix} \alpha & \beta \\ \gamma & \delta \end{pmatrix}\begin{pmatrix} 0 \\ \bar{x} \end{pmatrix} = \begin{pmatrix} \beta\bar{x} \\ \delta\bar{x} \end{pmatrix} = 0,$$

i.e. il vettore $(0, \bar{x}) \in \mathbb{R}^{2n}$ sarebbe un autovettore di A associato all'autovalore 0. Questo non è possibile dal momento che $\det A = \pm 1 \neq 0$. Ne segue che la matrice $\beta^T\beta + \delta^T\delta$ deve essere definita positiva. In conclusione, se Λ è scelto come in (7.10), si ha $\det(\Lambda A) = \det A \det \Lambda > 0$, che, unito al fatto che $\det A = \pm 1$ e $\det \Lambda \geq 0$, implica $\det A = 1$ e $\det \Lambda > 0$. □

Definizione 7.12 (Trasformazione di coordinate) *Una* trasformazione di coordinate *è un'applicazione $z \mapsto Z = Z(z,t)$, definita sullo spazio delle fasi, di classe C^2, invertibile con inversa di classe C^2. Se $Z(z,t) = Z(z)$, i.e. se Z non dipende esplicitamente dal tempo, la trasformazione di coordinate si dice* indipendente dal tempo.

In generale, nel definire una trasformazione (o cambiamento) di coordinate, si richiede che sia di classe C^1 (cfr. l'osservazione 1.43 del volume 1). Tuttavia, se si vuole che un campo vettoriale di classe C^1 sia in generale, nelle nuove coordinate, ancora di classe C^1, occorre che la trasformazione sia di classe C^2; in particolare, nel caso di sistemi hamiltoniani, il fatto che la trasformazione sia di classe C^2 garantisce che un'hamiltoniana di classe C^2, quando venga espressa nelle nuove variabili, rimanga di classe C^2. Questo giustifica la definizione 7.12.

Esempio 7.13 Il *riscalamento* $z = (q, p) \mapsto Z = (Q, P)$, con $Q = \alpha q$ e $P = \beta p$, con $\alpha\beta \neq 0$, è una trasformazione di coordinate.

Esempio 7.14 Lo *scambio delle coordinate con i rispettivi momenti*, definito da $z = (q, p) \mapsto Z = (Q, P)$, con $Q = p$ e $P = q$, è una trasformazione di coordinate.

Definizione 7.15 (Trasformazione canonica) *Una trasformazione di coordinate $z \mapsto Z(z, t)$ è una* trasformazione canonica *se la matrice jacobiana $J = \partial Z(z, t)/\partial z$ è simplettica per ogni t.*

Definizione 7.16 (Trasformazione simplettica) *Una trasformazione di coordinate $z \mapsto Z(z, t)$ è una* trasformazione simplettica *se è canonica e non dipende esplicitamente dal tempo.*

Definizione 7.17 (Trasformazione che conserva la struttura canonica delle equazioni) *Una trasformazione di coordinate $z \mapsto Z(z, t)$ è una* trasformazione che conserva la struttura canonica delle equazioni *se per ogni funzione $\mathcal{H}$ di classe C^2 esiste una funzione $\mathcal{K}$ di classe C^2 tale che le soluzioni del sistema di equazioni $\dot{z} = E\partial\mathcal{H}/\partial z$ sono trasformate in soluzioni del sistema di equazioni $\dot{Z} = E\partial\mathcal{K}/\partial Z$.*

Osservazione 7.18 Il lemma 7.7 è consistente con il fatto che una trasformazione canonica è sempre invertibile (in quanto trasformazione di coordinate); inoltre mostra che una trasformazione di coordinate è canonica se e solo se la sua inversa è canonica.

Osservazione 7.19 Le trasformazioni di coordinate degli esempi 7.13 e 7.14 conservano la struttura canonica delle equazioni, con $\mathcal{K} = \alpha\beta\mathcal{H}$ nell'esempio 7.13 e $\mathcal{K} = -\mathcal{H}$ nell'esempio 7.14, ma non sono trasformazioni canoniche – tranne il caso, nell'esempio 7.13, in cui si abbia $\alpha\beta = 1$ (cfr. l'esercizio 7.10). Se invece, oltre a scambiamo tra loro le coordinate q e p, in più cambiamo il segno delle q (oppure alle p), la trasformazione $(q, p) \mapsto (Q, P) = (p, -q)$ che si ottiene è canonica (cfr. l'esercizio 7.11). Più in generale è canonica la trasformazione di coordinate $(q_1, \ldots, q_n, p_1, \ldots, p_n) \mapsto (Q_1, \ldots, Q_n, P_1, \ldots, P_n)$ tale che si abbia $(Q_i, P_i) = (q_i, p_i)$ per alcuni $i \in \{1, \ldots, n\}$ e $(Q_i, P_i) = (p_i, -q_i)$ per i restanti i (cfr. sempre l'esercizio 7.11).

Teorema 7.20 *Le trasformazioni canoniche conservano la struttura canonica delle equazioni.*

Dimostrazione Sia $z \mapsto Z(z,t)$ una trasformazione canonica, e sia $J = \partial Z/\partial z$ la sua matrice jacobiana, i.e. la matrice di elementi $J_{ik} = \partial Z_i/\partial z_k$.

Per ogni funzione F di classe C^1, si ha

$$\begin{aligned} \frac{\partial F}{\partial z_i} &= \frac{\partial F(z(Z,t),t)}{\partial z_i} = \sum_{k=1}^{2n} \frac{\partial F(z(Z,t),t)}{\partial Z_k}\frac{\partial Z_k}{\partial z_i} = \sum_{k=1}^{2n} \frac{\partial \hat{F}(Z,t)}{\partial Z_k}\frac{\partial Z_k}{\partial z_i} \\ &= \sum_{k=1}^{2n} J_{ki}\frac{\partial \hat{F}(Z,t)}{\partial Z_k} = \sum_{k=1}^{2n} (J^T)_{ik}\frac{\partial \hat{F}(Z,t)}{\partial Z_k} = \left(J^T \frac{\partial \hat{F}(Z,t)}{\partial Z}\right)_i, \end{aligned}$$

ovvero, in forma vettoriale,

$$\frac{\partial F}{\partial z} = J^T \frac{\partial \hat{F}(Z,t)}{\partial Z}, \tag{7.11}$$

dove $Z \mapsto z(Z,t)$ indica la trasformazione inversa di $z \mapsto Z(z,t)$ e si è posto $\hat{F}(Z,t) := F(z(Z,t),t)$. Si ha $J^T E J = J E J^T = E$, poiché la trasformazione è canonica, e quindi, ponendo $\hat{\mathcal{H}}(Z,t) = \mathcal{H}(z(Z,t),t)$ e usando la (7.11),

$$\begin{aligned} \dot{Z} &= \frac{\mathrm{d}}{\mathrm{d}t} Z(z(t),t) = J\,\dot{z} + \frac{\partial Z}{\partial t} = J\,E\frac{\partial \mathcal{H}}{\partial z} + \frac{\partial Z}{\partial t} \\ &= J E J^T \frac{\partial \hat{\mathcal{H}}}{\partial Z} + \frac{\partial Z}{\partial t} = E\frac{\partial \hat{\mathcal{H}}}{\partial Z} + \frac{\partial Z}{\partial t}. \end{aligned} \tag{7.12}$$

Per completare la dimostrazione, in virtù della (7.12), dobbiamo far vedere che esiste una funzione Ψ tale che $\partial Z/\partial t = E\partial\Psi/\partial Z$, i.e. tale che

$$f := -E\frac{\partial Z}{\partial t} = \frac{\partial \Psi}{\partial Z}. \tag{7.13}$$

Consideriamo allora la forma differenziale di classe C^1 (sotto le ipotesi di regolarità della trasformazione di coordinate)

$$\omega = \sum_{k=1}^{2n} f_k(Z,t)\,\mathrm{d}Z_k, \tag{7.14}$$

dove $f_1, \ldots, f_{2n}$ sono le componenti della funzione f definita in (7.13). La forma differenziale (7.14) è esatta se esiste una funzione Ψ di classe C^2 tale che $f_k = \partial\Psi/\partial Z_k$, mentre è chiusa se si ha $\partial f_i/\partial Z_k = \partial f_k/\partial Z_i$ per ogni $i,k = 1,\ldots,2n$ (cfr. le (7.3) e (7.4)). Poiché localmente ogni forma differenziale è esatta se e solo se è chiusa (cfr. i richiami dopo la (7.4)), per dimostrare la (7.13) basta far vedere che la (7.14) è chiusa, i.e. che la matrice A di elementi

$$A_{ik} = \frac{\partial f_i}{\partial Z_k}$$

è simmetrica. Si ha

$$A = \frac{\partial f}{\partial Z} = -E\frac{\partial}{\partial Z}\frac{\partial Z}{\partial t} = -E\frac{\partial}{\partial z}\frac{\partial Z}{\partial t}J^{-1} = -E\frac{\partial J}{\partial t}J^{-1},$$

che possiamo riscrivere

$$A = EJ_t EJ^T E, \tag{7.15}$$

avendo posto $J_t := \partial J/\partial t$, per semplificare la notazione, e utilizzato la (7.8) con $A = J$. Si ha

$$A^T = \left(EJ_t EJ^T E\right)^T = E^T JE^T J_t^T E^T = -EJEJ_t^T E, \tag{7.16}$$

e quindi la differenza tra le (7.15) e (7.16) dà

$$A - A^T = E\left(J_t EJ^T + JEJ_t^T\right)E = E\frac{\partial}{\partial t}\left(JEJ^T\right)E = E\frac{\partial E}{\partial t}E = 0,$$

dove si è utilizzato che J^T è simplettica (cfr. il lemma 7.8) per scrivere $JEJ^T = E$ e si è tenuto conto che E è costante. In conclusione si ha $A = A^T$, i.e. A è simmetrica, e quindi esiste una funzione Ψ di classe C^2 tale che la forma differenziale (7.14) è il differenziale esatto di Ψ. Nelle nuove coordinate Z il campo vettoriale è un campo vettoriale hamiltoniano, con hamiltoniana $\mathcal{K}(Z,t) = \hat{\mathcal{H}}(z(Z,t),t) + \Psi(Z,t)$. Se la trasformazione $z \mapsto Z(z,t)$ non dipende esplicitamente dal tempo, i.e. $Z = Z(z)$, si ha $\mathcal{K}(Z) = \hat{\mathcal{H}}(z(Z))$. □

Osservazione 7.21 La dimostrazione del teorema 7.20 mostra che una trasformazine simplettica conserva la struttura canonica delle equazioni del moto con la stessa hamiltoniana (espressa nelle nuove variabili): l'hamiltoniana $\mathcal{H}(z,t)$ è trasformata in $\mathcal{K}(Z,t) = \mathcal{H}(z(Z),t)$. Se invece la trasformazione canonica dipende dal tempo, la nuova hamiltoniana è della forma $\mathcal{K}(Z,t) = \mathcal{H}(z(Z,t),t) + \Psi(Z,t)$, dove la funzione Ψ è determinata dalla (7.13). Un metodo alternativo per individuare la funzione Ψ sarà fornito più avanti, una volta introdotte le funzioni generatrici (cfr. il §7.4).

Abbiamo visto che una trasformazione canonica conserva la struttura canonica delle equazioni del moto (cfr. il teorema 7.20). Gli esempi 7.13 e 7.14 mostrano che il viceversa non è vero, i.e. una trasformazione che conserva la struttura canonica delle equazioni non necessariamente è canonica (cfr. l'osservazione 7.19). Nel caso di trasformazioni indipendenti dal tempo tuttavia vale il seguente risultato.

Teorema 7.22 *Sia $z \mapsto Z(z)$ una trasformazione di coordinate indipendente dal tempo. Le due affermazioni seguenti sono equivalenti.*

(1) La trasformazione è simplettica.
(2) La trasformazione conserva la struttura canonica delle equazioni con la stessa hamiltoniana.

Dimostrazione L'implicazione (1) $\Longrightarrow$ (2) segue dal teorema 7.20 e dall'osservazione 7.21.

Per dimostrare l'implicazione (2) $\Longrightarrow$ (1) supponiamo che la trasformazione $z \mapsto Z(z)$ porti le soluzioni di $\dot{z} = E\partial\mathcal{H}/\partial z$ nelle soluzioni di $\dot{Z} = E\partial\mathcal{K}/\partial Z$, con $\mathcal{K}(Z,t) = \mathcal{H}(z(Z),t)$. Si ha allora

$$\dot{z}_k = \sum_{i=1}^{2n} \frac{\partial z_k}{\partial Z_i}\dot{Z}_i = \sum_{i=1}^{2n}(J^{-1})_{ki}\dot{Z}_i,$$

$$\frac{\partial\mathcal{H}}{\partial z_k} = \sum_{i=1}^{2n}\frac{\partial\mathcal{K}}{\partial Z_i}\frac{\partial Z_i}{\partial z_k} = \sum_{i=1}^{2n}\frac{\partial\mathcal{K}}{\partial Z_i}J_{ik} = \sum_{i=1}^{2n}J^T_{ki}\frac{\partial\mathcal{K}}{\partial Z_i},$$

dove $J = \partial Z/\partial z$ è la matrice jacobiana della trasformazione $z \mapsto Z(z)$. Possiamo riscrivere allora l'equazione $\dot{z} = E\partial H/\partial z$ come

$$\dot{z} = J^{-1}\dot{Z} = EJ^T\frac{\partial\mathcal{K}}{\partial Z} \Longrightarrow \dot{Z} = JEJ^T\frac{\partial\mathcal{K}}{\partial Z},$$

e, tenuto conto che si ha $\dot{Z} = E\partial\mathcal{K}/\partial Z$, otteniamo $JEJ^T = E$, i.e. J^T è simplettica, e quindi, per il lemma 7.8, J è simplettica. □

7.2 Parentesi di Poisson

Data una trasformazione, riconscere se sia canonica o no in base alla definizione 7.15 può essere eccessivamente laborioso. Vedremo in questo e nei prossimi paragrafi alcuni criteri pratici che consentono di stablire se una trasformazione è canonica in modo più rapido. Iniziamo da alcune definizioni preliminari.

Definizione 7.23 (Parentesi di Poisson) *Siano $F(q,p,t)$ e $G(q,p,t)$ due funzioni di classe C^1 da $\mathbb{R}^n \times \mathbb{R}^n \times \mathbb{R}$ in $\mathbb{R}$. Chiamiamo* parentesi di Poisson *di F e G la funzione continua da $\mathbb{R}^n \times \mathbb{R}^n \times \mathbb{R}$ in $\mathbb{R}$*

$$\begin{aligned}\{F,G\} &:= \sum_{k=1}^{n}\left(\frac{\partial F}{\partial q_k}\frac{\partial G}{\partial p_k} - \frac{\partial F}{\partial p_k}\frac{\partial G}{\partial q_k}\right)\\ &= \left\langle\frac{\partial F}{\partial q},\frac{\partial G}{\partial p}\right\rangle - \left\langle\frac{\partial F}{\partial p},\frac{\partial G}{\partial q}\right\rangle = \left\langle\frac{\partial F}{\partial z},E\frac{\partial G}{\partial z}\right\rangle,\end{aligned} \tag{7.17}$$

dove $z = (q,p)$ ed E è la matrice simplettica standard (6.13).

Osservazione 7.24 In (7.17), i prodotti scalari espressi in termini delle coordinate q e p sono in $\mathbb{R}^n$, mentre il prodotto scalare espresso in termini delle variabili z è in $\mathbb{R}^{2n}$.

Lemma 7.25 *Le parentesi di Poisson godono delle seguenti proprietà:*

1. *sono antisimmetriche:* $\{f, g\} = -\{g, f\}$ *per ogni* f, g *di classe* C^1*;*
2. *sono lineari:* $\{f + g, h\} = \{f, h\} + \{g, h\}$ *per ogni* f, g, h *di classe* C^1*;*
3. *soddisfano l'identità di Jacobi:* $\{f, \{g, h\}\} + \{g, \{h, f\}\} + \{h, \{f, g\}\} = 0$ *per ogni* f, g, h *di classe* C^2.

Dimostrazione Le prime due proprietà si verificano direttamente a partire dalla definizione 7.23. Per la proprietà 3 si veda l'esercizio 7.12. □

Si noti che le parentesi di Poisson hanno le stesse proprietà del prodotto di Lie (cfr. la definizione 3.24). In realtà esiste una relazione profonda tra parentesi di Poisson e prodotto di Lie. Date due funzioni $A, B: \mathbb{R}^{2n+1} \to \mathbb{R}$ di classe C^2 possiamo considere i due campi vettoriali hamiltoniani ξ_A e ξ_B, di componenti, rispettivamente, $(E\partial A/\partial z)_k$ ed $(E\partial B/\partial z)_k$. Sia $[\xi_A, \xi_B]$ il campo vettoriale ottentuto come prodotto di Lie dei due campi vettoriali ξ_A e ξ_B. Si ha allora (cfr. l'esercizio 7.13)

$$[\xi_A, \xi_B] = \xi_{\{B,A\}}, \tag{7.18}$$

dove $\{B, A\}$ è la funzione che si ottiene come parentesi di Poisson di B e A. Di conseguenza le proprietà delle parentesi di Poisson si possono anche dimostrarei utilizzando, anziché la definizione, le analoghe proprietà del prodotto di Lie e l'osservazione banale che, se ξ_{A+B} è il campo vettoriale hamiltoniano di componenti $(E\partial(A + B)/\partial z)_k$, si ha $\xi_{A+B} = \xi_A + \xi_B$.

Ricordiamo che, dato un sistema dinamico, una funzione $f: \mathbb{R}^{2n} \to \mathbb{R}$ di classe C^1 si dice *integrale primo* (o *costante del moto*) se la sua derivata totale rispetto al tempo è nulla (cfr. il §4.1 del volume 1).

Osservazione 7.26 Nel caso di un sistema hamiltoniano, data una funzione $f: \mathbb{R}^{2n} \times \mathbb{R} \to \mathbb{R}$ di classe C^1, si ha

$$\frac{\mathrm{d}f}{\mathrm{d}t} = \{f, \mathcal{H}\} + \frac{\partial f}{\partial t}, \tag{7.19}$$

dove $\mathcal{H}$ è l'hamiltoniana del sistema. In particolare se f non dipende esplicitamente dal tempo ed è un integrale primo allora si ha $\{f, \mathcal{H}\} = 0$: si dice in tal caso che la funzione f è *in involuzione* con l'hamiltoniana H. Viceversa, se f non dipende esplicitamente dal tempo e $\{f, \mathcal{H}\} = 0$, allora f è un integrale primo per il sistema con hamiltoniana $\mathcal{H}$.

Teorema 7.27 *Le equazioni del moto di un sistema dinamico sono canoniche se e solo se*

$$\frac{\mathrm{d}}{\mathrm{d}t}\{F, G\} = \left\{\frac{\mathrm{d}F}{\mathrm{d}t}, G\right\} + \left\{F, \frac{\mathrm{d}G}{\mathrm{d}t}\right\}. \tag{7.20}$$

per ogni coppia di funzioni $F, G : \mathbb{R}^{2n} \times \mathbb{R} \to \mathbb{R}$ *di classe* C^1.

Dimostrazione Dimostriamo prima che se le equazioni del moto sono canoniche vale la (7.20). Se $\dot{z} = E\partial\mathcal{H}/\partial z$, allora per ogni coppia di funzioni $F, G : \mathbb{R}^{2n}\times\mathbb{R} \to \mathbb{R}$ di classe C^1 si ha

$$\frac{\mathrm{d}F}{\mathrm{d}t} = \{F, \mathcal{H}\} + \frac{\partial F}{\partial t}, \qquad \frac{\mathrm{d}G}{\mathrm{d}t} = \{G, \mathcal{H}\} + \frac{\partial G}{\partial t}, \tag{7.21}$$

per la (7.19). Sempre per la stessa (7.19) concludiamo che si ha

$$\frac{\mathrm{d}}{\mathrm{d}t}\{F, G\} = \{\{F, G\}, \mathcal{H}\} + \frac{\partial}{\partial t}\{F, G\}, \tag{7.22}$$

dove possiamo riscrivere

$$\begin{aligned}\{\{F, G\}, \mathcal{H}\} &= -\{\mathcal{H}, \{F, G\}\} = \{F, \{G, \mathcal{H}\}\} + \{G, \{\mathcal{H}, F\}\} \\ &= \{F, \{G, \mathcal{H}\}\} - \{G, \{F, \mathcal{H}\}\} = \{F, \{G, \mathcal{H}\}\} + \{\{F, \mathcal{H}\}, G\},\end{aligned} \tag{7.23}$$

poiché le parentesi di Poisson sono antisimmetriche e soddisfano l'identità di Jacobi (cfr. il lemma 7.25), e

$$\frac{\partial}{\partial t}\{F, G\} = \left\{\frac{\partial F}{\partial t}, G\right\} + \left\{F, \frac{\partial G}{\partial t}\right\}. \tag{7.24}$$

Inserendo le (7.23) e (7.24) nella (7.22) e utilizzando le (7.21), troviamo

$$\begin{aligned}\frac{\mathrm{d}}{\mathrm{d}t}\{F, G\} &= \{\{F, H\}, G\} + \left\{\frac{\partial F}{\partial t}, G\right\} + \{F, \{G, H\}\} + \left\{F, \frac{\partial G}{\partial t}\right\} \\ &= \left\{\frac{\mathrm{d}F}{\mathrm{d}t}, G\right\} + \left\{F, \frac{\mathrm{d}G}{\mathrm{d}t}\right\}.\end{aligned}$$

Viceversa, supponiamo che valga la (7.20) per ogni coppia di funzioni $F, G : \mathbb{R}^{2n} \times \mathbb{R} \to \mathbb{R}$ di classe C^1. Se scriviamo $\dot{z} = f(z) := (R(z), -S(z))$, dobbiamo far vedere che esiste una funzione $\mathcal{H}$ di classe C^2 tale che il campo vettoriale è della forma $f(z) = E\partial\mathcal{H}/\partial z$, i.e. che risulta $R(q, p) = \partial\mathcal{H}/\partial p$ e $S(q, p) = \partial\mathcal{H}/\partial q$. La definizione (7.17) implica, come caso particolare, le relazioni

$$\{q_i, p_j\} = \delta_{ij}, \qquad \{q_i, q_j\} = 0, \qquad \{p_i, p_j\} = 0, \tag{7.25}$$

così che, scrivendo $\dot{q}_i = R_i$ e $\dot{p}_i = -S_i$, in virtù delle definizioni che abbiamo dato, si trova, derivando le (7.25) rispetto al tempo e utilizzando le (7.20),

$$\frac{\partial R_i}{\partial q_j} = \frac{\partial S_j}{\partial p_i}, \qquad \frac{\partial R_i}{\partial p_j} = \frac{\partial R_j}{\partial p_i}, \qquad \frac{\partial S_i}{\partial q_j} = \frac{\partial S_j}{\partial q_i}. \tag{7.26}$$

Se poniamo $\Psi = (S, R)$, le (7.26) si riscrivono in modo più compatto come

$$\frac{\partial \Psi_i}{\partial z_j} = \frac{\partial \Psi_j}{\partial z_i}, \qquad i, j = 1, \ldots, 2n,$$

che è la condizione perché sia chiusa la forma differenziale

$$\omega(z) = \sum_{k=1}^{2n} \Psi_k \mathrm{d}z_k = \sum_{k=1}^{n} G_k \mathrm{d}q_k + \sum_{k=1}^{n} F_k \mathrm{d}p_k.$$

Localmente ogni forma differenziale chiusa è esatta (cfr. i commenti dopo la (7.4)): esiste pertanto una funzione H tale che $\Psi_k = \partial\mathcal{H}/\partial z_k$ per $k = 1, \dots, 2n$, i.e. tale che $S_k = \partial\mathcal{H}/\partial q_k$ e e $R_k = \partial\mathcal{H}/\partial p_k$ per $k = 1, \dots, n$. □

Osservazione 7.28 Possiamo riscrivere le relazioni (7.25) in modo più compatto come

$$\{z_i, z_j\} = E_{ij}, \qquad i, j = 1, \dots, 2n,$$

dove E, al solito, è la matrice simplettica standard.

Teorema 7.29 (Teorema di Poisson) *Dato un sistema hamiltoniano, se F e G sono integrali primi anche $\{F, G\}$ è un integrale primo.*

Dimostrazione Si applichi il teorema 7.27 e si usi il fatto che, per ipotesi, $\mathrm{d}F/\mathrm{d}t = \mathrm{d}G/\mathrm{d}t = 0$. □

Definizione 7.30 (Parentesi di Poisson fondamentali) *Si definiscono* parentesi di Poisson fondamentali *le parentesi di Poisson $\{q_i, q_j\}$, $\{q_i, p_j\}$ e $\{p_i, p_j\}$ per $i, j = 1, \dots, n$.*

Le parentesi di Poisson dipendono dal sistema di coordinate in cui sono scritte. Quando vorremo sottolineare tale dipendenza scriveremo $\{F, G\}_z$, mettendo in risalto che si stanno utilizzando le coordinate z. Data una trasformazione di coordinate $z \mapsto Z(z, t)$, si ha quindi

$$\{F, G\}_z = \left\langle \frac{\partial F}{\partial z}(z, t), E\frac{\partial G}{\partial z}(z, t) \right\rangle, \quad \{F, G\}_Z = \left\langle \frac{\partial F}{\partial Z}(Z, t), E\frac{\partial G}{\partial Z}(Z, t) \right\rangle,$$

dove, qui e nel seguito, con leggero abuso di notazione, identifichiamo la funzione $F(Z, t)$ con la funzione $\hat{F}(Z, t) := F(z(Z, t), t)$. In generale si ha $\{F, G\}_z \neq \{F, G\}_Z$. Tuttavia vale il seguente risultato.

Teorema 7.31 *Sia $z \mapsto Z(z, t)$ una trasformazione di coordinate. Le seguenti affermazioni sono equivalenti.*

(1) La trasformazione è canonica.
(2) Si conservano le parentesi di Poisson, i.e. si ha $\{F, G\}_Z = \{F, G\}_z$ per ogni coppia di funzioni $F, G : \mathbb{R}^{2n} \times \mathbb{R} \to \mathbb{R}$ di classe C^1.
(3) Si conservano le parentesi di Poisson fondamentali, i.e.

$$\{Q_i, Q_j\}_z = 0, \ \{Q_i, P_j\}_z = \delta_{ij}, \ \{P_i, P_j\}_z = 0, \quad i, j = 1, \dots, n. \tag{7.27}$$

Dimostrazione Dimostrazioni le implicazioni (1) $\Longrightarrow$ (2) $\Longrightarrow$ (3) $\Longrightarrow$ (1).

Iniziamo dall'implicazione (1) $\Longrightarrow$ (2). Se la trasformazione $z \mapsto Z(z, t)$ è canonica allora la matrice $J = \partial Z/\partial z$ è simplettica; per il lemma 7.8, anche J^T è simplettica, i.e. $JEJ^T = E$. Siano F, G due funzioni di classe C^1. Si ha allora

$$\begin{aligned}\{F,G\}_z &= \left\langle \frac{\partial F}{\partial z}, E\frac{\partial G}{\partial z} \right\rangle = \left\langle J^T \frac{\partial F}{\partial Z}, EJ^T \frac{\partial G}{\partial Z} \right\rangle \\ &= \left\langle \frac{\partial F}{\partial Z}, JEJ^T \frac{\partial G}{\partial Z} \right\rangle = \left\langle \frac{\partial F}{\partial Z}, E\frac{\partial G}{\partial Z} \right\rangle = \{F,G\}_Z,\end{aligned}$$

dove si è usato che $\partial F/\partial z = J^T \partial F/\partial Z$ (cfr. la (7.11)).

L'implicazione (2) $\Longrightarrow$ (3) è ovvia: basta scegliere come funzioni F e G le coordinate canoniche e utilizzare le identità (7.25).

Passiamo infine all'implicazione (3) $\Longrightarrow$ (1). Supponiamo ora che valgano le (7.27), che riscriviamo (cfr. l'osservazione 7.28) come

$$\{Z_i, Z_j\}_z = E_{ij} \tag{7.28}$$

Applicando la definizione di parentesi di Poisson troviamo

$$\begin{aligned}\{Z_i, Z_j\}_z &= \left\langle \frac{\partial Z_i}{\partial z}, E\frac{\partial Z_j}{\partial z} \right\rangle = \sum_{n,m} \frac{\partial Z_i}{\partial z_n} E_{nm} \frac{\partial Z_j}{\partial z_m} \\ &= \sum_{n,m} J_{in} E_{nm} J_{jm} = \sum_{n,m} J_{in} E_{nm} J^T_{mj} = (JEJ^T)_{ij},\end{aligned}$$

che introdotta in (7.28) dà $JEJ^T = E$: quindi J^T è simplettica, e, per il lemma 7.8, anche la matrice J è simplettica. Da qui segue che la trasformazione $z \mapsto Z(z,t)$ è canonica. □

Osservazione 7.32 Si può utilizzare il teorema 7.31 nella prima parte della dimostrazione del teorema 7.20. Infatti si ha

$$\frac{\mathrm{d}Q}{\mathrm{d}t} = \{Q,H\}_z + \frac{\partial Q}{\partial t} = \{Q,H\}_Z + \frac{\partial Q}{\partial t} = \frac{\partial \hat{H}}{\partial P} + \frac{\partial Q}{\partial t}$$

e, analogamente,

$$\frac{\mathrm{d}P}{\mathrm{d}t} = \{P,H\}_z + \frac{\partial P}{\partial t} = \{P,H\}_Z + \frac{\partial P}{\partial t} = -\frac{\partial \hat{H}}{\partial Q} + \frac{\partial P}{\partial t}.$$

Da qui, si procede esattamente come nella dimostrazione del teorema 7.20 e si trova che esiste una funzione Ψ tale che $\partial Q/\partial t = \partial\Psi/\partial P$ e $\partial P/\partial t = -\partial\Psi/\partial Q$, così completando la dimostrazione.

Il teorema 7.31 fornisce un criterio pratico per riconoscere se una data trasformazione di coordinate è canonica. È sufficiente infatti verificare che valgano le relazioni (7.27): si tratta quindi di verificare un numero finito di condizioni. Si vede facilmente che si tratta di $n(2n-1)$ condizioni (cfr. l'esercizio 7.14).

7.3 Invariante integrale di Poincaré-Cartan

Richiamiamo alcune nozioni di analisi matematica. Sia S una superficie regolare di classe C^1 in $\mathbb{R}^n$ (cfr. la definizione 4.6 del volume 1). Supponiamo che S sia determinata dalla condizione $G(x) = 0$. Il versore

$$\nu(x) = \frac{\nabla G(x)}{|\nabla G(x)|}, \qquad \nabla G(x) = \frac{\partial G(x)}{\partial x} = \left(\frac{\partial G(x)}{\partial x_1}, \dots, \frac{\partial G(x)}{\partial x_n}\right), \tag{7.29}$$

è per costruzione ortogonale alla superficie, i.e. $\langle \nu(x), \xi \rangle = 0 \ \forall \xi \in T_x S$, e prende il nome *normale* alla superficie S in x. Un insieme aperto limitato $A \subset \mathbb{R}^n$ si dice *insieme regolare* se la sua frontiera ∂A è una superficie regolare. In tal caso la normale (7.29) si intende diretta verso l'esterno di A – e viene perciò chiamata *normale esterna* alla superficie S.

Una *superficie parametrica regolare* S in $\mathbb{R}^3$ è una superficie regolare della forma $S = \{\boldsymbol{x} \in \mathbb{R}^3 : \boldsymbol{x} = \boldsymbol{\varphi}(s,t), \ (s,t) \in D\}$, dove $D \subset \mathbb{R}^2$ è un insieme aperto connesso e $\boldsymbol{\varphi}: D \to \boldsymbol{\varphi}(D) \subset \mathbb{R}^3$ è una funzione invertibile di classe C^1 tale che i vettori $\partial\boldsymbol{\varphi}(s,t)/\partial s$ e $\partial\boldsymbol{\varphi}(s,t)/\partial t$ sono linearmente indipendenti per ogni $(s,t) \in D$. Se F è una funzione definita su una superficie parametrica S il suo *integrale di superficie* (o *integrale superficiale*) si calcola tramite la formula

$$\int_S F \, \mathrm{d}\sigma = \int_D F(\boldsymbol{\varphi}(s,t)) \left| \frac{\partial \boldsymbol{\varphi}}{\partial s} \wedge \frac{\partial \boldsymbol{\varphi}}{\partial t} \right| \mathrm{d}s \, \mathrm{d}t, \tag{7.30}$$

dove il vettore $\boldsymbol{u} := \partial\boldsymbol{\varphi}/\partial s \wedge \partial\boldsymbol{\varphi}/\partial t$ è ortogonale alla superficie, così che $\boldsymbol{n} := \boldsymbol{u}/|\boldsymbol{u}|$ costituisce la normale alla superficie.

Osservazione 7.33 Ogni superficie regolare in $\mathbb{R}^3$ è localmente una superficie parametrica regolare. Infatti, se $G(\boldsymbol{x}) = 0$ è l'equazione che determina la superficie S, poiché $\partial G(\boldsymbol{x})/\partial \boldsymbol{x} \neq 0 \ \forall \boldsymbol{x} \in \mathbb{R}^3$ tale che $G(\boldsymbol{x}) = 0$, per il teorema della funzione implicita si può esprimere localmente una delle variabili in funzione delle altre due – che possono essere utilizzate come variabili (s,t). In un intorno sufficientemente piccolo di un qualsiasi punto $\boldsymbol{x}_0 \in S$, è sempre possibile scegliere, per esempio mediante una rotazione intorno al punto $\boldsymbol{x}_0$, un sistema di coordinate locali tale che tutte le componenti di $\partial G(\boldsymbol{x})/\partial \boldsymbol{x}$ siano diverse da zero: in tale sistema di coordinate, una qualsiasi delle coordinate si può scrivere in termini delle altre due.

Una superficie S in $\mathbb{R}^3$ si dice *regolare a tratti* se $S = \bigcup_{i=1}^N S_i$, dove $S_1, \dots, S_N$ soddisfano le seguenti proprietà:

1. ogni S_i è una superficie regolare;
2. per $i \neq j$, S_i e S_j non hanno punti interni in comune;
3. per $i \neq j$, l'intersezione $\partial S_i \cap \partial S_j$, se non è vuota, è costituita o da un solo punto o dal sostegno di un curva regolare a tratti;
4. per ogni terna di indici distinti i, j, k l'insieme $\partial S_i \cap \partial S_j \cap \partial S_k$, se non è vuoto, è costituito da un solo punto.

Si definisce frontiera di una superficie regolare a tratti l'insieme dei punti $\boldsymbol{x} \in \mathbb{R}^3$ tale che $\boldsymbol{x} \in \partial S_i$ per qualche i e $\boldsymbol{x} \notin S_j\ \forall j \neq i$.

Esempi di superfici regolari a tratti in $\mathbb{R}^3$ sono cubi, parellelepipedi, cilindri di altezza finita (cfr. la definizione 9.33 del volume 1) e poliedri (i.e. solidi delimitati da un numero finito di facce piane poligonali). La definizione di superficie regolare a tratti si può estendere in $\mathbb{R}^n$, in maniera ricorsiva (cfr. l'esercizio 7.15).

Ricordiamo che la *divergenza* di campo vettoriale $\boldsymbol{f}$ di classe C^1 in $\mathbb{R}^3$ è lo scalare (cfr. l'osservazione 6.18)

$$\operatorname{div} \boldsymbol{f} = \frac{\partial f_1}{\partial x_1} + \frac{\partial f_2}{\partial x_2} + \frac{\partial f_3}{\partial x_3} = \sum_{k=1}^{3} \frac{\partial f_k}{\partial x_k}, \tag{7.31}$$

dove $\boldsymbol{x} = (x_1, x_2, x_3)$ e $\boldsymbol{f} = (f_1, f_2, f_3)$ in una base fissata $\{\boldsymbol{e}_1, \boldsymbol{e}_2, \boldsymbol{e}_3\}$ di $\mathbb{R}^3$.

Definizione 7.34 (Rotore in $\mathbb{R}^3$) *Dato un campo vettoriale $\boldsymbol{f}$ di classe C^1 in $\mathbb{R}^3$, chiamiamo* rotore *(o* circuitazione*) di $\boldsymbol{f}$ il campo vettoriale*

$$\operatorname{rot} \boldsymbol{f} = \left(\frac{\partial f_3}{\partial x_2} - \frac{\partial f_2}{\partial x_3}, \frac{\partial f_1}{\partial x_3} - \frac{\partial f_3}{\partial x_1}, \frac{\partial f_2}{\partial x_1} - \frac{\partial f_1}{\partial x_2} \right), \tag{7.32}$$

dove $\boldsymbol{x} = (x_1, x_2, x_3)$ e $\boldsymbol{f} = (f_1, f_2, f_3)$ in una base fissata $\{\boldsymbol{e}_1, \boldsymbol{e}_2, \boldsymbol{e}_3\}$ di $\mathbb{R}^3$.

Osservazione 7.35 Possiamo riscrivere in modo più compatto la (7.31) e la (7.32), rispettivamente, come

$$\operatorname{div} \boldsymbol{f} = \langle \nabla, \boldsymbol{f} \rangle = \left\langle \frac{\partial}{\partial \boldsymbol{x}}, \boldsymbol{f} \right\rangle, \qquad \operatorname{rot} \boldsymbol{f} = \nabla \wedge \boldsymbol{f} = \det \begin{pmatrix} \boldsymbol{e}_1 & \boldsymbol{e}_2 & \boldsymbol{e}_3 \\ \dfrac{\partial}{\partial x_1} & \dfrac{\partial}{\partial x_2} & \dfrac{\partial}{\partial x_3} \\ f_1 & f_2 & f_3 \end{pmatrix}.$$

Si vede immediatamente che, dato un campo vettoriale $\boldsymbol{f}$ di classe C^2, si ha $\operatorname{div} \operatorname{rot} \boldsymbol{f} = 0$ (cfr. l'esercizio 7.24).

Teorema 7.36 (Teorema di Gauss-Green) *Sia $D \subset \mathbb{R}^3$ un insieme regolare e sia $\boldsymbol{f}$ un campo vettoriale di classe C^1 in $\mathbb{R}^3$. Si ha*

$$\int_D \operatorname{div} \boldsymbol{f}(\boldsymbol{x})\, \mathrm{d}\boldsymbol{x} = \int_{\partial D} \langle \boldsymbol{f}, \boldsymbol{n} \rangle\, \mathrm{d}\sigma,$$

dove $\boldsymbol{n}$ indica la normale esterna alla superficie ∂D.

Osservazione 7.37 Il teorema 7.36 è anche noto come *teorema della divergenza* o *teorema di Green* o *teorema di Gauss* o *teorema di Ostrogradskij*. Per la dimostrazione si vedano gli esercizi 7.18÷7.21. La dimostrazione si estende al caso in cui D sia un insieme aperto limitato la cui frontiera sia una superficie regolare a tratti (cfr. l'esercizio 7.23).

Figura 7.1 Curva orientata ∂S^+ e normale ν alla superficie S

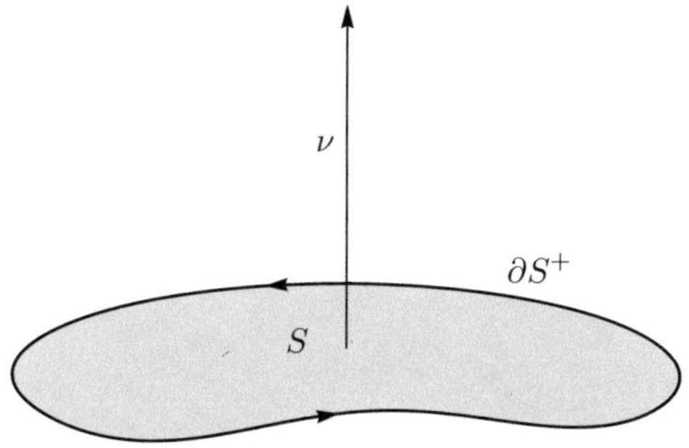

Sia S una superficie parametrica regolare limitata in $\mathbb{R}^3$, sia γ una curva il cui sostegno sia la frontiera ∂S di S. Diciamo che γ *orienta positivamente* ∂S se è percorsavin senso antiorario rispetto alla normale (7.29) alla superficie S. Indichiamo in tal caso con ∂S^+ la curva orientata individuata da γ su S (cfr. la figura 7.1).

Teorema 7.38 (Teorema di Stokes in $\mathbb{R}^3$) *Sia S una superficie parametrica regolare limitata di classe C^2 in $\mathbb{R}^3$. Sia $\boldsymbol{f}$ un campo vettoriale di classe C^1, e sia ω la forma differenziale $\omega = f_1(x)\,\mathrm{d}x_1 + f_2(x)\,\mathrm{d}x_2 + f_3(x)\,\mathrm{d}x_3$. Si ha*

$$\int_S \langle \mathrm{rot}\, \boldsymbol{f}, \boldsymbol{n} \rangle \mathrm{d}\sigma = \oint_{\partial S^+} \omega, \tag{7.33}$$

dove $\boldsymbol{n}$ è la normale alla superficie S e ∂S^+ è la curva che orienta positivamente ∂S rispetto alla normale $\boldsymbol{n}$.

Osservazione 7.39 Il teorema 7.38 è anche noto come *teorema del rotore* o *teorema di Kelvin-Stokes*. Si veda l'esercizio 7.29 per la dimostrazione. Il teorema 7.38 si estende al caso in cui la frontiera di S sia una curva regolare a tratti (cfr. l'esercizio 7.30).

Dato un campo vettoriale $\boldsymbol{f}$ in $\mathbb{R}^3$, sia $\boldsymbol{r} = \mathrm{rot}\, \boldsymbol{f}$. Chiamiamo *linee di rotore* le traiettorie del sistema dinamico $\dot{\boldsymbol{x}} = \boldsymbol{r}(\boldsymbol{x})$. Sia S una superficie in $\mathbb{R}^3$ trasversa al campo vettoriale $\boldsymbol{r}$ (cfr. la definizione 4.80 del volume 1), e sia γ una curva chiusa con supporto in S: le linee di rotore passanti per γ definiscono una superficie (regolare se γ è regolare), detta *tubo di rotore* (cfr. la figura 7.2).

Osservazione 7.40 Sia $\omega = f_1\mathrm{d}x_1 + f_2\mathrm{d}x_2 + f_3\mathrm{d}x_3$ una forma differenziale di classe C^1, e sia $\mathrm{rot}\, \boldsymbol{f}$ il rotore di $\boldsymbol{f} = (f_1, f_2, f_3)$. Siano γ_1 e γ_2 due curve in $\mathbb{R}^3$ ottenute "tagliando" un tubo di rotore del sistema $\dot{\boldsymbol{x}} = \boldsymbol{r}(\boldsymbol{x})$ con due superfici regolari (cfr. la figura 7.3); si ha allora

$$\oint_{\gamma_1} \omega = \oint_{\gamma_2} \omega, \tag{7.34}$$

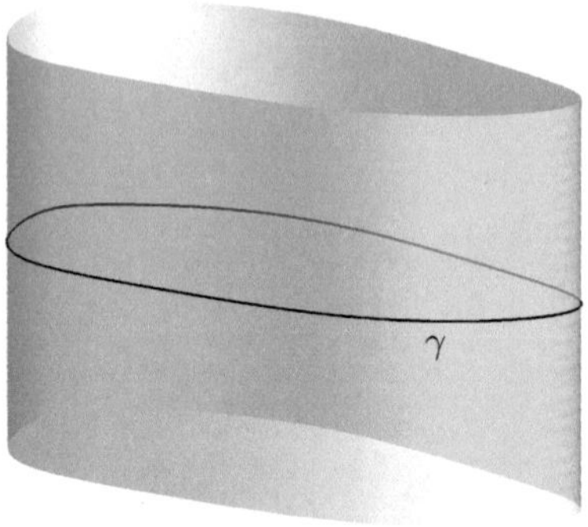

Figura 7.2 Tubo di rotore

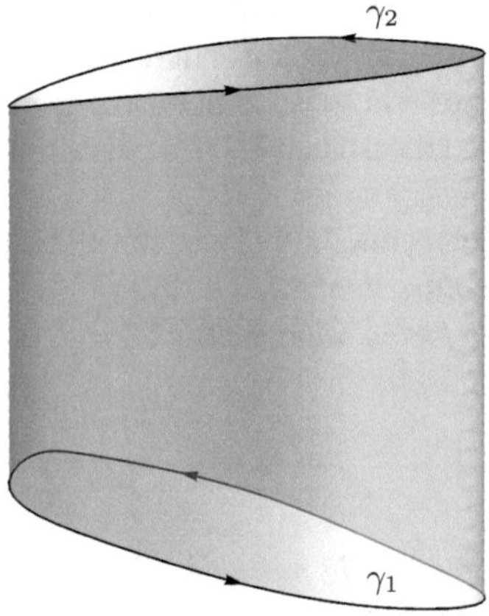

Figura 7.3 Curve ottenute tagliando un tubo di rotore con due superfici trasverse

dove le curve sono percorse nello stesso senso. La (7.34) è una immediata applicazione del teorema 7.36 (per superfici regolari a tratti), del teorema 7.38 e della proprietà div rot $\boldsymbol{f} = 0$; si veda l'esercizio 7.31 per la dimostrazione. La formula (7.33) è nota come *formula di Stokes* in $\mathbb{R}^3$ e il risultato (7.34) è detto *lemma di Stokes* in $\mathbb{R}^3$ (cfr. il lemma 7.56 più avanti, in un contesto più generale).

Definizione 7.41 (Spazio delle fasi esteso) *Sia Σ una varietà di dimensione $2n$ e sia $(\Sigma, \mathcal{H})$ un sistema hamiltoniano. Chiamiamo $\Sigma \times \mathbb{R}$* spazio delle fasi esteso.

Si può sempre identificare, almeno localmente, una varietà Σ con $\mathbb{R}^{2n}$; indichiamo con $x = (z, t) = (q, p, t)$ le coordinate locali dello spazio delle fasi esteso $\Sigma \times \mathbb{R}$.

Osservazione 7.42 In generale l'hamiltoniana è anche funzione del tempo, oltre che delle coordinate canoniche, e quindi è una funzione definita sullo spazio delle fasi esteso.

La nozione di divergenza si estende facilmente a più dimensioni. Se f è un campo vettoriale di classe C^1 in $\mathbb{R}^{2n+1}$ si definisce *divergenza* di f la funzione (cfr. l'osservazione 6.18)

$$\sum_{k=1}^{2n+1} \frac{\partial f_k}{\partial x_k} = \left\langle \frac{\partial}{\partial x}, f \right\rangle.$$

Anche la nozione di rotore si può estendere a più dimensioni, così consentendo di generalizzare a sistemi a più gradi di libertà i risultati discussi nei paragrafi precedenti. Questo richiede però un po' di lavoro.

Sia $x = (x_1, \ldots, x_{2n+1})$ un sistema di coordinate in $\mathbb{R}^{2n+1}$; dato un campo vettoriale f in $\mathbb{R}^{2n+1}$, definiamo la matrice antisimmetrica $A \in \mathrm{M}(2n+1, \mathbb{R})$ di elementi

$$A_{ij} := \frac{\partial f_i}{\partial x_j} - \frac{\partial f_j}{\partial x_i}. \tag{7.35}$$

Ricordiamo che il *rango* di una matrice A, che si indica con $\mathrm{Ran}(A)$, è uguale all'ordine massimo dei suoi minori non nulli (cfr. l'esercizio 1.22 del volume 1). Poiché una matrice antisimmetrica di ordine dispari ha determinante nullo (cfr. l'esercizio 7.32) il rango di una matrice antisimmetrica di ordine $2n + 1$ è al massimo $2n$.

Definizione 7.43 (Matrice antisimmetrica non singolare) *Una matrice antisimmetrica $A \in M(2n+1, \mathbb{R})$ è* non singolare *se* $\mathrm{Ran}(A) = 2n$.

Osservazione 7.44 Per ogni matrice $A \in \mathrm{M}(N, \mathbb{R})$, se $\mathrm{Ker}(A)$ ne denota il nucleo (si ricordi la (1.1) del volume 1), si ha $\dim(\mathrm{Ker}(A)) + \mathrm{Ran}(A) = N$ (cfr. l'esercizio 7.33). Ne concludiamo che il nucleo di una matrice antisimmetrica non singolare A ha dimensione $\dim(\mathrm{Ker}(A)) = 1$.

Definizione 7.45 (Direzione di rotore) *Sia f un campo vettoriale di classe C^2 in $\mathbb{R}^{2n+1}$ tale che la matrice antisimmetrica A, i cui elementi sono della forma (7.35), sia non singolare. Si definisce* direzione di rotore*, e si indica con* rot f*, il sottospazio unidimensionale* $\mathrm{Ker}(A)$*. La direzione di rotore individua un campo vettoriale di classe C^1 definito a meno di un fattore moltiplicativo.*

Osservazione 7.46 Per $n = 1$ la direzione di rotore coincide con la direzione del vettore (7.32), come è facile verificare. Se poniamo $\mathrm{rot}\, \boldsymbol{f} = \boldsymbol{r}$ si ha $\boldsymbol{r} = (r_1, r_2, r_3) = (A_{32}, A_{13}, A_{21})$, e quindi

$$A = \begin{pmatrix} 0 & -r_3 & r_2 \\ r_3 & 0 & -r_1 \\ -r_2 & r_1 & 0 \end{pmatrix}. \tag{7.36}$$

Si realizza immediatamente (cfr. l'esercizio 7.34) che $\boldsymbol{r}$ genera il nucleo di A, i.e. che si ha $A\boldsymbol{r} = 0$.

Finora abbiamo considerato forme differenziali in $\mathbb{R}^n$. Più in generale si possono considerare k-forme in $\mathbb{R}^n$ (o in un qualsiasi spazio vettoriale E). Una *k-forma esterna* ω (o semplicemente *k-forma*) è un'applicazione

$$\omega: \mathbb{R}^n \to \underbrace{(\mathbb{R}^n)^* \times \ldots \times (\mathbb{R}^n)^*}_{k \text{ volte}} \tag{7.37}$$

che a ogni $x \in \mathbb{R}^n$ associa un'applicazione multilineare e antisimmetrica $\omega(x)$, i.e. tale che, dati k campi vettoriali $\xi_1, \ldots, \xi_k$ in $\mathbb{R}^n$, l'applicazione $(x, \xi_1, \ldots, \xi_k) \to \omega(x; \xi_1, \ldots, \xi_k)$ sia lineare in $\xi_1, \ldots, \xi_k$ e si abbia

$$\omega(x; \xi_{\pi(1)}, \ldots, \xi_{\pi(k)}) = (-1)^{\sigma_\pi} \omega(x; \xi_1, \ldots, \xi_k), \tag{7.38}$$

dove $\pi = \{\pi(1), \ldots, \pi(k)\}$ è una permutazione di $\{1, \ldots, k\}$) e σ_π è la parità della permutazione π (cfr. l'esercizio 7.35 per la definizione di permutazione). Si definiscono 0-forme in $\mathbb{R}^n$ le funzioni $f: \mathbb{R}^n \to \mathbb{R}$. Si indica con $\Lambda^k(\mathbb{R}^n)$ lo *spazio vettoriale delle k-forme* definite dalla (7.37).

Il *prodotto esterno* di una k_1-forma ω_1 con una k_2-forma ω_2 è la k-forma $\omega = \omega_1 \wedge \omega_2$, con $k = k_1 + k_2$, definita da

$$\begin{aligned} &\omega(x; \xi_1, \ldots, \xi_{k_1}, \xi_{k_1+1}, \ldots, \xi_k) \\ &\quad = \sum_{\pi \in P} (-1)^{\sigma_\pi} \omega_1(x; \xi_{\pi(1)}, \ldots, \xi_{\pi(k_1)})\, \omega_2(x; \xi_{\pi(k_1+1)}, \ldots, \xi_{\pi(k)}), \end{aligned}$$

dove $\pi = \{\pi(1), \ldots, \pi(k_1), \pi(k_1+1), \ldots, \pi(k_1+k_2)\}$ è una permutazione di $\{1, \ldots, k_1, k_1+1, k_1+k_2\}$ e P è l'insieme delle permutazioni π.

Fissato un sistema di coordinate si può scrivere una k-forma ω come

$$\omega = \sum_{1 \le i_1 < \ldots < i_k \le n} f_{i_1,\ldots,i_k}(x)\, \mathrm{d}x_{i_1} \wedge \ldots \wedge \mathrm{d}x_{i_k}, \tag{7.39}$$

dove $\{\mathrm{d}x_1, \ldots, \mathrm{d}x_n\}$ è la base canonica dello spazio duale di $\mathbb{R}^n$ (cfr. il §7.1). In (7.39) le k-forme $\mathrm{d}x_{i_1} \wedge \ldots \wedge \mathrm{d}x_{i_k}$ costituiscono quindi una base in $\Lambda^k(\mathbb{R}^n)$. Il numero di elementi di tale base, e quindi la dimensione di $\Lambda^k(\mathbb{R}^n)$, è dato dal coefficiente binomiale $n!/k!(n-k)!$ (cfr. l'esercizio 7.38).

Una *k-forma differenziale* è una k-forma i cui coefficienti $f_{i_1,\ldots,i_k}(x)$ sono funzioni (almeno) continue di x. La forma differenziale (7.39) è di classe C^p se le funzioni $f_{i_1,\ldots,i_k}(x)$ sono funzioni di classe C^p di x. In particolare una 0-forma differenziale è semplicemente una funzione continua e una 1-forma differenziale è una forma differenziale come definita all'inizio del §7.1.

Data una k-forma differenziale (7.39) definiamo *derivata esterna* di ω la $(k+1)$-forma

$$\mathrm{d}\omega = \sum_{i=1}^{n} \sum_{1 \le i_1 < \ldots < i_k \le n} \frac{\partial f_{i_1,\ldots,i_k}}{\partial x_i}(x)\, \mathrm{d}x_i \wedge \mathrm{d}x_{i_1} \wedge \ldots \wedge \mathrm{d}x_{i_k}, \tag{7.40}$$

che è ben definita se ω è una k-forma di classe almeno C^1.

Osservazione 7.47 Data una forma differenziale $\omega = \langle f(x), \mathrm{d}x \rangle$, la matrice A di elementi (7.35) compare naturalmente nella 2-forma

$$-\mathrm{d}\omega = \sum_{i,j=1}^{2n+1} \frac{\partial f_i}{\partial x_j} \mathrm{d}x_i \wedge \mathrm{d}x_j = \sum_{1 \le i < j \le 2n+1} \left(\frac{\partial f_i}{\partial x_j} - \frac{\partial f_j}{\partial x_i} \right) \mathrm{d}x_i \wedge \mathrm{d}x_j, \qquad (7.41)$$

che è – a meno del segno – la derivata esterna della forma differenziale ω.

Una k-forma differenziale ω si dice *esatta* se esiste una $(k-1)$-forma ψ, almeno di classe C^1, tale che $\omega = \mathrm{d}\psi$. Una k-forma differenziale ω, di classe C^1, si dice *chiusa* se $\mathrm{d}\omega = 0$. Poiché la derivata esterna gode della proprietà (cfr. l'esercizio 7.39)

$$\mathrm{d}(\mathrm{d}\omega) = 0, \qquad (7.42)$$

quale che sia la forma differenziale ω, possiamo concludere che ogni k-forma differenziale di classe C^1 che sia esatta è chiusa. Il viceversa in generale non è vero, però vale il seguente risultato, che generalizza i risultati richiamati all'inizio del §7.1 (si veda l'esercizio 7.40 per la definizione di insieme contraibile).

Lemma 7.48 (Lemma di Poincaré) *Sia $\mathcal{A}$ un aperto contraibile in $\mathbb{R}^n$. Una k-forma differenziale ω in $\mathcal{A}$ di classe C^1 è chiusa se e solo se è esatta.*

Osservazione 7.49 Storicamente, la prima dimostrazione completa del lemma è dovuta a Volterra. Talvolta l'implicazione non banale del lemma (i.e. l'implicazione che una forma chiusa è esatta) è chiamata *lemma inverso di Poincaré*. Per la dimostrazione si veda l'esercizio 7.44, nel caso più generale in cui ω sia una forma differenziale definita su una varietà contraibile (cfr. anche la nota bibliografica). Si noti che un insieme contraibile non necessariamente è semplicemente connesso (cfr. l'esercizio 7.41); d'altra parte ogni insieme stellato, in particolare ogni insieme convesso e quindi ogni intorno, è contraibile (cfr. di nuovo l'esercizio 7.41), così che, localmente, ogni forma chiusa è esatta.

Il lemma di Stokes (cfr. l'osservazione 7.40) si estende a più dimensioni. Per vederlo occorre prima richiamare alcune definizioni sulle varietà differenziabili, in particolare la nozione di *varietà differenziabile con bordo*, e sulle forme differenziali definite su varietà.

Una *varietà con bordo* è uno spazio topologico M (cfr. l'esercizio 1.15) tale che per ogni punto $x \in M$ esiste un intorno $\mathcal{U}$ che sia omeomorfo a $\mathbb{R}^n$ o $\mathbb{H}_n$, dove

$$\mathbb{H}_n := \{(x_1, \ldots, x_n) \in \mathbb{R}^n : x_n \ge 0\}.$$

Si dice in tal caso che M ha dimensione n e si scrive $\dim(M) = n$. Si confronti la definizione di varietà con bordo con quella di varietà data all'inizio del §1.2: per distinguere le due nozioni, a volte si chiama *varietà senza bordo* la varietà come definita al §1.2. Una varietà differenziabile con bordo è allora una varietà con bordo le cui carte $(\mathcal{U}, \Phi)$ sono tali che le applicazioni $\Phi: \mathcal{U} \to \Phi(\mathcal{U}) \subset \mathbb{R}^n$ o $\Phi: \mathcal{U} \to \Phi(\mathcal{U}) \subset \mathbb{H}_n$ sono differenziabili. Il *bordo* di M è costituito dai punti $x \in M$ che hanno solo intorni omeomorfi a $\mathbb{H}_n$ ed è denotato con ∂M. Se $\partial M = \emptyset$ allora M è una varietà senza bordo.

Due carte compatibili $(\mathcal{U}, \Phi)$ e $(\mathcal{U}', \Phi')$ si dicono *orientate concordemente* se, chiamando $q \in V$ e $q' \in V'$ le coordinate corrispondenti (cfr. il §1.2 per le notazioni) e scrivendo $q'(q) = \Phi' \circ \Phi^{-1}(q)$, lo jacobiano

$$J(q) := \det\left(\frac{\partial q'}{\partial q}\right)$$

è strettamente positivo per ogni $q \in V$, e *orientate discordemente* se $J(q)$ è negativo in V (poiché $J(q)$ è continuo e non nullo non ci sono altre possibilità). Un atlante per M è una collezione finita o numerabile di carte di M compatibili tra loro tali che ogni punto di M sia rappresentabile almeno su una carta. Un atlante si dice orientato se le sue carte sono a due a due orientate concordemente. Due atlanti di dicono concordi se la loro unione è un atlante orientato, si dicono discordi in caso contrario. Dati due atlanti discordi, un terzo atlante è necessariamente concorde con uno dei due: gli atlanti si dividono quindi in due classi di equivalenza, ciascuna delle due costituita dall'insieme degli atlanti concordi tra loro. Una varietà M si dice *orientabile* se possiede un atlante orientato. Si definiscono *orientazioni* le due classi in cui sono ripartiti gli atlanti orientati. Una varietà orientabile ammette due orientazioni opposte, convenzionalmente indicate con ± 1. Una varietà orientabile in cui sia stata assegnata un'orientazione si dice *varietà orientata*. Se M è una varietà orientata con bordo, allora ∂M è a sua volta una varietà orientata e la sua orientazione è determinata da quella di M: infatti ogni atlante orientato di M definisce un atlante orientato su ∂M (cfr. l'esercizio 7.45). Si dice allora che l'*orientazione indotta* da ∂M su ∂M è $(-1)^n$ volte l'orientazione definita dall'atlante orientato di ∂M, se $n = \dim(M)$.

Vediamo ora come estendere la nozione di k-forma differenziale nel caso di varietà differenziabili (con o senza bordo). Innanzitutto, se T^*M indica il fibrato cotangente di M (cfr. l'osservazione 6.10), una forma differenziale (o 1-forma) sulla varietà M è un'applicazione $\omega : M \to T^*M$ che a ogni $x \in M$ associa un'applicazione $\omega(x) : T_x M \to \mathbb{R}$ che agisce linearmente sui vettori $\xi \in T_x \Sigma$, i.e. tale che $\omega(x, \xi) = \langle A(x), \xi \rangle$ per qualche vettore $A(x)$.

Dato un sistema di coordinate locali $(x_1, \ldots, x_N)$ in M, se $N = \dim(M)$, una base in $T_x^* \Sigma$ è data dai differenziali $\mathrm{d}x_1, \ldots, \mathrm{d}x_N$. Si chiama *base canonica* la base $\{\mathrm{d}x_1, \ldots, \mathrm{d}x_N\}$; in particolare si ha $\mathrm{d}x_i(x; \xi) = \xi_i$. Ogni 1-forma ω si scrive allora come

$$\omega = \sum_{i=1}^{N} f_i(x)\, \mathrm{d}x_i = \langle f(x), \mathrm{d}x \rangle, \tag{7.43}$$

dove $f_1(x), \ldots, f_N(x)$ sono le sue componenti nella base canonica.

Una 2-forma ω è un'applicazione $\omega\colon M \to T^*M \times T^*M$ che a ogni $x \in M$ associa un'applicazione bilineare e antisimmetrica $\omega(x)\colon T_xM \times T_xM \to \mathbb{R}$. In altre parole, dati due vettori $\xi, \eta \in T_xM$, l'applicazione $(\xi, \eta) \mapsto \omega(x; \xi, \eta)$ è lineare in ξ e in η e soddisfa la proprietà $\omega(x; \xi, \eta) = -\omega(x; \eta, \xi)$. Se ξ_k e η_k sono le coordinate locali dei vettori ξ e η, si ha

$$\omega(x; \xi, \eta) = \sum_{i,j=1}^{N} A_{i,j}(x)\, \xi_i\, \eta_j = \langle A(x)\, \xi, \eta \rangle, \qquad A_{i,j}(x) = -A_{j,i}(x),$$

per qualche matrice antisimmetrica $A(x)$, quindi ω è rappresentata da una matrice antisimmetrica di componenti $A_{i,j}(x)$.

In generale, una k-forma è un'applicazione $\omega\colon M \to T^*M \times \ldots \times T^*M$, tale che $\xi_1, \ldots, \xi_k \mapsto \omega(x; \xi_1, \ldots, \xi_k)$ è lineare in tutti i suoi argomenti e antisimmetrica nel senso della proprietà (7.38). Il prodotto esterno e la derivazione esterna si definiscono come in $\mathbb{R}^n$ (a cui del resto ci si può sempre ridurre lavorando con coordinate locali).

L'integrale di una k-forma ω su una sottovarietà M di dimensione k di una varietà Σ di dimensione N si definisce nel modo seguente. Si consideri la parametrizzazione (locale) $x = x(u) = (x_1(u), \ldots, x_N(u))$ della varietà M, dove $u \in D \subset \mathbb{R}^k$ e $x\colon D \to \Sigma$. Se ω ha la forma (7.39), allora si ha

$$\int_M \omega = \int_D \mathrm{d}u_1 \ldots \mathrm{d}u_k \sum_{1 \le j_1 < \ldots < j_k \le N} f_{j_1,\ldots,j_k}(x(u)) \det \frac{\partial(x_{j_1}(u), \ldots, x_{j_k}(u))}{\partial(u_1, \ldots, u_k)}, \tag{7.44}$$

dove la matrice $\partial(x_{j_1}(u), \ldots, x_{j_k}(u))/\partial(u_1, \ldots, u_k)$ è la matrice jacobiana della trasformazione $u \mapsto (x_{j_1}(u), \ldots, x_{i_k}(u))$.

Osservazione 7.50 Se S è una superficie parametrica regolare in $\mathbb{R}^3$ (cfr. l'inizio del paragrafo), parametrizzata da $\boldsymbol{x} = \boldsymbol{\varphi}(s,t)$, con $(s,t) \in D \subset \mathbb{R}^2$, e ω è la 2-forma $\omega = f_1(x)\,\mathrm{d}x_2 \wedge \mathrm{d}x_3 + f_2(x)\,\mathrm{d}x_3 \wedge \mathrm{d}x_1 + f_3(x)\,\mathrm{d}x_1 \wedge \mathrm{d}x_2$, la (7.44) dà (cfr. l'esercizio 7.46)

$$\int_S \omega = \int_D \mathrm{d}s\,\mathrm{d}t \left\langle \boldsymbol{f}(\boldsymbol{\varphi}(s,t)), \frac{\partial \boldsymbol{\varphi}}{\partial s}(s,t) \wedge \frac{\partial \boldsymbol{\varphi}}{\partial t}(s,t) \right\rangle, \tag{7.45}$$

dove $\boldsymbol{f} = (f_1, f_2, f_3)$. Poiché il prodotto vettoriale nell'ultimo integrale, una volta normalizzato, rappresenta la normale alla superficie, otteniamo

$$\int_S \omega = \int_D \mathrm{d}s\,\mathrm{d}t\, \langle \boldsymbol{f}(\boldsymbol{\varphi}(s,t)), \boldsymbol{n}(\boldsymbol{\varphi}(s,t)) \rangle \left| \frac{\partial \boldsymbol{\varphi}}{\partial s}(s,t) \wedge \frac{\partial \boldsymbol{\varphi}}{\partial t}(s,t) \right|,$$

da cui segue l'identità

$$\int_S (f_1(x)\,\mathrm{d}x_2 \wedge \mathrm{d}x_3 + f_2(x)\,\mathrm{d}x_3 \wedge \mathrm{d}x_1 f_3(x)\,\mathrm{d}x_1 \wedge \mathrm{d}x_2) = \int_S \mathrm{d}\sigma\, \langle f, \nu\rangle,$$

essendosi tenuto conto della formula (7.30) per l'integrale di superficie.

Teorema 7.51 (Teorema di Stokes) *Sia M una varietà differenziabile con bordo orientata di dimensione k e sia ω una $(k-1)$-forma differenziale a supporto compatto su M. Si ha allora*

$$\int_M \mathrm{d}\omega = \int_{\partial M} \omega, \tag{7.46}$$

dove ∂M è il bordo di M, con l'orientazione indotta da quella di M.

Osservazione 7.52 Per la dimostrazione del teorema si vedano gli esercizi 7.47 e 7.48 (cfr. anche la nota bibliografica). Il teorema si estende al caso in cui M sia una varietà differenziabile a tratti con bordo (cfr. l'esercizio 7.49 per la definizione di varietà differenziabile a tratti con bordo e per la dimostrazione del teorema in tale caso).

Osservazione 7.53 Il teorema di Stokes implica il teorema fondamentale del calcolo integrale (cfr. l'esercizio 7.54), il teorema di Gauss-Green, i.e. il teorema 7.36 (cfr. l'esercizio 7.55), e il teorema di Stokes in $\mathbb{R}^3$, i.e. il teorema 7.38 (cfr. l'esercizio 7.56). Dal teorema di Stokes segue inoltre la proprietà che l'integrale di una forma differenziale esatta lungo qualsiasi curva chiusa è nullo (cfr. l'esercizio 7.51).

Dal teorema 7.51 discende anche il lemma di Stokes, che ha la stessa formulazione data nell'osservazione 7.40, ma senza richiedere di essere in $\mathbb{R}^3$. Per enunciarlo, ci servono ancora due definizioni preliminari.

Definizione 7.54 (Forma differenziale non singolare) *Data una forma differenziale ω di classe C^1 su una varietà differenziabile M di dimensione $2n+1$, sia*

$$\omega = \sum_{j=1}^{2n+1} f_j(x)\,\mathrm{d}x_j = \langle f(x), \mathrm{d}x\rangle$$

un suo rappresentante locale. La forma differenziale ω si dice non singolare *se la matrice A di elementi* (7.35) *è non singolare. Si chiama* direzione di rotore *di ω la direzione di rotore del campo vettoriale f, secondo la definizione 7.45.*

Definizione 7.55 (Tubo di rotore) *Data una forma differenziale non singolare ω su una varietà differenziabile M, si definiscono* linee di rotore *le traiettorie del si-*

stema dinamico il cui campo vettoriale è dato dalla direzione di rotore di ω. Data una superficie S di dimensione $2n$ ortogonale alla direzione di rotore, sia γ una curva chiusa con supporto in S. Si chiama tubo di rotore *la superficie bidimensionale generata dalle linee di rotore passanti per γ.*

Si noti che per definire il tubo di rotore è fondamentale che la la forma differenziale ω sia non singolare. Infatti, se ω è non singolare, la matrice antisimmetrica A è tale che $\dim(\mathrm{Ker}(A)) = 1$ e quindi la direzione di rotore è ben definita.

Lemma 7.56 (Lemma di Stokes) *Se ω è una forma differenziale non singolare su una varietà differenziale e γ_1, γ_2 sono le curve ottenute tagliando un tubo di rotore di ω con due superfici regolari trasverse, si ha*

$$\oint_{\gamma_1} \omega = \oint_{\gamma_2} \omega, \tag{7.47}$$

dove le curve sono percorse nello stesso senso.

Dimostrazione Sia S la parte di tubo di rotore delimitata dalle curve γ_1 e γ_2 (si faccia riferimento alla figura 7.3, anche se solo a livello indicativo). La frontiera di S è costituita dalle due curve γ_1 e γ_2. Tenendo conto dell'orientazione si ha $\partial S = \gamma_1' \cup \gamma_2$, dove γ_1' differisce da γ_1 perché ha orientazione opposta (per tener conto dell'orientazione si scrive usualmente $\partial S = \gamma_2 - \gamma_1$). Sulla superficie S si ha $\mathrm{d}\omega = 0$ (cfr. l'esercizio 7.58). Il teorema 7.51 – o meglio la sua estensione al caso in cui M sia una varietà differenziabile a tratti con bordo (cfr. l'osservazione 7.52) – implica allora

$$0 = \int_S \mathrm{d}\omega = \int_{\gamma'} \omega + \int_{\gamma} \omega = -\int_{\gamma_1} \omega + \int_{\gamma_2} \omega,$$

da cui segue la (7.47). □

Definizione 7.57 (Forma differenziale di Poincaré-Cartan) *Dato un sistema hamiltoniano $(\Sigma, \mathcal{H})$ e un sistema di coordinate locali (q, p) su $T^*\Sigma$, la forma differenziale*

$$\omega_{\mathrm{PC}} := \sum_{k=1}^{n} p_k \mathrm{d}q_k - \mathcal{H}\,\mathrm{d}t = \langle p, \mathrm{d}q\rangle - \mathcal{H}\,\mathrm{d}t \tag{7.48}$$

si chiama forma differenziale di Poincaré-Cartan *associata al sistema $(\Sigma, \mathcal{H})$.*

Lemma 7.58 *La forma differenziale di Poincaré-Cartan è non singolare.*

Dimostrazione Il campo vettoriale associato alla forma differenziale (7.48), nelle coordinate $(z, t) = (q, p, t)$ dello spazio delle fasi esteso, è

$$f = (p, 0, -\mathcal{H}),$$

così che la matrice A, in accordo con la definizione (7.35), è data da (cfr. l'esercizio 7.59)

$$\begin{pmatrix} 0 & \mathbb{1} & \dfrac{\partial \mathcal{H}}{\partial q} \\ -\mathbb{1} & 0 & \dfrac{\partial \mathcal{H}}{\partial p} \\ -\left(\dfrac{\partial \mathcal{H}}{\partial q}\right)^T & -\left(\dfrac{\partial \mathcal{H}}{\partial p}\right)^T & 0 \end{pmatrix}, \tag{7.49}$$

dove 0 e $\mathbb{1}$ sono matrici $n \times n$, mentre $\partial \mathcal{H}/\partial q$ e $\partial \mathcal{H}/\partial p$ sono matrici $n \times 1$ (cioè vettori). Quindi, in particolare, A ha un minore uguale alla matrice E. Dato che $\det E = 1 \neq 0$, la matrice A ha rango $2n$. □

Osservazione 7.59 Poiché $Ar = 0$, se A è data dalla (7.49) e $r = \text{rot} f$ (i.e. r è un vettore del nucleo di A), a meno di un fattore moltiplicativo, si ha (cfr. l'esercizio 7.60)

$$r = \left(\frac{\partial \mathcal{H}}{\partial p}, -\frac{\partial \mathcal{H}}{\partial q}, 1\right), \tag{7.50}$$

e quindi le linee di rotore sono le curve descritte dalle soluzioni delle equazioni

$$\dot{q} = \frac{\partial \mathcal{H}}{\partial p}, \qquad \dot{p} = -\frac{\partial \mathcal{H}}{\partial q}, \qquad \dot{t} = 1.$$

La proiezione delle linee di rotore nel piano (q, p) dà le traiettorie del moto, i.e. le soluzioni delle equazioni di Hamilton. Possiamo perciò affermare che una quantità che si conserva lungo le linee di rotore è un integrale primo per il sistema hamiltoniano corrispondente.

Teorema 7.60 *Dato un sistema hamiltoniano $(\Sigma, \mathcal{H})$, siano γ_1 e γ_2 le curve ottenute tagliando con due superfici regolari un qualsiasi tubo di rotore della forma differenziale di Poincaré-Cartan associata al sistema. Si ha allora*

$$\oint_{\gamma_1} (\langle p, \mathrm{d}q\rangle - \mathcal{H}\,\mathrm{d}t) = \oint_{\gamma_2} (\langle p, \mathrm{d}q\rangle - \mathcal{H}\,\mathrm{d}t).$$

Dimostrazione Segue immediatamente dal lemma di Stokes 7.56 utilizzando il fatto che la forma differenziale di Poincaré-Cartan è non singolare. □

Osservazione 7.61 Possiamo enunciare il teorema 7.60 dicendo che il flusso hamiltoniano conserva l'integrale

$$\oint_{\gamma} (\langle p, \mathrm{d}q\rangle - \mathcal{H}\,\mathrm{d}t), \tag{7.51}$$

dove l'integrale è calcolato su una qualsiasi curva chiusa γ ottenuta tagliano un tubo di rotore con una superficie regolare.

Definizione 7.62 (Invariante integrale di Poincaré-Cartan) *Si definisce* invariante integrale di Poincaré-Cartan *l'integrale* (7.51).

Teorema 7.63 *Il flusso hamiltoniano conserva l'integrale*

$$\oint_{\gamma} \langle p, \mathrm{d}q \rangle \tag{7.52}$$

dove l'integrale è calcolato su una qualsiasi curva chiusa γ ottenuta tagliando un tubo di rotore con una superficie su cui t sia costante.

Dimostrazione Segue dal teorema 7.60 prendendo γ sulla superficie ottenuta tagliando un tubo di rotore con una superficie $t = cost$. □

Definizione 7.64 (Invariante integrale relativo) *Si definisce* invariante integrale relativo di Poincaré-Cartan *l'integrale* (7.52).

7.4 Funzioni generatrici

Finora abbiamo visto risultati che forniscono criteri per riconoscere se una trasformazione di coordinate sia canonica (cfr. in particolare il teorema 7.31). Tuttavia, in situazioni in cui si intenda studiare un sistema hamiltoniano di interesse fisico, tipicamente le equazioni di Hamilton sono espresse in un sistema di coordinate dato, e si vuole trovare una trasformazione canonica che porti le equazioni in una forma in cui sia più semplice cercarne la soluzione. In altre parole, il problema consiste nel determinare la trasformazione canonica opportuna.

A tal fine introdurremo e discuteremo qui la nozione di funzione generatrice. Vedremo nel prossimo capitolo come utilizzare le funzioni generatrici in modo di costruire trasformazioni canoniche che mirino a semplificare le equazioni del moto (metodo di Hamilton-Jacobi).

7.4.1 Condizione di Lie

Per prima cosa introduciamo una nuova condizione sufficiente e necessaria che caratterizza le trasformazioni canoniche. Vedremo più avanti come utilizzare tale condizione per costruire trasformazioni di coordinate che siano canoniche.

Definizione 7.65 (Differenziale a tempo bloccato) *Data una funzione $f(z,t)$ di classe C^1, con $z \in \mathbb{R}^N$ e t interpretato come "tempo", la forma differenziale*

$$\widetilde{\mathrm{d}} f = \mathrm{d} f - \frac{\partial f}{\partial t}\,\mathrm{d}t = \left\langle \frac{\partial f}{\partial z}, \mathrm{d}z \right\rangle = \sum_{k=1}^{N} \frac{\partial f}{\partial z_k}\,\mathrm{d}z_k .$$

è detta differenziale a tempo bloccato *di f.*

Osservazione 7.66 Noi siamo interessati al caso $N = 2n$ e $z = (q, p)$. In tal caso, si ha

$$\widetilde{d} f = \left\langle \frac{\partial f}{\partial q}, \mathrm{d}q \right\rangle + \left\langle \frac{\partial f}{\partial p}, \mathrm{d}p \right\rangle .$$

Ovviamente se $f = f(z)$ non dipende esplicitamente dal tempo il differenziale a tempo bloccato di f coincide con il suo differenziale.

Definizione 7.67 (Condizione di Lie) *Data una trasformazione di coordinate $z \mapsto Z(z,t)$, poniamo $z = (q, p)$ e $Z = (Q, P)$. Se esiste una funzione f di classe C^1 tale che*

$$\langle p, \widetilde{\mathrm{d}}q \rangle - \langle P, \widetilde{\mathrm{d}}Q \rangle = \sum_{k=1}^{n} (p_k \mathrm{d}q_k - P_k \mathrm{d}Q_k) = \widetilde{\mathrm{d}} f, \tag{7.53}$$

diciamo che la trasformazione di coordinate soddisfa la condizione di Lie.

Osservazione 7.68 La condizione di Lie equivale a richiedere che la forma differenziale

$$\langle p, \widetilde{d}q \rangle - \langle P, \widetilde{d}Q \rangle \tag{7.54}$$

sia un differenziale esatto a tempo bloccato.

Teorema 7.69 *Una trasformazione di coordinate $z \mapsto Z(z,t)$ è canonica se e solo se vale la condizione di Lie.*

Dimostrazione Si ha

$$\langle p, \widetilde{d}q \rangle - \langle P, \widetilde{d}Q \rangle = \widetilde{d}(\langle p, q \rangle - \langle P, Q \rangle) - \langle q, \widetilde{d}p \rangle + \langle Q, \widetilde{d}P \rangle ,$$

così che possiamo riscrivere la (7.54) in modo più simmetrico come

$$\begin{aligned}
\langle p, \widetilde{d}q \rangle - \langle P, \widetilde{d}Q \rangle &= \frac{1}{2}(\langle p, \widetilde{d}q \rangle - \langle P, \widetilde{d}Q \rangle) + \frac{1}{2}(\langle p, \widetilde{d}q \rangle - \langle P, \widetilde{d}Q \rangle) \\
&= \frac{1}{2}\widetilde{d}(\langle p, q \rangle - \langle P, Q \rangle) + \frac{1}{2}[(\langle p, \widetilde{d}q \rangle - \langle q, \widetilde{d}p \rangle) - (\langle P, \widetilde{d}Q \rangle - \langle Q, \widetilde{d}P \rangle)] \\
&= \frac{1}{2}\widetilde{d}(\langle p, q \rangle - \langle P, Q \rangle) + \frac{1}{2}(\langle Ez, \widetilde{d}z \rangle - \langle EZ, \widetilde{d}Z \rangle),
\end{aligned}$$

dove i prodotti scalari nelle ultime parentesi tonde sono in $\mathbb{R}^{2n}$. Dal momento che la forma differenziale $\widetilde{d}(\langle p, q\rangle - \langle P, Q\rangle)$ è un differenziale esatto a tempo bloccato, dobbiamo dimostrare che esiste una funzione Ψ tale che

$$\omega := \langle Ez, \widetilde{d}z\rangle - \langle EZ, \widetilde{d}Z\rangle = \widetilde{d}\Psi$$

se e solo se la trasfomazione $z \mapsto Z(z,t)$ è canonica. Poiché $\widetilde{d}Z = J\widetilde{d}z$, se definiamo

$$f_k(z) := \left(Ez - J^T EZ\right)_k = \sum_{i=1}^{2n} E_{ki} z_i - \sum_{i,j=1}^{2n} J^T_{ki} E_{ij} Z_j, \qquad k = 1, \ldots, 2n,$$

possiamo riscrivere nella forma

$$\omega = \langle Ez - J^T EZ, \widetilde{d}z\rangle = \langle f(z), \widetilde{d}z\rangle = \sum_{k=1}^{2n} f_k(z)\widetilde{d}z_k.$$

Dal momento che (localmente) una forma esatta se e solo se è chiusa, basta far vedere che si ha

$$\frac{\partial f_k}{\partial z_m} = \frac{\partial f_m}{\partial z_k} \qquad \forall k, m = 1, \ldots, 2n,$$

ovvero che la matrice M di elementi $M_{km} = \partial f_k / \partial z_m$ è simmetrica, se e solo se la matrice J è simplettica. Per calcolo esplicito si trova

$$\begin{aligned}\frac{\partial f_k}{\partial z_m} &= \sum_{i=1}^{2n} E_{ki} \frac{\partial z_i}{\partial z_m} - \sum_{i,j=1}^{2n} \left(\frac{\partial J^T_{ki}}{\partial z_m} E_{ij} Z_j + J^T_{ki} E_{ij} \frac{\partial Z_j}{\partial z_m} \right) \\ &= \sum_{i=1}^{2n} E_{ki} \delta_{i,m} - \sum_{i,j=1}^{2n} \left(\frac{\partial J^T_{ki}}{\partial z_m} E_{ij} Z_j + J^T_{ki} E_{ij} J_{jm} \right) \\ &= - \sum_{i,j=1}^{2n} \frac{\partial^2 Z_i}{\partial z_k \partial z_m} E_{ij} Z_j + E_{km} - \left(J^T E J\right)_{km},\end{aligned}$$

e quindi, tenendo conto che $\partial^2 Z_i / \partial z_k \partial z_m = \partial^2 Z_i / \partial z_m \partial z_k$ per il teorema di Schwarz (cfr. l'esercizio 3.18 del volume 1), la matrice M è simmetrica se e solo se è simmetrica la matrice $N := E - J^T E J$. D'altra parte si ha

$$N^T = \left(E - J^T E J\right)^T = E^T - J^T E^T J = -\left(E - J^T E J\right) = -N,$$

quindi si può avere $N^T = N$ se e solo se $N = 0$. Ma $N = 0$ significa $J^T E J = E$, che è la condizione che deve soddisfare J perché sia simplettica. In conclusione si ha $M = M^T$ se e solo se J è simplettica, e l'asserto è dimostrato. □

Lemma 7.70 *Una trasformazione di coordinate $z \mapsto Z(z,t)$ è canonica se e solo se conserva l'invariante integrale relativo di Poincaré-Cartan.*

Dimostrazione Per il teorema 7.69 la trasformazione $z \mapsto Z(z,t)$ è canonica se e solo se vale la condizione di Lie (7.53). D'altra parte se vale la condizione di Lie, data una qualsiasi curva chiusa γ ottenuta tagliando un tubo di rotore con una superficie nell'iperpiano (q,p) (o in un qualsiasi altro iperpiano con $t = cost.$), si deve avere

$$\begin{aligned}&\oint_\gamma (\langle p, \mathrm{d}q\rangle - \langle P(q,p,t), \mathrm{d}Q(q,p,t)\rangle)\\ &\quad = \oint_\gamma (\langle p, \widetilde{d}q\rangle - \langle P(q,p,t), \widetilde{d}Q(q,p,t)\rangle) = \oint_\gamma \widetilde{d}f = \oint_\gamma \mathrm{d}f,\end{aligned}$$

che è nullo poiché l'integrale di una forma differenziale lungo una curva chiusa è nullo se e solo se la forma è esatta (cfr. l'esercizio 7.51). In conclusione, si ha

$$\oint_\gamma \langle p, \mathrm{d}q\rangle = \oint_\gamma \big\langle P(q,p,t), \widetilde{d}Q(q,p,t)\big\rangle = \oint_\Gamma \langle P, \mathrm{d}Q\rangle,$$

dove Γ è l'immagine di γ sotto la trasformazione $z \mapsto Z(z,t)$. Quindi l'invariante integrale relativo di Poincaré-Cartan è conservato dalla trasformazione se e solo se questa è canonica. □

Teorema 7.71 *Una trasformazione di coordinate $z \mapsto Z(z,t)$ è canonica se e solo se la differenza delle forme differenziali di Poincaré-Cartan è esatta, i.e. se e solo se conserva l'invariante integrale di Poincaré-Cartan.*

Dimostrazione Sia γ_1 una curva chiusa in un iperpiano $t = cost.$, e sia γ_2 una qualsiasi altra curva appartenente al tubo di rotore passante per γ_1 e topologicamente equivalente (i.e. omeomorfa) a γ_1. Supponiamo che la trasformazione di coordinate $z \mapsto Z(z,t)$ sia canonica. Per il teorema 7.60 si ha

$$\oint_{\gamma_1} \langle p, \mathrm{d}q\rangle = \oint_{\gamma_2} (\langle p, \mathrm{d}q\rangle - \mathcal{H}\,\mathrm{d}t).$$

Siano Γ_1 e Γ_2 le immagini delle curve γ_1 e γ_2, rispettivamente, sotto la trasformazione $z \mapsto Z(z,t)$. Per il lemma 7.70 si ha

$$\oint_{\gamma_1} \langle p, \mathrm{d}q\rangle = \oint_{\gamma_1} \langle P(q,p,t), \mathrm{d}Q(q,p,t)\rangle = \oint_{\Gamma_1} \langle P, \mathrm{d}Q\rangle,$$

e, di nuovo per il teorema 7.60 si ha

$$\oint_{\Gamma_1} \langle P, \mathrm{d}Q \rangle = \oint_{\Gamma_2} (\langle P, \mathrm{d}Q \rangle - \mathcal{K}\, \mathrm{d}t),$$

dove $\mathcal{K}$ è l'hamiltoniana nelle nuove variabili. Infatti sappiamo per il teorema 7.20 che nelle nuove coordinate le equazioni del moto sono canoniche con hamiltoniana $\mathcal{K}(Z) = \hat{\mathcal{H}}(Z) + \Psi(Z)$ (cfr. l'osservazione 7.21). Quindi possiamo scrivere

$$\begin{aligned}\oint_{\gamma_2} \Big(& (\langle p, \mathrm{d}q \rangle - \mathcal{H}\, \mathrm{d}t) \\ & - (\langle P(q,p,t), \mathrm{d}Q(q,p,t) \rangle - \mathcal{K}(Q(q,p,t), P(q,p,t))\, \mathrm{d}t) \Big) = 0. \end{aligned} \tag{7.55}$$

La (7.55) deve valere comunque siano scelte γ_1 e γ_2 (e quindi, fissata γ_1, comunque sia scelta γ_2). Di conseguenza la forma differenziale

$$\begin{aligned} & (\langle p, \mathrm{d}q \rangle - \mathcal{H}\, \mathrm{d}t) \\ & \quad - (\langle P(q,p,t), \mathrm{d}Q(q,p,t) \rangle - \mathcal{K}(Q(q,p,t), P(q,p,t))\, \mathrm{d}t), \end{aligned} \tag{7.56}$$

i.e. la differenza delle forme di Poincaré-Cartan ω e Ω, rispettivamente nelle coordinate z e nelle coordinate Z, è un differenziale esatto.

Viceversa, supponiamo che la forma differenziale (7.56), per qualche funzione $\mathcal{K}$, sia esatta. Vale allora la (7.55). In particolare se scegliamo la curva γ_2 appartenente a un iperpiano $t = cost.$ otteniamo

$$\oint_{\gamma_2} (\langle p, \mathrm{d}q \rangle - \langle P(q,p,t), \mathrm{d}Q(q,p,t) \rangle) = 0.$$

così che si conserva l'invariante relativo di Poincaré-Cartan: quindi la trasformazione di coordinate deve essere canonica per il teorema 7.69.

Che $\mathcal{K}$ sia proprio l'hamiltoniana segue dal fatto che le trasformazioni canoniche conservano la struttura canonica delle equazioni (cfr. il teorema 7.20), quindi le linee di rotore della forma differenziale

$$\Omega = \langle P(q,p,t), \mathrm{d}Q(q,p,t) \rangle - \mathcal{K}(Q(q,p,t), P(q,p,t))\, \mathrm{d}t$$

sono descritte dalle traiettorie del sistema. D'altra parte le linee di rotore non cambiano se modifichiamo la forma differenziale Ω aggiungendo a essa un differenziale totale (cfr. l'esercizio 7.61). Se l'hamiltoniana fosse una funzione $\mathcal{K}' \neq \mathcal{K}$, allora $(\mathcal{K}' - \mathcal{K})\mathrm{d}t$ dovrebbe essere un differenziale esatto. In altre parole $\mathcal{K}$ e $\mathcal{K}'$ dovrebbero differire per una funzione della sola t. Poiché le equazioni di Hamilton non cambiano se modifichiamo l'hamiltoniana per una funzione che non dipenda esplicitamente dalle coordinate, possiamo allora identificare $\mathcal{K}'$ con $\mathcal{K}$. □

Teorema 7.72 *Una trasformazione di coordinate $z \mapsto Z(z)$, indipendente dal tempo, è canonica se e solo se risulta*

$$\sum_{k=1}^{n} \mathrm{d}p_k \wedge \mathrm{d}q_k = \sum_{k=1}^{n} \mathrm{d}P_k \wedge \mathrm{d}Q_k. \tag{7.57}$$

Dimostrazione Poiché stiamo considerando trasformazioni di coordinate indipendenti dal tempo, la condizione di Lie richiede che si abbia

$$\sum_{k=1}^{n} p_k \mathrm{d}q_k - \sum_{k=1}^{n} P_k \mathrm{d}Q_k = \mathrm{d}f,$$

per qualche funzione f. Applicando la derivata esterna a entrambi i membri, per la proprietà (7.42) e la definizione (7.40) otteniamo la (7.57). □

Definizione 7.73 (Forma simplettica standard) *La 2-forma*

$$\omega = \sum_{k=1}^{n} \mathrm{d}p_k \wedge \mathrm{d}q_k$$

prende il nome di forma simplettica standard *(o* forma simplettica canonica*).*

Osservazione 7.74 Possiamo enunciare il teorema 7.72 dicendo che una trasformazione indipendente dal tempo è canonica se e solo se conserva la forma simplettica standard.

Teorema 7.75 *Il flusso hamiltoniano definisce una trasformazione canonica.*

Dimostrazione Indichiamo con $z(t) = (q(t), p(t))$ la soluzione delle equazioni di Hamilton con condizioni iniziali $z(0) = (q(0), p(0)) = (Q, P)$. Dimostriamo allora che la trasformazione $(Q, P) \mapsto (q(t), p(t))$ è una trasformazione canonica (ovviamente dipendente dal tempo), facendo vedere che vale la condizione di Lie (7.53) con

$$f(Q, P, t) := \int_0^t \mathrm{d}\tau \left(\left\langle p, \frac{\mathrm{d}q}{\mathrm{d}\tau} \right\rangle - \mathcal{H} \right), \tag{7.58}$$

dove $\mathcal{H} = \mathcal{H}(q(\tau), p(\tau), \tau)$. Si noti che, dato che stiamo considerando $z(t)$ come funzione di Z e t, poiché Z non dipende dal tempo, si ha $\mathrm{d}z/\mathrm{d}t = \partial z/\partial t$.

Richiedere la (7.53) significa quindi richiedere che si abbia

$$\frac{\partial f}{\partial Q_k} = \sum_{i=1}^{n} p_i \frac{\partial q_i}{\partial Q_k} - P_k, \qquad \frac{\partial f}{\partial P_k} = \sum_{i=1}^{n} p_i \frac{\partial q_i}{\partial P_k}. \tag{7.59}$$

A partire dalla definizione (7.58) di f e utilizzando che $q(t)$ e $p(t)$ risolvono le equazioni del moto, i.e. $\dot{q} = \partial\mathcal{H}/\partial p$ e $\dot{p} = -\partial\mathcal{H}/\partial p$, si verifica immediatamente che le (7.59) sono soddisfatte (cfr. l'esercizio 7.62). □

Osservazione 7.76 La funzione integranda in (7.58) è la stessa funzione che compare nell'intregrale (6.23). Quindi la funzione f data dalla (7.58) non è altro che l'azione del sistema, calcolata lungo le sue traiettorie

7.4.2 Procedimento di prima specie

Utilizzando la proprietà, espressa dal teorema 7.69, che una trasformazione di coordinate è canonica se e solo se soddisfa la condizione di Lie, vogliamo ora descrivere un metodo generale per costruire trasformazioni canoniche.

Definizione 7.77 (Funzione generatrice) *Una* funzione generatrice *è una qualsiasi funzione $F : \mathbb{R}^n \times \mathbb{R}^n \times \mathbb{R} \to \mathbb{R}$ di classe C^2 tale che la matrice di elementi*

$$\frac{\partial^2}{\partial x_i \partial y_j} F(x, y, t) \tag{7.60}$$

è non singolare.

Si può costruire una trasformazione canonica $(q, p) \mapsto (Q, P)$ con il procedimento seguente. Consideriamo una funzione generatrice $F(x, y, t)$ e poniamo $x = q$ e $y = Q$. Definiamo

$$p = \frac{\partial}{\partial q} F(q, Q, t), \qquad P = -\frac{\partial}{\partial Q} F(q, Q, t). \tag{7.61}$$

In virtù della condizione (7.60), la matrice di elementi

$$\frac{\partial^2}{\partial q_i \partial Q_j} F(q, Q, t)$$

è non singolare, quindi, applicando il teorema della funzione implicita, si può invertire la prima relazione in (7.61) ed esprimere Q in funzione di (q, p), i.e. $Q = Q(q, p, t)$. Introdotta tale espressione nella seconda di (7.61) si trova anche P in funzione di (q, p), i.e. $P = P(q, p, t)$. In questo modo si è quindi ottenuta una trasformazione di coordinate $(q, p) \mapsto (Q, P)$ – dipendente dal tempo se F dipende esplicitamente dal tempo.

Tale trasformazione è canonica. Infatti risulta

$$\langle p, \widetilde{d}q\rangle - \langle P, \widetilde{d}Q\rangle = \left\langle \frac{\partial F}{\partial q}, \widetilde{d}q \right\rangle + \left\langle \frac{\partial F}{\partial Q}, \widetilde{d}Q \right\rangle = \widetilde{d}F,$$

e quindi la condizione di Lie (7.53) è soddisfatta. Il metodo sopra descritto per costruire una trasformazione canonica viene chiamato *procedimento di prima specie*.

La nuova hamiltoniana $\mathcal{K}(Q, P, t)$ si calcola come segue. Se la funzione F non dipende dal tempo, la trasformazione canonica è indipendente dal tempo, i.e. è simplettica, e si ha $\mathcal{K}(Q, P, t) = \mathcal{H}(q(Q, P), p(Q, P), t)$. Se invece la funzione F dipende esplicitamente dal tempo allora si ha, utilizzando come coordinate indipendenti (q, Q, t),

$$\langle p, \mathrm{d}q\rangle - \langle P, \mathrm{d}Q\rangle = \widetilde{d}F = \mathrm{d}F - \frac{\partial F}{\partial t}\,\mathrm{d}t,$$

e, poiché la differenza delle forme di Poincaré-Cartan $\omega - \Omega$, dove

$$\omega = \langle p, \mathrm{d}q\rangle - \mathcal{H}\,\mathrm{d}t, \qquad \Omega = \langle P, \mathrm{d}Q\rangle - \mathcal{K}\,\mathrm{d}t,$$

è un differenziale esatto, per il teorema 7.71, si trova (cfr. l'esercizio 7.64)

$$\mathcal{K} = \mathcal{H} + \frac{\partial F}{\partial t}, \tag{7.62}$$

ovvero, più esplicitamente,

$$\mathcal{K}(Z, t) = \mathcal{H}(z(Z, t), t) + \frac{\partial F}{\partial t}(q(Z, t), Q, t),$$

dove la derivata parziale di F rispetto a t va calcolata a q, Q costanti – e solo dopo si esplicita q in funzione di (Q, P, t).

Definizione 7.78 (Funzione generatrice di prima specie) *Una funzione generatrice $F(x, y, t)$ si dice* funzione generatrice di prima specie *se viene utilizzata per costruire una trasformazione canonica mediante un procedimento di prima specie.*

7.4.3 Procedimento di seconda specie

Si può costruire una trasformazione canonica $(q, p) \mapsto (Q, P)$ anche nel modo seguente. Consideriamo una funzione generatrice $F(x, y, t)$, in accordo con la definizione (7.64), e poniamo $x = q$ e $y = P$. Definiamo

$$p = \frac{\partial}{\partial q} F(q, P, t), \qquad Q = \frac{\partial}{\partial P} F(q, P, t). \tag{7.63}$$

Di nuovo, per la condizione (7.60), la matrice di elementi

$$\frac{\partial^2}{\partial q_i \partial P_j} F(q, P, t)$$

è non singolare, quindi per il teorema della funzione implicita, possiamo invertire la prima relazione in (7.63) ed esprimere P in funzione di (q, p), i.e. $P = P(q, p, t)$. Introdotta questa nella seconda di (7.63) troviamo anche Q in funzione di (q, p), i.e. $Q = Q(q, p, t)$. Risulta

$$\langle p, \widetilde{d}q \rangle - \langle P, \widetilde{d}Q \rangle = \left\langle \frac{\partial F}{\partial q}, \widetilde{d}q \right\rangle - \widetilde{d}\langle P, Q \rangle + \left\langle \frac{\partial F}{\partial P}, \widetilde{d}P \right\rangle = \widetilde{d}\Psi, \tag{7.64}$$

avendo definito

$$\Psi := F - \langle P, Q \rangle.$$

Poiché la condizione di Lie (7.53) è soddisfatta, la trasformazione è canonica. Il procedimento sopra descritto prende il nome di *procedimento di seconda specie.*

Anche in questo caso possiamo calcolare la nuova hamiltoniana $\mathcal{K}(Q, P, t)$. Per prima cosa, dal momento che possiamo utilizzare (q, P, t) come coordinate indipendenti, si scrive

$$\langle p, \mathrm{d}q \rangle - \langle P, \mathrm{d}Q \rangle = -\mathrm{d}\langle P, Q \rangle + \langle p, \mathrm{d}q \rangle + \langle Q, \mathrm{d}P \rangle = \widetilde{d}F - \mathrm{d}\langle P, Q \rangle.$$

Ragionando come prima troviamo (cfr. l'esercizio 7.65)

$$\mathcal{K} = \mathcal{H} + \frac{\partial F}{\partial t}, \tag{7.65}$$

che si riduce a $\mathcal{K} = \mathcal{H}$ nel caso di trasformazioni indipendenti dal tempo. In questo caso la derivata parziale va fatta a (q, P) costanti, e dopo averla calcolata si esplicita $q = q(Q, P, t)$.

Definizione 7.79 (Funzione generatrice di seconda specie) *Una funzione generatrice $F(x, y, t)$ si dice* funzione generatrice di seconda specie *se viene utilizzata per costruire una trasformazione canonica mediante un procedimento di seconda specie.*

7.4.4 Altri procedimenti

Si possono considerare anche procedimenti di tipo diverso dai due visti finora. Se si sceglie una funzione generatrice $F(x, y, t)$, si pone $x = p$ e $y = Q$ e quindi si definisce

$$q = -\frac{\partial F}{\partial p}, \qquad P = -\frac{\partial F}{\partial Q}, \tag{7.66}$$

si ottiene un *procedimento di terza specie*. Analogamente, se si pone $x = p$ e $y = P$ e si definisce, in corrispondenza,

$$q = -\frac{\partial F}{\partial p}, \qquad Q = \frac{\partial F}{\partial P}, \tag{7.67}$$

si ottiene un *procedimento di quarta specie*.

Definizione 7.80 (Funzione generatrice di terza specie) *Una funzione generatrice $F(x, y, t)$ si dice* funzione generatrice di terza specie *se viene utilizzata per costruire una trasformazione canonica mediante un procedimento di terza specie.*

Definizione 7.81 (Funzione generatrice di quarta specie) *Una funzione generatrice $F(x, y, t)$ si dice* funzione generatrice di quarta specie *se viene utilizzata per costruire una trasformazione canonica mediante un procedimento di quarta specie.*

Più in generale si possono considerare trasformazioni ottenute ponendo nella funzione generatrice $F(x, y, t)$ alcune x_i uguali a q_i, altre x_i uguali a p_i, e allo stesso modo, alcune y_i uguali a Q_i, altre y_i uguali a P_i. Si possono considerare quindi vari procedimenti per costruire trasformazioni canoniche: in tutto sono possibili 4^n procedimenti (inclusi i procedimenti di prima, seconda, terza e quarta specie, che ne costituiscono casi particolari), a seconda della scelta delle variabili x_i e y_i. Una funzione generatrice che non sia di prima, seconda, terza o quarta specie si dice *di tipo misto*. Si verifica facilmente che per ogni procedimento la vecchia hamiltoniana $\mathcal{H}$ e la nuova hamiltoniana $\mathcal{K}$ sono legate alla funzione generatrice F dalla relazione

$$\mathcal{K} = \mathcal{H} + \frac{\partial F}{\partial t}, \tag{7.68}$$

indipendentemente dal procedimento seguito. La dimostrazione della (7.68) si effettua seguendo le stesse linee di quella indicata esplicitamente per i procedimenti di prima e di seconda specie. Si verifica anche che $\partial F/\partial t = \Psi$, con Ψ determinata dalla (7.13) (cfr. l'esercizio 7.66).

Osservazione 7.82 Si può utilizzare il metodo descritto finora per verificare se una trasformazione di coordinate data sia canonica. Infatti, se si riesce a trovare una funzione generatrice F tale che la trasformazione si possa ottenere da F attraverso un procedimento di una qualsiasi specie, se ne conclude che la trasformazione è canonica (per costruzione). Non sempre è possibile trovare una funzione generatrice di specie arbitraria (cfr. per esempio l'esercizio 7.72). Tuttavia, tenuto conto che la trasformazione che scambia tra loro una coppia di coordinate canoniche (q_k, p_k) e cambia il segno a una di esse è una trasformazione canonica (cfr. l'osservazione 7.19), si trova che qualsiasi trasformazione canonica si può sempre ottenere, per esempio, tramite un procedimento di seconda specie, eventualmente scambiando alcune coordinate canoniche con i rispettivi momenti coniugati e cambiando il segno dei momenti scambiati (cfr. l'esercizio 7.69).

Osservazione 7.83 Le varie funzioni generatrici, quando esistono e soddisfano opportune condizioni di convessità, si ottengono l'una dall'altra attraverso una trasformata di Legendre. Per esempio, se una trasformazione canonica ammette sia una funzione generatrice di prima specie F_1 che una di seconda specie F_2, allora F_2 è la trasformata di Legendre di $-F_1$, e così via (cfr. l'esercizio 7.70).

Le funzioni generatrici di seconda specie sono particolarmente importanti, almeno per due motivi. In primo luogo la trasformazione identità si ottiene attraverso un procedimento di seconda specie. Inoltre dato un qualsiasi cambiamento di coordinate lagrangiane $q \mapsto Q(q,t)$ è sempre possibile costruire una trasformazione canonica $(q,p) \mapsto (Q(q,t), P(q,p,t))$ utilizzando un procedimento di seconda specie. Valgono infatti i seguenti risultati.

Teorema 7.84 *La trasformazione identità si può ottenere da una funzione generatrice di seconda specie.*

Dimostrazione Si può costruire la trasformazione identità $z \mapsto Z(z) = z$ attraverso un procedimento di seconda specie prendendo come funzione generatrice la funzione

$$F(x,y) = \langle x, y \rangle$$

e ponendo $x = q$ e $y = P$. Infatti, a partire dalla funzione $F(q,P) = \langle q, P \rangle$, si ottiene, dalle (7.63), $p = P$ e $Q = q$, i.e. $Z = z$. □

Osservazione 7.85 Il teorema 7.84 è importante alla luce della seguente osservazione. Supponiamo di avere un sistema hamiltoniano di cui si sappiano calcolare le soluzioni, e consideriamo un sistema ottenuto come perturbazione di quello dato, ovvero, se il sistema dato è descritto da un'hamiltoniana $\mathcal{H}$, il sistema perturbato è descritto da un'hamiltoniana $\mathcal{H} + \varepsilon\mathcal{H}_1$, con ε parametro reale molto piccolo (in qualche senso: saremo più precisi su questo punto nel capitolo 9); il parametro ε prende il nome di *parametro perturbativo*. Ci si può chiedere allora se esiste una trasformazione canonica che porti le soluzioni del sistema perturbato nelle soluzioni del sistema imperturbato. Se questo è possibile mediante una trasformazione canonica che sia almeno continua in ε, tale trasformazione è necessariamente vicina all'identità, i.e. deve ridursi all'identità per $\varepsilon \to 0$. La corrispondente funzione generatrice sarà allora della forma $\langle x, y \rangle + F(x,y,\varepsilon)$, dove $F(x,y,\varepsilon) \to 0$ per $\varepsilon \to 0$.

Teorema 7.86 *Ogni trasformazione di coordinate lagrangiane $q \mapsto \Phi(q)$ di classe C^3 si estende in modo unico a una trasformazione canonica dello spazio delle fasi.*

Dimostrazione Sia $q \mapsto Q = \Phi(q)$ una trasformazione di coordinate. Consideriamo la funzione generatrice

$$F(x,y) = \langle y, \Phi(x) \rangle$$

e utilizziamola per un procedimento di seconda specie ponendo $x = q$ e $y = P$, così che F diventa $F = \langle P, \Phi(q) \rangle$. Si ha allora

$$\begin{cases} Q = \dfrac{\partial F}{\partial P} = \Phi(q), \\ p = \dfrac{\partial F}{\partial q} = \left\langle P, \dfrac{\partial \Phi}{\partial q} \right\rangle = I^T(q)\, P, \end{cases} \tag{7.69}$$

dove $I(q) = \partial \Phi(q)/\partial q$ è la matrice jacobiana della trasformazione $q \mapsto \Phi(q)$. La (7.69) si può riscrivere

$$\begin{cases} Q = \Phi(q), \\ P = (I^T(q))^{-1} p, \end{cases} \tag{7.70}$$

che estende la trasformazione data a una trasformazione $(q, p) \mapsto (Q, P)$ di classe C^2. □

Osservazione 7.87 La trasformazione dei momenti coniugati $p \mapsto P(q, p)$ in (7.70) è una trasformazione lineare in p.

Osservazione 7.88 Se la trasformazione $q \mapsto \Phi(q)$ è lineare, i.e. $\Phi(q) = Aq$, allora si ha $I = A$, e la (7.70) diventa

$$Q = Aq, \qquad P = (A^T)^{-1} p.$$

In particolare se A è una matrice ortogonale (i.e. se la trasformazione $q \mapsto \Phi(q)$ descrive una rotazione), allora $A^T = A^{-1}$ e si ottiene

$$Q = Aq, \qquad P = Ap,$$

i.e. coordinate e momenti si trasformano secondo la stessa legge.

Nota bibliografica Nel presente capitolo abbiamo seguito prevalentemente [DA96, Cap. XI] e [FM94, Cap. 10].

Per i richiami sulle forme differenziali e sulle varietà, in particolare per il teorema di Stokes, si vedano [G83, Cap. 16] e [CJ74, Cap. 5], per i risultati in $\mathbb{R}^3$, mentre, in un contesto più generale, si rimanda a [R53, Cap. 10], [dC71, Cap. 4] e [S94, Cap. 7]. Per l'esercizio 7.23 si è tenuto conto di [F64].

Per le proprietà di permutazioni, trasposizioni e combinazioni (cfr. gli esercizi 7.35÷7.39) si possono vedere, per esempio, [S89, App. B], [L55, Cap. 6] o [K44, Cap. 1].

Tutti i rimandi a capitoli, paragrafi, risultati ed equazioni che si specificano del volume 1 si intendono riferiti a [G21].

7.5 Esercizi

Esercizio 7.1 Sia $\mathcal{A} \subset \mathbb{R}^n$ un insieme aperto connesso (cfr. la definizione 4.19 del volume 1). Sia $\Phi(x_0, x)$ l'insieme delle curve regolari a tratti γ in $\mathcal{A}$ che hanno x_0 come primo estremo e x come secondo estremo, i.e. l'insieme delle curve regolari a tratti $\gamma\colon [a, b] \to \mathcal{A}$ tali che $\gamma(a) = x_0$ e $\gamma(b) = x$. Si dimostri che la forma differenziale ω in $\mathcal{A}$ è esatta se e solo se

$$\int_{\gamma} \omega = \int_{\gamma'} \omega$$

per ogni $x_0, x \in \mathcal{A}$ e per ogni $\gamma, \gamma' \in \Phi(x_0, x)$. [*Soluzione* Se ω è esatta si ha $\omega = \mathrm{d}\psi$ per qualche funzione ψ di classe C^1, così che l'integrale

$$\int_{\gamma} \omega = \int_{\gamma} \mathrm{d}\psi = \int_a^b \mathrm{d}t \left\langle \frac{\mathrm{d}}{\mathrm{d}\gamma} \psi(\gamma(t)), \frac{\mathrm{d}\gamma}{\mathrm{d}t} \right\rangle$$

$$= \int_a^b \mathrm{d}t \, \frac{\mathrm{d}}{\mathrm{d}t} \psi(\gamma(t)) = \psi(\gamma(b)) - \psi(\gamma(a))$$

dipende solo dagli estremi della curva γ. Viceversa, supponiamo che l'integrale di ω abbia lo stesso valore per ogni curva $\gamma \in \Phi(x_0, x)$. Consideriamo la funzione

$$\psi(x) := \int_{\gamma} \omega, \qquad \omega = \sum_{k=1}^{n} f_k(x) \, \mathrm{d}x_k,$$

dove $\gamma\colon [a, b] \to \mathcal{A}$ appartiene a $\Phi(x_0, x)$. Poiché per ipotesi l'integrale dipende solo dagli estremi di γ, la funzione $x \mapsto \psi(x)$ è ben definita. Essendo $\mathcal{A}$ aperto, fissato $x \in \mathcal{A}$, esiste $\delta > 0$ tale che per ogni vettore v il punto $x + \varepsilon v$ appartiene ad $\mathcal{A}$ purché si abbia $|\varepsilon| < \delta$: se definiamo $\varphi(t) = x + (t - b)\varepsilon v$ si ha $\varphi(t) \in \mathcal{A}$ $\forall t \in [b, b+1]$. Sia $\tilde{\gamma} \in \Phi(x_0, x + \varepsilon v)$ tale che $\tilde{\gamma}(t) = \gamma(t)$ per $t \in [a, b]$ e $\tilde{\gamma}(t) = \varphi(t)$ per $t \in [b, b + 1]$. Risulta

$$\psi(x + \varepsilon v) = \int_{\tilde{\gamma}} \omega = \int_{\gamma} \omega + \int_b^{b+1} \mathrm{d}t \sum_{k=1}^{n} f_k(\varphi(t)) \, \varepsilon v_k$$

$$= \psi(x) + \int_0^{\varepsilon} \mathrm{d}s \sum_{k=1}^{n} f_k(x + sv) \, v_k .$$

Da qui segue che

$$\frac{\psi(x + \varepsilon v) - \psi(x)}{\varepsilon} = \frac{1}{\varepsilon} \int_0^{\varepsilon} \mathrm{d}s \sum_{k=1}^{n} f_k(x + sv) \, v_k ,$$

che a sua volta implica, per $v = e_k$, se e_k è il vettore che ha componenti $(e_k)_i = \delta_{k,i}$,

$$\frac{\partial \psi}{\partial x_k} = \lim_{\varepsilon \to 0} \frac{\psi(x + \varepsilon e_k) - \psi(x)}{\varepsilon} = \frac{1}{\varepsilon} \int_0^{\varepsilon} \mathrm{d}s \, f_k(x + sv) = f_k(x),$$

dal momento che ω è continua. Quindi $\omega = \mathrm{d}\psi$.]

Esercizio 7.2 Sia $\mathcal{A} \subset \mathbb{R}^n$ un insieme aperto connesso (cfr. la definizione 4.19 del volume 1). Si dimostri che la forma differenziale ω è esatta se e solo se

$$\oint_{\gamma} \omega = 0$$

per ogni curva chiusa γ. [*Suggerimento.* Se ω è esatta, i.e. $\omega = \mathrm{d}\psi$, il suo integrale lungo qualsiasi curva chiusa è nullo per l'esercizio 7.1; infatti l'integrale lungo una curva $\gamma\colon [a, b] \to \mathcal{A}$ è dato dalla differenza $\psi(\gamma(b)) - \psi(\gamma(a))$, e $\gamma(b) = \gamma(a)$ se γ è una curva chiusa. Viceversa, assumiamo che, data una qualsiasi curva chiusa $\gamma\colon [a, b] \to \mathcal{A}$, l'integrale di ω lungo γ sia nullo. Siano x_1 e x_2 due punti lungo γ tali che $x_1 = \gamma(a)$ e $x_2 = \gamma(c)$, per qualche $c \in (a, b)$. Siano γ_1 e γ_2 due curve tali che si abbia $\gamma_1(t) = \gamma(t)$ per $t \in [a, c]$ e $\gamma_2(t)$ sia una riparametrizzazione di $\gamma(t)$ per $t \in [c, b]$, con verso opposto a quello di γ, così che $\gamma_2(c) = x_1$ e $\gamma_2(b) = x_2$; per esempio $\gamma_2(t) = \gamma(c + b - t)$. Per costruzione si ha $\gamma_1, \gamma_2 \in \Phi(x_1, x_2)$ (cfr. l'esercizio 7.1 per le notazioni) e (cfr. l'osservazione 7.40)

$$\oint_{\gamma} \omega = 0 \implies \int_{\gamma_1} \omega = \int_{\gamma_2} \omega.$$

Segue allora di nuovo dall'esercizio 7.1 che ω è esatta.]

Esercizio 7.3 Un aperto $\mathcal{A} \subset \mathbb{R}^n$ si dice *stellato* se esiste $x_0 \in \mathcal{A}$ tale che per ogni $x \in \mathcal{A}$ il segmento di estremi x_0 e x è contenuto in $\mathcal{A}$. Si dimostri che in un aperto stellato una forma differenziale di classe C^1 è chiusa se e solo se è esatta. [*Soluzione.* Sia ω una forma differenziale della forma (7.1). Se ω è esatta si ha $f_k = \partial\psi/\partial x_k$ per qualche funzione ψ di classe C^1, quindi il teorema di Schwarz (cfr. l'esercizio 3.17 del volume 1) implica la (7.4). Viceversa, sia ω una forma chiusa in un aperto stellato. Sia $x_0 \in \mathcal{A}$ tale che $\varphi(t) = x_0 + t(x - x_0) \in \mathcal{A}$ $\forall t \in [0, 1]$; in particolare si ha $\varphi(0) = x_0$ e $\varphi(1) = x$. Se γ è la curva $t \in [0, 1] \mapsto \varphi(t)$, si ha

$$\psi(x) := \int_{\gamma} \omega = \int_0^1 \mathrm{d}t \sum_{i=1}^{n} f_i(\varphi(t))(x - x_0)_i,$$

così che

$$\begin{aligned}\frac{\partial\psi}{\partial x_k}(x) &= \int_0^1 \mathrm{d}t \sum_{i=1}^n \frac{\partial f_i}{\partial x_k}(x_0 + t(x - x_0))\, t\, (x - x_0)_i + \int_0^1 \mathrm{d}t\ f_k(x_0 + t(x - x_0)) \\ &= \int_0^1 \mathrm{d}t \sum_{i=1}^n t\, \frac{\partial f_k}{\partial x_i}(x_0 + t(x - x_0))\, (x - x_0)_i + \int_0^1 \mathrm{d}t\ f_k(x_0 + t(x - x_0)) \\ &= \int_0^1 \mathrm{d}t \left(t \frac{\mathrm{d}}{\mathrm{d}t} f_k(\varphi(t)) + f_k(\varphi(t)) \right) = t f_k(\varphi(t))\Big|_0^1 = f_k(x),\end{aligned}$$

da cui segue che ω è esatta.]

Esercizio 7.4 Siano X e Y due spazi topologici (cfr. l'esercizio 1.15), e siano f e g due funzioni da X a Y. Un'*omotopia* tra f e g è un'applicazione continua $H\colon X \times [0,1] \to Y$ tale che $H(x,0) = f(x)$ e $H(x,1) = g(x)$ per ogni $x \in X$. Dato un aperto $\mathcal{A} \subset \mathbb{R}^n$, due curve $\gamma, \gamma'\colon [a,b] \to \mathcal{A}$ si dicono *omotope* se esiste un'omotopia $H\colon [a,b] \times [0,1] \to \mathcal{A}$ tra γ e γ'; al variare di $s \in [0,1]$ la curva $t \in [a,b] \mapsto H(s,t)$ descrive quindi una deformazione continua di $\gamma(t) = H(t,0)$ in $\gamma'(t) = H(t,1)$. Un insieme $\mathcal{A} \subset \mathbb{R}^n$ si dice *semplicemente connesso* se è connesso e se ogni curva chiusa in $\mathcal{A}$ è omotopa a un punto. Si dimostri che, se $\mathcal{A}$ è un sottoinsieme di $\mathbb{R}^n$, valgono le seguenti implicazioni: $\mathcal{A}$ è convesso $\Longrightarrow$ $\mathcal{A}$ è stellato $\Longrightarrow$ $\mathcal{A}$ è semplicemente connesso $\Longrightarrow$ $\mathcal{A}$ è connesso (si vedano l'esercizio 3.5 del volume 1, la definizione 4.19 del volume 1, e l'esercizio 7.3 per le definizioni, rispettivamente, di insieme convesso, di insieme connesso e di insieme stellato). Si dimostri anche che le implicazioni inverse sono false. [*Suggerimento.* Un insieme convesso è stellato rispetto a ogni suo punto; come esempio si può considerare l'intorno $B_r = \{x \in \mathbb{R}^2 : |x|^2 < r\}$. Se $\mathcal{A}$ è stellato, esiste $x_0 \in \mathcal{A}$ tale che per ogni curva $\gamma\colon [a,b] \to \mathcal{A}$ e per ogni punto $z \in \gamma$ il segmento di estremi z e x_0 è contenuto in $\mathcal{A}$: ne segue che, se definiamo $H(t,s) := (1-s)\gamma(t) + s x_0$, per ogni $s \in [0,1]$ la curva $H(\cdot,s)\colon [a,b] \to \mathbb{R}^n$ ha supporto in $\mathcal{A}$ e quindi H è un'omotopia tra γ e x_0. Per dimostrare che le implicazioni inverse sono false è sufficiente produrre controesempi (cfr. la figura 7.4). La corona circolare $C_{r_1,r_2} = \{x \in \mathbb{R}^2 : r_1 < |x| < r_2\}$ è connessa ma non semplicemente connessa: la curva $[0,2\pi] \mapsto (r\cos t, r\sin t)$, con $r \in (r_1, r_2)$, non è omotopa a un punto. L'insieme $S_{r_1,r_2} = \{x = (x_1,x_2) \in \mathbb{R}^2 : r_1 < |x| < r_2,\ x_2 > -r_1/2\}$ è semplicemente connesso ma non stellato: non esiste alcun punto x_0 tale che i due segmenti di estremi x_0 e, rispettivamente, $(-r_1, -\varepsilon)$ e $(r_1, -\varepsilon)$ siano entrambi contenuti in S_{r_1,r_2} per $\varepsilon \in (0, r_1/2)$. Infine, se $\mathcal{E}_1 := \{(x_1,x_2) \in \mathbb{R}^2 : 4x_1^2 + x_2^2 < 1\}$ e $\mathcal{E}_2 := \{(x_1,x_2) \in \mathbb{R}^2 : x_1^2 + 4x_2^2 < 1\}$, l'insieme $\mathcal{E} := \mathcal{E}_1 \cup \mathcal{E}_2$ è stellato ma non convesso.]

Esercizio 7.5 Si dimostri che un insieme connesso $\mathcal{A} \subset \mathbb{R}^n$ è semplicemente connesso se e solo se, comunque prese due curve in $\mathcal{A}$ che abbiano gli stessi

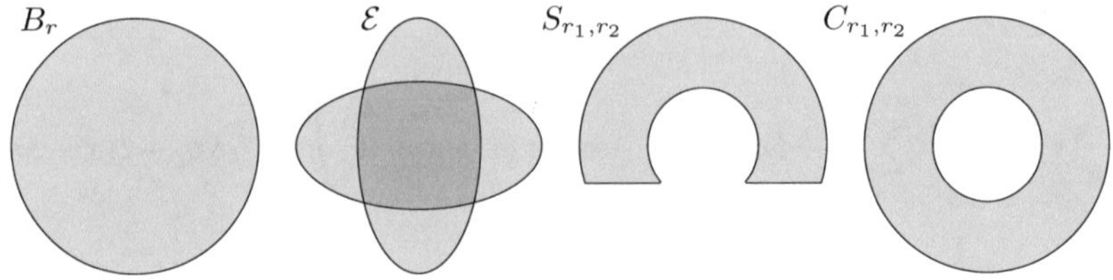

Figura 7.4 Insiemi connessi considerati nell'esercizio 7.4: l'insieme B_r è convesso, l'insieme $\mathcal{E}$ è stellato ma non convesso, l'insieme S_{r_1,r_2} è semplicemente connesso ma non stellato, infine l'insieme C_{r_1,r_2} è connesso ma non semplicemente connesso

estremi, esse sono omotope tra loro. [*Suggerimento.* Sia $\Phi(x_0, x)$ l'insieme delle curve regolari a tratti $\gamma: [a, b] \to \mathcal{A}$ tali che $\gamma(a) = x_0$ e $\gamma(b) = x$ (cfr. l'esercizio 7.1 per le notazioni). Se tutte le curve che hanno gli stessi estremi sono omotope tra loro, allora, scegliendo $x = x_0$ e prendendo la curva $\gamma_0 \in \Phi(x_0, x_0)$ tale che $\gamma_0(t) = x_0 \ \forall t \in [a, b]$, concludiamo che ogni curva chiusa γ è omotopa a γ_0, e quindi a un punto. Viceversa siano $\gamma_1, \gamma_2 \in \Phi(x_0, x)$ due curve che hanno gli stessi estremi in un insieme $\mathcal{A}$ semplicemente connesso. Siano $H_1: \mathcal{A} \times [0, 1] \to \mathcal{A}$ e $H_2: \mathcal{A} \times [0, 1] \to \mathcal{A}$ le omotopie tali che $H_1(t, 0) = \gamma_1(t)$ e $H_2(t, 1) = x_0$ e, rispettivamente, $H_2(t, 0) = \gamma_2(t)$ e $H_2(t, 1) = x_0$. Per costruzione, l'applicazione $\tilde{H}_2(t, s) := H_2(t, 1 - s)$ costituisce un'omotopia tra x_0 e γ_2, tale che $\tilde{H}_2(t, 0) = x_0$ e $\tilde{H}_2(t, 1) = \gamma_2(t)$. L'applicazione

$$H(s, t) := \begin{cases} H_1(t, 2s), & 0 \le s < 1/2, \\ \tilde{H}_2(t, 2 - 2s), & 1/2 \le s \le 1, \end{cases}$$

definisce allora un'omotopia tra γ_1 e γ_2.]

Esercizio 7.6 Si dimostri che, in un insieme aperto semplicemente connesso di $\mathbb{R}^n$, una forma differenziale di classe C^1 è chiusa se e solo se è esatta. [*Soluzione.* Poiché ogni forma differenziale esatta è anche chiusa (cfr. per esempio la soluzione dell'esercizio 7.3), resta da dimostrare che, se l'insieme aperto $\mathcal{A}$ è semplicemente connesso e la forma differenziale ω è chiusa, allora ω è esatta. Sia ω una forma differenziale in $\mathcal{A}$ della forma (7.1); se ω è chiusa si ha $\partial f_i / \partial x_j = \partial f_j / \partial x_i$ per ogni $i, j = 1, \ldots, n$. Per dimostrare che ω è esatta dobbiamo far vedere (cfr. l'esercizio 7.1) che si ha

$$\int_{\gamma_0} \omega = \int_{\gamma_1} \omega$$

per ogni $x_0, x \in \mathcal{A}$ e ogni $\gamma_0, \gamma_1 \in \Phi(x_0, x)$ (cfr. l'esercizio 7.1 per le notazioni). Per l'esercizio 7.5 le curve γ_0 e γ_1 sono omotope tra loro. Consideriamo prima il caso in cui γ_0 e γ_1 siano regolari. Sia $H: \mathcal{A} \times [0, 1] \to \mathcal{A}$ un'omotopia di classe C^1 tra γ_0 e γ_1 e sia γ_s la curva $t \in [a, b] \mapsto H(t, s)$; in particolare $\gamma_1(t) = H(t, 1)$ e

$\gamma_0(t) = H(t, 0)$. Si ha

$$
\begin{aligned}
\int_{\gamma_1} \omega - \int_{\gamma_0} \omega &= \int_a^b \mathrm{d}t \left\langle f(\gamma_1(t)), \frac{\mathrm{d}\gamma_1(t)}{\mathrm{d}t} \right\rangle - \int_a^b \mathrm{d}t \left\langle f(\gamma_0(t)), \frac{\mathrm{d}\gamma_0(t)}{\mathrm{d}t} \right\rangle \\
&= \int_a^b \mathrm{d}t \int_0^1 \mathrm{d}s \, \frac{\mathrm{d}}{\mathrm{d}s} \left\langle f(H(t,s)), \frac{\mathrm{d}H(t,s)}{\mathrm{d}t} \right\rangle \\
&= \int_a^b \mathrm{d}t \int_0^1 \mathrm{d}s \sum_{i,j=1}^{n} \frac{\partial f_i(H(t,s))}{\partial x_j} \frac{\mathrm{d}H_j(t,s)}{\mathrm{d}s} \frac{\mathrm{d}H_i(t,s)}{\mathrm{d}t} \\
&\quad + \int_a^b \mathrm{d}t \int_0^1 \mathrm{d}s \sum_{i=1}^{n} f_i(H(t,s)) \frac{\mathrm{d}^2 H_i(t,s)}{\mathrm{d}s \, \mathrm{d}t} \\
&= \int_a^b \mathrm{d}t \int_0^1 \mathrm{d}s \sum_{i,j=1}^{n} \frac{\partial f_j(H(t,s))}{\partial x_i} \frac{\mathrm{d}H_i(t,s)}{\mathrm{d}t} \frac{\mathrm{d}H_j(t,s)}{\mathrm{d}s} \\
&\quad + \int_a^b \mathrm{d}t \int_0^1 \mathrm{d}s \sum_{i=1}^{n} f_i(H(t,s)) \frac{\mathrm{d}^2 H_i(t,s)}{\mathrm{d}s \, \mathrm{d}t} \\
&= \int_a^b \mathrm{d}t \int_0^1 \mathrm{d}s \left\langle \frac{\mathrm{d}}{\mathrm{d}t} f(H(t,s)), \frac{\mathrm{d}H(t,s)}{\mathrm{d}s} \right\rangle \\
&\quad + \int_a^b \mathrm{d}t \int_0^1 \mathrm{d}s \left\langle f(H(t,s)) \frac{\mathrm{d}^2 H(t,s)}{\mathrm{d}s \, \mathrm{d}t} \right\rangle \\
&= \int_0^1 \mathrm{d}s \int_a^b \mathrm{d}t \, \frac{\mathrm{d}}{\mathrm{d}t} \left\langle f(H(t,s)), \frac{\mathrm{d}H(t,s)}{\mathrm{d}s} \right\rangle \\
&= \int_0^1 \mathrm{d}s \left(\left\langle f(H(b,s)), \frac{\mathrm{d}H(b,s)}{\mathrm{d}s} \right\rangle - \left\langle f(H(a,s)), \frac{\mathrm{d}H(a,s)}{\mathrm{d}s} \right\rangle \right) = 0,
\end{aligned}
$$

dove l'ultima uguaglianza segue dal fatto che $H(a, s) = x_0$ e $H(b, s) = x$ indipendentemente da s, così che le derivate $\mathrm{d}H(b, s)/\mathrm{d}s$ e $\mathrm{d}H(a, s)/\mathrm{d}s$ sono nulle per ogni $s \in [0, 1]$. Se γ_0 e γ_1 sono regolari a tratti, si divide l'intervallo $[a, b]$ in vari sottointervalli $[t_{i-1}, t_i]$ tali che all'interno di ciascuno di essi entrambe le curve siano regolari; si può allora scegliere un'omotopia che sia C^1 in ciascun intervallo e, scrivendo gli integrali della forma differenziale ω lungo γ_0 e γ_1 in accordo con la (7.2), si ragiona come nel caso precedente.]

Esercizio 7.7 Si dimostri che la forma differenziale

$$\omega = \frac{y}{x^2 + y^2}\mathrm{d}x - \frac{x}{x^2 + y^2}\mathrm{d}y,$$

definita in $\mathbb{R}^2 \setminus \{(0,0)\}$, è una forma chiusa ma non una forma esatta. Si mostri inoltre che esiste una funzione $\psi(x, y)$ tale che

$$\frac{\partial \psi}{\partial x} = \frac{y}{x^2 + y^2}, \qquad \frac{\partial \psi}{\partial y} = -\frac{x}{x^2 + y^2},$$

e si spieghi perché questo non è in contraddizione con il fatto che la forma non è esatta. [*Suggerimento.* La forma è chiusa poiché

$$\frac{\partial}{\partial y}\left(\frac{y}{x^2 + y^2}\right) = \frac{\partial}{\partial x}\left(\frac{x}{x^2 + y^2}\right) = \frac{x^2 - y^2}{(x^2 + y^2)^2},$$

ma non è esatta perché l'integrale della forma ω lungo la circonferenza di raggio 1 e centro l'origine non è zero. Si trova inoltre $\psi(x, y) = \arctan(x/y)$. In particolare la funzione è di classe C^∞ in $\mathbb{R}^2 \setminus \{(0,0)\}$, quindi se si vuole un insieme semplicemente connesso in cui la forma sia esatta si deve scegliere un sottoinsieme di $\mathbb{R}^2$ in cui non ci siano curve chiuse che contengano l'origine al loro interno.]

Esercizio 7.8 Si mostri che, se E è la matrice simplettica standard (6.13), allora $\det E = 1$. [*Suggerimento.* Si ha $\det E = (-1)^n \det \mathbb{1} \det(-\mathbb{1}) = (-1)^{2n} = 1$.]

Esercizio 7.9 Si dimostri che l'insieme delle matrici simplettiche forma un gruppo. [*Suggerimento.* Basta dimostrare che l'insieme delle matrici simplettiche, con legge di composizione data dal prodotto di matrici, soddisfa le proprietà di gruppo (cfr. l'esercizio 3.3 del volume 1), con l'elemento neutro dato dalla matrice identità.]

Esercizio 7.10 Si dimostri che il riscalamento dell'esempio 7.13 definisce una trasformazione canonica se e solo se $\alpha\beta = 1$.

Esercizio 7.11 Si dimostri che la trasformazione $(q, p) \mapsto (p, -q)$ è canonica. Più in generale, si dimostri che è canonica la trasformazione $(q, p) \mapsto (Q, P)$ tale che

$$(Q_i, P_i) = \begin{cases} (q_i, p_i), & i \in I \subset \{1, \ldots, n\}, \\ (p_i, -q_i), & i \in \{1, \ldots, n\} \setminus I. \end{cases}$$

[*Suggerimento.* Si verifica immediatamente che la matrice jacobiana J della trasformazione $(q, p) \mapsto (p, -q)$ è $J = E$, dove E denota la matrice simplettica standard. Nel caso generale, per $i \in I$ si ha $\{Q_i, P_i\} = \{q_i, p_i\} = \delta_{i,j}$, mentre per $i \notin I$ si ha $\{Q_i, P_i\} = -\{p_i, q_i\} = \{q_i, p_i\} = \delta_{i,j}$.]

Esercizio 7.12 Si dimostri la proprietà 3 del lemma 7.25. [*Sugerimento*. Per semplificare le notazioni, si indichino con A, B e C le matrici $2n \times 2n$ i cui elementi sono, rispettivamente,

$$A_{ij} := \frac{\partial f}{\partial z_i}\frac{\partial g}{\partial z_j}, \qquad B_{ij} := \frac{\partial g}{\partial z_i}\frac{\partial h}{\partial z_j}, \qquad C_{ij} := \frac{\partial h}{\partial z_i}\frac{\partial f}{\partial z_j},$$

e con F, G e H le matrici hessiane delle funzioni f, g e h, i.e. le matrici di elementi

$$F_{ij} = \frac{\partial^2 f}{\partial z_i \partial z_j}, \qquad G_{ij} = \frac{\partial^2 g}{\partial z_i \partial z_j}, \qquad H_{ij} = \frac{\partial^2 h}{\partial z_i \partial z_j}.$$

Si ha allora

$$\begin{aligned}
&\{f, \{g, h\}\} + \{g, \{h, f\}\} + \{h, \{f, g\}\} \\
&= \sum_{i,j,k,m=1}^{2n} E_{ij} E_{km} \big(A_{ik} H_{jm} + C_{mi} G_{jk} + B_{ik} F_{jm} \\
&\qquad\qquad + A_{mi} H_{jk} + C_{ik} G_{jm} + B_{mi} F_{jk} \big) \\
&= \sum_{i,j,k,m=1}^{2n} \Big(E_{ij} E_{km} \big(A_{ik} H_{jm} + A_{mi} H_{kj} \big) \\
&\qquad + \big(B_{ik} F_{jm} + B_{mi} F_{kj} \big) + \big(C_{ik} G_{jm} + C_{mi} G_{kj} \big) \Big) \\
&= \sum_{i,j,k,m=1}^{2n} \Big(\big(E_{ij} E_{km} + E_{km} E_{ji} \big) \big(A_{ik} H_{jm} + B_{ik} F_{jm} + C_{ik} G_{jm} \big) \Big),
\end{aligned}$$

dove, prima, si è usato il fatto che le matrici F, G e H sono simmetriche, in virtù del teorema di Schwarz (cfr. l'esercizio 3.18 del volume 1), e, successivamente, sono stati ridenominati gli indici delle sommatorie $(i, j, k, m) \mapsto (k, m, j, i)$ per gli addendi $E_{ij} E_{km} A_{mi} H_{kj}$, $E_{ij} E_{km} B_{mi} F_{kj}$ e $E_{ij} E_{km} C_{mi} G_{kj}$, per ottenere l'ultima riga. La proprietà 3 segue immediatamente notando che $E_{ij} + E_{ji} = 0$ dal momento che E è antisimmetrica.]

Esercizio 7.13 Si dimostri la relazione (7.18). [*Soluzione.* Date le funzioni A e B indichiamo con f_A e f_B le componenti dei corrispondenti campi vettoriali hamiltoniani ξ_A e ξ_B, i.e.

$$(f_A)_k = \left(E \frac{\partial A}{\partial z} \right)_k = \sum_{m=1}^{2n} E_{km} \frac{\partial A}{\partial z_m}, \qquad (f_B)_k = \left(E \frac{\partial B}{\partial z} \right)_k = \sum_{m=1}^{2n} E_{km} \frac{\partial B}{\partial z_m},$$

per $k = 1, \dots, 2n$. Il prodotto di Lie dei due campi vettoriali definisce il campo vettoriale $\xi = [\xi_A, \xi_B]$: indichiamo con $f = (f_1, \dots, f_{2n})$ le sue componenti. Siano infine $h = (h_1, \dots, h_{2n})$ le componenti del campo vettoriale $\xi_{\{A,B\}}$. Vogliamo dunque dimostrare che si ha $f = -h$. Per definizione di prodotto di Lie (cfr. il lemma

3.26) le componenti f sono date da

$$f_k = \sum_{i=1}^{2n} \left(f_{Ai} \frac{\partial f_{Bk}}{\partial z_i} - f_{Bi} \frac{\partial f_{Ak}}{\partial z_i} \right) = \sum_{i,j,m=1}^{2n} E_{ki} E_{jm} \left(\frac{\partial A}{\partial z_m} \frac{\partial^2 B}{\partial z_i \partial z_j} - \frac{\partial B}{\partial z_m} \frac{\partial^2 A}{\partial z_i \partial z_j} \right),$$

e, utilizzando il fatto che la matrice E è antisimmetrica, i.e. $E_{jm} = E_{mj}$, otteniamo

$$\begin{aligned} f_k &= \sum_{i,j,m=1}^{2n} E_{ki} E_{jm} \left(\frac{\partial A}{\partial z_m} \frac{\partial^2 B}{\partial z_i \partial z_j} + \frac{\partial B}{\partial z_j} \frac{\partial^2 A}{\partial z_i \partial z_m} \right) \\ &= \sum_{i,j,m=1}^{2n} E_{ki} E_{jm} \frac{\partial}{\partial z_i} \left(\frac{\partial A}{\partial z_m} \frac{\partial B}{\partial z_j} \right). \end{aligned}$$

D'altra parte le componenti h sono

$$\begin{aligned} h_k &= \left(E \, \frac{\partial \{A, B\}}{\partial z} \right)_k = \sum_{i=1}^{2n} E_{ki} \frac{\partial}{\partial z_i} \left(\sum_{j,m=1}^{2n} E_{jm} \frac{\partial A}{\partial z_j} \frac{\partial B}{\partial z_m} \right) \\ &= \sum_{i,j,m=1}^{2n} E_{ki} E_{jm} \frac{\partial}{\partial z_i} \left(\frac{\partial A}{\partial z_j} \frac{\partial B}{\partial z_m} \right), \end{aligned}$$

Confrontando le due espressioni si vede che $h_k = -f_k$ per $k = 1, \ldots, 2n$.]

Esercizio 7.14 Si dimostri che le (7.27) costituiscono un insieme di $n(2n-1)$ condizioni indipendenti. [*Soluzione.* Le condizioni $\{Q_i, P_j\} = \delta_{ij}$ sono n^2 condizioni, mentre, utilizzando il fatto che le parentesi di Poisson sono antisimmetriche, si vede che le condizioni $\{Q_i, Q_j\} = 0$ sono $n(n-1)/2$, e lo stesso vale per le condizioni $\{P_i, P_j\} = 0$.]

Esercizio 7.15 Si dia la definizione di superficie regolare a tratti in $\mathbb{R}^n$, per n qualsiasi, tenendo presente la definizione data dopo l'osservazione 7.33 per $n = 3$. [*Suggerimento.* Il primo caso non banale è $n = 2$, dove la nozione di superficie regolare a tratti si riduce a quella di curva regolare a tratti (cfr. le definizioni dopo l'osservazione 7.1). Se $n \geq 4$, per definire una superficie di dimensione m in $\mathbb{R}^n$, con $m < n$, si procede come fatto nel caso $n = 3$, richiedendo che le intersezioni delle superfici S_i siano a loro volta superficie regolari a tratti di dimensione $m - 1$.]

Esercizio 7.16 Sia (X, d) uno spazio metrico (cfr. l'esercizio 1.14). Un insieme $A \subset X$ si dice *totalmente limitato* se per ogni $\varepsilon > 0$ esistono k punti $x_1, \ldots, x_k \in A$ tali che gli intorni (cfr. l'esercizio 1.15 per le notazioni) $B_\varepsilon(x_1), \ldots, B_\varepsilon(x_k)$ costituiscono un *ricoprimento* di A, i.e. tali che A sia contenuto nell'unione degli intorni $B_\varepsilon(x_1), \ldots, B_\varepsilon(x_k)$. Si dimostri che, se l'insieme $D \subset X$ è compatto, allora D è totalmente limitato. [*Suggerimento.* Si supponga per assurdo che esista $\varepsilon > 0$ tale

D non si possa ricoprire con un numero finito di intorni di raggio ε. Costruiamo una successione $\{x_n\}$ in D nel modo seguente: si sceglie, in modo arbitrario, prima $x_1 \in D$, poi $x_2 \in X_1 := D \setminus B_\varepsilon(x_1)$ e, ricorsivamente, $x_k \in X_{k-1} := X_{k-2} \setminus B_\varepsilon(x_{k-1})$ per $k \geq 3$. Per costruzione, dalla successione $\{x_n\}$ non si può estrarre una sottosuccessione convergente dal momento che $d(x_i, x_j) \geq \varepsilon$ per ogni $i \neq j$. Questo è in contraddizione con la definizione di insieme compatto.]

Esercizio 7.17 Sia (X, d) uno spazio metrico e sia $D \subset X$ un insieme compatto. Si dimostri che si può scegliere un numero finito di punti $x_1, \ldots, x_N \in D$ e un numero finito di valori $\varepsilon_1, \ldots, \varepsilon_N > 0$ tali che gli intorni $B_{\varepsilon_1}(x_1), \ldots, B_{\varepsilon_N}(x_N)$ costituiscono un ricoprimento finito di D. Si dimostri inoltre che si possono scegliere i punti $x_1, \ldots, x_N$, in modo che alcuni di essi siano sulla frontiera ∂D di D e, fissato arbitrariamente $\alpha > 0$, ciascuno degli altri x_i disti più di $\alpha\varepsilon_i$ da ∂D. [*Suggerimento.* Per l'esercizio 7.16, comunque si fissi $\varepsilon > 0$ esiste un ricoprimento finito $\mathcal{U}_0$ di D costituito di intorni di raggio ε. Il risultato segue allora passando prima al ricoprimento $\mathcal{U}$ ottenuto aggiungendo a $\mathcal{U}_0$ un numero finito di intorni di raggio ε il cui centro appartenga a ∂U e considerando poi un *raffinamento* del ricoprimento $\mathcal{U}$, i.e. un ricoprimento $\mathcal{V}$ di D costituto da un numero finito di insiemi $V_1, \ldots, V_N$ trali che per ogni insieme V_i esiste un insieme $U \in \mathcal{U}$ tale che $V_i \subset U$.]

Esercizio 7.18 Sia $D \subset \mathbb{R}^3$ un insieme regolare. Per ogni punto $Q \in D$, fissato $\varepsilon_Q > 0$, se $\boldsymbol{x}_Q$ sono le coordinate del punto Q, definiamo (cfr. la figura 7.5)

$$\psi_Q(\boldsymbol{x}) = \begin{cases} \left(4\varepsilon_Q^2 - 4|\boldsymbol{x} - \boldsymbol{x}_Q|^2\right)^2, & |\boldsymbol{x} - \boldsymbol{x}_Q| < \varepsilon_Q, \\ 0, & |\boldsymbol{x} - \boldsymbol{x}_Q| \geq \varepsilon_Q. \end{cases}$$

Poiché la chiusura di D è un insieme compatto, possiamo scegliere un numero finito di punti $Q_1, \ldots, Q_N$ in D tali che gli intorni $B_{Q_i} = \{\boldsymbol{x} \in \mathbb{R}^3 : |\boldsymbol{x} - \boldsymbol{x}_{Q_i}| < \varepsilon_{Q_i}\}$, per $i = 1, \ldots, N$, ricoprono D, e gli intorni si possono scegliere in modo che alcuni punti Q_i appartengano alla frontiera ∂D e tutti i punti Q_i all'interno di D abbiano

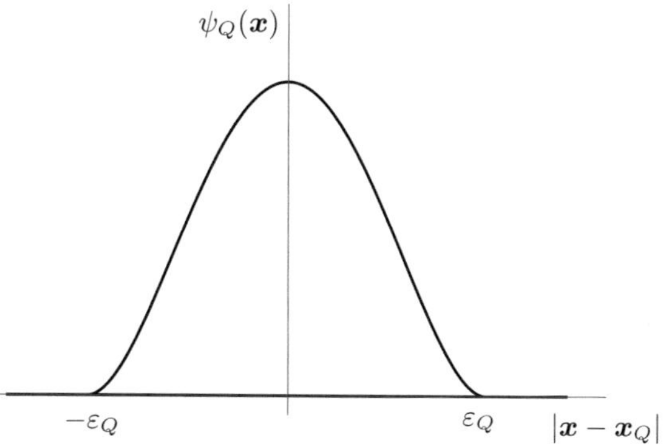

Figura 7.5 Grafico della funzione $\psi_Q(\boldsymbol{x})$ definito nell'esercizio 7.18

distanza maggiore di $4\varepsilon_{Q_i}$ da ∂D (cfr. l'esercizio 7.17). Si dimostri che le funzioni

$$\chi_i(\boldsymbol{x}) := \frac{\psi_{Q_i}(\boldsymbol{x})}{\psi_{Q_1}(\boldsymbol{x}) + \ldots + \psi_{Q_N}(\boldsymbol{x})}$$

costituiscono una *partizione dell'unità*:

$$\begin{aligned} \chi_i(\boldsymbol{x}) &\geq 0 \quad \forall \boldsymbol{x} \in D, \\ \sum_{i=1}^{N} \chi_i(\boldsymbol{x}) &= 1 \quad \forall \boldsymbol{x} \in D, \\ \chi_i(\boldsymbol{x}) &= 0 \quad \forall \boldsymbol{x} \in D \quad \text{tale che } |\boldsymbol{x} - \boldsymbol{x}_{Q_i}| \geq \varepsilon_{Q_i}. \end{aligned}$$

[*Suggerimento.* Le funzioni χ_i sono ben definite poiché $\psi_{Q_1}(\boldsymbol{x}) + \ldots + \psi_{Q_N}(\boldsymbol{x}) > 0$ $\forall \boldsymbol{x} \in D$: infatti ogni punto $\boldsymbol{x}$ è contenuto all'interno di almeno un intorno B_{Q_i}, così che $\psi_i(\boldsymbol{x}) > 0$ per almeno un indice $i \in \{1, \ldots, N\}$. Le tre proprietà seguono allora per costruzione.]

Esercizio 7.19 La partizione dell'unità considerata nell'esercizio 7.18 è di classe C^2. Si mostri che è possibile costruirne una che sia di classe C^∞. [*Suggerimento.* Si può definire

$$\psi_Q(\boldsymbol{x}) = \begin{cases} \exp\left(-\dfrac{1}{\left| |\boldsymbol{x} - \boldsymbol{x}_Q|^2 - \varepsilon_Q^2 \right|^2} \right), & |\boldsymbol{x} - \boldsymbol{x}_Q| < \varepsilon_Q, \\ 0, & |\boldsymbol{x} - \boldsymbol{x}_Q| \geq \varepsilon_Q, \end{cases}$$

e ragionare come nell'esercizio 7.18. Una diversa partizione dell'unità si può anche ottenere utilizzando la funzione χ considerata nell'esercizio 10.41 più avanti.]

Esercizio 7.20 Si consideri la partizione dell'unità costruita nell'esercizio 7.18 per l'insieme regolare $D \subset \mathbb{R}^3$. Si dimostri il teorema 7.36 (teorema di Gauss-Green) nel caso in cui la funzione $\boldsymbol{f}$ sia nulla al di fuori di uno degli intorni B_{Q_i}. [*Suggerimento.* Si ponga $Q_i = Q$, $\varepsilon_{Q_i} = \varepsilon$ e $B_{Q_i} = B$ per semplicità notazionale. Se Q appartiene all'interno di D, poiché $\boldsymbol{f} = \boldsymbol{0}$ sulla frontiera di D, si ha

$$\int_{\partial D} \langle \boldsymbol{f}, \boldsymbol{n} \rangle \, \mathrm{d}\sigma = 0.$$

D'altra parte possiamo parametrizzare

$$B = \{(x_1, x_2, x_3) \in \mathbb{R}^3 : |x_3| \leq \sqrt{\varepsilon^2 - x_1^2 - x_2^2}, \ (x_1, x_2) \in B_0\},$$

dove $B_0 := \{(x_1, x_2) \in \mathbb{R}^2 : x_1^2 + x_2^2 \leq \varepsilon^2\}$, così che

$$\begin{aligned} \int_D \frac{\partial f_3}{\partial x_3} \, \mathrm{d}\boldsymbol{x} &= \int_B \frac{\partial f_3}{\partial x_3} \, \mathrm{d}\boldsymbol{x} = \int_{B_0} \mathrm{d}x_1 \mathrm{d}x_2 \int_{-\bar{x}_3}^{\bar{x}_3} \frac{\partial f_3}{\partial x_3} \, \mathrm{d}x_3 \\ &= \int_{B_0} \mathrm{d}x_1 \mathrm{d}x_2 (f_3(x_1, x_2, \bar{x}_3) - f_3(x_1, x_2, -\bar{x}_3)), \end{aligned}$$

dove abbiamo definito $\bar{x}_3 = \bar{x}_3(x_1, x_2) := \sqrt{\varepsilon^2 - x_1^2 - x_2^2}$. Poiché i punti $(x_1, x_2, \pm\bar{x}_3)$ sono sulla frontiera di B e la funzione f è continua e si annulla al di fuori di B, si ha $f_3(x_1, x_2, \pm\bar{x}_3) = 0$, così che l'integrale è nullo. Analogamente si dimostra che sono nulli gli integrali su D delle funzioni $\partial f_1/\partial x_1$ e $\partial f_2/\partial x_2$, da cui si deduce che

$$\int_D \operatorname{div} \boldsymbol{f}(\boldsymbol{x})\, \mathrm{d}\boldsymbol{x} = 0.$$

Se invece $Q \in \partial D$, ragioniamo come segue. Poiché ∂D è una superficie regolare, per il teorema della funzione implicita, possiamo sempre parametrizzare la superficie $B_Q \cap \partial D$ esprimendo una delle tre variabili x_1, x_2, x_3 in termini della altre due. Eventualmente cambiando sistema di coordinate (mediante una rotazione dello spazio), possiamo sempre immaginare che la normale alla superficie non sia diretta lungo nessuno dei tre assi coordinati, in modo che qualsiasi variabile possa essere espressa in termini delle altre due (cfr. l'osservazione 7.33). Se siamo interessati all'integrale su D della funzione $f_3\nu_3$, scriviamo allora

$$x_3 = h(x_1, x_2), \qquad (x_1, x_2) \in B_0,$$

con B_0 definito come prima (in altre parole $B_Q \cap \partial D$ è una superficie parametrica regolare). L'intersezione $B_Q \cap D$ è caratterizzato dalle condizioni $x \in B_Q$ e $x_3 \le h(x_1, x_2)$ (cfr. la figura 7.6); possiamo allora scrivere $(x_1, x_2) \in A_0$, per un opportuno $A_0 \subset B_0$, e $x_3 \in (-\bar{x}_3, h(x_1, x_2))$, con $\bar{x}_3$ definito come nel caso precedente. Si ha allora

$$\int_{\partial D} f_3\nu_3\, \mathrm{d}\sigma = \int_{A_0} f_3\nu_3 \sqrt{1 + \left(\frac{\partial h}{\partial x_1}\right)^2 + \left(\frac{\partial h}{\partial x_2}\right)^2}\, \mathrm{d}x_1 \mathrm{d}x_2,$$

dove si è usata la formula (7.30), con $s = x_1, t = x_2$ e $\boldsymbol{\varphi}(x_1, x_2) = (x_1, x_2, h(x_1, x_2))$, così che

$$\frac{\partial \boldsymbol{\varphi}}{\partial x_1} = \left(1, 0, \frac{\partial h}{\partial x_1}\right), \quad \frac{\partial \boldsymbol{\varphi}}{\partial x_2} = \left(0, 1, \frac{\partial h}{\partial x_2}\right) \quad \Longrightarrow \quad \frac{\partial \boldsymbol{\varphi}}{\partial x_1} \wedge \frac{\partial \boldsymbol{\varphi}}{\partial x_2} = \left(-\frac{\partial h}{\partial x_1}, \frac{\partial h}{\partial x_2}, 1\right).$$

La superficie $B \cap \partial D$ è individuata dalla condizione $G(\boldsymbol{x}) := x_3 - h(x_1, x_2) = 0$. Si ha $[\partial G/\partial \boldsymbol{x}](\boldsymbol{x}) = (-\partial h/\partial x_1, \partial h/\partial x_2, 1)$, da cui si deduce che

$$\nu_3 := \frac{\dfrac{\partial G(\boldsymbol{x})}{\partial x_3}}{\left|\dfrac{\partial G(\boldsymbol{x})}{\partial \boldsymbol{x}}\right|} = \frac{1}{\sqrt{1 + \left(\dfrac{\partial h}{\partial x_1}\right)^2 + \left(\dfrac{\partial h}{\partial x_2}\right)^2}},$$

così che

$$\int_{\partial D} f_3\nu_3\, \mathrm{d}\sigma = \int_{A_0} f_3(x_1, x_2, h(x_1, h_2))\, \mathrm{d}x_1 \mathrm{d}x_2.$$

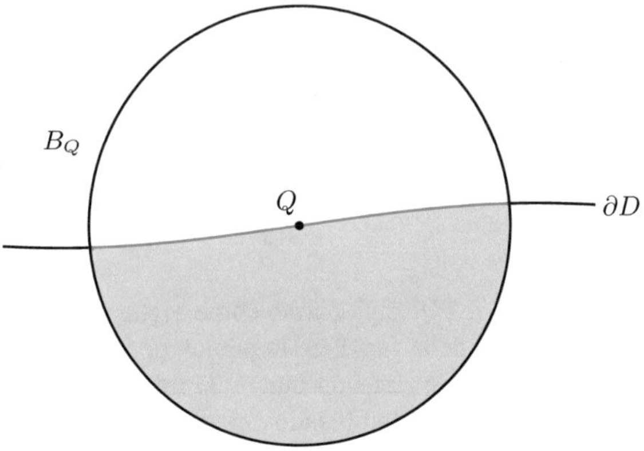

Figura 7.6 Gli insiemi B_Q e $B_Q \cap D$ (regione ombreggiata) dell'esercizio 7.20

D'altra parte si ha

$$\int_D \frac{\partial f_3}{\partial x_3}\,\mathrm{d}\boldsymbol{x} = \int_B \frac{\partial f_3}{\partial x_3}\,\mathrm{d}\boldsymbol{x} = \int_{A_0} \mathrm{d}x_1\mathrm{d}x_2 \int_{-\bar{x}_3}^{h(x_1,h_2)} \frac{\partial f_3}{\partial x_3}\,\mathrm{d}x_3$$
$$= \int_{A_0} \mathrm{d}x_1\mathrm{d}x_2\; f_3(x_1, x_2, h(x_1, x_2)),$$

di nuovo utilizzando il fatto che f si annulla sulla frontiera di B. Confrontando le due espressioni trovate, ne segue che

$$\int_{\partial D} f_3\nu_3\,\mathrm{d}\sigma = \int_{A_0} f_3(x_1, x_2, h(x_1, x_2))\,\mathrm{d}x_1\mathrm{d}x_2 = \int_D \frac{\partial f_3}{\partial x_3}\,\mathrm{d}\boldsymbol{x}.$$

Ragionando similmente per gli integrali di $f_1\nu_1$ e $f_2\nu_2$ (esprimendo x_1 e x_2 in termini di (x_2, x_3) e di (x_1, x_3), rispettivamente), otteniamo alla fine

$$\int_{\partial D} \langle \boldsymbol{f}, \boldsymbol{n}\rangle \mathrm{d}\sigma = \int_D \mathrm{div}\,\boldsymbol{f}(\boldsymbol{x})\,\mathrm{d}\boldsymbol{x},$$

che completa la dimostrazione dell'asserto nel caso considerato.]

Esercizio 7.21 Si dimostri il teorema 7.36 (teorema di Gauss-Green), utilizzando i risultati degli esercizi 7.18 e 7.20. [*Suggerimento.* Si consideri la partizione dell'unità dell'esercizio 7.18 e si scriva

$$\boldsymbol{f}(\boldsymbol{x}) = \sum_{i=1}^{N} \boldsymbol{f}_i(\boldsymbol{x}), \qquad \boldsymbol{f}_i(\boldsymbol{x}) := \chi_i(\boldsymbol{x})\,\boldsymbol{f}(\boldsymbol{x}).$$

Per costruzione le funzioni $\boldsymbol{f}_i$ sono nulle al di fuori degli intorni B_{Q_i}, quindi si ha

$$\int_D \operatorname{div} \boldsymbol{f}_i(\boldsymbol{x})\,\mathrm{d}\boldsymbol{x} = \int_{\partial D} \langle \boldsymbol{f}_i, \boldsymbol{n}\rangle\,\mathrm{d}\sigma.$$

Sommando su $i = 1, \ldots, N$ segue l'asserto.]

Esercizio 7.22 Sia $d = \min\{|\boldsymbol{x} - \boldsymbol{y}| : \boldsymbol{x} \in A, \boldsymbol{y} \in B\}$ la distanza tra due insiemi disgiunti A e B in $\mathbb{R}^3$. Si costruisca una funzione Φ di classe C^∞ tale che si abbia $\Phi(\boldsymbol{x}) = 1\ \forall \boldsymbol{x} \in B$, $\Phi(\boldsymbol{x}) = 0\ \forall \boldsymbol{x} \in A$ e $|\nabla\Phi(\boldsymbol{x})| \le c_1 d^{-1}\ \forall \boldsymbol{x}$, per qualche costante c_1. [*Suggerimento.* Sia ψ una funzione di classe C^∞ tale che

$$\psi(\boldsymbol{x}) = 0 \text{ se } |\boldsymbol{x}| > 1, \qquad \int_{\mathbb{R}^3} \psi(\boldsymbol{x})\,\mathrm{d}\boldsymbol{x} = 1;$$

si può per esempio porre $\psi(\boldsymbol{x}) = a\psi_Q(\boldsymbol{x})$, dove $\psi_Q(\boldsymbol{x})$ è la funzione dell'esercizio 7.19, con $\boldsymbol{x}_Q = \boldsymbol{0}$ ed $\varepsilon_Q = 1$, e la costante a è fissata dalla richiesta che l'integrale di ψ valga 1. Si definisce allora

$$\Phi(\boldsymbol{x}) := \Big(\frac{2}{d}\Big)^3 \int_C \psi\Big(\frac{\boldsymbol{y} - \boldsymbol{x}}{d/2}\Big)\,\mathrm{d}\boldsymbol{y},$$

dove C è l'nsieme dei punti che distano da B meno di $d/2$. Per costruzione si ha $\Phi(\boldsymbol{x}) = 1$ se $\boldsymbol{x} \in B$ e $\Phi(\boldsymbol{x}) = 0$ se $\boldsymbol{x} \in A$. Inoltre

$$\begin{aligned}
|\nabla\Phi(\boldsymbol{x})| &\le \Big(\frac{2}{d}\Big)^3 \int_{\mathbb{R}^3} \Big|\frac{\partial}{\partial \boldsymbol{x}}\psi\Big(\frac{\boldsymbol{y} - \boldsymbol{x}}{d/2}\Big)\Big|\mathrm{d}\boldsymbol{y} \\
&\le \Big(\frac{2}{d}\Big)^4 \Big(\frac{d}{2}\Big)^3 \int_{\mathbb{R}^3} \Big|\frac{\partial}{\partial \boldsymbol{z}}\psi(\boldsymbol{z})\Big|\mathrm{d}\boldsymbol{z} \\
&\le c_1 d^{-1},
\end{aligned}$$

per un'opportuna costante c_1.]

Esercizio 7.23 Si estenda il teorema 7.36 al caso in cui l'insieme D sia un insieme limitato di $\mathbb{R}^3$ la cui frontiera sia una superficie regolare a tratti (cfr. la definizione dopo l'osservazione 7.33). [*Suggerimento.* Se la superficie S di D è regolare a tratti, si decompone $S = \sigma_0 \cup \sigma_1$, dove σ_0 è regolare e σ_1 è costituito dalle parti di S in cui si intersecano le frontiere degli insiemi $S_1, \ldots, S_n$ che costituiscono S. Si definisca, al variare di $k \in \mathbb{N}$,

$$A_k := \{\boldsymbol{x} \in D : d(\boldsymbol{x}, \sigma_0) > 2^{-k}, \qquad B_k := \{\boldsymbol{x} \in D : d(\boldsymbol{x}, \sigma_0) > 2 \cdot 2^{-k}\},$$

dove $d(\boldsymbol{x}, \sigma_0) = \min\{|\boldsymbol{x}-\boldsymbol{y}| : \boldsymbol{y} \in \sigma_0\}$ indica la distanza euclidea tra $\boldsymbol{x}$ e l'insieme σ_0. Si consideri un ricoprimento di D analogo a quello introdotto nell'esercizio 7.18. Dato il campo vettoriale $\boldsymbol{f}$ si consideri la funzione $\Phi_k \boldsymbol{f}$, dove Φ_k è una funzione di classe C^2 che vale 1 in B_k e 0 in A_k (cfr. l'esercizio 7.22 per una costruzione esplicita). La funzione $\Phi_k \boldsymbol{f}$ ha supporto in un insieme regolare che contiene B_k ed è uguale a $\boldsymbol{f}$ in B. Possiamo applicare il teorema 7.36 per insiemi regolari e concludere che

$$\int_D \operatorname{div} \Phi_k \boldsymbol{f} \, \mathrm{d}\boldsymbol{x} = \int_{\partial D} \langle \Phi_k \boldsymbol{f}, \boldsymbol{n} \rangle \, \mathrm{d}\sigma.$$

Se scriviamo

$$\int_D \operatorname{div} \Phi_k \boldsymbol{f} \, \mathrm{d}\boldsymbol{x} = \int_D \Phi_k \operatorname{div} \boldsymbol{f} \, \mathrm{d}\boldsymbol{x} + \int_D \langle \nabla \Phi_k, \boldsymbol{f} \rangle \, \mathrm{d}\boldsymbol{x}$$

e notiamo che

$$\lim_{k\to\infty} \int_D \Phi_k \operatorname{div} \boldsymbol{f} \, \mathrm{d}\boldsymbol{x} = \int_D \operatorname{div} \boldsymbol{f} \, \mathrm{d}\boldsymbol{x}, \qquad \lim_{k\to\infty} \int_{\partial D} \langle \Phi_k \boldsymbol{f}, \boldsymbol{n} \rangle \mathrm{d}\sigma = \int_{\partial D} \langle \boldsymbol{f}, \boldsymbol{n} \rangle \mathrm{d}\sigma,$$

per dimostrare il teorema occorre far vedere che

$$\lim_{k\to+\infty} \int_D \langle \nabla \Phi_k, \boldsymbol{f} \rangle \, \mathrm{d}\boldsymbol{x} = 0.$$

A k fissato, l'ultimo integrale riceve contributo solo dai punti $\boldsymbol{x}$ che distano meno di 2^{-k} dalla frontiera di B; sia C l'insieme costituito da tali punti. Tenuto conto che la funzione Φ_k può essere scelta tale che $|\nabla \Phi_k(\boldsymbol{x})| \le c_1 \, 2^k$ per qualche costante c_1 (cfr. di nuovo l'esercizio 7.22), si può stimare

$$\left| \int_D \langle \nabla \Phi_k, \boldsymbol{f} \rangle \, \mathrm{d}\boldsymbol{x} \right| \le \max_{\boldsymbol{x}\in C} |\nabla \Phi_k| \, \max_{\boldsymbol{x}\in C} |\boldsymbol{f}| \int_C \mathrm{d}\boldsymbol{x} \le c_2 2^k 2^{-2k},$$

per qualche costante c_2, poiché il volume dell'insieme C è di ordine 2^{-2k}.]

Esercizio 7.24 Si dimostri che, dato un campo vettoriale $\boldsymbol{f}$ di classe C^2 in $\mathbb{R}^3$, si ha $\operatorname{div} \operatorname{rot} \boldsymbol{f} = 0$. [*Soluzione.* Si ha

$$\operatorname{div} \operatorname{rot} \boldsymbol{f} = \partial_1(\partial_2 f_3 - \partial_3 f_2) + \partial_2(\partial_3 f_1 - \partial_1 f_3) + \partial_3(\partial_1 f_2 - \partial_2 f_1) = 0,$$

dove si è usata la notazione abbreviata $\partial_k = \partial/\partial x_k$.]

Esercizio 7.25 Sia $D \subset \mathbb{R}^2$ un insieme aperto limitato, tale che ∂D sia una curva regolare, e sia f una campo vettoriale di classe C^1 in un intorno di D. Si dimostri che

$$\int_D \frac{\partial f_1}{\partial x_1} \mathrm{d}x_1 \mathrm{d}x_2 = \oint_{\partial D^+} f_1 \, \mathrm{d}x_2, \qquad \int_D \frac{\partial f_2}{\partial x_2} \mathrm{d}x_1 \mathrm{d}x_2 = -\oint_{\partial D^+} f_2 \, \mathrm{d}x_1,$$

dove ∂D^+ la curva che orienta positivamente la frontiera ∂D (cfr. la definizione dopo l'osservazione 7.37). [*Suggerimento.* Si può introdurre una partizione dell'unità per D analoga a quella introdotta nell'esercizio 7.18 (l'unica differenza è che ora che l'insieme D e gli intorni B_{Q_i} sono in $\mathbb{R}^2$). Si decomponga f come nell'esercizio 7.21 e si dimostri preliminarmente il risultato per ogni funzione f_i che ha supporto nell'intorno B_{Q_i}. Per semplicità di notazione, si richiami f la funzione f_i e si ponga $Q_i = Q$, $B_{Q_i} = B$ ed $\varepsilon_{Q_i} = \varepsilon$. Se Q è all'interno di B, possiamo assumere che ε sia tale che l'intorno B sia contenuto interamente all'interno di D (cfr. l'esercizio 7.18). Si ha allora

$$B = \{(x_1, x_2) \in \mathbb{R}^2 : |x_2| < \sqrt{\varepsilon^2 - x_1^2}, x_1 \in (-\varepsilon, \varepsilon)\},$$

così che

$$\int_B \frac{\partial f_2}{\partial x_2} \mathrm{d}x_1 \mathrm{d}x_2 = \int_{-\varepsilon}^{\varepsilon} \mathrm{d}x_1 \int_{-\bar{x}_2}^{\bar{x}_2} \mathrm{d}x_2 \, \frac{\partial f_2}{\partial x_2} = \int_{-\varepsilon}^{\varepsilon} \mathrm{d}x_1 (f_2(x_1, \bar{x}_2) - f_2(x_1, -\bar{x}_2)) = 0,$$

dove si è posto $\bar{x}_2 = \bar{x}_2(x_1) := \sqrt{\varepsilon^2 - x_1^2}$ e si è tenuto conto che f si annulla sulla frontiera di B. Per lo stesso motivo anche l'integrale lungo ∂D^+ della forma differenziale $f_2 \mathrm{d}x_1$ si annulla. In conclusione, se Q è interno, si ha

$$\int_D \frac{\partial f_2}{\partial x_2} \mathrm{d}x_1 \mathrm{d}x_2 = 0, \qquad \oint_{\partial D^+} f_2 \, \mathrm{d}x_1 = 0,$$

così che le due espressioni, essendo entrambe nulle, sono uguali. Se invece Q appartiene alla frontiera di D, si ragiona come segue. Eventualmente effettuando una rotazione del piano (cfr. l'osservazione 7.33), si può parametrizzare la curva $\gamma := \partial D \cap B$ come $x = \gamma(t) = (t, h(t))$, con $t \in I \subset \mathbb{R}$ e h un'opportuna funzione differenziabile; si noti che γ descrive un arco della curva ∂D. Si ha allora

$$\int_B \frac{\partial f_2}{\partial x_2} \mathrm{d}x_1 \mathrm{d}x_2 = \int_I \mathrm{d}x_1 \int_{-\bar{x}_2}^{h(x_1)} \mathrm{d}x_2 \frac{\partial f_2}{\partial x_2} = \int_I \mathrm{d}x_1 \, f_2(x_1, h(x_1)).$$

Se γ^+ denota la curva orientata ottenuta attribuendo a γ l'orientazione di ∂D^+, si ottiene

$$\int_{\gamma^+} f_2 \mathrm{d}x_1 = -\int_I \mathrm{d}t \; f_2(\gamma(t)) \, \frac{\mathrm{d}\gamma_1}{\mathrm{d}t} = -\int_I \mathrm{d}t \; f_2(t, h(t))$$
$$= -\int_I \mathrm{d}x_1 \; f_2(x_1, h(x_1)) = -\int_B \frac{\partial f_2}{\partial x_2} \mathrm{d}x_1 \mathrm{d}x_2.$$

Poiché la funzione f è nulla al di fuori di B, in conclusione per ogni punto Q, si ha

$$\int_D \frac{\partial f_2}{\partial x_2} \mathrm{d}x_1 \mathrm{d}x_2 = -\int_{\partial D^+} f_2 \mathrm{d}x_1,$$

così che, ricordando che $f = f_i$, sommando su i si ottiene la prima eguaglianza dell'asserto. La seconda si ottiene in modo analogo. L'unica differenza è che, parametrizzando la curva $\partial D \cap B$ come $t \mapsto (h(t), t)$ e scegliendo per γ l'orientazione di ∂D^+, si ottiene

$$\int_{\gamma^+} f_1 \mathrm{d}x_2 = \int_I \mathrm{d}t \; f_1(\gamma(t)) \, \frac{\mathrm{d}\gamma_2}{\mathrm{d}t} = \int_I \mathrm{d}t \; f_1(h(t), t)$$
$$= \int_I \mathrm{d}x_2 \; f_1(h(x_2), x_2) = \int_B \frac{\partial f_1}{\partial x_1} \mathrm{d}x_1 \mathrm{d}x_2,$$

con ovvio significato dei simboli I e h.]

Esercizio 7.26 Si dimostri che ogni forma differenziale chiusa ω in un sottoinsieme semplicemente connesso di $\mathbb{R}^2$ è esatta, utilizzando il risultato dell'esercizio 7.25. [*Soluzione.* Sia $\mathcal{A}$ un insieme semplicemente connesso di $\mathbb{R}^2$, e sia $\omega = f_1 \, \mathrm{d}x_1 + f_1 \, \mathrm{d}x_2$ una forma differenziale chiusa in $\mathcal{A}$. Per l'esercizio 7.25, data una qualsiasi curva chiusa γ in $\mathcal{A}$, si ha

$$\oint_\gamma \omega = \oint_\gamma f_1 \mathrm{d}x_1 + f_2 \mathrm{d}x_2 = \int_S \left(-\frac{\partial f_1}{\partial x_2} + \frac{\partial f_2}{\partial x_1} \right) \mathrm{d}x_1 \mathrm{d}x_2,$$

dove S è l'insieme aperto limitato che ha γ come frontiera ($S \subset \mathcal{A}$ poiché $\mathcal{A}$ è semplicemente connesso). Poiché ω è chiusa la funzione integranda nell'ultimo integrale è identicamente nulla.]

Esercizio 7.27 Sia $\mathcal{A} \subset \mathbb{R}^n$ un insieme aperto e sia $f \colon \mathcal{A} \to \mathbb{R}$ una funzione continua in $\mathcal{A}$. Data una curva regolare $\gamma \colon [a, b] \to \mathcal{A}$, si definisce *integrale curvilineo* (o *integrale di linea*) di f lungo γ l'integrale

$$\int_\gamma f \,\mathrm{d}s := \int_a^b f(\gamma(t)) \left| \frac{\mathrm{d}\gamma(t)}{\mathrm{d}t} \right| \mathrm{d}t.$$

Sia $D \subset \mathbb{R}^2$ un insieme regolare limitato e sia f un campo vettoriale di classe C^1 in D. Si dimostri il *teorema della divergenza* in $\mathbb{R}^2$:

$$\int_D \left(\frac{\partial f_1}{\partial x_1} + \frac{\partial f_2}{\partial x_2} \right) \mathrm{d}x_1 \mathrm{d}x_2 = \oint_{\partial D} (f_1 \nu_1 + f_2 \nu_2) \mathrm{d}s,$$

dove $\nu = (\nu_1, \nu_2)$ è il vettore normale a ∂D, rivolto verso l'esterno. [*Suggerimento.* Sia $t \in I \mapsto \gamma(t)$ una parametrizzazione della curva ∂D^+. Il vettore $(\partial\gamma_1/\mathrm{d}t, \mathrm{d}\gamma_2/\mathrm{d}t)$ è tangente alla curva, così che il versore normale alla curva rivolto verso l'esterno (i.e. dalla parte opposta a D) è dato da

$$\nu(\gamma(t)) := \frac{1}{\sqrt{\left(\frac{\mathrm{d}\gamma_1}{\mathrm{d}t}\right)^2 + \left(\frac{\mathrm{d}\gamma_1}{\mathrm{d}t}\right)^2}} \left(\frac{\partial\gamma_2}{\mathrm{d}t}, -\frac{\mathrm{d}\gamma_1}{\mathrm{d}t} \right).$$

Per l'esercizio 7.25, per la definizione di integrale di una forma differenziale e per la definizione di integrale curvilineo, si ha

$$\begin{aligned} \int_D \frac{\partial f_1}{\partial x_1} \mathrm{d}x_1 \mathrm{d}x_2 &= \oint_{\partial D^+} f_1 \,\mathrm{d}x_2 = \int_I \mathrm{d}t \; f_1(\gamma(t)) \frac{\mathrm{d}\gamma_2}{\partial t} \\ &= \int_I \mathrm{d}t \; f_1(\gamma(t)) \, \nu_1(\gamma(t)) \, |\gamma'(t)| = \int_\gamma f_1 \nu_1 \,\mathrm{d}s. \end{aligned}$$

Analogamente si verifica che

$$\begin{aligned} \int_D \frac{\partial f_2}{\partial x_2} \mathrm{d}x_1 \mathrm{d}x_2 &= -\oint_{\partial D^+} f_2 \,\mathrm{d}x_1 = -\int_I \mathrm{d}t \; f_2(\gamma(t)) \frac{\mathrm{d}\gamma_1}{\partial t} \\ &= \int_I \mathrm{d}t \; f_2(\gamma(t)) \, \nu_2(\gamma(t)) \, |\gamma'(t)| = \int_\gamma f_2 \nu_2 \,\mathrm{d}s. \end{aligned}$$

Sommando le due uguaglianze trovate si ottiene l'asserto.]

Esercizio 7.28 Sia S una superficie parametrica in $\mathbb{R}^3$, e sia $\boldsymbol{u} := \partial \boldsymbol{f} / \partial s \wedge \partial \boldsymbol{f} / \partial t$, così che $\boldsymbol{n} := \boldsymbol{u}/|\boldsymbol{u}|$ è la normale alla superficie (cfr. l'inizio del §7.3). Si dimostri che, dato un campo vettoriale $\boldsymbol{f}$ di classe C^1, si ha

$$\langle \operatorname{rot} \boldsymbol{f}, \boldsymbol{u} \rangle = \frac{\partial}{\partial s} \left\langle \boldsymbol{f}, \frac{\partial \boldsymbol{\varphi}}{\partial t} \right\rangle - \frac{\partial}{\partial t} \left\langle \boldsymbol{f}, \frac{\partial \boldsymbol{\varphi}}{\partial s} \right\rangle.$$

[*Suggerimento.* Si scrivano esplicitamente le componenti dei vettori rot $\boldsymbol{f}$ e $\boldsymbol{u}$:

$$\begin{aligned}\text{rot}\,\boldsymbol{f} &= (\partial_2 f_3 - \partial_3 f_2, \partial_3 f_1 - \partial_1 f_3, \partial_1 f_2 - \partial_2 f_1),\\ \boldsymbol{u} &= (\partial_s\varphi_2\,\partial_t\varphi_3 - \partial_s\varphi_3\,\partial_t\varphi_2\,,\,\partial_s\varphi_3\,\partial_t\varphi_1 - \partial_s\varphi_1\,\partial_t\varphi_3\,,\,\partial_s\varphi_1\,\partial_t\varphi_2 - \partial_s\varphi_2\,\partial_t\varphi_1),\end{aligned}$$

dove $\partial_k = \partial/\partial x_k$, $\partial_s = \partial/\partial s$ e $\partial_t = \partial/\partial t$. Calcolando il prodotto scalare tra i due vettori e tenendo conto che

$$\begin{aligned}\partial_s \boldsymbol{f} &= \partial_1 \boldsymbol{f}\,\partial_s\varphi_1 + \partial_2 \boldsymbol{f}\,\partial_s\varphi_2 + \partial_3 \boldsymbol{f}\,\partial_s\varphi_3 =: \langle \boldsymbol{\partial} \boldsymbol{f}, \partial_s\boldsymbol{\varphi}\rangle,\\ \partial_t \boldsymbol{f} &= \partial_1 \boldsymbol{f}\,\partial_t\varphi_1 + \partial_2 \boldsymbol{f}\,\partial_t\varphi_2 + \partial_3 \boldsymbol{f}\,\partial_t\varphi_3 =: \langle \boldsymbol{\partial} \boldsymbol{f}, \partial_t\boldsymbol{\varphi}\rangle,\end{aligned}$$

con $\boldsymbol{\partial} = (\partial_1, \partial_2, \partial_3)$, si trova

$$\begin{aligned}\langle \text{rot}\,\boldsymbol{f}, \boldsymbol{u}\rangle &= (\partial_1 f_1 \partial_s\varphi_1 + \partial_2 f_1 \partial_s\varphi_2 + \partial_3 f_1 \partial_s\varphi_3)\partial_t\varphi_1\\ &\quad - (\partial_1 f_1 \partial_t\varphi_1 + \partial_2 f_1 \partial_t\varphi_2 + \partial_3 f_1 \partial_t\varphi_3)\partial_s\varphi_1\\ &\quad + (\partial_1 f_2 \partial_s\varphi_1 + \partial_2 f_2 \partial_s\varphi_2 + \partial_3 f_2 \partial_s\varphi_3)\partial_t\varphi_2\\ &\quad - (\partial_1 f_2 \partial_t\varphi_1 + \partial_2 f_2 \partial_t\varphi_2 + \partial_3 f_2 \partial_t\varphi_3)\partial_s\varphi_2\\ &\quad + (\partial_1 f_3 \partial_s\varphi_1 + \partial_2 f_3 \partial_s\varphi_2 + \partial_3 f_3 \partial_s\varphi_3)\partial_t\varphi_3\\ &\quad - (\partial_1 f_3 \partial_t\varphi_1 + \partial_2 f_3 \partial_t\varphi_2 + \partial_3 f_3 \partial_t\varphi_3)\partial_s\varphi_3\\ &\quad + (\partial_s f_1)\partial_t\varphi_1 - (\partial_t f_1)\partial_s\varphi_1 + (\partial_s f_2)\partial_t\varphi_2\\ &\quad - (\partial_t f_2)\partial_s\varphi_2 + (\partial_s f_3)\partial_t\varphi_3 - (\partial_t f_3)\partial_s\varphi_3\\ &= \langle(\partial_s \boldsymbol{f}), \partial_t\boldsymbol{\varphi}\rangle - \langle(\partial_t \boldsymbol{f}), \partial_s\boldsymbol{\varphi}\rangle\\ &= \partial_s\langle \boldsymbol{f}, \partial_t\boldsymbol{\varphi}\rangle - \langle \boldsymbol{f}, \partial_s\partial_t\boldsymbol{\varphi}\rangle - \partial_t\langle \boldsymbol{f}, \partial_s\boldsymbol{\varphi}\rangle + \langle \boldsymbol{f}, \partial_s\partial_t\boldsymbol{\varphi}\rangle,\end{aligned}$$

da cui segue l'asserto.]

Esercizio 7.29 Si dimostri il teorema 7.38 (teorema di Stokes). [*Suggerimento.* Usando le notazioni dell'esercizio 7.28, si definisca

$$\lambda := \langle \boldsymbol{f}, \partial_t\boldsymbol{\varphi}\rangle, \qquad \mu := \langle \boldsymbol{f}, \partial_s\boldsymbol{\varphi}\rangle.$$

Si può riscrivere, utilizzando la definizione 7.30 di integrale di superficie,

$$\int_S \langle \text{rot}\,\boldsymbol{f}, \boldsymbol{n}\rangle \mathrm{d}\sigma = \int_D \langle \text{rot}\,\boldsymbol{f}, \boldsymbol{u}\rangle \mathrm{d}s\mathrm{d}t = \int_D (\partial_s\lambda - \partial_t\mu)\mathrm{d}s\mathrm{d}t.$$

Per l'esercizio 7.25, dato il campo vettoriale $(\lambda, -\mu)$ di classe C^2 in D, si ha

$$\int_D (\partial_s\lambda - \partial_t\mu)\mathrm{d}s\mathrm{d}t = \oint_{\partial D^+} (\mu\,\mathrm{d}s + \lambda\,\mathrm{d}t).$$

L'ultimo integrale rappresenta l'integrale lungo la curva ∂D^+ della forma differenziale $\tilde{\omega} := \mu\,\mathrm{d}s + \lambda\,\mathrm{d}t$. Sia $u \in [0, 1] \mapsto (s(u), t(u))$ una parametrizzazione della

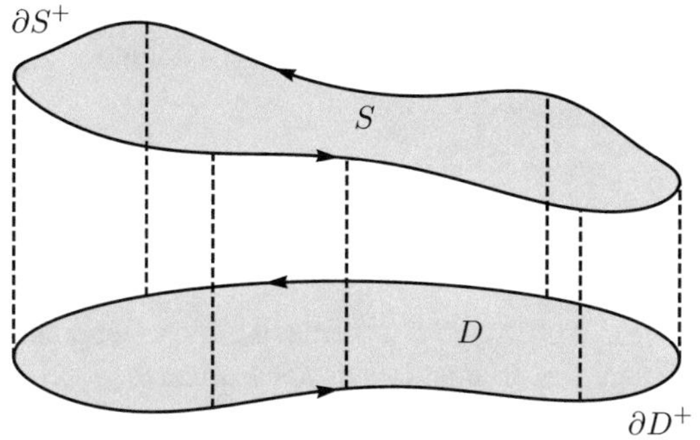

Figura 7.7 Curve ∂D^+ e ∂S^+ considerate nell'esercizio 7.29

curva ∂D^+; per costruzione $u \mapsto \psi(u) := \varphi(s(u), t(u))$ è una parametrizzazione della curva ∂S^+ (cfr. la figura 7.7). Si ha

$$\oint_{\partial D^+} (\mu \, \mathrm{d}s + \lambda \, \mathrm{d}t) = \int_0^1 \mathrm{d}u \left(\mu \frac{\mathrm{d}s}{\mathrm{d}u} + \lambda \frac{\mathrm{d}t}{\mathrm{d}u} \right)$$

$$= \int_0^1 \mathrm{d}u \left(\left\langle \boldsymbol{f}, \frac{\mathrm{d}\boldsymbol{\varphi}}{\mathrm{d}s} \right\rangle \frac{\mathrm{d}s}{\mathrm{d}u} + \left\langle \boldsymbol{f}, \frac{\mathrm{d}\boldsymbol{\varphi}}{\mathrm{d}t} \right\rangle \frac{\mathrm{d}t}{\mathrm{d}u} \right) = \int_0^1 \mathrm{d}u \left\langle \boldsymbol{f}, \frac{\mathrm{d}\boldsymbol{\varphi}}{\mathrm{d}\boldsymbol{u}} \right\rangle = \oint_{\partial S^+} \omega,$$

dove $\omega = f_1 \mathrm{d}x_1 + f_2 \mathrm{d}x_2$.]

Esercizio 7.30 Si dimostri il teorema di Stokes nel caso in cui la frontiera di S sia una superficie regolare a tratti. [*Suggerimento.* Si procede come nel caso in cui ∂S sia regolare. L'unica differenza è che, nel ricavare il risultato dell'esercizio 7.25, si deve tener conto che la funzione h utilizzata nell'argomento è regolare a tratti; questo però non altera in nulla la dimostrazione.]

Esercizio 7.31 Si dimostri il lemma di Stokes (7.34). [*Suggerimento.* Sia D l'insieme limitato racchiuso tra il tubo di rotore e le superfici regolari Σ_1 e Σ_2 che tagliano il tubo di rotore. La sua frontiera ∂D è costituita da tre parti: la superficie S_0 del tubo di rotore delimitata dalla due superfici e i due sottoinsiemi limitati S_1 e S_2 di Σ_1 e Σ_2, rispettivamente, che hanno come frontiera le due curve γ_1 e γ_2 (cfr. la figura 7.3); per concretezza, si assuma che le linee di rotore siano orientate da γ_1 a γ_2. Quindi ∂D è una superficie regolare a tratti. Tenendo conto dell'osservazione 7.37, possiamo applicare il teorema di Gauss-Green (teorema 7.36) per ottenere

$$\int_D \operatorname{div} \operatorname{rot} \boldsymbol{f}\,(\boldsymbol{x})\,\mathrm{d}\boldsymbol{x} = \int_{\partial D} \langle \operatorname{rot} \boldsymbol{f}, \boldsymbol{n} \rangle \mathrm{d}\sigma$$

$$= \int_{S_0} \langle \operatorname{rot} \boldsymbol{f}, \boldsymbol{n} \rangle \mathrm{d}\sigma + \int_{S_1} \langle \operatorname{rot} \boldsymbol{f}, \boldsymbol{n} \rangle \mathrm{d}\sigma + \int_{S_2} \langle \operatorname{rot} \boldsymbol{f}, \boldsymbol{n} \rangle \mathrm{d}\sigma,$$

dove div rot $\boldsymbol{f} = 0$ (cfr. l'esercizio 7.24) e $\langle \text{rot}\, \boldsymbol{f}, \boldsymbol{n} \rangle = 0$ sulla superficie S_0 (poiché $\boldsymbol{n}$ è ortogonale a S_0, mentre rot $\boldsymbol{f}$ è parallelo a tale superficie, per definizione di tubo di rotore). Quindi si ottiene

$$0 = \int_{S_1} \langle \text{rot}\, \boldsymbol{f}, \boldsymbol{n} \rangle \text{d}\sigma + \int_{S_2} \langle \text{rot}\, \boldsymbol{f}, \boldsymbol{n} \rangle \text{d}\sigma = \int_{\partial S_1^+} \omega + \int_{\partial S_2^+} \omega,$$

dove si è utilizzato il teorema di Stokes (teorema 7.38) per trasformare gli integrali di superfice in integrali di linea. Mentre γ_2 orienta positivamente ∂S_2^+, γ_1 invece orienta negativamente ∂S_+^1 (poiché su S_1 la normale $\boldsymbol{n}$ è diretta in verso opposto rispetto alle linee di rotore). Quindi l'ultima uguaglianza corrisponde alla (7.34).]

Esercizio 7.32 Si dimostri che il determinante di una matrice antisimmetrica di ordine dispari è nullo. [*Suggerimento.* Se $A \in M(N, \mathbb{R})$ e $\lambda \in \mathbb{R}$, si ha $\det(\lambda A) = \lambda^N \det A$. Poiché A è antisimmetrica, si ha

$$\det A = \det A^T = \det(-A) = (-1)^N \det A.$$

Se $N = 2n + 1$, con $n \in \mathbb{N}$, si trova $\det A = -\det A$.]

Esercizio 7.33 Si dimostri che per ogni matrice $A \in \text{M}(N, \mathbb{R})$, se Ker$(A)$ è il nucleo di A e Ran(A) il suo rango, si ha Ker(A)+Ran$(A) = N$. [*Suggerimento.* Alla luce della proposizione 1.19 del volume 1 basta dimostrare che Ran$(A) =$ Im(A).]

Esercizio 7.34 Si dimostri che, in $\mathbb{R}^3$, data la matrice A di elementi (7.35) e posto $\boldsymbol{r} = \text{rot}\, \boldsymbol{f}$, si ha $A\boldsymbol{r} = \boldsymbol{0}$, i.e. $\boldsymbol{r}$ è autovettore di A associato all'autovalore $\lambda = 0$. [*Soluzione.* La matrice antisimmetrica A si può scrivere in termini di $\boldsymbol{r}$ in accordo con la (7.36). Si vede allora che $A\boldsymbol{z} = \boldsymbol{r} \wedge \boldsymbol{z}$ per ogni $\boldsymbol{z} \in \mathbb{R}^3$. Quindi $A\boldsymbol{r} = \boldsymbol{r} \wedge \boldsymbol{r} = \boldsymbol{0}$.]

Esercizio 7.35 Sia $J = \{1, 2, 3, \ldots, n\}$. Una *permutazione* di J è un'applicazione biunivoca $\pi : J \to J$. Si dimostri che se P è l'insieme di tutte le permutazioni di J, allora P contiene $n!$ elementi, dove $n! := 1 \cdot 2 \cdot 3 \ldots \cdot n$ è chiamato *fattoriale* del numero n (per definizione si ha $0! = 1$).

Esercizio 7.36 Sia J come nell'esercizio 7.35. Si definisce *trasposizione* una permutazione che scambi due numeri $i, j \in J$ e lasci tutti gli altri al loro posto, i.e. tale che $\pi(i) = j$, $\pi(j) = i$ e $\pi(k) = k$ $\forall k \neq i, j$. Si dimostri che ogni permutazione si ottiene componendo un numero finito di trasposizioni.

Esercizio 7.37 Sia J come nell'esercizio 7.35. A ogni permutazione $\pi : J \to J$ si può assegnare un numero $\sigma_\pi \in \{\pm 1\}$, secondo la seguente regola:

1. se π è una trasposizione si ha $\sigma_\pi = -1$;
2. se $\pi \circ \pi'$ è la composizione delle due permutazioni π e π', si ha $\sigma_{\pi \circ \pi'} = \sigma_\pi \sigma_{\pi'}$.

Chiamiamo σ_π il *segno* (o la *parità*) della permutazione π, e diciamo che π è *pari* o *dispari* a seconda che sia $\sigma_\pi = +1$ o $\sigma_\pi = -1$. Si dimostri che una permutazione è pari se il numero di trasposizioni che la compongono è pari e dispari se il numero di trasposizioni che la compongono è dispari.

Esercizio 7.38 Sia J come nell'esercizio 7.35. Per ogni $k \in \mathbb{N}$ tale che $0 \le k \le n$, si definisce *coefficiente binomiale* il numero

$$C_{n,k} = \binom{n}{k} := \frac{n!}{k!(n-k)!}$$

Si dimostri che $C_{n,k}$ conta il numero di modi di scegliere k numeri dell'insieme J, ovvero il numero di *combinazioni* di k elementi distinti di J.

Esercizio 7.39 Si dimostri la proprietà (7.42). [*Suggerimento.* Segue dalla definizione (7.40) di derivata esterna e dal fatto che la forma differenziale è un'applicazione antisimmetrica.]

Esercizio 7.40 Sia X uno spazio topologico. Un insieme $\mathcal{A} \subset X$ si dice *contraibile* se esiste un punto $x_0 \in \mathcal{A}$ e un'omotopia $H: \mathcal{A} \times [0,1] \to \mathcal{A}$ tale che $H(x,0) = x$ e $H(x,1) = x_0$ per ogni $x \in \mathcal{A}$; si dice in tal caso che H è l'omotopia tra la funzione identità e la funzione costante. Si dimostri che un insieme contraibile è semplicemente connesso. [*Suggerimento.* Sia $\mathcal{A}$ un insieme contraibile $\mathcal{A}$, e sia $H(x,s)$ l'omotopia tale che $H(x,0) = x$ e $H(x,1) = x_0$ per ogni $x \in \mathcal{A}$. Sia $\gamma: [a,b] \to \mathcal{A}$ una curva chiusa in $\mathcal{A}$, e sia $x_0 = \gamma(a) = \gamma(b)$. Poniamo $G(t,s) := H(\gamma(t), s)$; per costruzione si ha $G(t,0) = \gamma(t)$ e $G(t,1) = x_0$, mentre $G(t,s)$, per s fissato e al variare di $t \in [a,b]$, descrive una curva chiusa γ_s tale che $\gamma_s(a) = \gamma_s(b) = x_s := H(x_0, s)$. Siano a_s, b_s tali che

- $a < a_s < b_s < b$ per ogni $s \in [0,1]$,
- $a_s \to a, b_s \to b$ per $s \to 0$,
- $a_s \to a, b_s \to b$ per $s \to 1$.

Definiamo

$$K(t,s) = \begin{cases} G\Big(a, \dfrac{t-a}{a_s - a} s\Big), & a \le t \le a_s, \\ G\Big(a + \dfrac{b-a}{b_s - a_s}(t - a_s), s\Big), & a_s \le t \le b_s, \\ G\Big(a, \dfrac{b-t}{b-b_s} s\Big), & b_s \le t \le b. \end{cases}$$

Per costruzione $K(t,s)$ è continua e, per ogni $s \in [0,1]$, definisce una curva chiusa $\tilde{\gamma}_s$ tale che $\tilde{\gamma}_s(a) = \tilde{\gamma}_s(b) = G(0,0) = x_0$; inoltre, l'applicazione $t \mapsto \tilde{\gamma}_s(t)$, descrive il sostegno di γ_s al variare di t in $[a_s, b_s]$, mentre per $t \in [a, a_s]$ e $t \in [b_s, b]$ descrive due archi C_{1s} e C_{2s} che connettono x_0 a x_s (cfr. la figura 7.8). Si ha, in particolare, $\tilde{\gamma}_0(t) = G(t,0) = \gamma(t)$ e $\tilde{\gamma}_1(t) = x_0$. Ne segue che $K(t,s)$ costituisce un'omotopia tra γ e x_0. Data l'arbitrarietà di γ, ne concludiamo che un insieme contraibile è necessariamente semplicemente connesso.]

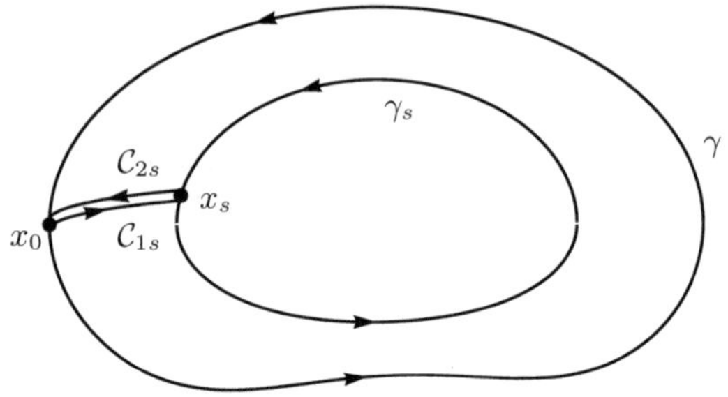

Figura 7.8 La curva $\tilde{\gamma}_s$ considerate nell'esercizio 7.40, costituita da γ_s, C_{1s} e C_{2s}

Esercizio 7.41 Si dimostri che un insieme semplicemente connesso può non essere contraibile, mentre un insieme stellato è necessariamente contraibile. [*Suggerimento.* La sfera n-dimensionale S_n (cfr. l'esercizio 1.16), per $n \geq 2$, è semplicemente connessa ma non contraibile. Se un insieme $\mathcal{A}$ è stellato, esiste un punto x_0 tale per ogni $x \in \mathcal{A}$ il segmento che unisce x a x_0 è contenuto in $\mathcal{A}$: ne segue che esiste un'omotopia che contrae $\mathcal{A}$ in x_0.]

Esercizio 7.42 Sia $\psi\colon M \to N$ un diffeomorfismo tra due varietà differenziabili M e N. Si definisce *differenziale* di ψ l'applicazione $\psi_*\colon TM \to TN$ che si ottiene nel modo seguente. Dato un vettore $\xi \in T_x M$, sia $s \mapsto \gamma(s)$ una curva in $T_x M$ tale che $[\mathrm{d}\gamma/\mathrm{d}s](0) = \xi$; si definisce allora $\psi_*\xi = [\mathrm{d}(\psi \circ \gamma)/\mathrm{d}s](0)$. Data una k-forma differenziabile $\bar{\omega}$ su N, si può definire una k-forma differenziale ω su M ponendo

$$\omega(x; \xi_1, \ldots, \xi_k) = \bar{\omega}(\psi(x); \psi_*\xi_1, \ldots, \psi_*\xi_k).$$

Introdotti in M e N due sistemi di coordinate locali $(x_1, \ldots, x_m)$ e $(y_1, \ldots, y_n)$, rispettivamente, dove $m = \dim(M)$ e $n = \dim(N)$, se

$$\bar{\omega} = \sum_{1 \leq i_1 < \ldots < i_k \leq m} f_{i_1,\ldots,i_k}(y)\, \mathrm{d}y_{i_1} \wedge \ldots \wedge \mathrm{d}y_{i_k},$$

si ha

$$\omega = \sum_{\substack{1 \leq i_1 < \ldots < i_k \leq m \\ 1 \leq j_1 < \ldots < j_k \leq n}} f_{i_1,\ldots,i_k}(\psi(x)) \det \frac{\partial(\psi_{i_1}, \ldots, \psi_{i_k})}{\partial(x_{j_1}, \ldots, x_{j_k})} \mathrm{d}x_{j_1} \wedge \ldots \wedge \mathrm{d}x_{j_k},$$

dove $\partial(\psi_{i_1}, \ldots, \psi_{i_k})/\partial(x_{j_1}, \ldots, x_{j_k})$ denota la matrice di elementi $\partial\psi_i/\partial x_j$, al variare di $i \in \{i_1, \ldots, i_k\}$ e $j \in \{j_1, \ldots, j_k\}$. La forma differenziale ω si chiama *pullback* di $\bar{\omega}$ (per misteriose ragioni non esiste un termine corrispondente in italiano) e si indica con $\omega = \psi^*\bar{\omega}$. Siano M, N e R tre varietà differenziabili, e siano $\psi\colon M \to N$ e $\varphi\colon S \to M$ due diffeomorfismi; si dimostrino le seguenti proprietà:

1. $\psi^*(\omega + \omega') = \psi^*\omega + \psi^*\omega'$,
2. $\psi^*(\omega \wedge \omega') = \psi^*\omega \wedge \psi^*\omega'$,
3. $(\psi \circ \varphi)^*\omega = \varphi^*\psi^*\omega$,
4. $\psi^*\mathrm{d}\omega = \mathrm{d}\psi^*\omega$,

dove ω e ω' sono k-forme arbitrarie su N, e d è la derivata esterna definita in (7.40). [*Suggerimento.* Seguono dalla definizione.]

Esercizio 7.43 Data una varietà differenziabile M di dimensione n, si definisce *inclusione* di M in $M \times \mathbb{R}$ l'applicazione $i_s \colon M \times \mathbb{R} \to M$ definita da $i_s(x) = (x, s)$. Sia ω una k-forma su M. Introduciamo l'operatore lineare K che porta k-forme su $M \times \mathbb{R}$ in $(k-1)$-forme su M nel modo seguente. Se, localmente, $\bar{\omega}$ è la k-forma

$$\bar{\omega} = \sum_{1 \le i_1 < \ldots < i_k \le n} b_{i_1,\ldots,i_k}(x, s)\, \mathrm{d}x_{i_1} \wedge \ldots \wedge \mathrm{d}x_{i_k},$$

si ha $K\bar{\omega} = 0$, mentre se $\bar{\omega}$ è data da

$$\bar{\omega} = \sum_{1 \le i_1 < \ldots < i_{k-1} \le n} a_{i_1,\ldots,i_{k-1}}(x, s)\, \mathrm{d}s \wedge \mathrm{d}x_{i_1} \wedge \ldots \wedge \mathrm{d}x_{i_{k-1}},$$

si definisce

$$K\bar{\omega} = \sum_{1 \le i_1 < \ldots < i_{k-1} \le n} \Big(\int_0^1 \mathrm{d}s\, a_{i_1,\ldots,i_{k-1}}(x, s) \Big) \mathrm{d}x_{i_1} \wedge \ldots \wedge \mathrm{d}x_{i_{k-1}}.$$

Si dimostri che, per ogni k-forma differenziale $\bar{\omega}$ di classe C^1 su $M \times \mathbb{R}$, si ha

$$i_1^* \bar{\omega} - i_0^* \bar{\omega} = \mathrm{d}K\bar{\omega} + K\mathrm{d}\bar{\omega},$$

dove i_s^* è il pullback di i_s (cfr. l'esercizio 7.42). [*Suggerimento.* Introdotto in $M \times \mathbb{R}$ un sistema di coordinate locali $(x_1, \ldots, x_n, s)$, qualsiasi forma differenziale $\bar{\omega}$ su $M \times \mathbb{R}$ si scrive come somma di termini della forma

$$b(x, s)\, \mathrm{d}x_{i_1} \wedge \ldots \wedge \mathrm{d}x_{i_k}, \qquad a(x, s)\, \mathrm{d}s \wedge \mathrm{d}x_{i_1} \wedge \ldots \wedge \mathrm{d}x_{i_{k-1}},$$

Si noti anche che, per definizione di i_t e di pullback, si ha

$$\begin{aligned} &i_s^*(b(x, s)\, \mathrm{d}x_{i_1} \wedge \ldots \wedge \mathrm{d}x_{i_k}) = b(x, s)\, \mathrm{d}x_{i_1} \wedge \ldots \wedge \mathrm{d}x_{i_k}, \\ &i_s^*(a(x, s)\, \mathrm{d}s \wedge \mathrm{d}x_{i_1} \wedge \ldots \wedge \mathrm{d}x_{i_{k-1}}) = 0. \end{aligned}$$

Per la linearità di K, è sufficiente dimostrare il risultato per i singoli addendi.

1. Se $\bar{\omega} = b(x, s)\, \mathrm{d}x_{i_1} \wedge \ldots \wedge \mathrm{d}x_{i_k}$ si ha $K\bar{\omega} = 0$ e

   $$\mathrm{d}\bar{\omega} = \frac{\partial b}{\partial s}(x, s)\, \mathrm{d}s \wedge \mathrm{d}x_{i_1} \wedge \ldots \wedge \mathrm{d}x_{i_k} + \text{termini senza } \mathrm{d}s,$$

   così che

   $$\begin{aligned} K\mathrm{d}\bar{\omega} &= \left(\int_0^1 \mathrm{d}s\, \frac{\partial b}{\partial s}(x, s) \right) \mathrm{d}x_{i_1} \wedge \ldots \wedge \mathrm{d}x_{i_k} \\ &= (b(x, 1) - b(x, 0)) \mathrm{d}x_{i_1} \wedge \ldots \wedge \mathrm{d}x_{i_k} = i_1^* \bar{\omega} - i_0^* \bar{\omega}. \end{aligned}$$

2. Se $\bar{\omega} = a(x,s)\, \mathrm{d}s \wedge \mathrm{d}x_{i_1} \wedge \ldots \wedge \mathrm{d}x_{i_{k-1}}$ si ha $i_1^*\bar{\omega} = i_0^*\bar{\omega} = 0$. Inoltre

$$\begin{aligned}\mathrm{d}\bar{\omega} &= \sum_{i=1}^{n} \frac{\partial a}{\partial s}(x,s)\mathrm{d}x_i \wedge \mathrm{d}s \wedge \mathrm{d}x_{i_1} \wedge \ldots \wedge \mathrm{d}x_{i_{k-1}} \\ &= -\sum_{i=1}^{n} \frac{\partial a}{\partial s}(x,s)\mathrm{d}s \wedge \mathrm{d}x_i \wedge \mathrm{d}x_{i_1} \wedge \ldots \wedge \mathrm{d}x_{i_{k-1}},\end{aligned}$$

così che

$$K\mathrm{d}\bar{\omega} = -\sum_{i=1}^{n} \left(\int_0^1 \mathrm{d}s\, \frac{\partial a}{\partial s}(x,s) \right) \mathrm{d}x_i \wedge \mathrm{d}x_{i_1} \wedge \ldots \wedge \mathrm{d}x_{i_{k-1}},$$

mentre

$$\begin{aligned}\mathrm{d}K\bar{\omega} &= \sum_{i=1}^{n} \left(\frac{\partial}{\partial x_i} \int_0^1 \mathrm{d}s\, a(x,s) \right) \mathrm{d}x_i \wedge \mathrm{d}x_{i_1} \wedge \ldots \wedge \mathrm{d}x_{i_{k-1}} \\ &= \sum_{i=1}^{n} \left(\int_0^1 \mathrm{d}s\, \frac{\partial a}{\partial s}(x,s) \right) \mathrm{d}x_i \wedge \mathrm{d}x_{i_1} \wedge \ldots \wedge \mathrm{d}x_{i_{k-1}},\end{aligned}$$

da cui si conclude che $\mathrm{d}K\bar{\omega} + K\mathrm{d}\bar{\omega} = 0$.

Unendo i risultati dei due casi 1 e 2, segue l'asserto.]

Esercizio 7.44 Si dimostri il lemma di Poincaré: una k-forma differenziale di classe C^1 definita su una varietà differenziabile contraibile è chiusa se e solo se è esatta. [*Soluzione.* Sia M una varietà differenziabile contraibile. Sia $H\colon M \times [0,1] \to M$ l'omotopia tale che $H(x,0) = x$ e $H(x,1) = x_0$. Se ω è una k-forma su M, allora $\bar{\omega} := H^*\omega$ è una k-forma su $M \times [0,1]$ (cfr. l'esercizio 7.42 per la definizione di pullback). Sia i_t l'applicazione di inclusione introdotta nell'esercizio 7.43. Si ha allora $H \circ i_0(x) = H(x,0) = x$ e $H \circ i_1(x) = H(x,1) = x_0$. Di conseguenza si ha

$$\begin{aligned}\omega &= (H \circ i_0)^*\omega = i_0^* H^*\omega = i_0^*\bar{\omega}, \\ 0 &= (H \circ i_1)^*\omega = i_1^* H^*\omega = i_1^*\bar{\omega}.\end{aligned}$$

Data una qualsiasi k-forma $\bar{\omega}$ di classe C^1, per l'esercizio 7.43 si ha

$$i_1^*\bar{\omega} - i_0^*\bar{\omega} = \mathrm{d}K\bar{\omega} + K\mathrm{d}\bar{\omega}.$$

Se ω è chiusa si ha $\mathrm{d}\omega = 0$ e quindi $\mathrm{d}\bar{\omega} = \mathrm{d}H^*\omega = H^*\mathrm{d}\omega = 0$. Ne concludiamo che $\omega = -\mathrm{d}K\bar{\omega} = -\mathrm{d}KH^*\omega$, i.e. $\omega = \mathrm{d}\alpha$, se definiamo $\alpha := -KH^*\omega$.]

Esercizio 7.45 Sia M una varietà differenziabile con bordo orientata. Si dimostri che un qualsiasi atlante orientato in M individua un atlante orientato in ∂M. [*Suggerimento.* Sia x un punto in ∂M e siano $(\varphi, \mathcal{U})$ e $(\psi, \mathcal{V})$ due carte dello stesso atlante in M tali che $x = \varphi(u) = \psi(v)$. In particolare si ha $u_n = v_n = 0$ poiché $x \in \partial M$, e si ha $v = v(u) := \psi^{-1} \circ \varphi(u)$ poiché le carte sono compatibili. D'altra parte, poiché $v_n = 0$ per tutti i punti del bordo, in un intorno di $\varphi^{-1}(x)$ si ha $(\partial v_n/\partial u_i)(u_0) = 0$ per ogni u_0 della forma $u_0 = (u_1, \ldots, u_{n-1}, 0)$ e per ogni $i = 1, \ldots, n-1$. Si consideri allora la matrice jacobiana $[\partial v/\partial u](u_0)$. Essa ha la forma

$$\begin{pmatrix} \dfrac{\partial v_1}{\partial u_1}(u_0) & \ldots & \dfrac{\partial v_1}{\partial u_{n-1}}(u_0) & \dfrac{\partial v_1}{\partial u_n}(u_0) \\ \ldots & \ldots & \ldots & \ldots \\ \dfrac{\partial v_{n-1}}{\partial u_1}(u_0) & \ldots & \dfrac{\partial v_{n-1}}{\partial u_{n-1}}(u_0) & \dfrac{\partial v_{n-1}}{\partial u_n}(u_0) \\ 0 & \ldots & 0 & \dfrac{\partial v_n}{\partial u_n}(u_0) \end{pmatrix},$$

e poiché $\det[\partial v/\partial u](u_0) \neq 0$ si evince che la matrice $[\partial v/\partial u](u_0)$, i.e. la matrice di elementi $(\partial v_i/\partial u_j)(u_0)$, con $i, j = 1, \ldots, n-1$, è una matrice $(n-1) \times (n-1)$ non singolare. Ne segue che, definendo $\mathcal{U}_0 := \mathcal{U} \cap \partial M$ e $\mathcal{V}_0 := \mathcal{V} \cap \partial M$, e introducendo le restrizioni $\varphi_0 := \varphi|\mathcal{U}_0$ e $\psi_0 := \psi|\mathcal{V}_0$, troviamo che le carte $(\varphi_0, \mathcal{U}_0)$ e (ψ_0, V_0) sono carte compatibili in ∂M. Per verificare che sono concordi si deve mostrare che $[\partial v_n/\partial u_n](0) > 0$. Notiamo innanzitutto che ogni $x \in \partial M \cap U$ è della forma $x = \varphi^{-1}(u_0)$ per qualche $u_0 = (u_1, \ldots, u_{n-1}, 0)$. Consideriamo allora la funzione $f\colon \mathbb{R} \to \mathbb{R}$ definita da $f(t) = \psi(\varphi^{-1}(u_1, \ldots, u_{n-1}, t))$. Poiché $f(0) = 0$ e $f(t) > 0$ per $t > 0$ si ha $f'(0) > 0$. D'altra parte $f'(0) = [\partial v_n/\partial u_n](u_0)$.]

Esercizio 7.46 Si dimostri la (7.45) a partire dalla (7.44). [*Suggerimento.* Sia $\boldsymbol{x} = \boldsymbol{\varphi}(s,t)$, con $(s,t) \in D \subset \mathbb{R}^2$, la parametrizzazione della superficie S. Per la (7.44) si ha

$$\begin{aligned} \int_S f_1(\boldsymbol{x})\,\mathrm{d}x_2 \wedge \mathrm{d}x_3 &= \int_D \mathrm{d}s\,\mathrm{d}t\; f_1(\boldsymbol{\varphi}(s,t)) \det \begin{pmatrix} \dfrac{\partial \varphi_2}{\partial s}(s,t) & \dfrac{\partial \varphi_2}{\partial t}(s,t) \\ \dfrac{\partial \varphi_3}{\partial s}(s,t) & \dfrac{\partial \varphi_3}{\partial t}(s,t) \end{pmatrix} \\ &= \int_D \mathrm{d}s\,\mathrm{d}t\; f_1(\boldsymbol{\varphi}(s,t)) \left(\frac{\partial \boldsymbol{\varphi}}{\partial s}(s,t) \wedge \frac{\partial \varphi}{\partial t}(s,t) \right)_1 . \end{aligned}$$

Analogamente si ragiona per gli altri contributi.]

Esercizio 7.47 Si dimostri il teorema 7.51 (teorema di Stokes) nel caso in cui, data una carta $(\mathcal{U}, \Phi)$ di M, la forma differenziale ω abbia supporto in un insieme $\mathcal{A} \subset \mathcal{U}$ tale che $\Phi(\mathcal{A})$ sia un intorno $B \subset \mathbb{R}^k$. [*Suggerimento.* Consideriamo per semplicità il caso $k = \dim(M)$; il caso $k < \dim(M)$ si discute in modo simile.

Usando le coordinate locali $(x_1, \ldots, x_n)$ di $\mathcal{U}$, si ha $B = \Phi(\mathcal{A}) = \{x \in \mathbb{R}^k : |x| \le \varepsilon\}$, e la forma differenziale si scrive nella forma

$$\omega = \sum_{i=1}^{k} a_i(x)\mathrm{d}x_1 \wedge \ldots \wedge \mathrm{d}x_{i-1} \wedge \mathrm{d}x_{i+1} \ldots \wedge \mathrm{d}x_k,$$

con ovvio significato delle notazioni per $i = 1$ e $i = k$, così che (cfr. la (7.40))

$$\mathrm{d}\omega = \sum_{i=1}^{k} (-1)^{i-1} \frac{\partial a_i}{\partial x_i}(x)\mathrm{d}x_1 \wedge \ldots \wedge \mathrm{d}x_k.$$

Se $\mathcal{A} \cap \partial M = \emptyset$, si ha

$$\int_{\partial M} \mathrm{d}\omega = 0,$$

poiché ω ha supporto in $\mathcal{A} \subset \mathcal{U}$. Inoltre, se definiamo

$$\begin{aligned} B_i &:= \{x \in \mathbb{R}^k : x_1^2 + \ldots + x_{i-1}^2 + x_{i+1}^2 + \ldots + x_k^2 \le \varepsilon^2\}, \\ \bar{x}_i &= \bar{x}_i(x_1, \ldots, x_{i-1}, x_{i+1}, \ldots, x_k) \\ &:= \sqrt{\varepsilon^2 - (x_1^2 + \ldots + x_{i-1}^2 + x_i^2 + \ldots + x_k^2)}, \end{aligned}$$

si ha, per la (7.44),

$$\begin{aligned} \int_M \mathrm{d}\omega &= \int_{\mathcal{A}} \mathrm{d}\omega = \int_{\Phi(\mathcal{A})} \sum_{i=1}^{k} (-1)^{i-1} \frac{\partial a_i}{\partial x_i}(x)\mathrm{d}x_1 \ldots \mathrm{d}x_k \\ &= \sum_{i=1}^{k} (-1)^{i-1} \int_{B_i} \mathrm{d}x_1 \ldots \mathrm{d}x_{i-1}\mathrm{d}x_{i+1} \ldots \mathrm{d}x_k \int_{-\bar{x}_i}^{\bar{x}_i} \mathrm{d}x_1 \frac{\partial a_i}{\partial x_i}(x) \\ &= \sum_{i=1}^{k} (-1)^{i-1} \int_{B_i} \mathrm{d}x_1 \ldots \mathrm{d}x_{i-1}\mathrm{d}x_{i+1} \ldots \mathrm{d}x_k \Big(a_i(x_1, \ldots, x_{i-1}, \bar{x}_i, x_{i+1}, \ldots, x_k) \\ &\qquad - a_i(x_1, \ldots, x_{i-1}, -\bar{x}_i, x_{i+1}, \ldots, x_k) \Big) = 0, \end{aligned}$$

dove abbiamo usato il fatto che $a(x) = 0$ per $x \in \partial\mathcal{A}$. Se invece $\mathcal{A} \cap \partial M \neq \emptyset$, possiamo assumere che le coordinate locali siano tali che l'insieme $\mathcal{U} \cap \partial M$ sia descritto dalla condizione $x_k = 0$, così che

$$\omega = (-1)^{k-1} a_k(x_1, \ldots, x_{k-1}, 0) \wedge \mathrm{d}x_1 \ldots \wedge \mathrm{d}x_{n-1},$$

su $\mathcal{U} \cap \partial M$ (poiché $\mathrm{d}x_n = 0$ su ∂M). Ne segue che

$$\int_{\partial M} \omega = \int_{\mathcal{A}\cap\partial M} \omega = (-1)^{k-1} \int_{B_k} \mathrm{d}x_1 \ldots \mathrm{d}x_{k-1}\, a_k(x_1, \ldots, x_{k-1}, 0),$$

dato che $\Phi(\mathcal{A} \cap \partial M) = \{x \in \mathbb{R}^k : (x_1, \ldots, x_{k-1}) \in B_0,\ x_k = 0\}$. D'altra parte, se definiamo

$$H_i := \{x \in \mathbb{R}^k : x_1^2 + \ldots + x_{i-1}^2 + x_{i+1}^2 + \ldots + x_k^2 \leq \varepsilon^2, x_k \leq 0\},$$

abbiamo

$$\begin{aligned}
\int_M \mathrm{d}\omega &= \sum_{i=1}^{k-1} (-1)^{i-1} \int_{H_i} \mathrm{d}x_1 \ldots \mathrm{d}x_{i-1}\mathrm{d}x_{i+1} \ldots \mathrm{d}x_k \int_{-\bar{x}_i}^{\bar{x}_i} \mathrm{d}x_1 \frac{\partial a_i}{\partial x_i}(x) \\
&\quad + (-1)^{k-1} \int_{B_k} \mathrm{d}x_1 \ldots \mathrm{d}x_{k-1} \int_{-\bar{x}_k}^{0} \mathrm{d}x_1 \frac{\partial a_k}{\partial x_k}(x) \\
&= \sum_{i=1}^{k-1} (-1)^{i-1} \int_{H_i} \mathrm{d}x_1 \ldots \mathrm{d}x_{i-1}\mathrm{d}x_{i+1} \ldots \mathrm{d}x_k \Big(a_i(x_1, \ldots, x_{i-1}, \bar{x}_i, x_{i+1}, \ldots, x_k) \\
&\qquad - a_i(x_1, \ldots, x_{i-1}, -\bar{x}_i, x_{i+1}, \ldots, x_k) \Big) \\
&\quad + (-1)^{k-1} \int_{B_k} \mathrm{d}x_1 \ldots \mathrm{d}x_{k-1} \Big(a_k(x_1, \ldots, x_{k-1}, 0) - a_k(x_1, \ldots, x_{k-1}, -\bar{x}_k) \Big) \\
&= (-1)^{k-1} \int_{B_k} \mathrm{d}x_1 \ldots \mathrm{d}x_{k-1}\, a_k(x_1, \ldots, x_{k-1}, 0),
\end{aligned}$$

dove l'ultima uguaglianza discende dal fatto che ω si annulla sulla frontiera di $\mathcal{A}$, così che solo il termine con $a_k(x_1, \ldots, \ldots, x_{k-1}, 0)$ sopravvive.]

Esercizio 7.48 Si dimostri il teorema 7.51 (teorema di Stokes). [*Suggerimento.* Come nell'esercizio 7.47 consideriamo esplicitamente il caso $k = \dim(M)$. Si consideri un ricoprimento di M con insiemi aperti $\mathcal{A}_1, \ldots, \mathcal{A}_N$ tali, per ogni i si ha si ha

1. $\mathcal{A}_i \subset \mathcal{U}$ per qualche carta $(\mathcal{U}, \Phi)$;
2. $\Phi(\mathcal{A}_i) = B_i$, dove, per qualche $\varepsilon_i > 0$, si ha $B_i = \{x \in \mathbb{R}^n : |x - x_{Q_i}| < \varepsilon_i\}$ se $\Phi^{-1}(Q_i)$ è un punto interno di M e $B_i = \{x \in \mathbb{R}^n : |x - x_{Q_i}| < \varepsilon_i,\ x_n \leq 0\}$ se $\Phi^{-1}(Q_i) \in \partial M$;
3. se $\Phi^{-1}(Q_i)$ è all'interno di M, l'insieme $\Phi^{-1}\{x \in \mathbb{R}^n : |x - x_{Q_i}| < 4\varepsilon_i\}$ è all'interno di M.

Si può quindi introdurre una partizione dell'unità, analogamente a quanto fatto negli esercizi 7.18 e 7.23, scrivendo $\omega = \omega_1 + \ldots + \omega_N$, in modo che ogni $(k-1)$-forma ω_i abbia supporto in $\mathcal{A}_i$. Per ogni ω_i si ha quindi

$$\int_M \omega_i = \int_{\partial M} \mathrm{d}\omega_i$$

così che, sommando su i, si ottiene l'asserto.]

Esercizio 7.49 Una *varietà differenziabile a tratti* si definisce ricorsivamente nella dimensione. Una varietà differenziabile a tratti M è un punto se $\dim(M) = 0$ ed è a curva regolare a tratti se $\dim(M) = 1$. Per $n \geq 2$, M è una varietà differenziabile a tratti di dimensione n se $M = M_1 \cup \ldots \cup M_N$, dove $M_1, \ldots, M_N$ sono varietà differenziabili con bordo di dimensione n che non hanno punti interni in comune e tali che le intersezioni dei bordi ∂M_i e ∂M_j, per $i \neq j$, o sono vuoti o definiscono una varietà differenziabile a tratti di dimensione $\leq n - 1$. Si dimostri il teorema di Stokes nel caso in cui M sia una varietà differenziabile a tratti con bordo. [*Suggerimento.* Si procede seguendo la stessa strategia usata per dimostrare il teorema 7.36 nell'esercizio 7.23, definendo una k-forma che coincide con ω nell'insieme B_k dei punti di M che abbiano distanza di ordine 2^{-k} dall'insieme in cui si intersecano i bordi di M_i e M_j, con $1 \leq i \neq j \leq N$, e costruendo una partizione dell'unità per B_k mediante insiemi sufficientemente piccoli, come nell'esercizio 7.48.]

Esercizio 7.50 Si dimostri che l'integrale di una k-forma forma differenziale esatta su una varietà compatta di dimensione k senza bordo è zero. [*Soluzione.* Segue dal teorema 7.51 (teorema di Stokes). Infatti, se ω è esatta esiste una $(k-1)$-forma ψ tale che $\omega = \mathrm{d}\psi$, da cui segue che

$$\int_M \omega = \int_M \mathrm{d}\psi = \int_{\partial M} \psi = 0,$$

in cui si è tenuto conto che l'ultimo integrale è nullo poiché $\partial M = \emptyset$.]

Esercizio 7.51 Si dimostri che una forma differenziale ω definita su una varietà differenziabile M è esatta se e solo se il suo integrale lungo una qualsiasi curva chiusa è nullo. [*Suggerimento.* Che l'integrale di ω lungo una curva chiusa arbitraria sia nullo segue dal teorema 7.51 (cfr. l'esercizio 7.50 nel caso particolare in cui M sia la curva γ, così che $\partial\gamma = \emptyset$); alternativamente, si può sempre applicare il teorema 7.51 prendendo come varietà M una superficie che abbia γ come frontiera, così che

$$\int_\gamma \omega = \int_{\partial S} \omega = \int_S \mathrm{d}\omega = 0,$$

poiché $\mathrm{d}\omega = 0$ se ω è esatta. Per l'implicazione inversa, su può ragionare lungo le linee degli esercizi 7.1 e 7.2, eventualmente spezzando la curva in più tratti e utilizzando coordinate locali per ogni tratto.]

Esercizio 7.52 Si dimostri che, nel lemma di Poincaré, l'ipotesi che la varietà sia contraibile non si può indebolire richiedendo solo che sia semplicemente connessa. [*Suggerimento.* Si consideri la 2-forma in $\mathbb{R}^3$ data da

$$\omega = \frac{x\,\mathrm{d}y \wedge \mathrm{d}z + y\,\mathrm{d}z \wedge \mathrm{d}x + z\,\mathrm{d}x \wedge \mathrm{d}y}{(x^2+y^2+z^2)^{3/2}}.$$

Si verifica facilmente che ω è chiusa; infatti si ha

$$\mathrm{d}\omega = \Phi(x,y,z)\,\mathrm{d}x \wedge \mathrm{d}y \wedge \mathrm{d}z = 0,$$

dove

$$\Phi(x,y,z) := \frac{(x^2+y^2+z^2-3x^2)+(x^2+y^2+z^2-3y^2)+(x^2+y^2+z^2-3z^2)}{(x^2+y^2+z^2)^{5/2}}.$$

Passando a coordinate sferiche (cfr. l'esercizio 1.56), si può parametrizzare la sfera bidimensionale S_2 come

$$x = \cos\theta \sin\varphi, \qquad y = \sin\theta \sin\varphi, \qquad z = \cos\varphi,$$

così che, utilizzando la formula (7.44), si trova

$$\int_{S_2} \omega = \int_0^{2\pi} \mathrm{d}\theta \int_0^{\pi} \mathrm{d}\varphi \Big(\cos\theta \sin\varphi (\cos\theta \sin^2\varphi) + \sin\theta \sin\varphi (\sin\theta \sin^2\varphi) + \cos\varphi (\sin\varphi \cos\varphi) \Big) = 4\pi.$$

D'altra parte, se ω fosse esatta, i.e. se esistesse una 1-forma ψ tale che $\omega = \mathrm{d}\psi$, per il teorema di Stokes si dovrebbe avere (cfr. anche l'esercizio 7.50)

$$\int_{S_2} \omega = \int_{\partial S_2} \mathrm{d}\psi = 0,$$

poiché $\partial S_2 = \emptyset$, dal momento che S_2 è una varietà senza bordo.]

Esercizio 7.53 Si spieghi per quale motivo, nel caso di 1-forme, nel lemma di Poincaré si può richiedere che la varietà sia semplicemente connessa. [*Suggerimento.* Nel caso di una 1-forma, la varietà M ha dimensione 2. Una varietà di dimensione 2 con bordo, se è semplicemente connessa, è anche contraibile.]

Esercizio 7.54 Si dimostri che il teorema 7.51 implica il teorema fondamentale del calcolo integrale. [*Soluzione.* Sia M l'intervallo $[a,b]$, orientato da a a b, e sia ω la funzione (0-forma) $f\colon [a,b] \to \mathbb{R}$. Allora la (7.46) diventa:

$$\int_a^b \mathrm{d}x\, f'(x) = f(b) - f(a),$$

che costituisce appunto il teorema fondamentale del calcolo integrale.]

Esercizio 7.55 Si dimostri che il teorema 7.51 implica il teorema 7.36 (teorema di Gauss-Green). [*Soluzione*. Sia

$$\omega = f_1(x)\,\mathrm{d}x_2 \wedge \mathrm{d}x_3 + f_2(x)\,\mathrm{d}x_3 \wedge \mathrm{d}x_1 + f_3(x)\,\mathrm{d}x_1 \wedge \mathrm{d}x_2.$$

Si ha allora, per la (7.40),

$$\mathrm{d}\omega = \left(\frac{\partial f_1}{\partial x_1} + \frac{\partial f_2}{\partial x_2} + \frac{\partial f_3}{\partial x_3}\right)\mathrm{d}x_1 \wedge \mathrm{d}x_2 \wedge \mathrm{d}x_3 = \operatorname{div} \boldsymbol{f}(\boldsymbol{x})\,\mathrm{d}x_1 \wedge \mathrm{d}x_2 \wedge \mathrm{d}x_3$$

e quindi, per la (7.44),

$$\int_M \mathrm{d}\omega = \int_M \operatorname{div} \boldsymbol{f}(\boldsymbol{x})\,\mathrm{d}x_1 \wedge \mathrm{d}x_2 \wedge \mathrm{d}x_3 = \int_M \operatorname{div} \boldsymbol{f}(\boldsymbol{x})\,\mathrm{d}x_1\mathrm{d}x_2\mathrm{d}x_2.$$

D'altra parte si ha (cfr. l'osservazione 7.50)

$$\int_{\partial M} \omega = \int_{\partial M} \mathrm{d}\sigma \langle \boldsymbol{f}, \boldsymbol{n}\rangle,$$

da cui segue l'asserto.]

Esercizio 7.56 Si dimostri che il teorema 7.51 implica il teorema 7.38 (teorema del rotore o teorema di Stokes in $\mathbb{R}^3$). [*Soluzione*. Sia M una superficie con bordo compatta e orientata in $\mathbb{R}^3$. Quindi $\dim(M) = 2$ a ∂M è una curva orientata. Sia $\omega = \langle \boldsymbol{f}(\boldsymbol{x}), \mathrm{d}\boldsymbol{x}\rangle = f_1(\boldsymbol{x})\mathrm{d}x_1 + f_2(\boldsymbol{x})\mathrm{d}x_2 + f_3(\boldsymbol{x})\mathrm{d}x_3$ una 1-forma differenziale su M. Per la (7.40) si ha

$$\begin{aligned}\mathrm{d}\omega = {} & \left(\frac{\partial f_2}{\partial x_1} - \frac{\partial f_1}{\partial x_2}\right)\mathrm{d}x_1 \wedge \mathrm{d}x_2 + \left(\frac{\partial f_3}{\partial x_1} - \frac{\partial f_1}{\partial x_3}\right)\mathrm{d}x_1 \wedge \mathrm{d}x_3 \\ & + \left(\frac{\partial f_3}{\partial x_2} - \frac{\partial f_2}{\partial x_3}\right)\mathrm{d}x_2 \wedge \mathrm{d}x_3,\end{aligned}$$

che possiamo riscrivere, tenendo conto della definizione 7.32 di rotore e ponendo $\boldsymbol{r} = \operatorname{rot} \boldsymbol{f}$,

$$\mathrm{d}\omega = r_1(\boldsymbol{x})\,\mathrm{d}x_2 \wedge \mathrm{d}x_3 + r_2(\boldsymbol{x})\,\mathrm{d}x_3 \wedge \mathrm{d}x_1 + r_3(\boldsymbol{x})\,\mathrm{d}x_1 \wedge \mathrm{d}x_2.$$

Se la superficie M è della forma $M = \boldsymbol{\varphi}(D)$, dove $D \subset \mathbb{R}^2$ e $\boldsymbol{\varphi}\colon D \to \mathbb{R}^3$, si ha

$$\int_M \mathrm{d}\omega = \int_D \mathrm{d}s\,\mathrm{d}t \left\langle \boldsymbol{r}(\boldsymbol{\varphi}(s,t)), \frac{\partial \boldsymbol{\varphi}}{\partial s}(s,t) \wedge \frac{\partial \boldsymbol{\varphi}}{\partial t}(s,t)\right\rangle = \int_M \mathrm{d}\sigma \langle \boldsymbol{r}, \boldsymbol{n}\rangle,$$

dove si è utilizzata l'osservazione 7.50 per esprimere l'integrale di superficie come un integrale su M.]

Esercizio 7.57 Data una varietà M e una forma differenziale non singolare ω in M e un punto $x \in M$, sia ξ un vettore in $T_x M$ parallelo alla direzione di rotore $r(x)$. Si dimostri che $d\omega(\xi, \eta) = 0 \ \forall \eta \in T_x M$. [*Suggerimento.* Sia A la matrice antisimmetrica di elementi (7.35); si ha (cfr. la (7.41))

$$\omega = \langle f(x), dx \rangle \implies d\omega = -\sum_{i<j} A_{ij} dx_i \wedge dx_j .$$

Poiché ξ è diretto lungo una linea di rotore, si ha $A\xi = 0$, così che, indipendentemente dal vettore η, si ha $d\omega(\xi, \eta) = \langle \xi, A\eta \rangle = -\langle A\xi, \eta \rangle = 0$.]

Esercizio 7.58 Si dimostri che sulla superficie di un tubo di rotore della forma differenziale non singolare ω si ha $d\omega = 0$. [*Suggerimento.* Sia S la superficie di un tubo di rotore e sia $x \in S$. Dati due vettori ξ e η in $T_x S$, si consideri $d\omega(\xi, \eta)$. Sia $\xi_1 \in T_x S$ diretto lungo la direzione di rotore $r(x)$ e sia $\xi_2 \in T_x S$ ortogonale a ξ_1. Possiamo decomporre $\xi = A\,\xi_1 + B\,\xi_2$ e $\eta = C\,\xi_1 + D\,\xi_2$. Usando la linearità di $d\omega$ abbiamo

$$\begin{aligned} d\omega(\xi, \eta) &= d\omega(A\,\xi_1 + B\,\xi_2, C\,\xi_1 + D\,\xi_2) \\ &= AC\omega(\xi_1, \xi_1) + AD\omega(\xi_1, \xi_2) + BC\omega(\xi_2, \xi_1) + BD\omega(\xi_2, \xi_2). \end{aligned}$$

I tre addendi contenenti il vettore ξ_1 sono nulli per l'esercizio 7.57 e l'ultimo è nullo perché ω è antisimmetrica.]

Esercizio 7.59 Si dimostri la (7.49).

Esercizio 7.60 Si dimostri che, definiti la matrice A e il vettore r in accordo con la (7.49) e con la (7.50), rispettivamente, si ha $Ar = 0$.

Esercizio 7.61 Si dimostri che le linee di rotore di una campo vettoriale f non cambiano se aggiungiamo alla corrispondente forma differenziale un differenziale totale. [*Soluzione.* Sia $\omega = \langle f, dx \rangle$ una forma differenziale non singolare e sia A la matrice di elementi (7.35). Allora $r = \operatorname{rot} f$ è determinato da A. Consideriamo la forma differenziale $\omega' = \omega + d\Psi$, dove $d\Psi = \langle \partial\Psi/\partial x, dx \rangle$ è un differenziale esatto. Possiamo quindi scrivere $\omega' = \langle f', dx \rangle$, con $f'_k(x) = f_k(x) + \partial\Psi/\partial x_k$. Si ha allora

$$\frac{\partial f'_i}{\partial x_j} - \frac{\partial f'_j}{\partial x_i} = \frac{\partial f_i}{\partial x_j} + \frac{\partial^2 \Psi}{\partial x_j \partial x_i} - \frac{\partial f_j}{\partial x_i} - \frac{\partial^2 \Psi}{\partial x_i \partial x_j} = \frac{\partial f_i}{\partial x_j} - \frac{\partial f_j}{\partial x_i},$$

quindi la matrice A non cambia aggiungendo a ω un differenziale esatto. Di conseguenza non cambia neppure la direzione di rotore.]

Esercizio 7.62 Si dimostrino le relazioni (7.59) nella dimostrazione del teorema 7.75. [*Soluzione.* Dalla definizione (7.58) si ottiene

$$\frac{\partial f}{\partial Q_k} = \int_0^t \mathrm{d}\tau \left(\left\langle \frac{\partial p}{\partial Q_k}, \frac{\partial q}{\partial \tau} \right\rangle + \left\langle p, \frac{\partial^2 q}{\partial Q_k \partial \tau} \right\rangle - \left\langle \frac{\partial H}{\partial q}, \frac{\partial q}{\partial Q_k} \right\rangle - \left\langle \frac{\partial H}{\partial p}, \frac{\partial p}{\partial Q_k} \right\rangle \right),$$

dove $\partial q/\partial\tau = \mathrm{d}q/\mathrm{d}t = \partial H/\partial p$ e $\partial p/\partial\tau = \mathrm{d}p/\mathrm{d}t = -\partial H/\partial q$ (cfr. i commenti dopo la (7.58)). Quindi, semplificando, si trova

$$\begin{aligned} \frac{\partial f}{\partial Q_k} &= \int_0^t \mathrm{d}\tau \left(\left\langle p, \frac{\partial^2 q}{\partial Q_k \partial \tau} \right\rangle + \left\langle \frac{\partial p}{\partial \tau}, \frac{\partial q}{\partial Q_k} \right\rangle \right) \\ &= \int_0^t \mathrm{d}\tau \, \frac{\partial}{\partial \tau} \left\langle p, \frac{\partial q}{\partial Q_k} \right\rangle = \left\langle p, \frac{\partial q}{\partial Q_k} \right\rangle \bigg|_0^t . \end{aligned}$$

Si ha $q(0) = Q$ e $p(0) = P$ e, inoltre, $q(\tau) = q(0) + \tau\dot{q}(0) + O(\tau^2) = Q + O(\tau)$, quindi $\partial q_i/\partial Q_k|_{t=0} = \delta_{i,k}$. In conclusione si ottiene

$$\frac{\partial f}{\partial Q_k} = \left\langle p, \frac{\partial q}{\partial Q_k} \right\rangle - P,$$

che è la prima delle (7.59). Analogamente si trova

$$\begin{aligned} \frac{\partial f}{\partial P_k} &= \int_0^t \mathrm{d}\tau \left(\left\langle \frac{\partial p}{\partial P_k}, \frac{\partial q}{\partial \tau} \right\rangle + \left\langle p, \frac{\partial^2 q}{\partial P_k \partial \tau} \right\rangle - \left\langle \frac{\partial H}{\partial q}, \frac{\partial q}{\partial P_k} \right\rangle - \left\langle \frac{\partial H}{\partial p}, \frac{\partial p}{\partial P_k} \right\rangle \right) \\ &= \int_0^t \mathrm{d}\tau \left(\left\langle p, \frac{\partial^2 q}{\partial P_k \partial \tau} \right\rangle + \left\langle \frac{\partial p}{\partial \tau}, \frac{\partial q}{\partial P_k} \right\rangle \right) = \int_0^t \mathrm{d}\tau \, \frac{\partial}{\partial \tau} \left\langle p, \frac{\partial q}{\partial P_k} \right\rangle \\ &= \left\langle p, \frac{\partial q}{\partial P_k} \right\rangle \bigg|_0^t = \left\langle p, \frac{\partial q}{\partial P_k} \right\rangle, \end{aligned}$$

poiché $\partial q_i/\partial P_k|_{t=0} = 0$.]

Esercizio 7.63 Si dimostri il teorema 6.20 (teorema di Liouville) a partire dal teorema 7.75. [*Soluzione.* Si ha, con le notazioni del §6.1,

$$\mathrm{Vol}(D(t)) = \int_D \mathrm{d}x \, \det \frac{\partial \varphi(t,x)}{\partial x},$$

dove $D = D(0)$. Poiché, per il teorema 7.75, la trasformazione $x \mapsto \varphi(t,x)$ è canonica, la matrice jacobiana $J = \partial\varphi(t,x)/\partial x$ è simplettica e quindi, per il teorema 7.11, si ha $\det J = 1$. Ne segue che $\mathrm{Vol}(D(t)) = \mathrm{Vol}(D)$.]

Esercizio 7.64 Si dimostri la (7.62). [*Soluzione.* Con le notazioni del §7.4.2, poiché $\omega - \Omega$ è un differenziale esatto si ha $\langle p, \mathrm{d}q\rangle - \mathcal{H}\mathrm{d}t - \langle P, \mathrm{d}Q\rangle + \mathcal{K}\mathrm{d}t = \mathrm{d}\Psi$, per qualche funzione Ψ. D'altra parte $\langle p, \mathrm{d}q\rangle - \langle P, \mathrm{d}Q\rangle = \widetilde{d}F = \mathrm{d}F - (\partial F/\partial t)\,\mathrm{d}t$. Unendo le due identità si ottiene

$$\mathrm{d}F - \frac{\partial F}{\partial t}\,\mathrm{d}t - \mathcal{H}\mathrm{d}t + \mathcal{K}\mathrm{d}t = \mathrm{d}\Psi,$$

ovvero $(\mathcal{K} - \mathcal{H} - \partial F/\partial t)\,\mathrm{d}t$ deve essere un differenziale esatto. Quindi $\mathcal{K} - \mathcal{H} - \partial F/\partial t$ deve essere una funzione G della sola variabile t. Poiché l'hamiltoniana è definita a meno di una costante nelle variabili canoniche, possiamo fissare $G = 0$, da cui segue la (7.62).]

Esercizio 7.65 Si dimostri la (7.65). [*Soluzione.* Con le notazioni del §7.4.3, si ha $\langle p, \widetilde{d}q\rangle - \langle P, \widetilde{d}Q\rangle = \widetilde{d}F(q, P) - \widetilde{d}\langle P, Q\rangle$, per la (7.64), e, per il teorema 7.71, $\langle p, \mathrm{d}q\rangle - \mathcal{H}\,\mathrm{d}t - \langle P, \mathrm{d}Q\rangle + \mathcal{K}\mathrm{d}t = \mathrm{d}S$, per qualche funzione S. Poiché si possono utilizzare (q, P, t) come coordinate indipendenti, si ha

$$\begin{aligned}
\widetilde{d}F &= \mathrm{d}F - \frac{\partial F}{\partial t}\mathrm{d}t,\\
\widetilde{d}\langle P, Q\rangle &= \langle \widetilde{d}P, Q\rangle + \langle P, \widetilde{d}Q\rangle = \langle \mathrm{d}P, Q\rangle + \langle P, \mathrm{d}Q\rangle - \left\langle P, \frac{\partial Q}{\partial t}\right\rangle \mathrm{d}t,
\end{aligned}$$

dove si è tenuto conto che, in termini di (q, P, t) si ha

$$\widetilde{d}P = \mathrm{d}P, \qquad \widetilde{d}Q = \left\langle \frac{\partial Q}{\partial q}\mathrm{d}q\right\rangle + \left\langle \frac{\partial Q}{\partial P}\mathrm{d}P\right\rangle = \mathrm{d}Q(q, P, t) - \frac{\partial Q}{\partial t}\mathrm{d}t,$$

da cui segue che si ha

$$\begin{aligned}
&\langle p, \mathrm{d}q\rangle - \mathcal{H}\,\mathrm{d}t - \langle P, \mathrm{d}Q\rangle + \mathcal{K}\mathrm{d}t\\
&\quad = \langle p, \widetilde{d}q\rangle - \langle P, \widetilde{d}Q\rangle - \left\langle P, \frac{\partial Q}{\partial t}\right\rangle \mathrm{d}t - (\mathcal{H} - \mathcal{K})\mathrm{d}t\\
&\quad = \mathrm{d}F - \frac{\partial F}{\partial t}\mathrm{d}t - \mathrm{d}\langle P, Q\rangle + \left\langle P, \frac{\partial Q}{\partial t}\right\rangle \mathrm{d}t - \left\langle P, \frac{\partial Q}{\partial t}\right\rangle \mathrm{d}t - (\mathcal{H} - \mathcal{K})\mathrm{d}t\\
&\quad = \mathrm{d}(F - \langle P, Q\rangle) + \left(\mathcal{K} - \mathcal{H} - \frac{\partial F}{\partial t}\right)\mathrm{d}t,
\end{aligned}$$

così che $(\mathcal{K} - \mathcal{H} - \partial F/\partial t)\mathrm{d}t$ deve essere un differenziale esatto. Quindi, a meno di una funzione dipendente solo dal tempo (e quindi trascurabile), si deve avere $\mathcal{K} = \mathcal{H} + \partial F/\partial t$.]

Esercizio 7.66 Si verifichi che, data la funzione generatrice F di una trasformazione canonica, si ha $\partial F/\partial t = \Psi$, dove Ψ è la funzione determinata dalla (7.13).

[*Suggerimento.* Consideriamo il caso di un procedimento di seconda specie (per gli altri si ragiona in modo analogo). Si deve dimostrare che, definendo

$$\Psi(Q,P,t) := \frac{\partial F}{\partial t}(q(Q,P,t),P,t),$$

si ha $\partial Z/\partial t = E\partial\Psi/\partial Z$. È conveniente utilizzare ovunque le coordinate (Z,t); le derivate parziali di z rispetto a t a z costante sono nulle, così che si trova

$$0 = \frac{\partial z}{\partial Z}\frac{\partial Z}{\partial t} + \frac{\partial z}{\partial t} \implies \frac{\partial z}{\partial t} = -\frac{\partial z}{\partial Z}\frac{\partial Z}{\partial t} = -J^{-1}\frac{\partial Z}{\partial t},$$

dove J^{-1} è la matrice jacobiana della trasformazione inversa $Z \mapsto z(Z,t)$, e la relazione da dimostrare si riscrive

$$\frac{\partial z}{\partial t} = -J^{-1}E\frac{\partial \Psi}{\partial Z} \implies \begin{cases} \dfrac{\partial q_k}{\partial t} = \displaystyle\sum_{i=1}^{n}\Big(\frac{\partial q_k}{\partial P_i}\frac{\partial \Psi}{\partial Q_i} - \frac{\partial q_k}{\partial Q_i}\frac{\partial \Psi}{\partial P_i}\Big), \\ \dfrac{\partial p_k}{\partial t} = \displaystyle\sum_{i=1}^{n}\Big(\frac{\partial p_k}{\partial P_i}\frac{\partial \Psi}{\partial Q_i} - \frac{\partial p_k}{\partial Q_i}\frac{\partial \Psi}{\partial P_i}\Big). \end{cases}$$

Partendo dalle identità

$$Q_i = \frac{\partial F}{\partial P_i}(q(Q,P,t),P,t), \qquad p_i = \frac{\partial F}{\partial q_i}(q(Q,P,t),P,t),$$
$$\Psi = \frac{\partial F}{\partial t}(q(Q,P,t),P,t),$$

dove prima si calcolano le derivate parziali di F rispetto sui suoi argomenti (q,P,t) e poi si esplicita q in termini delle coordinate (Q,P,t), quando si derivano le prime due rispetto a Q_j, P_j e t si trova

$$\begin{cases} \delta_{ij} = \displaystyle\sum_{k=1}^{n} \frac{\partial^2 F}{\partial P_i \partial q_k}(q(Q,P,t),P,t)\,\frac{\partial q_k}{\partial Q_j}, \\ 0 = \displaystyle\sum_{k=1}^{n} \frac{\partial^2 F}{\partial P_i \partial q_k}(q(Q,P,t),P,t)\,\frac{\partial q_k}{\partial P_j} + \frac{\partial^2 F}{\partial P_i \partial P_j}(q(Q,P,t),P,t), \\ 0 = \displaystyle\sum_{k=1}^{n} \frac{\partial^2 F}{\partial P_i \partial q_k}(q(Q,P,t),P,t)\,\frac{\partial q_k}{\partial t} + \frac{\partial^2 F}{\partial P_i \partial t}(q(Q,P,t),P,t), \end{cases}$$

e, rispettivamente,

$$\begin{cases} \dfrac{\partial p_i}{\partial Q_j} = \displaystyle\sum_{k=1}^{n} \frac{\partial^2 F}{\partial q_i \partial q_k}(q(Q,P,t),P,t)\,\frac{\partial q_k}{\partial Q_j}, \\ \dfrac{\partial p_i}{\partial P_j} = \displaystyle\sum_{k=1}^{n} \frac{\partial^2 F}{\partial q_i \partial q_k}(q(Q,P,t),P,t)\,\frac{\partial q_k}{\partial P_j} + \frac{\partial^2 F}{\partial q_i \partial P_j}(q(Q,P,t),P,t), \\ \dfrac{\partial p_i}{\partial t} = \displaystyle\sum_{k=1}^{n} \frac{\partial^2 F}{\partial q_i \partial q_k}(q(Q,P,t),P,t)\,\frac{\partial q_k}{\partial t} + \frac{\partial^2 F}{\partial q_i \partial t}(q(Q,P,t),P,t), \end{cases}$$

mentre le derivate della terza rispetto a Q_i e P_i dànno

$$\frac{\partial \Psi}{\partial Q_i} = \sum_{j=1}^{n} \frac{\partial^2 F}{\partial q_j \partial t}(q(Q,P,t),P,t)\,\frac{\partial q_j}{\partial Q_i},$$

$$\frac{\partial \Psi}{\partial P_i} = \sum_{j=1}^{n} \frac{\partial^2 F}{\partial q_j \partial t}(q(Q,P,t),P,t)\,\frac{\partial q_j}{\partial P_i} + \frac{\partial^2 F}{\partial P_i \partial t}(q(Q,P,t),P,t).$$

Si ottiene perciò, tenendo conto che $\{q_i, q_j\}_Z = 0$ e $\{q_i, p_j\}_Z = \delta_{ij}$ $\forall i, j = 1, \dots, n$, dal momento che la trasformazione è canonica (cfr. il teorema 7.31),

$$\begin{aligned} &\sum_{i=1}^{n}\Big(\frac{\partial q_k}{\partial P_i}\frac{\partial \Psi}{\partial Q_i} - \frac{\partial q_k}{\partial Q_i}\frac{\partial \Psi}{\partial P_i}\Big) \\ &= \sum_{i,j=1}^{n}\Big(\frac{\partial q_k}{\partial P_i}\frac{\partial^2 F}{\partial q_j \partial t}\frac{\partial q_j}{\partial Q_i} - \frac{\partial q_k}{\partial Q_i}\frac{\partial^2 F}{\partial q_j \partial t}\frac{\partial q_j}{\partial P_i}\Big) - \sum_{i=1}^{n}\frac{\partial q_k}{\partial Q_i}\frac{\partial^2 F}{\partial P_i \partial t} \\ &= \sum_{j=1}^{n}\frac{\partial^2 F}{\partial q_j \partial t}\{q_j, q_k\}_Z - \sum_{i=1}^{n}\frac{\partial q_k}{\partial Q_i}\frac{\partial^2 F}{\partial P_i \partial t} = \sum_{i,j=1}^{n}\frac{\partial q_k}{\partial Q_i}\frac{\partial^2 F}{\partial P_i \partial q_j}\frac{\partial q_j}{\partial t} \\ &= \sum_{i,j=1}^{n}\frac{\partial q_k}{\partial Q_i}\frac{\partial p_j}{\partial P_i}\frac{\partial q_j}{\partial t} - \sum_{i,j,h=1}^{n}\frac{\partial q_k}{\partial Q_i}\frac{\partial q_h}{\partial P_i}\frac{\partial^2 F}{\partial q_j \partial q_h}\frac{\partial q_j}{\partial t} \\ &= \sum_{j=1}^{n}\{q_k, p_j\}_Z\frac{\partial q_j}{\partial t} + \sum_{i,j=1}^{n}\frac{\partial q_k}{\partial P_i}\frac{\partial p_j}{\partial Q_i}\frac{\partial q_j}{\partial t} - \sum_{i,j,h=1}^{n}\frac{\partial q_k}{\partial Q_i}\frac{\partial q_h}{\partial P_i}\frac{\partial^2 F}{\partial q_j \partial q_h}\frac{\partial q_j}{\partial t} \\ &= \frac{\partial q_k}{\partial t} + \sum_{i,j,h=1}^{n}\Big(\frac{\partial q_k}{\partial P_i}\frac{\partial^2 F}{\partial q_j \partial q_h}\frac{\partial q_h}{\partial Q_i} - \frac{\partial q_k}{\partial Q_i}\frac{\partial q_h}{\partial P_i}\frac{\partial^2 F}{\partial q_j \partial q_h}\Big)\frac{\partial q_j}{\partial t} \\ &= \frac{\partial q_k}{\partial t} + \sum_{j,h=1}^{n}\frac{\partial^2 F}{\partial q_j \partial q_h}\{q_h, q_k\}_Z\frac{\partial q_j}{\partial t} = \frac{\partial q_k}{\partial t}, \end{aligned}$$

che implica la prima relazione. Analogamente si deduce la seconda.]

Esercizio 7.67 Sia $(q, p) \to (Q, P)$ una trasformazione canonica e sia $\mathcal{I} = \{i_1, \dots, i_s\}$ un sottoinsieme di $\{1, \dots, n\}$, con $\mathcal{I} = \emptyset$ se $s = 0$. Si dimostri che, comunque sia scelto l'insieme $\mathcal{I}$, non è possibile che le n coordinate Q_i, $i \in \mathcal{I}$, e $P_{i'}$, $i' \in \mathcal{I}' = \{1, \dots, n\} \setminus \mathcal{I}$, siano tutte indipendenti simultaneamente sia da una coordinata q_k che dal suo momento coniugato p_k. [*Suggerimento.* Poiché la trasformazione è canonica, tenendo conto del teorema 7.69, la forma differenziale

$$\omega := \langle p, \widetilde{d}q\rangle - \langle P, \widetilde{d}Q\rangle + \sum_{i\in\mathcal{I}'} \widetilde{d}(Q_i P_i) = \sum_{k=1}^{n} p_k\, \widetilde{d}q_k - \sum_{i\in\mathcal{I}} P_i\, \widetilde{d}Q_i + \sum_{i\in\mathcal{I}'} Q_i\, \widetilde{d}P_i,$$

ottenuta aggiungendo alla (7.54) un differenziale esatto a tempo bloccato, è a sua volta un differenziale esatto a tempo bloccato. In termini delle coordinate (q, p), si può riscrivere

$$\omega = \sum_{k=1}^{n}\left(p_k\, \mathrm{d}q_k - \sum_{i\in\mathcal{I}} P_i \left(\frac{\partial Q_i}{\partial q_k}\mathrm{d}q_k + \frac{\partial Q_i}{\partial p_k}\mathrm{d}p_k\right) + \sum_{i\in\mathcal{I}'} Q_i \left(\frac{\partial P_i}{\partial q_k}\mathrm{d}q_k + \frac{\partial P_i}{\partial p_k}\mathrm{d}p_k\right)\right).$$

Si supponga per assurdo che le s coordinate Q_i, per $i \in \mathcal{I}$, e le $n - s$ coordinate P_i, per $i \in \mathcal{I}'$, siano tutte indipendenti dalle coordinate q_k e p_k, per qualche k. Si avrebbe allora

$$\begin{aligned}\omega = p_k \mathrm{d}q_k + \sum_{k'\neq k}^{n}\Bigg(p_{k'}\, \mathrm{d}q_{k'} - \sum_{i\in\mathcal{I}} P_i \left(\frac{\partial Q_i}{\partial q_{k'}}\mathrm{d}q_{k'} + \frac{\partial Q_i}{\partial p_{k'}}\mathrm{d}p_{k'}\right) \\ + \sum_{i\in\mathcal{I}'} Q_i \left(\frac{\partial P_i}{\partial q_{k'}}\mathrm{d}q_{k'} + \frac{\partial P_i}{\partial p_{k'}}\mathrm{d}p_{k'}\right)\Bigg),\end{aligned}$$

che, essendo ω esatta, comporterebbe $\partial F/\partial q_k = p_k$ e $\partial F/\partial p_k = 0$ per qualche funzione F, ma questo implicherebbe $\partial^2 F/\partial p_k \partial q_k = 1 \neq 0 = \partial^2 F/\partial q_k \partial p_k$, portando a una contraddizione dal momento che una forma differenziale esatta è anche chiusa.]

Esercizio 7.68 Si dimostri che ogni trasformazione canonica ammette sempre una funzione generatrice di qualche specie. [*Suggerimento.* Sia $z \mapsto Z = Z(z, t)$ una trasformazione canonica. Poiché, per il teorema 7.71, la differenza delle forme differenziali di Poincaré-Cartan è un differenziale esatto, esiste una funzione $f(Q, P, t)$ tale che

$$\tilde{\omega} := \langle p, \mathrm{d}q\rangle - \langle P, \mathrm{d}Q\rangle - (\mathcal{H} - \mathcal{K})\mathrm{d}t = \mathrm{d}f(Q, P, t).$$

Avendo la matrice jacobiana $J = \partial Z/\partial z$ rango $2n$, almeno un minore di J di ordine n è diverso da zero; in altre parole esistono $z' = (z_{j_1}, \dots, z_{j_n})$ e $Z' = (Z_{i_1}, \dots, Z_{i_n})$, con $\{j_1, \dots, j_n\}, \{i_1, \dots, i_n\} \subset \{1, \dots, 2n\}$, tali che $\det \partial Z'/\partial z' \neq 0$. Supponiamo inizialmente che si abbia $j_k = i_k = k$ per $k = 1, \dots, n$, i.e. $z' = q$ e $Z' = Q$. La condizione $\det \partial Q/\partial q \neq 0$ consente di utilizzare il teorema della funzione implicita per invertire la relazione $Q = Q(q, p, t)$ e scrivere $q = q(p, Q, t)$. Se allora definiamo $F_3(p, Q, t) := f(Q, P, t) - \langle p, q\rangle$, con $P = P(q(p, Q, t), p)$, si trova

$$\mathrm{d}F_3 := -\langle q, \mathrm{d}p\rangle - \langle P, \mathrm{d}Q\rangle - (\mathcal{H} - \mathcal{K})\mathrm{d}t$$

da cui si deduce che $\partial F_3/\partial p = -q$, $\partial F_3/\partial Q = -P$ e $\partial F_3/\partial t = \mathcal{K} - \mathcal{H}$; inoltre $\partial^2 F_3/\partial p\partial Q = -\partial q/\partial Q = -(\partial Q/\partial q)^{-1}$ è invertibile, così che $F_3(p, Q, t)$ è una funzione generatrice di terza specie. Nel caso generale, introduciamo le seguenti notazioni: fissati $s, r \in \{0, 1, \ldots, n\}$, poniamo $\mathcal{J} = \{j_1, \ldots, j_s\}$, $\mathcal{J}' = \{1, \ldots, n\} \setminus \mathcal{J}$, $\mathcal{I} = \{i_1, \ldots, i_r\}$ e $\mathcal{I}' = \{1, \ldots, n\} \setminus \mathcal{I}$, intendendo che si ha $\mathcal{J} = \emptyset$ se $s = 0$ e $\mathcal{I} = \emptyset$ se $r = 0$; scriviamo $q = (q', q'')$, $p = (p', p'')$, $Q = (Q', Q'')$ e $P = (P', P'')$, dove (q', p') è l'insieme delle componenti (q_j, p_j) con $j \in \mathcal{J}$, (q'', p'') è l'insieme delle componenti (q_j, p_j) con $j \in \mathcal{J}'$, (Q', P') è l'insieme delle componenti (Q_i, P_i) con $i \in \mathcal{I}$, e (Q'', P'') è l'insieme delle componenti (Q_i, P_i) con $i \in \mathcal{I}'$. In virtù dell'esercizio 7.67, per s e r opportuni, si ha $z' = (q', p'')$ e $Z' = (Q', P'')$; poniamo anche $z'' = (q'', p')$ e $Z'' = (Q'', P')$. Riscriviamo la trasformazione $Z = Z(z, t)$ nella forma $Z' = Z'(z', z'', t)$ e $Z'' = Z''(z', z'', t)$; per il teorema della funzione implicita, poiché $\partial Z'/\partial z' \neq 0$, si può utilizzare l'equazione $Z' = Z'(z', z'', t)$ per esplicitare z' in termini di (z'', Z'), trovando $z' = z'(z'', Z', t)$, che, inserita nell'equazione $Z'' = Z''(z', z'', t)$, dà $Z'' = \mathcal{Z}(z'', Z', t) := Z''(z'(z'', Z', t), z'')$. Definiamo allora

$$F(z'', Z', t) := f(Z, t) - \sum_{j\in\mathcal{J}} p_j q_j + \sum_{i\in\mathcal{I}'} Q_i P_i.$$

Per costruzione,

$$\mathrm{d}F := \langle p, \mathrm{d}q\rangle - \langle Q, \mathrm{d}P\rangle - (\mathcal{H} - \mathcal{K})\mathrm{d}t - \sum_{j\in\mathcal{J}} \mathrm{d}\big(p_j q_j\big) + \sum_{i\in\mathcal{I}'}^{n} \mathrm{d}(P_i Q_i)$$

è un differenziale esatto, e, semplificando, si ottiene

$$\mathrm{d}F := \sum_{j\in\mathcal{J}'} p_j \mathrm{d}q_j - \sum_{j\in\mathcal{J}} q_j \mathrm{d}p_j + \sum_{i\in\mathcal{I}'} Q_i \mathrm{d}P_i - \sum_{i\in\mathcal{I}} P_i \mathrm{d}Q_i - (\mathcal{H} - \mathcal{K})\mathrm{d}t,$$

da cui seguono le relazioni $\partial F/\partial p_i = -q_i$ per $i \in \mathcal{J}$ (i.e. $\partial F/\partial p' = -q'$), $\partial F/\partial q_i = p_i$ per $i \in \mathcal{J}'$ (i.e. $\partial F/\partial q'' = p''$), $\partial F/\partial Q_i = -P_i$ per $i \in \mathcal{I}$ (i.e. $\partial F/\partial Q' = -P'$), $\partial F/\partial P_i = Q_i$ per $i \in \mathcal{I}'$ (i.e. $\partial F/\partial P'' = Q''$) e, infine, $\partial F/\partial t = \mathcal{K} - \mathcal{H}$. In particolare, a meno eventualmente del segno, $\partial^2 F/\partial z''\partial Z'$ è uguale a $\partial z'/\partial Z' = (\partial Z'/\partial z')^{-1}$ ed è quindi invertibile; pertanto F costituisce una funzione generatrice.]

Esercizio 7.69 Si dimostri che una trasformazione canonica si può ottenere sempre a partire da una funzione generatrice di seconda specie, a meno eventualmente dello scambio di alcune coordinate canoniche con i rispettivi momenti coniugati e del cambio di segno, in tal caso, dei momenti scambiati. [*Suggerimento.* Per l'esercizio 7.68, data una trasformazione canonica $(q, p) \mapsto (Q, P)$, esiste sempre una funzione generatrice da cui essa si ottiene tramite un procedimento di qualche specie. Supponiamo per concretezza che si tratti di un procedimento di prima specie (altrimenti si ragiona comunque in modo analogo). Esiste allora una funzione $F_1(x, y)$ tale che $p = \partial F_1(q, Q)/\partial q$ e $P = -\partial F_1(q, Q)/\partial Q$. Si ponga $F_2(x, y) = F_1(x, y)$ e si consideri la trasformazione canonica $(q, p) \mapsto (Q', P')$ ottenuta tramite un procedimento di seconda specie richiedendo $p = \partial F_2(q, P')/\partial q$ e $Q' = \partial F_2(q, P')/\partial P'$ e, successivamente, la trasformazione canonica $(Q', P') \mapsto (Q, P) = (P', -Q')$: si ha allora $p = \partial F_2(q, Q)/\partial q = \partial F_1(q, Q)/\partial q$ e $P = -\partial F_2(q, Q)/\partial Q = -\partial F_1(q, Q)/\partial Q$.]

Esercizio 7.70 Si consideri una trasformazione di coordinate e se ne indichino con $F_1(q, Q, t)$, $F_2(q, P, t)$, $F_3(p, Q, t)$ e $F_4(p, P, t)$ le funzioni generatrici di prima, seconda, terza e quarta specie, rispettivamente, quando esse esistono. Assumendo che le funzioni soddisfino condizioni di convessità che garantiscano l'esistenza delle trasformate di Legendre, si verifichi che F_1 si può scrivere come trasformata di Legendre sia di F_2 (a meno del segno) che di $-F_3$, F_2 si può scrivere come trasformata di Legendre sia di $-F_1$ che di $-F_4$, F_3 si può scrivere come trasformata di Legendre sia di $-F_1$ che di $-F_4$ (entrambe a meno del segno), e F_4 si può scrivere come trasformata di Legendre sia di $-F_2$ (a meno del segno) che di $-F_3$. [*Suggerimento.* In virtù delle (7.61) e (7.62), possiamo scrivere

$$dF_1(q, Q, t) = \langle p, \mathrm{d}q\rangle - \langle P, \mathrm{d}Q\rangle + (\mathcal{K} - \mathcal{H})\mathrm{d}t.$$

Analogamente, le (7.63) le (7.65) dànno

$$dF_2(q, P, t) = \langle p, \mathrm{d}q\rangle + \langle Q, \mathrm{d}P\rangle + (\mathcal{K} - \mathcal{H})\mathrm{d}t$$

e, utilizzando le (7.66), (7.67) e (7.68), si trova

$$\begin{aligned} dF_3(p, Q, t) &= -\langle q, \mathrm{d}p\rangle - \langle P, \mathrm{d}Q\rangle + (\mathcal{K} - \mathcal{H})\mathrm{d}t, \\ dF_4(p, P, t) &= -\langle q, \mathrm{d}p\rangle + \langle Q, \mathrm{d}P\rangle + (\mathcal{K} - \mathcal{H})\mathrm{d}t. \end{aligned}$$

Si ottiene quindi

$$\begin{aligned} F_1(q, Q, t) &= -\langle Q, P\rangle + F_2(q, P, t) = \langle q, p\rangle + F_3(p, Q, t), \\ F_2(q, P, t) &= \langle Q, P\rangle + F_1(q, Q, t) = \langle q, p\rangle + F_4(p, P, t), \\ F_3(p, Q, t) &= -\langle Q, P\rangle + F_4(p, P, t) = -\langle q, p\rangle + F_1(q, Q, t), \\ F_4(p, P, t) &= \langle Q, P\rangle + F_3(p, Q, t) = -\langle q, p\rangle + F_2(q, P, t). \end{aligned}$$

Supponiamo inizialmente che tutte le funzioni siamo definite in $\mathbb{R}^{2n+1}$. Si consideri la prima relazione: notando che, data $F_2(q, P, t)$ si ha $Q = \partial F_2/\partial P$, per la (7.65), e ricordando la definizione (6.2) di trasformata di Legendre, si ha

$$F_1(q, Q, t) = -\sup_{P\in\mathbb{R}^n} \Big(\langle Q, P\rangle - F_2(q, P, t)\Big),$$

quindi $-F_1$ è la trasformata di Legendre della funzione $F_2(q, P, t)$. Analogamente possiamo scrivere

$$F_1(q, Q, t) = \sup_{p\in\mathbb{R}^n} \Big(\langle q, p\rangle - (-F_3(p, Q, t)) \Big),$$

poiché, data $F_3(q, P, t)$, si ha $\partial F_3/\partial p = -q$. Ragionando allo stesso modo si trova, per le altre funzioni generatrici,

$$F_2(q, P, t) = \sup_{Q\in\mathbb{R}^n} \Big(\langle Q, P\rangle - (-F_1(q, Q, t)) \Big) = \sup_{p\in\mathbb{R}^n} \Big(\langle q, p\rangle - (-F_4(p, P, t)) \Big),$$

$$F_3(p, Q, t) = -\sup_{P\in\mathbb{R}^n} \Big(\langle Q, P\rangle - F_4(p, P, t) \Big) = -\sup_{q\in\mathbb{R}^n} \Big(\langle q, p\rangle - F_1(q, Q, t) \Big),$$

$$F_4(p, P, t) = \sup_{Q\in\mathbb{R}^n} \Big(\langle Q, P\rangle - (-F_3(p, Q, t)) \Big) = -\sup_{q\in\mathbb{R}^n} \Big(\langle q, p\rangle - F_2(q, P, t) \Big).$$

Se le funzioni non sono definite su tutto $\mathbb{R}^{2n+1}$, allora l'estremo superiore va preso su un sottoinsieme opportuno di $\mathbb{R}^n$, su cui la funzione di cui si considera la trasformata di Legendre è definita.]

Esercizio 7.71 Si dimostri che la trasformazione di coordinate

$$\begin{cases} Q_1 = p_2, \\ Q_2 = 3p_1 + 2p_2, \\ P_1 = -q_2 + \dfrac{2}{3} q_1, \\ P_2 = -\dfrac{1}{3} q_1, \end{cases}$$

è simplettica utilizzando il teorema 7.31, e se ne trovi una funzione generatrice di prima specie. [*Soluzione.* Si calcolano le parentesi di Poisson delle coordinate $Z = (Q_1, Q_2, P_1, P_2)$ in termini delle coordinate $z = (q_1, q_2, p_1, p_2)$ e si impone che le (7.27) siano soddisfatte; si trova

$$\begin{aligned}
\{Q_1, P_1\} &= -\frac{\partial Q_1}{\partial p_2}\frac{\partial P_1}{\partial q_2} = -(-1) = 1, \\
\{Q_2, P_2\} &= -\frac{\partial Q_2}{\partial p_1}\frac{\partial P_2}{\partial q_1} - \frac{\partial Q_2}{\partial p_2}\frac{\partial P_2}{\partial q_2} = -\left(\frac{1}{3}\right)(-3) + 0 = 1, \\
\{Q_1, P_2\} &= -\frac{\partial Q_1}{\partial p_2}\frac{\partial P_2}{\partial q_2} = 0, \\
\{Q_2, P_1\} &= -\frac{\partial Q_2}{\partial p_1}\frac{\partial P_1}{\partial q_1} - \frac{\partial Q_2}{\partial p_2}\frac{\partial P_1}{\partial q_2} = -3\left(\frac{2}{3}\right) - 2(-1) = 0,
\end{aligned}$$

mentre $\{Q_1, Q_2\} = \{P_1, P_2\} = 0$ poiché Q_1, Q_2 dipendono solo dal p_1, p_2, e P_1, P_2 dipendono solo da q_1, q_2. La funzione $F(q, Q) = q_2 Q_1 - (2q_1 Q_1/3) + (q_1 Q_2/3)$ è una funzione generatrice di prima specie della trasformazione considerata.]

Esercizio 7.72 Si spieghi perché la trasformazione simplettica dell'esercizio 7.71 non ammette una funzione generatrice di seconda specie, e si discuta se se ne può invece trovare una funzione generatrice di quarta specie. [*Suggerimento.* Le coordinate P sono funzioni delle sole coordinate q, quindi non si possono utilizzare le q e le P come coordinate indipendenti. La funzione $F(p, P) = 3p_1P_2 + p_2P_1 + 2p_2P_2$ è una funzione generatrice di quarta specie della trasformazione.]

Esercizio 7.73 Si verifichi che è simplettica la trasformazione di coordinate

$$\begin{cases} Q = q\sqrt{1 + p^2q^2}, \\ P = \dfrac{p}{\sqrt{1 + p^2q^2}}, \end{cases}$$

utilizzando il teorema 7.31, e se ne trovi una funzione generatrice di seconda specie. [*Suggerimento.* Si verifica per calcolo esplicito che si ha $\{Q, P\} = 1$. Una funzione generatrice di seconda specie è $F(q, P) = \arcsin(qP)$. Si verifica facilmente che $[\partial^2 F/\partial q \partial P](q, P) = (1 - q^2P^2)^{-3/2}$, che è ben definita per $|qP| < 1$; d'altra parte, dalla definizione di P in termini di (q, p), si vede che $|qP| \leq |qp|/\sqrt{1 + q^2p^2} < 1$.]

Esercizio 7.74 Si consideri la trasformazione

$$\begin{cases} Q = q^2 + qp(t + 1), \\ P = \sin q + f(q, t), \end{cases}$$

dove $f(q, t)$ è una funzione di classe C^2 in qualche dominio $\mathcal{D} \subset \mathbb{R}^2$. Si verifichi che è possibile determinare la funzione $f(q, t)$ e il dominio $\mathcal{D}$ in modo tale che la trasformazione sia canonica. Si trovi una funzione generatrice. [*Soluzione.* Si ha $f(q, t) = -\sin q - (t + 1)^{-1} \log q$, con $\mathcal{D} = \{(q, t) \in \mathbb{R}^2 : q > 0, t > -1\}$. Poiché P è funzione della sola q (oltre che del tempo t), non possiamo considerare q, P variabili indipendenti, quindi non si può trovare una funzione generatrice di seconda specie. Si può invece cercare una funzione generatrice, per esempio, di prima specie, cioè nella forma $F(q, Q, t)$; si trova $F(q, Q, t) = (t + 1)^{-1}(Q \log q - q^2/2)$. Si verifica immediatamente che $[\partial^2 F/\partial q \partial Q](q, Q, t) = 1/q(t + 1)$, che è ben definita e diversa da zero nel dominio $\mathcal{D}$.]

Esercizio 7.75 Si consideri l'hamiltoniana

$$\mathcal{H} = \frac{1}{8}(p_1 + p_2)^2 + \frac{1}{4}\frac{(p_1 - p_2)^2}{(q_1 + q_2)^2} + \frac{k}{2}\frac{(q_1 - q_2)^2}{(q_1 + q_2)^2} + h(q_1 + q_2)^2,$$

con $k, h > 0$. Si determini la trasformazione simplettica $(q_1, q_2, p_1, p_2) \mapsto (Q_1, Q_2, P_1, P_2)$ tale che $Q_1 = q_1 + q_2$ e $Q_2 = q_1 - q_2$, e si determini l'hamiltoniana nelle nuove coordinate. [*Suggerimento.* Partendo dalla trasformazione lineare $q \mapsto Q$, possiamo definire la trasformazione dei momenti coniugati tramite la (7.70) (cfr. anche l'osservazione 7.88). Si trova $P_1 = (p_1 + p_2)/2$ e $P_2 = (p_1 - p_2)/2$. La funzione

$$K(Q,P) = \frac{P_1^2}{2} + \frac{P_2^2}{Q_1^2} + \frac{k}{2}\frac{Q_2^2}{Q_1^2} + h\,Q_1^2,$$

rappresenta l'hamiltoniana nelle nuove coordinate.]

Esercizio 7.76 Si dimostri, utilizzando il teorema 7.31, che la trasformazione di coordinate $(q_1, q_2, p_1, p_2) \mapsto (Q_1, Q_2, P_1, P_2)$, definita da

$$\begin{cases} q_1 = \sqrt{\dfrac{Q_1}{2P_1}}, \\ q_2 = \sqrt{\dfrac{Q_2}{2P_2} - \dfrac{1}{2P_2}\sqrt{\dfrac{Q_1}{2P_1}}}, \\ p_1 = P_2 + 2P_1^2\sqrt{\dfrac{Q_1}{2P_1}}, \\ p_2 = 2P_2^2\sqrt{\dfrac{Q_2}{2P_2} - \dfrac{1}{2P_2}\sqrt{\dfrac{Q_1}{2P_1}}}, \end{cases}$$

è simplettica, e se ne trovi una funzione generatrice. [*Suggerimento.* Definiamo, per semplificare le notazioni,

$$A = A(Q_1, P_1) := \sqrt{\frac{Q_1}{2P_1}}, \qquad B = B(Q_1, Q_2, P_1, P_2) := \sqrt{\frac{Q_2}{2P_2} - \frac{A}{2P_2}},$$

così che

$$\begin{aligned} &\frac{\partial q_1}{\partial Q_1} = \frac{\partial A}{\partial Q_1}, \quad \frac{\partial q_1}{\partial P_1} = \frac{\partial A}{\partial P_1}, \quad \frac{\partial q_1}{\partial Q_2} = 0, \quad \frac{\partial q_1}{\partial P_2} = 0, \quad \frac{\partial q_2}{\partial Q_1} = \frac{\partial B}{\partial A}\frac{\partial A}{\partial Q_1}, \\ &\frac{\partial q_2}{\partial P_1} = \frac{\partial B}{\partial A}\frac{\partial A}{\partial P_1}, \quad \frac{\partial q_2}{\partial Q_2} = \frac{\partial B}{\partial Q_2}, \quad \frac{\partial q_2}{\partial P_2} = \frac{\partial B}{\partial P_2}, \quad \frac{\partial p_1}{\partial Q_1} = 2P_1^2\frac{\partial A}{\partial Q_1}, \\ &\frac{\partial p_1}{\partial P_1} = 4P_1A + 2P_1^2\frac{\partial A}{\partial P_1}, \quad \frac{\partial p_1}{\partial Q_2} = 0, \quad \frac{\partial p_1}{\partial P_2} = 1, \frac{\partial p_2}{\partial Q_1} = 2P_2^2\frac{\partial B}{\partial A}\frac{\partial A}{\partial Q_1}, \\ &\frac{\partial p_2}{\partial P_1} = 2P_2^2\frac{\partial B}{\partial A}\frac{\partial A}{\partial P_1}, \frac{\partial p_2}{\partial Q_2} = 2P_2^2\frac{\partial B}{\partial Q_2}, \frac{\partial p_2}{\partial P_2} = 4P_2B + 2P_2^2\frac{\partial B}{\partial P_2}. \end{aligned}$$

Utilizzando le relazioni

$$\begin{aligned} &\frac{\partial A}{\partial Q_1} = \frac{1}{4AP_1}, \qquad \frac{\partial A}{\partial P_1} = -\frac{Q_1}{4AP_1^2}, \\ &\frac{\partial B}{\partial A} = -\frac{1}{4BP_2}, \qquad \frac{\partial B}{\partial Q_2} = \frac{1}{4BP_2}, \qquad \frac{\partial B}{\partial P_2} = \frac{A - Q_2}{4BP_2}, \end{aligned}$$

si verifica che $\{q_1, p_1\} = \{q_2, p_2\} = 1$ e $\{q_1, q_2\} = \{q_1, p_2\} = \{q_2, p_1\} = \{p_1, p_2\} = 0$. Una funzione generatrice di seconda specie è $F(q_1, q_2, P_1, P_2) = q_1 P_2 + q_1^2 P_1^2 + q_2^2 P_2^2$.]

Esercizio 7.77 Data la trasformazione

$$\begin{cases} Q = \sqrt{p} \cos q, \\ P = -2\sqrt{p} \sin q, \end{cases}$$

si dimostri che è simplettica. Se $\mathcal{H}(q, p) = -p \sin 2q$ è l'hamiltoniana nel sistema di coordinate (q, p) si determini l'hamiltoniana $\mathcal{K}(Q, P)$ nel sistema di coordinate (Q, P). Si trovi la soluzione con dati iniziali $(q(0), p(0)) = (\pi/4, 1)$. Si trovi infine la funzione generatrice di seconda specie della trasformazione. [*Suggerimento.* Si ha $\mathcal{K}(Q, P) = QP$. La soluzione con i dati iniziali considerati è

$$(q(t), p(t)) = (\arctan(\mathrm{e}^{-2t}), \operatorname{ch} 2t).$$

La funzione generatrice di seconda specie è $F(q, P) = -(P^2/4) \cot q$.]

Esercizio 7.78 Si consideri il sistema descritto dall'hamiltoniana

$$\mathcal{H} = p_1^2 + p_2^2 + \frac{1}{8}\lambda_1^2 (q_1 - q_2)^2 + \frac{1}{8}\lambda_2^2 (q_1 + q_2)^2.$$

Si dimostri che la trasformazione di coordinate

$$\begin{cases} q_1 = \sqrt{\dfrac{2Q_1}{\lambda_1}} \cos P_1 + \sqrt{\dfrac{2Q_2}{\lambda_2}} \cos P_2, \\ q_2 = -\sqrt{\dfrac{2Q_1}{\lambda_1}} \cos P_1 + \sqrt{\dfrac{2Q_2}{\lambda_2}} \cos P_2, \\ p_1 = \dfrac{1}{2}\sqrt{2Q_1\lambda_1} \sin P_1 + \dfrac{1}{2}\sqrt{2Q_2\lambda_2} \sin P_2, \\ p_2 = -\dfrac{1}{2}\sqrt{2Q_1\lambda_1} \sin P_1 + \dfrac{1}{2}\sqrt{2Q_2\lambda_2} \sin P_2 \end{cases}$$

è simplettica utilizzando il teorema 7.31 e si determini l'hamiltoniana nelle nuove coordinate. Si trovi esplicitamente la soluzione delle equazioni di Hamilton. Si trovi una funzione generatrice di seconda specie. [*Suggerimento* Conviene scrivere

$$q_1 = A_1 + A_2, \qquad q_2 = -A_1 + A_2, \qquad p_1 = B_1 + B_2, \qquad p_2 = -B_1 + B_2,$$

se

$$\begin{aligned} A_1 &:= A(Q_1, P_1, \lambda_1), \quad A_2 := A(Q_2, P_2, \lambda_2), \\ B_1 &:= B(Q_1, P_1, \lambda_1), \quad B_2 := B(Q_2, P_2, \lambda_2), \end{aligned}$$

dove

$$A(Q,P,\lambda) := \sqrt{\frac{2Q}{\lambda}}\cos P, \qquad B(Q,P,\lambda) := \frac{1}{2}\sqrt{2Q\lambda}\sin P.$$

Si trova allora

$$\begin{aligned}
&\{q_1,q_2\} = 0, \qquad \{q_1,p_1\} = \{A_1,B_1\} + \{A_2,B_2\},\\
&\{q_1,p_2\} = -\{A_1,B_1\} + \{A_2,B_2\}, \qquad \{p_1,p_2\} = 0,\\
&\{q_2,p_1\} = -\{A_1,B_1\} + \{A_2,B_2\}, \qquad \{q_2,p_2\} = \{A_1,B_1\} + \{A_2,B_2\}.
\end{aligned}$$

Si verifica quindi facilmente che $\{A_1,B_1\} = \{A_2,B_2\} = 1/2$, da cui segue che la trasformazione è simplettica. Per il teorema 7.22 l'hamiltoniana nelle nuove coordinate è $\mathcal{K}(Q,P) = \mathcal{H}(q(Q,P),p(Q,P))$: si trova $K(Q,P) = \lambda_1 Q_1 + \lambda_2 Q_2$. Le corrispondenti equazioni di Hamilton si integrano immediatamente è dànno: $Q_1(t) = Q_1(0)$, $Q_2(t) = Q_2(0)$, $P_1(t) = P_1(0) - \lambda_1 t$ e $P_2(t) = P_2(0) - \lambda_2 t$. Per trovare la soluzione delle equazioni di Hamilton originali, si scrivono lo coordinate $(q(t), p((t))$ in termini delle coordinate $(Q(t), P(t))$ e si esprimono quindi i dati iniziali $Q_1(0), Q_2(0), P_1(0), P_2(0)$ in termini dei dati iniziali $q_1(0), q_2(0), p_1(0), p_2(0)$, utilizzando la trasformazione inversa $Z \mapsto z(Z))$, che si ottiene come segue. Partendo dalla trasformazione $(q,p) \mapsto (Q,P)$ e considerando le differenze

$$q_1 - q_2 = 2\sqrt{\frac{2Q_1}{\lambda_1}}\cos P_1, \qquad p_1 - p_2 = 2\sqrt{2Q_1\lambda_1}\sin P_1,$$

si trova

$$\begin{aligned}
&\frac{\lambda_1^2}{4}(q_1-q_2)^2 + (p_1-p_2)^2 = 2Q_1\lambda_1\\
&\quad\Longrightarrow\ Q_1 = \frac{1}{2\lambda_1}\left(\frac{\lambda_1^2}{4}(q_1-q_2)^2 + (p_1-p_2)^2\right),\\
&\frac{p_1-p_2}{q_1-q_2} = \frac{\lambda_1}{2}\tan P_1 \ \Longrightarrow\ P_1 = \arctan\left(\frac{2}{\lambda_1}\frac{p_1-p_2}{q_1-q_2}\right).
\end{aligned}$$

mentre, considerandone le somme

$$q_1 + q_2 = 2\sqrt{\frac{2Q_2}{\lambda_2}}\cos P_2, \qquad p_1 + p_2 = 2\sqrt{2Q_2\lambda_2}\sin P_2,$$

e ragionando in modo analogo, si trova

$$Q_2 = \frac{1}{2\lambda_2}\left(\frac{\lambda_2^2}{4}(q_1+q_2)^2 + (p_1+p_2)^2\right), \qquad P_2 = \arctan\left(\frac{2}{\lambda_2}\frac{p_1+p_2}{q_1+q_2}\right).$$

Infine, la funzione

$$F(q, P) = \frac{1}{8}\lambda_1(q_1 - q_2)^2 \tan P_1 + \frac{1}{8}\lambda_2(q_1 + q_2)^2 \tan P_2$$

è una funzione generatrice di seconda specie della trasformazione.]

Esercizio 7.79 Sia a un parametro reale. Data la trasformazione di coordinate

$$\begin{cases} Q = -q^2 - aq\sqrt{p + q^2}, \\ P = -q - \sqrt{p + q^2}, \end{cases}$$

se ne individui il dominio di definizione e si trovi per quali valori di a è simplettica. [*Soluzione*. Il dominio è l'insieme $D = \{(q, p) \in \mathbb{R}^2 : p \geq -q^2\}$. La trasformazione è simplettica per $a = 2$.]

Esercizio 7.80 Si consideri la trasformazione

$$\begin{cases} q = b \log(1 + \beta Q)\, \mathrm{e}^{-\alpha P(1+\beta Q)}, \\ p = a\mathrm{e}^{\alpha P(1+\beta Q)} - 1, \end{cases}$$

con a, b, α, β parametri reali. Si determinino l'insieme dei parametri per cui è invertibile e l'insieme dei parametri per cui è simplettica. [*Soluzione*. La matrice jacobiana è data da

$$J = \begin{pmatrix} \big(b(1+\beta Q)^{-1} - \alpha\beta P b \log(1+\beta Q)\big)E_- & -\alpha(1+\beta Q) b \log(1+\beta Q)\, E_- \\ \alpha\beta P a E_+ & \alpha(1+\beta Q) a E_+ \end{pmatrix},$$

dove si è posto, per semplicità, $E_\pm = \mathrm{e}^{\pm\alpha P(1+\beta Q)}$. Poiché si ha

$$\{q, p\} = \frac{\partial q}{\partial Q}\frac{\partial p}{\partial P} - \frac{\partial q}{\partial P}\frac{\partial p}{\partial Q} = \det J = \alpha a b,$$

la trasformazione è invertibile se $\alpha a b \neq 0$, ed è canonica se $\alpha a b = 1$.]

Esercizio 7.81 Si consideri la trasformazione di coordinate

$$\begin{cases} Q = f(q, p), \\ P = p^\alpha. \end{cases}$$

Si determinino, se possibile, la funzione $f(q, p)$ e il valore del parametro $\alpha \in \mathbb{R}$ in maniera tale che la trasformazione sia simplettica. [*Soluzione*. Si può scegliere $\alpha = 1$ e $f(q, p) = q + g(p)$, con g funzione arbitraria (di classe C^2).]

Esercizio 7.82 Si dimostri che la trasformazione di coordinate

$$\begin{cases} Q = \dfrac{p^2}{4q}, \\ P = -\dfrac{4q^2}{3p}, \end{cases}$$

è simplettica. Si usi il risultato per determinare il moto descritto dalla lagrangiana $\mathcal{L}(q, \dot{q}) = q\dot{q}^2$. [*Soluzione.* Le equazioni di Eulero-Lagrange sono $2\ddot{q} + \dot{q}^2 = 0$. Si verifica facilmente che $\{Q, P\} = 1$, che implica che la trasformazione è simplettica. Poiché $p = \partial\mathcal{L}/\partial\dot{q} = 2q\dot{q}$, l'hamiltoniana è

$$H(q, p) = \frac{p^2}{4q} \implies K(Q, P) = Q.$$

Le equazioni di Hamilton nelle variabili (Q, P) si integrano immediatamente e dànno $Q(t) = Q(0)$ e $P(t) = P(0) - t$. La trasformazione inversa $(Q, P) \mapsto (q, p)$ è

$$\begin{cases} q = \left(9QP^2/4\right)^{1/3}, \\ p = -\left(12Q^2P\right)^{1/3}, \end{cases}$$

come si ricava facilmente notando che il prodotto QP^2 non dipende dalla variabile p, mentre se si calcola Q^2P non appare la variabile q. In termini delle condizioni iniziali $(q(0), \dot{q}(0)) = (q_0, v_0)$, tenendo conto che $p(0) = 2q_0v_0$, si ha $Q(0) = q_0v_0^2$ e $P(0) = -2q_0/3v_0$. Ne segue che la soluzione delle equazioni di Eulero-Lagrange è $q(t) = (q_0^{3/2} + 3q_0^{1/2}v_0t/2)^{2/3}$.]

Esercizio 7.83 Data la trasformazione di coordinate

$$\begin{cases} Q = \log\left(\dfrac{1}{q}\mathrm{e}^{\alpha p}\right), \\ P = \beta q e^{\gamma p}, \end{cases}$$

si dica per quali valori dei parametri reali α, β e γ essa è simplettica, e se ne trovi in tal caso una funzione generatrice. [*Soluzione.* Si deve avere $\gamma = 0$ e $\alpha\beta = -1$. Una funzione generatrice di prima specie è data da $F(q, Q) = q(Q + \log q - 1)/\alpha$; si noti che $\partial^2 F/\partial q\partial Q = 1/\alpha \neq 0$.]

Esercizio 7.84 Si dimostri che la trasformazione

$$\begin{cases} q = \mathrm{e}^{-t}\sqrt{PQ}, \\ p = 2\mathrm{e}^{t}\sqrt{PQ}\log P, \end{cases}$$

è canonica e se ne trovi una funzione generatrice di seconda specie. Si studi come si trasforma l'hamiltoniana $\mathcal{H}(p,q) = pq$. [*Soluzione.* La trasformazione è definita per $Q, P > 0$ ed è tale che $q > 0$ e $p \in \mathbb{R}$. Una funzione generatrice di seconda specie è $F_2(q,P,t) = q^2 e^{2t} \log P$. Si noti che $\partial^2 F_2/\partial q \partial P = -2qe^{2t}/P^2 \neq 0$, poiché $q, P > 0$. La nuova hamiltoniana è

$$\begin{aligned}\mathcal{K}(P,Q,t) &= \mathcal{H}(q(Q,P,t), p(Q,P,t),t) + \frac{\partial F_2}{\partial t}(q(Q,P,t),P,t) \\ &= 2PQ\log P + 2PQ\log P = 4PQ\log P,\end{aligned}$$

quindi non dipende dal tempo.]

Esercizio 7.85 Si trovi una funzione generatrice di quarta specie $F_4(p,P,t)$ della trasformazione canonica dell'esercizio 7.84, si mostri esplicitamente che l'hamiltoniana nelle nuove variabili è $\mathcal{K}(Q,P) = \mathcal{H}(q,p) + \partial F_4/\partial t$, e si verifichi che $F_2(p,P,t)$ è la trasformata di Legendre di $-F_4(q,p,t)$, se $F_2(q,P,t)$ è la funzione generatrice di seconda specie trovata nell'esercizio 7.84. [*Soluzione.* La funzione generatrice di quarta specie è $F_4 = -p^2/(4e^{2t}\log P)$. Esplicitando p in funzione di q e P si ha $p = 2e^{2t} q \log P$, così che

$$\frac{\partial F_4}{\partial t} = \frac{p^2}{2e^{2t}\log P} = 2PQ\log P,$$

da cui si ricava la nuova hamiltoniana

$$\begin{aligned}\mathcal{K}(Q,P,t) &= \mathcal{H}(q(Q,P,t), p(Q,P,t),t) + \frac{\partial F_4}{\partial t}(p(Q,P,t),P,t) \\ &= 4PQ\log P,\end{aligned}$$

in accordo con l'esercizio 7.84. Infine si ha

$$\begin{aligned}qp + F_4(q,P) &= 2e^{2t} q^2 \log P - \frac{4e^{4t} q^2 \log^2 P}{4e^{2t}\log P} \\ &= 2e^{2t} q^2 \log P - e^{2t} q^2 \log P = e^{2t} q^2 \log P = F_2(q,P,t),\end{aligned}$$

che mostra che

$$F_2(q,P,t) = \sup_{p\in\mathbb{R}} \big(pq - (-F_4(p,P,t))\big) = p(q,P,t)\,q - \big(-F_4(p(q,P),P,t)\big),$$

dove $p(q,P,t) = 2e^{2t} q \log P$ è tale che $\partial F_4/\partial p = -q$. In conclusione F_2 è la trasformata di Legendre di $-F_4$, in accordo con l'esercizio 7.70.]

Esercizio 7.86 Si trovi una funzione generatrice della trasformazione canonica definita da $Q = p$, $P = -q$ (cfr. l'esercizio 7.11). [*Soluzione.* La funzione $F(q,Q) = \langle q, Q\rangle$ è una funzione generatrice di prima specie. Si noti che, a partire dalla stessa funzione generatrice $F(x,y) = \langle x, y\rangle$, si ottiene la trasformazione identità $(q,p) \mapsto (q,p)$ attraverso un procedimento di seconda specie e la trasformazione $(q,p) \mapsto (p,-q)$ attraverso un procedimento di prima specie.]

Esercizio 7.87 Data la trasformazione di coordinate

$$\begin{cases} q = e^{-t}(PQ)^{\alpha}, \\ p = 2e^{t}(PQ)^{\gamma} \log P^{\beta}, \end{cases}$$

si determini per quali valori dei parametri reali α, β e γ la trasformazione è canonica. Nel caso $\alpha = 1/2$ si dica come si trasforma l'hamiltoniana $H = -qp$.

Esercizio 7.88 Si consideri la trasformazione di coordinate

$$\begin{cases} Q = \dfrac{q}{p}, \\ P = f(q, p). \end{cases}$$

Si determini se possibile la funzione $f(q, p)$ in modo tale che la trasformazione sia simplettica. [*Soluzione.* Imponendo $\{Q, P\} = 1$ si ottiene

$$\frac{1}{p}\frac{\partial f}{\partial p} + \frac{q}{p^2}\frac{\partial f}{\partial q} = 1.$$

Si cerca una soluzione nella forma $f(q, p) = \gamma q^{\alpha} p^{\beta}$. Si trova $\alpha = 0$, $\beta = 2$ e $\gamma = 1/2$, da cui si ottiene $f(q, p) = p^2/2$.]

Esercizio 7.89 Si considerino le trasformazioni di coordinate lineari

$$(1) \quad \begin{cases} Q = Aq, \\ P = Bp, \end{cases} \qquad (2) \quad \begin{cases} Q = Ap, \\ P = Bq, \end{cases}$$

dove A e B sono due matrici non singolari. Che relazioni devono sussistere tra le matrici A e B perché le trasformazioni siano simplettiche? Si usi il risultato per dimostrare che la trasformazione di coordinate dell'esercizio 7.71 è canonica. [*Soluzione.* Si deve avere $B^T = A^{-1}$ in (1) e $B^T = -A^{-1}$ in (2). La trasformazione dell'esercizio 7.71 è della forma (2), con

$$A := \begin{pmatrix} 0 & 1 \\ 3 & 2 \end{pmatrix}, \qquad B := \begin{pmatrix} 2/3 & -1 \\ -1/3 & 0 \end{pmatrix},$$

e si verifica immediatamente che $A^{-1} = -B^T$.]

Esercizio 7.90 Si dimostri che la trasformazione identità si può ottenere attraverso un procedimento di terza specie. [*Suggerimento.* Si consideri la funzione generatrice di terza specie $F(p, Q) = -\langle p, Q \rangle$.]

Esercizio 7.91 Si dimostri che la seguente trasformazione di coordinate è canonica:

$$\begin{cases} q_1 = \dfrac{P_1 P_2 - Q_1 Q_2}{P_1^2 + Q_2^2}, \\ q_2 = \dfrac{P_1 Q_1 + P_2 Q_2}{P_1^2 + Q_2^2}, \\ p_1 = -P_1 Q_2, \\ p_2 = \dfrac{P_1^2 - Q_2^2}{2}. \end{cases}$$

[*Suggerimento.* Si utilizza il teorema 7.31. In alternativa si cerca una funzione generatrice; può essere conveniente cercarne una di tipo misto della forma $F(q_1, q_2, P_1, Q_2)$. Le ultime due equazioni dànno

$$p_1 = \frac{\partial F}{\partial q_1} = -P_1 Q_2, \qquad p_2 = \frac{\partial F}{\partial q_2} = \frac{P_1^2 - Q_2^2}{2}.$$

Utilizzando le prime due equazioni per eliminare Q_1, si trova, a meno di una costante additiva,

$$Q_1 = \frac{P_1 P_2 - q_1(P_1^2 + Q_2^2)}{Q_2} = \frac{-P_2 Q_2 + q_2(P_1^2 + Q_2^2)}{P_1}$$

da cui si ricava

$$P_2 = -\frac{\partial F}{\partial Q_2} = q_2 Q_2 + q_1 P_1, \qquad Q_1 = \frac{\partial F}{\partial P_1} = q_2 P_1 - q_1 Q_2.$$

Integrando le quattro equazioni ottenute si trova

$$F = -q_1 Q_2 P_1 + \frac{1}{2} q_2 P_1^2 - \frac{1}{2} q_2 Q_2^2.$$

Si verifica immediatamente che, ponendo $x = (q_1, q_2)$ e $y = (P_1, Q_2)$ e indicando con A la matrice 2×2 di elementi $A_{ij} = \partial^2 F / \partial x_i \partial y_j$, si ha $\det A = P_1^2 + Q_2^2 \neq 0$.]

Esercizio 7.92 Si dimostri che la trasformazione nel piano (q, p) che fa passare a coordinate polari non è canonica. Si mostri che è tuttavia possibile modificare la trasformazione in modo da ottenere una trasformazione canonica. [*Soluzione.* Se J è la matrice jacobiana della trasformazione $(q, p) \mapsto (\theta, \rho)$, tali che $q = \rho \sin \theta$ e $p = \rho \cos \theta$, allora $\det J = \rho$, quindi, per il teorema 7.11, la trasformazione non è canonica. D'altra parte se definiamo

$$q = \sqrt{2P} \sin Q, \qquad p = \sqrt{2P} \cos Q,$$

otteniamo una trasformazione canonica $(q, p) \mapsto (Q, P)$.]

Esercizio 7.93 Si consideri la trasformazione di coordinate

$$\begin{cases} q = \sqrt{\dfrac{2P}{m\omega}} \sin Q, \\ p = \sqrt{2m\omega P} \cos Q. \end{cases}$$

Si dimostri che è canonica e se ne trovi una funzione generatrice di prima specie $F_1(q, Q)$. Data l'hamiltoniana dell'oscillatore armonico

$$\mathcal{H}(q, p) = \frac{1}{2m} p^2 + \frac{1}{2} m\omega^2 q^2,$$

si trovi l'hamiltoniana nelle nuove coordinate. [*Suggerimento.* Si veda anche l'esercizio 7.92. Esprimendo p e P in termini di q e Q si trova $p = m\omega q \cot Q$ e $P = m\omega q^2/2 \sin^2 Q$; una funzione generatrice di prima specie è data da

$$F_1(q, Q) = \frac{1}{2} m\omega\, q^2 \cot Q.$$

Nelle nuove coordinate, l'hamiltoniana $H(q, p)$ diventa $K(Q, P) = \omega P$.]

Esercizio 7.94 Si trovi una funzione generatrice di seconda specie $F_2(q, P)$ della trasformazione di coordinate dell'esercizio 7.93. [*Suggerimento.* Esplicitando Q e p in termini di q e P, si ottiene

$$Q = \arcsin\left(q \sqrt{\frac{m\omega}{2P}}\right), \qquad p = \pm\sqrt{2m\omega P - m^2\omega^2 q^2}.$$

Prendendo per esempio la determinazione positiva della radice e integrando p rispetto a q, si trova

$$F_2(q, P) = \frac{1}{2} q \sqrt{2m\omega P - m^2\omega^2 q^2} + P \arcsin\left(q \sqrt{\frac{m\omega}{2P}}\right),$$

a meno di un termine additivo $g(P)$, dove $g(P)$ è una funzione della sola variabile P. Derivando l'espressione trovata rispetto a P si ha

$$\frac{\partial F_2}{\partial P} = \arcsin\left(q \sqrt{\frac{m\omega}{2P}}\right) + \frac{\partial g}{\partial P},$$

così che $\partial F_2/\partial P = Q$ se $g(P) = 0$. Ne segue che $F_2(q, P)$ è una funzione generatrice di seconda specie.]

Esercizio 7.95 Si trovi una funzione generatrice di terza specie $F_3(p, Q)$ e una funzione generatrice di quarta specie $F_4(p, P)$ della trasformazione di coordinate dell'esercizio 7.93. [*Suggerimento.* Esplicitando q e P in termini di p e Q, si ottiene

$$q = \frac{p}{m\omega} \tan Q, \qquad P = \frac{1}{2m\omega} \frac{p^2}{\cos^2 Q}.$$

Prima integrando l'espressione di q rispetto a p e quella di P rispetto a Q, cambiando poi di segno le due espressioni trovate ed infine uguagliandole, si trova

$$F_3(p, Q) = -\frac{p^2}{2m\omega} \tan Q,$$

che costituisce quindi una funzione generatrice di terza specie della trasformazione data. Esplicitando invece q e Q in termini di p e P, si trova

$$q = \pm\frac{1}{m\omega} \sqrt{2m\omega P - p^2}, \qquad Q = \arccos\left(\frac{p}{\sqrt{2m\omega P}}\right).$$

Scegliendo per esempio la determinazione positiva della radice, imponendo che si abbia $q = -\partial F_4/\partial p$ e $Q = \partial F_4/\partial P$ e integrando, si trova

$$F_4(p, P) = -\frac{p}{2m\omega} \sqrt{2m\omega P - p^2} + P \arccos\left(\frac{p}{\sqrt{2m\omega P}}\right),$$

che rappresenta una funzione generatrice di quarta specie della trasformazione.]

Esercizio 7.96 Alla luce dell'esercizio 7.70, si dimostri che le funzioni generatrici di prima, seconda, terza e quarta specie della trasformazione di coordinate dell'esercizio 7.93, trovate negli esercizi 7.93÷7.95, sono legate tra loro attraverso una trasformata di Legendre.

Esercizio 7.97 Si dimostri che è canonica la seguente trasformazione di coordinate

$$\begin{cases} Q = \arctan q, \\ P = p + q^2 + pq^2, \end{cases}$$

e si trovi una funzione generatrice di seconda specie. [*Suggerimento.* Una fubnzione generatrice di seconda specie è $F(q, P) = (1 + P)\arctan q - q$.]

Esercizio 7.98 Si dimostri che la trasformazione di coordinate

$$\begin{cases} q_1 = Q_1 + \dfrac{P_1}{m}t, \quad q_2 = Q_2 + \dfrac{P_2}{m}t, \quad q_3 = Q_3 + \dfrac{P_3}{m}t - \dfrac{1}{2}gt^2, \\ p_1 = P_1, \quad p_2 = P_2, \quad p_3 = P_3 - gmt, \end{cases}$$

è canonica trovandone una funzione generatrice di seconda specie. Si mostri che l'hamiltoniana

$$\mathcal{H}(q_1, q_2, q_3, p_1, p_2, p_3) = \frac{1}{2m}\left(p_1^2 + p_2^2 + p_3^2\right) + mgq_3$$

è trasformata nell'hamiltoniana $\mathcal{K} = 0$ (a meno di una funzione dipendente solo dal tempo t) e si interpreti tale risultato alla luce del teorema 7.75. [*Suggerimento.* Si trova

$$\begin{aligned} F(q_1, q_2, q_3, P_1, P_2, P_3) = {} & q_1 P_1 + q_2 P_2 + q_3 P_3 \\ & - \frac{1}{2m}(P_1^2 + P_2^2 + P_3^2)t + \frac{1}{2} g t^2 P_3 - g m t q_3. \end{aligned}$$

La trasformazione canonica rappresenta il flusso hamiltoniano di un punto materiale di massa m sottoposto alla forza di gravità.]

Esercizio 7.99 Si consideri la trasformazione di coordinate

$$\begin{cases} Q = 2\sqrt{q(p - \log q - 1)} \log q, \\ P = \sqrt{q(p - \log q - 1)}. \end{cases}$$

(1) Si determini il dominio della trasformazione e se ne calcoli l'inversa.
(2) Si dimostri che la trasformazione è canonica verificando esplicitamente che le parentesi di Poisson fondamentali sono conservate.
(3) Si consideri l'hamiltoniana $H(q, p) = (qp - q\log q - q)^2$ nel sistema di coordinate (q, p): si determini l'hamiltoniana nel sistema di coordinate (Q, P).
(4) Si trovi la soluzione $(q(t), p(t))$ con dati iniziali $(q(0), p(0)) = (1, 2)$.
(5) Si trovi una funzione generatrice di seconda specie $F_2(q, P)$ della trasformazione.
(6) Si trovi, se possibile, una funzione generatrice di prima specie $F_1(q, Q)$.

[*Soluzione.* La trasformazione è definita per $q > 0$ e $p - 1 - \log q > 0$; quindi il suo dominio è dato da $D := \{(q, p) \in \mathbb{R}^2 : q > 0, p > 1 + \log q\}$. Per calcolare l'inversa, si procede come segue: dividendo le prima equazione per la seconda, si trova $Q/P = 2\log q$, da cui si ottiene $q = e^{Q/2P}$; il quadrato della seconda equazione dà $P^2 = q(p - \log q - 1)$, da cui si ottiene

$$p = \frac{P^2}{q} + \log q + 1 \implies p = P^2 e^{-Q/2P} + \frac{Q}{2P} + 1,$$

così che la trasformazione inversa è data da

$$\begin{cases} q = e^{Q/2P}, \\ p = P^2 e^{-Q/2P} + \dfrac{Q}{2P} + 1, \end{cases}$$

ed è definita nel dominio $P > 0$. Si verifica esplicitamente che $\{Q, P\} = 1$; infatti, ponendo per semplicità notazionale $A := \sqrt{q(p - \log q - 1)}$, si trova

$$\frac{\partial Q}{\partial q} = \frac{2A}{q} + \frac{(A^2-1)\log q}{A}, \quad \frac{\partial Q}{\partial p} = \frac{q\log q}{A}, \quad \frac{\partial P}{\partial q} = \frac{(A^2-1)}{2A}, \quad \frac{\partial P}{\partial p} = \frac{q}{2A},$$

da cui si ottiene

$$\frac{\partial Q}{\partial q}\frac{\partial P}{\partial p} = 1 + \frac{(A^2-1)q\log q}{2A^2}, \quad \frac{\partial Q}{\partial p}\frac{\partial P}{\partial q} = \frac{(A^2-1)q\log q}{2A^2} \implies \{Q, P\} = 1.$$

Poiché la trasformazione è canonica e non dipende dal tempo, l'hamiltoniana nelle nuove coordinate (Q, P) è data da $\hat{H}(Q, P) = P^4$. Le corrispondenti equazioni di Hamilton sono

$$\dot{Q} = 4P^3, \qquad \dot{P} = 0,$$

e si integrano immediatamente; si trova $Q(t) = Q(0) + 4P^3(0)t$ e $P(t) = P(0)$, dove

$$\begin{aligned} Q(0) &= 2\sqrt{q(0)\,(p(0) - \log q(0) - 1)}\log q(0) = 0, \\ P(0) &= \sqrt{q(0)\,(p(0) - \log q(0) - 1)} = 1. \end{aligned}$$

così che si ha $Q(t) = 4t$ e $P(t) = 1$. In termini delle coordinate originali, si ha

$$q(t) = \mathrm{e}^{2t}, \qquad p(t) = \mathrm{e}^{-2t} + 2t + 1.$$

Per trovare una funzione generatrice di seconda specie $F_2(q, P)$, si parte dall'espressione di p in termini di q e P ricavata precedentemente: ponendo

$$\frac{\partial F_2}{\partial q} = p = \frac{P^2}{q} + \log q + 1,$$

integrando rispetto a q e tenendo conto che

$$\int \mathrm{d}q\,\log q = q\log q - \int \mathrm{d}q\,q\frac{1}{q} = q\log q - \int \mathrm{d}q = q\log q - q + \text{cost.}$$

si ottiene

$$F_2(q, P) = P^2\log q + (q\log q - q) + q + c(P) = \left(P^2 + q\right)\log q + c(P),$$

dove $c(P)$ denota una funzione arbitraria di P. Derivando F_2 rispetto a P, si ha

$$\frac{\partial F_2}{\partial P} = 2P\log q + \frac{\partial c}{\partial P} = Q = 2P\log q,$$

dove si è usata l'espressione precedente di Q espressa in termini di q e P. Scegliendo $c(P) = 0$, si ha $F_2(q, P) = (P^2 + q) \log q$. Per trovare una funzione generatrice di prima specie $F_1(q, Q)$, si pone

$$p = \frac{\partial F_1}{\partial q}, \qquad P = -\frac{\partial F_1}{\partial Q}.$$

Dalla prima equazione della trasformazione data si ricava

$$Q^2 = 4q(p - \log q - 1) \log^2 q \quad \Longrightarrow \quad \frac{Q^2}{4q \log^2 q} = p - \log q - 1$$
$$\Longrightarrow \quad p = \frac{Q^2}{4q \log^2 q} + \log q + 1.$$

Utilizzando il fatto che

$$\int \mathrm{d}q \, \frac{1}{q \log^2 q} = -\frac{1}{\log q} + \text{cost.},$$

come si verifica immediatamente attraverso la sostituzione $t = \log q$, si trova

$$F_1(q, Q) = -\frac{Q^2}{4 \log q} + q \log q + c(Q),$$

dove $c(Q)$ è una funzione arbitraria della sola Q. Dividendo la prima equazione della trasformazione pert la seconda si trova

$$P = \frac{Q}{2 \log q} \quad \Longrightarrow \quad -\frac{\partial F_1}{\partial Q} = P = \frac{Q}{2 \log q} + \frac{\partial c}{\partial Q} = \frac{Q}{2 \log q},$$

che consente di scegliere $c(Q) = 0$, così da ottenere $F_1(q, Q) = -Q^2/4 \log q + q \log q$.]

Esercizio 7.100 Si consideri la trasformazione di coordinate

$$\begin{cases} Q = \dfrac{(1 - qp)^2}{q^2 p}, \\[2ex] P = \dfrac{q^2 p}{1 - qp}. \end{cases}$$

(1) Si dimostri che è canonica verificando che si conservano le parentesi di Poisson fondamentali.
(2) Si trovi una funzione generatrice di seconda specie $F(q, P)$.
(3) Si dimostri che $q^2 p = Q P^2$.
(4) Si utilizzi (3) e l'espressione di P in termini di q e p per esprimere q in termini di Q e P.

(5) Si calcoli la trasformazione inversa, esplicitando anche p in funzione di Q e P.
(6) Si consideri il sistema hamiltoniano descritto, nel sistema di coordinate (q, p), dall'hamiltoniana $H(q, p) = q^2 p(1 - qp)^{-1}$: si determini esplicitamente la soluzione con dati iniziali $(q(0), p(0)) = (1, 2)$.

[*Soluzione.* Per calcolo esplicito, si trova

$$\frac{\partial Q}{\partial q} = -\frac{2p(1-qp)}{q^2 p} - \frac{2(1-qp)^2}{q^3 p}, \qquad \frac{\partial Q}{\partial p} = -\frac{2q(1-qp)}{q^2 p} - \frac{(1-qp)^2}{q^2 p^2},$$
$$\frac{\partial P}{\partial q} == \frac{2qp}{1-qp} + \frac{q^2 p^2}{(1-qp)^2}, \qquad \frac{\partial P}{\partial p} = \frac{q^2}{1-qp} + \frac{q^3 p}{(1-qp)^2},$$

così che

$$\begin{aligned}
\{Q, P\} &= \frac{\partial Q}{\partial q}\frac{\partial P}{\partial p} - \frac{\partial Q}{\partial p}\frac{\partial P}{\partial q} \\
&= -\left(\frac{2p(1-qp)}{q^2 p} + \frac{2(1-qp)^2}{q^3 p}\right)\left(\frac{q^2}{1-qp} + \frac{q^3 p}{(1-qp)^2}\right) \\
&\quad + \left(\frac{2q(1-qp)}{q^2 p} + \frac{(1-qp)^2}{q^2 p^2}\right)\left(\frac{2qp}{1-qp} + \frac{q^2 p^2}{(1-qp)^2}\right) \\
&= -\left(2 + \frac{2qp}{1-qp} + \frac{2(1-qp)}{qp} + 2\right) + \left(4 + \frac{2qp}{1-qp} + \frac{2(1-qp)}{qp} + 1\right) \\
&= 1.
\end{aligned}$$

Dalla seconda equazione si ottiene

$$P(1-qp) = q^2 p \implies P = p\big(qP + q^2\big) \implies p = \frac{P}{q(q+P)},$$

così che, integrando in q e utilizzando la definizione di procedimento di seconda specie, si trova

$$\begin{aligned}
&\frac{\partial F}{\partial q} = p = \frac{P}{q(q+P)} \\
&\implies F(q, P) = \int \mathrm{d}q \, \frac{P}{q(q+P)} = \log q - \log(q+P) + c_1(P),
\end{aligned}$$

dove $c_1(q)$ è una funzione arbitraria di q. Nel calcolare l'integrale si è tenuto conto che

$$\frac{P}{q(q+P)} = \frac{A}{q} + \frac{B}{q+P} \implies A = -B = 1.$$

Analogamente, inserendo l'espressione di p in termini di q e P nella prima equazione, si trova

$$Q = \frac{\left(1 - \dfrac{P}{q+P}\right)^2}{q\dfrac{P}{q+P}} = \frac{q^2(q+P)}{qP(q+P)^2} = \frac{q}{P(q+P)},$$

da cui si deduce, ragionando in modo analogo a prima per calcolare l'integrale,

$$\frac{\partial F}{\partial P} = Q = \frac{q}{P(q+P)}$$
$$\Longrightarrow \quad F(q,P) = \int \mathrm{d}P \, \frac{q}{P(q+P)} = \log P - \log(q+P) + c_2(q),$$

dove $c_2(P)$ è una funzione arbitraria di P. Le due espressioni diventano uguali scegliendo $c_1(P) = \log P$ e $c_2(q) = \log q$, da cui si ottiene la funzione generatrice di seconda specie

$$F(q,P) = \log q + \log P - \log(q+P) = \log\left(\frac{qP}{q+P}\right).$$

Si verifica facilmente che

$$QP^2 = \frac{(1-qp)^2}{q^2 p} \frac{(q^2 p)^2}{(1-qp)^2} = q^2 p.$$

Si ha quindi

$$P = \frac{QP^2}{1 - \dfrac{QP^2}{q}} \Longrightarrow 1 - \frac{QP^2}{q} = QP \Longrightarrow \frac{QP^2}{q} = 1 - QP$$
$$\Longrightarrow q = \frac{QP^2}{1 - QP},$$

da cui si ricava immediatamente

$$p = \frac{QP^2}{(QP)^2}(1 - QP)^2 = \frac{(1-QP)^2}{QP^2}.$$

Ne segue che la trasformazione inversa è da da

$$\begin{cases} q = \dfrac{QP^2}{1 - QP}, \\ p = \dfrac{(1-QP)^2}{QP^2}. \end{cases}$$

Dal momento che la trasformazione è simplettica (in quanto canonica e indipendente dal tempo), l'hamiltoniana nelle coordinate (Q, P) è semplicemente l'hamiltoniana H espressa nelle nuove coordinate: quindi si ha $\hat{H}(Q, P) = P$. Le corrispondenti equazioni di Hamilton sono

$$\dot{Q} = 1, \qquad \dot{P} = 0,$$

che si integrano immediatamente e dànno

$$Q(t) = Q(0) + t, \qquad P(t) = P(0),$$

dove i dati iniziali $Q(0)$ e $P(0)$ sono

$$Q(0) = \frac{(1 - q(0)\,p(0))^2}{q^2(0)\,p(0)} = \frac{1}{2}, \quad P(0) = \frac{q^2(0)\,p(0)}{1 - q(0)\,p(0)} = -2$$

Si trova quindi $Q(t) = (1/2)$ e $P(t) = -2$. In conclusione

$$q(t) = \frac{1 + 2t}{1 + t}, \qquad p(t) = \frac{1 + 2t + t^2}{1 + 2t}$$

è la soluzione delle equazioni del moto in termini delle coordinate originali.]

Esercizio 7.101 Si consideri la seguente trasformazione di coordinate:

$$\begin{cases} Q = -p\sqrt{\dfrac{1 - qp}{1 + qp}}, \\ P = q\sqrt{\dfrac{1 + qp}{1 - qp}}. \end{cases}$$

(1) Si calcolino le derivate parziali di Q e P rispetto a q e p, e si dimostri che la trasformazione è canonica verificando che si conservano le parentesi di Poisson fondamentali.
(2) Si dimostri che $qp = -QP$ e si utilizzi tale risultato per ricavare q in termini di Q e P a partire dall'espressione di P in termini di q e p.
(3) Esplicitando anche p in funzione di Q e P, si calcoli la trasformazione inversa della trasformazione data.
(4) Si trovi una funzione generatrice di seconda specie $F(q, P)$.
(5) Si consideri l'hamiltoniana $H(q, p) = q^2(1 + qp)(1 - qp)^{-1}$: si calcoli la nuova hamiltoniana nelle variabili (Q, P).
(6) Si usi il risultato del punto precedente per determinare esplicitamente la soluzione $(q(t), p(t))$ con dati iniziali $(q(0), p(0)) = (1, 0)$.

[*Soluzione.* Se si definisce

$$A := \sqrt{\frac{1 - qp}{1 + qp}},$$

si può riscrivere $Q = -pA$ e $P = qA^{-1}$, così che si trova

$$\frac{\partial Q}{\partial q} = -p\frac{\partial A}{\partial q}, \quad \frac{\partial Q}{\partial p} = -A - p\frac{\partial A}{\partial p}, \quad \frac{\partial P}{\partial q} = \frac{1}{A} - \frac{q}{A^2}\frac{\partial A}{\partial q}, \quad \frac{\partial P}{\partial p} = -\frac{q}{A^2}\frac{\partial A}{\partial p},$$

dove

$$\frac{\partial A}{\partial q} = \frac{1}{2A}\frac{-p(1+qp) - p(1-qp)}{(1+qp)^2} = -\frac{1}{A}\frac{p}{(1+qp)^2},$$
$$\frac{\partial A}{\partial p} = \frac{1}{2A}\frac{-q(1+qp) - q(1-qp)}{(1+qp)^2} = -\frac{1}{A}\frac{q}{(1+qp)^2}.$$

Si ottiene

$$\begin{aligned}\{Q,P\} &= \frac{qp}{A^2}\frac{\partial A}{\partial q}\frac{\partial A}{\partial p} + \left(A + p\frac{\partial A}{\partial p}\right)\left(\frac{1}{A} - \frac{q}{A^2}\frac{\partial A}{\partial q}\right) \\ &= \frac{qp}{A^2}\frac{\partial A}{\partial q}\frac{\partial A}{\partial p} + 1 + \frac{p}{A}\frac{\partial A}{\partial p} - \frac{q}{A}\frac{\partial A}{\partial q} - \frac{qp}{A^2}\frac{\partial A}{\partial q}\frac{\partial A}{\partial p} = 1 + \frac{p}{A}\frac{\partial A}{\partial p} - \frac{q}{A}\frac{\partial A}{\partial q}\end{aligned}$$

e, ponendo $qp = x$, si trova

$$\frac{\partial A}{\partial q} = \frac{\partial A}{\partial x}\frac{\partial x}{\partial q} = p\frac{\partial A}{\partial x}, \quad \frac{\partial A}{\partial p} = \frac{\partial A}{\partial x}\frac{\partial x}{\partial p} = q\frac{\partial A}{\partial x} \implies \frac{p}{A}\frac{\partial A}{\partial p} - \frac{q}{A}\frac{\partial A}{\partial q}0,$$

da cui segue che $\{Q,P\} = 1$; poiché si ha banalmente $\{Q,Q\} = \{P,P\} = 0$, se ne deduce che la trasformazione è canonica. Moltiplicando tra loro Q e P, si trova immediatamente che $QP = -qp$. Dall'espressione di P in teermini di q e p si trova

$$\begin{aligned}P^2(1-qp) = q^2(1+qp) &\implies P^2(1+QP) = q^2(1-QP) \\ &\implies q = P\sqrt{\frac{1+QP}{1-QP}},\end{aligned}$$

dove si è utilizzato che P e q devono avere lo stesso segno (per definizione di P). Si ha inoltre

$$p = -\frac{QP}{q} = -\frac{QP}{P}\sqrt{\frac{1-QP}{1+QP}} = -Q\sqrt{\frac{1-QP}{1+QP}},$$

così che in conclusione la trasformazione inversa è data da

$$\begin{cases} q = P\sqrt{\dfrac{1+QP}{1-QP}}, \\ p = -Q\sqrt{\dfrac{1-QP}{1+QP}}. \end{cases}$$

Per determinare una funzione generatrice di seconda specie $F(q, P)$, innanzitutto si esprime p in termini di q e P, i.e.

$$P^2(1-qp) = q^2(1+qp) \Longrightarrow P^2 - q^2 = p\,q(q^2+P^2))$$
$$\Longrightarrow p = \frac{P^2-q^2}{q(q^2+P^2},$$

e si impone che p sia uguale a $\partial F/\partial q$; si scrive quindi

$$\frac{P^2-q^2}{q(q^2+P^2} = \frac{A}{q} + \frac{Bq+C}{q^2+P^2} \Longrightarrow A=1, \quad B=-2, \quad C=0,$$

così che si ottiene

$$F(q,P) = \int \mathrm{d}q\left(\frac{1}{q} - \frac{2q}{q^2+P^2}\right) = \log q - \log(q^2+P^2) + c_1(P),$$

dove $c_1(P)$ è una funzione arbitraria di P. Si ha inoltre

$$Q = -\frac{qp}{P} = -\frac{q}{P}\frac{P^2-q^2}{q(q^2+P^2} = \frac{P^2-q^2}{P(q^2+P^2},$$

così che, imponendo che Q sia uguale a $\partial F/\partial P$ e ragionando come prima, si trova

$$F(q,P) = \int \mathrm{d}P\left(\frac{1}{P} - \frac{2P}{q^2+P^2}\right) = \log P - \log(q^2+P^2) + c_2(q),$$

dove $c_2(q)$ è una funzione arbitraria di q. Infine, imponendo che le due espressioni di $F(q, P)$ coincidano, si ottiene la funzione generatrice di seconda specie

$$F(q,P) = \log q + \log P - \log(q^2+P^2) = \log\left(\frac{qP}{q^2+P^2}\right).$$

Nelle nuove variabili l'hamiltoniana data diventa $K(Q, P) = P^2$. Le equazioni di Hamilton sono banali: $\dot{Q} = 2P$ e $\dot{P} = 0$, da cui si ottiene immediatamente $Q(t) = Q(0) + 2P(0)\,t$ e $P(t) = P(0)$. In corrispondenza dei dati iniziali scelti, risulta $Q(0) = 0$ e $P(0) = 1$, così che si ha $Q(t) = 2t$ e $P(t) = 1$. In conclusione la soluzione assume la forma

$$q(t) = \sqrt{\frac{1+2t}{1-2t}}, \qquad p(t) = -2t\sqrt{\frac{1-2t}{1+2t}},$$

che è definita per $t \in (-1/2, 1/2)$.]

Esercizio 7.102 Si consideri il sistema hamiltoniano descritto dall'hamiltoniana

$$H(q,p) = qp \log p(qp - 1).$$

(1) Si scrivano le corrispondenti equazioni di Hamilton.
(2) Si calcoli a trasformazione canonica $(q,p) \mapsto (Q,P)$ ottenuta a partire dalla funzione generatrice $F(q,P) = q\mathrm{e}^P$ attraverso un procedimento di seconda specie.
(3) Si determini la trasformazione inversa $(Q,P) \mapsto (q,p)$.
(4) Si calcoli l'hamiltoniana e si scrivano le equazioni di Hamilton nelle nuove coordinate (Q,P).
(5) Si integrino le equazioni di Hamilton nelle variabili (Q,P).
(6) Si scrivano le soluzioni delle equazioni di Hamilton trovate al punto (1).

[*Suggerimento.* La trasformazione canonica $(q,p) \mapsto (Q,P)$ è data

$$\begin{cases} Q = qp, \\ P = \log p, \end{cases}$$

da cui si ricava immediatamente anche la trasformazione inversa

$$\begin{cases} q = \mathrm{e}^{-P} Q, \\ p = \mathrm{e}^{P}. \end{cases}$$

Nelle nuove variabili l'hamiltoniana è $K(Q,P) = QP(Q-1)$ e le equazioni di Hamilton sono

$$\begin{cases} \dot{Q} = Q(Q-1), \\ \dot{P} = P(2Q-1). \end{cases}$$

La prima è un'equazione chiusa per la variabile Q, che si risolve per separazione di variabili; tenuto conto che

$$\int \frac{\mathrm{d}Q}{Q(Q-1)} = -\log Q + \log(Q-1) + \text{cost.}$$

si trova

$$Q(t) = \frac{Q_0}{Q_0 + (1-Q_0)\mathrm{e}^t}, \qquad Q_0 := Q(0) = q(0)\,p(0).$$

Introducendo l'espressione di $Q((t)$ nella seconda equazione, e, tenuto conto che

$$\begin{aligned} \int \frac{\mathrm{d}t}{A + \mathrm{e}^t} &= \int \frac{1}{A+x} \frac{\mathrm{d}x}{x} = \frac{1}{A}(\log x - \log(A+x)) + \text{cost.} \\ &= \frac{1}{A}\big(t - \log(A + \mathrm{e}^t\big) + \text{cost.}, \end{aligned}$$

si trova

$$\log \frac{P}{P_0} = t - 2(t - \log\big(Q_0 + (1 - Q_0)e^t\big),$$

dove $P_0 := P(0) = \log p(0)$, così che si trova

$$P(t) = P_0 e^{-t}\big(Q_0 + (1 - Q_0)e^t\big)^2.$$

In termini delle coordinate iniziali si ha

$$q(t) = \frac{e^{-P_0} Q_0 e^{-e^{-t}} e^{(Q_0+(1-Q_0)e^t)^2}}{Q_0 + (1 - Q_0)e^t}, \qquad p(t) = e^{P_0 e^{-t}} Q_0 + (1 - Q_0)e^t)^2,$$

così che, esprimendo Q_0 e P_0 in termini di $q(0)$ e $p(0)$, si trova $(q(t), p(t))$.]

Esercizio 7.103 Si consideri la lagrangiana

$$\mathcal{L}(q, \dot{q}) = \frac{1}{2}\big(1 + 2q^2\big)^2 e^{2q^2} \dot{q}^2.$$

(1) Si determini l'hamiltoniana $\mathcal{H}(q, p)$ associata a $\mathcal{L}(q, \dot{q})$.
(2) Si scrivano le equazioni di Hamilton corrispondenti.
(3) Si dimostri che la trasformazione di coordinate

$$\begin{cases} Q = q^2 + \log\left(\dfrac{1 + 2q^2}{p}\right), \\ P = \dfrac{qp}{1 + 2q^2}, \end{cases}$$

è canonica, verificando che si conservano le parentesi di Poisson fondamentali.
(4) Si determini l'hamiltoniana $\mathcal{K}(Q, P)$ nel sistema di coordinate (Q, P).
(5) Si usi il risultato del punto precedente per trovare la soluzione $q(t)$ delle equazioni di Eulero-Lagrange con dati iniziali $(q(0), \dot{q}(0)) = (0, 1)$ in forma implicita, ovvero nella forma $f(q(t)) = t$.
(6) Si trovi una funzione generatrice di seconda specie $F(q, P)$ della trasformazione.

Esercizio 7.104 Si consideri la trasformazione di coordinate

$$\begin{cases} Q_1 = \dfrac{q_1^2 p_1}{p_2}, \\ Q_2 = p_2, \\ P_1 = \dfrac{p_2}{q_1}, \\ P_2 = \dfrac{p_1 q_1}{p_2} - q_2. \end{cases}$$

(1) Si determini il dominio $\mathcal{D}$ della trasformazione.
(2) Si trovi una funzione generatrice di prima specie $F(q_1, q_2, Q_1, Q_2)$.
(3) Si verifichi esplicitamente che la matrice 2×2 di elementi $\partial^2 F/\partial q_i \partial Q_j$ è non singolare nel dominio $\mathcal{D}$.
(4) Si dimostri che si conservano le parentesi di Poisson fondamentali.
(5) Data l'hamiltoniana

$$H(q_1, q_2, p_1, p_2) = \frac{1}{2}(q_1^4 p_1^2 + p_2^2),$$

si scriva l'hamiltoniana e si risolvano le equazioni di Hamilton nelle nuove variabili (Q_1, Q_2, P_1, P_2).
(6) Si determini la soluzione delle equazioni del moto del sistema con hamiltoniana $H(q_1, q_2, p_1, p_2)$ con dati iniziali $q_1(0) = q_2(0) = p_2(0) = 1$, $p_1(0) = 0$.

Esercizio 7.105 Si consideri la trasformazione di coordinate

$$\begin{cases} Q_1 = 2q_1^2 \sqrt{\dfrac{p_1}{2q_1} - p_2^2}, \\ Q_2 = q_2 + 2q_1^2 p_2, \\ P_1 = \sqrt{\dfrac{p_1}{2q_1} - p_2^2}, \\ P_2 = p_2. \end{cases}$$

(1) Si determini il dominio $\mathcal{D}$ della trasformazione.
(2) Si trovi una funzione generatrice di seconda specie $F(q_1, q_2, P_1, P_2)$.
(3) Si verifichi che la funzione generatrice $F = F(q_1, q_2, P_1, P_2)$ trovata al punto precedente soddisfa la condizione che la matrice 2×2 di elementi $\partial^2 F/\partial q_i \partial P_j$ è non singolare nel dominio $\mathcal{D}$.
(4) Si dimostri esplicitamente che si conservano le parentesi di Poisson fondamentali.
(5) Data l'hamiltoniana

$$H(q_1, q_2, p_1, p_2) = \left(\frac{p_1}{2q_1} + p_2^2\right)^2,$$

si determini l'hamiltoniana nelle variabili (Q_1, Q_2, P_1, P_2).
(6) Si determini la soluzione delle equazioni del moto del sistema con hamiltoniana $H(q_1, q_2, p_1, p_2)$ con dati iniziali $q_1(0) = p_1(0) = 1, q_2(0) = p_2(0) = 0$.]

Esercizio 7.106 Si consideri la lagrangiana

$$\mathcal{L}(q, \dot{q}) = \frac{q^2 \dot{q}^2}{2(1+q^2)}, \qquad q \neq 0.$$

(1) Si determini l'hamiltoniana $\mathcal{H}(q, p)$ associata a $\mathcal{L}(q, \dot{q})$.
(2) Si scrivano le equazioni di Hamilton corrispondenti.

(3) Si dimostri che la trasformazione di coordinate

$$\begin{cases} Q = \dfrac{p}{q}(1+q^2), \\ P = \log\left(\dfrac{p}{q}\sqrt{1+q^2}\right), \end{cases}$$

è canonica verificando che si conservano le parentesi di Poisson fondamentali.

(4) Si dimostri che la trasformazione è canonica trovandone una funzione generatrice di seconda specie $F(q, P)$.

(5) Si scriva l'hamiltoniana nelle coordinate (Q, P) e si risolvano le corrispondenti equazioni di Hamilton.

(6) Si determini la soluzione delle equazioni di Eulero-Lagrange con dati iniziali $q(0) = 1$ e $\dot{q}(0) = 2$.

Esercizio 7.107 Si consideri la trasformazione di coordinate

$$\begin{cases} Q_1 = q_1 \log q_2, \\ Q_2 = 3q_1\left(p_1 - \dfrac{q_2 p_2}{q_1}\log q_2\right)^{2/3}, \\ P_1 = \dfrac{q_2 p_2}{q_1}, \\ P_2 = \left(p_1 - \dfrac{q_2 p_2}{q_1}\log q_2\right)^{1/3}. \end{cases}$$

(1) Si determini il dominio $\mathcal{D}$ della trasformazione.

(2) Si trovi una funzione generatrice di seconda specie $F(q_1, q_2, P_1, P_2)$.

(3) Si verifichi che la funzione generatrice $F = F(q_1, q_2, P_1, P_2)$ trovata al punto precedente soddisfa la condizione che la matrice 2×2 di elementi $\partial^2 F/\partial q_i \partial P_j$ è non singolare nel dominio $\mathcal{D}$.

(4) Si dimostri esplicitamente che si conservano le parentesi di Poisson fondamentali.

(5) Data l'hamiltoniana

$$H(q_1, q_2, p_1, p_2) = \frac{1}{q_1^2}\left(\left(p_1 q_1 - q_2 p_2 \log q_2\right)^2 + q_2^2 p_2^2\right),$$

si scriva l'hamiltoniana e si risolvano le equazioni di Hamilton nelle nuove variabili (Q_1, Q_2, P_1, P_2).

(6) Si determini la soluzione $(q_1(t), q_2(t), p_1(t), p_2(t))$ delle equazioni del moto del sistema con hamiltoniana $H(q_1, q_2, p_1, p_2)$ in corrispondenza dei dati iniziali $q_1(0) = q_2(0) = p_1(0) = 1$, $p_2(0) = 0$.

Esercizio 7.108 Si consideri la lagrangiana

$$\mathcal{L}(q,\dot{q}) = \frac{q^2\dot{q}^2}{2(1+q^2)}, \qquad q \neq 0.$$

(1) Si determini l'hamiltoniana $\mathcal{H}(q,p)$ associata a $\mathcal{L}(q,\dot{q})$ e si scrivano le equazioni di Hamilton corrispondenti.
(2) Si dimostri che la trasformazione di coordinate

$$\begin{cases} Q = \dfrac{p}{q}(1+q^2), \\ P = \log\left(\dfrac{p}{q}\sqrt{1+q^2}\right). \end{cases}$$

è canonica o verificando che si conservano le parentesi di Poisson fondamentali o trovandone una funzione generatrice di seconda specie $F(q,P)$.
(3) Si scriva l'hamiltoniana nell coordinate (Q,P) e si risolvano le corrispondenti equazioni di Hamilton con dati iniziali arbitrari $(Q(0),P(0)) = (Q_0,P_0)$.
(4) Si determini la soluzione delle equazioni di Eulero-Lagrange con dati iniziali $q(0) = 1$ e $\dot{q}(0) = 2$.

Capitolo 8
Metodo di Hamilton-Jacobi

No problem is so big or so complicated that it can't be run from.

Charles M. Schulz, Peanuts (1963)

8.1 Equazione di Hamilton-Jacobi

Il metodo di costruire trasformazioni canoniche tramite funzioni generatrici può essere utilizzato allo scopo di risolvere le equazioni di Hamilton. Assegnata un funzione generatrice $F(x, y, t)$, si può costruire, per esempio attraverso un procedimento di seconda specie, una trasformazione canonica $(q, p) \mapsto (Q, P)$ tale che, nelle nuove coordinate, l'hamiltoniana diventi (cfr. la (7.65))

$$\mathcal{K} = \mathcal{H} + \frac{\partial F}{\partial t}.$$

Viceversa, possiamo cercare di determinare la funzione generatrice F in modo tale che la nuova hamiltoniana abbia una forma assegnata, più facile da studiare di quella di partenza, per esempio in modo che sia $\mathcal{K} = 0$: tale procedimento prende il nome di *metodo di Hamilton-Jacobi*. Questo porta all'equazione

$$\mathcal{H}\left(q, \frac{\partial F}{\partial q}, t\right) + \frac{\partial F}{\partial t} = 0, \tag{8.1}$$

dove si è tenuto conto delle (7.63) per esprimere p in termini di (q, P). La (8.1) è un'*equazione differenziale alle derivate parziali* (o semplicemente *equazione alle derivate parziali*), i.e. un'equazione differenziale in cui compare una funzione di più variabili insieme ad alcune delle sue derivate parziali. L'*ordine* di un'equazione differenziale alla derivate parziali è dato dall'ordine più alto della derivate parziali coinvolte.

Definizione 8.1 (Equazione di Hamilton-Jacobi) *Si chiama* equazione di Hamilton-Jacobi *l'equazione differenziale alle derivate parziali* (8.1).

G. Gentile, *Introduzione ai sistemi dinamici – Volume 2*, UNITEXT 133,

Osservazione 8.2 La (8.1) è un'equazione differenziale alle derivate parziali *non lineare del primo ordine*, cioè della forma

$$G\left(F, \frac{\partial F}{\partial q_1}, \dots, \frac{\partial F}{\partial q_n}, \frac{\partial F}{\partial t}\right) = 0, \tag{8.2}$$

per qualche funzione non lineare G, in cui la funzione F compare insieme alle sue derivate prime.

Osservazione 8.3 Se si riesce a trovare una trasformazione di coordinate $z \mapsto Z(z,t)$ tale che nelle nuove coordinate la hamiltoniana sia $\mathcal{K} = 0$, allora (Q, P) sono costanti del moto; infatti le corrispondenti equazioni di Hamilton diventano

$$\dot{Q} = \frac{\partial \mathcal{K}}{\partial P} = 0, \qquad \dot{P} = -\frac{\partial \mathcal{K}}{\partial Q} = 0,$$

e quindi esiste un vettore costante $(\alpha, \beta) \in \mathbb{R}^{2n}$ tale che $Q(t) = \beta$ e $P(t) = \alpha$ per ogni t.

Definizione 8.4 (Integrale generale) *Si dice* integrale generale *dell'equazione differenziale alle derivate parziali* (8.2) *la sua soluzione* $F(q,t)$ *più generale.*

Osservazione 8.5 L'integrale generale di un'equazione differenziale non lineare alle derivate parziali dipende da varie funzioni arbitarie. Questo si vede facilmente già in esempi molto semplici. Se si considera l'equazione differenziale ordinaria in $\mathbb{R}$

$$\frac{\mathrm{d}F}{\mathrm{d}t}(t) = 0,$$

la soluzione generale è $F = c$, dove $c \in \mathbb{R}$ è una costante arbitraria; più in generale un'equazione differenziale ordinaria del primo ordine in $\mathbb{R}^n$ dipende da n costanti arbitrarie (la soluzione diventa unica se si fissano le condizione iniziali). Al contrario, data, per esempio, l'equazione alle derivate parziali, sempre in $\mathbb{R}$,

$$\frac{\partial F}{\partial t}(x,t) = 0$$

una qualsiasi funzione $F(x)$ che dipenda solo dalla variabile x costituisce una soluzione. Analogamente, l'equazione

$$v\frac{\partial F}{\partial t}(x,t) + \frac{\partial F}{\partial x}(x,t) = 0, \qquad v \in \mathbb{R} \setminus \{0\},$$

ammette come soluzione qualsiasi funzione $F(x - vt)$ che dipenda da x e t solo attraverso la differenza $x - vt$.

Vista l'eccessiva indeterminatezza delle soluzioni generali, sarà per noi più interessante una diversa nozione di soluzione, ovvero quella introdotta nella seguente definizione.

Definizione 8.6 (Integrale completo) *Si dice* integrale completo *dell'equazione differenziale alle derivate parziali* (8.2) *una sua soluzione* $F(q,t)$ *che dipenda da* $n+1$ *costanti arbitrarie – tante quante sono le variabili* (q,t).

Osservazione 8.7 Nel caso dell'equazione (8.1) una delle costanti arbitrarie da cui dipende l'integrale completo $F(q,t)$ si ricava immediatamente notando che F appare solo attraverso le sue derivate, così che se F è soluzione di (8.1) lo è anche $F + \text{cost}$. Poiché una delle costanti appare semplicemente come una costante additiva, possiamo ignorarla. Saremo quindi interessati a integrali completi $F(q,\alpha,t)$ dell'equazione di Hamilton-jacobi che dipendano da n costanti arbitarie $\alpha = (\alpha_1, \ldots, \alpha_n)$ e che soddisfino la condizione che la matrice di elementi

$$\frac{\partial^2 F}{\partial q_i \partial \alpha_j} \tag{8.3}$$

sia non singolare. La condizione (8.3) implica che la dipendenza di F dalle restanti costanti $\alpha_1, \ldots, \alpha_n$ non può essere additiva. Questo permette di interpretare $F(q,\alpha,t)$ come funzione generatrice di una trasformazione canonica $(q,p) \mapsto (\beta,\alpha)$, dove i parametri α hanno il ruolo dei nuovi momenti P, mentre e i parametri $\beta = (\beta_1, \ldots, \beta_n)$ rappresentano le coordinate Q di cui P sono i momenti coniugati (cfr. l'osservazione 8.3).

Definizione 8.8 (Funzione principale di Hamilton) *Un integrale completo* $F(q,\alpha,t)$ *dell'equazione di Hamilton-Jacobi* (8.1)*, che dipenda da n parametri e soddisfi la condizione che la matrice di elementi* (8.3) *sia non singolare, si chiama* funzione principale di Hamilton.

Osservazione 8.9 Di fatto, una trasformazione che porti a coordinate canoniche costanti è il flusso hamiltoniano stesso (cfr. il teorema 7.75), quindi risolvere l'equazione di Hamilton-Jacobi è in generale altrettanto complicato che risolvere le equazioni del moto.

Consideriamo il caso in cui l'hamiltoniana $\mathcal{H}$ non dipenda dal tempo, i.e. $\mathcal{H} = \mathcal{H}(q,p)$. Allora l'equazione di Hamilton-Jacobi diventa

$$\mathcal{H}\left(q, \frac{\partial F}{\partial q}\right) + \frac{\partial F}{\partial t} = 0, \tag{8.4}$$

e poiché $\mathcal{H}$ è indipendente dal tempo possiamo scegliere uno dei parametri, per esempio α_n, in modo tale che sia $\mathcal{H} = \alpha_n$. Si può allora scrivere $F(q,\alpha,t)$ nella forma

$$F(q,\alpha,t) = W(q,\alpha) - \alpha_n t. \tag{8.5}$$

Infatti, introdotta la (8.5) nella (8.4), otteniamo l'equazione differenziale alle derivate parziali per la funzione W

$$\mathcal{H}\left(q, \frac{\partial W}{\partial q}\right) = \alpha_n, \tag{8.6}$$

dove si è tenuto conto che, dalla definizione (8.5), si ha

$$\frac{\partial F}{\partial q} = \frac{\partial W}{\partial q}. \tag{8.7}$$

Più in generale possiamo porre, in luogo della (8.5),

$$F(q, \alpha, t) = W(q, \alpha) - E(\alpha)\, t, \tag{8.8}$$

dove $\alpha \mapsto E(\alpha)$ è una funzione arbitraria (purché di classe C^2 nei suoi argomenti), che porta, invece che alla (8.6), all'equazione

$$\mathcal{H}\left(q, \frac{\partial W}{\partial q}\right) = E(\alpha). \tag{8.9}$$

Osservazione 8.10 In alcuni caso può essere più conveniente scegliere la funzione E in modo che dipenda da tutti i parametri $\alpha_1, \ldots, \alpha_n$. Per esempio se l'hamiltoniana $\mathcal{H}$ è la somma di n hamiltoniane, i.e.

$$\mathcal{H}(q, p) = \sum_{k=1}^{n} \mathcal{H}_k(q_k, p_k),$$

una scelta naturale è scrivere $E(\alpha) = \alpha_1 + \ldots + \alpha_n$, così che l'equazione di Hamilton-Jacobi si riduce a n equazioni di Hamilton-Jacobi disaccoppiate,

$$\mathcal{H}_k\left(q_k, \frac{\partial W_k}{\partial q_k}\right) = \alpha_k, \qquad k = 1, \ldots, n,$$

ciascuna delle quali si riferisce a un sistema unidimensionale. La funzione caratteristica di Hamilton è allora data dalla somma di n funzioni, i.e.

$$W_1(q_1, \alpha_1) + \ldots + W_n(q_n, \alpha_n).$$

È questo un caso particolare dei sistemi separabili che studieremo più avanti (cfr. il §8.2).

Definizione 8.11 (Funzione caratteristica di Hamilton) *Una soluzione* $W(q, \alpha)$ *dell'equazione* (8.6) *o, più in generale, dell'equazione* (8.9)*, che dipenda da n parametri* α *e che soddisfi la condizione che la matrice di elementi*

$$\frac{\partial^2 W}{\partial q_i \partial \alpha_j} \tag{8.10}$$

sia non singolare, prende il nome di funzione caratteristica di Hamilton.

Osservazione 8.12 Si noti che, poiché in virtù della (8.7) si ha

$$\frac{\partial W^2}{\partial q_i \partial \alpha_j} = \frac{\partial F^2}{\partial q_i \partial \alpha_j},$$

la condizione (8.10) è soddisfatta se e solo se è soddisfatta la (8.3). Quindi, nel caso indipendente dal tempo, si riesce a determinare una funzione caratteristica di Hamilton se e solo se si riesce a determinare una funzione principale di Hamilton: i due problemi (8.1) e (8.6) sono completamente equivalenti.

Ricordiamo che un sistema meccanico a n gradi di libertà si dice *integrabile* se esiste una trasformazione di coordinate $(x, \dot{x}) \mapsto (\varphi, A)$, tale che le coordinate A costituiscono n integrali primi, mentre le variabili φ sono angoli che variano linearmente con frequenze $\omega(A)$ costanti (cfr. la definizione 10.53 del volume 1); scriviamo in tal caso $\varphi \in \mathbb{T}^n$, dove $\mathbb{T} = \mathbb{R}/2\pi\mathbb{Z}$ è il *toro unidimensionale* e $\mathbb{T}^n = \mathbb{T} \times \mathbb{T} \times \ldots \times \mathbb{T}$ è il *toro n-dimensionale* La definizione di sistema integrabile si estende immediatamente al caso di sistemi hamiltoniani.

Definizione 8.13 (Sistema hamiltoniano integrabile) *Un sistema hamiltoniano a n gradi di libertà si dice* integrabile *in un insieme aperto W di $\mathbb{R}^{2n}$ se esiste una trasformazione di coordinate $(q, p) \in W \mapsto (\varphi, A) \in \mathbb{T}^n \times V$, dove V è un insieme aperto di $\mathbb{R}^n$, tale che $A_1, \ldots, A_n$ sono integrali primi e la variabili angolari $\varphi_1, \ldots, \varphi_n$ variano linearmente in t con frequenze che dipendono da A.*

Definizione 8.14 (Sistema hamiltoniano canonicamente integrabile) *Un sistema hamiltoniano a n gradi di libertà si dice* canonicamente integrabile *in un insieme aperto $W \subset \mathbb{R}^{2n}$ se esiste una trasformazione canonica $(q, p) \in W \mapsto (\varphi, A) \in \mathbb{T}^n \times V$, dove V è un insieme aperto di $\mathbb{R}^n$, tale che $A_1, \ldots, A_n$ sono integrali primi e la variabili $\varphi_1, \ldots, \varphi_n$ sono angoli che variano linearmente in t con frequenze $\omega_1(A), \ldots, \omega_n(A)$. Nelle coordinate (φ, A) l'hamiltoniana è una funzione $\mathcal{K}(A)$ che dipende solo dalle variabili A e le frequenze sono tali che $\omega_i(A) = [\partial\mathcal{K}/\partial A_i](A)$, per $i = 1, \ldots, n$.*

Osservazione 8.15 In termini della funzione caratteristica di Hamilton, l'esistenza di un integrale completo dell'equazione di Hamilton-Jacobi implica che nelle coordinate (β, α), le variabili $\alpha_1, \ldots, \alpha_n$ sono costanti. Quindi è possibile trovare un integrale completo solo se esistono n integrali primi (che non dipendono esplicitamente dal tempo) definiti globalmente (i.e. in un insieme aperto dello spazio delle fasi). Questo è possibile se il sistema è integrabile. Però i sistemi integrabili sono "rari", nel senso che basta in generale una qualsiasi perturbazione, arbitrariamente piccola, per distruggere l'integrabilità di un sistema hamiltoniano. In modo equivalente si dice che l'integrabilità non è una *proprietà stabile*, ovvero che i sistemi integrabili non sono stabili. Torneremo su questo nel capitolo 9.

La strategia che si può seguire per risolvere le equazioni di Hamilton è di considerare la corrispondente equazione di Hamilton-Jacobi e cercarne un integrale completo. Se questo è possibile, nelle nuove coordinate il moto è banale. Infatti, nel caso in cui H dipenda dal tempo e quindi si debba cercare una funzione principale di Hamilton, si riesce a costruire una trasformazione canonica $(q, p) \mapsto (\beta, \alpha)$, dipendente dal tempo, tale che le equazioni del moto nelle nuove coordinate diventano

$$\begin{cases} \dot{\beta}_k = 0, & k = 1, \dots, n, \\ \dot{\alpha}_k = 0, & k = 1, \dots, n. \end{cases}$$

Nel caso in cui H non dipenda dal tempo (e si utilizzi la (8.5) per definire la funzione caratteristica di Hamilton), se si riesce effettivamente a trovare una funzione caratteristica di Hamilton che risolva l'equazione di Hamilton-Jacobi, nelle nuove coordinate le equazioni sono

$$\begin{cases} \dot{\beta}_k = 0, & k = 1, \dots, n-1, \qquad \dot{\beta}_n = 1, \\ \dot{\alpha}_k = 0, & k = 1, \dots, n. \end{cases} \tag{8.11}$$

Nelle nuove coordinate il moto è quindi, nel caso dipendente dal tempo,

$$\begin{cases} \beta_k(t) = \beta_k(0), & k = 1, \dots, n, \\ \alpha_k(t) = \alpha_k(0), & k = 1, \dots, n, \end{cases}$$

mentre, nel caso indipendente dal tempo, si ha

$$\begin{cases} \beta_k(t) = \beta_k(0), & k = 1, \dots, n-1, \qquad \beta_n(t) = \beta_n(0) + t, \\ \alpha_k(t) = \alpha_k(0), & k = 1, \dots, n. \end{cases} \tag{8.12}$$

Se invece della (8.5) si utilizza la (8.24) per definire la funzione caratteristica di Hamilton, le equazioni di Hamilton nelle nuove variabili diventano

$$\begin{cases} \dot{\beta}_k = \omega_k(\alpha), & k = 1, \dots, n, \\ \dot{\alpha}_k = 0, & k = 1, \dots, n, \end{cases}$$

dove $\omega_k := \partial E / \partial \alpha_k$. Per ottenere il moto nelle variabili originarie (q, p) occorre poi applicare la trasformazione di coordinate inversa (cfr. anche l'osservazione 8.23 nel caso dei sistemi separabili).

Osservazione 8.16 In generale si riesce a dimostrare solo l'esistenza locale della soluzione dell'equazione di Hamilton-Jacobi, sotto opportune ipotesi di regolarità (cfr. l'esercizio 8.2 e la nota bibliografica). L'esistenza globale presenta già difficoltà in casi elementari, come possono essere i sistemi a un grado di libertà o anche un sistema bidimensionale libero se si sceglie come spazio delle fasi il toro (bidimensionale) invece del piano. Questo è dovuto al fatto che non esistono n costanti del moto definite globalmente; anche nel caso dei *sistemi separabili* discussi più avanti si trova che la funzione principale di Hamilton è una funzione a più valori. In ogni caso, il problema non è solo di calcolo, ma riflette una difficoltà intrinseca: se si riesce a risolvere l'equazione (8.1) nell'intero spazio delle fasi, vuol dire che esistono n integrali primi, e questo difficilmente accade (cfr. anche l'osservazione 8.15).

Osservazione 8.17 Guardando le (8.11) si vede che si è ottenuta la stessa conclusione del teorema della scatola di flusso, i.e. la linearizzazione del campo vettoriale. Quello che abbiamo in più rispetto a quel teorema, a livello locale, è che il diffeomorfismo che opera la linearizzazione definisce una trasformazione canonica. Inoltre noi siamo interessati a risolvere le equazioni del moto globalmente (nonostante le difficoltà intrinseche a cui si è accennato nell'osservazione 8.16), dal momento che quello che ci si prefigge in generale è la comprensione totale della dinamica e quindi lo studo qualitativo delle traiettorie in tutto lo spazio delle fasi accessibile al sistema.

Consideriamo l'equazione di Hamilton-Jacobi nel caso di un sistema unidimensionale, descritto da una lagrangiana della forma

$$\mathcal{L}(q,\dot{q}) = \frac{1}{2}\,a(q)\,\dot{q}^2 - V(q), \tag{8.13}$$

dove V e a sono di classe C^2, con $a(q) > 0$. L'hamiltoniana è

$$\mathcal{H}(q,p) = \frac{1}{2a(q)}\,p^2 + V(q), \tag{8.14}$$

e l'equazione di Hamilton-Jacobi ha la forma particolarmente semplice

$$\frac{1}{2a(q)}\left(\frac{\partial W}{\partial q}\right)^2 + V(q) = \alpha,$$

dove la costante α rappresenta l'energia del sistema. Si trova allora

$$W(q,\alpha) = \pm \int_{q_0}^{q} \mathrm{d}q'\,\sqrt{2a(q')(\alpha - V(q'))}, \tag{8.15}$$

dove q_0 arbitrario, se non per la richiesta che sia $q_0 \in I$, se I è l'intervallo contenente il dato iniziale $q(0)$ tale che si abbia $\alpha - V(q) \geq 0$ per $q \in I$, e, di conseguenza,

$$\beta = \frac{\partial W}{\partial \alpha} = \pm \int_{q_0}^{q} \mathrm{d}q'\,\sqrt{\frac{a(q')}{2(\alpha - V(q'))}}. \tag{8.16}$$

Per la (8.12) si ha $\beta(t) = \beta(0) + t$, quindi l'integrale in (8.16), quando $q = q(t)$, vale $t - t_0$, per qualche costante t_0. Infine si ha

$$p = \frac{\partial W}{\partial q} = \pm\sqrt{2a(q)(\alpha - V(q))},$$

in accordo con la (8.14). In (8.15) si prende il segno + o il segno − a seconda del valore di $p(0)$. Se $p(0) > 0$ si prende la determinazione positiva della radice, mentre se $p(0) < 0$ se ne prende la determinazione negativa. Ovviamente se $p(0) = 0$ occorre vedere se per $t > 0$ il moto avviene nel semipiano positivo o in quello negativo. Supponiamo che l'intervallo I sia limitato, i.e. $I = [q_-(\alpha), q_+(\alpha)]$. Se $p(0) = 0$ si può avere $q(0) = q_-(\alpha)$ oppure $q(0) = q_+(\alpha)$: nel primo caso si sceglie la determinazione positiva, nel secondo quella negativa.

Osservazione 8.18 La discussione sopra mostra che anche in un caso così semplice come un moto unidimensionale, la funzione caratteristica di Hamilton è una funzione a più valori. Per esempio se l'intervallo I è limitato, i.e. I è della forma $I = [q_-(\alpha), q_+(\alpha)]$, dove $V'(q_\pm(\alpha)) \neq 0$, il segno in (8.15) va determinato come segue. Supponiamo per semplicità che l'origine dei tempi sia scelta in modo tale che si abbia $q(0) = q_-(\alpha)$ e $p(0) = 0$; scriviamo allora

$$\beta = t = \int_{q_0}^{q(t)} \mathrm{d}q' \, \frac{a(q')}{\tilde{p}(q', \alpha)}, \qquad \tilde{p}(q, \alpha) = \sqrt{2a(q)(\alpha - V(q))},$$

dove si può fissare, per esempio, $q_0 = q_-(\alpha)$, e usiamo tale espressione fino al tempo T_1 in cui di nuovo $p(T_1) = 0$. Per $t > T_1$, scriviamo invece

$$\beta = T_1 + \int_{q_+(\alpha)}^{q(t)} \mathrm{d}q' \left(-\frac{a(q')}{\tilde{p}(q', \alpha)} \right)$$

e usiamo tale espressione fino al tempo T_2 tale che $p(T_1 + T_2) = 0$ ancora una volta. Dopo tale tempo di nuovo abbiamo

$$\beta = T_1 + T_2 + \int_{q_0}^{q(t)} \mathrm{d}q' \, \frac{a(q')}{\tilde{p}(q', \alpha)},$$

così che β è definito modulo $T = T_1 + T_2$, dove T è il periodo del moto, e la variabile $2\pi\beta/T$ è un angolo (i.e. è definita modulo 2π). Se invece I è illimitato a destra, i.e $I = [q_-(\alpha), +\infty)$, e $p(0) \geq 0$, si ha $p(t) > 0$ per ogni $t \geq 0$, e si prende sempre la determinazione positiva di p, mentre se $p(0) < 0$ si prende la determinazione negativa fino al tempo t_1 in cui $p(t_1) = 0$ e, dall'istante t_1 in poi, si prende la determinazione positiva – si noti che, in tal caso, la variable β è a un sol valore. Analoghe considerazioni valgono se I è illimitato a sinistra.

8.2 Separazione di variabili

Supponiamo che, in un sistema di coordinate $(q, p) \in \mathbb{R}^{2n}$, esistano due funzioni $\mathcal{F}_1 : \mathbb{R}^{2n-1} \to \mathbb{R}$ e $\mathcal{G}_1 : \mathbb{R}^2 \to \mathbb{R}$ di classe C^2 tali che, scrivendo $q = (q_1, q')$ e $p = (p_1, p')$, con $z' = (q', p') \in \mathbb{R}^{2(n-1)}$ e $z_1 = (q_1, p_1) \in \mathbb{R}^2$, l'hamiltoniana si possa scrivere come

$$\mathcal{H}(q, p) = \mathcal{F}_1(q', p', \mathcal{G}_1(q_1, p_1)). \tag{8.17}$$

Poniamo $\mathcal{G}_1(q_1, p_1) = \alpha_1$ e cerchiamo una funzione caratteristica di Hamilton

$$W(q, \alpha) = W(q_1, q', \alpha) = W'(q', \alpha) + W_1(q_1, \alpha_1). \tag{8.18}$$

Riscriviamo l'equazione di Hamilton-Jacobi (8.6) nella forma

$$\begin{cases} \mathcal{G}_1\left(q_1, \dfrac{\partial W_1}{\partial q_1}\right) = \alpha_1, \\ \mathcal{F}_1\left(q', \dfrac{\partial W'}{\partial q'}, \alpha_1\right) = \alpha_n, \end{cases} \tag{8.19}$$

dove si è usato il fatto che $\partial W/\partial q' = \partial W'/\partial q'$ e $\partial W/\partial q_1 = \partial W_1/\partial q_1$.

Si può allora risolvere la prima equazione in (8.19), procedendo come nel caso dei sistemi unidimensionali (con la funzione $\mathcal{G}_1$ che gioca il ruolo dell'hamiltoniana per i sistemi unidimensionali) per determinare la funzione caratteristica $W_1(q_1, \alpha_1)$, e, successivamente, studiare la seconda equazione in (8.19), che si può interpretare come equazione di Hamilton-Jacobi per un sistema con $n - 1$ gradi di libertà (per il quale α_1 è un parametro fissato). Ci siamo quindi ricondotti a un sistema con un grado di libertà in meno.

Supponiamo ora che il procedimento si possa iterare, i.e. che la funzione $\mathcal{F}_1$ sia a sua volta della forma

$$\mathcal{F}_1(q', p', \alpha_1) = \mathcal{F}_2(q'', p'', \mathcal{G}_2(q_2, p_2, \alpha_1), \alpha_1), \tag{8.20}$$

dove abbiamo scritto $q' = (q_2, q'')$ e $p' = (p_2, p'')$, con $z'' = (q'', p'') \in \mathbb{R}^{2(n-2)}$ e $z_2 = (q_2, p_2) \in \mathbb{R}^2$. Ragionando come nel caso precedente si cerca la funzione $W'(q', p')$ nella forma

$$W'(q', p') = W''(q'', \alpha) + W_2(q_2, \alpha_1, \alpha_2), \tag{8.21}$$

e si riscrive la (8.17) come

$$\begin{cases} \mathcal{G}_2\left(q_2, \dfrac{\partial W_2}{\partial q_2}, \alpha_1\right) = \alpha_2, \\ \mathcal{F}_2\left(q'', \dfrac{\partial W''}{\partial q''}, \alpha_2, \alpha_1\right) = \alpha_n, \end{cases} \tag{8.22}$$

dove si è usato il fatto che $\partial W/\partial q'' = \partial W''/\partial q''$ e $\partial W/\partial q_2 = \partial W_2/\partial q_2$. La prima equazione in (8.22) si risolve di nuovo ragionando come per i sistemi unidimensionali e si determina così la funzione caratteristica $W_2(q_1, \alpha_1, \alpha_2)$.

Nel caso che il procedimento si possa iterare n volte, a ogni passo k si studia l'equazione di Hamilton-Jacobi di un sistema unidimensionale, i.e.

$$\mathcal{G}_k\left(q_k, \frac{\partial W_k}{\partial q_k}, \alpha_1, \dots, \alpha_{k-1}\right) = \alpha_k,$$

la cui soluzione $W_k(q_k, \alpha_1, \dots, \alpha_k)$, oltre che da (q_k, α_k), dipende dai parametri $\alpha_1, \dots, \alpha_{k-1}$ introdotti nei passi precedenti. Alla fine, applicando n volte l'analisi discussa nel caso dei sistemi unidimensionali, si riesce a risolvere completamente l'equazione di Hamilton-Jacobi e si ottiene una funzione caratteristica della forma

$$W(q, \alpha) = \sum_{k=1}^{n} W_k(q_k, \alpha_1, \dots, \alpha_k). \tag{8.23}$$

Definizione 8.19 (Sistema separabile) *Si definisce* sistema separabile *un sistema hamiltoniano per il quale l'equazione di Hamilton-Jacobi* (8.6) *ammette una funzione caratteristica della forma*

$$W(q, \alpha) = \sum_{k=1}^{n} W_k(q_k, \alpha_1, \dots, \alpha_k), \tag{8.24}$$

dove $q = (q_1, \dots, q_n)$ *e* $\alpha = (\alpha_1, \dots, \alpha_n)$.

Osservazione 8.20 L'analisi sopra mostra che si ha un sistema separabile se l'hamiltoniana è della forma (cfr. l'esercizio 8.3)

$$\mathcal{H}(q, p) = h_n(h_1, h_2, \dots, h_{n-1}, z_n), \tag{8.25}$$

per opportune funzioni $h_1, \dots, h_n$ di classe C^2, tali che $h_1 = h_1(z_1)$ e, per $i = 2, \dots, n$, $h_i = h_i(h_1, h_2, \dots, h_{i-1}, z_i)$.

Definizione 8.21 (Separazione di variabili) *Nel caso di sistemi separabili il procedimento che porta a scrivere la funzione caratteristica di Hamilton nella forma* (8.24) *prende il nome di procedimento di* separazione di variabili.

Osservazione 8.22 Se il procedimento descritto sopra non si riesce a iterare fino in fondo ma solo per r passi, con $r < n$, il sistema hamiltoniano non è separabile. Tuttavia possiamo scrivere la funzione caratteristica come

$$W(q, \alpha) = W(q_{r+1}, \dots, q_n, \alpha) + \sum_{k=1}^{r} W_k(q_k, \alpha_1, \dots, \alpha_k),$$

dove le funzioni $W_1, \dots, W_r$ sono le funzioni caratteristiche di r sistemi unidimensionali. In particolare questo implica che si sono trovati r integrali primi $\alpha_1, \dots, \alpha_r$. Quindi nelle nuove variabili l'hamiltoniana ha la forma

$$\mathcal{K}(\alpha, \beta) = \mathcal{K}(\alpha_1, \dots, \alpha_n, \beta_{r+1}, \dots, \beta_n)$$

e può essere quindi utilizzata per studiare il sistema a $n - r$ gradi di libertà descritto dalle variabili $(\alpha_{r+1}, \dots, \alpha_n, \beta_{r+1}, \dots, \beta_n)$; nelle corrispondenti equazioni di Hamilton le variabili $\alpha_1, \dots, \alpha_r$ appaiono come parametri (cfr. la discussione nel §6.2 sul metodo di Routh nel formalismo hamiltoniano).

Osservazione 8.23 Le variabili β di un sistema separabile sono date da

$$\beta_k = \frac{\partial W}{\partial \alpha_k} = \sum_{i=k}^{n} \frac{\partial W_i}{\partial \alpha_k}(q_k, \alpha_1, \dots, \alpha_k), \qquad k = 1, \dots, n.$$

Tenendo conto delle (8.12), l'equazione per $k = n$ comporta

$$\beta_n(0) + t = \frac{\partial W_n}{\partial \alpha_n}(q_n(t), \alpha_1, \dots, \alpha_n),$$

che definisce implicitamente la coordinata $q_n(t)$ in termini del tempo t e degli integrali primi $\alpha_1, \dots, \alpha_n$, mentre per $k < n$ si ottengono le equazioni

$$\beta_k(0) = \sum_{i=k}^{n} \frac{\partial W_i}{\partial \alpha_i}(q_k(t), \alpha_1, \dots, \alpha_i),$$

le quali, risolte tramite il teorema dell funzione implicita, permettono iterativamente di esprimere ciascuna coordinata q_k, per $k = 1, \dots, n-1$, in termini delle coordinate $q_{k+1}, \dots, q_n$ e degli integrali primi $\alpha_1, \dots, \alpha_n$, i.e. nella forma $q_k = \mathcal{Q}_k(q_{k+1}, \dots, q_n, \alpha_1, \dots, \alpha_n)$, per un'opportuna funzione $\mathcal{Q}_k$. Si noti che i problemi di funzione implicita sono tutti ben definiti: infatti, la matrice di elementi $\partial^2 W / \partial q_i \partial \alpha_j$ è una matrice triangolare inferiore (cfr. l'osservazione 1.100 del volume 1) e pertanto il suo determinante è dato dal prodotto degli elementi $\partial^2 W / \partial q_i \partial \alpha_i = \partial^2 W_i / \partial q_i \partial \alpha_i$, così che la condizione che la matrice (8.10) sia non singolare implica che gli elementi diagonali siano tutti diversi da zero. In conclusione si trova

$$\begin{aligned}
q_{n-1} &= \mathcal{Q}_{n-1}(q_n, \alpha), \\
q_{n-2} &= \mathcal{Q}_{n-2}(\mathcal{Q}_{n-1}(q_n, \alpha), q_n, \alpha), \\
q_{n-3} &= \mathcal{Q}_{n-3}(\mathcal{Q}_{n-2}(\mathcal{Q}_{n-1}(q_n, \alpha), \alpha), \mathcal{Q}_{n-1}(q_n, \alpha), q_n, \alpha),
\end{aligned}$$

e così via: fissati i dati iniziali, il moto di ogni coordinata $q_k(t)$ è determinato dal moto della coordinata $q_n(t)$.

Esempio 8.24 Siano $V_1, V_2 \colon \mathbb{R} \to \mathbb{R}$ due funzioni di classe C^2. Si consideri il sistema descritto dall'hamiltoniana

$$\mathcal{H}(q_1, q_2, p_1, p_2) = \frac{p_2^2}{2} + V_2(q_2)\left(\frac{p_1^2}{2} + V_1(q_1)\right), \tag{8.26}$$

e si mostri che è separabile, indipendentemente dalla forma esatta di V_1 e V_2.

Discussione dell'esempio Possiamo scrivere l'hamiltoniana (8.26) nella forma (8.25), così che l'equazione di Hamilton-Jacobi porta alle due equazioni in (8.19). Quindi la funzione caratteristica è data da

$$W(q_1, q_2, \alpha_1, \alpha_2) = W_2(q_2, \alpha_1, \alpha_2) + W_1(q_1, \alpha_1),$$

dove

$$W_1(q_1, \alpha_1) = \pm \int_{q_{01}}^{q_1} \mathrm{d}q \sqrt{2(\alpha_1 - V_1(q))},$$

$$W_2(q_2, \alpha_1, \alpha_2) = \pm \int_{q_{02}}^{q_1} \mathrm{d}q \sqrt{2(\alpha_2 - \alpha_1 V_2(q))},$$

con q_{01} e q_{02} scelti in accordo con la discussione nel §8.1.

8.3 Variabili azione-angolo

Consideriamo il sistema unidimensionale descritto dalla lagrangiana (8.13). Sia la (8.14) la corrispondente hamiltoniana. Supponiamo per semplicità che la funzione $V(q)$ sia convessa e abbia in $q = 0$ un punto di minimo. Un esempio è dato dall'oscillatore armonico (cfr. anche il §8.6.1), la cui hamiltoniana è

$$\mathcal{H}(q, p) = \frac{1}{2m} p^2 + \frac{1}{2} m\omega^2 q^2. \tag{8.27}$$

Si può identificare un punto nello spazio delle fasi attraverso le coordinate (q, p) oppure attraverso il valore di energia $E = H(q, p)$, che fissa la curva di livello, e l'angolo χ che il raggio vettore che individua il punto (q, p) forma con una direzione prefissata. La trasformazione $(q, p) \mapsto (\chi, E)$ è ben definita, ma non è in generale una trasformazione canonica; già nel caso (8.27), la trasformazione è canonica solo se $m = \omega = 1$ (cfr. l'esercizio 8.4).

Si può tuttavia costruire una trasformazione canonica, utilizzando la stessa idea di base, nel modo seguente. Ci proponiamo di costruire una trasformazione di coordinate $(q, p) \mapsto (\varphi, J)$ tale che J sia una costante del moto, φ sia un angolo e si abbia $\{\varphi, J\} = 1$. In particolare, se γ è la curva di livello di energia E, deve risultare

$$\mathcal{H}(q, p) = \mathcal{K}(J) = E, \qquad \oint_\gamma \mathrm{d}\varphi = 2\pi,$$

per un'opportuna funzione K di classe C^2. Introduciamo a tal fine la seguente funzione generatrice di seconda specie:

$$F(q, J) = \int_{q_0}^{q} \mathrm{d}q' \, p(q', \mathcal{K}(J)), \tag{8.28}$$

con

$$p(q, \mathcal{K}(J)) := \pm\sqrt{2(\mathcal{K}(J) - V(q))}, \tag{8.29}$$

dove le determinazioni positiva e negativa corrispondono alle trasformazioni $(q, p) \mapsto (\varphi, J)$, rispettivamente, per $p > 0$ e per $p < 0$, in modo tale che esse si raccordino per $p = 0$ (cfr. la discussione alla fine del §8.1). In (8.29) la funzione $J \mapsto \mathcal{K}(J)$ è ancora da determinare. D'altra parte vogliamo che sia $\mathcal{K}(J) = E$, e quindi $\mathcal{K}$ deve essere la funzione inversa della funzione $E \mapsto J = J(E)$, che lega l'energia E al nuovo momento coniugato J: questo richiede che si abbia

$$\frac{\partial \mathcal{K}}{\partial J} \neq 0. \tag{8.30}$$

Tenendo conto che si ha $p = \partial F/\partial q$, per definizione di funzione generatrice di seconda specie, dobbiamo imporre che sia

$$0 \neq \frac{\partial^2 F}{\partial q \partial J} = \frac{\partial p}{\partial J} = \pm\frac{1}{\sqrt{2(\mathcal{K}(J) - V(q))}} \frac{\partial \mathcal{K}}{\partial J},$$

quindi la condizione (8.30) appare naturalmente.

La scelta corretta per J risulta essere

$$J = \frac{1}{2\pi} \oint_\gamma p \, \mathrm{d}q,$$

e, poiché la funzione $J = J(E)$ è invertibile, la trasformazione $(q, p) \mapsto (\varphi, J)$ che si ottiene dalla funzione generatrice (8.28), con $\varphi = \partial F/\partial J$, definisce una trasformazione canonica. L'incremento della funzione generatrice F dopo un giro completo lungo la curva γ è

$$\Delta F = S(J) = \oint_\gamma p \, \mathrm{d}q = 2\pi J, \tag{8.31}$$

in quanto la determinazione di p in (8.29) è con il segno $+$ nel semipiano $p > 0$ e con il segno $-$ nel semipiano $p < 0$. Geometricamente la (8.31) rappresenta l'area racchiusa dalla curva γ nel piano (q, p). Poiché a ogni giro F aumenta di $\Delta F = S(J)$, si vede che $F(q, J)$ è definita modulo $S(J)$ in q. D'altra parte $p = \partial F/\partial q$ non varia se si incrementa F di multipli di $S(J)$. La variazione della variabile φ dopo un giro è invece dato da (cfr. l'esercizio 8.5)

$$\Delta\varphi = \frac{\partial}{\partial J}\oint_{\gamma} p\mathrm{d}q = \frac{\partial S}{\partial J} = 2\pi, \tag{8.32}$$

quindi φ è effettivamente un angolo che ruota di 2π dopo un giro completo.

Osservazione 8.25 Le variabili $(J, \varphi) \in \mathbb{R} \times \mathbb{T}$ costituiscono le variabili azione-angolo del sistema unidimensionale considerato. La trasformazione di coordinate $(q, p) \mapsto (\varphi, J)$ è canonica (ovvero soddisfa la relazione $\{\varphi, J\} = 1$) per costruzione dal momento che è stata ottenuta attraverso un procedimento di seconda specie. La definizione si estende immediatamente al caso di sistemi unidimensionali qualsiasi, purché ci si limiti a orbite chiuse nel piano (q, p), oppure a orbite periodiche sul cilindro $\mathbb{T} \times \mathbb{R}$.

Definizione 8.26 (Variabili azione-angolo) *Consideriamo un sistema hamiltoniano a n gradi di libertà. Supponiamo che il sistema si possa descrivere tramite coordinate canoniche (φ, J), tali che le $J_1, \ldots, J_n$ sono integrali primi, mentre le variabili $\varphi_1, \ldots, \varphi_n$ sono tali che lasciando variare solo φ_k e fissando le altre $\varphi_{k'}$, $k' \neq k$, allora φ_k torna al valore iniziale dopo una variazione $\Delta\varphi_k = 2\pi$. Chiamiamo* variabili azione-angolo *le variabili (J, φ).*

Osservazione 8.27 La definizione 8.26 mostra che la definizione di variabili azione-angolo si può estendere al sistemi a più gradi di libertà; in particolare le variabili angolari sono definite sul toro n-dimensionale $\mathbb{T}^n$. Quello che diventa difficile è, come vedremo, investigare sotto quali condizioni sia possibile descrivere effettivamente il moto di un sistema a più gradi di libertà in termini di variabili azione-angolo. In generale, questo non è possibile, a meno di non fare opportune ipotesi sul sistema stesso.

Teorema 8.28 (Liouville-Arnol'd) *Si consideri un sistema hamiltoniano a n gradi di libertà indipendente dal tempo. Supponiamo che siano soddisfatte le seguenti ipotesi.*

- *Esistono n integrali primi $F_1, \ldots, F_n$ di classe C^2 in involuzione, i.e. tali che $\{F_i, F_j\} = 0$ per $i, j = 1, \ldots, n$.*
- *La superficie*

$$M_f = \{z \in \mathbb{R}^{2n} : F_k(z) = f_k \text{ per } k = 1, \ldots, n\},$$

  con $f = (f_1, \ldots, f_n)$, è una superficie regolare, i.e. i vettori $[\partial F_1/\partial z](z), \ldots$, $[\partial F_n/\partial z](z)$ sono linearmente indipendenti per ogni $z \in M_f$.
- *La superficie M_f è compatta e connessa.*

In tale caso valgono i seguenti risultati.

1. *La superficie M_f è diffeomorfa al toro n-dimensionale $\mathbb{T}^n$.*
2. *Esiste un intorno $\mathcal{F}$ di f tale che l'insieme*

$$M_{\mathcal{F}} := \bigcup_{f' \in \mathcal{F}} M_{f'}$$

è diffeomorfo a $\mathbb{T}^n \times \mathcal{F}$. Inoltre esistono in $M_{\mathcal{F}}$ coordinate canoniche (φ, J) tali che J dipende solo da f e (J, φ) sono variabili azione-angolo, nel senso della definizione 8.26.

Dimostrazione Diamo qui la dimostrazione del teorema nel caso – particolarmente semplice – in cui il sistema sia separabile e le funzioni $h_k(\ldots, q_k, p_k)$ in (8.25) dipendano quadraticamente dalle variabili p_k. Alcune estensioni banali saranno date più avanti (cfr. le osservazioni 8.30 e 8.31), mentre il caso generale sarà discusso nel §8.5.

Innanzitutto verifichiamo che un sistema separabile soddisfa le ipotesi del teorema. L'hamiltoniana di un sistema separabile è data dalla (8.25), per opportune funzioni h_k, come discusso nell'osservazione 8.20. Supponiamo, come anticipato sopra, che le funzioni h_k siano della forma

$$h_k(q_k, p_k) := p_k^2 + V_k(q_k, \alpha). \tag{8.33}$$

Si vede immediatamente che, se poniamo $F_k(z) = h_k(z_k)$, per $k = 1, \ldots, n$, le funzioni $F_1, \ldots, F_n$ sono integrali primi in involuzione. Infatti, poiché ogni F_k dipende solo dalle variabili $z_k = (q_k, p_k)$, si ha $\{F_i, F_j\} = 0$ per $i \neq j$ (cfr. l'esercizio 8.6). Ogni equazione $F_k(z_k) = 0$ definisce una curva in $\mathbb{R}^2$. Perché la superficie M_f sia regolare, dobbiamo escludere le curve che contengano eventuali punti di equilibrio (cfr. l'esercizio 8.7). La richiesta che M sia compatta implica che le curve devono essere curve regolari chiuse; i moti corrispondenti sono quindi moti periodici. Per quanto riguarda l'ipotesi che M_f sia connessa, si veda l'osservazione 8.32. In conclusione, tutte le ipotesi del teorema sono soddisfatte.

Cerchiamo la funzione caratteristica di Hamilton nella forma

$$W(q, \alpha) = \sum_{k=1}^{n} W_k(q_k, \alpha), \tag{8.34}$$

dove la funzione W_k risolve l'equazione di Hamilton-Jacobi unidimensionale

$$h_k\Big(q_k, \frac{\partial W_k}{\partial q_k}\Big) = \Big(\frac{\partial W_k}{\partial q_k}\Big)^2 + V_k(q_k, \alpha) = \alpha_k. \tag{8.35}$$

Possiamo esprimere le variabili α in termini delle variabili d'azione, $\alpha = K(J)$, con

$$J_k = \frac{1}{2\pi} \oint_{\gamma_k} p_k \mathrm{d}q_k = \frac{1}{\pi} \int_{q_{k,-}(\alpha)}^{q_{k,+}(\alpha)} \mathrm{d}q \sqrt{\alpha_k - V_k(q, \alpha)},$$

dove γ_k è la curva descritta dal moto unidimensionale $t \mapsto (q_k(t), p_k(t))$ ottenuto fissando tutte le variabili tranne le k-esime, i.e. la curva ottenuta esplicitando in (8.35) la variabile p_k in termini di q_k, così che $q_{k,-}(\alpha)$ e $q_{k,+}(\alpha)$ sono i due zeri dell'equazione $\alpha_k - V(q,\alpha) = 0$.

La funzione generatrice della trasformazione $(q, p) \mapsto (\varphi, J)$ diventa

$$F(q, J) = \sum_{k=1}^{n} F_k(q_k, J),$$

dove

$$F_k(q_k, J) := \pm \int_{q_{0,k}}^{q_k} \mathrm{d}q \, \sqrt{\mathcal{K}_k(J) - V_k(q', \mathcal{K}(J))},$$

così che, in termini della variabili azione-angolo, le equazioni del moto sono (cfr. l'esercizio 8.8)

$$\begin{cases} \dot{\varphi}_k = \omega_k(J) := \dfrac{\partial \alpha_n}{\partial J_k}, & k = 1, \ldots, n, \\ \dot{J}_k = 0, & k = 1, \ldots, n, \end{cases} \tag{8.36}$$

dove $\omega(J) = (\omega_1(J), \ldots, \omega_n(J))$ è sono le *frequenze* degli angoli.

La variazione della variabile φ_k lungo una curva γ_j, i.e. in corrispondenza del moto in cui le variabili (q_j, p_j) si muovano lungo la curva γ_j e le altre variabili non cambino, è data da

$$\begin{aligned} \oint_{\gamma_j} \mathrm{d}\varphi_k &= \oint_{\gamma_j} \left(\sum_{i=1}^{n} \frac{\partial \varphi_k}{\partial q_i} \mathrm{d}q_i + \sum_{i=1}^{n} \frac{\partial \varphi_k}{\partial J_i} \mathrm{d}J_i \right) \\ &= \oint_{\gamma_j} \frac{\partial \varphi_k}{\partial q_j} \mathrm{d}q_j = \oint_{\gamma_j} \frac{\partial^2 F}{\partial q_j \partial J_k} \mathrm{d}q_j, \end{aligned}$$

dove si è tenuto conto del fatto che $\varphi_k = \partial F / \partial J_k$ è vista come funzione di (q, J), e si è utilizzato il fatto che per il moto considerato si ha $\mathrm{d}J_i = 0$ per ogni $i = 1, \ldots, n$ e $\mathrm{d}q_i = 0$ per ogni $i \neq j$. Quindi (cfr. l'esercizio 8.9)

$$\oint_{\gamma_j} \mathrm{d}\varphi_k = \frac{\partial}{\partial J_k} \oint_{\gamma_j} \frac{\partial F}{\partial q_j} \mathrm{d}q_j = \frac{\partial}{\partial J_k} \oint_{\gamma_j} p_j \, \mathrm{d}q_j = 2\pi \frac{\partial J_j}{\partial J_k} = 2\pi \delta_{jk}, \tag{8.37}$$

ovvero, dopo un giro completo della curva γ_j, l'angolo φ_j varia di 2π, mentre tutti gli altri angoli non cambiano: l'angolo φ_j parametrizza la curva γ_j. □

Osservazione 8.29 Il caso $n = 1$ è banale (cfr. l'inizio del paragrafo).

Osservazione 8.30 La dimostrazione data sopra è immediatamente generalizzabile al caso in cui invece della (8.35) si abbia

$$h_k(q_k, p_k, \alpha) = a_k(q_k, \alpha) \, p_k^2 + V_k(q_k, \alpha) = \alpha_k,$$

con $a_k > 0$: la curva γ_k si ottiene esplicitando p_k in funzione di q_k come

$$p_k = \pm\sqrt{\frac{2(\alpha_k - V_k(q_k,\alpha))}{a_k(q_k,\alpha)}},$$

e per il resto si procede come prima. In realtà la dimostrazione si adatta facilmente al caso più generale in cui ogni γ_k sia una curva chiusa parametrizzabile come $p_k = \pm\tilde{p}_k(q_k,\alpha)$, dove la determinazione positiva descrive la curva nel semipiano $p_k > 0$ e la determinazione negativa nel semipiano $p_k < 0$.

Osservazione 8.31 Altra estensione banale è quella al caso in cui q_k è un angolo (e quindi lo spazio delle fasi è un cilindro) e la curva γ_k si raccorda ai lati del cilindro (cfr. l'osservazione 8.25). In tal caso si ha

$$J_k = \frac{1}{2\pi}\int_{-\pi}^{\pi} p_k \mathrm{d}q_k = \frac{1}{2\pi}\int_{-\pi}^{\pi} \mathrm{d}q\,\sqrt{\alpha_k - V(q_k,\alpha)},$$

che rappresenta l'area sottesa al grafico di p_k.

Osservazione 8.32 Che la superficie M_f debba essere compatta, perché si applichi il teorema, si vede già in casi semplici. Se si considera un punto libero in $\mathbb{R}^3$ esistono tre integrali primi in involuzione (le tre componenti della quantità di moto), ma il moto è nello spazio, non su un toro tridimensionale. La richiesta che la superficie sia connessa è invece meno forte: se non lo è ci si può restringere a una sua componente connessa.

Osservazione 8.33 Dire che M_f è diffeomorfo a un toro n-dimensionale significa che si può parametrizzare M_f (in modo differenziabile) con n variabili angolari, i.e. se $z = (z_1, \ldots, z_n)$ rappresentano le coordinate di un punto della superficie M_f allora si ha $z = z(\theta_1, \ldots, \theta_n)$, con $\theta = (\theta_1, \ldots, \theta_n) \in \mathbb{T}^n$. In termini di tali angoli $\theta_1, \ldots, \theta_n$ il moto ha n periodi.

Definizione 8.34 (Moto multiperiodico) *Un moto sulla superficie M_f si dice* multiperiodico. *Si chiamano* frequenze del moto multiperiodico *le frequenze con cui variano le variabili angolari. In generale i periodi sono incommensurabili: in tal caso il moto è detto* moto quasiperiodico.

Osservazione 8.35 Nel caso di un sistema separabile con funzione caratteristica (8.34), le frequenze del moto multiperiodico sono date da

$$\omega_k(J) = \frac{\partial\alpha_n}{\partial J_k} = \left(A^{-1}\right)_{nk}, \qquad A_{ij} := \frac{\partial J_i}{\partial\alpha_j},$$

e si trovano immediatamente una volta che sia nota la dipendenza di J dalle costanti α. Per esempio se $n = 2$ si ha

$$A := \frac{\partial J}{\partial \alpha} = \begin{pmatrix} \dfrac{\partial J_1}{\partial \alpha_1} & 0 \\ \dfrac{\partial J_2}{\partial \alpha_1} & \dfrac{\partial J_2}{\partial \alpha_2} \end{pmatrix}, \qquad \det A = \det\left(\frac{\partial J}{\partial \alpha}\right) = \frac{\partial J_1}{\partial \alpha_1}\frac{\partial J_2}{\partial \alpha_2},$$

da cui si ricava

$$A^{-1} = \frac{\partial \alpha}{\partial J} = \left(\frac{\partial J}{\partial \alpha}\right)^{-1} = \frac{1}{\dfrac{\partial J_1}{\partial \alpha_1}\dfrac{\partial J_2}{\partial \alpha_2}} \begin{pmatrix} \dfrac{\partial J_2}{\partial \alpha_2} & 0 \\ -\dfrac{\partial J_2}{\partial \alpha_1} & \dfrac{\partial J_1}{\partial \alpha_1} \end{pmatrix}.$$

In conclusione si ottiene

$$\omega_1 = \frac{\partial \alpha_2}{\partial J_1} = -\frac{\dfrac{\partial J_2}{\partial \alpha_1}}{\dfrac{\partial J_1}{\partial \alpha_1}\dfrac{\partial J_2}{\partial \alpha_2}}, \qquad \omega_2 = \frac{\partial \alpha_2}{\partial J_2} = \frac{1}{\dfrac{\partial J_2}{\partial \alpha_2}}, \tag{8.38}$$

che rappresentano le frequenze del moto multiperiodico. Se $\omega_1/\omega_2 \in \mathbb{Q}$ allora il moto complessivo è periodico, altrimenti è quasiperiodico (cfr. la definizione 8.34).

Osservazione 8.36 Un sistema che soddisfi le ipotesi del teorema di Liouville-Arnol'd è canonicamente integrabile, secondo la definizione 8.14. Per questo motivo, si usa anche l'espressione *sistema integrabile secondo Liouville-Arnol'd* per indicare un sistema hamiltoniano canonicamente integrabile.

8.4 Un esempio

Vediamo ora, a scopo esemplificativo, un caso esplicito in cui applicare i risultati discussi nei paragrafi precedenti. Si consideri il sistema meccanico conservativo descritto dalla lagrangiana

$$\mathcal{L}(q_1, q_2, \dot{q}_1, \dot{q}_2) = \frac{1}{2}\dot{q}_1^2 + \frac{1}{2}\left(\frac{\dot{q}_2^2}{1+q_1^2}\right) - (1+q_1^2)(q_1^2+q_2^2-1). \tag{8.39}$$

(1) Si trovi l'hamiltoniana.
(2) Si scriva l'equazione di Hamilton-Jacobi e la si integri per separazione di variabili.
(3) Si determinino le variabili d'azione, ove possibile.
(4) Si determino le frequenze del sistema come integrali definiti.

8.4.1 Hamiltoniana ed equazione di Hamilton-Jacobi

L'hamiltoniana del sistema si ottiene calcolando la trasformata di Legendre della lagrangiana (8.39). Definiamo innanzitutto i momenti coniugati in termini delle coordinate lagrangiane, ponendo

$$p_1 = \frac{\partial \mathcal{L}}{\partial \dot{q}_1} = \dot{q}_1, \qquad p_2 = \frac{\partial \mathcal{L}}{\partial \dot{q}_2} = \frac{\dot{q}_2}{1+q_1^2}.$$

L'hamiltoniana è allora data da

$$\begin{aligned}\mathcal{H} = \mathcal{H}(q_1, q_2, p_1, p_2) &= \dot{q}_1 p_1 + \dot{q}_2 p_2 - \mathcal{L}(q_1, q_2, \dot{q}_1, \dot{q}_2) \\ &= \frac{1}{2}p_1^2 + \frac{1}{2}\big(1+q_1^2\big)p_2^2 + \big(1+q_1^2\big)\big(q_1^2+q_2^2-1\big) \\ &= \frac{1}{2}p_1^2 + \big(q_1^4-1\big) + \big(1+q_1^2\big)\left(\frac{1}{2}p_2^2+q_2^2\right),\end{aligned}$$

da cui si vede che il sistema è separabile. Cerchiamo una funzione caratteristica di Hamilton, che risolva l'equazione di Hamilton-Jacobi

$$\mathcal{H}\left(q_1, q_2, \frac{\partial W}{\partial q_1}, \frac{\partial W}{\partial q_2}\right) = \alpha_1,$$

nella forma $W(q_1, q_2, \alpha_1, \alpha_2) = W_1(q_1, \alpha_1, \alpha_2) + W_2(q_2, \alpha_2)$.

Otteniamo dunque

$$\frac{1}{2}\left(\frac{\partial W_2}{\partial q_2}\right)^2 + q_2{}^2 = \alpha_2, \tag{8.40a}$$

$$\frac{1}{2}\left(\frac{\partial W_1}{\partial q_1}\right)^2 + q_1^4 + \alpha_2 q_1^2 - 1 + \alpha_2 = \alpha_1. \tag{8.40b}$$

Rispetto alla discussione dei paragrafi §8.1 e 8.2, il ruolo delle variabili q_1 e q_2 è invertito, in quanto stiamo scrivendo l'hamiltoniana nella forma $H(q_1, q_2, p_1, p_2) = h_1(h_2(q_2, p_2), q_1, p_1)$ (cfr. la (8.25) o la (8.26)) e quindi gli indici 1 e 2 sono scambiati.

Per risolvere l'equazione (8.40a) fissiamo α_2 e $q_{2,0}$ in modo che si abbia $\alpha_2 - q_{2,0}^2 \geq 0$. Fissato $\alpha_2 \geq 0$, scegliamo, arbitrariamente, $q_{2,0} \in \mathcal{Q}_2$, dove $\mathcal{Q}_2 := \{q_2 \in \mathbb{R} \,:\, |q_2| \leq \sqrt{\alpha_2}\}$. Si ha allora

$$W_2(q_2, \alpha_2) = \pm \int_{q_{2,0}}^{q_2} \sqrt{2(\alpha_2 - (q_2')^2)}\,\mathrm{d}q_2',$$

dove il segno $\pm$ dipende dal segno del momento p_2 all'istante iniziale.

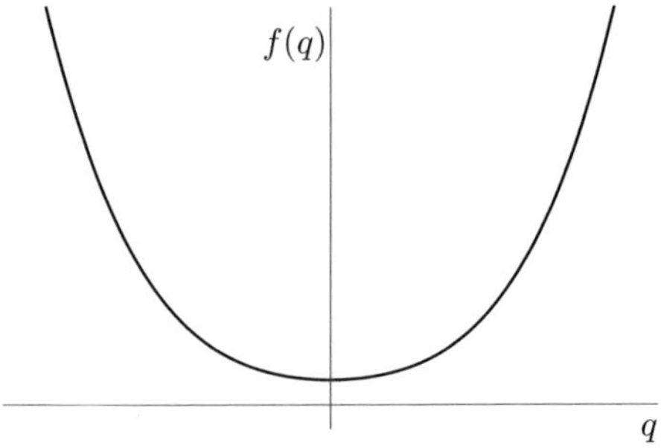

Figura 8.1 Grafico della funzione (8.41) per $\alpha_2 > 0$

Per risolvere l'equazione (8.40b) fissiamo α_1 e $q_{1,0}$ in modo che si abbia $\alpha_1 - q_{1,0}^4 - \alpha_2 q_{1,0}^2 + 1 - \alpha_2 \geq 0$. Se definiamo (cfr. la figura 8.1)

$$f(q_1) := q_1^4 + \alpha_2 q_1^2 - 1 + \alpha_2, \tag{8.41}$$

fissiamo

$$\alpha_1 \geq \min_{q_1 \in \mathbb{R}} f(q_1),$$

e scegliamo, arbitrariamente, $q_{1,0} \in \mathcal{Q}_1$, dove $\mathcal{Q}_1 := \{q_1 \in \mathbb{R} : f(q_1) \leq \alpha_1\}$. Abbiamo quindi

$$W_1(q_1, \alpha_1, \alpha_2) = \pm \int_{q_{1,0}}^{q_1} \sqrt{2(\alpha_1 - f(q_1'))}\, \mathrm{d}q_1',$$

dove $q_{1,0}$ è un valore arbitrario in $\mathcal{Q}_1$ e il segno $\pm$ dipende dal segno del momento p_1 all'istante iniziale (ovviamente la dipendenza da α_2 è attraverso la funzione f (e quindi anche attraverso la definizione del dominio $\mathcal{Q}_1$).

Studiamo quindi la funzione $f(q_1)$. Poniamo $q = q_1$ per semplicità; si trova

$$\begin{aligned} f(q) &= q^4 + \alpha_2 q^2 - 1 + \alpha_2, \\ f'(q) &= 4q^3 + 2\alpha_2 q, \\ f''(q) &= 12q^2 + 2\alpha_2, \end{aligned}$$

così che risulta $f'(q) = 0$ se e solo se $q = 0$; inoltre $f''(0) = 2\alpha_2$. Quindi, se $\alpha_2 > 0$, troviamo che $q = 0$ è un punto di minimo non degenere. Se $\alpha_2 = 0$ la funzione $f(q) = q^4 - 1$ ha un unico punto stazionario, $q = 0$, che è ancora un punto di minimo, ancorché degenere.

In corrispondenza del punto di minimo risulta $f(0) = -1 + \alpha_2$, che comporta

$$\alpha_1 \geq \min_{q_1 \in \mathbb{R}} f(q_1) = -1 + \alpha_2.$$

Per $\alpha_1 \geq -1 + \alpha_2$, si ha $\mathcal{Q}_1 = \{q_1 \in \mathbb{R} : -q_+(\alpha_1) \leq q_1 \leq q_+(\alpha_1)\}$, dove $q_+(\alpha_1)$ è la soluzione positiva di $f(q) = \alpha_1$, i.e.

$$q_+(\alpha_1) = \sqrt{\frac{-\alpha_2 + \sqrt{\alpha_2^2 + 4(1 - \alpha_2 + \alpha_1)}}{2}}.$$

In conclusione, con le notazioni sopra introdotte, la funzione caratteristica di Hamilton è

$$W(q_1, q_2, \alpha_1, \alpha_2) = \pm \int_{q_{1,0}}^{q_1} \sqrt{2(\alpha_1 - f(q_1'))}\, \mathrm{d}q_1' \pm \int_{q_{2,0}}^{q_2} \sqrt{2(\alpha_2 - (q_2')^2)}\, \mathrm{d}q_2'.$$

8.4.2 Variabili d'azione e frequenze

Dall'analisi del punto precedente discende che possiamo definire le variabili d'azione per $\alpha_2 \in (0, +\infty)$ e per $\alpha_1 \in (-1 + \alpha_2, +\infty)$. Abbiamo allora, con le notazioni introdotte nel §8.4.1,

$$J_2 = \frac{1}{\pi} \int_{-\sqrt{\alpha_2}}^{\sqrt{\alpha_2}} \mathrm{d}q_2 \sqrt{2(\alpha_2 - q_2^2)},$$

$$J_1 = \frac{1}{\pi} \int_{-q_+(\alpha_1)}^{q_+(\alpha_1)} \mathrm{d}q_1 \sqrt{2(\alpha_1 - f(q_1))}.$$

Si noti che J_1 è funzione di α_1 e α_2, mentre J_2 dipende dalla sola α_2.

Per determinare la frequenze ω_1 e ω_2, si deve tener conto che si ha, per definizione,

$$\omega_k = \frac{\partial \alpha_1}{\partial J_k}, \qquad k = 1, 2,$$

dove

$$\frac{\partial \alpha_1}{\partial J_k} = (A^{-1})_{1k},$$

se A è la matrice 2×2 di elementi

$$A_{ij} = \frac{\partial J_i}{\partial \alpha_j}.$$

Dobbiamo quindi calcolare la matrice inversa di A. Si ha

$$A^{-1} = \frac{1}{\frac{\partial J_1}{\partial \alpha_1}\frac{\partial J_2}{\partial \alpha_2} - \frac{\partial J_1}{\partial \alpha_2}\frac{\partial J_2}{\partial \alpha_1}} \begin{pmatrix} \frac{\partial J_2}{\partial \alpha_2} & -\frac{\partial J_1}{\partial \alpha_2} \\ -\frac{\partial J_2}{\partial \alpha_1} & \frac{\partial J_1}{\partial \alpha_1} \end{pmatrix} = \frac{1}{\frac{\partial J_1}{\partial \alpha_1}\frac{\partial J_2}{\partial \alpha_2}} \begin{pmatrix} \frac{\partial J_2}{\partial \alpha_2} & -\frac{\partial J_1}{\partial \alpha_2} \\ 0 & \frac{\partial J_1}{\partial \alpha_1} \end{pmatrix},$$

poiché risulta

$$\frac{\partial J_2}{\partial \alpha_1} = 0,$$

dal momento che J_2 dipende solo da α_2. Alla fine troviamo

$$\omega_1 = \frac{\frac{\partial J_2}{\partial \alpha_2}}{\frac{\partial J_1}{\partial \alpha_1}\frac{\partial J_2}{\partial \alpha_2}} = \frac{1}{\frac{\partial J_1}{\partial \alpha_1}}, \qquad \omega_2 = -\frac{\frac{\partial J_1}{\partial \alpha_2}}{\frac{\partial J_1}{\partial \alpha_1}\frac{\partial J_2}{\partial \alpha_2}}. \tag{8.42}$$

Si tenga conto del commento subito dopo la (8.40) qualora si voglia confrontare la (8.42) con la (8.38): gli indici 1 e 2 sono scambiati a causa del diverso ruolo delle due variabili q_1 e q_2.

Concludiamo perciò che le frequenze si esprimono in termini dei tre integrali definiti

$$\frac{\partial J_2}{\partial \alpha_2} = \frac{1}{\pi} \int_{-\sqrt{\alpha_2}}^{\sqrt{\alpha_2}} \frac{\mathrm{d}q_2}{\sqrt{2(\alpha_2 - q_2^2)}},$$

$$\frac{\partial J_1}{\partial \alpha_1} = \frac{1}{\pi} \int_{-q_+(\alpha_1)}^{q_+(\alpha_1)} \frac{\mathrm{d}q_1}{\sqrt{2(\alpha_1 - f(q_1))}},$$

$$\frac{\partial J_1}{\partial \alpha_2} = \frac{1}{\pi} \int_{-q_+(\alpha_1)}^{q_+(\alpha_1)} \frac{\mathrm{d}q_1}{\sqrt{2(\alpha_1 - f(q_1))}} \left(-\frac{\partial f}{\partial \alpha_2}\right),$$

dove si sono utilizzate le espressioni trovate al punto precedente per le variabili d'azione. Inoltre si ha

$$\frac{\partial f}{\partial \alpha_2} = 1 + q_1^2.$$

Quindi introducendo gli integrali nelle espressioni per ω_1 e ω_2 troviamo le frequenze espresse come integrali definiti:

$$\omega_1 = \frac{1}{\displaystyle\frac{1}{\pi}\int_{-q_+(\alpha_1)}^{q_+(\alpha_1)} \frac{\mathrm{d}q_1}{\sqrt{2(\alpha_1 - f(q_1))}}},$$

$$\omega_2 = \frac{\displaystyle\frac{1}{\pi}\int_{-q_+(\alpha_1)}^{q_+(\alpha_1)} \frac{(1+q_1^2)\,\mathrm{d}q_1}{\sqrt{2(\alpha_1 - f(q_1))}}}{\left(\displaystyle\frac{1}{\pi}\int_{-\sqrt{\alpha_2}}^{\sqrt{\alpha_2}} \frac{\mathrm{d}q_2}{\sqrt{2(\alpha_2 - q_2^2)}}\right)\left(\displaystyle\frac{1}{\pi}\int_{-q_+(\alpha_1)}^{q_+(\alpha_1)} \frac{\mathrm{d}q_1}{\sqrt{2(\alpha_1 - f(q_1))}}\right)}.$$

Se il rapporto ω_1/ω_2 è razionale allora il moto complessivo è periodico, se invece è irrazionale allora il moto complessivo è quasiperiodico.

8.5 Dimostrazione del teorema di Liouville-Arnol'd

Indichiamo con ξ_i il campo vettoriale che ha componenti $h_{i,k} = (E\partial F_i/\partial z)_k$, dove $i = 1, \ldots, n$; poniamo $h_i = (h_{i,1}, \ldots, h_{i,2n})$. Sia $\varphi_i(t, x)$ il corrispondente flusso: per costruzione $\varphi_i(t, \bar{x})$ è soluzione dell'equazione $\dot{x} = h_i(x)$ con dato iniziale $\bar{x}$. Introduciamo per comodità la notazione $\Phi_i^t(x) = \varphi_i(t, x)$.

La superficie M_f è invariante per ciascuno dei flussi hamiltoniani Φ_i^t. Infatti, fissato i, si ha $\{F_i, F_j\} = 0$ per ogni $j = 1, \ldots, n$, quindi tutte le funzioni F_j sono integrali primi per il flusso hamiltoniano Φ_i^t (cfr. l'osservazione 7.26). In particolare, i campi vettoriali $\xi_1, \ldots, \xi_n$ sono tangenti alla superficie M_f.

Per $t = (t_1, \ldots, t_n) \in \mathbb{R}^n$, consideriamo l'applicazione $\Phi^t \colon M_f \to M_f$ definita da

$$\Phi^t := \Phi_n^{t_n} \circ \ldots \circ \Phi_1^{t_1}. \tag{8.43}$$

Il fatto che le funzioni F_i siano in involuzione comporta che i flussi $\Phi_1^{t_1}, \ldots, \Phi_n^{t_n}$ commutano tra loro. Infatti $\{F_i, F_j\} = 0$ implica $[\xi_i, \xi_j] = 0$ per la (7.18), e questo a sua volta implica $\Phi_i^{t_i} \circ \Phi_j^{t_j} = \Phi_j^{t_j} \circ \Phi_i^{t_i}$ per il teorema 3.29: l'applicazione (8.43) non dipende dall'ordine in cui i flussi sono composti. Si noti che Φ^t definisce un gruppo commutativo a n parametri (cfr. l'esercizio 8.10).

8.5.1 Dimostrazione del punto 1 del teorema di Liouville-Arnol'd

Si verifica immediatamente, in base alla definizione di gruppo (cfr. l'esercizio 3.3 del volume 1), che lo spazio vettoriale $\mathbb{R}^n$ è un gruppo rispetto all'operazione di addizione. Un *sottogruppo discreto* di $\mathbb{R}^n$ è un insieme $\mathcal{G} \subset \mathbb{R}^n$ tale che per ogni $x \in \mathcal{G}$ esiste un intorno $U \subset \mathbb{R}^n$ tale che $U \cap \mathcal{G} = \{x\}$.

Lemma 8.37 *Sia $\mathcal{G}$ un sottogruppo discreto di $\mathbb{R}^n$. Esistono k vettori linearmente indipendenti $e_1, \ldots, e_k \in \mathcal{G}$, con $k \leq n$, tali che*

$$\mathcal{G} = \{m_1 e_1 + \ldots + m_k e_k : m_1, \ldots, m_k \in \mathbb{Z}\},$$

i.e. tali che i vettori di $\mathcal{G}$ si scrivono come combinazioni lineari a coefficienti interi dei vettori $e_1, \ldots, e_k$.

Dimostrazione Sia E il più piccolo sottospazio di $\mathbb{R}^n$ tale che $\mathcal{G} \subset E$, e sia $k := \dim(E)$. Allora esistono k vettori linearmente indipendenti $e_1, \ldots, e_k$ in $\mathbb{R}^n$ tali che ogni elemento $t \in \mathcal{G}$ si scrive come loro combinazione lineare, i.e.

$$t = \sum_{i=1}^{k} \mu_i e_i, \qquad \mu_1, \ldots, \mu_k \in \mathbb{R}.$$

Sia $\mathcal{E} = \mathcal{E}(e_1, \ldots, e_k) \subset E$ il parallelogramma che ha vertice nell'origine ed è generato da $e_1, \ldots, e_k$. Chiamiamo $\mathcal{E}$ una *cella*. Vogliamo dimostrare che esiste una *cella elementare*, i.e. una cella $\mathcal{E}$ che non contiene altri elementi di $\mathcal{G}$ oltre i suoi vertici. Dimostrata tale proprietà, dato $t = \mu_1 e_1 + \ldots + \mu_k e_k \in \mathcal{G}$ possiamo considerare l'elemento $t' = (\mu_1 - \lfloor \mu_1 \rfloor) e_1 + \ldots + (\mu_k - \lfloor \mu_k \rfloor) e_k$, dove $\lfloor x \rfloor$ indica la *parte intera* di x, i.e. il più grande intero minore o uguale a x. L'elemento t' è per costruzione all'interno di $\mathcal{E}$, quindi deve coincidere con l'origine: di conseguenza $\mu_i = \lfloor \mu_i \rfloor$, ovvero $\mu_i \in \mathbb{Z}$.

Dimostriamo dunque che esiste una cella elementare. Più esattamente dimostriamo per induzione che per ogni $1 \leq p \leq k$ esiste una cella elementare $\mathcal{E}(e_1, \ldots, e_p)$ per $\mathcal{G} \cap E_p$, dove E_p è il sottospazio generato da $e_1, \ldots, e_p$. Per $p = 1$, il sottospazio E_1 è una retta, e si può prendere come e_1 uno dei due elementi di $\mathcal{G}$ con distanza minima dall'origine: in tal caso $\mathcal{E}(e_1)$ costituisce una cella elementare.

Assumiamo ora che l'asserto sia vero per $p - 1$ e verifichiamo che allora segue anche per p. Siano $u_1, \ldots, u_p \in \mathcal{G}$ vettori linearmente indipendenti di $\mathbb{R}^n$, e sia E_{p-1} il sottospazio generato da $u_1, \ldots, u_{p-1}$. Poniamo $\mathcal{G}_{p-1} = \mathcal{G} \cap E_{p-1}$: allora $\mathcal{G}_{p-1}$ è un gruppo discreto. Quindi, per l'ipotesi induttiva, esistono $p - 1$ vettori $e_1, \ldots, e_{p-1}$ tali che $\mathcal{E}(e_1, \ldots, e_{p-1})$ è una cella elementare per $\mathcal{G}_{p-1}$. Si vede subito che

$$\operatorname{dist}(\mathcal{G} \setminus \mathcal{G}_{p-1}, E_{p-1}) := \inf\big\{\operatorname{dist}(t, E_{p-1}) : t \in \mathcal{G} \setminus \mathcal{G}_{p-1}\big\}$$

è diverso da zero (cfr. l'esercizio 8.11). Inoltre il volume delle celle assume valori discreti, i.e. non può cambiare con continuità. Infatti se, per qualche $t_1, t_2 \in \mathcal{G} \setminus \mathcal{G}_{p-1}$, con $t_1 \neq t_2$, le due celle $\mathcal{E}(e_1, \ldots, e_{p-1}, t_1)$ ed $\mathcal{E}(e_1, \ldots, e_{p-1}, t_2)$ avessero volumi arbitrariamente vicini (ma distinti), allora la cella $\mathcal{E}(e_1, \ldots, e_{p-1}, t_1 - t_2)$ avrebbe volume arbitrariamente piccolo, mentre il fatto che $\mathrm{dist}(\mathcal{G} \setminus \mathcal{G}_{p-1}, E_{p-1}) > 0$ esclude che questo possa accadere.

Concludendo, esiste $e_p \in \mathcal{G} \setminus \mathcal{G}_{p-1}$ tale che $\mathcal{E}(e_1, \ldots, e_p)$ ha volume minimo e, quindi, non può contenere punti di $\mathcal{G}$ diversi dai vertici. □

Definiamo $C_{n,k} := \mathbb{T}^k \times \mathbb{R}^{n-k}$, con $n \in \mathbb{N}$ e $0 \leq k \leq n$ e con la convenzione che $C_{n,n} = \mathbb{T}^n$ e $C_{n,0} = \mathbb{R}^n$; chiamiamo $C_{n,k}$ un *cilindro*.

Teorema 8.38 *Sia M una varietà n-dimensionale connessa. Se esistono n campi vettoriali $\xi_1, \ldots, \xi_n$, tangenti a M, linearmente indipendenti e con prodotto di Lie nullo (i.e. tali che $[\xi_i, \xi_j] = 0$ per ogni $i, j = 1, \ldots, n$), allora esiste un intero $k \leq n$ tale che M è diffeomorfo al cilindro $C_{n,k}$.*

Dimostrazione La dimostrazione si articola nei seguenti passi: (i) prima si trova un diffeomorfismo locale $\Psi \colon \mathbb{R}^n \to M$; (ii) si fa poi vedere che Ψ è suriettivo; (iii) quindi si verifica che o Ψ è iniettivo o si può introdurre un'opportuna classe di equivalenza tale che il quoziente $\widetilde{\Psi}$ sia iniettivo, così che $\widetilde{\Psi}$, essendo un diffeomorfismo locale biiettivo, è un diffeomorfismo; (iv) infine, componendo $\widetilde{\Psi}$ con un opportuno cambiamento di coordinate $\widetilde{A}$, si ottiene un diffeomorfismo $\widetilde{\Psi} \circ \widetilde{A}$ il cui dominio è $C_{k,n}$ per qualche intero $k \leq n$.

(i) Fissato (arbitrariamente) $x \in M$, definiamo l'applicazione $\Psi \colon \mathbb{R}^n \to M$ data da

$$\Psi(t) = \Psi_x(t) = \Phi^t(x).$$

Vogliamo far vedere che Ψ è un *diffeomorfismo locale*, i.e. è un'applicazione regolare e invertibile che trasforma un intorno U di $t = 0$ in un intorno $V(x)$ di x. Per questo basta osservare che $\Psi(0) = x$ e

$$\frac{\partial \Psi}{\partial t_i}(t) = \frac{\partial \Phi^t(x)}{\partial t_i} = h_i(\Phi^t(x)) = h_i(\Psi(t)),$$

dove h_i sono le componenti del campo vettoriale ξ_i, e ricordare che i campi vettoriali $\xi_1, \ldots, \xi_n$ sono linearmente indipendenti per ipotesi.

(ii) Per far vedere che Ψ è suriettivo, si consideri un punto $y \neq x$ in M, e sia γ una curva qualsiasi che unisca i due punti (cfr. la figura 8.2). Quindi $\gamma \colon [a, b] \to M$ è una funzione continua tale che $\gamma(a) = x$ e $\gamma(b) = y$. Per ogni $z \in \gamma$ esiste un intorno $V(z)$ e un diffeomorfismo locale Ψ_z tale che Ψ_z trasforma l'intorno U di $t = 0$ nell'intorno $V(z)$ di z (ragionando come al punto (i)). Poiché il sostegno di γ è un insieme compatto, possiamo fissare un numero finito di intorni $V_1, \ldots, V_N$ che si intersecano a due a due e che ricoprono γ (cfr. l'esercizio 7.16); diciamo che $V_1, \ldots, V_N$ costituiscono una *catena* di intorni. In partico-

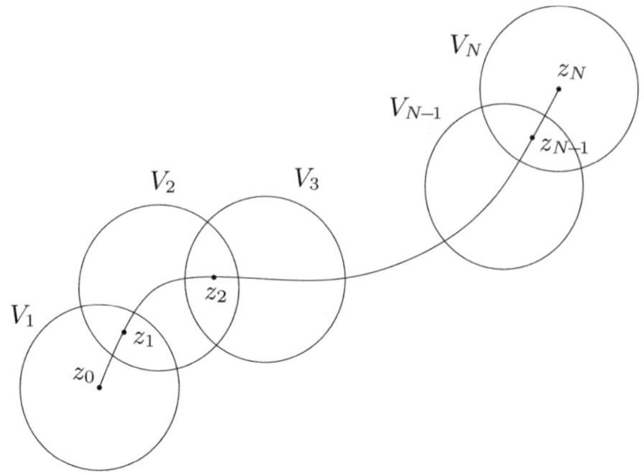

Figura 8.2 Catena di intorni lungo la curva che collega $x = z_0$ a $y = z_N$

lare si può fissare una successione finita di punti $z_0 = x, z_1, z_2, \ldots, z_N = y$ tali che $z_k \in V_k \cap V_{k+1}$ per $k = 1, \ldots, N-1$. Inoltre esistono $t_1, \ldots, t_N \in \mathbb{R}^n$ tali che $z_k = \Phi^{t_k}(z_{k-1})$ per $k = 1, \ldots, N$, di nuovo per l'argomento visto al punto (i). Se definiamo $t = t_1 + \ldots + t_N$ si trova allora $y = \Phi^t(x) = \Psi(t)$, che dimostra la suriettività di Ψ.

(iii) Se Ψ è iniettivo il teorema è dimostrato con $k = 0$. Consideriamo quindi il caso in cui Ψ non sia iniettivo. Definiamo l'*insieme dei periodi*

$$\mathcal{T} = \{T \in \mathbb{R}^n : \Phi^T(x) = x\}. \tag{8.44}$$

Si vede subito che $\mathcal{T}$ è un sottogruppo discreto di $\mathbb{R}^n$ e che non dipende da x (cfr. l'esercizio 8.12). Introduciamo la relazione di equivalenza $\sim$ ponendo $t \sim t'$ se $t - t' \in \mathcal{T}$, e prendiamo il quoziente di $\mathbb{R}^n$ secondo tale relazione di equivalenza: indichiamo il quoziente con $\widetilde{\mathcal{Q}} := \mathbb{R}^n/\mathcal{T}$. Definiamo infine l'applicazione quoziente

$$\widetilde{\Psi} = \widetilde{\Psi}_x := \Psi_x/\mathcal{T} : \widetilde{\mathcal{Q}} \to M,$$

che è dunque iniettiva per costruzione.

(iv) Per il lemma 8.37 gli elementi di $\mathcal{G} = \mathcal{T}$ si possono scrivere come combinazione lineare di k opportuni vettori $e_1, \ldots, e_k$, per qualche $k \le n$. Se $k < n$ si fissino $n - k$ vettori $e_{k+1}, \ldots, e_n$ in modo tale che $\{e_1, \ldots, e_n\}$ costituisca una base in $\mathbb{R}^n$. Definiamo il cambiamento di coordinate lineare $t \mapsto \varphi$, ponendo

$$t = \frac{1}{2\pi} \sum_{i=1}^{n} \varphi_i e_i,$$

che può essere scritta per componenti nella forma

$$t_i = \frac{1}{2\pi} \sum_{j=1}^{n} A_{ij} \varphi_j, \qquad A_{ij} = (e_j)_i. \tag{8.45}$$

Chiamiamo A la *matrice dei periodi*: A_{ij} indica di quanto varia t_i quando φ_j varia di 2π. In particolare se $\varphi_1, \ldots, \varphi_k$ sono multipli di 2π, mentre $\varphi_{k+1} = \ldots = \varphi_n = 0$, si ottengono i periodi, i.e. gli elementi di $\mathcal{T}$. Definiamo l'applicazione $\widetilde{A} : C_{n,k} \to \widetilde{\mathcal{Q}}$ che associa a $\varphi \in C_{k,n}$ il vettore $t \in \widetilde{\mathcal{Q}}$. L'applicazione $\widetilde{\Psi} \circ \widetilde{A} : C_{n,k} \to M$ costituisce allora un diffeomorfismo tra il cilindro $C_{n,k}$ e la varietà M.

Questo completa la dimostrazione. □

Dimostrazione del punto 1 del teorema 8.28 Che M_f sia diffeomorfo a $\mathbb{T}^n$ segue dunque dal teorema 8.38, notando che, se si assume che la varietà M sia compatta, allora necessariamente si deve avere $n = k$, e quindi M è diffeomorfa a $C_{n,n} = \mathbb{T}^n$. □

8.5.2 *Interludio*

Per completare la dimostrazione del teorema 8.28, dobbiamo ancora verificare il punto 2 dell'enunciato. Nel seguito indichiamo con f_* il valore f fissato nell'enunciato del teorema 8.28, e con f i valori nell'intorno $\mathcal{F}$ di f_*.

Data una superficie M_1 di dimensione m_1 in $\mathbb{R}^m$, diciamo che la superficie M_2 è *trasversa* a M_1 in un suo punto x se $m_2 = \dim(M_2) = m - m_1$ e gli spazi tangenti $T_x M_1$ e $T_x M_2$ generano $\mathbb{R}^m$. Sia Σ una superficie n-dimensionale trasversa a M_{f_*} nel punto x_*. Se l'intorno $\mathcal{F}$ di f_* è sufficientemente piccolo, la superficie Σ interseca M_f in un solo punto $y(f)$ per ogni $f \in \mathcal{F}$ (cfr. l'esercizio 8.13). Inoltre per ogni $f \in \mathcal{F}$ i vettori $\partial F_1/\partial z, \ldots, \partial F_n/\partial z$ sono linearmente indipendenti (per continuità). La costruzione effettuata nei paragrafi precedenti si può perciò ripetere per ogni $f \in \mathcal{F}$: in particolare l'insieme $\mathcal{T} = \mathcal{T}(f)$, e quindi la matrice dei periodi introdotta in (8.45), dipende in modo regolare da $f \in \mathcal{F}$ (cfr. l'esercizio 8.14). Si trova quindi un sistema di coordinate (t, f) in $M_{\mathcal{F}}$ e un'applicazione suriettiva $\mathcal{W}: S \to M_{\mathcal{F}}$, dove $S = \mathbb{R}^n \times \mathcal{F}$, che è periodica in t e ha come periodi gli elementi di $\mathcal{T} = \mathcal{T}(f)$: basta ripetere la costruzione della dimostrazione del teorema 8.38 per ogni $f \in \mathcal{F}$. Per costruzione si ha $\mathcal{W}(t, f) = (\Phi^t(y(f)), f)$, quindi $\mathcal{W}$ è un diffeomorfismo locale (cfr. l'esercizio 8.15).

Definiamo l'insieme $\widetilde{S} = S/\mathcal{T}(f)$ e l'applicazione $\widetilde{\mathcal{W}}: \widetilde{S} \to M_{\mathcal{F}}$, data dalla restrizione di W a $\widetilde{S}$. Per ogni $f \in \mathcal{F}$ si possono introdurre le variabili φ come fatto prima per $f = f_*$ (cfr. il punto (iv) della dimostrazione del teorema 8.38), definendo l'applicazione $\widetilde{\mathcal{A}}: (\varphi, f) \in C_{n,k} \times \mathcal{F} \to (t, f) \in \widetilde{S}$. In conclusione, si ottiene un'applicazione $\widetilde{\mathcal{W}} \circ \widetilde{\mathcal{A}}: \mathbb{T}^n \times \mathcal{F} \to M_{\mathcal{F}}$.

Nelle nuove variabili il flusso hamiltoniano associato a F_i è tale che

$$\dot{f}_k = 0, \qquad \dot{t}_k = \delta_{k,i}, \qquad k = 1, \ldots, n, \tag{8.46}$$

si hanno cioè le equazioni di Hamilton con hamiltoniana $F_i(\varphi, f) = f_i$. In altre parole, il flusso hamiltoniano associato a ogni F_i, per $i = 1, \ldots, n$, è trasformato in un flusso hamiltoniano. Ma ovviamente questo non è sufficiente per concludere che la trasformazione sia canonica: infatti perché una trasformazione sia canonica occorre che la stessa proprietà sia soddisfatta per qualsiasi funzione hamiltoniana, e non solo per n hamiltoniane speciali.

8.5.3 Dimostrazione del punto 2 del teorema di Liouville-Arnol'd

Il problema con la trasformazione di coordinate costruita nel §8.5.2 è proprio che, in generale, non è canonica. Per ottenere una trasformazione canonica bisogna fissare la superficie Σ (ovvero l'origine dei tempi t per f fissato) in modo opportuno: facciamo allora un passo indietro e siamo più attenti al modo in cui costruire le variabili (t, f).

Lemma 8.39 *Siano le funzioni $F_1, \ldots, F_n : \mathbb{R}^{2n} \to \mathbb{R}$ di classe C^2 e in involuzione tra di loro. Se i vettori $\partial F_1/\partial z, \ldots, \partial F_n/\partial z$ sono linearmente indipendenti in un punto $x_* \in M_f$, allora esiste in un intorno di x_* un sistema di coordinate canoniche (q, p) tali che la matrice $n \times n$ di elemnti*

$$\frac{\partial F_i}{\partial p_j}(x_*) \tag{8.47}$$

sia non singolare e risulta ben definita una funzione $p = P(q, f)$ tale che $F_i(q, P(q, f)) = f_i$ per $i = 1, \ldots, n$.

Dimostrazione Osserviamo innazitutto che la condizione che i vettori $\partial F_1/\partial z, \ldots, \partial F_n/\partial z$ siano linearmente indipendenti in x_* è equivalente a dire che, se M è la matrice $n \times 2n$ di elementi

$$M_{ij} = \begin{cases} \dfrac{\partial F_i}{\partial q_j}, & i, j = 1, \ldots, n, \\ \dfrac{\partial F_i}{\partial p_{j-n}}, & i = 1, \ldots, n, \quad j = n+1, \ldots, 2n \end{cases}$$

allora il rango di M è

$$\text{Ran}(M) = n. \tag{8.48}$$

Nel seguito omettiamo x_* nelle notazioni, intendendo che tale punto è fissato una volta per tutte e che quindi tutte le derivate sono calcolate in x_*. Definiamo

$$r = \text{Ran}(N), \tag{8.49}$$

dove N è la matrice $n \times n$ di elementi $N_{ij} = \partial F_i/\partial p_j$. Se $r = n$ segue l'asserto. Supponiamo quindi che si abbia $r = k < n$. Consideriamo una trasformazione canonica, lineare nelle p e opportunamente completata nelle q (cfr. la trasformazione dell'osservazione 7.88), tale che nelle nuove variabili, che per semplicità continuiamo a indicare con (q, p), si possa scrivere

$$M = \begin{pmatrix} Q & S & P & 0 \end{pmatrix}. \tag{8.50}$$

dove

$$\begin{aligned} Q_{ij} &= \frac{\partial F_i}{\partial q_j}, \qquad i = 1, \dots, n, \quad j = 1, \dots, k, \\ S_{ij} &= \frac{\partial F_i}{\partial q_j}, \qquad i = 1, \dots, n, \quad j = k+1, \dots, n, \\ P_{ij} &= \frac{\partial F_i}{\partial p_j}, \qquad i = 1, \dots, n, \quad j = 1, \dots, k, \end{aligned}$$

mentre 0 è la matrice nulla $n \times (n-k)$. Consideriamo la matrice Z ottenuta dalla (8.50) eliminando le prime k e le ultime $n-k$ colonne, e studiamone il determinante. Ovviamente il determinante non cambia se sostituiamo ad alcune righe delle loro combinazioni lineari (basta sviluppare il determinante secondo una di tali righe in accordo con la (1.11) del volume 1 e utilizzare la proprietà 5 dell'esercizio 1.21 del volume 1 per concludere che i contributi ottenuti dalle combinazioni lineari delle altre righe sono nulli); possiamo interpretare tale sostituzioni dicendo che ad alcune F_i sostituiamo delle combinazioni lineari delle funzioni stesse; le nuove funzioni, che continuiamo a indicare con le stesse lettere, di nuovo per non appesantire le notazioni, sono ovviamente ancora in involuzione. In conclusione, una volta effettuate le sostituzioni sopra descritte, possiamo mettere la matrice (8.50) nella forma

$$M = \begin{pmatrix} A & B & R & 0 \\ C & D & 0 & 0 \end{pmatrix} \tag{8.51}$$

dove A, B, C, D ed R sono opportuni blocchi; più precisamente si ha

$$\begin{aligned} R_{ij} &= \frac{\partial F_i}{\partial p_j}, \qquad i, j = 1, \dots, k, \\ A_{ij} &= \frac{\partial F_i}{\partial q_j}, \qquad i, j = 1, \dots, k, \\ B_{ij} &= \frac{\partial F_i}{\partial q_j}, \qquad i = 1, \dots, k, \quad j = k+1, \dots, n, \\ C_{ij} &= \frac{\partial F_i}{\partial q_j}, \qquad i = k+1, \dots, n, \quad j = 1, \dots, k, \\ D_{ij} &= \frac{\partial F_i}{\partial q_j}, \qquad i = k+1, \dots, n, \quad j = k+1, \dots, n. \end{aligned}$$

Si ha, in particolare,

$$Z = \begin{pmatrix} B & R \\ D & 0 \end{pmatrix}.$$

In tali coordinate risulta, per $1 \leq i \leq k$ e $k+1 \leq j \leq n$ (cfr. l'esercizio 8.16),

$$0 = \{F_i, F_j\} = -\sum_{m=1}^{k} \frac{\partial F_i}{\partial p_m} \frac{\partial F_j}{\partial q_m} = -\sum_{m=1}^{k} R_{im} C_{jm}, \tag{8.52}$$

ovvero i vettori ottenuti prendendo una riga qualsiasi di R e una riga qualsiasi di C sono ortogonali tra loro. D'altra parte, $\det R \neq 0$ poiché in (8.49) si ha $r = k$, così che le righe di R costituiscono k vettori $v_1, \ldots, v_k$ linearmente indipendenti in $\mathbb{R}^k$. Le righe di C costituiscono $n-k$ vettori in $\mathbb{R}^k$ ortogonali ai vettori $v_1, \ldots, v_k$, quindi devono essere nulli. Ne segue che la matrice C deve essere nulla. Poiché il rango della matrice (8.51) è n, per l'ipotesi (8.48), si ha quindi $\det Z \neq 0$.

Infine, con un'ulteriore trasformazione canonica, possiamo scambiare tra loro le p_i e le q_i e operare contestualmente un cambio di segno di una delle due (cfr. l'osservazione 7.19), per $i = k+1, \ldots, n$. Questo dimostra che vale la (8.47) in opportune coordinate locali.

La condizione (8.47) consente di applicare il teorema della funzione implicita, in modo da esplicitare p in funzione di q e di f. In altre parole esiste una funzione P tale che

$$p_i = P_i(q, f), \qquad F_i(q, P(q, f)) = f_i,$$

per ogni $i = 1, \ldots, n$. Questo comporta l'ultima affermazione del lemma e ne completa la dimostrazione. □

Lemma 8.40 *Siano soddisfatte le ipotesi del teorema 8.28. La forma differenziale $\langle p, \mathrm{d}q \rangle$ è chiusa su ogni superficie M_f per $f \in \mathcal{F}$.*

Dimostrazione Sia P la funzione definita nel lemma 8.39, così che risulta $p = P(q, f)$. La forma $\langle p, \mathrm{d}q \rangle$ è chiusa se e solo se

$$\frac{\partial P_i}{\partial q_j} - \frac{\partial P_j}{\partial q_i} = 0 \qquad \forall i, j = 1, \ldots, n. \tag{8.53}$$

Derivando rispetto a q le identità $F_k(q, P(q, f)) = f_k$ per $k = 1, \ldots, n$, si trova

$$\frac{\mathrm{d}F_k}{\mathrm{d}q_j} = \sum_{i=1}^{n} \frac{\partial F_k}{\partial p_i} \frac{\partial P_i}{\partial q_j} + \frac{\partial F_k}{\partial q_j} = 0, \qquad k, j = 1, \ldots, n,$$

dove $\mathrm{d}F_k/\mathrm{d}q_j$ indica la derivata totale rispetto a q_j di F_k, e questo permette di scrivere

$$\frac{\partial F_k}{\partial q_j} = -\sum_{i=1}^{n} \frac{\partial F_k}{\partial p_i}\frac{\partial P_i}{\partial q_j}. \qquad k, j = 1, \ldots, n. \tag{8.54}$$

Il fatto che le funzioni $F_1, \ldots, F_n$ siano in involuzione implica

$$0 = \{F_k, F_m\} = \sum_{j=1}^{n}\left(\frac{\partial F_k}{\partial q_j}\frac{\partial F_m}{\partial p_j} - \frac{\partial F_k}{\partial p_j}\frac{\partial F_m}{\partial q_j}\right), \qquad k, m = 1, \ldots, n. \tag{8.55}$$

Scrivendo $\partial F_k/\partial q_j$ e $\partial F_m/\partial q_j$ in (8.55) in accordo con la (8.54), troviamo

$$\begin{aligned} 0 &= \sum_{i,j=1}^{n}\left(\frac{\partial F_k}{\partial p_i}\frac{\partial F_m}{\partial p_j}\frac{\partial P_i}{\partial q_j}\right) - \sum_{i,j=1}^{n}\left(\frac{\partial F_k}{\partial p_j}\frac{\partial F_m}{\partial p_i}\frac{\partial P_i}{\partial q_j}\right) \\ &= \sum_{i,j=1}^{n} \frac{\partial F_k}{\partial p_i}\frac{\partial F_m}{\partial p_j}\left(\frac{\partial P_i}{\partial q_j} - \frac{\partial P_j}{\partial q_i}\right), \end{aligned} \tag{8.56}$$

avendo scambiato tra loro gli indici di somma i, j nella seconda somma della prima riga. In virtù della (8.47), la (8.56) è equivalente alla (8.53) (cfr. l'esercizio 8.17). □

Lemma 8.41 *Siano soddisfatte le ipotesi del teorema 8.28. Indichiamo con (q, p) le coordinate locali in un intorno di $x_* \in M_{f_*}$ e con P la funzione che inverte localmente le $F_1, \ldots, F_n$ rispetto alle p data dal lemma 8.39. Poniamo $x_* = (q_*, p_*)$ e consideriamo*

$$S(q, f) = \int_{\gamma} \langle P(q', f), \mathrm{d}q' \rangle, \tag{8.57}$$

dove γ è una qualsiasi curva su M_f che unisce il punto q_* al punto q. Allora $S(q, f)$ è la funzione generatrice di seconda specie di una trasformazione canonica locale $\mathcal{Z}\colon (t, f) \to (q, p)$.

Dimostrazione Per il lemma 8.40 l'integrale (8.57) non dipende dalla curva γ. Quindi la funzione (8.57) è ben definita. Inoltre, poiché si ha

$$\det\left(\frac{\partial^2 S}{\partial q \partial f}\right) = \det\left(\frac{\partial P}{\partial f}\right) = \det\left(\left(\frac{\partial f}{\partial P}\right)^{-1}\right) \neq 0$$

per il lemma 8.39, $S(q, f)$ può essere utilizzata come funzione generatrice di seconda specie. La trasformazione canonica corrispondente $\mathcal{Z}\colon (g, f) \to (q, p)$ è definita da

$$\begin{cases} p = P(q, f), \\ g = \displaystyle\int_\gamma \left\langle \frac{\partial P}{\partial f}(q', f), \mathrm{d}q' \right\rangle. \end{cases}$$

L'hamiltoniana F_i nelle nuove variabili (g, f) diventa $\widetilde{F}_i = f_i$, e le corrispondenti equazioni di Hamilton sono

$$\dot{f}_k = 0, \qquad \dot{g}_k = \delta_{k,i}, \qquad k = 1, \ldots, n.$$

Inoltre si ha $g = 0$ per $t = 0$ (infatti $(g, f) = (0, f_*)$ corrisponde al punto (q_*, p_*)), quindi, applicando il flusso Φ^t, si trova $g_k = t_k$ per $k = 1, \ldots, n$. In conclusione le coordinate g coincidono con le coordinate t. □

Dimostrazione del punto 2 del teorema 8.28 Sia $x_* \in M_{f_*}$. Poniamo $x_* = (q_*, p_*)$ e definiamo $y(f) = (q_*, P(q_*, f))$. In particolare $y(f_*) = x_*$. Consideriamo come superficie Σ trasversa a M_{f_*} in x_* la superficie parametrizzata dalla funzione $y(f)$ così definita.

Per il lemma 8.41 esiste una trasformazione canonica $\mathcal{Z}: (t, f) \to (q, p)$ che porta un intorno U_* di $(0, f_*)$ in un intorno V_* del punto (q_*, p_*). Inoltre si ha $\mathcal{Z} = \mathcal{W}_* := \mathcal{W}|U_*$, dove $\mathcal{W}(t, f) = \Phi^t(y(f))$ è la funzione definita nel §8.5.2, con la scelta appena descritta di $y(f)$. In altre parole $\mathcal{Z}$ coincide con la restrizione di $\mathcal{W}$ all'intorno U_*.

Vogliamo far vedere che $\mathcal{W}$ è globalmente canonica, i.e. che per ogni $(\bar{t}, \bar{f})$ esiste un intorno $\bar{U}$ di $(\bar{t}, \bar{f})$ tale che la trasformazione $\mathcal{W}$ che porta $\bar{U}$ in un intorno $\bar{V} = \mathcal{W}(\bar{U})$ in $M_{\mathcal{F}}$ del punto $(\bar{q}, \bar{p}) = \mathcal{W}(\bar{t}, \bar{f})$ è canonica.

Definiamo $A^{\bar{t}}: (t, f) \to (t + \bar{t}, f)$, la traslazione di $\bar{t}$, e poniamo $\bar{V} = \Phi^{\bar{t}}(V_*)$. Sia $A^{\bar{t}}$ che $\Phi^{\bar{t}}$ sono canoniche: la prima lo è banalmente, la seconda perché non è altro che il flusso hamiltoniano, che definisce una trasformazione canonica per il teorema 7.75.

Le trasformazioni $\mathcal{W}_*: U_* \to V_*$, $A^{\bar{t}}: U_* \to \bar{U}$ e $\Phi^{\bar{t}}: V_* \to \bar{V}$ sono tutte canoniche, e di conseguenza è canonica anche la trasformazione

$$\bar{\mathcal{W}} = \Phi^{\bar{t}} \circ \mathcal{W}_* \circ A^{-\bar{t}}: \bar{U} \to \bar{V},$$

così che possiamo concludere che $\mathcal{W}$ è canonica.

Infine, per completare la dimostrazione del teorema di Liouville-Arnol'd, dobbiamo definire le variabili azione-angolo. Ricordiamo che si ha

$$t = \frac{1}{2\pi} A(f)\, \varphi,$$

dove $A(f)$ è la matrice dei periodi. Vogliamo definire le variabili d'azione $J = J(f)$ tali che la trasformazione $(q, p) \mapsto (\varphi, J)$ sia canonica. Definiamo innanzitutto

$$J_k(f) = \frac{1}{2\pi} \oint_{\gamma_k(f)} \langle p, \mathrm{d}q \rangle, \qquad k = 1, \dots, n,$$

dove $\gamma_k(f)$ è la curva chiusa che si ottiene facendo variare la sola variabile angolare φ_k di 2π, tenendo fisse tutte le altre φ_i, $i \neq k$. Per il lemma 8.40, l'integrale non dipende dal punto iniziale scelto lungo la curva. Dobbiamo allora dimostrare che risulta

$$\frac{\partial J}{\partial f} = \frac{1}{2\pi} A^T(f), \tag{8.58}$$

con $A^T(f)$ matrice trasposta di $A(f)$. Infatti, se vale la (8.58), si può utilizzare la funzione

$$S(\varphi, f) = \langle \varphi, J(f) \rangle$$

come funzione generatrice di seconda specie per generare la trasformazione canonica cercata.

Per verificare la (8.58) consideriamo l'incremento

$$\begin{aligned} J_k(f+\varepsilon) - J_k(f) &= \frac{1}{2\pi} \left(\oint_{\gamma_k(f+\varepsilon)} \langle p, \mathrm{d}q \rangle - \oint_{\gamma_k(f)} \langle p, \mathrm{d}q \rangle \right) \\ &= \frac{1}{2\pi} \oint_{\gamma_k(f,\varepsilon)} \langle p, \mathrm{d}q \rangle, \end{aligned}$$

dove $\gamma_k(f, \varepsilon)$ è una curva chiusa ottenuta aggiungendo alle due curve chiuse $\gamma_k(f)$ e $\gamma_k(f+\varepsilon)$ un percorso di andata e uno di ritorno, per esempio uno a $\varphi_k = 0$ e uno a $\varphi_k = 2\pi$; in termini di t, il primo corrisponde a $t = 0$ e il secondo a t tale che ciascuno dei t_i è aumentato del periodo T_{ki}, con $T = A^T$, se $A = A(f)$ è la matrice dei periodi.

L'immagine della curva $\gamma_k(f, \varepsilon)$ nelle variabili (t, f) è il prodotto di n curve chiuse $\tilde{\gamma}_{ki}(f, \varepsilon)$ nelle variabili (t_i, f_i), tali che ogni curva chiusa $\tilde{\gamma}_{ki}(f, \varepsilon)$ è costituita dai quattro rami (cfr. la figura 8.3):

- $\tilde{\gamma}_{ki}^{(1)}(f, \varepsilon) = \{(f_i', t_i') \in \mathbb{R}^2 : f_i \leq f_i' \leq f_i + \varepsilon_i,\ t_i' = 0\}$;
- $\tilde{\gamma}_{ki}^{(2)}(f, \varepsilon) = \{(f_i', t_i') \in \mathbb{R}^2 : f_i' = f_i + \varepsilon_i,\ 0 \leq t_i' \leq T_{ki}(f_i + \varepsilon_i)\}$;
- $\tilde{\gamma}_{ki}^{(3)}(f, \varepsilon) = \{(f_i', t_i') \in \mathbb{R}^2 : f_i \leq f_i' \leq f_i + \varepsilon_i,\ t_i' = T_{ki}(f_i')\}$;
- $\tilde{\gamma}_{ki}^{(4)}(f, \varepsilon) = \{(f_i', t_i') \in \mathbb{R}^2 : f_i' = f_i,\ 0 \leq t_i' \leq T_{ki}(f_i')\}$.

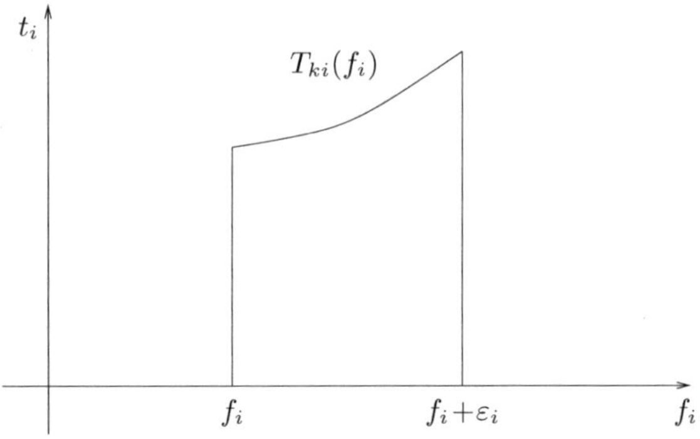

Figura 8.3 Curva chiusa $\tilde{\gamma}_{ki}(f,\varepsilon)$ nelle variabili (t_i, f_i)

Poiché la trasformazione $\mathcal{W}$ è canonica, essa conserva l'invariante integrale relativo di Poincaré-Cartan (cfr. il teorema 7.63), quindi

$$J_k(f+\varepsilon) - J_k(f) = \frac{1}{2\pi}\sum_{i=1}^{n} \oint_{\tilde{\gamma}_{ki}(f,\varepsilon)} f_j \, \mathrm{d}t_j ,$$

dove per ogni $i = 1, \ldots, n$ si ha

$$\frac{1}{2\pi}\oint_{\tilde{\gamma}_{ki}(f,\varepsilon)} f_j \, \mathrm{d}t_j = \frac{1}{2\pi}\mathrm{Area}(\tilde{\gamma}_{ki}(f,\varepsilon)) = \frac{1}{2\pi}\varepsilon_i T_{ki}(f) + O(\varepsilon^2),$$

Di conseguenza si ha $\partial J_k/\partial f_i = T_{ki}(f)/2\pi = A_{ik}(f)/2\pi$, in accordo con la (8.58). □

Osservazione 8.42 Il teorema di Liouville-Arnol′d afferma che, sotto le ipotesi considerate, valgono i seguenti risultati:

1. la superficie M_f è diffeomorfa a $\mathbb{T}^n$,
2. esiste un intorno $\mathcal{F}$ di f tale che per ogni $f' \in \mathcal{F}$ la superficie $M_{f'}$ è diffeomorfa a $\mathbb{T}^n$ e in $M_{\mathcal{F}}$ si possono usare variabili azione-angolo.

La parte 1 del teorema è dovuta a Liouville, la parte 2 ad Arnol′d. Talora i due risultati sono enunciati separatamente come *teorema di Liouville* e *teorema di Arnol′d*.

8.6 Variabili azione-angolo di alcuni sistemi integrabili

Diamo ora qualche esempio di costruzione esplicita di variabili azione-angolo, rivisitando nel far questo alcuni sistemi hamiltoniani notevoli che abbiamo incontrato più volte in precedenza. Un ulteriore esempio – il corpo rigido con un punto fisso non soggetto a forze – sarà discusso nell'esercizio 8.49.

8.6.1 Oscillatore armonico

Abbiamo già visto nel §8.3 come procedere per definire le variabili azione-angolo dell'oscillatore armonico (o di un qualsiasi sistema unidimensionale nelle vicinanze di un punto di minimo). L'hamiltoniana dell'oscillatore armonico è data da

$$\mathcal{H}(p,q) = \frac{1}{2m}p^2 + \frac{1}{2}m\omega^2 q^2$$

e diventa

$$\mathcal{K}(J) = \omega J, \tag{8.59}$$

con la trasformazione canonica (cfr. l'esercizio 8.19)

$$q = \sqrt{\frac{2J}{m\omega}}\sin\varphi, \qquad p = \sqrt{2Jm\omega}\cos\varphi. \tag{8.60}$$

Una funzione generatrice di seconda specie, prendendo per concretezza la determinazione positiva di p, nella (8.29), è

$$F(q,J) = \int_{q_0}^{q} \mathrm{d}q' \sqrt{2m\omega J - m^2\omega^2(q')^2}. \tag{8.61}$$

Infatti, derivando la (8.61) rispetto a J, si trova

$$\varphi = \frac{\partial F}{\partial J} = \int_{x_0}^{x} \frac{\mathrm{d}x'}{\sqrt{1-(x')^2}}, \qquad x = q\sqrt{\frac{m\omega}{2J}},$$

e, scegliendo $q_0 = x_0 = 0$ (che equivale a fissare l'origine dei tempi), si trova $\varphi = \arcsin x$, in accordo con la (8.60). Si noti che la (8.61) si integra esplicitamente e dà (cfr. l'esercizio 8.20)

$$F(q,J) = \frac{q}{2}\sqrt{2m\omega J - m^2\omega^2 q^2} + J\ \arcsin\left(q\sqrt{\frac{m\omega}{2J}}\right). \tag{8.62}$$

L'oscillatore armonico è un sistema integrabile (cfr. la definizione 10.53 del volume 1). Inoltre è un *sistema iscocrono*: la frequenza ω non dipende dall'azione. Infatti tutti i moti sono periodici con periodo $T = 2\pi/\omega$, indipendentemente dai dati iniziali.

8.6.2 Oscillatore cubico

Un sistema unidimensionale costituito da un punto materiale sottoposto a una forza attrattiva, diretta verso l'origine e non lineare, prende il nome di *oscillatore*

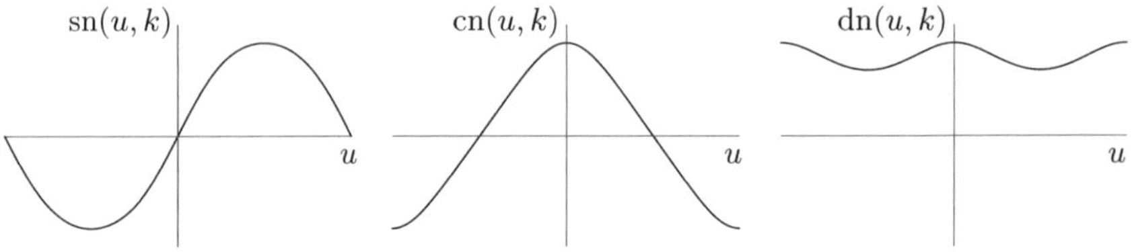

Figura 8.4 Grafici delle funzioni ellittiche di Jacobi per $k = 1/\sqrt{2}$

nonlineare od *oscillatore anarmonico*. Definiamo *oscillatore cubico* un oscillatore nonlineare in cui la forza sia cubica. L'hamiltoniana che descrive il sistema è quindi data da

$$H(q, p) = \frac{1}{2m} p^2 + \frac{1}{4} ma\, q^4, \tag{8.63}$$

dove $a > 0$. Le corrispondenti equazioni del moto sono

$$m\dot{q} = p, \qquad \dot{p} = -ma\, q^3 \quad \Longrightarrow \quad \ddot{q} = -a\, q^3.$$

Si vede facilmente che $(q, p) = (0, 0)$ è un punto di equilibrio stabile, mentre tutte le altre soluzioni sono periodiche e percorrono orbite chiuse che circondano l'origine.

Le variabili azione-angolo per il sistema (8.63) si definiscono in termini delle *funzioni ellittiche di Jacobi*. Definiamo, per $k \in (0, 1)$,

$$u = u(\varphi, k) := \int_0^{\varphi} \frac{\mathrm{d}\theta}{\sqrt{1 - k^2 \sin^2 \theta}}, \qquad K(k) := \int_0^{\pi/2} \frac{\mathrm{d}\theta}{\sqrt{1 - k^2 \sin^2 \theta}}, \tag{8.64}$$

che prendono il nome di *integrale ellittico incompleto del primo tipo* e *integrale ellittico completo del primo tipo*, rispettivamente. Il parametro k è chiamato *modulo ellittico*, mentre la variabile φ prende il nome di *amplitudine*. Le funzioni ellittiche di Jacobi sono allora definite implicitamente come

$$\mathrm{sn}\,(u, k) := \sin\varphi, \qquad \mathrm{cn}\,(u, k) := \cos\varphi, \qquad \mathrm{dn}\,(u, k) := \sqrt{1 - k^2 \sin^2 \varphi},$$

e sono chiamate rispettivamente *seno amplitudine* (o *seno ellittico*), *coseno amplitudine* (o *coseno ellittico*) e *delta amplitudine*. Le funzioni $\mathrm{sn}(u, k)$ e $\mathrm{cn}(u, k)$ sono periodiche di periodo $4K(k)$, mentre la funzione $\mathrm{dn}(u, k)$ è periodica di periodo $2K(k)$; inoltre $\mathrm{cn}(u, k)$ e $\mathrm{dn}(u, k)$ sono funzioni pari, mentre $\mathrm{sn}(u, k)$ è dispari. Per $k = 1/\sqrt{2}$ i rispettivi grafici sono rappresentati nella figura 8.4.

Dalle definizioni seguono immediatamente le identità

$$\mathrm{cn}^2(u, k) + \mathrm{sn}^2(u, k) = 1, \qquad \mathrm{dn}^2(u, k) + k^2\mathrm{sn}^2(u, k) = 1, \tag{8.65}$$

e le seguenti regole di derivazione:

$$\frac{\partial}{\partial u}\mathrm{cn}(u,k) = -\mathrm{sn}(u,k)\,\mathrm{dn}(u,k),$$
$$\frac{\partial}{\partial u}\mathrm{sn}(u,k) = \mathrm{cn}(u,k)\,\mathrm{dn}(u,k),$$
$$\frac{\partial}{\partial u}\mathrm{dn}(u,k) = -k^2\mathrm{sn}(u,k)\,\mathrm{cn}(u,k).$$

Osservazione 8.43 Si verificare facilmente che le funzioni $\mathrm{sn}(u,k)$, $\mathrm{cn}(u,k)$, $\mathrm{dn}(u,k)$ risolvono, rispettivamente, le tre equazioni differenziali del secondo ordine

$$\frac{\partial^2 x}{\partial u^2} + (1+k^2)\,x - 2k^2x^3 = 0, \tag{8.66a}$$
$$\frac{\partial^2 x}{\partial u^2} + (1-2k^2)\,x + 2k^2x^3 = 0, \tag{8.66b}$$
$$\frac{\partial^2 x}{\partial u^2} - (2-k^2)\,x + 2x^3 = 0. \tag{8.66c}$$

In particolare $x(t) = \mathrm{cn}(t, 1/\sqrt{2})$ risolve l'equazione $\ddot{x} + x^3 = 0$.

Consideriamo la trasformazione di coordinate

$$q = \left(\frac{3J}{T}\right)^{1/3}\left(am^2\right)^{-1/6}\mathrm{cn}(T\varphi, 1/\sqrt{2}), \tag{8.67a}$$
$$p = -\left(\frac{3J}{T}\right)^{2/3}\left(am^2\right)^{1/6}\mathrm{sn}(T\varphi, 1/\sqrt{2})\,\mathrm{dn}(T\varphi, 1/\sqrt{2}), \tag{8.67b}$$

dove $T := 4K(1/\sqrt{2})/2\pi$. Si verifica imediatamente che la (8.67) è canonica (cfr. l'esercizio 8.21) e che, nelle nuove coordinate, l'hamiltoniana (8.63) diventa (cfr. l'esercizio 8.22)

$$\mathcal{H}(\varphi, J) = \frac{1}{4}\left(\frac{a}{m}\right)^{1/3}\left(\frac{3J}{T}\right)^{4/3}. \tag{8.68}$$

Le coordinate (J,φ) rappresentano le variabili azione-angolo del sistema: infatti J è l'azione (cfr. l'esercizio 8.24) e la variabile coniugata φ è definita modulo 2π. Ne segue che anche l'oscillatore cubico è un sistema integrabile. A differenza dell'oscillatore armonico, nel caso dell'oscillatore cubico a frequenza dipende dai dati iniziali attraverso l'azione J ed è data da $\omega(J) = (3aJ/mT^4)^{1/3}$. In particolare $\omega(J) \to +\infty$ per $J \to +\infty$ e $\omega(J) \to 0$ per $J \to 0$.

8.6.3 Pendolo semplice

Il pendolo semplice non rientra tra i sistemi considerati nel §8.3, in quanto l'energia potenziale non è una funzione convessa ovunque – e quindi non tutte le orbite sono chiuse. L'hamiltoniana è data da (cfr. l'esercizio 8.25)

$$H(q,p) = \frac{1}{2m\ell^2}p^2 - mg\ell\cos q, \tag{8.69}$$

dove $q \in \mathbb{T}$ e $p = m\ell^2\dot{q}$. La definizione delle variabili azione-angolo cambia a seconda che si vogliano descrivere moti all'interno (oscillazioni) o moti all'esterno (rotazioni) della separatrice.

Consideriamo prima il caso delle oscillazioni. Sia q_0 l'ampiezza massima delle oscillazioni. La conservazione dell'energia implica

$$\frac{1}{2}m\ell^2\dot{q}^2 - mg\ell\cos q = -mg\ell\cos q_0, \tag{8.70}$$

dove abbiamo usato che $\dot{q} = 0$ all'istante in cui $q = q_0$. Usando l'identità trigonometrica (formula di bisezione)

$$\frac{1-\cos q}{2} = \sin^2\Big(\frac{q}{2}\Big), \tag{8.71}$$

riscriviamo la (8.70) come

$$\dot{q}^2 = 4\omega_0^2\Big(\sin^2\Big(\frac{q_0}{2}\Big) - \sin^2\Big(\frac{q}{2}\Big)\Big), \tag{8.72}$$

dove $\omega_0^2 := g/\ell$. Ridefinendo il tempo come $\tau := \omega_0 t$, ponendo $k := \sin(q_0/2)$ e introducendo la variabile riscalata

$$x(\tau) := \frac{1}{k}\sin\Big(\frac{q(t)}{2}\Big),$$

la (8.72) diventa

$$\Big(\frac{\mathrm{d}x}{\mathrm{d}\tau}\Big)^2 = \frac{1}{4k^2}(1-k^2x^2)4(k^2-k^2x^2) = \big(1-k^2x^2\big)\big(1-x^2\big). \tag{8.73}$$

Derivando la (8.73) rispetto a τ, otteniamo

$$2\frac{\mathrm{d}x}{\mathrm{d}\tau}\frac{\mathrm{d}^2x}{\mathrm{d}\tau^2} = -2\big[(1+k^2)x - 2k^2x^3\big]\frac{\mathrm{d}x}{\mathrm{d}\tau}. \tag{8.74}$$

Poiché la (8.74) deve essere soddisfatta per ogni tempo τ, si deve avere

$$\frac{\mathrm{d}^2x}{\mathrm{d}\tau^2} + (1+k^2)x - 2k^2x^3 = 0. \tag{8.75}$$

Confrontando la (8.75) con (8.66a), si vede che la soluzione con dato iniziale $x(0) = 0$ è data da $x(\tau) = \mathrm{sn}(\tau,k)$. In termini delle coordinate originali, si ha quindi

$$q(t) = 2\arcsin(k\,\mathrm{sn}(\omega_0 t,k)), \qquad \omega_0 = \sqrt{\frac{g}{\ell}}, \tag{8.76}$$

Derivando la (8.76) rispetto a t, utilizzando la seconda identità in (8.65) e ricordando che $p(t) = m\ell^2 \dot{q}(t)$, troviamo

$$p(t) = 2m\ell^2 k\omega_0 \,\mathrm{cn}(\omega_0 t, k). \tag{8.77}$$

La soluzione $(q(t), p(t))$ data dalle (8.76) e (8.77) è periodica di periodo $4K(k)/\omega_0$.

L'azione è data da (cfr. l'esercizio 8.26)

$$J(k) = \frac{1}{2\pi} \oint p \,\mathrm{d}q = \frac{8}{\pi} \omega_0 m\ell^2 \big[(k^2 - 1)\, K(k) + E(k)\big], \tag{8.78}$$

dove

$$E(k) := \int_0^{\pi/2} \sqrt{1 - k^2 \sin^2 \theta} \,\mathrm{d}\theta \tag{8.79}$$

è l'*integrale ellittico completo del secondo tipo* e k è legato all'energia E attraverso la relazione (si noti che $E \in (-mg\ell, mg\ell)$ per moti oscillatori del pendolo)

$$k = k(E) := \sqrt{\frac{E + mg\ell}{2mg\ell}}.$$

La (8.78) esprime l'azione J in termini di k e quindi dell'energia E, i.e. $J = J(k(E))$; invertendo tale relazione si trova l'energia in termini di J.

Se definiamo la trasformazione di coordinate

$$q = 2 \arcsin(k \,\mathrm{sn}(T_k \varphi, k)), \qquad p = 2\, k\, \omega_0 m\ell^2 \mathrm{cn}(T_k \varphi, k), \tag{8.80}$$

dove $T_k := 4K(k)/2\pi$ e $k = k(J)$ è la funzione inversa di (8.78), si verifica che la trasformazione è canonica (cfr. l'esercizio 8.30). L'hamiltoniana (8.69) in termini dell'azione si trova scrivendo $H(q, p) = E = mg\ell(2k^2(J) - 1)$.

Osservazione 8.44 Il caso in cui l'ampiezza massima q_0 delle oscillazioni tenda a π, e quindi k tende a 1^-, si può ottenere come caso limite dalla discussione sopra. Infatti valgono le seguenti forme limite per le funzioni ellittiche di Jacobi (cfr. l'esercizio 8.31).

$$\lim_{k \to 0^+} \mathrm{sn}\,(u, k) = \sin u, \qquad \lim_{k \to 1^-} \mathrm{sn}\,(u, k) = \tanh u, \tag{8.81a}$$

$$\lim_{k \to 0^+} \mathrm{cn}\,(u, k) = \cos u, \qquad \lim_{k \to 1^-} \mathrm{cn}\,(u, k) = \mathrm{sech}\, u, \tag{8.81b}$$

$$\lim_{k \to 0^+} \mathrm{dn}\,(u, k) = 1, \qquad \lim_{k \to 1^-} \mathrm{dn}\,(u, k) = \mathrm{sech}\, u, \tag{8.81c}$$

dove

$$\sinh u = \frac{\mathrm{e}^u - \mathrm{e}^{-u}}{2}, \quad \cosh u = \frac{\mathrm{e}^u + \mathrm{e}^{-u}}{2}, \quad \tanh u = \frac{\cosh u}{\sinh u}, \quad \mathrm{sech}\, u = \frac{1}{\cosh u}$$

sono le funzioni *seno iperbolico*, *coseno iperbolico*, *tangente iperbolica* e *secante iperbolica*, rispettivamente (cfr. anche l'esercizio 1.54 del volume 1). In particolare la trasformazione di coordinate (8.80) si può anche definire per $k = 1$, anche se, ovviamente, (J, φ) non si possono più interpretare come variabili azione-angolo. Anche la soluzione (8.76) è ben definita nel limite $k \to 1^-$ e si riduce alla (5.35) del volume 1, con $\bar{\theta} = 0$ (cfr. l'esercizio 8.32).

Consideriamo ora il caso delle rotazioni. La conservazione dell'energia dà

$$\frac{1}{2} m\ell^2 \dot{q}^2 - mg\ell \cos q = \frac{1}{2} m\ell^2 v_0^2 - mg\ell, \tag{8.82}$$

dove $v_0 := \dot{q}(0)$. Se le condizioni iniziali sono tali che $q(0) = 0$ e $v(0) > 0$, si ha $\dot{q} > 0$ lungo tutta la traiettoria, così che, calcolata in $q = \pi$, la (8.82) implica $v_0^2 > 4\omega_0^2$, se $\omega_0 = \sqrt{g/\ell}$ come prima. In luogo della (8.72) abbiamo allora

$$\dot{q}^2 = \frac{4\omega_0^2}{k^2} \left(1 - k^2 \sin^2 \left(\frac{q}{2} \right) \right), \tag{8.83}$$

dove di nuovo si è fatto uso della (8.71) e si è definito $k^2 = 4\omega_0^2 / v_0^2$; quindi si ha $k \in (0, 1)$ per costruzione. Ridefinendo il tempo come $\tau := \omega_0 t / k$ e introducendo la variabile

$$x(\tau) := \sin \left(\frac{q(t)}{2} \right),$$

la (8.83) diventa

$$\left(\frac{\mathrm{d}x}{\mathrm{d}\tau} \right)^2 = \left(1 - k^2 x^2 \right) \left(1 - x^2 \right),$$

che coincide con la (8.73). Ragionando come nel caso precedente troviamo $x(\tau) = \mathrm{sn}\,(\tau, k)$, da cui si ottiene

$$q(t) = 2 \arcsin(\mathrm{sn}(\omega_0 t / k, k)), \qquad \omega_0 = \sqrt{\frac{g}{\ell}}$$

e quindi

$$p(t) = m\ell^2 \dot{q}(t) = \frac{2\omega_0}{k} m\ell^2 \mathrm{dn}(\omega_0 t / k, k),$$

dove si è usata la prima identità delle (8.65).

L'azione è ora (cfr. l'esercizio 8.26)

$$J(k) = \frac{1}{2\pi} \int_{-\pi}^{\pi} p \, \mathrm{d}q = \frac{4}{k\pi} \omega_0 m\ell^2 E(k), \tag{8.84}$$

dove $E(k)$ è l'integrale ellittico completo di prima specie (8.79). L'energia in termini dell'azione si ottiene invertendo la (8.84) e usando che (per moti rotatori del pendolo si ha $E > mg\ell$)

$$k = k(E) := \sqrt{\frac{2mg\ell}{E + mg\ell}}.$$

La trasformazione di coordinate che porta a variabili azione-angolo è ora

$$q = 2 \arcsin\big(\mathrm{sn}\big(T_k'\varphi, k\big)\big), \qquad p = \frac{2}{k}\,\omega_0 m\ell^2 \mathrm{dn}\big(T_k'\varphi, k\big), \tag{8.85}$$

dove $T_k' := 2K(k)/2\pi$ e $k = k(J)$ è la funzione inversa di (8.84); di nuovo si verifica che la trasformazione è canonica (l'esercizio 8.30). L'hamiltoniana (8.69) in termini dell'azione è data da $E = mg\ell((2/k^2(J)) - 1)$.

In conclusione, al di fuori della separatrice, il pendolo costituisce un ulteriore esempio di sistema integrabile, nel senso della definizione 10.53 del volume 1.

8.6.4 Problema dei due corpi

Rispetto ai sistemi precedenti, il problema dei due corpi non è un sistema unidimensionale, ma, come abbiamo visto nel §7.1 del volume 1, il suo studio è riconducibile a un sistema unidimensionale. La lagrangiana del problema dei due corpi, nel sistema del centro di massa (cfr. l'esempio 2.23), è data dalla (2.18). La corrispondente hamiltoniana è

$$\mathcal{H}(\rho, \theta, p_\rho, p_\theta) = \frac{1}{2\mu}\left(p_\rho^2 + \frac{p_\theta^2}{\rho^2}\right) + V(\rho),$$

dove $p_\rho = \mu\dot{\rho}$ e $p_\theta = \mu\rho^2\dot{\theta}$. Poiché θ è una variabile ciclica, p_θ è una costante del moto. Introduciamo l'energia potenziale efficace

$$V_A(\rho) := V(\rho) + \frac{A^2}{2\mu\rho^2}, \qquad A := p_\theta,$$

e supponiamo, per semplicità, che l'equazione $E - V_A(\rho) = 0$ ammetta due sole radici $\rho_\pm = \rho_\pm(E, A)$; tale proprietà è soddisfatta per esempio nel caso del campo centrale gravitazionale (cfr. il §7.2.2 del volume 1).

Il problema dei due corpi è un sistema integrabile, secondo la definizione 10.53 del volume 1. Si può infatti far vedere che tutti i moti sono multiperiodici, con periodi

$$
T_1(E, A) := 2 \int_{\rho_-}^{\rho_+} \frac{\mathrm{d}\rho}{\Phi(\rho, E, A)},
$$

$$
T_2(E, A) := \frac{2\pi\mu}{A} \frac{\displaystyle\int_{\rho_-}^{\rho_+} \frac{\mathrm{d}\rho}{\Phi(\rho, E, A)}}{\displaystyle\int_{\rho_-}^{\rho_+} \frac{\mathrm{d}\rho}{\rho^2 \Phi(\rho, E, A)}} \tag{8.86}
$$

con

$$
\Phi(\rho, E, A) := \sqrt{\frac{2}{\mu}(E - V_A(\rho))},
$$

dove E e $A = p_\theta$ sono, rispettivamente, l'energia, e la terza componente del momento angolare (cfr. l'esercizio 8.34). In particolare sono soddisfatte le ipotesi del teorema di Liouville-Arnol′d (cfr. l'esercizio 8.35) e quindi è possibile costruire le variabili azione-angolo (cfr. l'esercizio 8.36).

Nota bibliografica Per la dimostrazione del teorema di Liouville-Arnol′d nel §8.5 è stata seguita la trattazione estremamente chiara ed esauriente di [BF].

Per la discussione degli esercizi 8.34÷8.36, sull'integrabilità del problema dei due corpi, e per gli esercizi 8.42÷8.49, sull'integrabilità canonica del corpo rigido con un punto fisso, si è fatto principalmente riferimento a [G80, Cap. 4]; si veda anche [C50, T59] per un'introduzione alla trigonometria sferica. Per una trattazione dettagliata delle funzioni ellittiche di Jacobi, menzionate in relazione alle variabili azione-angolo dell'oscillatore cubico e del pendolo semplice, rimandiamo a [WW02, Cap. XXII].

Per una discussione dell'esistenza di soluzioni locali dell'equazione di Hamilton-Jacobi (cfr. l'osservazione 8.16 e l'esercizio 8.2), si veda [C35, Cap. 12].

Tutti i rimandi a capitoli, paragrafi, risultati ed equazioni che si specificano del volume 1 si intendono riferiti a [G21].

8.7 Esercizi

Esercizio 8.1 Il teorema 7.75 mostra che il flusso hamiltoniano definisce una trasformazione canonica. Se ne trovi una funzione generatrice di seconda specie. [*Suggerimento*. La dimostrazione del teorema (7.75) implica che, se $f = f(Q, P)$ è la funzione (7.58), si ha

$$
\langle p, \widetilde{\mathrm{d}}q \rangle - \langle P, \widetilde{\mathrm{d}}Q \rangle = \widetilde{\mathrm{d}}f,
$$

da cui segue

$$
\langle p, \widetilde{\mathrm{d}}q \rangle + \langle Q, \widetilde{\mathrm{d}}P \rangle = \widetilde{\mathrm{d}}F_2, \qquad F_2(q, P) := f + \langle Q, P \rangle
$$

dove F è vista come funzione di q e P (i.e. Q è espressa in termini di q e P). Poiché $p = \partial F_2/\partial q$ e $Q = \partial F_2/\partial P$, la funzione F_2 costituisce una funzione generatrice di seconda specie.]

Esercizio 8.2 Si dimostri che l'equazione di Hamilton-Jacobi (8.1) ammette soluzione locale se e solo le equazioni di Hamilton con hamiltoniana $\mathcal{H}$ sono risolubili localmente, e si usi il risultato per dimostrare che l'equazione (8.1) ammette sempre una soluzione locale se $\mathcal{H}$ è di classe C^2. [*Suggerimento*. Se esiste una soluzione locale $F = F(q,t)$ dell'equazione (8.1), derivando la (8.1) rispetto a q si trova

$$\frac{\partial \mathcal{H}}{\partial q} + \left\langle \frac{\partial \mathcal{H}}{\partial p}, \frac{\partial^2 F}{\partial q^2} \right\rangle + \frac{\partial^2 \mathcal{H}}{\partial q \partial t} = 0,$$

dove $\mathcal{H} = \mathcal{H}(q,p,t)$. Si consideri l'equazione

$$\dot{q} = \frac{\partial \mathcal{H}}{\partial p}\Big(q, \frac{\partial F}{\partial q}, t\Big)$$

e se ne indichi con $q(t)$ la soluzione locale che si ottiene una volta che si sia assegnata una condizione iniziale; tale soluzione esiste ed è unica se $\mathcal{H}$ è di classe C^2 – e quindi il campo vettoriale è di classe C^1 – per il teorema di esistenza e unicità (cfr. il teorema 3.70 del volume 1). Si definisca $p := [\partial F/\partial q](q,t)$; si ha

$$\dot{p} = \frac{\partial^2 F}{\partial q \partial t} + \left\langle \frac{\partial^2 F}{\partial q^2}, \dot{q} \right\rangle = \frac{\partial^2 F}{\partial q \partial t} + \left\langle \frac{\partial^2 F}{\partial q^2}, \frac{\partial \mathcal{H}}{\partial p} \right\rangle = -\frac{\partial \mathcal{H}}{\partial q},$$

così che se ne conclude che le equazioni di Hamilton

$$\dot{q} = \frac{\partial \mathcal{H}}{\partial p}(q,p,t), \qquad \dot{p} = -\frac{\partial \mathcal{H}}{\partial q}(q,p,t)$$

ammettono una soluzione locale $(q(t), p(t))$. Viceversa, sia $(q(t), p(t))$ una soluzione locale delle equazioni di Hamilton con condizioni iniziali $(q(0), p(0)) = (Q, P)$. La trasformazione $(Q,P) \mapsto (q(t), p(t))$ è canonica (cfr. la dimostrazione del teorema 7.75). Sia $F_2(q,P,t)$ una funzione generatrice di seconda specie (cfr. l'esercizio 8.1). L'hamiltoniana nelle variabili (Q,P) è (cfr. la (7.65))

$$K(Q,P,t) = \mathcal{H}(q,p,t) + \frac{\partial F_2}{\partial t}, \qquad p = \frac{\partial F_2}{\partial q}.$$

Poiché (Q,P) è costante in t, si ha $K(Q,P) = c$, per qualche costante c. Se si definisce $F(q,P,t) = F_2(q,P,t) - ct$, si ottiene

$$c = \mathcal{H}(q,p,t) + \frac{\partial F_2}{\partial t} = \mathcal{H}\Big(q, \frac{\partial F_2}{\partial q}, t\Big) + \frac{\partial F_2}{\partial t} = \mathcal{H}\Big(q, \frac{\partial F}{\partial q}, t\Big) + \frac{\partial F}{\partial t} + c$$

ovvero

$$\mathcal{H}\Big(q, \frac{\partial F}{\partial q}, t\Big) + \frac{\partial F}{\partial t} = 0,$$

e quindi esiste una soluzione locale dell'equazione di Hamilton-Jacobi.]

Esercizio 8.3 Si mostri che l'hamiltoniana di un sistema separabile ha la forma (8.25). [*Suggerimento.* Poniamo $z_i = (q_i, p_i)$. Per $n = 2$, un sistema separabile è descritto da un'hamiltoniana della forma $\mathcal{H}(z_1, z_2) = \mathcal{F}_1(q_2, p_2, \mathcal{G}_1(q_1, p_1))$ (cfr. la (8.17)). Se definiamo $h_2(\alpha_1, z_2) := \mathcal{F}(z_2, \alpha_1)$ e $h_1(z_1) := \mathcal{G}_1(z_1)$, otteniamo quindi $\mathcal{H}(z_1, z_2) = h_2(h(z_1), z_2)$. Per $n = 3$, l'hamiltoniana è della forma (8.17), con $\mathcal{F}_1(z_2, z_3, \alpha_1) = \mathcal{F}_2(z_3, \mathcal{G}_2(z_2, \alpha_1), \alpha_1)$ per la (8.20); se definiamo allora $h_3(\alpha_1, \alpha_2, z_3) := \mathcal{F}_2(z_3, \alpha_2, \alpha_1)$ e $h_2(\alpha_1, z_2) := \mathcal{G}_2(z_2, \alpha_1)$, abbiamo allora $\mathcal{H}(z_1, z_2, z_3) = h_3(h_1(z_1), h_2(h_1(z_1), z_2), z_3)$. Il discorso si estende facilmente a n qualsiasi.]

Esercizio 8.4 Si dimostri che la trasformazione $(q, p) \mapsto (\chi, E)$ definita all'inizio del §8.3 in generale non è canonica. [*Suggerimento.* Se $E = \mathcal{H}(q, p) = (p^2/2m) + V(q)$ e $\chi = \arctan(q/p)$, si verifica facilmente che $\{\chi, E\} = 1$ implica $\partial V/\partial q = q + (m-1)p^2/mq$, ovvero $m = 1$ e $V = q^2/2$, che corrisponde all'hamiltoniana (8.27) con $m = \omega = 1$ (cfr. anche l'esercizio 7.92).]

Esercizio 8.5 Si dimostri la (8.32). [*Soluzione.* Definiamo $q_-(J)$ e $q_+(J)$ tali che $\mathcal{K}(J) - V(q_\pm(J)) = 0$. L'incremento ΔF della funzione (8.28) dopo un giro completo lungo la curva γ è dato da

$$\Delta F = \oint_\gamma p\,\mathrm{d}q = 2 \int_{q_-(J)}^{q_+(J)} p\,\mathrm{d}q = 2(F(q_+(J), J) - F(q_-(J), J)),$$

così che

$$\begin{aligned} \frac{\partial}{\partial J}\Delta F &= 2\left(\int_{q_-(J)}^{q_+(J)} \frac{\partial p}{\partial J}\,\mathrm{d}q + p(q_+(J))\,\frac{\partial q_+(J)}{\partial J} - p(q_-(J))\,\frac{\partial q_-(J)}{\partial J} \right) \\ &= 2 \int_{q_-(J)}^{q_+(J)} \frac{\partial p}{\partial J}\,\mathrm{d}q = \frac{\partial}{\partial J}F(q, J)\bigg|_{q=q_+(J)} - \frac{\partial}{\partial J}F(q, J)\bigg|_{q=q_-(J)}, \end{aligned}$$

dove si è usato che $\partial q_\pm(J)/\partial J = (\partial V(q_\pm(J))/\partial q)^{-1}\partial K(J)/\partial J \neq 0$ e $p(q_\pm(J)) = 0$, e quindi gli ultimi due addendi nella prima riga sono nulli. D'altra parte, poiché $\varphi = \partial F/\partial J$, si ha

$$\Delta\varphi = \frac{\partial}{\partial J}F(q, J)\bigg|_{q=q_+(J)} - \frac{\partial}{\partial J}F(q, J)\bigg|_{q=q_-(J)},$$

da cui segue che $\Delta\varphi = \partial\Delta F/\partial J$.]

Esercizio 8.6 Si dimostri che nel caso di un sistema separabile le funzioni $F_1, \ldots, F_n$ definite dopo la (8.33) sono in involuzione tra loro. [*Soluzione.* Si ha, per $i \neq j$,

$$\begin{aligned}\{F_i, F_j\} &= \sum_{k=1}^{n} \left(\frac{\partial F_i}{\partial q_k} \frac{\partial F_j}{\partial p_k} - \frac{\partial F_i}{\partial p_k} \frac{\partial F_j}{\partial q_k} \right) \\ &= \sum_{k=1}^{n} \left(\frac{\partial F_i}{\partial q_i} \frac{\partial F_j}{\partial p_j} \delta_{k,i} \delta_{k,j} - \frac{\partial F_i}{\partial p_i} \frac{\partial F_j}{\partial q_j} \delta_{k,i} \delta_{k,j} \right) = 0,\end{aligned}$$

dal momento che ogni F_k depende solo dalle variabili q_k, p_k).]

Esercizio 8.7 Siano $F_1, \ldots, F_n$ le funzioni dell'esercizio 8.6. Si dimostri che la superficie M_f, definita nell'enunciato del teorema 8.28, è regolare se ogni curva γ_k individuata dall'equazione $F_k(q_k, p_k) = 0$ non contiene punti di equilibrio per il sistema descritto dall'hamiltoniana $h_k = F_k$. [*Soluzione.* Per ogni k, le equazioni del moto del sistema descritto dall'hamiltoniana h_k sono $\dot{q}_k = \partial h_k / \partial p_k$, $\dot{p}_k = -\partial h_k / \partial q_k$, così che $[\partial h_k / \partial q_k](q_k, p_k)$ e $[\partial h_k / \partial p_k](q_k, p_k)$ non possono essere entrambi nulli a meno che (q_k, p_k) non sia un punto di equilibrio per il sistema. Si conseguenza, se la curva γ_k determinata dall'equazione $F_k(q_k, p_k) = 0$ non contiene punti di equilibrio, si ha

$$\left(\frac{\partial h_k}{\partial q_k}(z_k), \frac{\partial h_k}{\partial p_k}(z_k) \right) \neq (0, 0)$$

per ogni $z_k = (q_k, p_k)$ appartenente al sostengno di γ_k. D'altra parte, per ogni k, si ha

$$\frac{\partial F_k}{\partial z} = \Big(\underbrace{0, \ldots, 0}_{k-1}, \frac{\partial h_k}{\partial q_k}, \underbrace{0, \ldots, 0}_{n-k}, \underbrace{0, \ldots, 0}_{k-1}, \frac{\partial h_k}{\partial p_k}, \underbrace{0, \ldots, 0}_{n-k} \Big),$$

e per quanto detto $[\partial F_k / \partial z](z) \neq 0$ per ogni z tale che $z_k = (q_k, p_k)$ appartiene alla curva γ_k. Inoltre i vettori $[\partial F_1 / \partial z](z), \ldots, [\partial F_k / \partial z](z)$ sono linearmente indipendenti, perché per ogni $i = 1, \ldots, 2n$, c'è al massimo un solo vettore $[\partial F_k / \partial z](z)$ che ha componente con indice i diversa da zero.]

Esercizio 8.8 Si dimostri che le equazioni di Hamilton per le variabili azione-angolo hanno la forma (8.36). [*Soluzione.* L'hamiltoniana nelle variabili (φ, J) assume la forma $\mathcal{K} = \alpha_n$, dove α_n va espresso in funzione delle variabili $J = (J_1, \ldots, J_n)$, i.e. $\alpha_n = \alpha_n(J)$.]

Esercizio 8.9 Si dimostri la (8.37). [*Soluzione.* Nel derivare rispetto a J_k l'integrale

$$\oint_{\gamma_j} p_j \, \mathrm{d}q_j = 2 \int_{q_-(J)}^{q_+(J)} \mathrm{d}q_j \sqrt{2(\alpha_j(J) - V_j(q, \alpha))},$$

si tiene conto che i termini ottenuti derivando gli estremi d'integrazione si cancellano in quanto calcolati in corrispondenza dei valori $q_{\pm}(J)$ in cui si annulla l'integrando (cfr. anche l'esercizio 8.5).]

Esercizio 8.10 Si dimostri che Φ^t definito in (8.43) è un gruppo commutativo a n parametri. [*Suggerimento.* Usando i fatto che i campi vettoriali $\xi_1, \ldots, \xi_n$ comutano tra loro, si ha $\Phi^{t+t'} = \Phi^t \circ \Phi^{t'}$, quindi $\Phi^0(x) = \mathbb{1}$, $(\Phi^t)^{-1} = \Phi^{-t}$ e $\Phi^{t+t'} = \Phi^{t'+t}$.]

Esercizio 8.11 Con le notazioni usate nella dimostrazione del lemma 8.37, si dimostri che la distanza di $t \in \mathcal{G} \setminus \mathcal{G}_{p-1}$ da E_{p-1} è limitata inferiormente. [*Suggerimento.* Si ragiona per assurdo. Se l'affermazione è falsa allora esiste una successione $\{t_n\}_{n\in\mathbb{N}}$ tale che $\operatorname{dist}(t_n, E_{p-1}) \to 0$ per $n \to \infty$ in modo strettamente monotono. Chiamiamo

$$\tau_n := \sum_{i=1}^{p-1} \mu_{n,i} e_i$$

la proiezione di t_n su E_{p-1}. Poniamo ($\lfloor\cdot\rfloor$ indica la parte intera)

$$\tau_n' := \tau_n - \sum_{i=1}^{p-1} \lfloor \mu_{n,i} \rfloor e_i, \qquad t_n' := t_n - \sum_{i=1}^{p-1} \lfloor \mu_{n,i} \rfloor e_i.$$

Gli elementi τ_n' cadono allora all'interno di $\mathcal{E}_{p-1}$, e quindi i punti t_n' sono in $\mathcal{G}$, sono diversi tra loro (in quanto hanno diversa distanza da E_{p-1}) e sono distinti dall'origine (in quanto tale distanza è diversa da zero), con distanza dall'origine limitata. Si è quindi trovata una successione di punti che si accumula, contro l'ipotesi che il gruppo fosse discreto.]

Esercizio 8.12 Si dimostri che $\mathcal{T}$, definito in (8.44), è un sottogruppo discreto di $\mathbb{R}^n$ e non dipende da x. [*Suggerimento.* Si verifica immediatamente che è un gruppo. Che sia discreto segue dal fatto che Ψ è un diffemorfismo locale: se $T \in \mathcal{T}$ sia ha $\Phi^{T+t}(x) \neq x$ per t sufficientemente piccolo, così che esiste un intorno di T che non contiene altri periodi. Che sia indipendente da x si vede come segue: se $\Phi^T(x) = x$ e $y \neq x$, per la suriettività di Ψ (cfr. il punto (ii) della dimostrazione del teorema 8.38), possiamo porre $y = \Phi^\sigma(x)$; si ha $\Phi^T(y) = \Phi^T(\Phi^\sigma(x)) = \Phi^\sigma(\Phi^T(x)) = \Phi^\sigma(x) = y$, quindi T è anche un periodo di y.]

Esercizio 8.13 Si dimostri che per ogni f sufficientemente vicino a f_* la superficie Σ trasversa a M_{f_*} interseca M_f in uno e un solo punto. [*Suggerimento.* Segue dal teorema delle funzione implicita.]

Esercizio 8.14 Si dimostri che la matrice dei periodi A è regolare in f. [*Suggerimento.* Segue dal teorema delle funzione implicita.]

Esercizio 8.15 Si dimostri che l'applicazione $\mathcal{W}(t,f) = \Phi^t(y(f))$ introdotta nel §8.5.2 è un diffeomorfismo locale. [*Suggerimento.* Per costruzione si ha

$$\frac{\partial W}{\partial(t,f)}(0,f) = \begin{pmatrix} h & \frac{\partial y}{\partial f} \end{pmatrix},$$

dove h e $\partial y/\partial f$ è sono le matrici $2n \times n$ le cui i-esime colonne sono costituite dal vettore h_i e dal vettore $\partial y/\partial f_i$, rispettivamente. Infatti, per $i = 1, \ldots, 2n$, si ha

$$\begin{aligned}
&\frac{\partial(\Phi^t)_i}{\partial t_j}(y(f))\bigg|_{t=0} = (h_j(y(f)))_i,\\
&\frac{\partial(\Phi^t)_i}{\partial f_j}(y(f))\bigg|_{t=0} = \sum_{k=1}^{2n}\frac{\partial(\Phi^t)_i}{\partial y_k}(y(f))\bigg|_{t=0}\frac{\partial y_k}{\partial f_j} = \frac{\partial y_i}{\partial f_j},
\end{aligned}$$

dove si è usato che $\partial(\Phi^t)_i/\partial y_k(y(f))|_{t=0} = \delta_{i,k}$. I $2n$ vettori che hanno componenti h_i e $\partial y/\partial f_i$ sono linearmente indipendenti, poiché la superficie Σ è trasversa a M_{f_*}. Di conseguenza il determinante della matrice $[\partial W/\partial(t,f)](0,f)$ è diverso da zero. Per $t \neq 0$ si ha

$$\frac{\partial W}{\partial(t,f)}(t,f) = D\Phi^t_{y(f)}\frac{\partial W}{\partial(t,f)}(0,f),$$

dove $D\Phi^t_x$ indica l'applicazione tangente a Φ^t in x.]

Esercizio 8.16 Si dimostri la (8.52). [*Soluzione.* Per $1 \le i \le k$ e $k+1 \le j \le n$ si ha

$$\begin{aligned}
\{F_i, F_j\} &= \sum_{m=1}^{k}\left(\frac{\partial F_i}{\partial q_m}\frac{\partial F_j}{\partial p_m} - \frac{\partial F_i}{\partial p_m}\frac{\partial F_j}{\partial q_m}\right) + \sum_{m=k+1}^{n}\left(\frac{\partial F_i}{\partial q_m}\frac{\partial F_j}{\partial p_m} - \frac{\partial F_i}{\partial p_m}\frac{\partial F_j}{\partial q_m}\right)\\
&= \sum_{m=1}^{k}\big(A_{im}0 - R_{im}C_{jm}\big) + \sum_{m=k+1}^{n}\big(B_{im}0 - 0D_{jm}\big),
\end{aligned}$$

che implica la (8.52).]

Esercizio 8.17 Si dimostri che la (8.56) implica la (8.53). [*Soluzione.* Introducendo la matrice A di elementi $A_{ij} = \partial F_i/\partial p_j$ e i vettori v_i, $i = 1, \ldots, n$, di componenti $v_{ij} = \partial P_i/\partial q_j - \partial P_j/\partial q_i$, possiamo definire i vettori $w_i = Av_i$ e riscrivere la (8.56) nella forma $A^2 v_i = Aw_i = 0$. Poiché $\det A \neq 0$ la relazione $Aw_i = 0$ implica $w_i = 0$, e, analogamente, $w_i = 0$ implica, per lo stesso motivo, $v_i = 0$.]

Esercizio 8.18 Si consideri il sistema unidimensionale costituito da un punto materiale di massa m soggetto a una forza di energia potenziale

$$V(q) = \frac{1}{2n}k\,q^{2n}, \qquad n \in \mathbb{N}.$$

(1) Se ne scriva la lagrangiana.
(2) Si determinino l'hamiltoniana e le corrispondenti equazioni di Hamilton.
(3) Si verifichi che l'hamiltoniana, espressa in termini delle variabili azione-angolo, è $\mathcal{H} = c_n J^{(2n/(n+1)}$, dove

$$c_n := \left(\frac{1}{a_n}\right)^{2n/(n+1)}, \qquad a_n := \frac{\sqrt{2m}}{\pi}\left(\frac{2n}{k}\right)^{1/2n} \int_{-1}^{1} \mathrm{d}x \sqrt{1 - x^{2n}}.$$

(4) Si trovi il periodo corrispondente in funzione dell'azione.

[*Suggerimento.* L'azione in funzione dell'energia E è data da $J = a_n E^{(n+1)/2n}$.]

Esercizio 8.19 Si dimostri che in variabili azione-angolo l'hamiltoniana dell'oscillatore armonico è data dalla (8.59). [*Suggerimento.* Si veda l'esercizio 8.18 e si verifichi che $a_1 = \sqrt{m/k}$, con $k = m\omega^2$, oppure si veda l'esercizio 7.94.]

Esercizio 8.20 Si dimostri la (8.62). [*Suggerimento.* Si veda l'esercizio 7.94.]

Esercizio 8.21 Si verifichi che la trasformazione di coordinate (8.67) è canonica.

Esercizio 8.22 Si dimostri che l'hamiltoniana dell'oscillatore cubico (8.40), in termini delle coordinate (φ, J) definite in (8.67), diventa la (8.68). [*Suggerimento.* Si sostituiscano in (8.63) alle variabili (q, p) le loro espressioni (8.67) in termini di (φ, J) e si usi la proprietà $2\mathrm{sn}^2(u,k)\,\mathrm{dn}^2(u,k) + \mathrm{cn}^4(u,k)$ per $k = 1/\sqrt{2}$, che si dimostra facilmente a partire dalle identità (8.65).

Esercizio 8.23 Si dimostri che

$$\int_0^1 \frac{\mathrm{d}x}{\sqrt{1-x^4}} = \frac{1}{\sqrt{2}} \int_0^{\pi/2} \frac{\mathrm{d}\theta}{\sqrt{(1 - 2^{-1}\sin^2\theta)}}.$$

[*Suggerimento.* Utilizzando la sostituzione $x = \cos\theta$, si trova

$$\int_0^1 \frac{\mathrm{d}x}{\sqrt{1-x^4}} = \int_0^{\pi/2} \frac{\sin\theta\,\mathrm{d}\theta}{\sqrt{(1+\cos^2\theta)(1-\cos^2\theta)}} = \int_0^{\pi/2} \frac{\sin\theta\,\mathrm{d}\theta}{\sqrt{(2-\sin^2\theta)\sin^2\theta}},$$

che implica l'asserto.]

Esercizio 8.24 Si dimostri che la (8.67) è la trasformazione canonica che porta l'oscillatore cubico in variabili azione-angolo. [*Suggerimento.* Si verifica facilmente che J è la variabile d'azione e, di conseguenza, la variabile coniugata φ è un angolo. In alternativa, si può verificare che l'hamiltoniana (8.40) coincide con l'hamiltoniana $c_4 J^{4/3}$ dell'esercizio 8.18. A tal fine, può essere utile osservare che

$$\int_0^1 \frac{x^4 \mathrm{d}x}{\sqrt{1-x^4}} = -\frac{x}{2}\sqrt{1-x^4}\Big|_0^1 + \frac{1}{2}\int_0^1 \mathrm{d}x\,\sqrt{1-x^4},$$

dove si è integrato per parti (dopo aver scritto $x^4 = x \cdot x^3$), da cui si ottiene

$$\int_0^1 \mathrm{d}x\,\sqrt{1-x^4} = \frac{2}{3}\int_0^1 \frac{\mathrm{d}x}{\sqrt{1-x^4}},$$

così che, utilizzando l'esercizio 8.23, si vede che le due espressioni per l'hamiltoniana coincidono.]

Esercizio 8.25 Si dimostri che l'hamiltoniana del pendolo semplice è data dalla (8.69).

Esercizio 8.26 Si dimostri che l'azione del pendolo semplice è data dalla (8.78) in corrispondenza di moti oscillatori e dalla (8.84) in corrispondenza di quelli rotatori.

Esercizio 8.27 Siano $K(k)$ ed $E(k)$ gli integrali ellittici completi del primo tipo e del secondo tipo (cfr. la (8.64) e la (8.79), rispettivamente). Si dimostri che

$$\frac{\mathrm{d}E(k)}{\mathrm{d}k} = \frac{E(k)-K(k)}{k}.$$

[*Suggerimento*. Si ha

$$\begin{aligned}\frac{\mathrm{d}E(k)}{\mathrm{d}k} &= -\int_0^{\pi/2} \mathrm{d}\theta\,\frac{k\sin^2\theta}{\sqrt{1-k^2\sin^2\theta}} = \frac{1}{k}\int_0^{\pi/2}\mathrm{d}\theta\,\frac{1-k^2\sin^2\theta+1}{\sqrt{1-k^2\sin^2\theta}}\\ &= \frac{1}{k}\left(\int_0^{\pi/2}\mathrm{d}\theta\,\sqrt{1-k^2\sin^2\theta} - \int_0^{\pi/2}\frac{\mathrm{d}\theta}{\sqrt{1-k^2\sin^2\theta}}\right),\end{aligned}$$

da cui segue l'asserto.]

Esercizio 8.28 Sia $E(k)$ l'integrale ellittico completo del secondo tipo. Si dimostri che

$$\int_0^{\pi/2} \frac{\mathrm{d}\theta}{(1-k^2\sin^2\theta)^{3/2}} = \frac{E(k)}{1-k^2}.$$

[*Suggerimento.* Si ha

$$\begin{aligned}
\frac{\mathrm{d}}{\mathrm{d}\theta}\left(\frac{\sin\theta\cos\theta}{\sqrt{1-k^2\sin^2\theta}}\right) &= \frac{\cos^2\theta-\sin^2\theta}{\sqrt{1-k^2\sin^2\theta}} + \frac{k^2\sin^2\theta\cos^2\theta}{(1-k^2\sin^2\theta)^{3/2}} \\
&= \frac{\cos^2\theta-\sin^2\theta+k^2\sin^4\theta}{(1-k^2\sin^2\theta)^{3/2}} \\
&= \frac{k^2\big(1-2\sin^2\theta+k^2\sin^4\theta\big)+1-1}{k^2(1-k^2\sin^2\theta)^{3/2}} \\
&= \frac{\big(1-k^2\sin^2\theta\big)^2-(1-k^2)}{k^2(1-k^2\sin^2\theta)^{3/2}} \\
&= \frac{1}{k^2}\sqrt{1-k^2\sin^2\theta} - \frac{1-k^2}{k^2}\frac{1}{(1-k^2\sin^2\theta)^{3/2}}.
\end{aligned}$$

Integrando tra 0 e $\pi/2$, si ottiene

$$\begin{aligned}
0 &= \left.\frac{\sin\theta\cos\theta}{\sqrt{1-k^2\sin^2\theta}}\right|_0^{\pi/2} \\
&= \frac{1}{k^2}\int_0^{2\pi}\mathrm{d}\theta\,\sqrt{1-k^2\sin^2\theta} - \frac{1-k^2}{k^2}\int_0^{\pi/2}\frac{\mathrm{d}\theta}{(1-k^2\sin^2\theta)^{3/2}},
\end{aligned}$$

così che, ricordando la definizione (8.79) di $E(k)$ segue l'asserto.]

Esercizio 8.29 Siano $K(k)$ ed $E(k)$ gli integrali ellittici completi del primo tipo e del secondo tipo (cfr. la (8.64) e la (8.79), rispettivamente). Si dimostri che

$$\frac{\mathrm{d}K(k)}{\mathrm{d}k} = \frac{E(k)}{k(1-k^2)} - \frac{K(k)}{k}.$$

[*Suggerimento.* Si ha

$$\begin{aligned}
\frac{\mathrm{d}K(k)}{\mathrm{d}k} &= -\int_0^{\pi/2}\mathrm{d}\theta\,\frac{k\sin^2\theta}{(1-k^2\sin^2\theta)^{3/2}} = \frac{1}{k}\int_0^{\pi/2}\mathrm{d}\theta\,\frac{1}{\sqrt{1-1+k^2\sin^2\theta}} \\
&= \frac{1}{k}\left(\int_0^{\pi/2}\frac{\mathrm{d}\theta}{(1-k^2\sin^2\theta)^{3/2}} - \int_0^{\pi/2}\frac{\mathrm{d}\theta}{\sqrt{1-k^2\sin^2\theta}}\right),
\end{aligned}$$

che, insieme all'esercizio 8.28, implica l'asserto.]

Esercizio 8.30 Si verifichi che le trasformazioni di coordinate (8.80) e (8.85) sono canoniche. [*Suggerimento.* Se q e p sono date dalla (8.80), si ha

$$\begin{aligned}
\frac{\partial q}{\partial \varphi} &= 2kT_k \operatorname{cn}(T_k\varphi, k),\\
\frac{\partial q}{\partial J} &= \frac{2k}{\operatorname{dn}(T_k\varphi, k)}\left(k\frac{\partial}{\partial k}\operatorname{sn}(T_k\varphi, k) + \operatorname{sn}(T_k\varphi, k)\right)\frac{\partial k}{\partial J},\\
\frac{\partial p}{\partial \varphi} &= -2k\,\omega_0 m\ell^2 T_k \operatorname{sn}(T_k\varphi, k)\operatorname{dn}(T_k\varphi, k),\\
\frac{\partial p}{\partial J} &= 2\omega_0 m\ell^2\left(\operatorname{cn}(T_k\varphi, k) + k\frac{\partial}{\partial k}\operatorname{cn}(T_k\varphi, k)\right)\frac{\partial k}{\partial J},
\end{aligned}$$

dove (cfr. la (8.78) e gli esercizi 8.27 e 8.28)

$$\begin{aligned}
\frac{\partial k}{\partial J} &= \left(\frac{\partial J}{\partial k}\right)^{-1} = \left(\frac{8}{\pi}\omega_0 m\ell^2\left[2k\frac{\mathrm{d}K(k)}{\mathrm{d}k} + (k^2-1)\,K(k) + \frac{\mathrm{d}E(k)}{\mathrm{d}k}\right]\right)^{-1}\\
&= \frac{\pi}{8\omega_0 m\ell^2 k\, K(k)},
\end{aligned}$$

così che le parentesi di Poisson $\{q, p\}$ sono date da

$$\frac{4k\pi T_k\,\omega_0 m\ell^2}{8\omega_0 m\ell^2 k\,K(k)}\left(\operatorname{sn}^2(T_k\varphi, k) + \operatorname{cn}^2(T_k\varphi, k) + k\frac{\partial}{\partial k}\operatorname{sn}(T_k\varphi, k) + k\frac{\partial}{\partial k}\operatorname{cn}(T_k\varphi, k)\right).$$

Utilizzando anche la (8.65) e la proprietà, che da essa segue,

$$k\frac{\partial}{\partial k}\operatorname{sn}(T_k\varphi, k) + k\frac{\partial}{\partial k}\operatorname{cn}(T_k\varphi, k) = 0,$$

nonché l'espressione esplicita $T_k = 4K(k)/2\pi$ del periodo, si verifica facilmente che $\{q, p\} = 1$. Per la (8.85) si ragiona in maniera analoga.]

Esercizio 8.31 Si dimostrino le (8.81). [*Suggerimento.* La prima delle (8.64) dà $u = \varphi$ per $k = 0$. Per $k = 1$, si nota innanzitutto che, scrivendo $\sqrt{1-\sin^2\theta} = \cos\theta$ per $|\theta| \le \pi/2$, si ha

$$\int_0^{\varphi}\frac{\mathrm{d}x}{\cos x} = \int_0^{\varphi}\frac{\mathrm{d}x}{\sin\tau} = \int_0^{\varphi}\frac{\mathrm{d}x}{2\sin\tau\cos\tau} = \int_0^{\varphi}\frac{\mathrm{d}x}{2\tan\tau\cos^2\tau} = \log\tan\frac{t}{2},$$

dove si è posto $\tau = x + \pi/2$ e $t = \varphi + \pi/2$. Inoltre si ha

$$\tan^2\frac{t}{2} = \frac{\sin^2 t/2}{\cos^2 t/2} = \frac{1-\cos t}{2}\frac{2}{1+\cos t} = \frac{1-\cos(\varphi+\pi/2)}{1+\cos(\varphi+\pi/2)} = \frac{1+\sin\varphi}{1-\sin\varphi},$$

così che

$$e^{2u} = \frac{1+\sin\varphi}{1-\sin\varphi} \implies \sin\varphi = \frac{e^{2u}-1}{e^{2u}+1} = \frac{e^{u}-e^{-u}}{e^{u}+e^{-u}} = \tanh u,$$

da cui segue $\mathrm{sn}(u,1) = \tanh u$ e $\mathrm{cn}(u,1) = \cos\varphi = \sqrt{1-\sin^2\varphi} = 2/(e^{u}+e^{-u})$.]

Esercizio 8.32 Si dimostri che la soluzione $\theta(t) = q(t)$, con $q(t)$ data dalla (8.76), si riduce alla (5.35) del volume 1, con $\bar{\theta} = 0$. [*Suggerimento.* Si ha

$$\sin\left(2t - \frac{\pi}{2}\right) = -\cos 2t = \sin^2 t - \cos^2 t = \frac{\tan^2 t}{1+\tan^2 t} - \frac{1}{1+\tan^2 t}$$
$$= \frac{\tan^2 t - 1}{\tan^2 t + 1} = \frac{e^{2x}-1}{e^{2x}+1} = \frac{e^{x}-e^{-x}}{e^{x}+e^{-x}} = \tanh x,$$

dove si è posto $t := \arctan(e^{x})$ e si sono utilizzate le identità trigonometriche che legano il seno e il coseno alla tangente (cfr. l'esercizio 2.44). Ne segue che $\sin(2\arctan(e^{x}) - \pi/2) = \tanh x$ ovvero $2\arcsin(\tanh x) = 4\arctan(e^{x}) - \pi$.]

Esercizio 8.33 Si dimostri che i coefficienti di Fourier di una funzione periodica di classe C^∞ decadono più velocemente di ogni potenza. [*Suggerimento.* Sia $f\colon \mathbb{R} \to \mathbb{R}$ una funzione periodica di classe C^∞ e sia T il suo periodo. La funzione f si può sviluppare in serie di Fourier,

$$f(t) = \sum_{k\in\mathbb{Z}} f_k e^{ik\omega t},$$

dove

$$\omega := \frac{2\pi}{T}, \qquad f_k := \frac{1}{T}\int_0^T dt\, e^{-ik\omega t} f(t).$$

Poiché f è di classe C^∞, per ogni $p \in \mathbb{N}$, esiste

$$F_p := \max_{t\in\mathbb{R}} \left| \frac{d^p f}{dt^p}(t) \right|,$$

così che, moltiplicando i coefficienti di Fourier f_k per $(-i\omega k)^p$, si ottiene

$$(-ik\omega)^p f_k = \frac{1}{T}\int_0^T dt \left(\frac{d^p}{dt^p} e^{-ik\omega t} \right) f(t) = -\frac{1}{T}\int_0^T dt \left(\frac{d^{p-1}}{dt^{p-1}} e^{-ik\omega t} \right) \frac{df}{dt}(t)$$
$$= \frac{1}{T}\int_0^T dt \left(\frac{d^{p-2}}{dt^{p-2}} e^{-ik\omega t} \right) \frac{d^2 f}{d^2 t}(t) = \ldots$$
$$= (-1)^p \frac{1}{T}\int_0^T dt\, e^{-ik\omega t}\, \frac{d^p f}{dt^p}(t),$$

avendo integrato per parti p volte e usato ogni volta che

$$\left(\frac{\mathrm{d}^j}{\mathrm{d}t^j}\mathrm{e}^{-ik\omega t}\right)\frac{\mathrm{d}^{p-j}}{\mathrm{d}t^{p-j}}f(t)\bigg|_0^T = 0, \qquad j = 0,\ldots,p-1,$$

poiché $k\omega T = 2\pi k$ ed f è periodica di periodo T insieme alle sue derivate. In conclusione si ha $|\omega k|^p\,|f_k| \le F_p$ per ogni $p \in \mathbb{N}$.]

Esercizio 8.34 Si dimostri che il problema dei due corpi considerato nel §8.6.4, nel caso in cui $E - V_A(\rho)$ abbia due radici, è un sistema integrabile e che i suoi periodi sono dati dalle (8.86). [*Soluzione.* Il sistema ammette i due integrali primi

$$A = \mu\rho^2\dot{\theta}, \qquad E = \frac{1}{2}\mu\Big(\dot{\rho}^2 + \rho^2\dot{\theta}^2\Big) + V(\rho),$$

che, riscritti in termini delle coodinate canoniche $(\rho,\theta,\pi_\rho,p_\theta)$, dove i momenti sono $p_\rho = \partial\mathcal{L}(\rho,\dot{\rho},\dot{\theta})/\partial\dot{\rho}$ e $p_\theta = \partial\mathcal{L}(\rho,\dot{\rho},\dot{\theta})/\partial\dot{\theta}$ (cfr. la (2.18)), diventano

$$A = p_\theta, \qquad E = \mathcal{H}(\rho,\theta,p_\rho,p_\theta) = \frac{1}{2\mu}\left(p_\rho^2 + \frac{p_\theta^2}{\rho^2}\right) + V(\rho).$$

Sia $w_0 = (z_0,\theta_0,\dot{\theta}_0)$ un dato iniziale per il sistema con E, A fissati, dove $z_0 := (\rho_0,\dot{\rho}_0)$ costituisce un dato iniziale nel piano $(\rho,\dot{\rho})$ per il moto della variabile radiale $\rho(t)$. Se $R(t) = R(t,E,A)$ è la soluzione dell'equazione radiale $\mu\ddot{\rho} = -\partial V_A(\rho)/\partial\rho$ con dato iniziale $R(0) = \rho_-$ e $\dot{R}(0) = 0$, indichiamo con $t_0(z_0)$ il tempo necessario perché si abbia $R(t_0(z_0)) = \rho_0$ e $\dot{R}(t_0(z_0)) = \dot{\rho}_0$; per costruzione si ha $t_0(z(t)) = t_0(z_0) + t$. La soluzione dell'equazione radiale è $\rho(t) = R(t + t_0(z_0))$ e ha periodo $T_1 = T_1(E,A)$ (cfr. l'analisi dei capitoli 6 e 7 del volume 1). Inoltre si ha $\dot{\theta}(t) = A/\mu\rho^2(t) = A/\mu R^2(t + t_0(z_0))$. La funzione $A/\mu R^2(t)$ è una funzione di classe C^∞ (poiché $R(t) \ge \rho_- > 0$ per ogni $t \in \mathbb{R}$) periodica in t di periodo T_1, quindi può essere sviluppata in serie di Fourier:

$$\frac{A}{\mu R^2(t)} = \sum_{k\in\mathbb{Z}} \mathrm{e}^{ik\omega_1 t}\chi_k(E,A), \qquad \omega_1 := \frac{2\pi}{T_1},$$

I coefficienti $\chi_k = \chi_k(E,A)$ decadono più velocemente di ogni potenza (cfr. l'esercizio 8.33), e quindi la serie di Fourier converge uniformemente. Integrando $\dot{\theta}(t) = A/\mu\rho^2(t)$, si trova

$$\begin{aligned}\theta(t) &= \theta_0 + \chi_0 t + S(t + t_0(z_0)) - S(t_0(z_0)),\\ S(t) &= S(t,E,A) := \sum_{\substack{k\in\mathbb{Z}\\ k\neq 0}} \frac{\mathrm{e}^{ik\omega_1 t}}{ik\omega_1}\chi_k(E,A).\end{aligned}$$

Il moto è quindi caratterizzato dai due periodi T_1 e $2\pi/\chi_0$. D'altra parte si ha

$$\chi_0 = \frac{1}{T_1}\int_0^{T_1} \mathrm{d}t\,\frac{A}{\mu R^2(t)} = \frac{2}{T_1}\int_{\rho_-}^{\rho_+} \mathrm{d}R\,\frac{A}{\mu R^2(t)}\frac{\mathrm{d}t}{\mathrm{d}R} = \frac{2}{T_1}\int_{\rho_-}^{\rho_+} \mathrm{d}R\,\frac{A}{\mu R^2\dot{R}},$$

dove $\dot{R} = \sqrt{(2/\mu)(E - V_A(R))}$, così che si ottiene $2\pi/\chi_0 = T_2 = T_2(A, E)$. Scriviamo $w = (z, \theta, \dot{\theta})$ e indichiamo con $z(t) = (\rho(t), \dot{\rho}(t))$ la soluzione dell'equazione radiale con dato iniziale $z(0) = z_0$ e con $w(t) = (z(t), \theta(t), \dot{\theta}(t))$ la soluzione del sistema con dato iniziale $w(0) = w_0$. Definiamo

$$\varphi_1 = \Phi_1(w) := \frac{2\pi}{T_1} t_0(z), \qquad \varphi_2 = \Phi_2(w) := \theta - S(t_0(z), E, A).$$

Si vede subito che

$$\begin{aligned}\varphi_1(t + T_1) &= \Phi_1(w(t + T_1)) = \frac{2\pi}{T_1} t_0(z(t + T_1)) = \frac{2\pi}{T_1}(t_0(z(t)) + T_1) \\ &= \Phi_1(w(t)) + 2\pi = \varphi_1(t) + 2\pi,\end{aligned}$$

dove si è tenuto conto che, per costruzione, $t_0(z(t)) = t_0(z_0) + t$, e, analogamente,

$$\begin{aligned}\varphi_2(t + T_2) &= \Phi_2(w(t + T_2)) = \theta(t + T_2) - S(t_0(z(t + T_2))) \\ &= \theta_0 + \chi_0 t + 2\pi + S(t_0(z(t + T_2))) - S(t_0(z_0)) - S(t_0(z(t + T_2))) \\ &= \theta_0 + \chi_0 t + 2\pi - S(t_0(z_0)) \\ &= \theta_0 + \chi_0 t + 2\pi + S(t_0(z(t))) - S(t_0(z_0)) - S(t_0(z(t))) \\ &= \Phi_2(w(t)) + 2\pi = \varphi_2(t) + 2\pi,\end{aligned}$$

che mostra che φ_1 e φ_2 sono angoli. Infine si osserva che la trasformazione di coordinate $(\rho, \theta, \dot{\rho}, \dot{\theta}) \mapsto (\varphi_1, \varphi_2, E, A)$ è diferenziabile e invertibile. Questo completa la dimostrazione dell'integrabilità del sistema.]

Esercizio 8.35 Si dimostri che il problema dei due corpi soddisfa le ipotesi del teorema di Liouville-Arnol'd e che è quindi canonicamente integrabile. [*Suggerimento.* Il sistema ammette i due integrali primi indipendenti A ed E. Si verifica subito che sono in involuzione.]

Esercizio 8.36 Si calcolino le variabili azione-angolo per il problema dei due corpi. [*Soluzione.* Sia

$$L = \lambda(E, A) := \int_{\rho_-(E,A)}^{\rho_+(E,A)} \frac{\mathrm{d}\rho}{\pi} \sqrt{2\mu(E - V_A(\rho))}.$$

Tale relazione può essere invertita, per il teorema della funzione implicita, permettendo così di scrivere l'energia E in termini di L e A, i.e. $E = \varepsilon(L, A)$ tale che $L = \lambda(\varepsilon(L, A), A)$. Si ha quindi

$$1 = \frac{\mathrm{d}L}{\mathrm{d}L} = \frac{\partial \lambda}{\partial E}\frac{\partial \varepsilon}{\partial L}, \qquad 0 = \frac{\mathrm{d}L}{\mathrm{d}A} = \frac{\partial \lambda}{\partial E}\frac{\partial \varepsilon}{\partial A} + \frac{\partial \lambda}{\partial A},$$

da cui si ottiene

$$\frac{\partial \varepsilon}{\partial L} = \left(\frac{\partial \lambda}{\partial E}\right)^{-1} = 2\pi \left(2 \int\limits_{\rho_-(E,A)}^{\rho_+(E,A)} \frac{\mathrm{d}\rho}{\sqrt{\frac{2}{\mu}(E - V_A(\rho))}} \right)^{-1} = \frac{2\pi}{T_1},$$

$$\frac{\partial \varepsilon}{\partial A} = -\left(\frac{\partial \lambda}{\partial E}\right)^{-1} \frac{\partial \lambda}{\partial A} = \frac{2\pi}{T_1} \frac{A}{\mu\pi} \int\limits_{\rho_-}^{\rho_+} \frac{\mathrm{d}\rho}{\rho^2 \sqrt{\frac{2}{\mu}(E - V_A(\rho))}} = \frac{2\pi}{T_2},$$

dove si sono utilizzate le definizioni di T_1 e T_2 dell'esercizio 8.51. Si consideri allora la funzione generatrice

$$F(\rho, \theta, L, A) = A\theta + \int\limits_{\rho_-(\varepsilon(L,A))}^{\rho} \mathrm{d}\rho' \sqrt{2\mu(\varepsilon(L, A) - V_A(\rho'))}.$$

Poiché

$$\frac{\partial F}{\partial \theta} = A = p_\theta, \qquad \frac{\partial F}{\partial \rho} = \sqrt{2\mu(\varepsilon(L, A) - V_A(\rho'))} = p_\rho,$$

si vede immediatamente che F risolve l'equazione di Hamilton-Jacobi

$$\mathcal{H}\left(\rho, \theta, \frac{\partial F}{\partial \rho}, \frac{\partial F}{\partial \theta}\right) = \varepsilon(L, A).$$

Se perciò definiamo

$$g = \frac{\partial F}{\partial A}, \qquad \ell = \frac{\partial F}{\partial L},$$

la trasformazione di coordinate $(\rho, \theta, p_\rho, p_\theta) \mapsto (\ell, g, L, A)$ è canonica. Usando il fatto che

$$\frac{\partial F}{\partial A} = \theta + \int\limits_{\rho_-(\varepsilon(L,A))}^{\rho} \mathrm{d}\rho' \left(\frac{\partial \varepsilon}{\partial A} - \frac{A}{\mu(\rho')^2}\right) \frac{1}{\sqrt{\frac{2}{\mu}(\varepsilon(L, A) - V_A(\rho'))}},$$

$$\frac{\partial F}{\partial L} = \int\limits_{\rho_-(\varepsilon(L,A))}^{\rho} \mathrm{d}\rho' \frac{\partial \varepsilon}{\partial L} \frac{1}{\sqrt{\frac{2}{\mu}(\varepsilon(L, A) - V_A(\rho'))}},$$

si trova, se φ_1 e φ_2 sono definiti come nell'esercizio 8.34,

$$\ell = \varphi_1 = \frac{2\pi}{T_1(\varepsilon(L,A),A)} t_0(z), \qquad g = \varphi_2 = \theta - S(t_0(z), \varepsilon(L,A), A).$$

Infatti si ha $\partial\varepsilon/\partial L = 2\pi/T_1$ e $\partial\varepsilon/\partial A = 2\pi/T_2$; inoltre

$$I(F) = \int_{\rho_-}^{\rho} \mathrm{d}\rho' \frac{F(\rho')}{\sqrt{\dfrac{2}{\mu}(\varepsilon(L,A) - V_A(\rho'))}} = \int_{\rho_-}^{\rho} \mathrm{d}\rho' \frac{F(\rho')}{\dot\rho} = \int_0^{t_0(z)} \mathrm{d}t\, F(R(t)),$$

che per $F = 1$ dà $I(F) = t_0(z)$ e per $F = A/\mu\rho^2$ dà $I(F) = \chi_0 t_0(z) + S(t_0(z))$.]

Esercizio 8.37 Si discuta come si modifica la soluzione degli esercizi 8.34÷8.36 nel caso in cui l'equazione $E - V_A(\rho) = 0$ abbia più di due radici.

Esercizio 8.38 Sia $S_2 = \{(x_1, x_2, x_3) \in \mathbb{R}^3 : x_1^2 + x_2^2 + x_3^3 = 1\}$ la sfera unitaria bidimensionale (cfr. l'esercizio 1.16). Si dimostri che la sua area è 4π. [*Suggerimento.* I punti $\boldsymbol{x} = (x_1, x_2, x_3)$ di S_2 sono parametrizzati da

$$\boldsymbol{x} = \boldsymbol{X}(\theta, \varphi) = (\cos\theta \sin\varphi, \sin\theta \sin\varphi, \cos\varphi), \quad (\theta, \varphi) \in D := [0, 2\pi) \times [0, \pi).$$

L'area di S_2, ovvero l'area della superficie sferica, è data dall'integrale (cfr. la (7.30))

$$\int_{S_2} \mathrm{d}\sigma = \int_D \left| \frac{\partial \boldsymbol{X}}{\partial\theta} \wedge \frac{\partial \boldsymbol{X}}{\partial\varphi} \right| \mathrm{d}\theta \mathrm{d}\varphi = \int_0^{2\pi} \mathrm{d}\theta \int_0^{\pi} \mathrm{d}\varphi \, \sin\varphi,$$

dove si è usato che

$$\frac{\partial \boldsymbol{X}}{\partial\theta} = (-\sin\theta\sin\varphi, \cos\theta\sin\varphi, 0), \qquad \frac{\partial \boldsymbol{X}}{\partial\varphi} = (\cos\theta\cos\varphi, \sin\theta\cos\varphi, -\sin\varphi),$$

e quindi

$$\begin{aligned} \frac{\partial \boldsymbol{X}}{\partial\theta} \wedge \frac{\partial \boldsymbol{X}}{\partial\varphi} &= \left(-\cos\theta\sin^2\varphi, -\sin\theta\sin^2\varphi, -\sin\varphi\cos\varphi\right) \\ \Longrightarrow \left| \frac{\partial \boldsymbol{X}}{\partial\theta} \wedge \frac{\partial \boldsymbol{X}}{\partial\varphi} \right| &= \sin\varphi. \end{aligned}$$

L'integrale si calcola immediatamente e dà $2\pi\,(\cos 0 - \cos\pi) = 4\pi$.]

Esercizio 8.39 Si consideri la sfera unitaria S_2 (cfr. l'esercizio 8.38). L'intersezione della sfera con un piano passante per l'origine determina un *cerchio di raggio massimo*. Si definisce *poligono sferico* un sottoinsieme aperto connesso della sfera unitaria la cui frontiera sia costituita da archi di cerchio di raggio massimo; il numero di archi rappresenta il numero di lati del poligono e i punti in cui si intersecano i cerchi di raggio massimo ne costituiscono i vertici. In particolare un poligono sferico con tre lati costituisce un *triangolo sferico*. Dato un triangolo sferico T, indichiamo con A, B, C le lunghezze dei suoi tre lati, e con α, β, γ i tre angoli opposti ad A, B, C, rispettivamente; per definizione l'angolo tra due lati è uguale all'angolo tra i piani dei cerchi di raggio massimo che contengono i due lati. Un triangolo sferico si chiama *proprio* se i suoi lati e i suoi angoli sono tutti minori di π, si chiama *improprio* in caso contrario. Se si ammettono lati più lunghi di π, è facile convincersi che i lati più lunghi di π si intersecano tra loro nei punti antipodali ai vertici in comune; tali punti non vengono conteggiati tra i vertici. Per identificare gli angoli di un triangolo sferico improprio con lati più lunghi di π, si deve richiedere che gli angoli siano tutti dalla stessa parte muovendosi lungo il perimetro; il triangolo così ottenuto non si presenta come un insieme racchiuso dal suo perimetro. Esempi di triangoli propri e impropri sono rappresentati nella figura 8.5. Se T è un triangolo sferico, indichiamo con T' il sottoinsieme $S_2 \setminus \overline{T}$, dove $\overline{T}$ è la chiusura di T in S_2; per costruzione anche T' è un triangolo sferico, che ha gli stessi lati di T e angoli α', β', γ' supplementari a quelli di T (i.e. $\alpha' = 2\pi - \alpha$, $\beta' = 2\pi - \beta$ e $\gamma' = 2\pi - \gamma$); in particolare, T e T' non possono essere entrambi propri. Si dimostri che, fissati i lati A, B, C dei due triangoli T e T' si hanno le seguenti possibilità (i casi restanti possono essere ricondotti a quelli elencati sopra, mediante una ridenominazione di lati e angoli):

1. se $A, B, C < \pi$, allora $\alpha, \beta, \gamma < \pi$ in T e $\alpha', \beta', \gamma' > \pi$ in T' (o viceversa);
2. se $A, B < \pi$ e $C > \pi$, allora $\alpha, \beta < \pi$ e $\gamma > \pi$ in T, e $\alpha', \beta' > \pi$ e $\gamma' < \pi$ in T' (o viceversa);
3. se $A < \pi$ e $B, C > \pi$, allora $\alpha < \pi$ e $\beta, \gamma > \pi$ in T, e $\alpha' > \pi$ e $\beta', \gamma' < \pi$ in T' (o viceversa);
4. se $A, B, C > \pi$, allora $\alpha, \beta, \gamma < \pi$ in T e $\alpha', \beta', \gamma' > \pi$ in T' (o viceversa).

[*Suggerimento.* Se tutti e tre i lati sono minori di π, si ha la situazione descritta nel caso (a) della figura 8.5: dei due triangoli T e T' uno ha tutti e tre gli angoli α, β, γ minori di π, mentre gli angoli dell'altro sono $2\pi - \alpha, 2\pi - \beta, 2\pi - \gamma$, e quindi sono tutti maggiori di π. Se un solo lato è maggiore di π, chiamiamo A la lunghezza di tale lato; possiamo sempre fissare un sistema di riferimento tale che tale lato si trovi sul cerchio di raggio massimo situato nel piano xy; si ha quindi la situazione rappresentata nel caso (b) della figura 8.5; uno dei due triangoli ha angoli $\alpha > \pi$ e $\beta, \gamma < \pi$, mentre l'altro ha angoli $2\pi - \alpha < \pi$ e $2\pi - \beta, 2\pi - \gamma > \pi$. Se due lati siano più lunghi di π e uno più corto di π, si può asssumere di nuovo che uno dei due sia nel piano xy (cfr. il caso (c) della figura 8.5). In tal caso solo i due lati più lunghi di π si intersecano tra loro: se A e B sono le lunghezze dei lati più lunghi di π, uno dei due triangoli ha angoli $\alpha, \beta < \pi$ e $\gamma > \pi$ e l'altro ha angoli $2\pi - \alpha$, $2\pi - \beta < \pi$ e $2\pi - \gamma$. Infine, se tutti e tre i lati hanno lunghezza maggiore di π,

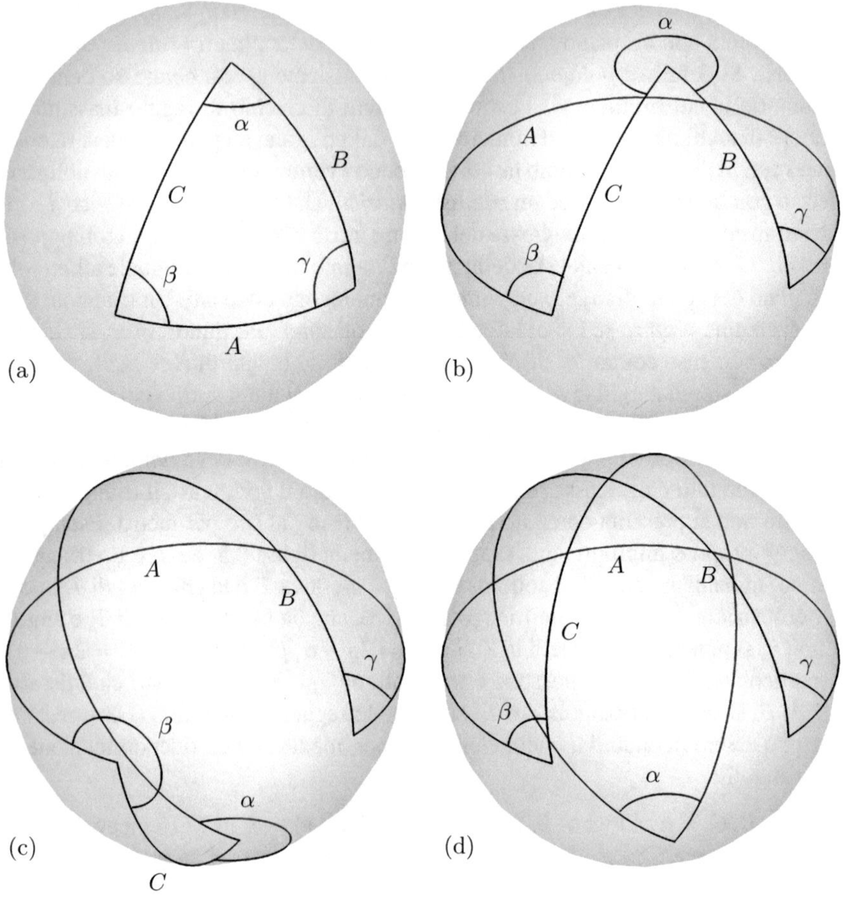

Figura 8.5 Esempi di triangoli sferici propri e impropri. Il triangolo (a) è proprio, mentre gli altri tre triangoli sono impropri: (b) $A > \pi > B, C$ e angoli $\alpha > \pi > \beta, \gamma$, (c) $A, B > \pi > C$ e angoli $\alpha, \beta > \pi > \gamma$, (d) $A, B, C > \pi$ e angoli $\alpha, \beta, \gamma < \pi$

scegliendo sempre un sistema di riferimento in cui il lato di lunghezza A giaccia nel piano xy, si ha la situazione descritta nell caso (d) della figura 8.5; in tal caso ciascun lato interseca gli altri due: dei due triangoli T e T', uno ha tutti gli angoli minori di π, mentre l'altro ha tutti gli angoli maggiori di π.]

Esercizio 8.40 Si mostri attraverso un esempio esplicito che, a differenza dei triangoli piani, la somma degli angoli di un triangolo sferico può essere maggiore di π (cfr. anche l'esercizio 8.41 più avanti). [*Suggerimento.* Si può considerare un triangolo proprio delimitato dai cerchi di raggio di massimo ottenuti intersecando S_2 con i piani xy, xz e yz; in tal caso i suoi angoli sono $\alpha = \beta = \gamma = \pi/2$.]

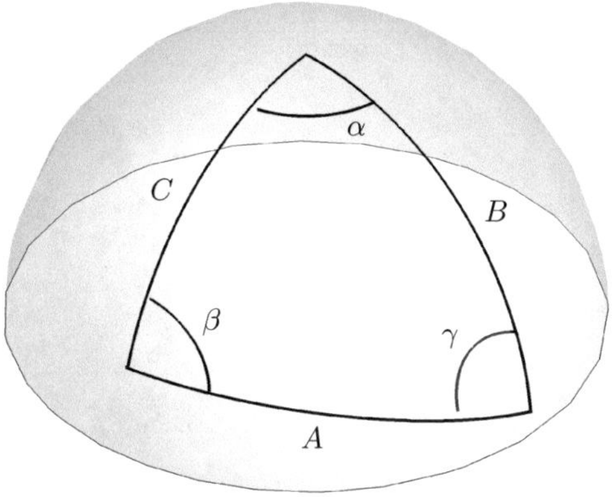

Figura 8.6 Triangolo sferico proprio

Esercizio 8.41 Sia T un triangolo sferico di angoli α, β, γ (cfr. la figura 8.6). Si dimostri che l'area $a(T)$ di T è data da (*teorema di Girard*)

$$a(T) = (\alpha + \beta + \gamma - \pi)$$

e se ne deduca che la somma degli angoli interni di un triangolo sferico è sempre maggiore di π. Per questo motivo $e(T) := \alpha + \beta + \gamma - \pi$ è chiamato *eccesso sferico*; si può quindi enunciare il teorema di Girard dicendo che l'area di un triangolo sferico è uguale al suo eccesso sferico. [*Soluzione.* Dato il triangolo sferico T, si definisca $\tilde{T} = \{\boldsymbol{x} \in \mathbb{R}^3 \cap S_2 : -\boldsymbol{x} \in T\}$ il *triangolo sferico opposto* di T. Due cerchi di raggio massimo si intersecano in due punti antipodali P_1 e P_2 di S_2 e dividono S_2 in quattro insiemi disgiunti, che prendono il nome di *lunule*. Indichiamo con $\psi_1, \psi_2, \psi_3, \psi_4$ gli angoli che i due cerchi di raggio massimo formano tra loro, dove $\psi_1 = \psi_3$ e $\psi_2 = \psi_4 = \pi - \psi_1$. Diciamo che una lunula ha angolo ψ_k se ψ_k è l'angolo tra i cerchi di raggio massimo che la delimitano. Si consideri il triangolo sferico T rappresentato nella figura 8.6, e si indichino con V_1, V_2 e V_3 i suoi vertici (cfr. la figura 8.7). Siano C_1, C_2 e C_3 i cerchi di raggio massimo che delimitano i lati di T: C_1 e C_2 si intersecano in V_1 e in V_1', C_1 e C_3 si intersecano in V_2 e in V_2', C_2 e C_3 si intersecano in V_3 e in V_3', dove V_i' è il punto antipodale di V_i, per $i = 1, 2, 3$. Inoltre, C_1 e C_2 delimitano due lunule L_1 e L_1' di angolo α, C_1 e C_3 delimitano due lunule L_2 e L_2' di angolo β, e C_1 e C_2 delimitano due lunule L_3 e L_3' di angolo γ. Siano L_1, L_2 e L_3 le lunule che contengono T; le lunule L_1', L_2' e L_3' contengono allora il triangolo opposto $\tilde{T}$. L'area di una lunula è proporzionale al suo angolo; dal momento che l'area di S_2 è 4π (cfr. l'esercizio 8.38), l'area di una lunula di angolo ψ è $(\psi/2\pi)4\pi = 2\psi$; quindi L_1 e L_1' hanno area 2α, L_2 e L_2' hanno area 2β e L_3 e L_3' hanno area 2γ. Poiché le sei lunule considerate si intersecano solo in corrispondenza dei triangoli T e $\tilde{T}$, si ha

$$2a(L_1) + 2a(L_2) + 2a(L_3) = (4\pi - 2a(T)) + 6a(T) = 4\pi + 4a(T),$$

dove $a(L_i)$ indica l'area della lunula L_i e si è tenuto che i triangoli T e $\tilde{T}$ hanno la stessa area. Ne segue che $a(T) = \alpha + \beta + \gamma - \pi$. Poiché $a(T) \in (0, 4\pi)$,

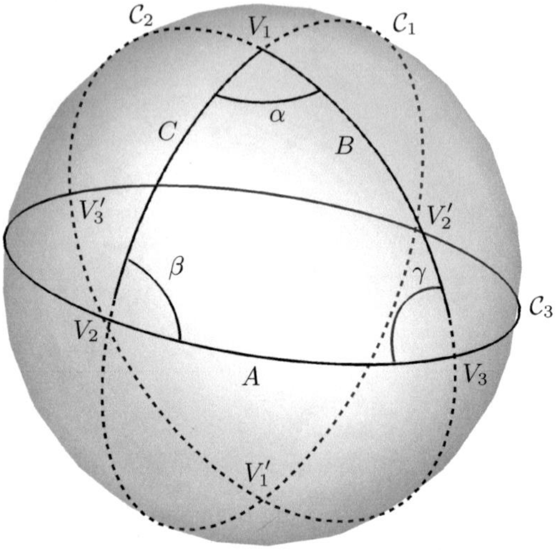

Figura 8.7 Lunule usate nella costruzione dell'esercizio 8.41

essendo positiva e minore dell'area della superficie della sfera unitaria, si ha $\pi < \alpha + \beta + \gamma < 5\pi$; se T è un triangolo proprio si ha $\alpha + \beta + \gamma < 3\pi$. Triangoli in cui l'area si avvicina arbitrariamente ai due estremi 0 e 5π si ottengono considerando, rispettivamente, un triangolo T con lati arbitrariamente piccoli e il triangolo $T' = S_2 \setminus T$.]

Esercizio 8.42 Con le notazioni dell'esercizio 8.39, si dimostrino le relazioni di trigonometria sferica:

1. $\cos A = \cos B \cos C + \sin B \sin C \cos\alpha$,
2. $\cos B = \cos C \cos A + \sin C \sin A \cos\beta$,
3. $\cos C = \cos A \cos B + \sin A \sin B \cos\gamma$,
4. $\dfrac{\sin\alpha}{\sin A} = \dfrac{\sin B}{\sin\beta} = \dfrac{\sin C}{\sin\gamma}$.

Le relazioni $1 \div 3$ sono note come *legge dei coseni*, mentre la relazione 4 è chiamata *legge dei seni*. [*Suggerimento.* Siano V_1, V_2 e V_3 i vertici del triangolo corrispondenti agli angoli α, β e γ, rispettivamente. Si disegni il triangolo sferico in modo tale che V_1 sia nel punto di intersezione di S_2 con l'asse z positivo, e V_2 sia sul piano xz (cfr. la figura 8.8). Il vertice V_1 ha coordinate $\boldsymbol{r}_1 = (0, 0, 1)$. Il vertice V_2 si trova su una circonferenza che giace nel piano xz, di raggio 1 e centro nell'origine $O = (0, 0, 0)$. L'angolo tra l'asse z e la retta che passa per i punti O e V_1 è uguale alla lunghezza C dell'arco di circonferenza che unisce i vertici V_1 e V_2; quindi il vertice V_2 ha coordinate $\boldsymbol{r}_2 = (\sin C, 0, \cos C)$. Il vertice V_3 si trova in un piano che passa per l'asse z e interseca il piano xy in modo da formare un angolo α con l'asse x; l'angolo che la retta passante per O e V_3 forma con l'asse z è uguale alla lunghezza B dell'arco di circonferenza che connette i vertici V_1 e V_3; la coordinata z di V_3 è $\cos B$, mentre la proiezione nel piano xy è $\sin B$, così che le coordinate

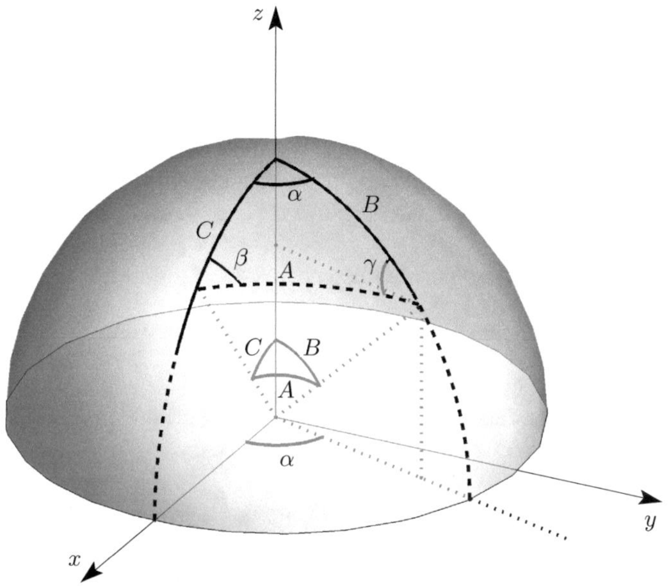

Figura 8.8 Triangolo sferico considerato nella costruzione dell'esercizio 8.42

x e y di V_3 sono, rispettivamente, $\sin B \cos\alpha$ e $\sin B \sin\alpha$; quindi V_3 ha coordinate $\boldsymbol{r}_3 = (\sin B \cos\alpha, \sin B \sin\alpha, \cos B)$. Si ha

$$\cos A = |\boldsymbol{r}_2|\,|\boldsymbol{r}_3| \cos A = \boldsymbol{r}_2 \cdot \boldsymbol{r}_3 = \sin B \sin C \cos\alpha + \cos B \cos C,$$

che implica la relazione trigonometrica 1. Le due successive 2 e 3 seguono immediatamente notando che possiamo fissare un sistema di riferimento in cui sia il vertice V_2 o il vertice V_3 a trovarsi nel punto $(0, 0, 1)$: si può quindi ripetere la costruzione con i vertici V_2, V_3, V_1 o con i vertici V_3, V_1, V_2 al posto dei vertici V_1, V_2, V_3. Infine, usando la relazione 1 per esprimere $\cos\alpha$ in termini di A, B, C, si ha

$$\begin{aligned}\sin^2\alpha = 1 - \cos^2\alpha &= 1 - \left(\frac{\cos A - \cos B \cos C}{\sin B \sin C}\right)^2 \\ &= \frac{\sin^2 B \sin^2 C - (\cos A - \cos B \cos C)^2}{\sin^2 B \sin^2 C} \\ &= \frac{\big(1 - \cos^2 B\big)\big(1 - \cos^2 C\big) - (\cos A - \cos B \cos C)^2}{\sin^2 B \sin^2 C}, \\ &= \frac{1 - \cos^2 A - \cos^2 B - \cos^2 C + 2\cos A \cos B \cos C}{\sin^2 B \sin^2 C},\end{aligned}$$

da cui si ottiene

$$\frac{\sin^2\alpha}{\sin^2 A} = \frac{1 - \cos^2 A - \cos^2 B - \cos^2 C + 2\cos A \cos B \cos C}{\sin^2 A \sin^2 B \sin^2 C},$$

che è invariante per permutazione delle tre variabili A, B, C. Se ne deduce che

$$\frac{\sin\alpha}{\sin A} = \pm\frac{\sin B}{\sin\beta} = \pm\frac{\sin C}{\sin\gamma}.$$

Utilizzando il risultato dell'esercizio 8.41 si conclude che ovunque vale il segno positivo. Si noti che tutte le quantità sono positive nel caso di triangoli propri, mentre alcune di esse o tutte possono essere negative nel caso di triangoli impropri.]

Esercizio 8.43 Con le notazioni dell'esercizio 8.42, si dimostri che

$$\mathrm{d}A = \cos\beta\,\mathrm{d}C + \cos\gamma\,\mathrm{d}B + \sin B\sin\gamma\,\mathrm{d}\alpha.$$

[*Suggerimento.* Innanzitutto si noti che bastano due lati e l'angolo compreso (per esempio B, C e α per determinare il terzo lato e gli altri due angoli del triangolo sferico. Possiamo perciò scrivere $A = A(B, C, \alpha)$, così che

$$\mathrm{d}A = \frac{\partial A}{\partial B}\mathrm{d}B + \frac{\partial A}{\partial C}\mathrm{d}C + \frac{\partial A}{\partial \alpha}\mathrm{d}\alpha.$$

Dalla relazione 1 dell'esercizio 8.42 si ottiene

$$\begin{aligned}-\sin A\,\mathrm{d}A = {}&(-\sin B\cos C + \cos B\sin C\cos\alpha)\mathrm{d}B\\ &+(-\cos B\sin C + \sin B\cos C\cos\alpha)\mathrm{d}C + (-\sin B\sin C\sin\alpha)\mathrm{d}\alpha,\end{aligned}$$

così che

$$\begin{aligned}\frac{\partial A}{\partial B} &= \frac{\sin B\cos C - \cos B\sin C\cos\alpha}{\sin A},\\ \frac{\partial A}{\partial C} &= \frac{\cos B\sin C - \sin B\cos C\cos\alpha}{\sin A},\\ \frac{\partial A}{\partial \alpha} &= \frac{\sin B\sin C\sin\alpha}{\sin A}.\end{aligned}$$

Utilizzando la relazione 4 dell'esercizio 8.42 si trova

$$\frac{\partial A}{\partial \alpha} = \sin B\frac{\sin\alpha}{\sin A}\frac{\sin C}{\sin\gamma}\sin\gamma = \sin B\sin\gamma.$$

Utilizzando invece prima la relazione 1 e poi la relazione 2 dell'esercizio 8.42 si ha

$$\begin{aligned}\frac{\partial A}{\partial C} &= \frac{\cos B\sin C - \sin B\cos C\cos\alpha}{\sin A}\\ &= \frac{\cos B\sin C}{\sin A} - \frac{\cos C(\cos A - \cos B\cos C)}{\sin A\sin C}\\ &= \frac{\cos B\sin^2 C - \cos C\cos A + \cos B\cos^2 C}{\sin A\sin C}\\ &= \frac{\cos B - \cos C\cos A}{\sin A\sin C} = \frac{\sin C\sin A\cos\beta}{\sin A\sin C} = \cos\beta,\end{aligned}$$

e, analogamente, si trova

$$\frac{\partial A}{\partial B} = \frac{\cos C - \cos B \cos A}{\sin A \sin B} = \frac{\sin A \sin B \cos \gamma}{\sin A \sin B} = \cos \gamma,$$

dove si è utilizzata prima la relazione 1 e poi la relazione 3 dell'esercizio 8.42.]

Esercizio 8.44 Si consideri un corpo rigido con un punto fisso O. Sia κ un sistema di riferimento fisso che abbia l'origine in O e i cui assi costituiscano una terna levogira $\{\boldsymbol{e}_x, \boldsymbol{e}_y, \boldsymbol{e}_z\}$, e sia K il sistema di riferimento mobile solidale con il corpo rigido ottenuto scegliendo una terna levogira $\{\boldsymbol{e}_1, \boldsymbol{e}_2, \boldsymbol{e}_3\}$, con origine in O, tale che i versori $\boldsymbol{e}_1, \boldsymbol{e}_2, \boldsymbol{e}_3$ siano orientati lungo gli assi di inerzia del corpo rigido (assumiamo che i due assi $\boldsymbol{e}_3$ ed $\boldsymbol{e}_z$ non coincidano). Sia infine K' un terzo sistema di riferimento, sempre con origine in O, costituito da una terna levogira $\{\boldsymbol{e}'_1, \boldsymbol{e}'_2, \boldsymbol{e}'_3\}$, tale che $\boldsymbol{e}'_3$ sia diretto lungo il momento angolare $\boldsymbol{l}$ del corpo rigido; chiameremo K' il *sistema di riferimento del momento angolare*. Dati due vettori $\boldsymbol{v}, \boldsymbol{w} \in \mathbb{R}^3$ indichiamo con $(\boldsymbol{v}, \boldsymbol{w})$ il piano da essi individuato. Ricordiamo (cfr. la definizione 10.21 del volume 1) che l'asse dei nodi è il versore $\boldsymbol{e}_N$ nella direzione del vettore $\boldsymbol{e}_z \wedge \boldsymbol{e}_3$; per costruzione $\boldsymbol{e}_N$ è diretto lungo la retta di intersezione del piano $(\boldsymbol{e}_x, \boldsymbol{e}_y)$ con il piano $(\boldsymbol{e}_1, \boldsymbol{e}_2)$. Indichiamo con $\boldsymbol{e}_M$ il versore diretto lungo $\boldsymbol{e}_z \wedge \boldsymbol{e}'_3$, e con $\boldsymbol{e}'_N$ il versore diretto lungo $\boldsymbol{e}_3 \wedge \boldsymbol{e}'_3$; $\boldsymbol{e}_M$ ed $\boldsymbol{e}'_N$ si troveranno, rispettivamente, nell'intersezione dei piani $(\boldsymbol{e}_x, \boldsymbol{e}_y)$ e $(\boldsymbol{e}'_1, \boldsymbol{e}'_2)$, e nell'intersezione dei piani $(\boldsymbol{e}_1, \boldsymbol{e}_2)$ e $(\boldsymbol{e}'_1, \boldsymbol{e}'_2)$. Possiamo assumere per semplicità che l'asse $\boldsymbol{e}'_1$ coincida con l'asse $\boldsymbol{e}_M$. Introduciamo i seguenti angoli (cfr. il §10.3 del volume 1):

- (θ, φ, ψ) sono gli angoli di Eulero del sistema diferimento K rispetto a κ;
- (J, g, ℓ) sono gli angoli di Eulero del sistema di riferimento K rispetto a K';
- $(K, h, 0)$ sono gli angoli di Eulero del sistema di riferimento K' rispetto a κ.

Si noti che l'ultimo angolo è nullo perchè abbiamo scelto $\boldsymbol{e}'_1$ coincidente con $\boldsymbol{e}_M$. I vari versori e angoli sono rappresentati nella figura 8.9. Definiamo anche le seguenti quantità:

$$G := \boldsymbol{l} \cdot \boldsymbol{e}'_3 = |\boldsymbol{l}| = |\boldsymbol{L}|, \qquad L := \boldsymbol{l} \cdot \boldsymbol{e}_3 = G \cos J, \qquad H := \boldsymbol{l} \cdot \boldsymbol{e}_z = G \cos K.$$

Le variabili (g, ℓ, h, G, L, H) prendono il nome di *variabili di Andoyer*. Dato un corpo rigido con un punto fisso e non sottoposto a forze esterne, se I_1, I_2 e I_3 sono i suoi momenti principali di inerzia, la lagangiana corrispondente, espressa in termini degli angoli di Eulero (cfr. la (10.42) del volume 1 e si tenga conto che l'unico contributo a $\mathcal{L}$ proviene dall'energia cinetica T), è data da

$$\begin{aligned}\mathcal{L} = {} & \frac{I_1}{2}(\dot\varphi \sin\theta \sin\psi + \dot\theta \cos\psi)^2 + \frac{I_2}{2}(\dot\varphi \sin\theta \cos\psi - \dot\theta \sin\psi)^2 \\ & + \frac{I_3}{2}(\dot\psi + \dot\varphi \cos\theta)^2,\end{aligned}$$

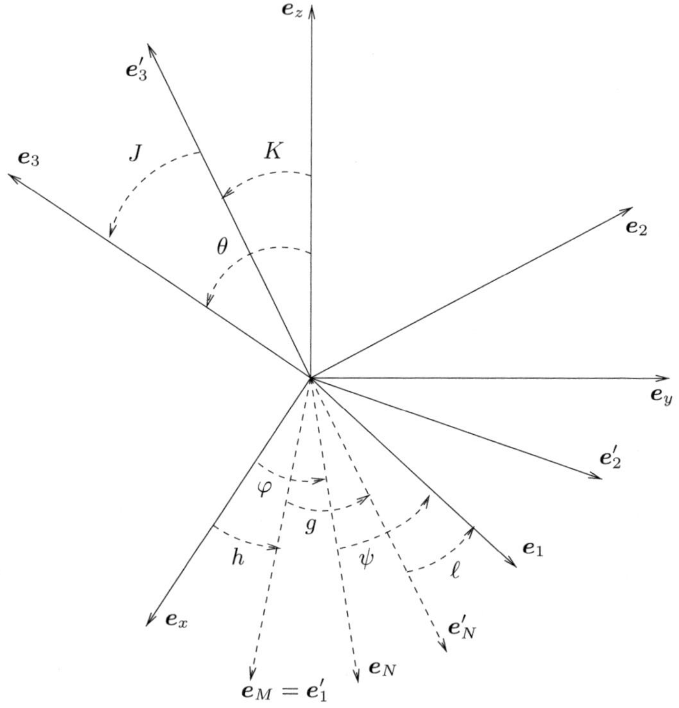

Figura 8.9 Angoli e assi introdotti nell'esercizio 8.44

I momenti corrispondenti sono

$$\begin{aligned} p_\theta &:= \frac{\partial \mathcal{L}}{\partial \dot\theta} = I_1\Big(\dot\varphi \sin\theta \sin\psi + \dot\theta \cos\psi\Big)\cos\psi \\ &\qquad - I_2\Big(\dot\varphi \sin\theta \cos\psi - \dot\theta \sin\psi\Big)\sin\psi, \\ p_\varphi &:= \frac{\partial \mathcal{L}}{\partial \dot\varphi} = I_1\Big(\dot\varphi \sin\theta \sin\psi + \dot\theta \cos\psi\Big)\sin\theta\sin\psi \\ &\qquad + I_2\Big(\dot\varphi \sin\theta \cos\psi - \dot\theta \sin\psi\Big)\sin\theta\cos\psi + I_3\big(\dot\varphi\cos\theta + \dot\psi\big)\cos\theta, \\ p_\psi &:= \frac{\partial \mathcal{L}}{\partial \dot\psi} = I_3\big(\dot\varphi\cos\theta + \dot\psi\big). \end{aligned}$$

Si dimostri che

$$p_\theta = G \sin J \, \sin(\ell - \psi), \qquad p_\varphi = H, \qquad p_\psi = L.$$

[*Soluzione.* Se si decompone $\boldsymbol{l}$ nella base $\{\boldsymbol{e}_1, \boldsymbol{e}_2, \boldsymbol{e}_3\}$, si ha $\boldsymbol{l} = L_1\boldsymbol{e}_1 + L_2\boldsymbol{e}_2 + L_3\boldsymbol{e}_3$, dove $L_1 = I_1\Omega_1$, $L_2 = I_2\Omega_2$ e $L_3 = I_3\Omega_3$, con Ω_1, Ω_2 e Ω_3 dati dalla (10.40) del volume 1, i.e.

$$\Omega_1 = \dot\varphi \sin\theta \sin\psi + \dot\theta \cos\psi, \quad \Omega_2 = \dot\varphi \sin\theta \cos\psi - \dot\theta \sin\psi,$$
$$\Omega_3 = \dot\psi + \dot\varphi \cos\theta.$$

Inoltre i vettori $\boldsymbol{e}_z$ ed $\boldsymbol{e}_N$, espressi nella base $\{\boldsymbol{e}_1, \boldsymbol{e}_2, \boldsymbol{e}_3\}$ sono dati da (cfr. la (10.38) del volume 1)

$$\boldsymbol{e}_z = \sin\theta \sin\psi\, \boldsymbol{e}_1 + \sin\theta \cos\psi\, \boldsymbol{e}_2 + \cos\theta\, \boldsymbol{e}_3, \quad \boldsymbol{e}_N = \cos\psi\, \boldsymbol{e}_1 - \sin\psi\, \boldsymbol{e}_2.$$

Si verifica immediatamente che

$$\begin{aligned} L &:= (L_1\boldsymbol{e}_2 + L_2\boldsymbol{e}_2 + L_3\boldsymbol{e}_3)\cdot \boldsymbol{e}_3 = L_3 = p_\psi, \\ H &:= (L_1\boldsymbol{e}_2 + L_2\boldsymbol{e}_2 + L_3\boldsymbol{e}_3)\cdot(\sin\theta \sin\psi\, \boldsymbol{e}_1 + \sin\theta\cos\psi\, \boldsymbol{e}_2 + \cos\theta\, \boldsymbol{e}_3) \\ &= L_1 \sin\theta\sin\psi + L_2 \sin\theta\cos\psi + L_3\cos\theta = p_\varphi. \end{aligned}$$

Infine, si consideri il vettore $\boldsymbol{L}_\perp := L_1\boldsymbol{e}_1 + L_2\boldsymbol{e}_2$, individuato dalla proiezione di $\boldsymbol{l}$ sul piano $(\boldsymbol{e}_1, \boldsymbol{e}_2)$. I vettori $\boldsymbol{L}_\perp$ ed $\boldsymbol{e}'_N$ si trovano nello stesso piano e sono tra loro ortogonali (dal momento che $\boldsymbol{e}'_N$ è ortogonale sia a $\boldsymbol{e}_3$ che a $\boldsymbol{e}'_3$). Poiché anche $\boldsymbol{e}_N$ è contenuto nel piano $(\boldsymbol{e}_1, \boldsymbol{e}_2)$ e forma un angolo $\psi - \ell$ con $\boldsymbol{e}'_N$ (cfr. la figura 8.9), l'angolo tra $\boldsymbol{L}_\perp$ e $\boldsymbol{e}_N$ è $\beta := \pi/2 - (\psi - \ell)$. Tenendo conto che $\cos\beta = \sin(\psi - \ell)$, $|\boldsymbol{e}_N| = 1$ e $|\boldsymbol{L}_\perp| = |\boldsymbol{l}| \sin J = G \sin J$, si ha

$$(G \sin J)\, \sin(\psi - \ell) = |\boldsymbol{L}_\perp|\, |\boldsymbol{e}_N| \cos\beta = \boldsymbol{L}_\perp \cdot \boldsymbol{e}_N,$$

da cui segue che

$$\begin{aligned} (G \sin J) \sin(\psi - \ell) &:= (L_1\boldsymbol{e}_1 + L_2\boldsymbol{e}_2)\cdot(\cos\psi\, \boldsymbol{e}_1 - \sin\psi\, \boldsymbol{e}_2) \\ &= L_1 \cos\psi - L_2 \sin\psi = p_\theta, \end{aligned}$$

che implica la terza relazione.]

Esercizio 8.45 Si dimostri che gli angoli introdotti nell'esercizio 8.44 possono essere legati agli angoli e ai lati di un triangolo sferico, come indicato nella figura 8.10. [*Suggerimento.* Si consideri sulla sfera unitaria bidimensionale il triangolo sferico i cui lati sono ottenuti intersecando la sfera con i piani $(\boldsymbol{e}_x, \boldsymbol{e}_y)$, $(\boldsymbol{e}_1, \boldsymbol{e}_2)$ e $(\boldsymbol{e}'_1, \boldsymbol{e}'_2)$. Indichiamo con V_1, V_2 e V_3 i vertici del triangolo, ordinati in modo tale che V_1 sia nell'intersezione dei piani $(\boldsymbol{e}_1, \boldsymbol{e}_2)$, $(\boldsymbol{e}'_1, \boldsymbol{e}'_2)$, V_2 nell'intersezione dei piani $(\boldsymbol{e}_1, \boldsymbol{e}_2)$ e $(\boldsymbol{e}_x, \boldsymbol{e}_y)$, e V_3 nell'intersezione dei piani $(\boldsymbol{e}_x, \boldsymbol{e}_y)$ e $(\boldsymbol{e}'_1, \boldsymbol{e}'_2)$; per costruzione i versori $\boldsymbol{e}_M$, $\boldsymbol{e}'_N$ ed $\boldsymbol{e}_N$ connettono il centro della sfera con i vertici V_1, V_2 e V_3. L'arco che unisce V_1 a V_2 ha lunghezza pari all'angolo g di cui deve ruotare l'asse $\boldsymbol{e}_M$ nel piano $(\boldsymbol{e}'_1, \boldsymbol{e}'_2)$ per sovrapporsi all'asse $\boldsymbol{e}'_N$; l'arco che unisce V_1 a V_3 ha lunghezza pari all'angolo $\psi - \ell$ di cui deve ruotare l'asse $\boldsymbol{e}_N$ nel piano $(\boldsymbol{e}_1, \boldsymbol{e}_2)$ per sovrapporsi all'asse $\boldsymbol{e}'_N$; l'arco che unisce V_2 a V_3 ha lunghezza pari all'angolo

Figura 8.10 Triangolo sferico e variabili di Andoyer

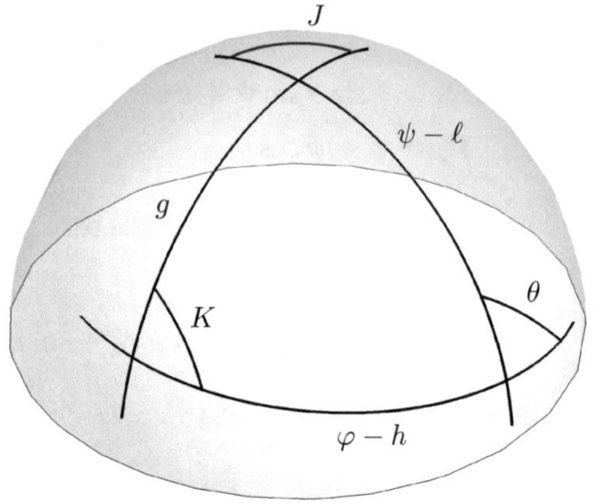

$\varphi - h$ di cui deve ruotare l'asse $\boldsymbol{e}_M$ nel piano $(\boldsymbol{e}_x, \boldsymbol{e}_y)$ per sovrapporsi all'asse $\boldsymbol{e}_N$. Inoltre l'angolo tra i piani $(\boldsymbol{e}_x, \boldsymbol{e}_y)$ ed $(\boldsymbol{e}'_1, \boldsymbol{e}'_2)$ è uguale all'angolo K tra i vettori $\boldsymbol{e}_z$ ed $\boldsymbol{e}'_3$; l'angolo tra i piani $(\boldsymbol{e}_x, \boldsymbol{e}_y)$ ed $(\boldsymbol{e}_1, \boldsymbol{e}_2)$ è uguale all'angolo θ tra i vettori $\boldsymbol{e}_z$ ed $\boldsymbol{e}_3$; l'angolo tra i piani $(\boldsymbol{e}_1, \boldsymbol{e}_2)$ ed $(\boldsymbol{e}'_1, \boldsymbol{e}'_2)$ è uguale all'angolo J tra i vettori $\boldsymbol{e}_3$ ed $\boldsymbol{e}'_3$.]

Esercizio 8.46 Utilizzando i risultati degli esercizi 8.42÷8.45 si dimostri che la trasformazione di coordinate

$$(\theta, \varphi, \psi, p_\theta, p_\varphi, p_\psi) \mapsto (g, h, \ell, G, H, L)$$

è una trasformazione canonica. [*Suggerimento.* È sufficiente dimostrare che la trasformazione soddisfa la condizione di Lie (cfr. il teorema 7.69), i.e. che

$$G\mathrm{d}g + H\mathrm{d}h + L\mathrm{d}\ell - \big(p_\theta \mathrm{d}\theta + p_\varphi \mathrm{d}\varphi + p_\psi \mathrm{d}\psi\big) = \mathrm{d}\Psi$$

per qualche funzione Ψ indipendente dal tempo. Si noti che abbiamo sostituito i differenziali a tempo bloccato con i differenziali poiché la trasformazione non dipende dal tempo. L'esercizio 8.43, con le identificazioni (cfr. l'esercizio 8.45)

$$A = g, \quad B = \psi - \ell, \quad C = \varphi - h, \quad \alpha = \theta, \quad \beta = K, \quad \gamma = J,$$

dà

$$\mathrm{d}g = \cos K \,\mathrm{d}(\varphi - h) + \cos J \,\mathrm{d}(\psi - \ell) + \sin(\psi - \ell) \sin J \,\mathrm{d}\theta,$$

così che, moltiplicando ambo i membri per G si ottiene

$$\begin{aligned} G\mathrm{d}g &:= G\cos K\,\mathrm{d}\varphi - G\cos K\,\mathrm{d}h + G\cos J\,\mathrm{d}\psi - G\cos J\,\mathrm{d}\ell \\ &\quad + G\sin J\ \sin(\psi - \ell)\,\mathrm{d}\theta \\ &:= H\mathrm{d}\varphi + L\mathrm{d}\psi + G\sin J\ \sin(\psi - \ell)\,\mathrm{d}\theta - H\mathrm{d}h - L\mathrm{d}\ell, \end{aligned}$$

da cui segue l'asserto con $\Psi = 0$.]

Esercizio 8.47 Con riferimento all'esercizio 8.46, si discutano le implicazioni del fatto che si è trovato $\Psi = 0$. [*Suggerimento.* Perché la trasformazione canonica

$$(q, p) = (\theta, \varphi, \psi, p_\theta, p_\varphi, p_\psi) \mapsto (Q, P) = (g, h, \ell, G, H, L)$$

si possa ottenere mediante un procedimento di seconda specie, si deve avere $\Psi = F - \langle Q, P \rangle$, dove $F = F(q, P)$ è la funzione generatrice della trasformazione (cfr. il §7.4.3). Quindi, se $Q(q, P)$ sono gli angoli (g, h, ℓ) espressi in termini di $(\theta, \varphi, \psi, p_\theta, p_\varphi, p_\psi)$, la funzione $F(q, P) = -\langle Q(q, p), P \rangle$ costituisce una funzione generatrice di seconda specie. Non possiamo invece ottenere la trasformazione canonica attraverso un procedimento di prima specie, perché in tal caso si avrebbe $\Psi = F = 0$ (cfr. il §7.4.2), quindi non possiamo definire la corrispondente funzione generatrice F.]

Esercizio 8.48 Si scriva l'hamiltoniana del corpo rigido con un punto fisso in termini delle variabili di Andoyer introdotte nell'esercizio 8.44. [*Soluzione.* In termini del momento angolare, la lagrangiana di un corpo rigido non sottoposto a forze è data da (cfr. il teorema 10.3 del volume 1)

$$\mathcal{L} = T = \frac{1}{2}\boldsymbol{\Omega} \cdot I\boldsymbol{\Omega} = \frac{1}{2}\boldsymbol{L} \cdot I^{-1}\boldsymbol{L} = \frac{L_1^2}{2I_1} + \frac{L_2^2}{2I_2} + \frac{L_3^2}{2I_3},$$

dove $L_1 = \sqrt{G^2 - L^2} \sin \ell$, $L_2 = \sqrt{G^2 - L^2} \cos \ell$ e $L_3 = L$. Infatti, come segue dall'esercizio 8.44, $L = G \cos J$ è la componente di $\boldsymbol{l}$ lungo l'asse $\boldsymbol{e}_3$, così che la proiezione di $\boldsymbol{l}$ nel piano $(\boldsymbol{e}_1, \boldsymbol{e}_2)$ individua un vettore di lunghezza $G \sin J = G\sqrt{1 - \cos^2 J}$ diretto lungo la retta ortogonale a $\boldsymbol{e}'_N$; poiché ℓ è l'angolo tra $\boldsymbol{e}'_N$ ed $\boldsymbol{e}_1$, si ha $L_1 = G\sqrt{1 - \cos^2 J} \sin \ell$ e $L_2 = G\sqrt{1 - cos^2 J} \cos \ell$. L'hamiltoniana corrispondente è $\mathcal{H} = T = \mathcal{L}$, che, espressa nelle variabili di Andoyer, diventa

$$\mathcal{H} = \mathcal{H}(\ell, G, L) = \frac{1}{2}\left(\frac{\sin^2 \ell}{I_1} + \frac{\cos^2 \ell}{I_2}\right)(G^2 - L^2) + \frac{L^2}{2I_3}.$$

Si noti che $\mathcal{H}$ non dipende dalle variabili h, H; d'altra parte dipende dall'angolo ℓ.]

Esercizio 8.49 Nel §10.7 del volume 1 si è visto che un corpo rigido con un punto fisso non soggetto a forze è un sistema integrabile. Utilizzando i risultati degli esercizi 8.42÷8.46, si dimostri che il sistema è canonicamente integrabile e si calcolino le variabili azione-angolo per il sistema. [*Suggerimento.* Si cerca una trasformazione canonica $(g, h, \ell, G, H, L) \mapsto (g', h, m, G, H, M)$ che lasci invariate le coordinate (h, G, H) e trasformi invece le coordinate (g, ℓ, L) in (g', m, M) tali che, nelle nuove coordinate l'hamiltoniana dipenda solo dalle azioni G, M. La trasformazione si ottiene attraverso un procedimento di seconda specie, considerando la funzione generatrice $F(g, h, \ell, G, H, M) = G\,g + H\,h + F_0(\ell, M, G)$, con

$$F_0(\ell, G, M) := \int_0^\ell \mathrm{d}\ell' \, \tilde{L}(\ell', E, G),$$

dove la funzione $\tilde{L}(\ell, E, G)$ si trova richiedendo che

$$\mathcal{H}(\ell, G, L) = \frac{G^2}{2}\left(\frac{\sin^2 \ell}{I_1} + \frac{\cos^2 \ell}{I_2}\right) + \frac{L^2}{2}\left(\frac{1}{I_3} - \frac{\sin^2 \ell}{I_1} - \frac{\cos^2 \ell}{I_2}\right) = E.$$

L'ultima relazione implica

$$L = \tilde{L}(\ell, E, G) = \sqrt{2\left(\frac{1}{I_3} - \frac{\sin^2 \ell}{I_1} - \frac{\cos^2 \ell}{I_2}\right)^{-1}\left(E - \frac{G^2}{2}\left(\frac{\sin^2 \ell}{I_1} + \frac{\cos^2 \ell}{I_2}\right)\right)}.$$

La nuova azione M è allora definita come

$$M = \mu(E, G) = \int_0^{2\pi} \frac{\mathrm{d}\ell}{2\pi} \tilde{L}(\ell; E, G),$$

che, invertita, consente di esprimere l'energia in termini di M e G, i.e. $E = \varepsilon(M, G)$ (cfr. l'analoga discussione nella soluzione dell'esercizio 8.36 per il problema dei due corpi). A questo punto scriviamo $\tilde{L}(\ell, E, G) = \tilde{L}(\ell, \varepsilon(M, G), G)$, così che la funzione F_0 diventa effettivamente una funzione di ℓ, G, M. Le nuove coordinate angolari (g', m) sono definite da

$$g' = \frac{\partial F}{\partial G} = g + \frac{\partial F_0}{\partial G}, \qquad m = \frac{\partial F}{\partial M} = \frac{\partial F_0}{\partial M},$$

e le corrispondenti frequenze sono

$$\omega_1 := \frac{\partial \varepsilon}{\partial G}, \qquad \omega_2 := \frac{\partial \varepsilon}{\partial M} = \left(\frac{\partial \mu}{\partial E}\right)^{-1} = \omega(E, G),$$

dove $\omega(E, G)$ è la frequenza del moto corrispondente all'energia E del sistema unidimensionale descritto dall'hamiltoniana $\mathcal{H}_G(\ell, L) := \mathcal{H}(\ell, G, L)$, in cui G è visto come un parametro.]

Esercizio 8.50 Si consideri un punto materiale P di massa $m = 1$ vincolato a muoversi su una superficie ellissoidale di equazione

$$z^2 + \frac{1}{2}(x^2 + y^2) = 1,$$

sottoposto all'azione della gravità e collegato agli estremi dell'ellissoide $(0, 0, \pm 1)$ tramite due molle di costante elastica k e lunghezza a riposo trascurabile; sia g l'accelerazione di gravità.

(1) Si verifichi che la lagrangiana che descrive il sistema, in coordinate opportune, è data da

$$\mathcal{L}(\theta, z, \dot{\theta}, \dot{z}) = \frac{1}{2}\left(\frac{1+z^2}{1-z^2}\right)\dot{z}^2 + \left(1-z^2\right)\dot{\theta}^2 + kz^2 - gz.$$

(2) Si scrivano l'hamiltoniana del sistema e le corrispondenti equazioni di Hamilton.

(3) Si discuta l'equazione di Hamilton-Jacobi e si trovi una funzione caratteristica $W(\theta, z, \alpha_1, \alpha_2)$.

(4) Si determinino le variabili d'azione e si calcolino le frequenze in termini di integrali definiti.

[*Suggerimento.* Può essere conveniente usare coordinate cilindriche tenendo conto che la coordinata z è legata alle coordinate x, y attraverso l'equazione dell'ellissoide.]

Esercizio 8.51 Si consideri il sistema descritto dalla lagrangiana

$$\mathcal{L}(x, \theta, \dot{x}, \dot{\theta}) = \frac{1}{2}\left(1+x^2\right)\dot{x}^2 + \frac{1}{2}\left(\frac{1+\sin^2\theta}{1+x^2}\right)\dot{\theta}^2 - \frac{1}{2}\left(\frac{1+x^2}{1+\sin^2\theta}\right).$$

(1) Si trovi l'hamiltoniana.

(2) Si integri l'equazione di Hamilton-Jacobi per separazione di variabili.

(3) Si determinino le variabili d'azione e le frequenze dei moti multiperiodici.

(4) Si discuta la periodicità del moto con dati iniziali $\theta = 0$, $x = 0$, $\dot{\theta} = 1$, $\dot{x} = \sqrt{2}$.

[*Suggerimento.* (1) L'hamiltoniana è

$$\mathcal{H}(x, \theta, p_x, p_\theta) = \frac{1}{2}\frac{p_x^2}{1+x^2} + \frac{1}{2}\left(1+x^2\right)\frac{p_\theta^2+1}{1+\sin^2\theta}.$$

(2) La funzione caratteristica è $W(x, \theta, \alpha_1, \alpha_2) = W_1(\theta, \alpha_1) + W_2(x, \alpha_1, \alpha_2)$, dove

$$W_1(\theta, \alpha_1) = \pm \int_{\theta_0}^{\theta} \mathrm{d}\theta' \sqrt{\alpha_1(1+\sin^2\theta') - 1},$$

$$W_2(x, \alpha_1, \alpha_2) = \pm \int_{x_0}^{x} \mathrm{d}x' \sqrt{(2\alpha_2 - \alpha_1(1+(x')^2)(1+(x')^2)},$$

dove $\alpha_1 \geq 1/2$, $\alpha_2 \geq \alpha_1/2$ e le costanti θ_0 e x_0 sono tali che $\alpha_1(1+\sin^2\theta_0) \geq 1$ e $2\alpha_2 - \alpha_1(1+x_0^2) \geq 0$. (3) Delle variabili d'azione J_1 e J_2, la prima è data, se $\alpha_1 \in (1/2, 1)$, da

$$J_1 = \frac{1}{\pi}\int_{\theta_-}^{\theta_+} \mathrm{d}\theta \sqrt{\alpha_1(1+\sin^2\theta) - 1},$$

dove $\theta_\pm$, con $0 < \theta_- < \pi/2 < \theta_+ < \pi$, risolvono l'equazione $1 + \sin^2\theta = 1/\alpha_1$, e, se $\alpha_1 > 1$, da

$$J_1 = \frac{1}{2\pi} \int_{-\pi}^{\pi} \mathrm{d}\theta \sqrt{\alpha_1(1 + \sin^2\theta) - 1}$$

mentre la seconda, purché si abbia $\alpha_2 > \alpha_1/2$, è data da

$$J_2 = \frac{1}{\pi} \int_{-x_+}^{x_+} \mathrm{d}\theta \sqrt{(2\alpha_2 - \alpha_1(1 + x^2))\,(1 + x^2)},$$

dove x_+ è la soluzione positiva di $\alpha_1(1 + x^2) = 2\alpha_2$.]

Esercizio 8.52 Si consideri il sistema dell'esercizio 8.51 e si supponga che sia soggetto all'ulteriore vincolo che il punto P si possa muovere solo nel piano xz. Si determinino le configurazioni di equilibrio e se ne discuta la stabilità. Si determinino infine i dati iniziali che dànno luogo a traiettorie periodiche.

Esercizio 8.53 Si consideri il sistema descritto dalla lagrangiana

$$\mathcal{L}(r, \theta, \dot{r}, \dot{\theta}) = \frac{1}{2} m\dot{r}^2 + \frac{1}{2} m r^2 \dot{\theta}^2 + \frac{k}{r} - \frac{\cos^2\theta}{r^2}, \qquad k > 0.$$

(1) Si trovi l'hamiltoniana.
(2) Si scriva l'equazione di Hamilton-Jacobi e la si risolva per separazione di variabili.
(3) Si determinino le variabili d'azione, ove possibile.
(4) Si determinino le frequenze dei moti multiperiodici in termini delle azioni.

[*Suggerimento.* (1) L'hamiltoniana è

$$\mathcal{H}(r, \theta, p_r, p_\theta) = \frac{1}{2m} p_r^2 + \frac{1}{r^2}\left(\frac{1}{2m} p_\theta^2 + \cos^2\theta\right) - \frac{k}{r}.$$

(2) La funzione caratteristica è $W(r, \theta, \alpha_1, \alpha_2) = W_1(\theta, \alpha_1) + W_2(r, \alpha_1, \alpha_2)$, dove

$$W_1(\theta, \alpha_1) = \pm \int_{\theta_0}^{\theta} \mathrm{d}\theta' \sqrt{2m(\alpha_1 - \cos^2\theta')},$$

$$[1ex] W_2(r, \alpha_1, \alpha_2) = \pm \int_{r_0}^{r} \mathrm{d}r \sqrt{2m(\alpha_2 - V(r'))}, \qquad V(r) := \frac{\alpha_1}{r^2} - \frac{k}{r},$$

dove $\alpha_1 \ge 0$, $\alpha_2 \ge V(r_{\min})$, dove $r_{\min} := 2\alpha_1/k$ è il punto di minimo di $V(r)$, e le costanti θ_0 e r_0 sono tali che $\alpha_1 - \cos^2\theta_0 \ge 1$ e $\alpha_2 - V(r_0) \ge 0$. (3) Le variabili d'azione sono (J_1, J_2), dove J_1 è data da

$$J_1 = \frac{1}{\pi}\int_{\theta_-}^{\theta_+} \mathrm{d}\theta\, \sqrt{2m(\alpha_1 - \cos^2\theta)},$$

dove $\theta_\pm$, con $0 < \theta_- < \pi/2 < \theta_+ < \pi$, sono le soluzioni dell'equazione $\cos^2\theta = \alpha_1$, se $\alpha_1 \in (0,1)$, e da

$$J_1 = \frac{1}{2\pi}\int_{-\pi}^{\pi} \mathrm{d}\theta\, \sqrt{2m(\alpha_1 - \cos^2\theta)},$$

se $\alpha_1 > 1$, mentre J_2 è data da

$$J_2 = \frac{1}{\pi}\int_{r_-}^{r_+} \mathrm{d}\theta\, \sqrt{2m(\alpha_2 - V(r))},$$

dove $r_\pm$ sono le soluzioni di $V(r) = \alpha_2$, tali che $0 < r_- < r_{\min} < r_+$. (4) Per determinare le frequenze si procede come nel §8.4.2.]

Esercizio 8.54 Si consideri il sistema meccanico conservativo descritto dalla lagrangiana

$$\mathcal{L}(q_1, q_2, \dot{q}_1, \dot{q}_2) = \frac{1}{2}\dot{q}_1^2 + \frac{1}{2}\left(\frac{\dot{q}_2^2}{\sin^2 q_1}\right) - \sin q_1(1 + \sin q_1 \sin q_2).$$

(1) Si trovi l'hamiltoniana.
(2) Si scriva l'equazione di Hamilton-Jacobi e la si integri per separazione di variabili.
(3) Si determinino le variabili d'azione, ove possibile.
(4) Si determino le frequenze del sistema come integrali definiti.

Esercizio 8.55 Si consideri l'hamiltoniana $\mathcal{K}(Q, P)$ ottenuta nell'esercizio 7.84 attraverso la trasformazione canonica ivi suggerita. Si dimostri che l'equazione di Hamilton-Jacobi è risolubile per separazione di variabili e si determinino le variabili d'azione e le frequenze come integrali definiti.

Esercizio 8.56 Un disco omogeneo di densità $\sigma = 1$ e raggio $R = 2$ si muove in un piano verticale, soggetto all'azione della forza peso e di due molle, di costante elastica $k = 1$ e lunghezza a riposo trascurabile: le due molle collegano due punti diametralmente opposti del bordo del disco a un punto P di massa $m = 1$ libero di muoversi lungo una retta orizzontale r. Sia g l'accelerazione di gravità.

Figura 8.11 Sistema discusso nell'esercizio 8.56

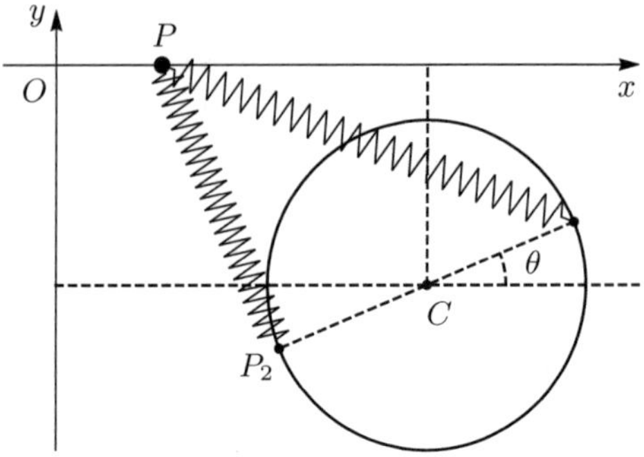

(1) Si scriva l'hamiltoniana del sistema e si dimostri che il sistema è separabile.
(2) Si individui un dato iniziale per il quale il moto è periodico e se ne calcoli esplicitamente il periodo.

[*Soluzione*. Scegliendo un sistema di coordinate in cui l'asse x coincide con la retta r, il punto P e il centro C del disco hanno coordinate, rispettivamente, $P = (x_P, 0)$ e $C = (x_C, y_C)$. Se P_1 e P_2 sono i due punti diametralmente opposti collegati a P dalle due molle, si ha $P_1 = (x_C + 2\cos\theta, y_C + 2\sin\theta)$ e $P_2 = (x_C - 2\cos\theta, y_C - 2\sin\theta)$, dove θ indica l'angolo che la retta passante per i due punti forma con l'asse x (cfr. la figura 8.11). L'energia cinetica T e l'energia potenziale V del sistema sono

$$T = 2\big(\dot{x}_C^2 + \dot{y}_C^2\big) + \dot{\theta}^2 + \frac{1}{2}\dot{x}_P^2,$$
$$V = x_C^2 + y_C^2 + x_P^2 - 2x_C x_P + 4g y_C .$$

Il sistema è invariante per traslazioni lungo l'asse x; questo suggerisce di effettuare il cambiamento di coordinate $(x_C, x_P) \mapsto (x, X)$, dove $x = x_C - x_P$ e $X = a\,x_C + b\,x_P$, con a, b da determinare in modo da eliminare dalla lagrangiana i termini proporzionali a $x_C x_P$; si trova $a = 4b$, così che, fissando $b = 1$, si ottiene

$$\mathcal{L} = \frac{3}{50}\dot{X}^2 + \frac{2}{5}\dot{x}^2 + 2\dot{y}_C^2 + \dot{\theta}^2 - x^2 - y_C^2 - 4g y_C .$$

I momenti coniugati alle variabili (x, X, y_C, θ) sono rispettivamente

$$P := \frac{\partial\mathcal{L}}{\partial X} = \frac{3}{25}\dot{X}, \quad p := \frac{\partial\mathcal{L}}{\partial x} = \frac{4}{5}\dot{x}, \quad p_C := \frac{\partial\mathcal{L}}{\partial y_C} = 4\dot{y}_C, \quad p_\theta := \frac{\partial\mathcal{L}}{\partial\theta} = 2\dot{\theta},$$

così che l'hamiltoniana è data da

$$\mathcal{H} = \left(\frac{25}{6}P^2\right) + \left(\frac{1}{4}p_\theta^2\right) + \left(\frac{5}{8}p^2 + x^2\right) + \left(\frac{1}{8}p_C^2 + y_C^2 + 4g y_C\right),$$

che è la somma delle hamiltoniane di quattro sistemi disaccoppiati: ne segue che il sistema è separabile. Le equazioni di Hamilton si integrano banalmente. Poiché il moto della variabile X è un moto rettilineo uniforme, si possono avere traiettorie periodiche solo se $P(0) = 0$, i.e. $\dot{x}_P(0) = -4\dot{x}_C(0)$. I moti delle variabili θ, x e y_C sono periodici (si ricordi che θ è un angolo); le tre frequenze sono rispettivamente $p_\theta(0)/2$, $\sqrt{5/2}$ e $\sqrt{1/2}$. Le ultime due sono incommensurabili, così che il moto complessivo è periodico solo se i dati iniziali sono scelti in modo che una sola delle due variabili x e y_C si muova e $p_\theta(0)/2$ venga fissato a un valore commensurabile con la frequenza della variabile in movimento. Per esempio si ottiene un moto periodico se si fissa $\dot{\theta}(0) = 0$ e si pone $x(0) = \dot{x}(0) = 0$ – e quindi $x_C(0) = x_P(0)$ e $\dot{x}_C(0) = \dot{x}_P(0) = 0$, tenendo conto che si deve avere anche $\dot{X}(0) = 0$.]

Esercizio 8.57 Si individuino le simmetrie del sistema considerato nell'esercizio 8.56 e si determinino i momenti conservati corrispondenti. [*Suggerimento.* Il sistema è invariante per traslazioni lungo l'asse x e per rotazioni del disco intorno al proprio asse. Per il teorema di Noether, si conservano il momento lungo l'asse x del centro di massa e il momento angolare corrispondente alle rotazioni del disco. Il centro di massa del sistema ha coordinate (x_0, y_0), dove (con le notazioni dell'esercizio 8.58)

$$x_0 = \frac{\sigma R^2 x_C + m x_P}{\sigma R^2 + m} = \frac{4x_C + x_P}{5} = X, \qquad y_0 = \frac{\sigma R^2 y_C + m y_P}{\sigma R^2 + m} = \frac{4y_C}{5},$$

così che il corrispondente momento conservato è P, consistentemente con quanto trovato nella soluzione dell'esercizio 8.58. Il secondo momento conservato è p_θ.]

Esercizio 8.58 Una circonferenza omogenea di massa M e raggio R ruota in un piano orizzontale intorno al suo centro C. Un punto di massa m si muove lungo la circonferenza ed è collegato da una molla di lunghezza a riposo trascurabile e costante elastica k a un punto P della circonferenza.

(1) Si scrivano la lagrangiana del sistema e le equazioni di Eulero-Lagrange.
(2) Si scrivano l'hamiltoniana e le corrispondenti equazioni di Hamilton.
(3) Si scriva l'equazione di Hamilton-Jacobi e la si integri per separazione di variabili.
(4) Si determinino i periodi dei moti multiperiodici in termini di integrali definiti.

Esercizio 8.59 Un cilindro circolare retto omogeneo di raggio R, di altezza h e di massa M si muove nello spazio in modo tale che il suo centro di massa C sia vincolato a muoversi lungo una retta r che formi un angolo α con un piano orizzontale π. Siano A e B i centri delle due basi del cilindro: entrambi i punti sono collegati a un punto P di massa m che scorre lungo r tramite due molle di costante elastica k e lunghezza a riposo nulla; sia g l'accelerazione di gravità.

(1) Si scrivano la lagrangiana del sistema e le corrispondenti equazioni di Eulero-Lagrange.
(2) Si scrivano l'hamiltoniana e le corrispondenti equazioni di Hamilton.
(3) Si scriva l'equazione di Hamilton-Jacobi.

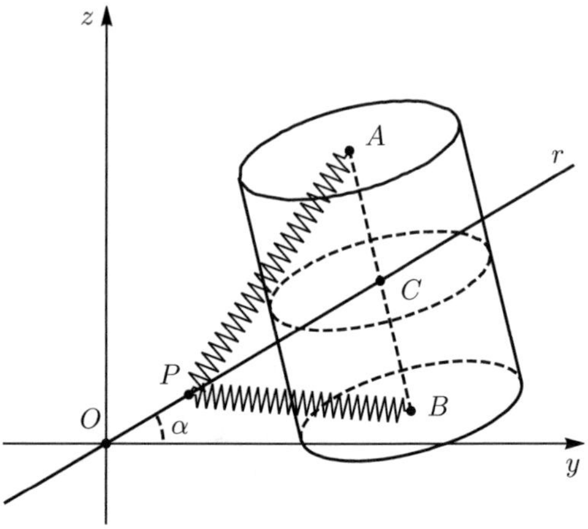

Figura 8.12 Sistema discusso nell'esercizio 8.59, in sezione ortogonale all'asse x

(4) Nel caso in cui il punto P sia fisso oppure si abbia $m = M$, si dimostri che il sistema è separabile e si determinino le variabili d'azione e le frequenze dei moti multiperiodici.

[*Suggerimento.* Si scelga un sistema di riferimento in cui il piano π sia il piano xy, l'origine O coincida con il punto in cui la retta r interseca il piano π e l'asse x sia ortogonale alla retta r. Come coordinate lagrangiane si possono utilizzare le posizioni s ed s_0 del punto P e del centro di massa C, rispettivamente, lungo la retta r, misurate a partire da O, e gli angoli di Eulero (θ, φ, ψ) che individuano il sistema di riferimento mobile solidale con il cilindro rispetto al sistema di riferimento che abbia l'origine in C e gli assi paralleli agli assi del sistema $Oxyz$. La lagrangiana del sistema è data da $\mathcal{L} = T - V$, con

$$\begin{aligned} T &= \frac{m}{2}\dot{s}^2 + \frac{M}{2}\dot{s}_0^2 + \frac{I_1}{2}\left(\dot{\theta}^2 + \dot{\varphi}^2 \sin^2\theta\right) + \frac{I_3}{2}\left(\dot{\psi} + \dot{\varphi}\cos\theta\right)^2, \\ V &= k(s - s_0)^2 + g\sin\alpha(ms + Ms_0), \end{aligned}$$

dove si è tenuto conto del lemma 5.7 per esprimere l'energia cinetica del cilindro nel sistema di riferimento del centro di massa, con il momenti principali di inerzia I_1 e I_3 dati dalla (10.24) del volume 1. L'hamiltoniana corrispondente è pertanto

$$\begin{aligned} \mathcal{H} = {} & \frac{p^2}{2m} + \frac{p_0^2}{2M} + \frac{p_\theta^2}{2I_1} + \frac{(p_\varphi - p_\psi\cos\theta)^2}{2I_1\sin^2\theta} + \frac{p_\psi^2}{2I_3} \\ & + k(s - s_0)^2 + g\sin\alpha(ms + Ms_0). \end{aligned}$$

Se il punto P è fisso, s è costante e quindi $\dot{s} = p = 0$; se $m = M$, conviene effettuare il cambiamento di coordinate $(s_0, s) \mapsto (\delta, \sigma)$, dove $\delta = s_0 - s$ e $\sigma = s_0 + s$. In entrambi i casi si vede immediatamente che il sistema è separabile.]

Esercizio 8.60 Si individuino eventuali quantità conservate nel sistema discusso nell'esercizio 8.59, sotto le ipotesi del punto (4), studiando le simmetrie del sistema, e si interpreti il risultato alla luce del teorema di Noether.

Esercizio 8.61 Un sistema hamiltoniano non può avere un numero di integrali primi indipendenti maggiore del doppio del numero di gradi di libertà, dal momento che ogni integrale primo riduce di 1 il numero di variabili indipendenti. Un sistema hamiltoniano integrabile a n gradi di libertà si dice *superintegrabile* se ammette più di n integrali primi e *massimamente superintegrabile* se ne ammette $2n - 1$. Si dimostri che il problema dei due corpi, nel caso di un campo centrale gravitazionale, è un sistema massimamente integrabile. [*Suggerimento.* Nel caso di un campo centrale gravitazionale, oltre all'energia E e al momento angolare $\boldsymbol{L}$, si conserva il vettore di Laplace-Runge-Lenz $\boldsymbol{A} = \mu\dot{\boldsymbol{r}} \wedge \boldsymbol{L} - \mu k\boldsymbol{r}/|\boldsymbol{r}|$ (cfr. l'esercizio 7.20 del volume 1). Si verifica facilmente che $\boldsymbol{A} \cdot \boldsymbol{L} = 0$, utilizzando il fatto che i vettori $\boldsymbol{r}$ e $\dot{\boldsymbol{r}} \wedge \boldsymbol{L}$ sono entrambi ortogonali a $\boldsymbol{L}$, e che $|\boldsymbol{A}|^2 = 2\mu E L^2 + \mu^2 k^2$, dal momento che si ha $|\dot{\boldsymbol{r}} \wedge \boldsymbol{L}| = |\dot{\boldsymbol{r}}|^2|\boldsymbol{L}|^2$ e $\mu\boldsymbol{r} \cdot (\dot{\boldsymbol{r}} \wedge \boldsymbol{L}) = \mu\boldsymbol{L} \cdot (\boldsymbol{r} \wedge \dot{\boldsymbol{r}}) = |\boldsymbol{L}|^2$, avendo applicato due volte l'identità del prodotto misto (cfr. l'esercizio 7.18 del volume 1). Quindi, delle 7 costanti del moto E, $\boldsymbol{L}$ e $\boldsymbol{A}$, solo 5 sono indipedenti.]

Esercizio 8.62 Si dimostri che l'oscillatore armonico bidimensionale è un sistema superintegrabile. [*Suggerimento.* L'hamiltoniana dell'oscillatore armonico bidimensionale è

$$\mathcal{H} = \frac{1}{2m}\left(p_1^2 + p_2^2\right) + \frac{1}{2}m\omega^2\left(q_1^2 + q_2^2\right).$$

Se definiamo

$$\begin{aligned} E_1 &:= \frac{1}{2m}p_1^2 + \frac{1}{2}m\omega^2 q_1^2, \\ E_2 &:= \frac{1}{2m}p_2^2 + \frac{1}{2}m\omega^2 q_2^2, \\ L &= q_1 p_2 - q_2 p_1, \\ K &= \frac{1}{2m}p_1 p_2 + \frac{1}{2}m\omega^2 q_1 q_2, \end{aligned}$$

si vede facilmente, per verifica diretta, che E_1, E_2, L e K sono costanti del moto. Poiché risulta $\omega^2 L^2 + 4K^2 = 4E_1E_2$, solo tre costanti del moto sono indipendenti.]

Esercizio 8.63 Si dimostri che l'oscillatore armonico tridimensionale è un sistema superintegrabile. [*Suggerimento.* L'hamiltoniana dell'oscillatore armonico tridimensionale è

$$\mathcal{H} = \frac{1}{2m}\left(p_1^2 + p_2^2 + p_3^2\right) + \frac{1}{2}m\omega^2\left(q_1^2 + q_2^2 + q_3^2\right).$$

Siano

$$L_1 = q_2 p_3 - q_3 p_2, \qquad L_2 = q_3 p_1 - q_1 p_3, \qquad L_3 = q_1 p_2 - q_2 p_1$$

le componenti del momento angolare. Introduciamo la *matrice di correlazione* K, i cui elementi sono

$$K_{ij} := \frac{1}{2m} p_i p_j + \frac{1}{2} m\omega^2 q_i q_j, \qquad i, j = 1, 2, 3.$$

Poiché K è una matrice simmetrica, è sufficiente considerarne gli elementi diagonali $E_i := K_{ii}$, dove $i = 1, 2, 3$, e gli elementi $K_1 := K_{23}$, $K_2 := K_{13}$ e $K_3 := K_{12}$. Si verifica immediatamente, utilizzando le equazioni del moto, che $\boldsymbol{E} = (E_1, E_2, E_3)$, $\boldsymbol{L} = (L_1, L_2, L_3)$ e $\boldsymbol{K} = (K_1, K_2, K_3)$ sono integrali primi. Si può inoltre verificare che valgono le relazioni

$$\begin{aligned} \omega^2 L_1^2 + 4K_1^2 &= 4E_2 E_3, \\ \omega^2 L_2^2 + 4K_2^2 &= 4E_1 E_3, \\ \omega^2 L_3^2 + 4K_3^2 &= 4E_1 E_2, \end{aligned}$$

che permettono di esprimere $\boldsymbol{K}$ in funzione di $\boldsymbol{E}$ e $\boldsymbol{L}$. Inoltre risulta

$$\begin{aligned} L_2 K_3 + L_3 K_2 + E_1 L_1 &= 0, \\ L_1 K_3 + L_3 K_1 + E_2 L_2 &= 0, \\ L_1 K_2 + L_2 K_1 + E_3 L_3 &= 0, \end{aligned}$$

così che, scrivendo K_1, K_2 e K_3 in termini di $\boldsymbol{E}$ e $\boldsymbol{L}$, si ottengono tre relazioni che legano $\boldsymbol{E}$ ed $\boldsymbol{L}$. Le tre relazioni non sono tuttavia indipendenti, dal momento che, per esempio, la seconda e la terza si possono ricavare dalla prima e dalle relazioni precedenti. Per ottenere la seconda si ragiona come segue. Si utilizza la prima relazione per esplicitare K_2:

$$K_2 = -\frac{E_1 L_1 + L_2 K_3}{L_3},$$

così che la relazione $\omega^2 L_2^2 + 4K_2^2 = 4E_1 E_3$ si può riscrivere

$$\omega^2 L_2^2 L_3^3 + 4E_1^2 L_1^2 + 4L_2^2 K_3^2 + 8E_1 L_1 L_2 K_3 = 4E_1 E_3 L_3^2$$

che, in virtù della relazione $\omega^2 L_3^2 + 4K_3^2 = 4E_1 E_2$, diventa

$$4E_1 E_2 L_2^2 + 4E_1^2 L_1^2 + 8E_1 L_1 L_2 K_3 = 4E_1 E_3 L_3^2.$$

Moltiplicando per E_2/E_1 e utilizzando la relazione $\omega^2 L_1^2 + 4K_1^2 = 4E_2 E_3$, si ottiene

$$4E_2^2 L_2^2 + 4E_1 E_2 L_1^2 + 8L_1 K_3 E_2 L_2 = 4E_2 E_3 L_3^2 = \left(\omega^2 L_1^2 + 4K_1^2\right) L_3^2,$$

che, utilizzando nuovamente la relazione $\omega^2 L_3^2 + 4K_3^2 = 4E_1E_2$, si semplifica in

$$4E_2^2L_2^2 + 8L_1K_3E_2L_2 + 4K_3^2L_1^2 - 4K_1^2L_3^2 = 0.$$

Si è quindi ottenuta un'equazione di secondo grado in E_2L_2:

$$(E_2L_2)^2 + 2L_1K_3(E_2L_2) + K_3^2L_1^2 - K_1^2L_3^2 = 0.$$

Le soluzioni dell'equazione sono

$$\begin{aligned} E_2L_2 &= -L_1K_3 \pm \sqrt{L_1^2K_3^2 - \left(L_1^2K_3^2 - K_1^2L_3^2\right)} \\ &= -L_1K_3 \pm \sqrt{L_3^2K_1^2} = -L_1K_3 \pm L_3K_1. \end{aligned}$$

Per fissare il segno dell'ultimo termine, basta notare che, per $p_2 = p_3 = 0$, si ha $E_2L_2 = m\omega^2 q_2^2 q_3 p_1/2$, $L_1K_3 = 0$ e $K_1L_3 = -m\omega^2 q_2^2 q_3 p_1/2$: ne segue quindi la seconda relazione $L_1K_3 + L_3K_1 + E_2L_2 = 0$. In maniera analoga si ragiona per la terza relazione. In conclusione si hanno nove integrali primi, di cui solo cinque sono indipendenti.]

Esercizio 8.64 Si interpretino i risultati discussi nel §7.2 del volume 1 alla luce degli esercizi 8.61÷8.63, in particolare si commenti il fatto che tutte le orbite nel caso del campo centrale gravitazionale e del campo centrale armonico sono chiuse. [*Suggerimento.* Ogni integrale primo individua un superficie di codimensione 1: fissato il dato iniziale, e quindi fissato il valore degli integrali primi, in un sistema massimamente superintegrabile il moto si svolge nell'intersezione di $2n - 1$ superfici in $\mathbb{R}^n$, quindi lungo una curva. Poiché nei casi considerati nei tre esercizi le intersezioni delle superfici costituiscono insiemi regolari compatti, le curve sono chiuse e limitate: le traiettorie sono periodiche, comunque siano scelti i dati iniziali.]

Capitolo 9
Teoria delle perturbazioni

Not all complex problems have easy solutions; so says science (so warns science.)

Mark Z. Danielewski, House of leaves (2000)

9.1 Teoria delle perturbazioni al primo ordine

I sistemi integrabili costituiscono un esempio di sistemi dinamici le cui equazioni del moto si risolvono esattamente. Sfortunatamente, i sistemi integrabili non sono molti. Nei capitoli precedenti ne abbiamo incontrati alcuni: i sistemi hamiltoniani unidimensionali (cfr. il §8.3), quali l'oscillatore armonico, l'oscillatore cubico e il pendolo semplice studiati nel §8.6; i sistemi separabili (cfr. il §8.2); il problema dei due corpi (cfr. il §8.6.4 e gli esercizi 8.34÷8.36); il corpo rigido con un punto fisso (cfr. gli esercizi 8.42÷8.49). Ovviamente ne esistono altri: la trottola di Lagrange, la trottola di Kovalenskaja, il moto geodetico su una superficie ellissoidale, il sistema di Calogero-Moser, il reticolo di Toda, ecc. (cfr. la nota bibliografica).

Nella classe dei sistemi hamiltoniani, i sistemi integrabili sono comunque una rarità. Infatti, come accennato nell'osservazione 8.15 e come vedremo meglio nel presente e nel prossimo capitolo, se si perturba un sistema integrabile, generalmente il sistema che si ottiene non è più integrabile. Per esempio, se si vuole descrivere il moto di un pianeta del sistema solare, fin tanto che si ignori la presenza degli altri corpi celesti, si ha un problema dei due corpi, ma, non appena si cerchi una soluzione esatta delle equazioni del moto tenendo conto delle interazioni gravitazionali con gli altri pianeti – per non parlare degli altri corpi celesti, quali i satelliti e gli asteroidi –, il problema diventa praticamente intrattabile dal punto di vista matematico. Ciò nonostante, in molte situazioni di interesse fisico, incluso il moto dei pianeti, si ha a che fare con sistemi hamiltoniani che, per quanto non siano integrabili, di fatto differiscono di poco da sistemi che si possono risolvere in modo rigoroso.

La teoria delle perturbazioni si occupa precisamente di problemi in cui compare un parametro ε che misura la differenza tra l'hamiltoniana del sistema a cui si è interessati e quella di un sistema integrabile. Per $\varepsilon = 0$ le equazioni del moto sono risolubili esplicitamente e la questione diventa investigare cosa succeda quando ε è diverso da zero ma piccolo.

G. Gentile, *Introduzione ai sistemi dinamici – Volume 2*, UNITEXT 133,
https://doi.org/10.1007/978-88-470-4014-4_9

Una domanda naturale è se per $\varepsilon \neq 0$ la dinamica rimanga in qualche modo vicino a quella del sistema imperturbato (i.e. del sistema a cui ci si riduce per $\varepsilon = 0$); se questo succede, le soluzioni del sistema con $\varepsilon \neq 0$ differiscono di poco da quelle del sistema con $\varepsilon = 0$ e si può cercare di calcolarle approssimativamente usando la teoria delle perturbazioni.

A livello pratico, si cerca una soluzione delle equazioni del moto nella forma di una serie di potenze in ε e, prescindendo da eventuali problemi di convergenza della serie, si prova a fissarne i coefficienti ordine per ordine. Nel caso in cui questo si riesca a fare a tutti gli ordini, occorre poi studiare l'eventuale convergenza della serie, per determinare se il risultato trovato perturbativamente abbia senso e descriva correttamente la dinamica. Infatti, se si spinge la teoria perturbativa a un qualche ordine $O(\varepsilon^k)$ ci si può aspettare che il risultato trovato sia corretto a meno di correzioni di ordine superiore, ma questo è possibile solo se si ha un controllo rigoroso delle correzioni.

Una delle prime e più importanti applicazioni della teoria delle perturbazioni ai sistemi dinamici si è avuta in meccanica celeste. Le serie formali con cui si descrivono le soluzioni delle equazioni del moto (serie di Lindstedt) sono state utilizzate dagli astronomi fin dagli albori della teoria delle perturbazioni per studiare il moto dei pianeti del sistema solare, e hanno prodotto risultati in ottimo accordo con i dati sperimentali. Basti pensare che la scoperta di Nettuno, ancora prima che il pianeta fosse osservato empiricamente, fu prevista dall'inglese Adams (nel 1843) e del francese Le Verrier (nel 1846) sulla base di calcoli perturbativi: per tener conto delle deviazioni osservate nel moto di Urano rispetto alle predizioni teoriche, si ipotizzò l'esistenza di un ottavo pianeta nel sistema solare che ne perturbasse l'orbita, e per individuarne la posizione e la massa ci si basò sulla teoria delle perturbazioni.

È importante sottolineare che lo studio della convergenza costituisce un problema delicato, a causa della presenza dei piccoli divisori (si veda più avanti in questo stesso capitolo). Tuttavia, pragmaticamente, considerato che i risultati trovati con le serie di Lindstedt rendevano conto delle osservazioni astronomiche, ci si disinteressò del fatto che le serie convergessero o meno; con il lavoro di Poincaré, si arrivò anche a dubitare della convergenza. Solo in tempi relativamente recenti fu dimostrata l'esistenza delle soluzioni perturbative, come conseguenza del teorema KAM, e una verifica diretta della convergenza delle serie di Lindstedt fu prodotta molto più tardi (cfr. il capitolo 10). Vale la pena sottolineare in ogni caso che, anche nell'ipotesi che si riesca a dimostrare che la serie converge, questo richiede la condizione che il parametro perturbativo sia sufficientemente piccolo: non è assolutamente ovvio che nei casi concreti i parametri fisici soddisfino tale condizione. Nel caso del sistema solare, per esempio, è ancora dibattuto se si è nel regime in cui la teoria della perturbazioni è valida e i moti sono regolari; varie simulazioni numeriche, a partire dai lavori pionieristici di Laskar, suggeriscono che il sistema solare sia stabile solo apparentemente e che divenga invece caotico su scale di tempi lunghi – molto lunghi in termini umani, per nostra tranquillità.

Dopo l'applicazione fruttuosa alla meccanica classica, le tecniche perturbative furono estese a problemi fondamentali delle teorie quantistiche: il successo riscontrato in questo campo (quali il calcolo degli spettri atomici, della diffusione

Compton e del Lamb shift, l'eletttrodinamica quantistica, l'uso dei diagrammi di Feynman) fu determinante per decretare il trionfo della meccanica quantistica e della teoria dei campi. Di nuovo, già i conti perturbativi ai primi ordini fornirono una giustificazione teorica quantitativa delle osservazioni sperimentali, rendendo di fatto secondari – se non addirittura irrilevante ai fini pratici – il problema della convergenza dell'approccio perturbativo.

Nell'ambito della meccanica classica, la teoria della perturbazioni è stata utilizzata anche nel caso di sistemi non hamiltoniani, quali per esempio i sistemi dissipativi: in generale ogni qual volta le equazioni del moto si presentano come perturbazioni di equazioni che si risolvono esplicitamente, è possibile ricorrere a tecniche perturbative. Noi ci limiteremo, comunque in questi due ultimi capitoli, ai sistemi hamiltoniani: ci porremo il problema di studiare, con tecniche perturbative, cosa succede quando si applica il metodo di Hamilton-Jacobi nel caso di un sistema che sia vicino a un sistema integrabile.

Consideriamo *sistemi hamiltoniani quasi-integrabili*, i.e. sistemi hamiltoniani descritti, in variabili azione-angolo, da hamiltoniane della forma

$$\mathcal{H}(\varphi, J) = \mathcal{H}_0(J) + \varepsilon V(\varphi, J), \tag{9.1}$$

dove $\mathcal{H}_0(J)$ descrive un sistema integrabile ed $\varepsilon \in \mathbb{R}$ è un parametro. Chiamiamo ε *parametro perturbativo* e la funzione $\varepsilon V(\varphi, J)$ *perturbazione* dell'hamiltoniana $\mathcal{H}_0$. Eventualmente cambiando segno a V possiamo sempre supporre che sia $\varepsilon \geq 0$ e così faremo nel seguito del capitolo.

Nei capitoli precedenti abbiamo sempre richiesto la mimima regolarità possibile, per esempio che l'hamiltoniana fosse di classe C^2. Al contrario in questo e nel prossimo capitolo richiediamo che l'hamiltoniana sia una funzione analitica dei suoi argomenti (cfr. l'esercizio 1.25). Più precisamente assumiamo che le funzioni $\mathcal{H}_0$ e V in (9.1) siano analitiche nel dominio

$$D(\rho, \xi, J_0) = \{(\varphi, J) \in \mathbb{C}^{2n} : \Re\varphi_i \in \mathbb{T}, |\Im\varphi_i| \leq \xi, |J - J_0| \leq \rho\}, \tag{9.2}$$

dove ξ e ρ sono costanti positive e $J_0 = (J_{01}, \dots, J_{0n}) \in \mathbb{R}^n$. Il motivo per cui scegliamo di lavorare con variabili complesse è che useremo il teorema di Cauchy per effettuare le stime delle funzioni di interesse e delle loro derivate di ordine qualsiasi (cfr. l'esercizio 9.58).

In virtù delle ipotesi di analiticità sull'hamiltoniana, si può espandere $V(\varphi, J)$ in serie di Fourier in φ,

$$V(\varphi, J) = \sum_{\nu \in \mathbb{Z}^n} e^{i\langle \nu, \varphi \rangle} V_\nu(J), \tag{9.3}$$

dove i coefficienti di Fourier

$$V_\nu(J) := \int_{\mathbb{T}^n} \frac{d\varphi}{(2\pi)^n} e^{-i\langle \nu, \varphi \rangle} V(\varphi, J)$$

decadono esponenzialmente in ν, i.e. si ha (cfr. l'esercizio 9.1)

$$|V_\nu(J)| \le \Phi\, \mathrm{e}^{-\xi|\nu|}, \qquad \Phi := \max_{(\varphi,J)\in D(\rho,\xi,J_0)} |V(\varphi,J)|. \tag{9.4}$$

Esempio 9.1 Si consideri l'hamiltoniana data, in coordinate cartesiane, da

$$\mathcal{H}(q,p) = \sum_{k=1}^{n} \frac{1}{2m_k}\left(p_k^2 + m_k^2\omega_k^2 q_k^2\right) + \frac{1}{4}\alpha \sum_{1\le k\ne j\le n} (q_k - q_j)^4. \tag{9.5}$$

Tale sistema descrive una collezione di oscillatori armonici che interagiscono tra loro tramite forze proporzionali al cubo delle mutue distanze. Se si opera il riscalamento $(q,p)\mapsto(q',p')$, con $q=\delta q'$ e $p=\delta p'$, si definisce $\varepsilon=\delta^2$ e si divide per ε, si ottiene un'hamiltoniana della forma (9.1). In termini delle variabili riscaldate (q',p') le variabili azione-angolo sono definite come in (8.60). In particolare si ha

$$q_k' = \sqrt{\frac{2J_k}{m_k\omega_k}}\sin\varphi_k, \qquad p_k' = \sqrt{2J_k m_k\omega_k}\cos\varphi_k.$$

L'hamiltoniana assume allora la forma (9.1), dove la parte integrabile è

$$\mathcal{H}_0(J) = \sum_{k=1}^{n} \omega_k J_k = \langle \omega, J\rangle \tag{9.6}$$

mentre la perturbazione dipende sia da φ sia da J (cfr. l'esercizio 9.2).

Esempio 9.2 Il *sistema solare* è, in prima approsimazione (i.e. trascurando tutti gli altri corpi celesti) costituito dal Sole e da $N=8$ pianeti che si muovono sotto l'influenza della mutua attrazione gravitazionale. Aumentando il valore di N si possono includere nell'analisi anche i satelliti e gli asteroidi. L'hamiltoniana che descrive il sistema è

$$\mathcal{H}(q,p) = \sum_{i=0}^{N} \frac{1}{2m_i}|\boldsymbol{p}^{(i)}|^2 - \sum_{0\le i<j\le N} \frac{Gm_i m_j}{|\boldsymbol{q}^{(i)} - \boldsymbol{q}^{(j)}|}, \tag{9.7}$$

dove G è la costante di gravitazione universale (cfr. l'osservazione §7.26 del volume 1) e

- $q = (\boldsymbol{q}^{(0)}, \boldsymbol{q}^{(1)}, \dots, \boldsymbol{q}^{(N)})$ e $p = (\boldsymbol{p}^{(0)}, \boldsymbol{p}^{(1)}, \dots, \boldsymbol{p}^{(N)})$;
- $\boldsymbol{q}^{(0)}$ e $\boldsymbol{p}^{(0)}$ sono le coordinate e i momenti coniugati del Sole;
- $\boldsymbol{q}^{(i)}$ e $\boldsymbol{p}^{(i)}$ sono le coordinate e i momenti coniugati del pianeta i-esimo, con $i=1,\dots,N$;
- m_0 è la massa del Sole e $m_1,\dots,m_N$ sono le masse dei pianeti.

Per $N = 1$ ritroviamo il problema dei due corpi discusso nel capitolo 7 del volume 1, nel caso particolare in cui l'energia potenziale sia quella gravitazionale. Per estensione, il sistema descritto dall'hamiltoniana (9.7) prende il nome di *problema degli N corpi*. Poiché la massa del Sole è molto più grande della massa dei pianeti (si parla in questo caso di *problema planetario degli N corpi*), scriviamo $m_0 = M_0$ e $m_i = \varepsilon M_i$ per $i = 1, \dots, N$, dove ε gioca il ruolo di parametro perturbativo e le masse $M_1, \dots, M_N$ sono dello stesso ordine di grandezza di M_0. Se riscaliamo $p \to \varepsilon p$ e dividiamo l'hamiltoniana (9.7) per ε otteniamo una nuova hamiltoniana, che continuiamo a indicare con $\mathcal{H}$, della forma

$$\begin{aligned}\mathcal{H}(q,p) = {} & \sum_{i=1}^{N} \frac{1}{2M_i} |\boldsymbol{p}^{(i)}|^2 - \sum_{i=1}^{N} \frac{GM_i M_0}{|\boldsymbol{q}^{(i)} - \boldsymbol{q}^{(0)}|} \\ & + \frac{\varepsilon}{2M_0} |\boldsymbol{p}^{(0)}|^2 - \varepsilon \sum_{1 \le i < j \le N} \frac{GM_i M_j}{|\boldsymbol{q}^{(i)} - \boldsymbol{q}^{(j)}|}.\end{aligned} \tag{9.8}$$

Introduciamo le *coordinate eliocentriche*

$$\boldsymbol{Q}^{(0)} = \boldsymbol{q}^{(0)}, \qquad \boldsymbol{Q}^{(i)} = \boldsymbol{q}^{(i)} - \boldsymbol{q}^{(0)}, \quad i = 1, \dots, N.$$

La matrice jacobiana della trasformazione $q \mapsto Q$ è data da

$$I = \begin{pmatrix} \mathbb{1} & 0 & 0 & \dots & 0 \\ -\mathbb{1} & \mathbb{1} & 0 & \dots & 0 \\ -\mathbb{1} & 0 & \mathbb{1} & \dots & 0 \\ \dots & \dots & \dots & \dots & \dots \\ -\mathbb{1} & 0 & 0 & \dots & \mathbb{1} \end{pmatrix}, \tag{9.9}$$

dove $\mathbb{1}$ e 0 sono, rispettivamente, la matrice identità e la matrice nulla 3×3. Otteniamo una trasformazione canonica $(q, p) \mapsto (Q, P)$ richiedendo che si abbia $P = (I^{-1})^T p$ (cfr. la dimostrazione del teorema 7.86). Poiché si ha (cfr. l'esercizio 9.3)

$$(I^{-1})^T = \begin{pmatrix} \mathbb{1} & \mathbb{1} & \mathbb{1} & \dots & \mathbb{1} \\ 0 & \mathbb{1} & 0 & \dots & 0 \\ 0 & 0 & \mathbb{1} & \dots & 0 \\ \dots & \dots & \dots & \dots & \dots \\ 0 & 0 & 0 & \dots & \mathbb{1} \end{pmatrix}, \tag{9.10}$$

risulta $\boldsymbol{P}^{(0)} = \boldsymbol{p}^{(0)} + \boldsymbol{p}^{(1)} + \dots + \boldsymbol{p}^{(N)}$ e $\boldsymbol{P}^{(i)} = \boldsymbol{p}^{(i)}$ per $i = 1, \dots, N$. Riscritta in termini delle nuove variabili (Q, P), l'hamiltoniana (9.8) diventa

$$\begin{aligned}\hat{\mathcal{H}}(Q,P) = {} & \sum_{i=1}^{N} \frac{1}{2} \left(\frac{1}{M_i} + \frac{\varepsilon}{M_0} \right) |\boldsymbol{P}^{(i)}|^2 + \frac{\varepsilon}{2M_0} |\boldsymbol{P}^{(0)}|^2 - \frac{\varepsilon}{M_0} \sum_{i=1}^{N} \boldsymbol{P}^{(0)} \cdot \boldsymbol{P}^{(i)} \\ & + \frac{\varepsilon}{M_0} \sum_{1 \le i < j \le N} \boldsymbol{P}^{(i)} \cdot \boldsymbol{P}^{(j)} - \sum_{i=1}^{N} \frac{GM_i M_0}{|\boldsymbol{Q}^{(i)}|} - \varepsilon \sum_{1 \le i < j \le N} \frac{GM_i M_j}{|\boldsymbol{Q}^{(i)} - \boldsymbol{Q}^{(j)}|}.\end{aligned}$$

Si vede facilmente che la quantità di moto totale $\boldsymbol{P}^{(0)}$ è costante. In particolare possiamo fissare $\boldsymbol{P}^{(0)} = \boldsymbol{0}$ (ci mettiamo quindi nel sistema del centro di massa), così che l'hamiltoniana $\hat{\mathcal{H}}$ si semplifica in

$$\hat{\mathcal{H}}(Q,P) = \sum_{i=1}^{N} \left(\frac{1}{2} \left(\frac{1}{M_i} + \frac{\varepsilon}{M_0} \right) |\boldsymbol{P}^{(i)}|^2 - \frac{GM_i M_0}{|\boldsymbol{Q}^{(i)}|} \right) + \varepsilon \left(\frac{1}{M_0} \sum_{1 \le i < j \le N} \boldsymbol{P}^{(i)} \cdot \boldsymbol{P}^{(j)} - \sum_{1 \le i < j \le N} \frac{GM_i M_j}{|\boldsymbol{Q}^{(i)} - \boldsymbol{Q}^{(j)}|} \right). \tag{9.11}$$

Se definiamo

$$\mathcal{H}_0(Q,P) := \sum_{i=1}^{N} \left(\frac{1}{2\mu_i} |\boldsymbol{P}^{(i)}|^2 - \frac{G_i \mu_i M_0}{|\boldsymbol{Q}^{(i)}|} \right),$$
$$V(Q,P) := \frac{1}{M_0} \sum_{1 \le i < j \le N} \boldsymbol{P}^{(i)} \cdot \boldsymbol{P}^{(j)} - \sum_{1 \le i < j \le N} \frac{GM_i M_j}{|\boldsymbol{Q}^{(i)} - \boldsymbol{Q}^{(j)}|},$$

dove abbiamo posto

$$\frac{1}{\mu_i} := \frac{1}{M_i} + \frac{\varepsilon}{M_0}, \qquad G_i := G \frac{M_i}{\mu_i},$$

vediamo subito che $\mathcal{H}_0(Q,P)$ descrive N sistemi disaccoppiati, ciascuno dei quali costituisce un problema a due corpi. Più precisamente l'hamiltoniana libera $\mathcal{H}_0$ è la somma di N hamiltoniane che descrivono ciascuna un punto materiale di massa μ_i che si muove in un campo centrale gravitazionale. Poiché il problema a due corpi è integrabile (cfr. il §8.6.4), ne segue che $\mathcal{H}_0$ descrive un sistema integrabile: l'hamiltoniana (9.11) è perciò della forma (9.1).

Torniamo al caso generale (9.1). Cerchiamo di risolvere l'equazione di Hamilton-Jacobi scrivendo la funzione caratteristica di Hamilton $W(\varphi, J')$ nella forma

$$W(\varphi, J') = \langle \varphi, J' \rangle + \varepsilon W_1(\varphi, J'),$$

con l'obiettivo che la trasformazione canonica $(\varphi, J) \mapsto (\varphi', J')$ sia tale che nelle nuove coordinate risulti $\mathcal{H}(\varphi, J) = \mathcal{H}'(J') + O(\varepsilon^2)$ per un'opportuna funzione $\mathcal{H}'$, i.e. tale che il sistema sia integrabile almeno fino al primo ordine. Si ottiene, trascurando sistematicamente gli ordini in ε superiore al primo,

$$\mathcal{H}_0\left(J' + \varepsilon \frac{\partial W_1}{\partial \varphi} \right) + \varepsilon V(\varphi, J') + O(\varepsilon^2) = \mathcal{H}'(J') := \mathcal{H}_0'(J') + \varepsilon \mathcal{H}_1'(J') + O(\varepsilon^2),$$

che porta a identificare $\mathcal{H}_0'(J') = \mathcal{H}_0(J')$, perché l'equazione sia soddisfatta all'ordine zero in ε, e a richiedere, uguagliando i termini al primo ordine in ε,

$$\left\langle \omega(J'), \frac{\partial W_1}{\partial \varphi} \right\rangle + V(\varphi, J') = \mathcal{H}_1'(J'), \tag{9.12}$$

dove l'applicazione

$$\omega : J \to \omega(J) := \frac{\partial \mathcal{H}_0}{\partial J}(J).$$

prende il nome di *applicazione frequenza*.

Se $F(\varphi, J)$ è una funzione periodica nei suoi n argomenti φ e

$$F(\varphi, J) = \sum_{\nu \in \mathbb{Z}^n} \mathrm{e}^{i\langle \nu, \varphi \rangle} F_\nu(J)$$

ne rappresenta l'espansione in serie di Fourier in φ, definiamo la la *media* di $F(\varphi, J)$ come

$$\langle F \rangle = F_0(J) = \langle F(\cdot, J) \rangle := \int_{\mathbb{T}^n} \frac{\mathrm{d}\varphi}{(2\pi)^n} F(\varphi, J) \tag{9.13}$$

e poniamo $\widetilde{F}(\varphi, J) := F(\varphi, J) - \langle F \rangle$.

Con le notazioni appena introdotte, al primo ordine la (9.12) diventa

$$\mathcal{H}_1'(J') = \langle V \rangle, \qquad \left\langle \omega(J'), \frac{\partial W_1}{\partial \varphi} \right\rangle + \widetilde{V}(\varphi, J') = 0. \tag{9.14}$$

La seconda equazione prende il nome di *equazione omologica* o *equazione fondamentale della teoria delle perturbazioni.*

Osservazione 9.3 Se la (9.14) è soddisfatta allora si ha

$$\begin{cases} \dot{\varphi}' = \omega'(J') + O(\varepsilon^2) = \omega(J') + O(\varepsilon), \\ \dot{J}' = O(\varepsilon^2), \end{cases}$$

dove $\omega'(J) := (\partial/\partial J)(\mathcal{H}_0(J) + \varepsilon \mathcal{H}_1'(J))$, così che per tempi $|t| < 1/\varepsilon$ si ha $|J'(t) - J'(0)| < O(\varepsilon)$. Inoltre risulta $J - J' = O(\varepsilon)$, ovvero $J(t) - J'(t) = O(\varepsilon)$ per ogni t tale che $J(t)$ rimanga del dominio della trasformazione canonica, e quindi anche

$$|J(t) - J(0)| \le |J(t) - J'(t)| + |J'(t) - J'(0)| + |J'(0) - J(0)| = O(\varepsilon),$$

per tempi $|t| < 1/\varepsilon$. Ne concludiamo che, per ε sufficientemente piccolo, le variabili d'azione rimangono vicine ai valori iniziali (i.e. rimangono uguali a meno di correzioni di ordine ε) non solo fino a tempi ordine di 1, ma fino a tempi di ordine $1/\varepsilon$.

Per $n = 1$ si ha

$$W_1(\varphi, J') = -\frac{1}{\omega(J')} \int_0^{\varphi} \mathrm{d}\varphi \, \widetilde{V}(\varphi, J') + C, \tag{9.15}$$

dove la costante d'integrazione C è scelta richiedendo (arbitrariamente) che si abbia $\langle W_1 \rangle = 0$. Infatti la seconda equazione in (9.14) ha un'unica soluzione a media nulla, come dimostra il seguente risultato.

Teorema 9.4 *Per* $n = 1$, *l'equazione omologica in* (9.12) *ha soluzione* $\mathcal{H}'_1(J') = \langle V \rangle$ *e* $W_1(\varphi, J')$ *data dalla* (9.15). *Inoltre tale soluzione è unica se si richiede che* $W_1(\cdot, J')$ *abbia media nulla.*

Dimostrazione Si verifica immediatamente che $\mathcal{H}'_1(J') = \langle V \rangle$ e $W_1(\varphi, J')$ data dalla (9.15) costituiscono una soluzione, ragionando come segue. Poiché $\partial W_1/\partial\varphi$ ha media nulla si deve avere necessariamente $\mathcal{H}'_1(J') = \langle V \rangle$, quindi la scelta di $\mathcal{H}'_1$ è unica. Supponiamo che esistano due funzioni distinte W_1 e W'_1 soluzioni di

$$\omega(J') \frac{\partial W_1}{\partial \varphi} + \widetilde{V}(\varphi, J') = 0.$$

Allora si deve avere $\partial/\partial\varphi(W_1(\varphi, J') - W'_1(\varphi, J')) = 0$, quindi la funzione $W_1(\varphi, J') - W'_1(\varphi, J')$ è costante in φ, i.e. $W'_1(\varphi, J') = W_1(\varphi, J') + c(J')$, per qualche funzione $c(J')$ indipendente da φ. Di conseguenza $\langle W'_1(\cdot, J') \rangle = \langle W_1(\cdot, J') \rangle + c(J') = c(J')$, poiché W_1 ha media nulla. Se si richiede che anche W'_1 abbia media nulla, si trova $W'_1(\varphi, J') = W_1(\varphi, J')$. □

Per $n > 1$, si passa allo spazio di Fourier, sviluppando in serie la funzione $V(\varphi, J)$ secondo la (9.3) e cercando una soluzione

$$W_1(\varphi, J') = \sum_{\nu \in \mathbb{Z}^n} \mathrm{e}^{i\langle \nu, \varphi \rangle} W_{1,\nu}(J'), \tag{9.16}$$

con $W_{1,0} = \langle W_1 \rangle = 0$. Si trova per ogni $\nu \in \mathbb{Z}^n \setminus \{0\}$

$$W_{1,\nu}(J') = -\frac{V_\nu(J')}{i\langle \omega(J'), \nu \rangle}, \tag{9.17}$$

che è ben definito purché si abbia $\langle \omega(J'), \nu \rangle \neq 0$. Si noti che se $\mathcal{H}_0 = \langle \omega, J \rangle$ come in (9.6), allora $\omega(J) = \omega$ per ogni J.

Definizione 9.5 (Risonanza) *Si definisce* risonanza *una relazione della forma*

$$\langle \omega, \nu \rangle = \omega_1 \nu_1 + \ldots + \omega_n \nu_n = 0$$

con $\omega \in \mathbb{R}^n$ *e* $\nu \in \mathbb{Z}^n \setminus \{0\}$. *Un vettore* $\omega \in \mathbb{R}^n$ *che soddisfi una relazione di risonanza per qualche* $\nu \in \mathbb{Z}^n$ *si dice* risonante.

Definizione 9.6 (Condizione di non risonanza) *Si dice che un vettore* $\omega \in \mathbb{R}^n$ *è* non risonante *o soddisfa la* condizione di non risonanza *se* $\langle \omega, \nu \rangle \neq 0$ *per ogni* $\nu \in \mathbb{Z}^n \setminus \{0\}$*, i.e. se le componenti di* ω *sono razionalmente indipendenti.*

La condizione che il vettore $\omega(J')$ sia *non risonante* è sufficiente perché i coefficienti di Fourier $W_{1,\nu}(J')$ della funzione $W_1(\varphi, J')$ siano ben definiti. Non è però sufficiente perché la funzione $W_1(\varphi, J')$ sia essa stessa ben definita. Perché questo accada occorre anche che la serie di Fourier sia sommabile. Questo si può ottenere richiedendo una condizione di non risonanza più forte sul vettore $\omega(J')$.

Definizione 9.7 (Condizione diofantea) *Si definiscono* vettori diofantei *i vettori che, per qualche* $\gamma > 0$ *e qualche* $\tau > 0$*, verificano la condizione*

$$|\langle \omega, \nu \rangle| > \frac{\gamma}{|\nu|^\tau} \qquad \forall \nu \in \mathbb{Z}^n \setminus \{0\}, \tag{9.18}$$

dove $|\cdot|$ *denota la norma euclidea. La costante* τ *è chiamata* esponente diofanteo*; la condizione* (9.18) *è detta* condizione diofantea.

Per $n = 1$, ogni $\omega \in \mathbb{R} \setminus \{0\}$ soddisfa la condizione (9.18), per ogni $\tau > 0$, purché sia $\gamma \leq |\omega|$. Il seguente risultato mostra che, per $n \geq 2$, la condizione diofantea, per qualche $\gamma > 0$ e per τ opportuno, è soddisfatta dalla "maggior parte" dei vettori in $\mathbb{R}^n$ (cfr. le definizioni prima della proposizione 7.48 del volume 1 per la terminologia, mentre per un'introduzione alla teoria della misura di Lebesgue rimandiamo alla nota bibliografica del capitolo 7 del volume 1).

Teorema 9.8 *Sia* Ω *un aperto di* $\mathbb{R}^n$*. Se* $\tau > n - 1$*, l'insieme*

$$\Omega_*(\gamma) = \left\{ \omega \in \Omega : |\langle \omega, \nu \rangle| > \frac{\gamma}{|\nu|^\tau} \quad \forall \nu \neq 0 \right\}$$

ha misura di Lebesgue $\text{meas}(\Omega_*(\gamma)) \geq \text{meas}(\Omega) - c_0\gamma$*, per qualche costante positiva* c_0*. Fissato* $\tau > n - 1$*, l'insieme dei vettori di* Ω *che soddisfino la* (9.18) *per qualche* $\gamma > 0$ *ha misura di Lebesgue piena in* Ω*.*

Dimostrazione Supponiamo per semplicità che Ω sia la sfera di raggio R e centro nell'origine; il caso generale si discute in modo analogo.

Definiamo, per $\nu \in \mathbb{Z}^n \setminus \{0\}$,

$$\overline{\Omega}(\gamma, \nu) = \left\{ \omega \in \Omega : |\langle \omega, \nu \rangle| \leq \frac{\gamma}{|\nu|^\tau} \right\}.$$

Si ha

$$\Omega_*^c(\gamma) \subset \bigcup_{\substack{\nu \in \mathbb{Z}^n \\ \nu \neq 0}} \overline{\Omega}(\gamma, \nu),$$

dove $\Omega_*^c(\gamma) := \Omega \setminus \Omega_*(\gamma)$ indica l'insieme complementare in Ω di $\Omega_*(\gamma)$. Per ogni $\nu \in \mathbb{Z}^n \setminus \{0\}$, tenendo conto che $\langle \omega, \nu \rangle / |\nu|$ è la proiezione del vettore ω lungo la direzione individuata dal vettore ν, si trova

$$\text{meas}(\Omega_*^c(\gamma)) \le \sum_{\substack{\nu \in \mathbb{Z}^n \\ \nu \neq 0}} \text{meas}(\overline{\Omega}(\gamma, \nu)) \le C R^{n-1} \sum_{\substack{\nu \in \mathbb{Z}^n \\ \nu \neq 0}} \frac{\gamma}{|\nu|^{\tau+1}}, \tag{9.19}$$

per un'opportuna costante C che dipende da n ma non da R. Per stimare la somma in (9.19), ragioniamo come segue. Definiamo la *norma 1* di $\nu = (\nu_1, \ldots, \nu_n)$ come $|\nu|_1 := |\nu_1| + \ldots + |\nu_n|$; si ha $|\nu| \le |\nu|_1 \le \sqrt{n}|\nu|$ (cfr. l'esercizio 9.4), così che

$$\sum_{\substack{\nu \in \mathbb{Z}^n \\ \nu \neq 0}} \frac{\gamma}{|\nu|^{\tau+1}} \le \gamma \sum_{\substack{\nu \in \mathbb{Z}^n \\ \nu \neq 0}} \frac{(\sqrt{n})^{\tau+1}}{|\nu|_1^{\tau+1}} \le \gamma \sum_{m=1}^{\infty} \sum_{\substack{\nu \in \mathbb{Z}^n \\ |\nu|_1 = m}} \frac{(\sqrt{n})^{\tau+1}}{m^{\tau+1}},$$

dove (cfr. l'esercizio 9.5)

$$\sum_{\substack{\nu \in \mathbb{Z}^n \\ |\nu|_1 = m}} 1 \le 3^n m^{n-1}. \tag{9.20}$$

Si ha quindi

$$\text{meas}(\Omega_*^c(\gamma)) \le C' R^{n-1} \gamma \sum_{m=1}^{\infty} \frac{m^{n-1}}{m^{\tau+1}} \le C' R^{n-1} \gamma \sum_{m=1}^{\infty} \frac{1}{m^{\tau-n+2}},$$

e, se $\tau > n-1$, si trova

$$\frac{\text{meas}(\Omega_*^c(\gamma))}{\text{meas}(\Omega)} \le C'' R^{-1} \gamma,$$

per opportune costanti C' e C'' indipendenti da R. In altre parole, $\Omega_*^c(\gamma)$ ha misura relativa di ordine γ, ovvero $\Omega_*(\gamma)$ ha misura relativa maggiore di $1 - c_0\gamma$, per qualche $c_0 > 0$. L'insieme Ω_* costituito dai vettori $\omega \in \Omega$ che soddisfano la (9.18) per qualche $\gamma > 0$ è dato dall'unione su $\gamma > 0$ degli insiemi $\Omega_*(\gamma)$; la sua misura è pertanto $\sup\{\text{meas}(\Omega_*(\gamma)) : \gamma > 0\} = 1 - \inf\{\text{meas}(\Omega_*^c(\gamma)) : \gamma > 0\} = 1$, da cui segue che l'insieme Ω_* ha misura piena in Ω. □

Osservazione 9.9 Si può dimostrare che esistono anche vettori che soddisfano la condizione (9.18) con $\tau = n - 1$, però essi hanno misura nulla (cfr. l'esercizio 9.41 per $n = 2$). Ne costituisce un esempio il vettore $(1, \gamma_0)$ in $\mathbb{R}^2$, dove $\gamma_0 := (1 + \sqrt{5})/2$ prende il nome di *sezione aurea* (cfr. l'esercizio 9.45). Al contrario nessun vettore in $\mathbb{R}^n$ può verificare la condizione diofantea (9.18) con $\tau < n - 1$ (cfr. l'esercizio 9.42 per $n = 2$).

Definizione 9.10 (Hamiltoniana non degenere) *L'hamiltoniana* $\mathcal{H}_0(J)$ *in* (9.1) *si dice* non degenere *se*

$$\det\left(\frac{\partial^2 \mathcal{H}_0}{\partial J^2}(J)\right) \neq 0 \tag{9.21}$$

per ogni $J \in \{J \in \mathbb{C}^n : |J - J_0| \leq \rho\}$. *La* (9.21) *si chiama* condizione di non degenerazione.

Osservazione 9.11 La condizione di non degenerazione (9.21) è anche chiamata *condizione di anisocronia* o *condizione di non degenerazione di Kolmogorov*.

Osservazione 9.12 Se la condizione (9.21) è soddisfatta, l'applicazione $\omega(J)$ è invertibile e quindi $J \mapsto \omega(J)$ definisce un diffeomorfismo locale (cfr. la definizione al punto (i) nella dimostrazione del teorema 8.38).

Un sistema hamiltoniano con hamiltoniana $\mathcal{H}_0(J)$ si dice *non degenere* o *anisocrono* se $\mathcal{H}_0(J)$ è non degenere; si dice *degenere* se il determinante in (9.21) è nullo per qualche J; si dice infine *isocrono* se $\omega(J)$ non dipende da J. Un sistema hamiltoniano isocrono è costituito quindi da una collezione di oscillatori armonici (cfr. il §8.6).

Osservazione 9.13 In base alle definizioni date, un sistema isocrono è un caso particolare di sistema degenere: se $\omega(J) = \omega$ è costante, il determinante in (9.21) è nullo; d'altra parte il determinante può annullarsi senza che $\omega(J)$ sia identicamente costante (cfr. gli esercizi 9.51÷9.53).

Definizione 9.14 (Serie di Fourier generica) *Sia* $V(\varphi, J)$ *una funzione periodica in* φ, *analitica del dominio* (9.2), *e sia la* (9.3) *la sua serie di Fourier. Sia inoltre* $\mathcal{A}$ *un sottoinsieme aperto di* $\{J \in \mathbb{C}^n : |J - J_0| < \rho\}$. *Si dice che la funzione* $V(\varphi, J)$ *ha una* serie di Fourier generica *in* $\mathcal{A}$ *se* $\forall J' \in \mathcal{A}$ *e* $\forall \nu \in \mathbb{Z}^n$ *esiste un vettore* ν' *parallelo a* ν *tale che* $V_{\nu'}(J') \neq 0$.

Osservazione 9.15 Che la serie di Fourier di una funzione periodica sia generica è una *proprietà generica* (cfr. l'osservazione 7.50 del volume 1): questo giustifica la definizione 9.14.

Perché la funzione (9.16) sia ben definita in un intorno di J_0 occorre che il vettore $\omega(J')$ soddisfi una condizione che assicuri la sommabilità della sua serie di Fourier per ogni J' in tale intorno. Per esempio, se $|\langle \omega(J'), \nu \rangle| > \gamma |\nu|^{-\tau}$ $\forall \nu \neq 0$, la serie di Fourier (9.16) converge (cfr. l'esercizio 9.54). Un caso in cui questo accade è il caso dei sistemi isocroni, i.e. $\omega(J') = \omega$ per ogni J', con ω diofanteo, che sarà discusso più diffusamente nel prossimo paragrafo. Il caso di sistemi anisocroni è più delicato, come mostra il seguente risultato.

Teorema 9.16 (Primo teorema di trivialità di Poincaré) *Sia $n \geq 2$. Se $V(\varphi, J)$ ha una serie di Fourier generica in $\mathcal{A}$ e $\mathcal{H}_0(J)$ è non degenere, allora non esiste una soluzione $W_1(\varphi, J')$ dell'equazione omologica che sia definita al variare di J in un sottoinsieme aperto di $\mathcal{A}$.*

Dimostrazione Mostriamo innanzitutto che non è possibile che si abbia $\langle \omega(J), \nu \rangle \neq 0$ per ogni $J \in \mathcal{A}$ e per ogni $\nu \in \mathbb{Z}^n$. In virtù della condizione di anisocronia, se definiamo $\omega(\mathcal{A}) := \{\omega \in \mathbb{R}^n : \exists J \in \mathcal{A}$ tale che $\omega(J) = \omega\}$, l'applicazione $\omega \colon \mathcal{A} \to \mathcal{D} =: \omega(\mathcal{A})$, è un diffeomorfismo. È quindi sufficiente dimostrare che non si può avere $\langle \omega, \nu \rangle \neq 0$ per ogni $\omega \in \mathcal{D}$ e per ogni $\nu \in \mathbb{Z}^n$.

Supponiamo per assurdo che questo sia possibile: scrivendo $\omega = (\omega', \omega_n)$ e $\nu = (\nu', \nu_n)$, con $\omega' = (\omega_1, \ldots, \omega_{n-1})$ e $\nu' = (\nu_1, \ldots, \nu_{n-1})$, e ponendo $\theta_0 := \langle \omega', \nu' \rangle$ (dove il prodotto scalare è in $\mathbb{R}^{n-1}$), fissati ω' e ν' – e quindi θ_0 – si dovrebbe avere $n\theta_0 + \nu_n \omega_n \neq 0$ per ogni $n \in \mathbb{Z}$ e ogni ω_n tale che $(\omega', \omega_n) \in \mathcal{D}$. Sempre per la condizione di anisocronia, si ha

$$\mathrm{Vol}(\mathcal{D}) = \int_{\mathcal{D}} \mathrm{d}\omega = \int_{\mathcal{A}} \mathrm{d}J \left| \frac{\partial \omega}{\partial J} \right| > c \int_{\mathcal{A}} \mathrm{d}J = c\, \mathrm{Vol}(\mathcal{A}),$$

per qualche $c > 0$. Ne segue che $\mathcal{D}$ è un aperto in $\mathbb{R}^n$, così che fissato ω', esiste un intervallo $\mathcal{I} \subset \mathbb{R}$ tale che per $\omega_n \in \mathcal{I}$, il vettore $\omega = (\omega', \omega_n)$ appartiene a $\mathcal{D}$. Definendo $\mathcal{I}_0 := \mathcal{I}/\theta_0 = \{\omega_n/\theta_0 : \omega_n \in \mathcal{I}\}$ e ponendo $\alpha := \omega_n/\theta_0$, si dovrebbe quindi avere $\alpha \neq -\nu_n/n$ per ogni $\alpha \in \mathcal{I}_0$ e per ogni $n, \nu_n \in \mathbb{Z}$; in altre parole l'intervallo $\mathcal{I}_0$ non dovrebbe contenere numeri razionali. Questo tuttavia è in contraddizione con il fatto che i numeri razionali sono densi in ogni intervallo dell'asse reale (cfr. l'esercizio 3.13 del volume 1).

La (9.12) può essere soddisfatta solo se $V_\nu(J') = 0$ per ogni ν e ogni J' tale che $\langle \omega(J'), \nu \rangle = 0$ (cfr. la (9.17) e i commenti relativi). Questo non è possibile se $V(\varphi, J)$ ha una serie di Fourier generica. Infatti, se $\langle \omega(J'), \nu \rangle = 0$ per qualche $\nu \in \mathbb{Z}^d$ tale che $V_\nu(J') = 0$, allora esistono infiniti $\nu' \in \mathbb{Z}^n$, paralleli a ν, tali che $\langle \omega(J'), \nu' \rangle = 0$ ma $V_{\nu'}(J') \neq 0$. □

Come conseguenza del teorema 9.16, nel caso anisocrono in generale, se $n \geq 2$, non è possibile risolvere l'equazione omologica (9.14) in un aperto di J_0. Tuttavia, procedendo in modo più attento, si riesce ugualmente a definire un cambiamento di variabili che sposta la perturbazione a un ordine più alto.

Decomponiamo la perturbazione in un polinomio trigonometrico più una correzione, i.e. scriviamo

$$V(\varphi, J) = V^{\leq N}(\varphi, J) + V^{>N}(\varphi, J),$$

dove

$$V^{\leq N}(\varphi, J) := \sum_{\substack{\nu \in \mathbb{Z}^n \\ |\nu| \leq N}} \mathrm{e}^{i\langle \nu, \varphi \rangle} V_\nu(J), \qquad V^{>N}(\varphi, J) := \sum_{\substack{\nu \in \mathbb{Z}^n \\ |\nu| > N}} \mathrm{e}^{i\langle \nu, \varphi \rangle} V_\nu(J),$$

con N da fissare in modo tale che si abbia

$$\max_{(\varphi,J)\in D(\rho,\xi/2,J_0)} \left|\varepsilon V^{>N}(\varphi,J)\right| \leq C\varepsilon^2, \tag{9.22}$$

per qualche costante $C > 0$. Questo è possibile se si sceglie $N = N_0(\varepsilon)$, con

$$N_0(\varepsilon) := \frac{4}{\xi} \log \frac{1}{C_1\varepsilon}, \tag{9.23}$$

dove ξ è la semiampiezza della striscia di analiticità in φ della funzione $V(\varphi, J)$, in accordo con la (9.2), e C_1 è un'opportuna costante dipendente da C e ξ (cfr. l'esercizio 9.55).

Tenendo conto che se $J' = J + O(\varepsilon) = J(0) + O(\varepsilon)$, con $J(0) = J_0$ tale che $\omega(J_0)$ sia diofanteo, si ha per $|\nu| \leq N_0(\varepsilon)$

$$\begin{aligned} |\langle\omega(J'),\nu\rangle| &\geq |\langle\omega(J(0)),\nu\rangle| - |\langle\omega(J') - \omega(J(0)),\nu\rangle| \\ &\geq \frac{\gamma}{|\nu|^\tau} - |\langle\omega(J') - \omega(J(0)),\nu\rangle|, \end{aligned}$$

dove, se definiamo

$$B := \max_{|J-J_0|\leq\rho} \left\| \frac{\partial\omega}{\partial J}(J) \right\|,$$

si stima

$$|\langle\omega(J') - \omega(J(0)),\nu\rangle| \leq B|J' - J(0)||\nu| \leq \frac{\gamma}{2|\nu|^\tau}, \tag{9.24}$$

non appena si abbia

$$|J' - J(0)| \leq \frac{\gamma}{2B(N_0(\varepsilon))^{\tau+1}} \leq \frac{\gamma}{2B|\nu|^{\tau+1}},$$

ovvero

$$|J' - J(0)| \leq \rho_0(\varepsilon) := C_2\left(\frac{1}{\log 1/C_1\varepsilon}\right)^{\tau+1}, \tag{9.25}$$

dove C_1 e C_2 sono costanti opportune; in particolare C_1 è la stessa costante in (9.23). La (9.25) è soddisfatta se $J' - J_0 = O(\varepsilon)$, per ε è sufficientemente piccolo. Ne concludiamo che se $\omega(J_0)$ è diofanteo, allora per ogni J' in un intorno di raggio $\rho_0(\varepsilon)$ di J_0 i coefficienti $W_{1,\nu}(J')$ in (9.17) sono ben definiti per ogni $|\nu| \leq N$ e ben definita è anche la funzione caratteristica

$$W(\varphi, J') = \langle\varphi, J'\rangle + \varepsilon W_1(\varphi, J'). \tag{9.26}$$

Infatti

$$W_1(\varphi, J') = \sum_{\substack{\nu \in \mathbb{Z}^n \\ |\nu| \le N}} e^{i\langle \nu, \varphi \rangle} W_{1,\nu}(J')$$

è un polinomio trigonometrico, quindi, perché sia ben definito, è sufficiente che i suoi coefficienti di Fourier (9.17) siano definiti, senza che sia necessario richiedere che decadano esponenzialmente. Tuttavia, per imporre che si abbia $\langle \omega(J'), \nu \rangle \neq 0$ per ogni $\nu \in \mathbb{Z}^n$ tale che $|\nu| \le N_0(\varepsilon)$, dobbiamo richiedere qualche condizione come la (9.24), ovvero che $\langle \omega(J'), \nu \rangle \neq 0$ sia stimato essenzialmente allo stesso modo di $\langle \omega(J_0), \nu \rangle \neq 0$ (a meno di un fattore 2). Inoltre, se da una parte la funzione $W_1(\varphi, J')$, proprio perché è un polinomio trigonometrico, è analitica per ogni $\varphi \in \mathbb{C}^n$, dall'altra, per poterla stimare in modo che valga la (9.22) e le variabili (φ', J') differiscano per termini $O(\varepsilon)$ da (φ, J), occorre definirla in un dominio più piccolo, quale è $D(\rho_0(\varepsilon), \xi/2, J_0)$.

Si noti che, per poter effettuare un primo passo di teoria delle perturbazioni, nel caso di sistemi anisocroni, abbiamo dovuto ridurre di un po' il dominio delle variabili angolari (la striscia di analiticità negli angoli è pertanto ancora di ordine 1) e di molto il dominio delle azioni (il raggio dell'intorni di centro J_0 non è più di ordine 1, ma è logaritmicamente piccolo in ε). In ogni caso, grazie agli accorgimenti seguiti, in questo modo abbiamo trovato che il sistema è integrabile al primo ordine in ε. Tuttavia, è chiaro che, nel momento in cui si cerchi di iterare il procedimento, la riduzione del dominio è qualcosa che va tenuto sotto controllo. Torneremo su questo problema più volte nel seguito; vedremo come risolverlo nel prossimo capitolo quando discuteremo il teorema KAM (cfr. il §10.1).

9.2 Teoria delle perturbazioni a tutti gli ordini

Una domanda che sorge spontanea è se, invece di fermarsi al primo ordine, come fatto nel paragrafo precedente, non sia possibile spingere la teoria perturbativa a ordini più alti, in modo da costruire una soluzione approssimata che descriva in modo più accurato la dinamica – idealmente entro qualsiasi precisione si voglia – e su tempi più lunghi.

Si consideri l'espressione formale, per $\varepsilon \in \mathbb{C}$ (o $\varepsilon \in \mathbb{R}$),

$$F(\varepsilon) = \sum_{n=0}^{\infty} \varepsilon^k F_k. \tag{9.27}$$

Si dice che $F(\varepsilon)$ è una *serie formale* in ε se i coefficienti $F_k \in \mathbb{C}$ (o $F_k \in \mathbb{R}$) sono ben definiti per ogni $k \ge 0$; di fatto, una serie formale si può identificare con la successione dei suoi coefficienti.

Similmente, si dice che una funzione $F(x, \varepsilon)$, con $x \in D \subset \mathbb{C}^n$ ed $\varepsilon \in \mathbb{C}$, ammette una serie formale in ε se $F(\varepsilon) = F(x, \varepsilon)$ si scrive nella forma (9.27), con le funzioni $F_k = F_k(x)$ ben definite in D.

9.2.1 Perturbazioni di sistemi isocroni

Consideriamo un sistema isocrono perturbato. L'hamiltoniana corrispondente è data dalla (9.1), dove $\mathcal{H}_0(J) = \langle \omega, J \rangle = \omega_1 J_1 + \ldots + \omega_n J_n$, con $n \geq 2$, mentre la perturbazione $V(\varphi, J)$ dipende anche dalle variabili angolari.

Cerchiamo una soluzione dell'equazione di Hamilton-Jacobi della forma

$$W(\varphi, J') = \sum_{k=0}^{k_0} \varepsilon^k W_k(\varphi, J'), \tag{9.28a}$$

$$\mathcal{H}'(\varphi', J') = \sum_{k=0}^{k_0} \varepsilon^k \mathcal{H}'_k(J') + O(\varepsilon^{k_0+1}), \tag{9.28b}$$

con $W_0(\varphi, J') = \langle \varphi, J' \rangle$ e $\mathcal{H}'_0(J') = \mathcal{H}_0(J') = \langle \omega, J' \rangle$, per qualche $k_0 \in \mathbb{N}$.

A ogni ordine $k = 1, \ldots, k_0$, si ha (cfr. l'esercizio 9.56)

$$\left\langle \omega, \frac{\partial W_k}{\partial \varphi} \right\rangle + N_k(\varphi, J') = \mathcal{H}'_k(J'), \tag{9.29}$$

con $N_1(\varphi, J') = V(\varphi, J')$ e, per $k > 1$,

$$N_k(\varphi, J') = \sum_{\substack{a_1, \ldots, a_n \geq 0 \\ 1 \leq |a| \leq k-1}} \frac{1}{a!} \frac{\partial^{|a|}}{\partial J^a} V(\varphi, J') \sum\nolimits'_{k-1} \prod_{i=1}^{n} \prod_{j=1}^{a_i} \frac{\partial W_{k_{ij}}}{\partial \varphi_i}(\varphi, J'), \tag{9.30}$$

dove si sono usate le seguenti notazioni:

- $a = (a_1, \ldots, a_n)$, con $a_i \geq 0$ intero per ogni $i = 1, \ldots, n$;
- $|a| := a_1 + \ldots + a_n$;
- $a! := a_1! \ldots a_n!$;
- $\partial^{|a|}/\partial J^a = \partial^{|a|}/\partial J_1^{a_1} \ldots \partial J_n^{a_n}$;
- il prodotto $\prod_{j=1}^{a_i} \partial W_{k_{ij}}/\partial \varphi_i(\varphi, J')$ va interpretato come 1 se $a_i = 0$;
- la somma $\sum'_{k-1}$ indica che si somma su tutti gli indici k_{ij} tali che

  1. $k_{ij} = 0$ se $a_i = 0$ e $k_{ij} \geq 1$ se $a_i \geq 1$ e $j = 1, \ldots, a_i$,
  2. $k_{11} + \ldots + k_{1a_1} + \ldots + k_{n1} + \ldots + k_{na_n} = k - 1$.

Si noti che a ogni ordine k la funzione N_k dipende dalle funzioni $W_1, \ldots, W_{k-1}$, quindi è una funzione nota se le $W_{k'}$, $k' < k$, sono state risolte ai passi precedenti (cfr. l'esercizio 9.57 per le espressioni esplicite delle funzioni N_k agli ordini più bassi). In altre parole la (9.29) si può risolvere iterativamente, ponendo

$$\mathcal{H}'_k(J') = \langle N_k \rangle, \qquad \left\langle \omega, \frac{\partial W_k}{\partial \varphi} \right\rangle + \widetilde{N}_k(\varphi, J') = 0,$$

dove $\widetilde{N}_k = N_k - \langle N_k \rangle$, per $k = 1, \ldots, k_0$ (cfr. la (9.13) per la notazione $\langle \cdot \rangle$).

Introduciamo i domini

$$D_k := D(\rho(1-k\delta), \xi - k\delta, J_0) \tag{9.31a}$$

$$\bar{D}_k := D(\rho(1-k\delta+\delta/2), \xi - k\delta + \delta/2, J_0), \tag{9.31b}$$

con $D(\rho, \xi, J_0)$ definito in (9.2), e le seminorme (cfr. la definizione 1.31 del volume 1)

$$\|f\|_k := \max_{(\varphi,J)\in D_k} \left(\left|\frac{\partial f}{\partial J}\right| + \frac{1}{\rho(1-k\delta)}\left|\frac{\partial f}{\partial \varphi}\right| \right), \tag{9.32}$$

per δ e k tali che $1-k\delta \geq c$ e $\xi - k\delta \geq c\xi$, con $c>0$; per esempio si può fissare $c = 1/2$.

È facile verificare che (cfr. l'esercizio 9.58)

$$\left|\frac{\partial V_\nu}{\partial J'}(J')\right| \leq \sqrt{n}\|V\|_0 \mathrm{e}^{-\xi|\nu|}, \qquad |\nu V_\nu(J')| \leq \sqrt{n}\rho\|V\|_0\mathrm{e}^{-\xi|\nu|}, \tag{9.33}$$

così che

$$|W_{1,\nu}(J')| \leq \sqrt{n}\gamma^{-1}|\nu|^{\tau-1}|\nu V_\nu(J')| \leq \sqrt{n}\rho\gamma^{-1}|\nu|^{\tau-1}\|V\|_0\mathrm{e}^{-\xi|\nu|}$$

e quindi (cfr. l'esercizio 9.58)

$$\begin{aligned}\max_{(\varphi,J')\in\bar{D}_1} |W_1(\varphi,J')| &\leq \sum_{\nu\neq 0} \gamma^{-1}|\nu|^{\tau-1}|\nu V_\nu(J')|\,\mathrm{e}^{(\xi-\delta/2)|\nu|} \\ &\leq B_1\rho\gamma^{-1}\|V\|_0\delta^{-n-\tau+1},\end{aligned} \tag{9.34}$$

per un'opportuna costante B_1. Analogamente si trova (cfr. l'esercizio 9.58)

$$\max_{(\varphi,J')\in D_1}\left|\frac{\partial W_1}{\partial\varphi}(\varphi,J')\right| \leq B_0\gamma^{-1}\rho\|V\|_0\,\delta^{-n-\tau}, \tag{9.35a}$$

$$\max_{(\varphi,J')\in D_1}\left|\frac{\partial W_1}{\partial J'}(\varphi,J')\right| \leq B_0\gamma^{-1}\|V\|_0\,\delta^{-n-\tau}, \tag{9.35b}$$

dove B_0 è un'altra costante, così che $\|W_1\|_1 \leq 4B_0\gamma^{-1}\|V\|_0\delta^{-n-\tau}$. Si ha infine, per qualche costante B_2 (cfr. l'esercizio 9.58),

$$\max_{(\varphi,J')\in D_1}\left\|\frac{\partial^2 W_1}{\partial\varphi\,\partial J'}(\varphi,J')\right\| \leq B_2\gamma^{-1}\delta^{-n-\tau-1}\|V\|_0, \tag{9.36}$$

dove al solito $\|\cdot\|$ (senza pedici) indica la norma uniforme (cfr. la definizione 1.48 del volume 1). Al primo ordine la trasformazione $(\varphi',J')\mapsto(\varphi,J)$ è definita da

$$\varphi' = \varphi + \Delta(\varphi,J), \qquad J' = J + \Xi(\varphi,J), \tag{9.37}$$

dove $\Delta(\varphi, J)$ e $\Xi(\varphi, J)$ sono tali che

$$\Delta(\varphi, J) = \varepsilon \frac{\partial W_1}{\partial J'}(\varphi, J'), \qquad \Xi(\varphi, J) = -\varepsilon \frac{\partial W_1}{\partial \varphi}(\varphi, J').$$

Le funzioni $\Delta(\varphi, J)$ e $\Xi(\varphi, J)$ si determinano attraverso il teorema della funzione implicita. Infatti, partendo dalle equazioni

$$\varphi' = \varphi + \varepsilon \frac{\partial W_1}{\partial J'}(\varphi, J'), \qquad J' = J - \varepsilon \frac{\partial W_1}{\partial \varphi}(\varphi, J'), \tag{9.38}$$

la condizione (9.36), per ε sufficientemente piccolo, permette di risolvere la seconda e di fissare J' in termini di (φ, J), così da definire la funzione $\Xi(\varphi, J)$ in (9.37), che, sostituita nella prima, esprime anche φ' in termini di (φ, J), definendo così la funzione $\Delta(\varphi, J)$. Si verifica immediatamente che le funzioni Ξ e Δ soddisfano le stime (cfr. l'esercizio 9.59)

$$\|\Xi\|_2 \le |\varepsilon|\, B_2 \rho \gamma^{-1} \|V\|_0 \delta^{-n-\tau-1}, \qquad \|\Delta\|_2 \le |\varepsilon|\, B_2 \gamma^{-1} \|V\|_0 \delta^{-n-\tau-1}.$$

Lemma 9.17 *Siano $\delta > 0$ e $k_0 \in \mathbb{N}$ tali che $(k_0 + 1)\delta \le 1/2$. A ogni ordine $k = 1, \dots, k_0$ si trova*

$$\max_{(\varphi, J') \in D_k} \left| \frac{\partial W_k}{\partial \varphi}(\varphi, J') \right| \le A B^k k! \delta^{-\beta k}, \qquad \beta := \tau + n + 1, \tag{9.39}$$

dove A e B sono due costanti positive. Si può prendere

$$A = \frac{\rho\delta}{4}, \qquad B = b_0 2^n \gamma^{-1} \|V\|_0, \tag{9.40}$$

dove b_0 è un'opportuna costante.

Dimostrazione Per $k = 1$, definendo A come in (9.40), la (9.35a) implica immediatamente la (9.39) purché $B \ge 4B_0\gamma^{-1}\|V\|_0$. Assumendo le (9.39) per $k' \le k$, si trova allora per $(\varphi, J') \in D_k$ (cfr. la (9.30))

$$\begin{aligned} |N_{k+1}(\varphi, J')| &\le \sum_{\substack{a_1,\dots,a_n \ge 0 \\ 1 \le |a| \le k}} \|V\|_0 \frac{1}{(\rho\delta)^{|a|-1}} {\sum}'_k \prod_{i=1}^{n} A^{a_i} \prod_{j=1}^{a_i} k_{ij}! B^{k_{ij}} \delta^{-\beta k_{ij}} \\ &\le \|V\|_0 \sum_{p=1}^{k} \sum_{\substack{a_1,\dots,a_n \ge 0 \\ a_1+\dots+a_n = p}} \frac{A^p}{(\rho\delta)^{p-1}} B^k \delta^{-\beta k} {\sum}'_k \prod_{i=1}^{n} \prod_{j=1}^{a_i} k_{ij}! \qquad (9.41) \\ &\le \|V\|_0 \rho\delta (k+1)! B^k 2^n \delta^{-\beta k} \sum_{p=1}^{k} \left(\frac{2A}{\rho\delta} \right)^p, \end{aligned}$$

dove si è fatto uso della stima (cfr. l'esercizio 9.60)

$$\sum_k' \prod_{i=1}^{n} \prod_{j=1}^{a_i} k_{ij}! \le k! \le (k+1)!, \tag{9.42}$$

della proprietà (cfr. l'esercizio 9.61)

$$\sum_{\substack{a_1,\dots,a_n \ge 0 \\ a_1+\dots+a_n=p}} 1 = \sum_{m=1}^{n} \sum_{\substack{a_1,\dots,a_m \ge 1 \\ a_1+\dots+a_m=p}} 1 = \sum_{m=1}^{n} \binom{n}{m}\binom{p}{m} \le 2^{n+p}, \tag{9.43}$$

e infine del teorema di Cauchy per stimare (cfr. l'esercizio 9.62)

$$\begin{aligned} \frac{1}{a!} \max_{(\varphi,J')\in D_k} & \left| \frac{\partial^{|a|} V}{\partial J^a}(\varphi, J') \right| \\ & \le \max_{(\varphi,J)\in D_0} \left| \frac{\partial V}{\partial J}(\varphi, J) \right| \frac{1}{(\rho - \rho(1-\delta))^{|a|-1}} \le \|V\|_0 (\rho\delta)^{-(|a|-1)}. \end{aligned} \tag{9.44}$$

Scegliendo A come in (9.40), si trova

$$\max_{(\varphi,J')\in D_k} |N_{k+1}(\varphi, J')| \le 4\|V\|_0 (k+1)! B^k 2^n A \delta^{-\beta k}. \tag{9.45}$$

D'altra parte si ha (cfr. l'esercizio 9.62)

$$\max_{(\varphi,J')\in D_{k+1}} \left| \frac{\partial W_{k+1}}{\partial \varphi}(\varphi, J') \right| \le B_1 \gamma^{-1} \delta^{-n-\tau-1} \max_{(\varphi,J')\in D_k} |N_{k+1}(\varphi, J')|, \tag{9.46}$$

che, combinata con la (9.45), dà

$$\max_{(\varphi,J')\in D_{k+1}} \left| \frac{\partial W_{k+1}}{\partial \varphi}(\varphi, J') \right| \le A\big(4B_1\|V\|_0 \gamma^{-1} 2^n\big) B^k \delta^{-\beta(k+1)} (k+1)!.$$

Quindi la stima (9.39) segue immediatamente prendendo

$$B = \max\{4B_1\gamma^{-1}2^n\|V\|_0, 4B_0\gamma^{-1}\|V\|_0\}.$$

Ovviamente le stime sopra hanno senso fin tanto che δ e k_0 siano tali che si abbia $\xi - k\delta \ge \xi/2$ e $\rho(1-k\delta) \ge \rho/2$ per ogni $k \le k_0 + 1$. □

Teorema 9.18 (Teorema di Nechorošev per sistemi isocroni) *Consideriamo il sistema hamiltoniano a n gradi di libertà, con $n \ge 2$, descritto dall'hamiltoniana $\mathcal{H}(\varphi, J) = \langle \omega, J \rangle + \varepsilon V(\varphi, J)$, con V analitica nel dominio (9.2) e ω che soddisfi la condizione diofantea (9.18). Allora esiste $\varepsilon_0 > 0$ tale che per $|\varepsilon| < \varepsilon_0$ si ha*

$$|J(t) - J(0)| \le \bar{A}\varepsilon^a \qquad \forall |t| < \mathrm{e}^{\bar{B}/\varepsilon^b},$$

per opportune costanti $a, b, \bar{A}, \bar{B}$. Si può scegliere $a = 1/2$ e $b = 1/(2\tau + 2n + 4)$.

Dimostrazione Fissiamo

$$k_0 = N(\varepsilon), \qquad \delta = \frac{1}{2N(\varepsilon)} \min\{\xi, 1\},$$

con $N(\varepsilon)$ da determinare successivamente, e applichiamo il Lemma 9.17. Dalla (9.45), con k invece di $k+1$, si ottiene

$$|\langle N_k \rangle| \le 2^n \delta\rho \|V\|_0 k! B^{k-1} \delta^{-\beta(k-1)}$$

così che la (9.28b), se $N(\varepsilon)\,\delta^{-\beta}\varepsilon$ è sufficientemente piccolo (cfr. l'esercizio 9.65), dà

$$\mathcal{H}'(\varphi', J') = \sum_{k=0}^{N(\varepsilon)} \varepsilon^k \mathcal{H}'_k(J') + O\big((N(\varepsilon)\,\delta^{-\beta} B\varepsilon)^{N(\varepsilon)}\big). \tag{9.47}$$

Questo vuol dire che le variabili J' restano costanti, a meno di correzioni $O(\varepsilon)$, fino a un tempo di ordine $\varepsilon(\varepsilon(N(\varepsilon))^{\beta+1})^{-N(\varepsilon)}$, i.e.

$$J'(t) - J'(0) = O(\varepsilon) \qquad \text{per} \qquad |t| < \varepsilon\,(\varepsilon(N(\varepsilon))^{\beta+1})^{-N(\varepsilon)}.$$

Inoltre si ha

$$J = J' + \frac{\partial}{\partial\varphi}\big(\varepsilon W_1(\varphi, J') + \ldots + \varepsilon^{N(\varepsilon)} W_{N(\varepsilon)}(\varphi, J')\big),$$

quindi, usando che $k! \le k^k \le (N(\varepsilon))^k$ per $k \le N(\varepsilon)$, si ha (cfr. l'esercizio 9.63)

$$\begin{aligned} |J - J'| &\le A \sum_{k=1}^{N(\varepsilon)} \big(B\delta^{-\beta}\varepsilon\big)^k k! \\ &\le \frac{\rho\delta}{4} \sum_{k=1}^{N(\varepsilon)} \big(b_0 2^{n+\beta} \gamma^{-1} \|V\|_0 \varepsilon (N(\varepsilon))^{\beta+1}\big)^k \le b_1 \delta \gamma^{-1} \varepsilon (N(\varepsilon))^{\beta+1}, \end{aligned}$$

per opportune costanti b_0 e b_1, purché si scelga $N(\varepsilon)$ tale che

$$b_0 2^{n+\beta} \gamma^{-1} \|V\|_0 \varepsilon (N(\varepsilon))^{\beta+1} \le \frac{1}{2}.$$

Si può per esempio fissare $N(\varepsilon)$ tale che

$$\varepsilon(N(\varepsilon))^{\beta+1} = \sqrt{\varepsilon} \quad \Longrightarrow \quad N(\varepsilon) = \varepsilon^{-1/2(\beta+1)},$$

così che $J - J' = O(\sqrt{\varepsilon})$. In conclusione si ha $J(t) - J(0) = O(\sqrt{\varepsilon})$ per tempi t tali che

$$|t| \le b_2\, \varepsilon \big(\varepsilon(N(\varepsilon))^{\beta+1}\big)^{-N(\varepsilon)}$$

e quindi, per ε sufficientemente piccolo, per tempi t tali che

$$|t| \le \bar{A} e^{\bar{B}\varepsilon^{-1/2(\beta+1)}},$$

per qualche costante $\bar{B}$. Da qui segue l'asserto, con $a = 1/2$ e $b = 1/2(\beta + 1)$, dove β è definitio dalla (9.39). □

Osservazione 9.19 Il teorema 9.18 costituisce una versione del teorema di Nechorošev nel caso di perturbazioni di sistemi isocroni. Un risultato dello stesso tipo in realtà vale in casi molto più generali, come vedremo nel prossimo capitolo (cfr. il §10.2).

Osservazione 9.20 Nel caso di perturbazioni di oscillatori armonici, la teoria delle perturbazioni si può spingere a ogni ordine k_0, pur di scegliere δ sufficientemente piccolo (cfr. il lemma 9.17). Inoltre, invece di ridurre i domini di una quantità costante δ come in (9.31), possiamo scegliere a ogni passo k un valore δ_k sempre più piccolo, così che

$$\sum_{k=1}^{\infty} \delta_k \le \frac{1}{2} \min\{1, \xi\}.$$

Per esempio si può scegliere $\delta_k = \delta_0 / k^2$, con δ_0 opportuno. Inevitabilmente questo porta a una modifica delle stime rispetto a quelle del lemma 9.17 (cfr. l'esercizio 9.66).

Osservazione 9.21 La (9.29) fornisce una definizione ricorsiva delle funzioni W_k; perciò, in (9.30), possiamo iterare la costruzione ed esprimere alla fine ogni funzione W_k in termini di V (cfr. l'esercizio 9.67). Questo consente di definire tutte le funzioni W_k in uno stesso dominio $D(\rho/2, \xi/2, J_0)$, senza doverne ridurre i domini a ogni passo. Lo svantaggio è che, non potendo più dimostrare le stime per induzione, diventa più laborioso stimare le funzioni W_k. Un modo possibile di procedere è attraverso una rappresentazione grafica delle funzioni, secondo le linee che saranno indicate nel §9.5.

Osservazione 9.22 In conclusione, tenendo conto anche dell'osservazione 9.20, si possono definire le serie formali

$$W(\varphi, J') = \sum_{k=0}^{\infty} \varepsilon^k W_k(\varphi, J'), \qquad \mathcal{H}'(J') = \sum_{k=0}^{\infty} \varepsilon^k \mathcal{H}'_k(J'), \tag{9.48}$$

che prendono il nome di *serie di Birkhoff*. Benché i coefficienti delle serie siano ben definiti a tutti gli ordini della teoria delle perturbazioni, in generale le serie di Birkhoff sono serie divergenti (cfr. gli esercizi 9.68÷9.71).

9.2.2 Perturbazioni di sistemi anisocroni

Consideriamo ora il caso di sistemi anisocroni, richiedendo che la condizione (9.21) sia soddisfatta. Sotto l'ipotesi che l'equazione omologica ammetta soluzione a ogni ordine, si può ancora scrivere l'equazione di Hamilton-Jacobi all'ordine k in forma analoga alla (9.29), con la differenza che ora $\omega(J)$ non è costante, quindi N_k riceve contributi anche dal termine $\mathcal{H}_0(J)$ dell'hamiltoniana. Si ha quindi

$$\left\langle \omega(J'), \frac{\partial W_k}{\partial \varphi} \right\rangle + N_k(\varphi, J') = \mathcal{H}_k'(J'),$$

dove di nuovo $N_1(\varphi, J') = V(\varphi, J')$ e, per $k > 1$,

$$N_k(\varphi, J') = \sum_{\substack{a_1,\dots,a_n \ge 0 \\ 2 \le |a| \le k}} \frac{1}{a!} \frac{\partial^{|a|}}{\partial J^a} \mathcal{H}_0(\varphi, J') \sum\nolimits_k' \prod_{i=1}^{n} \prod_{j=1}^{a_i} \frac{\partial W_{k_{ij}}}{\partial \varphi_i}(\varphi, J')$$
$$+ \sum_{\substack{a_1,\dots,a_n \ge 0 \\ 1 \le |a| \le k-1}} \frac{1}{a!} \frac{\partial^{|a|}}{\partial J^a} V(\varphi, J') \sum\nolimits_{k-1}' \prod_{i=1}^{n} \prod_{j=1}^{a_i} \frac{\partial W_{k_{ij}}}{\partial \varphi_i}(\varphi, J'), \qquad (9.49)$$

con lo stesso significato dei simboli della (9.30). Si noti che anche nei termini della prima riga della (9.49) c'è dipendenza solo da $W_{k'}$ con $k' < k$ a causa del vincolo $|a| \ge 2$.

La principale difficoltà ora è che, come già anticipato al §9.1, per risolvere l'equazione omologica si deve controllare $\langle \omega(J'), \nu \rangle$ per $\nu \in \mathbb{Z}^n \neq \{0\}$ e J' che varia in un insieme aperto.

Il seguente risultato è noto come *secondo teorema di trivialità di Poincaré* o *teorema di non esistenza di Poincaré*.

Teorema 9.23 (Secondo teorema di trivialità di Poincaré) *Genericamente, il sistema dinamico descritto dall'hamiltoniana* (9.1), *con* $\mathcal{H}_0$ *non degenere, non ammette altre costanti del moto che dipendano analiticamente da* ε *oltre all'energia.*

Dimostrazione Supponiamo che esista una costante del moto $F(\varphi, J, \varepsilon)$ analitica in ε:

$$F(\varphi, J, \varepsilon) = F_0(\varphi, J) + \varepsilon F_1(\varphi, J) + \varepsilon^2 F_2(\varphi, J) + \dots$$

La condizione $\{F, \mathcal{H}\} = 0$ implica, all'ordine zero in ε,

$$0 = \{F_0, \mathcal{H}_0\} = \left\langle \frac{\partial F_0}{\partial \varphi}, \omega(J) \right\rangle,$$

quindi $\langle \omega(J), \nu \rangle F_{0,\nu}(J) = 0$ per ogni $\nu \neq 0$. Poiché $\det \partial\omega/\partial J \neq 0$ allora $\langle \omega(J), \nu \rangle \neq 0$ su un insieme di misura piena. Ne segue che $F_{0,\nu}(J) = 0$ per ogni $\nu \neq 0$ e quindi $F_0(\varphi, J) = F_0(J)$ è indipendente da φ. Al primo ordine la condizione $\{F, J\} = 0$ dà

$$0 = \left\langle \frac{\partial F_1}{\partial \varphi}, \omega(J) \right\rangle - \left\langle \frac{\partial F_0}{\partial J}, \frac{\partial V}{\partial \varphi} \right\rangle,$$

che, espressa nello spazio di Fourier, diventa

$$0 = \langle \nu, \omega(J) \rangle F_{1,\nu}(J) - \left\langle \nu, \frac{\partial F_0}{\partial J}(J) \right\rangle V_\nu(J).$$

Sono possibili due casi: si deve avere $V_\nu(J) = \langle \omega(J), \nu \rangle \tilde{V}_\nu(J)$ per qualche $\tilde{V}_\nu(J)$, che però corrisponde a una proprietħon generica, oppure si deve avere $\langle \nu, \partial F_0(J)/\partial J \rangle = 0$ per ogni ν per cui si abbia $\langle \omega(J), \nu \rangle = 0$. Di conseguenza, genericamente, i vettori $\omega(J)$ e $\partial F_0(J)/\partial J$ devono essere paralleli (cfr. l'esercizio 9.72), ovvero deve risultare

$$\frac{\partial F_0}{\partial J}(J)\rangle = \lambda(J)\, \omega(J),$$

per qualche funzione $\lambda(J)$, così che deve esistere qualche funzione Λ tale che $\lambda(J) = \Lambda'(\mathcal{H}_0(J))$ e $F_0(J) = \Lambda(\mathcal{H}_0(J))$. Si ottiene allora

$$\langle \omega(J), \nu \rangle \Big(\lambda(J) V_\nu(J) - F_{1,\nu}(J) \Big) = 0,$$

che implica $F_1(\varphi, J) = \lambda(J)\, V(\varphi, J) + C_1(J)$, per qualche funzione C_1 che dipende solo da J, e quindi

$$\begin{aligned} F(\varphi, J) &= \Lambda(\mathcal{H}_0(J)) + \Lambda'(\mathcal{H}_0(J))\, \varepsilon\, V(\varphi, J) + \varepsilon\, C_1(J) + O(\varepsilon^2) \\ &= \Lambda(\mathcal{H}_0(J) + \varepsilon\, V(\varphi, J)) + \varepsilon\, C_1(J) + O(\varepsilon^2) \\ &= \Lambda(\mathcal{H}(\varphi, J)) + \varepsilon\, C_1(J) + O(\varepsilon^2) \\ &= \Lambda(\mathcal{H}(\varphi, J)) + \varepsilon \big[F_0'(\varphi, J) + \varepsilon F_1'(\varphi, J) + O(\varepsilon^2) \big], \end{aligned}$$

dove $F' = F_0' + \varepsilon F_1' + \ldots$ è una costante del moto.

Ripetendo l'argomento si trova

$$F'(\varphi, J) = \Lambda_1(\mathcal{H}(\varphi, J)) + \varepsilon\, F''(\varphi, J),$$

dove F'' è ancora una costante del moto. Iterando si ottiene

$$F(\varphi, J) = \Lambda(\mathcal{H}(\varphi, J)) + \varepsilon\, \Lambda_1(\mathcal{H}(\varphi, J)) + \varepsilon^2 \Lambda_2(\mathcal{H}(\varphi, J)) + \ldots,$$

così che, per analiticità, deve risultare $F(\varphi, J) = \Lambda_\varepsilon(\mathcal{H}(\varphi, J))$ per un'opportuna funzione Λ_ε, i.e. F è una funzione dell'energia. □

Osservazione 9.24 Il fatto che in generale il sistema non ammetta integrali primi, e quindi non sia integrabile, potrebbe suggerire che per $\varepsilon \neq 0$ non esistano moti multiperiodici per il sistema perturbato (a differenza di quello che succede per $\varepsilon = 0$, ove tutti i moti sono multiperiodici). In particolare, si potrebbe pensare che se cercassimo soluzioni multiperiodiche delle equazioni del moto nella forma di serie di potenze di ε, troveremmo serie che non sono neppure definite o che, al più, quand'anche fossero definite, sarebbero divergenti. Vedremo più avanti (cfr. il §9.4) che fissando opportunamente le frequenze ω, le serie perturbative (note come *serie di Lindstedt*) risultano definite a tutti gli ordini. Solo recentemente se ne è dimostrata la convergenza (sotto l'assunzione di non degenerazione dell'hamiltoniana imperturbata). Tuttavia la teoria delle perturbazioni è stata a lungo utilizzata in astronomia anche in tempi precedenti, trovando un ottimo accordo con i dati sperimentali (cfr. anche la discussione all'inizio del §9.1).

Un metodo alternativo di procedere, rispetto a quello discusso alla fine dell'osservazione 9.24, consiste nel seguire le idee introdotte nei paragrafi precendenti: si cerca di definire la trasformazione canonica che porta a nuove coordinate in cui l'hamiltoniana dipenda solo dalla variabili d'azione come composizione di infinite trasformazioni canoniche, ciascuna delle quali riduce le dimensioni della perturbazione.

Quest'ultima strategia ha portato al teorema KAM, dove KAM è un acronimo costituito dalle iniziali dei tre matematici che ne hanno fornito una dimostrazione: Kolmogorov (1954), Arnol'd (1963) e Moser (1962); le tre versioni sono note come *teorema di Kolmogorov*, *teorema di Arnol'd* e *teorema di Moser*, rispettivamente. Le dimostrazioni di Kolmogorov e Arnol'd sono state date nel caso analitico, mentre Moser ha trattato il caso di hamiltoniane di classe C^p, per p opportuno. Nella dimostrazione originale di Moser, valida per una classe di sistemi discreti, il valore di p era 333; successivamente la dimostrazione è stata estesa a sistemi hamiltoniani continui e la stima dell'esponente p è stata largamente migliorata: la condizione ottimale è $p > 2n$, dove n è il numero di gradi di libertà.

Grosso modo il teorema KAM afferma che, sotto ipotesi opportune su $\mathcal{H}_0(J)$, esiste $\varepsilon_0 > 0$ (sufficientemente piccolo) tale che per ogni $|\varepsilon| < \varepsilon_0$ la maggior parte dei tori invarianti sopravvive. Più precisamente, dato il sistema descritto da un'hamiltoniana della forma (9.1), con $\mathcal{H}_0$ e V analitiche, sotto l'ipotesi che $\mathcal{H}_0$ sia non degenere (nel senso della definizione 9.10), fissata una frequenza $\omega = \omega(J_0)$ che soddisfi la condizione diofantea (*frequenza diofantea*), con J_0 all'interno del dominio di analiticità nelle azioni, per ε sufficientemente piccolo vale il seguente risultato: esistono due funzioni α e β, analitiche in $\mathbb{T}^n$ e a valori in $\mathbb{R}^n$ e $\mathbb{T}^n$, rispettivamente, tali che il toro

$$\varphi = \psi + \beta(\psi), \qquad J = J_0 + \alpha(\psi), \qquad \psi \in \mathbb{T}^n, \tag{9.50}$$

è invariante per il sistema e il moto sul toro è descritto da $\psi \mapsto \psi + \omega t$. In altre parole l'evoluzione sulla superficie (9.50) è descritta dalla legge

$$\varphi(t) = \bar{\psi} + \beta(\bar{\psi} + \omega t), \quad J(t) = J_0 + \alpha(\bar{\psi} + \omega t),$$

per ogni $\bar{\psi} \in \mathbb{T}^n$. Un enunciato formale del teorema, nel caso analitico che stiamo considerando, si può trovare nel prossimo capitolo (cfr. il §10.1), dove ne sarà data anche la dimostrazione.

Osservazione 9.25 Si può dimostrare che i tori sono analitici in ε, nel senso che le funzioni α e β sono analitiche in ε per $|\varepsilon| < \varepsilon_0$. Ovviamente questo comporta la convergenza in ε delle serie perturbative per i tori. Altrettanto ovviamente, la serie perturbativa per la funzione generatrice non converge su un sottoinsieme aperto di $D(\rho, \xi, J_0)$ perché altrimenti questo implicherebbe l'integrabilità del sistema perturbato. Per maggiori dettagli si veda il §10.1.

Osservazione 9.26 Si può inoltre dimostrare che i tori invarianti che sopravvivono quando si perturba l'hamiltoniana $\mathcal{H}_0$ riempiono una parte dello spazio delle fasi che ha misura relativa grande, i.e. che tende a 1 quando ε tende a 0. Di nuovo, per maggiori dettagli si veda il §10.1.

9.3 Un esempio semplice di teoria delle perturbazioni

Vediamo ora un caso concreto in cui applicare i risultati appena discussi; in particolare mostriamo come un approccio ingenuo, in cui si sviluppi tutto in potenze di ε, possa avere effetti catastrofici e nascondere il comportamento vero del sistema.

Consideriamo per $n = 1$ il sistema descritto dall'hamiltoniana

$$\mathcal{H}(q, p) = \frac{1}{2m}\left(p^2 + m^2\omega^2 q^2\right) + \frac{1}{4}\varepsilon\, k\, q^4, \tag{9.51}$$

dove $k > 0$ ed ε è il parametro perturbativo. L'hamiltoniana (9.51) descrive una perturbazione dell'hamiltoniana dell'oscillatore armonico; con la trasformazione (8.60) l'hamiltoniana diventa

$$\mathcal{H}(\varphi, J) = \omega J + \varepsilon\, \alpha\, J^2 \sin^4 \varphi, \qquad \alpha := \frac{k}{m^2\omega^2}.$$

Ovviamente il sistema perturbato è ancora un sistema unidimensionale, che ammette solo moti periodici (tutte le traiettorie sono curve chiuse), e le equazioni del moto si risolvono esplicitamente per quadratura. Quello che ci proponiamo è di applicare la teoria delle perturbazioni in un caso semplice in cui non ci sono problemi di convergenza, per illustrare il metodo descritto nel paragrafo precedente e meglio apprezzare anche i problemi che insorgono.

9.3.1 Primo ordine

Al primo ordine, la trasformazione canonica si ottiene dalla funzione generatrice (di seconda specie) $W(\varphi, J') = \varphi J' + \varepsilon W_1(\varphi, J')$, dove la funzione $W_1(\varphi, J')$ si calcola tramite la (9.15). Si trova che la correzione all'hamiltoniana è

$$\mathcal{H}_1'(J') = \alpha(J')^2\langle\sin^4\varphi\rangle = \frac{3}{8}\alpha(J')^2, \tag{9.52}$$

dove si è usato che (cfr. l'esercizio 9.73)

$$\langle\sin^4\varphi\rangle = \int_0^{2\pi} \mathrm{d}\varphi\ \sin^4\varphi = \frac{3}{8}, \tag{9.53}$$

mentre la funzione generatrice è data da (cfr. l'esercizio 9.73)

$$\begin{aligned} W_1(\varphi, J') &= -\frac{1}{\omega}\int_0^{\varphi} \mathrm{d}\psi\, \alpha(J')^2\big(\sin^4\psi - \langle\sin^4\psi\rangle\big) \\ &= \frac{\alpha}{\omega}\,(J')^2\left(\frac{3}{8}\sin\varphi\cos\varphi + \frac{1}{4}\sin^3\varphi\cos\varphi\right). \end{aligned} \tag{9.54}$$

In termini delle nuove variabili le equazioni di Hamilton sono

$$\dot\varphi' = \frac{\partial\mathcal{H}_0'(J')}{\partial J'} + O(\varepsilon^2), \qquad \dot J' = -O(\varepsilon^2), \tag{9.55}$$

con $\mathcal{H}_0'(J') := \mathcal{H}_0(J') + \varepsilon\mathcal{H}_1'(J')$. Integrando le (9.55) si trova

$$\varphi'(t) = \varphi'(0) + \big(\omega + \varepsilon\omega_1(J'(0))\big)t + O(\varepsilon^2), \tag{9.56a}$$

$$J'(t) = J'(0) + O(\varepsilon^2), \tag{9.56b}$$

dove

$$\omega_1(J') := \frac{\partial\mathcal{H}_1'}{\partial J}(J') = \frac{3}{4}\alpha J'. \tag{9.57}$$

Per calcolare la soluzione $(\varphi(t), J(t))$ al primo ordine in ε, dobbiamo prima esprimere in (9.56) i dati iniziali $(\varphi'(0), J'(0))$ delle nuove variabili in termini di $(\varphi(0), J(0))$ e dopo scrivere $(\varphi(t), J(t))$ in termini di $(\varphi'(t), J'(t))$. Si ha, per definizione di funzione generatrice di seconda specie,

$$J = J' + \varepsilon\frac{\partial W_1}{\partial\varphi}, \qquad \varphi' = \varphi + \varepsilon\frac{\partial W_1}{\partial J'},$$

da cui si ricava

$$J = J' + \varepsilon(J')^2 B(\varphi) + O(\varepsilon^2), \tag{9.58a}$$

$$\varphi' = \varphi + \varepsilon\, J'\, A(\varphi) + O(\varepsilon^2), \tag{9.58b}$$

dove, per non appesantire troppo le notazioni, abbiamo definito

$$A(\varphi) := \frac{2\alpha}{\omega}\left(\frac{3}{8}\sin\varphi\,\cos\varphi + \frac{1}{4}\sin^3\varphi\,\cos\varphi\right),$$
$$B(\varphi) := \frac{\alpha}{\omega}\left(\frac{3}{8}\cos^2\varphi - \frac{3}{8}\sin^2\varphi + \frac{3}{4}\sin^2\varphi\,\cos^2\varphi - \frac{1}{4}\sin^4\varphi\right).$$

Dalla (9.58) otteniamo immediatamente la trasformazione di coordinate

$$\varphi' = \varphi + \varepsilon\, J\, A(\varphi) + O(\varepsilon^2), \tag{9.59a}$$
$$J' = J - \varepsilon\, J^2 B(\varphi) + O(\varepsilon^2), \tag{9.59b}$$

e la sua inversa

$$\varphi = \varphi' - \varepsilon\, J' A(\varphi') + O(\varepsilon^2), \tag{9.60a}$$
$$J = J' + \varepsilon\, (J')^2 B(\varphi) + O(\varepsilon^2), \tag{9.60b}$$

dove, al solito, i termini di ordine superiore al primo non sono stati calcolati esplicitamente.

Se scriviamo i dati iniziali $(\varphi'(0), J'(0))$ in (9.56) in termini da dati iniziali $(\varphi(0), J(0))$ utilizzando le (9.59), i.e.

$$\varphi'(0) = \varphi(0) + \varepsilon\, J(0)\, A(\varphi(0)) + O(\varepsilon^2),$$
$$J'(0) = J(0) - \varepsilon J^2(0)\, B(\varphi(0)) + O(\varepsilon^2),$$

e, tenendo conto che $\omega_1(J'(0)) = \omega_1(J(0)) + O(\varepsilon)$ in (9.56), inseriamo tali valori nella (9.56), così da ottenere

$$\varphi'(t) = \varphi(0) + \omega t + \varepsilon\Big(J(0)\, A(\varphi(0)) + \omega_1 t\Big) + O(\varepsilon^2), \tag{9.61a}$$
$$J'(t) = J(0) - \varepsilon(J(0))^2 B(\varphi(0)) + O(\varepsilon^2), \tag{9.61b}$$

con $\omega_1 := \omega_1(J(0))$, possiamo poi esprimere $(\varphi(t), J(t))$ in termini di $(\varphi'(t), J'(t))$ grazie alla (9.60).

In conclusione si ha

$$\varphi(t) = \varphi(0) + (\omega + \varepsilon\omega_1)t + \varepsilon J(0)\Big(A(\varphi(0)) - A(\varphi(0) + \omega t)\Big) + O(\varepsilon^2), \tag{9.62a}$$

$$J(t) = J(0) + \varepsilon\,(J(0))^2\Big(-B(\varphi(0)) + B(\varphi(0) + \omega t)\Big) + O(\varepsilon^2), \tag{9.62b}$$

e trascurando i termini $O(\varepsilon^2)$ si ottiene la soluzione approssimata al primo ordine.

Osservazione 9.27 Sviluppando la soluzione $(\varphi(t), J(t))$ in potenze di ε, si perde il fatto che il moto perturbato ha una sua frequenza ben precisa. Infatti, mentre $\varphi'(t)$ è una funzione periodica di frequenza $\omega + \varepsilon\omega_1$, con $\omega_1 = \omega(J(0))$, l'espressione trovata per $(\varphi(t), J(t))$ è caratterizzata da due frequenze, ω e $\omega + \varepsilon\omega_1$. Tuttavia, se nell'espressione (9.61a) per $\varphi'(t)$, scriviamo

$$\varphi'(t) = \varphi(0) + \Omega_1 t + \varepsilon\, J(0)\, A(\varphi(0)) + O(\varepsilon^2), \qquad \Omega_1 := \omega + \varepsilon\omega_1,$$

e trattiamo Ω_1 come un parametro, ignorandone la dipendenza da ε, otteniamo al primo ordine per $(\varphi(t), J(t))$, invece della (9.62),

$$\varphi(t) = \varphi(0) + \Omega_1 t + \varepsilon\, J(0)\Big(A(\varphi(0)) - A(\varphi(0) + \Omega_1 t)\Big) + O(\varepsilon^2), \tag{9.63a}$$

$$J(t) = J(0) + \varepsilon\,(J(0))^2\Big(-B(\varphi(0)) + B(\varphi(0) + \Omega_1 t)\Big) + O(\varepsilon^2), \tag{9.63b}$$

dove $\Omega_1 = \omega + \varepsilon\omega_1$. In altre parole alcuni termini di ordine ε^2 vanno trasferiti nella parte dominante. Ovviamente le (9.62) e le (9.63) sono uguali a meno di termini di ordine ε^2: la differenza tra le due espressioni è che la (9.63) è una funzione periodica di frequenza Ω_1.

9.3.2 *Secondo ordine*

Se vogliamo calcolare la soluzione al secondo ordine dobbiamo avanzare di un ordine nello sviluppo della funzione generatrice (9.28a). Scriviamo quindi la funzione generatrice $W(\varphi, J')$ e la nuova hamiltoniana $\mathcal{H}'(J')$ nella forma

$$W(\varphi, J') = \langle \varphi, J' \rangle + \varepsilon W_1(\varphi, J') + \varepsilon^2 W_2(\varphi, J') + O(\varepsilon^3), \tag{9.64a}$$

$$\mathcal{H}'(J') = \omega J + \varepsilon \mathcal{H}_1'(J') + \varepsilon^2 \mathcal{H}_2'(J') + O(\varepsilon^3), \tag{9.64b}$$

dove $W_1(\varphi, J')$ e $\mathcal{H}_1'(J')$ sono date dalle (9.54) e (9.52), rispettivamente. Le due nuove funzioni $W_2(\varphi, J')$ e $\mathcal{H}_2'(J')$ si trovano risolvendo l'equazione (9.29) per $k = 2$, dove

$$\begin{aligned} N_2(\varphi, J') &= \left(\frac{\partial}{\partial J}\big(\alpha (J')^2 \sin^4\varphi\big)\right)\frac{\partial W_1}{\partial \varphi}(\varphi, J') \\ &= \frac{\alpha^2}{4\omega}(J')^3 \sin\varphi^4\big(3\cos^2\varphi - 5\sin^2\varphi + 8\sin^2\varphi\,\cos^2\varphi\big). \end{aligned}$$

Usando il fatto che (cfr. l'esercizio 9.74)

$$\big\langle \sin^4\cos^2\varphi \big\rangle = \frac{1}{16}, \quad \big\langle \sin^6\varphi \big\rangle = \frac{5}{16}, \quad \big\langle \sin^6\cos^2\varphi \big\rangle = \frac{5}{128}, \tag{9.65}$$

si ottiene

$$
\begin{aligned}
\mathcal{H}_2'(J') &= -\frac{17\alpha^2}{64\,\omega}(J')^3 \\
W_2(\varphi, J') &= -\frac{\alpha^2}{4\omega^2}(J')^3 \int_0^{\varphi} \mathrm{d}\psi \bigg(3\sin^4\psi\cos^2\psi - 5\sin^6\psi \\
&\qquad + 8\sin^6\psi\cos^2\psi + \frac{17}{16} \bigg) \\
&= -\frac{\alpha^2}{4\omega^2}(J')^3 \bigg(\sin(2\varphi) - \frac{11}{32}\sin(4\varphi) + \frac{1}{12}\sin(6\varphi) - \frac{1}{128}\sin(8\varphi) \bigg).
\end{aligned}
$$

Al secondo ordine le equazioni di Hamilton per le variabili (φ', J') sono

$$
\dot{\varphi}' = \frac{\partial}{\partial J'}\bigg(\omega J' + \frac{3}{8}\varepsilon\alpha(J')^2 - \frac{17}{64}\varepsilon^2\frac{\alpha^2}{\omega}(J')^3 \bigg) + O(\varepsilon^3), \qquad \dot{J}' = O(\varepsilon^3),
$$

che si integrano immediatamente e dànno

$$
\varphi'(t) = \varphi'(0) + \big(\omega + \varepsilon\,\omega_1(J'(0)) + \varepsilon^2\omega_2(J'(0))\big)t + O(\varepsilon^3), \tag{9.66a}
$$

$$
J'(t) = J'(0) + O(\varepsilon^3), \tag{9.66b}
$$

dove abbiamo definito $\omega_1(J')$ come in (9.57) e

$$
\omega_2(J') := \frac{\partial \mathcal{H}_2'}{\partial J}(J') = -\frac{51}{64}\frac{\alpha^2}{\omega}(J')^2.
$$

Se definiamo

$$
\begin{aligned}
C(\varphi) &:= -\frac{3\alpha}{4\omega^2}\bigg(\sin(2\varphi) - \frac{11}{32}\sin(4\varphi) + \frac{1}{12}\sin(6\varphi) - \frac{1}{128}\sin(8\varphi) \bigg), \\
D(\varphi) &:= \frac{1}{3}\frac{\partial C}{\partial \varphi}(\varphi),
\end{aligned}
$$

la funzione generatrice (9.64a) porta alle equazioni

$$
J = \frac{\partial W}{\partial \varphi}(\varphi, J') = J' + \varepsilon\,(J')^2 B(\varphi) + \varepsilon^2 (J')^3 D(\varphi) + O(\varepsilon^3), \tag{9.67a}
$$

$$
\varphi' = \frac{\partial W}{\partial J'}(\varphi, J') = \varphi + \varepsilon\, J'\, A(\varphi) + \varepsilon^2 (J')^2 C(\varphi) + O(\varepsilon^3). \tag{9.67b}
$$

Dalle (9.67) ricaviamo la trasformazione canonica $(\varphi, J) \mapsto (\varphi', J')$ procedendo come segue. Scriviamo la trasformazione nella forma (cfr. la (9.37) per il primo ordine)

$$
\varphi' = \varphi + \Delta(\varphi, J, \varepsilon) = \varphi + \varepsilon\,\Delta_1(\varphi, J) + \varepsilon^2\Delta_2(\varphi, J) + O(\varepsilon^3), \tag{9.68a}
$$

$$
J' = J + \Xi(\varphi, J, \varepsilon) = \varphi + \varepsilon\,\Xi_1(\varphi, J) + \varepsilon^2\Xi_2(\varphi, J) + O(\varepsilon^3), \tag{9.68b}
$$

così che, se introduciamo le (9.68) nelle (9.67), otteniamo

$$\begin{aligned} J &= J + \varepsilon\,\Xi_1 + \varepsilon^2\Xi_2 + \varepsilon(J + \varepsilon\Xi_1)^2 B + \varepsilon^2 J^3 D + O(\varepsilon^3) \\ &= J + \varepsilon\big(\Xi_1 + J^2 B\big) + \varepsilon^2\big(\Xi_2 + 2J\,\Xi_1 B + J^3 D\big) + O(\varepsilon^3), \end{aligned}$$

e, similmente,

$$\begin{aligned} \varphi + \varepsilon\,\Delta_1 + \varepsilon^2\Delta_2 + O(\varepsilon^3) &= \varphi + \varepsilon(J + \varepsilon\,\Xi_1)A + \varepsilon^2 J^2 C + O(\varepsilon^3) \\ &= \varphi + \varepsilon(J\,A) + \varepsilon^2\big(\Xi_1 A + J^2 C\big) + O(\varepsilon^3), \end{aligned}$$

dove non abbiamo scritto esplicitamente gli argomenti delle funzioni. Uguagliando i coefficienti delle potenze di ε troviamo

$$\begin{aligned} \Xi_1(\varphi, J) &= -J^2 B(\varphi), \\ \Xi_2(\varphi, J) &= -2J\,\Xi_1(\varphi, J)\,B(\varphi) - J^3 D(\varphi), \\ \Delta_1(\varphi, J) &= J\,A(\varphi), \\ \Delta_2(\varphi, J) &= \Xi_1(\varphi, J)\,A(\varphi) + J^2 C(\varphi). \end{aligned}$$

La trasformazione inversa è invece data da

$$\begin{aligned} \Xi'_1(\varphi', J') &= (J')^2 B(\varphi'), \\ \Xi'_2(\varphi', J') &= (J')^2 \frac{\partial B}{\partial\varphi}(\varphi')\,\Delta'_1(\varphi, J) + (J')^3 D(\varphi'), \\ \Delta'_1(\varphi, J) &= -J'\,A(\varphi'), \\ \Delta'_2(\varphi', J') &= -J'\,\frac{\partial A}{\partial\varphi}(\varphi')\Delta_1(\varphi', J') - (J')^2 C(\varphi'), \end{aligned}$$

che si può trovare o invertendo le (9.68) o, più semplicemente, prima scrivendo, analogamente alle stesse (9.68),

$$\begin{aligned} \varphi &= \varphi' + \Delta'(\varphi', J', \varepsilon) = \varphi' + \varepsilon\,\Delta'_1(\varphi', J') + \varepsilon^2\Delta'_2(\varphi', J') + O(\varepsilon^3), \\ J &= J' + \Xi'(\varphi', J', \varepsilon) = J' + \varepsilon\,\Xi'_1(\varphi', J') + \varepsilon^2\,\Xi'_2(\varphi', J') + O(\varepsilon^3), \end{aligned}$$

poi introducenndo tali espressioni nelle (9.67) e infine uguagliando di nuovo i coefficienti delle potenze di ε.

In conclusione, la trasformazione di coordinate $(\varphi, J) \mapsto (\varphi', J')$, al secondo ordine, è

$$\varphi' = \varphi + \varepsilon\,J\,A(\varphi) - \varepsilon^2 J^2 A_2(\varphi), \tag{9.69a}$$

$$J' = J - \varepsilon\,J^2 B(\varphi) + \varepsilon^2 J^3 B_2(\varphi), \tag{9.69b}$$

mentre la sua inversa $(\varphi', J') \mapsto (\varphi, J)$ è

$$\varphi = \varphi' - \varepsilon\,J'\,A(\varphi') + \varepsilon^2(J')^2 C_2(\varphi'), \tag{9.70a}$$

$$J = J' + \varepsilon\,(J')^2 B(\varphi') - \varepsilon^2(J')^3 D_2(\varphi'), \tag{9.70b}$$

dove abbiamo definito, di nuovo per semplificare le notazioni,

$$
\begin{aligned}
A_2(\varphi) &:= B(\varphi)\, A(\varphi) - C(\varphi), & B_2(\varphi) &:= 2B^2(\varphi) - D(\varphi),\\
C_2(\varphi) &:= \frac{\partial A}{\partial \varphi}(\varphi)\, A(\varphi) - C(\varphi), & D_2(\varphi) &:= \frac{\partial B}{\partial \varphi}(\varphi)\, A(\varphi) - D(\varphi).
\end{aligned}
$$

Ovviamente, al primo ordine la (9.69) coincide con la (9.59), e la (9.70) con la (9.60).

A questo punto possiamo scrivere la soluzione al secondo ordine. Innanzitutto, scriviamo i dati iniziali $(\varphi'(0), J'(0))$ in (9.66) in termini dei dati iniziali $(\varphi(0), J(0))$ utilizzando la trasformazione (9.69),

$$
\begin{aligned}
\varphi'(0) &= \varphi(0) + \varepsilon\, J(0)\, A(\varphi(0)) - \varepsilon^2 J^2(0)\, A_2(\varphi(0)) + O(\varepsilon^3),\\
J'(0) &= J(0) - \varepsilon\, J^2(0) B(\varphi(0)) + \varepsilon^2 J^3(0)\, B_2(\varphi(0)) + O(\varepsilon^3).
\end{aligned}
$$

Poi, attraverso la (9.66), otteniamo $(\varphi'(t), J'(t))$ in termini dei dati iniziali $(\varphi(0), J(0))$ e del tempo t,

$$
\begin{aligned}
\varphi'(t) &= \varphi(0) + \omega t + \varepsilon\Big(J(0)\, A(\varphi(0)) + \omega_1 t\Big) \\
&\quad + \varepsilon^2\Big(-J^2(0)\, A_2(\varphi(0)) + \omega_2 t\Big) + O(\varepsilon^3), \qquad (9.71a)\\
J'(t) &= J(0) - \varepsilon\, J^2(0) B(\varphi(0)) + \varepsilon^2 J^3(0)\, B_2(\varphi(0)) + O(\varepsilon^3), \qquad (9.71b)
\end{aligned}
$$

dove abbiamo definito

$$
\omega_1 := \frac{3}{4}\alpha J(0), \qquad \omega_2 := -\frac{3}{4}\alpha (J(0))^2 B(\varphi(0)) - \frac{51}{64}\frac{\alpha^2}{\omega}(J(0))^2. \qquad (9.72)
$$

Infine, utilizziamo la trasformazione inversa (9.70) per scrivere $(\varphi(t), J(t))$ in funzione del tempo t e dei dati iniziali $(\varphi(0), J(0))$; per $\varphi(t)$ troviamo

$$
\begin{aligned}
\varphi(t) &= \varphi(0) + \omega t + \varepsilon\Big(J(0)\big(A(\varphi(0)) - A(\varphi(0) + \omega t)\big) + \omega_1 t\Big) \\
&\quad + \varepsilon^2\bigg((J(0))^2\Big(-A_2(\varphi(0)) + B(\varphi(0))\, A(\varphi(0) + \omega t) \\
&\qquad\qquad - \frac{\partial A}{\partial \varphi}(\varphi(0) + \omega t)\, A(\varphi(0)) + C_2(\varphi(0) + \omega t)\Big) \\
&\qquad - J(0) \frac{\partial A}{\partial \varphi}(\varphi(0) + \omega t)\, \omega_1 t + \omega_2 t\bigg), \qquad (9.73)
\end{aligned}
$$

e analogamente si ragiona per $J(t)$.

Osservazione 9.28 Come già notato per il primo ordine, anche la soluzione $(\varphi'(t), J'(t))$ al secondo ordine è caratterizzata da una frequenza ben precisa, data da $\Omega_2 := \omega + \varepsilon\,\omega_1 + \varepsilon^2\omega_2$ (cfr. la (9.71)). Tuttavia, se sviluppiamo la soluzione $(\varphi(t), J(t))$ in potenza di ε, ordine per ordine non solo non risulta una frequenza ben definita, ma compaiono anche termini oscillanti con ampiezza che cresce linearmente nel tempo (cfr. il termine proporzionale a $\omega_1 t$ nell'ultima riga nella (9.73)); agli ordini successivi, termini dello stesso tipo compaiono anche in $J(t)$, così che, se si guardano separatamente i termini di ordine fissato in ε, non è più evidente che le azioni rimangano limitate. In altre parole, se non si procede in modo oculato, lo sviluppo perturbativo rischia di nascondere il comportamento periodico della soluzione. Per illustrare la natura del problema attraverso un semplice esempio in cui si presenta una situazione analoga, si consideri la funzione $f(t) = f_0 + \cos((\omega + \varepsilon\omega_1)t)$; la funzione è manifestamente periodica di frequenza $\omega + \varepsilon\omega_1$, ciò nonostante, se sviluppiamo $f(t)$ al secondo ordine in ε, otteniamo

$$f(t) = f_0 + \cos\omega t - \varepsilon\,\omega_1 t\, \sin\omega t \;- \frac{1}{2}\varepsilon^2\omega_1^2 t^2 \cos\omega t + O(\varepsilon^3),$$

così che non solo la periodicità in t ma anche la limitatezza non sono più evidenti. Tornando alla soluzione $(\varphi(t), J(t))$, per vedere che la soluzione al secondo ordine è periodica, si procede come già fatto al primo ordine (cfr. l'osservazione 9.27): in luogo della (9.71a), si scrive

$$\varphi'(t) = \varphi(0) + \Omega_2 t + \varepsilon\, J(0)\, A(\varphi(0)) - \varepsilon^2 J^2(0)\, A_2(\varphi(0)) + O(\varepsilon^3),$$

e si ignora la dipendenza da ε in Ω_2, trattando Ω_2 come se fosse un parametro. In questo modo, invece della (9.73) si trova

$$\begin{aligned}\varphi(t) = \varphi(0) + \Omega_2 t + \varepsilon\Big(J(0)\big(A(\varphi(0)) - A(\varphi(0) + \Omega_2 t)\big)\Big) \\ + \varepsilon^2\bigg((J(0))^2\Big(-A_2(\varphi(0)) + B(\varphi(0))\, A(\varphi(0) + \Omega_2 t) \\ - \frac{\partial A}{\partial\varphi}(\varphi(0) + \Omega_2 t)\, A(\varphi(0)) + C_2(\varphi(0) + \Omega_2 t)\Big)\bigg).\end{aligned} \tag{9.74}$$

Confrontando la (9.74) con la (9.73), si vede che le due espressioni coincidono a meno di termini $O(\varepsilon^2)$; tuttavia la (9.74) è una funzione periodica di frequenza $\Omega_2 = \omega + \varepsilon\omega_1 + \varepsilon^2\omega_2$.

9.4 Serie di Lindstedt

Nell'esempio discusso nel §9.3 abbiamo visto che, già in un caso molto semplice, se fissiamo un dato iniziale per il sistema perturbato, la corrispondente traiettoria troncata al secondo ordine si comporta diversamente da quella del sistema imperturbato con lo stesso dato iniziale. Infatti, per $\varepsilon = 0$, ogni traiettoria del sistema descritto dall'hamiltoniana (9.51) è periodica con frequenza ω, mentre per $\varepsilon \neq 0$ la soluzione calcolata al primo ordine (cfr. la (9.62a)) o al secondo ordine (cfr. la (9.73)) non ha una frequenza definita; inoltre, come sottolineato nell'osservazione 9.28, i coefficienti di un fissato ordine in ε non sono necessariamente periodici né limitati. Tuttavia, se trattiamo la frequenza della soluzione $(\varphi'(t), J'(t))$ come un parametro indipendente, la soluzione che si ottiene risulta essere una funzione periodica (cfr. di nuovo le osservazioni 9.27 e 9.28), ma con una frequenza che dipende dal dato iniziale.

Questo suggerisce un modo diverso di procedere, anche nel caso generale di sistemi a più gradi di libertà. Si può infatti pensare di fissare le frequenze fin dall'inizio e cercare soluzioni quasiperiodiche che abbiano le frequenze assegnate. Si ha così la certezza *a priori* che, se si riesce a costruire una soluzione, questa deve descrivere un moto quasiperiodico.

Più precisamente possiamo ragionare nel modo seguente. Consideriamo il sistema descritto da un'hamiltoniana della forma (9.1). Se il sistema fosse integrabile (e quindi se l'equazione di Hamilton-Jacobi si potesse risolvere), avremmo soluzioni quasiperiodiche. Poiché questo succede per $\varepsilon = 0$, dove tutte le soluzioni sono della forma

$$\varphi_0(t) := \varphi_0 + \omega(J_0)t, \qquad J_0(t) := J_0,$$

con J_0 che dipende dalle condizioni iniziali, ci si può allora chiedere se, fissata una frequenza $\omega_0 := \omega(J_0)$, il sistema perturbato ammetta una soluzione con la stessa frequenza ω_0, cioè se esista una soluzione del sistema perturbato

$$(\varphi(t), J(t)) = (\varphi_0 + \omega_0 t + h(\varphi_0 + \omega_0 t, J_0), J_0 + H(\varphi_0 + \omega_0 t, J_0)) \tag{9.75}$$

dove le funzioni $h(\psi, J)$ e $H(\psi, J)$ dipendono periodicamente da ψ.

Ovviamente, già sappiamo che questo non è possibile per ogni valore di J_0. Nel caso di sistemi isocroni, per quanto possiamo spingere la teoria delle perturbazioni all'ordine che vogliamo, tuttavia non riusciamo davvero a risolvere l'equazione di Hamilton-Jacobi (cfr. l'osservazione 9.20); inoltre, sempre nel caso di sistemi isocroni, abbiamo l'ulteriore difficoltà che nel sistema imperturbato tutte le soluzioni hanno le stesse frequenze, mentre ci aspettiamo che il sistema perturbato abbia frequenze diverse; già nel semplice esempio discusso nel §9.3, la frequenza è data da $\Omega_2 = \omega + \varepsilon\omega_1 + \varepsilon^2\omega_2 + O(\varepsilon^3)$, dove le correzioni ω_1 e ω_2 dipendono dai dati iniziali (cfr. la (9.72)). Di conseguenza non è immediato individuare le frequenze dei moti che si vogliono studiare.

Anche nel caso anisocrono abbiamo problemi analoghi, oltre a quelli evidenziati nel §9.2. Tuttavia, nel caso di sistemi anisocroni, abbiamo il vantaggio che il sistema imperturbato è caratterizzato da frequenze che variano in un insieme aperto (al variare dell'azione J_0 in un insieme aperto). Ci si può quindi aspettare, ottimisticamente, che il sistema perturbato ammetta, almeno a livello di serie formali, moti quasiperiodici le cui frequenze corrispondano a un sottoinsieme delle frequenze possibili per il sistema imperturbato, per esempio quelle che soddisfino qualche condizione diofantea. Per questo motivo, nel seguito ci concentreremo sui sistemi anisocroni.

Ricapitolando, ci proponiamo di studiare le serie perturbative per le funzioni h e H in (9.75), disinteressandoci da eventuali problemi di convergenza. Scriviamo allora in (9.75)

$$h(\psi, J) = \sum_{k=1}^{\infty} \varepsilon^k h^{(k)}(\psi, J), \qquad H(\psi, J) = \sum_{k=1}^{\infty} \varepsilon^k H^{(k)}(\psi, J), \tag{9.76}$$

e studiamo se sia possibile definire i coefficienti delle due serie per $k \geq 1$, i.e. se è possibile definire le funzioni h eH come serie formali (cfr. l'inizio del 9.2). Vedremo che questo è possibile; in particolare, come anticipato, J_0 deve essere tale che ω_0 soddisfi una condizione diofantea e quindi le soluzioni cercate sono genuinamente quasiperiodiche, dal momento che le componenti di ω_0 sono razionalmente indipendenti.

Definizione 9.29 (Serie di Lindstedt) *Le serie perturbative* (9.76) *prendono il nome di* serie di Lindstedt.

Quello che dobbiamo fare è scrivere le equazioni di Hamilton

$$\dot{\varphi} = \frac{\partial \mathcal{H}_0}{\partial J}(J) + \varepsilon \frac{\partial V}{\partial J}(\varphi, J), \qquad \dot{J} = -\varepsilon \frac{\partial V}{\partial \varphi}(\varphi, J), \tag{9.77}$$

e cercare di determinare ordine per ordine una soluzione della forma (9.75). Se introduciamo le (9.75) nelle equazioni del moto (9.77) otteniamo

$$\omega_0 + \dot{h} = \frac{\partial \mathcal{H}_0}{\partial J}(J_0 + H) + \varepsilon \frac{\partial V}{\partial J}(\varphi_0 + \omega_0 t + h, J_0 + H), \tag{9.78a}$$

$$\dot{H} = -\varepsilon \frac{\partial V}{\partial \varphi}(\varphi_0 + \omega_0 t + h, J_0 + H), \tag{9.78b}$$

e se in (9.78a) scriviamo

$$\frac{\partial \mathcal{H}_0}{\partial J}(J_0 + H) = \omega(J_0 + H) = \omega_0 + (\omega(J_0 + H) - \omega(J_0)),$$

dove abbiamo tenuto conto che $\omega(J_0) = \omega_0$, arriviamo alle equazioni

$$\dot{h} = \big(\omega(J_0 + H) - \omega(J_0)\big) + \varepsilon \frac{\partial V}{\partial J}(\varphi_0 + \omega_0 t + h, J_0 + H), \tag{9.79a}$$

$$\dot{H} = -\varepsilon \frac{\partial V}{\partial \varphi}(\varphi_0 + \omega_0 t + h, J_0 + H). \tag{9.79b}$$

Espandendo poi h e H in accordo con la (9.76) ed uguagliando i coefficienti delle potenze di ε, troviamo equazioni ricorsive per i coefficienti $h^{(k)}$ e $H^{(k)}$.

Dal momento che cerchiamo soluzioni quasiperiodiche, risulta conveniente passare allo spazio di Fourier e scrivere i coefficienti $h^{(k)}(\psi, J_0)$ e $H^{(k)}(\psi, J_0)$ come serie di Fourier

$$h^{(k)}(\psi, J_0) = \sum_{\nu\in\mathbb{Z}^n} \mathrm{e}^{i\langle\nu,\psi\rangle} h_\nu^{(k)}, \tag{9.80a}$$

$$H^{(k)}(\psi, J_0) = \sum_{\nu\in\mathbb{Z}^n} \mathrm{e}^{i\langle\nu,\psi\rangle} H_\nu^{(k)}, \tag{9.80b}$$

dove $\psi = \varphi_0 + \omega_0 t$. In (9.80) i coefficienti $h_\nu^{(k)}$ e $H_\nu^{(k)}$ dipendono da J_0, i.e. $h_\nu^{(k)} = h_\nu^{(k)}(J_0)$ e $H_\nu^{(k)} = H_\nu^{(k)}(J_0)$), anche se non ne abbiamo scritto la dipendenza esplicitamente.

Unendo le due espansioni (9.76) e (9.80), troviamo

$$h(\varphi_0 + \omega_0 t, J_0) = \sum_{k=1}^{\infty} \varepsilon^k \sum_{\nu\in\mathbb{Z}^n} \mathrm{e}^{i\langle\nu,\varphi_0+\omega_0 t\rangle} h_\nu^{(k)}, \tag{9.81a}$$

$$H(\varphi_0 + \omega_0 t, J_0) = \sum_{k=1}^{\infty} \varepsilon^k \sum_{\nu\in\mathbb{Z}^n} \mathrm{e}^{i\langle\nu,\varphi_0+\omega_0 t\rangle} H_\nu^{(k)}, \tag{9.81b}$$

che costituisce una doppia espansione in serie di Taylor (in ε) e in serie Fourier (in $\psi = \varphi_0 + \omega t$) delle funzioni h e H.

Osservazione 9.30 Al momento, entrambi gli sviluppi in serie (9.76) e (9.80) – e di conseguenza anche lo sviluppo (9.81) – sono puramente formali, perché non abbiamo ancora alcuna garanzia che le serie convergano.

Visto che cerchiamo soluzioni che dipendono dal tempo attraverso la variabile $\psi = \varphi_0 + \omega_0 t$, possiamo usare il fatto che su tali funzioni la derivata rispetto al tempo agisce come un operatore di moltiplicazione nello spazio di Fourier. Infatti, derivando rispetto al tempo le (9.81), troviamo

$$\dot{h}(\varphi_0 + \omega_0 t, J_0) = \sum_{k=1}^{\infty} \varepsilon^k \sum_{\nu\in\mathbb{Z}^n} \mathrm{e}^{i\langle\nu,\varphi_0+\omega_0 t\rangle} \langle\omega_0, \nu\rangle h_\nu^{(k)}, \tag{9.82a}$$

$$\dot{H}(\varphi_0 + \omega_0 t, J_0) = \sum_{k=1}^{\infty} \varepsilon^k \sum_{\nu\in\mathbb{Z}^n} \mathrm{e}^{i\langle\nu,\varphi_0+\omega_0 t\rangle} \langle\omega_0, \nu\rangle H_\nu^{(k)}. \tag{9.82b}$$

Se inseriamo le (9.81) e (9.82) nelle (9.79) otteniamo

$$i\langle\omega_0, \nu\rangle h_\nu^{(k)} = \left[\big(\omega(J_0+H) - \omega(J_0)\big) + \varepsilon\frac{\partial V}{\partial J}(\varphi_0 + \omega_0 t + h, J_0 + H)\right]_\nu^{(k)}, \tag{9.83a}$$

$$i\langle\omega_0, \nu\rangle H_\nu^{(k)} = -\left[\varepsilon\frac{\partial V}{\partial \varphi}(\varphi_0 + \omega_0 t + h, J_0 + H)\right]_\nu^{(k)}, \tag{9.83b}$$

dove, data una funzione $F = F(\varphi_0 + \omega_0 t + h, J_0 + H)$, con la notazione $[F]_\nu^{(k)}$ intendiamo che prima sviluppiamo F in serie di Taylor nei suoi argomenti di centro $(\varphi_0 + \omega_0 t, J_0)$, dopo sviluppiamo h e H in accordo con le (9.81), quindi raccogliamo insieme tutti i termini che hanno, complessivamente, indice di Taylor k e indice di Fourier ν (cfr. le equazioni (9.87) più avanti per maggiore chiarezza); in altre parole la funzione F è scritta nella forma

$$F(\varphi_0 + \omega_0 t + h, J_0 + H) = \sum_{k=0}^{\infty} \varepsilon^k \sum_{\nu \in \mathbb{Z}^n} \mathrm{e}^{i\langle \nu, \varphi_0 + \omega_0 t\rangle} [F]_\nu^{(k)}.$$

In particolare in (9.83a) abbiamo

$$\omega(J_0 + H) - \omega(J_0) = \sum_{\substack{a_1,\dots,a_n \geq 0 \\ |a| \geq 1}} \frac{1}{a!} \frac{\partial^{|a|}}{\partial J^a} \omega(J_0) \prod_{i=1}^{n} H_i^{a_i}, \tag{9.84}$$

dal momento che $\omega(J)$ non dipende dalla variabile φ, mentre

$$\begin{aligned} &\frac{\partial V}{\partial J}(\varphi_0 + \omega_0 t + h, J_0 + H) \\ &\quad = \sum_{\substack{a_1,\dots,a_n \geq 0 \\ b_1,\dots,b_n \geq 0}} \frac{1}{a!b!} \frac{\partial^{|a|}}{\partial J^a} \frac{\partial^{|b|}}{\partial \varphi^b} \frac{\partial}{\partial J} V(\varphi_0 + \omega_0 t, J_0) \prod_{i=1}^{n} H_i^{a_i} h_i^{b_i}, \end{aligned} \tag{9.85a}$$

$$\begin{aligned} &\frac{\partial V}{\partial \varphi}(\varphi_0 + \omega_0 t + h, J_0 + H) \\ &\quad = \sum_{\substack{a_1,\dots,a_n \geq 0 \\ b_1,\dots,b_n \geq 0}} \frac{1}{a!b!} \frac{\partial^{|a|}}{\partial J^a} \frac{\partial^{|b|}}{\partial \varphi^b} \frac{\partial}{\partial \varphi} V(\varphi_0 + \omega_0 t, J_0) \prod_{i=1}^{n} H_i^{a_i} h_i^{b_i}, \end{aligned} \tag{9.85b}$$

dove, consistentemente con le notazioni introdotte dopo la (9.30), abbiamo definito

- $a = (a_1, \dots, a_n)$ e $b = (b_1, \dots, b_n)$, con $a_i, b_i \geq 0$ interi, per $i = 1, \dots, n$,
- $|a| = a_1 + \dots + a_n$ e $|b| = b_1 + \dots + b_n$,
- $\partial^{|a|}/\partial J^a = \partial^{|a|}/\partial J_1^{a_1} \dots \partial J_n^{a_n}$ e $\partial^{|b|}/\partial \varphi^b = \partial^{|b|}/\partial \varphi_1^{b_1} \dots \partial \varphi_n^{b_n}$,
- $a! = a_1! \dots a_n!$ e $b! = b_1! \dots b_n!$.

Possiamo riscrivere le (9.84) e (9.85) in modo più compatto come

$$\omega(J_0 + H) - \omega(J_0) = \sum_{p=1}^{\infty} \frac{1}{p!} \frac{\partial^p}{\partial J^p} \omega(J_0) \underbrace{H \dots H}_{p \text{ volte}}, \tag{9.86a}$$

$$\begin{aligned}
&\frac{\partial V}{\partial J}(\varphi_0 + \omega_0 t + h, J_0 + H) \\
&\qquad = \sum_{p,q=0}^{\infty} \frac{1}{p!q!} \frac{\partial^{p+1}}{\partial J^{p+1}} \frac{\partial^q}{\partial \varphi^q} V(\varphi_0 + \omega_0 t, J_0) \underbrace{H \ldots H}_{p \text{ volte}} \underbrace{h \ldots h}_{q \text{ volte}}, \qquad (9.86b) \\
&\frac{\partial V}{\partial \varphi}(\varphi_0 + \omega_0 t + h, J_0 + H) \\
&\qquad = \sum_{p,q=0}^{\infty} \frac{1}{p!q!} \frac{\partial^{p}}{\partial J^{p}} \frac{\partial^{q+1}}{\partial \varphi^{q+1}} V(\varphi_0 + \omega_0 t, J_0) \underbrace{H \ldots H}_{p \text{ volte}} \underbrace{h \ldots h}_{q \text{ volte}}, \qquad (9.86c)
\end{aligned}$$

dove i simboli devono essere interpretati come segue. In (9.86a),

$$\frac{\partial^p}{\partial J^p} \omega(J_0)$$

è un tensore con $p + 1$ indici, di cui p (relativi alle variabili J) sono contratti con gli indici di componente dei p vettori H, i.e. l'espressione

$$\frac{\partial^p}{\partial J^p} \omega(J_0) \underbrace{H \ldots H}_{p \text{ volte}} = \sum_{i_1,\ldots,i_p=1}^{n} \frac{\partial^p}{\partial J_{i_1} \ldots \partial J_{i_p}} \omega(J_0)\, H_{i_1} \ldots H_{i_p},$$

dove la funzione ω si intende prima derivata rispetto alle variabili J e poi calcolata in $J = J_0$, è un vettore le cui componenti sono quelle di ω. Analogamente, in (9.86b) e in (9.86c), rispettivamente, le espressioni

$$\frac{\partial^{p+1}}{\partial J^{p+1}} \frac{\partial^q}{\partial \varphi^q} V(\varphi_0 + \omega_0 t, J_0) \qquad \text{e} \qquad \frac{\partial^{p}}{\partial J^{p}} \frac{\partial^{q+1}}{\partial \varphi^{q+1}} V(\varphi_0 + \omega_0 t, J_0),$$

dove la funzione V si intende prima derivata rispetto alle variabili J e φ e poi calcolata in $J = J_0$ e $\varphi = \varphi_0 + \omega t$, sono tensori con $p + q + 1$ indici di cui p sono contratti con gli indici di componente dei p vettori H e q sono contratti con gli indici di componente dei q vettori h; per esempio

$$\begin{aligned}
&\frac{\partial^{p+1}}{\partial J^{p+1}} \frac{\partial^q}{\partial \varphi^q} V(\varphi_0 + \omega_0 t, J_0) \underbrace{H \ldots H}_{p \text{ volte}} \underbrace{h \ldots h}_{q \text{ volte}} \\
&= \sum_{\substack{i_1,\ldots,i_p=1 \\ j_1,\ldots,j_q=1}}^{n} \frac{\partial}{\partial J} \frac{\partial^p}{\partial J_{i_1} \ldots \partial J_{i_p}} \frac{\partial^q}{\partial \varphi_{j_1} \ldots \partial \varphi_{j_q}} V(\varphi_0 + \omega_0 t, J_0)\, H_{i_1} \ldots H_{i_p} h_{j_1} \ldots h_{j_q}
\end{aligned}$$

è un vettore le cui componenti sono fissate dalle componenti di $\partial / \partial J$.

Introducendo le (9.81) nelle (9.86) arriviamo alle equazioni

$$
\begin{aligned}
&\Big[\omega(J_0+H)-\omega(J_0)\Big]_\nu^{(k)} \\
&= \sum_{p=1}^{\infty} \frac{1}{p!} \sum_{\substack{\nu_1,\dots,\nu_p\in\mathbb{Z}^n \\ \nu_1+\dots+\nu_p=\nu}} \frac{\partial^p \omega}{\partial J^p}(J_0) \sum_{\substack{k_1,\dots,k_p\ge 1 \\ k_1+\dots+k_p=k}} H_{\nu_1}^{(k_1)}\dots H_{\nu_p}^{(k_p)},
\end{aligned}
\tag{9.87a}
$$

$$
\begin{aligned}
&\left[\varepsilon\frac{\partial V}{\partial J}(\varphi_0+\omega_0 t+h,\, J_0+H)\right]_\nu^{(k)} \\
&= \sum_{p,q=0}^{\infty} \frac{1}{p!q!} \sum_{\substack{\nu_0,\nu_1,\dots,\nu_p,\nu'_1\dots,\nu'_q\in\mathbb{Z}^n \\ \nu_0+\nu_1+\dots+\nu_p+\nu'_1+\dots+\nu'_q=\nu}} (i\nu_0)^q \frac{\partial^{p+1}}{\partial J^{p+1}} V_{\nu_0}(J_0) \\
&\quad\times \sum_{\substack{k_1,\dots,k_p,k'_1,\dots,k'_q\ge 1 \\ k_1+\dots+k_p+k'_1+\dots+k'_q=k-1}} H_{\nu_1}^{(k_1)}\dots H_{\nu_p}^{(k_p)} h_{\nu'_1}^{(k'_1)}\dots h_{\nu'_q}^{(k'_q)},
\end{aligned}
\tag{9.87b}
$$

$$
\begin{aligned}
&\left[\varepsilon\frac{\partial V}{\partial \varphi}(\varphi_0+\omega_0 t+h,\, J_0+H)\right]_\nu^{(k)} \\
&= \sum_{p,q=0}^{\infty} \frac{1}{p!q!} \sum_{\substack{\nu_0,\nu_1,\dots,\nu_p,\nu'_1\dots,\nu'_q\in\mathbb{Z}^n \\ \nu_0+\nu_1+\dots+\nu_p+\nu'_1+\dots+\nu'_q=\nu}} (i\nu_0)^{q+1} \frac{\partial^{p}}{\partial J^{p}} V_{\nu_0}(J_0) \\
&\quad\times \sum_{\substack{k_1,\dots,k_p,k'_1,\dots,k'_q\ge 1 \\ k_1+\dots+k_p+k'_1+\dots+k'_q=k-1}} H_{\nu_1}^{(k_1)}\dots H_{\nu_p}^{(k_p)} h_{\nu'_1}^{(k'_1)}\dots h_{\nu'_q}^{(k'_q)},
\end{aligned}
\tag{9.87c}
$$

dove, per semplicità di notazione, stiamo continuando a ommettere la dipendenza da J_0 dei coefficienti $h_\nu^{(k)}(J_0)$ e $H_\nu^{(k)}(J_0)$.

In (9.87b) e (9.87c), i termini con $p=0$ o $q=0$ vanno interpretati opportunamente: per esempio, in (9.87b), gli addendi con $p=0$ e $q\ge 1$ sono

$$
\frac{1}{q!} \sum_{\substack{\nu_0,\nu'_1\dots,\nu'_q\in\mathbb{Z}^n \\ \nu_0+\nu'_1+\dots+\nu'_q=\nu}} (i\nu_0)^q \frac{\partial}{\partial J} V_{\nu_0}(J_0) \sum_{\substack{k'_1,\dots,k'_q\ge 1 \\ k'_1+\dots+k'_q=k-1}} h_{\nu'_1}^{(k'_1)}\dots h_{\nu'_q}^{(k'_q)},
$$

quelli con $q=0$ e $p\ge 1$ sono

$$
\frac{1}{p!} \sum_{\substack{\nu_0,\nu_1\dots,\nu_p\in\mathbb{Z}^n \\ \nu_0+\nu_1+\dots+\nu_p=\nu}} \frac{\partial^{p+1}}{\partial J^{p+1}} V_{\nu_0}(J_0) \sum_{\substack{k_1,\dots,k_p\ge 1 \\ k_1+\dots+k_p=k-1}} H_{\nu_1}^{(k_1)}\dots H_{\nu_p}^{(k_p)},
$$

e, infine, l'addendo con $q = p = 0$ si riduce a $[\partial V_\nu/\partial J](J_0)$ e in tal caso si ha necessariamente $k = 1$. Analoghe considerazioni valgono per la (9.87c); in particolare il termine con $q = p = 0$ (e $k = 1$) è dato da $(i\,\nu)\,V_\nu(J_0)$.

Se introduciamo le (9.87) nelle (9.83), otteniamo equazioni che definiscono ricorsivamente i coefficienti $h_\nu^{(k)}$ e $H_\nu^{(k)}$. Infatti in (9.87b) e (9.87c) la somma degli indici k_i, k_i' è pari a $k-1$, quindi ciascuno di essi è $\leq k-1$, così che la (9.83b) può essere utilizzata per esprimere $H_\nu^{(k)}$ in termini dei coefficienti trovati ai passi precedenti. Al contrario, nell'equazione (9.87a) che definisce il coefficiente $h_\nu^{(k)}$, la somma degli indici k_i è k, ma l'unico coefficiente di ordine k che compare è $H_\nu^{(k)}$, che è già stato determinato risolvendo l'equazione (9.83b).

9.4.1 Primo ordine

Tenendo conto delle (9.87), le (9.83), applicate iterativamente, consentono di esprimere i coefficienti $h_\nu^{(k)}$ e $H_\nu^{(k)}$ in termini delle funzioni note ω e V. Per meglio comprendere come procedere in generale, studiamo prima in dettaglio gli ordini più bassi. Per $k = 1$, le (9.83) e le (9.87) dànno

$$i\,\langle\omega_0,\nu\rangle h_\nu^{(1)} = \frac{\partial\omega}{\partial J}(J_0)\,H_\nu^{(1)} + \frac{\partial V_\nu}{\partial J}(J_0), \tag{9.88a}$$

$$i\,\langle\omega_0,\nu\rangle H_\nu^{(1)} = -(i\,\nu)V_\nu(J_0). \tag{9.88b}$$

Perché le equazioni (9.88) siano risolubili occorrono assunzioni aggiuntive. Il membro di sinistra delle (9.88) si annulla quando $\langle\omega_0,\nu\rangle = 0$, quindi anche il membro di destra si deve annullare in corrispondenza dello stesso ν. Se ω_0 è diofanteo – o anche solo non risonante – si ha $\langle\omega_0,\nu\rangle = 0$ se e solo se $\nu = 0$. Il membro di destra della (9.88b) si annulla per $\nu = 0$; perché invece si annulli quello della (9.88a) $H_0^{(1)}$ va scelto in modo opportuno. Se richiediamo

$$\det\left(\frac{\partial\omega}{\partial J}(J_0)\right) \neq 0, \tag{9.89}$$

possiamo allora fissare $H_0^{(1)}$ in modo tale che si abbia

$$\frac{\partial\omega}{\partial J}(J_0)\,H_0^{(1)} + \frac{\partial V_0}{\partial J}(J_0) = 0$$

Si noti che la condizione (9.89) è soddisfatta se l'hamiltoniana imperturbata $\mathcal{H}_0$ è non degenere (cfr. la definizione 9.10). In conclusione, se fissiamo

$$H_0^{(1)} = -\left(\frac{\partial\omega}{\partial J}(J_0)\right)^{-1}\frac{\partial V_0}{\partial J}(J_0), \tag{9.90}$$

le (9.88) sono soddisfatte per $\nu = 0$, mentre per $\nu \neq 0$, dànno

$$h_\nu^{(1)} = \frac{1}{i\langle\omega_0,\nu\rangle}\left(\frac{\partial\omega}{\partial J}(J_0)\, H_\nu^{(1)} + \frac{\partial V_\nu}{\partial J}(J_0)\right), \tag{9.91a}$$

$$H_\nu^{(1)} = -\frac{1}{i\langle\omega_0,\nu\rangle}(i\nu)V_\nu(J_0). \tag{9.91b}$$

La (9.91b) definisce quindi i coefficienti $H_\nu^{(1)}$ per $\nu \neq 0$. Il coefficiente $h_0^{(1)}$ resta indeterminato e possiamo arbitrariamente porlo uguale a zero (questo è sempre possibile eventualmente ridefinendo φ_0). Inoltre, utilizzando la stima (9.4) sui coefficienti di Fourier della perturbazione e imponendo che ω_0 soddisfi la condizione diofantea (9.18), abbiamo

$$\left|H_\nu^{(1)}\right| \leq \frac{|\nu|^\tau}{\gamma}|\nu|\, \Phi\, \mathrm{e}^{-\xi|\nu|},$$

quindi i coefficienti di Fourier di $H^{(1)}(\psi, J_0)$ decadono esponenzialmente. Ne segue che la funzione $H^{(1)}(\psi, J_0)$ è analitica in ψ e la sua serie di Fourier converge uniformemente per $|\Im(\psi)| \leq \xi_1 < \xi$ (cfr. l'esercizio 9.75).

Introducendo la (9.91b) nella (9.91a), otteniamo

$$h_\nu^{(1)} = -\frac{1}{(i\langle\omega_0,\nu\rangle)^2}(i\nu)\frac{\partial\omega}{\partial J}(J_0)\, V_\nu(J_0) + \frac{1}{i\langle\omega_0,\nu\rangle}\frac{\partial V_\nu}{\partial J}(J_0). \tag{9.92}$$

Anche i coefficienti di $h^{(1)}(\psi, J_0)$ sono ben definiti e decadono esponenzialmente, così che anche la funzione $h^{(1)}(\psi, J_0)$ risulta analitica in ψ, per $|\Im(\psi)| \leq \xi_1 < \xi$ (cfr. di nuovo l'esercizio 9.75).

Per semplificare le notazioni, anche in vista degli ordini successivi, poniamo

$$\partial_J^p\omega := \frac{\partial^p\omega}{\partial J^p}(J_0), \qquad \partial_J^p V_\nu := \frac{\partial^p V_\nu}{\partial J^p}(J_0), \tag{9.93}$$

così che possiamo riscrivere la (9.90), la (9.91b) e la (9.92) come

$$H_0^{(1)} = -(\partial_J\omega)^{-1}\partial_J V_0, \tag{9.94a}$$

$$H_\nu^{(1)} = -\frac{i\nu}{i\langle\omega_0,\nu\rangle}V_\nu, \quad \nu \neq 0, \tag{9.94b}$$

$$h_\nu^{(1)} = \left(-\frac{1}{(i\langle\omega_0,\nu\rangle)^2}(i\nu)\partial_J\omega\, V_\nu + \frac{1}{i\langle\omega_0,\nu\rangle}\partial_J V_\nu\right), \quad \nu \neq 0. \tag{9.94c}$$

9.4.2 Secondo ordine

Già al secondo ordine appare evidente la struttura iterativa del metodo di soluzione seguito. Infatti, per $k = 2$, le (9.83), insieme alle (9.87), dànno, usando le notazioni abbreviate (9.93),

$$\begin{aligned} i\langle\omega_0,\nu\rangle h_\nu^{(2)} &= \partial_J\omega\, H_\nu^{(2)} + \frac{1}{2}\partial_J^2\omega \sum_{\substack{\nu_1,\nu_2\in\mathbb{Z}^n\\ \nu_1+\nu_2=\nu}} H_{\nu_1}^{(1)} H_{\nu_2}^{(1)} \\ &\quad + \sum_{\substack{\nu_0,\nu_1\in\mathbb{Z}^n\\ \nu_0+\nu_1=\nu}} \big(\partial_J^2 V_{\nu_0} H_{\nu_1}^{(1)} + (i\nu_0)\partial_J V_{\nu_0} h_{\nu_1}^{(1)}\big), \\ i\langle\omega_0,\nu\rangle H_\nu^{(2)} &= -\sum_{\substack{\nu_0,\nu_1\in\mathbb{Z}^n\\ \nu_0+\nu_1=\nu}} \Big((i\nu_0)\,\partial_J V_{\nu_0} H_{\nu_1}^{(1)} + (i\nu_0)^2 V_{\nu_0} h_{\nu_1}^{(1)}\Big), \end{aligned} \tag{9.95}$$

dove i coefficienti $H_\nu^{(1)}$ e $h_\nu^{(1)}$ si possono esprimere – tramite la (9.94b) e la (9.94c), rispettivamente, per $\nu \neq 0$ e tramite la (9.94a) per $\nu = 0$ (si ricordi che $h_0^{(1)} = 0$) – in termini della funzione ω e dei coefficienti di Fourier della funzione V.

Per $\nu = 0$ la prima equazione delle (9.95) fissa il coefficiente

$$\begin{aligned} H_0^{(2)} = -(\partial_J\omega)^{-1}\Bigg(&\frac{1}{2}\partial_J^2\omega \sum_{\substack{\nu_1,\nu_2\in\mathbb{Z}^n\\ \nu_1+\nu_2=0}} H_{\nu_1}^{(1)} H_{\nu_2}^{(1)} \\ &+ \sum_{\substack{\nu_0,\nu_1\in\mathbb{Z}^n\\ \nu_0+\nu_1=0}} \big(\partial_J^2 V_{\nu_0} H_{\nu_1}^{(1)} + (i\nu_0)\partial_J V_{\nu_0} h_{\nu_1}^{(1)}\big)\Bigg). \end{aligned} \tag{9.96}$$

Assumiamo per il momento che anche la seconda delle (9.95) sia soddisfatta per $\nu = 0$ (torneremo su questo alla fine del sottoparagrafo), e passiamo a considerare le equazioni per $\nu \neq 0$.

Se $\nu \neq 0$, possiamo dividere le (9.95) per $i\langle\omega_0,\nu\rangle$ e ottenere così i coefficienti $H_\nu^{(2)}$ e $h_\nu^{(2)}$. Ovviamente andrà risolta per prima la seconda delle (9.95), in modo da definire i coefficienti

$$H_\nu^{(2)} = -\frac{1}{i\langle\omega_0,\nu\rangle} \sum_{\substack{\nu_0,\nu_1\in\mathbb{Z}^n\\ \nu_0+\nu_1=\nu}} \Big((i\nu_0)\,\partial_J V_{\nu_0} H_{\nu_1}^{(1)} + (i\nu_0)^2 V_{\nu_0} h_{\nu_1}^{(1)}\Big) \tag{9.97}$$

in termini dei coefficienti $H_{\nu'}^{(1)}$ e $h_{\nu'}^{(1)}$, con $\nu' \in \mathbb{Z}^n$, trovati al passo precedente. Successivamente si considera la prima equazione delle (9.95), dove il membro di destra dipende di nuovo dai coefficienti $H_{\nu'}^{(1)}$ e $h_{\nu'}^{(1)}$, $\nu' \in \mathbb{Z}^n$, oltre che dal coefficiente $H_\nu^{(2)}$ appena determinato attraverso la (9.97). In questo modo riusciamo a determinare anche i coefficienti $h_\nu^{(2)}$.

Introducendo le (9.94) nella seconda equazione delle (9.95), otteniamo, per $\nu \neq 0$,

$$
\begin{aligned}
H_\nu^{(2)} = -\frac{1}{i\,\langle\omega_0,\nu\rangle}\Bigg(& -(i\nu)\,\partial_J V_\nu(\partial_J\omega)^{-1}\partial_J V_0 \\
& - \sum_{\substack{\nu_0,\nu_1\in\mathbb{Z}^n \\ \nu_1\neq 0,\ \nu_0+\nu_1=\nu}} (i\nu_0)\,\partial_J V_{\nu_0}\left(\frac{1}{i\,\langle\omega_0,\nu_1\rangle}\right)(i\nu_1)V_{\nu_1} \\
& + \sum_{\substack{\nu_0,\nu_1\in\mathbb{Z}^n \\ \nu_1\neq 0,\ \nu_0+\nu_1=\nu}} (i\nu_0)^2 V_{\nu_0}\left(-\frac{1}{(i\,\langle\omega_0,\nu_1\rangle)^2}\right)(i\nu_1)\partial_J\omega\, V_{\nu_1} \\
& + \sum_{\substack{\nu_0,\nu_1\in\mathbb{Z}^n \\ \nu_1\neq 0,\ \nu_0+\nu_1=\nu}} (i\nu_0)^2 V_{\nu_0}\left(\frac{1}{i\,\langle\omega_0,\nu_1\rangle}\right)\partial_J V_{\nu_1}\Bigg),
\end{aligned}
\tag{9.98}
$$

mentre, di nuovo introducendo le espressioni le espressioni (9.96) dei coefficienti di ordine 1, si può riscrivere

$$
\begin{aligned}
H_0^{(2)} = -(\partial_J\omega)^{-1}\Bigg(& \frac{1}{2}\partial_J^2\omega\,(\partial_J\omega)^{-1}\partial_J V_0\,(\partial_J\omega)^{-1}\partial_J V_0 \\
& + \frac{1}{2}\partial_J^2\omega \sum_{\substack{\nu_1,\nu_2\in\mathbb{Z}^n \\ \nu_1\neq 0,\ \nu_1+\nu_2=0}} \left(\frac{1}{i\,\langle\omega_0,\nu_1\rangle}\right)(i\nu_1)V_{\nu_1}\left(\frac{1}{i\,\langle\omega_0,\nu_2\rangle}\right)(i\nu_2)V_{\nu_2} \\
& + \sum_{\substack{\nu_0,\nu_1\in\mathbb{Z}^n \\ \nu_1\neq 0,\ \nu_0+\nu_1=\nu}} \partial_J^2 V_{\nu_0}\left(\frac{1}{i\,\langle\omega_0,\nu_1\rangle}\right)(i\nu_1)V_{\nu_1} \\
& + \sum_{\substack{\nu_0,\nu_1\in\mathbb{Z}^n \\ \nu_1\neq 0,\ \nu_0+\nu_1=\nu}} (i\nu_0)\partial_J V_{\nu_0}\left(-\frac{1}{(i\,\langle\omega_0,\nu_1\rangle)^2}\right)(i\nu_1)\partial_J\omega\, V_{\nu_1} \\
& + \sum_{\substack{\nu_0,\nu_1\in\mathbb{Z}^n \\ \nu_1\neq 0,\ \nu_0+\nu_1=\nu}} \left(\frac{1}{i\,\langle\omega_0,\nu_1\rangle}\right)\partial_J V_{\nu_1}\Bigg).
\end{aligned}
\tag{9.99}
$$

Le (9.98) e (9.99) costituiscono espressioni esplicite per i coefficienti $H_\nu^{(2)}$ per ogni $\nu \in \mathbb{Z}^n$, in termini della funzione $\omega(J)$ e dei coefficienti di Fourier della funzione $V(\varphi, J)$, nonché delle loro derivate, quindi in termini di funzioni note – in sostanza sono le funzioni che appaiono nell'Hamiltoniana (si ricordi che ω è la derivata dell'hamiltoniana imperturbata $\mathcal{H}_0$).

Infine, inserendo le (9.90), (9.94), (9.98) e (9.99) nella prima equazione delle (9.95), troviamo un'espressione esplicita anche per i coefficienti $h_\nu^{(2)}$, con $\nu \neq 0$, di nuovo in termini della funzione ω, dei coefficienti di Fourier della funzione $V(\varphi, J)$

e delle loro derivate, laddove $h_0^{(2)}$ resta arbitrario e si può di nuovo fissare uguale a 0. Un calcolo esplicito fornisce l'espressione

$$
\begin{aligned}
h_\nu^{(2)} = -\frac{1}{(i\langle\omega_0,\nu\rangle)^2}\partial_J\omega \Bigg(& -(i\nu)\,\partial_J V_\nu(\partial_J\omega)^{-1}\partial_J V_0 \\
& - \sum_{\substack{\nu_0,\nu_1\in\mathbb{Z}^n \\ \nu_1\neq 0,\ \nu_0+\nu_1=\nu}} (i\nu_0)\,\partial_J V_{\nu_0}\left(\frac{1}{i\langle\omega_0,\nu_1\rangle}\right)(i\nu_1)V_{\nu_1} \\
& + \sum_{\substack{\nu_0,\nu_1\in\mathbb{Z}^n \\ \nu_1\neq 0,\ \nu_0+\nu_1=\nu}} (i\nu_0)^2 V_{\nu_0}\left(-\frac{1}{(i\langle\omega_0,\nu_1\rangle)^2}\right)(i\nu_1)\partial_J\omega\, V_{\nu_1} \\
& + \sum_{\substack{\nu_0,\nu_1\in\mathbb{Z}^n \\ \nu_1\neq 0,\ \nu_0+\nu_1=\nu}} (i\nu_0)^2 V_{\nu_0}\left(\frac{1}{i\langle\omega_0,\nu_1\rangle}\right)\partial_J V_{\nu_1}\Bigg) \\
+ \frac{1}{i\langle\omega_0,\nu\rangle}\Bigg(\frac{1}{2}\partial_J^2\omega & \sum_{\substack{\nu_1,\nu_2\in\mathbb{Z}^n \\ \nu_1,\nu_2\neq 0,\ \nu_1+\nu_2=\nu}} \left(-\frac{(i\nu_1)V_{\nu_1}}{i\langle\omega_0,\nu_1\rangle}\right)\left(-\frac{(i\nu_2)V_{\nu_2}}{i\langle\omega_0,\nu_2\rangle}\right) \\
& + \frac{1}{2}\partial_J^2\omega\left(-\frac{1}{i\langle\omega_0,\nu\rangle}\right)(i\nu)V_\nu\left(-(\partial_J\omega)^{-1}\right)\partial_J V_0 \\
& + \sum_{\substack{\nu_0,\nu_1\in\mathbb{Z}^n \\ \nu_1\neq 0,\ \nu_0+\nu_1=\nu}} \partial_J^2 V_{\nu_0}\left(-\frac{1}{i\langle\omega_0,\nu_1\rangle}\right)(i\nu_1)V_{\nu_1} \\
& + \partial_J^2 V_\nu\left(-(\partial_J\omega)^{-1}\right)\partial_J V_0 \\
& + \sum_{\substack{\nu_0,\nu_1\in\mathbb{Z}^n \\ \nu_1\neq 0,\ \nu_0+\nu_1=\nu}} (i\nu_0)\partial_J V_{\nu_0}\left(-\frac{1}{(i\langle\omega_0,\nu_1\rangle)^2}\right)(i\nu_1)\partial_J\omega\, V_{\nu_1} \\
& + \sum_{\substack{\nu_0,\nu_1\in\mathbb{Z}^n \\ \nu_1\neq 0,\ \nu_0+\nu_1=\nu}} (i\nu_0)\partial_J V_{\nu_0}\left(\frac{1}{i\langle\omega_0,\nu_1\rangle}\right)\partial_J V_{\nu_1}\Bigg).
\end{aligned}
\tag{9.100}
$$

In questo modo di nuovo si vede che i coefficienti di Fourier delle funzioni $h^{(2)}(\psi, J_0)$ e $H^{(2)}(\psi, J_0)$ decadono esponenzialmente e quindi si può sommare sugli indici di Fourier; ne segue che le due funzioni risultano analitiche per $|\Im(\psi)| \leq \xi_1 < \xi$ (si ragioni come nell'esercizio 9.75 per i coefficienti con $k = 1$).

Resta il problema di verificare che la seconda equazione delle (9.95) è soddisfatta per $\nu = 0$. Questo non è evidente *a priori* e va discusso. Nel caso $k = 2$ che stiamo considerando si può facilmente verificare con un conto esplicito. Non ne diamo i dettagli poiché torneremo sul problema nel caso più generale $k \geq 2$.

9.4.3 Ordini superiori

Il conto al secondo ordine mostra che i coefficienti $h_\nu^{(2)}$ e $H_\nu^{(2)}$ si esprimono in funzione dei coefficienti $h_\nu^{(1)}$ e $H_\nu^{(1)}$ trovati al primo ordine. Si può seguire la stessa strategia anche agli ordini successivi: infatti le (9.83) mostrano che i coefficienti di ordine k si scrivono in termini dei coefficienti di ordine più basso, ovvero dei coefficienti di ordine $k'=1,\ldots,k-1$, in modo tale che possono essere determinati ricorsivamente, ordine per ordine. Più precisamente, introducendo le (9.87) nelle (9.83), si trova, se $\nu \neq 0$,

$$H_\nu^{(k)} = -\frac{1}{i\langle\omega_0,\nu\rangle}\sum_{p,q=0}^{\infty}\frac{1}{p!q!}\sum_{\substack{\nu_0,\nu_1,\ldots,\nu_p\in\mathbb{Z}^n\\ \nu_1',\ldots,\nu_q'\in\mathbb{Z}^n\\ \nu_0+\nu_1+\ldots+\nu_p+\nu_1'+\ldots+\nu_q'=\nu}}(i\nu_0)^{q+1}\frac{\partial^p V_{\nu_0}}{\partial J^p}(J_0)$$
$$\times\sum_{\substack{k_1,\ldots,k_p\ge 0\\ k_1',\ldots,k_q'\ge 0\\ k_1+\ldots+k_p+k_1'+\ldots+k_q'=k-1}} H_{\nu_1}^{(k_1)}\ldots H_{\nu_p}^{(k_p)}h_{\nu_1'}^{(k_1')}\ldots h_{\nu_q'}^{(k_q')}, \tag{9.101a}$$

$$h_\nu^{(k)} = \frac{1}{i\langle\omega_0,\nu\rangle}\Bigg[\frac{\partial\omega_0}{\partial J}(J_0)\,H_\nu^{(k)} \tag{9.101b}$$
$$+\sum_{p=2}^{\infty}\frac{1}{p!}\sum_{\substack{\nu_1,\ldots,\nu_p\in\mathbb{Z}^n\\ \nu_1+\ldots+\nu_p=\nu}}\sum_{\substack{k_1,\ldots,k_p\ge 0\\ k_1+\ldots+k_p=k}}\frac{\partial^p\omega}{\partial J^p}(J_0)\,H_{\nu_1}^{(k_1)}\ldots H_{\nu_p}^{(k_p)}$$
$$+\sum_{p,q=0}^{\infty}\frac{1}{p!q!}\sum_{\substack{\nu_0,\nu_1,\ldots,\nu_p\in\mathbb{Z}^n\\ \nu_1',\ldots,\nu_q'\in\mathbb{Z}^n\\ \nu_0+\nu_1+\ldots+\nu_p+\nu_1'+\ldots+\nu_q'=\nu}}(i\nu_0)^{q}\frac{\partial^{p+1} V_{\nu_0}}{\partial J^{p+1}}(J_0)$$
$$\times\sum_{\substack{k_1,\ldots,k_p\ge 0\\ k_1',\ldots,k_q'\ge 0\\ k_1+\ldots+k_p+k_1'+\ldots+k_q'=k-1}} H_{\nu_1}^{(k_1)}\ldots H_{\nu_p}^{(k_p)}h_{\nu_1'}^{(k_1')}\ldots h_{\nu_q'}^{(k_q')}\Bigg],$$

mentre, per $\nu = 0$, in corrispondenza della (9.83b) dobbiamo richiedere la *condizione di compatibilità*

$$0 = \sum_{p,q=0}^{\infty}\frac{1}{p!q!}\sum_{\substack{\nu_0,\nu_1,\ldots,\nu_p\in\mathbb{Z}^n\\ \nu_1',\ldots,\nu_q'\in\mathbb{Z}^n\\ \nu_0+\nu_1+\ldots+\nu_p+\nu_1'+\ldots+\nu_q'=0}}(i\nu_0)^{q+1}\frac{\partial^p V_{\nu_0}}{\partial J^p}(J_0)$$
$$\times\sum_{\substack{k_1,\ldots,k_p\ge 0\\ k_1',\ldots,k_q'\ge 0\\ k_1+\ldots+k_p+k_1'+\ldots+k_q'=k-1}} H_{\nu_1}^{(k_1)}\ldots H_{\nu_p}^{(k_p)}h_{\nu_1'}^{(k_1')}\ldots h_{\nu_q'}^{(k_q')}, \tag{9.102}$$

e, per quanto riguarda la (9.83a), vediamo che, definendo

$$T(J_0) := \frac{\partial \omega_0}{\partial J}(J_0) = \frac{\partial^2 \mathcal{H}_0}{\partial J^2}(J_0). \tag{9.103}$$

allora $H_0^{(k)}$ deve essere tale che

$$\begin{aligned} H_0^{(k)} = -(T(J_0))^{-1} \Bigg[& \sum_{p=2}^{\infty} \frac{1}{p!} \sum_{\substack{\nu_1,\dots,\nu_p \in \mathbb{Z}^n \\ \nu_1+\dots+\nu_p=0}} \frac{\partial^p \omega}{\partial J^p}(J_0) \\ & \times \sum_{\substack{k_1,\dots,k_p \geq 0 \\ k_1+\dots+k_p=k}} H_{\nu_1}^{(k_1)} \dots H_{\nu_p}^{(k_p)} + \sum_{p,q=0}^{\infty} \frac{1}{p!q!} \sum_{\substack{\nu_0,\nu_1,\dots,\nu_p \in \mathbb{Z}^n \\ \nu'_1\dots,\nu'_q \in \mathbb{Z}^n \\ \nu_0+\nu_1+\dots+\nu_p+\nu'_1+\dots+\nu'_q=0}} (i\nu_0)^q \\ & \times \frac{\partial^{p+1} V_{\nu_0}}{\partial J^{p+1}}(J_0) \sum_{\substack{k_1,\dots,k_p \geq 0 \\ k'_1,\dots,k'_q \geq 0 \\ k_1+\dots+k_p+k'_1+\dots+k'_q=k-1}} H_{\nu_1}^{(k_1)} \dots H_{\nu_p}^{(k_p)} h_{\nu'_1}^{(k'_1)} \dots h_{\nu'_q}^{(k'_q)} \Bigg]. \end{aligned} \tag{9.104}$$

In (9.101), in (9.102) e in (9.104), i termini con $p = 0$ o con $q = 0$ vanno interpretati come discusso dopo la (9.85).

I coefficienti $H_\nu^{(k)}$ si scrivono come somme di infiniti termini in cui compaiono solo coefficienti $h_{\nu'}^{(k')}$ e $H_{\nu''}^{(k'')}$ con $k', k'' < k$, mentre $h_\nu^{(k)}$ si scrive come somma di infiniti termini in cui compaiono solo coefficienti $h_{\nu'}^{(k')}$ e $H_{\nu''}^{(k'')}$ con $k' < k$ e $k'' \leq k$ (ci sono infiniti termini a causa degli indici di Fourier, a meno che la perturbazione non sia un polinomio trigonemetrico in φ). Ciascuno di tali coefficienti si può esprimere a sua volta come somma di infiniti termini in cui compaiono solo i coefficienti di ordine più basso. Iterando più volte, alla fine si ottiene un'espansione in cui compaiono solo i coefficienti del primo ordine, i.e. i coefficienti (9.90) e (9.91), come succede per le (9.95) e (9.96) nel caso $k = 2$. Infine possiamo scrivere $h_\nu^{(1)}$ e $H_\nu^{(1)}$ in accordo con le (9.90) e (9.91), dove le uniche funzioni ad apparire sono la funzione ω, i coefficienti V_ν e le loro derivate (cfr. le (9.98)÷(9.100) per $k = 2$).

Perché la costruzione iterativa sia ben definita occorre che le (9.102) e (9.104) siano risolubili. Mentre la (9.104) ammette sempre soluzione, purché si scelga opportunamente $H_0^{(k)}$, non appena i coefficienti di ordine più basso $k' < k$ siano ben definiti, al contrario la discussione della (9.102) è più delicata. Infatti, non abbiamo parametri liberi da utilizzare per imporre che essa sia soddisfatta: una volta che i coefficienti di ordine più basso siano definiti, la (9.102) deve essere un'identità. Vedremo più avanti come verificare che è questo il caso, quando avremo trovato un modo più pratico per rappresentare i coefficienti $h_\nu^{(k)}$ e $H_\nu^{(k)}$. Infatti, già se confrontiamo le (9.98), (9.99) e (9.100) per $k = 2$ con le analoghe (9.90) e (9.91) per $k = 1$, si vede che basta passare dal primo al secondo ordine per trovare espressioni più involute. Non c'è da stupirsi, quindi, se già agli ordini immediatamente successivi al secondo le espressioni si fanno ancora più complicate, al punto che, per esempio, occorrono pagine e pagine solo per scrivere esplicitamente i coefficienti fino all'ordine $k = 10$.

Quello che cercheremo di fare nel prossimo paragrafo è trovare un metodo sistematico per studiare i coefficienti di ordine arbitrario. In altre parole, ci proponiamo di scrivere i coefficienti di ordine k come somme sugli indici di Fourier di espressioni che si riescono a "controllare": con questo intendiamo che tali espressioni si riescono a scrivere come somme di infiniti addendi tali che ogni singolo addendo si stima con una costante (dipendente da k) moltiplicata per un fattore di decadimento esponenziale negli indici di Fourier che consenta di effettuare le somme su tali indici. In sostanza, quello che faremo è scrivere

$$h_\nu^{(k)} = \sum_{p=1}^{k} \sum_{\nu_1,\ldots,\nu_p} \tilde{h}_p^{(k)}(\nu_1,\ldots,\nu_p),$$
$$\tilde{h}_p^{(k)}(\nu_1,\ldots,\nu_p) = \sum_{\alpha\in A_p} \bar{h}_p^{(k)}(\nu_1,\ldots,\nu_p;\alpha),$$

dove A_p è un opportuno insieme finito di indici, e quindi stimare

$$\left|\bar{h}_p^{(k)}(\nu_1,\ldots,\nu_p;\alpha)\right| \le C(k)\,\mathrm{e}^{-\xi_2\left(|\nu_1|+\ldots+|\nu_p|\right)},$$

uniformemente in α, per un opportuno $\xi_2 < \xi$. La costante $C(k)$ dipende anche da ξ_2 e non ha necessariamente una dipendenza sommabile in k, il che impedisce di sommare sugli indici di Taylor e quindi di dedurre la convergenza della serie perturbativa. Tuttavia il fattore di decadimento esponenziale dei coefficienti $\bar{h}_p^{(k)}(\nu_1,\ldots,\nu_p;\alpha)$ è sufficiente a garantire la sommabilità sugli indici di Fourier e quindi l'analiticità in ψ delle funzioni $h^{(k)}(\psi, J_0)$ e $H^{(k)}(\psi, J_0)$. Ne segue che le funzioni $h^{(k)}(\psi, J_0)$ e $H^{(k)}(\psi, J_0)$ sone ben definite e analitiche in ψ per ogni $k \in \mathbb{N}$, e quindi le serie di Lindstedt sono comunque ben definite come serie formali.

9.5 Rappresentazione grafica della serie di Lindstedt

La discussione del §9.4 fa vedere che, già ai primi ordini perturbativi, le espressioni analitiche dei coefficienti $h_\nu^{(k)}$ e $H_\nu^{(k)}$ risultano abbastanza pesanti e si prestano difficilmente a uno studio sistematico (cfr. per esempio la (9.100) per $k = 2$). Se vogliamo cercare di stimare i coefficienti, in particolare di indagare come crescono al crescere di k, dobbiamo quindi cercare un algoritmo meno involuto per scrivere i singoli addendi delle espressioni (9.101) e (9.102), in modo da renderne più pratico e agevole il controllo.

9.5.1 *Grafi e alberi*

Diamo alcune definizioni di base di teoria dei grafi. Un *grafo* G è una coppia ordinata (V, L), dove $V = V(G)$ è un insieme di *punti* (o *vertici* o *nodi*) e $L = L(G)$ è un insieme di coppie di elementi di V, chiamate *linee* (o *spigoli* o *rami*).

Se $\ell = (v_1, v_2)$, con $v_1, v_2 \in V$, si dice che

- ℓ unisce (o connette) i punti v_1 e v_2,
- i punti v_1 e v_2 sono *adiacenti*, ovvero v_1 è adiacente a v_2,
- ℓ è *incidente* con v_1 e con v_2,
- i punti v_1 e v_2 sono gli *estremi* di ℓ.

Supponiamo sempre che una linea sia costituita da punti distinti (si dice in tal caso che il grafo non ha *cappi*) e che ci sia una sola linea che unisce due punti adiacenti. Dato un punto $v \in V(G)$, il *grado* di v è il numero $d(v)$ di punti in $V(G)$ adiacenti a v. La linea che connette due punti è disegnata come un segmento che unisce i due punti.

Si definisce *ordine* del grafo G il numero di punti in $V(G)$. Un grafo si dice *orientato* se le sue linee sono coppie orientate: possiamo associare a ogni linea ℓ di un grafo orientato una *freccia*, con la convenzione che la freccia punta da v a w se $\ell = (w, v)$. Si chiama *orientazione* di un grafo G l'assegnazione, in ogni linea $\ell \in L(G)$, di un ordine nella coppia di punti che la costituiscono. Un grafo orientato si può quindi ottenere da un grafo tramite un'opportuna orientazione (cfr. la figura 9.1).

Sia $\mathcal{P} := \{v_0, v_1, \dots, v_n\}$ un sottoinsieme ordinato di punti distinti in $V(G)$ tali che v_i sia adiacente a v_{i+1} per $i = 0, \dots, n-1$. Diciamo che $\mathcal{P}$ è un *cammino* di lunghezza n che connette v_0 con v_n e scriviamo $L(\mathcal{P}) = \{\ell_1, \dots, \ell_n\}$, dove $\ell_i = (v_{i-1}, v_i)$ per $i = 1, \dots, n$. Se $\mathcal{P} = \{v_0\}$ si ha $L(\mathcal{P}) = \emptyset$. Per esempio, con riferimento

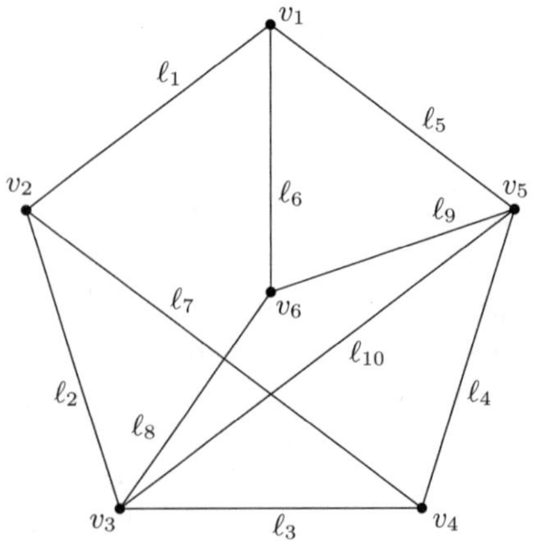

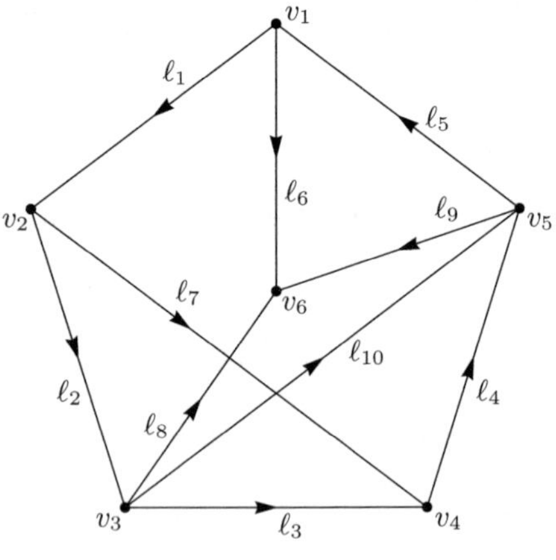

Figura 9.1 Un grafo di ordine 6 e lo stesso grafo munito di un'orientazione

alla figura 9.1, l'insieme $\{v_1, v_6, v_3\}$ costituisce un cammino $\mathcal{P}$ di lunghezza 2 e si ha $L(\mathcal{P}) = \{\ell_6, \ell_8\}$; anche gli insiemi $\{v_5, v_4, v_3, v_6\}$ e $\{v_5, v_6\}$ sono due cammini, ed entrambi connettono v_5 con v_6.

Un grafo si dice *connesso* se per ogni coppia $v, w \in V(G)$ esiste un cammino $\mathcal{P}$ che connette v con w. Un *ciclo* è un insieme di punti $\{v_0, \ldots, v_{n+1}\}$ tali che $\{v_0, \ldots, v_n\}$ costituisce un cammino, v_n è adiacente a v_{n+1} e v_{n+1} coincide con v_0 (così che le linee $\ell_1 = (v_0, v_1)$ e $\ell_{n+1} := (v_n, v_0)$ sono entrambe incidenti con v_0). Un cammino $\{v_0, \ldots, v_n, v_{n+1}\}$ di un grafo orientato si dice *orientato* se le frecce puntano tutte da v_i a v_{i+1} o tutte da v_{i+1} a v_i per $i = 0, \ldots, n$; se $v_{n+1} = v_0$ si ha un ciclo orientato. Per esempio, nel caso del grafo orientato della figura 9.1, l'insieme $\{v_1, v_6, v_3\}$ costituisce un cammino ma non è un cammino orientato; al contrario, $\{v_5, v_1, v_6\}$ è un cammino orientato e $\{v_1, v_2, v_3, v_5, v_1\}$ è un ciclo orientato.

Si dice che un grafo G è *aciclico* se non ha cicli, i.e. se per ogni coppia di punti distinti $v, w \in V(G)$ esiste un unico cammino che connette v con w.

Definizione 9.31 (Grafo ad albero) *Un* grafo ad albero *è un grafo connesso aciclico. Un* grafo ad albero con radice *è un grafo ad albero in cui sia stato evidenziato uno dei suoi punti, che prende il nome di* punto privilegiato *o* radice.

La presenza della radice induce un ordinamento tra i punti del grafo ad albero. Infatti, sia v_0 la radice del grafo ad albero e siano v, w due punti del grafo, entrambi distinti da v_0: diciamo che $w \succ v$ se w si trova lungo il cammino (unico) che connette v con v_0. Indichiamo in tal caso con $\mathcal{P}(v, w)$ il cammino che connette i due nodi v e w. Scriviamo inoltre $w \succeq v$ se $w \succ v$ o $w = v$. La relazione $\succeq$ definisce una relazione di ordinamento parziale. Per evidenziare l'ordinamento parziale tra i punti del grafo ad albero immaginiamo di sovrapporre una freccia a ogni linea, con la convenzione che la freccia punti nella direzione della radice. In questo modo il grafo ad albero diventa un grafo orientato, che chiamiamo *grafo ad albero orientato* (cfr. la figura 9.2).

Nel seguito risulterà conveniente modificare leggermente la definizione dei grafici ad albero con radice orientati, rispetto a quella appena data; introduciamo perciò una nuova definizione.

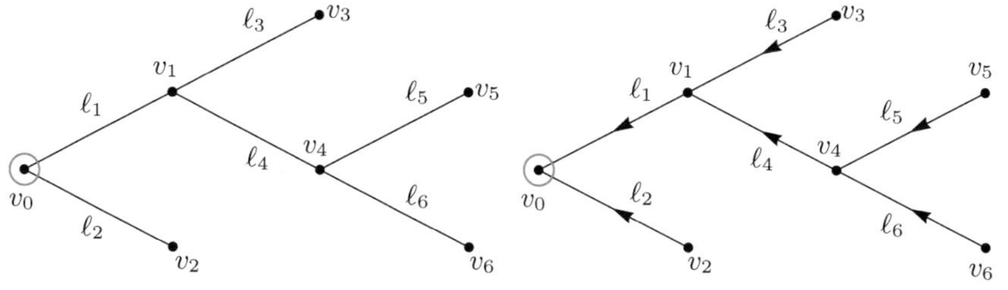

Figura 9.2 Un grafo ad albero di ordine 7 e il grafo orientato corrispondente

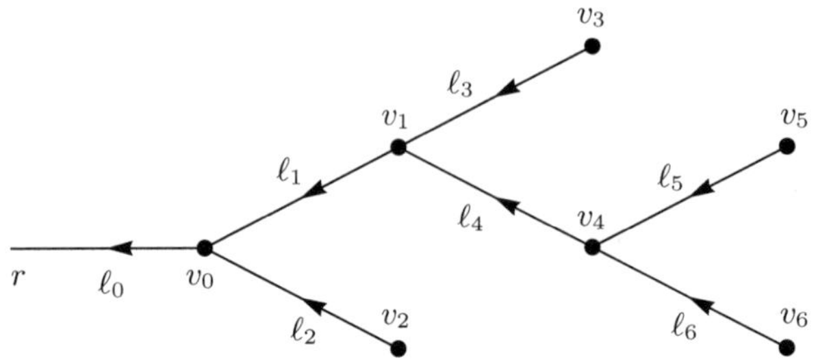

Figura 9.3 Albero ottenuto dal grafo ad albero orientato della figura 9.2

Definizione 9.32 (Albero) *Dato un grafo ad albero con radice orientato* G*, all'insieme delle sue linee* $L(G)$ *aggiungiamo un'ulteriore linea* ℓ_0*, incidente con il punto privilegiato* v_0*. Chiamiamo* linea della radice *la linea* ℓ_0 *e* radice dell'albero *l'altro estremo* r *di* ℓ_0*; la freccia associata a* ℓ_0 *punta da* v_0 *a* r*. Chiamiamo* albero *il grafo orientato* θ *così ottenuto e, per consistenza, chiamiamo* nodi *i punti dell'albero distinti da* r *e* rami *le sue linee; infine, chiamiamo* ℓ_0 ramo della radice.

Un esempio di albero è rappresentato nella figura 9.3. Si noti che, a differenza di quanto avviene per i grafi ad albero, negli alberi distinguiamo tra il punto privilegiato v_0 e la radice r (in particolare la radice r di un albero non coincide con la radice v_0 del grafo ad albero da cui esso è ottenuto aggiungendo la linea ℓ_0). Per costruzione, $V(\theta) := V(G)$ è l'insieme dei nodi di θ e $L(\theta) := L(G) \cup \{\ell_0\}$ l'insieme dei rami di θ. Quindi il ramo della radice è contato tra i rami dell'albero, mentre la radice stessa non è contata tra i suoi nodi. Un albero è un esempio di *grafo planare*, i.e. di un grafo che può essere disegnato sul piano in modo tale che le sue linee si intersechino solo agli estremi. Disegneremo gli alberi collocando sempre la radice a sinistra e i rami disposti in modo che le frecce puntino da destra a sinistra.

Osservazione 9.33 Di solito nei testi di teoria dei grafi i termini "albero" e "grafo ad albero" sono usati come sinonimi, nel senso della definizione 9.31. Noi abbiamo distinto tra le due nozioni perché nel seguito lavoreremo esclusivamente con gli alberi della definizione 9.32, nonostante essa non sia la definizione canonica.

Il punto privilegiato v_0 è anche chiamato *ultimo nodo* o *nodo finale* dell'albero, dal momento che $v_0 \succeq v \; \forall v \in V(\theta)$. Per ogni nodo $v \in V(\theta)$ si ha $d(v) \geq 1$. Vista la relazione d'ordinamento tra i nodi dell'albero, per ogni nodo possiamo distinguere tra linee entranti e linee uscenti: si dice che una linea ℓ entra nel nodo v se $\ell = (v, w)$ per qualche $w \prec v$ e che esce dal nodo v se, invece, si ha $\ell = (w, v)$ per qualche $w \succ v$; per esempio, nel caso dell'albero della figura 9.3, la linea ℓ_2 entra nel nodo v_0 ed esce dal nodo v_2. Ogni nodo v ha una e una sola linea uscente, mentre può avere un numero qualsiasi di linee entranti; più esattamente, se $m(v)$ indica il numero di linee entranti nel nodo v si ha $d(v) = m(v) + 1$, con $m(v) \in \{0, 1, 2, \ldots, n-1\}$, se n è il numero di nodi dell'albero. Un nodo v con $m(v) = 0$ si chiama *foglia*; per esempio, nell'albero della figura 9.3, i nodi v_2, v_3, v_5 e v_6 sono foglie.

Osservazione 9.34 Strettamente parlando, un albero θ non è un grafo secondo la definizione data all'inizio del paragrafo, poiché $V(\theta)$ non include l'estremo r della linea della radice. Tuttavia, un vantaggio della definizione appena data è che, per costruzione, un albero di ordine n ha n nodi e n rami. Inoltre c'è una corrispondenza biunivoca tra nodi e rami: ogni ramo può essere individuato specificando il nodo da cui esce. Scriviamo $\ell = \ell_v$ se ℓ esce dal nodo v e indichiamo con $\pi(v)$ il nodo (unico) immediatamente successivo a v; quindi $\ell_v = (\pi(v), v)$. Se $v = v_0$ è l'ultimo nodo di θ, scriviamo, per convenienza futura, $\pi(v_0) = r$ anche se r non è un nodo. In un albero θ ogni suo nodo $v \in V(\theta)$, $v \prec v_0$, si può vedere come il nodo privilegiato di un albero θ_v costituito dai nodi $w \preceq v$, dai rami che li uniscono e dal ramo ℓ_v che esce dal nodo v. L'albero θ_v costituisce un *sottoalbero* di θ e la linea ℓ_v è il ramo della radice di θ_v. Ovviamente il punto $\pi(v)$ è un nodo di θ, mentre costituisce la radice di θ_v.

Lemma 9.35 *Sia θ un albero con n nodi. Si ha*

$$\sum_{v \in V(\theta)} m(v) = n - 1.$$

Dimostrazione Un albero con n nodi ha anche n rami. Uno di essi è il ramo della radice. Ciascuno dei restanti $n - 1$ rami entra in un solo nodo: perciò, al fine di contarli, possiamo contare per ogni nodo $v \in V(\theta)$ il numero $m(v)$ di rami che entrano in quel nodo e sommare $m(v)$ sui nodi v dell'albero. □

Lemma 9.36 *Il numero di alberi che abbiano n nodi è stimato da 2^{2n}.*

Dimostrazione Dato un albero θ, immaginiamo di muoverci lungo l'albero partendo dalla radice e mantenendoci sempre a sinistra dei rami. Ci muoviamo quindi verso destra finché non raggiungiamo una foglia dell'albero. A questo punto torniamo indietro finché non raggiungiamo un nodo w con $m(w) > 1$. Se questo non avviene, torniamo alla radice, altrimenti, raggiunto il nodo w, cambiamo direzione ancora un volta e ci muoviamo verso destra fino a raggiungere una seconda foglia. E così via finché non ritorniamo alla radice dell'albero.

Il percorso che abbiamo seguito in questo modo può essere rappresentato come una sequenza di $2n$ segni $\pm$: ogni volta che ci muoviamo lungo un ramo da sinistra a destra segniamo $+$ e ogni volta che ci muoviamo da destra a sinistra segniamo $-$. Si veda la figura 9.4: la sequenza di segni che corrisponde all'albero della figura 9.3 è $\{+,+,+,,-,+,+,-,+,-,-,-,+,-,-\}$.

Una *passeggiata aleatoria* è un percorso in cui a ogni passo ci si muove in una direzione casuale. Supponiamo che ci si muova lungo una retta, partendo da un punto fissato O (che assumiamo come origine), e che a ogni passo ci si sposti di un

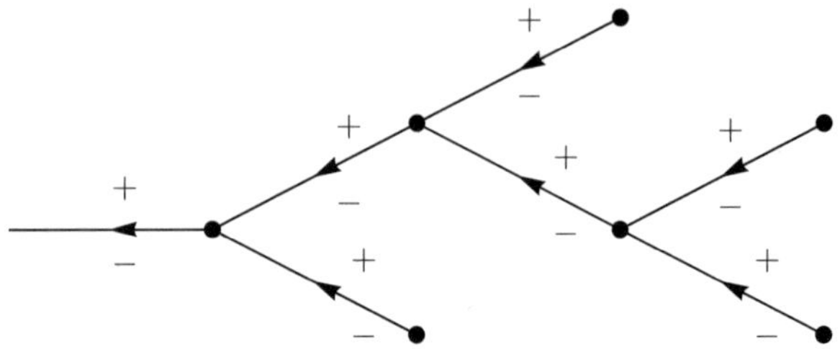

Figura 9.4 Segni associati ai rami dell'albero orientato della figura 9.3

tratto L o verso destra o verso sinistra; si ha in tal caso una *passeggiata aleatoria unidimensionale*. Una passeggiata aleatoria unidimensionale di k passi è un percorso descritto muovendosi lungo la retta di k passi; la posizione raggiunta alla fine del percorso è $(D - S)L$, dove D è il numero di passi verso destra e $S = k - D$ il numero di passi verso sinistra. Poiché a ogni passo ci sono due possibili direzioni possibili, il numero totale di passeggiate aleatorie unidimensionali di k passi è 2^k. Una passeggiata aleatora unidimensionale di k passi si può rappresentare come una sequenza di k segni $\pm$: a ogni passo si segna $+$ se ci si muove verso destra e $-$ se ci si muove verso sinistra. Ne segue che il numero di sequenze di segni $\pm$ che si può associare a un albero θ con n nodi è stimato dal numero di passeggiate aleatorie unidimensionali di $2n$ passi. Infatti a ogni albero con n nodi corrisponde una sequenza di $2n$ segni $\pm$ e quindi una passeggiata aleatoria unidimensionale. La corrispondenza ovviamente non è biunivoca; infatti non è detto che ogni passeggiata aleatoria di $2n$ passi rappresenti un albero con n nodi (cfr. l'esercizio 9.76). Tuttavia, a ogni albero con n nodi corrisponde una passeggiata aleatoria unidimensionale di $2n$ passi, quindi il numero di alberi con n nodi è stimato da 2^{2n}. □

Un albero si dice *etichettato* se a ogni suo nodo e a ogni suo ramo sono associati degli indici (*etichette*). Nel caso dell'albero della figura 9.3, ai nodi sono associate le etichette $v_0, v_1, \ldots, v_6$ (una per nodo) e ai rami le etichette $\ell_0, \ell_1, \ldots, \ell_6$ (una per ramo).

Ovviamente c'è una notevole arbitrarietà nel modo in cui possiamo disegnare un albero. Se immaginiamo di disegnare l'albero in un piano, la posizione dei nodi sul piano non è rilevante. Di conseguenza anche la lunghezza dei rami e gli angoli che essi formano rispetto a una direzione prefissata non è importante. Tuttavia, questo lascia ancora una certa arbitrarietà; per esempio gli alberi rappresentati nella figura 9.5, in base alle definizioni date, sono uguali tra loro, in quanto hanno gli stessi nodi (e quindi gli stessi rami).

In realtà, nell'applicazione allo studio delle serie di Lindstedt, vorremmo considerare distinti i due alberi nella figura 9.5. A tal fine, introduciamo una relazione di equivalenza tra alberi.

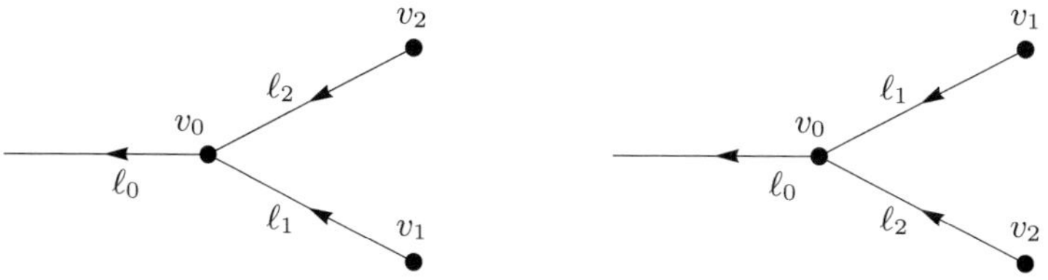

Figura 9.5 Esempio di due alberi non equivalenti (se $(v_1, \ell_1) \neq (v_2, \ell_2)$)

Definizione 9.37 (Alberi equivalenti) *Diciamo che due alberi sono* equivalenti *se si possono ottenere l'uno dall'altro deformando le linee con continuità senza che queste si attraversino. Più in generale, due alberi etichettati si dicono equivalenti se si possono ottenere uno dall'altro mediante una deformazione continua dei rami, senza che questi si attraversino, in modo tale che nodi e rami coincidano insieme alle loro etichette. Dati due alberi equivalenti θ e θ', due nodi $v \in V(\theta)$ e $v' \in V(\theta')$ si dicono* omologhi *se vengono a coincidere quando θ' sia stato deformato fino a sovrapporsi a θ.*

In base alla definizione 9.31, i due alberi della figura 9.5 non sono equivalenti se le etichette sono diverse (i.e. $v_1 \neq v_2$ o $\ell_1 \neq \ell_2$), poiché, per ottenere il secondo dal primo, dobbiamo ruotare le linee ℓ_1 e ℓ_2 in modo che si attraversino e si scambino di posto. Se invece le etichette sono tali che $v_1 = v_2$ e $\ell_1 = \ell_2$, allora i due alberi sono equivalenti e i loro nodi sono a due a due omologhi tra loro (v_0 con v_0 e ciascuna foglia di un albero con una foglia dell'altro). Inoltre, in tal caso, anche i due sottoalberi che entrano in v_0 sono equivalenti tra loro.

Osservazione 9.38 Vedremo più in là che di fatto si associa ai nodi e ai rami degli alberi una serie più complessa di etichette di quelle considerate finora. Più precisamente assegniamo etichette a ogni nodo $v \in V(\theta)$ e a ogni ramo $\ell \in L(\theta)$, secondo regole che saranno date più avanti (cfr. le definizioni 9.39 e 9.41). Gli indici v e ℓ devono quindi essere considerati solo indici usati per identificare nodi e rami, mentre, se considerare o no equivalenti due alberi dipende dalle etichette associate ai loro nodi e alle loro linee. Per esempio i due alberi della figura 9.5, posto che abbiano le stesse etichette associate al nodo v_0 e al ramo ℓ_0, sono considerati equivalenti se i due nodi v_1 e v_2 hanno etichette uguali tra loro e, allo stesso modo, hanno etichette uguali tra loro i due rami ℓ_1 ed ℓ_2, oppure se il nodo v_1 e il ramo ℓ_1 del primo albero hanno le stesse etichette del nodo v_2 e del ramo ℓ_2, rispettivamente, del secondo albero e, viceversa, il nodo v_2 e il ramo ℓ_2 del primo albero hanno le stesse etichette del nodo v_1 e del ramo ℓ_1, rispettivamente, del secondo albero.

9.5.2 Regole grafiche e costruzione degli alberi

Ci proponiamo di rappresentare i coefficienti $H_\nu^{(k)}$ e $h_\nu^{(k)}$ in termini di alberi, i.e. di dare delle regole per associare a ogni albero θ un valore numerico $\mathrm{Val}(\theta)$ e scrivere i coefficienti come somme sugli alberi di tali valori.

Come discusso nel §9.4.3, i coefficienti $H_\nu^{(k)}$ e $h_\nu^{(k)}$ sono dati ricorsivamente dalle (9.101) per $\nu \neq 0$, mentre $H_0^{(k)}$ è determinato dalla (9.104) e, come anticipato, $h_0^{(k)}$ è identicamente nullo per ogni $k \geq 1$. Va da sé che dobbiamo alla fine verificare che anche la (9.102) sia soddisfatta.

Riscriviamo, per comodità, $H(\varphi_0 + \omega_0 t, J_0) = \mu(J_0) + \tilde{H}(\varphi_0 + \omega_0 t, J_0)$ così che le (9.81) dànno

$$h(\varphi_0 + \omega_0 t, J_0) = \sum_{k=1}^{\infty} \varepsilon^k \sum_{\substack{\nu \in \mathbb{Z}^n \\ \nu \neq 0}} \mathrm{e}^{i\langle \nu, \varphi_0 + \omega_0 t\rangle} h_\nu^{(k)}, \tag{9.105a}$$

$$\tilde{H}(\varphi_0 + \omega_0 t, J_0) = \sum_{k=1}^{\infty} \varepsilon^k \sum_{\substack{\nu \in \mathbb{Z}^n \\ \nu \neq 0}} \mathrm{e}^{i\langle \nu, \varphi_0 + \omega_0 t\rangle} H_\nu^{(k)}, \tag{9.105b}$$

$$\mu(J_0) = \sum_{k=1}^{\infty} \varepsilon^k \mu^{(k)}, \tag{9.105c}$$

dove si è usato che le funzioni h e $\tilde{H}$ non contengono termini costanti nel loro sviluppo di Fourier. Si noti che, con le notazioni (9.104), si ha $\mu^{(k)} = H_0^{(k)}$.

Il primo passo è quello di associare a ogni nodo e ramo di un albero delle etichette, in accordo con le regole seguenti.

Definizione 9.39 (Etichette dei nodi) *Dato un albero θ, a ogni nodo $v \in V(\theta)$ associamo le seguenti etichette:*

1. *il* grado d_v*, che indica il numero di nodi del sottoalbero che ha v come nodo privilegiato;*
2. *l'*ordine $\delta_v \in \{0, 1\}$*;*
3. *l'*ordine del sottoalbero θ_v*, definito come*

$$k_v := \sum_{\substack{w \in V(\theta) \\ w \preceq v}} \delta_v;$$

4. *il* modo $\nu_v \in \mathbb{Z}^n$*;*
5. *due etichette ζ_v^1 e ζ_v^2, che assumono i valori simbolici h, H, μ.*

Definiamo il *grado* d e l'*ordine* k di θ ponendo $d = d_{v_0}$ e $k = k_{v_0}$, dove v_0 è l'ultimo nodo di θ. Definiamo inoltre gli insiemi

$$P_v = \{w \in V(\theta) : \pi(w) = v \text{ e } \zeta_w^1 = H, \mu\},$$
$$Q_v = \{w \in V(\theta) : \pi(w) = v \text{ e } \zeta_w^1 = h\},$$

e poniamo $p_v = |P_v|$ e $q_v = |Q_v|$; quindi p_v e q_v indicano il numero di rami che entrano in v e che escono da nodi w con etichetta $\zeta_w^1 \in \{H, \mu\}$ e, rispettivamente, il numero di rami che entrano in v e che escono da nodi w con etichetta $\zeta_w^1 = h$. Infine poniamo $m_v := p_v + q_v$, e chiamiamo $1/m_v!$ il *fattore combinatorio* del nodo v (cfr. la definizione 9.51 più avanti).

Osservazione 9.40 Si noti che m_v non è il grado del nodo v come definito all'inizio del §9.5.1 (i.e. il numero di rami incidenti con v), ma è il numero di rami entranti in v. Allo stesso modo, l'ordine k di un albero θ, secondo la definizione 9.39, non è il numero di nodi di θ, quindi non coincide con la definizione data nel §9.4. Il motivo per cui stiamo cambiando la definizione di ordine è che, come vedremo, i coefficienti delle funzioni (9.105) con ordine di Taylor k si esprimono in termini di alberi che hanno ordine k, indipendentemente dal numero dei loro nodi, quindi è naturale definire l'ordine di un albero come somma degli ordini dei nodi.

Definizione 9.41 (Etichette dei rami) *Dato un albero θ, a ogni ramo $\ell \in L(\theta)$ associamo le seguenti etichette:*

1. *il* momento ν_ℓ, *definito come*

$$\nu_\ell := \sum_{\substack{w \in V(\theta) \\ w \preceq v}} \nu_w, \tag{9.106}$$

se v è il nodo da cui esce ℓ (i.e. $\ell = \ell_v$);

2. *due etichette ζ_ℓ^1 e ζ_ℓ^2, che assumono i valori simbolici h, H, μ.*

In accordo con il valore delle sue etichette, diciamo che un ramo ℓ è di *tipo* $\zeta_\ell^1 \leftarrow \zeta_\ell^2$. Le etichette associate ai nodi e ai rami degli alberi non possono essere scelte in modo arbitrario. Infatti, perché i coefficienti $H_\nu^{(k)}$ e $h_\nu^{(h)}$ siano rappresentabili in termini di alberi, dobbiamo imporre che le etichette soddisfino delle condizioni di compatibilità, inclusa la (9.106).

Definizione 9.42 (Condizioni di compatibilità delle etichette) *Dato un albero θ, sussistono i seguenti vincoli sui valori che le etichette dei nodi e dei rami possono assumere:*

1. *i modi dei nodi e i momenti delle linee soddisfano la* (9.106)*;*
2. *se $\ell = \ell_v$, si ha $\zeta_\ell^1 = \zeta_v^1$ e $\zeta_\ell^2 = \zeta_v^2$;*

3. *sono possibili solo rami di tipo* $\mu \leftarrow H$, $h \leftarrow H$, $H \leftarrow h$ *e* $h \leftarrow h$ *(ovvero non esistono rami di tipo* $\mu \leftarrow h$, $H \leftarrow H$, $H \leftarrow \mu$, $h \leftarrow \mu$ *e* $\mu \leftarrow \mu$*);*
4. *se* ℓ_v *è di tipo* $h \leftarrow h$ *o* $H \leftarrow h$*, si ha* $\delta_v = 1$*;*
5. *se* $\delta_v = 0$*, il ramo* ℓ_v *è di tipo* $h \leftarrow H$ *o* $\mu \leftarrow H$*,* $q_v = 0$ *e* $p_v \geq 2$*;*
6. *si ha* $\nu_\ell \neq 0$ *se* $\zeta_\ell^1 = h, H$ *e* $\nu_\ell = 0$ *se* $\zeta_\ell^1 = \mu$*.*

Chiamiamo *alberi etichettati* gli alberi a cui siano state associate le etichette dei nodi e dei rami, consistentemente con le definizioni 9.39 e 9.41 e in modo tale da soddisfare le condizioni della definizione 9.42.

Lemma 9.43 *Per ogni nodo* v *si ha* $d_v \leq 2k_v - 1$*. In particolare se* θ *è un albero di ordine* k *che ha* d *nodi, si ha* $d \leq 2k - 1$*.*

Dimostrazione Si procede per induzione sul grado. Se $d_v = 1$, si ha $\delta_v = 1$ (come conseguenza della condizione 5 nella definizione 9.42) e $k_v = 1$, così che $d_v = 2k_v - 1 = 1$. Se $d_v \geq 2$, si ha $m_v \geq 1$. Siano $v_1, \ldots, v_{m_v}$ i nodi che precedono immediatamente v, i.e. tali che $\pi(v_1) = \ldots = \pi(v_{m_v}) = v$. Si ha

$$
\begin{aligned}
d_v &= 1 + \sum_{i=1}^{m_v} d_{v_i} \\
&\leq 1 + \sum_{i=1}^{m_v} (2k_{v_i} - 1) = 1 + 2\big(k_{v_1} + \ldots + k_{v_{m_v}}\big) - m_v,
\end{aligned} \tag{9.107}
$$

per l'ipotesi induttiva. D'altra parte si ha

$$
k_v = \delta_v + k_{v_1} + \ldots + k_{v_{m_v}}, \tag{9.108}
$$

così che, unendo le (9.107) e (9.108), si ottiene

$$
d_v \leq 2k_v - (2\delta_v + m_v - 1).
$$

Se $\delta_v = 1$ si ha $2\delta_v + m_v - 1 \geq m_v + 1 \geq 1$; se invece $\delta_v = 0$ si ha $m_v = q_v \geq 2$, che implica $2\delta_v + m_v - 1 \geq m_v - 1 \geq 1$. Quindi in entrambi i casi si ha $d_v \leq 2k_v - 1$. □

Vogliamo ora associare dei valori numerici ai rami e dei tensori ai nodi degli alberi, in funzione dei valori delle rispettive etichette.

Definizione 9.44 (Propagatore) *A ogni ramo* ℓ *con* $\nu_\ell \neq 0$ *associamo un* propagatore

$$
g_\ell = \frac{1}{\langle i\omega_0, \nu_\ell \rangle^{R_\ell}}, \qquad R_\ell = \begin{cases} 1, & \text{se } \ell \text{ è di tipo } h \leftarrow H \text{ o di tipo } H \leftarrow h, \\ 2, & \text{se } \ell \text{ è di tipo } h \leftarrow h. \end{cases}
$$

Se $\nu_\ell = 0$ *(e quindi* ℓ *è di tipo* $\mu \leftarrow H$*), poniamo* $R_\ell = 0$ *e* $g_\ell = 1$*.*

Definizione 9.45 (Operatore di un ramo) *A ogni ramo $\ell = (v', v)$, con $v' = \pi(v)$, che non sia il ramo della radice, associamo un* operatore

$$O_\ell = \begin{cases} \langle i\nu_{v'}, -iT(J_0)\,\nu_v\rangle, & \textit{se } \ell \textit{ è di tipo } h \leftarrow h, \\ \left\langle i\nu_{v'}, \dfrac{\partial}{\partial J_v}\right\rangle, & \textit{se } \ell \textit{ è di tipo } h \leftarrow H, \\ \left\langle \dfrac{\partial}{\partial J_{v'}}, -i\nu_v\right\rangle, & \textit{se } \ell \textit{ è di tipo } H \leftarrow h, \\ \left\langle \dfrac{\partial}{\partial J_{v'}}, -(T(J_0))^{-1}\dfrac{\partial}{\partial J_v}\right\rangle, & \textit{se } \ell \textit{ è di tipo } \mu \leftarrow H, \end{cases}$$

dove la matrice invertibile $T(J_0)$ è definita in (9.103). *Al ramo della radice $\ell_0 = (r, v_0)$ associamo l'*operatore

$$O_{\ell_0} = \begin{cases} -iT(J_0)\,\nu_{v_0}, & \textit{se } \ell_0 \textit{ è di tipo } h \leftarrow h, \\ \dfrac{\partial}{\partial J_{v_0}}, & \textit{se } \ell_0 \textit{ è di tipo } h \leftarrow H, \\ -i\nu_{v_0}, & \textit{se } \ell_0 \textit{ è di tipo } H \leftarrow h, \\ -(T(J_0))^{-1}\dfrac{\partial}{\partial J_{v_0}}, & \textit{se } \ell_0 \textit{ è di tipo } \mu \leftarrow H. \end{cases}$$

Il significato delle derivate che compaiono nella definizione degli operatori associati ai rami è il seguente. Associamo a ogni nodo $v \in V(\theta)$ una funzione

$$\Phi_{\nu_v}(J_v) = \begin{cases} V_{\nu_v}(J_v), & \text{se } \delta_v = 1, \\ \mathcal{H}_0(J_v), & \text{se } \delta_v = 0, \end{cases}$$

e consideriamo la quantità

$$\left(\prod_{\ell \in L(\theta)} O_\ell\right)\left(\prod_{v \in V(\theta)} \Phi_v(J_v)\right), \tag{9.109}$$

dove O_ℓ si scrive in accordo con la definizione 9.45, con le derivate $\partial/\partial J_v$ che agiscono sulla funzione $\Phi_{\nu_v}(J_v)$ associata al nodo v e le derivate $\partial/\partial J_{v'}$ che agiscono sulla funzione $\Phi_{\nu_{v'}}(J_{v'})$ associata al nodo v', e, dopo aver derivato rispetto a tali variabili, si pone $J_v = J_0\ \forall v \in V(\theta)$.

Osservazione 9.46 L'operatore O_ℓ è un operatore scalare, i.e. ha una componente, se $\ell \neq \ell_0$ (i.e. se ℓ non è il ramo della radice), mentre è un operatore vettoriale, i.e. ha n componenti, se $\ell = \ell_0$. Quindi la (9.109) è un vettore.

Definizione 9.47 (Fattore di un nodo) *Definiamo*

$$D_v := \begin{cases} -iT(J_0)\,\nu_v, & \textit{se } \ell_v \textit{ è di tipo } h \leftarrow h, \\ \dfrac{\partial}{\partial J}, & \textit{se } \ell_v \textit{ è di tipo } h \leftarrow H, \\ -i\nu_v, & \textit{se } \ell_v \textit{ è di tipo } H \leftarrow h, \\ -(T(J_0))^{-1}\dfrac{\partial}{\partial J}, & \textit{se } \ell_v \textit{ è di tipo } \mu \leftarrow H. \end{cases}$$

A ogni nodo v associamo il fattore di nodo

$$F_v := \begin{cases} D_v(i\nu_v)^{q_v}\dfrac{\partial^{p_v}}{\partial J^{p_v}}V_{\nu_v}(J_0), & \textit{se } \delta_v = 1, \\ D_v\dfrac{\partial^{p_v}}{\partial J^{p_v}}\mathcal{H}_0(J_0), & \textit{se } \delta_v = 0. \end{cases}$$

Osservazione 9.48 Si noti che D_v è un operatore vettoriale e, di conseguenza, F_v è un tensore con $m_v + 1$ indici che variano in $\{1, \dots, n\}$.

Lemma 9.49 *Dato un albero etichettato θ, la* (9.109) *calcolata a $J_v = J_0$ si scrive come un prodotto*

$$\prod_{v \in V(\theta)} F_v, \tag{9.110}$$

dove gli indici dei tensori F_v sono contratti in accordo con la definizione 9.45.

Dimostrazione Segue direttamente dalla (9.109) tenendo conto dell'espressione esplicita degli operatori O_ℓ dei rami $\ell \in L(\theta)$. □

Sia $D(\rho, \xi, J_0)$ il dominio definito in (9.2). Scriviamo

$$E := \max\{\max_{(\varphi,J)\in D(\rho,\xi,J_0)} |V(\varphi, J)|, \max_{(\varphi,J)\in D(\rho,\xi,J_0)} |\mathcal{H}_0(J)|\}, \tag{9.111}$$

Introduciamo inoltre β tale che

$$\beta^{-1} \le \|T(J_0)\| \le \beta,$$

e poniamo

$$\beta_0 := \max\{\beta, 1\}, \qquad \rho_0 := \min\{\rho, 1\}, \qquad \xi_0 := \min\{\xi, 1\}. \tag{9.112}$$

Si noti che β_0 è finito per le ipotesi su $\mathcal{H}_0$ (cfr. la (9.89)).

Lemma 9.50 *Sia θ un albero etichettato di ordine k. Per ogni $\xi_3 \in (0, \xi_0)$, si ha*

$$\left| \prod_{v \in V(\theta)} F_v \right| \le \left(\frac{\beta_0 E\, n}{\xi_3^2 \rho_0^2} \right)^{2k} \prod_{v \in V(\theta)} \mathrm{e}^{-(\xi - \xi_3)|\nu_v|} (m_v + 1)!.$$

Dimostrazione Il vettore (9.110) si ottiene contraendo gli indici dei tensori F_v. Se si tiene conto della definizione di O_ℓ si vede che ogni contrazione corrisponde a una somma su un indice che varia da 1 a n (corrispondente a un prodotto scalare in $\mathbb{R}^n$). Poiché c'è una somma per ogni ramo e un albero di ordine k ha al più $2k - 1$ rami (cfr. il lemma 9.43), possiamo stimare

$$\left| \prod_{v \in V(\theta)} F_v \right| \le n^{2k} \prod_{v \in V(\theta)} \| F_v \|_\infty,$$

dove $\| F_v \|_\infty := \max\{ (F_v)_{i_1, \ldots, i_{m_v+1}} : i_1, \ldots, i_{m_v+1} = 1, \ldots, n \}$ indica il massimo dei moduli degli elementi del tensore F_v. Per ogni nodo $v \in V(\theta)$, indicando al solito con $\delta_{i,j}$ il simbolo di Kronecker, si ha

$$\| F_v \|_\infty \le \beta_0 |\nu_v|^{p_v + \delta_{\zeta_v^2, h}} (q_v + \delta_{\zeta_v^2, H})! \rho^{-(q_v + \delta_{\zeta_v^2, H})} \mathrm{e}^{-\xi |\nu_v|} E,$$

dove abbiamo usato la (9.4) (e il fatto che $\Phi \le E$) per stimare $V_\nu(J_0)$ e il teorema di Cauchy per stimare le derivate rispetto a J delle funzioni V_ν e $\mathcal{H}_0$ in $J = J_0$ (cfr. l'esercizio 9.58):

$$\max_{\substack{p_1, \ldots, p_n \ge 0 \\ p_1 + \ldots + p_n = p}} \left| \frac{\partial^p}{\partial J_1^{p_1} \ldots \partial J_n^{p_n}} V_\nu(J_0) \right| \le p! \rho^{-p} E,$$
$$\max_{\substack{p_1, \ldots, p_n \ge 0 \\ p_1 + \ldots + p_n = p}} \left| \frac{\partial^p}{\partial J_1^{p_1} \ldots \partial J_n^{p_n}} \mathcal{H}_0(J_0) \right| \le p! \rho^{-p} E.$$

Tenendo conto che

- $|\nu_v|^q \mathrm{e}^{-\xi |\nu_v|} \le q!\, \xi_3^{-q} \mathrm{e}^{\xi_3 |\nu_v|} \mathrm{e}^{-\xi |\nu_v|} \le q!\, \xi_3^{-q} \mathrm{e}^{-(\xi - \xi_3)|\nu_v|}$ (cfr. l'esercizio 9.6),
- $p_v + \delta_{\zeta_v^2, H} + q_v + \delta_{\zeta_v^2, h} = m_v + 1$,
- $k_1! k_2! \le (k_1 + k_2)!$ per ogni $k_1, k_2 \in \mathbb{N}$ (cfr. l'esercizio 9.77),
- si ha

$$\sum_{v \in V(\theta)} (p_v + \delta_{\zeta_v^2, H} + q_v + \delta_{\zeta_v^2, h}) \le \sum_{v \in V(\theta)} (m_v + 1) \le 4k,$$

per i lemmi 9.35 e 9.43,

otteniamo la stima

$$\begin{aligned}\prod_{v\in V(\theta)} \|F_v\|_\infty &\le \prod_{v\in V(\theta)} \beta_0 E\,|\nu_v|^{q_v+\delta_{\zeta_v^2,h}}(p_v+\delta_{\zeta_v^2,H})!\,\rho^{-(p_v+\delta_{\zeta_v^2,H})}\mathrm{e}^{-\xi|\nu_v|}\\ &\le (\beta_0 E)^{2k}\xi_3^{-4k}\rho_0^{-4k}\prod_{v\in V(\theta)}(q_v+\delta_{\zeta_v^2,h})!\,(p_v+\delta_{\zeta_v^2,H})!\mathrm{e}^{-(\xi-\xi_3)|\nu_v|}\\ &\le (\beta_0 E)^{2k}\xi_3^{-4k}\rho_0^{-4k}\prod_{v\in V(\theta)}(m_v+1)!\,\mathrm{e}^{-(\xi-\xi_3)|\nu_v|}\end{aligned}$$

dove abbiamo usato che $\xi_3, \rho_0 \le 1$ per ottenere il fattore $\xi_3^{-4k}\rho_0^{-4k}$. □

Definizione 9.51 (Valore di un albero) *Dato un albero etichettato θ, il vettore*

$$\mathrm{Val}(\theta) := \left(\prod_{v\in V(\theta)} \frac{1}{m_v!}F_v\right)\left(\prod_{\ell\in L(\theta)} g_\ell\right)$$

definisce il valore *di θ.*

Indichiamo con $\mathcal{T}_{k,\nu,\zeta}$ l'insieme di tutti gli alberi etichettati non equivalenti di ordine k tali che $\nu_{\ell_0} = \nu$ e $\zeta^1_{\ell_0} = \zeta$, se ℓ_0 è il ramo della radice.

Osservazione 9.52 A causa delle condizioni della definizione 9.42 gli indici ν e ζ in $\mathcal{T}_{k,\nu,\zeta}$ non sono del tutto indipendenti: si ha $\nu = 0$ se e solo se $\zeta = \mu$ (e di conseguenza si ha $\nu \neq 0$ se e solo se $\zeta = h, H$).

9.5.3 Rappresentazione dei coefficienti in termini di alberi

Per il momento abbiamo introdotto gli alberi in modo un po' astratto, mettendo da parte il problema sotto studio, i.e. lo studio delle serie perturbative, e limitandoci a dare alcune regole grafiche per costruire gli alberi etichettati e associare a ciascuno di essi un valore numerico. Il seguente risultato fornisce il legame tra gli sviluppi perturbativi che abbiamo considerato nel §9.4.3 e gli alberi etichettati che abbiamo introdotto nel §9.5.2.

Lemma 9.53 *Per ogni $k \ge 1$ e per ogni $\nu \in \mathbb{Z}^n \setminus \{0\}$, i coefficienti*

$$h_\nu^{(k)} = \sum_{\theta\in\mathcal{T}_{k,\nu,h}} \mathrm{Val}(\theta), \quad H_\nu^{(k)} = \sum_{\theta\in\mathcal{T}_{k,\nu,H}} \mathrm{Val}(\theta), \quad \mu^{(k)} = \sum_{\theta\in\mathcal{T}_{k,0,\mu}} \mathrm{Val}(\theta),$$

risolvono le equazioni (9.101) *e* (9.104), *con* $H_0^{(k)} = \mu^{(k)}$.

Figura 9.6 Albero θ_0 in $\mathcal{T}_{1,\nu,H}$

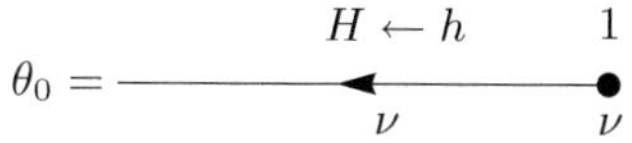

Dimostrazione La dimostrazione si può fare per induzione sull'ordine k.

- Se $k = 1$ i coefficienti $h_\nu^{(1)}$, $H_\nu^{(1)}$ e $\mu^{(1)} = H_0^{(1)}$ sono dati dalle (9.94c), (9.94b) e (9.94a), rispettivamente. In base alle regole date, l'insieme $\mathcal{T}_{1,\nu,H}$ contiene solo l'albero θ_0, costituito dal nodo v_0 e dal ramo della radice ℓ_0 che esce da v_0, e le etichette del nodo v_0 sono $\nu_{v_0} = \nu$, $\delta_{v_0} = 1$, $\zeta_{v_0}^1 = H$ e $\zeta_{v_0}^2 = h$, così che il ramo della radice ℓ_0 è di tipo $H \leftarrow h$ e il suo momento è $\nu_{\ell_0} = \nu$ (cfr. la figura 9.6).
  Si ha quindi (cfr. la (9.94b))

$$\sum_{\theta\in\mathcal{T}_{1,\nu,H}} \mathrm{Val}(\theta) = \mathrm{Val}(\theta_0) = F_{v_0} g_{\ell_0} = (-i\nu)V_\nu \frac{1}{\langle i\omega_0, \nu\rangle} = H_\nu^{(1)}.$$

  L'insieme $\mathcal{T}_{1,\nu,h}$ contiene due alberi θ_1 e θ_2, costituiti entrambi dal nodo v_0 e dal ramo della radice ℓ_0, tali che $\nu_{v_0} = \nu_{\ell_0} = \nu$. In entrambi gli alberi si ha $\delta_{v_0} = 1$ e $\zeta_{v_0}^1 = h$, mentre $\zeta_{v_0}^2 = h$ in θ_1 e $\zeta_{v_0}^2 = H$ in θ_2, così che il ramo della radice è di tipo $h \leftarrow h$ in θ_1 e $h \leftarrow H$ in θ_2 (cfr. la figura 9.7).
  Di conseguenza si ha

$$\mathrm{Val}(\theta_1) = F_{v_0} g_{\ell_0} = -(iT(J_0)\,\nu)V_\nu \frac{1}{\langle i\omega_0, \nu\rangle^2},$$
$$\mathrm{Val}(\theta_2) = F_{v_0} g_{\ell_0} = \partial_J V_\nu \frac{1}{\langle i\omega_0, \nu\rangle},$$

  e, dal confronto con la (9.94c), si deduce che

$$\sum_{\theta\in\mathcal{T}_{1,\nu,h}} \mathrm{Val}(\theta) = \mathrm{Val}(\theta_1) + \mathrm{Val}(\theta_2) = h_\nu^{(1)}.$$

  Infine $\mathcal{T}_{1,0,\mu}$ contiene un unico albero θ_3, costituito dal nodo v_0, con etichette $\nu_{v_0} = 0$ e $\delta_{v_0} = 1$, e dal ramo della radice ℓ_0, con momento $\nu_{\ell_0} = 0$, che è di tipo $\mu \leftarrow H$ (cfr. la figura 9.8).
  Pertanto si ha

$$\sum_{\theta\in\mathcal{T}_{1,0,\mu}} \mathrm{Val}(\theta) = \mathrm{Val}(\theta_3) = F_{v_0} g_{\ell_0} = -(T(J_0))^{-1}\partial_J V_\nu = \mu^{(1)}.$$

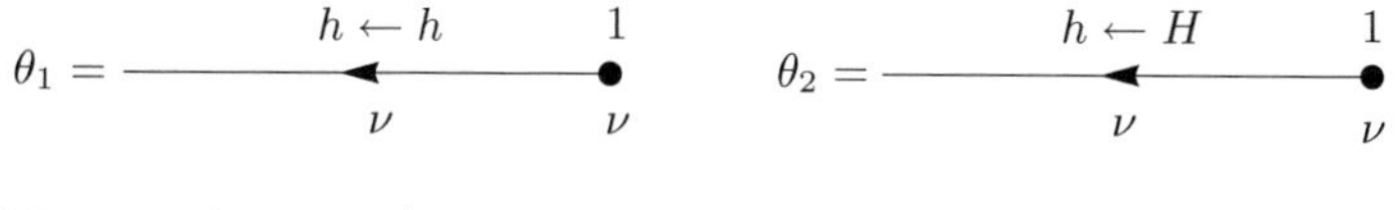

Figura 9.7 Alberi θ_1 e θ_2 in $\mathcal{T}_{1,\nu,h}$

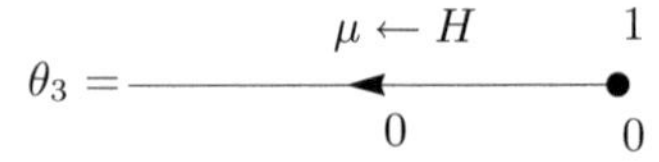

Figura 9.8 Albero θ_3 in $\mathcal{T}_{1,0,\mu}$

- Consideriamo ora $k > 1$ e rappresentiamo graficamente i coefficienti $H_\nu^{(k)}$, $h_\nu^{(k)}$ e $\mu^{(k)}$ con gli elementi grafici della figura 9.9. Ricordiamo che $\mu^{(k)} = H_0^{(k)}$, quindi può essere utile talvolta rappresentare, in maniera equivalente, $\mu^{(k)}$ con lo stesso elemento grafico usato per $H_\nu^{(k)}$, ma con $\nu = 0$ in tal caso (cfr. per esempio il punto successivo).
- Possiamo dare una rappresentazione grafica delle (9.101) e (9.104) nel modo che ora illustriamo. L'equazione (9.101a) per i coefficienti $H_\nu^{(k)}$ si rappresenta graficamente come nella figura 9.10: rappresentiamo il membro di destra dell'equazione con un nodo v_0 da cui esce un ramo ℓ_0 e in cui entrano $p+q$ elementi grafici della forma data nella figura 9.9. Al nodo v_0 sono associate le etichette $\delta_{v_0} = 1$ e $\nu_{v_0} = \nu_0$. I primi q elementi grafici rappresentano i coefficienti $H_{\nu_1}^{(k_1)}, \ldots, H_{\nu_q}^{(k_q)}$, mentre gli ultimi p rappresentano i coefficienti $h_{\nu_1'}^{(k_1')}, \ldots, h_{\nu_p'}^{(k_p')}$, in accordo con le notazioni della figura 9.9; pertanto si ha $\nu_i' \neq 0 \ \forall i = 1, \ldots, p$, mentre si può avere $\nu_i = 0$ per $i = 1, \ldots, q$ e, se questo accade, interpretiamo $H_0^{(k_i)} = \mu^{(k_i)}$. Associamo al ramo ℓ_0 che esce dal nodo v_0 un'etichetta ν, con il vincolo che $\nu = \nu_0 + \nu_1 + \ldots + \nu_p + \nu_1' + \ldots + \nu_q'$, e diciamo che ℓ_0 è di tipo $H \leftarrow h$ per evidenziare, con H, che si tratta di un contributo a un coefficiente $H_\nu^{(k)}$ e, con h, che il contributo corrisponde a un termine in cui si è derivata la funzione V rispetto all variabile φ (cfr. la (9.83b)). Se al nodo v_0 associamo anche un fattore

$$\widetilde{F}_{v_0} = -\frac{1}{p!q!}(i\nu_0)^{q+1}\frac{\partial^p}{\partial J^p}V_{\nu_0}, \tag{9.113}$$

e al ramo ℓ_0 un propagatore

$$g_{\ell_0} = \frac{1}{\langle i\omega_0, \nu\rangle}, \tag{9.114}$$

siamo allora in grado di risalire dalla figura 9.10 alla (9.101a) e viceversa. Nella figura 9.10, le somme sugli indici p, q e sugli indici di Taylor e di Fourier che compaiono nella (9.101) sono sottointese. Notiamo infine che se, nella figura 9.10, invece di imporre il vincolo che i primi p rami $\ell_1, \ldots, \ell_p$ abbiano le etichette $\zeta_{\ell_i}^1$ uguali a H e gli ultimi q rami $\ell_1', \ldots, \ell_q'$ abbiano le etichette $\zeta_{\ell_i'}^1$ uguali

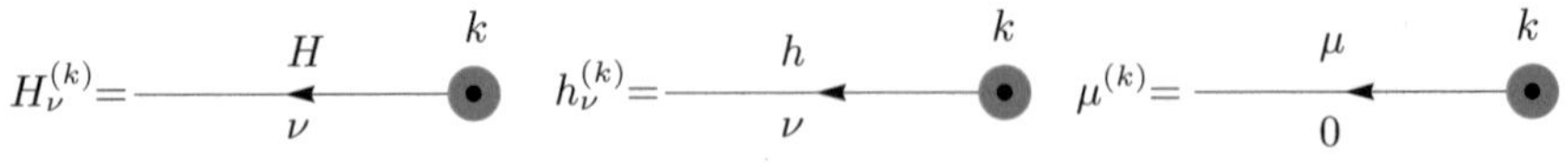

Figura 9.9 Rappresentazione grafica dei coefficienti $H_\nu^{(k)}$, $h_\nu^{(k)}$ e $\mu^{(k)}$

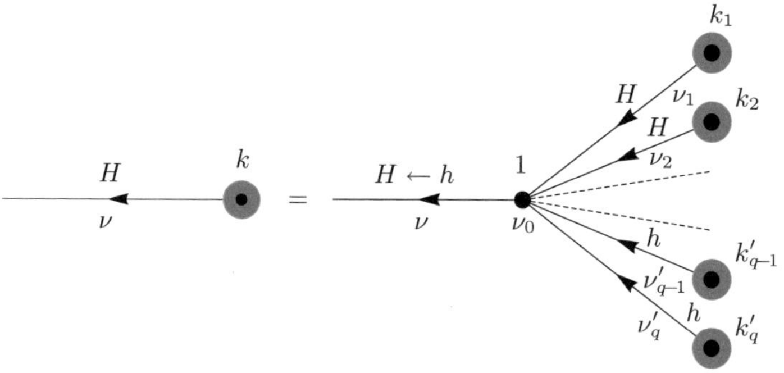

Figura 9.10 Rappresentazione grafica della (9.101a)

a h, permettiamo invece a ciascuno ramo ℓ, degli $m = p + q$ che entrano in v_0, di avere un'etichetta ζ^1_ℓ uguale a H o h, indifferentemente, purché q etichette siano H e p siano h, allora, per evitare di contare troppi contributi, il fattore combinatorio $1/p!q!$ deve essere sostituito da un nuovo fattore combinatorio c tale che, moltiplicato per il numero di modi di scegliere p etichette H e $q = m - p$ etichette h (tanti sono i termini che producono lo stesso contributo), deve dare $1/p!q!$, i.e. tale che

$$c \binom{m}{p} = \frac{1}{p!q!} \qquad \Longrightarrow \qquad c \frac{m!}{p!q!} = \frac{1}{p!q!}$$

da cui si ottiene $c = 1/m!$. Ne segue che, invece del fattore (9.113), al nodo v_0 va associato il fattore

$$F_{v_0} = -\frac{1}{m!} (i \nu_0)^{q+1} \frac{\partial^p}{\partial J^p} V_{\nu_0}. \tag{9.115}$$

- Analogamente rappresentiamo l'equazione (9.101b), che definisce i coefficienti $h^{(k)}_\nu$, come illustrato nella figura 9.11. Si hanno tre contributi diversi. Il primo corrisponde al termine

$$\frac{1}{\langle i\omega_0, \nu \rangle} \frac{\partial}{\partial J} \omega_0(J_0) \, H^{(k)}_\nu = \frac{1}{\langle i\omega_0, \nu \rangle} T(J_0) \, H^{(k)}_\nu$$

nella (9.101b) e quindi è rappresentato graficamente come $H^{(k)}_\nu$ (cfr. il grafico a destra nella prima riga della figura 9.11), con l'unica differenza che il fattore associato al nodo v_0 è

$$F_{v_0} = -\frac{1}{m!} (i T(J_0) \, \nu_0) \, (i \nu_0)^q \frac{\partial^p}{\partial J^p} V_{\nu_0},$$

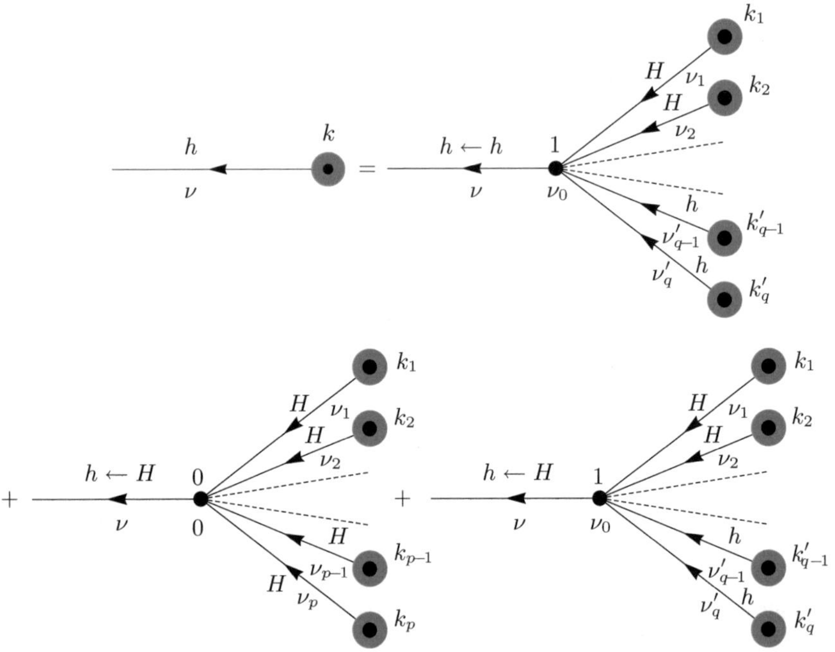

Figura 9.11 Rappresentazione grafica della (9.101b)

invece del fattore (9.115), e il propagatore associato al ramo ℓ è

$$g_{\ell_0} = \frac{1}{\langle i\omega_0, \nu\rangle^2},$$

invece del propagatore (9.114). Per tener conto di queste differenze diciamo che il ramo ℓ_0 è di tipo $h \leftarrow h$ invece che di tipo $H \leftarrow h$: questo implica che si tratta di un contributo a un coefficiente $h_\nu^{(k)}$, anziché a un coefficiente $H_\nu^{(k)}$ come nel caso precedente, e che tale contributo corrisponde di nuovo a un termine in cui si deriva la funzione V rispetto alla variabile φ. I restanti contributi a $h_\nu^{(k)}$ sono rappresentati graficamente dalla seconda riga della figura 9.11.
Si ha $\delta_{v_0} = 0$ nel primo contributo e $\delta_{v_0} = 1$ nel secondo, e in entrambi i contributi il ramo ℓ_0 è di tipo $h \leftarrow H$, a indicare che si tratta di contributi a un coefficiente $h_\nu^{(k)}$ che corrispondono a termini in cui si è derivata la funzione $\mathcal{H}_0$ (se $\delta_{v_0} = 0$) o V (se $\delta_{v_0} = 1$) rispetto alla variabile J. Nel caso $\delta_{v_0} = 0$ al nodo v_0 associamo l'etichetta $\nu_0 = 0$ e il fattore

$$F_{v_0} = \frac{1}{m!}\frac{\partial^{p+1}}{\partial J^{p+1}}\mathcal{H}_0(J_0),$$

mentre nel caso $\delta_{v_0} = 1$ al nodo v_0 associamo l'etichetta $\nu_0 \in \mathbb{Z}^n$ e il fattore

$$F_{v_0} = \frac{1}{m!}(i\,\nu_0)^q \frac{\partial^{p+1}}{\partial J^{p+1}} V_{\nu_0}.$$

Poiché usiamo il fattore combinatorio $1/m!$, stiamo assumendo che, in tutti i contributi, ogni ramo ℓ che entri in v_0 possa avere etichetta ζ_ℓ^1 uguale a H o h, indifferentemente, purché sia sempre soddisfatto il vincolo che, nel complesso, p etichette siano H e q siano h.

- Infine l'equazione (9.104), per i coefficienti $\mu^{(k)} = H_0^{(k)}$, è rappresentata graficamente come nella figura 9.12.
  Si hanno tre contributi diversi. Il primo corrisponde al termine

$$\frac{1}{\langle i\,\omega_0, \nu\rangle} \frac{\partial}{\partial J}\omega_0(J_0)\, H_\nu^{(k)} = \frac{1}{\langle i\,\omega_0, \nu\rangle} T(J_0)\, H_\nu^{(k)}$$

nella (9.101b) e quindi è apppresentato come $H_\nu^{(k)}$, con l'unica differenza che il fattore associato al nodo v_0 è

$$F_{v_0} = -\frac{1}{m!}(i\,T(J_0)\,\nu_0)\,(i\,\nu_0)^q \frac{\partial^p}{\partial J^p} V_{\nu_0},$$

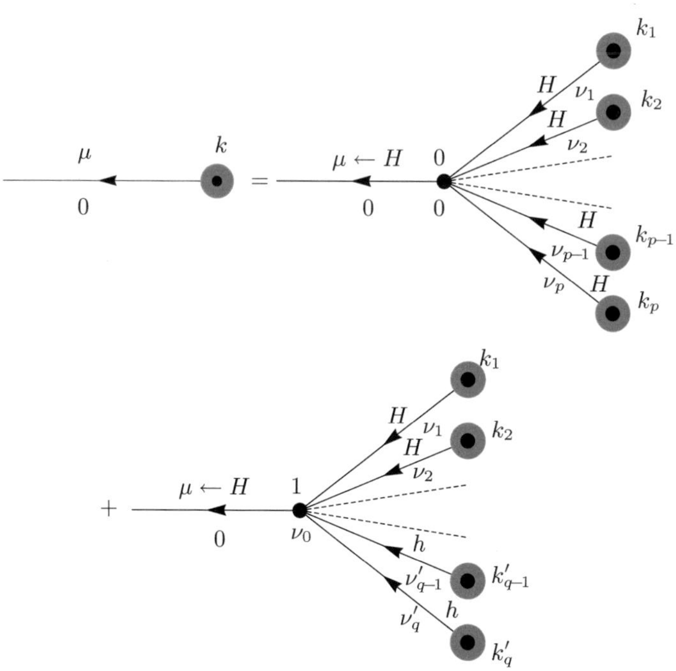

Figura 9.12 Rappresentazione grafica della (9.104)

invece del fattore (9.115), e il propagatore associato al ramo ℓ è

$$g_{\ell_0} = \frac{1}{\langle i\omega_0, \nu\rangle^2},$$

invece del propagatore (9.114). Per tener conto di queste differenze diciamo che il ramo ℓ_0 è di tipo $h \leftarrow h$ invece che di tipo $H \leftarrow h$: questo implica che si tratta di un contributo a un coefficiente $h_\nu^{(k)}$, anziché a un coefficiente $H_\nu^{(k)}$ come nel caso precedente, e che tale contributo corrisponde di nuovo a un termine in cui si deriva la funzione V rispetto alla variabile φ. I restanti contributi a $h_\nu^{(k)}$ sono rappresentati graficamente dalla seconda riga della figura 9.11. Si ha $\delta_{v_0} = 0$ nel primo contributo e $\delta_{v_0} = 1$ nel secondo, e in entrambi i contributi il ramo ℓ_0 è di tipo $h \leftarrow H$, a indicare che si tratta di contributi a un coefficiente $h_\nu^{(k)}$ che corrispondono a termini in cui si è derivata la funzione $\mathcal{H}_0$ (se $\delta_{v_0} = 0$) o V (se $\delta_{v_0} = 1$) rispetto alla variabile J. Nel caso $\delta_{v_0} = 0$ al nodo v_0 associamo l'etichetta $\nu_0 = 0$ e il fattore

$$F_{v_0} = \frac{1}{m!}\frac{\partial^{p+1}}{\partial J^{p+1}}\mathcal{H}_0(J_0),$$

mentre nel caso $\delta_{v_0} = 1$ al nodo v_0 associamo l'etichetta $\nu_0 \in \mathbb{Z}^n$ e il fattore

$$F_{v_0} = \frac{1}{m!}(i\nu_0)^q \frac{\partial^{p+1}}{\partial J^{p+1}} V_{\nu_0}.$$

Ovviamente, poiché usiamo il fattore combinatorio $1/m!$, stiamo assumendo che, in tutti i contributi, ogni ramo ℓ che entri in v_0 possa avere etichetta ζ_ℓ^1 uguale a H o h, indifferentemente, purché sia sempre soddisfatto il vincolo che, nel complesso, p etichette siano H e q siano h. Il propagatore associato al ramo ℓ_0 è $g_{\ell_0} = 1$, mentre il fattore associato al nodo v_0 è

$$F_{v_0} = -\frac{1}{m!}\left((T(J_0))^{-1}\frac{\partial}{\partial J}\right)\frac{\partial^p}{\partial J^p}\mathcal{H}_0(J_0)$$

nel primo caso (quando $\delta_{v_0} = 0$ e $\nu_{v_0} = 0$) e

$$F_{v_0} = \frac{1}{m!}(i\nu_0)^q \frac{\partial^{p+1}}{\partial J^{p+1}} V_{\nu_0}$$

nel secondo caso (quando $\delta_{v_0} = 1$ e $\nu_{v_0} \in \mathbb{Z}^n$). In particolare si ha $p \geq 2$ quando $\delta_{v_0} = 0$.

- Per l'ipotesi induttiva, per ogni $k' < k$, ciascun coefficiente $H_{\nu'}^{(k')}$, $h_{\nu'}^{(k')}$ e $\mu^{(k')}$ che appare nelle equazioni (9.101) e (9.104) è rappresentato come

$$h_{\nu'}^{(k')} = \sum_{\theta\in\mathcal{T}_{k',\nu',h}} \mathrm{Val}(\theta), \quad H_{\nu'}^{(k')} = \sum_{\theta\in\mathcal{T}_{k',\nu',H}} \mathrm{Val}(\theta), \quad \mu^{(k')} = \sum_{\theta\in\mathcal{T}_{k',0,\mu}} \mathrm{Val}(\theta).$$

Per ciascun coefficiente consideriamo un albero il cui valore contribuisce alla somma che definisce tale coefficiente. In altre parole prendiamo un albero $\theta_1 \in \mathcal{T}_{k_1,\nu_1,H}$ il cui valore contribuisce alla somma che dà $H_{\nu_1}^{(k_1)}$; un albero $\theta_2 \in \mathcal{T}_{k_2,\nu_2,H}$ il cui valore contribuisce alla somma che dà $H_{\nu_2}^{(k_2)}$; e così via, fino a un albero $\theta_m \in \mathcal{T}_{k'_q,\nu'_q,h}$ il cui valore contribuisce alle somma

$$\sum_{\theta \in \mathcal{T}_{k'_q,\nu'_q,h}} \text{Val}(\theta) = h_{\nu'_q}^{(k'_q)}$$

nel caso in cui si abbia $\delta_{v_0} = 1$ e fino a un albero $\theta_m \in \mathcal{T}_{k_p,\nu_p,H}$ il cui valore contribuisce alla somma

$$\sum_{\theta \in \mathcal{T}_{k_p,\nu_p,H}} \text{Val}(\theta) = H_{\nu_p}^{(k_p)}$$

nel caso in cui si abbia $\delta_{v_0} = 0$ (si ha $m = p + q$ nel primo caso e $m = p$ nel secondo). Ciascuno di tali alberi costituisce un sottoalbero che entra nel nodo v_0 di un albero θ che ha ramo della radice ℓ_0. Quindi, in base alla definizione dei fattori di nodo F_{v_0} e dei propagatori g_{ℓ_0}, nonché alle regole grafiche descritte precedentemente, si ha

$$\text{Val}(\theta) = \frac{1}{m!} F_{v_0} g_{\ell_0} \prod_{i=1}^{m} \text{Val}(\theta_i),$$

dove $m = m_{v_0}$. Per costruzione ogni albero θ di ordine k si ottiene fissando un nodo v_0 e "attaccando" al nodo v_0 un numero qualsiasi m di sottoalberi $\theta_1, \ldots, \theta_m$ che abbiano ordini $k_1, \ldots, k_m$, con $k_1 + \ldots + k_m + \delta_{v_0} = k$: qui, e nel seguito, quando diciamo che attacchiamo un albero al nodo v_0 intendiamo che l'albero ha la radice in v_0 e costituisce quindi un sottoalbero di θ. Quindi anche i coefficienti $H_\nu^{(k)}$, $h_\nu^{(k)}$ e $\mu^{(k)}$ di ordine k si possono scrivere some somma su tutti gli alberi θ contenuti negli insiemi $\mathcal{T}_{k,\nu,H}$, $\mathcal{T}_{k,\nu,h}$ e $\mathcal{T}_{k,0,\mu}$, rispettivamente, dei valori $\text{Val}(\theta)$ in accordo con la definizione 9.51.

Questo completa la dimostrazione del lemma. □

9.5.4 Condizione di compatibilità per la solubilità formale

La discussione precedente – in particolare il lemma 9.53 – non implica ancora che le serie (9.105), con i coefficienti $H_\nu^{(k)}$, $h_\nu^{(k)}$ e $\mu^{(k)}$ espressi come somme sugli alberi, forniscano una soluzione formale delle equazioni del moto, dal momento che a ogni ordine k dobbiamo richiedere che anche l'equazione (9.102) sia soddisfatta (condizione di compatibilità), mentre noi finora abbiamo ignorato tale equazione.

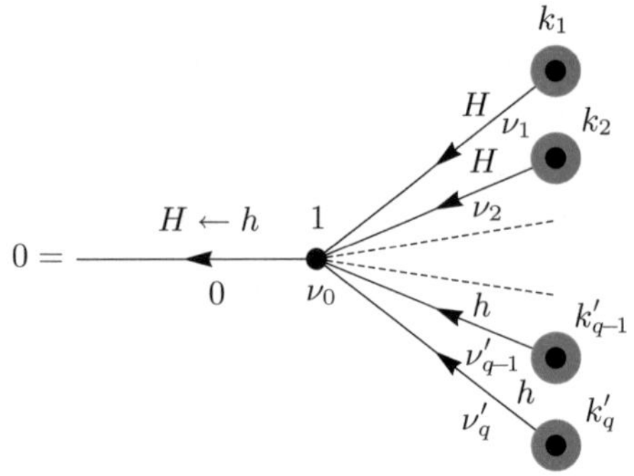

Figura 9.13 Rappresentazione grafica della (9.102)

In altre parole, sulla base dei risultati dimostrati finora, possiamo solo dire che le serie formali (9.105) risolvono le equazioni (9.101) e (9.104) per ogni k.

Dobbiamo quindi dimostrare che i coefficienti trovati risolvono automaticamente la (9.102) per ogni $k \in \mathbb{N}$. Anche la (9.102) ammette una rappresentazione grafica (cfr. la figura 9.13).

Confrontando la (9.102) con la (9.101a) si vede che la rappresentazione grafica del membro di destra della (9.102) è analoga alla figura 9.10, con le seguenti differenze:

- l'etichetta ν associata alla linea ℓ_0 vale $\nu = 0$;
- di conseguenza il corrispondente propagatore è $g_{\ell_0} = 1$.

Espandendo i coefficienti $H_{\nu'}^{(k')}$, $h_{\nu'}^{(k')}$ e $\mu^{(k')}$, con $k' < k$, otteniamo che il membro di destra della (9.102) può essere espresso come somma su tutti gli alberi in $\mathcal{T}_{k,0,H}$ dei corrispettivi valori, così che possiamo riscrivere l'equazione (9.102) in termini di alberi nella forma

$$\sum_{\theta \in \mathcal{T}_{k,0,H}} \mathrm{Val}(\theta) = 0. \tag{9.116}$$

Dimostrare che la (9.102) è soddisfatta è quindi equivalente a dimostrare che vale la (9.116).

Dato un albero θ, se v_0 è il suo ultimo nodo, definiamo

$$W(\theta) = \{v \in V(\theta) : \nu_\ell \neq 0 \quad \forall \ell \in L(\mathcal{P}(v_0, v))\}, \tag{9.117}$$

dove $\mathcal{P}(v_0, v)$ è il cammino che connette i nodi v_0 e v e $L(\mathcal{P}(v_0, v))$ è l'insieme dei rami contenuti in $\mathcal{P}(v_0, v)$ (cfr. l'inizio del §9.5.1 per le notazioni).

Osservazione 9.54 L'insieme dei nodi in $W(\theta)$ e l'insieme dei rami che li uniscono costituiscono il grafo connesso massimale contenente v_0 e tale che i suoi rami abbiano tutti momento diverso da zero. Il ramo uscente da v_0 (ramo della radice) può avere momento nullo – di fatto lo ha nel caso che stiamo considerando. Tutti i rami $\ell \in L(\theta)$ che entrano in un nodo di $W(\theta)$, se esistono, sono invece tali che $\nu_\ell = 0$.

Osservazione 9.55 Si ha

$$\sum_{v \in V(\theta)} \nu_v = 0 \qquad \Longleftrightarrow \qquad \sum_{v \in W(\theta)} \nu_v = 0,$$

poiché i rami $(\pi(w), w)$ con $\pi(w) \in W(\theta)$ e $w \notin W(\theta)$ hanno momento nullo.

Per ogni nodo $v \in V(\theta)$ indichiamo con $\mathcal{G}_v$ il gruppo delle permutazioni dei sottoalberi che entrano nel nodo v e con $G_v(\theta)$ l'insieme degli alberi non equivalenti ottenuti da θ attraverso l'operazione $\mathcal{G}_v$. Sia $G(\theta)$ l'insieme di tutti gli alberi non equivalenti ottenuti applicando $\mathcal{G}_v$ a tutti i nodi $v \in W(\theta)$.

Definizione 9.56 (Famiglia di un albero) *Per ogni albero $\theta \in \mathcal{T}_{k,0,H}$ consideriamo l'insieme $\mathcal{F}(\theta)$ degli alberi non equivalenti θ' ottenuti da θ attraverso le seguenti operazioni:*

1. *stacchiamo il ramo della radice ℓ_0 dal nodo v_0 e lo riattacchiamo a un qualsiasi altro nodo $v \in W(\theta)$ tale che $\delta_v = 1$;*
2. *applichiamo $\mathcal{G}_v$ a ogni nodo $v \in W(\theta)$;*

Chiamiamo $\mathcal{F}(\theta)$ la famiglia *dell'albero θ.*

Come effetto dell'operazione 1, poiché vogliamo che il grafo θ' che si ottiene attaccando il ramo della radice al nodo v sia ancora un albero, dobbiamo necessariamente cambiare l'orientazione di ogni ramo ℓ lungo il cammino $\mathcal{P}(v_0, v)$, in modo tale che la freccia corrispondente punti verso la radice e quindi verso il nuovo nodo privilegiato v. Ogni ramo $\ell \in L(\theta)$ diventa un ramo ℓ' visto come ramo di θ': si dice allora che $\ell' \in L(\theta')$ è il *ramo corrispondente* a $\ell \in L(\theta)$. In θ', il ramo ℓ può diventare un ramo ℓ' di tipo diverso quando si cambia il verso della freccia: infatti un ramo di tipo $h \leftarrow H$ diventa di tipo $H \leftarrow h$ e viceversa. Al contrario un ramo di tipo $h \leftarrow h$ rimane di tipo $h \leftarrow h$. Un ramo $\ell \in \mathcal{P}(v_0, v)$ non può essere di tipo $\mu \leftarrow H$ perché $\nu_\ell \neq 0$ per costruzione (cfr. la definizione di $W(\theta)$ in (9.117) e la costruzione della famiglia dell'albero θ). A causa del cambiamento di verso della freccia, cambia anche il momento ν_ℓ del ramo ℓ. In realtà il momento cambia semplicemente segno, come mostra il seguente argomento. Dato un ramo ℓ, sia v il nodo da cui ℓ esce (così che $\ell = \ell_v$). Poniamo

$$W_v^1(\theta) = \{w \in W(\theta) : w \preceq v\}, \qquad W_v^2(\theta) = W(\theta) \setminus W_v^1(\theta).$$

Poiché $\theta \in \mathcal{T}_{k,0,H}$, e quindi $\nu_{\ell_0} = 0$, se ℓ_0 è il ramo della radice, si ha (per l'osservazione 9.55)

$$\sum_{w \in W(\theta)} \nu_w = 0 \quad \Longleftrightarrow \quad \sum_{w \in W_v^1(\theta)} \nu_w + \sum_{w \in W_v^2(\theta)} \nu_w = 0.$$

Se $\ell \in \mathcal{P}(v_0, v)$, in θ si ha

$$\nu_\ell = \sum_{w \prec v} \nu_w = \sum_{w \in W_v^1(\theta)} \nu_w,$$

mentre in θ' il momento $\nu_{\ell'}$ del ramo ℓ' ottenuto da ℓ cambiandone l'orientazione diventa

$$\nu_{\ell'} = \sum_{w \in W_v^2(\theta)} \nu_w = -\sum_{w \in W_v^1(\theta)} \nu_w = -\nu_\ell$$

e quindi cambia segno rispetto a ν_ℓ.

Lemma 9.57 *Per ogni $\theta \in \mathcal{T}_{k,0,H}$, il prodotto $O_\ell\, g_\ell$ è una quantità invariante all'interno della famiglia $\mathcal{F}(\theta)$, i.e. per ogni $\ell \in L(\theta)$ e per ogni $\theta' \in \mathcal{F}(\theta)$ si ha $O_\ell\, g_\ell = O_{\ell'}\, g_{\ell'}$ se $\ell' \in L(\theta')$ è il ramo corrispondente a ℓ.*

Dimostrazione Sia $\theta' \in \mathcal{F}(\theta)$. Studiamo l'effetto dello spostamento del ramo della radice. Sia v il nodo di θ a cui è stata riattaccato il ramo della radice per ottenere l'albero θ'.

Dobbiamo dimostrare che per ogni ramo $\ell \in L(\theta)$ il prodotto $O_\ell\, g_\ell$ non cambia passando dall'albero θ all'albero θ'. Se $\ell \notin \mathcal{P}(v_0, v)$ questo è ovvio, dal momento che sia O_ℓ che g_ℓ non cambiano. Se invece $\ell \in \mathcal{P}(v_0, v)$, se abbiamo $\ell = (v', v)$ in θ, indichiamo con $\ell' = (v, v')$ la linea in θ' ottenuta cambiando l'orientazione di ℓ. Dalla definizione 9.45 di propagatore e dalla definizione 9.47 di operatore di un ramo si vede che:

- $O_{\ell'} = -O_\ell$ e $g_{\ell'} = -g_\ell$ se ℓ è di tipo $H \leftarrow h$ (e quindi ℓ' è di tipo $h \leftarrow H$);
- $O_{\ell'} = -O_\ell$ e $g_{\ell'} = -g_\ell$ se ℓ è di tipo $h \leftarrow H$ (e quindi ℓ' è di tipo $H \leftarrow h$);
- $O_{\ell'} = O_\ell$ e $g_{\ell'} = g_\ell$ se ℓ (e quindi anche ℓ') è di tipo $h \leftarrow h$.

Ne segue che $O_\ell\, g_\ell = O_{\ell'}\, g_{\ell'}$ per ogni linea ℓ. □

Dal lemma 9.57 concludiamo che, scrivendo

$$\left(\prod_{v \in V(\theta)} F_v\right)\left(\prod_{\ell \in L(\theta)} g_\ell\right) = -i\,\nu_{v_0}\mathcal{A}(\theta), \quad \mathcal{A}(\theta) := g_{\ell_0} \prod_{\ell \in L(\theta)\setminus\{\ell_0\}} O_\ell\, g_\ell, \tag{9.118}$$

se θ' è l'albero che si ottiene spostando il ramo della radice dal nodo v_0 al nodo v, si ha

$$\left(\prod_{v \in V(\theta')} F_v\right)\left(\prod_{\ell \in L(\theta')} g_\ell\right) = -i\,\nu_v\mathcal{A}(\theta') = -i\,\nu_v\mathcal{A}(\theta), \tag{9.119}$$

poiché $\mathcal{A}(\theta') = \mathcal{A}(\theta)\ \forall \theta' \in \mathcal{F}(\theta)$.

Osservazione 9.58 Ovviamente dalla (9.119) non possiamo dedurre che si abbia $\mathrm{Val}(\theta') = \mathrm{Val}(\theta)$, a causa dei diversi fattori combinatori $1/m_v!$ che compaiono nella definizione di $\mathrm{Val}(\theta)$. Tuttavia se potessimo trascurare i fattori combinatori, sommando i valori di tutti gli alberi ottenuti attaccando il ramo della radice a tutti i nodi $v \in W(\theta)$ con $\delta_v = 1$, otterremmo

$$\sum_{v \in W(\theta)} (-i\nu_v \mathcal{A}(\theta)) = -\mathcal{A}(\theta) \sum_{v \in W(\theta)} i\nu_v = 0,$$

ovvero la somma dei valori degli alberi in $\mathcal{T}_{k,0,H}$ sarebbe zero.

L'argomento dato nell'osservazione 9.58, in realtà, non può essere utilizzato per dimostrare la (9.116), almeno – come vedremo – non senza ulteriori considerazioni, non solo perché stiamo trascurando i fattori combinatori, ma anche perché non stiamo tenendo conto se gli alberi che otteniamo staccando e riattacando il ramo della radice sono equivalenti o no.

Si consideri per esempio l'albero θ della figura 9.14 e si assuma (per semplicità) che tutti i rami siano di tipo $h \leftarrow h$, i.e. tutti i nodi $w \in V(\theta)$ abbiano $\delta_w = 1$. Supponiamo che i modi siano come indicato nella figura: le foglie hanno tutte e tre lo stesso modo ν_1, tale che $\nu_0 + 3\nu_1 = 0$, così che si ha $\theta \in \mathcal{T}_{4,0,h}$.

Quando applichiamo le operazioni $\mathcal{G}_w$, $w \in V(\theta)$, non otteniamo altri contributi, in quanto i sottoalberi che entrano nel nodo v_0 sono (per costruzione) equivalenti tra loro. Lo stesso accade in θ'. Notiamo tuttavia che θ' si può ottenere in tre modi a partire da θ, a seconda del nodo a cui andiamo a riattaccare il ramo della radice. Possiamo sommare i tre contributi ottenuti attaccando il ramo della radice ai nodi v_1, v_2 e v_3, però, per evitare di contare lo stesso albero tre volte, dobbiamo dividere i corrispondenti valori per 3. In altre parole, invece di sommare a $\mathrm{Val}(\theta)$ soltanto $\mathrm{Val}(\theta')$ con un fattore combinatorio $1/2!$, possiamo sommare tre contributi uguali a $\mathrm{Val}(\theta')$, ciascuno con un fattore combinatorio $1/(3 \cdot 2!) = 1/3!$, così che

$$\begin{aligned}
\sum_{\theta' \in \mathcal{F}(\theta)} \mathrm{Val}(\theta) &= \frac{1}{3!}(i\nu_0)\mathcal{A}(\theta) + \frac{1}{2!}(i\nu_1)\mathcal{A}(\theta) \\
&= \frac{1}{3!}\Big((i\nu_0)\mathcal{A}(\theta) + (i\nu_1)\mathcal{A}(\theta) + (i\nu_1)\mathcal{A}(\theta) + (i\nu_1)\mathcal{A}(\theta)\Big) \\
&= \frac{1}{3!}\mathcal{A}(\theta) \sum_{v \in V(\theta)} i\nu_v = 0,
\end{aligned}$$

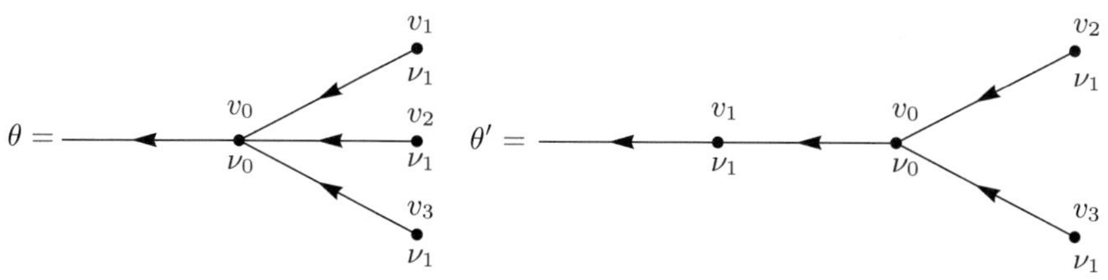

Figura 9.14 Gli alberi θ e θ' considerati nel testo

con $\mathcal{A}(\theta)$ definito come in (9.118). Questo mostra che, tenendo conto in modo corretto dei fattori combinatori, si trova la cancellazione discussa nell'osservazione 9.58, almeno per gli alberi che abbiamo considerato.

Prima di discutere il caso generale, vediamo un altro esempio, per meglio capire il meccanismo della cancellazione. Si consideri l'albero θ della figura 9.15, in cui il nodo v_0 ha lo stesso modo ν_0 di v_2 e le foglie hanno entrambe lo stesso modo $\nu_2 \neq \nu_0$.

Di nuovo, a titolo esemplificativo, si assuma che tutti i rami siano di tipo $h \leftarrow h$, che tutti i nodi $w \in V(\theta)$ abbiano di conseguenza $\delta_w = 1$ e che i modi dei nodi siano tali che $2\nu_0 + \nu_1 + 2\nu_2 = 0$, così che risulti $\theta \in \mathcal{T}_{5,0,h}$.

Staccando il ramo della radice ℓ_0 e riattaccandolo ai nodi v_1, v_2, v_3 e v_4 si ottengono gli alberi θ_1, θ_2, θ_3 e θ_4 della figura 9.15, rispettivamente. Notiamo che il fattore combinatorio associato al nodo v_0 è $1/2!$ in θ ed è 1 negli altri alberi, il fattore combinatorio associato al nodo v_1 è $1/2!$ in θ_1 ed è 1 negli altri alberi, il fattore combinatorio associato al nodo v_2 è $1/2!$ in θ_2 ed è 1 negli altri alberi; gli altri fattori combinatori sono tutti 1, indipendentemente dall'albero.

Adesso aggiungiamo agli alberi della figura 9.15 anche gli alberi che si ottengono a partire da essi attraverso le operazioni $\mathcal{G}_w$ applicate ai loro nodi. Gli unici nodi w per i quali l'operazione non è banale sono quelli con $m_w = 2$: permutando i rami che entrano nel nodo v_0 in θ si ottiene l'albero θ_5 e, analogamente, permutando i rami che entrano nel nodo v_2 in θ_2 si ottiene l'albero θ_6 (cfr. la figura 9.16), mentre, se permutiamo i rami che entrano il nodo v_1 in θ_1 non otteniamo nuovi alberi, poiché i sottoalberi che entrano in v_1 sono equivalenti tra loro. Si noti che in realtà θ_5 e θ_6 sono equivalenti, rispettivamente, a θ_2 e θ; analogamente sono equivalenti tra loro gli alberi θ_3 e θ_4. In conclusione $\mathcal{F}(\theta) = \{\theta, \theta_1, \theta_2, \theta_3\}$ costituisce la famiglia dell'albero θ.

Abbiamo quindi, definendo nuovo $\mathcal{A}(\theta)$ come in (9.118),

$$
\begin{aligned}
\sum_{\theta' \in \mathcal{F}(\theta)} \mathrm{Val}(\theta) &= \mathrm{Val}(\theta) + \mathrm{Val}(\theta_1) + \mathrm{Val}(\theta_2) + \mathrm{Val}(\theta_3) \\
&= \frac{1}{2!}(i\nu_0)\mathcal{A}(\theta) + \frac{1}{2!}(i\nu_1)\mathcal{A}(\theta) + \frac{1}{2!}(i\nu_0)\mathcal{A}(\theta) + (i\nu_2)\mathcal{A}(\theta) \\
&= \frac{1}{2!}\Big((i\nu_0)\mathcal{A}(\theta) + (i\nu_1)\mathcal{A}(\theta) + (i\nu_0)\mathcal{A}(\theta) + (i\nu_2)\mathcal{A}(\theta) + (i\nu_2)\mathcal{A}(\theta)\Big) \\
&= \frac{1}{2!}\mathcal{A}(\theta) \sum_{v \in V(\theta)} i\nu_v = 0,
\end{aligned}
$$

dove abbiamo tenuto conto che non dobbiamo contare θ_4, θ_5 e θ_6 perché equivalenti a θ_3, θ_2 e θ, rispettivamente, e abbiamo contato due volte l'albero θ_3 dove averne modificato il fattore combinatorio da 1 a $1/2!$.

In conclusione, possiamo associare lo stesso fattore combinatorio a ogni albero, ma, per far questo, dobbiamo contare alcuni alberi più volte, altrimenti si perdono alcuni contributi (in questo caso parte del valore di θ_3).

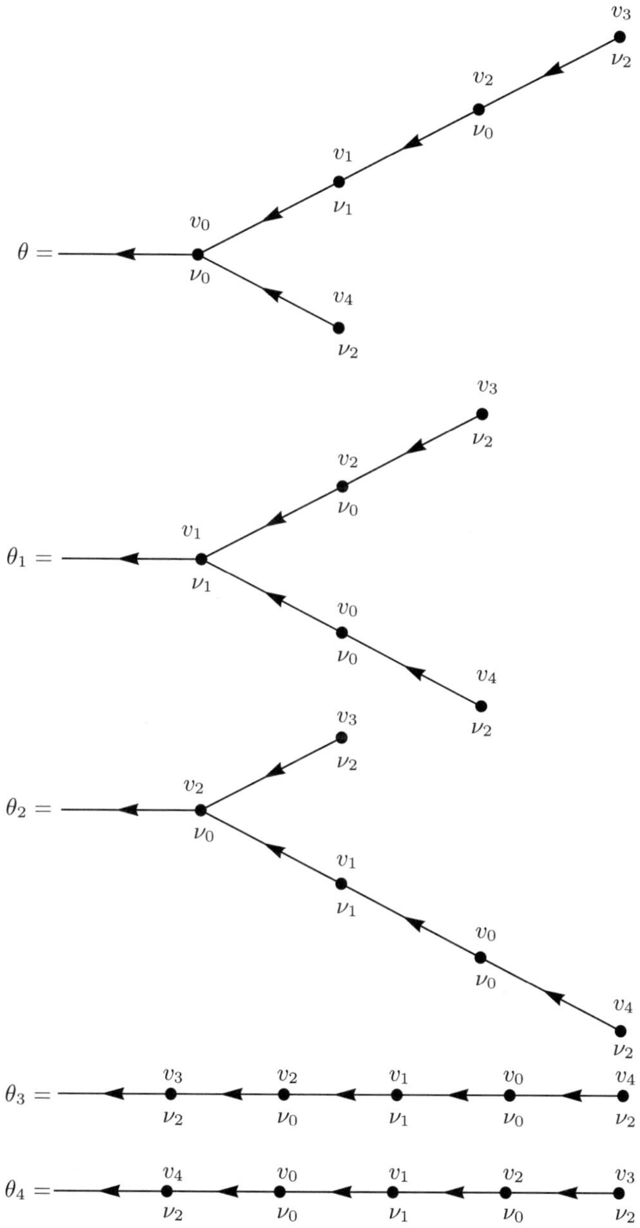

Figura 9.15 Gli alberi θ, θ_1, θ_2, θ_3 e θ_4 considerati nel testo

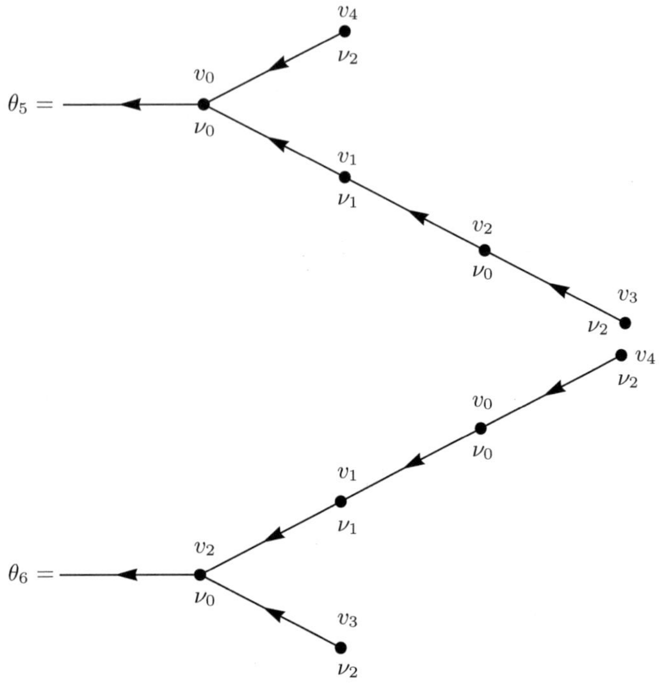

Figura 9.16 Gli alberi θ_5 e θ_6 considerati nel testo

Vogliamo ora mostrare che l'argomento si può estendere a qualsiasi albero, così che, contando i valori degli alberi con i fattori combinatori corretti, la (9.116) – e di conseguenza la (9.102) – è effettivamente soddisfatta.

Lemma 9.59 *Siano i coefficienti* $H_\nu^{(k)}$, $h_\nu^{(k)}$ *e* $\mu^{(k)}$ *definiti in accordo con il lemma 9.53 per ogni* $k \geq 1$ *e per ogni* $\nu \in \mathbb{Z}^n \setminus \{0\}$. *Allora la* (9.102) *è verificata per ogni* $k \in \mathbb{N}$.

Dimostrazione Per dimostrare la (9.102), ovvero la (9.116), mostriamo che gli addendi che compaiono nella somma (9.116) possono essere raccolti nelle famiglie introdotte nella definizione 9.56 e che i valori degli alberi all'interno di ogni famiglia sommano a zero. Riscriviamo la somma in (9.116) come

$$\sum_{\theta \in \mathcal{T}_{k,0,H}} \text{Val}(\theta) = \sum_{\theta \in \mathcal{T}_{k,0,H}} \frac{1}{|\mathcal{F}(\theta)|} \sum_{\theta' \in \mathcal{F}(\theta)} \text{Val}(\theta'),$$

dove abbiamo introdotto il fattore $1/|\mathcal{F}(\theta)|$ per evitare di contare lo stesso contributo $|\mathcal{F}(\theta)|$ volte; infatti se $\theta' \in \mathcal{F}(\theta)$ si ha $\theta \in \mathcal{F}(\theta')$. La (9.116) è allora dimostrata se, per ogni $\theta \in \mathcal{T}_{k,0,H}$, si trova

$$\sum_{\theta' \in \mathcal{F}(\theta)} \mathrm{Val}(\theta') = 0. \tag{9.120}$$

A ogni nodo $v \in W(\theta)$ associamo un fattore combinatorio nel modo seguente. Immaginiamo di staccare il ramo della radice di θ e riattaccarlo al nodo v. Sia $\theta(v)$ l'albero che si ottiene in questo modo. Ci sono m_v sottoalberi che entrano in v. Alcuni di essi sono equivalenti tra loro: ci saranno r_v sottoalberi $\theta_{v,1}, \ldots, \theta_{v,r_v}$ non equivalenti tali che $s_{v,1}$ sottoalberi entranti in v sono equivalenti a $\theta_{v,1}$, $s_{v,2}$ sottoalberi entranti in v sono equivalenti a $\theta_{v,2}$, e così via; per costruzione si ha $r_v \le m_v$ e $s_{v,1} + \ldots + s_{v,r_v} = m_v$.

Associamo al nodo v il fattore combinatorio

$$\sigma_v := \frac{1}{s_{v,1}!s_{v,2}!\ldots s_{v,r_v}!}. \tag{9.121}$$

Il fattore σ_v assume lo stesso valore per ogni albero $\theta' \in \mathcal{F}(\theta)$, poiché è determinato dall'albero $\theta(v)$, indipendentemente dall'albero θ da cui siamo partiti.

Per esempio, con riferimento alle figure 9.15 e 9.16 (per seguire l'argomento sotto può essere utile studiare preliminarmente cosa succede nel caso specifico della figura 9.14, come illustrato nell'esercizio 9.78), si ha, per ogni albero ivi rappresentato,

$$\sigma_{v_0} = \frac{1}{1!1!} = 1, \quad \sigma_{v_1} = \frac{1}{2!}, \quad \sigma_{v_2} = \frac{1}{1!1!} = 1, \quad \sigma_{v_3} = \frac{1}{0!} = 1, \quad \sigma_{v_4} = \frac{1}{0!} = 1,$$

perché, per calcolare i coefficienti σ_v, dobbiamo utilizzare, in base alla definizione data, θ per v_0, θ_1 per v_1, θ_2 per v_2, θ_3 per v_3 e θ_4 per v_4.

Consideriamo ora la somma in (9.120) e riscriviamola

$$\sum_{\theta' \in \mathcal{F}(\theta)} \mathrm{Val}(\theta') = \sum_{v \in W(\theta)} (i\nu_v)\,\mathcal{A}(\theta) \sum_{\theta' \in G(\theta(v))}^{*} \prod_{w \in V(\theta')} \frac{1}{m_w(\theta(v))!}, \tag{9.122}$$

dove

- $\mathcal{A}(\theta)$ è definito in (9.118);
- l'indice $*$ nella sommatoria esprime il vincolo che nella somma vanno considerati solo gli alberi non equivalenti;
- abbiamo scritto $m_w = m_w(\theta(v))$ per sottolineare il fatto che i fattori combinatori dipendono dall'albero $\theta(v)$, così che, se escludiamo il ramo della radice, tutti i rami adiacenti a $w = v$ sono entranti (il ramo uscente da v è il ramo della radice), mentre per ogni $w \neq v$ uno dei rami adiacenti a w è un ramo uscente; per esempio, facendo sempre riferimento alla figura 9.16, si ha $m_{v_0} = 2$ in θ e $m_{v_0} = 1$ negli altri alberi, poiché $\theta(v_0) = \theta$.

Possiamo riordinare le somme in (9.122) nel modo seguente:

$$\sum^{*}_{\theta'\in G(\theta(v))}\prod_{w\in V(\theta')}\frac{1}{m_w(\theta(v))!}=\prod_{w\in V(\theta)}\sum^{*}_{\theta'\in G_w(\theta(v))}\frac{1}{m_w(\theta(v))!},\tag{9.123}$$

dal momento ogni operazione $\mathcal{G}_w$ non altera i fattori combinatori dei nodi $w'\neq w$. L'indice $*$ esprime di nuovo il vincolo che dobbiamo considerare solo alberi non equivalenti, quindi, per ogni nodo w, ogni qual volta l'operazione $\mathcal{G}_w$ produce un albero equivalente a un albero che abbiamo già ottenuto applicando $\mathcal{G}_{w'}$ a un nodo w' già considerato nel prodotto, dobbiamo scartare tale albero. Ora, se da una parte si ha (cfr. la (9.121))

$$\sum_{\theta'\in G_v(\theta(v))}\frac{1}{m_v(\theta(v))!}=\sigma_v,$$

dall'altra, in generale, non possiamo scrivere una relazione dello stesso tipo per i fattori in (9.123) che corrispondono ai nodi $w\neq v$. Infatti, se $w\neq v$, il numero dei rami entranti in w non è dato da $m_w(\theta(w))$, dal momento che uno degli $m(\theta(w))$ rami adiacenti a w è un ramo uscente; in altre parole si ha $m_w(\theta(v))=m(\theta(w))-1$. Nell'albero $\theta(w)$ il ramo uscente ha orientazione opposta rispetto all'albero $\theta(v)$ ed è il ramo della radice di un sottoalbero θ'; tale sottoalbero è equivalente a uno dei sottoalberi di $\theta(w)$ (non equivalenti tra loro) che entrano in w. Con le notazioni introdotte dopo la (9.120), indichiamo con $\theta_{w,1},\dots,\theta_{w,r_w}$ tali sottoalberi, e con $s_{w,1},\dots,s_{w,2}$ il loro numero. Supponiamo che si abbia $\theta'=\theta_{w,1}$; questo è sempre possibile a meno di un riordinamento degli indici. Per ogni $w\neq v$, si ha

$$\sum_{\theta'\in G_w(\theta(v))}\frac{1}{m_w(\theta(v))!}=\frac{1}{(s_{w,1}-1)!s_{w,2}!\dots s_{w,r_w}!},$$

poiché in $\theta(v)$ ci sono solo $s_{w,1}-1$ sottoalberi equivalenti a $\theta_{w,1}$ che entrano in w.

A questo punto è importante osservare che, proprio perché ci sono $s_{w,1}$ alberi equivalenti a $\theta_{w,1}$ che entrano in w in $\theta(w)$, se attacchiamo il ramo della radice non al nodo v ma al nodo omologo del nodo v in ciascuno di tali sottoallberi, otteniamo $s_{w,1}$ alberi equivalenti a θ'. Di conseguenza, poiché la somma in (9.123) è solo sugli alberi non equivalenti, tali contributi vanno contati una volta sola o, equivalentemente, se li contiamo tutti dobbiamo dividere per $s_{w,1}$. In pratica, è più comodo contarli tutti. Questo, infatti, comporta un duplice vantaggio: primo, se non facessimo così di fatto non potremmo attaccare il ramo delle radice al alcuni nodi perché così verremmo a sommare su alberi equivalenti tra loro; secondo, contando tutti gli alberi, il fattore combinatorio corrispondente al nodo w diventa, invece di (9.123),

$$\frac{1}{s_{w,1}}\frac{1}{(s_{w,1}-1)!s_{w,2}!\dots s_{w,r_w}!}=\frac{1}{s_{w,1}!s_{w,2}!\dots s_{w,r_w}!}=\sigma_w.$$

Ne concludiamo che, come conseguenza del vincolo espresso dall'indice $*$ in (9.122), la (9.123) dà

$$\sum_{\theta' \in G(\theta(v))}^{*} \prod_{w \in V(\theta')} \frac{1}{m_w(\theta(v))!} = \mathcal{B}(\theta), \qquad \mathcal{B}(\theta) := \prod_{w \in V(\theta)} \sigma_w, \tag{9.124}$$

e quindi non dipende da θ'. Per esempio, nel caso della figura 9.16, si ha $\mathcal{B}(\theta) = 1/2!$ (cfr. la discussione della famiglia dell'albero θ della figura 9.14). Usando le (9.123) e (9.124), la (9.122) diventa

$$\sum_{\theta' \in \mathcal{F}(\theta)} \mathrm{Val}(\theta') = \sum_{v \in W(\theta)} (i\nu_v)\mathcal{A}(\theta)\mathcal{B}(\theta) = \mathcal{A}(\theta)\mathcal{B}(\theta) \sum_{v \in W(\theta)} (i\nu_v) = 0,$$

che implica la (9.120). □

Osservazione 9.60 Il significato del lemma 9.59 è il seguente. Abbiamo visto che trovare una serie formale (9.81) che risolva le equazioni (9.79) è equivalente a risolvere le (9.101), (9.102) e (9.104) a tutti gli ordini. Se ci disinteressiamo della (9.102) riusciamo a trovare una soluzione delle restanti equazioni della forma (9.81), con la funzione h a media nulla. In principio tale serie non risolve le equazioni (9.79), neppure ordine per ordine, poiché non è detto che la (9.102) sia soddisfatta. A questo punto, dal momento che non disponiamo di parametri liberi utili (l'unico parametro che abbiamo è appunto la media di h, ma la abbiamo potuta scegliere arbitrariamente uguale a zero proprio perché il suo valore è irrilevante), affinché la funzione trovata sia una soluzione del sistema completo di equazioni, occorre che (9.102) sia soddisfatta automaticamente. In altre parole deve essere un'identità. Il lemma 9.59 mostra che questo è ciò che accade.

Lemma 9.61 *Le serie di potenze formali* (9.105), *con i coefficienti dati dal lemma 9.53, risolvono le equazioni* (9.101), (9.102) *e* (9.104) *a tutti gli ordini.*

Dimostrazione Il lemma 9.53 assicura che i coefficienti ivi definiti risolvono le equazioni (9.101) e (9.104) per ogni $k \in \mathbb{N}$ e per ogni $\nu \in \mathbb{Z}^n \setminus \{0\}$. Per lemma 9.59, le (9.102) sono anch'esse verificate per ogni $k \in \mathbb{N}$. □

9.5.5 Problema dei piccoli divisori

Il valore di un albero contiene due prodotti, uno dei fattori associati ai nodi e uno dei propagatori associati ai rami (cfr. la definizione 9.51). Il lemma 9.50 fornisce una stima sul prodotto dei fattori dei nodi. Per poter stimare il valore di un albero, dobbiamo quindi ancora trovare una stima sul prodotto dei propagatori.

Lemma 9.62 *Sia θ un albero etichettato di ordine k. Per ogni $\xi' \in (0, \xi_0)$ si ha*

$$\left(\prod_{\ell\in L(\theta)} |g_\ell|\right)\left(\prod_{v\in V(\theta)} \mathrm{e}^{-\xi'|\nu_v|}\right) \le C_0^k \left(\frac{1}{\xi'}\right)^{2(2\tau+1)k} k!^{2(2\tau+1)},$$

per un'opportuna costante C_0.

Dimostrazione Per ogni ramo $\ell \in L(\theta)$ tale che $\nu_\ell \neq 0$, se v è il nodo da cui ℓ esce, si ha

$$|\nu_\ell| \le \sum_{w\preceq v} |\nu_w| \le \sum_{w\in V(\theta)} |\nu_w|,$$

così che, per ogni $\xi' > 0$, possiamo scrivere

$$\prod_{\ell\in L(\theta)} \mathrm{e}^{\xi'|\nu_\ell|/2k} \le \left(\exp\left(\frac{\xi'}{2k}\sum_{v\in V(\theta)} |\nu_v|\right)\right)^{2k} = \exp\left(\xi' \sum_{v\in V(\theta)} |\nu_v|\right) = \prod_{v\in V(\theta)} \mathrm{e}^{\xi'|\nu_v|},$$

dal momento che il numero di nodi – e quindi di rami – in θ è minore di $2k$ (cfr. il lemma 9.43). Usando la condizione diofantea (9.18) e indicando con $M := \lceil 2\tau \rceil$ la *parte intera superiore* di 2τ (i.e. il più piccolo intero non minore di 2τ) si ha (cfr. l'esercizio 9.6)

$$|g_\ell| \le \frac{1}{|\langle\omega_0, \nu_\ell\rangle|^{R_\ell}} \le \left(\frac{|\nu_\ell|^\tau}{\gamma}\right)^{R_\ell} \le \frac{|\nu_\ell|^{2\tau}}{\gamma^2} \le \frac{|\nu_\ell|^M}{\gamma^2} \le \frac{M!}{\gamma^2}\left(\frac{2k}{\xi'}\right)^M \mathrm{e}^{\xi'|\nu_\ell|/2k},$$

purché si abbia $\xi' > 0$. Possiamo allora stimare

$$\prod_{\ell\in L(\theta)} |g_\ell| \le \left(\frac{M!}{\gamma^2}\left(\frac{2k}{\xi'}\right)^M\right)^{2k} \prod_{\ell\in L(\theta)} \mathrm{e}^{\xi'|\nu_\ell|/2k} \le C_0^k \left(\frac{1}{\xi'}\right)^{2Mk} k!^{2M} \prod_{v\in V(\theta)} \mathrm{e}^{\xi'|\nu_v|},$$

dove abbiamo definito

$$C_0 := \left(2^M \mathrm{e}^M \frac{M!}{\gamma^2}\right)^2$$

e usato il fatto che $k^k < \mathrm{e}^k k!$ (cfr. l'esercizio 9.63). Poiché $M \le 2\tau + 1$ segue l'asserto. □

Lemma 9.63 *Per ogni albero $\theta \in \mathcal{T}_{k,\nu,\zeta}$, dove $\zeta = h, H$ se $\nu \neq 0$ e $\zeta = \mu$ se $\nu = 0$, si ha*

$$|\mathrm{Val}(\theta)| \le C_1^k k!^{2(2\tau+1)} \prod_{v\in V(\theta)} \mathrm{e}^{-3\xi|\nu_v|/4}, \quad C_1 := \left(\frac{8}{3\xi}\right)^{2(2\tau+3)} \frac{4\beta_0^2 E^2 n^2 C_0}{\rho^4},$$

dove le costanti E e β_0 sono definite in (9.111) *e* (9.112)*, rispettivamente, mentre la costante C_0 è come nel lemma 9.62.*

Dimostrazione Dal lemma 9.50 e dal lemma 9.62 otteniamo

$$|\mathrm{Val}(\theta)| \leq \left(\frac{\beta_0 E\, n}{\xi_3^2 \rho_0^2}\right)^{2k} 2^{2k} C_0^k \left(\frac{1}{\xi'}\right)^{2(2\tau+1)k} k!^{2(2\tau+1)} \prod_{v\in V(\theta)} \mathrm{e}^{-(\xi-\xi_3-\xi')|\nu_v|},$$

dove abbiamo usato che $(m_v + 1)! \leq (m_v + 1)m_v! \leq 2^{m_v} m_v! \leq 2$ per ogni $m_v \in \mathbb{N}$, così che

$$\prod_{v\in V(\theta)} \frac{(m_v+1)!}{m_v!} \leq \prod_{v\in V(\theta)} 2^{m_v} \leq 2^{2k},$$

per il lemma 9.35. Scegliendo $\xi_3 = \xi' = 3\xi_0/8$ segue l'asserto. □

Il lemma 9.63 mostra che i coefficienti $H_\nu^{(k)}$, $h_\nu^{(k)}$ e $\mu^{(k)}$ possono essere scritti come "somme sugli alberi". Poiché il lemma 9.63 fornisce una stima sui valori degli alberi, possiamo utilizzare tale stima per effettuare la somma sugli alberi contenuti negli insiemi $\mathcal{T}_{k,\nu,\zeta}$.

Ovviamente, per ogni $k \geq 2$, il numero di alberi in $\mathcal{T}_{k,\nu,\zeta}$ è infinito a causa dei modi di Fourier: per ogni nodo v con $\delta_v = 1$ si ha $\nu_v \in \mathbb{Z}^n$ e quindi dobbiamo sommare su tutti i possibili valori di ν_v, $v \in V(\theta)$, tale che la loro somma $\sum_{v\in V(\theta)} \nu_v$ sia uguale a ν.

Al contrario la somma sugli altri indici è su un insieme finito. Questo suggerisce di riscrivere la somma sugli alberi nel modo seguente. Sia $\mathcal{T}^*_{k,\zeta}$ l'insieme degli alberi etichettati che differisce da $\mathcal{T}_{\nu,k,\zeta}$ perché ai nodi sono associate tutte le etichette tranne quelle dei modi e, di conseguenza, ai rami non sono associati i momenti. Per costruzione $\mathcal{T}^*_{k,\zeta}$ è un insieme finito. Possiamo allora scrivere

$$\sum_{\theta\in\mathcal{T}_{k,\nu,\zeta}} \mathrm{Val}(\theta) = \sum_{\theta^*\in\mathcal{T}^*_{k,\zeta}} \sum_{\{\nu_v\}_{v\in V_1(\theta^*)}} \mathrm{Val}(\theta^*; \{\nu_v\}_{v\in V_1(\theta^*)}), \tag{9.125}$$

dove $V_1(\theta^*) := \{v \in V(\theta^*) : \delta_v = 1\}$ e $(\theta^*; \{\nu_v\}_{v\in V_1(\theta^*)})$ è l'albero in $\mathcal{T}_{k,\nu,\zeta}$ ottenuto da $\theta^* \in \mathcal{T}^*_{k,\zeta}$ assegnando i modi ν_v ai nodi $v \in V_1(\theta^*)$.

Lemma 9.64 *Il numero di alberi in $\mathcal{T}^*_{k,\zeta}$ è stimato da C_2^k per un'opportuna costante C_2.*

Dimostrazione Un albero $\theta^* \in \mathcal{T}^*_{k,\zeta}$ ha al più $2k$ nodi (per il lemma 9.43). Ogni nodo $v \in V(\theta^*)$ ha un'etichetta δ_v che può assumere due valori e due etichette ζ_v^1 e ζ_v^2 tali che (ζ_v^1, ζ_v^2) può assumere 3 valori (cfr. le definizioni 9.41 e 9.42). Assegnate tali etichette, tutte le altre, comprese quelle dei rami, sono determinate in modo univoco. Quindi il numero di modi di assegnare le etichette a un albero non etichettato si può stimare con $(2 \cdot 3)^{2k}$. Ovviamente stiamo ignorando alcuni vincoli che legano le etichette δ_v alle etichette ζ_v^1 e ζ_v^2. D'altra parte il numero di alberi non etichettati con $2k$ nodi si può stimare con $2^{4k} = 4^{2k}$, per il lemma 9.36. Ne concludiamo che il numero di alberi in $\mathcal{T}^*_{k,\zeta}$ è stimato da 24^{2k}, da cui segue l'asserto con $C_2 = 24^2$. □

Lemma 9.65 *Per ogni $k \geq 1$ si ha*

$$\sum_{\theta \in \mathcal{T}_{k,\nu,\zeta}} |\mathrm{Val}(\theta)| \leq C_3^k \mathrm{e}^{-\xi|\nu|/2} k!^{2(2\tau+1)},$$

per un'opportuna costante C_3.

Dimostrazione In (9.125) si ha

$$\sum_{\{\nu_v\}_{v\in V_1(\theta^*)}} \left|\mathrm{Val}(\theta^*; \{\nu_v\}_{v\in V_1(\theta^*)})\right| \leq C_1^k \prod_{v\in V_1(\theta)} \sum_{\nu_v \in \mathbb{Z}^n} \mathrm{e}^{-3\xi|\nu_v|/4} \leq C_1^k C_4^k \mathrm{e}^{-\xi|\nu|/2},$$

dove abbiamo definito

$$C_4 := \sum_{\nu\in\mathbb{Z}^n} \mathrm{e}^{-\xi|\nu|/4}.$$

Quindi dal lemma 9.64 si ottiene

$$\sum_{\theta\in\mathcal{T}_{k,\nu,\zeta}} |\mathrm{Val}(\theta)| \leq \sum_{\theta^*\in\mathcal{T}^*_{k,\zeta}} \sum_{\{\nu_v\}_{v\in V_1(\theta^*)}} \left|\mathrm{Val}(\theta^*; \{\nu_v\}_{v\in V_1(\theta^*)})\right| \leq C_1^k C_2^k C_4^k \mathrm{e}^{-\xi|\nu|/2},$$

così che, se poniamo $C_3 = C_1 C_2 C_4$ (con C_1 e C_2 definite come nel lemma 9.63 e nel lemma 9.64, rispettivamente), segue l'asserto. □

Osservazione 9.66 Il lemma 9.61, integrato dalle stime del lemma 9.65, mostra che le funzioni $h^{(k)}(\psi, J_0)$ e $H^{(k)}(\psi, J_0)$ in (9.80) sono analitiche in un dominio $D(\xi/2, \rho, J_0)$ per ogni $k \geq 1$. Tuttavia la dipendenza da k della stima non è tale da garantire la sommabilità della serie perturbativa.

Osservazione 9.67 Dal momento che il lemma 9.65 fornisce solo una stima del valore dell'albero, si potrebbe pensare che la stima sia pessimistica e che in realtà, attraverso un'analisi più attenta, sia migliorabile. Al contrario, anche se l'esponente del fattoriale non è sicuramente ottimale, non è difficile esibire alberi di ordine k il cui valore abbia realmente una dipendenza da k tale da impedire la sommabilità. Si consideri per esempio l'albero "a pettine" della figura 9.17, costituito da $k = 2p + 1$ nodi, di cui i p nodi in basso hanno modo ν_0 e i p nodi in alto hanno modo $-\nu_0$, tranne l'ultimo che ha modo ν.

Si assuma che tutte i rami siano di tipo $h \leftarrow h$. Scegliamo ν in modo tale che si abbia che $\langle\omega_0, \nu\rangle \approx \gamma/|\nu|^\tau$, ovvero che $\langle\omega_0, \nu\rangle$ sia positivo e maggiore di $\gamma/|\nu|^\tau$, consistentemente con la condizione diofantea, ma sia allo stesso tempo stimato dall'alto da $C_1\gamma/|\nu|^\tau$ per qualche costante C_1. Si può infatti dimostrare che vettori $\nu \in \mathbb{Z}^n$ che soddisfino tale proprietà esistono (cfr. l'esercizio 9.79): si dice che essi "saturano" la condizione diofantea. Si scelga invece ν_0 tale che $|\langle\omega_0, \nu_0\rangle|$ sia molto

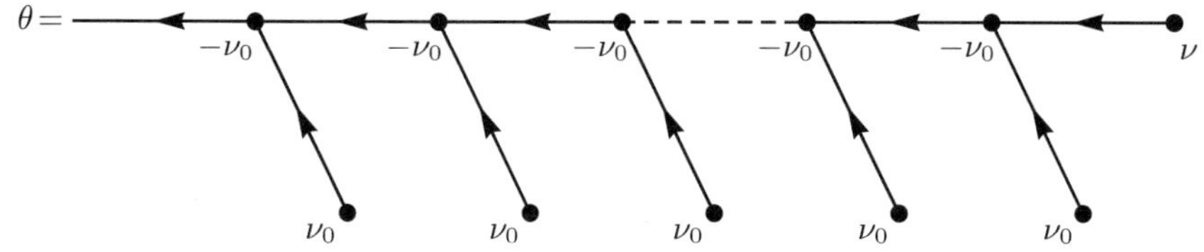

Figura 9.17 Albero θ di ordine k il cui valore è proporzionale a $k!$

più grande di $|\langle \omega_0, \nu \rangle|$, per esempio sia stimato dal basso da una costante positiva C_2. Si ha quindi

$$\begin{aligned} \mathrm{Val}(\theta) &= -iT(J_0)\,\nu_0 \langle -i\nu_0, iT(J_0)\,\nu_0\rangle^{p-1} \langle -i\nu_0, -iT(J_0)\,\nu_0\rangle^{p} \\ &\langle -i\nu_0, -iT(J_0)\,\nu\rangle \left(\frac{1}{2!}V_{-\nu_0}\right)^{p} (V_{\nu_0})^p V_\nu \left(\frac{1}{\langle i\omega_0, \nu_0\rangle^2}\right)^{p} \left(\frac{1}{\langle i\omega_0, \nu\rangle^2}\right)^{p+1}, \end{aligned} \tag{9.126}$$

dato che i p rami che escono dalle foglie con modo ν_0 hanno momento ν_0, mentre gli altri $p+1$ rami hanno tutti momento ν. Si ottiene immediatamente

$$\begin{aligned} |\mathrm{Val}(\theta)| &\le 2^{-p}\Phi^{2p+1}\beta_0^{2p}|\nu_0|^{4p}|\nu|\mathrm{e}^{-\xi|\nu|}\left(\mathrm{e}^{-\xi|\nu_0|}\right)^{2p}\left(\frac{1}{|\langle\omega_0,\nu_0\rangle|^2}\right)^{p}\left(\frac{|\nu|^{2\tau}}{C_1^2\gamma^2}\right)^{p+1} \\ &\le |\nu|^{1+2\tau}\Phi K_1^p|\nu|^{2\tau p}\mathrm{e}^{-\xi|\nu|}, \end{aligned}$$

avendo definito

$$K_0 := \frac{|\nu_0|^4}{|\langle\omega_0,\nu_0\rangle|^2}\mathrm{e}^{-2\xi|\nu_0|}, \qquad K_1 := \frac{2^{-1}\Phi^2\beta_0^2K_0}{C_1^2\gamma^2}.$$

Inoltre, per opportune scelte delle funzioni $\mathcal{H}_0$ e V e dei vettori ω_0, ν e ν_0, il valore di θ può essere reso molto vicino alla sua stima (cfr. l'esercizio 9.79), così che si trova

$$A_0^{-1}|\nu|^{2\tau+1}A_1^{-k}|\nu|^{2\tau k}\mathrm{e}^{-\xi|\nu|} \le |\mathrm{Val}(\theta)| \le A_0|\nu|^{2\tau+1}A_1^{k}|\nu|^{2\tau k}\mathrm{e}^{-\xi|\nu|}, \tag{9.127}$$

per opportune costanti positive A_0 e A_1. La stima dal basso in (9.127) non è sommabile su k. Infatti, per ogni ν che soddisfi la (9.127), si può trovare $k \in \mathbb{N}$ tale che (cfr. l'esercizio 9.80)

$$|\mathrm{Val}(\theta)| \ge k!A_0^{-1}A_2^{-k}(2/\xi)^{2\tau k}\mathrm{e}^{-\xi|\nu|/2}, \tag{9.128}$$

per un'opportuna costante A_2. Abbiamo quindi trovato alberi di ordine k i cui i valori crescono almeno come $k!$, così che, se stimiamo singolarmente in valore assoluto i valori degli alberi per ottenere una stima dei coefficienti delle serie (9.81), otteniamo una serie divergente.

Osservazione 9.68 I risultati trovati finora dimostrano la risolubilità formale delle equazioni del moto (9.79), ma non l'esistenza di una soluzione quasiperiodica. Per dimostrare la convergenza delle serie perturbative dovremo far vedere che, nonostante la stima dei valori dei singoli alberi produca dei fattoriali, si hanno tuttavia cancellazioni tra i vari valori, tali che la somma di tutti i valori produca un contributo sommabile. Per far questo, sarà necessaria un'analisi molto più delicata, come mostreremo nel prossimo capitolo.

Nota bibliografica Nel presente capitolo, abbiamo seguito [G84] per il §9.2, mentre la discussione delle serie di Lindstedt e della loro rappresentazione grafica in termini di alberi (cfr. i paragrafi §9.4 e 9.5) è inspirata a [GM96].

Per un'introduzione alla teoria dei grafi si veda, per esempio, [HP73] o [B98]. Per definizioni e proprietà delle frazioni continue (cfr. gli esercizi 9.17÷9.43) si veda [HW38] o [K36]; per la stima dal basso dell'esercizio 9.16 si veda [R55].

Per un approfondimento sui sistemi integrabili, nell'ambito della meccanica classica, si può vedere, per esempio, [BBT03]. Per una (possibile) dimostrazione del teorema KAM rimandiamo al capitolo successivo; un'esposizione esauriente della storia del teorema KAM e della sua connessione con i lavori precedenti e con il contesto storico, senza insistere troppo sugli aspetti matematici, si può trovare in [SD14].

Tutti i rimandi a capitoli, paragrafi, risultati ed equazioni che si specificano del volume 1 si intendono riferiti a [G21].

9.6 Esercizi

Esercizio 9.1 Si dimostri la stima (9.4). [*Soluzione.* Sia $f(\varphi, J)$ una funzione analitica nel dominio

$$D(\rho, \xi, J_0) = \mathbb{T}^n_\xi \times \overline{B_\rho(J_0)},$$

dove $\mathbb{T}^n_\xi := \{(\varphi_1, \dots, \varphi_n) \in \mathbb{C}^n : \Re\varphi_i \in \mathbb{T}, |\Im\varphi_i| \le \xi, i = 1, \dots, n\}$ e $\overline{B_\rho(J_0)}$ è la chiusura dell'intorno $B_\rho(J_0) \subset \mathbb{C}^n$ (cfr. la (9.2)), e periodica in φ di periodo 2π in ciascuno dei suo argomenti $\varphi_1, \dots, \varphi_n$. Si consideri prima il caso $n = 1$. Sviluppiamo la funzione in *serie di Fourier*:

$$f(\varphi, J) = \sum_{\nu \in \mathbb{Z}} e^{i\nu\varphi} f_\nu(J), \qquad f_\nu(J) := \frac{1}{2\pi} \int_{-\pi}^{\pi} d\varphi \, e^{-i\nu\varphi} f(\varphi, J).$$

Dato $\nu \in \mathbb{Z} \setminus \{0\}$, poniamo $\sigma(\nu) := \nu/|\nu|$ e indichiamo con $\gamma(\nu)$ il contorno nel piano complesso che ha come frontiera il segmento $\gamma_0 = [-\pi, \pi]$ lungo l'asse reale, il segmento $\gamma_1 = \{\varphi \in \mathbb{C}, \Re\varphi \in [-\pi, \pi], \Im\varphi = -\sigma(\nu)\xi\}$ e i due segmenti verticali γ_2 e γ_3 che uniscono gli estremi di γ_0 e γ_1. Assumiamo che γ sia orientato in maniera

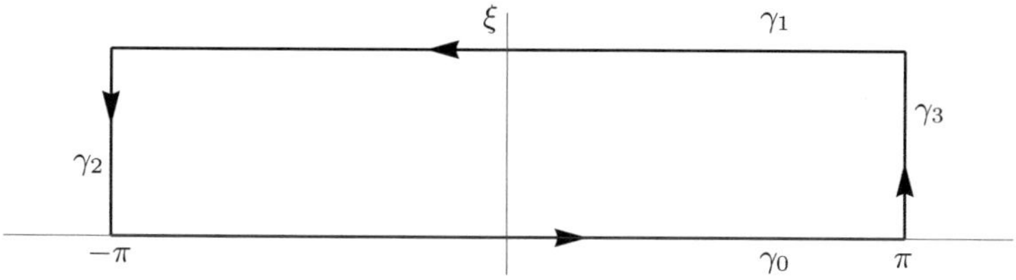

Figura 9.18 Contorno d'integrazione γ nel caso in cui sia $\sigma(\nu) < 0$

che il segmento γ_0 sia percorso da $-\pi$ a π e gli altri segmenti in maniera consistente (cfr. la figura 9.18). Poiché la funzione $\varphi \mapsto f(\varphi, J)$ è analitica in $\mathbb{T}^1_\xi$, per ogni $J \in \overline{B_\rho(J_0)}$ si ha (cfr. l'esercizio 1.27)

$$\oint_\gamma f(\varphi, J)\, e^{-i\nu\varphi}\, d\varphi = 0.$$

D'altra parte

$$\begin{aligned}\oint_\gamma f(\varphi, J)\, e^{-i\nu\varphi}\, d\varphi &= \int_{\gamma_0} f(\varphi, J)\, e^{-i\nu\varphi}\, d\varphi + \int_{\gamma_3} f(\varphi, J)\, e^{-i\nu\varphi}\, d\varphi \\ &\quad + \int_{\gamma_1} f(\varphi, J)\, e^{-i\nu\varphi}\, d\varphi + \int_{\gamma_2} f(\varphi, J)\, e^{-i\nu\varphi}\, d\varphi \\ &= \int_{\gamma_0} f(\varphi)\, e^{-i\nu\varphi}\, d\varphi + \int_{\gamma_1} f(\varphi, J)\, e^{-i\nu\varphi}\, d\varphi,\end{aligned}$$

avendo usato che gli integrali lungo γ_2 e lungo γ_3 sono opposti, dal momento che, per la periodicità di f, si ha

$$\begin{aligned}\int_{\gamma_3} f(\varphi, J)\, e^{-i\nu\varphi}\, d\varphi &= -\int_{-\gamma_3} f(\varphi, J)\, e^{-i\nu\varphi}\, d\varphi \\ &= -\int_{\gamma_2} f(\varphi + 2\pi, J)\, e^{-i\nu(\varphi+2\pi)}\, d\varphi = -\int_{\gamma_2} f(\varphi, J)\, e^{-i\nu\varphi}\, d\varphi.\end{aligned}$$

Si ottiene quindi

$$\begin{aligned}\int_{-\pi}^{\pi} f(\varphi)\, e^{-i\nu\varphi} d\varphi &= \int_{\gamma_0} f(\varphi)\, e^{-i\nu\varphi}\, d\varphi \\ &= -\int_{\gamma_1} f(\varphi)\, e^{-i\nu\varphi}\, d\varphi = \int_{-\pi}^{\pi} f(\varphi + i\sigma(\nu)\xi)\, e^{-i\nu\varphi} e^{-|\nu|\xi} d\varphi,\end{aligned}$$

da cui segue che

$$|f_\nu(J)| \le \frac{1}{2\pi} \mathrm{e}^{-|\nu|\xi} \int_{-\pi}^{\pi} \max_{\varphi' \in \mathbb{T}^1_\xi} |f(\varphi', J)| \, \mathrm{d}\varphi \le \mathrm{e}^{-\xi|\nu|} \max_{\varphi \in \mathbb{T}^1_\xi} |f(\varphi, J)|.$$

Nel caso generale $n \in \mathbb{N}$, si ragiona in modo analogo integrando una variabile alla volta, e si trova

$$\begin{aligned} |f_\nu(J)| &\le \mathrm{e}^{-\xi|\nu_1|} \max_{\varphi_1 \in \mathbb{T}^1_\xi} \dots \mathrm{e}^{-\xi|\nu_n|} \max_{\varphi_n \in \mathbb{T}^1_\xi} |f(\varphi, J)| \\ &\le \mathrm{e}^{-\xi|\nu_1|} \dots \mathrm{e}^{-\xi|\nu_n|} \max_{\varphi \in \mathbb{T}^n_\xi} |f(\varphi, J)|, \end{aligned}$$

da cui segue l'asserto notando che $|\nu_1| + \ldots + |\nu_n| \ge |\nu|$.]

Esercizio 9.2 Si scriva la perturbazione nell'hamiltoniana (9.5) in termini delle variabili azione-angolo.

Esercizio 9.3 Sia I la matrice in (9.9). Si dimostri la (9.10).

Esercizio 9.4 Dato $x = (x_1, \ldots, x_n) \in \mathbb{R}^n$, sia $|x| = \sqrt{x_1^2 + \ldots + x_n^2}$ la norma euclidea di x. Si definisca $|x|_1 := |x_1| + \ldots + |x_n|$. Si dimostri che $|x|_1$ è una norma e che si ha $|x| \le |x|_1 \le \sqrt{n}|x|$. [*Suggerimento.* Si verifica facilmente che $|\cdot|_1$ verifica le proprietà della norma (cfr. la definizione 1.31 del volume 1). Si ha inoltre

$$|x|_1^2 = \sum_{i,j=1}^{n} |x_i x_j| \implies |x|^2 = \sum_{i=1}^{n} x_i^2 \le \sum_{i,j=1}^{n} |x_i x_j| \le \frac{1}{2} \sum_{i,j=1}^{n} \left(x_i^2 + x_j^2\right) \le n|x|^2,$$

da cui segue l'asserto.]

Esercizio 9.5 Si dimostri la (9.20). [*Soluzione.* Si ha

$$\sum_{\substack{\nu \in \mathbb{Z}^n \\ |\nu|_1 = m}} 1 = \sum_{\nu_1 = -m}^{m} \; \sum_{\nu_2 = -(m-|\nu_1|)}^{m-|\nu_1|} \cdots \sum_{\nu_{n-1} = -(m-|\nu_1|-\ldots-|\nu_{n-2}|)}^{m-|\nu_1|-\ldots-|\nu_{n-2}|} 2,$$

dal momento che, una volta che siano stati fissati $\nu_1, \ldots, \nu_{n-1}$, allora ν_n può assumere solo i due valori $\nu_n = \pm(m - |\nu_1| - \ldots - |\nu_{n-1}|)$. Si ottiene quindi

$$\sum_{\substack{\nu \in \mathbb{Z}^n \\ |\nu|_1 = m}} 1 \le 2(2m+1)^{n-1} \le 3^n m^{n-1},$$

poiché ogni somma si può stimare, ignorando i vincoli, con $(2m + 1)$.]

Esercizio 9.6 Si dimostri che per ogni $x \in \mathbb{R}_+$, per ogni $p \in \mathbb{N}$ e per ogni $\xi > 0$ si ha $x^p \leq p!\xi^{-p}e^{\xi x}$. [*Soluzione.* Si ha

$$x^p = p!\,\xi^{-p}\frac{1}{p!}(\xi x)^p \leq p!\,\xi^{-p}\sum_{k=0}^{\infty}\frac{1}{k!}(\xi x)^k = p!\,\xi^{-p}\,e^{\xi x},$$

purché sia $\xi > 0$.]

Esercizio 9.7 Sia $f:\mathbb{R}_+ \to \mathbb{R}_+$ la funzione definita da $f(x) := x^p e^{-\xi x}$, con $p, \xi > 0$. Si dimostri che

- f raggiunge il suo massimo $M := \max\{f(x) : x \in \mathbb{R}_+\} = p^p e^{-p}\xi^{-p}$ in $x_0 := p/\xi$;
- si ha $f(x) \geq e^{p/2}p^p e^{-p}\xi^{-p}$ $\forall x \in [x_0/2, x_0]$;
- si ha $f(x) \geq (4e^{-1})^p p^p e^{-p}\xi^{-p}$ $\forall x \in [x_0, 2x_0]$.

[*Soluzione.* La derivata di $f(x)$ è $f'(x) = x^{p-1}e^{-\xi x}(p - \xi x)$, quindi $f'(x) = 0$ se e solo se $x = x_0 = p/\xi$; inoltre $f'(x) > 0$ per $x < x_0$ e $f'(x) < 0$ per $x > x_0$, quindi x_0 è un punto di massimo, così che $M = f(x_0)$. Inoltre risulta $f(x) \geq f(x_0/2)$ $\forall x \in (x_0/2, x_0]$ e $f(x) \geq f(2x_0)$ $\forall x \in [x_0, 2x_0]$. Calcolando esplicitamente i valori di $f(x_0)$, $f(x_0/2)$ e $f(2x_0)$ segue l'asserto. Si noti che se $p \in \mathbb{N}$, allora $M \leq p!\xi^{-p}$, poiché $p^p \leq p!e^p$ (per l'esercizio 9.6 con $x = p$ e $\xi = 1$).]

Esercizio 9.8 Si consideri l'intervallo $[n_1, n_2] \subset \mathbb{R}_+$, dove $n_1, n_2 \in \mathbb{N}$, con $n_2 > n_1$. Si dimostri che, se la funzione continua positiva $f : [n_1, n_2] \to \mathbb{R}_+$ è crescente, si ha (cfr. la figura 9.19)

$$\sum_{n=n_1}^{n_2-1} f(n) \leq \int_{n_1}^{n_2} dx\, f(x) \leq \sum_{n=n_1+1}^{n_2} f(n),$$

mentre, se è decrescente, si ha (cfr. la figura 9.20)

$$\sum_{n=n_1+1}^{n_2} f(n) \leq \int_{n_1}^{n_2} dx\, f(x) \leq \sum_{n=n_1}^{n_2-1} f(n).$$

Si deduca dall'ultimo risultato che, se $\{a_n\}$ è una successione tale che $a_n = f(n)$, per qualche funzione continua $f:\mathbb{R}_+ \to \mathbb{R}_+$ che sia decrescente per $x > x_0$, per qualche $x_0 \in \mathbb{R}_+$, allora la serie $\sum_{n=1}^{\infty} a_n$ è convergente se e solo se $f(x)$ è integrabile (*criterio integrale per la convergenza di una serie*) e si ha

$$\sum_{n_0+1}^{\infty} a_n \leq \int_{n_0}^{\infty} dx\, f(x) \qquad \forall n_0 \geq x_0.$$

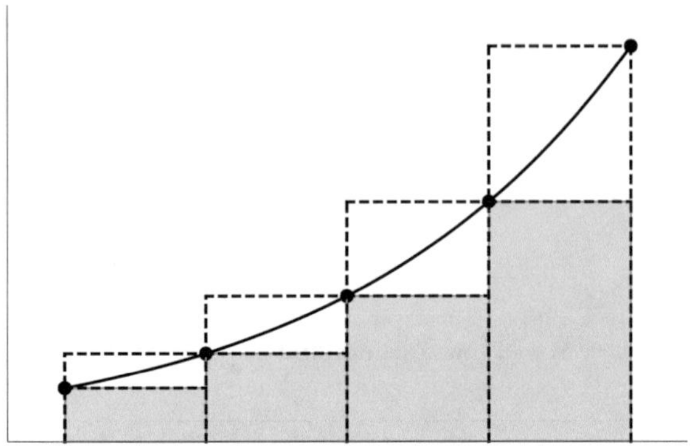

Figura 9.19 Relazione tra la somma di $f(n)$ e l'integrale di $f(x)$ se f è crescente

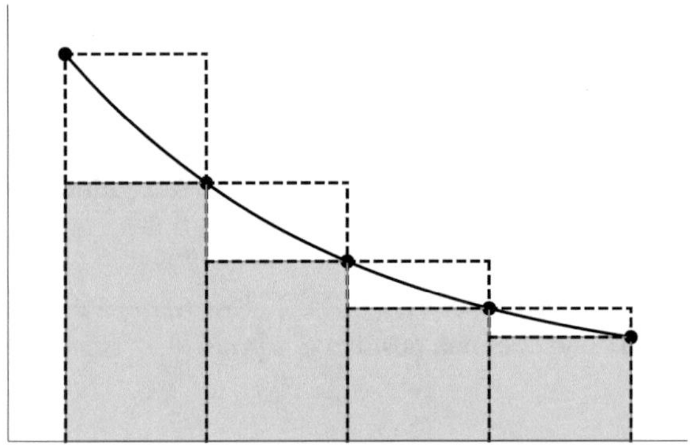

Figura 9.20 Relazione tra la somma di $f(n)$ e l'integrale di $f(x)$ se f è decrescente

[*Suggerimento.* Si consideri prima il caso in cui f sia crescente. La somma a sinistra si può interpretare come la somma delle aree di $n_2 - n_1$ rettangoli che hanno base di lunghezza 1 e altezza pari a $f(n)$, con $n = n_1, \ldots, n_2 - 1$ (cfr. l'insieme ombreggiato della figura 9.19); analogamente la somma a destra è la somma delle aree di $n_2 - n_1$ rettangoli che hanno base di lunghezza 1 e altezza pari a $f(n)$, con $n = n_1 + 1, \ldots, n_2$ (cfr. l'insieme con la frontiera tratteggiata della figura). L'integrale, che rappresenta l'area dell'insieme racchiuso tra il grafico di f, l'asse delle x e le due rette verticali passanti per $x = n_1$ e $x = n_2$, è compreso tra le due somme. Nel caso in cui f sia descrescente si ragiona in maniera analoga, tenendo presente la figura 9.20. In particolare, se $a_n = f(n)$, per ogni $N > n_0 > x_0$ si ha

$$\sum_{n=n_0+1}^{N} a_n \le \int_{n_0}^{N} \mathrm{d}x\, f(x) \le \sum_{n=n_0}^{N-1} a_n$$

e, prendendo il limite $N \to \infty$, si trova

$$\sum_{n=n_0+1}^{\infty} a_n \le \int_{n_0}^{+\infty} \mathrm{d}x\, f(x) \le \sum_{n=n_0}^{\infty} a_n,$$

che mostra che la serie converge se e solo se l'integrale converge e implica la stima dall'alto.]

Esercizio 9.9 Si dimostri che, per ogni $p \in \mathbb{R}$ e per ogni $\xi > 0$, si ha

$$\sum_{\substack{\nu \in \mathbb{Z}^n \\ \nu \neq 0}} |\nu|^p \mathrm{e}^{-\xi|\nu|} \le A_0\, \xi^{-n-p},$$

per un'opportuna costante A_0 che dipende solo da p e n. Si discuta inoltre la dipendenza da A_0 da p e n. [*Soluzione.* Se si pone $\xi_1 := \xi/\sqrt{n}$, si ha

$$\begin{aligned}\sum_{\substack{\nu \in \mathbb{Z}^n \\ \nu \neq 0}} |\nu|^p \mathrm{e}^{-\xi|\nu|} &\le \sum_{\substack{\nu \in \mathbb{Z}^n \\ \nu \neq 0}} |\nu|_1^p \mathrm{e}^{-\xi_1|\nu|_1} \le \sum_{m=1}^{\infty} \sum_{\substack{\nu \in \mathbb{Z}^n \\ |\nu|_1 = m}} m^p \mathrm{e}^{-\xi_1 m} \\ &\le 3^n \sum_{m=1}^{\infty} m^{p+n-1} \mathrm{e}^{-\xi_1 m},\end{aligned}$$

dove $|\nu|_1 = |\nu_1| + \ldots + |\nu_n|$ (cfr. l'esercizio 9.4) e si è tenuto conto anche dell'esercizio 9.5. Definiamo $f(x) := x^s \mathrm{e}^{-\xi_1|x|}$, con $s = p + n - 1$; per l'esercizio 9.7 la funzione $f(x)$ è crescente fino a $x_0 := s/\xi_1$ e decrescente per $x > x_0$. Sia $m_0 := \lfloor x_0 \rfloor$, dove $\lfloor x \rfloor$ è la *parte intera* di x, i.e. il più grande intero minore o uguale a x. Se $m_0 \ge 1$, si ha (cfr. l'esercizio 9.8)

$$\begin{aligned}\sum_{m=1}^{\infty} m^{p+n-1} \mathrm{e}^{-\xi_1 m} &= \sum_{m=1}^{\infty} f(m) \\ &= \sum_{m=1}^{m_0-1} f(m) + f(m_0) + f(m_0+1) + \sum_{m=m_0+2}^{\infty} f(m) \\ &\le \int_1^{m_0} \mathrm{d}x\, f(x) + f(m_0) + f(m_0+1) + \int_{m_0+1}^{+\infty} \mathrm{d}x\, f(x) \\ &\le 2f(x_0) + \int_0^{+\infty} \mathrm{d}x\, f(x).\end{aligned}$$

Se poniamo $s_1 := \lceil s \rceil$, dove $\lceil x \rceil$ indica la *parte intera superiore* di x (i.e. il più piccolo intero non minore di x), e teniamo conto che la funzione $s \mapsto s^s \mathrm{e}^{-s}$ è crescente, si ha $f(x_0) \leq s^s e^{-s} \xi_1^{-s} \leq s_1! \xi_1^{-s}$ (sempre per l'esercizio 9.7), mentre l'integrale si può riscrivere

$$\int_0^{+\infty} dx\, f(x) = \int_0^{+\infty} dx\, x^s e^{-\xi_1 x} = \xi_1^{-s-1} \int_0^{+\infty} dx\, x^s e^{-x},$$

dove l'ultimo integrale si stima (cfr. l'esercizio 9.6 con $\xi = 1/2$) con

$$\begin{aligned}\int_0^{+\infty} dx\, x^s e^{-x} &= \int_0^{1} dx\, e^{-x} + \int_1^{+\infty} dx\, x^{s_1} e^{-x} \\ &\leq \left(1 - \frac{1}{e}\right) + s_1! 2^{s_1} \int_0^{\infty} dx\, e^{-x/2} \leq 1 + s_1! 2^{s_1+1}.\end{aligned}$$

Poiché, se $m_0 \geq 1$, si ha $s/\xi_1 \geq x_0 \geq m_0 \geq 1$ e quindi $2^s > \xi_1$, si ottiene

$$\begin{aligned}2f(x_0) + \int_0^{\infty} dx\, f(x) &\leq 2 s_1! \xi_1^{-s} + \xi_1^{-s-1} + s_1! 2^{s_1+1} \xi_1^{-s-1} \\ &\leq s_1! 2^{s_1+2} \xi_1^{-s-1} + s_1! 2^{s_1+1} \xi_1^{-s-1} \leq s_1! 2^{s_1+3} \xi_1^{-s-1},\end{aligned}$$

dove si è usato di nuovo che la funzione $s \mapsto s^s e^{-s}$ è crescente. Se invece $m_0 = 0$, si ha semplicemente

$$\sum_{m=1}^{\infty} m^{p+n-1} e^{-\xi_1 m} = \sum_{m=1}^{\infty} f(m) \leq \int_0^{\infty} dx\, f(x),$$

e l'integrale si stima come nel caso precedente. Si trova $A_0 = 3^n (\sqrt{n})^{p+n} s_1! 2^{p+n+3}$, dove $s_1 = p + n - 1$ se $p \in \mathbb{N}$ e $s_1 = p + n$ altrimenti.]

Esercizio 9.10 Sia $a_0, a_1, a_2, \ldots$ una successione reale tale che $0 \leq a_k < 1$ $\forall k \in \mathbb{N}$. Si definisca

$$p_n := \prod_{k=0}^{n} (1 - a_k).$$

Si dimostri che esiste finito il limite $p = \lim_{n\to\infty} p_n$ e si ha $p \geq 0$. [*Soluzione.* Poiché $1 - a_k > 0$ $\forall k \in \mathbb{N}$, si ha $p_n > 0$. D'altra parte $p_{n+1} = (1 - a_{n+1}) p_n < p_n$ per ogni $n \in \mathbb{N}$, quindi la successione $\{p_n\}$ è decrescente. Ne segue (cfr. l'esercizio 1.7 del volume 1) che la successione converge e il suo limite p è non negativo.]

Esercizio 9.11 Con le notazioni dell'esercizio 9.10, si dice che il *prodotto infinito*

$$\prod_{k=0}^{\infty}(1-a_k) = \lim_{n\to\infty}\prod_{k=0}^{n}(1-a_k) = \lim_{n\to\infty} p_n =: p$$

converge se il limite p è strettamente positivo. Si dimostri che la serie $\sum_{k=0}^{\infty} a_k$ converge se e solo se converge il prodotto infinito $\prod_{k=0}^{\infty}(1-a_k)$. [*Soluzione.* Se la serie converge esiste $N > 0$ tale che $\sum_{k=N}^{\infty} a_k < 1/2$. D'altra parte si ha

$$\prod_{k=N}^{n}(1-a_k) \geq 1 - \sum_{k=N}^{n} a_n, \qquad n \geq N.$$

Questo può essere mostrato per induzione, usando il fatto che $(1-x)(1-y) \geq 1-x-y$ se $xy \geq 0$; infatti la diseguaglianza è ovviamente soddisfatta per $n = N$, mentre, se $n > N$, si ha $(1-a_N)(1-a_{N+1})\dots(1-a_n) \geq (1-a_N)(1-(a_{N+1}+\dots+a_n)) \geq 1-(a_N+(a_{N+1}+\dots+a_n))$. Quindi

$$p_n = p_{N-1}(1-a_N)\dots(1-a_n) \quad\Longrightarrow\quad \frac{p_n}{p_{N-1}} \geq 1 - \sum_{k=N}^{n} a_k \geq 1/2,$$

da cui segue che il limite inferiore della successione $\{p_n/p_{N-1}\}$ è strettamente positivo e quindi $p_n/p_{N-1} \to p/p_{N-1} > 0$ (cfr. l'esercizio 9.10). Usando infine il fatto che $p_{N-1} > 0$, se ne deduce che il limite p è strettamente positivo, i.e. il prodotto infinito converge. Sempre per induzione, usando il fatto che $1-x \leq \mathrm{e}^{-x}$, si dimostra che

$$\prod_{k=1}^{n}(1-a_k) \leq \exp\left(-\sum_{k=1}^{n} a_k\right), \qquad n \geq 1,$$

da cui segue che

$$p = \prod_{k=1}^{\infty}(1-a_k) \leq \exp\left(-\sum_{k=1}^{\infty} a_k\right).$$

Di conseguenza, se il prodotto infinito converge (i.e. $p > 0$), allora anche la serie converge; altrimenti, si dovrebbe avere $p = 0$.]

Esercizio 9.12 Dato $n \in \mathbb{N}$, il *doppio fattoriale* $n!!$ è definito nel modo seguente:

- se n è pari, i.e $n = 2k$, $k \in \mathbb{N}$, si ha $n!! = (2k)!! = 2 \cdot 4 \cdot 6 \dots (2k-2) \cdot 2k$,
- se n è dispari, i.e $n = 2k+1$, $k \in \mathbb{N}$, si ha $n!! = (2k+1)!! = 1 \cdot 3 \cdot 5 \dots (2k-1) \cdot (2k+1)$.

Si dimostri che $(2k)!! = 2^k k$ e che $(2k-1)!! = (2k)!/(2k)!!$ per ogni $k \in \mathbb{N}$. [*Soluzione*. Si ha

$$
\begin{aligned}
(2k)!! &= 2 \cdot 4 \cdot 6 \dots (2k-2) \cdot 2k = 2^k (1 \cdot 2 \cdot 3 \dots (k-1) \cdot k) = 2^k k!, \\
(2k-1)!! &= 1 \cdot 3 \cdot 5 \dots (2k-3) \cdot (2k-1) \\
&= \frac{1 \cdot 2 \cdot 3 \cdot 4 \cdot 5 \dots (2k-3) \cdot (2k-1) \cdot (2k)}{2 \cdot 4 \cdot 6 \dots 2(k-1) \cdot 2k} = \frac{(2k)!}{(2k)!!},
\end{aligned}
$$

per ogni $k \in \mathbb{N}$.]

Esercizio 9.13 Si dimostri la *formula di Wallis*

$$
\prod_{n=1}^{\infty} \left(\frac{2n}{2n-1} \frac{2n}{2n+1} \right) = \lim_{n \to \infty} \frac{((2n)!!)^2}{((2n-1)!!)^2 (2n+1)} = \frac{\pi}{2},
$$

dove il doppio fattoriale è definito nell'esercizio 9.12. [*Soluzione.* Si definisca

$$
I_n := \int_0^{\pi/2} \mathrm{d}x \, \sin^n x, \qquad n \in \mathbb{N}.
$$

Scrivendo

$$
\begin{aligned}
\sin^n x &= \sin^{n-2} x \, \sin^2 x = \sin^{n-2} x \, (1 - \cos^2 x) \\
&= \sin^{n-2} x - (\sin^{n-2} x \, \cos x) \, \cos x
\end{aligned}
$$

e integrando per parti il secondo termine, si ottiene

$$
I_n = \frac{n-1}{n} I_{n-2}, \qquad n \geq 2.
$$

Inoltre si ha $I_n \geq 0$ e

$$
I_{n+1} = \int_0^{\pi/2} \mathrm{d}x \, \sin^{n+1} x \leq \int_0^{\pi/2} \mathrm{d}x \, \sin^n x = I_n,
$$

che mostra che la successione $\{I_n\}$ è decrescente. Quindi

$$
\frac{2n}{2n+1} = \frac{I_{2n+1}}{I_{2n-1}} \leq \frac{I_{2n+1}}{I_{2n}} \leq 1 \qquad \Longrightarrow \qquad \lim_{n \to +\infty} \frac{I_{2n+1}}{I_{2n}} = 1.
$$

Un calcolo diretto dà $I_0 = \pi/2$ e $I_1 = 1$. Inoltre si ha

$$I_{2n+1} = \frac{2n}{2n+1} I_{2n-1} = \frac{2n}{2n+1}\frac{2n-2}{2n-1} I_{2n-3}$$
$$= \ldots = \frac{2n}{2n+1}\frac{2n-2}{2n-1}\ldots\frac{4}{5}\frac{2}{3} I_1 = \frac{(2n)!!}{(2n+1)!!},$$
$$I_{2n} = \frac{2n-1}{2n} I_{2n-2} = \frac{2n-1}{2n}\frac{2n-3}{2n-2} I_{2n-4}$$
$$= \ldots = \frac{2n-1}{2n}\frac{2n-3}{2n-2}\ldots\frac{3}{4}\frac{1}{2} I_0 = \frac{(2n-1)!!}{(2n)!!}\frac{\pi}{2},$$

da cui concludiamo che

$$\frac{I_{2n+1}}{I_{2n}} = \frac{(2n)!!}{(2n+1)!}\frac{(2n)!!}{(2n-1)!}\frac{2}{\pi} = \frac{((2n)!!)^2}{((2n-1)!!)^2(2n+1)}\frac{2}{\pi}.$$

Poiché il limite per $n \to \infty$ vale 1, segue l'asserto.]

Esercizio 9.14 Si dimostri che la serie di McLaurin di $\log(1+x)$ è data da

$$\log(1+x) = \sum_{k=1}^{\infty} (-1)^{k+1}\frac{x^k}{k}$$

e se ne deduca che

$$\frac{1}{2}\log\left(\frac{1+x}{1-x}\right) = \sum_{k=0}^{\infty}\frac{x^{2k+1}}{2k+1}.$$

[*Suggerimento.* Si consideri la serie geometrica

$$\frac{1}{1+x} = \sum_{k=1}^{\infty} (-1)^k x^k.$$

Poiché la serie converge uniformemente per $|x| < 1$, integrando termine a termine (cfr. l'esercizio 3.7 del volume 1), si trova

$$\log(1+x) = \int_0^x \frac{\mathrm{d}t}{1+t} = \sum_{k=1}^{\infty} (-1)^k \int_0^x \mathrm{d}t\, t^k$$
$$= \sum_{k=0}^{\infty} (-1)^k \frac{x^{k+1}}{k+1} = \sum_{k=1}^{\infty} (-1)^{k+1}\frac{x^k}{k}.$$

Si ha quindi

$$\begin{aligned}\frac{1}{2}\log\left(\frac{1+x}{1-x}\right) &= \frac{1}{2}\Big(\log(1+x)-\log(1-x)\Big)\\ &= \frac{1}{2}\sum_{k=1}^{\infty}(-1)^{k+1}\left(\frac{x^k}{k}-\frac{(-x)^k}{k}\right)\frac{1}{2}\sum_{k=1}^{\infty}(-1)^{k+1}\left(\frac{x^k}{k}-(-1)^k\frac{x^k}{k}\right)\\ &= \sum_{\substack{k=1\\ k \text{ dispari}}}^{\infty}(-1)^{k+1}\frac{x^k}{k} = \sum_{\substack{k=1\\ k \text{ dispari}}}^{\infty}\frac{x^k}{k},\end{aligned}$$

che implica il risultato.]

Esercizio 9.15 Si dimostri la *formula di Stirling*

$$\lim_{n\to+\infty}\frac{n!}{\sqrt{2\pi n}\,n^n \mathrm{e}^{-n}} = 1.$$

[*Soluzione.* Si consideri la successione

$$a_n := \log\left(\frac{n!}{\sqrt{n}\,n^n\mathrm{e}^{-n}}\right) = \log n! + n - \left(n+\frac{1}{2}\right)\log n.$$

Si ha

$$a_n - a_{n+1} = \left(n+\frac{1}{2}\right)\log\left(\frac{n+1}{n}\right) - 1.$$

Riscrivendo

$$\frac{n+1}{n} = \frac{1+\dfrac{1}{2n+1}}{1-\dfrac{1}{2n+1}},$$

e usando lo sviluppo di Taylor (cfr. l'esercizio 9.14)

$$\frac{1}{2}\log\left(\frac{n+1}{n}\right) = \frac{1}{2}\log\frac{1+\dfrac{1}{2n+1}}{1-\dfrac{1}{2n+1}} = \sum_{k=0}^{\infty}\frac{1}{2k+1}\left(\frac{1}{2n+1}\right)^{2k+1},$$

si trova

$$a_n - a_{n+1} = (2n+1)\sum_{k=0}^{\infty}\frac{1}{2k+1}\left(\frac{1}{2n+1}\right)^{2k+1} - 1 = \sum_{k=1}^{\infty}\frac{1}{2k+1}\frac{1}{(2n+1)^{2k}}.$$

Si può perciò stimare

$$
\begin{aligned}
0 < a_n - a_{n+1} &< \frac{1}{3}\sum_{k=1}^{\infty}\frac{1}{(2n+1)^{2k}} = \frac{1}{3}\frac{1}{(2n+1)^2}\sum_{k=0}^{\infty}\frac{1}{(2n+1)^{2k}} \\
&= \frac{1}{3}\frac{1}{(2n+1)^2}\frac{1}{1-\dfrac{1}{(2n+1)^2}} \\
&\le \frac{1}{3}\frac{1}{(2n+1)^2-1} = \frac{1}{12}\frac{1}{n^2+n} \\
&= \frac{1}{12}\frac{1}{n(n+1)} = \frac{1}{12}\left(\frac{1}{n}-\frac{1}{n+1}\right).
\end{aligned}
$$

Dall'ultima diseguaglianza si deduce che

$$
\left(a_n - \frac{1}{12n}\right) - \left(a_{n+1} - \frac{1}{12(n+1)}\right) < 0.
$$

In conclusione, la successione $\{a_n\}$ è decrescente e quindi è limitata superiormente; la successione $\{a_n - 1/12n\}$ è crescente ed è anch'essa limitata superiormente (poiché $a_n - 1/12n < a_n$), quindi converge (cfr. l'esercizio 1.7 del volume 1). Sia a il suo limite; si ha

$$
a := \lim_{n\to\infty}\left(a_n - \frac{1}{12n}\right) = \lim_{n\to\infty} a_n \quad\Longrightarrow\quad \lim_{n\to\infty}\frac{n!}{\sqrt{n}\,n^n e^{-n}} = \lim_{n\to+\infty} e^{a_n} = e^a.
$$

Usando le proprietà del doppio fattoriale (cfr. l'esercizio 9.12) e la formula di Wallis (cfr. l'esercizio 9.13), si ottiene

$$
\lim_{n\to\infty}\frac{(2^n n!)^4}{((2n)!)^2(2n+1)} = \lim_{n\to\infty}\frac{((2n)!!)^2}{((2n-1)!!)^2(2n+1)} = \frac{\pi}{2}
$$

da cui segue che

$$
\lim_{n\to\infty}\frac{(2^n n!)^2}{(2n)!\sqrt{2n+1}} = \sqrt{\frac{\pi}{2}}.
$$

Moltiplicando e dividendo opportunamente l'ultima relazione, si trova

$$
\begin{aligned}
\sqrt{\frac{\pi}{2}} &= \lim_{n\to\infty}\frac{2^{2n} n\, n^{2n} e^{-2n}}{\sqrt{2n}\,(2n)^{2n}e^{-2n}\sqrt{2n+1}}\left(\frac{n!}{\sqrt{n}\,n^n e^{-n}}\right)^2\left(\frac{\sqrt{2n}\,(2n)^{2n}e^{-2n}}{(2n)!}\right) \\
&= \left(\lim_{n\to\infty}\frac{2^{2n} n\, n^{2n} e^{-2n}}{\sqrt{2n}\,(2n)^{2n}e^{-2n}\sqrt{2n+1}}\right)\left(\lim_{n\to\infty}\frac{n!}{\sqrt{n}\,n^n e^{-n}}\right)^2
\end{aligned}
$$

$$
\left(\lim_{n\to\infty}\frac{\sqrt{2n}\,(2n)^{2n}e^{-2n}}{(2n)!}\right) = \left(\lim_{n\to\infty}\frac{2^{2n} n\, n^{2n} e^{-2n}}{\sqrt{2n}\,(2n)^{2n}e^{-2n}\sqrt{2n+1}}\right)e^{2a}e^{-a} = \frac{e^a}{2},
$$

che implica $e^a = \sqrt{2\pi}$. Quindi

$$\lim_{n\to\infty} \frac{n!}{\sqrt{n}\, n^n e^{-n}} = \lim_{n\to+\infty} e^{a_n} = \sqrt{2\pi},$$

da cui segue l'asserto.]

Esercizio 9.16 Si dimostri che la formula di Stirling dell'esercizio 9.15 può essere rafforzata dando una stima dall'alto e dal basso,

$$\sqrt{2\pi n}\, n^n e^{-n} < n! < \sqrt{2\pi}\sqrt{n}\, n^n e^{-n} e^{1/12n}.$$

[*Soluzione.* Con le notazioni usate nella soluzione dell'esercizio 9.15, si ha

$$a_n > \lim_{n\to\infty} a_n = a, \qquad a_n - \frac{1}{12n} < \lim_{n\to\infty}\left(a_n - \frac{1}{12n}\right) = a,$$

poiché la successione $\{a_n\}$ è decrescente e la successione $\{a_n - 1/12n\}$ è crescente. Quindi si trova

$$a < a_n < a + \frac{1}{2n} \qquad \Longrightarrow \qquad \sqrt{2\pi} < \log e^{a_n} < \sqrt{2\pi} e^{1/12n},$$

da cui si ottiene la stima dall'alto; notiamo incidentalmente che vale anche la stima dal basso $n! > \sqrt{2\pi}\sqrt{n}\, n^n e^{-n} e^{1/(12n+1)}$ (cfr. la nota bibliografica).]

Esercizio 9.17 Si consideri il numero reale

$$x = a_0 + \cfrac{1}{a_1 + \cfrac{1}{a_2 + \cfrac{1}{a_3 + \ddots + \cfrac{1}{a_n}}}},$$

dove $a_0, a_1, a_2, \ldots, a_n \in \mathbb{R}$, con $a_1, a_2, \ldots, a_n > 0$, mentre a_0 può anche essere negativo o nullo. Scriviamo allora $x = [a_0, a_1, a_2, \ldots, a_n]$. Chiamiamo $[a_0, a_1, a_2, \ldots, a_n]$ una *frazione continua finita* e i numeri reali $a_0, a_1, a_2, \ldots, a_n$ i *quozienti parziali* della frazione continua; se $a_0, a_1, a_2, \ldots, a_n$ sono interi, la frazione continua finita si dice *semplice*. Si dimostri che

$$[a_0, a_1, a_2, \ldots, a_n] = \left[a_0, a_1, a_2, \ldots, a_{n-1} + \frac{1}{a_n}\right].$$

[*Suggerimento.* Segue dalla definizione di frazione continua.]

Esercizio 9.18 Data una frazione continua $[a_0, a_1, a_2, \dots, a_n]$ definiamo

$$\begin{aligned} p_0 &= a_0, & p_1 &= a_1 a_0 + 1, & p_k &= a_k p_{k-1} + p_{k-2}, & k &= 2, \dots, n, \\ q_0 &= 1, & q_1 &= a_1, & q_k &= a_k q_{k-1} + q_{k-2}, & k &= 2, \dots, n. \end{aligned}$$

Si dimostri che $[a_0, a_1, a_2, \dots, a_k] = p_k/q_k$ per $k = 0, \dots, n$. I numeri reali $[a_0, a_1, a_2, \dots, a_k]$ sono chiamati i *convergenti* della frazione continua $[a_0, a_1, a_2, \dots, a_n]$. [*Soluzione.* Si procede per induzione su k. Per $k = 0$ e $k = 1$ il risultato si verifica direttamente, tenuto conto che

$$[a_0] = a_0 = \frac{p_0}{q_0}, \qquad [a_0, a_1] = a_0 + \frac{1}{a_1} = \frac{a_0 a_1 + 1}{a_1} = \frac{p_1}{q_1}.$$

Assumendo che si abbia $[a_0, a_1, a_2, \dots, a_k] = p_k/q_k$ per $k \le m < n$, si ha

$$\begin{aligned} [a_0, a_1, a_2, \dots, a_m, a_{m+1}] &= \left[a_0, a_1, a_2, \dots, a_m + \frac{1}{a_{m+1}} \right] \\ &= \frac{\left(a_m + \dfrac{1}{a_{m+1}} \right) p_{m-1} + p_{m-2}}{\left(a_m + \dfrac{1}{a_{m+1}} \right) q_{m-1} + q_{m-2}} = \frac{a_{m+1}(a_m p_{m-1} + p_{m-2}) + p_{m-1}}{a_{m+1}(a_m q_{m-1} + q_{m-2}) + q_{m-1}} \\ &= \frac{a_{m+1} p_m + p_{m-1}}{a_{m+1} q_m + q_{m-1}} = \frac{p_{m+1}}{q_{m+1}}, \end{aligned}$$

per l'ipotesi induttiva e per l'esercizio 9.17. Questo implica il risultato per $k = m + 1$.]

Esercizio 9.19 Con le notazioni degli esercizi 9.17 e 9.18, si dimostri che

$$\begin{aligned} p_k q_{k-1} - p_{k-1} q_k &= (-1)^{k-1}, \\ p_k q_{k-2} - p_{k-2} q_k &= (-1)^k a_k, \end{aligned}$$

per ogni $k = 1, \dots, n$ e per ogni $k = 2, \dots, n$, rispettivamente. [*Soluzione.* Si consideri la prima relazione. Per $k = 1$ la verifica è immediata. Per $k \ge 2$ si ha

$$\begin{aligned} p_k q_{k-1} - p_{k-1} q_k &= (a_k p_{k-1} + p_{k-2}) q_{k-1} - p_{k-1}(a_k q_{k-1} + q_{k-2}) \\ &= -(p_{k-1} q_{k-2} - p_{k-2} q_{k-1}), \end{aligned}$$

così che, iterando $k - 1$ volte, si arriva a

$$p_k q_{k-1} - p_{k-1} q_k = (-1)^{k-1}(p_1 q_0 - p_0 q_1) = (-1)^{k-1}.$$

Analogamente, per $k \ge 2$, si ha

$$\begin{aligned} p_k q_{k-2} - p_{k-2} q_k &= (a_k p_{k-1} + p_{k-2}) q_{k-2} - p_{k-2}(a_k q_{k-1} + q_{k-2}) \\ &= a_k (p_{k-1} q_{k-2} - p_{k-2} q_{k-1}) = a_k (-1)^{k-2}, \end{aligned}$$

da cui segue la seconda relazione.]

Esercizio 9.20 Con le notazioni degli esercizi 9.17 e 9.18, si assuma sempre che i quozienti parziali a_k siano positivi per $k \geq 1$ e si scriva $x_k = p_k/q_k$ per $k = 0, \ldots, n$. Si dimostri che i convergenti pari x_{2k} crescono strettamente e i convergenti dispari x_{2k+1} decrescono strettamente con k. Si dimostri inoltre che ogni convergente dispari è più grande di ogni convergente pari. [*Suggerimento.* Se i quozienti parziali sono positivi, anche i denominatori dei convergenti sono positivi. Dalla seconda proprietà dell'esercizio 9.19 segue che

$$\frac{p_k}{q_k} - \frac{p_{k-2}}{q_{k-2}} = \frac{(-1)^k a_k}{q_{k-2} q_k},$$

così che si ottiene $x_k - x_{k-2} > 0$ se k è pari e $x_k - x_{k-2} < 0$ se k è dispari. Dalla prima proprietà dell'esercizio 9.19 si ha invece

$$\frac{p_k}{q_k} - \frac{p_{k-1}}{q_{k-1}} = \frac{(-1)^{k-1}}{q_{k-1} q_k},$$

quindi $x_k > x_{k-1}$ se k è dispari.]

Esercizio 9.21 Con le notazioni e sotto le ipotesi dell'esercizio 9.20, si dimostri che $x_{2k} < x < x_{2m+1}$ per ogni $k, m \in \mathbb{N}$ tali che $2k < n$ e $2m + 1 < n$. [*Soluzione.* Segue dall'esercizio precedente tenendo conto che $x = x_n$.]

Esercizio 9.22 Dato $a_0 \in \mathbb{R}$ e data una successione reale $a_1, a_2, \ldots$ a termini positivi, si consideri la successione di frazioni continue finite $x_n = [a_0, a_1, a_2, \ldots, a_n]$. Chiamiamo *frazione continua infinita* il limite x per $n \to \infty$ di x_n, se esiste, e scriviamo

$$x = [a_0, a_1, a_2, a_3, \ldots] = a_0 + \cfrac{1}{a_1 + \cfrac{1}{a_2 + \cfrac{1}{a_3 + \ldots}}}.$$

Se il limite esiste, diciamo che la frazione continua infinita converge; se i numeri $a_0, a_1, a_2, \ldots$ sono interi, la frazione continua infinita si dice *semplice*. Si definiscano i convergenti p_n/q_n come nel caso delle frazioni continue finite (cfr. l'esercizio 9.18). Si dimostri che le proprietà dei convergenti viste negli esercizi 9.17÷9.20 continuano a valere nel caso di frazioni continue infinite e se ne deduca che la frazione continua converge se e solo se i convergenti ammettono limite. [*Suggerimento.* Basta osservare che, per ogni n finito, $[a_0, a_1, a_2, \ldots, a_n]$ è una frazione continua finita, quindi i numeri p_k, q_k che appaiono nei convergenti di $[a_0, a_1, a_2, \ldots, a_n]$ e quelli che appaiono nei convergenti della frazione continua infinita $[a_0, a_1, a_2, \ldots]$ sono uguali per $k \leq n$. In particolare si ha $x_n = p_n/q_n$, quindi $x_n \to x$ se e solo se la successione $\{p_n/q_n\}$ converge a x.]

Esercizio 9.23 Si dimostri che i convergenti p_k/q_k di una frazione continua infinita $[a_0, a_1, a_2, \ldots]$ convergono se e solo se $\lim_{k\to\infty} q_{k-1}q_k = +\infty$. [*Soluzione.* In virtù dell'esercizio 9.20 (e dell'esercizio 9.22), la successione dei convergenti pari è crescente e quella dei convergenti dispari è decrescente: entrambe le successioni ammettono limite, i.e. esistono

$$y := \lim_{k\to\infty} x_{2k}, \qquad z := \lim_{k\to\infty} x_{2k+1}.$$

Quindi esiste il limite della successione dei convergenti se solo se $y = z$. Poiché (cfr. gli esercizi 9.20 e 9.22)

$$y - z = \lim_{k\to\infty} \left(\frac{p_k}{q_k} - \frac{p_{k-1}}{q_{k-1}} \right) = \lim_{k\to\infty} \frac{(-1)^k}{q_{k-1}q_k},$$

si ha $y = z$ se e solo se $\lim_{k\to\infty} q_{k-1}q_k = +\infty$.]

Esercizio 9.24 Si dimostri che una frazione continua infinita $[a_0, a_1, a_2, \ldots]$ converge se e solo se

$$\sum_{n=0}^{\infty} a_n = +\infty.$$

[*Soluzione.* Per le proprietà dei convergenti (cfr. gli esercizi 9.18 e 9.22), per ogni $k \geq 2$ si ha $q_k = a_k q_{k-1} + q_{k-2} > q_{k-2}$. Se $q_k < q_{k-1}$ si ha $q_{k-1} > q_k > q_{k-2}$, quindi per ogni $k \geq 2$ si ha $q_k > q_{k-1}$ oppure $q_{k-1} > q_{k-2}$. Mostriamo prima che se la serie converge allora la frazione continua infinita non converge. Se la serie $\sum_{k=0}^{\infty} a_k$ converge esiste $N > 0$ tale che $a_k < 1$ per ogni $k > N$. Se $q_k > q_{k-1}$ si ha

$$q_k = a_k q_{k-1} + q_{k-2} < a_k q_k + q_{k-2} \quad \Longrightarrow \quad q_k < \frac{q_{k-2}}{1 - a_k},$$

mentre, se $q_{k-1} > q_{k-2}$ si ha

$$q_k = a_k q_{k-1} + q_{k-2} < a_k q_{k-1} + q_{k-1} < (1 + a_k) q_{k-1} \quad \Longrightarrow \quad q_k < \frac{q_{k-1}}{1 - a_k},$$

così che, in entrambi i casi, possiamo scrivere

$$q_k < \frac{q_{k_1}}{1 - a_k},$$

per $k_1 \in \{k-1, k-2\}$ opportuno. Poiché $k_1 < k$, se $k_1 > N$ possiamo ripetere l'argomento, e così via, fino ad arrivare alla diseguaglianza

$$q_k < \frac{q_{k_p}}{(1 - a_k)(1 - a_{k_1})(1 - a_{k_2}) \ldots (1 - a_{k_{p-1}})},$$

dove $k > k_1 > k_2 > \ldots > k_{p-1} > N$ e $k_p \leq N$. Poiché stiamo supponendo che la serie converga, in tal caso (cfr. l'esercizio 9.11) converge anche il prodotto infinito $\prod_{n=0}^{\infty}(1 - a_n)$; si ha perciò

$$\ell := \prod_{n=0}^{\infty}(1 - a_n) > 0.$$

Se definiamo $Q := \max\{q_k : k \leq N\}$ e usiamo il fatto che

$$(1 - a_k)(1 - a_{k_1})(1 - a_{k_2}) \ldots (1 - a_{k_{p-1}}) \geq \prod_{n=0}^{\infty}(1 - a_n),$$

concludiamo che $q_k \leq Q/\ell \ \forall k \geq N$ e, quindi,

$$q_k q_{k+1} < \frac{Q^2}{\ell^2}, \qquad \forall k \geq N.$$

Di conseguenza non è possibile che si abbia $q_k q_{k+1} \to +\infty$. Per l'esercizio 9.23, la frazione continua infinita non converge. Viceversa, se la serie diverge, mostriamo che allora la frazione continua converge. Poiché $q_k > q_{k-2} \ \forall k \geq 2$, iterando si trova $q_k > q_0$ se k è pari e $q_k \geq q_1$ se k è dispari. Poiché $q_0 = 1$ e $q_1 = a_1$ (cfr. l'esercizio 9.18), se poniamo $c = \min\{1, a_1\}$ otteniamo $q_k \geq c \ \forall k \in \mathbb{N}$ e quindi

$$q_k = a_k q_{k-1} + q_{k-2} \geq c\, a_k + q_{k-2}, \qquad k \geq 2.$$

Iterando la diseguaglianza e usando che $q_1 \geq c a_1$, troviamo, per $k \geq 1$,

$$q_{2k} \geq q_0 + c \sum_{n=1}^{k} a_{2n} > c \sum_{n=1}^{k} a_{2n}, \qquad q_{2k+1} \geq q_1 + c \sum_{n=1}^{k} a_{2n+1} \geq c \sum_{n=0}^{k} a_{2n+1},$$

che implica, per ogni $k \geq 1$,

$$q_{2k} + q_{2k+1} > c \sum_{n=1}^{2k+1} a_n, \qquad q_{2k} + q_{2k-1} > c \sum_{n=1}^{2k} a_n.$$

Utilizzando il fatto che $q_1 + q_0 = 1 + a_1 > a_1 \geq c a_1$, arriviamo a un'unica diseguaglianza della forma

$$q_k + q_{k-1} > c \sum_{n=1}^{k} a_n, \qquad k \geq 1,$$

da cui otteniamo

$$\max\{q_k, q_{k-1}\} > \frac{c}{2} \sum_{n=1}^{k} a_n, \qquad k \geq 1.$$

Stimando anche $\min\{q_k, q_{k-1}\} \geq \min\{q_0, q_1\} = c$, troviamo

$$q_k q_{k-1} = \max\{q_k, q_{k-1}\} \min\{q_k, q_{k-1}\} > \frac{c^2}{2} \sum_{n=1}^{k} a_n, \qquad k \geq 1.$$

Pertanto, se la serie diverge, diverge anche il prodotto $q_{k-1}q_k$. Per l'esercizio 9.23, ne segue che la frazione continua converge.]

Esercizio 9.25 Si dimostri che, se i quozienti parziali di una frazione continua infinita $[a_0, a_1, a_2, \ldots]$ sono definitivamente numeri interi positivi, la frazione continua converge. In particolare una frazione continua infinita semplice converge sempre. [*Soluzione.* Se esiste $N > 0$ tale che $a_n \geq 1$ $\forall n \geq N$, la serie $\sum_{n=0}^{\infty} a_n$ diverge, quindi, per l'esercizio 9.24, la frazione continua converge.]

Esercizio 9.26 Si dimostri che ogni numero razionale può essere rappresentato da una frazione continua finita semplice, i.e. da una frazione continua finita i cui quozienti parziali a_n sono numeri interi, positivi per $n \geq 1$. [*Soluzione.* Sia $r = p/q$ un numero razionale. Possiamo scrivere $p = a_0 q + m_1$, dove $a_0 \in \mathbb{Z}$ e $0 \leq m_1 < q$. Quindi si ha

$$r = \frac{p}{q} = \frac{a_0 q + m_1}{q} = a_0 + \frac{m_1}{q} = a_0 + \xi_0, \qquad \xi_0 := \frac{m_1}{q},$$

dove $0 \leq \xi_0 < 1$. Se $\xi_0 = 0$ si ha $r = a_0 = [a_0]$. Se $\xi_0 \neq 0$, si ha

$$\frac{1}{\xi_0} = \frac{q}{m_1} = \frac{a_1 m_1 + m_2}{m_1} = a_1 + \frac{m_2}{m_1} = a_1 + \xi_1, \qquad \xi_1 := \frac{m_2}{m_1},$$

dove $a_1 \in \mathbb{N}$ e $0 \leq m_2 < m_1$, così che $0 \leq \xi_1 < 1$. Se $\xi_1 = 0$ si ha $r = a_0 + 1/a_1$, i.e. $r = [a_0, a_1]$. Se invece $\xi_1 \neq 0$, si ha

$$\frac{1}{\xi_1} = \frac{m_1}{m_2} = \frac{a_2 m_2 + m_3}{m_2} = a_2 + \frac{m_3}{m_2} = a_2 + \xi_2, \qquad \xi_2 := \frac{m_3}{m_2},$$

dove $a_2 \in \mathbb{N}$ e $0 \leq m_3 < m_2$, e così via. La successione di interi $m_1, m_2, m_3, \ldots$ è decrescente, così che esiste $n > 0$ tale che $m_{n+1} = 0$ (e quindi $1/\xi_{n-1} = a_n$).

Possiamo quindi scrivere

$$r = a_0 + \xi_0 = a_0 + \cfrac{1}{\cfrac{1}{\xi_0}} = a_0 + \cfrac{1}{a_1 + \xi_1} = a_0 + \cfrac{1}{a_1 + \cfrac{1}{\cfrac{1}{\xi_1}}}$$

$$= a_0 + \cfrac{1}{a_1 + \cfrac{1}{a_2 + \xi_2}} = \ldots = a_0 + \cfrac{1}{a_1 + \cfrac{1}{a_2 + \cfrac{\ddots}{+ \cfrac{1}{a_{n-1} + \xi_{n-1}}}}}$$

$$= a_0 + \cfrac{1}{a_1 + \cfrac{1}{a_2 + \cfrac{\ddots}{+ \cfrac{1}{a_{n-1} + \cfrac{1}{a_n}}}}},$$

dove $r = [a_0, a_1, a_2, \ldots, a_n]$, con $a_0 \in \mathbb{Z}$ e $, a_1, \ldots, a_n \in \mathbb{N}$, costituisce la *rappresentazione in frazioni continue del numero razionale* r.]

Esercizio 9.27 Si dimostri che ogni numero irrazionale può essere rappresentato da una frazione continua infinita semplice, i.e. da una frazione continua infinita i cui quozienti parziali a_n sono numeri interi, positivi per $n \geq 1$. [*Suggerimento.* Sia $x \in \mathbb{R}$ irrazionale. Sia $a_0 = \lfloor x \rfloor$ la *parte intera* di x (cfr. l'esercizio 9.9). Si ha $\xi_0 := x - \lfloor x \rfloor \in (0, 1)$: non può essere $\xi_0 = 0$, altrimenti x sarebbe un intero. Si ha $r_1 := 1/\xi_0 > 1$, quindi possiamo scrivere $r_1 = a_1 + \xi_1$, dove $a_1 = \lfloor r_1 \rfloor \geq 1$ e $\xi_1 \in (0, 1)$; di nuovo $\xi_1 = 0$ non è possibile, essendo x irrazionale. Iterando il procedimento, si costruisce una successione $\{r_k\}$, definita ricorsivamente ponendo

$$r_0 = x, \qquad r_{k+1} = 1/\xi_k, \quad k \geq 0,$$

dove $\xi_k = r_k - \lfloor r_k \rfloor \in (0, 1)$. La costruzione continua indefinitivamente, poiché, se si avesse $\xi_k = 0$ per qualche k, si troverebbe $x = [a_0, a_1, a_2, \ldots, a_k]$ e quindi $x = p_k/q_k$ sarebbe un numero razionale. In conclusione, ponendo $a_k := \lfloor r_k \rfloor$, si trova una successione di numeri interi positivi $a_1, a_1, a_2, \ldots$ tale che $[a_0, a_1, a_2, \ldots]$ è una frazione continua infinita e $x = [a_0, a_1, a_2, \ldots]$. L'algoritmo che porta alla costruzione della frazione continua prende il nome di *algoritmo delle frazioni continue* e $[a_0, a_1, a_2, \ldots]$ costituisce la *rappresentazione in frazioni continue del numero irrazionale* x.]

Esercizio 9.28 Si dimostri che la frazione continua infinita semplice che rappresenta un numero irrazionale x è determinata in modo univoco; si dimostri altresì che, se $x \in \mathbb{Q}$, esiste un'unica frazione continua finita $[a_0, a_1, a_2, \ldots, a_n]$, con $a_n > 1$, che lo rappresenta. Se p_k/q_k denotano i convergenti della frazione continua semplice che rappresenta x si dice allora, non essendoci ambiguità, che p_k/q_k sono i *convergenti del numero reale* x. [*Suggerimento.* Se $x \in \mathbb{R}$ è irrazionale, l'algoritmo delle frazioni continue descritto nella soluzione dell'esercizio 9.27 determina i quozienti parziali in modo univoco. Se $x = r \in \mathbb{Q}$, l'algoritmo descritto nella soluzione dell'esercizio 9.26 dà $1/\xi_k > 1$ per ogni k. Quindi se all'ultimo passo n si trova $m_{n+1} = 0$ e quindi $\xi_{n-1} = 1/a_n$ si ha necessariamente $a_n > 1$. Se si tiene conto che si può riscrivere

$$a_n = (a_n - 1) + 1 = (a_n - 1) + \frac{1}{a_{n+1}}, \qquad a_{n+1} := 1,$$

si vede che le due frazioni continue $[a_0, a_1, a_2, \ldots, a_n]$ e $[a_0, a_1, a_2, \ldots, a_n - 1, 1]$ rappresentano entrambe il numero r. Se si richiede che l'ultimo quoziente parziale sia maggiore di 1, si esclude la seconda possibilità e di conseguenza la rappresentazione diventa unica.]

Esercizio 9.29 Si dimostri che, dati due numeri razionali positivi a/b e c/d tali che $a/b < c/d$, si ha

$$\frac{a}{b} < \frac{a+c}{b+d} < \frac{c}{d}.$$

La frazione $(a + c)/(b + d)$ è il *mediante* delle due frazioni a/b e c/d, e la diseguaglianza è nota come *diseguaglianza del mediante*. [*Soluzione.* Se $a/b < c/d$ si ha $ad < bc$ e quindi

$$a(b+d) = ab + ad < ab + bc = b(a+c),$$
$$d(a+c) = da + dc < cb + cd = c(b+d),$$

da cui segue l'asserto.]

Esercizio 9.30 Sia $x \in \mathbb{R}$ un numero irrazionale e siano $x_k = p_k/q_k$ i convergenti della frazione continua semplice che lo rappresenta, ovvero i convergenti di x (cfr. l'esercizio 9.29). Si dimostri che per ogni $k \in \mathbb{N}$ si ha $x_{2k} < x < x_{2k+1}$. [*Suggerimento.* Poiché $\{x_{2k}\}$ è una successione crescente e $\{x_{2k+1}\}$ è una successione decrescente (cfr. l'esercizio 9.20), si ha, tenendo conto anche dell'esercizio 1.7 del volume 1,

$$\sup_{k\in\mathbb{N}} x_{2k} = \lim_{k\to\infty} x_{2k} = x = \lim_{k\to\infty} x_{2k+1} = \inf_{k\in\mathbb{N}} x_{2k}.$$

Inoltre, poiché x è irrazionale, si ha $x_{2k} \neq x$ e $x_{2k+1} \neq x$ per ogni $k \in \mathbb{N}$.]

Esercizio 9.31 Sia $x \in \mathbb{R}_+$ un numero irrazionale e siano $x_k = p_k/q_k$ i suoi convergenti. Si dimostri che per ogni $k \in \mathbb{N}$ si ha

$$\frac{1}{q_k(q_k + q_{k+1})} < \left| x - \frac{p_k}{q_k} \right| < \frac{1}{q_k q_{k+1}}.$$

[*Soluzione.* Si consideri il caso in cui k sia pari, così che $x_k < x < x_{k+1}$. Applicando ripetutamente il risultato dell'esercizio 9.29 si trova

$$\frac{p_k}{q_k} < \frac{p_k + p_{k+1}}{q_k + q_{k+1}} < \frac{p_k + 2p_{k+1}}{q_k + 2q_{k+1}} < \ldots < \frac{p_k + a_{k+2}p_{k+1}}{q_k + a_{k+2}q_{k+1}} = \frac{p_{k+2}}{q_{k+2}} < x$$

quindi il numero

$$s_k := \frac{p_k + p_{k+1}}{q_k + q_{k+1}}$$

è compreso tra x_k e x. Ne segue che $|x - x_k| > |s_k - x_k|$, ovvero

$$\begin{aligned} \left| x - \frac{p_k}{q_k} \right| > \left| \frac{p_k + p_{k+1}}{q_k + q_{k+1}} - \frac{p_k}{q_k} \right| &= \frac{q_k(p_k + p_{k+1}) - p_k(q_k + q_{k+1})}{q_k(q_k + q_{k+1})} \\ &= \frac{q_k p_{k+1} - p_k q_{k+1}}{q_k(q_k + q_{k+1})} = \frac{1}{q_k(q_k + q_{k+1})}, \end{aligned}$$

dove si è tenuto conto dell'esercizio 9.19 (e del fatto che k è pari). Inoltre, poiché x cade all'interno dell'intervallo $[x_k, x_{k+1}]$ si ha $|x - x_k| < |x_k - x_{k+1}|$ e quindi (cfr. di nuovo l'esercizio 9.19)

$$\left| x - \frac{p_k}{q_k} \right| < \left| \frac{p_k}{q_k} - \frac{p_{k+1}}{q_{k+1}} \right| < \frac{1}{q_k q_{k+1}}.$$

Se k è dispari si ragiona in modo del tutto analogo (in tal caso si ha $x_k > x > x_{k+1}$).]

Esercizio 9.32 Un numero razionale p/q, con p e q primi tra loro, si definisce una delle *migliori approssimazioni razionali* (o *migliori approssimazioni diofantee*) di un numero irrazionale x se

$$|n\,x - m| > |q\,x - p|$$

per ogni $m, n \in \mathbb{N}$ tali che $0 < n \leq q$ e $m/n \neq p/q$. Si dimostri che ciascuna delle migliori approssimazioni razionali è un convergente. [*Soluzione.* Se p/q è una delle migliori approssimazioni razionali di x si deve avere $p/q \geq a_0$. Infatti, $p/q < a_0$ implicherebbe $|1 \cdot x - a_0| \leq |x - p/q| \leq |q\,x - p|$ (poiché $x > a_0$ e $q \geq 1$) e quindi p/q non sarebbe una delle migliori approssimazioni razionali. Supponiamo per assurdo che p/q non sia un convergente. Allora p/q dovrebbe essere o più grande di p_1/q_1 o compreso tra due convergenti p_{k-1}/q_{k-1} e p_{k+1}/q_{k+1}, entrambi più grandi di x

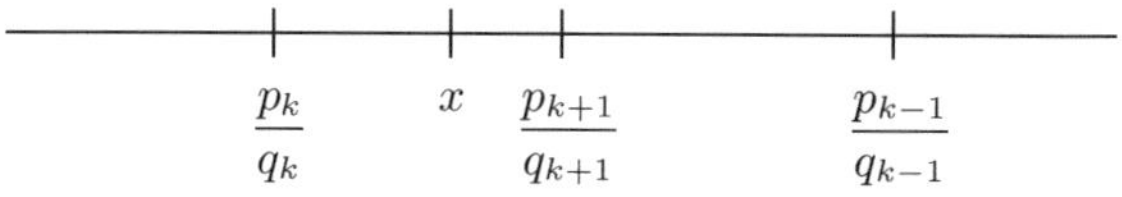

Figura 9.21 Posizione dei convergenti p_{k-1}/q_{k-1}, p_k/q_k e p_{k+1}/q_{k+1} per k pari

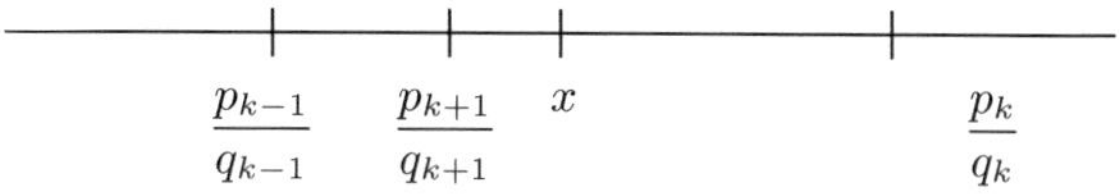

Figura 9.22 Posizione dei convergenti p_{k-1}/q_{k-1}, p_k/q_k e p_{k+1}/q_{k+1} per k dispari

se k fosse pari (cfr. la figura 9.21) ed entrambi più piccoli se k fosse dispari (cfr. la figura 9.22). Nel primo caso ($p/q > p_1/q_1$), poiché $p_1/q_1 > x$, si avrebbe

$$\left|x - \frac{p}{q}\right| > \left|\frac{p_1}{q_1} - \frac{p}{q}\right| > \frac{|p_1 q - q_1 p|}{q_1 q} \geq \frac{1}{q_1 q} \quad \Longrightarrow \quad |q\,x - p| \geq \frac{1}{q_1},$$

essendo $p_1 q - q_1 p$ un intero diverso da zero. D'altra parte, poiché per le proprietà dei convergenti (cfr. l'esercizio 9.31) si ha

$$|1 \cdot x - a_0| = |q_0 x - p_0| < \frac{1}{q_1},$$

questo implicherebbe

$$|qx - p| \geq \frac{1}{q_1} > |1 \cdot x - a_0|,$$

così che p/q non potrebbe essere una delle migliori approssimazioni razionali. Nel secondo caso (p/q compreso tra p_{k-1}/q_{k-1} e p_{k+1}/q_{k+1}), si avrebbe

$$\left|\frac{p}{q} - \frac{p_{k-1}}{q_{k-1}}\right| > \frac{|q_{k-1}p - p_{k_1}q|}{q_{k-1}q} \geq \frac{1}{q_{k-1}q},$$

essendo $q_{k-1}p - p_{k-1}q$ un intero diverso da zero. D'altra parte

$$\left|\frac{p}{q} - \frac{p_{k-1}}{q_{k-1}}\right| < \left|\frac{p_k}{q_k} - \frac{p_{k-1}}{q_{k-1}}\right| = \frac{|q_{k-1}p_k - p_{k-1}q_k|}{q_{k-1}q_k} = \frac{1}{q_{k-1}q_k},$$

che, unita alla diseguaglianza precedente, implicherebbe $q > q_k$. Inoltre si avrebbe

$$\left|x - \frac{p}{q}\right| \geq \left|\frac{p_{k+1}}{q_{k+1}} - \frac{p}{q}\right| > \frac{1}{q_{k+1}q} \quad \Longrightarrow \quad |q\,x - p| > \frac{1}{q_{k+1}}.$$

Poiché $|q_k x - p_k| < 1/q_{k+1}$ (cfr. l'esercizio 9.31), si avrebbe quindi

$$|q_k x - p_k| < |q\,x - p|, \qquad q_k < q,$$

così che p/q non potrebbe essere una delle migliori approssimazioni razionali. Quindi, in entrambi i casi, si troverebbe una contraddizione; ne segue che p/q deve essere un convergente.]

Esercizio 9.33 Sia $\{p_n/q_n\}$ la successione dei convergenti di un numero irrazionale x. Si dimostri che

$$|q_0 x - p_0| > |q_1 x - p_1| > |q_2 x - p_2| > \ldots > |q_{k-1} x - p_{k-1}| > |q_k x - p_k| > \ldots$$

[*Soluzione.* Per le proprietà dei convergenti (cfr. l'esercizio 9.31) si ha, per ogni $k \geq 1$,

$$|q_k x - p_k| < \frac{1}{q_{k+1}}, \qquad |q_{k-1} x - p_{k-1}| > \frac{1}{q_{k-1} + q_k} \geq \frac{1}{q_{k-1} + a_k q_k} = \frac{1}{q_{k+1}},$$

dove si è usato che $a_k \geq 1$ (cfr. l'esercizio 9.27).]

Esercizio 9.34 Sia $\{p_k/q_k\}$ la successione dei convergenti di un numero irrazionale x. Si dimostri che per ogni $k \geq 0$ si ha

$$|q\, x - p| > |q_k x - p_k|$$

per ogni $p, q \in \mathbb{N}$ tali che $0 < q < q_{k+1}$ e $q \neq q_k$. [*Soluzione.* Si definiscano μ, ν tali che

$$\begin{cases} p = \mu p_{k+1} + \nu p_k, \\ q = \mu q_{k+1} + \nu q_k. \end{cases}$$

Possiamo riscrivere l'equazione nella forma

$$\begin{pmatrix} p_{k+1} & p_k \\ q_{k+1} & q_k \end{pmatrix} \begin{pmatrix} \mu \\ \nu \end{pmatrix} = \begin{pmatrix} p \\ q \end{pmatrix} \implies \begin{pmatrix} \mu \\ \nu \end{pmatrix} = (-1)^k \begin{pmatrix} q_k & -p_k \\ -q_{k+1} & p_{k+1} \end{pmatrix} \begin{pmatrix} p \\ q \end{pmatrix},$$

dove abbiamo tenuto conto che il determinante della matrice vale $(-1)^k$ (cfr. l'esercizio 9.19), quindi μ e ν sono interi. Non si può avere $\nu = 0$, perché questo implicherebbe $p = \mu p_{k+1}$ e $q = \mu q_{k+1}$, con $\mu \geq 1$, mentre stiamo supponendo $q < q_{k+1}$. Se $\mu = 0$ si ha $p = \nu p_k$ e $q = \nu q_k$, con $\nu \geq 2$ (poiché $q \neq q_k$ per ipotesi), così che

$$|q\, x - p| \geq 2|q_k x - p_k| > |q_k x - p_k|,$$

che implica il risultato nel caso $\mu = 0$. Infine, se entrambi μ e ν sono non nulli, essi devono avere segno opposto (poiché $q < q_{n+1}$). Poiché anche $q_{k+1} x - p_{k+1}$ e $q_k x - p_k$ hanno segno opposto (cfr. l'esercizio 9.21), ne segue che $\mu(q_{k+1} x - p_{k+1})$ e $\nu(q_k x - p_k)$ hanno lo stesso segno. Poiché $|\mu|, |\nu| \geq 1$ nel caso che stiamo considerando, si ottiene

$$\begin{aligned} |q\, x - p| &= |\mu(q_{k+1} x - p_{k+1}) + \nu(q_k x - p_k)| \\ &= |\mu(q_{k+1} x - p_{k+1})| + |\nu(q_k x - p_k)| \\ &\geq |q_{k+1} x - p_{k+1}| + |q_k x - p_k| > |q_k x - p_k|, \end{aligned}$$

che dimostra l'asserto anche in questo caso.]

Esercizio 9.35 Si dimostri che un numero razionale p/q è una delle migliori approssimazioni di un numero irrazionale x se e solo se p/q è un convergente di x. [*Soluzione.* L'esercizio 9.34 comporta che ogni convergente di x è una delle migliori approssimazioni razionali di x. Questo e l'esercizio 9.32 implicano l'asserto.]

Esercizio 9.36 Sia $\omega = (1, \alpha)$ un vettore diofanteo in $\mathbb{R}^2$ con esponente τ e siano p_k/q_k i convergenti di α. Si dimostri che esiste una costante C_0 tale che $q_{k+1} < C_0 q_k^\tau$ $\forall k \in \mathbb{N}$. [*Soluzione.* Le stime dell'esercizo 9.31 assicurano che, per $k \geq 1$,

$$|q_k\alpha - p_k| = q_k \left|\alpha - \frac{p_k}{q_k}\right| < \frac{1}{q_{k+1}}.$$

da cui si deduce anche che, se $\nu_k := (-p_k, q_k)$, si ha $q_k < |\nu_k| \leq q_k\sqrt{1+4\alpha^2}$. Infatti, per $k \geq 1$, si ha $q_{k+1} \geq q_2 = a_2 q_1 + q_0 \geq a_2 a_1 + 1 \geq 2$ (cfr. l'esercizio 9.18), così che $|q_k\alpha - p_k| < 1/2$; si ha perciò $|p_k| \leq |q_k\alpha| + 1/2 \leq 2|q_k\alpha|$, essendosi tenuto conto che $|q_k\alpha| > 1/2$ se $p_k \neq 0$. Pertanto la condizione diofantea (9.18) dà

$$|q_k\alpha - p_k| = |\langle\omega, \nu_k\rangle| > \frac{\gamma}{|\nu_k|^\tau} > \frac{\gamma}{(1+4\alpha)^{\tau/2}}\frac{1}{q_k^\tau}.$$

Unendo le due diseguaglianze otteniamo $q_{k+1} \leq C_0 q_k^\tau$, dove $C_0 = \gamma^{-1}(1+4\alpha^2)^{\tau/2}$.]

Esercizio 9.37 Fissato $\tau \geq 1$, sia $[a_0, a_1, a_2, \ldots]$ la frazione continua infinita costruita ricorsivamente nel modo seguente: a_0 è arbitrario e, per $k \geq 0$, il quoziente parziale $a_{k+1} \geq 1$ è il più piccolo intero tale $a_{k+1}q_k + q_{k-1} \geq q_k^\tau$. Si dimostri che il vettore $\omega = (1, \alpha) \in \mathbb{R}^2$, con $\alpha = [a_0, a_1, a_2, \ldots]$, è diofanteo con esponente τ. [*Suggerimento.* Si noti innanzitutto che la definizione è ben posta perché, nel definire a_{k+1} i quozienti parziali $a_0, \ldots, a_k$, e quindi i convergenti $p_0/q_0, \ldots, p_k/q_k$, sono già determinati; inoltre $q_{k-1} < q_k$. Per definizione di a_{k+1} si ha $(a_{k+1}-1)q_k + q_{k-1} < q_k^\tau$, quindi $q_{k+1} = a_{k+1}q_k + q_{k-1} < q_k^\tau + q_k < 2q_k^\tau$. Di conseguenza si ha

$$\left|\alpha - \frac{p_k}{q_k}\right| > \frac{1}{2q_k q_{k+1}} > \frac{1}{4q_k^{\tau+1}} \qquad \Longrightarrow \qquad |q_k\alpha - p_k| > \frac{1}{2q_{k+1}} > \frac{1}{4q_k^\tau},$$

quindi, tenendo conto che i convergenti sono le migliori approssimazioni di α (cfr. l'esercizio 9.35), concludiamo che ω è diofanteo con esponente τ.]

Esercizio 9.38 Si dimostri che l'insieme dei numeri irrazionali contenuti nell'intervallo [0, 1] con quozienti parziali limitati ha misura di Lebesgue nulla. [*Soluzione.* Identificando ogni numero $x \in [0, 1]$ con la frazione continua che lo rappresenta, l'insieme

$$E_n(k_1, \ldots, k_n) := \{x \in [0, 1] : a_1 = k_1, \ldots, a_n = k_n\}$$

rappresenta l'insieme dei numeri nell'intervallo [0, 1] (quindi con $a_0 = 0$) che hanno i primi n quozienti parziali fissati ai valori $k_1, \ldots, k_n$, rispettivamente. I numeri

$x \in E_n(k_1, \ldots, k_n)$ sono della forma

$$x = \cfrac{1}{k_1 + \cfrac{1}{k_2 + \cfrac{\ddots}{+ \cfrac{1}{k_n + \xi_n}}}},$$

per qualche $\xi_n \in (0, 1)$ (cfr. l'algoritmo descritto nella soluzione dell'esercizio 9.27). Possiamo riscrivere (cfr. l'esercizio 9.17)

$$x = \cfrac{1}{k_1 + \cfrac{1}{k_2 + \cfrac{\ddots}{+ \cfrac{1}{k_n + \xi_n}}}} = [0, k_1, k_2, \ldots, k_n + \xi_n] = [0, k_1, k_2, \ldots, k_n, r_{n+1}],$$

dove $r_{n+1} = 1/\xi_n \geq 1$, e quindi (cfr. l'esercizio 9.18)

$$x = \frac{r_{n+1} p_n + p_{n-1}}{r_{n+1} q_n + q_{n-1}},$$

dove

$$\frac{p_{n-1}}{q_{n-1}} = [0, k_1, k_2, \ldots, k_{n-1}], \qquad \frac{p_n}{q_n} = [0, k_1, k_2, \ldots, k_n].$$

L'espressione trovata per x è una funzione decrescente in r_{n+1} e, poiché $r_{n+1} \geq 1$, x è compreso nell'intervallo di estremi p_n/q_n e $(p_n + p_{n-1})/(q_n + q_{n-1})$ (x tende al primo estremo per $r_{n+1} \to +\infty$ ed è uguale al secondo per $r_{n+1} = 1$), dove $p_n/q_n < (p_n + p_{n-1})/(q_n + q_{n-1})$ se n è pari e $p_n/q_n > (p_n + p_{n-1})/(q_n + q_{n-1})$ se n è dispari (cfr. gli esercizi 9.20 e 9.29). Ne segue che $E_n(k_1, \ldots, k_n)$ è un intervallo di lunghezza (i.e. misura di Lebesgue)

$$|E_n(k_1, \ldots, k_n)| = \left| \frac{p_n + p_{n-1}}{q_n + q_{n-1}} - \frac{p_n}{q_n} \right| = \frac{1}{q_n(q_n + q_{n-1})} = \frac{1}{q_n^2 \left(1 + \dfrac{q_{n-1}}{q_n} \right)}.$$

Per ogni $k \geq 1$, sia $E_{n+1}(k_1, \ldots, k_n, k)$ l'insieme dei numeri in $E_n(k_1, \ldots, k_n)$ che hanno $a_{n+1} = k$; se $x \in E_{n+1}(k_1, \ldots, k_n, k)$ si ha $p_{n+1}/q_{n+1} = [0, k_1, k_2, \ldots, k_n, k]$.

Di conseguenza, ragionando come sopra, e utilizzando il fatto che $p_{n+1} = kp_n + p_{n-1}$ e $q_{n+1} = kq_n + q_{n-1}$, si trova

$$|E_{n+1}(k_1, \ldots, k_n, k)| = \left| \frac{p_{n+1} + p_n}{q_{n+1} + q_n} - \frac{p_{n+1}}{q_{n+1}} \right| = \frac{1}{q_{n+1}^2 \left(1 + \dfrac{q_n}{q_{n+1}}\right)}$$
$$= \frac{1}{q_n^2 k^2 \left(1 + \dfrac{q_{n-1}}{kq_n}\right)\left(1 + \dfrac{1}{k} + \dfrac{q_{n-1}}{kq_n}\right)},$$

da cui si ricava

$$\frac{|E_{n+1}(k_1, \ldots, k_n, k)|}{|E_n(k_1, \ldots, k_n)|} = \frac{1 + \dfrac{q_{n+1}}{q_n}}{k^2 \left(1 + \dfrac{q_{n-1}}{kq_n}\right)\left(1 + \dfrac{1}{k} + \dfrac{q_{n-1}}{kq_n}\right)}.$$

Dal momento che

$$1 < 1 + \frac{1}{k} + \frac{q_{n-1}}{kq_n} < 3, \qquad 1 < 1 + \frac{q_{n+1}}{q_n} < 2, \qquad 1 < 1 + \frac{q_{n+1}}{kq_n} < 2,$$

risulta

$$\frac{1}{3k^2} < \frac{|E_{n+1}(k_1, \ldots, k_n, k)|}{|E_n(k_1, \ldots, k_n)|} < \frac{2}{k^2}.$$

Si noti che, poiché gli intervalli $E_n(k_1, \ldots, k_n)$ sono disgiunti, si hanno le relazioni

$$\bigcup_{k_1, \ldots, k_n \geq 1} E_n(k_1, \ldots, k_n) = [0, 1], \qquad \bigcup_{k \geq 1} E_{n+1}(k_1, \ldots, k_n, k) = E_n(k_1, \ldots, k_n),$$

che implicano

$$\sum_{k_1, \ldots, k_n \geq 1} |E_n(k_1, \ldots, k_n)| = 1, \qquad \sum_{k \geq 1} |E_{n+1}(k_1, \ldots, k_n, k)| = |E_n(k_1, \ldots, k_n)|.$$

Fissato un intero $M > 0$, definiamo

$$J_M := \{x \in [0, 1] : a_k < M \quad \forall k \in \mathbb{N}\},$$
$$J_M(n) := \{x \in [0, 1] : a_k < M \quad \forall k = 1, \ldots, n\},$$
$$J := \bigcup_{M=1}^{\infty} J_M.$$

Utilizzando la stima precedente abbiamo (cfr. l'esercizio 9.8)

$$\sum_{k\ge M} |E_{n+1}(k_1,\ldots,k_n,k)| > \frac{|E_n(k_1,\ldots,k_n)|}{3}\sum_{k\ge M}\frac{1}{k^2}$$
$$> \frac{|E_n(k_1,\ldots,k_n)|}{3}\int_{M+1}^{\infty}\frac{\mathrm{d}x}{x^2} = \frac{|E_n(k_1,\ldots,k_n)|}{3(M+1)},$$

così che

$$\sum_{k< M} |E_{n+1}(k_1,\ldots,k_n,k)| < \delta |E_n(k_1,\ldots,k_n)|, \qquad \delta := 1-\frac{1}{3(M+1)}.$$

Ne deduciamo che

$$|J_M(n+1)\cap E_n(k_1,\ldots,k_n)| < \delta |E_n(k_1,\ldots,k_n)|,$$

così che

$$|J_M(n+1)| = \sum_{k_1,\ldots,k_n<M} |J_M(n+1)\cap E_n(k_1,\ldots,k_n)|$$
$$< \delta \sum_{k_1,\ldots,k_n<M} |E_n(k_1,\ldots,k_n)| = \delta |J_M(n)|.$$

Ripetendo l'argomento n volte arriviamo a

$$|J_M(n+1)| \le \delta^n |J_M(1)| \implies \lim_{n\to\infty} |J_M(n)| = 0 \implies \lim_{n\to\infty} |J_M| = 0,$$

dove abbiamo usato che $J_M \subset J_M(n)\ \forall n\ge 1$. Vediamo allora che J è l'insieme di tutti i numeri $x\in[0,1]$ che hanno quozienti parziali limitati. Per ogni $x \in J$ esiste $M>0$ tale che $x\in J_M$. Quindi

$$|J| \le \sum_{M=1}^{\infty} |J_M| = 0,$$

che completa la dimostrazione.]

Esercizio 9.39 Si dimostri che, fissato un qualsiasi intervallo $I\subset\mathbb{R}$, l'insieme dei numeri irrazionali contenuti in I con quozienti parziali limitati ha misura di Lebesgue nulla. [*Suggerimento.* Dato un intervallo I, siano $a,b\in\mathbb{Z}$ tali che $I\subset [a,b]$. Dividiamo $[a,b]$ in N intervalli $I_1,\ldots,I_N$ tali che $I_1=[a,a+1]$, $I_2=[a+1,a+2]$, …, $I_N=[b-1,b]$. Per ogni $m=1,\ldots,N$, ragionando come nella soluzione dell'esercizio precedente, si trova che l'insieme dei numeri in I_m che hanno quozienti limitati ha misura nulla (l'unica differenza è che ora a_0 è uguale all'estremo di sinistra dell'intervallo).]

Esercizio 9.40 Siano p_k/q_k i convergenti del numero irrazionale x. Si dimostri che esiste una costante positiva C tale che $q_{k+1} \leq C q_k$ $\forall k \geq 0$ se e solo se i quozienti parziali di x sono limitati. [*Soluzione.* Se i quozienti parziali di x sono limitati, esiste $M > 0$ tale che $a_k < M$ $\forall k \in \mathbb{N}$; quindi si ha

$$q_{k+1} = a_{k+1} q_k + q_{k-1} < M q_k + q_{k-1} < (M+1) q_k, \qquad k \geq 1,$$

e $q_1 = a_1 \leq M = M q_0 < (M+1) q_0$. Viceversa, se $q_{k+1} \leq C q_k$ $\forall k \geq 0$ si ha $q_k = a_k q_{k-1} + q_{k-2} > a_k q_{k-1}$ e quindi $a_k < q_k/q_{k-1} \leq C$ per ogni $k \geq 2$ e $a_1 = q_1 \leq C q_0 = C$; in conclusione si ha $a_k \leq C$ $\forall k \in \mathbb{N}$.]

Esercizio 9.41 Si dimostri che un vettore $\omega = (1, \alpha) \in \mathbb{R}^2$ è diofanteo con esponente $\tau = 1$ se e solo se i quozienti parziali di α sono limitati. Se ne deduca che la misura dei vettori $\omega \in \mathbb{R}^2$ che soddisfano la condizione diofantea con esponente $\tau = 1$ ha misura di Lebesgue nulla. [*Soluzione.* Supponiamo per semplicità che sia $\alpha > 0$ (se $\alpha < 0$ si ragiona in modo analogo). Siano p_k/q_k i convergenti di α e poniamo $\nu_k := (-p_k, q_k)$. Se ω è diofanteo con esponente $\tau = 1$, si ha

$$\frac{\gamma}{|\nu_k|} < |\langle \omega, \nu_k \rangle| = |q_k \alpha - p_k| < \frac{1}{q_{k+1}}, \qquad k \geq 1,$$

che implica, per ogni $k \geq 1$,

$$q_{k+1} < C_0 q_k, \qquad C_0 := \gamma^{-1} \sqrt{1 + 4\alpha^2},$$

e quindi (cfr. l'esercizio 9.40) i quozienti parziali di α sono limitati. Viceversa, se i quozienti parziali di α sono limitati, si ha $q_{k+1} \leq C\, q_k$ $\forall k \in \mathbb{N}$ per un'opportuna costante C (di nuovo per l'esercizio 9.40), così che

$$|\langle \omega, \nu_k \rangle| = |q_k \alpha - p_k| > \frac{1}{q_k + q_{k+1}} \geq \frac{1}{(1+C) q_k} > \frac{\gamma_0}{|\nu_k|},$$

dove $\gamma_0 := 1/(C+1)$. Per ogni $\nu = (-m, n) \in \mathbb{Z}^2$, si ha $\langle \omega, \nu \rangle = n\alpha - m$. Per $n \neq 0$ fissato sia k tale $q_k \leq |n| < q_{k+1}$. Per l'esercizio 9.34 si ha

$$|n\alpha - m| \geq |q_k \alpha - p_k| > \frac{1}{(1+C) q_k} \geq \frac{1}{(1+C)|n|} \geq \frac{\gamma_0}{|\nu|},$$

quindi ω soddisfa la condizione diofantea (9.18) con $\gamma = \gamma_0$ ed esponente $\tau = 1$. In conclusione ω è diofanteo con esponente τ se e solo se i quozienti parziali di α sono limitati. Ne segue che, fissato un qualsiasi intervallo $I \subset \mathbb{R}$, la misura dei valori di $\alpha \in I$ tali che $(1, \alpha)$ è diofanteo con esponente $\tau = 1$ è nulla. Infine, nel caso generale in cui si abbia $\omega = (\omega_1, \omega_2)$, poiché $\omega = \omega_1 (1, \alpha)$, dove $\alpha = \omega_2/\omega_1$, si vede che il vettore ω è diofanteo con esponente τ se e solo se lo è $\omega_0 := (1, \alpha)$.]

Esercizio 9.42 Si dimostri che non esistono vettori $\omega \in \mathbb{R}^2$ che verificano la condizione diofantea (9.18) con $\tau < 1$. [*Soluzione.* Sia $\omega = (\omega_1, \omega_2)$ e siano p_k/q_k i convergenti di $\alpha := \omega_2/\omega_1$. Supponiamo per assurdo che si abbia $|\langle\omega, \nu\rangle| > \gamma/|\nu|^\tau$, con $\tau < 1$, per ogni $\nu \in \mathbb{Z}^2$ non nullo. Si avrebbe allora, per $\nu_k = (-p_k, q_k)$,

$$\frac{\gamma_0}{q_k^\tau} < \frac{\gamma}{|\nu_k|^\tau} < |\langle\omega, \nu_k\rangle| = |\omega_1||q_k\alpha - p_k| < \frac{|\omega_1|}{q_{k+1}},$$

dove $\gamma_0 := \gamma(1 + 4\alpha^2)^{-\tau/2}$, e quindi

$$q_{k+1} < C_0 q_k^\tau, \qquad C_0 := |\omega_1|/\gamma_0.$$

Per k sufficientemente grande, si avrebbe $q_{k+1} < q_k$, che è in contraddizione con la relazione $q_{k+1} = a_{k+1}q_k + q_{k-1} > q_k$.]

Esercizio 9.43 Si dimostri che $\sqrt{2}$ è irrazionale e se ne trovi la rappresentazione in frazioni continue. [*Suggerimento.* Si supponga per assurdo che esistano $p/q \in \mathbb{N}$, primi tra loro, tali che $\sqrt{2} = p/q$. Si avrebbe allora $2q^2 = p^2$, così che p^2 e quindi p dovrebbe essere divisibile per 2. Ne seguirebbe $p = 2m$, per qualche $m \in \mathbb{N}$, e dunque $q^2 = 2m^2$: anche q dovrebbe essere divisibile per 2, contro l'ipotesi che p e q siano primi tra loro. Per trovarne la rappresentazione in frazioni continua si scriva

$$\sqrt{2} = 1 + (\sqrt{2} - 1) = 1 + \frac{1}{1 + \sqrt{2}} = 1 + \frac{1}{2 + (\sqrt{2} - 1)} = 1 + \cfrac{1}{2 + \cfrac{1}{1 + \sqrt{2}}}$$

$$= 1 + \cfrac{1}{2 + \cfrac{1}{2 + (\sqrt{2} - 1)}} = 1 + \cfrac{1}{2 + \cfrac{1}{2 + \cfrac{1}{1 + \sqrt{2}}}}$$

$$= 1 + \cfrac{1}{2 + \cfrac{1}{2 + \cfrac{1}{2 + (\sqrt{2} - 1)}}} = \ldots = 1 + \cfrac{1}{2 + \cfrac{1}{2 + \cfrac{1}{2 + \cfrac{1}{2 + \ldots}}}},$$

da cui si ottiene $\sqrt{2} = [1, 2, 2, 2, 2, \ldots]$, i.e. $a_k = 2 \ \forall k \geq 1$.]

Esercizio 9.44 Si dimostri che $\sqrt{5}$ è irrazionale e se ne trovi la rappresentazione in frazioni continue. [*Suggerimento.* Supponiamo per assurdo che si abbia $\sqrt{5} = p/q$, con $p, q \in \mathbb{N}$ primi tra loro. Si avrebbe allora $5q^2 = p^2$. Inoltre q dovrebbe essere dispari: se fosse pari, $5q^2$ dovrebbe essere pari e, di conseguenza, anche p^2 e quindi p dovrebbe essere pari, contro l'ipotesi che p e q siano primi tra loro. Ma se q fosse dispari, in base allo stesso ragionamento, anche p dovrebbe essere dispari e si avrebbe $q = 2m + 1$ e $p = 2n + 1$, con $m, n \in \mathbb{N}$, così che $5q^2 = p^2$ implicherebbe $5(2m+1)^2 = (2n+1)^2$, i.e. $5(4m^2 + 4m + 1) = 4n^2 + 4n + 1$, che, riscritta come $4(5m^2 + 5m + 1) = 4(n^2 + n)$ implicherebbe a sua volta $5m(m+1) + 1 = n(n+1)$. D'altra parte, essendo dispari sia $m(m+1)$ che $n(n+1)$ e quindi anche $5m(m+1)$, $5m(m+1) + 1$ dovrebbe essere pari e pertanto non potrebbe essere uguale a $n(n+1)$. Si è trovata quindi una contraddizione. Infine si ha

$$\sqrt{5} = 2 + (\sqrt{5} - 2) = 2 + \frac{1}{2 + \sqrt{5}} = 1 + \frac{1}{4 + (\sqrt{5} - 2)} = 1 + \cfrac{1}{4 + \cfrac{1}{2 + \sqrt{5}}}$$

$$= 1 + \cfrac{1}{4 + \cfrac{1}{4 + (\sqrt{5} - 2)}} = 1 + \cfrac{1}{4 + \cfrac{1}{4 + \cfrac{1}{2 + \sqrt{5}}}}$$

$$= 1 + \cfrac{1}{4 + \cfrac{1}{4 + \cfrac{1}{4 + (\sqrt{5} - 2)}}} = \ldots = 1 + \cfrac{1}{4 + \cfrac{1}{4 + \cfrac{1}{4 + \cfrac{1}{4 + \ldots}}}},$$

da cui si ottiene $\sqrt{5} = [2, 4, 4, 4, 4, \ldots]$, i.e. $a_k = 4 \ \forall k \geq 1$.]

Esercizio 9.45 La *sezione aurea* γ_0 è definita come il numero irrazionale rappresentato dalla frazione continua $\gamma_0 = [1, 1, 1, 1, \ldots]$, i.e. tale che $a_k = 1 \ \forall k \in \mathbb{N}$. Si dimostri che $\gamma_0 = (1 + \sqrt{5})/2$ e che il vettore $(1, \gamma_0)$ è diofanteo con esponente $\tau = 1$. [*Soluzione.* Utilizzando l'esercizio 9.17 si ha

$$\gamma_0 = 1 + \cfrac{1}{1 + \cfrac{1}{1 + \ldots}} = 1 + \frac{1}{\gamma_0} \qquad \Longrightarrow \qquad \gamma_0^2 = \gamma_0 + 1.$$

Risolvendo l'equazione di secondo grado si trova $\gamma_0 = (1 \pm \sqrt{5})/2$, di cui solo la determinazione con $+$ è positiva. Poiché i quozienti parziali di γ_0 sono limitati, per l'esercizio 9.41, il vettore $(1, \gamma_0)$ è diofanteo con esponente $\tau = 1$.]

Esercizio 9.46 Il *teorema di approssimazione di Dirichlet* (o semplicemente *teorema di Dirichlet*) afferma che per ogni $x \in \mathbb{R}$ e per ogni $N \in \mathbb{N}$, esistono interi $p, q \in \mathbb{N}$, con $q < N$, tali che

$$|qx - p| < \frac{1}{N}.$$

Si dimostri il teorema e se ne deduca che per ogni numero irrazionale x esistono infiniti valori di p e q tali che

$$\left| x - \frac{p}{q} \right| < \frac{1}{q^2}.$$

[*Soluzione.* Fissato x, si considerino i suoi convergenti p_k/q_k. Sia $q = q_k < N$ tale che $q_{k+1} \geq N$. Per l'esercizio 9.31 si ha $|q_k x - p_k| < 1/q_{k+1} \leq 1/N$, da cui segue il teorema con $p = p_k$. Dividendo per q_k si ottiene $|x - p_k/q_k| < 1/q_k q_{k+1} \leq 1/q_k N \leq 1/q_k^2$. Data l'arbitrarietà di N la stima vale per qualsiasi convergente p_k/q_k di x.]

Esercizio 9.47 Sia x un numero irrazionale. Siano p_k/q_k i suoi convergenti e a_k i suoi quozienti parziali. Si introducano le successioni $\{r_k\}$ e $\{\varphi_k\}$ ponendo ricorsivamente (cfr. anche l'esercizio 9.27 per la definizione di r_k)

$$r_k := a_k + \frac{1}{r_{k+1}}, \quad k \geq 0, \qquad \varphi_k := \frac{q_{k-2}}{q_{k-1}}, \quad k \geq 2,$$

e si definisca $\psi_k := \varphi_k + r_k$ per $k \geq 2$. Si dimostri che se $\psi_k \leq \sqrt{5}$ e $\psi_{k-1} \leq \sqrt{5}$ per qualche $k \geq 2$ allora $\varphi_k > (\sqrt{5}-1)/2$. [*Soluzione.* Si ha

$$\frac{1}{\varphi_{k+1}} = \frac{q_k}{q_{k-1}} = \frac{a_k q_{k-1} + q_{k-2}}{q_{k-1}} = a_k + \frac{q_{k-2}}{q_{k-1}} = a_k + \varphi_k,$$

così che

$$\frac{1}{\varphi_{k+1}} + \frac{1}{r_{k+1}} = (a_k + \varphi_k) + (r_k - a_k) = \varphi_k + r_k.$$

Per ipotesi si ha

$$\varphi_k + r_k = \psi_k \leq \sqrt{5}, \qquad \frac{1}{\varphi_k} + \frac{1}{r_k} = \psi_{k-1} \leq \sqrt{5},$$

da cui segue che

$$r_k \leq \sqrt{5} - \varphi_k, \quad \frac{1}{r_k} \leq \sqrt{5} - \frac{1}{\varphi_k},$$

i.e.

$$1 = r_k \cdot \frac{1}{r_k} \leq \left(\sqrt{5} - \varphi_k\right)\left(\sqrt{5} - \frac{1}{\varphi_k}\right) \quad \Longrightarrow \quad 5 - \sqrt{5}\left(\varphi_k + \frac{1}{\varphi_k}\right) > 0,$$

dove, nell'ultima diseguaglianza, il segno $=$ va scartato in considerazione dal fatto che $\sqrt{5}$ è irrazionale (cfr. l'esercizio 9.4). Poiché $\varphi_k > 0$ si ottiene $\varphi_k^2 - \sqrt{5}\,\varphi_k + 1 < 0$, che comporta

$$\varphi_k^2 - \sqrt{5}\,\varphi_k + \frac{5}{4} < \frac{1}{4} \quad \Longrightarrow \quad \left(\frac{\sqrt{5}}{2} - \varphi_k\right)^2 < \frac{1}{4} \quad \Longrightarrow \quad \frac{\sqrt{5}}{2} - \varphi_k < \frac{1}{2},$$

dove abbiamo tenuto conto che $\varphi_k < 1$ (poiché $q_{k-2} < q_{k-1}$).]

Esercizio 9.48 Si mostri che il risultato dell'esercizio 9.46 può essere rafforzato nel modo seguente: per ogni numero irrazionale x esistono infiniti valori di p e q tali che

$$\left| x - \frac{p}{q} \right| < \frac{1}{\sqrt{5}\, q^2}.$$

Tale risultato è noto come *teorema di Hurwitz*. [*Soluzione.* Dimostriamo che dati tre convergenti successivi p_{k-2}/q_{k-2}, p_{k-1}/q_{k-1} e p_k/q_k, almeno uno di essi soddisfa la diseguaglianza, i.e. esiste $i \in \{k-2, k-1, k\}$ tale che $|x - p_i/q_i| < 1/\sqrt{5}q_i^2$. Supponiamo per assurdo che si abbia

$$\left| x - \frac{p_{k-2}}{q_{k-2}} \right| \geq \frac{1}{\sqrt{5}q_{k-2}^2}, \qquad \left| x - \frac{p_{k-1}}{q_{k-1}} \right| \geq \frac{1}{\sqrt{5}q_{k-1}^2}, \qquad \left| x - \frac{p_k}{q_k} \right| \geq \frac{1}{\sqrt{5}q_k^2}.$$

D'altra parte, per $i = k-2, k-1, k$ si ha (cfr. gli esercizi 9.18 e 9.19)

$$\begin{aligned} \left| x - \frac{p_i}{q_i} \right| &= \left| \frac{r_{i+1}p_i + p_{i-1}}{r_{i+1}q_i + q_{i-1}} - \frac{p_i}{q_i} \right| \\ &= \frac{1}{q_i(r_{i+1}q_i + q_{i-1})} = \frac{1}{q_i^2(r_{i+1} + \varphi_{i+1})} = \frac{1}{q_i^2 \psi_{i+1}}, \end{aligned}$$

con φ_i e ψ_i definiti come nell'esercizio 9.47. Si troverebbe allora $\psi_{i+1} \leq \sqrt{5}$ per $i = k-2, k-1, k$ e quindi $\varphi_k \geq \beta$ e $\varphi_{k+1} > \beta$, con $\beta := (\sqrt{5} - 1)/2$, in virtù dell'esercizio 9.47. In conclusione, si avrebbe

$$\begin{aligned} &\frac{1}{\beta} - \beta > \frac{1}{\varphi_{k+1}} - \varphi_k = a_k \\ &\Longrightarrow a_k < \frac{2}{\sqrt{5} - 1} - \frac{\sqrt{5} - 1}{2} = \frac{4 - (5 + 1 - 2\sqrt{5})}{2(\sqrt{5} - 1)} = 1, \end{aligned}$$

che è impossibile (cfr. l'esercizio 9.27).]

Esercizio 9.49 Si dimostri che il risultato dell'esercizio 9.48 non si può migliorare, ovvero che se $c > \sqrt{5}$ esistono numeri irrazionali x per cui non si possono trovare infiniti $p, q \in \mathbb{N}$ tali che $|x - p/q| < 1/cq^2$. In particolare si mostri che questo non è possibile se si sceglie $x = \gamma_0$, dove γ_0 è la sezione aurea introdotta nell'esercizio 9.45. [*Soluzione.* Si supponga che esistano infiniti $p, q \in \mathbb{N}$ tali che

$$\left| \gamma_0 - \frac{p}{q} \right| < \frac{1}{cq^2}, \qquad \gamma_0 = \frac{\sqrt{5} + 1}{2},$$

con $c > \sqrt{5}$. Per ciascuna di tali coppie (p, q) esisterebbe allora $\delta \in \mathbb{R}$ tale che

$$\gamma_0 = \frac{p}{q} + \frac{\delta}{q^2}, \qquad |\delta| < \frac{1}{c} < \frac{1}{\sqrt{5}}$$

e si avrebbe quindi

$$\left(\frac{\sqrt{5}+1}{2}\right)q = \gamma_0 q = p + \frac{\delta}{q} \implies \frac{\delta}{q} - \frac{\sqrt{5}}{2}q = -p + \frac{q}{2}$$
$$\implies \frac{\delta^2}{q^2} - \sqrt{5}\delta = p^2 - pq - q^2.$$

Nell'ultima identità, per q sufficientemente grande (stiamo supponendo che esistano infiniti q, quindi possiamo considerare il limite $q \to +\infty$), essendo il membro di destra un numero intero e il membro di sinistra un numero in modulo minore di 1 (poiché $|\sqrt{5}\,\delta| < 1$ e δ^2/q^2 può essere reso arbitrariamente piccolo scegliendo q arbitrariamente grande), si dovrebbe avere $p^2 - pq - q^2 = 0$, da cui seguirebbe

$$p^2 - pq + \frac{q^2}{4} = \frac{5}{4}q^2 \implies 4p^2 - 4pq + q^2 = 5q^2$$
$$\implies (2p-q)^2 = (\sqrt{5}\,q)^2,$$

$2p - q = \sqrt{5}q$, che non è ovviamente possile dal momento che p e q sono interi, mentre $\sqrt{5}$ è irrazionale (cfr. l'esercizio 9.44). Si è quindi arrivati a una contraddizione.]

Esercizio 9.50 Si calcoli il valore della γ in (9.18) nel caso in cui si abbia $\omega = (1, \gamma_0)$, dove γ_0 è la sezione aurea (cfr. l'esercizio 9.45). [*Suggerimento.* Per l'esercizio 9.32 è sufficiente stimare $|\langle\omega, \nu\rangle|$ per $\nu = \nu_k = (-p_k, q_k)$, dove p_k/q_k sono i convergenti di γ_0. Con le notazioni dell'esercizio 9.47 si ha (cfr. anche la soluzione dell'esercizio 9.48)

$$|\langle\omega, \nu_k\rangle| = |q_k\gamma_0 - p_k| > \frac{1}{q_k\psi_{k+1}}, \qquad \psi_{k+1} = \frac{q_{k-1}}{q_k} + r_k, \qquad r_{k+1} = a_k + \frac{1}{r_k}.$$

Nel caso della sezione aurea si ha $a_k = 1$ e quindi $r_k = r\ \forall k \in \mathbb{N}$, dove r risolve l'equazione $r = 1 + (1/r)$, i.e. $r^2 - r - 1 = 0$; si trova $r = \gamma_0 = (\sqrt{5}+1)/2$. Ne segue che si ha $\psi_{k+1} \le 1 + \gamma_0$ e quindi $|\langle\omega, \nu_k\rangle| > \gamma/q_k > \gamma/|\nu_k|$, con $\gamma = \gamma_0 + 1 = 2/(\sqrt{5}+3)$.]

Esercizio 9.51 Si verifichi che il sistema hamiltoniano a due gradi di libertà descritto dall'hamiltoniana $\mathcal{H}_0(J) = J_1^2 + J_2$ è degenere ma non isocrono.

Esercizio 9.52 Si dia un esempio di sistema hamiltoniano a due gradi di libertà, la cui hamiltoniana $\mathcal{H}_0(J)$ sia quadratica in tutte le variabili J, tale che il determinante in (9.21) si annulli identicamente. [*Suggerimento.* Si consideri l'hamiltoniana $\mathcal{H}_0(J) = (J_1 + J_2)^2$.]

Esercizio 9.53 Si dia un esempio di sistema hamiltoniano degenere che non verifichi la condizione (9.21) solo per qualche J. [*Suggerimento* Si consideri l'hamiltoniana $\mathcal{H}_0(J) = (J_1 - J_2)^3 + J_2^3$ per $n = 2$: il determinante in (9.21) si annulla lungo le rette $J_1 = J_2$ e $J_2 = 0$.]

Esercizio 9.54 Si dimostri che la serie di Fourier (9.16) converge in $D(\rho, \xi/2, J_0)$ se per ogni $J' \in B_\rho(J_0) = \{J \in \mathbb{C}^n : |J - J_0| < \rho\}$ il vettore $\omega = \omega(J')$ soddisfa la condizione diofantea (9.18). [*Suggerimento.* Sotto l'ipotesi che valga la stima $|\langle \omega(J'), \nu\rangle| > \gamma|\nu|^{-\tau}$ per ogni $\nu \neq 0$ e per ogni $J' \in B_\rho(J_0)$, si trova

$$\max_{(\varphi,J')\in D(\rho,\xi/2,J_0)} \sum_{\nu\in\mathbb{Z}^n} \left| e^{i\langle\nu,\varphi\rangle} W_{1,\nu}(J') \right| \leq \Phi \sum_{\nu\in\mathbb{Z}^n} e^{|\nu|\xi/2} |\nu|^\tau e^{-\xi|\nu|}$$
$$\leq \Phi\, A_0\, 2^{n+\tau} \xi^{-n-\tau},$$

dove la costante A_0, calcolabile esplicitamente (cfr. l'esercizio 9.9), dipende da τ e n.]

Esercizio 9.55 Si dimostri la stima (9.22) se si sceglie $N = N_0(\varepsilon)$ in accordo con la (9.23). [*Suggerimento.* Si ha, per $|\Im(\varphi_i)| \leq \xi/2$,

$$\left| V^{>N}(\varphi, J) \right| \leq \Phi \sum_{\substack{\nu\in\mathbb{Z}^n \\ |\nu|>N}} e^{-\xi|\nu|/2} \leq C_2 \Phi e^{-\xi N/4}, \quad C_2 := \sum_{\nu\in\mathbb{Z}^n} e^{-\xi|\nu|/4} \leq A_0 4^n \xi^{-n},$$

dove si è usato l'esercizio 9.9 per stimare l'ultima somma. La stima segue allora fissando $C_1 = C/C_2\Phi$.]

Esercizio 9.56 Si dimostri che la funzione N_k in (9.29) ha la forma (9.30). [*Soluzione.* La funzione caratteristica di Hamilton W in (9.28a) risolve l'equazione di Hamilton-Jacobi

$$\left\langle \omega, \frac{\partial W}{\partial \varphi} \right\rangle + \varepsilon V\left(\varphi, J' + \frac{\partial W}{\partial \varphi}\right) = \sum_{k=0}^{k_0} \varepsilon^k \mathcal{H}'_k(J') + O(\varepsilon^{k_0+1}).$$

Se sviluppiamo la funzione $V(\varphi, J)$ in serie di Taylor di centro J' nella variabile J, otteniamo (cfr. l'esercizio 3.2 del volume 1)

$$V\left(\varphi, J' + \frac{\partial W}{\partial \varphi}\right)$$
$$= \sum_{a_1,\dots,a_n=0}^{\infty} \frac{1}{a_1!\dots a_n!} \frac{\partial^{a_1+\dots+a_n}}{\partial J_1^{a_1}\dots\partial J_n^{a_n}} V(\varphi, J') \left(\sum_{k=1}^{k_0} \varepsilon^k \frac{\partial W_k}{\partial \varphi_1}\right)^{a_1} \dots \left(\sum_{k=1}^{k_0} \varepsilon^k \frac{\partial W_k}{\partial \varphi_n}\right)^{a_n},$$

dove ogni termine

$$\left(\sum_{k=1}^{k_0} \varepsilon^k \frac{\partial W_k}{\partial \varphi_i}\right)^{a_i}, \qquad i = 1, \dots, n,$$

va interpretato come 1 se $a_i = 0$ (i.e. se V non è derivato rispetto alla variabile J_i). Scrivendo esplicitamente, se $a_i \geq 1$,

$$\left(\sum_{k=1}^{k_0} \varepsilon^k \frac{\partial W_k}{\partial \varphi_i}\right)^{a_i} = \sum_{k_{i1}=1}^{k_0} \dots \sum_{k_{ia_i}=1}^{k_0} \varepsilon^{k_{i1}+\dots+k_{ia_i}} \frac{\partial W_{k_{i1}}}{\partial \varphi_i} \dots \frac{\partial W_{k_{ia_i}}}{\partial \varphi_i},$$

per $i = 1, \dots, n$, e ponendo $a = (a_1, \dots, a_n)$, $|a| = a_1 + \dots + a_n$, $a! = a_1! \dots a_n!$ e $\partial J^a = \partial J_1^{a_1} \dots \partial J_n^{a_n}$, troviamo l'espansione

$$V\left(\varphi, J' + \frac{\partial W}{\partial \varphi}\right) = \sum_{a_1,\dots,a_n=0}^{\infty} \frac{1}{a!} \frac{\partial^{|a|}}{\partial J^a} V(\varphi, J') \sum{}^{*} \prod_{i=1}^{n} \prod_{j=1}^{a_i} \varepsilon^{k_{ij}} \frac{\partial W_{k_{ij}}}{\partial \varphi_i},$$

dove la somma $\sum^*$ è su k_{ij}, per $i = 1, \dots, n$ e $j = 1, \dots, a_i$, con $k_{ij} \geq 1$ se $a_i > 0$ e $k_{ij} = 0$ se $a_i = 0$; se $k_{ij} = 0$ il termine $\partial W_{k_{ij}} / \partial \varphi_i$ va interpretato come 1. Se scriviamo

$$\varepsilon V\left(\varphi, J' + \frac{\partial W}{\partial \varphi}\right) = \sum_{k=1}^{\infty} \varepsilon^k N_k(\varphi, J'),$$

la funzione $N_k(\varphi, J')$ è quindi data dai contributi dell'espansione trovata tali che

$$k_{11} + \dots + k_{1a_1} + k_{21} + \dots + k_{2a_2} + \dots + k_{n1} + \dots + k_{na_n} = k - 1.$$

Da qui segue l'asserto.]

Esercizio 9.57 Si calcolino le funzioni N_k in (9.30) per $k = 1, 2, 3$. [*Soluzione.* Per $k = 1$, si ha $a_1 = \dots = a_n = 0$ e quindi $N_1 = V$; in tal caso l'equazione (9.29) si riduce all'equazione (9.14). Per $k = 2$, un solo k_{ij} vale 1 e tutti gli altri sono 0; quindi se $a_i = 1$ per qualche $i = 1, \dots, n$ risulta $a_j = 0 \ \forall j \neq i$, così che si ha

$$N_2 = \sum_{i=1}^{n} \frac{\partial V}{\partial J_i} \frac{\partial W_1}{\partial \varphi_i} = \left\langle \frac{\partial V}{\partial J}, \frac{\partial W_1}{\partial \varphi} \right\rangle.$$

Per $k = 3$, poiché la somma dei k_{ij} è 2, sono possibili due casi: uno dei k_{ij} vale 2 e tutti gli altri sono nulli oppure due dei k_{ij} valgono 1 e tutti gli altri sono nulli. Nel primo caso si ha $a_i = 1$ e $a_j = 0 \ \forall j \neq i$, per qualche $i = 1, \dots, n$ (e $k_{i1} = 2$), mentre nel secondo si hanno due sottocasi: $a_i = 2$ e $a_j = 0 \ \forall j \neq i$ (e $k_{i1} = k_{i2} = 1$) oppure $a_i = a_j = 1$ per qualche i, j, con $i \neq j$, e $a_h = 0 \ \forall h \neq i, j$ (e $k_{i1} = k_{j1} = 1$). Se ne deduce che

$$N_3 = \sum_{i=1}^{n} \frac{\partial V}{\partial J_i} \frac{\partial W_2}{\partial \varphi_i} + \frac{1}{2} \sum_{i=1}^{n} \frac{\partial^2 V}{\partial J_i^2} \left(\frac{\partial W_1}{\partial \varphi_i}\right)^2 + \sum_{\substack{i,j=1 \\ i \neq j}}^{n} \frac{\partial^2 V}{\partial J_i \partial J_j} \frac{\partial W_1}{\partial \varphi_i} \frac{\partial W_1}{\partial \varphi_j}.$$

Si noti che N_k è sempre funzioni di coefficienti $W_{k'}$ con $k' < k$.]

Esercizio 9.58 Data una funzione $f(z)$, analitica in un aperto $D \subset \mathbb{C}$ e continua sulla frontiera ∂D, si dimostri che, denotando con $f^{(n)}$ la derivata di ordine di f, per ogni $D' \subset D$ e per ogni $z \in D'$, vale la *stima di Cauchy*

$$\frac{1}{n!}\left|f^{(n)}(z)\right| \le \frac{M}{\delta^n},$$

dove M è il massimo del modulo di $f(z)$ in $\overline{D}$ (i.e. nella chiusura di D) e δ è la distanza tra D' e ∂D, e si utilizzi il risultato per dimostrare le (9.33)÷(9.36). [*Suggerimento.* Tenendo conto dell'esercizio 1.29, se $B := B_\delta(z)$ è l'intorno di centro z e di raggio δ, si ha

$$\left|\frac{1}{n!}f^{(n)}(z)\right| = \left|\frac{1}{2\pi i}\oint_{\partial B} \frac{f(\zeta)}{(\zeta - z)^{n+1}}\,\mathrm{d}\zeta\right| \le \frac{1}{2\pi}\int_0^{2\pi} \mathrm{d}\theta\,\frac{M\delta}{\delta^{n+1}},$$

dal momento che

- $\overline{B} \subset \overline{D}$ e quindi $|f(\zeta)| \le M$,
- $\zeta \in \partial B$ si può parametrizzare come $\zeta = z + \delta e^{i\theta}$, con $\theta \in [0, 2\pi)$.

Questo dimostra la stima di Cauchy. Inoltre, con le notazioni del §9.2.1, si ha (cfr. l'esercizio 9.1)

$$\begin{aligned}
|\nu V_\nu(J')|^2 &= \left|\left(\frac{\partial V}{\partial \varphi}\right)_\nu\right|^2 \le \sum_{i=1}^n \left|\left(\frac{\partial V}{\partial \varphi_i}\right)_\nu\right|^2 \le \sum_{i=1}^n \max_{(\varphi,J')\in D_0}\left|\frac{\partial V}{\partial \varphi_i}(\varphi, J')\right|^2 e^{-2\xi|\nu|} \\
&\le \sum_{i=1}^n \max_{(\varphi,J')\in D_0}\left|\frac{\partial V}{\partial \varphi}(\varphi, J')\right|^2 e^{-2\xi|\nu|} \\
&\le n \max_{(\varphi,J')\in D_0}\left|\frac{\partial V}{\partial \varphi}(\varphi, J')\right|^2 e^{-2\xi|\nu|} \le n\rho^2 \|V\|_0^2 e^{-2\xi|\nu|},
\end{aligned}$$

da cui segue la seconda delle (9.33); la prima si dimostra similmente, notando che

$$\left|\frac{\partial V_\nu}{\partial J'}(J')\right|^2 = \left|\left(\frac{\partial V}{\partial J'}\right)_\nu\right|^2 \le n \max_{(\varphi,J')\in D_0}\left|\frac{\partial V}{\partial J'}(\varphi, J')\right|^2 e^{-2\xi|\nu|} \le n\|V\|_0^2 e^{-2\xi|\nu|}.$$

Utilizzando la seconda delle (9.33) e la stima dell'esercizio 9.9, si trova la (9.34), con $B_1 = \sqrt{n}A_0 2^{n+\tau-1}$, se A_0 è la costante definita nell'esercizio 9.9. La (9.34) implica allora le stime (9.35), con $B_0 = 2B_1/\delta$; infatti, con le notazioni dell'esercizio 9.1, gli insiemi D_1 e $\bar{D}_1$ sono, rispettivamente, della forma $D_1 = \mathbb{T}^n_{\xi-\delta} \times B_{\rho(1-\delta)}(J_0)$ e $\bar{D}_1 = \mathbb{T}^n_{\xi-\delta/2} \times B_{\rho(1-\delta/2)}(J_0)$, così che la distanza di $\mathbb{T}^n_{\xi-\delta/2}$ dalla frontiera di $\mathbb{T}^n_{\xi-\delta}$ è $\delta/2$, mentre la distanza di $B_{\rho(1-\delta/2)}(J_0)$ dalla frontiera di $B_{\rho(1-\delta)}(J_0)$ è $\rho\delta/2$. Infine, la (9.36) si dimostra in modo analogo.]

Esercizio 9.59 Si dimostri che la condizione (9.36) permette di risolvere le (9.38) tramite il teorema della funzione implicita. [*Suggerimento*. Si definisca la funzione $G(J, J', \varphi) := J' - J + \varepsilon(\partial W_1/\partial\varphi)(\varphi, J')$ e si consideri l'equazione $G(J, J', \varphi) = 0$. Si ha $\partial G/\partial J' = \mathbb{1} + \varepsilon(\partial^2 W_1/\partial\varphi\partial J)$ e quindi, tenuto conto che $\det(\mathbb{1} + O(\varepsilon)) = 1 + O(\varepsilon)$ (cfr. la (6.20) e l'esercizio 6.22), si ha $|\det(\partial G/\partial J')| \geq 1/2$ purché $\varepsilon B_3 \gamma^{-1} \|V\|_0 \delta^{-n-\tau-1} < 1/2$, per qualche costante positiva B_3. Per $(\varphi, J') \in D_1$, la (9.38), insieme alla (9.35a), implica $|J - J'| \leq \delta/2$ se ε è sufficientemente piccolo, così che, per $(\varphi, J) \in \bar{D}_1$ si ha $(\varphi, J') \in D_1$, da cui segue che $\|\Xi\|_2$ si stima con il massimo delle derivate seconde di W_1 in D_1.]

Esercizio 9.60 Si dimostri la (9.42). [*Soluzione*. Dimostriamo innanzitutto per induzione che, se $k = k_1 + \ldots + k_s$ e $k_1, \ldots, k_s \geq 1$, si ha $k_1! \ldots k_s! \leq (k - (s-1))!$ Per $s = 1$ la stima è ovvia. Per $s = 2$, se $k_2 = 1$ si ha $k_1!k_2! = (k_1 + k_2 - 1)! = (k-1)!$, mentre se $k_2 \geq 2$ si ha

$$\begin{aligned} k_1!k_2! &= k_1!(2 \cdot \ldots \cdot k_2) \\ &\leq k_1!(k_1+1)\ldots(k_1+(k_2-1)) = (k_1+k_2-1)! = (k-1)!. \end{aligned}$$

Per $s > 2$ si ha, per l'ipotesi induttiva,

$$k_1! \ldots k_s! = (k_1! \ldots k_{s-1}!)k_s! \leq (\tilde{k} - (s-2))!k_s! \leq (\tilde{k} + k_s - (s-2) - 1)!,$$

dove $\tilde{k} := k_1 + \ldots + k_{s-1} = k - k_s$. Questo completa la dimostrazione induttiva. La somma su $k_1! \ldots k_s!$ con i vincoli sopra si può stimare con il numero di modi di scegliere $s - 1$ numeri tra k per il massimo di $k_1! \ldots k_s!$, quindi

$$\sum_{\substack{k_1,\ldots,k_s \geq 1 \\ k_1+\ldots+k_s = k}} k_1! \ldots k_s! \leq \binom{k}{s-1}(k-(s-1))! \leq \frac{k!}{(s-1)!} \leq k!,$$

da cui segue l'asserto.]

Esercizio 9.61 Si dimostri la (9.43). [*Soluzione*. Dal momento che $a_1, \ldots, a_n \geq 0$ e $a_1 + \ldots + a_n = p$, esiste $m \in \mathbb{N}$, con $1 \leq m \leq n$, tale che $a_{i_1}, \ldots, a_{i_m} \geq 1$ e $a_{i_1} + \ldots + a_{i_m} = p$, mentre i restanti a_i sono nulli. La somma su $a_{i_1}, \ldots, a_{i_m}$ che verificano tali condizioni si stima con la somma dei possibili modi di fissare m elementi tra p dati. Infine si ottiene

$$\binom{p}{m} \leq 2^p \implies \sum_{\substack{a_1,\ldots,a_n \geq 0 \\ a_1+\ldots+a_n = p}} 1 \leq \sum_{m=1}^{n} \binom{n}{m}\binom{p}{m} \leq 2^p \sum_{m=1}^{n} \binom{n}{m} = 2^p 2^n.$$

Si noti che la somma si può anche stimare usando l'esercizio 9.5, con $\nu = a \in \mathbb{Z}_+^n$ e $p = m$, in modo da ottenere la stima $(m+1)^{n-1}$.]

Esercizio 9.62 Si dimostrino la (9.44) e la (9.46).

Esercizio 9.63 Si dimostri che $k^k \mathrm{e}^{-k} < k! \le k^k$ per ogni $k \in \mathbb{N}$. [*Suggerimento.* Si osservi che $k! = 1 \cdot 2 \cdot 3 \ldots \cdot k \le k \cdot k \cdot k \ldots \cdot k = k^k$ per dimostrare la stima dall'alto e che

$$\frac{k^k}{k!} < \sum_{n=0}^{\infty} \frac{k^n}{n!} = \mathrm{e}^k \implies k^k \mathrm{e}^{-k} < k!$$

per dimostrare la stima dal basso (cfr. anche l'esercizio 9.6 con $x = p = 1/\xi = k$). In alternativa si può usare la formula di Stirling (cfr. l'esercizio successivo).]

Esercizio 9.64 Si utilizzi la formula di Sterling dell'esercizio 9.16 per dedurre le stime dell'esercizio 9.63. [*Soluzione.* La stima $n! \ge n^n \mathrm{e}^{-n}$ segue immediatamente dal fatto che $\sqrt{2\pi n} \ge 1$. Inoltre, osservando che la funzione $f(x) := \sqrt{x}\mathrm{e}^{-x}\mathrm{e}^{1/12x}$ è decrescente in $[1, +\infty)$, dal momento che

$$f'(x) = \left(\frac{1}{2x} - 1 - \frac{1}{12x^2}\right) f(x) = -\frac{f(x)}{12x^2}\big((3x-1)^2 + 3x^2\big) < 0,$$

si ottiene $n! < \sqrt{2\pi} n^n f(n) \le \sqrt{2\pi} f(1) = \sqrt{2\pi}\mathrm{e}^{-11/12} < n^n$.]

Esercizio 9.65 Si dimostri la (9.47). [*Soluzione.* Poiché $\mathcal{H}'(\varphi', J') = \mathcal{H}(\varphi, J)$, si ha

$$\begin{aligned}
\varepsilon V'(\varphi', J') &:= \mathcal{H}'(\varphi', J') - \sum_{k=0}^{k_0} \varepsilon^k \mathcal{H}'_k(J') = \langle \omega, J \rangle + \varepsilon V(\varphi, J) - \sum_{k=0}^{k_0} \varepsilon^k \mathcal{H}'_k(J') \\
&= \left[\sum_{k=1}^{k_0} \varepsilon^k \left\langle \omega, \frac{\partial W_k}{\partial \varphi} \right\rangle + \sum_{k=1}^{k_0} \varepsilon^k N_k - \sum_{k=1}^{k_0} \varepsilon^k \mathcal{H}'_k(J') \right] \\
&\quad + \left[\varepsilon V\left(\varphi, J' + \sum_{k=1}^{k_0} \varepsilon^k \frac{\partial W_k}{\partial \varphi}\right) - \sum_{k=1}^{k_0} \varepsilon^k N_k \right],
\end{aligned}$$

dove i termini nelle prime parentesi quadre si cancellano in virtù della (9.29), mentre

$$\begin{aligned}
&\varepsilon V\left(\varphi, J' + \sum_{k=1}^{k_0} \varepsilon^k \frac{\partial W_k}{\partial \varphi}\right) - \sum_{k=1}^{k_0} \varepsilon^k N_k \\
&\quad = \sum_{k=k_0+1}^{\infty} \varepsilon^k \sum_{a_1,\ldots,a_n \ge 0} \frac{1}{a!} \frac{\partial^{|a|}}{\partial J^a} V(\varphi, J') \sum\nolimits'_{k-1} \prod_{i=1}^{n} \prod_{j=1}^{a_i} \frac{\partial W_{k_{ij}}}{\partial \varphi_i},
\end{aligned}$$

con la somma $\sum'_{k-1}$ che ha qui lo stesso significato che ha nella (9.30). Usando la stima (9.39) sulle funzioni $W_{k_{ij}}$, si trova

$$|\varepsilon V'(\varphi', J')| \le \|V\|_0 \sum_{k=k_0+1}^{\infty} \sum_{p=1}^{\infty} 2^n \left(\frac{2A}{\rho\delta}\right)^p \sum\nolimits'_{k-1} \left(\varepsilon\, k_0\, B\delta^{-\beta}\right)^k,$$

dove si è tenuto conto dell'esercizio 9.61 e del fatto che $k_{ij} \le k_0$ per ogni $i = 1, \dots, n$ e $j = 1, \dots, a_i$, così che (cfr. anche l'esercizio 9.63)

$$\prod_{i=1}^{n} \prod_{j=1}^{a_i} k_{ij}! \le \prod_{i=1}^{n} \prod_{j=1}^{a_i} k_{ij}^{k_{ij}} \le \prod_{i=1}^{n} \prod_{j=1}^{a_i} k_0^{k_{ij}} \le k_0^{\sum_{i=1}^{n} \sum_{j=1}^{a_i} k_{ij}} \le k_0^{k-1} \le k_0^k.$$

Poiché $k_{ij} \ge 1$, si ha inoltre (cfr. la soluzione dell'esercizio 9.60)

$$\sum\nolimits'_{k-1} \le \binom{k-1}{p} \le 2^{k-1} < 2^k.$$

Fissando $k_0 = N(\varepsilon)$ e $\delta = (1/2N(\varepsilon)) \min\{\xi, 1\}$, si trova, tenendo conto che $A = \rho\delta/4$,

$$|\varepsilon V'(\varphi', J')| \le \|V\|_0 2^n \sum_{k=k_0+1}^{\infty} \left(2\varepsilon\, k_0\, B\delta^{-\beta}\right)^k \le b_2 \sum_{k=k_0+1}^{\infty} \left(b_3 B(N(\varepsilon))^{1+\beta}\varepsilon\right)^k,$$

per opportune costanti positive b_2 e b_3. Se ε è tale che $b_3 B(N(\varepsilon))^{1+\beta}\varepsilon < 1/2$, si ottiene $|\varepsilon V'(\varphi', J')| \le 2b_2(b_3 B(N(\varepsilon))^{1+\beta}\varepsilon)^{N(\varepsilon)+1}$, da cui segue l'asserto.]

Esercizio 9.66 Si discuta come cambiano le stime (9.39) qualora si definiscano i domini D_k come $D_k = D(\rho_k, \xi_k, J_0)$, dove $\rho_{k+1} = \rho_k - \rho\Delta_k$ e $\xi_{k+1} = \xi_k - \Delta_k$, con $\rho_0 = \rho$ e $\xi_0 = \xi$, e $\Delta_k = \delta_1 + \ldots + \delta_k$, con $\delta_k = \delta_0/k^2$. [*Suggerimento.* La stima (9.39) va sostituita con

$$\max_{(\varphi, J') \in D_k} \left| \frac{\partial W_k}{\partial \varphi}(\varphi, J') \right| \le AB^k (k!)^{2\beta} \delta_0^{-\beta k}, \qquad \beta = \tau + n + 1,$$

con A come in (9.40) e B opportuno. La dimostrazione è per induzione. Si procede come nella dimostrazione del lemma 9.17, con le seguenti modifiche: in (9.44) dobbiamo scrivere δ_1 anziché δ e nella seconda riga di (9.41) dobbiamo sostituire $1/(\rho\delta)^{p-1}$ con $1/(\rho\delta_1)^{p-1}$, δ^{-k} con $\delta_0^{-\beta k}$ e $k_{ij}!$ con $(k_{ij}!)^{2\beta}$. Ragionando come nell'esercizio 9.60 si trova

$$\sum\nolimits'_{k} \prod_{i=1}^{n} \prod_{j=1}^{a_i} (k_{ij}!)^{2\beta} \le \binom{k}{s-1} ((k-(s-1))!)^{2\beta} \le (k!)^{2\beta},$$

dove $s := a_1 + \ldots + a_n$ è il numero dei $k_{ij} \neq 0$ su cui si somma. Infine in (9.46) dobbiamo sostituire $\delta^{-\tau-n-1} = \delta^{-\beta}$ con $(k+1)^{2\beta}\delta_0^{-\beta}$, così che, utilizzando il fatto che $(k+1)^{2\beta}(k!)^{2\beta} = ((k+1)!)^{2\beta}$ e scegliendo B in modo opportuno si ottiene la stima dell'asserto.]

Esercizio 9.67 Si mostri che è possibile definire le funzioni W_k in (9.28a) all'interno di uno stesso dominio $D(\rho/2, \xi/2, J_0)$ e si discuta come procedere per stimarne le seminorme (9.32). [*Suggerimento.* La (9.29) si può risolvere passando allo spazio di Fourier,

$$W_k(\varphi, J') = -\sum_{\substack{\nu\in\mathbb{Z}^n\\ \nu\neq 0}} \mathrm{e}^{i\langle\varphi,\nu\rangle} \frac{N_{k,\nu}}{i\langle\omega,\nu\rangle},$$

dove $N_{k,\nu}$ dipende dai coefficienti di Fourier $W_{k',\nu'}$, con $k' < k$ e $\nu' \in \mathbb{Z}^n \setminus \{0\}$. Per esempio si ha (cfr. l'esercizio 9.57) $N_{1,\nu} = V_\nu$ per $k = 1$,

$$N_{2,\nu} = \sum_{\substack{\nu',\nu''\in\mathbb{Z}^n\\ \nu'+\nu''=\nu}} \sum_{i=1}^{n} \frac{\partial V_{\nu'}}{\partial J_i} i\nu_i'' W_{1,\nu''}$$

per $k = 2$ e

$$\begin{aligned} N_{3,\nu} = & \sum_{\substack{\nu',\nu''\in\mathbb{Z}^n\\ \nu'+\nu''=\nu}} \sum_{i=1}^{n} \frac{\partial V_{\nu'}}{\partial J_i} i\nu_i'' W_{2,\nu''} \\ & + \frac{1}{2} \sum_{\substack{\nu',\nu'',\nu'''\in\mathbb{Z}^n\\ \nu'+\nu''+\nu'''=\nu}} \sum_{i=1}^{n} \frac{\partial^2 V_{\nu'}}{\partial J_i^2} (i\nu_i'')(i\nu_i''') W_{1,\nu''} W_{1,\nu'''} \\ & + \sum_{\substack{\nu',\nu'',\nu'''\in\mathbb{Z}^n\\ \nu'+\nu''+\nu'''=\nu}} \sum_{\substack{i,j=1\\ i\neq j}} \frac{\partial^2 V_{\nu'}}{\partial J_i \partial J_j} (i\nu_i'')(i\nu_j''') W_{1,\nu''} W_{1,\nu'''} \end{aligned}$$

per $k = 3$, dove i coefficienti $W_{1,\nu}$ vanno interpretati come 0 per $\nu = 0$. Quindi W_1 è scritta in termini di V; W_2 è scritta in termini di V e W_1, così che, esprimendo W_1 in termini di V, si ottiene per W_2 un'espressione in cui l'unica funzione che compare è V; W_3 è scritta in termini di V, W_1 e W_2, così che, esprimendo W_1 e W_2 in termini di V, si ottiene anche per W_2 un'espressione in cui l'unica funzione che compare è V; e così via. In conclusione ogni coefficiente $W_{k,\nu}$ è espresso come somma di contributi in cui compaiono s coefficienti di Fourier di derivate della funzione V con indici $\nu_1, \ldots, \nu_s$, con $s \le k$, e s denominatori della forma $-1/i\langle\omega, \nu_{s+1}\rangle, \ldots, -1/i\langle\omega, \nu_{2s}\rangle$ (i cosiddetti *piccoli divisori*), con $\nu_1, \ldots, \nu_s \in \mathbb{Z}^n$, mentre i vettori $\nu_{s+1}, \ldots, \nu_{2s} \in \mathbb{Z}^n \setminus \{0\}$ sono dati ciascuno da somme opportune dei vettori $\nu_1, \ldots, \nu_s$. Per esempio, quando si calcola $W_{3,\nu}$, inserendo l'espressione di $W_{1,\nu''}$ e $W_{1,\nu'''}$ in termini di $V_{\nu''}$ e $V_{\nu'''}$, rispettivamente, nella somma della seconda riga di $N_{3,\nu}$, si trova una somma su ν', ν'', ν''' di contributi in cui compare il prodotto

$$\frac{\partial^2 V_{\nu'}}{\partial J_i \partial J_j} (i \nu_i'') (i \nu_j''') V_{\nu''} V_{\nu'''},$$

ovvero il prodotto dei coefficienti di Fourier delle derivate $[\partial^2 V/\partial J_i \partial J_j](\varphi, J)$, $[\partial V/\partial \varphi_i](\varphi, J)$ e $[\partial V/\partial \varphi_j](\varphi, J)$, con indici di Fourier ν', ν'' e ν''', per il prodotto

$$\left(-\frac{1}{i\langle\omega,\nu\rangle}\right)\left(-\frac{1}{i\langle\omega,\nu''\rangle}\right)\left(-\frac{1}{i\langle\omega,\nu'''\rangle}\right),$$

dove $\nu = \nu' + \nu'' + \nu'''$. Si possono quindi usare le stime sui coefficienti di Fourier delle derivate della funzione $V(\varphi, J)$ e la condizione diofantea per stimare i piccoli divisori, per ottenere stime dei coefficienti $W_{k,\nu}$ del dominio $D(\rho/2, \xi/2, J_0)$. Si può formalizzare la discussione appena fatta, a tutti gli ordini, procedendo secondo le linee del §9.5.]

Esercizio 9.68 Si consideri l'hamiltoniana

$$\mathcal{H}(\varphi, J) = J_1 + \alpha J_2 + \varepsilon(J_2 + F(\varphi_1, \varphi_2)),$$

dove $(1, \alpha) \in \mathbb{R}^2$ è un vettore diofanteo e

$$F(\varphi_1, \varphi_2) = \sum_{\nu\in\mathbb{Z}^2} e^{i\langle\nu,\varphi\rangle} F_\nu$$

è analitica e tale che $F_\nu > 0$ $\forall \nu \in \mathbb{Z}^2$. Si calcoli esplicitamente la serie di Birkhoff. [*Suggerimento.* Si trova $\mathcal{H}_1'(J') = J_2'$ e $\mathcal{H}_k'(J') = 0$ per $k \geq 2$, mentre

$$W_k(\varphi, J') = -\sum_{\nu\neq 0} e^{i\langle\nu,\varphi\rangle} \frac{F_\nu}{i\langle\omega,\nu\rangle}\left(-\frac{\nu_2}{\langle\omega,\nu\rangle}\right)^{k-1}$$

per $k \geq 1$.]

Esercizio 9.69 Si dimostri che i coefficienti di ordine k della serie di Birkhoff dell'esercizio 9.68 si stimano proporzionalmente a $k!^{\tau+2}$. [*Suggerimento.* Si verifica innanzitutto che, per ogni $k \geq 1$ e per ogni $\nu \neq 0$, il coefficiente di Fourier $W_{k,\nu}(J')$ si stima proporzionalmente a

$$|\nu|^{\tau+(k-1)(\tau+1)} \leq |\nu|^{Nk} \leq \xi_0^{-Nk}(Nk)! e^{\xi_0|\nu|},$$

dove $N := \lceil \tau + 1 \rceil$ indica la parte intera superiore di $\tau + 1$ (cfr. la definizione nella dimostrazione del lemma 9.62). Inoltre si ha $(Nk)! \leq (Nk)^{Nk} \leq N^{Nk}k^{Nk} \leq (Ne)^{Nk}k!^N \leq C^k k!^{\tau+2}$, dove $C := (Ne)^N$.]

Esercizio 9.70 Si dimostri che, comunque si scelga un intorno B dell'origine, i moti del sistema descritto dall'hamiltoniana $\mathcal{H}(\varphi, J)$ dell'esercizio 9.68 divergono linearmente nel tempo per un insieme denso di valori di ε in B e se ne deduca che le serie di Birhkoff divergono. [*Suggerimento.* Si integrano esplicitamente le equazioni di Hamilton

$$\dot{\varphi}_1 = 1, \quad \dot{\varphi}_2 = \alpha + \varepsilon, \quad \dot{J}_1 = -\varepsilon \frac{\partial F}{\partial \varphi_1}(\varphi_1, \varphi_2), \quad \dot{J}_2 = -\varepsilon \frac{\partial F}{\partial \varphi_2}(\varphi_1, \varphi_2).$$

Le equazioni per le variabili angolari dànno

$$\varphi_1(t) = \varphi_1(0) + t, \qquad \varphi_2(t) = \varphi_2(0) + (\alpha + \varepsilon)t,$$

così che, inserendo le espressioni per φ nelle equazioni per la variabili d'azione e integrando, si ottiene

$$J(t) = J(0) - \sum_{\nu \in \mathbb{Z}^2} \mathrm{e}^{i\langle \varphi(0), \nu\rangle} (i\nu) F_\nu \int_0^t \mathrm{d}t' \, \mathrm{e}^{i\langle \omega_\varepsilon, \nu\rangle t'}$$

dove abbiamo posto $\omega_\varepsilon = (1, \alpha + \varepsilon)$. Poiché $F_\nu > 0 \ \forall \nu \in \mathbb{Z}^n$, le variabili d'azione crescono linearmente in t per ogni ε tale che $\langle \omega_\varepsilon, \nu\rangle = 0$ per qualche $\nu \in \mathbb{Z}^n \setminus \{0\}$. Questo succede per un numero denso di valori di ε in qualsiasi intervallo dell'asse reale. Se ne conclude che le serie di Birkhoff divergono: infatti se le serie convergessero per $|\varepsilon| < \varepsilon_0$, per qualche $\varepsilon_0 > 0$, i moti dovrebbero essere multiperiodici – e quindi limitati – per ogni valore di $\varepsilon \in (-\varepsilon_0, \varepsilon_0)$.]

Esercizio 9.71 Si consideri l'hamiltoniana dell'esercizio 9.68. Si dimostri che la soluzione formale dell'equazione di Hamilton-Jacobi è data da

$$\begin{aligned} \mathcal{H}'(J') &= J_1' + \alpha J_2' + \varepsilon J_2' + \varepsilon F_0, \\ W(\varphi, J') &= \varphi_1 J_1' + \varphi_2 J_2' + i\varepsilon \sum_{\substack{\nu \in \mathbb{Z}^2 \\ \nu \neq 0}} \mathrm{e}^{i\langle \nu, \varphi\rangle} \frac{F_\nu}{\nu_1 + \nu_2(\alpha + \varepsilon)}. \end{aligned}$$

Se ne deduca che le serie di Birkhoff divergono.

Esercizio 9.72 Sia $\mathcal{H}_0(J)$ un'hamiltoniana non degenere (cfr. la definizione 9.10) nel dominio $\mathcal{A} := \{J \in \mathbb{C}^n : |J - J_0| \leq \rho\}$ e sia $\omega(J) := [\partial \mathcal{H}_0 / \partial J](J)$. Si dimostri che se $A : \mathcal{A} \to \mathbb{C}^n$ è tale che $\langle A(J), \nu\rangle = 0$ per tutti i vettori $\nu \in \mathbb{Z}^n \setminus \{0\}$ in corrispondenza dei quali si abbia $\langle \omega(J), \nu\rangle = 0$, allora $A(J)$ deve essere parallelo a $\omega(J)$. [*Suggerimento.* Sia $J_1 \in \mathcal{A}$ tale che $\langle \omega(J_1), \nu_1\rangle = 0$ per qualche vettore $\nu_1 \in \mathbb{Z}^n$. Quindi $\omega(J_1)$ giace in un piano ortogonale a ν_1. Muovendo un po' J si trova un valore J_2, arbitrariamente vicino a J_1, tale che $\omega(J_2)$ continua a giacere sullo stesso stesso piano e nel contempo $\langle \omega(J_2), \nu_2\rangle = 0$ per qualche vettore $\nu_2 \in \mathbb{Z}^n$ ortogonale a ν_1 (J_2 può essere reso arbitrariamente vicino a J_1 scegliendo ν_2 arbitrariamente grande). Quindi $\omega(J_2)$ è ortogonale sia a ν_1 che a ν_2. Iterando, e modificando ogni volta di poco il valore di J, si trova un valore J_{n-1} tale che $\langle\omega(J_{n-1}), \nu_1\rangle = \langle\omega(J_{n-1}), \nu_2\rangle = \ldots = \langle\omega(J_{n-1}), \nu_{n-1}\rangle = 0$ per $n-1$ vettori $\nu_1, \ldots, \nu_{n-1}$. Se imponiamo che sia $\langle A(J_{n-1}), \nu_k\rangle = 0$ per gli stessi vettori $\nu_1, \ldots, \nu_{n-1}$, ne deriva che $A(J_{n-1})$ deve essere parallelo a $\omega(J_{n-1})$. Poiché i valori $J_1 \in \mathcal{A}$ tali che $\langle\omega(J_1), \nu\rangle = 0$ per qualche $\nu \in \mathbb{Z}^n$ sono densi in $\mathcal{A}$ (questo segue dall'argomento usato per la dimostrazione del teorema 9.16) e poiché J_{n-1} può essere reso arbitrariamente vicino a J_1, ne segue che $\omega(J)$ e $A(J)$ sono paralleli su un insieme denso di vettori $J \in \mathcal{A}$. Sotto le ipotesi che ω e A siano funzioni regolari, ne segue che $\omega(J)$ e $A(J)$ sono paralleli su tutto $\mathcal{A}$.]

Esercizio 9.73 Si dimostrino le (9.53) e (9.54). [*Soluzione.* Si ha

$$\begin{aligned}\int \mathrm{d}\varphi\ \sin^4\varphi &= \int \mathrm{d}\varphi\ \sin^2\varphi\big(1-\cos^2\varphi\big)\\ &= \int \mathrm{d}\varphi\ \sin^2\varphi - \frac{1}{3}\sin^3\varphi\cos\varphi - \frac{1}{3}\int \mathrm{d}\varphi \sin^4\varphi,\end{aligned}$$

e quindi

$$\int \mathrm{d}\varphi\ \sin^4\varphi = \frac{3}{4}\bigg(\frac{\varphi - \sin\varphi\cos\varphi}{2} - \frac{1}{3}\sin^3\varphi\cos\varphi\bigg).$$

In particolare si ha $\langle\sin^4\varphi\rangle = 3/8$.]

Esercizio 9.74 Si dimostrino le (9.65).

Esercizio 9.75 Si dimostri che i coefficienti di Fourier $H_\nu^{(1)}$ e $h_\nu^{(1)}$ nel §9.4 decadono esponenzialmente e se ne deduca che le funzioni $H^{(1)}(\psi, J_0)$ e $h^{(1)}(\psi, J_0)$ sono analitiche per $|\Im(\psi)| \le \xi_1$, dove $\xi_1 \in (0, \xi)$. [*Suggerimento.* Si scrivano $H^{(1)}(\psi, J_0)$ e $h^{(1)}(\psi, J_0)$ in serie di Fourier e si usi il decadimento dei coefficienti per stimare le due funzioni. Fin tanto che $|\Im(\psi_i)| \le \xi_1$, dove $\xi_1 \in (0, \xi)$, le serie di Fourier risultano sommabili, e si ha

$$\begin{aligned}\left|H^{(1)}(\psi, J_0)\right| &\le \sum_{\nu\in\mathbb{Z}^n\setminus\{0\}} \left|\mathrm{e}^{i\langle\nu,\psi\rangle} H_\nu^{(1)}\right| \le \frac{\Phi}{\gamma}\sum_{\nu\in\mathbb{Z}^n} |\nu|^{\tau+1}\,\mathrm{e}^{-(\xi-\xi_1)|\nu|}\\ &\le \frac{A_0\Phi}{\gamma}(\xi-\xi_1)^{-\tau-n-1},\end{aligned}$$

dove si è usato l'esercizio 9.9 per stimare l'ultima somma (e per la definizione della costante A_0); analogamente si ragiona per la funzione $h^{(1)}(\psi, J_0)$.]

Esercizio 9.76 Si dimostri che esistono passeggiate aleatorie di $2n$ passi che non rappresentano alcun albero di ordine n. [*Suggerimento.* Perché una sequenza di $2n$

segni $\pm$ rappresenti un albero, essa deve soddisfare dei vincoli. In primo luogo il numero di segni $+$ deve essere uguale al numero di segni $-$, poiché ogni ramo è percorso una volta verso destra e una volta verso sinistra (e quindi la sequenza contiene un segno $+$ e un segno $-$ per ogni ramo). Inoltre, come si vede dalla figura 9.4, necessariamente i primi due segni sono $+$ e gli ultimi due sono $-$.]

Esercizio 9.77 Si dimostri che $p!q! \le (p+q)!$ $\forall p, q \in \mathbb{N}$. [*Suggerimento.* La diseguaglianza è banalmente soddisfatta se $p = 0$ o $q = 0$. Se $p, q \ge 1$, si ha $p!q! \le (p+q-1)!$ (cfr. la soluzione dell'esercizio 9.60).]

Esercizio 9.78 Con le notazioni della dimostrazione del lemma 9.59 si calcolino i valori σ_v e la costante $\mathcal{B}(\theta)$ per θ come nella figura 9.14. [*Soluzione.* Si indichino con v_1, v_2, v_3 le tre foglie di θ. Si ha $\sigma_{v_0} = 1/3!$ e $\sigma_{v_1} = \sigma_{v_2} = \sigma_{v_3} = 1/0! = 1$, quindi $\mathcal{B}(\theta) = 1/3!$.]

Esercizio 9.79 Si dimostri che, nella stima dell'albero considerato osservazione 9.67, per opportune scelte delle funzioni $\mathcal{H}_0$ e V e dei vettori ω_0, ν e ν_0, il valore (9.126) soddisfa la (9.127). [*Suggerimento.* Si scelga, per $n = 2$,

$$\mathcal{H}_0(J) := \frac{1}{2}\langle J, J\rangle, \qquad V(\varphi, J) := \sum_{\nu\in\mathbb{Z}^2} \mathrm{e}^{-\xi|\nu|}\mathrm{e}^{i\langle \nu,\varphi\rangle},$$

così che

$$T(J_0) = \mathbb{1} \implies \langle \nu, T(J_0)\,\nu\rangle = |\nu|^2 \quad \forall \nu \in \mathbb{Z}^n.$$

La (9.126) dà

$$\mathrm{Val}(\theta) = -i\,\nu_0\,|\nu_0|^{2(p-1)}\big(-|\nu_0|^2\big)^p 2^{-p}\frac{1}{(i\,\langle\omega_0,\nu_0\rangle)^{2p}}\,\frac{(-\langle\nu_0,\nu\rangle)}{(i\,\langle\omega_0,\nu\rangle)^{2(p+1)}}\mathrm{e}^{-2p\xi|\nu_0|-\xi|\nu|},$$

così che, se definiamo

$$B_1 = \frac{|\langle\nu_0,\nu\rangle|}{|\nu_0|}, \qquad B_0 = \frac{|\nu_0|^4\mathrm{e}^{-2\xi|\nu_0|}}{2|\langle\omega_0,\nu_0\rangle|^2},$$

troviamo

$$|\mathrm{Val}(\theta)| = B_1 B_0^p \frac{\mathrm{e}^{-\xi|\nu|}}{|\langle\omega_0,\nu\rangle|^{2(p+1)}}.$$

Scegliamo $\omega_0 = (1,\alpha)$ come suggerito nell'esercizio 9.37 e consideriamo $\nu = (-p_k, q_k)$, dove p_k/q_k è un convergente di α, così che $q_k^\tau \le q_{k+1} \le 2q_k^\tau$ e $\langle\omega_0,\nu\rangle =$

$q_k\alpha - p_k$. Possiamo stimare (cfr. anche gli esercizi 9.31 e 9.36)

$$\begin{aligned}\frac{1}{4|\nu|^\tau} < \frac{1}{4q_k^\tau} < \frac{1}{2q_{k+1}} < \frac{1}{q_k + q_{k+1}} \\ < |q_k\alpha - p_k| < \frac{1}{q_{k+1}} < \frac{1}{q_k^\tau} < \frac{(1+4\alpha^2)^{\tau/2}}{|\nu|^\tau}.\end{aligned}$$

Poiché i convergenti costituiscono le migliori approssimazioni razionali di α, dalla stima dal basso deduciamo che ω_0 soddisfa la condizione diofantea $|\langle\omega_0,\nu\rangle| > \gamma|\nu|^{-\tau}$ $\forall\nu \neq 0$, con $\gamma = 1/4$ (in realtà si può prendere $\gamma = 2/(\sqrt{5}+3)$, come discusso nella soluzione dell'esercizio 9.50). Se poniamo $C_1 := 4(1+4\alpha^2)^{\tau/2}$, per $\nu = (-p_k, q_k)$ si ha anche $|\langle\omega_0,\nu\rangle| \le C_1\gamma|\nu|^{-\tau}$, da cui si ottiene

$$\frac{B_1}{\gamma^2}\left(\frac{B_0}{\gamma^2}\right)^p |\nu|^{2\tau(p+1)}\mathrm{e}^{-\xi|\nu|} \ge |\mathrm{Val}(\theta)| \ge \frac{B_1}{C_1^2\gamma^2}\left(\frac{B_0}{C_1^2\gamma^2}\right)^p |\nu|^{2\tau(p+1)}\mathrm{e}^{-\xi|\nu|},$$

da cui segue l'asserto.]

Esercizio 9.80 Si dimostri la stima (9.128). [*Suggerimento.* Sia $f(x) := x^p\mathrm{e}^{-\xi x}$ e $x_0 := p/\xi$. Le stime dell'esercizio 9.7 e la stima dall'alto dell'esercizio 9.16 implicano che esiste una costante positiva C_1 tale che $f(x) \ge C_1^p p!$ $\forall x \in [x_0/2, 2x_0]$. Sia $\xi_1 := \xi/2$ e $M := \lfloor 2\tau \rfloor$. Fissato ν sufficientemente grande, si scelga k tale che $\xi|\nu|/2 \le Mk \le 2\xi|\nu|$. Per tale k si ha

$$(\xi_1|\nu|)^{2\tau k}\mathrm{e}^{-\xi_1|\nu|} \ge (\xi|\nu|)^{Mk}\mathrm{e}^{-\xi_1|\nu|} \ge C_1^{Mk}(Mk)! \ge C_1^{Mk}M!k!$$

e quindi

$$A_0^{-1}|\nu|^{2\tau+1}A_1^{-k}|\nu|^{2\tau k}\mathrm{e}^{\xi|\nu|} \ge A_0^{-1}\left(\frac{C_1^M 2^{2\tau}}{A_1\xi^{2\tau}}\right)^k M!\,k!\,\mathrm{e}^{-\xi|\nu|/2},$$

da cui segue l'asserto.]

Capitolo 10
Il teorema KAM

La solución del misterio siempre es inferior al misterio.
El misterio participa de lo sobrenatutal y aun de lo devino;
la solución, del juego de manos.

Jorge Luis Borges, Aberjacán el Bojarí, muerto en su laberinto (1949)

Celestial mechanics is the origin of dynamical systems, linear algebra, topology, variational calculus and symplectic geometry.

Vladimir Igorevič Arnol'd, Polymathematics: is mathematics a single science or a set of arts? (2000)

10.1 Esistenza di moti quasiperiodici

Nel presente capitolo diamo la dimostrazione – anzi due dimostrazioni, basate su metodi differenti – del teorema KAM (cfr. la fine del §9.2), sulla sopravvivenza dei moti quasiperiodici con frequenze diofantee in sistemi hamiltoniani quasi-integrabili (cfr. la definizione nel §9.1).

Come anticipato all'inizio del §9.1, la domanda a cui vuole dare una risposta il teorema è cosa succeda in generale a un sistema hamiltoniano integrabile quando venga perturbato: il sistema continua a essere integrabile – o comunque a manifestare un comportamento non troppo dissimile da quello del sistema integrabile imperturbato – oppure, al contrario, le sue caratteristiche cambiano drasticamente? Per molto tempo, anche sulla base dei risultati di Poincaré (si vedano i due teoremi di trivialità discussi nel capitolo 9: il teorema 9.16 e il teorema 9.23), si pensò che bastasse una perturbazione arbitrariamente piccola per distruggere immediatamente la regolarità dei moti; in altre parole, l'idea più diffusa era che i sistemi integrabili, per quanto interessanti dal punto di vista concettuale, si dovessero di fatto ritenere poco più di una curiosità in un mondo in cui i moti sono solitamente caotici e irregolari.

Fu in questo spirito che fu condotto nel 1953 l'esperimento numerico di Fermi-Pasta-Ulam (recentemente ribattezzato Fermi-Pasta-Ulam-Tsingou, dando credito anche a Mary Tsingou per il suo contributo), così chiamato dai nomi dei tre fisici che lo idearono: Enrico Fermi, John Pasta and Stanislaw Ulam. Il sistema

G. Gentile, *Introduzione ai sistemi dinamici – Volume 2*, UNITEXT 133,
https://doi.org/10.1007/978-88-470-4014-4_10

considerato nell'esperimento consiste in una serie di oscillatori accoppiati, con interazioni a primi vicini che includono termini non lineari, descritti per esempio da un'hamiltoniana della forma (*modello di Fermi-Pasta-Ulam*)

$$\begin{aligned}\mathcal{H} &= \frac{1}{2}\sum_{k=1}^{N-1} p_k^2 + \frac{1}{2}\sum_{k=1}^{N}(q_k - q_{k-1})^2 \\ &\quad + \frac{1}{3}\alpha\sum_{k=1}^{N}(q_k - q_{k-1})^3 + \frac{1}{4}\beta\sum_{k=1}^{N}(q_k - q_{k-1})^4,\end{aligned} \tag{10.1}$$

dove $N-1$ è il numero di oscillatori mobili ($N = 16$ o 32 nell'esperimento originario), con q_0 e q_N fissi (per esempio $q_0 = q_N = 0$), mentre i parametri $\alpha, \beta \geq 0$ misurano l'intensità delle interazioni non lineari. Per $\alpha = \beta = 0$ il sistema si riduce a una collezione di oscillatori armonici ed è quindi integrabile: in particolare è possibile trovare un sistema di coordinate – i modi normali (cfr. il capitolo 4) – in cui il sistema si presenta come un insieme di oscillatori armonici disaccoppiati, i.e. è descritto da un'hamiltoniana della forma

$$\mathcal{H} = \sum_{k=1}^{N-1}\mathcal{H}_k, \qquad \mathcal{H}_k := \frac{1}{2}P_k^2 + \frac{1}{2}\omega_k^2\, Q_k^2, \tag{10.2}$$

per opportune frequenze proprie $\omega_1, \ldots, \omega_{N-1}$ (cfr. gli esercizi 10.1÷10.6).

Per studiare se il sistema descritto dall'hamiltoniana (10.1) si comporti o meno come un sistema integrabile si può allora immaginare di assegnare all'istante iniziale tutta l'energia a pochi modi normali, per esempio scegliendo dati iniziali tali che si abbia $\mathcal{H}_k = 0$ per ogni $k > 2$. Nel caso del sistema integrabile ($\alpha = \beta = 0$), l'energia rimane confinata ai modi normali eccitati inizialmente; ci si aspettava che, al contrario, non appena α o β o entrambi fossero diversi da zero, l'energia si trasferisse lentamente anche agli altri modi, fino a raggiungere un'equidistribuzione dell'energia totale del sistema (*termalizzazione*). Quello che invece si osservò fu un comportamento completamente diverso, noto come *paradosso di Fermi-Pasta-Ulam*: l'energia rimaneva concentrata vicino ai pochi modi eccitati e la dinamica del sistema presentava un'evoluzione quasiperiodica simile a quella del sistema integrabile. I risultati dell'esperimento numerico furono riportati nel 1955 in una relazione interna dei laboratori di Los Alamos, dove esso fu condotto: visto che i risultati furono giudicati deludenti e in contrasto con le aspettative, il lavoro non portò ad alcuna pubblicazione (cfr. la nota bibliografica).

Nel frattempo, nel campo della matematica, ci si muoveva nella direzione opposta: sulla base dei risultati di Siegel su un altro problema di piccoli divisori (quello che è oggi noto come *problema di Siegel*), Kolmogorov nel 1954 dimostrò che perturbando un sistema integrabile la maggior parte dei tori invarianti sopravvive (cfr. l'enunciato informale nel §9.2 o il teorema 10.1 più avanti). Tuttavia, il lavoro di Kolmogorov non ebbe nell'immediato vasta risonanza, e fu solo dopo essere stato riprodotto da Arnol'd e Moser (in realtà dopo quasi un decennio), con tecniche leggermente diverse, che il risultato iniziò a essere recepito dalla comunità scientifica.

Per qualche tempo, il lavoro di Kolmogorov fu anche considerato incompleto, più che altro perchè molto coinciso e avaro di dettagli tecnici, anche se oggi nessuno dubita più della sua correttezza.

Da un punto di vista qualitativo, il risultato di Kolmogorov sembra fornire una spiegazione definitiva dei risultati delle simulazioni numeriche sul modello di Fermi-Pasta-Ulam. In realtà la situazione è più complessa, dal momento che varie difficoltà impediscono un'applicazione diretta del teorema KAM:

1. una prima difficoltà, di natura tecnica, è dovuta al fatto che il sistema imperturbato, dal momento che consiste in una collezione di oscillatori armonici, non soddisfa la condizione di non degenerazione di Kolmogorov (cfr. la definizione 9.10)
2. una seconda difficoltà, più sostanziale come vedremo, riguarda l'entità della perturbazione: il teorema KAM asserisce la sopravvivivenza della maggior parte dei tori purché il parametro perturbativo sia sufficientemente piccolo, quindi, quando si considera un sistema concreto in cui i parametri hanno valoro fissati, occorre verificare che le condizioni di piccolezza del parametro perturbativo siano soddisfatte.

Torneremo su questo alla fine del capitolo (cfr. il §10.4), dove sarà brevemente discussa anche la difficoltà di applicare il teorema al sistema solare (cfr. l'esempio 9.2), oltre che al modello di Fermi-Pasta-Ulam.

10.1.1 Notazioni ed enunciato del teorema KAM

Prima di enunciare il teorema KAM, richiamiamo e adattiamo alcune notazioni introdotte nel capitolo precedente (cfr. in particolare i §§9.1 e 9.2 e l'esercizio 9.1). In accordo con la (9.2), definiamo

$$\begin{aligned} \mathbb{T}^n_\xi &:= \{\varphi \in \mathbb{C}^n : \Re\varphi_i \in \mathbb{T}, |\Im\varphi_i| \le \xi\}, \\ B_\rho(J_0) &:= \{J \in \mathbb{C}^n : |J - J_0| \le \rho\}, \end{aligned}$$

e scriviamo

$$D_0 := D(\rho, \xi, J_0) := \mathbb{T}^n_\xi \times B_\rho(J_0), \tag{10.3}$$

dove $J_0 \in \mathbb{R}^n$ e $\rho_0, \xi_0 > 0$ sono fissati.

Definiamo anche, per uso futuro,

$$D_k := D(\rho_k, \xi_k, J_k) = \mathbb{T}^n_{\xi_k} \times B_{\rho_k}(J_k),$$

dove sia $J_k \in \mathbb{R}^n$ che $\rho_k, \xi_k > 0$ sono da determinare.

Seguendo le notazioni (9.32), introduciamo in D_0 la seminorma

$$\|f\|_0 := \max_{(\varphi,J)\in D_0} \left(\left|\frac{\partial f}{\partial J}\right| + \frac{1}{\rho_0}\left|\frac{\partial f}{\partial \varphi}\right| \right)$$

e, analogamente, per una qualsiasi funzione f analitica in D_k, poniamo

$$\| f \|_k := \max_{(\varphi,J)\in D_k} \left(\left| \frac{\partial f}{\partial J} \right| + \frac{1}{\rho_k} \left| \frac{\partial f}{\partial \varphi} \right| \right). \tag{10.4}$$

Consideriamo il sistema quasi-integrabile descritto dall'hamiltoniana

$$\mathcal{H}(\varphi, J) = \mathcal{H}_0(J) + \varepsilon V(\varphi, J), \tag{10.5}$$

analitica in D_0, e definiamo

$$\omega_0(J) := \frac{\partial \mathcal{H}_0}{\partial J}(J).$$

Se l'hamiltoniana $\mathcal{H}_0$ è non degenere (cfr. la definizione 9.10), l'applicazione frequenza $J \mapsto \omega_0(J)$ definisce un diffeomorfismo locale (cfr. l'osservazione 9.11).

Teorema 10.1 (Teorema KAM) *Si consideri il sistema hamiltoniano descritto dall'hamiltoniana $\mathcal{H}$ della forma* (10.5)*, dove le funzioni $\mathcal{H}_0$ e V sono analitiche nel dominio D_0 in* (10.3)*. Si assuma che $\mathcal{H}_0$ sia non degenere – nel senso della definizione 9.10 – e che $\omega_0(J_0)$ soddisfi la condizione diofantea* (9.18)*, per opportune costanti $\tau > n-1$ e $\gamma > 0$. Allora esiste $\varepsilon_0 > 0$ tale che per $|\varepsilon| < \varepsilon_0$ esistono due funzioni β e α, tali che*

1. *$\beta\colon \mathbb{T}^n \to \mathbb{T}^n$ e $\alpha\colon \mathbb{T}^n \to \mathbb{R}^n$;*
2. *le funzioni β e α sono analitiche in $\mathbb{T}^n_{\xi'}$, per qualche $\xi' < \xi_0$, e sono infinitesime in ε, i.e. si ha $\beta, \alpha \to 0$ per $\varepsilon \to 0$;*
3. *la superficie parametrizzata dalle equazioni*

$$\varphi = \psi + \beta(\psi), \qquad J = J_0 + \alpha(\psi), \qquad \psi \in \mathbb{T}^n, \tag{10.6}$$

   è invariante per il sistema;
4. *il moto sulla superficie è descritto da $\psi \mapsto \psi + \omega_0(J_0)\, t$.*

Osservazione 10.2 La superficie (10.6) è diffeomorfa al toro n-dimensionale $\mathbb{T}^n$ e costituisce perciò un *toro invariante* (o *toro KAM*) per il sistema hamiltoniano perturbato.

Osservazione 10.3 Non è restrittivo assumere, come abbiamo fatto, che il dominio di analiticità dell'hamiltoniana $\mathcal{H}$ abbia la forma $\mathbb{T}^n_{\xi_0} \times B_{\rho_0}(J_0)$. In generale il dominio di analiticità nelle azioni dell'hamiltoniana (10.5) è un aperto $\mathcal{A}$ di $\mathbb{C}^n$ (contenente un aperto di $\mathbb{R}^n$ poiché l'hamiltoniana è una funzione reale). Fissato $J_0 \in \mathcal{A} \cap \mathbb{R}^n$ possiamo allora considerare l'intorno $B_{\rho_0}(J_0) \subset \mathcal{A}$ e lavorare con la restrizione di $\mathcal{H}$ a tale intorno.

Osservazione 10.4 Per $\varepsilon = 0$ il toro (10.6) si riduce al toro imperturbato $\varphi = \psi$, $J = J_0$, che è un toro "piatto", dal momento che J è costante al variare di φ.

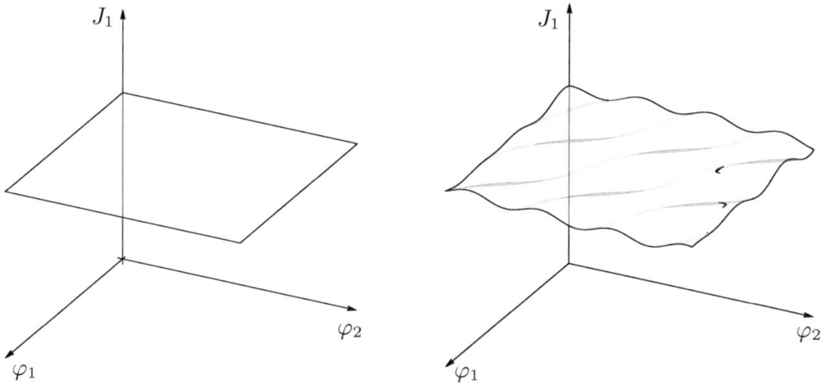

Figura 10.1 Toro imperturbato (a sinistra) e toro perturbato (a destra)

Poiché $\beta, \alpha \to 0$ per $\varepsilon \to 0$, il toro perturbato è leggermente "deformato" rispetto al toro imperturbato. Infatti, per ε piccolo, la funzione $\varphi = \psi + \beta(\psi)$ in (10.6) può essere invertita in $\psi = \varphi + \zeta(\varphi)$, dove $\zeta \to 0$ per $\varepsilon \to 0$, da cui si ottiene $J = J_0 + \alpha(\varphi + \zeta(\varphi))$: quindi J non è più costante in φ, ma le sue deviazioni dal valore costante J_0 sono infinitesime in ε. Il toro perturbato appare come una superficie leggermente ondulata; si veda per esempio la figura 10.1, dove si è rappresentato J_1 in funzione di φ per un sistema in dimensione $n = 2$ (un grafico analogo si ha per J_2).

Osservazione 10.5 Mentre per $\varepsilon = 0$ l'intero spazio delle fasi è costituito da tori invarianti (cfr. anche l'esercizio 10.7), invece per $\varepsilon \neq 0$ sufficientemente piccolo, i.e. più piccolo in modulo di un valore ε_0 opportuno, solo alcuni dei tori con frequenze diofantee sopravvivono. Poiché ε_0 dipende dalla costante γ, a ε fissato sopravvivono i tori le cui frequenze sodddisfano la condizione diofantea con γ maggiore di un certo valore (che dipende da ε), e sono separati da *lacune* che corrispondono ai tori distrutti dalla perturbazione. Per $\varepsilon \to 0$, la misura relativa delle frequenze che corrispondono ai tori sopravvissuti tende a 1 (cfr. anche l'osservazione 10.12 più avanti).

Per ulteriori commenti sul teorema si rimanda al §10.4.

10.1.2 Primo passo: trasformazione canonica

Studiamo in dettaglio il primo passo della costruzione iterativa, dal momento che racchiude le idee fondamentali della dimostrazione. Poniamo $V_0 := \varepsilon V$ e riscriviamo l'hamiltoniana (10.5) nella forma

$$\mathcal{H}(\varphi, J) = \mathcal{H}_0(J) + V_0(\varphi, J),$$

dove le funzioni $\mathcal{H}_0$ e V_0 sono analitiche in $D_0 = D(\rho_0, \xi_0, J_0)$. Introduciamo le notazioni

$$\varepsilon_0 := \|V_0\|_0 = \max_{(\varphi,J)\in D_0} \left(\left| \frac{\partial V_0}{\partial J} \right| + \frac{1}{\rho_0} \left| \frac{\partial V_0}{\partial \varphi} \right| \right), \tag{10.7a}$$

$$E_0 := \|\mathcal{H}_0\|_0 = \max_{J\in B_{\rho_0}(J_0)} \left| \frac{\partial \mathcal{H}_0}{\partial J}(J) \right|, \tag{10.7b}$$

$$\eta_0 := \max_{J\in B_{\rho_0}(J_0)} \left\| \left(\frac{\partial^2 \mathcal{H}_0}{\partial J^2}(J) \right)^{-1} \right\|, \tag{10.7c}$$

dove la norma $\|\cdot\|$ in (10.7c) indica la norma uniforme indotta dalla norma euclidea (cfr. la definizione 1.48 del volume 1).

Osservazione 10.6 Nella discussione che segue, ε_0, come definito in (10.7a), gioca il ruolo del parametro perturbativo ε dell'enunciato del teorema, dal momento che è ε_0 che deve essere sufficientemente piccolo perché si applichi il teorema 10.1.

Se l'hamiltoniana $\mathcal{H}_0$ è non degenere, allora η_0 in (10.7c) è finito. Richiediamo che $\omega_0(J_0)$ soddisfi la condizione diofantea (9.18) per qualche $\gamma > 0$ e $\tau > n-1$:

$$|\langle \omega_0(J_0), \nu \rangle| > \frac{1}{C_0 |\nu|^\tau} \qquad \forall \nu \in \mathbb{Z}^n \setminus \{0\}, \tag{10.8}$$

dove abbiamo definito $C_0 := 1/\gamma$.

Vogliamo trovare una trasformazione di coordinate $(\varphi, J) \mapsto (\varphi', J')$ tale che nelle nuove variabili l'hamiltoniana sia analitica in un dominio D_1 e abbia la forma

$$\mathcal{H}'(\varphi', J') = \mathcal{H}_1(J') + V_1(\varphi', J'),$$

con $\|V_1\|_1$ molto più piccola di $\|V_0\|_0$ (cfr. il §10.1.1 per le notazioni). Cerchiamo una funzione caratteristica di Hamilton della forma

$$W(\varphi, J') = \langle \varphi, J' \rangle + W_0(\varphi, J'),$$

così che

$$\begin{cases} J = J' + \dfrac{\partial W_0}{\partial \varphi}(\varphi, J'), \\ \varphi' = \varphi + \dfrac{\partial W_0}{\partial J'}(\varphi, J'). \end{cases} \tag{10.9}$$

Scriviamo

$$V_0(\varphi, J) = V_0^{\le N_0}(\varphi, J) + V_0^{> N_0}(\varphi, J),$$

dove

$$V_0^{\le N_0}(\varphi, J) = \sum_{\substack{\nu\in\mathbb{Z}^n \\ |\nu|\le N_0}} \mathrm{e}^{i\langle\nu,\varphi\rangle} V_{0,\nu}(J), \qquad V_0^{> N_0}(\varphi, J) = \sum_{\substack{\nu\in\mathbb{Z}^n \\ |\nu|> N_0}} \mathrm{e}^{i\langle\nu,\varphi\rangle} V_{0,\nu}(J),$$

per qualche $N_0 \in \mathbb{N}$ da determinarsi. Si noti che $V_{0,0}(J) = \langle V_0(\cdot, J)\rangle$ denota la media della funzione $V_0(\varphi, J)$ sul toro $\mathbb{T}^n$.

Imponiamo che $W_0(\varphi, J')$ risolva l'equazione omologica

$$\left\langle \omega_0(J'), \frac{\partial W_0}{\partial\varphi}(\varphi, J')\right\rangle + \left(V_0^{\le N_0}(\varphi, J') - V_{0,0}(J')\right) = 0. \qquad (10.10)$$

Si ha quindi (cfr. il §9.1)

$$W_0(\varphi, J') = \sum_{\substack{\nu\in\mathbb{Z}^n \\ 0<|\nu|\le N_0}} \mathrm{e}^{i\langle\nu,\varphi\rangle} W_{0,\nu}(J'), \qquad W_{0,\nu}(J') = -\frac{V_{0,\nu}(J')}{i\langle\omega_0(J'), \nu\rangle},$$

fin tanto che risulti $\langle\omega_0(J'), \nu\rangle \neq 0$.

Possiamo stimare (cfr. l'esercizio 10.8)

$$\max_{J'\in B_\rho(J_0)} \left\| \frac{\partial\omega_0}{\partial J'}(J')\right\| \le \frac{2E_0 n}{\rho_0} \qquad (10.11)$$

per ogni $\rho \le \rho_0/2$.

D'altra parte, perché i coefficienti $W_{0,\nu}(J')$ siano ben definiti, dobbiamo restringere il dominio della variabile J'. Se $\omega_0(J_0)$ soddisfa la condizione diofantea (10.8), per ogni $J' \in B_\rho(J_0)$ si ha

$$\begin{aligned} |\langle\omega_0(J'), \nu\rangle| &\ge |\langle\omega_0(J_0), \nu\rangle| - |\langle\omega_0(J') - \omega_0(J_0), \nu\rangle| \\ &\ge \frac{1}{C_0|\nu|^\tau} - |\omega_0(J') - \omega_0(J_0)||\nu| \\ &\ge \frac{1}{C_0|\nu|^\tau} - \max_{J\in B_\rho(J_0)} \left\|\frac{\partial\omega_0}{\partial J}(J)\right\| |J' - J_0||\nu| \\ &\ge \frac{1}{C_0|\nu|^\tau} - \frac{2E_0 n}{\rho_0}\rho|\nu|, \end{aligned}$$

purché si abbia $\rho \le \rho_0/2$, in modo da utilizzare la stima (10.11). Se definiamo

$$\bar\rho_1 := \rho_0 \min_{0<|\nu|\le N_0} \frac{1}{2E_0 n|\nu|}\frac{1}{2C_0|\nu|^\tau} = \frac{\rho_0}{4C_0E_0 n N_0^{\tau+1}}, \qquad (10.12)$$

e richiediamo $\rho < \bar\rho_1 < \rho_0/2$, otteniamo

$$|\langle\omega_0(J'), \nu\rangle| \ge \frac{1}{2C_0|\nu|^\tau} \quad \forall J' \in B_\rho(J_0).$$

Poniamo, per semplicità notazionale, $\tilde{D}_0 := D(\rho_0(1-\delta_0), \xi_0 - \delta_0, J_0)$. Poiché i coefficienti di Fourier di $[\partial V_0/\partial\varphi](\varphi, J)$ sono $i\nu\, V_{0,\nu}(J)$, la (9.4), applicata alla funzione $\partial V_0/\partial\varphi$, implica (cfr. anche l'esercizio 9.58)

$$\max_{J\in B_{\rho_0}(J_0)} |\nu\, V_{0,\nu}(J)| \le \sqrt{n} \max_{(\varphi,J)\in D_0} \left|\frac{\partial V_0}{\partial\varphi}(\varphi, J)\right| \mathrm{e}^{-\xi_0|\nu|} \le \sqrt{n}\rho_0\varepsilon_0\, \mathrm{e}^{-\xi_0|\nu|},$$

così che troviamo (cfr. l'esercizio 9.9)

$$\begin{aligned}
\max_{(\varphi,J')\in\tilde{D}_0} \left|V_0^{>N_0}(\varphi, J')\right| &\le \max_{(\varphi,J')\in\tilde{D}_0} \sum_{\substack{\nu\in\mathbb{Z}^n \\ |\nu|>N_0}} \left|\mathrm{e}^{i\langle\nu,\varphi\rangle}\right| |V_{0,\nu}(J')| \\
&\le \max_{(\varphi,J')\in\tilde{D}_0} \sum_{\substack{\nu\in\mathbb{Z}^n \\ |\nu|>N_0}} \left|\mathrm{e}^{i\langle\nu,\varphi\rangle}\right| |\nu|^{-1} |\nu\, V_{0,\nu}(J')| \\
&\le \sqrt{n}\rho_0\varepsilon_0 \sum_{\substack{\nu\in\mathbb{Z}^n \\ |\nu|>N_0}} \mathrm{e}^{(\xi_0-\delta_0)|\nu|} |\nu|^{-1} \mathrm{e}^{-\xi_0|\nu|} \qquad (10.13) \\
&\le \sqrt{n}\rho_0\varepsilon_0 \mathrm{e}^{-\delta_0 N_0/2} \sum_{\substack{\nu\in\mathbb{Z}^n \\ |\nu|>N_0}} \mathrm{e}^{-\delta_0|\nu|/2} |\nu|^{-1} \\
&\le B_1\rho_0\varepsilon_0\delta_0^{-n+1} \mathrm{e}^{-\delta_0 N_0/2},
\end{aligned}$$

per un'opportuna costante positiva B_1.

Osservazione 10.7 Qui e nel seguito, indichiamo con la lettera B, eventualmente con pedici o barre, costanti che non dipendono dai parametri in gioco (ρ_0, ξ_0, ε_0, E_0, η_0 e C_0), ma che possono invece dipendere da altri parametri, quali l'esponente diofanteo τ o la dimensione n.

La (10.13) porta alle stime (cfr. l'esercizio 10.9)

$$\max_{(\varphi,J')\in\tilde{D}_0} \left|\frac{\partial V_0^{>N_0}}{\partial\varphi}(\varphi, J')\right| \le B_2\rho_0\varepsilon_0\delta_0^{-n} \mathrm{e}^{-\delta_0 N_0/2}, \qquad (10.14a)$$

$$\max_{(\varphi,J')\in\tilde{D}_0} \left|\frac{\partial V_0^{>N_0}}{\partial J'}(\varphi, J')\right| \le B_2\varepsilon_0\delta_0^{-n} \mathrm{e}^{-\delta_0 N_0/2}, \qquad (10.14b)$$

per un'opportuna costante $B_2 > 0$. In maniera analoga si ottiene (cfr. l'esercizio 10.10)

$$\max_{(\varphi,J')\in\tilde{D}_0} \left|\frac{\partial V_0^{\le N_0}}{\partial\varphi}(\varphi, J')\right| \le B_3\rho_0\varepsilon_0\delta_0^{-n},$$

$$\max_{(\varphi,J')\in\tilde{D}_0} \left|\frac{\partial V_0^{\le N_0}}{\partial J'}(\varphi, J')\right| \le B_3\varepsilon_0\delta_0^{-n}, \qquad (10.15)$$

per un'opportuna costante positiva B_3.

La (10.14) mostra che, pur di scegliere N_0 sufficientemente grande, possiamo rendere $V_0^{>N_0}$ piccolo quanto vogliamo. In particolare se scegliamo

$$N_0 \geq \frac{2}{\delta_0} \log\left(\frac{2B_2}{C_0\varepsilon_0\delta_0^n}\right), \tag{10.16}$$

la (10.14) dà

$$\max_{(\varphi,J')\in\tilde{D}_0}\left(\left|\frac{\partial V_0^{>N_0}}{\partial J'}(\varphi,J')\right| + \frac{1}{\rho_0}\left|\frac{\partial V_0^{>N_0}}{\partial \varphi}(\varphi,J')\right|\right) \leq C_0\varepsilon_0^2. \tag{10.17}$$

Possiamo allora fissare

$$\delta_0 = \frac{\xi_0}{\log \dfrac{1}{C_0\varepsilon_0}} \tag{10.18}$$

e scegliere, per un'opportuna costante positiva A_0,

$$N_0 = \frac{A_0}{\xi_0^2}\left(\log\frac{1}{C_0\varepsilon_0}\right)^2, \tag{10.19}$$

che soddisfa automaticamente la stima (10.16) (cfr. l'esercizio 10.11).

Con la scelta (10.18) per δ_0, la stima (10.15) dà

$$\max_{(\varphi,J')\in\tilde{D}_0}\left(\left|\frac{\partial V_0^{\leq N_0}}{\partial J'}(\varphi,J')\right| + \frac{1}{\rho_0}\left|\frac{\partial V_0^{\leq N_0}}{\partial \varphi}(\varphi,J')\right|\right) \leq 2B_3\frac{\varepsilon_0}{\xi_0^n}\left(\log\frac{1}{C_0\varepsilon_0}\right)^n,$$

dove B_3 è come in (10.15). Definiamo allora

$$\begin{aligned}\bar{D}_{1,1} &:= D(\bar{\rho}_1(1-\delta_0), \xi_0-\delta_0, J_0),\\ \bar{D}_{1,2} &:= D(\bar{\rho}_1(1-2\delta_0), \xi_0-2\delta_0, J_0),\end{aligned}$$

con $\bar{\rho}_1$ definito in (10.12). La funzione $W_0(\varphi, J')$ è ben definita e analitica per $(\varphi, J') \in \bar{D}_{1,1}$, e soddisfa la stima (cfr. l'esercizio 9.9)

$$\begin{aligned}\max_{(\varphi,J')\in\bar{D}_{1,1}} |W_0(\varphi,J')| &\leq 2\sqrt{n}\rho_0 C_0\varepsilon_0 \sum_{\substack{\nu\in\mathbb{Z}^n\\ 0<|\nu|\leq N_0}} |\nu|^{\tau-1}e^{-\delta_0|\nu|}\\ &\leq B_4\rho_0C_0\varepsilon_0\delta_0^{-\tau-n+1},\end{aligned} \tag{10.20}$$

così che, ricordando la definizione di $\bar{\rho}_1$ in (10.12), si ha (cfr. l'esercizio 10.12)

$$\max_{(\varphi,J')\in\bar{D}_{1,2}}\left(\left|\frac{\partial W_0}{\partial J'}\right| + \frac{1}{\bar{\rho}_1(1-2\delta_0)}\left|\frac{\partial W_0}{\partial\varphi}\right|\right) \leq B_5C_0^2\varepsilon_0\delta_0^{-n-\tau}E_0N_0^{\tau+1}, \tag{10.21}$$

per opportune costanti B_4 e B_5. Ragionando in modo analogo (cfr. di nuovo l'esercizio 10.12) si trova

$$\max_{(\varphi,J')\in\bar{D}_{1,2}} \left\| \frac{\partial^2 W_0}{\partial\varphi\,\partial J'} \right\| \le B_5 C_0^2 \varepsilon_0 \delta_0^{-n-\tau-1} E_0 N_0^{\tau+1}. \tag{10.22}$$

Se consideriamo la trasformazione di coordinate definita dalla (10.9), vediamo che, riscrivendo la seconda equazione nella forma

$$G(\varphi,\varphi',J') := \varphi - \varphi' + \frac{\partial W_0}{\partial J'}(\varphi,J') = 0, \tag{10.23}$$

abbiamo

$$\frac{\partial G}{\partial\varphi} = \mathbb{1} + \frac{\partial^2 W_0}{\partial\varphi\partial J'} \quad\Longrightarrow\quad \det\frac{\partial G}{\partial\varphi} \ge 1 - O\Big(\Big\|\frac{\partial^2 W_0}{\partial\varphi\partial J'}\Big\|\Big) \ge \frac{1}{2},$$

purché ε_0 sia sufficientemente piccolo, più precisamente purché ε_0 sia tale tale che

$$B_6 C_0 \varepsilon_0 (C_0 E_0) \delta_0^{-n-\tau-1} N_0^{\tau+1} < \frac{1}{2}, \tag{10.24}$$

per qualche costante $B_6 \ge B_5$. Possiamo allora applicare il teorema della funzione implicita (cfr. l'esercizio 10.13) e invertire la seconda relazione in (10.9) così da ottenere (cfr. anche il §7.4.3)

$$\varphi = \varphi' + \Delta_1(\varphi',J') \tag{10.25}$$

per un'opportuna funzione $\Delta_1(\varphi',J')$. Inserendo la (10.25) nella prima equazione di (10.9) troviamo, per un'opportuna funzione Ξ_1,

$$J = J' + \Xi_1(\varphi',J'). \tag{10.26}$$

Confrontando le (10.25) e (10.26) con le (10.9), si vede che

$$\Delta_1(\varphi',J') = -\frac{\partial W_0}{\partial J'}(\varphi,J'), \qquad \Xi_1(\varphi',J') = \frac{\partial W_0}{\partial\varphi}(\varphi,J'). \tag{10.27}$$

Fin tanto che φ' è tale che si abbia $(\varphi,J')\in\bar{D}_{1,2}$ possiamo quindi stimare Ξ_1 e Δ_1 tramite la (10.21). Per $(\varphi',J')\in\bar{D}_{1,3} := D(\bar{\rho}_1(1-3\delta_0),\xi_0-3\delta_0,J_0)$, si trova

$$\max_{(\varphi',J')\in\bar{D}_{1,3}} |\Delta_1(\varphi',J')| \le B_5 C_0^2 \varepsilon_0 \delta_0^{-n-\tau} E_0 N_0^{\tau+1}, \tag{10.28a}$$

$$\max_{(\varphi',J')\in\bar{D}_{1,3}} |\Xi_1(\varphi',J')| \le B_5 \bar{\rho}_1 C_0^2 \varepsilon_0 \delta_0^{-n-\tau} E_0 N_0^{\tau+1}, \tag{10.28b}$$

con B_5 come in (10.21). Infatti si vede immediatamente che, purché ε_0 soddisfi la (10.24), si ha

$$\max_{(\varphi', J') \in \bar{D}_{1,3}} |\Delta_1(\varphi', J')| \leq \delta_0, \qquad \max_{(\varphi', J') \in \bar{D}_{1,3}} |\Xi_1(\varphi', J')| \leq \bar{\rho}_1 \delta_0$$

e, di conseguenza, effettivamente (φ, J') rimane all'interno del dominio $\bar{D}_{1,2}$. Da qui si conclude che le due funzioni Δ_1 e Ξ_1 sono analitiche nel dominio $\bar{D}_1 := \bar{D}_{1,4} := D(\bar{\rho}_1(1-4\delta_0), \xi_0 - 4\delta_0, J_0)$ e le equazioni

$$\begin{cases} \varphi = \varphi' + \Delta_1(\varphi', J'), \\ J = J' + \Xi_1(\varphi', J') \end{cases} \tag{10.29}$$

definiscono una trasformazione canonica analitica $C_1 \colon (\varphi', J') \to (\varphi, J)$ tale che $C_1(\bar{D}_1) \subset D_0$. L'ulteriore riduzione di δ_0 del dominio $\bar{D}_{1,4}$, rispetto a $\bar{D}_{1,3}$, è stata effettuata per poter stimare anche le derivate utilizzando il teorema di Cauchy (cfr. l'esercizio 10.14).

10.1.3 Primo passo: stime della nuova hamiltoniana

Verifichiamo ora che, nelle variabili ottenute attraverso la trasformazione canonica inversa di C_1, l'hamiltoniana ha ancora la forma di un'hamiltoniana integrabile non degenere perturbata. Nelle nuove variabili l'hamiltoniana acquista la forma

$$\mathcal{H}'(\varphi', J') = \mathcal{H}_1(J') + V_1(\varphi', J'), \qquad \mathcal{H}_1(J') := H_0(J') + V_{0,0}(J'), \tag{10.30}$$

dove la perturbazione è data da

$$\begin{aligned} V_1(\varphi', J') &= \mathcal{H}(\varphi, J) - \mathcal{H}_1(J') \\ &= \mathcal{H}_0(J' + \Xi_1(\varphi', J')) + V_0(\varphi' + \Delta_1(\varphi', J'), J' + \Xi_1(\varphi', J')) \\ &\quad - \mathcal{H}_0(J') - V_{0,0}(J'). \end{aligned}$$

Abbreviamo per semplicità $\Xi_1(\varphi', J') = \Xi_1$ e $\Delta_1(\varphi', J') = \Delta_1$. Se scriviamo

$$\begin{aligned} \mathcal{H}_0(J' + \Xi_1) &= \mathcal{H}_0(J') + \langle \omega_0(J'), \Xi_1 \rangle \\ &\quad + \Big[\mathcal{H}_0(J' + \Xi_1) - \mathcal{H}_0(J') - \langle \omega_0(J'), \Xi_1 \rangle \Big], \\ V_0(\varphi' + \Delta_1, J' + \Xi_1) &= V_0^{\leq N_0}(\varphi' + \Delta_1, J' + \Xi_1) \\ &\quad + V_0^{> N_0}(\varphi' + \Delta_1, J' + \Xi_1), \\ V_0^{\leq N_0}(\varphi' + \Delta_1, J' + \Xi_1) &= V_0^{\leq N_0}(\varphi' + \Delta_1, J') \\ &\quad + \Big[V_0^{\leq N_0}(\varphi' + \Delta_1, J' + \Xi_1) - V_0^{\leq N_0}(\varphi' + \Delta_1, J') \Big], \end{aligned}$$

e utilizziamo il fatto che, in virtù delle (10.10) e (10.27),

$$\langle \omega_0(J'), \Xi_1 \rangle + V_0^{\leq N_0}(\varphi, J') - V_{0,0}(J') = 0,$$

possiamo riscrivere $V_1(\varphi', J')$ nella forma

$$V_1(\varphi', J') = a_1(\varphi', J') + b_1(\varphi', J') + c_1(\varphi', J'), \tag{10.31}$$

dove

$$a_1(\varphi', J') := \mathcal{H}_0(J' + \Xi_1) - \mathcal{H}_0(J') - \langle \omega_0(J'), \Xi_1 \rangle, \tag{10.32a}$$

$$b_1(\varphi', J') := V_0^{\leq N_0}(\varphi' + \Delta_1, J' + \Xi_1) - V_0^{\leq N_0}(\varphi' + \Delta_1, J'), \tag{10.32b}$$

$$c_1(\varphi', J') := V_0^{> N_0}(\varphi' + \Delta_1, J' + \Xi_1). \tag{10.32c}$$

Si ha

$$\max_{(\varphi', J') \in \bar{D}_1} \left| \frac{\partial \mathcal{H}_1}{\partial J'}(J') \right| \leq E_0 + \varepsilon_0. \tag{10.33}$$

Analogamente si trova (cfr. l'esercizio 10.17)

$$\max_{(\varphi', J') \in \bar{D}_1} \left\| \det \left(\frac{\partial^2 \mathcal{H}_1}{\partial J'^2}(J') \right)^{-1} \right\| \leq \eta_0 \left(1 + \frac{4n\eta_0 \varepsilon_0}{\rho_0} \right). \tag{10.34}$$

Infine, per $(\varphi', J') \in \bar{D}_{1,3}$, si ha (cfr. l'esercizio 10.20)

$$|a_1(\varphi', J')| \leq \int_0^1 \mathrm{d}t (1-t) \sum_{i,k=1}^{n} \left| \frac{\partial^2}{\partial J_i' \partial J_k'} \mathcal{H}_0(J' + t\,\Xi_1)\, \Xi_{1,i}\, \Xi_{1,k} \right|,$$

$$|b_1(\varphi', J')| \leq \int_0^1 \mathrm{d}t \sum_{i=1}^{n} \left| \frac{\partial}{\partial J_i'} V_0^{\leq N_0}(\varphi' + \Delta_1, J' + t\,\Xi_1)\, \Xi_{1,i} \right|,$$

$$|c_1(\varphi', J')| \leq \max_{(\varphi, J) \in \bar{D}_{1,2}} \left| V_0^{> N_0}(\varphi, J) \right|,$$

che comporta

$$|a_1(\varphi', J')| \leq B_7 \frac{E_0}{\rho_0} |\Xi_1|^2, \tag{10.35a}$$

$$|b_1(\varphi', J')| \leq \frac{\varepsilon_0}{\delta_0^n} |\Xi_1|, \tag{10.35b}$$

$$|c_1(\varphi', J')| \leq B_7 B_7 \rho_0 \delta_0 C_0 \varepsilon_0^2, \frac{\varepsilon_0}{\delta_0^n} |\Xi_1|, \tag{10.35c}$$

per un'opportuna costante positiva B_7. Le stime (10.35), introdotte nella (10.31), dànno (cfr. l'esercizio 10.21)

$$\max_{(\varphi',J')\in\bar{D}_{1,3}} |V_1(\varphi',J')| \le B_8 \rho_0 C_0^2 \varepsilon_0^2 E_0 \delta_0^{-2\tau-2n}, \tag{10.36}$$

per qualche costante positiva B_8, da cui segue che

$$\max_{(\varphi',J')\in\bar{D}_1} \left(\left| \frac{\partial V_1}{\partial J'} \right| + \frac{1}{\bar{\rho}_1} \left| \frac{\partial V_1}{\partial \varphi'} \right| \right) \le B_0 C_0 \varepsilon_0^2 (C_0 E_0)^2 \delta_0^{-2\tau-2n-1} N_0^{\tau+1}, \tag{10.37}$$

per un'opportuna costante positiva B_0.

10.1.4 Primo passo: blocco della frequenza

Nella costruzione della trasformazione canonica (10.29), la condizione diofantea (10.8) gioca un ruolo cruciale, in quanto consente di controllare i piccoli divisori in modo da definire la funzione generatrice. La nuova hamiltoniana imperturbata $\mathcal{H}_1(J')$ ha frequenza

$$\omega_1(J') := \frac{\partial \mathcal{H}_1}{\partial J'}(J').$$

Ovviamente in generale si ha $\omega_1(J_0) \neq \omega_0(J_0)$ e quindi non è detto che $\omega_1(J_0)$ soddisfi una qualche condizione diofantea.

Vogliamo ora vedere se è possibile fissare un valore J_1 all'interno di $B_{\bar{\rho}_1/4}(J_0)$ tale che, per $J'=J_1$, la frequenza della nuova hamiltoniana imperturbata sia $\omega_1(J_1) = \omega_0(J_0)$. Perché questo accada dobbiamo risolvere l'equazione

$$\omega_1(J_1) = \omega_0(J_1) + \frac{\partial V_{0,0}}{\partial J'}(J_1) = \omega_0(J_0), \tag{10.38}$$

dove J_0 e quindi $\omega_0(J_0)$ sono fissati. Le funzioni ω_0 e ω_1 sono analitiche in $B_{\rho_0}(J_0)$; inoltre, per ogni $J_1 \in B_{\bar{\rho}_1/4}(J_0)$ si ha $B_{\bar{\rho}_1/4}(J_1) \subset B_{\bar{\rho}_1/2}(J_0)$ (cfr. la figura 10.2).

Se scriviamo

$$\omega_0(J_1) = \omega_0(J_0) + \frac{\partial \omega_0}{\partial J}(J_0)(J_1 - J_0)$$
$$+ \int_0^1 \mathrm{d}t(1-t) \sum_{i,k=1}^n \frac{\partial^2 \omega_0}{\partial J_i \partial J_k}(J_0 + t(J_1 - J_0))(J_{1,i} - J_{0,i})(J_{1,k} - J_{0,k})$$

Figura 10.2 Intorni $B_{\bar{\rho}_1/2}(J_0)$ e $B_{\bar{\rho}_1/4}(J_1)$

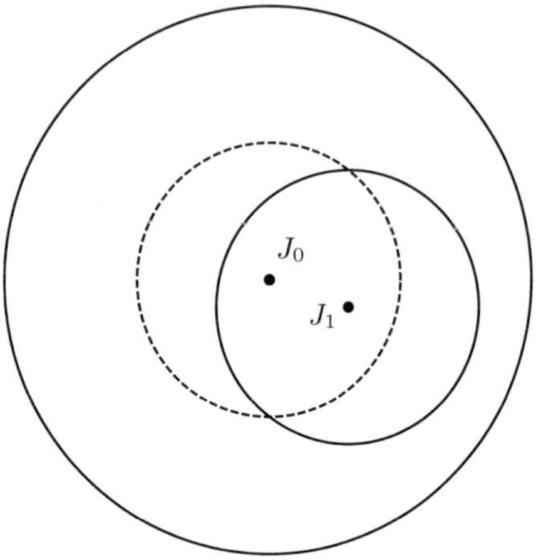

e definiamo

$$F_1(J, J_0) := \left(\frac{\partial \omega_0}{\partial J}(J_0)\right)^{-1} \left(\frac{\partial V_{0,0}}{\partial J'}(J) \right.$$
$$\left. \times \int_0^1 \mathrm{d}t(1-t) \sum_{i,k=1}^{n} \frac{\partial^2 \omega_0}{\partial J_i \partial J_k}(J_0 + t(J - J_0))(J_i - J_{0,i})(J_k - J_{0,k})\right),$$

possiamo riscrivere la (10.38) come $F(J, J_0) = 0$, dove

$$F(J, J_0) := J_1 - J_0 + F_1(J_1, J_0). \tag{10.39}$$

Si ha (cfr. l'esercizio 10.23)

$$|F_1(J, J_0)| \leq \eta_0 \sqrt{n} \left(\frac{4E_0 n}{\rho_0^2}\rho^2 + \varepsilon_0\right) \tag{10.40}$$

e quindi

$$\left\| \frac{\partial F_1}{\partial J}(J, J_0) \right\| \leq \frac{2\eta_0 n}{\rho_0} \left(\frac{4E_0 n}{\rho_0^2}\rho^2 + \varepsilon_0\right)$$

per ogni J tale che $|J - J_0| \leq \rho \leq \rho_0/2$.

Perché l'equazione (10.39) ammetta una soluzione J_1 con $|J_1 - J_0| \leq \bar{\rho}_1/4$, occorre che si abbia

$$\eta_0 \sqrt{n} \left(\frac{4E_0 n}{\rho_0^2}\rho^2 + \varepsilon_0\right) \leq \frac{\bar{\rho}_1}{4}, \quad B_9 \frac{2\eta_0 n}{\rho_0} \left(\frac{4E_0 n}{\rho_0^2}\rho^2 + \varepsilon_0\right) < \frac{1}{2}, \tag{10.41}$$

per un'opportuna costante B_9, in modo da poter applicare il teorema della funzione implicita (cfr. l'esercizio 10.22). Se scegliamo

$$\rho := \frac{\rho_0}{2}\sqrt{\frac{\varepsilon_0}{E_0 n}}, \tag{10.42}$$

otteniamo che, per ogni J che verifichi la condizione $|J - J_0| \leq \rho$, si ha

$$|F_1(J, J_0)| \leq 2\eta_0\varepsilon_0\sqrt{n}, \qquad \left\| \frac{\partial F_1}{\partial J}(J, J_0) \right\| \leq \frac{4\eta_0\varepsilon_0 n}{\rho_0}.$$

Occorre quindi che

$$2\eta_0\varepsilon_0\sqrt{n} < \frac{\bar{\rho}_1}{4} \implies |J_1 - J_0| \leq \frac{\bar{\rho}_1}{4}, \qquad \frac{4B_9\eta_0\varepsilon_0 n}{\rho_0} < \frac{1}{2} \implies \det\frac{\partial F}{\partial J} \geq \frac{1}{2}.$$

Riassumendo dobbiamo imporre le condizioni

$$\frac{8B_9\eta_0\varepsilon_0 n}{\rho_0} < 1, \qquad 2\eta_0\varepsilon_0\sqrt{n} < \frac{\rho_0}{2}\sqrt{\frac{\varepsilon_0}{E_0 n}} < \frac{\bar{\rho}_1}{4},$$

che sono ovviamente soddisfatte per ε_0 sufficientemente piccolo. Possiamo per esempio imporre che ε_0 soddisfi le condizioni

$$\begin{aligned} &B_{10}\frac{\eta_0\varepsilon_0}{\rho_0} < 1, \qquad B_{10}\left(\frac{\eta_0 E_0}{\rho_0}\right)^2\frac{\varepsilon_0}{E_0} < 1, \\ &B_{10}C_0\varepsilon_0(C_0E_0)N_0^{2(\tau+1)} < 1, \end{aligned} \tag{10.43}$$

per un'opportuna costante B_{10}. Ne concludiamo che se ε_0 è sufficientemente piccolo esiste una soluzione J_1 dell'equazione (10.38) tale che $|J_1 - J_0| \leq \bar{\rho}_1/4$.

10.1.5 Primo passo: dominio della nuova hamiltoniana

Consideriamo la trasformazione canonica costruita nel §10.1.2 e prendiamone la restrizione al dominio $D_1 := D(\rho_1, \xi_1, J_1)$ (cfr. l'inizio del §10.1.1 per le notazioni), dove i valori di ρ_1, ξ_1 e J_1 sono determinati nel modo seguente. Innanzitutto, J_1 è la soluzione dell'equazione (10.38); inoltre, utilizzando le definizioni (10.18), (10.19) e (10.12) di δ_0, di N_0 e di $\bar{\rho}_1$, rispettivamente, i parametri ξ_1 e ρ_1 sono dati da

$$\xi_1 := \xi_0 - 4\delta_0 = \xi_0\left(1 - 4\left(\log\frac{1}{C_0\varepsilon_0}\right)^{-1}\right), \tag{10.44a}$$

$$\rho_1 := \frac{\bar{\rho}_1}{4} = \frac{\rho_0}{16nC_0E_0N_0^{\tau+1}} = \frac{\rho_0}{16nC_0E_0}\left(\frac{A_0}{\xi_0^2}\left(\log\frac{1}{C_0\varepsilon_0}\right)\right)^{-2(\tau+1)}. \tag{10.44b}$$

Introduciamo la seminorma $\|\cdot\|_1$ in accordo con la (10.4) e definiamo, in analogia con le (10.7), i parametri

$$\varepsilon_1 := \|V_1\|_1 = \max_{(\varphi,J)\in D_1}\left(\left|\frac{\partial V_1}{\partial J}\right| + \frac{1}{\rho_1}\left|\frac{\partial V_1}{\partial \varphi}\right|\right), \tag{10.45a}$$

$$E_1 := \|\mathcal{H}_1\|_1 = \max_{J\in B_{\rho_1}(J_1)}\left|\frac{\partial \mathcal{H}_1}{\partial J}(J)\right|, \tag{10.45b}$$

$$\eta_1 := \max_{J\in B_{\rho_1}(J_1)}\left\|\det\left(\frac{\partial^2 \mathcal{H}_1}{\partial J^2}(J)\right)^{-1}\right\|. \tag{10.45c}$$

Le stime (10.33), (10.34) e (10.37) dànno

$$\varepsilon_1 \le B_0 C_0 \varepsilon_0^2 (C_0 E_0)^2 \delta_0^{-2\tau-2n-1} N_0^{\tau+1}, \tag{10.46a}$$

$$E_1 \le E_0 + \varepsilon_0, \tag{10.46b}$$

$$\eta_1 \le \eta_0\big(1 + 4n\eta_0\rho_0^{-1}\varepsilon_0\big), \tag{10.46c}$$

con δ_0 e N_0 dati di nuovo dalla (10.18) e dalla (10.19), rispettivamente.

Osservazione 10.8 Il dominio $D_1 = D(\rho_1, \xi_1, J_1)$ in cui le funzioni $\mathcal{H}_1$ e V_1 sono definite e analitiche differisce dal dominio $D_0 = D(\rho_0, \xi_0, J_0)$ in quanto

1. ρ_1 è legato a ρ_0 dalla relazione (10.44b): è quindi molto più piccolo di ρ_0;
2. ξ_1 è legato a ξ_0 dalla relazione (10.44a): è quindi poco più piccolo di ξ_0;
3. J_1 è leggermente traslato rispetto a J_0.

Per semplificare le notazioni possiamo sostituire la (10.46a) con

$$C_0\varepsilon_1 \le (C_0\varepsilon_0)^{3/2}$$

e la (10.44b) con

$$\rho_1 = \rho_0\left(\log\frac{1}{C_0\varepsilon_0}\right)^{-2(\tau+2)},$$

che rendono le equazioni (10.46a) e (10.44b) automaticamente soddisfatte. In conclusione abbiamo le relazioni

$$C_0\varepsilon_1 \le (C_0\varepsilon_0)^{3/2}, \quad E_1 \le E_0 + \varepsilon_0, \quad \eta_1 \le \eta_0\big(1 + 4\eta_0 n\rho_0^{-1}\varepsilon_0\big), \tag{10.47}$$

a cui si aggiungono

$$\xi_1 = \xi_0\left(1 - 4\left(\log\frac{1}{C_0\varepsilon_0}\right)^{-1}\right), \qquad \rho_1 = \rho_0\left(\log\frac{1}{C_0\varepsilon_0}\right)^{-2(\tau+2)}, \tag{10.48}$$

purché ε_0 piccolo sia abbastanza. Mettendo insieme le stime (10.24) e (10.43) su ε_0 trovate nei paragrafi precedenti otteniamo le condizioni

$$\bar{B}\,\frac{\varepsilon_0\eta_0}{\rho_0} < 1, \qquad \bar{B}\,\frac{\varepsilon_0}{E_0}\left(\frac{\eta_0 E_0}{\rho_0}\right)^2 < 1,$$
$$\bar{B}\,C_0\varepsilon_0(C_0E_0)\left(\frac{1}{\xi_0}\log\frac{1}{C_0\varepsilon_0}\right)^{4(\tau+1)} < 1, \tag{10.49}$$

dove $\bar{B}$ è un'opportuna costante positiva e si è tenuto conto che $\tau > n-1$.

Osservazione 10.9 Le due relazioni (10.48) mostrano che dopo il primo passo il dominio di analiticità dell'hamiltoniana si è ristretto: di poco nella variabile angolare, di molto nella variabile d'azione. I valori delle costanti η_1 ed E_1 sono peggiorati di poco rispetto ai valori iniziali η_0 ed E_0. D'altra parte il valore di ε_1 è molto più piccolo del valore iniziale: questo implica che nelle nuove variabili la perturbazione è molto più piccola di quanto non fosse nelle variabili originarie.

10.1.6 Passo generale

Una volta completato il primo passo possiamo iterare la costruzione e definire una seconda trasformazione canonica $C_2\colon (\varphi'', J'') \to (\varphi', J')$ che porta il dominio $D_2 := D(\rho_2, \xi_2, J_2)$, con ρ_2, ξ_2 e J_2 opportuni (cfr. sotto), all'interno del dominio D_1 definito nel §10.1.5. Componendo la trasformazione C_2 con la trasformazione C_1 costruita al passo precedente, otteniamo una trasformazione canonica $\bar{C}_2 := C_2 \circ C_1$ che porta il dominio D_2 nel dominio originario D_0.

Per non appesantire le notazioni indichiamo con (φ', J') – invece che con (φ'', J'') – le variabili a cui porta l'inversa della trasformazione $\bar{C}_2$. Nelle nuove variabili l'hamiltoniana acquista la forma

$$\mathcal{H}_2(J') + V_2(\varphi', J').$$

Se poniamo $\|V_2\|_2 = \varepsilon_2$, le costanti ξ_2, ρ_2 ed ε_2 sono legate alle costanti ξ_1, ρ_1 ed ε_1 dalle medesime relazioni (10.47) e (10.48), semplicemente con gli indici 0 e 1 sostituiti dagli indici 1 e 2, rispettivamente. Il valore J_2 è fissato dalla richiesta che $\omega_2(J_2) = \omega_1(J_1) = \omega_0(J_0)$, dove $\omega_2(J) := [\partial\mathcal{H}_2/\partial J](J)$, ed è tale che $|J_2 - J_1| \leq \rho_2$, se J_1 è dato dalla soluzione della (10.38). Infine le costanti E_2 ed η_2 sono definite dalle (10.45) e sono legate alle costanti E_1 ed η_2 dalle relazioni (10.47), di nuovo con gli indici 0 e 1 sostituiti dagli indici 1 e 2, rispettivamente.

A questo punto possiamo iterare ulteriormente la costruzione e definire una successione di trasformazioni canoniche C_n, $n \in \mathbb{N}$; questo determina, per ogni $n \in \mathbb{N}$, una trasformazione canonica $\bar{C}_n\colon (\varphi', J') \to (\varphi, J)$, con $\bar{C}_n = C_n \circ C_{n-1} \circ \ldots \circ C_1$, tale che

- $\bar{C}_n$ porta il dominio $D_n := D(\rho_n, \xi_n, J_n)$ all'interno del dominio D_0;
- nelle nuove variabili l'hamiltoniana acquista la forma

$$\mathcal{H}_n(J') + V_n(\varphi', J'); \tag{10.50}$$

- il valore di J_n è fissato dalla condizione che si abbia $\omega_n(J_n) = \omega_0(J_0)$, dove $\omega_n(J) := [\partial\mathcal{H}_n/\partial J](J)$;
- si definiscono i nuovi parametri $\varepsilon_n := \|V_n\|_n$ ed $E_n = \|H_n\|_n$, con la seminorma $\|\cdot\|_n$ data dalla (10.4) con $k = n$, mentre η_n è definito come in (10.45c), con l'indice 1 sostituito dall'indice n.

I parametri ε_n, ξ_n, ρ_n, η_n ed E_n sono legati ai parametri iniziali ε_0, ξ_0, ρ_0, η_0 ed E_0 dalle relazioni

$$C_0\varepsilon_n \le (C_0\varepsilon_0)^{(3/2)^n}, \tag{10.51a}$$

$$E_n \le E_0 + \sum_{k=0}^{n-1} \varepsilon_k \le E_0 + C_0^{-1} \sum_{k=0}^{n-1} (C_0\varepsilon_0)^{(3/2)^k}, \tag{10.51b}$$

$$\eta_n \le \eta_0 \prod_{k=0}^{n-1} \left(1 + \frac{4\eta_k n\varepsilon_k}{\rho_k}\right), \tag{10.51c}$$

$$\xi_n = \xi_0 \prod_{k=0}^{n-1} \left(1 - 4\left(\log \frac{1}{C_0\varepsilon_k}\right)^{-1}\right) \tag{10.51d}$$

$$\ge \xi_0 \prod_{k=0}^{n-1} \left(1 - \left(\frac{2}{3}\right)^k 4\left(\log \frac{1}{C_0\varepsilon_0}\right)^{-1}\right),$$

$$\rho_n = \rho_0 \prod_{k=0}^{n-1} \left(\log \frac{1}{C_0\varepsilon_k}\right)^{-2(\tau+2)} \tag{10.51e}$$

$$\le \rho_0 \left(\log \frac{1}{C_0\varepsilon_0}\right)^{-2n(\tau+2)} \left(\frac{2}{3}\right)^{n(n-1)(\tau+2)}.$$

Osservazione 10.10 Nella (10.51c) la costante n di fronte a ε_k denota il numero di gradi di libertà e non va confuso con l'indice n del passo iterativo.

Si vede dalla (10.51a) che

$$\lim_{n\to\infty} \varepsilon_n = 0,$$

dove la convergenza è esponenziale; questo implica (cfr. l'esercizio 10.24)

$$\limsup_{n\to\infty} E_n \le 2E_0, \qquad \lim_{n\to\infty} \xi_n \ge \frac{\xi_0}{2}. \tag{10.52}$$

Al contrario la (10.51e) dà

$$\lim_{n\to\infty} \rho_n = 0.$$

D'altra parte, confrontando la (10.51a) con la (10.51e), si trova (cfr. l'esercizio 10.25) che, per ogni $a \in \mathbb{R}$,

$$\lim_{n\to\infty} \frac{\varepsilon_n}{\rho_n^a} = 0 \tag{10.53}$$

il che mostra che ε_n va a zero molto più velocemente di ρ_n. Ne segue in particolare che (cfr. l'esercizio 10.26)

$$\limsup_{n\to\infty} \eta_n \le 2\eta_0. \tag{10.54}$$

Come al primo passo abbiamo dovuto richiedere la (10.49) perché la trasformazione fosse ben definita, per ogni n dobbiamo imporre che ε_n sia sufficientemente piccolo da soddisfare

$$\begin{gathered} \bar{B}\,\frac{\varepsilon_n\eta_n}{\rho_n} < 1, \qquad \bar{B}\,\frac{\varepsilon_n}{E_n}\left(\frac{\eta_n E_n}{\rho_n}\right)^2 < 1, \\ \bar{B}\,C_0\varepsilon_n(C_0E_n)\left(\frac{1}{\xi_n}\log\frac{1}{C_0\varepsilon_n}\right)^{4(\tau+1)} < 1, \end{gathered} \tag{10.55}$$

dove $\bar{B}$ è la stessa costante che appare in (10.49).

Osservazione 10.11 La (10.53) implica che la (10.55) è verificata definitivamente. Pertanto è sufficiente imporre le condizioni (10.55) per un numero finito di n. In conclusione si deve imporre che, fissati C_0, E_0, η_0, ρ_0 e ξ_0, il parametro ε_0 soddisfi le stime (10.49), possibilmente con una costante $\bar{B}$ più grande per tener conto dei primi passi.

L'hamiltoniana (10.50) è analitica nel dominio D_n, quindi nelle variabili angolari il dominio si è ristretto non più della metà per ogni n (dal momento che $|\Im(\varphi_i')| \le \xi_n \le \xi_0/2$), mentre le variabili d'azione sono definite in un intorno molto più piccolo (di raggio ρ_n anziché ρ_0) intorno al valore J_n tale che $\omega_n(J_n) = \omega_0(J_0)$ soddisfa la condizione diofantea (10.8).

La soluzione $(\varphi'(t), J'(t))$ delle equazioni di Hamilton

$$\dot{\varphi}' = \omega_n(J') + O(\varepsilon_n), \qquad \dot{J}' = O(\varepsilon_n\rho_n),$$

corrispondenti alla (10.50), è tale che

$$J'(t) = J'(0) + O(\varepsilon_n\rho_n\, t).$$

Se $J'(0) = J_n$, per tempi $|t| < T_n$, con $T_n = O(1/\sqrt{\varepsilon_n})$, si trova

$$|J'(t) - J_n| < C\sqrt{\varepsilon_n}\rho_n,$$

per qualche costante positiva C: le variabili d'azione rimangono dunque ben all'interno del dominio d'analiticità in cui sono definite.

L'equazione che regola l'evoluzione delle variabili angolari è

$$\dot{\varphi}' = \omega_n(J') + \frac{\partial V_n}{\partial J'}(J'),$$

dove (cr. l'esercizio 10.27)

$$|\omega_n(J') - \omega_n(J_n)| \le \frac{2(E_{n-1} + \varepsilon_{n-1})}{\rho_{n-1}}\sqrt{\varepsilon_n}\rho_n, \tag{10.56a}$$

$$\left|\frac{\partial V_n}{\partial J'}(J')\right| \le \varepsilon_n, \tag{10.56b}$$

fin tanto che $|J' - J_n|$ rimane minore di $O(\sqrt{\varepsilon_n}\rho_n)$. Integrando si trova

$$\varphi'(t) = \varphi'(0) + \omega_n(J_n)\,t + O\big(\sqrt{\varepsilon_n}\rho_n\rho_{n-1}^{-1}\big)t + O(\varepsilon_n)t,$$

e, tenendo conto che $\omega_n(J_n) = \omega_0(J_0)$, si ha

$$\varphi'(t) - \varphi'(0) - \omega_0(J_0)\,t = O(\rho_n\rho_{n-1}^{-1})$$

per $|t| < T_n$. Per la (10.51e), $\rho_n/\rho_{n-1} \to 0$ per $n \to \infty$. Nel limite $n \to \infty$, questo fissa le variabili d'azione a un valore J_∞ tale che

$$\omega_\infty(J_\infty) = \omega_0(J_0), \qquad \omega_\infty(J_\infty) := \lim_{n\to\infty} \frac{\partial \mathcal{H}_n}{\partial J'}(J_n),$$

mentre le variabili angolari evolvono in accordo alla legge

$$\varphi'(t) = \varphi'(0) + \omega_0(J_0)\,t.$$

Nel limite $n \to \infty$, la composizione delle trasformazioni canoniche $C_1, C_2, \ldots, C_n$ definisce una funzione

$$\bar{C}_\infty := \lim_{n\to\infty} \bar{C}_n = \lim_{n\to\infty} C_n \circ C_{n-1} \circ \ldots \circ C_2 \circ C_1,$$

tale che $\bar{C}_\infty \colon (\varphi', J_\infty) \to (\varphi, J)$ ha la forma

$$\varphi = \varphi' + \Delta_\infty(\varphi', J_\infty), \qquad J = J_\infty + \Xi_\infty(\varphi', J_\infty).$$

Si noti che $\bar{C}_\infty$ non definisce una trasformazione di coordinate, dal momento che J_∞ non varia in un aperto, ma è fissato a un valore ben preciso.

Se definiamo $\beta(\psi) := \Delta_\infty(\psi, J_\infty)$ e $\alpha(\psi) := J_\infty - J_0 + \Xi_\infty(\psi, J_\infty)$, il teorema 10.1 è dimostrato.

Osservazione 10.12 Le condizioni (10.55) (cfr. anche l'osservazione 10.11) mostrano che, fissati tutti gli altri parametri, ε_0 e C_0 devono essere tali da soddisfare la relazione

$$A_0\, C_0^2 \varepsilon_0 \left(\log \frac{1}{C_0 \varepsilon_0} \right)^{4(\tau+1)} < 1,$$

dove A_0 è una costante che dipende anche dai parametri E_0 e ξ_0. Perché tale relazione sia soddisfatta occorre che si abbia $A_1 C_0^2 \varepsilon_0 < 1$, per qualche costante A_1, ovvero che C_0 sia tale che $1/C_0 > \sqrt{A_1 \varepsilon_0}$. Ne segue che, fissato ε_0 sufficientemente piccolo (ricordiamo che ε_0 misura l'entità della perturbazione), sopravvivono i tori invarianti le cui frequenze ω soddisfino la condizione diofantea (9.18), con $\gamma > \sqrt{A_1 \varepsilon_0}$. Poiché la misura relativa delle frequenze che non soddisfano tale condizione è proporzionale a γ, concludiamo che la misura delle frequenze dei tori imperturbati che sono distrutti dalla perturbazione è di ordine $\sqrt{\varepsilon_0}$. Si può dimostrare che anche la misura dello spazio delle fasi in cui non ci sono tori invarianti è di ordine $\sqrt{\varepsilon_0}$ (cfr. la nota bibliografica).

10.2 Stabilità dei moti quasiperiodici

Il risultato principale del teorema KAM è che, quando si perturba un sistema integrabile, la maggior parte dei moti continua a svolgersi su superfici invarianti che sono leggermente increspate rispetto ai tori imperturbati. Le corrispondenti variazioni nel tempo delle azioni sono molto limitate – di ordine ε, se ε è l'ordine di grandezza della perturbazione.

Il teorema nulla dice del fato delle traiettorie i cui dati iniziali si trovino nelle lacune lasciate dai tori scomparsi (cfr. l'osservazione 10.5). Tali lacune, per quanto occupino complessivamente una piccola frazione dello spazio delle fasi, sono tuttavia dense in esso, dal momento che si aprono in corrispondenza di tutti valori delle azioni che non soddisfano la condizione di non risonanza. In linea di principio le traiettorie corrispondenti possono essere molto irregolari ed esibire variazioni apprezzabili delle azioni in tempi brevi. Il teorema di Nechorošev, che studieremo nel presente paragrafo, mostra che questo non succede e che, al contrario, le azioni rimangono limitate per tempi esponenzialmente lunghi: più precisamente, le azioni possono variare di ordine ε^a per tempi esponenziali in ε^{-b}, per opportune costanti a e b, dove di nuovo ε misura l'entità della perturbazione.

Da una parte, il risultato è più debole del teorema KAM, dal momento che le traiettorie si controllano solo per tempi finiti, ancorché molto lunghi; dall'altra, il teorema di Nechorošev costituisce un risultato globale anziché locale, in quanto si applica all'intero spazio delle fasi e mostra che le azioni variano comunque molto poco per tempi molto lunghi anche in corrispondenza di dati iniziali che non siano su un toro invariante. In conclusione, se il dato iniziale è scelto su un toro, l'azione varia proporzionalmente a ε per tempi infiniti, se invece non è su un toro, ha variazioni leggermente superiori (la costante a è minore di 1) su tempi finiti ma esponenziali in ε^{-b}.

10.2.1 Notazioni ed enunciato del teorema di Nechorošev

Diamo innanzitutto alcune definizioni al fine di specificare la classe di sistemi che intendiamo considerare ed enunciare il teorema. Questo ci consentirà nel contempo di introdurre le notazioni di base utilizzate più avanti per dimostrare alcuni lemmi intermedi che porteranno al risultato finale.

Dato un sottoinsieme aperto $\mathcal{A}$ di $\mathbb{R}^n$, denotiamo con $d(J, \mathcal{A})$ la distanza di $J \in \mathbb{C}^n$ dall'insieme $\mathcal{A}$, i.e.

$$d(J, \mathcal{A}) = \min_{J' \in \mathcal{A}} |J - J'|,$$

dove $|\cdot|$ indica la distanza euclidea in $\mathbb{C}^n$.

Consideriamo il sistema descritto dall'hamiltoniana

$$\mathcal{H}(\varphi, J) = \mathcal{H}_0(J) + \varepsilon V(\varphi, J), \qquad V(\varphi, J) = \sum_{\nu \in \mathbb{Z}^n} \mathrm{e}^{i\langle \nu, \varphi \rangle} V_\nu(J), \tag{10.57}$$

dove $\varepsilon > 0$ e le funzioni $\mathcal{H}_0$ e V sono analitiche nel dominio

$$\mathcal{D}(\rho, \xi, \mathcal{A}) := \big\{(\varphi, J) \in \mathbb{C}^{2n} : \Re\varphi_i \in \mathbb{T}, \, |\Im\varphi_i| \le \xi, \, d(J, \mathcal{A}) \le \rho\big\}, \tag{10.58}$$

e, come nel §10.1, definiamo l'applicazione frequenza

$$\omega_0(J) := \frac{\partial \mathcal{H}_0}{\partial J}(J).$$

Dati $J_0 \in \mathcal{A}$ e l'intorno $B_\rho(J_0) \subset \mathbb{C}^n$, definiamo $\mathcal{B}_\rho(J_0) := B_\rho(J_0) \cap \mathbb{R}^n$; se scriviamo $D(\rho, \xi; J_0) = \mathbb{T}^n_\xi \times B_\rho(J_0)$, in accordo con la (10.3), l'hamiltoniana (10.57) è per costruzione analitica in $D(\rho, \xi; J_0)$ e assume valori reali per $(\varphi, J) \in \mathbb{T}^n \times \mathcal{B}_\rho(J_0)$. Assumiamo, senza perdita di generalità, che si abbia $J_0 = 0$ (ci si può sempre ridurre a tal caso mediante una traslazione delle azioni), e definiamo $D_0(\rho, \xi) = D(\rho, \xi; 0)$. Scriviamo, infine, per semplicità, $B_\rho = B_\rho(0)$ e $\mathcal{B}_\rho = \mathcal{B}_\rho(0)$ e $D_0(\rho, \xi) = D_0$.

Introduciamo in D_0 la seminorma (cfr. il §10.1.1)

$$\|f\|_0 := \max_{(\varphi, J) \in D_0} \left(\left| \frac{\partial f}{\partial J} \right| + \frac{1}{\rho} \left| \frac{\partial f}{\partial \varphi} \right| \right)$$

e definiamo le quantità

$$E_0 := \max\big\{ \|\mathcal{H}_0\|_0, \|V\|_0 \big\}, \tag{10.59a}$$

$$M_0 := \max_{J \in B_\rho} \left\| \frac{\partial^2 \mathcal{H}_0}{\partial J^2}(J) \right\|, \tag{10.59b}$$

$$\eta_0 := \max_{J \in B_\rho} \left\| \left(\frac{\partial^2 \mathcal{H}_0}{\partial J^2}(J) \right)^{-1} \right\|, \tag{10.59c}$$

dove la norma $\|\cdot\|$ indica la norma uniforme indotta dalla norma euclidea.

La classe di sistemi che stiamo considerando è la stessa del teorema KAM. La sola differenza è che, mentre nel caso del teorema KAM investighiamo il fato di un singolo toro, di cui fissiamo la frequenza (si tratta quindi di un problema locale), ora siamo interessati a quello che succede nell'intero spazio delle fasi (e quindi il problema è globale). Fissiamo per comodità un intorno ben preciso nello spazio delle azioni – l'insieme $D(\rho, \xi; J_0)$ – ma la discussione seguente si può ripetere per qualsiasi altro intorno e porta allo stesso risultato.

Consideriamo esplicitamente il caso $n \geq 2$, dal momento che perturbazioni di sistemi integrabili unidimensionali sono ancora integrabili (cfr. anche i commenti all'inizio del §9.3). Scelto $N \in \mathbb{R}$, definiamo $\mathbb{Z}^n_N := \{\nu \in \mathbb{Z}^n : |\nu| \leq N\}$. Dati r vettori linearmente indipendenti $\nu_1, \dots, \nu_r \in \mathbb{Z}^n_N$, con $r \in \{1, \dots, n\}$, indichiamo con $\Pi = \Pi(\nu_1, \dots, \nu_r)$ l'insieme dei vettori $\nu \in \mathbb{Z}^n$ che si scrivono come combinazione lineare (a componenti intere) dei vettori $\nu_1, \dots, \nu_r$. Poniamo $\mathcal{N} = \mathcal{N}(\nu_1, \dots, \nu_r) = \Pi \cap \mathbb{Z}^n_N$.

Definizione 10.13 (Superficie risonante) *Dati r vettori linearmente indipendenti $\nu_1, \dots, \nu_r$ in $\mathbb{Z}^n_N$, la superficie*

$$\mathfrak{S}(\mathcal{N}) := \big\{J \in \mathcal{B}_\rho : \langle \omega_0(J), \nu_k \rangle = 0 \ \forall k = 1, \dots, r\big\}$$

si chiama superficie risonante *corrispondente all'insieme $\mathcal{N} = \mathcal{N}(\nu_1, \dots, \nu_r)$.*

Definizione 10.14 (Regione risonante) *Siano $\lambda_0, \lambda_1, \dots, \lambda_n \in \mathbb{R}$ tali che $\lambda_{k+1} > 2\lambda_k > 0$ per $k = 0, \dots, n-1$. Chiamiamo* regione risonante *corrispondente all'insieme $\mathcal{N} = \mathcal{N}(\nu_1, \dots, \nu_r)$ l'insieme $\mathfrak{R}(\mathcal{N})$ costituito dai vettori $J \in \mathcal{B}_\rho$ che soddisfino le seguenti proprietà:*

1. $|\langle \omega_0(J), \nu_k \rangle| < \lambda_r |\nu_k| \ \forall k = 1, \dots, r,$
2. $|\langle \omega_0(J), \nu \rangle| \geq \lambda_{r+1} |\nu| \ \forall \nu \in \mathbb{Z}^n_N \setminus \mathcal{N}$ *se* $r < n$.

Osservazione 10.15 Per ogni r, l'insieme $\mathcal{N}(\nu_1, \dots, \nu_r)$ individua l'intersezione con $\mathbb{Z}^n_N$ con un sottospazio di $\mathbb{R}^n$ di dimensione r. Se $r = n$, si ha $\mathcal{N} = \mathbb{Z}^n_N$. Le definizioni di $\mathcal{N}$ e $\mathfrak{R}(\mathcal{N})$ si estendono al caso $r = 0$, ponendo, in tal caso, $\mathcal{N} = \emptyset$ e $\mathfrak{R}(\emptyset) = \{J \in \mathcal{B}_\rho : |\langle \omega_0(J), \nu \rangle| \geq \lambda_1 |\nu| \ \forall \nu \in \mathbb{Z}^n_N\}$.

Introduciamo anche, per uso futuro (cfr. il §10.2.3), l'insieme

$$\mathfrak{U}(\mathcal{N}) := \{J \in \mathcal{B}_\rho : |\langle \omega_0(J), \nu \rangle| \geq 2\lambda_r |\nu| \ \forall \nu \in \mathbb{Z}^n_N \setminus \mathcal{N}\}. \tag{10.60}$$

Per $r = 1, \dots, n$ si ha $\mathfrak{S}(\mathcal{N}) \subset \mathfrak{R}(\mathcal{N}) \subset \mathfrak{U}(\mathcal{N})$ dal momento che $\lambda_{r+1} > 2\lambda_r$.

Osservazione 10.16 Per costruzione, $\mathfrak{R}(\mathcal{N})$ è l'insieme dei vettori $J \in \mathcal{B}_\rho$ tali che $\omega_0(J)$ ha proiezione minore di λ_r lungo le direzioni individuate dai vettori $\nu_1, \dots, \nu_r$, e ha invece proiezione maggiore di λ_{r+1} lungo la direzione individuata da qualsiasi vettore $\nu \notin \mathcal{N}$. L'unione di tutte le regioni risonanti $\mathfrak{R}(\mathcal{N})$ al variare di $\mathcal{N}$ ricopre l'intorno $\mathcal{B}_\rho$ (cfr. l'esercizio 10.28).

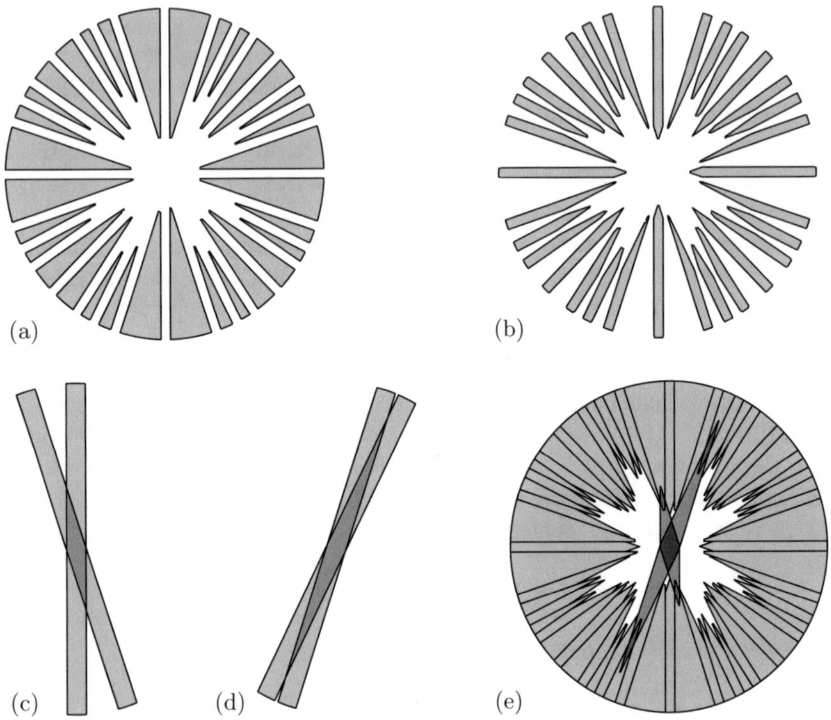

Figura 10.3 Esempi di regione risonanti per $\mathcal{H}_0(J) = |J|^2/2$ e $n = 2$

Per alcuni esempi semplici di regioni risonanti, nel caso $\mathcal{H}_0(J) = |J|^2/2$, così che $\omega_0(J) = J$, con $n = 2$, si veda la figura 10.3, per i seguenti valori dei parametri: $\rho = 1$, $N = 4$, $\lambda_1 = 0.03$ e $\lambda_2 = 0.061$; sono rappresentate:

- in (a) la regione risonante con $r = 0$, i.e.

$$\mathfrak{R}(\emptyset) = \{J \in \mathcal{B}_1 : |\langle J, \nu \rangle| \geq \lambda_1 |\nu| \ \forall \nu \in \mathbb{Z}_4^2\};$$

- in (b) l'unione delle regioni risonanti $\mathfrak{R}(\mathcal{N})$ con $r = 1$, al variare di $\mathcal{N}$, dove, se $\mathcal{N} = \mathcal{N}(\nu_1)$, per qualche $\nu_1 \in \mathbb{Z}_4^2$, si ha

$$\mathfrak{R}(\mathcal{N}) = \{J \in \mathcal{B}_1 : |\langle J, \nu_1 \rangle| < \lambda_1 |\nu_1| \text{ e } |\langle J, \nu \rangle| > \lambda_2 |\nu| \ \forall \nu \in \mathbb{Z}_4^2 \setminus \mathcal{N}\};$$

- in (c) la regione risonante $\mathfrak{R}(\mathcal{N}) = \{J \in \mathcal{B}_1 : |\langle J, \nu_k \rangle| < \lambda_1 |\nu_k| \text{ per } k = 1, 2\}$, con $r = 2$ e $\mathcal{N} = \mathcal{N}(\nu_1, \nu_2)$, dove $\nu_1 = (1, 0)$ e $\nu_2 = (3, 1)$ (la regione risonante $\mathfrak{R}(\mathcal{N})$ è l'insieme grigio scuro dato dall'intersezione delle due strisce grigio chiaro);
- in (d) la regione risonante $\mathfrak{R}(\mathcal{N}) = \{J \in \mathcal{B}_1 : |\langle J, \nu_k \rangle| < \lambda_1 |\nu_k| \text{ per } k = 1, 2\}$, con $r = 2$ e $\mathcal{N} = \mathcal{N}(\nu_1, \nu_2)$, dove $\nu_1 = (3, 1)$ e $\nu_2 = (2, 1)$ (di nuovo la regione risonante $\mathfrak{R}(\mathcal{N})$ è l'insieme grigio scuro dato dall'intersezione delle due strisce grigio chiaro).

- infine in (e) le due regioni risonanti delle figure (c) e (d) sono raffigurate insieme all'unione di tutte le regioni risonanti con $r = 0$ (cfr. la figura (a)) e con $r = 1$ (cfr. la figura (b)), mostrando che sono possibili sovrapposizioni parziali tra gli insiemi (se si aggiungono tutte le altre regioni risonanti con $r = 2$ si ricopre tutto l'intorno $\mathcal{B}_1$).

Definizione 10.17 (Armonica) *Data una qualsiasi $f(\varphi, J)$ periodica in φ, i.e. della forma*

$$f(\varphi, J) = \sum_{\nu \in \mathbb{Z}^n} \mathrm{e}^{i\langle \varphi, \nu \rangle} f_\nu(J), \tag{10.61}$$

chiamiamo armoniche *di $f(\varphi, J)$ le funzioni $\mathrm{e}^{i\langle \varphi, \nu \rangle} f_\nu(J)$.*

Osservazione 10.18 Per quanto la nozione di armonica per denotare le componenti di una serie di Fourier sia ampiamente usata in trattati di ingegneria e matematica applicata, stranamente il termine è raramente usato con tale accezione nei testi di matematica.

Definizione 10.19 (Armonica risonante) *Fissato un insieme $\mathcal{N}$ e data una funzione $f(\varphi, J)$ della forma* (10.61), *chiamiamo* armoniche risonanti *con $\mathcal{N}$ le armoniche $\mathrm{e}^{i\langle \varphi, \nu \rangle} f_\nu(J)$ di $f(\varphi, J)$ con $\nu \in \mathcal{N}$.*

Definizione 10.20 (Operatore di proiezione sulle armoniche risonanti) *Definiamo* operatore di proiezione sulle armoniche risonanti *l'operatore $\Pi_{\mathcal{N}}$ che, applicato a una qualsiasi funzione della forma* (10.58), *genera la funzione*

$$\Pi_{\mathcal{N}} f(\varphi, J) := \sum_{\nu \in \mathcal{N}} \mathrm{e}^{i\langle \varphi, \nu \rangle} f_\nu(J).$$

che contiene solo le armoniche di f risonanti con $\mathcal{N}$.

Nel seguito, l'intero N sarà fissato proporzionale a $1/\varepsilon^\tau$, per qualche costante τ, quindi tanto più grande quanto più piccolo è ε. Anche le costanti $\lambda_0, \lambda_1, \ldots, \lambda_n$ andranno scelte in modo opportuno: perché la costruzione che vedremo nel §10.2.4 abbia senso, servirà che le costanti siano piccole e vadano a zero velocemente quando ε tende a zero. Più precisamente, servirà che $\lambda_k \to 0$ e $\lambda_k/\lambda_{k+1} \to 0$ per $\varepsilon \to 0$: diamo pertanto la seguente definizione.

Definizione 10.21 (Spessori delle regioni risonanti) *Definiamo, per $k = 0, \ldots, n$,*

$$\mu_k := E_0 \big(8n\eta_0 M_0\big)^{k-n}, \quad \sigma_k := \frac{1}{8}\left(1 - \frac{k(k-1)}{2n(n+1)}\right), \quad \lambda_k := \mu_k\, \varepsilon^{\sigma_k}.$$

Chiamiamo $\lambda_1, \ldots, \lambda_n$ spessori delle regioni risonanti.

Osservazione 10.22 Si vede facilmente che $E_0 = \mu_n > \mu_k > \mu_{k-1}$ per $k = 1, \ldots, n-1$, e

$$\frac{1}{16} < \sigma_{k+1} < \sigma_k \leq \frac{1}{8}, \quad \frac{\lambda_k}{\lambda_{k+1}} = \frac{1}{8n\eta_0 M_0} \varepsilon_0^{\sigma_k - \sigma_{k+1}}, \quad k = 0, \ldots, n-1,$$

dove $\sigma_k - \sigma_{k+1} = k/8n(n+1)$, così che $\lambda_k + 1 > 2\lambda_k$, e $\lambda_k \to 0$ e $\lambda_k/\lambda_{k+1} \to 0$ per $\varepsilon \to 0$.

Proposizione 10.23 *Sia $\mathcal{H}(\varphi, J) = \mathcal{H}_0(J) + \varepsilon V(\varphi, J)$ analitica nel dominio D_0 e con $\mathcal{H}_0(J)$ che soddisfi la condizione di non degenerazione* (9.21). *Si consideri il sistema descritto dall'hamiltoniana $\mathcal{H}(\varphi, J)$. Per $N = \varepsilon^{-\tau}$, con $\tau > 0$, si fissi un insieme $\mathcal{N}$ e si definisca la regione risonante $\Re(\mathcal{N})$, con gli spessori fissati dalla definizione 10.21. Allora esiste $\varepsilon_0 > 0$ tale che per $|\varepsilon| < \varepsilon_0$ e per ogni dato iniziale $(\varphi(0), J(0))$, con $J(0) \in \Re(\mathcal{N})$, si ha*

$$|J(t) - J(0)| \leq \bar{A}\varepsilon^a \qquad \forall |t| < \mathrm{e}^{\bar{B}/\varepsilon^b},$$

per opportune costanti $a, b, \bar{A}, \bar{B}$. Si può scegliere $a = 1/16$ e $b = 1/(8n(n+1))$.

La proposizione 10.23 e l'osservazione 10.16 – in particolare il fatto che gli insiemi $\Re(\mathcal{N})$ ricoprono $\mathcal{B}_\rho$ – implicano immediatamente il seguente risultato.

Teorema 10.24 (Teorema di Nechorošev) *Consideriamo il sistema descritto dall'hamiltoniana $\mathcal{H}(\varphi, J) = \mathcal{H}_0(J) + \varepsilon V(\varphi, J)$, analitica nel dominio D_0 e con $\mathcal{H}_0(J)$ che soddisfi la condizione di non degenerazione* (9.21). *Allora esiste $\varepsilon_0 > 0$ tale che per $|\varepsilon| < \varepsilon_0$ e per ogni dato iniziale $(\varphi(0), J(0)) \in D_0$, si ha*

$$|J(t) - J(0)| \leq \bar{A}\varepsilon^a \qquad \forall |t| < \mathrm{e}^{\bar{B}/\varepsilon^b},$$

per opportune costanti $a, b, \bar{A}, \bar{B}$. Si può scegliere $a = 1/16$ e $b = 1/(8n(n+1))$.

Dimostreremo la proposizione 10.23, attraverso una serie di lemmi tecnici, nei due paragrafi seguenti: il §10.2.2 è dedicato ai risultati analitici, mentre nel §10.2.3 ne saranno studiate le implicazioni geometriche. Come già osservato il caso $n = 1$ è banale; considereremo quindi nel seguito solo il caso $n \geq 2$.

10.2.2 Aspetti analitici

Cerchiamo di costruire una trasformazione canonica mediante un procedimento di seconda specie, che non rimuova del tutto dall'hamiltoniana la dipendenza delle variabili φ, ma, fissato $N = \varepsilon^{-\tau}$ e fissato un insieme $\mathcal{N}$, lasci solo le armoniche risonanti con $\mathcal{N}$ (cfr. la definizione 10.19).

Ci proponiamo di determinare una funzione generatrice $W(\varphi, J', \varepsilon)$ e un'hamiltoniana $\mathcal{H}'_0(\varphi', J', \varepsilon)$, nelle nuove variabili, della forma,

$$W(\varphi, J', \varepsilon) = \langle \varphi, J' \rangle + \sum_{k=1}^{k_0} \varepsilon^k W_k(\varphi, J'), \tag{10.62a}$$

$$\mathcal{H}'_0(\varphi', J', \varepsilon) = \mathcal{H}_0(J') + \sum_{k=1}^{k_0} \varepsilon_k \mathcal{H}'_{0k}(\varphi', J'), \tag{10.62b}$$

per qualche k_0 da determinare in modo opportuno, in modo che sia soddisfatta l'equazione

$$\mathcal{H}_0\left(J' + \frac{\partial W}{\partial \varphi}\right) + \varepsilon V\left(\varphi, J' + \frac{\partial W}{\partial \varphi}\right) \\ = \mathcal{H}'_0(J', \varphi', \varepsilon) + V_1(J', \varphi', \varepsilon) + V_2(J', \varphi', \varepsilon), \tag{10.63}$$

con la richiesta che

1. $\mathcal{H}'_0(J', \varphi', \varepsilon)$ contenga solo armoniche risonanti con $\mathcal{N}$,
2. $V_1(J', \varphi', \varepsilon)$ contenga solo armoniche con $|\nu| > N$,
3. $V_2(J', \varphi', \varepsilon)$ contenga solo termini di ordine almeno $k_0 + 1$ in ε.

In altre parole, richiediamo che la trasformazione canonica porti l'hamiltoniana in una forma che non dipenda dalla variabili angolari φ', fino all'ordine k_0, se non attraverso armoniche il cui indice di Fourier o sia maggiore di N o appartenga all'insieme $\mathcal{N}$.

Procediamo seguendo la strategia delineata nel §9.2.2, senza però cercare di coniugare il sistema a un sistema integrabile che dipenda solo dalle azioni.

Definendo (cfr. il §9.2.1 per le notazioni), per $k \geq 2$,

$$X_k(\varphi, J') = \sum_{\substack{a_1,\ldots,a_n \geq 0 \\ 2 \leq |a| \leq k}} \frac{1}{a!} \frac{\partial^{|a|}}{\partial J^a} \mathcal{H}_0(\varphi, J') \sum_k{}' \prod_{i=1}^{n} \prod_{j=1}^{a_i} \frac{\partial W_{k_{ij}}}{\partial \varphi_i}(\varphi, J'), \tag{10.64a}$$

$$Y_k(\varphi, J') = \sum_{\substack{a_1,\ldots,a_n \geq 0 \\ 1 \leq |a| \leq k-1}} \frac{1}{a!} \frac{\partial^{|a|}}{\partial J^a} V(\varphi, J') \sum_{k-1}{}' \prod_{i=1}^{n} \prod_{j=1}^{a_i} \frac{\partial W_{k_{ij}}}{\partial \varphi_i}(\varphi, J'), \tag{10.64b}$$

$$Z_k(\varphi, J') = -\sum_{k'=1}^{k-1} \sum_{\substack{a_1,\ldots,a_n \geq 0 \\ 1 \leq |a| \leq k-k'}} \frac{1}{a!} \frac{\partial^{|a|}}{\partial \varphi^a} \mathcal{H}_{0k'}(\varphi, J') \sum_{k-k'}{}' \prod_{i=1}^{n} \prod_{j=1}^{a_i} \frac{\partial W_{k_{ij}}}{\partial J'_i}(\varphi, J'), \tag{10.64c}$$

si trova, per ogni $k = 1, \ldots, n$, l'equazione omologica

$$\left\langle \omega(J'), \frac{\partial W_k}{\partial \varphi}(\varphi, J') \right\rangle + X_k(\varphi, J') + Y_k(\varphi, J') + Z_k(\varphi, J') \\ = \mathcal{H}'_{0k}(\varphi, J') + S_k(\varphi, J'), \tag{10.65}$$

dove $Y_1(\varphi, J') = V(\varphi, J')$ e $X_1(\varphi, J') = Z_1(\varphi, J') = 0$. Rispetto al §9.2.2 (cfr. la (9.49), dove $N_k = X_k + Y_k$ e $Z_k = S_k = 0$), quello che cambia è che:

- $\mathcal{H}'_0(\varphi', J')$ in (10.63) dipende anche da φ', quindi innanzitutto si esprime φ' in termini di φ, scrivendo

$$\varphi' = \varphi + \sum_{k=1}^{k_0} \varepsilon^k \frac{\partial W_k}{\partial J'}(\varphi, J'), \tag{10.66}$$

si sviluppa poi la funzione $\mathcal{H}'_0(\varphi', J')$ in φ' intorno a φ, ottenendo

$$\begin{aligned}\mathcal{H}'_0(\varphi', J') &= \mathcal{H}_0(J') + \sum_{k'=1}^{k_0} \varepsilon^{k'} \\ &\quad \sum_{a_1,\ldots,a_n \geq 0} \frac{1}{a!} \frac{\partial^{|a|}}{\partial \varphi^a} \mathcal{H}'_{0k'}(\varphi, J') \prod_{i=1}^{n} \left(\sum_{k_i=1}^{k_0} \frac{\partial W_{k_i}}{\partial J'_i}(\varphi, J') \right) \\ &= \mathcal{H}_0(J') + \sum_{k'=1}^{k_0} \varepsilon^{k'} \mathcal{H}'_{0k'}(\varphi, J') \\ &\quad + \sum_{k'=1}^{k_0-1} \varepsilon^{k'} \sum_{\substack{a_1,\ldots,a_n \geq 0 \\ |a| \geq 1}} \frac{1}{a!} \frac{\partial^{|a|}}{\partial \varphi^a} \mathcal{H}'_{0k'}(\varphi, J') \prod_{i=1}^{n} \left(\sum_{k_i=1}^{k_0} \frac{\partial W_{k_i}}{\partial J'_i}(\varphi, J') \right),\end{aligned}$$

  e infine si denota con $Z_k(\varphi, J')$, a meno del segno, il contributo di ordine k in ε dovuto all'ultima riga, i.e. oltre a $\mathcal{H}'_{0k}(\varphi, J')$;
- $S_k(\varphi, J')$ raccoglie i contributi di $X_k(\varphi, J') + Y_k(\varphi, J') + Z_k(\varphi, J')$, che risulta più comodo includere nella parte $V_1(\varphi', J', \varepsilon)$ della nuova hamiltoniana (cfr. la (10.68) più avanti).

Osservazione 10.25 Nelle (10.64) si ha $k_{ij} \leq k_0$ $\forall i = 1, \ldots, n$ e $j = 1, \ldots, a_i$.

L'equazione (10.65) si risolve iterativamente, dal momento che le funzioni $X_k(\varphi, J')$, $Y_k(\varphi, J')$ e $Z_k(\varphi, J')$ e $\mathcal{H}'_k(\varphi, J')$ dipendono solo dalle funzioni $W_{k'}(\varphi, J')$ e $\mathcal{H}_{0k'}(\varphi, J')$ con $k' < k$. All'ordine k, se definiamo

$$\begin{aligned}Q_k(\varphi, J') &:= X_k(\varphi, J') + Y_k(\varphi, J') + Z_k(\varphi, J') \\ &= \sum_{\nu \in \mathbb{Z}^n} e^{i\langle \varphi, \nu \rangle} Q_{k\nu}(J')\end{aligned} \tag{10.67}$$

e scriviamo $Q_k(\varphi, J') = Q_k^{\leq N}(\varphi, J') + Q_k^{>N}(\varphi, J')$, dove

$$Q_k^{\leq N}(\varphi, J') = \sum_{\substack{\nu \in \mathbb{Z}^n \\ |\nu| \leq N}} e^{i\langle \varphi, \nu \rangle} Q_{k\nu}(J'), \quad Q_k^{>N}(\varphi, J') = \sum_{\substack{\nu \in \mathbb{Z}^n \\ |\nu| > N}} e^{i\langle \varphi, \nu \rangle} Q_{k\nu}(J'),$$

fissiamo allora le funzioni $\mathcal{H}'_{0k}(\varphi, J')$ e $S_k(\varphi, J')$ richiedendo

$$\mathcal{H}'_{0k}(\varphi, J') := \Pi_{\mathcal{N}}\, Q_k^{\le N}(\varphi, J'), \qquad S_k(\varphi, J') := Q_k^{>N}(\varphi, J'), \tag{10.68}$$

mentre $W_k(\varphi, J')$ si determina risolvendo l'equazione

$$\left\langle \omega(J'), \frac{\partial W_k}{\partial \varphi}(\varphi, J') \right\rangle + (\mathbb{1} - \Pi_{\mathcal{N}}) Q_k^{\le N}(\varphi, J') = 0. \tag{10.69}$$

Prima di far questo, tuttavia, dobbiamo introdurre qualche ulteriore definizione. Siano σ ed η costanti positive tali che

$$4\sigma + 2\eta < 1. \tag{10.70}$$

Fissiamo C_0 tale che $E_0 C_0 \le 1$, definiamo

$$\rho_* := \frac{\varepsilon^\sigma}{M_0 C_0} \tag{10.71}$$

e, dato $k_0 \in \mathbb{N}$, poniamo

$$\rho_k = \rho_*(1 - k\delta), \qquad \xi_k = \xi - k\delta, \qquad k = 0, 1, \dots, k_0,$$

per δ e k_0 tali che $1 - k_0\delta \ge c$ e $\xi - k_0\delta \ge c\xi$, con $c > 0$; per esempio si può fissare $c = 1/2$. Infine, definiamo l'insieme

$$\mathfrak{U}_0(\mathcal{N}) := \left\{ J \in \mathcal{B}_\rho : |\langle \omega_0(J), \nu\rangle| \ge \frac{2\varepsilon^\sigma}{C_0}|\nu| \quad \forall \nu \in \mathbb{Z}^n_N \setminus \mathcal{N} \right\}, \tag{10.72}$$

e, per $k = 0, 1, \dots, k_0$, introduciamo i domini

$$D_k^* := \mathcal{D}(\rho_k, \xi_k, \mathfrak{U}_0(\mathcal{N})), \tag{10.73a}$$

$$\bar{D}_k^* := \mathcal{D}(\rho_k + \rho_*\delta/2, \xi_k + \delta/2, \mathfrak{U}_0(\mathcal{N})), \tag{10.73b}$$

$$B_k^* := \{ J \in \mathbb{C}^n : d(J, \mathfrak{U}_0(\mathcal{N})) \le \rho_k \}, \tag{10.73c}$$

con $\mathcal{D}(\rho, \xi, \mathcal{A})$ definito in accordo con la (10.58), e le seminorme

$$\| f \|_k^* := \max_{(\varphi, J) \in D_k^*} \left(\left| \frac{\partial f}{\partial J} \right| + \frac{1}{\rho_k} \left| \frac{\partial f}{\partial \varphi} \right| \right).$$

Osservazione 10.26 Se fissiamo le costanti λ_k e μ_k come nella definizione 10.21, e definiamo $C_0 := 1/\mu_0$ e $\sigma := \sigma_0$, otteniamo $\lambda_k = \mu_k \varepsilon^{\sigma_k} \ge \mu_0 \varepsilon^\sigma = \varepsilon^\sigma / C_0$ per ogni $k = 0, \dots, n$, così che, se $J \in \mathfrak{U}(\mathcal{N})$ (cfr. la (10.60)), si ha, per ogni $\nu \in \mathbb{Z}^n_N \setminus \mathcal{N}$,

$$|\langle \omega_0(J), \nu\rangle| \ge 2\lambda_r |\nu| \ge \frac{2\varepsilon^\sigma}{C_0}|\nu|,$$

e quindi $J \in \mathfrak{U}_0(\mathcal{N})$. Questo mostra che $\mathfrak{U}(\mathcal{N}) \subset \mathfrak{U}_0(\mathcal{N})$ per ogni insieme $\mathcal{N}$.

Lemma 10.27 *Si consideri l'hamiltoniana* (10.57)*, analitica nel dominio D_0, con i parametri E_0, M_0 ed η_0 definiti in* (10.59)*. Siano $\delta > 0$ e $k_0 \in \mathbb{N}$ tali che $k_0\delta \le 1/2$. Per ε sufficientemente piccolo, a ogni ordine $k \le k_0$ le equazioni* (10.68) *e* (10.69) *ammettono soluzioni $\mathcal{H}'_{0k}$ e W_k, rispettivamente, tali che*

$$\|W_k\|_k^* \le A_0 B^k k! \delta^{-\beta_0 k}, \qquad \max_{(\varphi,J')\in D_k^*} |\mathcal{H}'_{0k}| \le \rho\, E_0 A_1 B^{k-1} k! \delta^{-\beta_0 k}, \tag{10.74}$$

con $\beta_0 = 2(n+1)$ e

$$A_0 = c_0 \delta^{\beta_0 - n}, \qquad A_1 = c_1 \delta^{\beta_0 - n + 1}, \qquad B = \rho\big(C_0^2 E_0 M_0\big)\varepsilon^{-2\sigma},$$

dove le costanti c_0 e c_1 dipendendono da n, ma non dagli altri parametri.

Dimostrazione Si procede per induzione. Per $k = 1$ si ha (cfr. la (10.57) per le notazioni)

$$\mathcal{H}_{01}(\varphi, J') = \Pi_{\mathcal{N}}\, V(\varphi, J') = \sum_{\nu\in\mathcal{N}} \mathrm{e}^{i\langle\nu,\varphi\rangle} V_\nu(J'),$$

$$\left\langle \omega(J'), \frac{\partial W_1}{\partial\varphi}(\varphi, J')\right\rangle = -(\mathbb{1} - \Pi_{\mathcal{N}})V(\varphi, J') = -\sum_{\nu\in\mathbb{Z}_N^n\setminus\mathcal{N}} \mathrm{e}^{i\langle\nu,\varphi\rangle} V_\nu(J').$$

Dalla prima equazione si ottiene (cfr. l'esercizio 10.29)

$$|\mathcal{H}'_{01}| \le b_1 \rho\, E_0 \delta^{-n+1}, \tag{10.75}$$

per qualche costante b_1, mentre la seconda equazione si risolve ragionando come nel §9.2 (cfr. in particolare la (9.34)) tenendo condo che, per ogni $\nu \in \mathbb{Z}_N^n \setminus \mathcal{N}$, si ha $|\langle\omega_0(J), \nu\rangle| \ge 2\varepsilon^\sigma |\nu|/C_0$ per ogni $J \in \mathfrak{U}_0(\mathcal{N})$ e quindi $|\langle\omega_0(J'), \nu\rangle| \ge \varepsilon^\sigma|\nu|/C_0$ per ogni $J' \in B_0^*$ (cfr. l'esercizio 10.30): si trova, per un'opportuna costante b_2 (cfr. l'esercizio 10.31)

$$\max_{(\varphi,J')\in \bar{D}_1^*} |W_1(\varphi, J')| \le b_2 \rho\, E_0 C_0 \varepsilon^{-\sigma} \delta^{-n+1}, \tag{10.76}$$

da cui si ricava immediatamente (cfr. di nuovo l'esercizio 10.31)

$$\|W_1\|_1^* \le b_3 \rho\, \rho_*^{-1} E_0 C_0 \varepsilon^{-\sigma} \delta^{-n},$$

per un'opportuna costante b_3. Le (10.74) sono allora soddisfatte per $k = 1$ purché si scelgano le costanti A_0, A_1 e B in modo che si abbia

$$b_3 \rho\, \rho_*^{-1} E_0 C_0 \varepsilon^{-\sigma} \delta^{-n} \le A_0 B \delta^{-\beta_0}, \tag{10.77a}$$

$$b_1 \delta^{-n+1} \le A_1 \delta^{-\beta_0}. \tag{10.77b}$$

Assumendo induttivamente le stime (10.72) per $k' \leq k$, si trova (cfr. l'esercizio 10.32)

$$\max_{(\varphi,J')\in D_k^*} |X_{k+1}| \leq b_0 \rho_*^2 \rho^{-1} E_0 A_0^2 B^{k+1} (k+1)! \delta^{-\beta_0(k+1)-1}, \tag{10.78a}$$

$$\max_{(\varphi,J')\in D_k^*} |Y_{k+1}| \leq b_0 \rho_* E_0 A_0 B^k k! \delta^{-\beta_0 k}, \tag{10.78b}$$

$$\max_{(\varphi,J')\in D_k^*} |Z_{k+1}| \leq b_0 \rho\, E_0 A_0 A_1 B^k (k+1)! \delta^{-\beta_0(k+1)-1}, \tag{10.78c}$$

per qualche costante b_0, purché si abbia $2A_0/\delta \leq 1/2$, così che possiamo stimare

$$\max_{(\varphi,J')\in D_k^*} \left| Q_{k+1}(\varphi, J') \right| \leq \Gamma_0 \rho E_0 A_0 B^k (k+1)! \delta^{-\beta_0(k+1)-1},$$

dove

$$\Gamma_0 := 3b_0 \max\left\{ A_0 B \left(\frac{\rho_*}{\rho}\right)^2, \delta^{\beta_0+1}\left(\frac{\rho_*}{\rho}\right), A_1 \right\}. \tag{10.79}$$

Le equazioni

$$\mathcal{H}_{0,k+1}(\varphi, J') := \Pi_{\mathcal{N}}\, Q_{k+1}^{\leq N}(\varphi, J'),$$
$$\left\langle \omega(J'), \frac{\partial W_{k+1}}{\partial \varphi}(\varphi, J') \right\rangle + (\mathbb{1} - \Pi_{\mathcal{N}}) Q_{k+1}^{\leq N}(\varphi, J') = 0$$

si risolvono allora ragionando come nel caso $k = 1$. Notando che

$$\left| Q_{k+1,\nu}(J') \right| \leq \max_{(\varphi,J')\in D_k^*} \left| Q_{k+1}(\varphi, J') \right| \mathrm{e}^{-\xi_k |\nu|} \tag{10.80}$$

e ragionando come per la (10.76), si trova

$$\max_{(\varphi,J')\in \bar{D}_{k+1}^*} |W_{k+1}(\varphi, J')| \leq b_2 C_0 \varepsilon^{-\sigma} \Gamma_0 \rho\, E_0 A_0 B^k (k+1)! \delta^{-\beta_0(k+1)-1} \delta^{-n+1}$$

e quindi

$$\| W_{k+1} \|_{k+1}^* \leq b_3 C_0 \varepsilon^{-\sigma} \Gamma_0 \rho\, \rho_*^{-1} E_0 A_0 B^k (k+1)! \delta^{-\beta_0(k+1)-1-n},$$

e in modo analogo, si trova, utilizzando di nuovo la (10.80) e ragionando come per la (10.75),

$$\begin{aligned} \max_{(\varphi,J')\in \bar{D}_{k+1}^*} |\mathcal{H}_{0,k+1}'(\varphi, J')| &\leq b_1 \Gamma_0 \rho E_0 A_0 B^k (k+1)! \delta^{-\beta_0(k+1)-1-n+1} \\ &\leq b_1 \Gamma_0 \rho E_0 A_0 B^k (k+1)! \delta^{-\beta_0(k+1)-n}, \end{aligned}$$

dove le costanti b_1, b_2 e b_3 sono le stesse della discussione precedente.

In conclusione le (10.74) seguono per $k+1$ purché siano soddisfatte le ulteriori condizioni

$$b_3 C_0 \varepsilon^{-\sigma} \Gamma_0 \rho \rho_*^{-1} E_0 \delta^{-n-1} \leq B, \tag{10.81a}$$

$$b_1 \Gamma_0 A_0 \delta^{-n} \leq A_1 B, \tag{10.81b}$$

oltre alle (10.77). Se assumiamo che in (10.79) il massimo sia $3b_0 A_0 B(\rho_*/\rho)^2$ (cfr. l'osservazione 10.28 più avanti) e teniamo conto dell'espressione esplicita (10.71) di ρ_*, le condizioni (10.77) e (10.81) diventano

$$b_3 \big(\rho E_0 M_0 C_0^2\big) A_1 \varepsilon^{-2\sigma} \delta^{-n} \leq A_0 B \delta^{-\beta_0}, \tag{10.82a}$$

$$b_1 \delta^{-n+1} \leq A_1 \delta^{-\beta_0}, \tag{10.82b}$$

$$3b_3 b_0 \big(E_0 \rho^{-1} M_0^{-1}\big) A_0 \delta^{-n-1} \leq 1, \tag{10.82c}$$

$$3b_1 b_0 (\rho M_0 C_0)^{-2} \varepsilon^{2\sigma} A_0^2 \delta^{-n} \leq A_1. \tag{10.82d}$$

La condizione (10.82b) è soddisfatta se $A_1 = c_1 \delta^{\beta_0 - n + 1}$, con $c_1 \geq b_1$; inserendo tale valore nella (10.82a), si trova $A_0 B = c_2 (\rho E_0 M_0 C_0^2) \varepsilon^{-2\sigma} \delta^{\beta_0 - n}$, con $c_2 \geq c_1 b_3$. Se si fissa $\beta_0 = 2n + 2$, in modo che si abbia $A_1 = c_1 \delta^{n+3}$, con $c_1 = b_1$, e si definisce $A_0 = c_0 \delta^{n+2}$, con $c_0 = b_1 b_3$, si ottiene allora $B = (\rho E_0 M_0 C_0^2) \varepsilon^{-2\sigma}$. Si vede immediatamente che, in corrispondenza di tali valori, le restanti equazioni (10.82c) e (10.82d) sono entrambe soddisfatte, per ε e δ piccoli abbastanza. □

Osservazione 10.28 I valori delle costanti A_0, A_1 e B – sempre nell'ipotesi che ε e δ siano sufficientemente piccoli – sono consistenti sia con la condizione $2A_0/\delta \leq 1/2$, che garantisce la validità delle (10.78), sia con le assunzioni sul massimo in (10.79); infatti si ha $A_0 B (\rho_*/\rho)^2 = c_0 (E_0/\rho M_0) \delta^{n+2}$, mentre risulta $\delta^{\beta_0+1} \rho_*/\rho = \varepsilon^{\sigma} \delta^{2n+3}/(\rho M_0 C_0)$ e $A_1 = c_1 \delta^{n+3}$, che sono più piccoli per ε sufficientemente piccolo.

Osservazione 10.29 La dimostrazione del lemma 10.27 fornisce una stima esplicita del valore massimo di ε per cui vale il risultato. Infatti le costanti b_1, b_2 e b_3 che compaiono nella discussione si possono calcolare esplicitamente (cfr. gli esercizi 10.29, 10.31 e 10.32), e le costanti c_0 e c_1 si possono esprimere in termini di b_1, b_2 e b_3. Si devono allora scegliere ε e δ in modo che si abbia

$$\max\left\{c_1 \delta, \frac{\varepsilon^{\sigma} \delta^{n+1}}{\rho M_0 C_0}\right\} \leq \frac{b_1 b_3 E_0 C_0}{\rho M_0}, \qquad b_1 b_2 \delta^{n+1} \leq \frac{1}{4},$$

$$\frac{3b_0 b_1 b_3 E_0 \delta}{\rho M_0} \leq 1, \qquad \frac{3b_0 b_1^2 b_3^2 \varepsilon^{2\sigma} \delta}{\rho M_0 C_0} \leq 1,$$

da cui segue in particolare che $\Gamma_0 = 3b_0 A_0 B (\rho_*/\rho)^2$ in (10.79). Vedremo che δ andrà fissato in termini di ε (cfr. l'osservazione 10.31), quindi alla fine dovremo richiedere semplicemente che ε sia abbastanza piccolo.

Lemma 10.30 *Sia W la funzione generatrice* (10.62a), *dove le funzioni W_k risolvono le equazioni* (10.65) *per $k = 1, \dots, k_0$. Siano ε e δ tali che $k_0\delta \le 2$, $A_0 \le \delta/4$ e $k_0 B\delta^{-\beta_0}\varepsilon \le 1/2$. Si ha allora*

$$\|W\|^*_{k_0} \le 2A_0 B k_0 \delta^{-\beta_0}\varepsilon,$$

dove le costanti β_0, A_0 e B sono definite nel lemma 10.27.

Dimostrazione Per costruzione, i domini D^*_k soddisfano le relazioni di inclusione $D^*_k \subset D^*_{k-1}$ per $k = 1, \dots, k_0$. Il risultato segue dalla (10.62a), utilizzando le stime (10.71) e notando che $k! \le k_0^k$ per $k \le k_0$. □

Osservazione 10.31 Se si fissa $\gamma := \eta/(\beta_0 + 1)$ e si sceglie $\delta = \varepsilon^\gamma$, poiché si ha per costruzione $k_0 \le 1/2\delta$, si trova $k_0 \le \varepsilon^{-\gamma}/2$, così che, tenendo conto dei valori delle costanti A_0, B e β_0 nel lemma 10.27, si ottiene

$$k_0 B\delta^{-\beta_0}\varepsilon \le \frac{1}{2}\big(\rho C_0^2 E_0 M_0\big)\varepsilon^{1-2\sigma-\eta},$$

così che le ipotesi del lemma 10.30 sono soddisfatte se vale la (10.70) ed ε è abbastanza piccolo.

Definiamo il dominio

$$D' := \mathcal{D}(\rho', \xi', \mathfrak{U}_0(\mathcal{N})), \qquad \rho' := \frac{\rho_*}{8}, \qquad \xi' := \frac{\xi}{8}, \tag{10.83}$$

dove l'insieme $\mathfrak{U}_0(\mathcal{N})$ è dato dalla (10.72), mentre la notazione $\mathcal{D}(\rho, \xi, \mathcal{A})$ usata per il dominio è, al solito, definita nella (10.58).

Lemma 10.32 *Sia $\mathcal{H}'_0(\varphi', J', \varepsilon)$ l'hamiltoniana* (10.62b), *dove le funzioni $\mathcal{H}'_{0k}(\varphi, J')$ risolvono le equazioni* (10.68) *per $k = 1, \dots, k_0$, e sia*

$$\varepsilon V_\varepsilon(\varphi', J') := \mathcal{H}'_0(\varphi', J', \varepsilon) - \mathcal{H}_0(J').$$

Siano ε e δ tali che $k_0\delta \le 1/4$, $k_0 B\delta^{-\beta_0}\varepsilon \le 1/2$ e $A_0 \le \delta/4$, dove β_0, A_0 e B sono come nel lemma 10.27. Si ha

$$\max_{(\varphi', J') \in D'} |V_\varepsilon(\varphi', J')| \le 2\rho E_0 A_1 k_0 \delta^{-\beta_0},$$

dove la costante A_1 è anch'essa definita nel lemma 10.27. Inoltre, per opportune costanti b_5 ed E_1, si ha

$$|V_\varepsilon(\varphi'_1, J'_1) - V_\varepsilon(\varphi'_2, J'_2)| \le E_1\big(b_5\rho + |J'_1 - J'_2|\big),$$

per ogni coppia di valori (φ'_1, J'_1) e (φ'_2, J'_2) entrambi in D'. Le costanti b_5 ed E_1 si possono prendere tali che

$$b_5 := 2\pi\sqrt{n}\,\xi^{-1}, \qquad E_1 := 4b_1\sqrt{n}\xi^{-n+1}E_0,$$

dove b_1 è la costante che appare nella (10.75).

Dimostrazione Per costruzione si ha $D' \subset D^*_{k_0}$. Per ogni $(\varphi, J') \in D^*_{k_0}$, la stima

$$\max_{(\varphi,J')\in D^*_{k_0}} |V_\varepsilon(\varphi, J')| \le \sum_{k=1}^{k_0} \varepsilon^{k-1} |\mathcal{H}'_{0k}(\varphi, J')| \le 2\rho\, E_0 A_1 k_0 \delta^{-\beta_0} \tag{10.84}$$

segue dalla (10.74). Poiché la variabile φ' è legata alla variabile φ dalla (10.67), per $(\varphi, J') \in D^*_{k_0}$ si ha, in virtù del lemma 10.30 e dell'ipotesi su ε e δ,

$$|\varphi' - \varphi| \le \sum_{k=1}^{k_0} \varepsilon^k \left| \frac{\partial W_k}{\partial J'}(\varphi, J') \right| \le \|W\|^*_{k_0} \le 2A_0 B k_0 \delta^{-\beta_0} \varepsilon \le A_0, \tag{10.85}$$

ovvero $|\varphi' - \varphi| \le \delta/4 \le \xi/4$; se $(\varphi', J') \in D'$ e φ' è dato dalla (10.67), si ha $(\varphi, J') \in D^*_{k_0}$. Di conseguenza trova

$$\max_{(\varphi',J')\in D'} |V_\varepsilon(\varphi', J')| \le \max_{(\varphi,J')\in D_{k_0}} |V_\varepsilon(\varphi, J')|,$$

così che la prima stima del lemma segue dalla (10.84).

Inoltre si ha

$$\begin{aligned}
|V_\varepsilon(\varphi'_1, J'_1) - V_\varepsilon(\varphi'_2, J'_2)| &\le |\mathcal{H}'_{01}(\varphi'_1, J'_1) - \mathcal{H}'_{01}(\varphi'_2, J'_2)| \\
&\quad + \sum_{k=2}^{k_0} \varepsilon^{k-1} |\mathcal{H}'_{0k}(\varphi'_1, J'_1) - \mathcal{H}'_{0k}(\varphi'_2, J'_2)| \\
&\le |\mathcal{H}'_{01}(\varphi'_1, J'_1) - \mathcal{H}'_{01}(\varphi'_2, J'_1)| + |\mathcal{H}'_{01}(\varphi'_2, J'_1) - \mathcal{H}'_{01}(\varphi'_2, J'_2)| \\
&\quad + \sum_{k=2}^{k_0} \varepsilon^{k-1} \big(|\mathcal{H}'_{0k}(\varphi'_1, J'_1)| + |\mathcal{H}'_{0k}(\varphi'_2, J'_2)| \big) \\
&\le \max_{(\varphi',J')\in D_0} \left| \frac{\partial \mathcal{H}'_{01}}{\partial \varphi'} \right| |\varphi'_1 - \varphi'_2| + \max_{(\varphi',J')\in D_0} \left| \frac{\partial \mathcal{H}'_{01}}{\partial J'} \right| |J'_1 - J'_2| \\
&\quad + 2\rho E_0 A_1 \sum_{k=2}^{k_0} \varepsilon^{k-1} B^{k-1} k! \delta^{-\beta_0 k},
\end{aligned}$$

dove (cfr. la (10.74) e l'esercizio 10.33)

$$\max_{(\varphi',J')\in D'} \left| \frac{\partial \mathcal{H}'_{01}}{\partial \varphi'} \right| \le 2b_1 \sqrt{n} \rho E_0 \xi^{-n}, \qquad \max_{(\varphi',J')\in D'} \left| \frac{\partial \mathcal{H}'_{01}}{\partial J'} \right| \le 2b_1 \sqrt{n} E_0 \xi^{-n+1},$$

da cui segue la seconda stima notando che $|\varphi'_1 - \varphi'_2| \le 2\pi\sqrt{n}$ e tenendo conto dei termini di ordine $k \ge 2$ semplicemente moltiplicando per 2 le stime dei contributi di ordine 1. □

Lemma 10.33 *Sia* $\mathcal{H}'(\varphi', J') = \mathcal{H}'_0(J', \varphi', \varepsilon) + \mathcal{R}_\varepsilon(J', \varphi')$ *l'hamiltoniana* (10.57) *espressa nelle variabili* (φ', J')*, dove* $\mathcal{H}'_0(J', \varphi', \varepsilon)$ *è data dalla* (10.62b)*, e siano* ε *e* δ *tali che* $k_0\delta \le 4$*,* $2k_0 B\delta^{-\beta_0}\varepsilon \le 1/2$ *e* $A_0 \le \delta/4$*. Si ha*

$$\mathcal{R}_\varepsilon(J', \varphi') = V_1(J', \varphi', \varepsilon) + V_2(J', \varphi', \varepsilon),$$

dove (cfr. la (10.68)*)*

$$V_1(J', \varphi', \varepsilon) := \sum_{k=1}^{k_0} \varepsilon^k Q_k^{>N}(\varphi, J') = \sum_{k=1}^{k_0} \varepsilon^k S_k(\varphi, J'),$$

$$V_2(J', \varphi', \varepsilon) := \sum_{k=k_0+1}^{\infty} \varepsilon^k Q_k(\varphi, J'),$$

ed esiste una costante positiva b_4 *tale che valgono le stime*

$$\max_{(\varphi', J') \in D'} |V_1(\varphi', J', \varepsilon)| \le b_4 \Gamma_0 \xi^{-n+1} \rho E_0 A_0 k_0 \varepsilon\, \delta^{-\beta_0 - 2} \mathrm{e}^{-\xi N/8},$$

$$\max_{(\varphi', J') \in D'} |V_2(\varphi', J', \varepsilon)| \le 2^{n+3} \rho E_0 \big(\varepsilon\, B k_0 \delta^{-\beta_0}\big)^{k_0+1}.$$

Dimostrazione Introducendo le le (10.68) e (10.69) nella (10.63), si ottiene

$$\mathcal{R}_\varepsilon(J', \varphi') := \mathcal{H}_0\left(J' + \frac{\partial W}{\partial \varphi}\right) + \varepsilon V\left(\varphi, J' + \frac{\partial W}{\partial \varphi}\right) - \mathcal{H}'_0(J', \varphi', \varepsilon)$$

$$= \left[\mathcal{H}\left(J' + \frac{\partial W}{\partial \varphi}\right) - \mathcal{H}_0(J') - \sum_{k=1}^{k} \varepsilon^k \left(\left\langle \omega(J'), \frac{\partial W_k}{\partial \varphi}(\varphi, J')\right\rangle + Q_k^{\le N}(\varphi, J')\right)\right]$$

$$+ \left[\sum_{k=1}^{\infty} \varepsilon^k \left(\left\langle \omega(J'), \frac{\partial W_k}{\partial \varphi}(\varphi, J')\right\rangle + (\mathbb{1} - \Pi_{\mathcal{N}}) Q_k^{\le N}(\varphi, J')\right)\right]$$

$$+ \left[\sum_{k=1}^{\infty} \varepsilon^k \left(\Pi_{\mathcal{N}}\, Q_k^{\le N}(\varphi, J') - \mathcal{H}'_{0k}(\varphi, J')\right)\right]$$

$$= \mathcal{H}\left(J' + \frac{\partial W}{\partial \varphi}\right) - \mathcal{H}_0(J') - \sum_{k=1}^{k} \varepsilon^k \left(\left\langle \omega(J'), \frac{\partial W_k}{\partial \varphi}(\varphi, J')\right\rangle + Q_k^{\le N}(\varphi, J')\right)$$

$$= \sum_{k=1}^{k_0} \varepsilon^k Q_k^{>N}(\varphi, J') + \sum_{k=k_0+1}^{\infty} \varepsilon^k Q_k(\varphi, J'),$$

che dimostra la prima parte dell'asserto.

Ragionando come nella dimostrazione del lemma 10.27, si trova (cfr. l'esercizio 10.34), per $k = 1, \ldots, k_0$,

$$\|Q_k\|_k^* \le \Gamma_0 \rho \rho_*^{-1} E_0 A_0 B^{k-1} k! \delta^{-\beta_0 k - 2}. \qquad (10.86)$$

I coefficienti di Fourier della funzione Q_k soddisfano la stima

$$\begin{aligned} |Q_{k\nu}| &\le \frac{1}{|\nu|}\sqrt{n}|i\,\nu\, Q_{k\nu}| \\ &\le \frac{1}{|\nu|}\sqrt{n}\max_{(\varphi,J')\in D_k}\left|\frac{\partial Q_k}{\partial\varphi}(\varphi,J')\right|\mathrm{e}^{-\xi_k|\nu|} \le \frac{1}{|\nu|}\sqrt{n}\rho_*\|Q_k\|_k^*\mathrm{e}^{-\xi_k|\nu|}, \end{aligned}$$

da cui si ottiene, per qualche costante positiva b_4,

$$\begin{aligned} \max_{(\varphi',J')\in D'}\left|Q_k^{>N}(\varphi',J')\right| &\le \sqrt{n}\rho_*\|Q_k\|_k^*\sum_{\substack{\nu\in\mathbb{Z}^n\\|\nu|>N}}\mathrm{e}^{\xi'\nu}\frac{1}{|\nu|}\mathrm{e}^{-\xi_k|\nu|} \\ &\le b_4\rho_*\xi^{-n+1}\|Q_k\|_k^*\mathrm{e}^{-\xi N/8}, \end{aligned}$$

dove si è utilizzato il fatto che $\xi_{k_0} > \xi/2 > 4\xi'$ e $|\Im\varphi'| \le \xi/2$ se $|\Im\varphi| \le \xi'$ (cfr. la dimostrazione del lemma 10.32) e si tenuto conto dell'esercizio 9.9; se A è la costante ivi definita, si può scegliere $b_4 = A$. Ne segue che

$$\begin{aligned} |V_1(\varphi',J',\varepsilon)| &\le \sum_{k=1}^{k_0}\varepsilon^k\max_{(\varphi',J')\in D'}\left|Q_k^{>N}(\varphi',J')\right| \\ &\le b_4\rho_*\xi^{-n+1}\mathrm{e}^{-\xi N/8}\sum_{k=1}^{\infty}\varepsilon^k\|Q_k\|_k^*, \end{aligned}$$

che insieme alla (10.86) dimostra la prima stima.

Per $k \ge k_0+1$, la funzione $Q_k(\varphi,J')$ è ancora della forma (10.67), dove le funzioni $X_k(\varphi,J')$, $Y_k(\varphi,J')$ e $Z_k(\varphi,J')$ sono date dalle (10.64) e quindi si possono stimare allo stesso modo utilizzando esplicitamente il fatto che $k_{ij} \le k_0$ (cfr. l'osservazione 10.25). Utilizzando le stime (10.74), si trova, per $k \ge k_0+1$ (cfr. l'esercizio 10.35),

$$|X_k(\varphi',J')| \le 2^{n-1}\rho\|\mathcal{H}_0\|_0\sum_{p=2}^{\infty}\Big(\frac{2A_0\rho_*}{\rho}\Big)^p\big(2Bk_0\delta^{-\beta_0}\big)^k, \tag{10.87a}$$

$$|Y_k(\varphi',J')| \le 2^{n-1}\rho\|V_0\|_0\sum_{p=1}^{\infty}\Big(\frac{2A_0\rho_*}{\rho}\Big)^p\big(2Bk_0\delta^{-\beta_0}\big)^{k-1}, \tag{10.87b}$$

$$|Z_k(\varphi',J')| \le 2^n\rho E_0A_1\sum_{p=1}^{\infty}(2A_0)^pB^{-1}\big(2Bk_0\delta^{-\beta_0}\big)^k, \tag{10.87c}$$

dove si sono usate le stime di Cauchy

$$\frac{1}{a!}\left|\frac{\partial^{|a|}}{\partial J^a}\mathcal{H}_0(\varphi',J')\right| \le \frac{\|\mathcal{H}_0\|_0}{(\rho/2)^{|a|-1}}, \qquad \frac{1}{a!}\left|\frac{\partial^{|a|}}{\partial J^a}V(\varphi',J')\right| \le \frac{\|V\|_0}{(\rho/2)^{|a|-1}},$$

$$\frac{1}{a!}\left|\frac{\partial^{|a|}}{\partial\varphi'^a}\mathcal{H}'_{0k}(\varphi',J')\right| \le \frac{1}{(\rho_*/2)^{|a|}}\max_{(\varphi,J')\in D^*_{k'}}|\mathcal{H}'_{0k}(\varphi,J')|, \quad k=1,\dots,k_0,$$

e di nuovo il fatto che $(\varphi', J') \in D_{k_0}$ per $(\varphi, J') \in D'$. Poiché $2A_0 \leq 1/2$, si ha

$$\max_{(\varphi',J')\in D'} |V_2(\varphi', J', \varepsilon)| \leq \sum_{k=k_0+1}^{k_0} \varepsilon^k \max_{(\varphi',J')\in D'} |Q_k(\varphi', J', \varepsilon)|$$
$$\leq 2^{n+2}\rho E_0 \sum_{k=k_0+1}^{\infty} \left(\varepsilon\, B k_0 \delta^{-\beta_0}\right)^k,$$

da cui segue la seconda stima. □

Teorema 10.34 *Si consideri il sistema descritto dall'hamiltoniana* (10.57), *analitica nel dominio* (10.58) *e con* $\mathcal{H}_0(J)$ *che soddisfa la condizione di non degenerazione* (9.21). *Allora esiste* $\varepsilon_0 > 0$ *tale che per* $|\varepsilon| < \varepsilon_0$, *comunque si scelga un insieme* $\mathcal{N} = \mathcal{N}(\nu_1, \ldots, \nu_r)$, *esiste una trasformazione canonica* $C\colon (\varphi', J') \to (\varphi, J)$, *definita nel dominio* D' *dato dalla* (10.83), *tale che si ha* $C(D') \subset D_0$ *e, nelle nuove coordinate, l'hamiltoniana assume la forma*

$$\mathcal{H}'(\varphi', J') = \mathcal{H}_0(J') + \varepsilon\, V_\varepsilon(\varphi', J') + \mathcal{R}_\varepsilon(\varphi', J'),$$

dove le funzioni

$$V_\varepsilon(\varphi', J') = \sum_{\nu\in\mathcal{N}} \mathrm{e}^{i\langle\nu,\varphi'\rangle} V_{\varepsilon,\nu}(J')$$

e $R_\varepsilon(\varphi', J')$ *soddisfano le seguenti proprietà:*

1. $V_{0,\nu}(J') = V_\nu(J')$,
2. $|V_\varepsilon(\varphi', J')| \leq 2\rho\, E_0 A_1 k_0 \delta^{-\beta_0}\ \forall(\varphi', J') \in D'$,
3. $\left|V_\varepsilon(\varphi_1', J_1') - V_\varepsilon(\varphi_2', J_2')\right| \leq E_1\big(b_5\rho + |J_1' - J_2'|\big)\ \forall(\varphi_1', J_1'), (\varphi_2', J_2') \in D'$,
4. $|\mathcal{R}_\varepsilon(\varphi', J')| \leq R_0 \varepsilon^{1/2} \mathrm{e}^{-\xi'\varepsilon^{-b}}\ \forall(\varphi', J') \in D'$,

con $\delta = \varepsilon^\gamma$, $k_0\delta \leq 1/2$, $\gamma = b = 1/8n(n+1)$, *le costanti* A_1, E_1, β_0 *e* b_5 *definite nei lemmi 10.27 e 10.32, e* R_0 *un'opportuna costante positiva. Infine, scrivendo la trasformazione di coordinate nella forma*

$$\varphi = \varphi' + \varDelta'(\varphi', J'), \qquad J' = J + \varXi'(\varphi', J'),$$

si ha

$$\max_{(\varphi',J')\in D'} |\varDelta'(\varphi', J')| \leq R_1 \varepsilon^{1/8} \varepsilon^{1/2}, \tag{10.88a}$$
$$\max_{(\varphi',J')\in D'} |\varXi'(\varphi', J')| \leq R_2 \varepsilon^{1/4} \varepsilon^{1/2}, \tag{10.88b}$$

per opportune costanti positive R_1 *e* R_2.

Dimostrazione Le proprietà 1, 2 e 3 seguono dalla definizione (10.62b), dall'espressione esplicita di $\mathcal{H}_{01}$ (cfr. la dimostrazione del lemma 10.27) e dal lemma 10.32.

La proprietà 4 si ottiene ragionando come segue. Con le notazioni del lemma 10.33, si ha $R_\varepsilon(\varphi', J') = V_1(\varphi', J') + V_2(\varphi', J')$, dove, utilizzando i valori delle costanti A_0 e B nel lemma 10.27 e il fatto che sia $\Gamma_0 = 3b_0 A_0 B(\rho_*/\rho)^2$ (cfr. l'osservazione 10.29), si ha

$$
\begin{aligned}
|V_1(\varphi', J')| &\le 3b_0 b_4 \xi^{-n+1} \rho E_0 A_0^2 B \frac{\varepsilon^{2\sigma}}{\rho^2 M_0^2 C_0^2} k_0 \varepsilon\, \delta^{-\beta_0 - 2} \mathrm{e}^{-\xi N/8} \\
&\le \frac{3}{2} b_0 b_3 c_0^2 \xi^{-n+1} \frac{E_0}{M_0^2} \varepsilon^{1-\gamma} \mathrm{e}^{-\xi'/\varepsilon^\tau},
\end{aligned}
$$

e, analogamente, se poniamo $\eta = \gamma(\beta_0 + 1)$ e $\eta_0 = 2\sigma + \eta$,

$$
\begin{aligned}
|V_2(\varphi', J')| &\le 2^{n+3} \rho E_0 \big(\rho C_0^2 E_0 M_0 \varepsilon^{1-\eta_0}\big)^{k_0+1} \\
&\le 2^{n+3} \rho^2 E_0^2 C_0^2 M_0 \varepsilon^{1-\eta_0} \big(\rho C_0^2 E_0 M_0 \varepsilon^{1-\eta_0}\big)^{\varepsilon^{-\gamma}} \\
&\le 2^{n+3} \rho^2 E_0^2 C_0^2 M_0 \varepsilon^{1-\eta_0} \mathrm{e}^{-\varepsilon^{-\gamma} a_0(\varepsilon)}
\end{aligned}
$$

dove $a_0(\varepsilon) = \log(\rho\, C_0^2 E_0 M_0 \varepsilon^{1-\eta_0})^{-1}$. Se $2\sigma + \eta < 1$ ed ε è sufficientemente piccolo da soddisfare $a_0(\varepsilon) \ge \xi'$, si trova $|\mathcal{R}_\varepsilon(\varphi', J')| \le R(\varepsilon)\, \mathrm{e}^{-\xi' \varepsilon^{-b}}$, dove

$$
b := \min\{\tau, \gamma\}, \qquad R(\varepsilon) := \frac{3}{2} b_0 b_3 c_0^2 \xi^{-n+1} \frac{E_0}{M_0^2} \varepsilon^{1-\gamma} + 2^{n+3} \rho^2 E_0^2 C_0^2 M_0 \varepsilon^{1-\eta_0}.
$$

Scegliendo le costanti σ, η e τ tali che

$$
4\sigma + 2\eta < 1, \qquad \tau = \gamma = \frac{\eta}{\beta_0 + 1} = \frac{\eta}{2n+3},
$$

si ottiene $|\mathcal{R}_\varepsilon(\varphi', J')| \le R(1) \varepsilon^{1/2} \mathrm{e}^{-\xi' \varepsilon^{-b}}$, poiché $\eta_0 < 1/2$ e $\gamma \le 1/14 < 1/2$ (per $n \ge 2$). Da qui segue la proprietà 4, con $R_0 = R(1)$.

Si può fissare $\sigma \le 1/8$ e $\tau = \gamma = 1/(8n(n+1))$, che comporta (per $n \ge 2$)

$$
\eta = \frac{2n+3}{8n(n+1))} \le \frac{7}{48} < \frac{1}{4}, \qquad b = \frac{1}{8n(n+1)}.
$$

Infine, poiché $|\Delta'(\varphi', J')| \le |\varphi' - \varphi|$, la (10.85) implica

$$
\begin{aligned}
|\Delta'(\varphi', J')| &\le 2 A_0 B k_0 \delta^{-\beta_0} \varepsilon \le c_0(\rho\, C_0^2 E_0 M_0) \delta^{n+2-(\beta_0+1)} \varepsilon^{1-2\sigma} \\
&\le c_0(\rho\, C_0^2 E_0 M_0) \varepsilon^{\gamma(n+2)} \varepsilon^{1-2\sigma-\eta} \le c_0(\rho\, C_0^2 E_0 M_0) \varepsilon^{1/8} \varepsilon^{1-2\sigma-\eta},
\end{aligned}
$$

da cui segue la stima (10.88a), con $R_1 = c_0(\rho\, C_0^2 E_0 M_0)$. Analogamente si dimostra la (10.88b), notando che

$$
\begin{aligned}
|\Xi'(\varphi', J')| \le |J' - J| &\le \sum_{k=1}^{k_0} \varepsilon^k \left| \frac{\partial W_k}{\partial \varphi}(\varphi, J') \right|_{\rho_*} \|W\|_{k_0}^* \\
&\le 2\rho_* A_0 B k_0 \delta^{-\beta_0} \varepsilon \le c_0(\rho\, C_0 E_0) \varepsilon^{\gamma(n+2)} \varepsilon^{1-\sigma-\eta} \\
&\le c_0(\rho\, C_0 E_0) \varepsilon^{1/8} \varepsilon^{1-\sigma-\eta} \le c_0(\rho\, C_0 E_0) \varepsilon^{1/4} \varepsilon^{1/2},
\end{aligned}
$$

dove $\sigma + \eta \le 5/16$, da cui si deduce la (10.88b), con $R_2 = c_0 \rho C_0 E_0$. □

10.2.3 Aspetti geometrici

Vogliamo ora investigare le conseguenze dei risultati discussi nel §10.2.2 sul comportamento del sistema descritto dall'hamiltoniana (10.57), in particolare vogliamo far vedere che per avere variazioni apprezzabili delle azioni occorre aspettare tempi esponenzialmente grandi.

Fissiamo le costanti σ, τ e η come nel corso della dimostrazione del teorema 10.34, ponendo

$$
\sigma = \frac{1}{8}, \quad \tau = \frac{1}{8n(n+1)}, \quad \eta = \frac{2n+3}{8n(n+1)}, \tag{10.89}
$$

in modo che risulti (cfr. anche l'osservazione 10.31), per $n \ge 2$,

$$
\gamma = \frac{\eta}{3n+2} = \frac{1}{8n(n+1)}, \quad \tau \le \frac{1}{48}, \quad \eta < \frac{3}{16}, \quad 4\sigma + 2\eta < 1, \quad \sigma + \eta < \frac{5}{16}.
$$

Osservazione 10.35 Sia $\mathcal{V}(\nu_1, \dots, \nu_r)$ il volume del parallelepipedo generato dai vettori $\nu_1, \dots, \nu_r$ in $\mathbb{Z}_N^n$. Poiché i vettori hanno componenti intere e limitate da N, si ha $1 \le \mathcal{V}(\nu_1, \dots, \nu_r) \le N^r$.

Lemma 10.36 *Siano dati $N \in \mathbb{N}$, $\lambda \in \mathbb{R}_+$ e r vettori linearmente indipendenti $\nu_1, \dots, \nu_r$ in $\mathbb{Z}_N^n$. Allora, per qualsiasi vettore $w \in \mathbb{R}^n$ che sia una combinazione dei vettori $\nu_1, \dots, \nu_r$ e che verifichi la proprietà $|\langle w, \nu_k \rangle| \le \lambda |\nu_k|$ $\forall k = 1, \dots, r$, si ha $|w| \le r\, N^r \lambda$.*

Dimostrazione Dimostriamo per induzione su r che, con le notazioni dell'osservazione 10.35 e sotto le ipotesi del lemma, si ha

$$
|w|\, \mathcal{V}(\nu_1, \dots, \nu_r) \le r\, N^{r-1} \lambda \max\{|\nu_1|, \dots, |\nu_r|\},
$$

da cui la stima $|w| \le r\, N^r \lambda$ segue immediatamente.

Per $r = 1$ la stima è banalmente soddisfatta; infatti, si ha $\mathcal{V}(\nu_1) = |\nu_1|$ e, se $w = \beta\nu_1$ per qualche β, risulta, per ipotesi, $|\beta|\,|\nu_1|^2 = |\langle w, \nu_1\rangle| \le \lambda|\nu_1|$. Assumiamo ora che la stima valga per $r' < r$. Denotiamo con $\mathcal{E}$ lo spazio vettoriale generato dai vettori $\nu_1, \ldots, \nu_r$, con $\mathcal{E}'$ il sottospazio di $\mathcal{E}$ generato dai vettori $\nu_1, \ldots, \nu_{r-1}$, e con $\mathcal{E}''$ il sottospazio unidimensionale di $\mathcal{E}$ ortogonale a $\mathcal{E}'$. Scriviamo anche $w = w' + w''$ e $\nu_r = u' + u''$, dove $w', u' \in \mathcal{E}'$ e $w'', u'' \in \mathcal{E}''$; essendo $\mathcal{E}$ e $\mathcal{E}''$ ortogonali, si ha $\langle w, \nu_r\rangle = \langle w', u'\rangle + \langle w'', u''\rangle$, da cui segue che

$$|w''|\,|u''| = |\langle w'', \nu''\rangle| \le |\langle w, \nu_r\rangle| + |\langle w', u'\rangle| \le \lambda|\nu_r| + |w'|\,|u'|,$$

poiché, per ipotesi, $\langle w, \nu_r\rangle| \le \lambda|\nu_r|$.

Si noti anche che risulta $\mathcal{V}(\nu_1, \ldots, \nu_r) = \mathcal{V}(\nu_1, \ldots, \nu_{r-1})|u''|$. Si ha allora, per l'ipotesi induttiva,

$$\begin{aligned} |w'|\,\mathcal{V}(\nu_1, \ldots, \nu_r) &= |w'|\,\mathcal{V}(\nu_1, \ldots, \nu_{r-1})\,|u''| \\ &\le (r-1)\,N^{r-2}\lambda \max\{|\nu_1|, \ldots, |\nu_{r-1}|\}|u''|, \\ &\le (r-1)\,|u''|\,N^{r-2}\lambda \max\{|\nu_1|, \ldots, |\nu_r|\} \end{aligned}$$

e, similmente,

$$\begin{aligned} |w''|\,\mathcal{V}(\nu_1, \ldots, \nu_r) &= |w''|\,\mathcal{V}(\nu_1, \ldots, \nu_{r-1})\,|u''| \\ &\le \big(\lambda|\nu_r| + |w'|\,|u'|\big)\mathcal{V}(\nu_1, \ldots, \nu_{r-1}) \\ &\le \lambda\,N^{r-1}|\nu_r| + |u'|\,(r-1)\,N^{r-2}\lambda \max\{|\nu_1|, \ldots, |\nu_{r-1}|\} \\ &\le \big(N + |u'|\,(r-1)\big)N^{r-2}\lambda \max\{|\nu_1|, \ldots, |\nu_r|\}. \end{aligned}$$

Ne segue che

$$\begin{aligned} |w|\mathcal{V}(\nu_1, \ldots, \nu_r) &= \sqrt{|w'|^2 + |w''|^2}\,\mathcal{V}(\nu_1, \ldots, \nu_r) \\ &\le \sqrt{(r-1)^2|u''|^2 + (N + (r-1)|u'|)^2}\,N^{r-2}\lambda \max\{|\nu_1|, \ldots, |\nu_r|\} \\ &\le \sqrt{(r-1)^2|u|^2 + N^2 + 2(r-1)N|u'|}\,N^{r-2}\lambda \max\{|\nu_1|, \ldots, |\nu_r|\}, \\ &\le \sqrt{(r-1)^2N^2 + N^2 + 2(r-1)N^2}\,N^{r-2}\lambda \max\{|\nu_1|, \ldots, |\nu_r|\}, \end{aligned}$$

che implica la stima per r. □

Lemma 10.37 *Si consideri il sistema descritto dall'hamiltoniana* (10.57)*, analitica nel dominio D_0 e con $\mathcal{H}_0(J)$ che soddisfa la condizione di non degenerazione* (9.21)*. Si fissi un insieme $\mathcal{N} = \mathcal{N}(\nu_1, \ldots, \nu_r)$, con $r \in \{0, 1, \ldots, n\}$, e, per $N = \varepsilon^\tau$, si consideri la regione risonante $\Re(\mathcal{N})$, con gli spessori $\lambda_0, \ldots, \lambda_n$ fissati in accordo con la definizione 10.21. Sia $\mathfrak{U}(\mathcal{N})$ l'insieme definito in* (10.60)*. Si scelga un dato iniziale $(\varphi(0), J(0))$, con $J(0) \in \Re(\mathcal{N})$. Se per $|t| \le (4E_0)^{-1}\xi e^{\xi'\varepsilon^{-b}}$ l'azione $J(t)$ rimane in $\mathfrak{U}(\mathcal{N})$, allora, per tali t, si ha*

$$|J(t) - J(0)| \le 12n\,E_0\eta_0\,\varepsilon^{1/16}.$$

Dimostrazione Finché A rimane in $\mathfrak{U}(\mathcal{N})$ – e quindi in $\mathfrak{U}_0(\mathcal{N})$ (cfr. l'osservazione 10.26) – si può applicare il teorema 10.34 e passare alle variabili (φ', J'). Integrando le corrispondenti equazioni di Hamilton per le azioni, si ricava

$$J'(t) = J'(0) - \int_0^t \mathrm{d}s \left(\varepsilon \frac{\partial V_\varepsilon}{\partial \varphi'}(\varphi'(s), J'(s)) + \frac{\partial \mathcal{R}_\varepsilon}{\partial \varphi'}(\varphi'(s), J'(s)) \right),$$

dove, se $r \geq 1$, il vettore

$$\begin{aligned} J''(t) &:= J'(0) - \varepsilon \int_0^t \mathrm{d}s \, \frac{\partial V_\varepsilon}{\partial \varphi'}(\varphi'(s), J'(s)) \\ &= J'(0) - \varepsilon \sum_{\nu \in \mathcal{N}} i\nu \int_0^t \mathrm{d}s \, \mathrm{e}^{i\langle \nu, \varphi'(s)\rangle} V_{\varepsilon,\nu}(J'(s)) \end{aligned}$$

appartiene all'insieme

$$\Lambda = \Lambda(J'(0), \mathcal{N}) := \{ J \in \mathbb{R}^n : J - J'(0) \in \Pi(\nu_1, \dots, \nu_r) \},$$

i.e. all'insieme dei vettori applicati della forma $(J'(0), \nu)$, al variare di ν nell'insieme risonante $\mathcal{N}$. La distanza di $J'(t)$ da Λ è perciò misurata da

$$d(J'(t), \Lambda) \leq \left| \int_0^t \mathrm{d}s \, \frac{\partial \mathcal{R}_\varepsilon}{\partial \varphi'}(\varphi'(s), J'(s)) \right| \leq 8 R_0 \xi^{-1} \varepsilon^{1/2} \mathrm{e}^{-\xi' \varepsilon^{-b}} |t|, \tag{10.90}$$

dove si è utilizzata la stima del teorema 10.34 per $\mathcal{R}_\varepsilon$ e la stima per Cauchy per la sua derivata rispetto a φ, calcolata per valori reali dei suoi argomenti. Se invece $r = 0$, si ha $\partial V_\varepsilon / \partial \varphi' = 0$ e la (10.90) è sostituita da

$$|J'(t) - J'(0)| \leq 8 R_0 \xi^{-1} \varepsilon^{1/2} \mathrm{e}^{-\xi' \varepsilon^{-b}} |t|. \tag{10.91}$$

Torniamo al caso $r \geq 1$. Utilizzando la formula di Taylor con la forma di Lagrange per il resto (cfr. l'esercizio 1.9), si ottiene

$$\begin{aligned} \mathcal{H}_0(J'(t)) \mathcal{H}_0(J'(0)) &+ \Big\langle \omega_0(J'(0)), J'(t) - J'(0) \Big\rangle \\ &+ \frac{1}{2} \Big\langle J'(t) - J'(0), \frac{\partial^2 \mathcal{H}_0}{\partial J'^2}(J_*) \, (J'(t) - J'(0)) \Big\rangle, \end{aligned}$$

dove $J_* = J'(0) + t_* (J(t') - J'(0))$, per qualche $t_* \in [0, 1]$, e quindi, per la (10.59c),

$$\begin{aligned} &\frac{1}{2} m_0 |J'(t) - J'(0)|^2 \\ &\quad \leq |\mathcal{H}_0(J'(t)) - \mathcal{H}_0(J'(0))| + \langle \omega_0(J'(0)), J'(t) - J'(0) \rangle, \end{aligned} \tag{10.92}$$

dove $m_0 = 1/\eta_0$. Dalla conservazione dell'energia, in termini delle variabili (φ', J'), si trova

$$\begin{aligned} |\mathcal{H}_0(J'(t)) - \mathcal{H}_0(J'(0))| &\le \varepsilon |V_\varepsilon(\varphi'(t), J'(t)) - V_\varepsilon(\varphi'(0), J'(0))| \\ &\le |\mathcal{R}_\varepsilon(\varphi'(t), J'(t)) - \mathcal{R}_\varepsilon(\varphi'(0), J'(0))| \\ &\le E_1 \varepsilon \big(b_5 \rho + |J'(t) - J'(0)|\big) + 2R_0 \varepsilon^{1/2} \mathrm{e}^{-\xi' \varepsilon^{-b}}, \end{aligned} \tag{10.93}$$

dove si sono utilizzate le proprietà 3 e 4 del teorema 10.34.

Per ogni vettore $v \in \mathbb{R}^n$, scriviamo $v = v_\parallel + v_\perp$, dove $v_\parallel$ indica la proiezione di v sul piano generato da $\mathcal{N}$ e $v_\perp$ è la componente di v nella direzione ortogonale. Per semplificare le notazioni, poniamo $\omega := \omega_0(J'(0))$ e $A := J'(t) - J'(0)$. Si ha, tenendo conto che $J(0) \in \mathfrak{R}(\mathcal{N})$,

$$\begin{aligned} |\langle \omega, \nu_k \rangle| &= |\langle \omega_0(J(0)), \nu_k \rangle| + |\langle \omega_0(J'(0)) - \omega_0(J(0)), \nu_k \rangle| \\ &= \lambda_r |\nu_k| + M_0 |J'(0)) - J(0))| N \\ &\le \lambda_r |\nu_k| + M_0 \varepsilon^{-\tau} R_2 \varepsilon^{1/4} \varepsilon^{1/2} \le 2\lambda_r |\nu_k|, \end{aligned}$$

come segue dalla (10.59b), dalla (10.88b) e dal fatto che $\lambda_r = \mu_r \varepsilon^{\sigma_r} \ge \mu_0 \varepsilon^{\sigma_0}$ (cfr. la definizione 10.21). Per il lemma 10.37 concludiamo che si può stimare $|\omega_\parallel| \le 2rN^r \lambda_r$ e quindi $|\omega_\parallel| \le 2r\mu_r \varepsilon^{\sigma_r - \tau r}$. Si ottiene allora, utilizzando anche la (10.90),

$$\begin{aligned} |\langle \omega_0(J'(0)), J'(t) - J'(0) \rangle| = |\langle \omega, A \rangle| &= \big|\langle \omega_\parallel, A_\parallel \rangle\big| + |\langle \omega_\perp, A_\perp \rangle| \\ &\le |\omega_\parallel|\,|A_\parallel| + |\omega_\perp|\,|A_\perp| \\ &\le |\omega_\parallel|\,|A| + |\omega|\, d(J'(0), \Lambda) \\ &\le 2r\mu_r \varepsilon^{\sigma_r - \tau r} |A| + 8E_0 R_0 \xi^{-1} \varepsilon^{1/2} \mathrm{e}^{-\xi' \varepsilon^{-b}} |t|, \end{aligned}$$

che, inserita nella (10.92) insieme alla (10.93), dà

$$\frac{1}{2} m_0 x^2 \le (E_1 \varepsilon + 2r\mu_r \varepsilon^{\sigma_r - \tau r}) x + b_5 \rho E_1 \varepsilon + \big(2 + 8E_0 \xi^{-1} |t|\big) R_0 \varepsilon^{1/2} \mathrm{e}^{-\xi' \varepsilon^{-b}},$$

dove si è posto $m_0 = 1/\eta_0$ e $x := |A| = |J'(t) - J'(0)|$. La disequazione di secondo grado in x implica (cfr. l'esercizio 10.36)

$$\begin{aligned} x \le x(t) := &\frac{E_1 \varepsilon + 2r\mu_r \varepsilon^{\sigma_r - \tau r}}{m_0} \\ &\times \left(1 + \sqrt{1 + \frac{m_0 \big(b_5 \rho E_1 \varepsilon + 4(1 + 4E_0 \xi^{-1} |t|) R_0 \varepsilon^{1/2} \mathrm{e}^{-\xi' \varepsilon^{-b}}\big)}{(E_1 \varepsilon + 2r\mu_r \varepsilon^{\sigma_r - \tau r})^2}} \right). \end{aligned} \tag{10.94}$$

Fissando le costanti σ_r e τ in accordo con la definizione 10.21 e con la (10.89), si trova

$$\frac{1}{8} \geq \sigma_r - \tau r = \frac{1}{8}\left(1 - \frac{r(r-1)}{2n(n+1)} - \frac{r}{n(n+1)}\right)$$
$$\geq \frac{1}{8}\left(1 - \frac{r(r+1)}{2n(n+1)}\right) \geq \frac{1}{16}, \tag{10.95}$$

da cui si deduce che, se ε è sufficientemente piccolo, si ha (cfr. di nuovo l'esercizio 10.36)

$$|J'(t) - J'(0)| = |A| \leq (4r+1)\mu_r \eta_0 \varepsilon^{\sigma_r - \tau r} \tag{10.96}$$

fin tanto che $4E_0\xi^{-1}|t|e^{-\xi'\varepsilon^{-b}} \leq 1$. La stima trovata per $r \geq 1$ vale ovviamente anche per $r = 0$, come si realizza immediatamente non appena si confronti la (10.96) trovata con la (10.91) e si usi che $1/2 > \sigma_r - \tau r$ per la (10.95). D'altra parte, se $(\varphi, J) = C(\varphi', J')$ (cfr. il teorema 10.34 per le notazioni), si ha

$$|J' - J| \leq R_2 \varepsilon^{1/4} \varepsilon^{1/2} \quad \forall (\varphi', J') \in D',$$

per la seconda delle (10.88), così che si ottiene

$$\begin{aligned} |J(t) - J(0)| &\leq |J(t) - J'(t)| + |J'(t) - J'(0)| + |J(0) - J(0)| \\ &\leq (4r+1)\mu_r \eta_0 \varepsilon^{\sigma_r - \tau r} + 2R_2 \varepsilon^{1/4} \varepsilon^{1/2} \\ &\leq 2(2r+1)\mu_r \eta_0 \varepsilon^{\sigma_r - \tau r} \leq 12 n E_0 \eta_0 \varepsilon^{1/16}, \end{aligned}$$

per ε sufficientemente piccolo. Da qui segue l'asserto. □

Teorema 10.38 *Nelle stesse ipotesi del lemma 10.37, per ogni $t \in \mathbb{R}$ tale che $|t| \leq (4E_0)^{-1}\xi e^{\xi'\varepsilon^{-b}}$, l'azione $J(t)$ rimane all'interno dell'insieme $\mathfrak{U}(\mathcal{N})$ e, di conseguenza, soddisfa la stima del lemma 10.37.*

Dimostrazione Scelto un dato iniziale $(\varphi(0), J(0))$, con $J(0) \in \mathfrak{R}(\mathcal{N})$, perché l'azione $J(t)$ rimanga nell'insieme $\mathfrak{U}(\mathcal{N})$ per $t \in [0, T]$, occorre che si abbia

$$|\langle \omega_0(J(t)), \nu \rangle| \geq 2\lambda_r |\nu| \ \forall \nu \in \mathbb{Z}^n_N \setminus \mathcal{N} \text{ e } \forall t \in [0, T].$$

In virtù della definizione 10.21, si ha

$$|\langle \omega_0(J(0)), \nu \rangle| \geq \lambda_{r+1} |\nu| \quad \forall \nu \in \mathbb{Z}^n_N \setminus \mathcal{N},$$

così che, fin tanto che $J(t)$ si mantiene a una distanza inferiore a

$$D_r(\varepsilon) := 6(r+1)\mu_r \varepsilon^{\sigma_r - \tau}$$

da $J(0)$ (cfr. la (10.96), si ha

$$\begin{aligned}|\langle \omega_0(J(t)), \nu\rangle| &\geq |\langle \omega_0(J(0)), \nu\rangle| - |\langle \omega_0(J(t)) - \omega_0(J(0)), \nu\rangle| \\ &\geq \lambda_{r+1}|\nu| - M_0 D_r(\varepsilon)\,|\nu| \\ &\geq \mu_{r+1}\varepsilon^{\sigma_{r+1}}|\nu| - 6(r+1)\mu_r M_0\eta_0\varepsilon^{\sigma_r}|\nu| \\ &\geq \varepsilon^{\sigma_{r+1}}(\mu_{r+1} - 2(2r+1)\mu_r M_0\eta_0\varepsilon^{\sigma_r-\sigma_{r+1}})|\nu|.\end{aligned}$$

Con le definizioni date di σ_k e di τ (cfr. la (10.89) e la definizione 10.21) si ha

$$\sigma_r - \sigma_{r+1} = \frac{1}{8}\Big(-\frac{r(r-1)}{2n(n+1)} + \frac{r(r+1)}{2n(n+1)}\Big) = \frac{r}{8n(n+1)} = \tau r,$$

mentre

$$\begin{aligned}\mu_{r+1} &= E_0\Big(8nM_0\eta_0\Big)^{r+1-n} \\ &= 8nM_0\eta_0E_0\Big(8nM_0\eta_0\Big)^{r-n} > 8rM_0\eta_0\mu_r > 2(2r+1)M_0\eta_0\mu_r.\end{aligned}$$

La dimostrazione dell'asserto si ottiene allora ragionando per assurdo. Fissiamo $T := (2E_0)^{-1}\xi e^{\xi'\varepsilon^{-b}}$, e definiamo

$$t_* := \inf\{t \in \mathbb{R}_+ : |J(t) - J(0)| > D_r(\varepsilon)\}.$$

Per costruzione $t_* > 0$. Inoltre, si deve avere $|J(t_*) - J(0)| = D_r(\varepsilon)$, per continuità, e, per definizione di estremo inferiore, risulta $|J(t) - J(0)| \leq D_r(\varepsilon)$ per ogni $t \in [0, t_*]$. Ne segue che per ogni $t \in [0, t_*]$ l'azione $J(t)$ rimane in $\mathfrak{U}_0(\mathcal{N})$ e, ragionando come nella dimostrazione del lemma 10.37, si trova che vale la diseguaglianza $|J'(t) - J'(0)| \leq x(t)$, dove $x(t)$ è la funzione definita nella (10.94). D'altra parte tale funzione è strettamente crescente in $|t|$, così che si ha $|J(t_*) - J(0)| \leq x(t_*) < x(T)$ e quindi $|J(t_*) - J(0)| < D_r(\varepsilon)$ (cfr. l'esercizio 10.37). Questo porta a una contraddizione, da cui segue si deve avere $t_* \geq T$. Analogamente si discute il caso $t < 0$ (cfr. l'esercizio 10.38) e si esclude che si possa avere $t_* \in (-T, 0]$. □

10.2.4 Conclusioni e relazione con il teorema KAM

A titolo illustrativo analizziamo i risultati appena discussi in un caso in cui si possano visualizzare facilmente. Sfortunatamente, il caso $n = 2$ non è significativo, in quanto banale. Infatti, poiché l'energia si conserva, se lo spazio delle fasi ha dimensione 4, i.e. se $n = 2$, il moto avviene su una sua superficie di livello che ha dimensione 3. Ciascun toro invariante ha dimensione 2 e divide la superficie di livello in due insiemi sconnessi (cfr. l'osservazione 10.4, in cui si evidenzia che i tori sono descritti rappresentando le azioni come grafici nelle variabili angolari).

Figura 10.4 Intersezione $\mathcal{A}$ di $\Re(\mathcal{N})$, per $\mathcal{N} = \mathcal{N}(\nu_1, \nu_2)$, con $\Pi(\nu_1, \nu_2)$

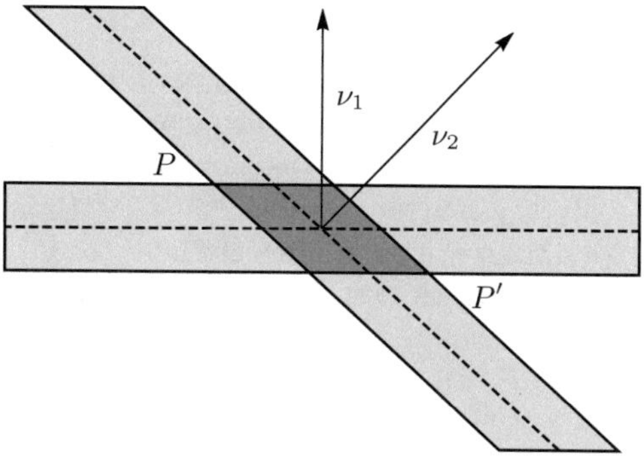

Ne segue che i moti che partano in una lacuna tra due tori invarianti rimangono intrappolati tra i due tori per sempre, e, dal momento che le lacune hanno ampiezza di ordine $\sqrt{\varepsilon}$ (cfr. l'osservazione 10.5), le azioni non possono variare più di ordine $\sqrt{\varepsilon}$ per tempi infiniti: si parla allora di *confinamento* o *intrappolamento* delle azioni.

Lo scenario cambia radicalmente per $n = 3$, dove non si ha più il confinamento delle azioni. Si consideri una regione risonante $\mathcal{N} = \mathcal{N}(\nu_1, \nu_2)$, dove ν_1 e ν_2 sono due vettori linearmente indipendenti in $\mathbb{Z}^3_N$, dove $N = \varepsilon^{-\tau}$. L'intersezione della regione risonante $\Re(\mathcal{N})$ con il piano $\Pi = \Pi(\nu_1, \nu_2)$ determina un insieme limitato $\mathcal{A}$ (cfr. la regione grigio scuro nella figura 10.4). L'angolo tra i due vettori ν_1 e ν_2 è, nel peggiore dei casi, di ordine $1/N^2$ (cfr. l'esercizio 10.39), quindi il diametro della regione $\mathcal{A}$, i.e. la distanza massima tra due punti di $\mathcal{A}$, è di ordine ε^β, con $\beta = \sigma_2 - 2\tau$ (cfr. l'esercizio 10.40): la regione risonante $\Re(\mathcal{N})$ è illimitata in direzione ortogonale al piano generato dai vettori ν_1 e ν_2, mentre la sua intersezione con il piano ha diametro piccolo per ε piccolo.

Se partiamo da un dato iniziale all'interno di $\Re(\mathcal{N})$, per studiarne l'evoluzione possiamo portare l'hamiltoniana nella forma del teorema 10.38. Fino a tempi minori, in valore assoluto, di $T := (2E_0)^{-1}\xi e^{\xi'\varepsilon^{-b}}$, il contributo dovuto alla correzione $\mathcal{R}_\varepsilon(\varphi', J')$ è trascurabile e le equazioni di Hamilton si possono approssimare con

$$\dot{\varphi}' = \omega_0(J') + \varepsilon \frac{\partial V_\varepsilon}{\partial J'}(\varphi', J'), \qquad \dot{J}' = -\varepsilon \frac{\partial V_\varepsilon}{\partial \varphi'}(\varphi', J'),$$

dove $\partial V_\varepsilon / \partial \varphi'$ è per costruzione una combinazione lineare di vettori in $\mathcal{N}$.

Di conseguenza, se $|t| < T$, le azioni si muovono parallelamente al piano Π; in altre parole solo le loro componenti lungo il piano Π variano effettivamente. Fin tanto che le azioni rimangono all'interno della regione $\Re(\mathcal{N})$, *a fortiori* esse variano poco perché il diametro di $\mathcal{A}$ è di ordine $O(\varepsilon^\beta)$. Se rimangono in $\Re(\mathcal{N})$ fino al tempo T, allora la loro variazione totale è al massimo $O(\varepsilon^\beta)$; se invece escono fuori dalla regione risonante in un tempo t tale che $|t| < T$, allora devono entrare in un'altra regione risonante.

Si hanno, in principio, più possibilità.

- Le azioni non possono entrare in un'altra regione risonante con $r = 2$, della forma $\mathfrak{R}(\mathcal{N}')$, a meno che non si abbia $\mathcal{N}' = \mathcal{N}$; infatti se $J \in \mathfrak{R}(\mathcal{N})$, si ha $|\langle \omega_0(J), \nu \rangle| > \lambda_3 |\nu|$ per ogni $\nu \notin \mathcal{N}$ e quindi le regioni risonanti $\mathfrak{R}(\mathcal{N})$ e $\mathfrak{R}(\mathcal{N}')$ sono sconnesse se $\mathcal{N}' \neq \mathcal{N}$. Se invece $\mathcal{N}' = \mathcal{N}$, le azioni continuano a rimanere in un insieme che interseca il piano Π in un insieme di diametro di ordine ε^{β}, per lo stesso argomento usato precedentemente.
- Se le azioni entrano nella regione risonante con $r = 0$, dove vale la stima $|\langle \omega_0(J), \nu \rangle| > \lambda_1 |\nu|$ $\forall \nu \in \mathbb{Z}^3_N$, si ha $\mathcal{N} = \emptyset$ e la corrispondente hamiltoniana non dipende da φ': le azioni da questo momento in poi non variano più (sempre a meno di correzioni esponenzialmente piccole).
- Se le azioni entrano in una regione risonante $\mathfrak{R}(\mathcal{N}'')$ con $r = 1$, dove $\mathcal{N}'' = \mathcal{N}(\nu_3)$ per qualche $\nu_3 \in \mathbb{Z}^3_N$, allora esse si muovono all'interno di $\mathfrak{R}(\mathcal{N}')$ in direzione di ν_3, sempre per il teorema 10.38. In tal caso $\mathfrak{R}(\mathcal{N}'')$ è un intorno tubolare del piano ortogonale a ν_3, di spessore $\lambda_1 = O(\varepsilon^{\sigma_1})$. Perciò, fin tanto che le azioni rimangono all'interno di $\mathfrak{R}(\mathcal{N}'')$ si muovono non più di $O(\varepsilon^{\sigma_1})$. Se escono, devono entrare in un'altra regione risonante: non possono entrare tuttavia in altre regioni risonanti né con $r = 1$ né con $r = 2$: infatti, se $J \in \mathfrak{R}(\mathcal{N}'')$, si ha $|\langle \omega_0(J), \nu \rangle| > \lambda_2 |\nu|$ per ogni ν che non sia diretto lungo ν_3, mentre se le azioni entrassero in un'altra regione risonante con $r = 1, 2$ si dovrebbe avere $|\langle \omega_0(J), \nu \rangle| < \lambda_1 |\nu|$ (se $r = 1$) o anche solo $|\langle \omega_0(J), \nu \rangle| < \lambda_2 |\nu|$ (se $r = 2$) per almeno un vettore ν non parallelo a ν_3. L'unica possibilità è che le azioni entrino nella regione risonante con $r = 0$, ma in tal caso, ragionando di nuovo come prima, concludiamo che da questo momento in poi esse non variano più.

L'argomento sopra si può estendere al caso $n \geq 4$, per quanto la discussione divenga più involuta e i disegni siano meno intellegibili. La conclusione è che, benché in linea di principio le azioni possano variare di una quantità arbitraria (non appena i dati iniziali non appartengano ad alcun toro invariante), di fatto questo non può accadere prima che sia trascorso un tempo molto lungo. Infatti, fino a tempi esponenziali in una potenza di $1/\varepsilon$, le variazioni rimangono proporzionali a una potenza di ε, e, se alla fine una variazione di ordine 1 si verifica, questo richiede tempi ben più lunghi di quelli per cui si applica il teorema di Nechorošev.

Una domanda naturale è se il teorema di Nechorošev – al di là del valore esatto delle costanti in gioco – sia ottimale, nel senso che oltre tempi esponenziali si perde il controllo della variazione delle azioni, o se invece il risultato sia migliorabile, nel senso che non esistono in assoluto tempi oltre i quali le azioni possano manifestare variazioni apprezzabili, i.e. di ordine 1. La risposta a tale domanda è che le azioni possono realmente subire variazioni di ordine 1 in tempi finiti: il fenomeno è noto come *diffusione di Arnol'd*. Una volta dimostrato che variazioni di ordine 1 sono possibili, il problema diventa quello di fornire stime ottimali sui tempi necessari per assistere a tali variazioni; lo studio della diffusione di Arnol'd ha generato una vastissima letteratura al riguardo e costituisce tuttora un attivo campo di ricerca, sia dal punto di vista teorico che numerico (cfr. la nota bibliografica).

10.3 Convergenza delle serie di Lindstedt

Il teorema KAM afferma che, in un sistema hamiltoniano quasi-integrabile, sotto opportune ipotesi di non degenerazione dell'hamiltoniana imperturbata, i tori con frequenze diofantee persistono, leggermente deformati ma ancora analitici, purché la perturbazione sia sufficientemente piccola. Questo implica l'esistenza di soluzioni della forma (9.75), analitiche in $\psi = \varphi_0 + \omega_0 t$. Ovviamente, dal fatto che esistano soluzioni quasiperiodiche non segue direttamente la convergenza delle serie di Lindstedt, dal momento che questo presuppone che le funzioni h e H dipendano analiticamente anche dal parametro perturbativo ε, oltre che dalla variabile ψ.

Vogliamo ora far vedere che uno studio più accurato della rappresentazione grafica delle serie di Lindstedt descritta nel §9.5 permette di dimostrarne effettivamente la convergenza.

10.3.1 Analisi multiscala

Modifichiamo per prima cosa gli alberi introdotti nel §9.5 associando un'ulteriore etichetta ai rami nel modo seguente. Sia $\chi : \mathbb{R} \to [0, 1]$ una funzione C^∞ a supporto compatto tale che (cfr. la figura 10.5) si abbia

$$\chi(x) = \begin{cases} 0, & |x| \geq 2, \\ 1, & |x| \leq 1, \end{cases} \tag{10.97}$$

e $[\partial/\partial x]\chi(x) \leq 0$ per $x \geq 0$; si può costruire esplicitamente una funzione che abbia tali proprietà (cfr. l'esercizio 10.41).

Definiamo anche (cfr. la figura 10.6)

$$\chi_n(x) := \chi(2^{n-1}x) - \chi(2^n x), \qquad n \geq 1, \qquad \chi_0(x) = 1 - \chi(x). \tag{10.98}$$

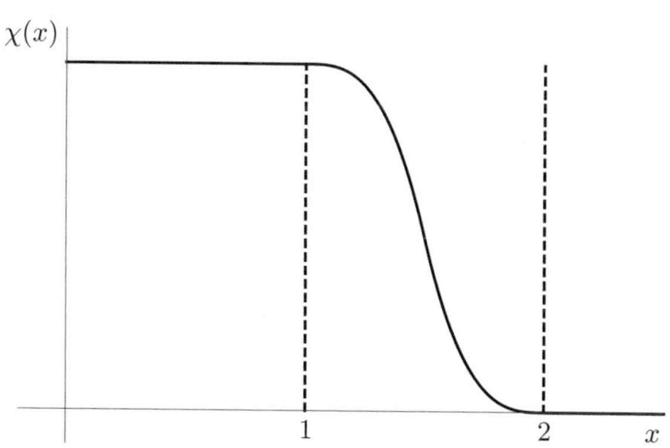

Figura 10.5 Una possibile funzione $\chi(x)$ per $x \geq 0$

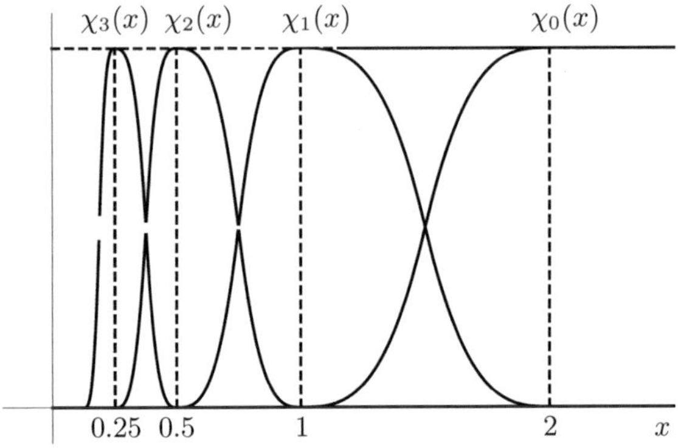

Figura 10.6 Le funzioni $\chi_n(x)$ per $x \geq 0$ per $n = 0, 1, 2, 3$

Si vede facilmente, a partire dalla definizione, che per ogni $x \neq 0$ le funzioni $\{\chi_n\}$ realizzano una *partizione dell'unità* (cfr. l'esercizio 10.42):

$$\sum_{n=0}^{\infty} \chi_n(x) = 1. \tag{10.99}$$

Osservazione 10.39 Per ogni $x \neq 0$ si ha $\chi_n(x) \neq 0$ al più solo per due valori successivi dell'indice n (cfr. di nuovo l'esercizio 10.42).

Assumiamo che il vettore ω_0 soddisfi la condizione diofantea (9.18), con $\tau > n - 1$, per qualche costante $\gamma > 0$ e definiamo $\bar{\omega}_0 := \omega_0/\gamma$, così che

$$|\langle \bar{\omega}_0, \nu \rangle| > \frac{1}{|\nu|^{\tau}} \qquad \forall \nu \in \mathbb{Z}^n \setminus \{0\}. \tag{10.100}$$

Dato un albero θ, sia g_ℓ il propagatore di un ramo $\ell \in L(\theta)$. Se $\nu_\ell \neq 0$, scriviamo

$$\frac{1}{\langle i\omega_0, \nu_\ell \rangle^{R_\ell}} = \sum_{n=0}^{\infty} \frac{\chi_n(\langle \bar{\omega}_0, \nu_\ell \rangle)}{\langle i\omega_0, \nu_\ell \rangle^{R_\ell}}.$$

Associamo allora a ogni ramo ℓ con $\nu_\ell \neq 0$ una nuova etichetta $n_\ell \in \mathbb{N}$, che chiamiamo *scala*, e cambiamo la definizione del propagatore ponendo

$$g_\ell = \gamma^{-R_\ell} \bar{g}_\ell, \qquad \bar{g}_\ell = \bar{g}_\ell^{(n_\ell)}(\langle \bar{\omega}_0, \nu_\ell \rangle) := \frac{\chi_{n_\ell}(\langle \bar{\omega}_0, \nu_\ell \rangle)}{\langle i\bar{\omega}_0, \nu_\ell \rangle^{R_\ell}}. \tag{10.101}$$

Assegniamo una scala anche ai rami ℓ con $\nu_\ell = 0$ ponendo $n_\ell = -1$.

Continuiamo a indicare con $\mathcal{T}_{k,\nu,\zeta}$ l'insieme di tutti gli alberi etichettati non equivalenti di ordine k tali che $\nu_{\ell_0} = \nu$ e $\zeta^1_{\ell_0} = \zeta$, se ℓ_0 è il ramo della radice, ma, da questo momento in poi, includiamo tra le etichette le scale dei rami. In virtù della proprietà (10.99), i coefficienti delle serie di Lindstedt sono ancora rappresentati come nel lemma 9.53, con l'unica differenza che ora la somma sugli alberi comporta anche la somma sulle scale dei rami. Il fatto che, per ogni ramo ℓ, la scala n_ℓ assuma infiniti valori non costituisce un problema, dal momento che, per ogni fissato valore del momento ν_ℓ, solo per due valori di n_ℓ il propagatore g_ℓ non è nullo (cfr. l'osservazione 10.39).

Osservazione 10.40 Se $\mathrm{Val}(\theta) \neq 0$ e un ramo $\ell \in L(\theta)$ ha momento $\nu_\ell \neq 0$ e scala $n_\ell = n$, allora $g_\ell \neq 0$ implica necessariamente

$$\begin{aligned} 2^{(n-2)R_\ell} \leq |\bar{g}_\ell| &\leq 2^{nR_\ell}, \quad && n \geq 1, \\ |\bar{g}_\ell| &\geq 1, && n = 0, \end{aligned}$$

poiché la condizione $\chi_n(\langle i\bar{\omega}_0, \nu_\ell\rangle) \neq 0$ comporta $2^{-n} \leq |\langle \bar{\omega}_0, \nu_\ell\rangle| \leq 2^{-n+2}$ se $n \geq 1$ e $|\langle \bar{\omega}_0, \nu_\ell\rangle| \geq 1$ se $n = 0$.

Per costruzione si ha $0 \leq \chi(x) \leq 1 \ \forall x \in \mathbb{R}$. Definiamo

$$K_1 := \max_{x\in\mathbb{R}} \left| \frac{\partial}{\partial x}\chi(x) \right|, \qquad K_2 := \max_{x\in\mathbb{R}} \left| \frac{\partial^2}{\partial x^2}\chi(x) \right|, \tag{10.102}$$

e poniamo $K := \max\{1, K_1, K_2\}$. Si noti che, poiché la funzione χ ha supporto compatto, i massimi in (10.102) esistono. Si ha allora

$$\left| \frac{\partial^p}{\partial x^p} \bar{g}_\ell^{(n)}(x) \right| \leq K_0^p |x|^{-R_\ell - p} \chi_n(x) \leq K_0^p 2^{n(R_\ell + p)}, \qquad p = 0, 1, 2, \tag{10.103}$$

per un'opportuna costante $K_0 \geq 2$ dipendente da K (cfr. l'esercizio 10.43).

Definizione 10.41 (Ammasso) *Dato un albero θ, si definisce* ammasso *su scala n un sottoinsieme connesso massimale T di θ costituito da nodi e rami che li uniscono tali che le scale dei rami sono tutte minori o uguali a n e almeno una di esse è uguale a n.*

L'assegnazione delle scale ai rami di un albero individua un insieme di ammassi tra cui sussiste una relazione di inclusione (cfr. la figura 10.7 per un esempio).

Dato un ammasso T in un albero θ, indichiamo con $V(T)$ e $L(T)$ gli insiemi dei nodi e dei rami di θ, rispettivamente, contenuti in T. I rami $\ell \in L(T)$ sono chiamati i *rami interni* di T, mentre si chiamano *rami esterni* di T i rami $\ell \in L(\theta)$ che connettono un nodo $v \in V(T)$ a un nodo $w \notin V(T)$. Diciamo che un ramo esterno di T entra in T (ovvero è un *ramo entrante* in T) se il ramo è orientato verso il nodo che appartiene a $V(T)$ e che esce da T (ovvero è un *ramo uscente* da T) in caso contrario. Per costruzione un ammasso ha al più un ramo esterno uscente; più precisamente non ha rami esterni uscenti se contiene il ramo della radice e ne ha esattamente uno altrimenti. Per esempio, nella figura 10.7, l'ammasso su scala più grande (9 in questo caso) è l'intero albero e non ha quindi rami esterni; l'ammasso

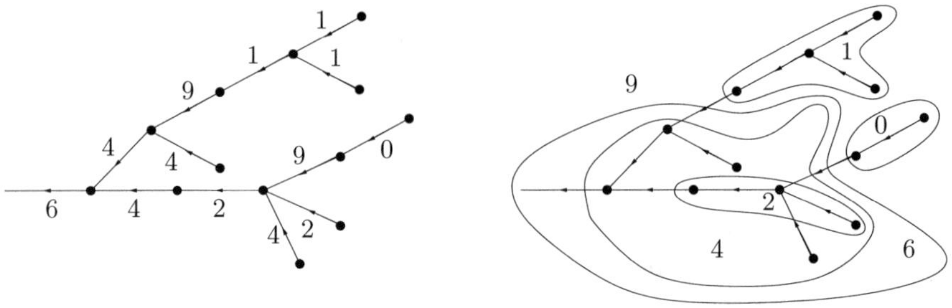

Figura 10.7 Esempio di albero con scale e ammassi corrispondenti

su scala 4 ha un ramo uscente e due rami entranti; l'ammasso su scala 6 ha due rami entranti e nessun ramo uscente; l'ammasso su scala 1 ha un ramo uscente e nessun ramo entrante; l'ammasso su scala 0 ha un ramo uscente e nessun ramo entrante; infine l'ammasso su scala 2 ha due rami entranti e un ramo uscente.

Osservazione 10.42 Per costruzione, i rami uscenti da un ammasso T su scala n hanno scale maggiori strettamente di n; altrimenti T non sarebbe un insieme connesso massimale di nodi e rami che li connettono su scala $\leq n$. Infatti, se un ramo esterno ℓ di T avesse scala $n_\ell < n$, basterebbe aggiungere ℓ a $L(T)$ e l'estremo di ℓ non contenuto in T a $V(T)$ per costruire un insieme $T' \supset T$ più grande con le stesse proprietà.

Introduciamo qualche altra notazione. Per $n \geq 0$, indichiamo con $N_n(\theta)$ il numero di rami $\ell \in L(\theta)$ con scala n, con $N_n^p(\theta)$ il numero di rami $\ell \in L(\theta)$ con $n_\ell = n$ e $R_\ell = p$. Analogamente, dato un ammasso T, denotiamo con $N_n(T)$ il numero di rami $\ell \in L(T)$ con $n_\ell = n$ e con $N_n^p(T)$ il numero di rami $\ell \in L(T)$ con $n_\ell = n$ e $R_\ell = p$. Infine poniamo

$$M(\theta) := \sum_{v \in V(\theta)} |\nu_v|, \qquad M(T) := \sum_{v \in V(T)} |\nu_v|,$$

Sia T un ammasso che abbia un ramo uscente ℓ_T^1 e un solo ramo entrante ℓ_T^2. Se v_1 è il nodo da cui esce il ramo ℓ_T^1 e v_2 è in nodo in cui entra il ramo ℓ_T^2, seguendo le notazioni introdotte all'inizio del §9.5.1, indichiamo con $\mathcal{P}_T := \mathcal{P}(v_1, v_2)$ il cammino che connette i due nodi v_1 e v_2. Diciamo in tal caso anche che $\mathcal{P}_T$ connette i due rami esterni di T.

Definizione 10.43 (Risonanza) *Definiamo* risonanza *(o* ammasso risonante*) un ammasso T tale che*

1. *T ha un ramo uscente ℓ_T^1 e un solo ramo entrante ℓ_T^2,*
2. *ℓ_T^1 ed ℓ_T^2 hanno lo stesso momento (i.e. $\nu_{\ell_T^1} = \nu_{\ell_T^2}$),*
3. *si ha $\nu_\ell \neq \nu_{\ell_T^2}$ $\forall \ell \in L(\mathcal{P}_T)$,*
4. *$M(T) \leq 2^{(n_T - 4)/\tau}$, dove $n_T = \min\{n_{\ell_T^1}, n_{\ell_T^2}\}$ e τ è l'esponente diofanteo di ω_0.*

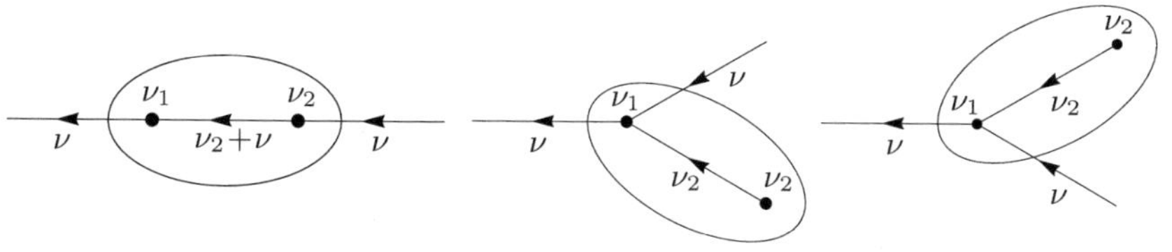

Figura 10.8 Risonanze di grado 2: i modi ν_1 e ν_2 sono tali che $\nu_1 + \nu_2 = 0$

Chiamiamo ℓ_T^1 *il* ramo risonante *di* T, n_T *la* scala risonante *di* T *e* $\mathcal{P}_T$ *il* cammino risonante *di* T.

Data una risonanza T, indichiamo con $d(T)$ e $k(T)$ il numero dei nodi contenuti in T e la somma degli ordini dei nodi in T, rispettivamente; in formule, si ha

$$d(T) = |V(T)|, \qquad k(T) = \sum_{v \in V(T)} k_v.$$

Chiamiamo $d(T)$ e $k(T)$ il *grado* e l'*ordine* della risonanza, rispettivamente.

Si noti che, data una risonanza T, si ha $n_T \geq n_\ell + 1$ $\forall \ell \in L(T)$, per la definizione 10.41 di ammasso. Per qualche esempio di risonanza di grado 2 si veda la figura 10.8, dove la scala del ramo $\ell \in L(T)$ è più piccola della scala dei rami esterni.

Osservazione 10.44 Il motivo per cui introduciamo la nozione di risonanza è che è proprio la presenza delle risonanze a provocare l'accumularsi di piccoli divisori. Si pensi infatti all'esempio discusso nell'osservazione 9.67. Indichiamo con n_0 e n le scale dei rami con momento ν_0 e ν, rispettivamente; in linea di principio ogni ramo può avere due possibili scale, ma possiamo supporre per semplicità che la scala sia la stessa per tutti i rami che abbiano lo stesso momento. Poiché $|\langle \omega_0, \nu_0 \rangle| \gg |\langle \omega_0, \nu \rangle|$, si ha $n_0 \ll n$. Quindi l'albero θ della figura 9.17, una volta che abbiamo assegnato le scale ai rami, ha p risonanze che hanno scala n_0 (come ammassi) e scala risonante n (cfr. la figura 10.9).

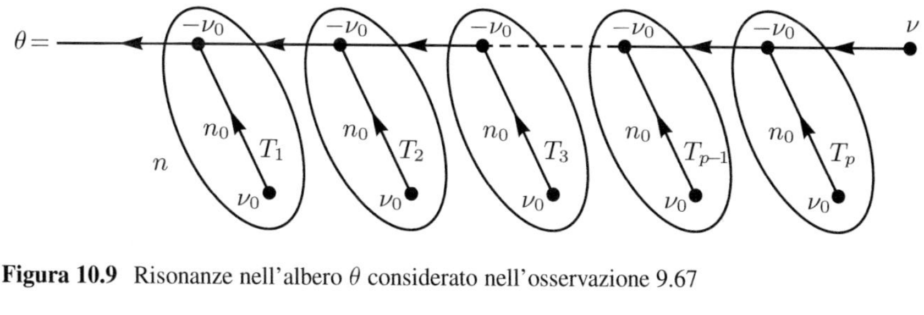

Figura 10.9 Risonanze nell'albero θ considerato nell'osservazione 9.67

Osservazione 10.45 La condizione 3 nella definizione 10.43 evita di contare troppe volte un ramo risonante. Si consideri di nuovo l'esempio dell'osservazione 9.67 e si immagini che i rami esterni delle p risonanze su scala n_0 abbiano alternativamente scale n e $n+1$, entrambe compatibili con il momento ν (i.e. tali che $\chi_n(\langle\bar{\omega}_0,\nu\rangle)\neq 0$ e $\chi_{n+1}(\langle\bar{\omega}_0,\nu\rangle)\neq 0$); per esempio il ramo uscente da T_1 ha scala $n+1$, il ramo uscenta da T_2 ha scala n, il ramo uscente da T_3 ha scala $n+1$, e così via. Senza la condizione 3 anche l'insieme costituito da T_1, T_2 e dal ramo $\ell^2_{T_1}=\ell^1_{T_2}$ (i.e. dal ramo che esce da T_2 ed entra in T_1) costituirebbe una risonanza T' su scala n e con rami esterni $\ell^1_{T_1}$ e $\ell^2_{T_2}$. Ne seguirebbe in particolare che il ramo $\ell^1_{T_1}$ sarebbe il ramo uscente di due risonanze: T_1 e T' (analoghe considerazioni varrebbero per le risonanze successive). D'altra parte, come vedremo più avanti, per stimare il prodotto dei propagatori è necessario mostrare che per ogni ramo risonante si ottiene un opportuno fattore di guadagno (cfr. il §10.3.3). In pratica, basta ottenere un fattore di guadagno per le risonanze T_1 e T_2, ma non per T'. In altre parole non vogliamo considerare T' una risonanza. Questo giustifica la condizione 3.

Osservazione 10.46 Dalla definizione 10.43 segue che, se T è una risonanza, allora si ha

$$\sum_{v\in V(T)}\nu_v=0,$$

poiché $\nu_{\ell^1_T}$ è la somma di $\nu_{\ell^2_T}$ e dei modi di tutti i nodi $v\in V(T)$.

Sia $\mathcal{P}_T$ il cammino che connette i due rami esterni di una risonanza T. Per ogni ramo $\ell\in L(T)$, se v è il nodo da cui ℓ esce (i.e. $\ell=\ell_v$), definiamo

$$\nu^0_\ell:=\sum_{\substack{w\in V(T)\\ w\preceq v}}\nu_w, \tag{10.104}$$

così che, indicando con ν il momento del ramo entrante di T (i.e. $\nu=\nu_{\ell^2_T}$), si ha $\nu_\ell=\nu^0_\ell+\nu$ se $\ell\in L(\mathcal{P}_T)$ e $\nu_\ell=\nu^0_\ell$ altrimenti. Più in generale, dato un ammasso T – non necessariamente risonante – che abbia un ramo uscente e un solo ramo entrante, se un ramo $\ell\in L(T)$ si trova lungo il cammino che connette il ramo uscente e il ramo entrante, possiamo scrivere $\nu_\ell=\nu^0_\ell+\nu$, dove ν^0_ℓ è definito dalla (10.104), essendo v il nodo da cui esce il ramo ℓ, e ν è il momento del ramo entrante di T.

Lemma 10.47 *Sia T una risonanza di un albero θ tale che* $\mathrm{Val}(\theta)\neq 0$, *e sia $\mathcal{P}_T$ il cammino che connette i rami esterni di T. Si ha $\nu_\ell\neq 0$ $\forall\ell\in L(\mathcal{P}_T)$.*

Dimostrazione Se ν è il momento del ramo entrante di T, scriviamo $\nu_\ell=\nu^0_\ell+\nu$ $\forall\ell\in L(\mathcal{P}_T)$, in accordo con la (10.104). Indichiamo con n la scala del ramo entrante. Si ha $n_\ell\le n-1$ per definizione di ammasso. Supponiamo per assurdo che esista $\ell\in L(\mathcal{P}_T)$ tale che $\nu_\ell=0$. Si avrebbe allora $\nu^0_\ell=-\nu$ e quindi, per la condizione diofantea (cfr. l'osservazione 10.40)

$$|\langle\bar{\omega}_0, \nu_\ell^0\rangle| = |\langle\bar{\omega}_0, \nu\rangle| \leq 2^{-n} \qquad \Longrightarrow \qquad |\nu_\ell^0| > 2^{n/\tau},$$

così che $M(T) \geq |\nu_\ell^0| > 2^{n/\tau}$. Quindi T non soddisferebbe la condizione 4 della definizione 10.43 e quindi non potrebbe essere una risonanza. □

Vogliamo ora mostrare che, se non ci fossero risonanze, allora saremmo in grado di stimare il prodotto dei propagatori in maniera tale da ottenere sommabilità sull'ordine k. Il passo successivo sarà trovare un modo per controllare i propagatori dei rami risonanti. Indichiamo con $N_n^*(\theta)$ il numero di rami non risonanti $\ell \in L(\theta)$ con scala n.

Lemma 10.48 (Lemma di Siegel-Brjuno) *In qualsiasi albero θ, tale che* $\mathrm{Val}(\theta) \neq 0$, *si ha*

$$N_n^*(\theta) \leq 2M(\theta)\, 2^{-(n-3)/\tau},$$

dove τ è l'esponente diofanteo di ω_0.

Dimostrazione Dimostriamo che

$$N_n^*(\theta) = 0, \qquad \text{se } M(\theta) < 2^{(n-3)/\tau}, \tag{10.105a}$$

$$N_n^*(\theta) \leq 2M(\theta)\, 2^{-(n-3)/\tau} - 1, \qquad \text{se } M(\theta) \geq 2^{(n-3)/\tau}. \tag{10.105b}$$

Innanzitutto si noti che si può avere $N_n(\theta) \neq 0$ solo se $M(\theta) \geq 2^{(n-3)/\tau}$. Infatti, in caso contrario, si avrebbe $|\nu_\ell| \leq M(\theta) < 2^{(n-3)/\tau}$ per ogni $\ell \in L(\theta)$ e quindi, per la (10.100),

$$2^{-n_\ell+2} \geq |\langle\bar{\omega}_0, \nu_\ell\rangle| > \frac{1}{|\nu_\ell|^\tau} > 2^{-(n-3)} \qquad \Longrightarrow \qquad n_\ell < n, \tag{10.106}$$

ovvero non potrebbero esserci rami su scala n in θ. Questo dimostra la (10.105a). Per dimostrare la (10.105b) procediamo per induzione sull'ordine k dell'albero θ.

- Se $k = 1$, l'albero θ ha un solo nodo v_0 e un solo ramo ℓ_0, così che $N_n^*(\theta) = N_n(\theta)$. Inoltre si ha $M(\theta) = |\nu_{\ell_0}| = |\nu_{v_0}|$ e $N_n(\theta)$ vale o 0 o 1. Si può avere $N_n(\theta) = 1$ solo se $M(\theta) \geq 2^{(n-3)/\tau}$. In tal caso risulta $2M(\theta)\, 2^{-(n-3)/\tau} - 1 \geq 1 = N_n^*(\theta)$.
- Assumendo la stima (10.105b) per $k < k_0$, consideriamo un albero θ di ordine k_0. Sia v_0 l'ultimo nodo di θ e sia ℓ_0 il ramo della radice. Siano $\ell_1, \ldots, \ell_m$ i rami più vicini a ℓ_0 che siano su scala $\geq n$ (i.e. tali che tutti i rami lungo i cammini che connettono tali rami a ℓ_0 siano su scala $< n$). Se non esistono rami con tale proprietà scriviamo $m = 0$. Infine, se $m > 0$, siano $\theta_1, \ldots, \theta_m$ i sottoalberi che hanno $\ell_1, \ldots, \ell_m$, rispettivamente, come rami della radice.

- Se $n_{\ell_0} \neq n$, si ha $N_n(\theta) = 0$ se $m = 0$, mentre, se $m \geq 1$, si ha

$$N_n^*(\theta) = \sum_{i=1}^{m} N_n^*(\theta_i) \leq \sum_{i=1}^{m} \big(2M(\theta_i)\, 2^{-(n-3)/\tau} - 1\big)$$
$$\leq 2M(\theta)\, 2^{-(n-3)/\tau} - m \leq 2M(\theta)\, 2^{-(n-3)/\tau} - 1,$$

per l'ipotesi induttiva e per il fatto che $M(\theta) \leq M(\theta_1) + \ldots + M(\theta_m)$.
- Se $n_{\ell_0} = n$ e ℓ_0 è risonante, si ragiona allo stesso modo, poiché anche in questo caso ℓ_0 non contribuisce a $N_n^*(\theta)$, così che di nuovo si trova $N_n^*(\theta) \leq 2M(\theta)\, 2^{-(n-3)/\tau} - 1$.
- Se $n_{\ell_0} = n$ e ℓ_0 non è risonante, se $m = 0$ si ha

$$N_n^*(\theta) = 1 \leq 2M(\theta)\, 2^{-(n-3)/\tau} - 1,$$

poiché $M(\theta) \geq 2^{(n-3)/\tau}$ per la (10.105a). Se invece $m \geq 1$ si ha

$$N_n^*(\theta) = 1 + \sum_{i=1}^{m} N_n^*(\theta_i) \leq 2M(\theta)\, 2^{-(n-3)/\tau} - (m-1),$$

così che se $m \geq 2$ la stima segue ancora dall'ipotesi induttiva. Se $m = 1$ si consideri il sottoinsieme T di θ costituito da tutti i nodi $w \in V(\theta)$ che non sono contenuti nel sottoalbero θ_1 e da tutti rami che connettono tali nodi. Per costruzione T è un ammasso, poiché i suoi rami hanno tutti scale $\leq n$, mentre i rami esterni ℓ_0 e ℓ_1 hanno scale n e $n_{\ell_1} \geq n$, rispettivamente. Poiché T non è una risonanza per ipotesi, si hanno due possibilità:

1. se $\nu_{\ell_0} = \nu_{\ell_1}$ allora, poiché i rami $\ell \in L(T)$ hanno scale $n_\ell < n$, si ha $n_T \geq n$ e quindi $M(T) > 2^{(n-4)/\tau}$ (cfr. la definizione 10.43);
2. altrimenti si ha $\nu_{\ell_0} \neq \nu_{\ell_1}$.

Nel primo caso, poiché $M(\theta_1) = M(\theta) - M(T)$, si ottiene

$$N_n^*(\theta) \leq 2M(\theta_1)\, 2^{-(n-3)/\tau} = 2M(\theta)\, 2^{-(n-3)/\tau} - 2M(T)\, 2^{-(n-3)/\tau}$$
$$\leq 2M(\theta)\, 2^{-(n-3)/\tau} - 1,$$

che comporta la stima voluta. Nel secondo caso si ha, usando la condizione diofantea (10.100),

$$\frac{1}{|\nu_{\ell_1} - \nu_{\ell_0}|^\tau} \leq |\langle \bar{\omega}_0, \nu_{\ell_1} - \nu_{\ell_0} \rangle| \leq |\langle \bar{\omega}_0, \nu_{\ell_1} \rangle| + |\langle \bar{\omega}_0, \nu_{\ell_0} \rangle|$$
$$\leq 2^{-n+2} + 2^{-n+2} = 2^{-n+3},$$

da cui segue che $|\nu_{\ell_1} - \nu_{\ell_0}| \geq 2^{(n-3)/\tau}$. Poiché

$$|\nu_{\ell_1} - \nu_{\ell_0}| \leq \sum_{v \in V(T)} |\nu_v| = M(T),$$

si ottiene $M(T) \geq 2^{(n-3)/\tau}$ e quindi

$$N_n^*(\theta) \leq 2M(\theta_1)\, 2^{-(n-3)/\tau} = 2M(\theta)\, 2^{-(n-3)/\tau} - 2M(T)\, 2^{-(n-3)/\tau}$$
$$\leq 2M(\theta)\, 2^{-(n-3)/\tau} - 1$$

anche in questo caso.

Questo completa la dimostrazione del lemma. □

Osservazione 10.49 L'esempio discusso nell'osservazione 10.44 chiarisce il significato delle condizioni 1, 2 e 4 che compaiono nella definizione di risonanza (per la condizione 3 cfr. l'osservazione 10.45). Infatti l'accumulo di piccoli divisori è dovuto al ripetersi di rami che hanno un propagatore grande (quelli con momento ν nell'esempio). Questo è dovuto alla presenza di ammassi che hanno un ramo uscente e un solo ramo entrante con lo stesso momento (condizioni 1 e 2). Tuttavia, come fa vedere la dimostrazione del lemma 10.48, un ammasso T di questo tipo è davvero fonte di problemi solo quando $M(T)$ è più piccolo di $2^{n_T/\tau}c$, per qualche costante c: questo giustifica la condizione aggiuntiva 4.

Il prodotto dei propagatori che compaiono nella definizione del valore di un albero (cfr. la definizione 9.51) si può stimare in termini delle scale (cfr. la (10.101) per la definizione di $\bar{g}_\ell$)

$$\prod_{\ell \in L(\theta)} g_\ell = \left(\prod_{\ell \in L(\theta)} \gamma^{-R_\ell} \right) \left(\prod_{\ell \in L(\theta)} \bar{g}_\ell \right) \implies \prod_{\ell \in L(\theta)} |\bar{g}_\ell| \leq \prod_{n=0}^{\infty} 2^{nN_n^1(\theta)+2nN_n^2(\theta)},$$

dove abbiamo tenuto conto dell'osservazione 10.40 e del fatto che $R_\ell \leq 2\ \forall \ell \in L(\theta)$. Se indichiamo con $L_R(\theta)$ l'insieme dei rami risonanti di θ e con $L_N(\theta) := L(\theta) \setminus L_R(\theta)$ l'insieme dei rami non risonanti di θ, possiamo riscrivere

$$\prod_{\ell \in L(\theta)} \bar{g}_\ell = \left(\prod_{\ell \in L_N(\theta)} \bar{g}_\ell \right) \left(\prod_{\ell \in L_R(\theta)} \bar{g}_\ell \right), \qquad \prod_{\ell \in L_N(\theta)} |\bar{g}_\ell| \leq \prod_{n=0}^{\infty} 2^{2nN_n^*(\theta)}, \tag{10.107}$$

dove l'ultimo prodotto si stima utilizzando il lemma 10.48 – come mostra il risultato seguente.

Lemma 10.50 *Esiste una costante positiva B_0 tale che per ogni $k \in \mathbb{N}$ e per ogni albero θ di ordine k, tale che* $\mathrm{Val}(\theta) \neq 0$, *si ha*

$$\prod_{\ell \in L_N(\theta)} |\bar{g}_\ell| \leq B_0^k \mathrm{e}^{\xi M(\theta)/4}.$$

Dimostrazione Tenendo conto della (10.107) possiamo scrivere, per qualsiasi $n_0 \in \mathbb{N}$,

$$\prod_{\ell \in L_N(\theta)} |\bar{g}_\ell| \le \prod_{n=0}^{\infty} 2^{2nN_n^*(\theta)} = \left(\prod_{n=0}^{n_0} 2^{2nN_n^*(\theta)}\right)\left(\prod_{n=n_0+1}^{\infty} 2^{2nN_n^*(\theta)}\right),$$

dove

$$\prod_{n=0}^{n_0} 2^{2nN_n^*(\theta)} \le 2^{4n_0k},$$

avendo stimato con 2^{2n_0} ogni singolo fattore $\bar{g}_\ell$, con $n_\ell \le n_0$, e avendo tenuto conto che il numero di propagatori che hanno scale $\le n_0$ è non maggiore del numero totale di propagatori, che è a sua volta uguale al numero di rami dell'albero – e quindi minore di $2k$ per il lemma 9.43.

Il prodotto sulle scale $n \ge n_0 + 1$ si stima usando il lemma 10.48:

$$\begin{aligned}\prod_{n=n_0+1}^{\infty} 2^{2nN_n^*(\theta)} &= \exp\Big(2 \log 2 \sum_{n=n_0+1}^{\infty} n N_n^*(\theta)\Big) \\ &= \exp\Big(4\, M(\theta) \log 2 \sum_{n=n_0+1}^{\infty} n\, 2^{-(n-3)/\tau}\Big).\end{aligned}$$

Si può scegliere allora $n_0 = n_0(\xi)$ tale che si abbia

$$4 \log 2 \sum_{n=n_0+1}^{\infty} n\, 2^{-(n-3)/\tau} \le \frac{\xi}{4} \quad \Longrightarrow \quad \prod_{n=0}^{\infty} 2^{2nN_n^*(\theta)} \le 2^{4n_0k} e^{\xi M(\theta)/4},$$

da cui segue l'asserto, con $B_0 = 2^{4n_0}$. □

Nella dimostrazione del lemma 10.48 abbiamo usato il fatto che, se un ramo ℓ è su scala $n_\ell \ge 0$, allora si ha

$$2^{-n_\ell} \le |\langle \bar{\omega}_0, \nu_\ell \rangle| \le 2^{-n_\ell+2},$$

come notato nell'osservazione 10.40. In realtà, come vedremo, per poter controllare i propagatori dei rami risonanti, avremo bisogno di considerare anche alberi in cui i momenti siano leggermente diversi da quelli determinati dalla legge di conservazione (9.106). Più precisamente considereremo anche alberi in cui, se n_ℓ è la scala di un suo ramo ℓ, allora $g_\ell \ne 0$ richiede solo

$$2^{-n_\ell-1} \le |\langle \bar{\omega}_0, \nu_\ell \rangle| \le 2^{-n_\ell+3}. \tag{10.108}$$

Questo motiva la seguente definizione.

Definizione 10.51 (Proprietà di supporto del propagatore) *Diciamo che il propagatore di un ramo ℓ con scala $n_\ell \geq 0$ verifica la* proprietà di supporto *se il momento ν_ℓ soddisfa la* (10.108).

Lemma 10.52 *Si assuma che i propagatori dell'albero θ verifichino la proprietà di supporto. Si ha allora*

$$N_n^*(\theta) \leq 2M(\theta)\, 2^{-(n-4)/\tau},$$

dove τ è l'esponente diofanteo di ω_0.

Dimostrazione Seguendo la stessa strategia del lemma 10.48, si trova

$$N_n^*(\theta) = 0, \qquad \text{se } M(\theta) < 2^{(n-4)/\tau}, \tag{10.109a}$$

$$N_n^*(\theta) \leq 2M(\theta)\, 2^{-(n-4)/\tau} - 1, \qquad \text{se } M(\theta) \geq 2^{(n-4)/\tau}. \tag{10.109b}$$

La dimostrazione presenta modifiche minime rispetto al lemma 10.48:

- la (10.106) va sostituita con

$$2^{-n_\ell+3} \geq |\langle \bar{\omega}_0, \nu_\ell \rangle| > \frac{1}{|\nu_\ell|^\tau} > 2^{-(n-4)} \qquad \Longrightarrow \qquad n_\ell < n,$$

  che permette di concludere che $N_n^*(\theta) = 0$ se $M(\theta) < 2^{(n-4)/\tau}$;
- si usa il fatto che $2\, M(\theta) 2^{-(n-4)/\tau} \geq 2$ se $M(\theta) \geq 2^{(n-4)/\tau}$;
- nel caso in cui il ramo ℓ_0 abbia scala $n_{\ell_0} = n$ e sia non risonante, e si abbia inoltre $m = 1$, se $\nu_{\ell_1} = \nu_{\ell_0}$ si ha $M(T) > 2^{(n-4)/\tau}$ (cfr. la condizione 4 nella definizione 10.43), mentre se $\nu_{\ell_1} \neq \nu_{\ell_0}$ la condizione diofantea dà $1/|\nu_{\ell_1} - \nu_{\ell_0}|^\tau \leq 2^{-n+4}$, così che si ha $M(T) \geq 2^{(n-4)/\tau}$.

Per il resto si ragiona esattamente come nel lemma precedente. □

Dato un albero θ, indichiamo con $P_n(\theta)$ il numero di ammassi di scala n contenuti in θ e con $R_n(\theta)$ il numero di risonanze su scala n contenute in θ. Vale il seguente risultato.

Lemma 10.53 *Si assuma che i propagatori dell'albero θ verifichino la proprietà di supporto. Per ogni $n \geq 0$ si ha*

$$R_n(\theta) \leq P_n(\theta) \leq 2M(\theta)\, 2^{-(n-4)/\tau},$$

dove τ è l'esponente diofanteo di ω_0.

Dimostrazione Dimostriamo che

$$P_n(\theta) = 0, \qquad \text{se } M(\theta) < 2^{(n-4)/\tau}, \tag{10.110a}$$

$$P_n(\theta) \le 2M(\theta)\, 2^{-(n-4)/\tau} - 1, \qquad \text{se } M(\theta) \ge 2^{(n-4)/\tau}. \tag{10.110b}$$

Ovviamente si può avere $P_n(\theta) \neq 0$ solo se $N_n^*(\theta) \neq 0$, quindi la (10.110a) segue direttamente dalla (10.109a). Per dimostrare la (10.110b) si procede per induzione sull'ordine k dell'albero θ.

- Se $k = 1$ basta notare che in tal caso l'albero ha una sola linea ℓ_0, la quale può avere scala n solo se $M(\theta) = |\nu_{\ell_0}| \ge 2^{(n-3)/\tau}$, così che $2M(\theta)\, 2^{-(n-4)/\tau} \ge 2$.
- Assumendo la stima (10.110b) per $k < k_0$ consideriamo un albero θ di ordine k_0 e ragioniamo come fatto nella dimostrazione del lemma 10.48. Sia ℓ_0 il ramo della radice e siano (se esistono) $\ell_1, \ldots, \ell_m$ i rami su scala $\ge n$ più vicini a ℓ_0 e $\theta_1, \ldots, \theta_m$ i sottoalberi che hanno $\ell_1, \ldots, \ell_m$, rispettivamente, come rami della radice. Se tali rami non esistono si ha $P_n(\theta) = 0$ a meno che ℓ_0 non abbia scala $n_{\ell_0} = n$, ma in tal caso si ha $P_n(\theta) = 1$ e $M(\theta) \ge 2^{(n-4)/\tau}$, così che la stima (10.110b) è soddisfatta. Consideriamo quindi nel seguito il caso $m \ge 1$.
- Se ℓ_0 non esce da un ammasso su scala n, si ha, per l'ipotesi induttiva,

$$P_n(\theta) = \sum_{i=1}^{m} P_n(\theta_i) \le \sum_{i=1}^{m} \big(2M(\theta_i)\, 2^{-(n-4)/\tau} - 1\big) \le 2M(\theta)\, 2^{-(n-4)/\tau} - 1,$$

  dove si è usato il fatto che $M(\theta) \le M(\theta_1) + \ldots + M(\theta_m)$ e si è tenuto conto che gli ammassi su scala n in θ devono necessariamente appartenere a qualcuno degli alberi $\theta_1, \ldots, \theta_m$, perché altrimenti ci sarebbero rami su scala n più vicini a ℓ_0 dei rami $\ell_1, \ldots, \ell_m$.
- Se ℓ_0 esce da un ammasso T su scala n, si ha

$$P_n(\theta) = 1 + \sum_{i=1}^{m} P_n(\theta_i) \le 1 + \sum_{i=1}^{m} \big(2M(\theta_i)\, 2^{-(n-4)/\tau} - 1\big),$$

  così che, se $m \ge 2$ oppure se $m = 1$ e $M(T) = M(\theta) - M(\theta_1) \ge 2^{(4-n)/\tau}$, allora anche l'albero θ soddisfa la stima (10.110b), di nuovo come conseguenza dell'ipotesi induttiva. D'altra parte, se $m = 1$, non si può avere $M(T) < 2^{(4-n)/\tau}$, come mostra il seguente argomento. Se $m = 1$, il ramo ℓ_1 coincide con il ramo entrante ℓ_T^2 di T oppure si trova lungo il cammino che connette ℓ_T^2 a ℓ_0 (altrimenti anche ℓ_T^2 sarebbe uno dei rami più vicini a ℓ_0 su scala $\ge n$). Mostriamo, ragionando per assurdo, che entrambi i casi non sono possibili.

  1. Se $\ell_1 = \ell_T^2$, allora T contiene un ramo ℓ su scala n. Se ℓ è lungo il cammino $\mathcal{P}$ che connette ℓ_1 a ℓ_0 si ha $\nu_\ell = \nu_\ell^0 + \nu_{\ell_1}$ (cfr. la (10.104) per le notazioni). D'altra parte, poiché $n_{\ell_1} \ge n$ per costruzione, si ha

$$|\langle \bar{\omega}_0, \nu_{\ell_1} \rangle| \le 2^{-n+3}, \; |\nu_\ell^0| \le M(T) < 2^{(n-4)/\tau} \Longrightarrow \big|\langle \bar{\omega}_0, \nu_\ell^0 \rangle\big| > 2^{-n+4},$$

dove l'implicazione segue dalla (10.100), così che

$$|\langle \bar{\omega}_0, \nu_\ell \rangle| \geq \left|\langle \bar{\omega}_0, \nu_\ell^0 \rangle\right| - |\langle \bar{\omega}_0, \nu_{\ell_1} \rangle| > 2^{-n+4} - 2^{-n+3} > 2^{-n+3},$$

in contraddizione con l'ipotesi che ℓ abbia scala n. Se ℓ non è lungo il cammino $\mathcal{P}$, a maggior ragione si ha, di nuovo per la (10.100),

$$|\nu_\ell| \leq M(T) < 2^{(n-4)/\tau} \implies |\langle \bar{\omega}_0, \nu_\ell \rangle| > 2^{-n+4},$$

e quindi si trova ancora una volta una contraddizione.

2. Se $\ell_1 \in L(\mathcal{P}_T)$, allora ℓ_1 deve avere scala $n_{\ell_1} \geq n$ (poiché appartiene a un ammasso di scala n), mentre ℓ_T^2 ha scala $n_{\ell_T^2} \geq n_{\ell_1} + 1 \geq n + 1$ (poiché entra in tale ammasso). Si trova quindi, sempre per la (10.100),

$$|\langle \bar{\omega}_0, \nu_{\ell_1} \rangle| \leq 2^{-n+3}, \ \left|\langle \bar{\omega}_0, \nu_{\ell_T^2} \rangle\right| \leq 2^{-n+2} \implies \left|\langle \bar{\omega}_0, \nu_{\ell_1} - \nu_{\ell_T^2} \rangle\right| < 2^{-n+4}.$$

D'altra parte si deve avere anche

$$\left|\nu_{\ell_1} - \nu_{\ell_T^2}\right| \leq M(T) < 2^{(4-n)/\tau} \implies \left|\langle \bar{\omega}_0, \nu_{\ell_1} - \nu_{\ell_T^2} \rangle\right| > 2^{-n+4},$$

arrivando a una contraddizione anche in questo caso.

Questo completa la dimostrazione della stima di $P_n(\theta)$. La diseguaglianza $R_n(\theta) \leq P_n(\theta)$ è banale, costituendo gli ammassi risonanti su scala n un sottoinsieme degli ammassi risonanti su scala n. □

10.3.2 Cancellazioni

L'analisi del paragrafo precedente mostra che, se non ci fossero le risonanze, si potrebbe stimare senza problemi il prodotto dei propagatori. Infatti, come vedremo esplicitamente più avanti, se la stima fornita dal lemma 10.48 valesse per tutti gli alberi, allora il valore di ogni albero di ordine k ammetterebbe una stima proporzionale a C^k, per qualche costante $C > 0$; questo a sua volta assicurerebbe la sommabilità delle serie perturbative per ε sufficientemente piccolo, dal momento che la somma sulle etichette si controlla senza problemi – come mostrato esplicitamnte nel §9.5.5. Tuttavia, come visto sempre nel §9.5.5, a causa della presenza di risonanze, esistono alberi di ordine k i cui valori crescono come $k!^a$, per qualche costante $a > 0$: tali stime non sono sufficienti a garantire la sommabilità delle serie perturbative.

Vogliamo ora far vedere che, per quanto i valori dei singoli alberi possano essere stimati con fattoriali, tuttavia, quando sommiamo insieme tutti i valori che contribuiscono allo stesso coefficiente, si hanno cancellazioni notevoli tra i vari addendi, e la loro somma cresce al più come una potenza. Nel presente paragrafo descriveremo il meccanismo delle cancellazioni, nel §10.3.3 mostreremo come utilizzare le cancellazioni per riscrivere le somme dei valori degli alberi in modo più conveniente come somma di valori "rinormalizzati", infine nel §10.3.4 discuteremo come ottenere stime sommabili a partire dai valori rinormalizzati.

Definizione 10.54 (Valore di una risonanza) *Dato un albero etichettato θ e una risonanza T contenuta in θ, la matrice*

$$\mathcal{V}_T := \left(\prod_{v \in V(T)} \frac{1}{m_v!} F_v \right) \left(\prod_{\ell \in L(T)} g_\ell \right)$$

è il valore *della risonanza T.*

Osservazione 10.55 Il valore di una risonanza T dipende dai fattori dei nodi $v \in V(T)$ e dai propagatori dei rami $\ell \in L(T)$. La dipendenza dal resto dell'albero, i.e. dai nodi e rami di θ che non sono contenuti in T, si manifesta solo attraverso il momento $\nu = \nu_{\ell_T^2}$ del ramo entrante ℓ_T^2. La dipendenza del valore della risonanza da ν avviene esclusivamente attraverso i propagatori dei rami che si trovano lungo il cammino $\mathcal{P}_T$ che connette i rami esterni della risonanza. Infatti, per ogni ramo $\ell \in L(T)$, se definiamo ν_ℓ^0 in accordo con la (10.104), se $\ell \in L(T) \setminus L(\mathcal{P}_T)$ si ha $\nu_\ell = \nu_\ell^0$, mentre se $\ell \in L(\mathcal{P}_T)$ il suo momento è $\nu_\ell = \nu_\ell^0 + \nu$, così che, se $n_\ell \geq 0$ è la sua scala, il propagatore corrispondente g_ℓ è tale che (cfr. la (10.101))

$$\bar{g}_\ell = \bar{g}_\ell^{(n_\ell)}(\langle \bar{\omega}_0, \nu_\ell^0 \rangle + \langle \bar{\omega}_0, \nu \rangle) = \frac{\chi_{n_\ell}(\langle \bar{\omega}_0, \nu_\ell^0 \rangle + \langle \bar{\omega}_0, \nu \rangle)}{(\langle i\bar{\omega}_0, \nu_\ell^0 \rangle + \langle i\bar{\omega}_0, \nu \rangle)^{R_\ell}},$$

e quindi dipende da ν attraverso la quantità $\langle \bar{\omega}_0, \nu \rangle$. Per questo motivo scriveremo il valore della risonanza come $\mathcal{V}_T = \mathcal{V}_T(\langle \bar{\omega}_0, \nu \rangle)$, quando vorremo sottolinearne la dipendenza da ν.

Osservazione 10.56 Data una risonanza T si consideri l'albero θ_T tale che $L(\theta_T) = L(T) \cup \ell_T^1$ e $V(\theta_T) = V(T)$. Quindi ℓ_T^1 è il ramo della radice di θ_T. In T il ramo esterno ℓ_T^2 entra in un nodo v_2, così che in θ_T il nodo v_2 ha gli stessi rami entranti che ha in T, tranne il ramo ℓ_T^2. In particolare, se in θ_T il fattore associato al nodo v_2 è

$$F_{v_2} = D_{v_2}\big(i\nu_{v_2}\big)^{p_{v_2}} \partial_J^{q_{v_2}} \Big(V_{\nu_{v_2}}(J_0)\delta_{v_2,1} + \mathcal{H}_0(J_0)\delta_{v_2,0} \Big),$$

allora il fattore associato allo stesso nodo v_2 in T sarà

$$\begin{cases} F'_{v_2} = D_{v_2}\big(i\nu_{v_2}\big)^{p_{v_2}+1} \partial_J^{q_{v_2}} \Big(V_{\nu_{v_2}}(J_0)\delta_{v_2,1} + \mathcal{H}_0(J_0)\delta_{v_2,0} \Big), & \text{se } \zeta_{\ell_T^2}^1 = h, \\ F''_{v_2} = D_{v_2}\big(i\nu_{v_2}\big)^{p_{v_2}} \partial_J^{q_{v_2}+1} \Big(V_{\nu_{v_2}}(J_0)\delta_{v_2,1} + \mathcal{H}_0(J_0)\delta_{v_2,0} \Big), & \text{se } \zeta_{\ell_T^2}^1 = H. \end{cases}$$

Ovviamente anche il fattore combinatorio è diverso: se tale fattore è $1/m_{v_2}!$ in θ, il corrispondente fattore combinario in T è $1/(m_{v_2}+1)!$, a causa della presenza di un ramo entrante in più. Inoltre, in T, per ogni ramo ℓ lungo il cammino che connette i rami esterni, si ha $\nu_\ell = \nu_\ell^0 + \nu_{\ell_T^2}$ (cfr. l'osservazione 10.55), mentre in θ_T il ramo corrispondente ha momento ν_ℓ^0, dal momento che non c'è alcun ramo entrante. Ne segue che se confrontiamo il valore dell'albero θ_T e il valore della risonanza T di tipo $\zeta\zeta'$, si ha, calcolando il valore della risonanza per $\nu = 0$,

$$\mathcal{V}_T(0) = \begin{cases} \dfrac{m_{v_2}!}{(m_{v_2}+1)!}\, i\,\nu_{v_2} \mathrm{Val}(\theta_T), & \text{se } \zeta' = h, \\ \dfrac{m_{v_2}!}{(m_{v_2}+1)!}\, \partial_{J_{v_2}} \mathrm{Val}(\theta_T), & \text{se } \zeta' = H. \end{cases} \tag{10.111}$$

Al solito $\partial_{J_{v_2}}$ va interpretato come spiegato dopo la definizione 9.45. Se consideriamo invece il valore $\mathcal{V}_T(\langle\bar{\omega}_0, \nu\rangle)$, c'è l'ulteriore differenza che i propagatori dei rami ℓ lungo il cammino $\mathcal{P}(v_0, v_1)$ hanno momento $\nu_\ell^0 + \nu$ invece di ν_ℓ^0.

Definizione 10.57 (Albero associato a una risonanza) *L'albero θ_T definito nell'osservazione 10.56 si chiama* albero associato alla risonanza T.

Osservazione 10.58 Se θ_T è l'albero associato alla risonanza T, per costruzione si ha $\theta_T \in \mathcal{T}_{k,\nu,\zeta}$, con $k = k(T)$, $\nu = 0$ e $\zeta = \zeta^2_{\ell^1_T}$.

Definizione 10.59 (Tipo di una risonanza) *Data una risonanza T, siano v_1 il nodo da cui esce il ramo uscente ℓ^1_T di T e v_2 il nodo in cui entra il ramo entrante ℓ^2_T di T. La risonanza è di* tipo

1. *hh se $\zeta^2_{v_1} = h$ e $\zeta^1_{v_2} = h$;*
2. *hH se $\zeta^2_{v_1} = h$ e $\zeta^1_{v_2} = H$;*
3. *Hh se $\zeta^2_{v_1} = H$ e $\zeta^1_{v_2} = h$;*
4. *HH se $\zeta^2_{v_1} = H$ e $\zeta^1_{v_2} = H$.*

Data una risonanza T, se v_1 è il nodo da cui esce il ramo uscente ℓ^1_T (cfr. la definizione 10.59 per le notazioni), poniamo

$$W(T) := \{v \in V(T) : \nu_\ell \neq 0 \quad \forall \ell \in L(\mathcal{P}(v_1, v))\}. \tag{10.112}$$

Per il lemma 10.47, i nodi $w \in \mathcal{P}_T$ appartengono all'insieme $W(T)$. In pratica, i nodi di $W(T)$ e i rami che li uniscono costituiscono il sottoinsieme connesso massimale di T contenente v_1 i cui rami hanno momento non nullo. Per la definizione seguente, si ricordi la definizione dell'operazione $\mathcal{G}_v$ prima della definizione 9.56.

Definizione 10.60 (Famiglia di una risonanza) *Sia T una risonanza e siano v_1 e v_2 come nella definizione 10.59. Consideriamo l'insieme $\mathcal{F}^R(T)$ costituito dalle risonanze T' ottenute da T attraverso le seguenti operazioni:*

1. *se T è di tipo hh o hH, stacchiamo il ramo uscente ℓ^1_T dal nodo v_1 e lo riattacchiamo a un qualsiasi altro nodo $v \in W(T)$ tale che $\delta_v = 1$;*
2. *se T è di tipo hh o Hh, stacchiamo il ramo entrante ℓ^2_T dal nodo v_2 e lo riattacchiamo a un qualsiasi altro nodo $v \in W(T)$ tale che $\delta_v = 1$;*
3. *applichiamo $\mathcal{G}_v$ a ogni nodo $v \in W(T)$.*

Chiamiamo $\mathcal{F}^R(T)$ *la* famiglia *della risonanza* T. *Indichiamo inoltre con* $\mathcal{F}_1^R(T)$ *l'insieme delle risonanze ottenute da* T *attraverso le sole operazioni 1 e 3 e, analogamente, con* $\mathcal{F}_2^R(T)$ *l'insieme delle risonanze ottenute da* T *attraverso le sole operazioni 2 e 3.*

Se $g_\ell = \gamma^{-R_\ell} \bar{g}_\ell^{(n_\ell)}(\langle \omega_0, \nu_\ell \rangle)$ denota il propagatore del ramo ℓ, introduciamo la notazione abbreviata, per $p \in \mathbb{N}$,

$$\partial^p g_\ell = \gamma^{-R_\ell} \partial^p \bar{g}_\ell^{(n_\ell)}(\langle \bar{\omega}_0, \nu_\ell \rangle) := \gamma^{-R_\ell} \frac{\partial^p}{\partial x^p} \bar{g}_\ell^{(n_\ell)}(x) \bigg|_{x=\langle \bar{\omega}_0, \nu_\ell \rangle} \tag{10.113}$$

per indicare le sue derivate rispetto all'argomento. Analogamente, data una risonanza T, indichiamo con $\partial \mathcal{V}_T(\langle \bar{\omega}_0, \nu \rangle)$ la derivata di $\mathcal{V}_T(\langle \bar{\omega}_0, \nu \rangle)$ rispetto al suo argomento; si ha

$$\partial \mathcal{V}_T(\langle \bar{\omega}_0, \nu \rangle) = \sum_{\ell \in L(\mathcal{P}_T)} \partial g_\ell \Bigg(\prod_{\substack{\ell' \in L(T) \\ \ell' \neq \ell}} g_{\ell'} \Bigg) \Bigg(\prod_{v \in V(T)} \frac{1}{m_v!} F_v \Bigg),$$

dove abbiamo tenuto conto che $\mathcal{V}_T$ dipende da $\langle \bar{\omega}_0, \nu \rangle$ solo attraverso i propagatori dei rami che si trovano lungo il cammino $\mathcal{P}_T$.

Definizione 10.61 (Operatore di localizzazione) *Data una risonanza* T, *sia* $\mathcal{V}_T$ *il suo valore. Si definisce* operatore di localizzazione *l'operatore* $\mathcal{L}$ *la cui azione su* $\mathcal{V}_T$ *è data da*

$$\mathcal{L}\mathcal{V}_T(\langle \bar{\omega}_0, \nu \rangle) := \begin{cases} \mathcal{V}_T(0) + \langle \bar{\omega}_0, \nu \rangle \partial \mathcal{V}_T(0), & T \text{ è di tipo } hh, \\ \mathcal{V}_T(0), & T \text{ è di tipo } hH, \\ \mathcal{V}_T(0), & T \text{ è di tipo } Hh, \\ 0, & T \text{ è di tipo } HH. \end{cases}$$

Il valore $\mathcal{L}\mathcal{V}_T(\langle \bar{\omega}_0, \nu \rangle)$ *prende il nome di* valore localizzato *della risonanza* T.

Definizione 10.62 (Operatore di regolarizzazione) *Data una risonanza* T, *sia* $\mathcal{V}_T$ *il suo valore. Si definisce* operatore di regolarizzazione *l'operatore* $\mathcal{R}$ *la cui azione su* $\mathcal{V}_T$ *è data da* $\mathcal{R} := \mathbb{1} - \mathcal{L}$ *(dove* $\mathbb{1}$ *è l'operatore identità), i.e.*

$$\mathcal{R}\mathcal{V}_T(\langle \bar{\omega}_0, \nu \rangle) := \begin{cases} \langle \bar{\omega}_0, \nu \rangle^2 \displaystyle\int_0^1 \mathrm{d}t_T \, \partial^2 \mathcal{V}_T(t_T \langle \bar{\omega}_0, \nu \rangle), & T \text{ è di tipo } hh, \\ \langle \bar{\omega}_0, \nu \rangle \displaystyle\int_0^1 \mathrm{d}t_T \, \partial \mathcal{V}_T(t_T \langle \bar{\omega}_0, \nu \rangle), & T \text{ è di tipo } hH, \\ \langle \bar{\omega}_0, \nu \rangle \displaystyle\int_0^1 \mathrm{d}t_T \, \partial \mathcal{V}_T(t_T \langle \bar{\omega}_0, \nu \rangle), & T \text{ è di tipo } Hh, \\ \mathcal{V}_T(\langle \bar{\omega}_0, \nu \rangle), & T \text{ è di tipo } HH. \end{cases}$$

Il valore $\mathcal{R}\mathcal{V}_T(\langle\bar{\omega}_0, \nu\rangle)$ *prende il nome di* valore regolarizzato *della risonanza* T*, mentre il parametro* $t_T \in [0, 1]$ *è chiamato* parametro di interpolazione *della risonanza* T.

Osservazione 10.63 Nello scrivere il valore regolarizzato di una risonanza abbiamo usato la forma integrale del resto di Taylor (cfr. l'esercizio 10.18).

Osservazione 10.64 Nelle formule che definiscono $\mathcal{R}\mathcal{V}_T(\langle\bar{\omega}_0, \nu\rangle)$, abbiamo

$$\partial\mathcal{V}_T(t_T\langle\bar{\omega}_0, \nu\rangle) = \sum_{\ell_1\in L(\mathcal{P}_T)} \int_0^1 \mathrm{d}t_T \left(\prod_{v\in V(T)} \frac{1}{m_v!} F_v\right)\left(\prod_{\ell\in L(T)} g_\ell^*\right), \tag{10.114}$$

dove abbiamo definito (cfr. la (10.113))

$$g_\ell^* = \gamma^{-R_\ell}\bar{g}_\ell^* := \begin{cases} \partial g_\ell, & \ell = \ell_1, \\ g_\ell, & \text{altrimenti}, \end{cases} \tag{10.115}$$

e, analogamente,

$$\partial^2\mathcal{V}_T(t_T\langle\bar{\omega}_0, \nu\rangle) = \sum_{\ell_1,\ell_2\in L(\mathcal{P}_T)} \int_0^1 \mathrm{d}t_T\,(1-t_T)\left(\prod_{v\in V(T)} \frac{1}{m_v!} F_v\right)\left(\prod_{\ell\in L(T)} g_\ell^*\right), \tag{10.116}$$

dove (cfr. di nuovo la (10.113) per le notazioni)

$$g_\ell^* = \gamma^{-R_\ell}\bar{g}_\ell^* := \begin{cases} \partial^2 g_\ell, & \ell = \ell_1 = \ell_2, \\ \partial g_\ell, & \ell = \ell_1 \text{ oppure } \ell = \ell_2, \text{ con } \ell_1 \neq \ell_2, \\ g_\ell, & \text{altrimenti}. \end{cases} \tag{10.117}$$

Nelle (10.114) e (10.116), ogni propagatore g_ℓ^*, dato dalla (10.115) e (10.117), rispettivamente, ha argomento $\langle\bar{\omega}_0, \nu_\ell(t_T)\rangle$, dove

$$\nu_\ell(t_T) := \begin{cases} \nu_\ell^0 + t_T\nu_{\ell_T^2}, & \ell \in L(\mathcal{P}_T), \\ \nu_\ell^0, & \ell \notin L(\mathcal{P}_T), \end{cases} \tag{10.118}$$

indipendentemente dal fatto che il propagatore sia derivato o no. Chiamiamo $\nu_\ell(t_T)$ *momento interpolato*.

Lemma 10.65 *Sia* T *una risonanza. Si ha*

$$\sum_{T'\in\mathcal{F}^R(T)} \mathcal{V}_{T'}(0) = 0.$$

Dimostrazione Se T è di tipo hh o di tipo hH (così che $\zeta^2_{\ell^1_T} = h$) si può ragionare come nella dimostrazione della (9.120). Infatti, se θ_T è l'albero associato alla risonanza T (cfr. l'osservazione 10.56 e la definizione 10.57), $\mathcal{V}_T(0)$ e il valore di θ_T sono legati da una delle due relazioni (10.111), a seconda del valore di $\zeta^1_{\ell^2_T}$. Sommando su tutte le risonanze $T' \in \mathcal{F}^R(T)$ i valori $\mathcal{V}_{T'}(0)$ e ragionando come nella dimostrazione del lemma 9.59, si ottiene 0. Infatti, la somma sulle risonanze $T' \in \mathcal{F}^R(T)$ può essere scritta nel modo seguente: si somma sui nodi v_2 a cui viene attaccato il ramo entrante e, fissato il nodo v_2, si somma sulle risonanze che si ottengono attraverso le operazioni 1 e 3 della definizione 10.60. A v_2 fissato, si trova

$$\sum_{T' \in \mathcal{F}^R_1(T)} \mathcal{V}_T(0) = \frac{m_{v_2}!}{(m_{v_2}+1)!} C_{v_2} \sum_{\theta' \in \mathcal{F}(\theta_T)} \mathrm{Val}(\theta') = 0,$$

dove il fattore C_{2_2} è dato da

$$C_{v_2} = \begin{cases} i\nu_{v_2}, & \zeta^1_{\ell^2_T} = h, \\ \partial_{J_{v_2}}, & \zeta^1_{\ell^2_T} = H, \end{cases}$$

esattamente per lo stesso argomento che porta alla (9.120).

Se invece T è una risonanza di tipo Hh, il suo valore $\mathcal{V}_T(0)$ è dato dalla (10.111). Spostando il ramo entrante della risonanza e applicando le operazioni $\mathcal{G}_v$ ai nodi $v \in V(T)$, in accordo con la definizione 10.60 e con la definizione di $G(\theta_T)$ data prima della definizione 9.56, si trova

$$\sum_{T' \in \mathcal{F}_2(T)} \mathcal{V}_T(0) = \sum_{v_2 \in W(T)} \frac{m_{v_2}!}{(m_{v_2}+1)!} i\nu_{v_2} \sum_{\theta' \in G(\theta_T)} \mathrm{Val}(\theta').$$

Tenendo conto che il sottoalbero che ha ℓ^2_T come ramo delle radice non può essere equivalente ad alcuno dei sottoalberi contenuti in T che hanno v_2 come radice, il fattore

$$C(\theta_T) := \frac{m_{v_2}!}{(m_{v_2}+1)!} \sum_{\theta' \in G(\theta_T)} \mathrm{Val}(\theta')$$

non dipende dal nodo v_2 a cui è attaccato il ramo ℓ^2_T. Quindi si ottiene

$$\sum_{T' \in \mathcal{F}_2(T)} \mathcal{V}_T(0) = C(\theta_T) \sum_{v_2 \in W(T)} i\nu_{v_2} = 0.$$

Infine, se T è di tipo HH non c'è nulla da dimostrare. □

Osservazione 10.66 La dimostrazione del lemma 10.65 mostra che l'operazione 2 è ininfluente ai fini della cancellazione nel caso delle risonanze di tipo hh o hH, così come lo è l'operazione 1 nel caso delle risonanze di tipo Hh. Ci si convince facilmente che, per le risonanze di tipo hh, la cancellazione si può vedere anche ragionando come nel caso delle risonanze di tipo Hh, i.e. spostando il ramo entrante anziché il ramo uscente della risonanza.

Lemma 10.67 *Sia T una risonanza di tipo hh. Si ha*

$$\sum_{T'\in\mathcal{F}(T)} \partial\mathcal{V}_{T'}(0) = 0.$$

Dimostrazione Sia T una risonanza di tipo hh. Poiché $\zeta^1_{v_2} = \zeta^2_{v_1} = h$, il fattore F_{v_2} del nodo v_2 contiene un fattore $i\nu_{v_2}$, mentre il fattore F_{v_1} del nodo v_1 contiene un fattore $-i\mathcal{M}\nu_{v_1}$, dove $\mathcal{M} = \mathbb{1}$ se ℓ^1_T è di tipo hh e $\mathcal{M} = T(J_0)$ se ℓ^1_T è di tipo Hh (cfr. la definizione 9.47). Possiamo quindi scrivere

$$\mathcal{V}_T(\langle\bar{\omega}_0,\nu\rangle) = (-i\mathcal{M}\nu_{v_1})(i\nu_{v_2})\mathcal{W}_T(\langle\bar{\omega}_0,\nu\rangle),$$

che definisce implicitamente la quantità $\mathcal{W}_T$. In virtù della (10.114) si ha

$$\partial\mathcal{V}_T(0) = \sum_{\ell\in L(\mathcal{P}_T)} \gamma^{-R_\ell}\partial\bar{g}^{(n_\ell)}_\ell(\langle\bar{\omega}_0,\nu^0_\ell\rangle) \times\Bigg(\prod_{\substack{\ell'\in L(T)\\ \ell'\neq\ell}} \gamma^{-R_{\ell'}}\bar{g}^{(n_{\ell'})}_{\ell'}(\langle\bar{\omega}_0,\nu^0_{\ell'}\rangle)\Bigg)\Bigg(\prod_{v\in V(T)}\frac{1}{m_v!}F_v\Bigg),$$

così che, se scriviamo

$$\partial\bar{g}^{(n_\ell)}_\ell(x) = \bar{g}^{(n_\ell)}_\ell(x)\,\mathcal{O}_\ell(x), \qquad \mathcal{O}_\ell(x) := \bigg(\frac{1}{\chi_{n_\ell}(x)}\frac{\partial}{\partial x}\chi_{n_\ell}(x) - \frac{R_\ell}{x}\bigg), \tag{10.119}$$

dove la funzione $\bar{g}^{(n_\ell)}_\ell(x)([\partial/\partial x]\chi_{n_\ell}(x))/\chi_{n_\ell}(x) = (ix)^{-R_\ell}[\partial/\partial x]\chi_{n_\ell}(x)$ va interpretata come 0 per i valori di x tali che $\chi_{n_\ell}(x) = 0$, otteniamo

$$\partial\mathcal{V}_T(0) = \sum_{\ell\in L(\mathcal{P}_T)} \mathcal{O}_\ell(\langle\bar{\omega}_0,\nu^0_\ell\rangle)\Bigg(\prod_{\ell'\in L(T)} \gamma^{-R_{\ell'}}\bar{g}^{(n_{\ell'})}_{\ell'}(\langle\bar{\omega}_0,\nu^0_{\ell'}\rangle)\Bigg)\Bigg(\prod_{v\in V(T)}\frac{1}{m_v!}F_v\Bigg).$$

Il ramo ℓ divide la risonanza in due grafi disgiunti T_1 e T_2 (cfr. la figura 10.10). Se v^1_ℓ è il nodo in cui il ramo ℓ entra e v^2_ℓ è il nodo da cui ℓ esce i.e. se scriviamo $\ell = (v^1_\ell, v^2_\ell)$, definiamo

$$V^2_\ell(T) := \{v\in V(T) : \ell\in L(\mathcal{P}(v^1_\ell, v))\}, \qquad V^1_\ell(T) := V(T)\setminus V^2_\ell(T).$$

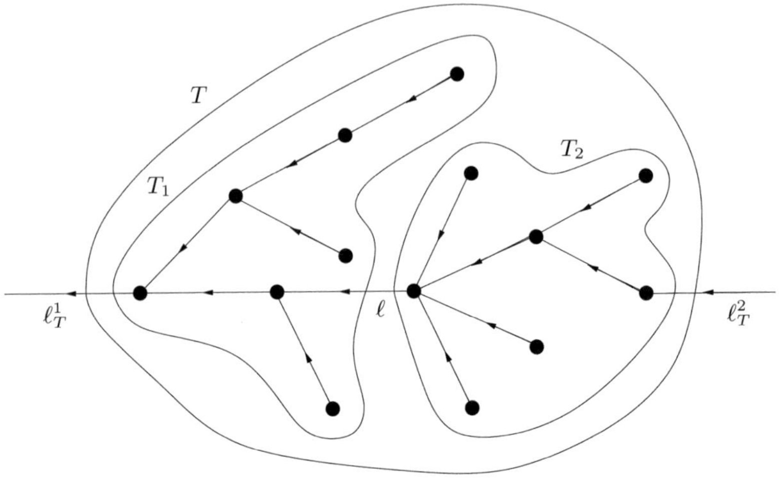

Figura 10.10 Insiemi T_1 e T_2 in cui è divisa la risonanza T dal ramo ℓ

Indichiamo con $L_\ell^1(T)$ e $L_\ell^2(T)$ gli insiemi dei rami che connettono nodi che sono entrambi in V_ℓ^1 e, rispettivamente, entrambi in V_ℓ^2. Indichiamo allora con T_1 il grafo tale che $V(T_1) = V_\ell^1(T)$ e $L(T_1) = L_\ell^1(T)$ e con T_2 il grafo tale che $V(T_2) = V_\ell^2(T)$ e $L(T_2) = L_\ell^2(T)$. In altre parole, T_1 è l'insieme dei nodi e dei rami di T che non precedono ℓ, mentre T_2 è l'insieme dei nodi e dei rami di T che precedono ℓ. In analogia con la (10.112), definiamo $W(T_1) = V(T_1) \cap W(T)$ e $W(T_2) = V(T_2) \cap W(T)$.

All'interno della famiglia $\mathcal{F}^R(T)$ consideriamo il sottoinsieme $\mathcal{F}_{12}^R(T)$ delle risonanze che si ottengono a partire da T nel modo seguente:

- stacchiamo il ramo uscente di T e lo riattacchiamo a un qualsiasi nodo $v \in W(T_1)$ con $\delta_v = 1$,
- stacchiamo il ramo entrante di T e lo riattacchiamo a un qualsiasi nodo $v \in W(T_2)$ con $\delta_v = 1$,
- a ogni nodo $v \in V(T)$ applichiamo l'operazione $\mathcal{G}_v$.

Se procediamo come nella dimostrazione del lemma 9.59 (e utilizziamo le medesime notazioni), sommando insieme i valori di tali risonanze troviamo

$$\sum_{T' \in \mathcal{F}_{12}^R(T)} \partial \mathcal{V}_{T'}(0) = \mathcal{A}(\theta_T)\, \mathcal{B}(\theta_T) \sum_{\ell \in L(\mathcal{P}_T)} \mathcal{O}_\ell \sum_{v_1 \in W(T_1)} (-i\, \mathcal{M}\, \nu_{v_1}) \sum_{v_2 \in W(T_2)} (i\, \nu_{v_2}). \tag{10.120}$$

dove $\mathcal{O}_\ell = \mathcal{O}_\ell(\langle \bar{\omega}_0, \nu_\ell^0 \rangle)$. Analogamente, definiamo $\mathcal{F}_{21}^R(T)$ come il sottoinsieme di $\mathcal{F}^R(T)$ ottenuto come segue:

- stacchiamo il ramo uscente di T e lo riattacchiamo a un qualsiasi nodo $v \in W(T_2)$ con $\delta_v = 1$,

- stacchiamo il ramo entrante di T e lo riattacchiamo a un qualsiasi nodo $v \in W(T_1)$ con $\delta_v = 1$,
- a ogni nodo $v \in V(T)$ applichiamo l'operazione $\mathcal{G}_v$.

Ragionando come prima troviamo

$$\sum_{T' \in \mathcal{F}_{21}^R(T)} \partial \mathcal{V}_T(0) = -\mathcal{A}(\theta_T)\,\mathcal{B}(\theta_T) \sum_{\ell \in L(\mathcal{P}_T)} \mathcal{O}_\ell \sum_{v_1 \in W(T_2)} (-i\,\mathcal{M}\,\nu_{v_1}) \sum_{v_2 \in W(T_1)} (i\,\nu_{v_2}), \tag{10.121}$$

dove il segno $-$ è dovuto al fatto che nelle risonanze $T' \in \mathcal{F}_{21}^R$, rispetto a quelle in $\mathcal{F}_{12}^R$, il momento del ramo ℓ ha segno opposto (poiché la freccia è diretta da verso T_2 anziché verso T_1) e la quantità $\mathcal{O}_\ell = \mathcal{O}_\ell(\langle \bar{\omega}_0, \nu_\ell^0 \rangle)$ è dispari nel suo argomento. Se confrontiamo la (10.120) con la (10.121), tenendo conto che

$$\sum_{v \in W(T_1)} \nu_v + \sum_{v \in W(T_2)} \nu_v = \sum_{v \in W(T)} \nu_v = \sum_{v \in V(T)} \nu_v = 0,$$

concludiamo che la loro somma dà zero. □

Corollario 10.68 *Per ogni risonanza T si ha*

$$\sum_{T' \in \mathcal{F}^R(T)} \mathcal{L}\mathcal{V}_{T'}(\langle \bar{\omega}_0, \nu \rangle) = 0.$$

Dimostrazione Segue immediatamente dalla definizione di valore localizzato di una risonanza e dai lemmi 10.65 e 10.67. □

10.3.3 Rinormalizzazione

Nel presente paragrafo mostreremo come, utilizzando le cancellazioni descritte nel §10.3.2, si possa riscrivere le somma dei valori degli alberi come somma di nuove quantità, in cui si tiene conto esplicitamente che i valori localizzati di ogni risonanza danno un contributo totale nullo. Alle nuove quantità daremo il nome di "valori rinormalizzati", perché il procedimento iterativo seguito per costruirle è basato sul metodo del *gruppo di rinormalizzazione*, usato tipicamente in problemi di meccanica statistica e di teoria dei campi.

Definizione 10.69 (Risonanza massimale) *Sia T una risonanza contenuta nell'albero θ. Diciamo che T è* massimale in θ *se non esistono in θ risonanze che contengano T al loro interno. Analogamente, una risonanza T' contenuta in T si dice* massimale in T *se non esistono risonanze all'interno di T che contengano T' al loro interno.*

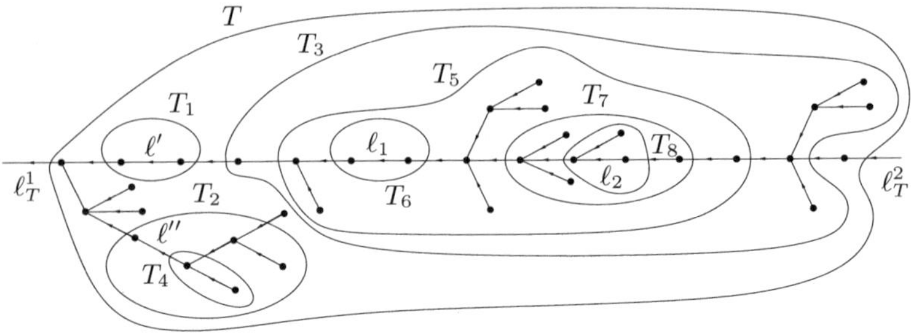

Figura 10.11 Risonanze contenute all'interno di altre risonanze

Per esempio, nel caso della figura 10.11, assumendo che gli ammassi $T, T_1, \ldots, T_8$ siano tutti risonanti, abbiamo che T_1, T_2 e T_3 sono massimali in T; T_4 è massimale in T_2; T_5 è massimale in T_3; T_6 e T_7 sono massimali in T_5; T_8 è massimale in T_7.

Dato un albero $\theta \in \mathcal{T}_{k,\nu,\zeta}$, sia $\mathfrak{T}(\theta)$ l'insieme di tutte le risonanze dell'albero θ e sia $\mathfrak{T}_1(\theta)$ l'insieme delle risonanze massimali in θ. Denotiamo con $\mathfrak{T}(T)$ l'insieme delle risonanze contenute in T, e con $\mathfrak{T}_1(T)$ l'insieme delle risonanze massimali in T. Indichiamo infine con $\mathring{\theta}$ l'insieme dei nodi e rami di θ che non sono contenuti in alcuna delle risonanze massimali di θ, con $V(\mathring{\theta})$ e $L(\mathring{\theta})$ l'insieme dei nodi e dei rami, rispettivamente, di $\mathring{\theta}$, e chiamiamo

$$\mathrm{Val}(\mathring{\theta}) := \left(\prod_{v \in V(\mathring{\theta})} \frac{1}{m_v!} F_v \right) \left(\prod_{\ell \in L(\mathring{\theta})} g_\ell \right)$$

il *valore potato* di θ, in modo tale che possiamo scrivere

$$\mathrm{Val}(\theta) = \mathrm{Val}(\mathring{\theta}) \prod_{T \in \mathfrak{T}_1(\theta)} \mathcal{V}_T(\langle \bar{\omega}_0, \nu_{\ell_T^2} \rangle). \tag{10.122}$$

Se, per qualche $T \in \mathfrak{T}_1(\theta)$, nella (10.122) sostituiamo a $\mathcal{V}_T(\langle \bar{\omega}_0, \nu_{\ell_T^2} \rangle)$ il suo valore localizzato $\mathcal{L}\mathcal{V}_T(\langle \bar{\omega}_0, \nu_{\ell_T^2} \rangle)$, in generale otteniamo un valore diverso da zero. Tuttavia, vale la seguente proprietà. Consideriamo tutti gli alberi $\theta' \in \mathcal{T}_{k,\nu,\zeta}$ che differiscano da θ solo per la struttura delle risonanze $T \in \mathfrak{T}_1(\theta)$ (i.e. tali che $\mathring{\theta}' = \mathring{\theta}$); per ciascuno di essi sostituiamo al valore di T il suo valore localizzato; sommiamo tutti i valori così ottenuti; otteniamo allora un valore nullo, come conseguenza del corollario 10.68. Questo vuol dire che, invece del valore dell'albero (10.122), possiamo limitarci a considerare la quantità

$$\overline{\mathrm{Val}}(\theta) := \mathrm{Val}(\mathring{\theta}) \prod_{T \in \mathfrak{T}_1(\theta)} \mathcal{R}\mathcal{V}_T(\langle \bar{\omega}_0, \nu_{\ell_T^2} \rangle), \tag{10.123}$$

dal momento che la differenza tra la (10.122) e la (10.123) somma a zero, quando si tiene conto di tutti gli alberi che appartengono all'insieme $\mathcal{T}_{k,\nu,\zeta}$.

Il valore regolarizzato di ogni risonanza T si scrive in accordo con la definizione 10.62. Se T è di tipo hh, si ha (cfr. la definizione 10.62 e la (10.116))

$$\begin{aligned}\mathcal{R}\mathcal{V}_T(\langle\bar{\omega}_0,\nu_{\ell_T^2}\rangle) = &\sum_{\ell_1,\ell_2\in L(\mathcal{P}_T)} \langle\bar{\omega}_0,\nu_{\ell_T^2}\rangle^2 \\ &\times\int_0^1 \mathrm{d}t_T\,(1-t_T)\Bigg(\prod_{v\in V(T)}\frac{1}{m_v!}F_v\Bigg)\Bigg(\prod_{\ell\in L(T)} g_\ell^*\Bigg),\end{aligned} \tag{10.124}$$

dove ricordiamo che l'argomento di ogni propagatore $\bar{g}_\ell^* = \gamma^{R_\ell} g_\ell^*$ non è $\langle\bar{\omega}_0,\nu_\ell\rangle$, ma $\langle\bar{\omega}_0,\nu_\ell(t_T)\rangle$, con $\nu_\ell(t_T)$ dato dalla (10.118). Analogamente, se T è di tipo hH o Hh, allora si ha (cfr. la definizione 10.62 e la (10.114))

$$\begin{aligned}\mathcal{R}\mathcal{V}_T(\langle\bar{\omega}_0,\nu_{\ell_T^2}\rangle) = &\sum_{\ell_1\in L(\mathcal{P}_T)} \langle\bar{\omega}_0,\nu_{\ell_T^2}\rangle \\ &\times\int_0^1 \mathrm{d}t_T\Bigg(\prod_{v\in V(T)}\frac{1}{m_v!}F_v\Bigg)\Bigg(\prod_{\ell\in L(T)} g_\ell^*\Bigg).\end{aligned} \tag{10.125}$$

Infine, se T è di tipo HH, si ha banalmente

$$\mathcal{R}\mathcal{V}_T(\langle\bar{\omega}_0,\nu_{\ell_T^2}\rangle) = \mathcal{V}_T(\langle\bar{\omega}_0,\nu_{\ell_T^2}\rangle).$$

Sia $\mathring{T}$ l'insieme dei nodi e dei rami di T che sono all'esterno delle risonanze $T'\in\mathfrak{T}_1(T)$; denotiamo con $V(\mathring{T})$ e $L(\mathring{T})$ l'insieme dei nodi e dei rami, rispettivamente, contenuti in $\mathring{T}$. Per esempio, nel caso della risonanza T della figura 10.11, si ha $\mathfrak{T}_1(T)=\{T_1,T_2,T_3\}$, così che $\mathring{T}$ è costituito dai nodi $v\in V(T)$ e dai rami $\ell\in L(T)$ che non sono contenuti all'interno delle risonanze T_1, T_2 e T_3; in tutto, $L(\mathring{T})$ contiene 8 rami e $V(\mathring{T})$ contiene 6 nodi.

Per ogni risonanza $T'\in\mathfrak{T}_1(T)$ ridefiniamo il suo valore come

$$\bar{\mathcal{V}}_{T'}(\langle\bar{\omega}_0,\nu_{\ell_{T'}^2}(t_T)\rangle) := \Bigg(\prod_{v\in V(T')}\frac{1}{m_v!}F_v\Bigg)\Bigg(\prod_{\ell\in L(T')} g_\ell^*\Bigg). \tag{10.126}$$

Analogamente definiamo

$$\bar{\mathcal{V}}_{\mathring{T}}(\langle\bar{\omega}_0,\nu_{\ell_T^2}(t_T)\rangle) := \Bigg(\prod_{v\in V(\mathring{T})}\frac{1}{m_v!}F_v\Bigg)\Bigg(\prod_{\ell\in L(\mathring{T})} g_\ell^*\Bigg). \tag{10.127}$$

Possiamo allora riscrivere la (10.124) come

$$\mathcal{R}\mathcal{V}_T(\langle\bar{\omega}_0, \nu_{\ell_T^2}\rangle) = \sum_{\ell_1,\ell_2 \in L(\mathcal{P}_T)} \langle\bar{\omega}_0, \nu_{\ell_T^2}\rangle^2$$
$$\times \int_0^1 \mathrm{d}t_T\, (1-t_T)\, \bar{\mathcal{V}}_{\mathring{T}}(\langle\bar{\omega}_0, \nu_{\ell_T^2}(t_T)\rangle) \prod_{T' \in \mathfrak{T}_1(T)} \bar{\mathcal{V}}_{T'}(\langle\bar{\omega}_0, \nu_{\ell_{T'}^2}(t_T)\rangle) \quad (10.128)$$

e la (10.125) come

$$\mathcal{R}\mathcal{V}_T(\langle\bar{\omega}_0, \nu_{\ell_T^2}\rangle) = \sum_{\ell_1 \in L(\mathcal{P}_T)} \langle\bar{\omega}_0, \nu_{\ell_T^2}\rangle$$
$$\times \int_0^1 \mathrm{d}t_T\, \bar{\mathcal{V}}_{\mathring{T}}(\langle\bar{\omega}_0, \nu_{\ell_T^2}(t_T)\rangle) \prod_{T' \in \mathfrak{T}_1(T)} \bar{\mathcal{V}}_{T'}(\langle\bar{\omega}_0, \nu_{\ell_{T'}^2}(t_T)\rangle). \quad (10.129)$$

In conclusione, il valore regolarizzato di T è espresso dalla (10.128) se T è di tipo hh e dalla (10.129) se T è di tipo hH o di tipo Hh.

Osservazione 10.70 Alla luce del corollario 10.68, per ogni risonanza T su scala n si guadagna un fattore dell'ordine di 2^{2n_T} se T è di tipo hh e dell'ordine di 2^{n_T} se T è di tipo hH oppure Hh, a fronte di una perdita che, nel peggiore dei casi, è dell'ordine di 2^{-2n} e di 2^{-n}, rispettivamente, dovuta ai propagatori interni dei rami interni (la cui scala è al massimo n) Poiché tipicamente si può avere $n_T \gg n$ (cfr. l'esempio considerato nell'osservazione 10.44), questo comporta un apprezzabile miglioramento delle stime. Di fatto, è come se la stima del propagatore si trasferisse dal ramo risonante su scala n_T (che ha lo stesso momento del ramo entrante) a un ramo interno su scala $n' \leq n$: in questo modo si ottiene un prodotto di propagatori derivati che si sa controllare, perché il fattore complessivo dovuto ai propagatori derivati su scala n' è stimato proporzionalmente a $2^{-4n' R_{n'}(\theta)}$, e la quantità $R_{n'}(\theta)$ si stima in accordo con il lemma 10.53. Tuttavia, un minimo di riflessione in più mostra che ci sono alcuni aspetti delicati di cui si deve tener conto:

1. poiché si possono avere risonanze contenute all'interno di altre risonanze, a loro volta contenute all'interno di altre risonanze, e così via, se si seguisse il procedimento indicato, senza alcuna modifica, per le risonanze non massimali, si rischierebbe di derivare alcuni propagatori un numero arbitrario di volte, e, essendo le funzioni χ_n di classe C^∞, non avremmo a disposizione alcuna stima utile sulle sue derivate di ordine alto;
2. in corrispondenza di alcune risonanze (quelle di tipo HH) non c'è alcun guadagno, per cui non si riesce a trasferire la stima del propagatore dal ramo risonante a un ramo interno.

Per risolvere tali difficoltà, occorre osservare che a creare problemi non è tanto la presenza delle risonanze in sè, quanto piuttosto il fatto che si possono avere catene di risonanze, i.e. risonanze connesse tra loro dai rami esterni (cfr. di nuovo l'esempio dell'osservazione 10.44), e, di fatto, non si possono formare catene costituite unicamente da risonanze di tipo HH; inoltre ogni volta che compare una risonanza HH in una catena, allora la catena comprende anche un'altra risonanza che ne compensa l'assenza di guadagno. Per quanto riguarda il problema di derivare troppe volte un propagatore, questo si evita notando che, una volta che si deriva il propagatore di un ramo all'interno di una risonanza di una catena, questo incide solo su quella risonanza della catena, e non sulle altre: in altre parole, se non si deriva ulteriormente quel propagatore si peggiora solo la stima di una risonanza di tutta la catena. Le considerazioni sopra suggeriscono la strategia che seguiremo nella parte restante del presente paragrafo e nel prossimo.

Per procedere modifichiamo la definizione di operatore di localizzazione $\mathcal{L}$ e, di conseguenza, quella dell'operatore di regolarizzazione $\mathcal{R} = \mathbb{1} - \mathcal{L}$; questo porterà alla definizione 10.71 più avanti. Per rendere più chiare le notazioni, introduciamo una nuova etichetta da associare alle risonanze $T \in \mathfrak{T}_1(\theta)$ e alle risonanze massimali in ciascuna di esse.

A ogni risonanza massimale $T \in \mathfrak{T}_1(\theta)$ associamo un'etichetta η_T, ponendo

$$\eta_T = \begin{cases} 2, & T \text{ è di tipo } hh, \\ 1, & T \text{ è di tipo } hH \text{ o } Hh, \\ 0, & T \text{ è di tipo } HH. \end{cases}$$

Anche alle risonanze T' che sono contenute all'interno di T e sono massimali in T associamo un'etichetta $\eta_{T'}$ nel modo seguente.

- Consideriamo prima il caso che T sia di tipo hh. Se T' è anch'essa di tipo hh, poniamo

$$\eta_{T'} := \begin{cases} 0, & T' \text{ contiene entrambi i rami } \ell_1 \text{ e } \ell_2, \\ 1, & T' \text{ contiene un solo ramo tra } \ell_1 \text{ e } \ell_2, \\ 2, & T' \text{ non contiene né } \ell_1 \text{ né } \ell_2, \end{cases}$$

  mentre, se T' è di tipo hH o Hh, poniamo

$$\eta_{T'} := \begin{cases} 0, & T' \text{ contiene almeno uno dei rami } \ell_1 \text{ e } \ell_2, \\ 1, & T' \text{ non contiene né } \ell_1 \text{ né } \ell_2, \end{cases}$$

  e, se T' è di tipo HH, allora si ha $\eta_{T'} = 0$.
- Nel caso invece che T sia di tipo hH o Hh, se T' è di tipo hh, poniamo

$$\eta_{T'} := \begin{cases} 1, & T' \text{ contiene } \ell_1, \\ 2, & T' \text{ non contiene } \ell_1, \end{cases}$$

se T' è di tipo hH o Hh, poniamo

$$\eta_{T'} := \begin{cases} 0, & T' \text{ contiene } \ell_1, \\ 1, & T' \text{ non contiene } \ell_1, \end{cases}$$

e, se T' è di tipo HH, poniamo $\eta_{T'} = 0$.

- Infine, nel caso che T sia di tipo HH, poniamo

$$\eta_{T'} = \begin{cases} 2, & T' \text{ è di tipo } hh, \\ 1, & T' \text{ è di tipo } hH \text{ o } Hh, \\ 0, & T' \text{ è di tipo } HH. \end{cases}$$

Definizione 10.71 (Operatore di localizzazione iterativa) *Data una risonanza $T' \in \mathfrak{T}_1(T)$ sia $\bar{\mathcal{V}}_{T'}$ il suo valore* (10.126). *Si definisce* operatore di localizzazione iterativa *l'operatore $\mathcal{L}$ la cui azione su $\bar{\mathcal{V}}_{T'}$ è data da*

$$\mathcal{L}\bar{\mathcal{V}}_{T'}(x) = \begin{cases} \bar{\mathcal{V}}_{T'}(0) + x\,\partial\bar{\mathcal{V}}_{T'}(0), & \eta_{T'} = 2, \\ \bar{\mathcal{V}}_{T'}(0), & \eta_{T'} = 1, \\ 0, & \eta_{T'} = 0, \end{cases}$$

se T' è di tipo hh, da

$$\mathcal{L}\bar{\mathcal{V}}_{T'}(x) = \begin{cases} \bar{\mathcal{V}}_{T'}(0), & \eta_{T'} = 1, \\ 0, & \eta_{T'} = 0, \end{cases}$$

se T' è di tipo hH o di tipo Hh, e da

$$\mathcal{L}\bar{\mathcal{V}}_{T'}(x) = 0$$

se T' è di tipo HH.

Definizione 10.72 (Operatore di regolarizzazione iterativa) *Data una risonanza $T' \in \mathfrak{T}_1(T)$ sia $\bar{\mathcal{V}}_{T'}$ il suo valore* (10.126). *Si definisce* operatore di regolarizzazione iterativa *l'operatore $\mathcal{R} = \mathbb{1} - \mathcal{L}$, i.e. l'operatore $\mathcal{R}$ la cui azione su $\bar{\mathcal{V}}_{T'}$ è data da*

$$\mathcal{R}\bar{\mathcal{V}}_{T'}(x) = \begin{cases} x^2 \displaystyle\int_0^1 \mathrm{d}t_{T'}\,\partial^2\bar{\mathcal{V}}_{T'}(t_{T'}x), & \eta_{T'} = 2, \\ x \displaystyle\int_0^1 \mathrm{d}t_{T'}\,\partial\bar{\mathcal{V}}_{T}(t_{T'}x), & \eta_{T'} = 1, \\ \bar{\mathcal{V}}_{T'}(x), & \eta_{T'} = 0, \end{cases}$$

se T' è di tipo hh,

$$\mathcal{R}\bar{\mathcal{V}}_{T'}(x) = \begin{cases} x\int\limits_0^1 \mathrm{d}t_{T'}\,\partial\bar{\mathcal{V}}_T(t_{T'}x), & \eta_{T'} = 1, \\ \bar{\mathcal{V}}_{T'}(x), & \eta_{T'} = 0, \end{cases}$$

se T' è di tipo hH o di tipo Hh, e, infine,

$$\mathcal{R}\bar{\mathcal{V}}_{T'}(x) = \bar{\mathcal{V}}_{T'}(x)$$

se T' è di tipo HH.

Osservazione 10.73 Il nome degli operatori appena introdotti è dovuto al fatto che la definizione non dipende solo dal tipo della risonanza T', ma anche dall'etichetta $\eta_{T'}$ associata alla risonanza: possiamo definire l'operatore di localizzazione iterativa di una risonanza $T' \in \mathfrak{T}_1(T)$ solo dopo aver definito l'operatore di regolarizzazione di T e scelto i rami $\ell_1, \ell_2 \in L(\mathcal{P}_T)$ in (10.128) o il ramo $\ell_1 \in L(\mathcal{P}_T)$ in (10.129). Vedremo più avanti che la definizione si estende naturalmente a qualsiasi risonanza, senza assumere necessariamente che T sia massimale in θ (come nel caso che abbiamo considerato finora).

Se in (10.128) e in (10.129) scriviamo

$$\bar{\mathcal{V}}_{T'}(\langle\bar{\omega}_0, \nu_{\ell^2_{T'}}(t_T)\rangle) = \mathcal{L}\bar{\mathcal{V}}_{T'}(\langle\bar{\omega}_0, \nu_{\ell^2_{T'}}(t_T)\rangle) + \mathcal{R}\bar{\mathcal{V}}_{T'}(\langle\bar{\omega}_0, \nu_{\ell^2_{T'}}(t_T)\rangle),$$

con $\mathcal{L}$ e $\mathcal{R}$ in accordo con le definizioni 10.71 e 10.72, rispettivamente, tutti i contributi con $\mathcal{L}\bar{\mathcal{V}}_{T'}(\langle\bar{\omega}_0, \nu_{\ell^2_{T'}}(t_T)\rangle)$ si cancellano quando sommiamo su tutte le risonanze, come conseguenza del corollario 10.68 (cfr. l'esercizio 10.44). Ne segue che possiamo riscrivere la (10.123) come

$$\begin{aligned} \overline{\mathrm{Val}}(\theta) &:= \mathrm{Val}(\mathring{\theta}) \qquad (10.130) \\ &\times \prod_{T\in\mathfrak{T}_1(\theta)} \left(\sum_T^{\eta_T} \langle\bar{\omega}_0, \nu_{\ell^2_T}\rangle^{\eta_T} \int\limits_0^1 \mu_T(t_T)\,\mathrm{d}t_T\,\bar{\mathcal{V}}_{\mathring{T}}(\langle\bar{\omega}_0, \nu_{\ell^2_T}(t_T)\rangle) \right. \\ &\times \left. \prod_{T'\in\mathfrak{T}_1(T)} \left(\sum_{T'}^{\eta_{T'}} \langle\bar{\omega}_0, \nu_{\ell^2_{T'}}\rangle^{\eta_{T'}} \int\limits_0^1 \mu_{T'}(t_{T'})\,\mathrm{d}t_{T'}\,\partial^{\eta_{T'}}\bar{\mathcal{V}}_{T'}(\langle\bar{\omega}_0, \nu_{\ell^2_{T'}}(t_T, t_{T'})\rangle) \right) \right), \end{aligned}$$

dove abbiamo definito

$$\sum_T^{\eta_T} = \begin{cases} \displaystyle\sum_{\ell_{T,1},\ell_{T,2}\in L(\mathcal{P}_T)}, & \eta_T = 2, \\ \displaystyle\sum_{\ell_{T,1}\in L(\mathcal{P}_T)}, & \eta_T = 1, \\ 1, & \eta_T = 0, \end{cases} \tag{10.131a}$$

$$\nu_\ell(t_T, t_{T'}) = \begin{cases} \nu_\ell^0 + t_{T'}\nu_{\ell^2_{T'}}(t_T), & \ell \in L(\mathcal{P}_{T'}), \\ \nu_\ell^0, & \ell \notin L(\mathcal{P}_{T'}), \end{cases} \tag{10.131b}$$

$$\mu_T(t) = \begin{cases} (1-t), & \eta_T = 2, \\ 1, & \eta_T = 1, \\ \delta(t-1), & \eta_T = 0, \end{cases} \tag{10.131c}$$

dove $\nu_\ell(t_T, t_{T'})$ è il *momento interpolato* del ramo ℓ, e $\delta(t)$ è la *delta di Dirac*, i.e. la *distribuzione* definita dalle condizioni (cfr. l'esercizio 10.46)

$$\delta(t) = \begin{cases} +\infty, & t = 0, \\ 0, & t \neq 0, \end{cases} \qquad \int_{-\infty}^{\infty} \mathrm{d}t\, \delta(t) = 1. \tag{10.132}$$

Osservazione 10.74 La misura d'integrazione $\mu_T(t_T)$ per $\eta_T = 0$ in termini della delta di Dirac significa, in pratica, che, se $\eta_T = 0$, si deve porre semplicemente $t_T = 1$ e nessuna integrazione deve essere effettuata sul parametro d'interpolazione t_T.

Osservazione 10.75 A titolo di esempio per il calcolo dei momenti interpolati, si consideri la figura 10.11. Il ramo ℓ' appartiene sia al cammino $\mathcal{P}_{T_1}$ che al cammino $\mathcal{P}_T$, così che

$$\nu_{\ell'}(t_{T_1}, t_T) = \nu_{\ell'}^0 + t_{T_1}(\nu^0_{\ell^2_{T_1}} + t_T \nu_{\ell^2_T}),$$

dove, se v' e v_{T_1} sono, rispettivamente, i nodi da cui ℓ' e $\ell^2_{T_1}$ escono,

$$\nu_{\ell'}^0 = \sum_{\substack{v\in V(T_1)\\ v\preceq v'}} \nu_v, = \nu_{v'} \qquad \nu^0_{\ell^2_{T_1}} = \sum_{\substack{v\in V(T)\\ v\preceq v_{T_1}}} \nu_v,$$

sono, rispettivamente, il contributo a $\nu_{\ell'}$ dovuto ai nodi contenuti in T_1 (uno solo nel caso della figura) e il contributo a $\nu_{\ell^2_{T_1}}$ dovuto ai nodi all'interno di T (di fatto ai soli nodi interni a T ma esterni a T_3, dal momento che la somma dei modi dei nodi contenuti in T_3 è zero e quindi il loro contributo complessivo a $\nu_{\ell^2_{T_1}}$ è nullo). Per il ramo ℓ'' si ha invece

$$\nu_{\ell''}(t_{T_2}) = \nu^0_{\ell''} + t_{T_2}\nu_{\ell^2_{T_2}},$$

poiché ℓ'' si trova lungo il cammino $\mathcal{P}_{T_2}$, ma non appartiene né al cammino $\mathcal{P}_T$ né al cammino $\mathcal{P}_{T_4}$ (si noti che $\mathcal{P}_{T_4} = \emptyset$).

Osservazione 10.76 In (10.131a), abbiamo aggiunto un indice T ai rami su cui si somma per tener traccia della risonanza T a cui tali rami si riferiscono. Infatti, come vedremo, iterando il procedimento, per ogni risonanza T si genera una somma che, se non è vuota (i.e. se $\eta_T \neq 0$), si estende sui rami (se $\eta_T = 1$) o sulle coppie di rami (se $\eta_T = 2$) lungo il cammino $\mathcal{P}_T$.

Osservazione 10.77 Ogni risonanza massimale $T \in \mathfrak{T}_1(\theta)$ con $\eta_T \neq 0$ contiene un ramo $\ell_{T,1} \in L(\mathcal{P}_T)$ o due rami, eventualmente coincidenti, $\ell_{T,1}, \ell_{T,2} \in L(\mathcal{P}_T)$ il cui propagatore è derivato, a seconda che si abbia $\eta_T = 1$ o $\eta_T = 2$, rispettivamente; di conseguenza il propagatore di ogni ramo $\ell \in L(\mathring{T})$ è derivato al massimo due volte.

Per costruzione, $\mathfrak{L}(T)$ rappresenta l'insieme dei rami $\ell \in L(T)$ che hanno il propagatore derivato, i.e. tali che $g_\ell^* = \partial g_\ell$ o $g_\ell^* = \partial^2 g_\ell$ (cfr. le (10.115) e (10.117)). I rami $\ell \in \mathfrak{L}(T)$ possono trovarsi all'interno di risonanze $T' \in \mathfrak{T}_1(T)$; le etichette $\eta_{T'}$ sono definite in modo tale che i propagatori dei rami $\ell \in L(T')$ sono anch'essi derivati al più due volte. Se T' è di tipo hh ci sono varie possibilità: se $\mathfrak{L}(T)$ è costituito da due rami e T' li contiene entrambi, allora si ha $\eta_{T'} = 0$ e non ci sono ulteriori rami con propagatore derivato associati alla risonanza T'; se T' contiene solo un ramo $\bar{\ell} \in \mathfrak{L}(T)$, allora $\eta_{T'} = 1$ e c'è un secondo ramo $\ell_{T',1}$ associato a T', eventualmente coincidente con $\bar{\ell}$, il cui propagatore è derivato; se T' non contiene rami $\ell \in \mathfrak{L}(T)$, allora $\eta_{T'} = 2$, così che in (10.129) dobbiamo sommare su due rami $\ell_{T',1}, \ell_{T',2} \in L(\mathcal{P}_{T'})$ e quindi T' contiene o un ramo il cui propagatore è derivato due volte o due propagatori i cui propagatori sono derivati una volta ciascuno; in tutti e tre i casi i propagatori dei rami $\ell \in L(T')$ sono derivati al più due volte. Similmente, se T' è di tipo hH o Hh, se T' contiene almeno un ramo di $\mathfrak{L}(T)$, allora $\eta_{T'} = 0$, così che non ci sono ulteriori derivate che agiscono sui propagatori dei rami $\ell \in L(T')$; se invece T' non contiene rami di $\mathfrak{L}(T)$, allora $\eta_{T'} = 1$ e quindi esiste un ramo $\ell_{T',1}$ il cui propagatore è derivato; in conclusione T' non può contenere più di un ramo il cui propagatore sia derivato al più due volte o più di due rami i cui propagatori siano derivati una volta ciascuno. Infine, se T' è di tipo HH, allora T' non contiene altri rami con propagatore derivato oltre eventualmente a quelli che appartengono a $\mathfrak{L}(T)$.

Nella (10.130) possiamo scrivere $\partial^{\eta_{T'}} \bar{\mathcal{V}}_{T'}(\langle \omega_0, \nu_{\ell^2_{T'}}(t_T, t_{T'}) \rangle)$ analogamente alla (10.114) o alla (10.116), a seconda che si abbia $\eta_{T'} = 1$ o $\eta_{T'} = 2$. Possiamo perciò pensare di iterare la costruzione, scrivendo il valore di ogni risonanza massimale in T' come somma del suo valore localizzato e del suo valore regolarizzato, adattando le definizioni 10.71 e 10.72 alle risonanze $T'' \in \mathfrak{T}_1(T')$. Per far questo abbiamo però bisogno di associare un'etichetta $\eta_{T''}$ alle risonanze massimali $T'' \in \mathfrak{T}_1(T')$, dal momento che gli operatori di localizzazione e di regolarizzazione iterativa sono stati definiti in termini dei valori di tale etichetta. Successivamente, passeremo alle risonanze massimali in T'', e così via, fino a raggiungere risonanze che non contengano altre risonanze al loro interno; a questo punto la costruzione si ferma.

Ci proponiamo ora di estendere la definizione dell'etichetta η_T a ogni risonanza $T \in \mathfrak{T}(\theta)$, in maniera tale che ogni propagatore $\ell \in L(\theta)$ sia derivato al massimo due volte e che per ogni risonanza T non più di due derivate agiscano sui propagatori dei rami $\ell \in L(\mathring{T})$.

Definizione 10.78 (Nuvola di una risonanza) *Se $T \in \mathfrak{T}(\theta)$ non è una risonanza massimale in θ, allora esistono $p \geq 1$ risonanze $T_1, \ldots, T_p$ tali che*

- $T_1 \in \mathfrak{T}_1(\theta)$,
- $T_{i+1} \in \mathfrak{T}_1(T_i)$ *per* $i = 1, \ldots, p-1$, *se* $p \geq 2$,
- $T \in \mathfrak{T}_1(T_p)$.

Chiamiamo $\mathfrak{C}(T) := \{T_1, \ldots, T_p\}$ *la* nuvola della risonanza T *e* p *la* profondità *di* T. *Per convenzione, una risonanza massimale ha profondità* $p = 0$.

Iniziamo ad associare a ogni risonanza T un'etichetta $\eta_T \in \{0, 1, 2\}$, per il momento senza ulteriori condizioni. Per ogni risonanza T fissiamo due rami $\ell_{T,1}, \ell_{T,2} \in L(\mathcal{P}_T)$ se $\eta_T = 2$ e un ramo $\ell_{T,1} \in L(\mathcal{P}_T)$ se $\eta_T = 1$, e scriviamo

$$\mathfrak{L}(T) := \begin{cases} \{\ell_{T,1}, \ell_{T,2}\}, & \eta_T = 2, \\ \{\ell_{T,1}\}, & \eta_T = 1, \\ \emptyset, & \eta_T = 0. \end{cases}$$

Per costruzione $\mathfrak{L}(T)$ è l'insieme dei rami contenuti in T sui cui propagatori agisce una derivata, contati con molteplicità (se $\ell_{T,1} = \ell_{T,2}$); per brevità chiamiamo $\mathfrak{L}(T)$ l'i*insieme dei rami derivati della risonanza* T. Si noti che uno stesso ramo può appartenere contemporaneamente agli insiemi dei propagatori derivati di risonanze distinte, contenute nella stessa nuvola.

Definiamo $\mathfrak{L}_0(T) := \emptyset$ se T è massimale in θ, e

$$\mathfrak{L}_0(T) := \bigcup_{T' \in \mathfrak{C}(T)} \mathfrak{L}(T')$$

altrimenti. Chiamiamo $\mathfrak{L}_0(T)$ l'*insieme dei rami derivati della nuova* di T.

Il valore di η_T va fissato in accordo con la seguente definizione.

Definizione 10.79 (Guadagno di una risonanza) *Sia θ un albero. Associamo a ogni $T \in \mathfrak{T}(\theta)$ un'etichetta η_T, che prende il nome di* guadagno *della risonanza T, definita iterativamente come segue:*

1. *se T è di tipo hh si ha*

$$\eta_T = \begin{cases} 2, & T \text{ non contiene alcun ramo } \ell \in \mathfrak{L}_0(T), \\ 1, & T \text{ contiene uno e un solo ramo } \ell \in \mathfrak{L}_0(T), \\ 0, & T \text{ contiene due rami } \ell \in \mathfrak{L}_0(T); \end{cases}$$

2. *se T è di tipo hH o Hh si ha*

$$\eta_T = \begin{cases} 1, & T \text{ non contiene alcun ramo } \ell \in \mathfrak{L}_0(T), \\ 0, & T \text{ contiene uno o due rami } \ell \in \mathfrak{L}_0(T); \end{cases}$$

3. *se T è di tipo HH si ha $\eta_T = 0$.*

Osservazione 10.80 La definizione 10.79 è consistente con le definizioni date prima della definizione 10.71, sia nel caso di risonanze massimali in θ, i.e. di risonanze $T \in \mathfrak{T}_1(\theta)$, sia nel caso di risonanze massimali in risonanze che siano a loro volta massimali in θ, i.e di risonanze $T' \in \mathfrak{T}_1(T)$ per qualche $T \in \mathfrak{T}_1(\theta)$.

Osservazione 10.81 La definizione del guadagno η_T dipende non solamente dalla profondità di T, ma anche dal modo in cui sono stati fissati i rami $\ell \in \mathfrak{L}_0(T)$. Quindi, per ogni possibile scelta degli insiemi $\mathfrak{L}_0(T)$ associati alle varie risonanze T, abbiamo una diversa assegnazione di etichette η_T.

Osservazione 10.82 Apparentemente la definizione 10.79 non considera la possibilità che T contenga più di due rami di $\mathfrak{L}_0(T)$. In realtà, per costruzione, tale possibilità non si può presentare, come mostra il seguente risultato (da cui segue anche che la definizione 10.79 è ben posta).

Lemma 10.83 *Ogni risonanza T contiene al più due rami di $\mathfrak{L}_0(T)$.*

Dimostrazione Si procede per induzione sulla profondità p della risonanza. Se T ha profondità 1, e T_1 è la risonanza che ne costituisce la nuvola, i.e. tale che $T \in \mathfrak{T}_1(T_1)$, si ha $\mathfrak{L}_0(T) = \mathfrak{L}(T_1)$, quindi $\mathfrak{L}_0(T)$ contiene al più due rami.

Supponiamo ora che il guadagno sia definito in accordo con la definizione 10.79 per ogni risonanza che abbia profondità $< p$, e consideriamo una risonanza T di profondità p. Esiste quindi una nuvola $\mathfrak{C}(T) = \{T_1, \ldots, T_p\}$, dove T_p è la risonanza di profondità $p-1$ che contiene T, i.e. tale che $T \in \mathfrak{T}_1(T_p)$. Si ha $\mathfrak{L}_0(T) = \mathfrak{L}_0(T_p) \cup \mathfrak{L}(T_p)$. Per l'ipotesi induttiva, al più due rami $\ell_1, \ell_2 \in \mathfrak{L}_0(T_p)$ sono contenuti all'interno di T_p:

1. se sono entrambi contenuti in T, allora $\eta_T = 0$ e quindi $\mathfrak{L}(T) = \emptyset$;
2. se uno solo di essi è contenuto in T, allora si ha $\eta_T = 1$ e quindi $\mathfrak{L}(T)$ è costituito da un solo ramo $\ell_{T,1}$ nel caso in cui T sia di tipo hh, altrimenti si ha $\mathfrak{L}(T) = \emptyset$ ed $\eta_T = 0$;
3. se nessuno di essi è contenuto in T, allora si ha $\eta_T = 2$ e quindi $\mathfrak{L}(T)$ è costituito da due rami $\ell_{T,1}$ ed $\ell_{T,2}$ nel caso in cui T sia di tipo hh; si ha $\eta_T = 1$ e quindi $\mathfrak{L}(T)$ è costituito da un ramo $\ell_{T,1}$ nel caso in cui T sia di tipo hH o Hh; si ha $\eta_T = 0$ e $\mathfrak{L}(T) = \emptyset$ se T è di tipo HH.

In tutti e tre i casi sopra considerati, il numero di rami dell'insieme $\mathfrak{L}_0(T)$ che sono contenuti all'interno di T non è superiore a 2. □

A questo punto, possiamo iterare la costruzione che ha portato alla (10.130). Le definizioni degli operatori di localizzazione e di regolarizzazione iterativa coincidono con le definizioni 10.71 e 10.72 date nel caso di risonanze massimali: semplicemente ora T' è una risonanza di profondità qualsiasi e il valore $\bar{\mathcal{V}}_{T'}$ è dato dalla (10.126) dopo che si sia applicato l'operatore di regolarizzazione a tutte le risonanze della nuvola $\mathfrak{C}(T')$, iterativamente, i.e. iniziando dalle risonanze più esterne e procedendo in accordo con la loro profondità.

Alla fine, trascurando ancora una volta tutti i contributi che contengono valori localizzati di qualche risonanza, poiché sommano a zero (cfr. l'esercizio 10.49), possiamo ridefinire il valore dell'albero θ come (cfr. l'esercizio 10.50)

$$\overline{\mathrm{Val}}(\theta) = \mathrm{Val}(\mathring{\theta}) \prod_{T\in\mathfrak{T}(\theta)} \sum_{T}^{\eta_T} \int_0^1 \mu(t_T)\,\mathrm{d}t_T\, \langle \bar{\omega}_0, \nu_{\ell_T^2}(\underline{t})\rangle^{\eta_T} \times \Bigg(\prod_{v\in V(\mathring{T})} \frac{1}{m_v!} F_v \Bigg) \Bigg(\prod_{\ell\in L(\mathring{T})} g_\ell^* \Bigg), \tag{10.133}$$

dove si sono usate le notazioni in (10.131a) e (10.131c) per la sommatoria e per la misura di integrazione $\mu(t_T)$, rispettivamente, mentre il momento di ogni propagatore g_ℓ^* è dato da

$$\nu_\ell(\underline{t}) = \begin{cases} \nu_\ell^0 + t_T \nu_{\ell_T^2}(\underline{t}), & \text{se } \ell \in L(\mathcal{P}_T), \\ \nu_\ell^0, & \text{se } \ell \notin L(\mathcal{P}_T), \end{cases}$$

dove $\underline{t} := \{t_T\}_{T\in\mathfrak{T}(\theta)}$. Chiamiamo $\overline{\mathrm{Val}}(\theta)$ *valore rinormalizzato* dell'albero θ, e chiamiamo $\nu_\ell(\underline{t})$ *momento interpolato* come nella (10.118) o nella (10.131b), che ne costituiscono casi particolari (quando T è una risonanza massimale o di profondità 1, rispettivamente).

Definizione 10.84 (Fattore di guadagno di una risonanza) *Chiamiamo* fattore di guadagno *della risonanza T il fattore* $\langle \omega_0, \nu_{\ell_T^2}(\underline{t})\rangle^{\eta_T}$ *che compare nella* (10.133).

Osservazione 10.85 Di fatto il momento interpolato $\nu_\ell(\underline{t})$ dipende solo dai parametri di interpolazione t_T associati alle risonanze $T \in \mathfrak{T}(\theta)$ che contengono il ramo ℓ e tali che $\ell \in \mathcal{P}_T$.

Ricordiamo che i coefficienti $h_\nu^{(k)}$, $H_\nu^{(k)}$ e $\mu^{(k)}$ sono dati dal lemma 9.53. L'analisi compiuta nel presente paragrafo mostra che possiamo riscrivere, per ogni $k \geq 1$ e per ogni $\nu \in \mathbb{Z}^n \setminus \{0\}$,

$$h_\nu^{(k)} = \sum_{\theta\in\mathcal{T}_{k,\nu,h}} \overline{\mathrm{Val}}(\theta), \qquad H_\nu^{(k)} = \sum_{\theta\in\mathcal{T}_{k,\nu,H}} \overline{\mathrm{Val}}(\theta), \qquad \mu^{(k)} = \sum_{\theta\in\mathcal{T}_{k,0,\mu}} \overline{\mathrm{Val}}(\theta),$$

dove $\overline{\mathrm{Val}}(\theta)$ è dato dalla (10.133).

Nella (10.133), per ogni risonanza T, la somma $\sum_T^{\eta_T}$ indica una somma su 2, 1 o 0 rami – a seconda del valore di η_T – lungo il cammino $\mathcal{P}_T$. La (10.133) costituisce una somma di vari addendi ognuno dei quali è identificato da una scelta ben precisa dei rami su cui si somma: due rami $\ell_{T,1}, \ell_{T,2} \in L(\mathcal{P}_T)$ se $\eta_T = 2$ e un ramo $\ell_{T,1} \in L(\mathcal{P}_T)$ se $\eta_T = 1$. Sia

$$\mathfrak{L}(\theta) := \bigcup_{T \in \mathfrak{T}(\theta)} \mathfrak{L}(T)$$

l'insieme di tali rami; chiamiamo $\mathfrak{L}(\theta)$ l'*'insieme dei rami derivati dell'albero* θ. Nella (10.133), per ogni ramo ℓ, si ha $g_\ell^* = g_\ell$ se $\ell \notin \mathfrak{L}(\theta)$, si ha $g_\ell^* = \partial g_\ell$ se $\ell = \ell_{T,1}$ per un solo ramo $\ell_{T,1} \in \mathfrak{L}(\theta)$, e si ha $g_\ell^* = \partial^2 g_\ell$ se $\ell = \ell_{T,1} = \ell_{T,2}$ per due rami coincidenti $\ell_{T,1}, \ell_{T,2} \in \mathfrak{L}(\theta)$. In altre parole il propagatore di ogni ramo $\ell \in L(\theta)$ è derivato se e solo se appartiene a $\mathfrak{L}(\theta)$, e, se lo è, è derivato tante volte quante ℓ compare in $\mathfrak{L}(\theta)$ – contandone la molteplicità nel caso in cui compaia più volte.

Osservazione 10.86 Si noti che alcuni rami possono comparire due volte, ma non più di due, all'interno di $\mathfrak{L}(\theta)$, dal momento che, per costruzione, ogni propagatore è derivato al più due volte. Infatti, se un ramo fosse derivato almeno tre volte, $\mathfrak{L}(\theta)$ dovrebbe contenere tre rami $\ell_1 = \ell_2 = \ell_3$, e quindi esisterebbe una risonanza T con $\mathfrak{L}_0(T)$ contenente i tre rami ℓ_1, ℓ_2, ℓ_3, in contraddizione con il lemma 10.83.

10.3.4 Stime

Completiamo ora il programma delineato all'inizio del §10.3.2, facendo vedere come i valori rinormalizzati degli alberi, in termini dei quali abbiamo riscritto i coefficienti delle funzioni h e H, si possano stimare in modo da assicurare la convergenza delle serie perturbative.

Definizione 10.87 (Catena di risonanze) *Una* catena di risonanze *è un insieme di risonanze* $\mathfrak{R} = \{T_1, T_2, \dots, T_p\}$, *con* $p \geq 1$, *tali che* $\ell_{T_i}^2 = \ell_{T_{i+1}}^1$ *per* $i = 1, \dots, p-1$ *se* $p \geq 2$; *si dice che* $\mathfrak{R}$ *ha* lunghezza p *e che i rami esterni delle risonanze* $T_1, \dots, T_p$ *sono i* rami esterni della catena. *Una catena di risonanze si dice* massimale *se non esiste alcuna catena di risonanze che la contenga.*

Osservazione 10.88 Per definizione di ramo risonante (cfr. la definizione 10.43), in una catena massimale $\mathfrak{R} = \{T_1, \dots, T_p\}$, i rami esterni sono tutti risonanti tranne il ramo $\ell_{T_p}^2$, perché non esce da alcuna risonanza. Chiamiamo $\ell_{T_p}^2$ il *ramo non risonante della catena massimale* $\mathfrak{R}$.

Definizione 10.89 (Tipo di una catena di risonanze) *Data una catena di risonanze* $\mathfrak{R} = \{T_1, T_2, \dots, T_n\}$, *siano* $\ell_1 := \ell_{T_1}^1$ *il ramo uscente di* T_1 *ed* $\ell_2 := \ell_{T_p}^2$ *il ramo entrante di* T_p. *La catena di risonanze è di* tipo

1. $h \leftarrow h$ *se* $\zeta_{\ell_1}^1 = h$ *e* $\zeta_{\ell_2}^2 = h$;
2. $h \leftarrow H$ *se* $\zeta_{\ell_1}^1 = h$ *e* $\zeta_{\ell_2}^2 = H$;
3. $H \leftarrow h$ *se* $\zeta_{\ell_1}^1 = H$ *e* $\zeta_{\ell_2}^2 = h$;
4. $H \leftarrow H$ *se* $\zeta_{\ell_1}^1 = H$ *e* $\zeta_{\ell_2}^2 = H$.

Lemma 10.90 *Sia $\mathfrak{R} = \{T_1, T_2, \ldots, T_n\}$ una catena di risonanze. Si assuma che i propagatori dei rami esterni della catena non siano derivati e che nessuna risonanza $T \in \mathfrak{R}$ contenga rami dell'insieme $\mathfrak{L}_0(T)$. Si ha allora*

$$\left| \bar{g}_{\ell^1_{T_1}} \prod_{T \in \mathfrak{R}} \langle \bar{\omega}_0, \nu_{\ell^2_T}(\underline{t}) \rangle^{\eta_T} \bar{g}_{\ell^2_T} \right| \le \begin{cases} |\langle \bar{\omega}_0, \nu_{\ell^1_{T_1}}(\underline{t}) \rangle|^{-2}, & \text{se } \mathfrak{R} \text{ è di tipo } h \leftarrow h, \\ |\langle \bar{\omega}_0, \nu_{\ell^1_{T_1}}(\underline{t}) \rangle|^{-1}, & \text{se } \mathfrak{R} \text{ è di tipo } h \leftarrow H, \\ |\langle \bar{\omega}_0, \nu_{\ell^1_{T_1}}(\underline{t}) \rangle|^{-1}, & \text{se } \mathfrak{R} \text{ è di tipo } H \leftarrow h, \\ 1, & \text{se } \mathfrak{R} \text{ è di tipo } H \leftarrow H, \end{cases}$$

dove η_T è l'etichetta di guadagno introdotta nella definizione 10.79.

Dimostrazione Si procede per induzione sulla lunghezza p della catena.

- Se $p = 1$, la catena $\mathfrak{R}$ è costituita da un'unica risonanza T, i.e. $\mathfrak{R} = \{T\}$. Si ha allora $\ell_1 = \ell^1_T$ e $\ell_2 = \ell^2_T$. Scriviamo, per semplicità, $x := |\langle \bar{\omega}_0, \nu(\underline{t}) \rangle|$, dove $\nu(\underline{t}) = \nu_{\ell_1}(\underline{t}) = \nu_{\ell_2}(\underline{t})$. Poiché né g_{ℓ_1} né g_{ℓ_2} sono derivati, si ha, per $i = 1, 2$,

$$|\bar{g}_{\ell_i}| \le \begin{cases} x^{-2}, & \text{se } \ell_i \text{ è di tipo } h \leftarrow h, \\ x^{-1}, & \text{se } \ell_i \text{ è di tipo } h \leftarrow H, \\ x^{-1}, & \text{se } \ell_i \text{ è di tipo } H \leftarrow h, \end{cases} \tag{10.134}$$

e, tenendo conto che per ipotesi T non contiene rami $\ell \in \mathfrak{L}_0(T)$,

$$|\langle \bar{\omega}_0, \nu(\underline{t}) \rangle^{\eta_T}| \le \begin{cases} x^2, & \text{se } T \text{ è di tipo } hh, \\ x, & \text{se } T \text{ è di tipo } hH, \\ x, & \text{se } T \text{ è di tipo } Hh, \\ 1, & \text{se } T \text{ è di tipo } HH, \end{cases} \tag{10.135}$$

così che, considerando tutte le varie possibilità, si verifica facilmente che (cfr. l'esercizio 10.51)

$$|\bar{g}_{\ell_1} \langle \bar{\omega}_0 \, \nu(\underline{t}) \rangle^{\eta_T} \bar{g}_{\ell_2}| \le \begin{cases} x^{-2}, & \text{se } \mathfrak{R} \text{ è di tipo } h \leftarrow h, \\ x^{-1}, & \text{se } \mathfrak{R} \text{ è di tipo } h \leftarrow H, \\ x^{-1}, & \text{se } \mathfrak{R} \text{ è di tipo } H \leftarrow h, \\ 1, & \text{se } \mathfrak{R} \text{ è di tipo } H \leftarrow H. \end{cases}$$

- Se $p > 1$, sia $\mathfrak{R}' = \{T_2, \ldots, T_p\}$ la catena di lunghezza $p - 1$ costituita dalle risonanze $T_2, \ldots, T_p$ della catena $\mathfrak{R}$. Possiamo scrivere

$$\bar{g}_{\ell^1_{T_1}} \prod_{T \in \mathfrak{R}} \langle \bar{\omega}_0, \nu_{\ell^2_T}(\underline{t}) \rangle^{\eta_T} \bar{g}_{\ell^2_T} = \bar{g}_{\ell^1_{T_1}} \langle \bar{\omega}_0, \nu_{\ell^2_{T_1}}(\underline{t}) \rangle^{\eta_{T_1}} \left(\bar{g}_{\ell^2_{T_1}} \prod_{T \in \mathfrak{R}'} \langle \bar{\omega}_0, \nu_{\ell^2_T}(\underline{t}) \rangle^{\eta_T} \bar{g}_{\ell^2_T} \right).$$

Per l'ipotesi induttiva – e per l'assunzione che i propagatori siano tutti non derivati – si ha

$$\bar{g}_{\ell^2_{T_1}} \left| \prod_{T\in\mathfrak{R}'} \langle\bar{\omega}_0, \nu_{\ell^2_T}(\underline{t})\rangle^{\eta_T} \bar{g}_{\ell^2_T} \right| \le \begin{cases} x^{-2}, & \text{se } \mathfrak{R}' \text{ è di tipo } h \leftarrow h, \\ x^{-1}, & \text{se } \mathfrak{R}' \text{ è di tipo } h \leftarrow H, \\ x^{-1}, & \text{se } \mathfrak{R}' \text{ è di tipo } H \leftarrow h, \\ 1, & \text{se } \mathfrak{R}' \text{ è di tipo } H \leftarrow H, \end{cases} \tag{10.136}$$

dove abbiamo posto

$$x := |\langle\bar{\omega}_0, \nu_{\ell^2_{T_p}}(\underline{t})\rangle| = |\langle\bar{\omega}_0, \nu_{\ell^1_{T_1}}(\underline{t})\rangle|, \tag{10.137}$$

mentre $\bar{g}_{\ell^1_{T_1}}$ e $\langle\bar{\omega}_0, \nu_{\ell^2_{T_1}}(\underline{t})\rangle^{\eta_{T_1}}$ sono stimati, rispettivamente, tramite la (10.134), con $i = 1$, e la (10.135), con $T = T_1$ e $\nu(\underline{t}) = \nu_{\ell^2_{T_1}}(\underline{t})$, Si può quindi ragionare come nel caso $p = 1$, utilizzando la stima (10.136) in luogo della stima in (10.134) per $\bar{g}_{\ell_2}$ (cfr. l'esercizio 10.52).

Questo completa la dimostrazione. □

Osservazione 10.91 Il lemma 10.90 implica che, sotto le ipotesi ivi considerate, se $\mathfrak{R} = \{T_1, T_2, \dots, T_n\}$ è una catena di risonanze di tipo $\zeta\zeta'$, con $\zeta, \zeta' \in \{h, H\}$, allora il prodotto

$$g_{\ell^1_{T_1}} \prod_{T\in\mathfrak{R}} \langle\bar{\omega}_0, \nu_{\ell^2_T}(\underline{t})\rangle^{\eta_T} g_{\ell^2_T}$$

ammette la stessa stima del propagatore g_ℓ di un ramo ℓ con $\zeta^1_\ell = \zeta$ e $\zeta^2_\ell = \zeta'$.

Fin tanto che si ignorino i propagatori derivati, il lemma 10.90 mostra che le catene di risonanze non producono accumulo di piccoli divisori. Infatti, per ogni risonanza T della catena, il meccanismo di cancellazione discusso nel §10.3.2 assicura un fattore di guadagno $\langle\bar{\omega}_0, \nu^2_{\ell_T}(\underline{t})\rangle^{\eta_T}$.

Ovviamente occorre tener conto del fatto che alcuni propagatori sono derivati. Tuttavia il lemma 10.83 mostra che ci sono al massimo due derivate che agiscono sul prodotto dei propagatori dei rami esterni di una catena. Come vedremo, questo comporterà che, a causa delle derivate, si perde qualcosa del guadagno dovuto alle cancellazioni, ma non troppo.

Definizione 10.92 (Perdita di guadagno di una risonanza) *Dato un albero θ, a ogni risonanza $T \in \mathfrak{T}(\theta)$ associamo un'etichetta $\tilde{\eta}_T$, ponendo*

$$\tilde{\eta}_T = \begin{cases} 2 - \eta_T, & T \text{ è di tipo } hh, \\ 1 - \eta_T, & T \text{ è di tipo } hH \text{ o } Hh, \\ 0, & T \text{ è di tipo } HH. \end{cases}$$

L'etichetta $\tilde{\eta}_T$ prende il nome di perdita di guadagno *della risonanza T.*

Osservazione 10.93 L'etichetta $\tilde{\eta}_T$ è in un certo senso complementare all'etichetta η_T, in quanto si ha $\eta_T + \tilde{\eta}_T = 2$ se T è di tipo hh, $\eta_T + \tilde{\eta}_T = 1$ se T è di tipo hH o di tipo Hh, e $\eta_T + \tilde{\eta}_T = 0$ se T è di tipo HH. In altre parole, per ogni risonanza T, la somma $\eta_T + \tilde{\eta}_T$ assume lo stesso valore che assume η_T nel caso in cui T sia una risonanza massimale.

Il lemma 10.90 può allora essere generalizzato in modo da tener conto del fatto che i propagatori di alcuni rami risonanti sono derivati, ovvero del fatto che esistono rami risonanti ℓ tali che g^*_ℓ è diverso da g_ℓ, e che alcune risonanze T sono tali che $\tilde{\eta}_T \neq 0$.

Lemma 10.94 *Sia $\mathfrak{R} = \{T_1, \dots, T_p\}$ una catena di risonanze. Si ha*

$$\left| \bar{g}^*_{\ell^1_{T_1}} \prod_{T \in \mathfrak{R}} \langle \bar{\omega}_0, \nu_{\ell^2_T}(\underline{t}) \rangle^{\eta_T} \bar{g}^*_{\ell^2_T} \right| \leq \begin{cases} K_0^2 \left| \langle \bar{\omega}_0, \nu_{\ell^2_{T_1}}(\underline{t}) \rangle \right|^{-4}, & \text{se } \mathfrak{R} \text{ è di tipo } h \leftarrow h, \\ K_0^2 \left| \langle \bar{\omega}_0, \nu_{\ell^2_{T_1}}(\underline{t}) \rangle \right|^{-3}, & \text{se } \mathfrak{R} \text{ è di tipo } h \leftarrow H, \\ K_0^2 \left| \langle \bar{\omega}_0, \nu_{\ell^2_{T_1}}(\underline{t}) \rangle \right|^{-3}, & \text{se } \mathfrak{R} \text{ è di tipo } H \leftarrow h, \\ K_0^2 \left| \langle \bar{\omega}_0, \nu_{\ell^2_{T_1}}(\underline{t}) \rangle \right|^{-2}, & \text{se } \mathfrak{R} \text{ è di tipo } H \leftarrow H, \end{cases}$$

dove η_T è il guadagno della risoanzna e K_0 è definito dopo la (10.103).

Dimostrazione Innanzitutto notiamo che, se definiamo x come nella (10.137), si ha $x \leq 2$ e, pertanto, $K_0 x^{-1} \geq 1$. Infatti, le risonanze $T_1, \dots, T_p$ hanno scale ≥ 0, in quanto ammassi, e quindi scale risonanti ≥ 1.

Data una catena di risonanze $\mathfrak{R} = \{T_1, \dots, T_p\}$, sono possibili due casi: o i $p+1$ rami esterni di $\mathfrak{R}$ non sono contenuti in alcuna risonanza o esiste una risonanza T tale che essi sono tutti contenuti in $\mathring{T}$ (cfr. l'osservazione 10.45).

Nel primo caso, possiamo ragionare *ad litteram* come nella dimostrazione del lemma 10.90, tenuto conto che i propagatori dei rami esterni delle risonanze della catena non sono derivati e che inoltre si ha $\tilde{\eta}_T = 0$ per ogni $T \in \mathfrak{R}$ poiché ogni risonanza della catena è una catena massimale (cfr. l'osservazione 10.93), così che valgono le stime (10.134) e (10.135).

Nel secondo caso, per il lemma 10.83 sono possibili i seguenti sottocasi:

1. i propagatori dei rami esterni sono tutti non derivati,
2. uno solo di tali propagatori è derivato ed è derivato una volta sola,
3. uno solo di tali propagatori è derivato ed è derivato due volte,
4. solo due propagatori sono derivati, e ciascuno di essi è derivato una volta.

Nel sottocaso 1, i rami $\ell \in \mathfrak{L}_0(T)$ che sono contenuti all'interno di T possono essere interni alle risonanze della catena. Poiché tali rami sono al più due (per il lemma 10.83), occorre distinguere tre ulteriori sottocasi:

1.1. una risonanza $T' \in \mathfrak{R}$ contiene due rami dell'insieme $\mathfrak{L}_0(T)$, così che si ha $\eta_{T'} = 0$, e quindi $\tilde{\eta}_{T'} \leq 2$ (cfr. l'esercizio 10.53), mentre tutte le altre risonanze $T'' \in \mathfrak{R} \setminus \{T'\}$ hanno $\tilde{\eta}_{T''} = 0$,

1.2. una risonanza $T' \in \mathfrak{R}$ contiene un ramo dell'insieme $\mathfrak{L}_0(T)$, così che $\eta_{T'} = 1$ se T' è di tipo hh ed $\eta_{T'} = 0$ altrimenti, e, di conseguenza, si ha $\tilde{\eta}_{T'} \leq 1$ (cfr. l'esercizio 10.54), mentre tutte le altre risonanze $T'' \in \mathfrak{R} \setminus \{T'\}$ hanno $\tilde{\eta}_{T''} = 0$,

1.3. esistono due risonanze $T_1', T_2' \in \mathfrak{R}$ ciascuna delle quali contiene un ramo dell'insieme $\mathfrak{L}_0(T)$, così che, ragionando come nel caso 1.2, si trova $\tilde{\eta}_{T_1'}, \tilde{\eta}_{T_2'} \leq 1$ (cfr. l'esercizio 10.55), mentre si ha $\tilde{\eta}_{T''} = 0$ per la altre risonanze $T'' \in \mathfrak{R} \setminus \{T_1', T_2'\}$.

In tutti e tre i sottocasi, si ha $\tilde{\eta}_{T_1} + \ldots + \tilde{\eta}_{T_p} \leq 2$, e, rispetto alla stima del lemma 10.90, si perde al più un fattore di guadagno complessivo x^2, a causa della perdita di guadagno delle risonanze T' con $\tilde{\eta}_{T'} \neq 0$; in conclusione, rispetto alla stima del lemma 10.90 compare un ulteriore fattore, che possiamo stimare, al peggio, con $\max\{1, x^{-1}, x^{-2}\} \leq 4x^{-2} \leq K_0^2 x^{-2}$.

Nel sottocaso 2, solo un ramo $\ell \in \mathfrak{L}_0(T)$ può essere un ramo interno di una risonanza T' della catena $\mathfrak{R}$; per tale risonanza si ha $\tilde{\eta}_{T'} \leq 1$ (cfr. l'esercizio 10.56), mentre $\tilde{\eta}_{T''} = 0 \; \forall T'' \in \mathfrak{R} \setminus \{T'\}$; quindi si ha $\tilde{\eta}_{T_1} + \ldots + \tilde{\eta}_{T_p} \leq 1$, e si perde al più un fattore di guadagno x, dovuto alla perdita di guadagno della risonanza T' della catena, mentre un altro fattore $K_0 \, x^{-1}$ si perde a causa del ramo esterno della catena il cui propagatore è derivato (si tenga conto della stima (10.103) sulla derivata prima del propagatore). Ne segue che, anche nel secondo sottocaso, rispetto alla stima del lemma 10.90 compare un ulteriore fattore, che, al peggio, è $\max\{1, x^{-1}\} K_0 x^{-1} \leq 2x^{-1} K_0 x^{-1} \leq K_0^2 x^{-2}$.

Infine, nei sottocasi restanti 3 e 4, non si perde alcun fattore di guadagno delle risonanze della catena (poiché $\tilde{\eta}_{T'} = 0 \; \forall T' \in \mathfrak{R}$), ma si perde un fattore $K_0^2 \, x^{-2}$, a causa delle due derivate che agiscono sui propagatori dei rami esterni della catena (di nuovo si utilizzi la stima (10.103) sulle derivate prime e seconde del propagatore). □

La (10.133) è una somma di addendi, ciascuno dei quali si ottiene fissando, in corrispondenza di ogni risonanza T, la linea $\ell_{T,1}$, se $\eta_T = 1$, e le linee $\ell_{T,1}$ ed $\ell_{T,2}$, se $\eta_T = 2$. In ogni addendo, le funzioni a supporto compatto in termini delle quali sono definiti i propagatori assicurano che, per ogni ramo ℓ, se $n_\ell \geq 1$ è la scala ad esso associata, si ha (cfr. l'osservazione 10.40)

$$2^{-n_\ell+2} \geq |\langle \bar{\omega}_0, \nu_\ell(\underline{t}) \rangle| \geq 2^{-n_\ell}. \tag{10.138}$$

D'altra parte le stime dei lemmi 10.52 e 10.53 coinvolgono i momenti originari, i.e. i momenti associati ai rami prima che applicassimo gli operatori di regolarizzazione, quindi, per poter applicare le stime abbiamo bisogno che, per ogni ramo $\ell \in L(\theta)$, il momento ν_ℓ verifichi le proprietà di supporto (10.108):

$$2^{-n_\ell+3} \geq |\langle \bar{\omega}_0, \nu_\ell \rangle| \geq 2^{-n_\ell-1}. \tag{10.139}$$

Per poter utilizzare i risultati del §10.3.1, dobbiamo quindi verificare che la (10.138) implica la proprietà di supporto (10.139).

Lemma 10.95 *In* (10.133)*, se* $\mathrm{Val}(\theta) \neq 0$*, per ogni ramo* $\ell \in L(\theta)$ *la cui scala sia* $n_\ell \geq 1$ *si ha* $2^{-n_\ell+3} \geq |\langle \bar{\omega}_0, \nu_\ell \rangle| \geq 2^{-n_\ell-1}$.

Dimostrazione Diciamo che un ramo $\ell \in L(\theta)$ ha profondità 0 se non è contenuto in alcuna risonanza $T \in \mathfrak{T}(\theta)$, i.e. se $\ell \in L(\mathring{\theta})$, e profondità $p \geq 1$ se $\ell \in L(\mathring{T})$ per qualche risonanza T di profondità $p-1$ (cfr. la definizione 10.79); in tal caso si ha $\nu_\ell(\underline{t}) = \nu_\ell^0$ se $\ell \notin L(\mathcal{P}_T)$ e $\nu_\ell(\underline{t}) = \nu_\ell^0 + t_T \nu_{\ell_T^2}(\underline{t})$ se $\ell \in L(\mathcal{P}_T)$.

La dimostrazione procede allora per induzione sulla profondità dei rami.

- Se il ramo ℓ ha profondità 0 si ha $\nu_\ell(\underline{t}) = \nu_\ell$ e la stima segue banalmente dalla (10.138).
- Se ℓ ha profondità 1, sia T la risonanza che contiene ℓ. Se $\nu_\ell(\underline{t}) = \nu_\ell^0$, allora si ha $\nu_\ell(\underline{t}) = \nu_\ell$ e di nuovo non c'è nulla da dimostrare, così che dobbiamo considerare esplicitamente solo il caso $\nu_\ell(\underline{t}) = \nu_\ell^0 + t_T \nu_{\ell_T^2}$. Sia n la scala del ramo ℓ_T^2. Per definizione di risonanza si ha $|\nu_\ell^0| \leq M(T) \leq 2^{(n-4)/\tau}$ (cfr. la condizione 4 nella definizione 10.43), da cui segue che $|\langle \bar{\omega}_0, \nu_\ell^0 \rangle| > 2^{-n+4}$. Inoltre si ha $|\langle \bar{\omega}_0, \nu_{\ell_T^2} \rangle| \leq 2^{-n+2} \leq 2^{-2} |\langle \bar{\omega}_0, \nu_\ell^0 \rangle|$, così che
$$
\begin{aligned}
\frac{1}{2} |\langle \bar{\omega}_0, \nu_\ell^0 \rangle| \leq |\langle \bar{\omega}_0, \nu_\ell^0 \rangle| - |\langle \bar{\omega}_0, \nu_{\ell_T^2} \rangle| &\leq |\langle \bar{\omega}_0, \nu_\ell \rangle| \\
&\leq |\langle \bar{\omega}_0, \nu_\ell^0 \rangle| + |\langle \bar{\omega}_0, \nu_{\ell_T^2} \rangle| \leq 2 |\langle \bar{\omega}_0, \nu_\ell^0 \rangle|,
\end{aligned}
$$
Infine, se n_ℓ è la scala del ramo ℓ, si ha $2^{-n_\ell} \leq |\langle \bar{\omega}_0, \nu_\ell(\underline{t}) \rangle| \leq 2^{-n_\ell+2}$, dato che $\chi_{n_\ell}(\langle \bar{\omega}_0, \nu_\ell(\underline{t}) \rangle) \neq 0$. D'altra parte, poiché $t_T \in [0,1]$, la quantità $|\langle \bar{\omega}_0, \nu_\ell(\underline{t}) \rangle|$ è compresa tra $|\langle \bar{\omega}_0, \nu_\ell^0 \rangle|$ e $|\langle \bar{\omega}_0, \nu_\ell \rangle|$. Se $|\langle \bar{\omega}_0, \nu_\ell^0 \rangle| \leq |\langle \bar{\omega}_0, \nu_\ell \rangle|$, e quindi $|\langle \bar{\omega}_0, \nu_\ell^0 \rangle| \leq |\langle \bar{\omega}_0, \nu_\ell(\underline{t}) \rangle| \leq |\langle \bar{\omega}_0, \nu_\ell \rangle|$, si ha
$$
\begin{aligned}
&|\langle \bar{\omega}_0, \nu_\ell \rangle| \geq |\langle \bar{\omega}_0, \nu_\ell(\underline{t}) \rangle| \geq 2^{-n_\ell} > 2^{-n_\ell-1}, \\
&|\langle \bar{\omega}_0, \nu_\ell \rangle| \leq 2 |\langle \bar{\omega}_0, \nu_\ell^0 \rangle| \leq 2 |\langle \bar{\omega}_0, \nu_\ell(\underline{t}) \rangle| \leq 2^{-n_\ell+3}.
\end{aligned}
$$
Se $|\langle \bar{\omega}_0, \nu_\ell^0 \rangle| > |\langle \bar{\omega}_0, \nu_\ell \rangle|$, e quindi $|\langle \bar{\omega}_0, \nu_\ell \rangle| \leq |\langle \bar{\omega}_0, \nu_\ell(\underline{t}) \rangle| \leq |\langle \bar{\omega}_0, \nu_\ell^0 \rangle|$, si ha invece
$$
\begin{aligned}
&|\langle \bar{\omega}_0, \nu_\ell \rangle| \geq 2^{-1} |\langle \bar{\omega}_0, \nu_\ell^0 \rangle| \geq 2^{-1} |\langle \bar{\omega}_0, \nu_\ell(\underline{t}) \rangle| \geq 2^{-n_\ell-1}, \\
&|\langle \bar{\omega}_0, \nu_\ell \rangle| \leq |\langle \bar{\omega}_0, \nu_\ell(\underline{t}) \rangle| \leq 2^{-n_\ell+2} < 2^{-n_\ell+3}.
\end{aligned}
$$
Perciò in entrambi i casi si trova $2^{-n_\ell-1} \leq |\langle \bar{\omega}_0, \nu_\ell \rangle| \leq 2^{-n_\ell+3}$.
- Assumiamo ora che le stime valgano per tutti i rami di profondità $\leq p$ e mostriamo che allora valgono anche per rami di profondità $p+1$. Sia dunque ℓ un ramo di profondità $p+1$ e sia T la risonanza di profondità p che contiene ℓ. Il solo caso non banale da discutere è quello in cui risulti $\nu_\ell = \nu_\ell(\underline{t}) = \nu_\ell^0 + t_T \nu_{\ell_T^2}(\underline{t})$. Possiamo ragionare come per i rami di profondità 1. Per l'ipotesi induttiva, se n è la scala del ramo ℓ_T^2, si ha $|\langle \bar{\omega}_0, \nu_{\ell_T^2} \rangle| \leq 2^{-n+3} \leq 2^{-1} |\langle \bar{\omega}_0, \nu_\ell^0 \rangle|$, dove l'ultima

diseguaglianza segue dal fatto che $|\nu_\ell^0| \le 2^{(n-4)/\tau}$, di nuovo per la condizione 4 della definizione di risonanza, così che le diseguaglianze

$$\frac{1}{2}|\langle\bar{\omega}_0, \nu_\ell^0\rangle| \le |\langle\bar{\omega}_0, \nu_\ell\rangle| \le 2|\langle\bar{\omega}_0, \nu_\ell^0\rangle|$$

continuano a essere valide anche per il ramo ℓ e lo stesso argomento usato nel caso di profondità 1 si applica anche in questo caso.

In conclusione si ha $2^{-n_\ell-1} \le |\langle\bar{\omega}_0, \nu_\ell\rangle| \le 2^{-n_\ell+3}$ per ogni ramo $\ell \in L(\theta)$. □

Lemma 10.96 *In ogni addendo della somma* (10.133), *si ha*

$$\left|\left(\prod_{\ell\in L(\mathring{\theta})} \bar{g}_\ell\right)\left(\prod_{T\in\mathcal{T}(\theta)} \langle\bar{\omega}_0, \nu_{\ell_T^2}(\underline{t})\rangle^{\eta_T} \prod_{\ell\in L(\mathring{T})} \bar{g}_\ell^*\right)\right| \le (2^{4n_0+2}K_0)^{2k} \exp\left(128\log 2\, M(\theta) \sum_{n=n_0}^{\infty} n2^{-n/\tau}\right),$$

dove $n_0 \in \mathbb{N}$ è arbitrario e K_0 è la costante in (10.103).

Dimostrazione Ricordiamo che, per definizione, i rami risonanti di un albero sono i rami che escono da una risonanza (cfr. la definizione 10.43). Indichiamo con $L^*(\theta)$ l'insieme dei rami non risonanti in un albero θ, con $L_R^*(\theta)$ il sottoinsieme di $L^*(\theta)$ costituito dai rami non risonanti delle catene massimali di risonanze (cfr. l'osservazione 10.88), e con $\mathcal{K}(\theta)$ l'insieme delle catene massimali di risonanze nell'albero θ. Infine poniamo $L_N^*(\theta) := L^*(\theta) \setminus L_R^*(\theta)$.

Nella (10.133) possiamo scrivere

$$\left(\prod_{\ell\in L(\mathring{\theta})} \bar{g}_\ell\right)\left(\prod_{T\in\mathcal{T}(\theta)} \prod_{\ell\in L(\mathring{T})} \bar{g}_\ell^*\right) = \left(\prod_{\ell\in L^*(\theta)} \bar{g}_\ell^*\right)\left(\prod_{\mathfrak{K}\in\mathcal{K}(\theta)} \prod_{T\in\mathfrak{K}} \bar{g}_{\ell_T^1}^*\right),$$

dove il secondo prodotto tiene conto di tutti i rami risonanti, e quindi riordinare il prodotto

$$\left(\prod_{\ell\in L(\mathring{\theta})} \bar{g}_\ell\right)\left(\prod_{T\in\mathcal{T}(\theta)} \langle\bar{\omega}_0, \nu_{\ell_T^2}(\underline{t})\rangle^{\eta_T} \prod_{\ell\in L(\mathring{T})} \bar{g}_\ell^*\right)$$
$$= \left(\prod_{\ell\in L^*(\theta)} \bar{g}_\ell^*\right)\left(\prod_{\mathfrak{K}\in\mathcal{K}(\theta)} \prod_{T\in\mathfrak{K}} \langle\bar{\omega}_0, \nu_{\ell_T^1}(\underline{t})\rangle^{\eta_T} \bar{g}_{\ell_T^1}^*\right), \tag{10.140}$$

dove abbiamo usato che $\nu_{\ell_T^2}(\underline{t}) = \nu_{\ell_T^1}(\underline{t})$ per ogni $T \in \mathfrak{T}(\theta)$, per definizione di risonanza. Nella (10.140) possiamo dividere il primo prodotto in

$$\prod_{\ell\in L^*(\theta)} g_\ell^* = \left(\prod_{\ell\in L_N^*(\theta)} \bar{g}_\ell^*\right)\left(\prod_{\ell\in L_R^*(\theta)} \bar{g}_\ell^*\right),$$

così da stimare

$$\left|\left(\prod_{\ell\in L^*_R(\theta)} \bar g^*_\ell\right)\left(\prod_{\mathfrak{K}\in\mathcal{K}(\theta)}\prod_{T\in\mathfrak{K}} |\langle\bar\omega_0,\nu_{\ell^1_T}(\underline{t})\rangle|^{\eta_T}\,\bar g^*_{\ell^1_T}\right)\right| \le \prod_{\ell\in L^*_R(\theta)} K_0^2|\langle\bar\omega_0,\nu_\ell(\underline{t})\rangle|^{-4},$$

dove si è tenuto conto che, se $\ell\in L^*_R(\theta)$ è il ramo non risonante della catena $\mathfrak{K} = \{T_1,\ldots,T_p\}$, si ha $\nu_\ell(\underline{t}) = \nu_{\ell^1_{T_1}}(\underline{t}) = \nu_{\ell^2_{T_p}}(\underline{t})$ e, per il lemma 10.94,

$$\left|\bar g^*_\ell \prod_{T\in\mathfrak{K}} \langle\bar\omega_0,\nu_{\ell^1_T}(\underline{t})\rangle^{\eta_T}\,\bar g^*_{\ell^1_T}\right| = \left|\bar g^*_{\ell^1_{T_1}} \prod_{T\in\mathfrak{K}} \langle\bar\omega_0,\nu_{\ell^2_T}(\underline{t})\rangle^{\eta_T}\,\bar g^*_{\ell^2_T}\right| \le K_0^2|\langle\bar\omega_0,\nu_\ell(\underline{t})\rangle|^{-4}.$$

Dal momento che tutti i propagatori sono derivati al più due volte (cfr. l'osservazione 10.86), si ha $|\bar g^*_\ell| \le K_0^2|\langle\bar\omega_0,\nu_\ell(\underline{t})\rangle|^{-4}$ per la definizione delle funzioni $\bar g^*_\ell$ (cfr. le (10.115) e (10.117)) e per la stima (10.103) delle loro derivate. Inoltre si ha $|\langle\bar\omega_0,\nu_\ell(\underline{t})\rangle|^{-1} \le 2^{n_\ell+1}$, così che, in particolare, per $n_0\in\mathbb{N}$ scelto in modo arbitrario (per il momento), si può stimare $|\langle\bar\omega_0,\nu_\ell(\underline{t})\rangle|^{-1} \le 2^{n_0+1} \le 2^{2n_0}$ per ogni ramo ℓ con scala $n_\ell < n_0$. Otteniamo allora

$$\begin{aligned}&\left|\left(\prod_{\ell\in L^*_N(\theta)} \bar g^*_\ell\right)\left(\prod_{\ell\in L^*_R(\theta)} K_0^2|\langle\bar\omega_0,\nu_\ell(\underline{t})\rangle|^{-4}\right)\right| \\ &\qquad \le K_0^{2N^*(\theta)} \prod_{\ell\in L^*(\theta)} |\langle\bar\omega_0,\nu_\ell(\underline{t})\rangle|^{-4} \le K_0^{2N^*(\theta)} 2^{8n_0k} \prod_{n=n_0}^{\infty} 2^{4(n+1)N^*_n(\theta)},\end{aligned}$$

dove abbiamo indicato con $N^*(\theta)$ il numero dei rami non risonanti dell'albero θ, i.e. il numero di elementi dell'insieme $L^*(\theta)$, mentre – ricordiamo – $N^*_n(\theta)$ denota il numero di rami risonanti che hanno scala n.

In conclusione, troviamo, per ogni $n_0\in\mathbb{N}$,

$$\begin{aligned}&\left|\left(\prod_{\ell\in L(\mathring\theta)} \bar g_\ell\right)\left(\prod_{T\in\mathcal{T}(\theta)} \langle\bar\omega_0,\nu_{\ell^2_T}(\underline{t})\rangle^{\eta_T} \prod_{\ell\in L(\mathring T)} \bar g^*_\ell\right)\right| \\ &\qquad \le K_0^{2k} 2^{8n_0k} 2^{4k} \prod_{n=n_0}^{\infty} 2^{4nN^*_n(\theta)} \\ &\qquad \le (2^{4n_0+2}K_0)^{2k} \exp\Big(128\log 2\, M(\theta) \sum_{n=n_0}^{\infty} n2^{-n/\tau}\Big),\end{aligned}$$

dove si è utilizzata la stima del lemma 10.52 per $N^*_n(\theta)$. □

Lemma 10.97 *Sia* $\theta \in \mathcal{T}_{k,\nu,\xi}$ *e sia* $\overline{\mathrm{Val}}(\theta)$ *definito come in* (10.133). *In ogni addendo della somma* (10.133), *si ha*

$$\left|\left(\prod_{v\in V(\theta)}\frac{1}{m_v!}F_v\right)\left(\prod_{\ell\in L(\mathring{\theta})}\bar{g}_\ell\right)\left(\prod_{T\in\mathcal{T}(\theta)}\langle\bar{\omega}_0,\nu_{\ell_T^2}(\underline{t})\rangle^{\eta_T}\prod_{\ell\in L(\mathring{T})}\bar{g}_\ell^*\right)\right| \le A_1^k \mathrm{e}^{-\xi|\nu|/2}\mathrm{e}^{-\xi M(\theta)/4}$$

per un'opportuna costante positiva A_1.

Dimostrazione In virtù del lemma 9.50, con $\xi_3 = \xi/8$, possiamo stimare

$$\left|\prod_{v\in V(\theta)}\frac{1}{m_v!}F_v\right| \le \left(\frac{16\beta_0 E\, n}{\rho_0\xi}\right)^{2k}\mathrm{e}^{-\xi|\nu|/2}\prod_{v\in V(\theta)}\mathrm{e}^{-\xi|\nu_v|/8}, \tag{10.141}$$

dove si è tenuto conto che $(m+1)!/m! = (m+1) \le 2^m$ per ogni $m \ge 0$ e che

$$\sum_{v\in V(\theta)} m_v \le 2k,$$

per i lemmi 9.35 e 9.43. Dalla stima (10.141) e dal lemma 10.96 ricaviamo, per $n_0 \in \mathbb{N}$ arbitrario,

$$\left|\left(\prod_{v\in V(\theta)}\frac{1}{m_v!}F_v\right)\left(\prod_{T\in\mathcal{T}(\theta)}\langle\bar{\omega}_0,\nu_{\ell_T^2}(\underline{t})\rangle^{\eta_T}\prod_{\ell\in L(\mathring{T})}\bar{g}_\ell^*\right)\right| \le \left(\frac{64K_0\beta_0 E\, n\, 2^{4n_0}}{\rho_0\xi}\right)^{2k}\mathrm{e}^{-\xi|\nu|/2}\,\mathrm{e}^{-\xi M(\theta)/4},$$

purché n_0 sia scelto in funzione di ξ, in modo che risulti

$$128\log 2\sum_{n=n_0}^{\infty} n2^{-n/\tau} \le \frac{\xi}{8}.$$

Segue l'asserto con $A_1 := 64K_0\beta_0 E\, n\, 2^{16n_0}\rho_0^{-1}\xi^{-1}$. □

Lemma 10.98 *Sia* $\theta \in \mathcal{T}_{k,\nu,\xi}$ *e sia* $\overline{\mathrm{Val}}(\theta)$ *definito come in* (10.133). *Si ha*

$$|\overline{\mathrm{Val}}(\theta)| \le A_2^k\mathrm{e}^{-\xi|\nu|/2}\mathrm{e}^{-\xi M(\theta)/4}\prod_{\ell\in L(\theta)}\gamma^{-R_\ell}$$

per un'opportuna costante A_2.

Dimostrazione Ogni addendo della somma (10.133) è stimato in accordo con il lemma 10.97. Dal momento che gli integrali sono stimati banalmente da 1, resta da contare il numero degli addendi. Per ogni risonanza T possiamo scegliere al più due rami lungo il cammino $\mathcal{P}_T$. Essendo il numero di risonanze minore di $2k$ (i.e. del numero totale di rami dell'albero), concludiamo che ci sono al più 2^{2k} addendi. L'asserto segue quindi con $A_2 = 4A_1$, se A_1 è la costante che compare nel lemma 10.97. □

Lemma 10.99 *Per ogni albero θ di ordine k si ha*

$$\sum_{\ell \in L(\theta)} R_\ell \leq 2k.$$

Dimostrazione Dimostriamo per induzione sull'ordine di θ che

$$\sum_{\ell \in L(\theta)} R_\ell \leq \begin{cases} 2k(\theta), & \zeta^1_{\ell_0} = h, \\ 2k(\theta) - 1, & \zeta^1_{\ell_0} = H, \\ 2k(\theta) - 2, & \zeta^1_{\ell_0} = \mu, \end{cases} \tag{10.142}$$

dove ℓ_0 è il ramo della radice di θ e $k(\theta)$ è l'ordine di θ. Il caso $k(\theta) = 1$ si verifica immediatemente. Se $k(\theta) = k > 1$, assumiamo che le stime (10.142) siano soddisfatte per $k(\theta) < k$. Sia v_0 il nodo da cui esce ℓ_0, e siano $\theta_1, \ldots, \theta_{m_{v_0}}$ i sottoalberi che hanno come rami della radice i rami che entrano in v_0.

- Se $\zeta^1_{\ell_0} = h$, si può avere $\delta_{v_0} = 0$ oppure $\delta_{v_0} = 1$. Se $\delta_{v_0} = 0$ si ha $q_{v_0} = 0$ e $m_{v_0} = p_{v_0} \geq 2$ (cfr. la definizione 9.42); inoltre ℓ_0 è di tipo $h \leftarrow H$ e si ha $R_{\ell_0} = 1$ (cfr. la definizione 9.45), così che

$$\begin{aligned} \sum_{\ell \in L(\theta)} R_\ell &= R_{\ell_0} + \sum_{i=2}^{p_{v_0}} \sum_{\ell \in L(\theta_i)} R_\ell \\ &\leq 1 + \sum_{i=2}^{p_{v_0}} (2k(\theta_i) - 1) \leq 1 + 2k(\theta) - p_{v_0} \leq 2k(\theta) - 1, \end{aligned}$$

  poiché $k(\theta_1) + \ldots + k(\theta_{p_{v_0}}) = k(\theta)$. Se invece $\delta_{v_0} = 1$, si ha $R_{\ell_0} = 1$ o $R_{\ell_0} = 2$ a seconda che ℓ_0 sia di tipo $h \leftarrow H$ o $h \leftarrow h$, così che

$$\begin{aligned} \sum_{\ell \in L(\theta)} R_\ell &= R_{\ell_0} + \sum_{i=1}^{m_{v_0}} \sum_{\ell \in L(\theta_i)} R_\ell \\ &\leq 2 + \sum_{i=1}^{m_{v_0}} 2k(\theta_i) \leq 2 + 2(k(\theta) - 1) \leq 2k(\theta), \end{aligned}$$

  poiché $k(\theta_1) + \ldots + k(\theta_{m_{v_0}}) = k(\theta) - 1$.

- Se $\zeta^1_{\ell_0} = H$, si ha $R_{\ell_0} = 1$ e $\delta_{v_0} = 1$, così che

$$\sum_{\ell \in L(\theta)} R_\ell = R_{\ell_0} + \sum_{i=1}^{m_{v_0}} \sum_{\ell \in L(\theta_i)} R_\ell$$
$$\leq 1 + \sum_{i=1}^{m_{v_0}} 2k(\theta_i) \leq 1 + 2(k(\theta) - 1) \leq 2k(\theta) - 1.$$

poiché $k(\theta_1) + \ldots + k(\theta_{m_{v_0}}) = k(\theta) - 1$.
- Se $\zeta^1_{\ell_0} = \mu$, si ha $R_{\ell_0} = 0$; se $\delta_{v_0} = 0$ si ha $q_{v_0} = 0$ e $m_{v_0} = p_{v_0} \geq 2$, così che

$$\sum_{\ell \in L(\theta)} R_\ell = R_{\ell_0} + \sum_{i=2}^{p_{v_0}} \sum_{\ell \in L(\theta_i)} R_\ell \leq \sum_{i=2}^{p_{v_0}} (2k(\theta_i) - 1) \leq 2k(\theta) - 2,$$

poiché $k(\theta_1) + \ldots + k(\theta_{p_{v_0}}) = k(\theta)$, mentre se $\delta_{v_0} = 1$ si ha

$$\sum_{\ell \in L(\theta)} R_\ell = R_{\ell_0} + \sum_{i=1}^{m_{v_0}} \sum_{\ell \in L(\theta_i)} R_\ell \leq \sum_{i=1}^{m_{v_0}} 2k(\theta_i) \leq 2(k(\theta) - 1),$$

poiché $k(\theta_1) + \ldots + k(\theta_{m_{v_0}}) = k(\theta) - 1$.

In conclusione le stime (10.142) valgono anche per $k(\theta) = k$. □

Lemma 10.100 *Per ogni $k \in \mathbb{N}$ e ogni $\nu \in \mathbb{Z}^n$, i coefficienti $h^{(k)}_\nu$, $H^{(k)}_\nu$ e $\mu^{(k)}$ ammettono la seguente stima:*

$$\left|h^{(k)}_\nu\right| \leq A_0^k \gamma^{-2k} \mathrm{e}^{-\xi|\nu|/2}, \quad \left|H^{(k)}_\nu\right| \leq A_0^k \gamma^{-2k} \mathrm{e}^{-\xi|\nu|/2}, \quad \left|\mu^{(k)}\right| \leq A_0^k \gamma^{-2k},$$

per un'opportuna costante A_0.

Dimostrazione Si ragiona come per i lemmi 9.63 e 9.65 per effettuare le somme sugli alberi degli insiemi $\mathcal{T}_{k,\nu,\zeta}$, tenendo conto anche del lemma 10.99 e del fatto che $\gamma > 1$. Si trova $A_0 = A_1 C_2^k 4^{2k} C_4$, dove C_2 e C_4 sono definiti, rispettivamente, nel lemma 9.63 e nella dimostrazione del lemma 9.65, mentre il fattore 4^{2k} tiene conto che ogni ramo $\ell \in L(\theta)$ può avere al più 4 scale se $\mathrm{Val}(\theta) \neq 0$, come conseguenza del lemma 10.95: infatti, per ogni $\ell \in L(\theta)$, il momento ν_ℓ è compatibile con due scale (cfr. l'osservazione 10.40) e la scala n_ℓ associata a $\nu_\ell(\underline{t})$ differisce al più di 1 dalla scala da quella di ν_ℓ. □

Il lemma 10.100 mostra che le soluzioni (9.81) delle equazioni del moto sono analitiche sia in ψ, per $|\Im \psi_i| \leq \xi/2$, che in ε, per $|\varepsilon| < \varepsilon_0$, purché ε_0 sia sufficientemente piccolo. Inoltre il raggio di analiticità in ε è proporzionale a γ^2. Di conseguenza, per ε fissato (piccolo), sopravvivono quei tori invarianti del sistema imperturbato le cui frequenze soddisfino la condizione diofantea (9.18) con $\gamma = 0(\sqrt{\varepsilon})$. Nell'insieme delle frequenze del sistema imperturbato, quelle che corrispondono a tori che sono distrutti dalla perturbazione ha quindi misura relativa di ordine $\sqrt{\varepsilon}$ (cfr. anche l'osservazione 10.12).

10.4 Conclusioni

Per quanto il teorema KAM rappresenti indubbiamente uno dei risultati fondamentali del '900 nell'ambito dei sistemi dinamici, non è ovvio quale sia la sua rilevanza in sistemi di interesse fisico, quali per esempio il modello di Fermi-Pasta-Ulam discusso all'inizio del §10.1 o il sistema solare, anche solo nell'approssimazione considerata nell'esempio 9.2.

10.4.1 Sul modello Fermi-Pasta-Ulam

Riguardo al modello Fermi-Pasta-Ulam, abbiamo già accenato, nella parte introduttiva del §10.1, a due problemi che non rendono immediata l'applicazione del teorema. Innanzitutto, il sistema imperturbato non soddisfa la condizione di non degenerazione di Kolmogorov. Tale condizione in realtà si può indebolire (cfr. i commenti nel §10.4.3), ma non al punto da includere i sistemi isocroni. Tuttavia, nel caso di sistemi isocroni perturbati, si può effettuare una prima trasformazione canonica che modifichi l'hamiltoniana libera di ordine ε e sposti la perturbazione a ordine più alto (cfr. la teoria perturbativa al primo ordine discussa nel §9.1). Può allora succedere che le correzioni del primo ordine rimuovano l'isocronia del sistema e la nuova hamiltoniana imperturbata soddisfi una condizione della forma (10.7c) con η_0 di ordine ε. Poiché ora la perturbazione è di ordine più alto, la costruzione iterativa utilizzata per la dimostrazione del teorema nel §9.1 può ancora funzionare. Il problema diventa quindi quello tecnico (ma non per questo banale) di accertarsi che che la nuova hamiltoniana imperturbata sia non degenere. Questo è stato fatto esplicitamente nel caso del modello di Fermi-Pasta-Ulam (cfr. la nota bibliografica).

Più serio è il problema legato ai valori del parametro perturbativo per i quali si possa applicare il teorem KAM. Tenuto conto che l'esponente diofanteo τ dipende dal numero di gradi di libertà n (si deve avere $\tau > n - 1$), un'analisi delle stime discusse nel §9.1 mostra che $\varepsilon_0 \to 0$ per $n \to \infty$: in particolare più grande è il numero N di oscillatori accoppiati, più piccoli devono essere i valori dei parametri α e β per poter applicare il teorema KAM. Il valore di N utilizzato nell'esperimento numerico originario del 1953, pur non essendo particolarmente elevato, rende improbabile, o se non altro problematica, un'interpretazione dei risultati come conseguenza immediata del teorema, senza il supporto di ulteriori argomenti, tanto più che, in lavori successivi, anche molto recenti, in cui, potendo contare su computer molto più efficienti e veloci, sono state effettuate simulazioni per valori di N molto più grandi, si è visto che risultati analoghi si trovano indipendentemente dal valore di N.

Una possibile spiegazione potrebbe quindi essere che, nel caso del modello di Fermi-Pasta-Ulam, il valore di ε per cui si ha la sopravvivenza della maggior parte dei tori non va a zero con la dimensione del sistema, per esempio a causa del fatto che l'interazione è solo a primi vicini. Tuttavia come rendere costruttivo un argomento di questo tipo non è semplice. Si è anche cercato di dimostrare, più o meno rigorosamente, che il modello di Fermi-Pasta-Ulam rappresenta una perturbazione di un diverso sistema integrabile, ottenuto dal modello stesso nel limite $N \to \infty$; si ottiene in questo modo un'equazione alle derivate parziali, che, sotto ulteriori approssimazioni, si riduce alla cosiddetta *equazione di Korteweg-de Vries* (o *KdV*), che costituisce appunto un sistema integrabile a infiniti gradi di libertà. Rimangono comunque problemi aperti, legati essenzialmente al fatto che il sistema infinito ottenuto come limite descrive solo approssimativamente il sistema finito.

Un'altra possibile spiegazione nasce dalla considerazione che, come mostra il teorema di Nechorošev (cfr. i teoremi 9.18 e 10.24), anche se il sistema perturbato non è più integrabile, i moti comunque appaiono quasiperiodici su tempi esponenzialmente lunghi. Quindi, solo apparentemente, i moti sono regolari e tali appaiono semplicemente perché i tempi di osservazione non sono sufficientemente lunghi da vedere manifestarsi gli effetti della nonlinearità. Si viene quindi a creare uno *stato metastabile*, ovvero uno stato di non equilibrio su scale di tempi intermedie in cui i moti sono regolari, mentre su scale di tempi più lunghi il sistema evolve verso la termalizzazione. La scala dei tempi di metastabilità, sulla base di simulazioni numeriche, risulta legata al valore dell'energia media per oscillatore.

In ultima analisi, una risposta al paradosso di Fermi-Pasta-Ulam deve tener conto di entrambi gli aspetti: probabilmente, quello che si osserva negli esperimenti numerici è uno stato metastabile di un sistema che si sta muovendo molto lentamente verso la termalizzazione, e la lentezza con cui viene raggiunta l'equipartizione dell'energia (i.e. l'equidistribuzione dell'energia tra tutti i modi normali) è legata alla particolare struttura dell'hamiltoniana, che rende la teoria perturbativa efficace su tempi molto più lunghi di quelli tipici della teoria KAM. In ogni caso, una soluzione definitiva del problema è ancora lontana e il modello di Fermi-Pasta-Ulam continua a essere largamente studiato sia analiticamente che numericamente.

10.4.2 Sul sistema solare

Anche nel caso del sistema solare, non è facile valutare se il teorema KAM consenta di concludere che i moti sono quasiperiodici e quindi stabili. In primo luogo il sistema hamiltoniano introdotto nell'esempio 9.2 costituisce una forte approssimazione della realtà: oltre al fatto che i pianeti sono descritti come corpi puntiformi, prescindendo dallo loro struttura interna, si trascurano inoltre i satelliti, gli asteroidi e qualsiasi altro corpo celeste. Inoltre, anche l'hamiltoniana imperturbata $\mathcal{H}_0(Q, P)$

definita dopo la (9.11), come nel caso del modello di Fermi-Pasta-Ulam, non soddisfa la condizione di non degenerazione di Kolmogorov. Di nuovo, con alcune ulteriori ipotesi semplificatrici sul sistema, si riesce a dimostrare che un primo passo di teoria perturbativa rimuove la degenerazione (cfr. la nota bibliografica), però, ancora una volta, il principale ostacolo che si incontra nell'applicare il teorema KAM risiede nel valore del parametro perturbativo: il valore di ε dato dai parametri fisici è all'interno dell'intervallo di valori per cui vale il teorema?

Una serie di esperimenti numerici condotti da Laskar, a partire dal 1989 fino ai più recenti nel 2004–2009, suggerisce che il sistema solare sia caotico. Anche in questo caso, quindi, la regolarità dei moti è solo apparente, imputabile in sostanza alla durata relativamente breve dei tempi di osservazione, mentre, su archi temporali più lunghi, i primi segni di caoticità iniziano a manifestarsi. Per esempio, l'integrazione numerica delle equazioni del moto mostra che un errore sulla posizione della Terra di poco più di una decina di metri rende impossibile prevederne la posizione dopo qualche centinaia di milioni di anni; analogamente, una differenza di qualche metro nella posizione iniziale di Mercurio può avere effetti catastrofici nella sua evoluzione, fino ad arrivare a una collisione con l'orbita di Venere o alla caduta sul Sole. A causa dell'elevata complessità computazionale e dei tempi estremamente lunghi delle integrazioni numeriche, di fatto, le simulazioni sono effettuate con equazioni mediate, e quindi con ulteriori approssimazioni; ci si aspetta in ogni caso che, essendo il sistema di equazioni originario più complicato, gli effetti caotici dovrebbero essere accentuati e non ridotti se si rimuovessero tutte le approssimazioni e si studiassero le equazioni del moto complete.

10.4.3 Sulla condizione di non degenerazione

Le ipotesi sotto cui si dimostra il teorema KAM possono essere indebolite, sia per quanto riguarda la condizione di non degenerazione dell'hamiltoniana libera sia per quanto riguarda la condizione che devono soddisfare le frequenze dei tori che sopravvivono.

Per quanto riguarda il primo aspetto, già Arnol'd dimostrò che la condizione di non degenerazione di Kolmogorov può essere sostituita dall'assunzione che l'hamiltoniana imperturbata $\mathcal{H}_0$ verifichi la condizione (nota come *condizione di non degenerazione di Arnol'd* o *condizione di non degenerazione isoenergetica*)

$$\det \begin{pmatrix} \dfrac{\partial^2 \mathcal{H}_0}{\partial J^2} & \dfrac{\partial \mathcal{H}_0}{\partial J} \\ \left(\dfrac{\partial \mathcal{H}_0}{\partial J} \right)^T & 0 \end{pmatrix} \neq 0.$$

Le due condizioni di non degenerazione, quella di Kolmogorov e quella di Arnol'd, sono indipendenti, nel senso che nessuna delle due implica l'altra.

Più recentemente Rüssmann ha dimostrato che è sufficiente richiedere che l'immagine dell'applicazione frequenza $J \mapsto \omega(J)$ non giaccia localmente in alcun iperpiano passante per l'origine, i.e. che, al variare di J, la funzione $k_1\omega_1(J) + \ldots + k_n\omega_n(J)$ non sia identicamente nulla per alcun vettore $k = (k_1, \ldots, k_n) \in \mathbb{Z}^n$. Tale condizione è nota come *condizione di non degenerazione di Rüssmann* (cfr. la nota bibliografica per maggiori dettagli), e costituisce al momento la più debole condizione di non degenerazione sotto cui sia possibile dimostrare il teorema KAM. Nel caso di sistemi analitici, è stato anche dimostrato che si tratta di una condizione ottimale.

10.4.4 Sulla condizione di non risonanza delle frequenze

Anche l'assunzione sulle frequenze può essere indebolita. Le due condizioni più deboli che sono state considerate in letteratura sono la condizione di Brjuno e la condizione di Rüssmann. Per formulare le due condizioni, definiamo, per $Q \geq 1$, la funzione

$$\Psi(Q) := \min\{|\langle\omega, \nu\rangle| : \nu \in \mathbb{Z}^n,\ 0 < |\nu|_1 \leq Q\},$$

dove $|\nu|_1$ è la norma 1 di ν. Si dice allora che

1. un vettore $\omega \in \mathbb{R}^n$ soddisfa la *condizione di Brjuno* se
$$\sum_{n=0}^{\infty} \frac{1}{2^n} \log \Psi(2^n) < +\infty,$$
2. un vettore $\omega \in \mathbb{R}^n$ soddisfa la *condizione di Rüssmann* (talora chiamata anche *condizione di Brjuno-Rüssmann*) se
$$\int_1^{\infty} \frac{\mathrm{d}Q}{Q^2} \log\left(\frac{1}{\Psi(Q)}\right) < +\infty.$$

Le due condizioni sono equivalenti se $n = 2$ ed entrambe implicano, per ogni $n \geq 2$, la condizione diofantea (cfr. di nuovo la nota bibliografica per ulteriori dettagli). È ancora un problema aperto quale sia la condizione di non risonanza ottimale per la validità del teorema KAM.

10.4.5 Sulla regolarità dell'hamiltoniana

Una funzione $f : D \subset \mathbb{R}^n \to \mathbb{R}$ si dice *hölderiana* di ordine $\alpha \in (0, 1)$ in D se esiste una costante positiva K_0 tale che $|f(x) - f(y)| \leq K_0|x - y|^\alpha$ $\forall x, y \in D$, e si dice di classe C^r, con $r \in \mathbb{R}_+$, se esistono le derivate fino all'ordine $r_0 := \lfloor r \rfloor$, e le derivate di ordine r_0 sono hölderiane di ordine $\alpha := r - r_0$.

Il teorema KAM si estende anche al caso in cui l'hamiltoniana sia differenziabile un numero finito di volte, ovvero sia di classe C^r, con $r \in \mathbb{R}_+$ opportuno. I risultati più recenti mostrano che è sufficiente richiedere $r > 2n$; inoltre il risultato è ottimale per $n = 2$.

Nel caso di sistemi di classe C^r, si richiede che la frequenza soddisfi la condizione diofantea: anche in questo caso non è noto se la condizione sia ottimale. Per approfondimenti, rimandiamo alla nota bibliografica.

10.4.6 Sul fato dei tori risonanti

I tori che non soddisfino qualche condizione di non risonanza, più o meno forte, sono distrutti immediatamente dalla perturbazione, non appena si abbia $\varepsilon \neq 0$. In particolare non sopravvivono i tori risonanti. Questo non vuol dire però che non possano sopravvivere alcune sottovarietà del toro imperturbato: si dimostra che sotto ipotesi opportune, sono ancora possibili moti quasiperiodici caratterizzati da m frequrenze, al variare di $m = 1, \ldots, n-1$. Tali moti avvengono su superfici che sono diffeomorfe a tori m-dimensionali, e vengono pertanto chiamate *tori di dimensione bassa*, in contrapposizione ai *tori massimali* che hanno invece dimensione n.

Nota bibliografica Nel presente capitolo abbiamo seguito [G84] per il §10.1 e [BG85] per il §10.2; per una discussione della misura dello spazio delle fasi riempito dai tori invarianti si può vedere [P01]. La discussione delle convergenza della serie di Lindstedt segue [GM96, G15]. Per il problema di Siegel menzionato nel §10.1, si veda per esempio [S42]. Per un'introduzione al contesto storico e alle problematiche in cui si inserisce il teorema KAM, inclusa la diffusione di Arnol'd, si veda [SD14], che contiene anche una vasta bibliografia a cui fare riferimento per eventuali approfondimenti.

La dimostrazione che l'hamiltoniana del modello di Fermi-Pasta-Ulam può essere portata in una forma in cui sia soddisfatta la condizione di non-degenerazione di Kolmogorov si trova in [R06]; per il legame del modello di Fermi-Pasta-Ulam e dell'equazione Korteweg-De Vries (KdV) si vedano [ZK65] e, per risultati più recenti, [BP06]; più in generale, per un lavoro di rassegna sul modello di Fermi-Pasta-Ulam, rimandiamo a [G07]. Per la relazione originale sull'esperimento si veda [FPU55].

L'estensione del teorema KAM al caso degenere costituito dal problema planetario degli N corpi è stata discussa per la prima volta nel 1963 da Arnol'd, i cui risultati sono poi stati completati e generalizzati in [F04] e in [CP11]. Per la discussione della stabilità del sistema solare e il suo legame con il teorema KAM, si veda per esempio [LG09] e i lavori precedenti ivi citati.

Per la generalizzazione del teorema KAM al caso in cui si assumano condizioni più deboli sull'hamiltoniana imperturbata e sulla frequenza del toro, e la sua generalizzazione al caso di tori di dimensione bassa si vedano [R01], per una discussione più tecnica, e [SD14] per una rassegna più discorsiva e per i riferimenti bibliografici. Per l'estensione dei risultati al caso in cui si assuma una minore regolarità dell'hamiltoniana rimandiamo a [SD14] e agli articoli ivi citati, in particolare i lavori di Pöschel e di Salamon.

Tutti i rimandi a capitoli, paragrafi, risultati ed equazioni che si specificano del volume 1 si intendono riferiti a [G21].

10.5 Esercizi

Esercizio 10.1 Si ricavino le identità trigonometriche

$$\begin{aligned}\cos\alpha\cos\beta &= \frac{1}{2}(\cos(\alpha-\beta)+\cos(\alpha+\beta)),\\ \sin\alpha\sin\beta &= \frac{1}{2}(\cos(\alpha-\beta)-\cos(\alpha+\beta)),\\ \sin\alpha\cos\beta &= \frac{1}{2}(\sin(\alpha-\beta)+\sin(\alpha+\beta)),\end{aligned}$$

a partire dalle formule di addizione date nella discussione dell'esercizio 4.9.

Esercizio 10.2 Si dimostri che, dati $N \in \mathbb{N}$ e $a, b \in \mathbb{R}$, si ha

$$\sum_{k=0}^{N-1}\cos(a+kb) = \begin{cases} N\cos a, & b \in 2\pi\mathbb{Z},\\ \dfrac{\sin\Big(\dfrac{Nb}{2}\Big)\cos\Big(a+\dfrac{(N-1)b}{2}\Big)}{\sin\Big(\dfrac{b}{2}\Big)}, & b \notin 2\pi\mathbb{Z},\end{cases}$$

$$\sum_{k=0}^{N-1}\sin(a+kb) = \begin{cases} N\sin a, & b \in 2\pi\mathbb{Z},\\ \dfrac{\sin\Big(\dfrac{Nb}{2}\Big)\sin\Big(a+\dfrac{(N-1)b}{2}\Big)}{\sin\Big(\dfrac{b}{2}\Big)}, & b \notin 2\pi\mathbb{Z}.\end{cases}$$

[*Suggerimento.* Se $b \in 2\pi\mathbb{Z}$ si ha $\cos(a+kb) = \cos a$ e $\sin(a+kb) = \sin a$ per ogni $k \in \mathbb{N}$. Se invece $b \notin 2\pi\mathbb{Z}$, utilizzando la terza identità trigonometrica dell'esercizio 10.1, si ottiene

$$\begin{aligned}\sin\Big(\frac{b}{2}\Big)\sum_{k=0}^{n-1}\cos(a+kb) &= \frac{1}{2}\sum_{k=0}^{N-1}\Big(\sin\Big(a+(2k+1)\frac{b}{2}\Big)-\sin\Big(a+(2k-1)\frac{b}{2}\Big)\Big)\\ &= \frac{1}{2}\Big(\sin\Big(a+(2N-1)\frac{b}{2}\Big)-\sin\Big(a-\frac{b}{2}\Big)\Big)\\ &= \frac{1}{2}\Big(\sin\Big(a+(N-1)\frac{b}{2}+N\frac{b}{2}\Big)-\sin\Big(a+(N-1)\frac{b}{2}-N\frac{b}{2}\Big)\Big)\\ &= \sin\Big(\frac{Nb}{2}\Big)\cos\Big(a+(N-1)\frac{Nb}{2}\Big),\end{aligned}$$

dal momento che gli addendi della somma si cancellano a due a due tranne il primo e l'ultimo. Analogamente si trova

$$\sin\Big(\frac{b}{2}\Big)\sum_{k=0}^{N-1}\sin(a+kb)=\sin\Big(\frac{Nb}{2}\Big)\sin\Big(a+(N-1)\frac{Nb}{2}\Big),$$

utilizzando la seconda identità trigonometrica dell'esercizio 10.1.]

Esercizio 10.3 Sia $b = p\pi/N$, dove $N \in \mathbb{N}$ e $p \in \mathbb{Z}$. Si dimostri che

$$\sum_{k=0}^{N-1}\cos(kb)=\begin{cases}N, & p\in 2N\mathbb{Z},\\ 0, & p \text{ pari}, p\notin 2N\mathbb{Z},\\ 1, & p \text{ dispari},\end{cases}\qquad \sum_{k=0}^{N-1}\sin(kb)=\begin{cases}0, & p \text{ pari},\\ \cot\Big(\frac{b}{2}\Big), & p \text{ dispari}.\end{cases}$$

[*Suggerimento.* Segue dall'esercizio 10.2. Infatti se $p \in 2N\mathbb{Z}$, si ha $b \in 2\pi\mathbb{Z}$; altrimenti, usando le formule di addizione (cfr. la discussione dell'esercizio 4.9) e il fatto che $\sin(p\pi/2)\cos(p\pi/2) = 0\ \forall p \in \mathbb{Z}$, si trova

$$\sin\Big(\frac{Nb}{2}\Big)\cos\Big(\frac{(N-1)b}{2}\Big)=\sin\Big(\frac{\pi p}{2}\Big)\cos\Big(\frac{p\pi}{2}-\frac{p\pi}{2N}\Big)=\sin^2\Big(\frac{p\pi}{2}\Big)\sin\Big(\frac{p\pi}{2N}\Big),$$

$$\sin\Big(\frac{Nb}{2}\Big)\sin\Big(\frac{(N-1)b}{2}\Big)=\sin\Big(\frac{p\pi}{2}\Big)\sin\Big(\frac{p\pi}{2}-\frac{p\pi}{2N}\Big)=\sin^2\Big(\frac{p\pi}{2}\Big)\cos\Big(\frac{p\pi}{2N}\Big),$$

dove $\sin(p\pi/2)$ è uguale a ± 1 se p è dispari ed è uguale a 0 se p è pari.]

Esercizio 10.4 Si dimostrino le seguenti identità per $i, j = 1, \ldots, N-1$:

$$\sum_{k=0}^{N-1}\cos\Big(\frac{ik\pi}{N}\Big)\cos\Big(\frac{jk\pi}{N}\Big)=\begin{cases}\frac{N}{2}\delta_{ij}, & i=j,\\ 0, & i+j \text{ pari}, i\neq j,\\ 2, & i+j \text{ dispari},\end{cases}$$

$$\sum_{k=0}^{N-1}\sin\Big(\frac{ik\pi}{N}\Big)\sin\Big(\frac{jk\pi}{N}\Big)=\begin{cases}\frac{N}{2}\delta_{ij}, & i=j,\\ 0, & i\neq j,\end{cases}$$

$$\sum_{k=0}^{N-1}\sin\Big(\frac{ik\pi}{N}\Big)\cos\Big(\frac{jk\pi}{N}\Big)=\begin{cases}0, & i+j \text{ pari},\\ \cot\Big(\frac{(i-j)\pi}{2N}\Big)+\cot\Big(\frac{(i+j)\pi}{2N}\Big), & i+j \text{ dispari}.\end{cases}$$

[*Suggerimento.* Applicando le identità trigonometriche dell'esercizio 10.1 si ottiene

$$\cos\Big(\frac{ik\pi}{N}\Big)\cos\Big(\frac{jk\pi}{N}\Big)=\frac{1}{2}\Big(\cos\Big(\frac{(i-j)k\pi}{N}\Big)+\cos\Big(\frac{(i+j)k\pi}{N}\Big)\Big),$$

$$\sin\Big(\frac{ik\pi}{N}\Big)\sin\Big(\frac{jk\pi}{N}\Big)=\frac{1}{2}\Big(\cos\Big(\frac{(i-j)k\pi}{N}\Big)-\cos\Big(\frac{(i+j)k\pi}{N}\Big)\Big),$$

$$\sin\Big(\frac{ik\pi}{N}\Big)\cos\Big(\frac{jk\pi}{N}\Big)=\frac{1}{2}\Big(\sin\Big(\frac{(i-j)k\pi}{N}\Big)+\sin\Big(\frac{(i+j)k\pi}{N}\Big)\Big),$$

dove $-(N-2) \le i-j \le N-2$ e $2 \le i+j \le 2N-2$. Se si pone $p=i-j$ risulta $p \in 2N\mathbb{Z}$ solo per $i=j$, mentre se si pone $p=i+j$ non risulta $p \in 2N\mathbb{Z}$ per alcun valore di i e j. Ne segue che si ha

$$\sum_{k=1}^{N-1} \cos\Big(\frac{(i-j)k\pi}{N}\Big) = \begin{cases} N, & i=j, \\ 0, & i-j \text{ pari}, i \neq j, \\ 1 & i-j \text{ dispari}, \end{cases}$$

$$\sum_{k=1}^{N-1} \cos\Big(\frac{(i+j)k\pi}{N}\Big) = \begin{cases} 0, & i+j \text{ pari}, \\ 1 & i+j \text{ dispari}, \end{cases}$$

$$\sum_{k=1}^{N-1} \sin\Big(\frac{(i-j)k\pi}{N}\Big) = \begin{cases} 0, & i-j \text{ pari}, \\ A(i-j), & i-j \text{ dispari}, \end{cases}$$

$$\sum_{k=1}^{N-1} \sin\Big(\frac{(i+j)k\pi}{N}\Big) = \begin{cases} 0, & i+j \text{ pari}, \\ A(i+j), & i+j \text{ dispari}, \end{cases}$$

dove $A(i) := \cot(i\pi/2N)$, per l'esercizio 10.3.]

Esercizio 10.5 Con le notazioni della (10.1) e tenendo conto che $q_N = q_0 = 0$, si dimostri che

$$\frac{1}{2}\sum_{k=1}^{N-1} p_k^2 = \frac{1}{2}\sum_{k=0}^{N-1} p_k^2, \quad \frac{1}{2}\sum_{k=1}^{N}(q_k - q_{k-1})^2 = \sum_{k=0}^{N-1} q_k^2 - \frac{1}{2}\sum_{k=1}^{N-1}(q_{k+1}q_k + q_k q_{k-1}).$$

Esercizio 10.6 Si dimostri che la trasformazione di coordinate $(q,p) \mapsto (Q,P)$ definita da

$$q_k = \sqrt{\frac{2}{N}}\sum_{i=1}^{N-1} Q_i \sin\Big(\frac{ik\pi}{N}\Big), \quad p_k = \sqrt{\frac{2}{N}}\sum_{i=1}^{N-1} P_i \sin\Big(\frac{ik\pi}{N}\Big), \qquad k = 1,\dots,N-1,$$

diagonalizza la (10.1) portandola nella forma (10.2) e si trovi l'espressione esplicita delle frequenze proprie $\omega_1,\dots,\omega_N$. [*Suggerimento*. La definizione di q_k e p_k in termini delle coordinate (Q,P) si estende banalmente a $k=0$ e $k=N$ (poiché $\sin(ik\pi/N)=0$ per $k=0$ e $k=N$). Utilizzando l'esercizio 10.5, si riscrive l'hamiltoniana (10.1) così da ottenere, per $k=1,\dots,N-1$,

$$p_k^2 = \frac{2}{N}\sum_{i,j=1}^{N-1} P_i P_j \, \sin\Big(\frac{ik\pi}{N}\Big)\sin\Big(\frac{jk\pi}{N}\Big),$$

$$q_k^2 = \frac{2}{N}\sum_{i,j=1}^{N-1} Q_i Q_j \, \sin\Big(\frac{ik\pi}{N}\Big)\sin\Big(\frac{jk\pi}{N}\Big),$$

$$q_{k+1}q_k + q_k q_{k-1} = \frac{2}{N}\sum_{i,j=1}^{N-1} Q_i Q_j \, 2\sin\Big(\frac{ik\pi}{N}\Big)\sin\Big(\frac{jk\pi}{N}\Big)\cos\Big(\frac{i\pi}{N}\Big),$$

dove le espressioni dei membri di destra hanno senso anche per $k = 0$ (valendo 0 in tal caso). L'asserto segue allora sommando su $k = 0, \dots, N-1$ (cfr. l'esercizio 10.4). Si trova $\omega_k = 2\sin(k\pi/2N)$.]

Esercizio 10.7 Sia M una varietà n-dimensionale. Una *foliazione* m-dimensionale di classe C^k di M è una decomposizione di M nell'unione disgiunta di sottovarietà connesse $\{L_\alpha\}_{\alpha \in A}$, i.e. una decomposizione

$$M = \bigsqcup_{\alpha \in A} L_\alpha,$$

con la proprietà che per ogni $x \in M$ esiste un intorno U di x e un sistema di coordinate locali $x = (x_1, \dots, x_n)$ tali che per ogni L_α l'insieme $U \cap L_\alpha$ è descritto dalle equazioni

$$x_{m+1} = \text{cost.}, \qquad \dots, \qquad x_n = \text{cost.}$$

Le sottovarietà L_α prendono il nome di *foglie* della foliazione, e si dice allora che M è *foliata* dalla foglie $L_\alpha, \alpha \in A$. Si dimostri che un sistema hamiltoniano integrabile a n gradi di libertà è foliato da tori invarianti di dimensione n. [*Suggerimento.* Se $\mathfrak{M} = D(\rho, \xi, J_0) = \mathbb{T}^n_\xi \times B_\rho(J_0)$ (cfr. la (10.3)), si ha

$$M := \mathfrak{M} \cap \left(\mathbb{R}^n \times \mathbb{T}^n\right) = \bigsqcup_{J \in B_\rho(J_0) \cap \mathbb{R}^n} \mathbb{T}^n,$$

ovvero le foglie sono tutte identificabili con il toro n-dimensionale.]

Esercizio 10.8 Si dimostri la stima (10.11). [*Soluzione.* Sia A la matrice di elementi $A_{ij} := [\partial\omega_{0i}/\partial J_j](J) = [\partial^2\mathcal{H}_0/\partial J_i \partial J_j](J)$. Si ha (cfr. l'esercizio 9.4),

$$\begin{aligned}
\|A\|^2 &= \max_{|x|=1} \sum_{i=1}^n \Big(\sum_{j=1}^n A_{ij} x_j\Big)^2 \le \max_{|x|=1} \max_{i,j=1,\dots,n} |A_{ij}|^2 \sum_{i=1}^n \Big(\sum_{j=1}^n |x_j|\Big)^2 \\
&\le \max_{|x|=1} \max_{i,j=1,\dots,n} |A_{ij}|^2 n \Big(\sum_{j=1}^n |x_j|\Big)^2 \le \max_{|x|=1} \max_{i,j=1,\dots,n} |A_{ij}|^2 n^2 \sum_{j=1}^n x_j^2 \\
&\le \max_{|x|=1} \max_{i,j=1,\dots,n} |A_{ij}|^2 n^2 |x|^2 \le n^2 \max_{|x|=1} \max_{i,j=1,\dots,n} |A_{ij}|^2,
\end{aligned}$$

dove, utilizzando il teorema di Cauchy (cfr. l'esercizio 9.58), stimiamo

$$\max_{J \in B_\rho(J_0)} \max_{i,j=1,\dots,n} |A_{ij}| = \max_{J \in B_\rho(J_0)} \max_{i,j=1,\dots,n} \left| \frac{\partial \omega_{0i}}{\partial J_j}(J) \right| \le \frac{E_0}{\rho_0/2},$$

purché si scelga $\rho \le \rho_0/2$.]

Esercizio 10.9 Si dimostri la stima (10.14). [*Suggerimento.* Si stimano le derivate di $V^{>N_0}$ rispetto a φ e J come in (10.13) tenendo conto che per il teorema di Cauchy (cfr. l'esercizio 9.58) ogni derivata comporta un ulteriore fattore $1/\delta$.]

Esercizio 10.10 Si dimostri la stima (10.15). [*Suggerimento.* Si ragiona come nell'esercizio 10.9, tenendo conto che, rispetto a $V^{>N_0}$, quando stimiamo il massimo della funzione $V^{\leq N_0}$ non otteniamo il fattore di decadimento esponenziale $\mathrm{e}^{-\delta_0 N_0/2}$.]

Esercizio 10.11 Si dimostri che la scelta (10.19) implica la stima (10.16). [*Soluzione.* Se δ_0 è fissato in accordo con la (10.18), la (10.16) diventa

$$N_0 \geq \frac{2}{\xi_0}\left(\log\frac{1}{C_0\varepsilon_0}\right)\log\left(\frac{2B_2}{C_0\varepsilon_0}\left(\frac{1}{\xi_0}\log\frac{1}{C_0\varepsilon_0}\right)^n\right).$$

Se scriviamo $x = 1/C_0\varepsilon_0$, se x è sufficientemente grande possiamo maggiorare

$$\log\left(2B_2 x\left(\frac{\log x}{\xi_0}\right)^n\right) \leq \log\left(2\bar{B}_2\xi_0^{-n}b_1x^2\right) \leq \frac{b_2}{\xi_0}\log x,$$

per opportune costanti positive b_1 e b_2, e scegliere quindi N_0 in modo da soddisfare la diseguaglianza

$$N_0 \geq \frac{b_2}{\xi_0^2}(\log x)^2,$$

da cui segue la (10.16) con $B_0 = \bar{b}_2$.]

Esercizio 10.12 Si dimostrino le stime (10.21) e (10.22). [*Suggerimento.* Si ragiona in modo analogo a quanto fatto nell'esercizio 10.9, utilizzando la stima (10.20) sulla funzione $W_0(\varphi, J')$ nel dominio $\bar{D}_{1,1}$ e il teorema di Cauchy sia per le derivate prime che per le derivate seconde.]

Esercizio 10.13 Si dimostri che l'equazione (10.23) si può risolvere applicando il teorema della funzione implicita. [*Suggerimento.* Si riscriva la (10.23) nella forma $\bar{G}(\varphi,\mu) = 0$, con

$$\bar{G}(\varphi,\mu) := \varphi - \varphi' + \mu\frac{\partial W_0}{\partial J'}(\varphi, J'),$$

dove $\mu = 1$ e (φ', J') sono visti come parametri fissati. Si ha $\bar{G}(\varphi', 0) = 0$ e

$$\frac{\partial \bar{G}}{\partial\varphi}(\varphi,\mu) := \mathbb{1} + \mu\frac{\partial^2 W_0}{\partial\varphi\partial J'}(\varphi,\mu).$$

Possiamo applicare il teorema della funzione implicita e concludere che per ogni μ vicino a zero esiste $\varphi = \bar{\varphi}(\mu)$ tale che $\bar{G}(\bar{\varphi}(\mu),\mu) = 0$. Poiché W_0 è di ordine ε_0, per ε_0 sufficientemente piccolo, si può fissare $\mu = 1$, e si trova quindi $\varphi = \bar{\varphi}(1)$ dato dalla (10.25).]

Esercizio 10.14 Si stimino le derivate delle funzioni Δ_1 e Ξ_1 in (10.29) nel dominio $\bar{D}_1$. [*Suggerimento.* Si ragiona come nell'esercizio 10.9. Si trova

$$\max_{(\varphi',J')\in\bar{D}_1}\left|\frac{\partial^r\partial^s}{\partial J_1^{r_1}\ldots\partial J_n^{r_n}\partial\varphi_1^{s_1}\ldots\partial\varphi_n^{s_n}}\Delta_1\right|\leq B_6C_0^2\varepsilon_0\delta_0^{-n-\tau-r-s}\bar{\rho}_1^{-r}E_0N_0^{\tau+1},$$

dove $r=r_1+\ldots+r_n$ e $s=s_1+\ldots+s_n$. Stime analoghe valgono per le derivate di Ξ_1, con un fattore $\bar{\rho}_1$ in più (cfr. le (10.28)).]

Esercizio 10.15 Sia A una matrice simmetrica invertibile con autovalori $\lambda_1,\ldots,\lambda_n$ e autovettori $v_1,\ldots,v_n$. Si dimostri che la matrice inversa A^{-1} ha autovalori $1/\lambda_1,\ldots,1/\lambda_n$ e autovettori $v_1,\ldots,v_n$. [*Soluzione.* Si ha $Av_i=\lambda_iv_i$ per $i=1,\ldots,n$; moltiplicando a sinistra per A^{-1} ambo i membri, si ottiene $v_i=A^{-1}Av_i=A^{-1}\lambda_iv_i=\lambda_iA^{-1}v_i$ e quindi $A^{-1}v_i=\lambda_i^{-1}v_i$. Da qui si evince che A^{-1} ha autovalori $1/\lambda_1,\ldots,1/\lambda_n$ e, per ogni $i=1,\ldots,n$, il vettore v_i è l'autovettore di A^{-1} associato all'autovalore $1/\lambda_i$.]

Esercizio 10.16 Sia A una matrice simmetrica tale che $\|A\|<1$. Si dimostri che $\mathbb{1}+A$ è invertibile e che $\|(\mathbb{1}+A)^{-1}\|\leq 1/(1-\|A\|)$. [*Soluzione.* Siano $\lambda_1,\ldots,\lambda_n$ gli autovalori di A e $v_1,\ldots,v_n$ i corrispondenti autovettori normalizzati. Poiché A è simmetrica, gli autovalori sono reali e gli autovettori sono ortogonali (cfr. gli esercizi 1.39 e 1.41 del volume 1), i.e. verificano le relazioni $\langle v_i,v_j\rangle=\delta_{ij}$, dove $\langle\cdot,\cdot\rangle$ è il prodotto scalare standard, per $i,j=1,\ldots,n$. Per ogni vettore $x=x_1v_1+\ldots+x_nv_n$, si ha

$$Ax=A\sum_{i=1}^n x_iv_i=\sum_{i=1}^n x_iAv_i=\sum_{i=1}^n x_i\lambda_iv_i,$$

così che (cfr. la definizione 1.48 del volume 1)

$$\|A\|=\max_{|x|=1}\sqrt{\lambda_1^2x_1^2+\ldots+\lambda_nx_n^2}\leq\max_{i=1,\ldots,n}|\lambda_i|\sqrt{x_1^2+\ldots+x_n^2}=\max_{i=1,\ldots,n}|\lambda_i|.$$

Poiché inoltre $|Av_i|=|\lambda_iv_i|=|\lambda_i|$, si conclude che in realtà vale l'uguaglianza, i.e. $\|A\|=\max_{i=1,\ldots,n}|\lambda_i|$. Si verifica immediatamente che la matrice simmetrica $\mathbb{1}+A$ ha autovalori $1+\lambda_1,\ldots,1+\lambda_n$ e gli stessi autovettori $v_1,\ldots,v_n$ di A. Si ha inoltre (cfr. l'esercizio 1.52 del volume 1)

$$\det(\mathbb{1}+A)=\prod_{i=1}^n(1+\lambda_i)\geq(1-\|A\|)^n,$$

quindi, poiché $\|A\|<1$ per ipotesi, la matrice $\mathbb{1}+A$ è invertibile. La matrice inversa $(\mathbb{1}+A)^{-1}$ è ancora una matrice simmetrica (cfr. l'esercizio 4.11 del volume 1), i cui autovettori sono sempre $v_1,\ldots,v_n$, mentre gli autovalori associati sono $(1+\lambda_1)^{-1},\ldots,(1+\lambda_n)^{-1}$ (cfr. l'esercizio 10.15). Ragionando come prime si trova

$$\|(\mathbb{1}+A)^{-1}\|=\max_{i=1,\ldots,n}\frac{1}{1+\lambda_i}\leq\frac{1}{1-\max_{i=1,\ldots,n}|\lambda_i|}=\frac{1}{1-\|A\|},$$

che completa la dimostrazione dell'asserto.]

Esercizio 10.17 Si dimostri la stima (10.34). [*Soluzione.* Si ha

$$\left(\frac{\partial^2 \mathcal{H}_1}{\partial J'^2}\right)^{-1} = \left(\frac{\partial^2}{\partial J'^2}(\mathcal{H}_0 + V_{0,0})\right)^{-1} = \left(\frac{\partial^2 \mathcal{H}_0}{\partial J'^2}\left(\mathbb{1} + \left(\frac{\partial^2 \mathcal{H}_0}{\partial J'^2}\right)^{-1} \frac{\partial^2 V_{0,0}}{\partial J'^2}\right)\right)^{-1}$$

$$= \left(\mathbb{1} + \left(\frac{\partial^2 \mathcal{H}_0}{\partial J'^2}\right)^{-1} \frac{\partial^2 V_{0,0}}{\partial J'^2}\right)^{-1} \left(\frac{\partial^2 \mathcal{H}_0}{\partial J'^2}\right)^{-1},$$

dove si può stimare

$$\left\| \frac{\partial^2 V_{0,0}}{\partial J'^2} \right\| \leq \frac{2\varepsilon_0 n}{\rho_0},$$

utilizzando la (10.7a) e il teorema di Cauchy (cfr. l'esercizio 10.8). Quindi si ottiene

$$\left\| \left(\frac{\partial^2 \mathcal{H}_1}{\partial J'^2}\right)^{-1} \right\| \leq \left(1 - \eta_0 \frac{2\varepsilon_0 n}{\rho_0}\right)^{-1} \eta_0 \leq \left(1 + \frac{4n\varepsilon_0 \eta_0}{\rho_0}\right)\eta_0,$$

dove si è usato l'esercizio 10.16 e il fatto che $1/(1-x) \leq 1 + 2x$ per $x \in [0, 1/2]$.]

Esercizio 10.18 Sia $P_k(z)$ il polinomio di Taylor di ordine k di una funzione $f(z)$ in un intorno di z_0 (cfr. l'esercizio 1.29 del volume 1). Si dimostri la *forma integrale del resto di Taylor*:

$$R_k(z) := f(z) - P_k(z) = \frac{(z - z_0)^{k+1}}{k!} \int_0^1 \mathrm{d}t (1 - t)^k f^{(k+1)}(z_0 + t(z - z_0)),$$

dove $f^{(k+1)}$ è la derivata di ordine $k + 1$ di f. [*Soluzione.* Operiamo il cambiamento di variabili $\zeta = z_0 + t(z - z_0)$; dobbiamo dimostrare che

$$R_k(z) = \frac{1}{k!} \int_{z_0}^{z} \mathrm{d}\zeta (z - \zeta)^k f^{(k+1)}(\zeta).$$

La dimostrazione è per induzione. La formula è soddisfatta per $k = 0$ poiché

$$R_0(z) = f(z) - P_0(z) = f(z) - f(z_0) = \int_{z_0}^{z} \mathrm{d}\zeta\, f'(\zeta).$$

Assumiamo che si abbia

$$R_{k-1}(z) = \frac{1}{(k-1)!} \int_{z_0}^{z} \mathrm{d}\zeta (z - \zeta)^{k-1} f^{(k)}(\zeta)$$

e dimostriamo che la formula è allora valida anche per k. Integrando per parti, si ha

$$
\begin{aligned}
\frac{1}{k!}\int_{z_0}^{z} d\zeta (z-\zeta)^k f^{(k+1)}(\zeta) &= \frac{1}{k!}(z-\zeta)^k f^{(k)}(\zeta)\Big|_{z_0}^{z} \\
&\quad + \frac{1}{(k-1)!}\int_{z_0}^{z} d\zeta (z-\zeta)^{k-1} f^{(k)}(\zeta) \\
&= -\frac{1}{k!}(z-z_0)^k f^{(k)}(z_0) + R_{k-1}(z) \\
&= -\frac{1}{k!}(z-z_0)^k f^{(k)}(z_0) + f(z) - P_{k-1}(z) \\
&= f(z) - \left(P_{k-1}(z) + \frac{1}{k!}(z-z_0)^k f^{(k)}(z_0)\right) \\
&= f(z) - P_k(z) = R_k(z),
\end{aligned}
$$

dove si è usata l'ipotesi induttiva per $R_{k-1}(z)$.]

Esercizio 10.19 Sia $f\colon \mathbb{R}^n \to \mathbb{R}$ una funzione di classe C^{k+1}, e siano $P_k(x)$ ed $R(x) := f(x) - P_k(x)$, rispettivamente, il polinomio di Taylor di ordine k e di centro x_0 e il resto di Taylor ordine k (cfr. l'esercizio 3.2 del volume 1). Si dimostri che vale la seguente formula per il resto di Taylor (*forma integrale del resto di Taylor*):

$$
\begin{aligned}
R_k(x) &= \sum_{i_1,\ldots,i_{k+1}=1}^{n} \frac{1}{k!}\int_0^1 dt (1-t)^k \frac{\partial^{k+1} f}{\partial x_{i_1}\ldots\partial x_{i_{k+1}}}(x_0 + t(x-x_0)) \prod_{j=1}^{k+1}\left(x_j - x_{0j}\right) \\
&= \sum_{\substack{a_1,\ldots,a_n \geq 0 \\ a_1+\ldots+a_n = k+1}} \frac{k+1}{a_1!\ldots a_n!}\int_0^1 dt (1-t)^k \frac{\partial^{k+1} f}{\partial x_1^{a_1}\ldots\partial x_n^{a_n}}(x_0 + t(x-x_0)) \prod_{j=1}^{n}\left(x_j - x_{0j}\right)^{a_j}.
\end{aligned}
$$

[*Suggerimento.* Si definisca $\Psi(t) := f(x_0 + t(x-x_0))$, così che $f(x) - f(x_0) = \Psi(1)$, e si proceda come nell'esercizio 10.18 per la funzione di una variabile $\Psi(t)$ (si tenga anche conto dell'esercizio 3.2 del volume 1 per esprimere le derivate della funzione Ψ in termini delle derivate della funzione f).]

Esercizio 10.20 Si dimostrino le stime (10.35). [*Suggerimento.* L'esercizio 10.19 consente di scrivere la funzione $a_1(\varphi', J')$ nella (10.32a) come resto di Taylor (nelle azioni) di ordine 2 della funzione $\mathcal{H}_0$, e, analogamente, la funzione $b_1(\varphi', J')$ nella (10.32b) come resto di Taylor (sempre nelle azioni) di ordine 1, rispettivamente, della funzione $V_0^{\leq N_0}$. Per dedurre la stima (10.35a) si usa il fatto che, in $\bar{D}_{1,3}$,

$$\sum_{i,k=1}^{n} \left| \frac{\partial^2}{\partial J_i' \partial J_k'} \mathcal{H}_0(J' + t\,\Xi_1)\, \Xi_{1,i}\, \Xi_{1,k} \right| \leq \frac{E_0}{\rho_0/2} \Big(\sum_{i=1}^{n} |\Xi_{1,i}| \Big)^2$$
$$\leq \frac{2E_0}{\rho_0} n \sum_{i,=1}^{n} \Xi_{1,i}^2 = \frac{2E_0}{\rho_0} n |\Xi_1|^2.$$

Analogamente, per $(\varphi', J') \in \bar{D}_{1,3}$, si ha, usando la seconda stima in (10.15) e il fatto che $\bar{D}_{1,3} \subset \tilde{D}_0$,

$$\sum_{i=1}^{n} \left| \frac{\partial}{\partial J_i'} V_0^{\leq N_0}(\varphi' + \Delta_1, J' + t\,\Xi_1)\, \Xi_{1,i} \right| \leq \frac{B_3 \varepsilon_0}{\delta_0^n} \sum_{i=1}^{n} |\Xi_{1,i}| \leq \frac{B_3 \varepsilon_0}{\delta_0^n} \sqrt{n} |\Xi_1|.$$

Infine $V^{>N_0}$ si stima tramite la (10.13) all'interno di $\tilde{D}_0$ (e quindi anche all'interno di $\bar{D}_{1,3}$), così che, tenuto conto che $2B_2\varepsilon_0\delta_0^{-n}\mathrm{e}^{-\delta_0 N_0/2} \leq C_0\varepsilon_0^2$ (si confrontino le (10.14) con la (10.17)), si trova

$$\left| V^{>N_0}(\varphi, J) \right| \leq \frac{B_1}{2B_2} \delta_0 \rho_0 C_0 \varepsilon_0^2.$$

Scegliendo in modo opportuno la costante B_7 si ottengono le (10.35).]

Esercizio 10.21 Si deduca la stima (10.36) dalle (10.35). [*Soluzione*. Utilizzando la stima (10.28b) per la funzione Ξ_1 in (10.36), si vede che il termine più grande in (10.31) è a_1. La stima (10.35a), tenendo conto anche della stima (10.21) e della seconda delle (10.27), dà allora

$$|V_1(\varphi', J')| \leq 3B_7 \frac{E_0}{\rho_0} \big(B_5 \bar{\rho}_1 C_0^2 \varepsilon_0 \delta_0^{-n-\tau} E_0 N_0^{\tau+1} \big)^2 \leq \frac{3B_7 B_5^2}{16n^2} \rho_0 (C_0 \varepsilon_0)^2 E_0 \delta_0^{-2\tau-2n},$$

dove si è usata l'espressione (10.12) di $\bar{\rho}_1$. Da qui segue immediatamente la (10.36).]

Esercizio 10.22 Si dimostri che l'equazione (10.38) si può risolvere applicando il teorema della funzione implicita. [*Suggerimento.* Si riscriva la (10.39) nella forma $J_1 - J_0 + \mu F_1(J_1, J_0) = 0$ e si consideri la funzione

$$\bar{F}(J_1, \mu) := J_1 - J_0 + \mu F_1(J_1, J_0),$$

dove J_1 è visto come un parametro fissato. Si ha $\bar{F}(J_0, 0) = 0$ e

$$\frac{\partial \bar{F}}{\partial J_1}(J_1, \mu) := \mathbb{1} + \mu \frac{\partial F_1}{\partial J_1}(J_1, J_0).$$

Se si sceglie ρ in accordo con la (10.42), in modo che valgano le (10.41) possiamo applicare il teorema della funzione implicita e concludere che per ogni μ vicino a zero esiste $J_1 = J_1(\mu)$ tale che $\bar{F}(J_1(\mu), \mu) = 0$. Poiché F_1 è di ordine ε_0, prendendo ε_0 sufficientemente piccolo si può fissare $\mu = 1$.]

Esercizio 10.23 Si dimostri la stima (10.40). [*Suggerimento.* Possiamo stimare

$$\left| \int_0^1 \mathrm{d}t \sum_{j,k=1}^{n} \frac{\partial^2 \omega_{0,i}}{\partial J_j \partial J_k} (J_0 + t(J - J_0)) \big(J_j - J_{0,j}\big)\big(J_k - J_{0,k}\big) \right|$$
$$\leq \frac{4E_0}{\rho_0^2} \Big(\sum_{k=1}^{n} |J_k - J_{0,k}| \Big)^2 \leq \frac{4E_0 n}{\rho_0^2} \rho^2,$$

e usare il fatto che $|F_1| \leq \sqrt{n} \max_{i=1,\dots,n} |F_{1,i}|$.]

Esercizio 10.24 Si dimostrino le (10.52). [*Suggerimento.* Per ε_0 sufficientemente piccolo, il limite per $n \to \infty$ della somma in (10.51b) è minore di E_0. Per $n \to \infty$ il prodotto in (10.51d) diventa un prodotto infinito, che converge se e solo se converge la serie (cfr. l'esercizio 9.11)

$$\sum_{k=0}^{\infty} \left(\frac{2}{3}\right)^k 4 \left(\log \frac{1}{C_0 \varepsilon_0} \right)^{-1} = 4 \left(\log \frac{1}{C_0 \varepsilon_0} \right)^{-1} \sum_{k=0}^{\infty} \left(\frac{2}{3}\right)^k .$$

La serie converge banalmente, quindi anche il prodotto infinito ammette limite positivo. Poiché, per ogni successione $\{a_n\}$ a termini positivi, si ha

$$\prod_{k=0}^{n} (1 - a_k) \geq 1 - \sum_{k=0}^{n} a_n,$$

come si verifica facilmente per induzione su n (cfr. anche la soluzione dell'esercizio 9.11), il limite per $n \to \infty$ di ξ_n è maggiore di $\xi_0/2$, purché ε_0 sia sufficientemente piccolo.]

Esercizio 10.25 Si dimostri la (10.53). [*Soluzione.* Le (10.51a) e (10.51e) dànno

$$\frac{\varepsilon_n}{\rho_n^a} \leq \frac{C_0^{-1} (C_0 \varepsilon_{n-1})^{3/2}}{\rho_{n-1}^a} \left(\log \frac{1}{C_0 \varepsilon_{n-1}} \right)^{2a(\tau+2)}$$
$$\leq \frac{\varepsilon_{n-1}}{\rho_{n-1}^a} (C_0 \varepsilon_{n-1})^{1/2} \left(\log \frac{1}{C_0 \varepsilon_{n-1}} \right)^{2a(\tau+2)} \leq \frac{\varepsilon_{n-1}}{\rho_{n-1}^a} A (C_0 \varepsilon_{n-1})^{1/4},$$

dove abbiamo usato che $x^{1/4} (\log x)^{2a} \leq A(a)$, e, pertanto, $x^{1/2} (\log x)^{2a} \leq A(a)\, x^{1/4}$, per un'opportuna costante $A(a)$ che dipende da a, e posto per semplicità $A :=$

$A(2a(\tau + 2))$. Iterando si trova quindi

$$\begin{aligned}
\frac{\varepsilon_n}{\rho_n^a} &\le \frac{\varepsilon_0}{\rho_0^a} A^n \prod_{k=0}^{n-1} (C_0\varepsilon_k)^{1/4} \le \frac{\varepsilon_0}{\rho_0^a} A^n \prod_{k=0}^{n-1} (C_0\varepsilon_0)^{(3/2)^k/4} \\
&\le \frac{\varepsilon_0}{\rho_0^a} A^n \exp\left(-\frac{1}{4}\left(\log\frac{1}{C_0\varepsilon_0}\right)\sum_{k=0}^{n-1}\left(\frac{3}{2}\right)^k\right) \\
&\le \frac{\varepsilon_0}{\rho_0^a} A^n \exp\left(-\frac{1}{2}\left(\log\frac{1}{C_0\varepsilon_0}\right)\left(\left(\frac{3}{2}\right)^n - 1\right)\right),
\end{aligned}$$

che tende a zero per $n \to \infty$ indipendentemente dal valore di a.]

Esercizio 10.26 Si dimostri che se la serie a termini positivi $\sum_{k=0}^{\infty} a_k$ converge ad $a < 1/2$, allora si ha

$$\prod_{k=0}^{\infty}(1 + a_k) \le 1 + 2\sum_{k=0}^{\infty} a_k,$$

e se ne deduca la (10.54). [*Suggerimento.* Si dimostra induttivamente su n che

$$\prod_{k=0}^{n-1}(1 + a_k) \le 1 + 2\sum_{k=0}^{n-1} a_k.$$

La diseguaglianza è ovviamente soddisfatta per $n = 1$. Se è soddisfatta per $n - 1$, allora si ha

$$\begin{aligned}
\prod_{k=0}^{n}(1 + a_k) &= (1 + a_n)\prod_{k=0}^{n-1}(1 + a_k) \\
&\le 1 + 2\sum_{k=0}^{n-1} a_k + a_n + 2a_n\sum_{k=0}^{n-1} a_k \le 1 + 2\sum_{k=0}^{n-1} a_k + 2a_n,
\end{aligned}$$

da cui segue l'asserto. Per dimostrare la (10.54) definiamo, per ogni $n \in \mathbb{N}$, la successione

$$a_k^{(n)} := \begin{cases} 4\eta_k n \varepsilon_k/\rho_k, & k \le n \\ 0, & k > n. \end{cases}$$

Possiamo applicare il risultato appena dimostrato e concludere, ragionando sempre per induzione, che, per ε_0 sufficientemente piccolo, si ha $\eta_n \le 2\eta_0$ per ogni $n \in \mathbb{N}$. Infatti, per $n = 1$, la diseguaglianza è banale; assumendo che essa valga fino a $n - 1$, si ha allora

$$\eta_n = \eta_0 \prod_{k=1}^{n}\left(1 + a_k^{(n)}\right) \le \eta_0\left(1 + \sum_{k=0}^{n} a_k^{(n)}\right) \le \eta_0\left(1 + \sum_{k=0}^{n} 8\eta_0\varepsilon_k\rho_k^{-1}\right) \le 2\eta_0,$$

dove si è tenuto conto della (10.53).]

Esercizio 10.27 Si dimostrino le stime (10.56). [*Suggerimento.* Per ogni $n \geq 1$, si ha $\mathcal{H}_n(J') = \mathcal{H}_{n-1}(J') + V_{n-1,0}(J')$, dove $V_{n-1,0}(J)$ è la media sul toro $\mathbb{T}^n$ della funzione $V_{n-1}(\varphi, J)$; cfr. la (10.30) per $n = 1$). Le funzioni $\mathcal{H}_{n-1}$ e V_{n-1} sono analitiche in D_{n-1}, quindi le loro derivate seconde rispetto a J' si possono stimare in D_n con i massimi delle derivate prime in D_{n-1} (che a loro volta si stimano con le rispettive seminorme $\|\mathcal{H}_{n-1}\|_{n-1}$ e $\|V_{n-1}\|_{n-1}$), divisi per $\rho_{n-1}/2$. La derivata prima di V_n rispetto a J' si stima semplicemente con la seminorma $\|V_n\|_n$.]

Esercizio 10.28 Si dimostri che le regioni risonanti della definizione 10.21 ricoprono l'intorno $\mathcal{B}_\rho$. [*Suggerimento.* La regione $\mathfrak{R}(\emptyset)$ ricopre B_ρ a meno di intorni tubolari di spessore λ_1 intorno al vettore $\nu \in \mathbb{Z}^n_N$ (cfr. l'osservazione 10.15). Per ogni $\nu \in \mathbb{Z}^n_N$, ponendo $\mathcal{N} = \mathcal{N}(\nu)$, l'insieme $\mathfrak{R}(\mathcal{N})$ ricopre l'intorno tubolare intorno al vettore ν, a meno dell'intersezione degli insiemi $\{J \in \mathcal{B}_\rho : |\langle \omega_0(J), \nu' \rangle| \geq \lambda_2 |\nu'|\}$, al variare di $\nu' \neq \nu$. Quindi resta escluso da $\mathcal{B}_\rho$ l'insieme costituto dai vettori J tali che $|\langle \omega_0(J), \nu_1 \rangle| < \lambda_2 |\nu_1|$ e $|\langle \omega_0(J), \nu_2 \rangle| < \lambda_2 |\nu_2|$ per almeno una coppia di vettori ν_1 e ν_2. Per ogni coppia di vettori ν_1, ν_2, ponendo $\mathcal{N} = \mathcal{N}(\nu_1, \nu_2)$, la regione $\mathfrak{R}(\mathcal{N})$ comprende i vettori J che si trovino nell'intersezione degli intorni tubolari di spessore λ_2 intorno ai due vettori ν_1 e ν_2 e che, nel contempo, siano all'esterno di tutti gli intorni tubolari di spessore λ_3 intono ai vettori $\nu \notin \mathcal{N}$. Si itera quindi la costruzione finché non si arriva alle regioni risonanti $\mathcal{N}(\nu_1, \ldots, \nu_n)$, costituite dai vettori $J \in \mathcal{B}_\rho$ tali che $|\langle \omega_0(J), \nu_k \rangle| \leq \lambda_n |\nu_k|$ per $k = 1, \ldots, n$. L'unione di tali regioni ricopre la parte restante dell'intorno $\mathcal{B}_\rho$. A scopo esemplificativo si può fare riferimento alla figura 10.3 per il caso $n = 2$ (in realtà molto semplice, rispetto al caso generale).]

Esercizio 10.29 Si dimostri la (10.75). [*Suggerimento.* Per definizione si ha

$$\mathcal{H}_{01}(\varphi, J') = \sum_{\nu \in \mathcal{N}} e^{i\langle \nu, \varphi \rangle} V_\nu(J') = V_0(J') + \sum_{\substack{\nu \in \mathcal{N} \\ \nu \neq 0}} e^{i\langle \nu, \varphi \rangle} V_\nu(J'),$$

così che, usando che

$$\left| \frac{\partial}{\partial J} V_0(J) \right| = \left| \frac{\partial}{\partial J} \int_{\mathbb{T}^n} \frac{d\varphi}{(2\pi)^n} V(\varphi, J') \right| = \left| \int_{\mathbb{T}^n} \frac{d\varphi}{(2\pi)^n} \frac{\partial}{\partial J} V(\varphi, J') \right| \leq \|V\|_0,$$

si può stimare

$$\begin{aligned} |V_0(J')| &\leq |V_0(0)| + |V_0(J') - V_0(0)| \\ &\leq |V_0(0)| + \max_{J \in B_\rho} \left(\left| \frac{\partial}{\partial J} V_0(J) \right| |J'| \right) \leq |V_0(0)| + \rho E_0, \end{aligned}$$

mentre si ottiene (cfr. anche la soluzione dell'esercizio 9.58)

$$\left|\sum_{\substack{\nu\in\mathcal{N}\\ \nu\neq 0}} \mathrm{e}^{i\langle\nu,\varphi\rangle} V_\nu(J')\right| \le \sum_{\nu\in\mathbb{Z}^n} \mathrm{e}^{(\xi-\delta)|\nu|}|\nu|^{-1}|i\nu\, V_\nu(J')|$$

$$\le \sqrt{n}\rho\|V\|_0 \sum_{\nu\in\mathbb{Z}^n} |\nu|^{-1}\mathrm{e}^{-\delta|\nu|} \le A\sqrt{n}\rho\|V\|_0\delta^{-n+1},$$

dove si è tenuto che $i\nu V_\nu(J')$ è il coefficiente di Fourier di $[\partial V/\partial\varphi](\varphi, J')$ e si è utilizzato l'esercizio 9.9 per stimare l'ultima somma. Da qui segue la (10.75) con $b_1 = 1 + A\sqrt{n} + (|V_0(0)|/\rho\, E_0)$.]

Esercizio 10.30 Siano ρ_*, $\mathfrak{U}_0(\mathcal{N})$ e B_k^* definiti come in (10.71), (10.72) ed (10.73c), rispettivamente. Si dimostri che, comunque sia fissato $\nu \in \mathbb{Z}_N^n \setminus \mathcal{N}$, se si ha $|\langle\omega_0(J), \nu\rangle| \ge 2\varepsilon^\sigma|\nu|/C_0$ per ogni $J \in \mathfrak{U}_0(\mathcal{N})$, allora risulta $|\langle\omega_0(J), \nu\rangle| \ge \varepsilon^\sigma|\nu|/C_0$ per ogni $J \in B_0^*$. [*Suggerimento.* Per ogni $J \in B_0^*$ esiste $\bar{J} \in \mathfrak{U}_0(\mathcal{N})$ tale che $|J - \bar{J}| \le \rho_0 = \rho_*$, così che si ha

$$|\omega_0(J)\cdot\nu| \ge \left|\omega_0(\bar{J})\cdot\nu\right| - \left|(\omega_0(J) - \omega_0(\bar{J}))\cdot\nu\right| \ge \frac{2\varepsilon^\sigma}{C_0}|\nu| - M_0\rho_*|\nu| \ge \frac{\varepsilon^\sigma}{C_0}|\nu|,$$

dove si è utilizzata la definizione (10.59b) di M_0.]

Esercizio 10.31 Si dimostri la stima (10.76) e si usi il risultato per stimare $\|W_1\|_1^*$. [*Suggerimento.* Scrivendo

$$W_1(\varphi, J') = \sum_{\nu\in\mathbb{Z}_N^n\setminus\mathcal{N}} \mathrm{e}^{i\langle\nu,\varphi\rangle} W_{1\nu}(J'),$$

si trova $|W_{1\nu}(J')| \le C_0\varepsilon^{-\sigma}|\nu|^{-1}|i\nu\, V_\nu(J')| \le C_0\varepsilon^{-\sigma}\sqrt{n}\rho\,|\nu|^{-1}\|V\|_0\mathrm{e}^{-\xi|\nu|}$, da cui, utilizzando l'esercizio 10.30, si ottiene (cfr. anche l'esercizio 9.9)

$$\max_{(\varphi,J')\in\bar{D}_1^*} |W_1(\varphi, J')| \le \sum_{\nu\in\mathcal{N}} \mathrm{e}^{(\xi-\delta)|\nu|} C_0\varepsilon^{-\sigma}\sqrt{n}\rho\,|\nu|^{-1}\|V\|_0\mathrm{e}^{-\xi|\nu|}$$

$$\le b_2\rho\, E_0 C_0\varepsilon^{-\sigma}\delta^{-n+1},$$

da cui segue la (10.76) per un'opportuna costante b_2; si ha $b = \sqrt{n}A$, dove A è la costante definita nell'esercizio 9.9. Dal teorema di Cauchy si ottengono le stime

$$\max_{(\varphi,J')\in D_1^*}\left|\frac{\partial W_1}{\partial\varphi}\right| \le \Big(\sum_{i=1}^n \max_{(\varphi,J')\in D_1^*}\left|\frac{\partial W_1}{\partial\varphi_i}\right|\Big) \le 2b_2\sqrt{n}\rho\, E_0 C_0\varepsilon^{-\sigma}\delta^{-n},$$

$$\max_{(\varphi,J')\in D_1^*}\left|\frac{\partial W_1}{\partial J}\right| \le \Big(\sum_{i=1}^n \max_{(\varphi,J')\in D_1^*}\left|\frac{\partial W_1}{\partial J_i}\right|\Big) \le 2b_2\sqrt{n}\rho\rho_*^{-1} E_0 C_0\varepsilon^{-\sigma}\delta^{-n},$$

da cui, usando anche che $\rho_1 = \rho_*(1-\delta) \ge \rho_*/2$, segue la stima di $\|W_1\|_1^*$ data dopo la (10.76), con $b_3 = 6b_2$.]

Esercizio 10.32 Si dimostrino le (10.78). Inserendo la prima stima (10.74) nella (10.64a), con k sostituito da $k+1$, si trova

$$\begin{aligned}|X_{k+1}(\varphi,J')| &\le \sum_{p=2}^{\infty}\frac{\|\mathcal{H}_0\|_0}{(\rho\delta)^{p-1}}2^{n+p}(k+1)!(A_0\rho_*)^p B^{k+1}\delta^{-\beta_0(k+1)}\\ &\le 2^n E_0(\rho\delta)(k+1)!B^{k+1}\delta^{-\beta_0(k+1)}\sum_{p=2}^{\infty}\left(\frac{2A_0\rho_*}{\rho\delta}\right)^p\\ &\le 2^{n+3}A_0^2E_0(k+1)!B^{k+1}\delta^{-\beta_0(k+1)-1}\rho_*^2\rho^{-1},\end{aligned}$$

purché si abbia $2A_0\rho_*/\rho\delta\le 1/2$. Ragionando in modo simile si trova, sotto la stessa condizione,

$$|Y_{k+1}(\varphi,J')|\le\sum_{p=1}^{\infty}\frac{\|V\|_0}{(\rho\delta)^{p-1}}2^{n+p}k!(A_0\rho_*)^pB^k\delta^{-\beta_0k}\le 2^{n+2}A_0E_0k!B^k\delta^{-\beta_0k}\rho_*,$$

e, analogamente (cfr. anche la dimostrazione dell'esercizio 9.60),

$$\begin{aligned}&|Z_{k+1}(\varphi,J')|\\ &\le\sum_{p=1}^{\infty}\sum_{k'=1}^{k}\max_{(\varphi,J')\in D^*_{k'}}\frac{|\mathcal{H}'_{0k'}(\varphi,J')|}{(\rho_*\delta)^p}\,2^{n+p}(k+1-k')!(\rho_*A_0)^pB^{k+1-k'}\delta^{-\beta_0(k+1-k')}\\ &\le\sum_{p=1}^{\infty}\sum_{k'=1}^{k}\rho\,E_0A_1k'!B^{k'-1}\delta^{-\beta_0k'}2^{n+p}\delta^{-p}A_0^p(k+1-k')!B^{k+1-k'}\delta^{-\beta_0(k+1-k')}\\ &\le 2^n\rho\,E_0A_1(k+1)!B^k\delta^{-\beta_0(k+1)}\sum_{p=1}^{\infty}\left(\frac{2A_0}{\delta}\right)^p\\ &\le 2^{n+2}\rho\,E_0A_0A_1(k+1)!B^k\delta^{-\beta_0(k+1)-1},\end{aligned}$$

purché si abbia $2A_0/\delta\le 1/2$. Tenendo conto che $\rho_*/\rho\le 1$, le tre stime sono soddisfatte se si assume la condizione $2A_0/\delta\le 1/2$; sotto tale condizioni valgono le (10.78), con $b_0=2^{n+3}$.]

Esercizio 10.33 Si dimostri che stima (10.74) può essere migliorata nel dominio D', definito nella (10.83), ottenendo $|\mathcal{H}'_{01}|\le b_1\rho\,E_0\xi^{-n+1}$. [*Suggerimento.* Basta notare che la funzione V è analitica nel dominio D_0, quindi si può stimare il massimo della funzione $\mathcal{H}'_{01}$ nel dominio D_0, in cui si ha $|\Im\varphi_k|\le\xi$, mentre la distanza tra $\mathbb{T}^n_{\xi'}$ e la frontiera di $\mathbb{T}^n_{\xi}$ è maggiore di $\xi/2$.]

Esercizio 10.34 Si dimostri la stima (10.86). [*Suggerimento.* Dalla dimostrazione del lemma 10.27 si trova

$$\max_{(\varphi,J')\in D^*_k}\left|Q_k(\varphi,J')\right|\le\Gamma_0\rho E_0A_0B^k(k)!\delta^{-\beta_0k-1}.$$

Le derivate di $Q_k(\varphi', J')$ si stimano attraverso il teorema di Cauchy, tenendo conto che il la distanza dalla frontiera è $\rho_*\delta$ per la variabile J' e $\xi\delta$ per la variabile φ.]

Esercizio 10.35 Si dimostrino le stime (10.87). [*Suggerimento.* Si ha, a partire dalla (10.64a), ragionando come nell'esercizio 9.65 per ottenere le varie stime,

$$\begin{aligned}|X_k(\varphi, J')| &\le \sum_{p=2}^{k} \sum_{\substack{a_1,\dots,a_n\ge 0\\ |a|=p}} \frac{\|\mathcal{H}_0\|_0}{(\rho/2)^{p-1}} \sum_k{}' (\rho_* A_0)^p k_0^k B^k \delta^{-\beta_0 k} \\ &\le 2^{n-1}\rho\|\mathcal{H}_0\|_0 \big(2k_0 B\delta^{-\beta_0}\big)^k \sum_{p=2}^{\infty}\bigg(\frac{2A_0\rho_*}{\rho}\bigg)^p,\end{aligned}$$

che implica la (10.87a). Le altre si dimostrano in modo analogo.]

Esercizio 10.36 Con le notazioni utilizzate nella dimostrazione del lemma 10.37, si dimostri che $x \le x(t)$, e si ricavi la stima (10.96). [*Soluzione.* Definiamo, per semplificità di notazione,

$$\begin{aligned}&A := m_0 = \eta_0^{-1}, \quad B := E_1\varepsilon + 2r\mu_r\varepsilon^{\sigma_r-\tau r}, \quad C(t) := C_1 + C_2 t, \\ &C_1 := 2b_5\rho E_1\varepsilon + 4R_0\varepsilon^{1/2}\mathrm{e}^{-\xi'\varepsilon^{-b}}, \quad C_2 := 8E_0\xi^{-1}R_0\varepsilon^{1/2}\mathrm{e}^{-\xi'\varepsilon^{-b}},\end{aligned}$$

dove $2r\mu_r\varepsilon^{\sigma_r-\tau r} \le B \le (2r+1)\mu_r\varepsilon^{\sigma_r-\tau r}$. Possiamo riscrivere la disequazione per x nella forma

$$Ax^2 - 2Bx - C(|t|) \le 0,$$

che è soddisfatta per $x \in [x_-, x_+]$, dove

$$x_\pm = \frac{B}{A}\left(1 \pm \sqrt{1 + \frac{AC(|t|)}{B^2}}\right).$$

Tenendo conto che, per costruzione, si ha $x \ge 0$, si deve avere $x \in [0, x_+]$ e quindi $x \le x_+ =: x(t)$. Infine, per ε piccolo si ha

$$\begin{aligned}&C_1 \le (b_5\rho E_1 + 4R_0)\varepsilon^{1/2} \le 2r\mu_r\varepsilon^{\sigma_r-\tau r} \le B \le \left(2r + \frac{1}{3}\right)\mu_r\varepsilon^{\sigma_r-\tau r}, \\ &\frac{AC(|t|)}{B^2} \le \frac{16m_0R_0\varepsilon^{1/2}}{2rE_0\varepsilon^{1/8}},\end{aligned}$$

dove si è tenuto conto della (10.95). Ne segue che si ha

$$x(t) \le \left(2r + \frac{1}{3}\right)\eta_0\mu_r\varepsilon^{\sigma_r-\tau r}\Big(2 + O(\varepsilon^{1/4})\Big) \le (4r+1)\eta_0\mu_r\varepsilon^{\sigma_r-\tau r}.$$

Questo implica la (10.96).]

Esercizio 10.37 Si dimostri che la funzione $x(t)$ definita nella (10.95) è strettamente crescente in t e se ne deduca che $|J(t) - J(0)| < D_r(\varepsilon)$ per ogni $t \in [0, t_*]$. [*Soluzione.* Con le notazioni dell'esercizio 10.36, si ha

$$\frac{\mathrm{d}x}{\mathrm{d}|t|} = \frac{B}{A} \frac{1}{\sqrt{1 + AC(|t|)/B^2}} \frac{AC_2}{B^2} = \frac{AC_2}{\sqrt{B^2 + AC(|t|)}} > 0,$$

che mostra che $x(t)$ è una funzione crescente in $|t|$. Si ha quindi, per $0 < t < t_* < T$,

$$\begin{aligned} |J(t) - J(0)| &\le |J(t) - J'(t)| + |J'(t) - J'(0)| + |J'(0) - J(0)| \\ &\le |J(t) - J'(t)| + x(t) + |J'(0) - J(0)| \\ &< |J(t) - J'(t)| + x(T) + |J'(0) - J(0)| \\ &\le (4r + 1)\mu_r \eta_0 \varepsilon^{\sigma_r - \tau r} + 2R_2 \varepsilon^{1/4} \varepsilon^{1/2} < D_r(\varepsilon). \end{aligned}$$

dove si è usata la definizione di $D_r(\varepsilon)$ data nella dimostrazione del teorema 10.38.]

Esercizio 10.38 Si discuta il caso $t < 0$ alla fine della dimostrazione del teorema 10.38. [*Suggerimento.* Per $t < 0$, si definisce $t_* := \sup\{t < 0 : |J(t) - J(0)| > D_r(\varepsilon)\}$ e si ragiona come nel caso $t > 0$, sempre utilizzando il fatto che la funzione $x(t)$ è strettamente crescente in $|t|$ (cfr. l'esercizio 10.37).]

Esercizio 10.39 Si dimostri che l'angolo θ tra due vettori linearmente indipendenti di $\mathbb{Z}^3_N$ è stimato inferiormente da $\theta \ge a/N^2$, per qualche costante positiva a. [*Suggerimento.* Poiché ν_1 e ν_2 hanno componenti intere si ha $|\langle \nu_1, \nu_2 \rangle| \ge 1$. D'altra parte si ha $\langle \nu_1, \nu_2 \rangle = |\nu_1|\,|\nu_2|\,\sin\theta$, da cui si deduce che $|\theta| \ge |\sin\theta| \ge 1/|\nu_1|\,|\nu_2| \ge 1/N^2$, da cui segue l'asserto con $a = 1$.]

Esercizio 10.40 Si dimostri che il diametro dell'insieme $\mathcal{A}$ definito all'inizio del §10.2.4 è di ordine $\varepsilon^{\sigma_2 - 2\tau}$. [*Suggerimento.* L'insieme $\mathcal{A}$ è dato dall'intersezione di due insiemi tubolari di spessore $\lambda_2 = O(\varepsilon^{\sigma_2})$ intorno alle due rette del piano $\Pi(\nu_1, \nu_2)$ ortogonali a ν_1 e ν_2, rispettivamente. Il diametro di A è dato dalla distanza dei due punti di $\mathcal{A}$ più lontani tra loro sono, i.e. dei due punti P e P' della figura 10.4. Si scelga un sistema di coordinate ruotato in modo che l'asse x sia ortogonale a ν_1 (come nella figura): in tale sistema, le coordinate dei sue punti sono, rispettivamente, $P = (-2\lambda_2 \cot\theta, \lambda_2)$ e $P' = (2\lambda_2 \cot\theta, -\lambda_2)$, dove θ è l'angolo tra ν_1 e ν_2. Il diametro di $\mathcal{A}$ è quindi $2\lambda_2\sqrt{1 + \cot^2\theta}$. Poiché $\lambda_2 = O(\varepsilon^{\sigma_2})$ e $\theta = O(N^{-2})) = O(\varepsilon^{-2\tau})$ (cfr. l'esercizio 10.39), il diametro di $\mathcal{A}$ è $O(\varepsilon^{\sigma_2 - 2\tau})$.]

Esercizio 10.41 Si fornisca un esempio esplicito di funzione $\chi(x)$ che sia C^∞ a supporto compatto in $\mathbb{R}$, che verifichi la condizione (10.97) e che abbia derivata non positiva per $x > 0$. [*Suggerimento.* La funzione (cfr. la figura 10.12)

$$f(x) := \begin{cases} \mathrm{e}^{-1/x}, & x > 0, \\ 0, & x \le 0, \end{cases}$$

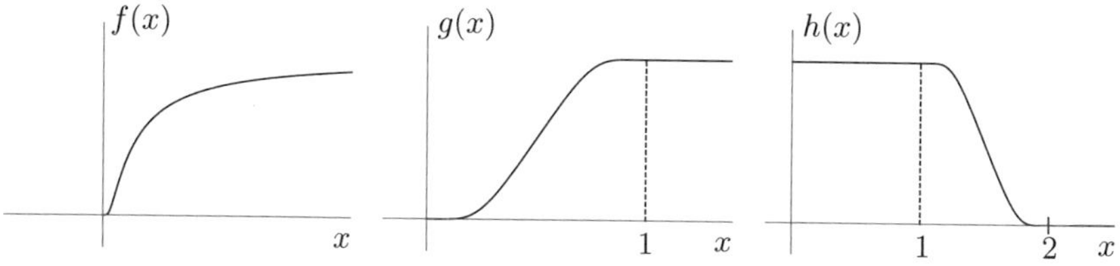

Figura 10.12 Grafici delle funzioni $f(x)$, $g(x)$ e $h(x)$ dell'esercizio 10.41

è definita per ogni $x \in \mathbb{R}$ ed è C^∞; infatti si verifica facilmente che $f^{(k)}(0) = 0$ $\forall k \in \mathbb{N}$. La funzione è crescente per $x > 0$ (si ha $f'(x) = f(x)/x^2 > 0$ per $x > 0$) e $\lim_{x\to+\infty} f(x) = 1$. Si consideri la funzione $g : \mathbb{R} \to \mathbb{R}$ definita da

$$g(x) := \frac{f(x)}{f(x) + f(1-x)}.$$

La funzione $g(x)$ è ben definita (e quindi C^∞ in quanto composizione di funzioni C^∞), poiché $f(1-x) > 0$ se $f(x) = 0$ e viceversa, così che il denominatore è sempre positivo. Inoltre $g(x) = 0$ per $x \le 0$ e $g(x) = f(x)/f(x) = 1$ per $x \ge 1$. Poiché

$$\begin{aligned} g'(x) &= \frac{f'(x)\,(f(x) + f(x-1)) - f(x)\,(f'(x) + f'(1-x))}{(f(x) + f(1-x))^2} \\ &= \frac{f'(x) f(x-1) - f(x) f'(1-x)}{(f(x) + f(1-x))^2}, \end{aligned}$$

dove

$$f'(x) = \begin{cases} f(x)/x^2, & x > 0, \\ 0, & x \le 0, \end{cases} \qquad f'(1-x) = \begin{cases} -f(1-x)/(1-x)^2, & x < 1, \\ 0, & x \ge 1, \end{cases}$$

la funzione $g(x)$ è crescente in $[0, 1]$ (cfr. la figura 10.12). La funzione

$$h(x) := 1 - g(x-1)$$

è quindi una funzione C^∞ tale che $h(x) = 1$ per $x \le 1$ e $h(x) = 0$ per $x \ge 2$ (cfr. la figura 10.12). Se definiamo $\chi(x) = h(|x|)$ troviamo quindi una funzione $\chi(x)$ che verifica le proprietà richieste.]

Esercizio 10.42 Si dimostri che le funzioni χ_n definite in (10.98) sono tali che

- per ogni $x \ne 0$ esiste n tale che $\chi_m(x) \ne 0$ solo per $m = n$ o $m = n + 1$,
- vale la (10.99).

[*Soluzione.* Per ogni $m \ge 1$ la funzione $\chi_m(x)$ ha supporto in $[2^{-m}, 2^{-m+2}]$. Se $|x| \in (0, 2)$, sia $n_0 \ge 1$ tale che $2^{-n_0+1} \le |x| < 2^{-n_0+2}$. Si ha allora $\chi_{n_0}(x) \ne 0$, $\chi_{n_0+1}(x) \ne$

0, mentre $\chi_m(x) = 0$ per ogni altro valore di m. Inoltre

$$\sum_{n=0}^{\infty} \chi_n(x) = \sum_{n=0}^{n_0+2} \chi_n(x) = \sum_{n=0}^{n_0+2} \big(\chi(2^{n-1}x) - \chi(2^n x)\big) = \chi(2^{n_0+2}x) = 1,$$

poiché $\chi(2^{n_0+2}x) = 1$ per $|x| > 2^{-n_0+1}$. Se invece $|x| \geq 2$ allora $\chi_m(x) \neq 0$ solo per $m = 0$ e

$$\sum_{n=0}^{\infty} \chi_n(x) = \chi_0(x) = 1,$$

poiché $\chi_0(x) = 1$ per $|x| \geq 2$.]

Esercizio 10.43 Si dimostri la (10.103) e si determini la costante K_0. [*Suggerimento.* Derivando la (10.101), si ottiene

$$\begin{aligned}
\frac{\partial}{\partial x}\bar{g}_\ell^{(n_\ell)}(x) &= \frac{1}{(ix)^{R_\ell}}\left(\frac{\partial}{\partial x}\chi_{n_\ell}(x) - \frac{R_\ell \chi_{n_\ell}(x)}{x}\right),\\
\frac{\partial^2}{\partial x^2}\bar{g}_\ell^{(n_\ell)}(x) &= \frac{1}{(ix)^{R_\ell}}\left(\frac{\partial^2}{\partial x^2}\chi_{n_\ell}(x) - 2\frac{R_\ell}{x}\frac{\partial}{\partial x}\chi_{n_\ell}(x) + \frac{R_\ell(R_\ell+1)\chi_{n_\ell}(x)}{x^2}\right).
\end{aligned}$$

Per $p = 0$ la stima (10.103) è banale. Per $p = 1$, la stima è soddisfatta se si sceglie $K_0 \geq R_\ell + K_1$. Infine, per $p = 2$, la stima vale purchè $K_0^2 \geq K_2 + 2R_\ell K_1 + R_\ell(R_\ell + 1)$. Poiché $1, K_1, K_2 \leq K$ e $R_\ell \leq 2$, si può prendere $K_0 = K + 3$.]

Esercizio 10.44 Si dimostri che i valori localizzati in (10.127) si cancellano quando si somma su tutte le risonanze. [*Suggerimento.* Quando si considera il valore localizzato di una risonanza T', per ogni ramo $\ell \in L(T')$ il momento interpolato $\nu_\ell(t_T)$ è sostituito da ν_ℓ^0, quindi il valore localizzato di T' non cambia se il momento del ramo entrante di T' è $\nu_{\ell_{T'}^2}(t_T)$ invece di $\nu_{\ell_{T'}^2}$.]

Esercizio 10.45 Una funzione $f : \mathbb{R} \to \mathbb{R}$ si dice *funzione di prova* se è di classe C^∞ e ha supporto compatto. Indichiamo con $D(\mathbb{R})$ l'insieme delle funzioni di prova in $\mathbb{R}$. Una *distribuzione* è un operatore lineare $T : D(\mathbb{R}) \to \mathbb{R}$. La *delta di Dirac* è la distribuzione δ definita da

$$\delta[f] = \int_{-\infty}^{+\infty} \mathrm{d}x\, f(x)\,\delta(x) := f(0).$$

Si dimostri che formalmente la delta di Dirac è definita come la derivata della *funzione di Heaviside*, i.e. della funzione

$$H(x) = \begin{cases} 0, & x < 0,\\ 1, & x > 0. \end{cases}$$

[*Soluzione.* Sia f una funzione di prova. Se poniamo formalmente $\delta(x) = H'(x)$, si ha, integrando per parti,

$$\int_{-\infty}^{+\infty} dx\, f(x)\delta(x) = \int_{-\infty}^{+\infty} dx\, f(x)\, H'(x) = f(x)\, H(x)\Big|_{-\infty}^{+\infty} - \int_{-\infty}^{+\infty} dx\, f'(x)\, H(x)$$

$$= -\int_{0}^{+\infty} dx\, f'(x) = -f(x)\Big|_{0}^{+\infty} = f(0),$$

dove si è usato che la funzione $f(x)$ si annulla all'infinito.]

Esercizio 10.46 Si dimostri che la delta di Dirac definita nell'esercizio 10.45 soddisfa formalmente le proprietà (10.132). [*Soluzione.* Sia f una funzione a supporto compatto che valga identicamente 1 per $|x| \leq r$, per qualche $r > 1$. Si ha

$$1 = f(0) = \int_{-\infty}^{+\infty} dx\, f(x)\,\delta(x) = \int_{-r}^{r} dx\, f(x)\,\delta(x) = \int_{-r}^{r} dx\,\delta(x) = \int_{-\infty}^{\infty} dx\,\delta(x),$$

poiché $\delta(x) = H'(x) = 0$ per $x \neq 0$.]

Esercizio 10.47 Si consideri la funzione in $\mathbb{R}$, dipendente dal parametro $\varepsilon \in \mathbb{R}_+$,

$$a(x,\varepsilon) := \begin{cases} 0, & |x| > \varepsilon/2, \\ 1/\varepsilon, & |x| < \varepsilon/2. \end{cases}$$

Si dimostri che formalmente si ha

$$\lim_{\varepsilon \to 0^+} a(x,\varepsilon) = \delta(x),$$

dove $\delta(x)$ è la delta di Dirac definita nell'esercizio 10.45. La funzione $a(x,\varepsilon)$ costituisce un esempio di *delta di Dirac approssimata*. [*Suggerimento.* La seconda relazione delle (10.132) è soddisfatta per ogni ε, mentre la prima vale nel limite $\varepsilon \to 0^+$.]

Esercizio 10.48 Si considerino le funzioni

$$b(x,\varepsilon) := \frac{1}{\sqrt{2\pi\varepsilon}} e^{-x^2/2\varepsilon}, \qquad c(x,\varepsilon) := \frac{1}{\pi} \frac{\varepsilon}{\varepsilon^2 + x^2}.$$

Si dimostri che

$$\lim_{\varepsilon \to 0} b(x,\varepsilon) = \lim_{\varepsilon \to 0} c(x,\varepsilon) = \delta(x),$$

i.e. che entrambe le funzioni $b(x,\varepsilon)$ e $c(x,\varepsilon)$ sono delle delta approssimate, nel senso dell'esercizio 10.47. [*Suggerimento.* Cfr. la soluzione dell'esercizio 10.47.]

Esercizio 10.49 Si dimostri che se sommiamo i valori di tutti gli alberi in cui il valore di una risonanza sia sostituto dal suo valore localizzato otteniamo zero. [*Suggerimento.* Il valore localizzato di una risonanza si ottiene sostituendo al momento $\nu_\ell(\underline{t})$ di ogni ramo $\ell \in L(\mathcal{P}_T)$ il valore ν_ℓ^0, i.e. il valore che si ottiene da $\nu_\ell(\underline{t})$ ponendo $t_{T'} = 0$ per ogni $T' \in \mathfrak{C}(T)$. Quindi si applica l'analisi delle cancellazioni efefttuata nel §10.3.2, in particolare il corollario 10.68.

Esercizio 10.50 Si dimostri la (10.133).

Esercizio 10.51 Si dimostri che la (10.134) e la (10.135) implicano la stima del lemma 10.90 nel caso in cui la catena $\mathfrak{K}$ sia costituita dalla sola risonanza T. [*Suggerimento.* Se $\mathfrak{K}$ è di tipo hh, si hanno quattro possibilità: g_{ℓ_1} è di tipo hh, T è di tipo hh e g_{ℓ_2} è di tipo hh; g_{ℓ_1} è di tipo hh, T è di tipo hH e g_{ℓ_2} è di tipo Hh; g_{ℓ_1} è di tipo hH, T è di tipo Hh e g_{ℓ_2} è di tipo hh; g_{ℓ_1} è di tipo hH, T è di tipo HH e g_{ℓ_2} è di tipo Hh. Se $\mathfrak{K}$ è di tipo hH, si hanno due possibilità: g_{ℓ_1} è di tipo hh, T è di tipo hh e g_{ℓ_2} è di tipo hH; g_{ℓ_1} è di tipo hH, T è di tipo Hh e g_{ℓ_2} è di tipo hH. Se $\mathfrak{K}$ è di tipo Hh, si hanno due possibilità: g_{ℓ_1} è di tipo Hh, T è di tipo hh e g_{ℓ_2} è di tipo hh; g_{ℓ_1} è di tipo Hh, T è di tipo hH e g_{ℓ_2} è di tipo Hh. Infine, se $\mathfrak{K}$ è di tipo HH, si ha una sola possibilità: g_{ℓ_1} è di tipo Hh, T è di tipo hh e g_{ℓ_2} è di tipo hH.]

Esercizio 10.52 Si dimostri che la (10.134), la (10.135) e la (10.136) implicano la stima del lemma 10.90 nel caso in cui la catena $\mathfrak{K}$ abbia lunghezza $p \geq 2$. [*Suggerimento.* Se $\mathfrak{K}$ è di tipo hh, si hanno quattro possibilità: g_{ℓ_1} è di tipo hh, T è di tipo hh e $\mathfrak{K}'$ è di tipo hh; g_{ℓ_1} è di tipo hh, T è di tipo hH e $\mathfrak{K}'$ è di tipo Hh; g_{ℓ_1} è di tipo hH, T è di tipo Hh e $\mathfrak{K}'$ è di tipo hh; g_{ℓ_1} è di tipo hH, T è di tipo HH e $\mathfrak{K}'$ è di tipo Hh. Se $\mathfrak{K}$ è di tipo hH, si hanno di nuovo quattro possibilità: g_{ℓ_1} è di tipo hh, T è di tipo hh e $\mathfrak{K}'$ è di tipo hH; g_{ℓ_1} è di tipo hh, T è di tipo hH e $\mathfrak{K}'$ è di tipo HH; g_{ℓ_1} è di tipo hH, T è di tipo Hh e $\mathfrak{K}'$ è di tipo hH; g_{ℓ_1} è di tipo hH, T è di tipo HH e $\mathfrak{K}'$ è di tipo HH. Se $\mathfrak{K}$ è di tipo Hh, si hanno due possibilità: g_{ℓ_1} è di tipo Hh, T è di tipo hh e $\mathfrak{K}'$ è di tipo hh; g_{ℓ_1} è di tipo Hh, T è di tipo hH e $\mathfrak{K}'$ è di tipo Hh. Infine, se $\mathfrak{K}$ è di tipo HH, si hanno due possibilità: g_{ℓ_1} è di tipo Hh, T è di tipo hh e $\mathfrak{K}$ è di tipo hH; g_{ℓ_1} è di tipo Hh, T è di tipo hH e $\mathfrak{K}$ è di tipo HH.]

Esercizio 10.53 Si dimostri che nel caso 1.1 della dimostrazione del lemma 10.94 si ha $\tilde{\eta}_{T'} \leq 2$. [*Suggerimento.* Si ha $\tilde{\eta}_{T'} = 2$ se T' è di tipo hh, $\tilde{\eta}_{T'} = 1$ se T' è di tipo hH oppure Hh, e $\tilde{\eta}_{T'} = 0$ se T' è di tipo HH].

Esercizio 10.54 Si dimostri che nel caso 1.2 della dimostrazione del lemma 10.94 si ha $\tilde{\eta}_{T'} \leq 1$. [*Suggerimento.* Si ha $\tilde{\eta}_{T'} = 2 - \eta_{T'} = 1$ se T' è di tipo hh, $\tilde{\eta}_{T'} = 1 - \eta_{T'} = 1$ se T' è di tipo hH oppure Hh, e $\tilde{\eta}_{T'} = 0$ se T' è di tipo HH].

Esercizio 10.55 Si dimostri che nel caso 1.3 della dimostrazione del lemma 10.94 si ha $\tilde{\eta}_{T_1'}, \tilde{\eta}_{T_2'} \leq 1$. [*Suggerimento.* Si consideri la risonanza T_1': se T_1' è di tipo hh si ha $\eta_{T'_1} = 1$ e quindi $\tilde{\eta}_{T'_1} = 2 - \eta_{T'_1} = 1$; se T'_1 è di tipo hH oppure Hh, si ha $\eta_{T'_1} = 0$ e quindi $\tilde{\eta}_{T'_1} = 1 - \eta_{T'_1} = 1$; se T' è di tipo HH, si ha $\eta_{T'_1} = 0$ e quindi $\tilde{\eta}_{T'_1} = 0$. Similmente si ragiona per T'_2.]

Esercizio 10.56 Si dimostri che nel caso 2 della dimostrazione del lemma 10.94 si ha $\tilde{\eta}_{T'} \leq 1$. [*Suggerimento.* Se T' è di tipo hh, si ha $\eta_{T'} = 1$ e quindi $\tilde{\eta}_{T'} = 2 - \eta_{T'} = 1$; se T' è di tipo hH oppure Hh, si ha $\eta_{T'} = 0$ e quindi $\tilde{\eta}_{T'} = 1 - \eta_{T'} = 1$; se infine T' è di tipo HH, si ha $\eta_{T'} = \tilde{\eta}_{T'} = 0$.]

Riferimenti bibliografici

Testi e articoli citati

[AS64] M. Abramowitz, I.A. Stegun, *Handbook of Mathematical Functions with Formulas, Graphs, and Mathematical Tables*, Dover Publications, New York, 1972 (prima edizione U.S. Government Printing Office, Washington, D.C. 1964).

[A74] V.I. Arnol'd, *Metodi Matematici della Meccanica Classica*, Editori Riuniti, Roma, 2010 (prima edizione italiana 1979, prima edizione russa 1974).

[A64] F.M. Arscott, *Periodic Differential Equations. An Introduction to Mathieu, Lamé, and Allied Functions*, Pergamon Press, Oxford, 1964.

[BBT03] O. Babelon, D. Bernard, M. Talon, *Introduction to Classical Integrable Systems*, Cambridge University Press, Cambridge, 2003.

[BP06] D. Bambusi, A. Ponno, *On metastability in FPU*, Comm. Math. Phys. **264** (2006), 539–561.

[BF] G. Benettin, F. Fassò, *Introduzione alla Teoria delle Perturbazioni per Sistemi Hamiltoniani*, dispense del corso di Meccanica Analitica.

[BG85] G. Benettin, G. Gallavotti, *Stability of motions near resonances in quasi-integrable systems*, J. Stat. Phys. **44** (1985), no. 3/4, 293–338.

[B98] B. Bollobas, *Modern Graph Theory*, Springer, New York, 1998.

[C35] C. Carathéodory, *Calculus of Variations and Partial Differential Equations of the First Order. Part II: Calculus of variations*, Holden Day, San Francisco, 1967 (prima edizione tedesca 1935).

[C50] W. Chauvenet, *A Treatise on Plane and Spherical Trigonometry*, H. Perkins, Philadelphia, 1850.

[CP11] L. Chierchia, G. Pinzari, *The planetary N-body problem: symplectic foliation, reductions and invariant tori*, Invent. Math. **186** (2011), no. 1, 1–77.

[CH82] S.N. Chow, J.K. Hale, *Methods of Bifurcation Theory*, Springer, New York, 1982.

[CJ74] R. Courant, F. John, *Introduction to Calculus and Analysis Vol. II*, Springer, New York, 1989 (prima edizione John Wiley & Sons, New York, 1974).

[DA96] G. Dell'Antonio, *Elementi di Meccanica*, Liguori, Napoli, 1996.

[dC76] P.M. do Carmo, *Differential Geometry of Curves and Surfaces*, Prentice-Hall, Englewood Cliffs, 2016 (prima edizione 1976).

[dC71] P.M. do Carmo, *Differential Forms and Applications*, Springer, Berlin, 1994 (prima edizione portoghese 1971).

[FM94] A. Fasano, S. Marmi, *Meccanica Analitica*, Boringhieri, Torino, 2002 (prima edizione 1994).

G. Gentile, *Introduzione ai sistemi dinamici – Volume 2*, UNITEXT 133,

[F04] J. Fejoz, *Démonstration du 'théorème d'Arnold' sur la stabilité du système planétaire (d'après Herman)*, Ergodic Theory Dynam. Systems **24** (2004), no. 5, 1521–1582.

[FPU55] E. Fermi, J. Pasta, S. Ulam, *Studies of nonlinear problems I*, Los Alamos report LA-1940 (1955), pubblicato in *Collected Papers of Fermi*, Univ. Chicago Press, Chicago, 1965.

[F64] D. G. de Figueiredo, *A simplified proof of the divergence theorem*, Amer. Math. Monthly **71** (1964), no. 6, 619–622.

[G80] G. Gallavotti, *Meccanica Elementare* Boringhieri, Torino, 1980.

[G84] G. Gallavotti, *Quasi-integrable mechanical systems, Phénomènes critiques, systèmes aléatoires, théories de jauge*, Lectures at the XLIII summer school in Les Houches, 1984, Ed. K. Osterwalder, R. Stora, Elseviers, p. 541–624, 1986.

[G07] G. Gallavotti (Ed.), *The Fermi-Pasta-Ulam Problem: A Status Report*, Springer, Berlin, 2007.

[G15] G. Gentile, *Invariant curves for exact symplectic twist maps of the cylinder with Bryuno rotation numbers*, Nonlinearity **28** (2015), no. 7, 2555–2585.

[G21] G. Gentile, *Introduzione ai Sistemi Dinamici – Volume 1. Equazioni Differenziali Ordinarie, Analisi Qualitativa e Alcune Applicazioni*, Springer, Milano, 2021.

[GM96] G. Gentile, V. Mastropietro, *Methods of analysis of the Lindstedt series for KAM tori and renormalizability in classical mechanics. A review with some applications*, Rev. Math. Phys. **8** (1996), no. 3, 393–444.

[G17] G. Giorgi, *Various proofs of the Sylvester criterion for quadratic forms*, J. Math. Res. **9** (2017), no. 6, 55–66.

[G85] E. Giusti, *Analisi Matematica 1*, Boringhieri, Torino, 2002 (prima edizione 1985).

[G83] E. Giusti, *Analisi Matematica 2*, Boringhieri, Torino, 2003 (prima edizione 1983).

[GH83] J. Guckenheimer, Ph. Holmes, *Nonlinear Oscillations, Dynamical Systems, and Bifurcations of Vector Fields*, Springer, New York, 1983.

[H71] P. Hagedorn, *Die Umkehrung der Stabilitätssätze von Lagrange-Dirichlet und Routh*, Arch. Rational Mech. Anal. **42** (1971), 281–316; cfr. anche P. Hagedorn, *On the converse of Lagrange-Dirichlet's stability theorem*, Stereodynamics, Lectures at the summer school of CIME in Bressanone, 1971, 67–80, Ed. G. Grioli, Springer, Berlin, 2010.

[HP73] F. Harary, E.M. Palmer, *Graphical Enumeration*, Academic Press, New York, 1973.

[HW38] G.H. Hardy, E.M. Wright, *An Introduction to the Theory of Numbers*, Oxford University Press, Oxford, 2008 (prima edizione 1938).

[K66] T. Kato, *Perturbation Theory for Linear Operators*, Springer, New York, 1980 (prima edizione 1966).

[K36] A.Ya. Khinčin, *Continued Fractions*, Dover Publications, Mineola, NY, 1997 (prima edizione University of Chicago Press, Chicago, 1964, prima edizione russa 1936).

[K87] V.V. Kozlov, *Asymptotic motions and the inversion of the Lagrange-Dirichlet theorem*, J. Appl. Math. Mech. **50** (1986), no. 6, 719–725.

[K99] W. Kühnel, *Differential Geometry. Curves – Surface – Manifolds*, American Mathematical Society, Providence, RI, 2015 (prima edizione 2002, prima edizione tedesca 1999).

[K44] A.G. Kuroš, *Corso di Algebra Superiore* Editori Riuniti, Roma, 2013 (prima edizione 1977, prima edizione russa 1944).

[K95] Yu.A. Kuznetsov *Elements of Applied Bifurcation Theory*, Springer, New York, 2004 (prima edizione 1995).

[LL58] L.D. Landau, E.M. Lifshitz, *Meccanica*, Editori Riuniti, Roma, 2010 (prima edizione italiana 1976, prima edizione russa 1958).

[L55] S. Lang, *Algebra Lineare*, Boringhieri, Torino, 2014 (prima edizione 1970, prima edizione americana 1955).

[LG09] J. Laskar, M. Gastineau, *Existence of collisional trajectories of Mercury, Mars and Venus with the Earth*, Nature **459** (2009), 817–819.

[LCA26] T. Levi-Civita, U. Amaldi, *Lezioni di Meccanica Elementare. Volume 2. Dinamica dei Sistemi con un Numero Finito di Gradi di Libertà*, Zanichelli, Bologna, 2013 (prima edizione 1926–1927).

[MIT03] G.G Magaril-Il'yaev, V.M. Tikhomirov, *Convex Analysis: Theory and Applications*, American Mathematical Society, Providence, 2003.

[P95] V.P. Palamodov, *Stability of motion and algebraic geometry*, Dynamical systems in classical mechanics, Amer. Math. Soc. Transl. Ser. 2, 168, pp. 5–20, Amer. Math. Soc., Providence, RI, 1995.

[P01] J. Pöschel, *A lecture on the classical KAM theorem*, Smooth Ergodic Theory and Its Applications (Seattle, WA, 1999), Proc. Sympos. Pure Math. Vol. 69, pp. 707–732. Amer. Math. Soc., Providence, 2001.

[R06] B.W. Rink, *Proof of Nishida's conjecture on anharmonic lattices*, Comm. Math. Phys. **261** (2006), 613–627.

[R55] H. Robbins, *A remark on Strirling's formula*, Amer. Math. Monthly **62** (1955), 26–29.

[RHL77] N. Rouche, P. Habets, M. Laloy, *Stability Theory by Liapunov's Direct Method*, Springer, New-York, 1977.

[R53] W. Rudin, *Principles of Mathematical Analysis*, McGraw Hill, New York, 1976 (prima edizione 1953).

[R66] W. Rudin, *Real and Complex Analysis*, McGraw Hill, New York, 1987 (prima edizione 1966).

[R01] H. Rüssmann, *Invariant tori in non-degenerate nearly integrable Hamiltonian systems*, Regul. Chaotic Dyn. **6** (2001), no. 2, 119–204.

[SD14] H.D. Scott-Dumas, *The KAM Story. A Friendly Introduction to the Content, History, and Significance of Classical Kolmogorov-Arnold-Moser Theory*, World Scientific Publishing, Hackensack, NJ, 2014.

[S89] E. Sernesi, *Geometria 1*, Boringhieri, Torino, 2000 (prima edizione 1989).

[S94] E. Sernesi, *Geometria 2*, Boringhieri, Torino, 2019 (prima edizione 1994).

[S42] C.L. Siegel, *Iteration of analytic functions*, Ann. of Math. **43** (1942), 607–612.

[T32] E.C. Titchmarsh, *The Theory of Functions*, Oxford University Press, Oxford, 1976 (prima edizione 1932).

[T59] I. Todhunter, *Spherical Trigonometry*, McMillan, London, 1859.

[WW02] E.T. Whittaker, G.N. Watson, *A Course of Modern Analysis. An Introduction to the General Theory of Infinite Processes and of Analytic Functions; with an Account of the Principal Transcendental Functions*, Cambridge University Press, New York, 1996 (prima edizione 1902).

[ZK65] N.J. Zabusky and M.D. Kruskal, *Interaction of Solitons in a collisionless plasma and the recurrence of initial states*, Phys. Rev. Lett. **15** (1965), 240–243.

Ulteriori testi per approfondimenti e complementi

[AA85] D.V. Anosov, V.I. Arnol'd, *Dynamical Systems I. Ordinary Differential Equations and Smooth Dynamical Systems*, Springer, Berlin, 1997 (prima edizione 1988, prima edizione russa 1985).

[AKN85] V.I. Arnol'd, V.V. Kozlov, A.I. Neishtadt, *Dynamical Systems III. Mathematical Aspects of Classical and Celestial Mechanics*, Springer, Berlin, 2014 (prima edizione 1988, prima edizione russa 1985).

[B16] P. Biscari, *Introduzione alla Meccanica Razionale. Elementi di Teoria con Esercizi*, Springer, Milano, 2016.

[BN12] P. Buttà, P. Negrini, *Note del Corso di Meccanica Razionale*, Nuova Cultura, Roma, 2012.

[C96] M.G. Calkin, *Lagrangian and Hamiltonian Mechanics*, World Scientific, Singapore, 1996.

[C99] A. Celletti, *Esercizi e Complementi di Meccanica Razionale. Applicazioni alla Meccanica Celeste*, Aracne, Roma, 2003 (prima edizione 1999).

[E99] R. Esposito, *Appunti dalle Lezioni di Meccanca Razionale*, Aracne, Roma, 1999.

[GBG04] G. Gallavotti, F. Bonetto, G. Gentile, *Aspects of Ergodic, Qualitative and Statistical Theory of Motion*, Springer, Berlin, 2004.

[G70] F.R. Gantmacher, *Lezioni di Meccanica Analitica*, Editori Riuniti, Roma, 1980 (prima edizione in lingua inglese 1970).

[G51] H. Goldstein, Ch. Poole, J. Safko, *Meccanica Classica*, Zanichelli, Bologna, 2005 (prima edizione 1971, prima edizione americana 1951).

[JS07] D.W. Jordan, P. Smith, *Nonlinear Ordinary Differential Equations*, Oxford University Press, Oxford, 2007 (prima edizione Clarendon Press, Oxford, 1977).

[KH95] A. Katok, B. Hasselblatt, *Introduction to the Modern Theory of Dynamical Systems*, Cambridge University Press, Cambridge, 1999 (prima edizione 1995).

[LL83] A.J. Lichtenberg, M.A. Lieberman, *Regular and Stochastic Dynamics*, Springer, New York, 1992 (prima edizione 1983, con il titolo *Regular and Stochastic Motion*).

[MW66] W. Magnus, S. Winkler, *Hill's Equation*, Dover Publications, New York, 1979 (prima edizione 1966).

[M20] V. Moretti, *Meccanica Analitica. Meccanica Classica, Meccanica Lagrangiana e Hamiltoniana e Teoria della Stabilità*, Springer, Milano, 2020.

[O92] E. Olivieri, *Appunti di Meccanica Razionale*, Aracne, Roma, 1992.

[PR82] I. Percival, D. Richards, *Introduction to Dynamics*, Cambridge University Press, Cambridge, 1982.

[W37] E.T. Whittaker, *A Treatise on the Analytical Dynamics of Particles and Rigid Bodies. With an Introduction to the Problem of Three Bodies*, Cambridge University Press, Cambridge, 1988 (prima edizione 1937).

Indice analitico

A

alberi equivalenti, 557
albero, 554
- associato a una risonanza, 691
- etichettato, 556, 560
- famiglia, 573
- foglia, 555
- grado, 559
- nodo, 554
- ordine, 559
- radice, 554
- ramo, 554
- valore, 564
- valore rinormalizzato, 708

algebra, 210
- teorema fondamentale, 57

algoritmo delle frazioni continue, 604
ammasso, 679
- risonante, 680

amplitudine, 464
Andoyer, Marie Henri (1862–1929), 491, 495
anello, 55
angoli di Eulero, 278, 491
angolo (variabile), 442
angolo azimutale, 278
angolo di nutazione, 284
anisocronia, 517
applicazione frequenza, 513
area del triangolo sferico, 487
area della sfera bidimensionale, 484
area della superficie sferica, 484
armonica, 655
- risonante, 655

Arnol'd, Vladimir Igorevič (1937–2010), 30, 442, 446, 451, 462, 529, 632, 676, 722
asse della trottola, 278
assioma di separazione di Hausdorff, 45
atlante, 12, 348
- orientato, 348, 389

autovalori di una matrice simmetrica, 27, 107, 227
- continuità, 59
- regolarità in un parametro, 59

autovettori di una matrice simmetrica, 227, 228
azimut, 278
azione, 3, 316, 359
azione (variabile), 442

B

base canonica dello spazio cotangente, 348
base canonica dello spazio duale, 327
base di uno spazio topologico, 45
base duale, 327
battimenti, 236, 271
biforcazione, 107
- a forcone subcritica, 81, 110, 258, 265
- a forcone supercritica, 81, 101, 109, 258
- diagramma, 80, 101, 257, 265

Birkhoff, George David (1884–1944), 526, 626, 627
bordo di una varietà, 348
bottiglia di Klein, 13
Brjuno, Aleksandr Dmitrievič (1940–), 683, 723

C

cambiamento di coordinate per integrali multipli, 310
cammino in un grafo, 552
- orientato, 553

cammino risonante, 681
campi vettoriali commutanti, 198
campo centrale gravitazionale, 503
campo vettoriale a divergenza nulla, 309
campo vettoriale associato a un gruppo di diffeomorfismi, 188
campo vettoriale hamiltoniano, 309
campo vettoriale su una varietà, 13
  commutatore, 197
  prodotto di Lie, 197, 206
  sollevamento, 205, 206
cappio, 552
carta, 12
Cartan, Élie (1869–1951), 351–353
carte compatibili, 12
carte orientate concordemente, 348
carte orientate discordemente, 348
catena di intorni, 453
catena di risonanze, 709
  lunghezza, 709
  massimale, 709
Cauchy, Augustin-Louis (1789–1857), 7, 45, 50, 52, 54, 621
cella, 452
  elementare, 452
centro di un intorno, 45
centro di una proiezione stereografica, 46
cerchio di raggio massimo, 485
Četaev, Nikolaj Gur'evič (1902–1959), 77
ciclo in un grafo, 553
  orientato, 553
ciclo limite, 311
cicloide, 284, 297
  accorciata, 284, 297
  allungata, 284, 297
  rovesciata, 179, 182
cilindro, 342, 453
  circolare retto, 20
    che rotola su un piano, 20
    che rotola su una superficie cilindrica, 20
    energia cinetica, 20, 502
circuitazione, 342
coefficiente binomiale, 385
coefficiente di torsione, 268
coefficienti di Fourier di una funzione C^∞, 480
combinazione, 385
commutatore di campi vettoriali, 197, 198
complemento ortogonale dello spazio tangente, 29
condizione di anisocronia, 517
condizione di Brjuno, 723
condizione di Brjuno-Rüssmann, 723
condizione di compatibilità, 549, 571
condizione di Lie, 354
condizione di non degenerazione, 517, 722
  di Arnol'd, 722
  di Kolmogorov, 517
  di Rüssmann, 723
  isoenergetica, 722
condizione di non risonanza, 515, 723
condizione di Rüssmann, 723
condizione diofantea, 515
condizioni di compatibilità delle etichette, 559
configurazione di equilibrio, 74
  instabile, 74
  stabile, 74
confinamento delle azioni, 675
coniugata di una funzione, 306
  seconda, 306
cono circolare retto, 21, 69
  che rotola su un piano, 21
  che rotola su un piano inclinato, 69
  energia cinetica, 21
  momenti principali di inerzia, 22
  momento di inerzia rispetto a una generatrice, 22
conservazione del momento, 191
conservazione del momento angolare, 208
conservazione della forma simplettica, 358
conservazione della quantità di moto, 209
conservazione della struttura canonica delle equazioni, 333, 335
conservazione delle parentesi di Poisson, 339
  fondamentali, 339
conservazione dell'energia, 71, 195
conservazione dell'invariante integrale di Poincaré-Cartan, 356
conservazione dell'invariante integrale relativo di Poincaré-Cartan, 356
continuità di una funzione convessa, 318
continuità in un parametro degli autovalori di una matrice simmetrica, 58, 59
contorno, 49
  chiuso, 49
convergente, 599
convessità della funzione $|x|^p$, 44
coordinate canoniche, 307
coordinate cilindriche, 65
coordinate eliocentriche, 511
coordinate generalizzate, 1, 16
coordinate in una carta, 12
coordinate lagrangiane, 2, 16
coordinate locali, 12
  dello spazio delle fasi esteso, 344

coordinate polari, 412
coordinate sferiche, 65
corpo rigido, 35
con un punto fisso, 209, 277, 507
hamiltoniana nelle variabili di Andoyer, 495
integrabilità, 495
integrabilità canonica, 495
coseno amplitudine, 464
coseno ellittico, 464
coseno iperbolico, 468
costante del moto, 337
costante elastica, 110
costante elastica torsionale, 268
Courant, Richard (1888–1972), 246
criterio di Sylvester, 134
criterio integrale per la convergenza di una serie, 589
cubo, 342
curva descritta dal vertice della trottola, 284, 297
curva di Jordan, 50
curva differenziabile a tratti, 49
curva poligonale, 328
curva regolare, 328
a tratti, 328
curve differenziabili equivalenti, 12
curve omotope, 367, 368

D

d'Alembert, Jean-Baptiste le Rond (1717–1783), 17, 23
deformazione, 2
degenerazione, 517
delta amplitudine, 464
delta di Dirac, 704, 743
approssimata, 743
derivata di Lie, 190
derivata di una funzione complessa, 48
derivata esterna, 346
derivata totale, 11
derivazione, 190, 211
associata a un campo vettoriale, 190
descrizione secondo Poinsot, 209, 294
determinante di una matrice simplettica, 331, 332
de Vries, Gustav (1866–1934), 721
diagramma di biforcazione, 80, 101, 257, 258, 265
diavoletto di Maxwell, 314
diffeomorfismo locale, 453
differenziale, 190, 329, 386
a tempo bloccato, 354
del funzionale d'azione, 4, 316
diffusione di Arnol'd, 676
dipendenza continua di una matrice da un parametro, 58
Dirac, Paul (1902–1984), 704
direzione di rotore, 345
di una forma differenziale non singolare, 350
Dirichlet, Peter Gustav Lejeune (1805–1859), 74, 615
disco che rotola, 61, 123, 137, 143, 146
all'interno di una circonferenza, 123
lungo una guida inclinata, 146
lungo una guida orizzontale, 137, 143
su un piano, 61
diseguaglianza del mediante, 605
diseguaglianza di Cauchy-Schwarz, 45
diseguaglianza di Hölder, 42
diseguaglianza di Minkowski, 44
diseguaglianza di Young, 42
distanza, 45
dalla frontiera, 54
euclidea, 45, 46
distribuzione, 704, 742
divergenza delle serie di Birkhoff, 526, 627
divergenza di un campo vettoriale, 309, 342, 345
nulla, 309
dominio effettivo, 305
doppio fattoriale, 593

E

eccesso sferico, 487
ellissoide, 64, 241
associato a un sistema lagrangiano, 241
energia cinetica, 3
del centro di massa, 38
della trottola di Lagrange, 279
di Coriolis, 38
di un cilindro circolare retto, 20, 502
di un cono circolare retto, 21
di un sistema meccanico, 7
vincolato, 72
in coordinate cilindriche, 65
in coordinate sferiche, 65
interna, 38
rotazionale, 38
energia potenziale, 3
centrifuga, 109
della trottola pesante, 278
di Lennard-Jones, 325

efficace del pendolo sferico, 219
efficace della trottola pesante, 280
elastica, 110, 111, 249
elastica torsionale, 268
gravitazionale, 112
sulla superficie della Terra, 110
energia totale di un sistema meccanico conservativo, 73, 74, 195
epigrafico, 305
equazione alle derivate parziali, 429
equazione caratteristica, 227
equazione di Hamilton-Jacobi, 429
equazione di Korteweg-de Vries, 721
equazione di Mathieu, 64
equazione differenziale alle derivate parziali, 429
non lineare dell primo ordine, 430
equazione fondamentale della teoria delle perturbazioni, 513
equazione KdV, 721
equazione omologica, 513, 637
equazioni canoniche, 309
equazioni di Eulero-Lagrange, 5
equazioni di Hamilton, 308, 317
equazioni di Newton, 6, 23
integrate dal principio di d'Alembert, 17
equilibrio, 74
relativo, 80
equivalenza tra alberi, 557
equivalenza tra atlanti differenziabili, 12
esperimento di Fermi-Pasta-Ulam, 631
esperimento di Maxwell, 314, 325
esponente diofanteo, 515
estremo di una linea, 552
etichette, 556
condizioni di compatibilità, 559
dei nodi, 558
dei rami, 559
Eulero – Euler, Leonhard (1707–1783), 5, 108, 491

F
famiglia di un albero, 573
famiglia di una risonanza, 692
fattore combinatorio di un nodo, 559, 569, 570, 579, 690
fattore di guadagno di una risonanza, 708
fattore di un nodo, 562
fattoriale, 384
doppio, 593
Fenchel, Werner (1905–1988), 306
Fermi, Enrico (1901–1954), 631
Fermi-Pasta-Ulam, 631
esperimento, 631
modello, 632
fibrato cotangente, 308
fibrato tangente, 13
figure di Lissajous, 272
Fischer, Ernst Sigismund (1875–1954), 246
flusso hamiltoniano, 309
conservazione del volume, 310
conservazione dell'invariante integrale di Poincaré-Cartan, 353
conservazione dell'invariante integrale relativo di Poincaré-Cartan, 353
trasformazione canonica, 358
foglia di una foliazione, 728
foglia in un albero, 555
foliazione, 728
forma di Lagrange per il resto di Taylor, 40, 41
forma differenziale, 327, 334, 346
chiusa, 329, 347, 366, 368
di Poincaré-Cartan, 351, 356
esatta, 329, 347, 365, 366, 368
integrale, 328
non singolare, 350
forma esterna, 346
forma integrale del resto di Taylor, 693, 731, 732
forma lineare, 327
forma simplettica canonica, 358
forma simplettica standard, 358
formula del cambiamento di coordinate per integrali multipli, 310
formula di Stirling, 596, 598
formula di Stokes, 344
formula di Taylor, 619
formula di Wallis, 594
formula integrale di Cauchy, 52
formule asintotiche per la trottola veloce, 295
formule di addizione, 99, 166, 167, 248, 274, 725
formule di bisezione, 180, 466
forza apparente, 109
forza centrale, 83
forza di gravità, 110
forza elastica, 110
forza elastica torsionale, 268
forza generalizzata, 24
forza peso, 110
forza vincolare, 19, 20
forze apparenti in un piano rotante, 109
Fourier, Joseph (1768–1830), 586
frazione continua, 598
convergente, 599

finita, 598
semplice, 598
infinita, 600
semplice, 600, 603
migliori approssimazioni diofantee, 606
migliori approssimazioni razionali, 606, 609
quoziente parziale, 598
rappresentazione di un numero irrazionale, 604
rappresentazione di un numero razionale, 604
freccia in un grafo orientato, 552
frequenza, 444
applicazione, 513
caratteristica, 229
delle piccole oscillazioni, 226
di un moto multiperiodico, 445
diofantea, 529
normale, 229
principale, 229
propria, 226, 229
Frobenius, Ferdinand Georg (1849–1917), 201
frontiera di una superficie regolare a tratti, 342
frontiera di una superficie regolare in $\mathbb{R}^3$ orientata positivamente, 343
funzionale, xi
funzionale d'azione, 3, 316
di un sistema vincolato, 17
differenziale, 4
minimo relativo, 8
su una varietà, 13
funzionale lineare, 327
funzione a quadrato sommabile, 9
funzione a supporto compatto, 677, 740
funzione affine, 321
funzione analitica, 48
funzione caratteristica di Hamilton, 432
funzione chiusa, 305
funzione convessa, 43, 303–306, 319, 321
funzione derivabile, 48
funzione di Četaev, 78
funzione di prova, 742
funzione differenziabile, 48
funzione generatrice, 359
di prima specie, 360
di quarta specie, 362
di seconda specie, 361
di terza specie, 362
di tipo misto, 362, 412
funzione hölderiana, 723
funzione lipschitziana, 318
funzione olomorfa, 48
funzione omogenea, 78
definita negativa, 108
non definita nell'origine, 108
funzione principale di Hamilton, 431
funzione propria, 305
funzione strettamente convessa, 303, 306, 319
funzione $|x|^p$, 44
funzioni ellittiche di Jacobi, 464

G

Gallavotti, Giovanni (1941–), 30
Gauss, Carl Friedrich (1777–1855), 342, 374, 376, 394
genericità, 517
Gerono, Camille-Christophe (1799–1891), 276
Girard, Albert (1595–1632), 487
grado di un albero, 559
grado di un nodo, 558
grado di un punto, 552
grado di una funzione omogenea, 78
grado di una risonanza, 681
grafo, 552
aciclico, 553
ad albero, 553, 554
con radice, 553
orientato, 553
cammino, 552
orientato, 553
cappio, 552
ciclo, 553
linea, 552
nodo, 552
orientato, 552
planare, 554
punto privilegiato, 553
ramo, 552
spigolo, 552
vertice, 552
Green, George (1793–1841), 342, 374, 376, 394
gruppi di simmetrie che dipendono da più parametri, 196
commutazione, 196
condizione perché esistano più coordinate cicliche, 207
gruppo a un parametro di diffeomorfismi, 187
campo vettoriale associato, 188
legge di composizione, 187
momento associato, 191
sollevamento, 189
gruppo a un parametro di trasformazioni, 188
gruppo delle matrici simplettiche, 331

gruppo delle permutazioni dei sottoalberi, 573
gruppo di simmetrie, 193
guadagno di una risonanza, 706

H

Hamilton, William Rowan (1805–1865), 7, 15, 303, 308, 317, 429, 431
hamiltoniana, 307
  non degenere, 517
  ridotta, 315
Hausdorff, Felix (1868–1942), 45
Heaviside, Oliver (1850–1925), 742
Hölder, Otto Ludwig (1859–1937), 42
Hooke, Robert (1635–1703), 110
Hurwitz, Adolf (1859–1919), 617
Huygens, Christiaan (1629–1695), 182

I

identità di Jacobi per il prodotto di Lie, 197, 215
identità di Jacobi per il prodotto vettoriale, 60
identità di Jacobi per le parentesi di Poisson, 337
identità trigonometriche, 100, 144, 151, 180, 248, 466, 480, 725, 726
immersione, 13
inclusione, 387
insieme aperto, 45
insieme chiuso, 45
insieme connesso, 367
insieme contraibile, 385
insieme convesso, 367
insieme degli alberi etichettati, 564
insieme dei nodi di un albero, 554
insieme dei nodi di un ammasso, 680
insieme dei periodi, 454
insieme dei punti di un grafo, 552
insieme dei rami derivati di un albero, 709
insieme dei rami derivati di una nuovola, 706
insieme dei rami derivati di una risonanza, 706
insieme dei rami di un albero, 554
insieme dei rami di un ammasso, 680
insieme dei sottoalberi non equivalenti, 573
insieme delle linee di un grafo, 552
insieme delle risonanze di un albero, 698
insieme regolare, 341
insieme semplicemente connesso, 367, 368, 386
insieme stellato, 366, 367, 386
insieme totalmente limitato, 372
integrabilità, 433
  canonica, 433
    del corpo rigido con un punto fisso, 495
    del problema dei due corpi, 482
  del corpo rigido con un punto fisso, 495
  di un sistema hamiltoniano, 433
  di un sistema meccanico, 433
integrale completo di un'equazione alle derivate parziali, 431
integrale curvilineo, 380
integrale di linea, 381
integrale di superficie, 341, 350
integrale di una forma differenziale, 328
  lungo una curva regolare, 328
  lungo una curva regolare a tratti, 328
integrale di una funzione complessa lungo un contorno, 49
integrale di una k-forma differenziale, 349, 350, 392
integrale ellittico completo del primo tipo, 464
integrale ellittico completo del secondo tipo, 467
integrale ellittico incompleto del primo tipo, 464
integrale generale di un'equazione alle derivate parziali, 430
integrale primo, 337
integrale superficiale, 341
intorno di uno spazio metrico, 45
intrappolamento delle azioni, 675
invariante integrale di Poincaré-Cartan, 353
invariante integrale relativo di Poincaré-Cartan, 353
invarianza della lagrangiana, 192
inversa di una matrice simmetrica, 247
inversa di una matrice simplettica, 330
inversa di una trasformazione canonica, 333
involuzione, 305, 337
iperpiano, 40, 250
ipersfera, 46
ipersuperficie, 13
irrazionalità di $\sqrt{2}$, 614
irrazionalità di $\sqrt{5}$, 614

J

Jacobi, Carl Gustav Jacob (1804–1851), 60, 197, 337, 429, 464

K

Kelvin – Thomson, William (1824–1907), 343
k-forma, 346
k-forma differenziale, 346
k-forma differenziale esatta, 347, 392
k-forma esterna, 346

Klein, Christian Felix (1849–1925), 13
Kolmogorov, Andrej Nikolaevič (1903–1987), 529, 632
Kortweg, Diederik Johannes (1848–1941), 721

L

lacune tra i tori invarianti, 635
Lagrange, Joseph-Louis (1736–1813), 1, 5, 40, 41, 74, 278
lagrangiana, 2, 13
  di un sistema meccanico conservativo, 3
    vincolato, 16
  invariante, 192
  rappresentante locale, 13
  regolarità, 6
  ridotta, 83
    della trottola pesante, 280
  su una varietà, 13
  vincolata, 16
Laskar, Jacques (1955–), 722
Laurent, Pierre Alphonse (1813–1854), 55
Legendre, Adrien-Marie (1752–1833), 304
legge dei coseni, 488
legge dei seni, 488
legge di composizione di un gruppo a un parametro di diffeomorefismi, 187
legge di Hooke, 110
Leibniz, Gottfried Wilhelm (1646–1716), 196, 211
lemma di Poincaré, 329, 347, 388, 393
lemma di Siegel-Brjuno, 683
lemma di Stokes, 343, 344, 350, 383
lemma inverso di Poincaré, 347
lemniscata, 275
  di Gerono, 276
Lennard-Jones, John (1894–1954), 325
Lie, Sophus (1842–1899), 190, 197, 354
Lindstedt, Anders (1854–1939), 529, 539
linea di rotore, 343, 350
linea di un grafo, 552
  della radice, 554
  estremi, 552
  freccia, 552
  incidente con un punto, 552
linearizzazione di un sistema lagrangiano, 225
linearizzazione di un vincolo, 242
Liouville, Joseph (1809–1882), 310, 442, 446, 451, 462
Lissajous, Jules Antoine (1822–1880), 272
localizzazione, 692
  iterativa, 702, 708
lunghezza a riposo di una molla, 110, 111
  non nulla, 111
  nulla, 110
lunghezza di una catena di risonanze, 709
lunula, 487

M

Mathieu, Émile Léonard (1835–1890), 64
matrice antisimmetrica, 345
  determinante, 384
  non singolare, 345
  rango massimo, 345
matrice che dipende con continuità da un parametro, 58
matrice cinetica, 26
  regolarità, 26
matrice dei periodi, 455
matrice di correlazione dell'oscillatore armonico tridimensionale, 504
matrice hessiana, 76, 77, 132, 133
matrice jacobiana, 334
matrice radice quadrata, 107
matrice simmetrica, 227, 247, 248
  autovalori, 27, 227
    continuità nei parametri, 59
  autovettori, 227
  definita positiva, 26
    positività degli elementi diagonali, 110, 326
    radice quadrata, 107
  inversa, 247
matrice simplettica, 330
  determinante, 331, 332
  gruppo, 331
  inversa, 330
  prodotto, 330
  standard, 308
  trasposta, 331
Maxwell, James Clerk (1831–1879), 314
media di una funzione periodica, 513
mediante, 605
metodo di Hamilton-Jacobi, 353, 429
metodo di Routh, 81, 280
  applicazione al pendolo sferico, 219
  applicazione al problema dei due corpi, 83
  nel formalismo hamiltoniano, 314
  nel formalismo lagrangiano, 82
metrica, 45
migliori approssimazioni diofantee, 606
migliori approssimazioni razionali, 606, 609
minimo relativo per il funzionale d'azione, 8
Minkowski, Hermann (1864–1909), 44
modello di vincolo approssimato, 25

perfetto, 28, 240
esempio contrario, 35
per il corpo rigido, 36
rigidità, 25
struttura, 25
modo di un nodo, 558
modo normale, 229
modulo ellittico, 464
molla, 110
con lunghezza a riposo non nulla, 111
con lunghezza a riposo nulla, 110
molla elastica, 110
moltiplicatori di Lagrange, 61
momenti principali del cono circolare retto, 22
momento angolare interno, 37
momento associato a un campo vettoriale, 191
momento coniugato, 192, 307
momento conservato, 191
momento di inerzia di un cono circolare retto rispetto a una generatrice, 22
momento di un ramo di un albero, 559
interpolato, 693, 704, 708
momento interpolato, 693, 704, 708
Moreau, Jean-Jacques (1923–2014), 306
Morera, Giacinto (1856–1909), 54
Moser, Jürgen Kurt (1928–1999), 529, 632
moto merostatico, 283, 287, 289
moto multiperiodico, 445, 529
moto quasiperiodico, 445

N

Nechorošev, Nikolaj Nikolaevič (1946–2008), 524, 656
Nettuno, 508
Newton, Isaac (1642–1727), 6, 17, 23
nodi omologhi, 557
nodo di un albero, 554
etichette, 558
fattore, 562
finale, 554
grado, 558
modo, 558
ordine, 558
ultimo, 554
nodo di un grafo, 552
Noether, Emmy (1882–1935), 193, 207
norma 1, 516
norma dello spazio delle deformazioni, 3
norma euclidea, 3, 588
norma uniforme, 522, 636, 652, 730
normale a una superficie, 341
normale esterna a una superficie, 341
nucleo, 384
numero di zeri di una funzione analitica, 56, 57
numero irrazionale, 604–606, 615
rappresentazione in frazioni continue, 604, 605
numero razionale, 603
rappresentazione in frazioni continue, 603, 604
nutazione, 284
nuvola di una risonanza, 706

O

omeomorfismo, 12
omotopia, 367
tra curve, 367
operatore di localizzazione, 692
iterativa, 702, 708
operatore di proiezione sulle armoniche risonanti, 655
operatore di regolarizzazione, 692
iterativa, 702, 708
operatore di un ramo, 561
ordine di un albero, 559
ordine di un grafo, 552
ordine di un nodo, 558
ordine di un polo, 55
ordine di un sottoalbero, 558
ordine di una risonanza, 681
ordine di un'equazione alle derivate parziali, 429
orientazione della frontiera di una superficie regolare, 343
orientazione di un cammino, 553
orientazione di un grafo, 552
orientazione di una varietà, 348
indotta, 348
orologio a pendolo, 182
oscillatore anarmonico, 464
oscillatore armonico, 413, 440, 476, 526
bidimensionale, 503
superintegrabilità, 503
problema con condizioni al contorno, 7, 40
tridimensionale, 503
superintegrabilità, 503
variabili azione-angolo, 463
oscillatore cubico, 464, 476
variabili azione-angolo, 464
oscillatore nonlineare, 464
oscillazione in fase, 235
oscillazione in opposizione di fase, 235
oscillazione propria, 229

Ostrogradskij, Michail Vasil'evič (1801–1862), 342

P

paradosso di Fermi-Pasta-Ulam, 632
parallelepipedo, 342
parametro di interpolazione di una risonanza, 693
parametro perturbativo, 363, 509
parentesi di Poisson, 336
  fondamentali, 339
parità di una permutazione, 384
parte intera, 452, 591, 604
  superiore, 582, 591
partizione dell'unità, 374, 678
passeggiata aleatoria, 555
  unidimensionale, 556
Pasta, John (1918–1981), 631
pendoli accoppiati, 233
  diversi, 238
  uguali, 233
pendolo cicloidale, 182, 183
pendolo con punto di sospensione che oscilla orizzontalmente, 64
pendolo con punto di sospensione che oscilla verticalmente, 63, 64
pendolo con punto di sospensione che si muove lungo una circonferenza verticale, 63
pendolo di Huygens, 182
pendolo di lunghezza variabile, 63
pendolo di Wilberforce, 268, 271
pendolo doppio, 62, 129
pendolo semplice, 61, 70, 477
  in un piano rotante, 80
  variabili azione-angolo, 466
pendolo sferico, 65, 219, 290
  energia potenziale efficace, 219
perdita di guadagno di una risonanza, 711
periodo del pendolo cicloidale, 182, 183
periodo delle piccole oscillazioni, 226
permutazione, 384
  dispari, 384
  pari, 384
  parità, 384
  segno, 384
perturbazione, 509
pianeta, 510
piccole oscillazioni, 226, 229
  per il pendolo di Wilberforce, 268
  per pendoli accoppiati diversi, 238
  per pendoli accoppiati uguali, 234
  per sistemi vincolati, 240
Poincaré, Henri (1854–1912), 311, 347, 351, 353, 388, 518, 527
Poinsot, Louis (1777–1859), 209, 294
Poisson, Siméon Denis (1781–1840), 336, 339
poliedro, 342
poligono sferico, 485
polinomio di Taylor, 40, 732
polo di una funzione complessa, 55
precessione, 285
  regolare, 283
primo principio variazionale di Hamilton, 7, 15, 17
  per un sistema lagrangiano, 15
  per un sistema meccanico conservativo, 7
    vincolato, 17
primo teorema di trivialità di Poincaré, 518
principio del minimax, 243
principio di d'Alembert, 17, 19, 23
principio di Hamilton, 317
  ampliato, 317
principio di minima azione, 8
principio variazionale di Hamilton, 7, 16, 17, 317
  ampliato, 317
  primo, 7, 15, 17
  secondo, 317
problema con condizioni al contorno, 7
  per l'oscillatore armonico, 7
problema degli N corpi, 511
  planetario, 511
problema dei due corpi, 83, 481, 507
  integrabilità canonica, 482
  variabili azione-angolo, 469, 482
problema di Cauchy, 7
problema di Siegel, 632
problema planetario degli N corpi, 511
procedimento di prima specie, 359, 360
procedimento di quarta specie, 362
procedimento di seconda specie, 360, 361
procedimento di terza specie, 362
procedimento per costruire trasformazioni canoniche, 353, 359, 361, 362
prodotto di Lie, 197, 337
prodotto esterno, 346
prodotto infinito, 593
prodotto scalare indotto dall'energia cinetica, 29, 230, 241
profondità di un ramo, 714
profondità di una risonanza, 706
proiezione stereografica, 46
propagatore, 560
proprietà di supporto del propagatore, 687

proprietà generica, 517
proprietà non generica, 528
punti adiacenti, 552
punto di accumulazione, 45
punto di equilibrio, 74
    asintoticamente stabile, 311
    instabile, 74, 76
    stabile, 74
punto di massimo degenere, 77
punto di massimo non degenere, 77
punto di sella non degenere, 77
punto di un grafo, 552
punto di uno spazio topologico, 45
punto priviliegiato di un grafo, 553

Q

quoziente parziale, 598

R

radice di un albero, 554
radice di un grafo ad albero, 553
radice di un polinomio, 57
radice quadrata di una matrice simmetrica definita positiva, 107
raffinamento di un ricoprimento, 373
raggio di un intorno, 45
ramo di un albero, 554
    corrispondente in una famiglia, 573
    della radice, 554
    entrante in una risonanza, 679
    esterno di un ammasso, 679
    esterno di una catena, 709
    etichette, 559
    interno di un ammasso, 679
    momento, 559
    non risonante di una catena massimale, 709
    operatore, 561
    propagatore, 560
    risonante, 681
    tipo, 559
    uscente da una risonanza, 679
ramo di un grafo, 552
rango di una matrice, 345, 384
rappresentante locale di una lagrangiana, 13
rappresentazione in frazioni continue, 603, 604
    della sezione aurea, 615
    di $\sqrt{2}$, 614
    di $\sqrt{5}$, 614
    di un numero irrazionale, 604
    di un numero razionale, 603, 604
Rayleigh – Strutt, John William (1842–1919), 246
reazione vincolare del pendolo semplice, 62
regione risonante, 653
    spessori, 655
regola di Leibniz, 196, 211
regolarità degli autovalori in un parametro, 59
regolarità della lagrangiana, 6
regolarità della matrice cinetica, 27
regolarizzazione, 692
    iterativa, 702, 708
residuo, 56
resto di Taylor, 40, 41
    forma di Lagrange, 40, 41
    forma integrale, 731, 732
retta di punti di equilibrio instabili, 112, 119
ricoprimento, 372
rigidità di un modello di vincolo approssimato, 25
rigidità di un sistema lagrangiano, 240
riparametrizzazione di una curva, 329
riscalamento, 333
risonanza in un albero, 680
    catena, 709
    famiglia, 691
    grado, 681
    guadagno, 706
    massimale, 697
    nuvola, 706
    ordine, 681
    perdita di guadagno, 711
    profondità, 706
    tipo, 691
    valore, 690
risonanza in un sistema integrabile, 514
rotazione intorno a un asse, 208, 212, 218
rotazione propria, 285
rotolamento senza strisciamento, 20, 21, 61
rotore, 342
    direzione, 345
    linea, 343
    tubo, 343, 351
Rouché, Eugène (1832–1910), 57
Routh, Edward (1831–1907), 81, 82, 280, 314, 315
Rüssmann, Elmut(1930–2011), 723

S

scala, 678
    risonante, 681
scambio delle coordinate con i momenti, 333
Schwarz, Hermann (1843–1921), 45
secante iperbolica, 468
seconda coniugata di una funzione, 306

secondo assioma di numerabilità, 45
secondo principio della dinamica, 1
secondo principio variazionale di Hamilton, 317
secondo teorema di trivialità di Poincaré, 527
segno di una permutazione, 384
seno amplitudine, 464
seno ellittico, 464
seno iperbolico, 468
separabilità, 438
separabilità stretta, 321, 324
separazione di variabili, 438
serie di Birkhoff, 526, 626, 627
  divergenza, 526, 627
serie di Fourier, 480, 481, 509, 513, 514, 586
  armonica, 655
  armonica risonante, 655
  generica, 517
serie di Laurent, 55
serie di Lindstedt, 529, 539, 678
serie di McLaurin del logarirtmo, 595
serie di Taylor, 54
serie formale, 520
serie geometrica, 595
serie numerica, 39
serie perturbativa, 526
sezione aurea, 516, 615, 617
sfera bidimensionale, 393, 485
  area, 484
sfera n-dimensionale, 46, 386
sfera unitaria, 46
Siegel, Carl Ludwig (1896–1981), 632, 683
simmetria, 193
  cilindrica, 208
  sferica, 208
singolarità essenziale, 55
sistema di coordinate adattato, 27
  bene adattato, 27
  ortogonale, 27
sistema di coordinate generalizzate, 16
sistema di coordinate lagrangiane, 16
sistema di riferimento del momento angolare, 491
sistema dinamico che conserva il volume, 310
sistema hamiltoniano, 309
  anisocrono, 517, 527
    teorema di Nechorošev, 656
    teorema KAM, 634
  canonicamente integrabile, 433, 446
  degenere, 517
  integrabile, 433
  integrabile secondo Liouville-Arnol'd, 446
  isocrono, 517, 521
    teorema di Nechorošev, 524
  massimamente superintegrabile, 503, 505
  non degenere, 517
  quasi-integrabile, 509, 634
  superintegrabile, 503
sistema integrabile, 433, 463
sistema isocrono, 463
sistema lagrangiano, 15
sistema lagrangiano linearizzato, 226
sistema linearizzato, 226
sistema meccanico conservativo, 3, 6, 13, 72
  con vincoli anolonomi integrabili, 20
  lagrangiana, 3
  vincolato, 16, 17
    calcolo della forza vincolare, 20
    calcolo della soluzione, 20
    energia cinetica, 72
    energia totale, 73
sistema meccanico non conservativo, 23
  vincolato, 23
sistema perturbato, 363
sistema ridotto della trottola pesante, 280
sistema separabile, 432, 435, 438, 439, 443, 445, 472, 473, 507
sistema solare, 510
sistema unidimensionale, 435
Sole, 510
sollevamento di un campo vettoriale, 205, 206
sollevamento di un gruppo di diffeomorfismi, 189
sollevamento di una trasformazione di coordinate, 189
sottoalbero, 555
sottogruppo discreto di $\mathbb{R}^n$, 452
sottomatrice principale, 26
  di una matrice definita positiva, 47
sottospazio affine, 40
spazio cotangente, 191
spazio delle configurazioni, 1
  esteso, 195
spazio delle deformazioni, 2, 316
  norma, 3
spazio delle fasi, 308
  esteso, 344
spazio delle traiettorie, 2, 39, 316
spazio di Hausdorff, 45
spazio duale, 327
spazio metrico, 45
spazio tangente, 13
spazio topologico, 45, 347
spazio vettoriale, 40
  delle funzioni a quadrato sommabile, 9
  delle k-forme, 346

spessori delle regioni risonanti, 655
spigolo di un grafo, 552
stabilità, 74
stima di Cauchy, 621
Stirling, James (1692–1770), 596
Stokes, George (1819–1903), 343, 350, 382, 389, 391, 394
struttura di un modello di vincolo approssimato, 25
successione di funzioni equicontinue ed equilimitate, 59
superficie, 47
  in topologia, 13
superficie cilindrica, 20
superficie della sfera, 284
  bidimensionale, 484
superficie della Terra, 12, 110
superficie di vincolo, 16
  sistema di coordinate adattato, 27
    bene adattato, 27
    ortogonale, 27
superficie parametrica regolare, 341
  in $\mathbb{R}^3$, 349, 381
superficie regolare, 13, 46, 442
  a tratti, 341
    frontiera, 342
superficie risonante, 653
superficie trasversa, 343, 455
superintegrabilità, 503
  del campo centrale gravitazionale, 503
  dell'oscillatore armonico bidimensionale, 503
  dell'oscillatore armonico tridimensionale, 503
supporto compatto, 677, 740
supporto del propagatore, 687
Sylvester, James Joseph (1814–1897), 134

T

tangente iperbolica, 468
Taylor, Brook (1685–1731), 40, 54, 619
teorema dei residui, 56
teorema del ritorno di Poincaré, 311
teorema del rotore, 343
teorema della divergenza, 342, 381
teorema della scatola di flusso, 192, 193, 205, 435
teorema di approssimazione di Dirichlet, 615
teorema di Arnol'd sui sistemi integrabili, 462
teorema di Arnol'd sulla conservazione dei moti quasiperiodici, 529
teorema di Arnol'd-Gallavotti, 30
teorema di Cauchy, 50
teorema di Cauchy-Taylor, 54
teorema di Četaev, 77
teorema di Dirichlet, 615
teorema di Eulero sulle funzioni omogenee, 108
teorema di Fenchel-Moreau, 306, 322, 324
teorema di Frobenius, 201
teorema di Gauss, 342
teorema di Gauss-Green, 342, 374, 376, 394
teorema di Gerard, 487
teorema di Green, 342
teorema di Hurwitz, 617
teorema di Kelvin-Stokes, 343
teorema di Kolmogorov, 529
teorema di Lagrange-Dirichlet, 74
teorema di Liouville sui sistemi integrabili, 462
teorema di Liouville sulla conservazione del volume, 310, 396
teorema di Liouville-Arnol'd, 442, 451
teorema di Morera, 54
teorema di Moser, 529
teorema di Nechorošev, 526, 656
  per sistemi anisocroni, 656
  per sistemi isocroni, 524
teorema di Noether, 193, 207
  pendolo sferico, 219
  per più gruppi di simmetrie, 207
  per un gruppo di simmetrie, 193
teorema di non esistenza di Poincaré, 527
teorema di Ostrogradskij, 342
teorema di Poincaré del ritorno, 311
teorema di Poincaré di non esistenza, 527
teorema di Poincaré di trivialità, 518, 527, 631
  primo, 518
  secondo, 527
teorema di Poisson, 339
teorema di Rayleigh-Courant-Fischer, 246
teorema di Rouché, 57
teorema di Routh, 82, 315
  pendolo sferico, 219
teorema di Schwarz, 213
teorema di Stokes, 343, 350, 382, 383, 389, 391, 392, 394
teorema di trivialità di Poincaré, 518, 527, 631
  primo, 518
  secondo, 527
teorema fondamentale del calcolo integrale, 350, 393
teorema fondamentale dell'algebra, 57
teorema integrale di Cauchy, 50
teorema KAM, 529, 586, 631

teoria dei grafi, 552
teoria delle biforcazioni, 107
teoria delle perturbazioni, 509
  a tutti gli ordini, 520
  al primo ordine, 509
teoria delle piccole oscillazioni, 225
termalizzazione, 632, 721
Terra, 12
tipo di un ramo, 559
tipo di una catena di risonanze, 709
tipo di una risonanza, 691
topologia, 45
  indotta, 45
toro di dimensione bassa, 724
toro invariante, 529, 634
toro KAM, 634
toro massimale, 724
toro n-dimensionale, 433, 634
toro unidimensionale, 433
torsione, 268
traiettoria, 2
  virtuale, 2
trasferimento di energia in pendoli accoppiati, 237
trasformata di Fenchel-Legendre, 306
trasformata di Legendre, 304, 306, 363
  di una funzione generatrice, 402
trasformazione canonica, 333, 339, 354, 356, 358
trasformazione canonica costruita a partire da una trasformazione di coordinate lagrangiane, 363
trasformazione che conserva il volume, 310
trasformazione che conserva la struttura canonica delle equazioni, 333
trasformazione di coordinate, 332
  indipendente dal tempo, 332
  sollevamento, 189
trasformazione identità, 363, 410, 411
trasformazione involutiva, 305
trasformazione simplettica, 333, 335
traslazione lungo un asse, 209, 211
trasposizione, 384
trasposta di una matrice simplettica, 331
triangolo sferico, 485
  area, 487
  improprio, 485
  opposto, 487
  proprio, 485
  somma degli angoli, 487
trocoide, 297
trottola, 278
  addormentata, 293
  di Lagrange, 278
  lanciata velocemente, 296
  pesante, 278
    sistema ridotto, 280
  simmetrica, 278
  veloce, 293
trottola di Lagrange, 507
Tsingou, Mary (1928-), 631
tubo di rotore, 343, 351

U

Ulam, Stanislaw Marcin (1909–1984), 631
ultimo nodo di un albero, 554
unione disgiunta, 13
univocità della rappresentazione in frazioni continue, 605
Urano, 508
urto elastico, 107, 185, 325

V

valore di un albero, 564
valore di una risonanza, 690
valore localizzato di una risonanza, 692
valore potato di un albero, 698
valore regolarizzato di una risonanza, 693
valore rinormalizzato di un albero, 708
variabile ciclica, 81, 315
variabili azione-angolo, 442
  per il pendolo semplice, 466
  per il problema dei due corpi, 469, 482
  per l'oscillatore armonico, 463
  per l'oscillatore cubico, 464
  per un corpo rigido con un punto fisso, 495
variabili di Andoyer, 491, 495
  hamiltoniana del corpo rigido, 495
varietà, 12
  con bordo, 347
  differenziabile, 12, 46
    a tratti, 392
    con bordo, 347
  foliata, 728
  immersa, 13
  orientabile, 348
  orientata, 348
  regolare, 12
  senza bordo, 348
velocità generalizzate, 1
vertice della trottola, 284
vertice di un grafo, 552
vertice di un poligono sferico, 485
vettore applicato, 39
vettore diofanteo, 515

vettore non risonante, 515
vettore risonante, 514
vettore tangente, 13
vettori che saturano la condizione diofantea, 584
vincolo anolonomo integrabile, 20
vincolo approssimato, 25
perfetto, 28, 250
vincolo linearizzato, 242
vincolo olonomo bilatero, 16
vincolo perfetto, 26
vincolo reale, 25
Volterra, Vito (1860–1940), 347
volume del parallelepipedo generato da n vettori, 669
volume di un corpo rigido continuo, 115
volume di un insieme, 310
volume di una cella, 452

W
Wallis, John (1616–1703), 594
Wilberforce, Lionel Robert (1861–1944), 268

Y
Young, William Henry (1863–1942), 42

Z
zero di una funzione analitica, 56, 57
zona sferica, 284

Printed in the United States
by Baker & Taylor Publisher Services